改訂4版

金属データブック

日本金属学会編

丸善出版

本書は，書籍からスキャナによる読み取りを行い，印刷・製本を行っています．一部，装丁が異なったり，印刷が不明瞭な場合がございます．

刊行に際して

　材料科学の研究，技術的な発展のためには，基礎的な知識，データは不可欠であり，日本金属学会では「金属便覧」，および数値，規格など充実，別掲した「金属データブック」を刊行してきた．これらは会員のみならず，材料を勉強，研究，そして材料を製造する多くの方々に座右の辞書的役割を担ってきた．

　「金属便覧」は本会の記念事業として，10周年毎に刊行されており，2000年の改訂6版に至っている．一方，「金属データブック」は1974年，「改訂3版 金属便覧」刊行に合わせ，内容の充実と利用者の便宜を図るため，各種データ類を独立して掲載し，刊行された．その後改訂され，1993年には改訂3版が刊行された．

　近年，工業製品，民生品を構成する各種素材，材料は鉄鋼，非鉄金属，合金，化合物，エレクトロニクス材料，セラミックス，ポリマー，ナノ材料等々，ますます学際的，境界領域的そして複雑な組み合わせの色彩を深めている．したがって，改訂4版金属データブックを刊行するにあたり，編集は従来方針を踏襲しつつ，材料研究・技術者等専門を目指すもののみならず，周辺の人たちの利用も視野に，分かり易いデータブックをと心がけて，編集を行ってきた．

　素材，材料分野の教育，基礎研究，応用研究は国際競争力を持ち，日本のものづくりを支え，産業界の研究開発，生産技術力も世界をリードしている．これらは本会はじめ，材料関係学協会の地道な活動に支えられていると言っても過言ではない．便覧やデータブックの重要性と必要性は理解しながらも，刊行には多くの研究者，事務局の努力と膨大な時間を要し，簡単な事業ではない．関係各位に深甚な感謝を示すと共に，研究，技術開発などの分野で大いに活用され，更なる材料分野の発展を祈念する．

2004年1月

　　　　　　　　　　　　　　　　　　　　　　　　社団法人 日本金属学会
　　　　　　　　　　　　　　　　　　　　　　　　　会　長　井　口　泰　孝

編集にあたって

　我々にとって冷蔵庫，テレビ，電子レンジはもちろんパソコンや携帯電話等がない日常生活は，もはや想像できません．このような快適な生活を支えている器具は，20世紀の科学技術の発展に基づく各種素材を出発点にした「物造り」の成果です．その素材の中心は金属で，この金属資源が「有限」であることを我々は何となく理解していますが，必ずしも現実問題として正確に把握していない傾向があります．しかし，金属素材の現時点での生産量と推定されている埋蔵量との比較から算定すると，亜鉛や銅は約50年，ニッケルやマンガンは150年，アルミニウムや鉄は約250年と，金属資源の枯渇が予想以上に早いという結果が得られます．

　一方，鉱物資源から必要な金属素材を取り出す際に必ず廃棄物が出ますし，使用済み材料も廃棄物となっています．この廃棄物の急速な増加が「環境」問題を引き起こしていますし，やっかいなことに「資源と環境」問題は地球規模（グローバル）という広域にわたる課題です．したがって，20世紀に我々が快適な生活と引き換えに起こしてしまった「資源と環境」問題について，21世紀には真正面から対峙しなければならないと思います．すなわち，21世紀は，極少量で目的の性能を確保できる物質・材料の超高機能化とともに，金属素材の使用量そのものを低減することや，「物造り」では使用済み材料を含め廃棄物の資源化や素材再生を必ず考え，「廃棄物→素材」あるいは「廃棄物→資源」等の循環型の流れを完成させることが必須です．これらの21世紀のキーテクノロジーを検討する場合に必要な情報を多くの方々に提供するため，日本金属学会では2000年5月に「改訂6版金属便覧」を出版しました．日本金属学会では，この金属便覧と相補的関係にある「金属データブック」についても内容の更新等を検討し，「改訂4版金属データブック」の出版を企画しました．

　全般的には，改訂3版のデータを最新のデータに置き換える更新作業を中心に進めましたが，本書では，新たにセラミックスと液体金属との濡れ性，粘度，表面張力，熱拡散率データ等の追加，リードフレーム材料，ナノ結晶材料データの追加，医療材料の大幅追加，あるいは鉄鋼材料，非鉄材料，焼結材料，溶接・加工，材料試験等に関係するデータは，新たなJIS規格と照合してデータの数値更新を行いました．また，鋼の焼入性曲線，鉄鋼の恒温変態図・連続冷却変態図は大幅に追加しましたが，二元系合金状態図は工業的に重要な8種類の金属に限定する変更を行いました．本書では，利用者の便宜を図るため，事項索引のみでなく，材料あるいは規格索引も整備されています．

編集にあたって

　各編の編集は，Ⅰ．基礎的な物性は深道和明，一色実，Ⅱ．製錬に関する基礎的物性と熱力学的数値は板垣乙未生，山村力，Ⅲ．鉄鋼材料は谷野満，Ⅳ．非鉄材料は花田修治，Ⅴ．電気磁気機能材料は後藤孝，Ⅵ．原子力材料は長谷川晃，Ⅶ．焼結材料は渡辺龍三，Ⅷ．試験・測定は鈴木茂，Ⅸ．溶接・接合は粉川博之，Ⅹ．加工は池田千里，ⅩⅠ．腐食制御と表面改質は杉本克久，ⅩⅡ．材料力学は丸山公一，ⅩⅢ．材料試験は川崎亮，変態図および状態図集は大内千秋，そして付録は八田有尹が，それぞれ担当しました．

　各編の具体的編集作業に際しては，安斎浩一，青木清，橋田俊之，井口泰孝，池田圭介，貝沼亮介，永田明彦，新家光雄，石田清仁，岡田益男，大貫仁，庄司克雄，杉本諭，高梨弘毅，谷口尚司，日野光兀，米津育郎の方々に補助委員として参加いただき，大変お世話になりました．また，本書に掲載した各種資料の収集については，多数の方々の善意あるご協力を賜りました．多数なのでとくにお名前を列記しませんが，深謝の意を表したいと思います．さらに，出版・編集作業に係わる多くの仕事について終始一貫してご援助いただいた日本金属学会，佐々木優，千葉博紀，丸善（株）本間光子および出版部の方々に，編集委員を代表して御礼申し上げます．

　本書が，改訂6版金属便覧とともに図書館のみでなく，実験室等の片隅に置かれ，金属分野に関わるエンジニア・研究者あるいは大学院生・学生の，実験結果の解析や新たな物質機能の予測・プロセス開発等の検討に，常に活用されることを願っています．

2004年1月

社団法人　日本金属学会
改訂4版　金属データブック　編集委員会
委員長　早稲田嘉夫

目　次

I　基礎的な物性

1　元　素 — 1
1・1　一般的事項 — 1
- 1・1・1　元素周期表 — 1
- 1・1・2　元素の呼び方 — 2
- 1・1・3　原子量表 — 4
- 1・1・4　元素の電子配置 — 5
- 1・1・5　核種の質量と存在比 — 6
- 1・1・6　元素の存在比 — 7

1・2　元素の物理・化学的性質 — 8
- 1・2・1　結晶における原子半径 — 8
- 1・2・2　元素のイオン半径 — 9
- 1・2・3　元素の密度 — 10
- 1・2・4　金属元素の転移点・転移熱・融解点・融解熱・沸騰点および蒸発熱 — 11
- 1・2・5　元素の融解点の周期性 — 13
- 1・2・6　金属元素の熱伝導率・平均比熱・電気抵抗率・電気抵抗率の温度係数・線膨張率 — 13
- 1・2・7　金属元素の熱伝導率・電気抵抗率・熱膨張率・比熱 — 14
- 1・2・8　液体金属の物性 — 15
- 1・2・9　デバイ温度と電子比熱 — 17
- 1・2・10　おもな元素の蒸気圧 — 17
- 1・2・11　元素の磁化率 — 18
- 1・2・12　元素の原子磁化率 — 19
- 1・2・13　元素の電気陰性度 — 19
- 1・2・14　金属および合金中の拡散係数 — 20
- 1・2・15　熱中性子の照射によって誘起される放射能 — 25
- 1・2・16　おもなγ放射性核種のエネルギーと半減期による分類 — 26
- 1・2・17　測定者と試料による測定値のばらつき — 28

1・3　機械的性質 — 31
- 1・3・1　金属元素の弾性率と剛性率 — 31
- 1・3・2　金属の弾性率 — 31
- 1・3・3　おもな金属元素の圧縮率 — 33

2　結　晶 — 33
2・1　結晶の格子面と方向 — 33
- 2・1・1　ミラー指数 — 33
- 2・1・2　結晶方向の表示法 — 34

2・2　金属の結晶構造 — 34
- 2・2・1　おもな金属の結晶構造 — 34
- 2・2・2　最密パッキング構造 — 42

2・3　固溶体の結晶構造 — 44
- 2・3・1　置換形固溶体 — 44
- 2・3・2　侵入形固溶体 — 44

2・4　規則格子・金属間化合物および金属化合物の結晶構造 — 45
- 2・4・1　規則格子構造 — 45
- 2・4・2　長周期規則構造 — 46
- 2・4・3　金属間化合物および金属化合物 — 47

2・5　その他の化合物 — 52

II　製錬に関する基礎的物性と熱力学的数値

1　物　性 — 55
1・1　溶融合金 — 55
- 1・1・1　拡散係数 — 55
- 1・1・2　密度, 粘度と表面張力 — 63

1・2　溶融塩 — 74
- 1・2・1　溶融塩の密度・導電率・表面張力 — 74
- 1・2・2　溶融塩の粘度・音速 — 76
- 1・2・3　共融組成付近における混合溶融塩の密度と粘度 — 77
- 1・2・4　溶融塩中の拡散係数 — 78
- 1・2・5　熱拡散率 — 78

1・3　溶融スラグ — 79
- 1・3・1　拡散係数 — 79
- 1・3・2　溶融スラグの密度・粘度・表面張力 — 80

1・4　溶融マット — 86
1・5　水溶液 — 87
1・6　種々の物質の輻射率(放射率) — 88
1・7　耐火材 — 90
- 1・7・1　耐火材の特性 — 90
- 1・7・2　耐火材の機械的性質 — 91
- 1・7・3　耐熱性酸化物の電気的性質・磁化率・拡散係数・活性化エネルギー — 92
- 1・7・4　高融点炭化物, ホウ化物および窒化物焼結体の性質 — 94
- 1・7・5　金属と酸化物間の反応 — 94

- 1・7・6 のぞき窓用材料の光透過率 ―― 95
- 1・7・7 封着用材料 ―― 95

2 熱力学的数値 ―― 96
- 2・1 一般 ―― 96
  - 2・1・1 各種物質の熱力学的数値 ―― 96
  - 2・1・2 各種物質の標準生成自由エネルギー―温度図 ―― 106
- 2・2 溶融合金 ―― 111
  - 2・2・1 溶融合金系の活量 ―― 111
  - 2・2・2 溶融合金系の活量係数 ―― 111
  - 2・2・3 製鋼反応の平衡値 ―― 116
- 2・3 溶融塩 ―― 116
  - 2・3・1 溶融塩化物の電極電位 ―― 116
- 2・4 溶融スラグ，マット ―― 119
  - 2・4・1 溶融酸化物系の活量 ―― 119
  - 2・4・2 マット ―― 122
- 2・5 水溶液 ―― 124
  - 2・5・1 標準電極電位 ―― 124
  - 2・5・2 水溶液に関する熱力学的数値 ―― 125

3 その他 ―― 128
- 3・1 合金鉄の代表組成と用途 ―― 128
- 3・2 各種実用物質の平均比熱 ―― 129
- 3・3 各種エネルギーの総発熱量 ―― 130

III 鉄鋼材料

1 鉄鋼の物理的性質 ―― 131
- 1・1 各種鉄鋼材料の熱伝導率 ―― 131
- 1・2 各種鉄鋼材料の平均見掛比熱および電気抵抗率 ―― 131
- 1・3 炭素鋼・合金鋼・ステンレス鋼の平均線膨張係数 ―― 132
  - 1・3・1 炭素鋼の平均線膨張係数 ―― 132
  - 1・3・2 合金鋼の平均線膨張係数 ―― 132
  - 1・3・3 ステンレス鋼の平均線膨張係数 ―― 132

2 軟鋼・高張力鋼および低温用鋼 ―― 132
- 2・1 軟鋼の鋼塊の性質 ―― 132
- 2・2 各種薄鋼板の例 ―― 132
  - 2・2・1 軟質冷延鋼板の例 ―― 132
  - 2・2・2 高強度冷延鋼板の例 ―― 132
- 2・3 低合金高張力鋼 ―― 133
  - 2・3・1 国産構造用低合金高張力鋼の例 ―― 133
  - 2・3・2 各国の非調質形低合金高張力鋼の例 ―― 135
  - 2・3・3 調質形低合金高張力鋼の代表例 ―― 135
  - 2・3・4 2相鋼 ―― 136
- 2・4 試験方法と遷移温度の示し方 ―― 137
- 2・5 低温用金属材料の例 ―― 137

3 機械構造用鋼およびこれに類する強靱鋼 ―― 138
- 3・1 機械構造用炭素鋼 ―― 138
- 3・2 快削鋼 ―― 138
- 3・3 機械構造用 Mn 鋼・Mn-Cr 鋼および Cr 鋼 ―― 139
- 3・4 機械構造用 Cr-Mo 鋼・Ni 鋼・Ni-Cr 鋼および Ni-Cr-Mo 鋼 ―― 139
- 3・5 B 鋼(AISI)の成分例 ―― 140
- 3・6 ピアノ線材および硬鋼線材 ―― 140
- 3・7 ばね鋼の種類 ―― 140
- 3・8 低炭素マルテンサイト鋼 ―― 140
- 3・9 超強靱鋼 ―― 141
- 3・10 はだ焼鋼 ―― 141
- 3・11 窒化鋼 ―― 141

4 工具鋼およびこれに類する高硬度鋼 ―― 142
- 4・1 工具鋼 ―― 142
  - 4・1・1 炭素工具鋼 ―― 142
  - 4・1・2 合金工具鋼 ―― 142
- 4・2 工具鋼に類する高硬度鋼 ―― 143
  - 4・2・1 高速鋼 ―― 143
  - 4・2・2 高炭素クロム軸受鋼 ―― 143
  - 4・2・3 耐食および耐熱軸受鋼 ―― 143
  - 4・2・4 黒鉛鋼 ―― 143

5 ステンレス鋼およびこれに類する高合金鋼 ―― 144
- 5・1 ステンレス鋼の状態図および組織図 ―― 144
  - 5・1・1 Fe-Cr および Fe-Ni 2 元状態図 ―― 144
  - 5・1・2 シェフラーの組織図 ―― 144
- 5・2 ステンレス鋼 ―― 144
  - 5・2・1 ステンレス鋼の組織と機械的性質 ―― 144
  - 5・2・2 マルテンサイト系ステンレス鋼の熱処理 ―― 146
  - 5・2・3 析出硬化系ステンレス鋼の組成，機械的性質と熱処理 ―― 146
- 5・3 マルエージ鋼 ―― 146
  - 5・3・1 マルエージ鋼の組成と機械的性質 ―― 146

6 耐熱鋼および超耐熱合金 ―― 147
- 6・1 ボイラ・熱交換器用合金鋼鋼管 ―― 147
- 6・2 高温高圧水素中における鋼の使用限界 ―― 147
  - 6・2・1 高温高圧水素中における鋼の使用限界 ―― 147
  - 6・2・2 高温高圧水素中における Cr-0.5 Mo および Mn-0.5 Mo 鋼の使用実績 ―― 148
- 6・3 耐熱鋼 ―― 148
  - 6・3・1 耐熱鋼の組成と機械的性質 ―― 148
  - 6・3・2 12 Cr 系耐熱鋼の組成とクリープ破断強さ ―― 149
  - 6・3・3 各種耐熱鋼のクリープ破断強さおよび

		クリープ強さの比較	149
6・4		超耐熱合金	150
	6・4・1	鍛造用超耐熱合金	150
	6・4・2	普通鋳造用超耐熱合金	152
	6・4・3	一方向凝固柱状晶超耐熱合金の組成	153
	6・4・4	単結晶用超耐熱合金の組成	154
	6・4・5	粉末用超耐熱合金	154
	6・4・6	酸化物分散超耐熱合金	154

7 鋳鉄および鋳鋼 ——— 155

7・1	ねずみ鋳鉄品の規格	155
7・2	各種ねずみ鋳鉄品の機械的性質と供試材鋳放し肉厚の関係	155
7・3	可鍛鋳鉄品の規格	155
7・4	球状黒鉛鋳鉄品の規格	155
7・5	ダクタイル鋳鉄管および異形管の規格	155
7・6	オーステンパ球状黒鉛鋳鉄品	155
7・7	オーステナイト鋳鉄品の規格	156
7・8	オーステナイト鋳鉄品の機械的性質	156
7・9	オーステナイト鋳鉄品の物理的性質	156
7・10	炭素鋼鋳鋼品の規格	157
7・11	溶接構造用鋳鋼品の規格	157
7・12	構造用高張力炭素鋼および低合金鋳鋼品の規格	157
7・13	ステンレス鋼鋳鋼品の規格	158
7・14	耐熱鋼鋳鋼品の規格	160
7・15	高マンガン鋼鋳鋼品の規格	160
7・16	高温高圧用鋳鋼品の規格	161
7・17	低温高圧用鋳鋼品の規格	161
7・18	溶接構造用遠心力鋳鋼管の規格	161
7・19	高温高圧用遠心力鋳鋼管の規格	161

8 鋼の熱処理に関連する事項 ——— 162

8・1	鋼の熱処理用加熱温度	162
8・2	化学組成から Ac_3 点, Ac_1 点, M_s 点を求める式	162
8・3	鋼の焼入性試験方法(ジョミニー式一端焼入方法)	162
8・4	焼ならし状態の炭素鋼, 低合金鋼の引張強さの推定法	163
8・5	低合金鋼の焼入性を組成と結晶粒度から求める方法	163

	8・5・1	相乗法による焼入性倍数	163
	8・5・2	相加法による理想臨界直径の計算法	164
	8・5・3	D_1 と D の関係	164
	8・5・4	50%マルテンサイト組織の D_1 と種々のマルテンサイト量組織に対する D_1 との関係	165
	8・5・5	球状黒鉛鋳鉄の焼入性を求めるための焼入性倍数	165
	8・5・6	D_1 よりジョミニー曲線を求める方法	165
	8・5・7	ジョミニー試験片と丸棒の焼入れによる冷却速度の関係	165
	8・5・8	硬さと炭素量よりマルテンサイト量を求める方法	166
8・6		焼もどし硬さの計算法	166
	8・6・1	硬さ減量と焼もどし温度の関係	166
	8・6・2	限界硬さと炭素含有量の関係	166
	8・6・3	焼もどし因子, C% および焼もどし温度の関係	166
	8・6・4	各種元素の硬さ増量	167
8・7		650°C で焼もどした鋼の機械的性質を化学組成から推定する方法	168
8・8		機械構造用鋼の機械的性質間の関係	168
8・9		塩浴と金属浴	168
	8・9・1	塩浴の組成と使用温度	168
	8・9・2	金属浴の例	168
	8・9・3	塩浴の蒸発速度	169
	8・9・4	水溶性焼入液の急冷度, H 値	169

9 鋼中炭化物および金属間化合物 ——— 169

9・1	炭化物	169
	9・1・1 炭化物の結晶構造および諸性質	169
	9・1・2 炭化物生成反応の標準エネルギー	170
	9・1・3 鋼中炭化物生成反応の標準エネルギー	170
	9・1・4 鋼中炭化物の溶解度積	170
	9・1・5 各種鋼の焼もどしにおける炭化物の変化	171
9・2	金属間化合物	171
	9・2・1 Fe 基合金中の析出化合物	171
	9・2・2 Ni 基合金中の析出化合物	172
	9・2・3 Co 基合金中の析出化合物	172
	9・2・4 耐熱合金に現われる金属間化合物, 窒化物の結晶構造と性質	173

IV 非鉄材料

1 純金属 ——— 175

1・1	純金属の機械的性質	175
1・2	純金属の純度	176
	1・2・1 各種金属中の不純物の一例	176
	1・2・2 JIS 各種非鉄金属地金の純度	178
	1・2・3 JIS 各種非鉄金属半製品の純度	179

2 銅および銅合金 ——— 179

2・1	一般	179
	2・1・1 銅および銅合金の一般的呼称	179
	2・1・2 銅に各種元素を添加したときの色の変化	179
	2・1・3 亜鉛当量	179
2・2	銅	180

2・2・1 無酸素銅および電気銅の電気伝導率に
およぼす添加元素の効果 —— 180
2・2・2 各種純銅の電気伝導率におよぼす
冷間加工の効果 —— 180
2・2・3 無酸素銅の機械的性質におよぼす
冷間加工の効果 —— 180
2・2・4 各種純銅板の機械的性質におよぼす
焼なまし温度の影響 —— 181
2・2・5 各種加工率のETPCuの焼なましによる
機械的性質の変化 —— 181
2・2・6 純銅の加工率,焼なまし温度と結晶粒の
大きさ —— 181
2・2・7 銅の機械的性質および電気伝導率に
およぼす酸素の効果 —— 181
2・2・8 純銅の再結晶温度上昇におよぼす
微量合金元素の影響 —— 182
2・3 銅合金 —— 182
2・3・1 銅合金の性質 —— 182
2・3・2 展伸用銅合金 —— 183
2・3・3 鋳造用銅合金 —— 188

3 アルミニウムおよびアルミニウム
合金 —— 190

3・1 一般 —— 190
3・1・1 8%冷間加工した99.99%Alの
再結晶におよぼす添加元素の効果 —— 190
3・1・2 高純度アルミニウムの電気伝導率に
およぼす不純物の効果 —— 190
3・2 展伸用アルミニウム合金 —— 190
3・2・1 展伸用アルミニウム合金の分類例 —— 190
3・2・2 おもな展伸用アルミニウム合金 —— 191
3・2・3 JIS はく用アルミニウムおよび
アルミニウム合金 —— 193
3・2・4 JIS アルミニウムおよびアルミニウム
合金の板および管の導体 —— 193
3・2・5 アルミニウムおよびアルミニウム合金
の質別記号および熱処理用語 —— 193
3・2・6 展伸用アルミニウム合金 —— 193
3・2・7 おもなアルミニウム合金板の
機械的性質 —— 194
3・2・8 展伸用Al-Mg 2元合金のマグネシウム
量と機械的性質の関係 —— 194
3・2・9 ジュラルミン板の室温時効特性 —— 195
3・2・10 ジュラルミン線の復元現象および
再時効による引張強さの変化 —— 195
3・2・11 7075合金板の焼もどし時効特性 —— 195
3・2・12 アルミニウム合金合せ材の心材と
皮材の組合せ —— 195
3・2・13 各種皮材を合せた Al-Cu-Mg 合金
合せ板の引張強さと皮材の厚さとの
関係 —— 195
3・2・14 各種アルミニウム合金の高温での
耐力 —— 196
3・3 鋳造用アルミニウム合金 —— 196

3・3・1 各種 Al-Cu 金型鋳物の機械的性質 —— 196
3・3・2 各種 Al-Mg 金型鋳物の機械的性質 —— 196
3・3・3 各種 Al-Si 金型鋳物の機械的性質 —— 196
3・3・4 おもなアルミニウム合金ダイカスト —— 196
3・3・5 おもなアルミニウム合金鋳物 —— 197

4 マグネシウムおよびマグネシウム
合金 —— 197

4・1 一般 —— 197
4・1・1 マグネシウム合金における
添加元素の型 —— 197
4・1・2 マグネシウムの底面すべり臨界せん断
応力におよぼす添加元素の効果 —— 197
4・1・3 マグネシウム合金の再結晶温度 —— 198
4・1・4 各種マグネシウム合金の硬さ —— 198
4・1・5 マグネシウム合金記号 —— 198
4・2 展伸用・鋳造用マグネシウム合金 —— 198
4・2・1 おもな展伸用マグネシウム合金 —— 198
4・2・2 おもな鋳造用マグネシウム合金 —— 199
4・2・3 おもなダイカストマグネシウム合金 —— 201
4・2・4 各種マグネシウム合金砂型鋳物の
高温での耐力 —— 201

5 チタンおよびジルコニウムとそれらの
合金 —— 201

5・1 チタンおよびチタン合金 —— 201
5・1・1 アルミニウム当量および
モリブデン当量 —— 201
5・1・2 おもなチタン合金 —— 202
5・1・3 β安定化元素を含むチタン合金の
平衡状態図と焼入れによる生成相
との関係 —— 203
5・1・4 チタンの耐力におよぼす添加元素の
効果 —— 203
5・1・5 チタンの硬さにおよぼす添加元素の
効果 —— 203
5・1・6 チタンの機械的性質におよぼす
侵入型不純物の効果 —— 203
5・1・7 チタン2元合金の M_s 曲線 —— 203
5・1・8 チタンの高温での引張性質 —— 204
5・1・9 チタン2元系合金の室温における
電気抵抗 —— 204
5・1・10 チタンのヤング率におよぼす
合金元素の影響 —— 204
5・1・11 合金のタイプで整理した室温における
降伏強さと破壊靱性 —— 205
5・1・12 Ti-6Al-4V 合金のミクロ組織形態と
疲労強度との関係 —— 205
5・1・13 Ti-6Al-4V 合金のミクロ組織形態と
疲労き裂進展速度との関係 —— 205
5・2 ジルコニウムおよびジルコニウム合金 —— 205
5・2・1 原子炉用純ジルコニウムおよび
ジルコニウム合金の化学組成と
機械的性質 —— 205

目次

- 5・2・2 工業用純ジルコニウムおよびジルコニウム合金の化学組成と機械的性質 ———— 205
- 5・2・3 おもなジルコニウム合金 ———— 206
- 5・2・4 ジルコニウムの機械的性質におよぼす酸素の効果 ———— 206
- 5・2・5 25℃および500℃におけるヨウ化法ジルコニウムの耐力におよぼす添加元素の効果 ———— 206
- 5・2・6 工業用ジルコニウム合金, 702, 704および705の引張特性と温度との関係 ———— 207
- 5・2・7 工業用ジルコニウム合金, 702および705のクリープ破断曲線 ———— 207
- 5・2・8 溶体化・時効処理したZr-2.5%Nbにおける破壊靱性値におよぼす水素含有量および温度の影響 ———— 207
- 5・2・9 702ジルコニウム合金の曲げ疲労曲線 ———— 207
- 5・2・10 溶体化・時効処理を施したZr-2.5%Nbの圧力管で圧力サイクル試験を行った場合のき裂進展速度と繰返し応力拡大係数範囲との関係 ———— 207
- 5・2・11 ジルコニウムの均一腐食におよぼす不純物濃度の影響 ———— 208
- 5・2・12 ジルコニウムの種々の酸あるいはアルカリに対する腐食速度 ———— 208

6 その他の合金 ———— 208

- 6・1 ニッケルおよびニッケル合金 ———— 208
  - 6・1・1 ニッケル合金の焼なまし条件 ———— 208
  - 6・1・2 各種ニッケル2元合金のキュリー点 ———— 208
  - 6・1・3 おもな高ニッケル合金 ———— 208
- 6・2 貴金属 ———— 208
  - 6・2・1 白金への添加元素の効果 ———— 208
  - 6・2・2 パラジウムへの添加元素の効果 ———— 209
  - 6・2・3 金への添加元素の効果 ———— 209
  - 6・2・4 銀への添加元素の効果 ———— 209
  - 6・2・5 貴金属合金例 ———— 210
  - 6・2・6 歯科用貴金属合金成分範囲 ———— 210
- 6・3 亜鉛合金, 鉛合金 ———— 210
  - 6・3・1 おもな亜鉛合金ダイカスト ———— 210
  - 6・3・2 おもな鉛合金 ———— 211
  - 6・3・3 活字合金成分例 ———— 211
- 6・4 高融点金属 ———— 211
  - 6・4・1 各種モリブデン2元合金の870℃における硬さ ———— 211
  - 6・4・2 各種バナジウム2元合金の硬さ ———— 211
- 6・4・3 若干の高融点金属の高温での引張性質 ———— 211
- 6・5 おもな軸受用合金 ———— 212
  - 6・5・1 ホワイトメタル系 ———— 212
  - 6・5・2 アルミニウム系 ———— 212
  - 6・5・3 銅 鉛合金系 ———— 212
  - 6・5・4 カドミウム系 ———— 212
  - 6・5・5 アルカリ硬化鉛系 ———— 212
  - 6・5・6 亜鉛系 ———— 213
  - 6・5・7 焼結含油系 ———— 213
- 6・6 低融点合金 ———— 213
- 6・7 金属間化合物 ———— 215
  - 6・7・1 高温構造用材料として有望な金属間化合物 ———— 215
  - 6・7・2 高温用材料の特性 ———— 215
  - 6・7・3 各種の機能を示す金属間化合物 ———— 216

7 金属複合材料 ———— 217

- 7・1 補強用繊維 ———— 217
  - 7・1・1 各種代表的補強用繊維の常温特性 ———— 217
  - 7・1・2 金属繊維の特性例 ———— 217
  - 7・1・3 ボロンおよびシリコンカーバイド繊維の特性 ———— 218
  - 7・1・4 カーボン繊維の特性例 ———— 218
  - 7・1・5 SiCおよびAl_2O_3系繊維の特性 ———— 218
- 7・2 金属基複合材料 ———— 218
  - 7・2・1 一方向強化金属の特性例 ———— 218
  - 7・2・2 ボロン繊維強化一方向材の力学特性 ———— 219
  - 7・2・3 シリコンカーバイド繊維強化一方向材の力学特性 ———— 219
  - 7・2・4 カーボン繊維強化一方向材の力学特性 ———— 219
  - 7・2・5 炭化ケイ素系繊維強化一方向材の力学特性 ———— 219
  - 7・2・6 アルミナ繊維強化一方向材の力学特性 ———— 220
  - 7・2・7 β-SiCウィスカー強化アルミニウム合金の力学特性 ———— 220

8 各種性質 ———— 221

- 8・1 各種一般用金属材料の特性 ———— 221
- 8・2 各種合金のクリープラプチャー強さ ———— 221
- 8・3 種々の金属のクリープの活性化エネルギー ———— 221
- 8・4 低温での性質 ———— 222
  - 8・4・1 軽金属の低温における伸び ———— 222
  - 8・4・2 銅およびニッケル合金の低温における伸び ———— 222
- 8・5 若干の合金における析出物 ———— 222

V 電気磁気機能材料

1 電気材料 ———— 223

- 1・1 導電材料 ———— 223
  - 1・1・1 銅および銅合金 ———— 223
  - 1・1・2 アルミニウムおよびアルミニウム合金 ———— 223
  - 1・1・3 架空送配電線用鋼線 ———— 223

1・1・4 薄膜材料の電気抵抗	224
1・1・5 マイクロボンディングワイヤ	224
1・1・6 マイクロエレクトロニクス用はんだ	224
1・1・7 リードフレーム材料	225
1・2 抵抗および電熱材料	226
1・2・1 精密抵抗材料：電気抵抗用銅マンガンの成分と特性	226
1・2・2 精密抵抗材料：電気抵抗用銅ニッケルの成分と特性	226
1・2・3 精密抵抗材料：ニッケルクロム，アルミニウム合金精密抵抗材料の特性	226
1・2・4 一般用抵抗材料：種類，成分と特性	227
1・2・5 電熱材料：電熱用ニッケルクロムおよび鉄クロムの種類，成分および特性	227
1・2・6 特殊用途用抵抗材料：高温度係数材料	227
1・2・7 ひずみ計用抵抗材料：抵抗ひずみ計用材料の特性	228
1・3 電子放出材料	228
1・3・1 金属の仕事関数，熱電子放出定数と陰性の Figure of Merit	228
1・3・2 単原子層陰極および酸化物陰極の熱電子放出定数と仕事関数	228
1・3・3 炭化物，ホウ化物陰極の仕事関数と融点	228
1・3・4 アルカリ金属の極大感度波長と限界波長	229
1・4 測温材料	229
1・4・1 熱電対線の JIS 規格	229
1・4・2 各種熱電対の規準熱起電力	229
1・4・3 高融点金属熱電対の種類	229
1・4・4 熱電対素線およびサーミスタの主成分	229
1・4・5 測温抵抗体の種類	230
1・4・6 各種バリスタの特性	230
1・4・7 各種サーミスタおよび測温抵抗体の温度特性	230
1・5 超電導材料	230
1・5・1 元素の超電導遷移温度と臨界磁場	230
1・5・2 合金，化合物，非晶質合金，有機・分子系超電導材料の超電導臨界温度と臨界磁場	231
1・5・3 代表的な実用超電導線材の臨界電流密度-磁場特性	231
1・5・4 開発中の先進超電導材料の臨界電流密度-磁場特性	231
1・5・5 酸化物高温超電導体の超電導臨界温度と臨界磁場	232
1・5・6 代表的な酸化物高温超電導材料（線材）の臨界電流密度-磁場特性	232
1・5・7 種々のサイズの Bi 系酸化物高温超電導テープの臨界電流，臨界電流密度と超電導体の体積率	232
1・5・8 開発中の Y 系酸化物高温超電導テープの基材構造，Y123 成膜法，臨界電流と臨界電流密度	232
1・6 接点・電極・封着材料	232
1・6・1 接点用合金	232
1・6・2 ばね性接点材料	233
1・6・3 電子管電極材料	233
1・6・4 ガラス封着用金属材料	233
1・7 誘電材料	234
1・7・1 圧電単結晶の諸定数	234
1・7・2 圧電セラミックスの諸定数	234
1・7・3 セラミックコンデンサの特性	235
1・7・4 表面波素子用圧電基板材料の特性	235
2 半導体用材料	**236**
2・1 Si 半導体素子用材料	236
2・1・1 個別半導体素子用ウェハ	236
2・1・2 集積回路用ウェハ	236
2・2 III-V 族化合物半導体素子用材料	236
2・2・1 発受光素子用基板	236
2・2・2 電子素子用基板	236
2・3 その他	236
3 磁性材料	**237**
3・1 高透磁率材料	237
3・1・1 電磁軟鉄	237
3・1・2 電磁鋼板	237
3・1・3 パーマロイ	237
3・1・4 センダストおよび Fe-Al 合金	238
3・1・5 恒透磁率合金	238
3・1・6 電磁雑音吸収体・電磁波シールド材	238
3・1・7 軟磁性フェライト	239
3・1・8 マイクロ波用フェライト	239
3・1・9 アモルファス合金	239
3・1・10 ナノ結晶・ナノグラニュラー	240
3・1・11 磁性流体	240
3・2 磁気記録媒体材料	241
3・3 磁気抵抗材料	243
3・4 半硬質および永久磁石材料	244
3・4・1 半硬質材料	244
3・4・2 アルニコ系磁石	244
3・4・3 Fe-Cr-Co 磁石材料	244
3・4・4 Pt-Co, Pt-Fe 磁石材料	245
3・4・5 Mn-Al-C 磁石材料	245
3・4・6 フェライト磁石材料	245
3・4・7 希土類磁石材料	246
3・4・8 ボンド磁石の磁気特性	247
3・5 磁歪材料	248
3・5・1 金属磁歪振動子材料	248
3・5・2 フェライト磁歪振動子材料	248
3・5・3 超磁歪希土類系化合物	248
3・6 インバーおよびエリンバー材料	248
3・6・1 インバー型合金の線膨張係数と磁気変態点	248
3・6・2 エリンバー型合金の諸特性	249

4 その他の機能材料 ─── 249

- 4・1 防振材料 ─── 249
  - 4・1・1 制振合金のダンピング機能の原理 ─── 249
  - 4・1・2 制振合金の制振機構と合金例 ─── 250
  - 4・1・3 金属材料の強度と制振係数 ─── 250
  - 4・1・4 制振合金の使用例とその効果 ─── 251
- 4・2 形状記憶材料 ─── 251
  - 4・2・1 各種形状記憶合金の結晶構造と変態温度ヒステリシス ─── 251
  - 4・2・2 Ni-Ti および Cu-Zn-Al 系形状記憶合金の基礎物性と特性 ─── 251
  - 4・2・3 Ti-Ni 合金の疲労寿命 ─── 251
- 4・3 水素吸蔵材料 ─── 252
  - 4・3・1 金属水素化物(二成分系)の平衡解離圧と温度の関係 ─── 252
  - 4・3・2 金属水素化物(三成分系)の平衡解離圧と温度の関係 ─── 252
- 4・4 医療用材料 ─── 253
  - 4・4・1 生体用ステンレス鋼 ─── 253
  - 4・4・2 生体用ステンレス鋼の機械的性質 ─── 253
  - 4・4・3 生体用コバルト合金 ─── 254
  - 4・4・4 生体用コバルト合金の機械的性質 ─── 254
  - 4・4・5 生体用タンタル ─── 255
  - 4・4・6 生体用純タンタルの機械的性質 ─── 255
  - 4・4・7 生体用チタンおよびチタン合金 ─── 255
  - 4・4・8 生体用チタンおよびチタン合金の機械的性質 ─── 256
  - 4・4・9 歯科鋳造用ニッケルクロム合金の組成と特性 ─── 256
  - 4・4・10 歯科加工用ニッケルクロム合金の組成と特性 ─── 256
  - 4・4・11 歯科鋳造用コバルトクロム合金の組成と特性 ─── 257
  - 4・4・12 歯科加工用コバルトクロム合金の組成と特性 ─── 257
  - 4・4・13 歯科用チタン合金の種類と機械的性質 ─── 257
  - 4・4・14 歯科用高カラット合金の組成と特性 ─── 257
  - 4・4・15 歯科用低カラット合金の組成と特性 ─── 257
  - 4・4・16 歯科鋳造用金合金の規格 ─── 257
  - 4・4・17 歯科加工用金合金の規格 ─── 257
  - 4・4・18 歯科用 12% 金銀パラジウム合金の公示組成範囲 ─── 258
  - 4・4・19 歯科用 12% 金銀パラジウム合金の特性の平均値 ─── 258
  - 4・4・20 歯科用銀合金の組成と特性 ─── 258
- 4・5 光ファイバー ─── 258
  - 4・5・1 光ファイバーの伝送損失の各種要因とスペクトル構造 ─── 258
  - 4・5・2 赤外光ファイバー材料の伝送損失スペクトルの理論限界と,実用化されている光源用レーザの発振波長 ─── 258
  - 4・5・3 光ファイバーによるエネルギー輸送とその応用分野 ─── 259
  - 4・5・4 主な酸化物系赤外用ファイバー材料とその導波特性 ─── 259
  - 4・5・5 主なカルコゲナイド系赤外用ファイバー材料とその導波特性 ─── 259
  - 4・5・6 主なハロゲン化物系赤外用ファイバー材料とその導波特性 ─── 260
- 4・6 音響材料 ─── 260
  - 4・6・1 振動板材料の特徴 ─── 260
  - 4・6・2 振動板材料の特性 ─── 260
  - 4・6・3 振動板材料の比弾性率と内部損失 ─── 260
  - 4・6・4 ヘッドシェル・フレーム用 Al 合金 ─── 261
  - 4・6・5 ヨークおよびボトムプレート材料 ─── 261
- 4・7 電池材料 ─── 261
  - 4・7・1 一次電池用材料と電池の特徴 ─── 261
  - 4・7・2 二次電池用材料と電池の特徴 ─── 261
  - 4・7・3 燃料電池用材料と電池の特徴 ─── 262
- 4・8 固体電解質材料 ─── 262
  - 4・8・1 固体電解質材料の伝導イオン種とイオン伝導率 ─── 262

VI 原子力材料

1 核分裂炉用材料 ─── 263

- 1・1 主な動力炉の燃料と材料 ─── 263
- 1・2 日本の主な研究炉の燃料と材料 ─── 263
- 1・3 主な動力炉に使用する材料 ─── 264

2 核燃料 ─── 264

- 2・1 核反応と核燃料サイクル ─── 264
  - 2・1・1 核分裂性物質の特性 ─── 264
  - 2・1・2 熱中性子による ^{238}U の Pu への変換 ─── 265
  - 2・1・3 熱中性子による ^{232}Th の核反応 ─── 265
- 2・2 ウラン,プルトニウム,トリウム ─── 266
  - 2・2・1 U, Pu, Th の結晶構造 ─── 266
  - 2・2・2 U, Pu, Th の熱定数 ─── 266
  - 2・2・3 α-U の機械的性質 ─── 266
  - 2・2・4 金属ウラン,二酸化ウラン,炭化ウランの特性比較 ─── 267
  - 2・2・5 二酸化ウラン,二酸化プルトニウム,二酸化トリウムの性質 ─── 267
  - 2・2・6 ウラン化合物の性質 ─── 268
  - 2・2・7 プルトニウム化合物の性質 ─── 268
  - 2・2・8 トリウム化合物の性質 ─── 268

3 核分裂炉構成材料 ─── 269

- 3・1 材料の核的性質 ─── 269
  - 3・1・1 代表的な核分裂炉の中性子スペクトル ─── 269

- 3・1・2 熱中性子吸収断面積 — 269
- 3・1・3 核分裂スペクトルをもつ中性子による(n, p)および(n, α)反応断面積 — 269
- 3・1・4 (n, γ)反応断面積 — 269
- 3・1・5 ステンレス鋼の弾き出し断面積 — 269
- 3・2 燃料被覆材 — 270
  - 3・2・1 燃料被覆管用ステンレス鋼 — 270
  - 3・2・2 ジルコニウム合金 — 270
  - 3・2・3 マグノックス合金 — 270
  - 3・2・4 耐食性 — 270
- 3・3 減速材および反射材 — 271
  - 3・3・1 主な減速材の炉物理的性質 — 271
  - 3・3・2 中性子散乱断面積 — 271
- 3・4 冷却材 — 271
  - 3・4・1 冷却材の諸性質 — 271
- 3・5 制御材 — 272
  - 3・5・1 主な制御棒材料 — 272
  - 3・5・2 制御棒関連元素の同位体組成と中性子吸収断面積 — 272
  - 3・5・3 制御棒材料の諸性質 — 272
  - 3・5・4 各種材料の制御棒価値 — 273
  - 3・5・5 Ag-In-Cd合金 — 273
  - 3・5・6 高速炉用制御材の密度と相対的有効性 — 273
- 3・6 遮蔽材 — 273
  - 3・6・1 各種材料のγ線に対する線吸収係数 — 273
  - 3・6・2 ^{60}Co, ^{137}CsおよびRaからのγ線に対する鉛,鉄,コンクリートの遮蔽効果 — 274
  - 3・6・3 ポルトランドセメントの組成 — 274
  - 3・6・4 コンクリートの配合例と性質 — 274

- 4 核融合炉用材料 — 274
- 4・1 核融合炉に使われる材料 — 274
  - 4・1・1 次期大型装置および商用核融合炉の設計における材料構成 — 274
- 4・2 第一壁構造材料 — 275
  - 4・2・1 構造材料構成元素の誘導放射能の減衰 — 275
  - 4・2・2 主な第一壁構造材の熱応力係数 — 275
  - 4・2・3 主な候補材料の高温強度(その1) ―最大引張強さの温度依存性 — 275
  - 4・2・4 主な候補材料の高温強度(その2) ―低放射化フェライト鋼 — 275
  - 4・2・5 主な候補材料の高温強度(その3) ―バナジウム合金 — 275
- 4・3 プラズマ対向材料 — 276
  - 4・3・1 主なプラズマ対向壁材料のスパッタリング率(その1)―ベリリウム — 276
  - 4・3・2 主なプラズマ対向壁材料のスパッタリング率(その2)―炭素 — 276
  - 4・3・3 主なプラズマ対向壁材料のスパッタリング率(その3)―タングステン — 276
- 4・4 ブランケット構成材料 — 276
  - 4・4・1 トリチウム増殖材料(その1) ―固体増殖材料 — 276
  - 4・4・2 トリチウム増殖材料(その2) ―液体増殖材料 — 276
  - 4・4・3 中性子増倍材料 — 276
- 4・5 超伝導磁石材料 — 277
  - 4・5・1 主な超伝導材料の照射特性 — 277
  - 4・5・2 有機絶縁材料の照射劣化特性 — 277

VII 焼結材料

- 1 金属粉末の種類と特性 — 279
- 1・1 鉄系金属粉 — 279
  - 1・1・1 粉末冶金用純鉄粉 — 279
  - 1・1・2 粉末冶金用低合金鋼粉 — 279
  - 1・1・3 粉末冶金用ステンレス鋼粉 — 279
  - 1・1・4 ガスアトマイズ高合金鋼粉 — 280
  - 1・1・5 鉄系微粉 — 280
- 1・2 銅系金属粉 — 280
  - 1・2・1 粉末冶金用電解銅粉 — 280
  - 1・2・2 アトマイズ法による銅粉,銅合金粉,スズ粉 — 280
- 1・3 アルミニウム系金属粉 — 281
  - 1・3・1 粉末冶金用Al粉 — 281
  - 1・3・2 粉末冶金用Al混合粉 — 281
  - 1・3・3 高強度Al合金用空気アトマイズ粉 — 281
- 1・4 その他 — 281
  - 1・4・1 各種金属粉の製法と性質 — 281
  - 1・4・2 タングステン粉 — 282
  - 1・4・3 各種合金粉製造法による粒度分布 — 282

- 2 金属粉末の自燃性と爆発性 — 282
- 2・1 金属粉末の自燃性 — 282
- 2・2 金属粉末の爆発性 — 282
  - 2・2・1 雰囲気中での爆発条件 — 282

- 3 金属粉末の毒性 — 282
- 3・1 作業室における空気中許容量 — 282

- 4 焼結材料の種類と特性 — 283
- 4・1 焼結材料の製造工程例 — 283
- 4・2 機械部品用焼結材料の成分と性質 — 284
- 4・3 機械部品用焼結材料規格 — 288
- 4・4 銅系焼結材料の成分と性質 — 288
  - 4・4・1 ASTM規格 — 288
  - 4・4・2 SAE規格 — 289
- 4・5 アルミニウム系焼結材料の成分と性質 — 289
  - 4・5・1 Al焼結部品の基本的性質 — 289
  - 4・5・2 焼結高強度アルミニウム合金 — 289
- 4・6 鉄・銅・アルミニウム以外の焼結材料の

成分と性質 ————————— 289
　4・6・1　スーパーアロイ ————————— 289
　4・6・2　チタン合金 ————————— 290
　4・6・3　耐火金属 ————————— 290
4・7　低密度・多孔質焼結材料 ————————— 291
　4・7・1　多孔質焼結材料 SINT-A の特性 ————————— 291
　4・7・2　低密度焼結材料 SINT-B の特性 ————————— 291
4・8　超硬合金およびサーメット ————————— 292
　4・8・1　超硬合金用炭化物の諸性質 ————————— 292
　4・8・2　窒化物の主な性質 ————————— 292
　4・8・3　WC-Co 系超硬合金の組成と性質 ————————— 292
　4・8・4　米国系 WC-TiC-TaC-Co 合金の組成と性質 ————————— 293
　4・8・5　切削工具用超硬質工具材料規格 ————————— 293
　4・8・6　線引ダイス用およびセンター用超硬合金 ————————— 294
　4・8・7　各種工具材料の室温性質 ————————— 294

5　焼結部品の金型成形と寸法精度 ————————— 295

5・1　焼結部品の設計上の要点 ————————— 295
　5・1・1　押型からの抜出しに関する制約 ————————— 295
　5・1・2　粉末充てんをしやすくするための制約 ————————— 295
　5・1・3　丈夫な押型を得るための制約 ————————— 296
　5・1・4　均一な密度の成形体を得るための制約，その他 ————————— 296
5・2　金属焼結品普通許容差 ————————— 296
　5・2・1　適用範囲 ————————— 296
　5・2・2　用語の意味 ————————— 296
　5・2・3　等級 ————————— 296
　5・2・4　普通許容差 ————————— 296

VIII　試験・測定

1　組織観察 ————————— 299

1・1　電解研磨液 ————————— 299
　1・1・1　鉄鋼材料用電解研磨液 ————————— 299
　1・1・2　非鉄金属および合金用電解研磨液 ————————— 300
　1・1・3　金属間化合物単体用電解研磨液 ————————— 303
　1・1・4　形状記憶合金用電解研磨液 ————————— 303
　1・1・5　析出相を含む合金用電解研磨液 ————————— 304
　1・1・6　水素化物形成防止用電解研磨液 ————————— 304
1・2　腐食液 ————————— 304
　1・2・1　鉄鋼材料用腐食液 ————————— 304
　1・2・2　非鉄金属および合金用腐食液 ————————— 306
1・3　着色腐食液 ————————— 307
　1・3・1　鉄鋼中の炭化物相の着色特性 ————————— 307
　1・3・2　アルミニウム合金中の相の種類と着色特性 ————————— 308
1・4　OIM 観察試料最終仕上げ方法 ————————— 308
1・5　結晶粒度 ————————— 309
1・6　転移ピット形成用腐食液 ————————— 309
1・7　透過電子顕微鏡観察用薄膜試料電解研磨法 ————————— 310

2　非破壊検査 ————————— 313

2・1　各種検査法 ————————— 313
　2・1・1　適用範囲 ————————— 313
　2・1・2　非破壊検査関係規格一覧表 ————————— 313
2・2　放射線透過試験 ————————— 314
　2・2・1　透過度計 ————————— 314
　2・2・2　透過度計識別度 ————————— 314
　2・2・3　階調計濃度差 ————————— 314
2・3　JIS による溶接部欠陥の判定基準 ————————— 314
　2・3・1　欠陥の分類 ————————— 314
　2・3・2　第1種の欠陥点数による等級 ————————— 314
　2・3・3　試験視野 ————————— 314
　2・3・4　欠陥の大きさによる点数 ————————— 314
　2・3・5　第2種の欠陥点数による等級 ————————— 315
　2・3・6　欠陥の種類による係数 ————————— 315
　2・3・7　欠陥の種類とその間隔 ————————— 315
2・4　超音波探傷法 ————————— 315
　2・4・1　おもな物質の密度，音速および音響インピーダンス ————————— 315
　2・4・2　超音波探傷試験の対象別適用分類 ————————— 316
　2・4・3　超音波探傷用振動子の物理定数 ————————— 317
2・5　磁気探傷法および浸透探傷法 ————————— 317
　2・5・1　磁気探傷法における試料磁化方法 ————————— 317
　2・5・2　染色浸透液 ————————— 317
　2・5・3　蛍光浸透液 ————————— 317
2・6　X 線応力測定およびひずみ測定 ————————— 317
　2・6・1　各試料に適した特性 X 線とそれに関する諸定数 ————————— 317
　2・6・2　ひずみ計用材料のひずみゲージ特性 ————————— 318
2・7　その他 ————————— 318
　2・7・1　鋼の地きずの肉眼試験 ————————— 318
　2・7・2　溶接部の欠陥の種類 ————————— 318
　2・7・3　溶接性の分類特性試験法 ————————— 319
　2・7・4　金属粉の特性試験 ————————— 319
　2・7・5　焼結材料試験に関する規格一覧表 ————————— 319

3　温度測定 ————————— 320

3・1　温度目盛 ————————— 320
　3・1・1　ITS-90 の定義定点 ————————— 320
　3・1・2　IPTS-68 から ITS-90 への換算 ————————— 320
3・2　金属・合金の Pt に対する熱起電力 ————————— 321
3・3　熱電対 ————————— 322
　3・3・1　常用熱電対の規格 ————————— 322
　3・3・2　貴金属熱電対の補償導線 ————————— 322
3・4　常用熱電対の規準熱起電力 ————————— 323
　3・4・1　白金 30% ロジウム-白金 6% ロジウム熱電対（タイプ B）の規準熱起電力 ————————— 323
　3・4・2　白金 13% ロジウム-白金熱電対（タイプ R）の規準熱起電力 ————————— 323

3・4・3 クロメル-アルメル熱電対(タイプK)の
　　　　規準熱起電力 ──── 324
3・4・4 銅-コンスタンタン熱電対(タイプT)の
　　　　規準熱起電力 ──── 324
3・5 規準白金抵抗素子 ──── 325
3・6 低温槽のための寒剤 ──── 325

4 単　　位 ──── 325

4・1 SI 単位系 ──── 325
　4・1・1 基本単位 ──── 325
　4・1・2 固有の名称をもつSI組立単位 ──── 326
　4・1・3 SI組立単位の例 ──── 326
　4・1・4 SI単位と併用してよい単位 ──── 326
　4・1・5 10の整数乗倍を表わすSI接頭語 ──── 326
4・2 SI単位とその他の単位間の換算 ──── 326

5 X線・電子・中性子回折 ──── 329

5・1 一　　般 ──── 329
　5・1・1 X線・γ線・電子線・中性子線の発生 ──── 329
　5・1・2 X線・γ線・電子線・中性子線の
　　　　　諸性質とその利用 ──── 329
　5・1・3 X線・γ線・電子線・中性子線の検出と
　　　　　測定 ──── 329
　5・1・4 放射線に関する単位 ──── 330
5・2 X線回折 ──── 330
　5・2・1 種々のX線解析法 ──── 330
　5・2・2 原子散乱因子 ──── 331
　5・2・3 特性X線と吸収端の波長 ──── 332
　5・2・4 一般に用いられる特性X線用Kβ線
　　　　　除去フィルター ──── 334
　5・2・5 粉末X線回折用標準物質 ──── 334
　5・2・6 質量吸収係数および密度 ──── 334
5・3 電子回折 ──── 335
　5・3・1 電子の波長 ──── 335
　5・3・2 電子の消衰距離 ──── 335
　5・3・3 電子に対する原子散乱振幅 ──── 336
5・4 中性子回折 ──── 337
　5・4・1 中性子核散乱振幅と断面積 ──── 337
5・5 微小部分析 ──── 338
　5・5・1 特性X線検出のための分光結晶 ──── 338
　5・5・2 電子プローブマイクロアナリシス
　　　　　定量のためのパラメータ ──── 339

IX 溶接・接合

1 被覆アーク溶接棒および溶接用ワイヤ JIS規格など ──── 341

1・1 軟鋼用被覆アーク溶接棒 ──── 341
1・2 軟鋼用溶接棒性能比較表 ──── 341
1・3 炭素鋼および低合金鋼用サブマージ
　　　アーク溶接ワイヤとフラックス ──── 342
1・4 軟鋼および高張力鋼用マグ溶接ソリッド
　　　ワイヤ ──── 343
1・5 高張力鋼用被覆アーク溶接棒 ──── 343
1・6 モリブデン鋼およびクロムモリブデン鋼用
　　　被覆アーク溶接棒 ──── 344
1・7 低温用鋼用被覆アーク溶接棒 ──── 344
1・8 ステンレス鋼被覆アーク溶接棒 ──── 346
1・9 溶接用ステンレス鋼溶加棒および
　　　ソリッドワイヤ ──── 346
1・10 鋳鉄用被覆アーク溶接棒 ──── 347
1・11 ニッケルおよびニッケル合金被覆
　　　アーク溶接棒 ──── 348
1・12 銅および銅合金被覆アーク溶接棒 ──── 348
1・13 アルミニウムおよびアルミニウム合金
　　　溶加棒ならびにワイヤ ──── 350

2 各種ろうのJIS規格など ──── 350

2・1 銀ろう ──── 350
2・2 その他の銀ろう例 ──── 351
2・3 銅および銅合金ろう ──── 351
2・4 アルミニウム合金ろう ──── 351
2・5 りん銅ろう ──── 352
2・6 ニッケルろう ──── 352
2・7 特殊ニッケルろう ──── 352
2・8 金ろう ──── 353
2・9 その他の金ろう例 ──── 353
2・10 パラジウムろう ──── 354
2・11 真空用貴金属ろう ──── 354
2・12 高融点金属用ろう材 ──── 355
2・13 アルミニウム用はんだ ──── 355
2・14 低融点銀合金はんだ ──── 355
2・15 はんだ ──── 356

3 溶接部の性能・溶接欠陥など ──── 359

3・1 溶接部の性能因子とその調査方法の分類 ──── 359
3・2 溶接欠陥とその防止策 ──── 360
3・3 溶接熱影響部 ──── 361
　3・3・1 鋼の状態図と溶接熱サイクル ──── 361
　3・3・2 鋼の溶接熱影響部の組織 ──── 361

4 金属の溶接難易と溶接法 ──── 361

4・1 各種金属材料の溶接難易一覧表 ──── 361
4・2 各種溶接法の応用分野 ──── 362
4・3 溶接法の種類 ──── 362
4・4 溶接法の適用範囲 ──── 363

5 セラミックスの接合法 ──── 363

5・1 セラミックス接合法の分類 ──── 363
5・2 各種セラミックス接合法の特徴 ──── 363

X 加 工

1 鋳 造 ——365
1・1 金属とガス ——365
- 1・1・1 純Alの水素溶解度 ——365
- 1・1・2 純銅の水素溶解度 ——365
- 1・1・3 純鉄の水素溶解度 ——365
- 1・1・4 溶融Fe-C合金の水素溶解度 ——365
- 1・1・5 溶融鉄合金の水素溶解度 ——365
- 1・1・6 Fe-C-Si系合金の水素溶解度 ——366
- 1・1・7 Cu合金の水素溶解度におよぼす添加元素の影響 ——366
- 1・1・8 純鉄の窒素溶解度 ——366
- 1・1・9 溶融鉄合金の窒素溶解度 ——366
- 1・1・10 溶解方法と耐熱鋼のガス含有量 ——366
- 1・1・11 各種真空処理法による脱ガス例 ——366

1・2 鋳型材料と凝固速度 ——366
- 1・2・1 鋳型材料の比熱 ——366
- 1・2・2 各種鋳型砂の比熱 ——367
- 1・2・3 鋳型材料の高温での熱伝導率 ——367
- 1・2・4 各種鋳型砂を使用した乾燥型の熱伝導率 ——367
- 1・2・5 けい砂フラン鋳型の熱伝導率 ——367
- 1・2・6 各種鋳型による各種金属の凝固時間係数 ——367
- 1・2・7 種々の鋳型材料による鋼の凝固時間 ——368

1・3 金属・合金の収縮量 ——368
- 1・3・1 金属の凝固収縮量 ——368
- 1・3・2 合金の凝固収縮量 ——368
- 1・3・3 鋳造品の線収縮量 ——368

1・4 鋳型と鋳造法の種類 ——368
1・5 鋳造品の成分偏析 ——368
- 1・5・1 Cu合金の偏析 ——368
- 1・5・2 鋳鉄の成分偏析 ——368
- 1・5・3 鋳鋼のC偏析 ——369

1・6 鋳鋼の鋳込み ——369
- 1・6・1 鋳鋼の鋳込速度 ——369
- 1・6・2 鋳鋼の湯道寸法 ——369

1・7 各種金属合金の鋳造 ——369
- 1・7・1 Cu合金の溶解温度,鋳込温度の標準 ——369
- 1・7・2 Cu合金鋳物の肉厚と鋳込温度の実例 ——369
- 1・7・3 Cu合金の脱酸,脱ガス剤 ——369
- 1・7・4 Al合金の融解温度 ——369
- 1・7・5 Zn合金の融解温度 ——370
- 1・7・6 Mg合金溶解温度 ——370
- 1・7・7 Al合金溶解用フラックス ——370
- 1・7・8 Mg合金溶解用フラックス ——370

1・8 各種金属溶解用るつぼ材,雰囲気および溶剤 ——370
1・9 ダイカスト ——371
- 1・9・1 ダイカスト用金型用鋼材の組成と用途 ——371
- 1・9・2 ダイカスト用合金の物理的性質 ——371
- 1・9・3 ダイカストの機械的性質 ——371

2 塑性加工 ——372
2・1 各種熱間加工の温度範囲 ——372
- 2・1・1 炭素鋼,低合金鋼の熱間鍛造温度範囲 ——372
- 2・1・2 特殊鋼および超合金の熱間鍛造温度 ——372
- 2・1・3 非鉄合金の熱間鍛造温度 ——372
- 2・1・4 各種金属材料の熱間押出し温度 ——372
- 2・1・5 鋼,アルミニウム合金の熱間圧延温度 ——372

2・2 塑性加工用工具材料の選択基準 ——373
- 2・2・1 冷間塑性加工用工具鋼選択基準 ——373
- 2・2・2 熱間塑性加工用工具鋼選択基準 ——373
- 2・2・3 超硬合金の使用選択基準 ——374
- 2・2・4 鋼材圧延用各種ロール材質の選択基準 ——374

2・3 塑性加工用潤滑剤 ——375
- 2・3・1 塑性加工用潤滑剤として利用される主な物質 ——375
- 2・3・2 各種塑性加工用潤滑例 ——375
- 2・3・3 熱間押出し用潤滑ガラス成分 ——376

2・4 各種金属材料のn値,r値と成形性 ——376
- 2・4・1 各種金属材料のn値,r値 ——376
- 2・4・2 板材の成形限界 ——376

2・5 各種材料のひずみ速度依存性指数と伸びの関係 ——377
2・6 集合組織 ——377
- 2・6・1 引抜線,押出棒材の集合組織 ——377
- 2・6・2 圧延板の集合組織 ——377
- 2・6・3 三次元方位分布 ——378

3 切削および研削加工 ——379
3・1 切削工具鋼の種類と主な用途 ——379
- 3・1・1 炭素工具鋼 ——379
- 3・1・2 高速度工具鋼 ——380
- 3・1・3 合金工具鋼 ——380
- 3・1・4 切削用超硬質工具材料 ——381

3・2 各種切削法における切削条件 ——383
- 3・2・1 超硬合金 ——383
- 3・2・2 超微粒子超硬合金 ——383
- 3・2・3 セラミックス ——384

3・3 研削加工 ——384
- 3・3・1 砥粒の種類 ——384
- 3・3・2 人造研削材の化学成分 ——385
- 3・3・3 結合剤の種類 ——385
- 3・3・4 研削用砥石の選択基準 ——386
- 3・3・5 ダイヤモンド,CBN砥石の標準形状 ——387

XI 腐食制御と表面改質

1 材料の電気化学的性質 —— 389
- 1・1 標準電極電位序列とガルバニ電位序列 —— 389
- 1・2 電位-pH図と実測腐食領域 —— 390
- 1・3 分極曲線 —— 392
  - 1・3・1 Fe-Cr合金のアノード分極曲線 —— 392
  - 1・3・2 塩酸中におけるFe-Cr合金のアノード分極曲線 —— 392
  - 1・3・3 Fe-Ni合金のアノード分極曲線 —— 392
  - 1・3・4 Ni-Mo合金のアノード分極曲線 —— 392
  - 1・3・5 Co-Cr合金のアノード分極曲線 —— 393
  - 1・3・6 Cu-Zn合金のアノード分極曲線 —— 393
  - 1・3・7 バルブ金属のアノード分極曲線 —— 393
  - 1・3・8 Mgのアノード分極曲線 —— 393
  - 1・3・9 SUS 304ステンレス鋼のアノード分極曲線のpHによる変化 —— 394
  - 1・3・10 17Cr-13Niステンレス鋼のアノード分極曲線の温度による変化 —— 394
  - 1・3・11 Ndのアノード分極曲線 —— 394
  - 1・3・12 Tbのアノード分極曲線 —— 394
  - 1・3・13 Smのアノード分極曲線 —— 395
  - 1・3・14 Dyのアノード分極曲線 —— 395
  - 1・3・15 Nd-Fe-B磁石合金のアノード分極曲線 —— 395
  - 1・3・16 Tb-Fe光磁気記録合金のアノード分極曲線 —— 395
  - 1・3・17 高温高圧水中におけるFe-10Cr合金のアノード分極曲線の温度による変化 —— 396
  - 1・3・18 高温高圧水中におけるFe-20Cr合金のアノード分極曲線の温度による変化 —— 396
  - 1・3・19 150℃におけるFe-Cr合金のアノード分極曲線 —— 396
  - 1・3・20 285℃におけるFe-Cr合金のアノード分極曲線 —— 396
  - 1・3・21 塩化物を含まない水溶液におけるSUS 304ステンレス鋼のCDC地図 —— 397
  - 1・3・22 NaClを含む水溶液におけるSUS 304ステンレス鋼のCDC地図 —— 397

2 材料の耐食性 —— 397
- 2・1 各種材料の耐食性 —— 397
  - 2・1・1 金属材料の耐海水性 —— 397
  - 2・1・2 鉄鋼材料の大気中腐食 —— 398
  - 2・1・3 ステンレス鋼の孔食およびすきま腐食の成長限界電位 —— 398
  - 2・1・4 各種超強力鋼のK_{ISCC}と降伏強さの関係 —— 398
  - 2・1・5 軟鋼(S15C)の1%NaCl中における腐食疲労のS-N曲線 —— 398
  - 2・1・6 各種セラミックスの高温純水中での耐食性 —— 399
  - 2・1・7 各種セラミックスの高温腐食溶液中での耐食性 —— 399
  - 2・1・8 各種セラミックスの超臨界水中での耐食性 —— 399
  - 2・1・9 Fe-Cr合金およびNi-Cr合金の超臨界水溶液中での耐食性 —— 399
  - 2・1・10 CF_4-O_2混合ガスプラズマ下流域における各種金属の耐食性 —— 399
- 2・2 各種環境の腐食性 —— 400
  - 2・2・1 化学薬品に対する耐食性金属・合金 —— 400
  - 2・2・2 各種環境中での腐食量の比較 —— 400
- 2・3 腐食抑制剤 —— 401
  - 2・3・1 腐食抑制剤の種類と用途 —— 401
- 2・4 カソード防食 —— 401
  - 2・4・1 鉄鋼のカソード防食電流密度 —— 401
  - 2・4・2 各種金属・合金の防食電位 —— 401

3 腐食試験法 —— 402
- 3・1 各種腐食試験法 —— 402
  - 3・1・1 ステンレス鋼の腐食試験法 —— 402
- 3・2 エッチング法 —— 402
  - 3・2・1 エッチングの実施例 —— 402

4 材料の表面改質 —— 403
- 4・1 表面清浄化 —— 403
  - 4・1・1 脱スケール用酸および塩浴の組成 —— 403
- 4・2 電解研磨と化学研磨 —— 403
  - 4・2・1 電解研磨の実施例 —— 403
  - 4・2・2 化学研磨の実施例 —— 403
- 4・3 化成処理 —— 404
  - 4・3・1 鉄鋼の化成処理 —— 404
  - 4・3・2 アルミニウムの化成処理 —— 404
- 4・4 めっき —— 405
  - 4・4・1 主な金属の電気めっき法 —— 405
  - 4・4・2 電鋳における電着金属の機械的性質 —— 405
  - 4・4・3 溶融亜鉛めっき —— 405
  - 4・4・4 溶融アルミニウムめっき —— 405
  - 4・4・5 代表的な無電解めっき浴組成 —— 406
- 4・5 物理蒸着法 —— 406
  - 4・5・1 各種元素の温度-蒸気圧曲線(その1) —— 406
  - 4・5・2 各種元素の温度-蒸気圧曲線(その2) —— 406
  - 4・5・3 各種元素の温度-蒸気圧曲線(その3) —— 406
  - 4・5・4 蒸発源用金属材料の性質 —— 407
  - 4・5・5 各種金属と蒸発源の組合せ —— 407
  - 4・5・6 各種元素のスパッタリング率 —— 408
- 4・6 化学気相析出法 —— 408
  - 4・6・1 CVD法で得られる薄膜の種類と

| 作製条件 ———————— 408
4・7 拡散浸透処理 ———————— 409
　4・7・1　各種金属浸透法 ———— 409
　4・7・2　浸炭 ———————————— 409
　4・7・3　窒化 ———————————— 409
　4・7・4　ホウ化 ————————— 410
　4・7・5　浸硫 ———————————— 410
4・8 溶　射 ————————————— 410
　4・8・1　溶射法の特性 —————— 410
　4・8・2　亜鉛溶射規格 —————— 410
　4・8・3　アルミニウム溶射規格 —— 410
　4・8・4　肉盛溶射規格(鋼) ——— 410
　4・8・5　自溶合金溶射規格 ——— 411
　4・8・6　セラミック溶射規格 ——— 411
　4・8・7　硬化肉盛合金 ————— 411
4・9 有機被覆材料 ——————————— 412
　4・9・1　主な有機被覆材料の種類と特徴 —— 412
　4・9・2　ライニング用プラスチックの耐食性 — 412
4・10 グラスライニング ————— 413
　4・10・1　各種無機酸に対するグラス
　　　　　ライニングの耐食性 ——— 413

XII 材料力学

1 形状係数 ———————————————— 415
 1・1 板の形状係数 ————————— 415
　1・1・1　円孔をもつ帯板の引張形状係数 —— 415
　1・1・2　半円切欠をもつ半無限板の引張による
　　　　　応力分布と形状係数 ——— 415
　1・1・3　両側に半円切欠をもつ帯板の引張,
　　　　　曲げ形状係数
　1・1・4　フィレットをもつ板の引張による
　　　　　応力分布と形状係数 ——— 415
　1・1・5　円孔をもつ無限板の平面曲げによる
　　　　　応力分布と形状係数 ——— 416
　1・1・6　球孔をもつ無限体の軸対称引張による
　　　　　応力分布と形状係数 ——— 416
　1・1・7　円孔をもつ帯板の平面曲げによる
　　　　　応力分布と形状係数 ——— 416
 1・2 丸棒の形状係数 ——————— 416
　1・2・1　球孔をもつ丸棒の引張による応力分布と
　　　　　形状係数 ———————— 416
　1・2・2　円周に半円形環状切欠をもつ丸棒の引張,
　　　　　ねじりの形状係数 ———— 416
　1・2・3　段付丸棒の引張形状係数 — 417
2 切欠係数 ———————————————— 417
 2・1 形状因子の影響 ——————— 417
　2・1・1　環状Vみぞ付丸棒の曲げ切欠係数 — 417
　2・1・2　平滑および切欠試験片の疲れ強さ — 417
　2・1・3　Vみぞ角度の切欠係数におよぼす影響 — 417
　2・1・4　段付丸棒の回転曲げ切欠係数 —— 417
 2・2 寸法効果 —————————— 418
　2・2・1　応力集中率の等しい3種の切欠形状に
　　　　　対する切欠係数の寸法効果 — 418
 2・3 結晶粒度の影響 ——————— 418
　2・3・1　低炭素鋼の耐久限および降伏点の
　　　　　フェライト結晶粒大きさ依存性 — 418
　2・3・2　切欠係数に対する結晶粒度の影響 — 418
 2・4 介在物,欠陥の影響 ————— 418
　2・4・1　SAE 4340,4350鋼におけるケイ酸塩系
　　　　　介在物の大きさと介在物の有する
　　　　　内部切欠係数の関係 ———— 418
　2・4・2　鋳鉄の円孔付中空丸棒試験片の
　　　　　曲げ切欠係数 ——————— 418
　2・4・3　各種鋳鉄における黒鉛の切欠係数 — 418
 2・5 αとβの関係 ——————— 419
　2・5・1　60°Vみぞ切欠試験片におけるαと
　　　　　βの関係 ———————————— 419
　2・5・2　回転曲げに対する形状係数と
　　　　　切欠係数との関係 ———— 419
3 切欠感度係数 ——————————— 419
4 応力拡大係数,J積分 ——————— 419
 4・1 応力拡大係数 ———————— 419
　4・1・1　集中荷重がき裂面に作用する場合 — 420
　4・1・2　無限遠で一様荷重が作用するき裂材 — 420
　4・1・3　無限遠で任意引張荷重が作用する
　　　　　き裂材 ——————————— 420
　4・1・4　両側縁き裂を有する帯板の一様引張 — 420
　4・1・5　中央き裂を有する帯板の一様引張 — 420
　4・1・6　片側縁き裂を有する帯板の一様引張 — 420
　4・1・7　片側縁き裂を有する帯板の単純曲げ — 421
　4・1・8　半楕円表面き裂を有する板の引張 — 421
　4・1・9　CT試験片 ———————— 421
　4・1・10　3点曲げ試験片 ————— 421
　4・1・11　DCB試験片 ——————— 421
 4・2 J積分の定義と性質 ————— 422
 4・3 深いき裂材のJ積分 ————— 422
　4・3・1　中央き裂あるいは両側縁き裂を
　　　　　有する帯板 ———————— 422
　4・3・2　片側縁き裂を有する帯板 —— 422
　4・3・3　外周環状縁き裂を有する円柱 — 422
 4・4 CT試験片のJ積分 —————— 423
　4・4・1　MerkleとCortenのJ積分簡便式 — 423
　4・4・2　すべり線場解析に基づくJ積分簡便式 — 423
 4・5 浅いき裂材のJ積分 ————— 423
 4・6 有限要素法によるJ積分評価 — 423
　4・6・1　3点曲げ試験片 —————— 423
　4・6・2　CT試験片 ———————— 424

5 等方性弾性定数間の関係 424

XIII 材料試験

1 試験片 425
1・1 金属材料引張試験片 425
1・2 焼結金属材料の引張試験片 427
1・3 金属材料曲げ試験片 428
1・4 金属材料衝撃試験片 429
1・5 金属材料破壊じん性試験片 430
2 硬さ 430
2・1 押込み硬さ一覧表 430
2・2 ロックウェル硬さの各種スケール 431
2・3 鋼の硬さ換算表 431
2・4 非鉄金属の硬さ換算表 432
3 試験法 432
3・1 破壊じん性測定法 432
3・1・1 破壊じん性測定法 432
3・1・2 弾塑性破壊じん性測定法 432
3・2 焼結金属材料の試験法 433
3・2・1 曲げ標準試験法 433
3・2・2 ASTM試験法 434
3・2・3 焼結含油軸受の圧環強さ測定法 434
3・2・4 圧粉体のラトラー試験法 434
3・3 引張クリープ試験に関するJIS概要 435
3・4 疲れ試験に関するJIS概要 435
3・5 金属材料および焼結金属の材料試験に関する規格一覧表 436
3・5・1 金属材料試験に関するJIS一覧表 436
3・5・2 焼結材料試験に関する規格一覧表 436

変態図および状態図集

1 鋼の焼入性曲線 439
2 恒温および連続冷却変態図 452
2・1 鉄鋼の恒温変態(T.T.T.)図 452
2・2 連続冷却変態(C.C.T.)図 475
2・3 T.T.T.図よりC.C.T.図を求める方法 486
3 金属および合金の状態図 487
3・1 金属の圧力・温度状態図 487
3・2 二元合金状態図 493
3・2・1 Fe二元系状態図 498
3・2・2 Al二元系状態図 509
3・2・3 Cu二元系状態図 219
3・2・4 Ni二元系状態図 528
3・2・5 Ti二元系状態図 536
3・2・6 Mg二元系状態図 543
3・2・7 Pb二元系状態図 547
3・2・8 Sn二元系状態図 553
4 無機化合物の状態図 559

SI単位と他の単位との換算 571

事項索引 577

材料・規格索引 591

I 基礎的な物性

1 元素

1・1 一般的事項

1・1・1 元素周期表

原子量は ^{12}C 標準として計算したもので, IUPAC (2001) の値である。
詳しくは, 1・1・3 原子量表参照。
周期表の族番号の ( ) 内の亜族方式による表示は IUPAC の 1970 年の規則に従ったものである。

周期	1(1A)	2(2A)	3(3A)	4(4A)	5(5A)	6(6A)	7(7A)	8(8)	9(8)	10(8)	11(1B)	12(2B)	13(3B)	14(4B)	15(5B)	16(6B)	17(7B)	18
1	水素 1H 1.00794																	ヘリウム 2He 4.002602
2	リチウム 3Li 6.941	ベリリウム 4Be 9.012182											ホウ素 5B 10.811	炭素 6C 12.0107	窒素 7N 14.0067	酸素 8O 15.9994	フッ素 9F 18.9984032	ネオン 10Ne 20.1797
3	ナトリウム 11Na 22.989770	マグネシウム 12Mg 24.3050											アルミニウム 13Al 26.981538	ケイ素 14Si 28.0855	リン 15P 30.973761	硫黄 16S 32.065	塩素 17Cl 35.453	アルゴン 18Ar 39.948
4	カリウム 19K 39.0983	カルシウム 20Ca 40.078	スカンジウム 21Sc 44.955910	チタン 22Ti 47.867	バナジウム 23V 50.9415	クロム 24Cr 51.9961	マンガン 25Mn 54.938049	鉄 26Fe 55.845	コバルト 27Co 58.933200	ニッケル 28Ni 58.6934	銅 29Cu 63.546	亜鉛 30Zn 65.409	ガリウム 31Ga 69.723	ゲルマニウム 32Ge 72.64	ヒ素 33As 74.92160	セレン 34Se 78.96	臭素 35Br 79.904	クリプトン 36Kr 83.798
5	ルビジウム 37Rb 85.4678	ストロンチウム 38Sr 87.62	イットリウム 39Y 88.90585	ジルコニウム 40Zr 91.224	ニオブ 41Nb 92.90638	モリブデン 42Mo 95.94	テクネチウム 43Tc (99)	ルテニウム 44Ru 101.07	ロジウム 45Rh 102.90550	パラジウム 46Pd 106.42	銀 47Ag 107.8682	カドミウム 48Cd 112.411	インジウム 49In 114.818	スズ 50Sn 118.710	アンチモン 51Sb 121.760	テルル 52Te 127.60	ヨウ素 53I 126.90447	キセノン 54Xe 131.293
6	セシウム 55Cs 132.90545	バリウム 56Ba 137.327	57〜71 ランタノイド	ハフニウム 72Hf 178.49	タンタル 73Ta 180.9479	タングステン 74W 183.84	レニウム 75Re 186.207	オスミウム 76Os 190.23	イリジウム 77Ir 192.217	白金 78Pt 195.078	金 79Au 196.96655	水銀 80Hg 200.59	タリウム 81Tl 204.3833	鉛 82Pb 207.2	ビスマス 83Bi 208.98038	ポロニウム 84Po (210)	アスタチン 85At (210)	ラドン 86Rn (222)
7	フランシウム 87Fr (223)	ラジウム 88Ra (226)	89〜103 アクチノイド	ラザホージウム 104Rf (261)	ドブニウム 105Db (262)	シーボーギウム 106Sg (263)	ボーリウム 107Bh (264)	ハッシウム 108Hs (269)	マイトネリウム 109Mt (268)	ウンウンニリウム 110Uun (269)	ウンウンウニウム 111Uuu (272)	ウンウンビウム 112Uub (277)		ウンウンクフジウム 114Uuq (289)		ウンウンヘキシウム 116Uuh (292)		

半金属・半導体: 13(3B), 14(4B), 15(5B), 16(6B), 17(7B)
非金属
金属: 3(3A)〜12(2B)

57〜71 ランタノイド (希土類)	ランタン 57La 138.9055	セリウム 58Ce 140.116	プラセオジム 59Pr 140.90765	ネオジム 60Nd 144.24	プロメチウム 61Pm (145)	サマリウム 62Sm 150.36	ユウロピウム 63Eu 151.964	ガドリニウム 64Gd 157.25	テルビウム 65Tb 158.92534	ジスプロシウム 66Dy 162.500	ホルミウム 67Ho 164.93032	エルビウム 68Er 167.259	ツリウム 69Tm 168.93421	イッテルビウム 70Yb 173.04	ルテチウム 71Lu 174.967
89〜103 アクチノイド	アクチニウム 89Ac (227)	トリウム 90Th 232.0381	プロトアクチニウム 91Pa 231.03588	ウラン 92U 238.02891	ネプツニウム 93Nb (237)	プルトニウム 94Pu (239)	アメリシウム 95Am (243)	キュリウム 96Cm (247)	バークリウム 97Bk (247)	カリホルニウム 98Cf (252)	アインスタイニウム 99Es (252)	フェルミウム 100Fm (257)	メンデレビウム 101Md (258)	ノーベリウム 102No (259)	ローレンシウム 103Lr (262)

1・1・2 元素の呼び方 (ラテン，英米，独，日)

記号	ラテン名	英[*1]	独[*1]	日	原子番号
Ac	Actinium		Aktinium	アクチニウム	89
Ag	Argentum	Silver	Silber	銀	47
Al	Aluminium	Aluminum (米)		アルミニウム	13
Am	Americium			アメリシウム	*95[*2]
Ar	Argon			アルゴン	18
As	Arsenicum	Arsenic	Arsen	ヒ素	33
At	Astatium	Astatine		アスタチン	*85
Au	Aurum	Gold	Gold	金	79
B	Borum	Boron	Bor	ホウ素	5
Ba	Barium			バリウム	56
Be	Beryllium			ベリリウム	4
Bi	Bismuthum	Bismuth	Wismut	ビスマス	83
Bk	Berkelium			バークリウム	*97
Br	Bromum	Bromine	Brom	臭素	35
C	Carboneum	Carbon	Kohlenstoff	炭素	6
Ca	Calcium			カルシウム	20
Cd	Cadmium			カドミウム	48
Ce	Cerium		Cer	セリウム	58
Cf	Californium			カリホルニウム	*98
Cl	Chlorum	Chlorine	Chlor	塩素	17
Cm	Curium			キュリウム	*96
Co	Cobaltum	Cobalt	Kobalt	コバルト	27
Cr	Chromium		Chrom	クロム	24
Cs	Caesium	Cesium (米)		セシウム	55
Cu	Cuprum	Copper	Kupfer	銅	29
Dy	Dysprosium			ジスプロシウム	66
Er	Erbium			エルビウム	68
Es	Einsteinium			アインスタイニウム	*99
Eu	Europium			ユウロピウム	63
F	Fluorum		Fluor	フッ素	9
Fe	Ferrum	Iron	Eisen	鉄	26
Fm	Fermium			フェルミウム	*100
Fr	Francium			フランシウム	*87
Ga	Gallium			ガリウム	31
Gd	Gadolinium			ガドリニウム	64
Ge	Germanium			ゲルマニウム	32
H	Hydrogenium	Hydrogen	Wasserstoff	水素	1
He	Helium			ヘリウム	2
Hf	Hafnium			ハフニウム	72
Hg	Hydrargyrum	Mercury	Quecksilber	水銀	80
Ho	Holmium			ホルミウム	67
I	Iodum	Iodine	Jod (昔は J)	ヨウ素	53
In	Indium			インジウム	49
Ir	Iridium			イリジウム	77
K	Kalium	Potassium		カリウム	19
Kr	Krypton			クリプトン	36
La	Lanthanum		Lanthan	ランタン	57
Li	Lithium			リチウム	3
Lr	Lawrencium			ローレンシウム	*103
Lu	Lutecium	Lutetium		ルテチウム	71
Md	Mendelevium			メンデレビウム	*101
Mg	Magnesium			マグネシウム	12
Mn	Manganium	Manganese	Mangan	マンガン	25
Mo	Molybdaenium	Molybdenum	Molybdän	モリブデン	42
N	Nitrogenium	Nitrogen	Stickstoff	窒素	7
Na	Natrium	Sodium		ナトリウム	11
Nb	Niobium	(Columbium[*3] 符号Cb)	Niob	ニオブ	41

1 元素

記号	ラテン名	英*1	独*1	日	原子番号
Nd	Neodymium		Neodym	ネオジム	60
Ne	Neon			ネオン	10
Ni	Niccolum	Nickel	Nickel	ニッケル	28
No	Nobelium			ノーベリウム	*102
Np	Neptunium			ネプツニウム	*93
O	Oxygenium	Oxygen	Sauerstoff	酸素	8
Os	Osmium			オスミウム	76
P	Phosphorus		Phosphor	リン	15
Pa	Protactinium	Protactinium		プロトアクチニウム	91
Pb	Plumbum	Lead	Blei	鉛	82
Pd	Palladium			パラジウム	46
Pm	Promethium	Prometium		プロメチウム	*61
Po	Polonium			ポロニウム	84
Pr	Praseodymium		Praseodym	プラセオジム	59
Pt	Platinum		Platin	白金	78
Pu	Plutonium			プルトニウム	*94
Ra	Radium			ラジウム	88
Rb	Rubidium			ルビジウム	37
Re	Rhenium			レニウム	75
Rh	Rhodium			ロジウム	45
Rn	Radon			ラドン	86
Ru	Ruthenium			ルテニウム	44
S	Sulfur	Sulphur (英)*4	Schwefel	硫黄	16
Sb	Stibium	Antimony	Antimon	アンチモン	51
Sc	Scandium			スカンジウム	21
Se	Selenium		Selen	セレン	34
Si	Silicium	Silicon		ケイ素	14
Sm	Samarium			サマリウム	62
Sn	Stannum	Tin	Zinn	スズ	50
Sr	Strontium			ストロンチウム	38
Ta	Tantalum		Tantal	タンタル	73
Tb	Terbium			テルビウム	65
Tc	Technetium			テクネチウム	*43
Te	Tellurium		Tellur	テルル	52
Th	Thorium		Thor	トリウム	90
Ti	Titanium		Titan	チタン	22
Tl	Thallium			タリウム	81
Tm	Thulium			ツリウム	69
U	Uranium		Uran	ウラン	92
V	Vanadium		Vanadin	バナジウム	23
W	Wolframium	Tungsten (Wolfram)*3	Wolfram	タングステン	74
Xe	Xenon			キセノン	54
Y	Yttrium			イットリウム	39
Yb	Ytterbium			イッテルビウム	70
Zn	Zincum	Zinc	Zink	亜鉛	30
Zr	Zirconium		Zirkonium*5	ジルコニウム	40

*1 英,独各欄に記入のないものはラテン名と同一のものである.
*2 原子番号の欄に*印のあるものは人工合成元素であることを示す.
*3 括弧を付した呼び名はともに慣用されてはいるがなるべく使用しないように勧告されている.
*4 現在では Sulfur と書いている.
*5 昔は Zirkon とも書いた.

1・1・3 原子量表 (2001)

($A_r(^{12}C) = 12$ に対する相対値。但し、^{12}C は核および電子が基底状態にある中性原子であり、$A_r(E)$ は E の原子量を表す。)

多くの元素の原子量は一定ではなく、物質の起源や処理の仕方に依存する。原子量 $A_r(E)$ とその不確かさ§は地球起源で天然に存在する物質中の元素に適用される。この表の脚注には、個々の元素に起こりうるもので、原子量に付随する不確かさを越える可能性のある変動の様式が示されている。原子番号110から116までの元素名は暫定的なものである。

元素名	元素記号	原子番号	原子量	脚注	元素名	元素記号	原子番号	原子量	脚注
アインスタイニウム*	Es	99			ツリウム	Tm	69	168.93421(2)	
亜鉛	Zn	30	65.409(4)		テクネチウム*	Tc	43		
アクチニウム*	Ac	89			鉄	Fe	26	55.845(2)	
アスタチン*	At	85			テルビウム	Tb	65	158.92534(2)	
アメリシウム*	Am	95			テルル	Te	52	127.60(3)	g
アルゴン	Ar	18	39.948(1)	g r	銅	Cu	29	63.546(3)	r
アルミニウム	Al	13	26.981538(2)		ドブニウム*	Db	105		
アンチモン	Sb	51	121.760(1)	g	トリウム	Th	90	232.0381(1)	g
硫黄	S	16	32.065(5)	g	ナトリウム	Na	11	22.989770(2)	
イッテルビウム	Yb	70	173.04(3)	g	鉛	Pb	82	207.2(1)	g r
イットリウム	Y	39	88.90585(2)		ニオブ	Nb	41	92.90638(2)	
イリジウム	Ir	77	192.217(3)		ニッケル	Ni	28	58.6934(2)	
インジウム	In	49	114.818(3)		ネオジム	Nd	60	144.24(3)	g m
ウラン*	U	92	238.02891(3)	g m	ネオン	Ne	10	20.1797(6)	g
ウンウンウニウム*	Uuu	111			ネプツニウム*	Np	93		
ウンウンクワジウム*	Uuq	114			ノーベリウム*	No	102		
ウンウンニリウム*	Uun	110			バークリウム*	Bk	97		
ウンウンビウム*	Uub	112			白金	Pt	78	195.078(2)	
ウンウンヘキシウム*	Uuh	116			ハッシウム*	Hs	108		
エルビウム	Er	68	167.259(3)		バナジウム	V	23	50.9415(1)	
塩素	Cl	17	35.453(2)	g m	ハフニウム	Hf	72	178.49(2)	
オスミウム	Os	76	190.23(3)	g	パラジウム	Pd	46	106.42(1)	g
カドミウム	Cd	48	112.411(8)	g	バリウム	Ba	56	137.327(7)	
ガドリニウム	Gd	64	157.25(3)	g	ビスマス	Bi	83	208.98038(2)	
カリウム	K	19	39.0983(1)		ヒ素	As	33	74.92160(2)	
ガリウム	Ga	31	69.723(1)		フェルミウム*	Fm	100		
カリホルニウム*	Cf	98			フッ素	F	9	18.9984032(5)	
カルシウム	Ca	20	40.078(4)	g	プラセオジム	Pr	59	140.90765(2)	
キセノン	Xe	54	131.293(6)	g m	フランシウム*	Fr	87		
キュリウム*	Cm	96			プルトニウム*	Pu	94		
金	Au	79	196.96655(2)		プロトアクチニウム*	Pa	91	231.03588(2)	
銀	Ag	47	107.8682(2)	g	プロメチウム*	Pm	61		
クリプトン	Kr	36	83.798(2)	g m	ヘリウム	He	2	4.002602(2)	g r
クロム	Cr	24	51.9961(6)		ベリリウム	Be	4	9.012182(3)	
ケイ素	Si	14	28.0855(3)	r	ホウ素	B	5	10.811(7)	g m r
ゲルマニウム	Ge	32	72.64(1)		ボーリウム*	Bh	107		
コバルト	Co	27	58.933200(9)		ホルミウム	Ho	67	164.93032(2)	
サマリウム	Sm	62	150.36(3)	g	ポロニウム*	Po	84		
酸素	O	8	15.9994(3)	g r	マイトネリウム*	Mt	109		
ジスプロシウム	Dy	66	162.500(1)	g	マグネシウム	Mg	12	24.3050(6)	
シーボーギウム*	Sg	106			マンガン	Mn	25	54.938049(9)	
臭素	Br	35	79.904(1)		メンデレビウム*	Md	101		
ジルコニウム	Zr	40	91.224(2)	g	モリブデン	Mo	42	95.94(2)	g
水銀	Hg	80	200.59(2)		ユウロピウム	Eu	63	151.964(1)	g
水素	H	1	1.00794(7)	g m r	ヨウ素	I	53	126.90447(3)	
スカンジウム	Sc	21	44.955910(8)		ラザホージウム*	Rf	104		
スズ	Sn	50	118.710(7)	g	ラジウム*	Ra	88		
ストロンチウム	Sr	38	87.62(1)	g r	ラドン*	Rn	86		
セシウム	Cs	55	132.90545(2)		ランタン	La	57	138.9055(2)	g
セリウム	Ce	58	140.116(1)	g	リチウム	Li	3	[6.941(2)]†	g m r
セレン	Se	34	78.96(3)	r	リン	P	15	30.973761(2)	
タリウム	Tl	81	204.3833(2)		ルテチウム	Lu	71	174.967(1)	g
タングステン	W	74	183.84(1)		ルテニウム	Ru	44	101.07(2)	g
炭素	C	6	12.0107(8)	g r	ルビジウム	Rb	37	85.4678(3)	g
タンタル	Ta	73	180.9479(1)		レニウム	Re	75	186.207(1)	
チタン	Ti	22	47.867(1)		ロジウム	Rh	45	102.90550(2)	
窒素	N	7	14.0067(2)	g r	ローレンシウム*	Lr	103		

§：不確かさは、カッコ内の数字であらわされ、有効数字の最後の桁に対応する。例えば、亜鉛の場合の65.409(4)は65.409±0.004を意味する。
*：安定同位体のない元素。
†：市販品中のリチウム化合物のリチウムの原子量は6.939から6.996の幅をもつ。これは^{6}Liを抽出した後のリチウムが試薬として出回っているためである（元素の同位体組成は b を参照）。より正確な原子量が必要な場合は、個々の物質について測定する必要がある。
g：当該元素の同位体組成が正常な物質が示す変動幅を越えるような地質学的試料中では当該元素の原子量は表のこの表の値との差が、表記の不確かさを越えることがある。
m：不詳な、あるいは不適切な同位体分別を受けたために同位体組成が変動した物質が市販品中に見いだされることがある。そのため、当該元素の原子量が表記の値とかなり異なることがある。
r：通常の地球上の物質の同位体組成に変動があるために表記の原子量より精度の良い値を与えることができない。表中の原子量は通常の物質すべてに適用されるものとする。

©日本化学会　原子量小委員会

1・1・4 元素の電子配置

エネルギー準位 元素名	K	L		M			N				O		
	1s	2s	2p	3s	3p	3d	4s	4p	4d	4f	5s	5p	5d
1 H	1												
2 He	2												
3 Li	2	1											
4 Be	2	2											
5 B	2	2	1										
6 C	2	2	2										
7 N	2	2	3										
8 O	2	2	4										
9 F	2	2	5										
10 Ne	2	2	6										
11 Na	2	2	6	1									
12 Mg	2	2	6	2									
13 Al	2	2	6	2	1								
14 Si	2	2	6	2	2								
15 P	2	2	6	2	3								
16 S	2	2	6	2	4								
17 Cl	2	2	6	2	5								
18 A	2	2	6	2	6								
19 K	2	2	6	2	6		1						
20 Ca	2	2	6	2	6		2						
21 Sc	2	2	6	2	6	1	2						
22 Ti	2	2	6	2	6	2	2						
23 V	2	2	6	2	6	3	2						
24 Cr	2	2	6	2	6	5	1						
25 Mn	2	2	6	2	6	5	2						
26 Fe	2	2	6	2	6	6	2						
27 Co	2	2	6	2	6	7	2						
28 Ni	2	2	6	2	6	8	2						
29 Cu	2	2	6	2	6	10	1						
30 Zn	2	2	6	2	6	10	2						
31 Ga	2	2	6	2	6	10	2	1					
32 Ge	2	2	6	2	6	10	2	2					
33 As	2	2	6	2	6	10	2	3					
34 Se	2	2	6	2	6	10	2	4					
35 Br	2	2	6	2	6	10	2	5					
36 Kr	2	2	6	2	6	10	2	6					
37 Rb	2	2	6	2	6	10	2	6			1		
38 Sr	2	2	6	2	6	10	2	6			2		
39 Y	2	2	6	2	6	10	2	6	1		2		
40 Zr	2	2	6	2	6	10	2	6	2		2		
41 Nb	2	2	6	2	6	10	2	6	4		1		
42 Mo	2	2	6	2	6	10	2	6	5		1		
43 Tc	2	2	6	2	6	10	2	6	5		2		
44 Ru	2	2	6	2	6	10	2	6	7		1		
45 Rh	2	2	6	2	6	10	2	6	8		1		
46 Pd	2	2	6	2	6	10	2	6	10		0		
47 Ag	2	2	6	2	6	10	2	6	10		1		
48 Cd	2	2	6	2	6	10	2	6	10		2		
49 In	2	2	6	2	6	10	2	6	10		2	1	
50 Sn	2	2	6	2	6	10	2	6	10		2	2	
51 Sb	2	2	6	2	6	10	2	6	10		2	3	
52 Te	2	2	6	2	6	10	2	6	10		2	4	
53 I	2	2	6	2	6	10	2	6	10		2	5	
54 Xe	2	2	6	2	6	10	2	6	10		2	6	

エネルギー準位 元素名	K	L	M	N				O				P				Q
				4s	4p	4d	4f	5s	5p	5d	5f	5g	6s	6p	6d	6f	6g	6h	7s…

	K	L	M	4s	4p	4d	4f	5s	5p	5d	5f	5g	6s	6p	6d	6f	6g	6h	7s
55 Cs	2	8	18	2	6	10		2	6				1						
56 Ba	2	8	18	2	6	10		2	6				2						
57 La	2	8	18	2	6	10		2	6	1			2						
58 Ce	2	8	18	2	6	10	1	2	6	1			2						
59 Pr	2	8	18	2	6	10	(3)	2	6	(0)			2						
60 Nd	2	8	18	2	6	10	4	2	6	0			2						
61 Pm	2	8	18	2	6	10	(5)	2	6	(0)			2						
62 Sm	2	8	18	2	6	10	6	2	6	0			2						
63 Eu	2	8	18	2	6	10	7	2	6	0			2						
64 Gd	2	8	18	2	6	10	7	2	6	1			2						
65 Tb	2	8	18	2	6	10	8	2	6	1			2						
66 Dy	2	8	18	2	6	10	(9)	2	6	(1)			2						
67 Ho	2	8	18	2	6	10	(10)	2	6	(1)			2						
68 Er	2	8	18	2	6	10	(11)	2	6	(1)			2						
69 Tm	2	8	18	2	6	10	13	2	6	0			2						
70 Yb	2	8	18	2	6	10	14	2	6	0			2						
71 Lu	2	8	18	2	6	10	14	2	6	1			2						
72 Hf	2	8	18	2	6	10	14	2	6	2			2						
73 Ta	2	8	18	2	6	10	14	2	6	3			2						
74 W	2	8	18	2	6	10	14	2	6	4			2						
75 Re	2	8	18	2	6	10	14	2	6	5			2						
76 Os	2	8	18	2	6	10	14	2	6	6			2						
77 Ir	2	8	18	2	6	10	14	2	6	7			2						
78 Pt	2	8	18	2	6	10	14	2	6	9			.						
79 Au	2	8	18	2	6	10	14	2	6	10			1						
80 Hg	2	8	18	2	6	10	14	2	6	10			2						
81 Tl	2	8	18	2	6	10	14	2	6	10			2	1					
82 Pb	2	8	18	2	6	10	14	2	6	10			2	2					
83 Bi	2	8	18	2	6	10	14	2	6	10			2	3					
84 Po	2	8	18	2	6	10	14	2	6	10			2	4					
85 At	2	8	18	2	6	10	14	2	6	10			2	5					
86 Rn	2	8	18	2	6	10	14	2	6	10			2	6					
87 Fr	2	8	18	2	6	10	14	2	6	10			2	6					1
88 Ra	2	8	18	2	6	10	14	2	6	10			2	6					2
89 Ac	2	8	18	2	6	10	14	2	6	10			2	6	1				2
90 Th	2	8	18	2	6	10	14	2	6	10			2	6	2				2
91 Pa	2	8	18	2	6	10	14	2	6	10	(3)		2	6	(0)				2
92 U	2	8	18	2	6	10	14	2	6	10	3		2	6	1				2
93 Np	2	8	18	2	6	10	14	2	6	10	(4)		2	6	(1)				2
94 Pu	2	8	18	2	6	10	14	2	6	10	(5)		2	6	(1)				2
95 Am	2	8	18	2	6	10	14	2	6	10	7		2	6	0				2
96 Cm	2	8	18	2	6	10	14	2	6	10	(7)		2	6	(1)				2
97 Bk	2	8	18	2	6	10	14	2	6	10	(8)		2	6	(1)				2
98 Cf	2	8	18	2	6	10	14	2	6	10	(9)		2	6	(1)				2
99 Es	2	8	18	2	6	10	14	2	6	10	(10)		2	6	(1)				2
100 Fm	2	8	18	2	6	10	14	2	6	10	(11)		2	6	(1)				2
101 Md	2	8	18	2	6	10	14	2	6	10	(12)		2	6	(1)				2
102 No	2	8	18	2	6	10	14	2	6	10	(13)		2	6	(1)				2

希土類ならびにアクチノイドに属する元素には、正確な電子配置が知られていないものが多い。（ ）内の数字は不確実なものまたは推測によるものである。

1・1・5 核種の質量と存在比 ($^{12}C = 12.0000000$)

原子番号	核種	存在比 [%]	質量	原子番号	核種	存在比 [%]	質量	原子番号	核種	存在比 [%]	質量
1	^{1}H	99.985	1.0078252		^{61}Ni	1.25	60.93106		^{109}Ag	48.65	108.904757
	^{2}H	0.015	2.0141022		^{62}Ni	3.66	61.92834	48	^{106}Cd	1.22	105.906463
2	^{3}He	1.3×10^{-4}	3.0160296		^{64}Ni	1.16	63.92795		^{108}Cd	0.88	107.904187
	^{4}He	100	4.0026032	29	^{63}Cu	69.1	62.929593		^{110}Cd	12.39	109.903012
3	^{6}Li	7.42	6.015124		^{65}Cu	30.9	64.92778		^{111}Cd	12.75	110.904189
	^{7}Li	92.58	7.016004	30	^{64}Zn	48.89	63.92915		^{112}Cd	24.07	111.902762
4	^{9}Be	100	9.012186		^{66}Zn	27.81	65.92605		^{113}Cd	12.26	112.904409
5	^{10}B	19.6–19.8	10.012939		^{67}Zn	4.11	66.92715		^{114}Cd	28.86	113.903360
	^{11}B	80.2–80.4	11.0093053		^{68}Zn	18.56	67.92486		^{116}Cd	7.58	115.904762
6	^{12}C	98.892	12.0000000		^{70}Zn	0.62	69.92533	49	^{113}In	4.23	112.90409
	^{13}C	1.108	13.003355	31	^{69}Ga	60.2	68.925574		^{115}In	95.77	114.90387
7	^{14}N	99.635	14.0030744		^{71}Ga	39.8	70.924706	50	^{112}Sn	0.95	111.90484
	^{15}N	0.365	15.000107	32	^{70}Ge	20.55	69.924252		^{114}Sn	0.65	113.902768
8	^{16}O	99.759	15.9949150		^{72}Ge	27.37	71.922082		^{115}Sn	0.34	114.90335
	^{17}O	0.037	16.999133		^{73}Ge	7.67	72.923463		^{116}Sn	14.24	115.901746
	^{18}O	0.204	17.9991601		^{74}Ge	36.74	73.921180		^{117}Sn	7.57	116.902959
9	^{19}F	100	18.998415		^{76}Ge	7.67	75.921406		^{118}Sn	24.01	117.901606
10	^{20}Ne	90.92	19.992440	33	^{75}As	100	74.921597		^{119}Sn	8.58	118.903313
	^{21}Ne	0.257	20.993849	34	^{74}Se	0.87	73.922476		^{120}Sn	32.97	119.902199
	^{22}Ne	8.82	21.9913847		^{76}Se	9.02	75.91920		^{122}Sn	4.71	121.903441
11	^{23}Na	100	22.98977		^{77}Se	7.58	76.91991		^{124}Sn	5.98	123.905272
12	^{24}Mg	78.60	23.985042		^{78}Se	23.52	77.917313	51	^{121}Sb	57.25	120.903817
	^{25}Mg	10.11	24.985839		^{80}Se	49.82	79.916528		^{123}Sb	42.75	122.904213
	^{26}Mg	11.29	25.982593		^{82}Se	9.19	81.91670	52	^{120}Te	0.089	119.90402
13	^{27}Al	100	26.981535	35	^{79}Br	50.52	78.918329		^{122}Te	2.46	121.90307
14	^{28}Si	92.18	27.976929		^{81}Br	49.48	80.91629		^{123}Te	0.87	122.90428
	^{29}Si	4.71	28.976495	36	^{78}Kr	0.354	77.92041		^{124}Te	4.61	123.90284
	^{30}Si	3.12	29.973763		^{80}Kr	2.27	79.91638		^{125}Te	6.99	124.90442
15	^{31}P	100	30.973764		^{82}Kr	11.56	81.913483		^{126}Te	18.71	125.90333
16	^{32}S	95.0	31.972073		^{83}Kr	11.55	82.914131		^{128}Te	31.79	127.90447
	^{33}S	0.76	32.971462		^{84}Kr	56.90	83.911503		^{130}Te	34.49	129.90624
	^{34}S	4.22	33.967864		^{86}Kr	17.37	85.910616	53	^{127}I	100	126.904470
	^{36}S	0.014	35.96708	37	^{85}Rb	72.15	84.91180	54	^{124}Xe	0.096	123.9061
17	^{35}Cl	75.53	34.968851		^{87}Rb	27.85	86.909186		^{126}Xe	0.090	125.90429
	^{37}Cl	24.47	36.965898	38	^{84}Sr	0.56	83.913430		^{128}Xe	1.919	127.90354
18	^{36}Ar	0.337	35.967544		^{86}Sr	9.86	85.909285		$(^{129}$Xe)	26.44	128.904784
	^{38}Ar	0.063	37.962728		^{87}Sr	7.02	86.908892		^{130}Xe	4.08	129.90351
	^{40}Ar	99.600	39.962385		^{88}Sr	82.56	87.90564		^{131}Xe	21.18	130.905085
19	^{39}K	93.22	38.963710	39	^{89}Y	100	88.905872		^{132}Xe	26.89	131.904161
	^{40}K	0.0118	39.964000	40	^{90}Zr	51.46	89.904700		^{134}Xe	10.4	133.905397
	^{41}K	6.77	40.961833		^{91}Zr	11.23	90.905642		^{136}Xe	8.87	135.90722
20	^{40}Ca	96.97	39.962589		^{92}Zr	17.11	91.905031	55	^{133}Cs	100	132.90535
	^{42}Ca	0.64	41.958625		^{94}Zr	17.40	93.906314	56	^{130}Ba	0.101	129.90625
	^{43}Ca	0.145	42.958780		^{96}Zr	2.80	95.908286		^{132}Ba	0.097	131.9051
	^{44}Ca	2.06	43.955490	41	^{93}Nb	100	92.906373		^{134}Ba	2.42	133.90461
	^{46}Ca	0.0033	45.95370	42	^{92}Mo	15.86	91.906811		^{135}Ba	6.59	134.9055
	^{48}Ca	0.185	47.95253		^{94}Mo	9.12	93.905090		^{136}Ba	7.81	135.9043
21	^{45}Sc	100	44.955919		^{95}Mo	15.70	94.905288		^{137}Ba	11.32	136.9055
22	^{46}Ti	7.99	45.952631		^{96}Mo	16.50	95.904674		^{138}Ba	71.66	137.9050
	^{47}Ti	7.32	46.951768		^{97}Mo	9.45	96.906022	57	^{138}La	0.089	137.9069
	^{48}Ti	73.99	47.947951		^{98}Mo	23.75	97.905409		^{139}La	99.911	138.90614
	^{49}Ti	5.46	48.947870		^{100}Mo	9.62	99.907475	58	^{136}Ce	0.193	135.9070
	^{50}Ti	5.25	49.944786	44	^{96}Ru	5.46	95.90760		^{138}Ce	0.250	137.9058
23	^{50}V	0.25	49.947164		^{98}Ru	1.868	97.905288		^{140}Ce	88.48	139.90539
	^{51}V	99.75	50.943961		^{99}Ru	12.63	98.905936		^{142}Ce	11.07	141.90914
24	^{50}Cr	4.31	49.946055		^{100}Ru	12.53	99.904218	59	^{141}Pr	100	140.90760
	^{52}Cr	83.76	51.940481		^{101}Ru	17.02	100.905577	60	^{142}Nd	27.13	141.90766
	^{53}Cr	9.55	52.940653		^{102}Ru	31.6	101.904348		^{143}Nd	12.20	142.90978
	^{54}Cr	2.38	53.938881		^{104}Ru	18.87	103.905430		^{144}Nd	23.87	143.91004
25	^{55}Mn	100	54.938050	45	^{103}Rh	100	102.905512		^{145}Nd	8.29	144.91254
26	^{54}Fe	5.84	53.939617	46	^{102}Pd	0.96	101.90561		^{146}Nd	17.18	145.91308
	^{56}Fe	91.68	55.934937		^{104}Pd	10.97	103.90401		^{148}Nd	5.72	147.91686
	^{57}Fe	2.17	56.935397		^{105}Pd	22.2	104.90507		^{150}Nd	5.60	149.92091
	^{58}Fe	0.31	57.933281		^{106}Pd	27.3	105.90348	62	^{144}Sm	3.16	143.91199
27	^{59}Co	100	58.933189		^{108}Pd	26.7	107.90389		^{147}Sm	15.07	146.91487
28	^{58}Ni	67.76	57.93534		^{110}Pd	11.8	109.90516		^{148}Sm	11.27	147.91479
	^{60}Ni	26.16	59.930787	47	^{107}Ag	51.35	106.905094		^{149}Sm	13.82	148.91718

1 元素

原子番号	核種	存在比 [%]	質量	原子番号	核種	存在比 [%]	質量	原子番号	核種	存在比 [%]	質量
	^{150}Sm	7.47	149.91727		^{170}Yb	3.03	169.9350		^{192}Os	41.0	191.9615
	^{152}Sm	26.63	151.91975		^{171}Yb	14.31	170.9364	77	^{191}Ir	38.5	190.9606
	^{154}Sm	22.53	153.92228		^{172}Yb	21.82	171.9363		^{193}Ir	61.5	192.96302
63	^{151}Eu	47.77	150.91984		^{173}Yb	16.13	172.9381	78	^{190}Pt	0.0127	189.9600
	^{153}Eu	52.23	152.92124		^{174}Yb	31.84	173.9387		^{192}Pt	0.78	191.9611
64	^{152}Gd	0.20	151.91979		^{176}Yb	12.73	175.9427		^{194}Pt	32.9	193.96273
	^{154}Gd	2.15	153.92093	71	^{175}Lu	97.40	174.9406		^{195}Pt	33.8	194.96481
	^{155}Gd	14.7	154.92266		^{176}Lu	2.60	175.9427		^{196}Pt	25.2	195.96497
	^{156}Gd	20.47	155.92218	72	^{174}Hf	0.163	173.9403		^{198}Pt	7.19	197.96789
	^{157}Gd	15.68	156.92402		^{176}Hf	5.21	175.9416	79	^{197}Au	100	196.96654
	^{158}Gd	24.9	157.92417		^{177}Hf	18.56	176.9434	80	^{196}Hg	0.146	195.96582
	^{160}Gd	21.9	159.92712		^{178}Hf	27.1	177.9439		^{198}Hg	10.02	197.96675
65	^{159}Tb	100	158.92536		^{179}Hf	13.75	178.9460		^{199}Hg	16.84	198.96828
66	^{156}Dy	0.0524	155.9239		^{180}Hf	35.22	179.9469		^{200}Hg	23.13	199.96833
	^{158}Dy	0.0902	157.92445	73	^{180}Ta	0.0123	179.94755		^{201}Hg	13.22	200.97031
	^{160}Dy	2.294	159.92521		^{181}Ta	99.9877	180.94801		^{202}Hg	29.80	201.97064
	^{161}Dy	18.88	160.92694	74	^{180}W	0.135	179.94700		^{204}Hg	6.85	203.97349
	^{162}Dy	25.53	161.92680		^{182}W	26.4	181.94830	81	^{203}Tl	29.50	202.97236
	^{163}Dy	24.97	162.92876		^{183}W	14.4	182.95033		^{205}Tl	70.50	204.97444
	^{164}Dy	28.18	163.92920		^{184}W	30.6	183.95102	82	^{204}Pb	1.40	203.97304
67	^{165}Ho	100	164.93042		^{186}W	28.4	185.95444		^{206}Pb	25.2	205.97446
68	^{162}Er	0.136	161.9287	75	^{185}Re	37.07	184.95305		^{207}Pb	21.7	206.97590
	^{164}Er	1.56	163.92928		^{187}Re	62.93	186.95583		^{208}Pb	51.7	207.97665
	^{166}Er	33.41	165.93030	76	^{184}Os	0.018	183.9528	83	^{209}Bi	100	208.98040
	^{167}Er	22.94	166.93205		^{186}Os	1.59	185.9538	90	^{232}Th	100	232.03808
	^{168}Er	27.07	167.93239		^{187}Os	1.64	186.95583	92	^{234}U	0.0057	234.04097
	^{170}Er	14.18	169.9356		^{188}Os	13.3	187.95608		^{235}U	0.7196	235.04394
69	^{169}Tm	100	168.93424		^{189}Os	16.1	188.9583		^{238}U	99.276	238.05081
70	^{168}Yb	0.140	167.9342		^{190}Os	26.4	189.9587				

C. M. Lederer, J. M. Hollander, I. Perlman: Table of Isotopes, 6th ed. (1967).

1・1・6 元素の存在比

原子番号	元素	濃度単位	A	B	C	D	原子番号	元素	濃度単位	A	B	C	D
1	H		—	—	—	—	46	Pd	ppb	560	3.9	—	1.0
3	Li	ppm	1.50	0.83	2.07	13	47	Ag	ppb	199	19	2.51	80
4	Be	ppm	24.9	60	—	1500	48	Cd	ppb	686	40	25.5	98
5	B	ppb	870	600	—	10000	49	In	ppb	80	18	18.1	50
6	C	ppm	—	—	24	—	50	Sn	ppb	1720	600	—	2500
9	F	ppm	60.7	—	16.3	—	51	Sb	ppb	142	25	4.5	200
11	Na	ppm	5000	2500	2745	23000	52	Te	ppb	2320	22	19.9	—
12	Mg	%	9.89	21.2	22.22	3.20	53	I	ppb	433	13.3	13.6	—
13	Al	%	8680	19300	21700	84100	55	Cs	ppb	187	18	1.44	1000
14	Si	%	10.64	23.3	21.31	26.77	56	Ba	ppb	2340	5100	2400	250000
15	P	ppm	1220	—	60	—	57	La	ppb	234.7	551	350	16000
16	S	%	6.25	—	0.0008	—	58	Ce	ppb	603.2	1436	1410	33000
17	Cl	ppm	704	—	0.50	—	59	Pr	ppb	89.1	206	—	3900
19	K	ppm	558	180	127	9100	60	Nd	ppb	452.4	1067	1280	16000
20	Ca	ppm	9280	20700	25000	52900	62	Sm	ppb	147.1	347	490	3500
21	Sc	ppm	5.82	13	16.9	30	63	Eu	ppb	56.0	131	180	1100
22	Ti	ppm	436	960	1320	5400	64	Gd	ppb	196.6	459	690	3300
23	V	ppm	56.5	128	81.3	230	65	Tb	ppb	36.3	87	120	600
24	Cr	ppm	2660	3000	3010	185	66	Dy	ppb	242.7	572	730	3700
25	Mn	ppm	1990	1000	1016	1400	67	Ho	ppb	55.6	128	170	780
26	Fe	%	19.04	6.22	5.86	7.07	68	Er	ppb	158.9	374	440	2200
27	Co	ppm	502	100	105	29	69	Tm	ppb	24.2	54	—	320
28	Ni	%	1.10	0.2	0.2108	0.0105	70	Yb	ppb	162.5	372	470	2200
29	Cu	ppm	126	28	28.2	75	71	Lu	ppb	24.3	57	71	300
30	Zn	ppm	312	50	48	80	72	Hf	ppb	104	270	260	3000
31	Ga	ppm	10.0	3	3.7	18	73	Ta	ppb	14.2	40	12.6	1000
32	Ge	ppm	32.7	1.2	1.31	1.6	74	W	ppb	92.6	16	16.4	1000
33	As	ppm	1.86	0.10	1.4	1.0	75	Re	ppb	36.5	0.25	0.23	0.5
34	Se	ppm	18.6	0.041	0.0126	0.05	76	Os	ppb	486	3.8	3.1	—
35	Br	ppm	3.57	—	0.0046	—	77	Ir	ppb	481	3.2	2.8	0.1
37	Rb	ppm	2.30	0.55	0.276	32	78	Pt	ppb	990	8.7	—	—
38	Sr	ppm	7.80	17.8	26.0	260	79	Au	ppb	140	1.3	0.50	3.0
39	Y	ppm	1.56	3.4	—	20	80	Hg	ppb	258	—	—	—
40	Zr	ppm	3.94	8.3	—	100	81	Tl	ppb	142	6	—	360
41	Nb	ppb	246	560	—	11000	82	Pb	ppb	2470	1200	—	8000
42	Mo	ppm	928	0.059	—	1000	83	Bi	ppb	114	10	—	60
44	Ru	ppm	712	0.0043	—	—	90	Th	ppb	29.4	64	—	3500
45	Rh	ppb	134	1.7	—	—	92	U	ppb	8.1	18	22.2	910

A：C1コンドライトの平均組成（Siを10.64%とし，宇宙存在度から計算される組成，Anders & Grevesse, 1989）
B：コアを除く地球（シリケイト部分）の組成（Taylor & McLennan, 1985）
C：上部マントル（Wänke et al., 1984）
D：地殻存在度（Taylor & McLennan, 1985）
国立天文台編：理科年表（2003），p.626，丸善．

宇宙の元素組成

宇宙開びゃく直後のビッグバン元素合成に始まり，その後の星形成，超新星爆発，質量放出などさまざまな物理過程の連鎖を経て，宇宙を構成する物質の元素組成は変化してきた．元素組成は，宇宙および銀河の進化過程を研究する上で必要な最も基本的な物理量の一つである．現在の平均的な元素組成を，宇宙の元素組成という．場所により異なる．最もよくわかっている元素組成は太陽系の元素組成であり，太陽光球面のスペクトル分析に加えて，太陽風の組成分析やC1コンドライトと呼ばれる隕石の化学分析などの直接的なデータから得られ，5〜10%の高い精度を持っている．表にケイ素(Si)の元素数を10^6に規格化した太陽系の元素組成（元素数比）を示した．一方，水素，ヘリウム，および重元素の質量比は，それぞれ，

$X(H) = 70.683 \pm 2.5\%$
$Y(He) = 27.431 \pm 6\ \%$
$Z(Li-U) = 1.886 \pm 8.5\%$

であり$(X+Y+Z=100\%)$，ケイ素の質量比が0.0698891%であるので，これらの値と表に示されている元素数比とから，すべての元素に対する質量比が計算できる．

原子番号	元素	組成	原子番号	元素	組成	原子番号	元素	組成	原子番号	元素	組成
1	H	2.79×10^{10}	22	Ti	2 400	44	Ru	1.86	66	Dy	0.3942
2	He	2.72×10^9	23	V	293	45	Rh	0.344	67	Ho	0.0889
3	Li	57.1	24	Cr	1.35×10^4	46	Pd	1.39	68	Er	0.2508
4	Be	0.73	25	Mn	9 550	47	Ag	0.486	69	Tm	0.0378
5	B	21.2	26	Fe	9.00×10^5	48	Cd	1.61	70	Yb	0.2479
6	C	1.01×10^7	27	Co	2 250	49	In	0.184	71	Lu	0.0367
7	N	3.13×10^6	28	Ni	4.93×10^4	50	Sn	3.82	72	Hf	0.154
8	O	2.38×10^7	29	Cu	522	51	Sb	0.309	73	Ta	0.0207
9	F	843	30	Zn	1 260	52	Te	4.81	74	W	0.133
10	Ne	3.44×10^6	31	Ga	37.8	53	I	0.90	75	Re	0.0517
11	Na	5.74×10^4	32	Ge	119	54	Xe	4.7	76	Os	0.675
12	Mg	1.074×10^6	33	As	6.56	55	Cs	0.372	77	Ir	0.661
13	Al	8.49×10^4	34	Se	62.1	56	Ba	4.49	78	Pt	1.34
14	Si	1.00×10^6	35	Br	11.8	57	La	0.4460	79	Au	0.187
15	P	1.04×10^4	36	Kr	45	58	Ce	1.136	80	Hg	0.34
16	S	5.15×10^5	37	Rb	7.09	59	Pr	0.1669	81	Tl	0.184
17	Cl	5 240	38	Sr	23.5	60	Nd	0.8279	82	Pb	3.15
18	Ar	1.01×10^5	39	Y	4.64	62	Sm	0.2582	83	Bi	0.144
19	K	3 770	40	Zr	11.4	63	Eu	0.0973	90	Th	0.0335
20	Ca	6.11×10^4	41	Nb	0.698	64	Gd	0.3300	92	U	0.0090
21	Sc	34.2	42	Mo	2.55	65	Tb	0.0603			

国立天文台編：理科年表(2003), p.133, 丸善．

1・2 元素の物理・化学的性質

1・2・1 結晶における原子半径

〔単位：10^{-10} m〕

H																	He
0.37																	1.50
Li	Be											B	C	N	O	F	Ne
1.52	1.13											0.90	0.77 / 0.71	0.53	0.61	0.71	1.59
Na	Mg											Al	Si	P	S	Cl	Ar
1.86	1.60											1.43	1.17	1.09	1.02	1.01	1.91
K	Ca	Sc	Ti	V	Cr	Mn	Fe	Co	Ni	Cu	Zn	Ga	Ge	As	Se	Br	Kr
2.26	1.97	1.65	1.47	1.32	1.25	1.12 / 1.50	1.24	1.25	1.25	1.28	1.33 / 1.48	1.24 / 1.38	1.23	1.25	1.16	1.14	2.01
Rb	Sr	Y	Zr	Nb	Mo	Tc	Ru	Rh	Pd	Ag	Cd	In	Sn	Sb	Te	I	Xe
2.44	2.15	1.82	1.62	1.43	1.36	1.35	1.33	1.34	1.37	1.44	1.49 / 1.66	1.62 / 1.68	1.41 / 1.51	1.45	1.43	1.34	2.20
Cs	Ba	La	Hf	Ta	W	Re	Os	Ir	Pt	Au	Hg	Tl	Pb	Bi	Po	At	Rn
2.62	2.18	1.88	1.60	1.43	1.37	1.37	1.35	1.35	1.39	1.44	1.41 / 1.58	1.68 / 1.70	1.76	1.55	1.67	1.45	2.4

	La	Ce	Pr	Nd	Pm	Sm	Eu	Gd	Tb	Dy	Ho	Er	Tm	Yb	Lu
ランタノイド	1.88	1.83	1.83	1.82	1.80	1.79	1.99	1.78	1.76	1.76	1.75	1.74	1.76	1.94	1.73

Fr	Ra		Ac	Th	Pa	U	Np	Pu
2.6	2.2	アクチノイド	1.88	1.80	1.60	1.38 / 1.50	1.31 / 1.48	1.64

数値の2倍の値が最短原子間距離．金属は金属原子半径，非金属は共有結合半径．希ガスは van der Waals 半径．金属，非金属元素の境界あたりの元素では不等間配列をとるものがある（Zn, Cd, Ga など）．多形変態で原子半径がかなり異なるものは ── 線で区別して両者の値を記してある．

1・2・2 元素のイオン半径

原子番号	記号	イオン種	イオン半径 [nm]	原子番号	記号	イオン種	イオン半径 [nm]	原子番号	記号	イオン種	イオン半径 [nm]
1	H	H	0.154	30	Zn	Zn^{2+}	0.083	60	Nd	Nd^{3+}	0.115
2	He	–	–	31	Ga	Ga^{3+}	0.062	61	Pm	Pm^{3+}	0.106
3	Li	Li^+	0.078	32	Ge	Ge^{4+}	0.044	62	Sm	Sm^{3+}	0.113
4	Be	Be^{2+}	0.054	33	As	As^{3+}	0.069	63	Eu	Eu^{3+}	0.113
5	B	B^{3+}	0.02			As^{5+}	~0.04	64	Gd	Gd^{3+}	0.111
6	C	C^{4+}	<0.02	34	Se	Se^{2-}	0.191	65	Tb	Tb^{3+}	0.109
7	N	N^{5+}	0.01~0.2			Se^{6+}	0.03~0.04			Tb^{4+}	0.089
8	O	O^{2-}	0.132	35	Br	Br^-	0.196	66	Dy	Dy^{3+}	0.107
9	F	F^-	0.133	36	Kr	–	–	67	Ho	Ho^{3+}	0.105
10	Ne	–	–	37	Rb	Rb^+	0.149	68	Er	Er^{3+}	0.104
11	Na	Na^+	0.098	38	Sr	Sr^{2+}	0.127	69	Tm	Tm^{3+}	0.104
12	Mg	Mg^{2+}	0.078	39	Y	Y^{3+}	0.106	70	Yb	Yb^{3+}	0.100
13	Al	Al^{3+}	0.057	40	Zr	Zr^{4+}	0.087	71	Lu	Lu^{3+}	0.099
14	Si	Si^{4-}	0.198	41	Nb	Nb^{4+}	0.074	72	Hf	Hf^{4+}	0.084
		Si^{4+}	0.039			Nb^{5+}	0.069	73	Ta	Ta^{5+}	0.068
15	P	P^{5+}	0.03~0.04	42	Mo	Mo^{4+}	0.068	74	W	W^{4+}	0.068
16	S	S^{2-}	0.174			Mo^{6+}	0.065			W^{6-}	0.065
		S^{6-}	0.034	43	Tc	–	–	75	Re	Re^{4+}	0.072
17	Cl	Cl^-	0.181	44	Ru	Ru^{4+}	0.065	76	Os	Os^{4+}	0.067
18	Ar	–	–	45	Rh	Rh^{3+}	0.068	77	Ir	Ir^{4+}	0.066
19	K	K^+	0.133			Rh^{4+}	0.065	78	Pt	Pt^{2+}	0.052
20	Ca	Ca^{2+}	0.106	46	Pd	Pd^{2+}	0.050			Pt^{4+}	0.055
21	Sc	Sc^{2+}	0.083	47	Ag	Ag^+	0.113	79	Au	Au^+	0.137
22	Ti	Ti^{2+}	0.076	48	Cd	Cd^{2+}	0.103	80	Hg	Hg^{2+}	0.112
		Ti^{3+}	0.069	49	In	In^{3+}	0.091	81	Tl	Tl^+	0.149
		Ti^{4+}	0.064	50	Sn	Sn^{4-}	0.215			Tl^{3+}	0.106
23	V	V^{3+}	0.065			Sn^{4+}	0.074	82	Pb	Pb^{4-}	0.215
		V^{4+}	0.061	51	Sb	Sb^{3+}	0.090			Pb^{2+}	0.132
		V^{5+}	0.04	52	Te	Te^{2-}	0.211			Pb^{4+}	0.084
24	Cr	Cr^{3+}	0.064			Te^{4+}	0.089	83	Bi	Bi^{3+}	0.120
		Cr^{6+}	0.03~0.04	53	I	I^-	0.220	84	Po	Po^{6+}	0.067
25	Mn	Mg^{2+}	0.091			I^{5+}	0.094	85	At	At^{7+}	0.062
		Mn^{3+}	0.070	54	Xe	–	–	86	Rn	–	–
		Mn^{4+}	0.052	55	Cs	Cs^+	0.165	87	Fr	Fr^+	0.180
26	Fe	Fe^{2+}	0.087	56	Ba	Ba^{2+}	0.13	88	Ra	Ra^+	0.152
		Fe^{3+}	0.067	57	La	La^{3+}	0.122	89	Ac	Ac^{3+}	0.118
27	Co	Co^{2+}	0.082	58	Ce	Ce^{3+}	0.118	90	Th	Th^{4+}	0.110
		Co^{3-}	0.065			Ce^{4+}	0.102	91	Pa	–	–
28	Ni	Ni^{2+}	0.078	59	Pr	Pr^{3+}	0.116	92	U	U^{4+}	0.105
29	Cu	Cu^+	0.096			Pr^{4+}	0.100				

1・2・3 元素の密度

元素	原子番号	密度 [Mg/m³] $D_M (t\ ℃)$	$D_X (t\ ℃)$	元素	原子番号	密度 [Mg/m³] $D_M (t\ ℃)$	$D_X (t\ ℃)$	元素	原子番号	密度 [Mg/m³] $D_M (t\ ℃)$	$D_X (t\ ℃)$
Ac	89	—	10.06(室温)	Ge	32	5.323(25°)	5.324(25°)	Pt	78	21.45(20°)	21.44(20°)
Ag	47	10.49(20°)	10.500(25°)	H	1	0.089 H₂	0.089(−268.8°)	Pu	94	17.8(150°)	α 19.814(21°)
Al	13	2.6984(20°)	2.6985(20°)	He	2	0.12 He 4	0.216				β 17.70(190°)
Am	95	11.7(20°)	11.87(室温)			(液体;4.22 K)					γ 17.14(235°)
Ar	18	1.42	1.656	Hf	72	13.28(20°) 最密六方	13.276(24°)				δ 15.92(320°)
		(液体;−189°)	(固体;−233°)	Hg	80	14.19(−38.8°)	14.259(−46°)				δ' 16.01(477°)
As	33	5.73(25°)	5.776(25°)				14.481(−268°)				ε 16.51(490°)
		4.7〜5.2(非結晶)		Ho	67	8.8(室温)	8.797(20°)	Ra	88	5(20°)	—
At	85	—	—	I	53	4.93(20°)	4.953(室温)	Rb	37	1.53(20°)	1.533(20°)
Au	79	19.26(20°)	19.281(25°)	In	49	7.28(20°)	7.290(20°)				1.629(−268°)
B	5	2.46(室温) 菱面体α	2.466(室温)	Ir	77	22.4(17°)	22.55(26°)	Re	75	21.03(20°)	21.023(26°)
		2.35 菱面体β	2.356	K	19	0.87(20°)	0.862(20°)	Rh	45	12.44(20°)	12.42(20°)
		2.31 正方晶	2.33				0.910(−268°)	Rn	86	4.4	
Ba	56	3.58(20°)	3.594(20°)	Kr	36	2.16	3.00(−188°)	Ru	44	12.2(20°)	12.36(25°)
Be	4	1.84(20°)	1.846(25°)			(液体;−146°)		S	16	2.07(20°) 斜方晶	2.086(室温)
Bi	83	9.80(20°)	9.803(25°)	La	57	6.18(20°) α最密六方	6.174(20°)			1.96 単斜晶	2.063
Bk	97	—	—			6.155(260°) β面心立方	6.126(500°)			2.14 菱面体	2.81
Br	35	3.12	3.949			γ体心立方	5.98	Sb	51	6.68(20°)	6.692(25°)
		(液体;20°)	(固体;−23.5°)	Li	3	0.531(20°) Li	0.533(20°)	Sc	21	3.016(室温) 最密六方	2.992(20°)
C	6	3.52(20°) ダイヤモンド	3.516(20°)			0.460 Li6	0.462	Se	34	4.81(17°) 三方晶	4.808(20°)
		2.25(17°) 黒鉛	2.266(20°)			0.537 Li7	0.539			単斜晶	4.352
Ca	20	1.54(20°) 面心立方	1.530(18°)	Lu	71	(9.85) (20°)	9.842(20°)	Si	14	2.328(20°)	2.329(20°)
		体心立方	1.483(500°)	Md	101	—	—			単斜晶	4.402
Cd	48	8.65(20°)	8.647(21°)	Mg	12	1.74(20°)	1.738(25°)	Sm	62	7.53(室温)	7.536(20°)
Ce	58	6.747(20°) 面心立方	6.771(20°)	Mn	25	7.42(20°) α	7.473(20°)	Sn	50	7.3(20°) 正方晶	7.285(25°)
		最密六方	6.844			β ✱	7.243(室温)			5.8 立方晶	5.769(20°)
		面心立方	6.67			γ	6.330(1100°)	Sr	38	2.6(20°) 面心立方	2.583(25°)
		(高温または低温)	8.32			δ	6.235(1140°)			最密六方	2.55(248°)
		(15000 atm)		Mo	42	10.2(20°)	10.222(20°)			体心立方	2.55(614°)
Cf	98	—	—	N	7	1.026 立方晶	1.035(−268.8°)	Ta	73	16.6(20°)	16.67(20°)
Cl	17	2.09(−160°)	2.03(−160°)			0.96 六方晶	0.987(−233°)	Tb	65	[8.25]	8.267(20°)
Cm	96	—	—	Na	11	0.97(20°) 体心立方	0.966(20°)	Tc	43	11.46(20°)	11.496(室温)
Co	27	8.9(20°) 最密六方	8.80〜8.83(20°)			最密六方	1.009(−268°)	Te	52	6.24(20°)	6.247(20°)
		面心立方	8.67〜8.79(20°)	Nb	41	8.57(20°)	8.578(20°)				6.02 無定形
Cr	24	7.19(20°) 体心立方	7.194(20°)	Nd	60	7.00(20°) 最密六方	7.000(20°)	Th	90	11.5(20°)	11.724(25°)
		面心立方	6.93(>1850°)			体心立方	6.80				11.097(1450°)
		✱	7.92(室温)	Ne	10	1.2	1.442	Ti	22	4.5(20°)	4.508(25°)
Cs	55	1.90(20°)	1.910(−10°)			(液体;−246°)	(固体;−268°)				4.400(900°)
			1.964(−100°)	Ni	28	8.9(20°)	8.907(20°)	Tl	81	11.85(20°)	11.871(18°)
Cu	29	8.93(20°)	8.933(20°)	No	102	—	—				11.60(262°)
Dy	66	8.44(20〜15°)	8.531(20°)	Np	93	20.35(室温) α	20.45(20°)	Tm	69	[9.32]	9.325(20°)
		8.56				19.31(290°) β	19.36(313°)	U	92	[19.05] (20°) 斜方晶	19.05(27°)
(Em)		(液体;−62°)				18.55(580°) γ	18.12(600°)			18.9 正方晶	18.11(720°)
Er	68	9.06(20°)	9.044(20°)	O	8	1.46(−252.7°)	1.46(−250°以下)				体心立方 18.06(805°)
Es	99	—	—	Os	76	22.5(20°)	22.58(20°)	V	23	6.1(20°)	—
Eu	63	5.16(20〜25°)	5.248(20°)	P	15	1.82(20°) 黄リン				5.96	
		5.30				白リン 2.22(−3)		W	74	19.3(20°)	19.254(20°)
F	9	1.14	—			2.34(15°) 赤リン	2.35	Xe	54	3.06	3.56
		(液体;−200°)				2.70 黒リン	2.69			(液体;−109°)	(固体;−185°)
Fe	26	7.87(20°) α体心立方	7.873(20°)	Pa	91		15.37(室温)	Y	39	4.57(20°)	4.475(20°)
		γ面心立方	7.646(916°)	Pb	82	11.34(20°)	11.343(25°)	Yb	70	7.03(20°) 面心立方	6.966(20°)
		δ体心立方	7.356(1390°)	Pd	46	12.16(22°)	11.995(20°)				体心立方 6.54
Fm	100	—	—	Pm	61	—	—	Zn	30	7.13(20°)	7.134(25°)
Fr	87	—	—	Po	84	9.4	9.27(10°)	Zr	40	6.50(20°) 最密六方	6.507(15°)
Ga	31	5.903(25°)	5.908(25°)				9.47(75°)				体心立方 6.405(1252°)
Gd	64	7.87(20°) 最密六方	7.872(100°)	Pr	59	6.77(20°) 最密六方	6.779(20°)				
		体心立方	7.8				6.64				

1) D_M とはマクロな方法によるもので，D_X は X 線によるデータから計算されたものである．
2) ( ) の中の数字は測定温度 [℃]，また [ ] した値は不確かなもの．
3) ✱とあるのは焼入れした試料についての値．

International Tables for X-ray Crystallography.

1・2・4 金属元素の転移点・転移熱・融解点・融解熱・沸騰点および蒸発熱

金属	転移点 [K]	転移熱 [10^3J/mol]***	融解点 [K]	融解熱 [10^3J/mol]***	沸騰点 [K]	蒸発熱 [10^3J/mol]***
Ag	—	—	1 233.95	11±0.5	2 423±20	255.1
Al	—	—	933.25	8.40±0.16	2 750±50	293.8
Au	—	—	1 336.15	12.37	2 983	324.5
(Ba)*	—	0.63	1 002	7.66±0.35	1 969	151.0
Be	$\alpha\beta$ 1 527±5	—	1 560±5	15.79±0.33	2 750	294.7
Bi	—	—	544.525±0.00025	11.3	1 833±5	151.5
Ca	$\alpha\beta$ 737	0.253	1 116±1	8.66±0.5	1 765	150.0
Cd	—	—	594.183	6.29±0.03	1 040	100.0
Ce	$\alpha\beta$ 179±4	—	—	—	—	—
	$\beta\gamma$ 441±7	—	—	—	—	—
	$\gamma\delta$ 1 003	2.94	1 073	5.18±0.02	3 530±30	314
Co	$\alpha\beta$ 690±7	0.44	1 765.15	17.2	3 150	382.2
	M. T r.** 1 393	—	—	—	—	—
Cr	—	—	2 163±10	13.8	2 933	349
Cs	—	—	301.55±0.01	2.088±0.002	831	55.7
Cu	—	—	1 356.45±0.1	13.1	2 855	306
Dy	$\alpha\beta$ 1 650±3	3.9	1 682	10.8±0.4	2 608±20	251.1
Er	—	—	1 795	19.9±0.8	2 783±20	271
Eu	—	—	1 090±5	9.23±0.08	1 870	175.5±0.13
Fe	$\alpha\gamma$ 1 184	0.94±0.25	—	—	—	—
	$\gamma\delta$ 1 665	1.09±0.8	1 809±1	13.8±0.3	3 160	351.2
Ga	—	—	302.91±0.01	5.588±0.005	2 676	250.3
Gd	$\alpha\beta$ 1 533±2	3.91±0.05	1 588	10.05±0.4	3 506±5	311.8
Ge	—	—	1 232	34.7	—	—
Hf	$\alpha\beta$ 2 023±20	—	2 503±20	24.23	4 575±150	—
Hg	—	—	234.28	2.34±0.02	629.73	61.35
Ho	? 1 701±14	(4.7)	1 743	12.2	2 993	—
In	—	—	429.761±0.0001	3.265±0.02	2 286±10	226.4
Ir	—	—	2 716.15	26.5?	4 800±100	563.8
K	—	—	336.35±0.1	2.325±0.005	1 031	88.1
La	$\alpha\beta$ 583±5	0.28±0.025	—	—	—	—
	$\beta\gamma$ 1 139±2	3.15±0.02	1 193±5	6.20±0.01	3 727±5	400
Li	? 90～170	0.585	453.65±0.1	3.00±0.02	1 600	158.9
Lu	—	—	1 934±5	18.8·	3 588±5	—
Mg	—	—	932±0.5	8.96±0.2	1 376±5	128.7
Mn	$\alpha\beta$ 1 000±3	2.24	—	—	—	—
	$\beta\gamma$ 1 373±3	2.28	—	—	—	—
	$\gamma\delta$ 1 411±3	1.80	1 517±2	14.6	2 305	255.7
Mo	—	—	2 903±10	27.8	5 100	594.3
Na	—	—	370.95±0.03	2.60±0.01	1 156	106.8
Nb	—	—	2 793±10	26.8	5 200	716.5
Nd	$\alpha\beta$ 1 142±2	2.98±0.06	1 298±5	6.81±0.08	3 400±5	283.7
Ni	M. Tr. 626	0.586±0.09	1 726.15±1	17.5±0.9	3 110	372.0
(Np)	$\alpha\beta$ 553±5	8.4±0.9	—	—	—	—
	$\beta\gamma$ 850±3	—	913±3	—	4 175	—
Os	—	—	3 318±30	29.3	5 300±100	—
Pb	—	—	600.576±0.0002	4.87±0.05	2 028±10	179.4
Pd	—	—	1 825.15	16.7	3 150±100	—
Po	—	—	527±10	12.5	1 235.2±2	106.0±0.13
Pr	$\alpha\beta$ 1 068±3	3.18±0.04	1 208.	6.91±0.015	3 485±30	332.8
Pt	—	—	2 042.15±1	19.7	4 100±100	510.6
Pu	$\alpha\beta$ 396.4±0.1	3.93±0.04	—	—	—	—
	$\beta\gamma$ 474.7±0.2	0.64±0.06	—	—	—	—
	$\gamma\delta$ 590.1±0.5	0.52±0.02	—	—	—	—
	$\delta\delta'$ 729.2±1.0	0.08±0.04	—	—	—	—
	$\delta'\epsilon$ 753.2～760.6	1.85±0.04	913±2	2.90±0.02	3 780±19	—
Rb	—	—	312.65±0.01	2.195	852±2	71.5
Re	—	—	3 453	33?	5 900	707.4
Rh	—	—	2 233.15	22.4	3 900±100	495.6
Ru	—	—	2 523±10	26	4 150±100	568.4
Sb	—	—	903.63±0.02	19.7	1 908±8	67.9
Sc	$\alpha\beta$ 1 607	4.01±0.05	1 810±2	14.1±0.5	3 105±15	307.7
Si	—	—	1 700	39.6	—	—
Sm	$\alpha\beta$ 1 185±5	3.11	1 345±5	8.63±0.08	2 025±15	191.7
Sn	$\alpha\beta$ 286.35±0.3	2.24±0.035	505.063	7.0	2 753±25	290.5
Sr	—	0.84	1 047±1	10.0	1 639±5	139.0
Ta	—	—	3 263	31.4?	(5 773)	753.4
(Tb)	$\alpha\beta$ 1 583	5.04±0.06	1 636±5	10.8±0.4	3 314±30	293.0
Th	$\alpha\beta$ 159.8±10	3.6±0.1	2 008±10	13.8±1.2	5 757	—
Ti	$\alpha\beta$ 1 156±2	4.1±0.1	1 953±4	18.7	3 535	397±20
Tl	$\alpha\beta$ 505.5	0.35±0.01	576	4.28±0.06	1 939	169.5
(Tm)	—	—	1 818±15	16.8±0.7	2 000	—
U	$\alpha\beta$ 940.55	3.3±0.6	—	—	—	—
	$\beta\gamma$ 1 047.75	4.6±0.8	1 406±2	12.4±1.2	4 200	422.7
V	—	—	2 108±10	21.1	(3 673)	458.7
W	—	—	3 653.15	35	5 800	799.4
Y	$\alpha\beta$ 1 758±8	4.98±0.19	1 783	11.4±0.1	3 610±5	393.4?
Yb	$\alpha\beta$ 1 033±5	1.75±0.015	1 097±5	7.66±0.035	1 466±5	—
Zn	—	—	692.6555±0.002	7.12±0.05	1 179	113.4
Zr	$\alpha\beta$ 1 143±3	4.16±0.15	2 128±15	20.5	4 650	581.7

* ( ) のついているものは不確かなもの.　** M. Tr. は磁気変態.　*** ジュールをカロリーになおすには 0.239 を乗ずる.
International Tables of Selected Constants 16, Metals, Thermal and Mechanical Data を参考にした.

a. 金属元素の融解点と融解熱の関係

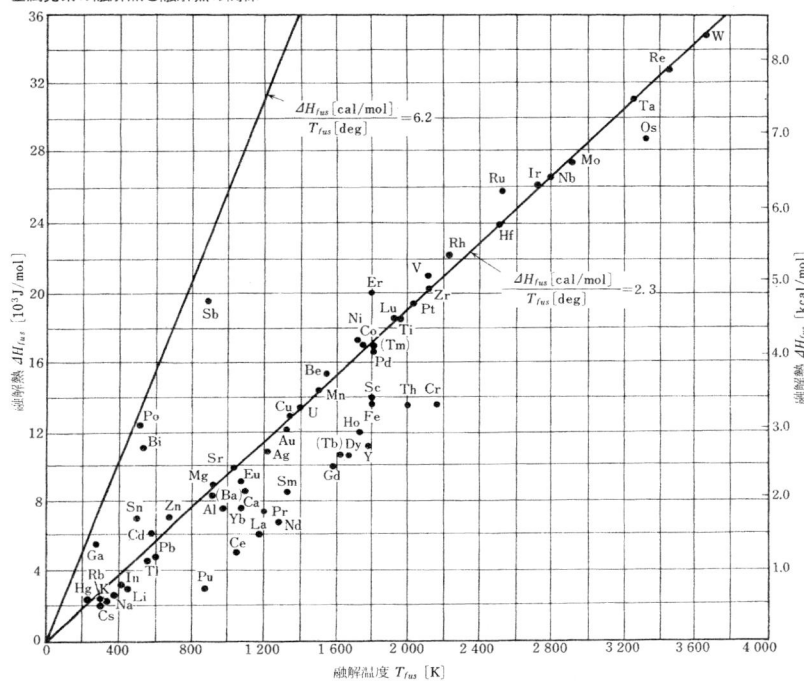

b. 金属元素の沸点と蒸発熱の関係

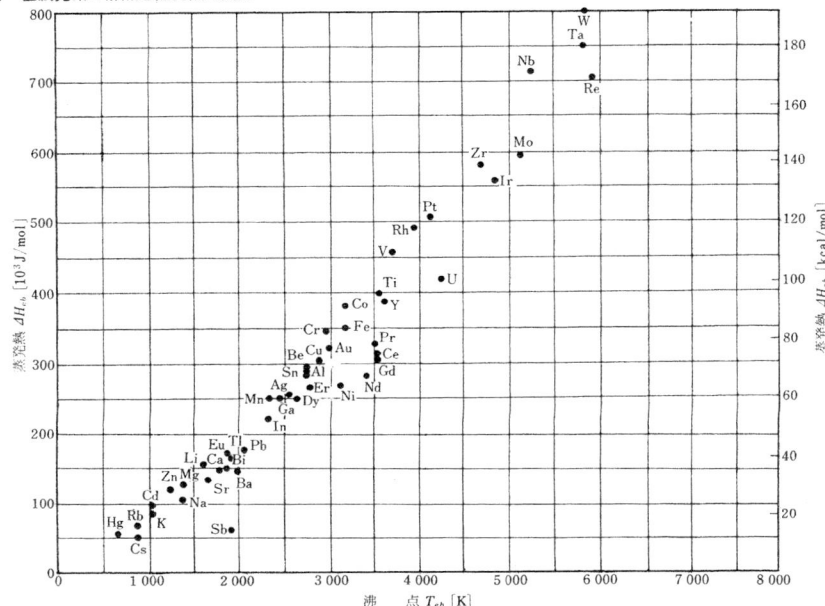

1・2・5 元素の融解点の周期性

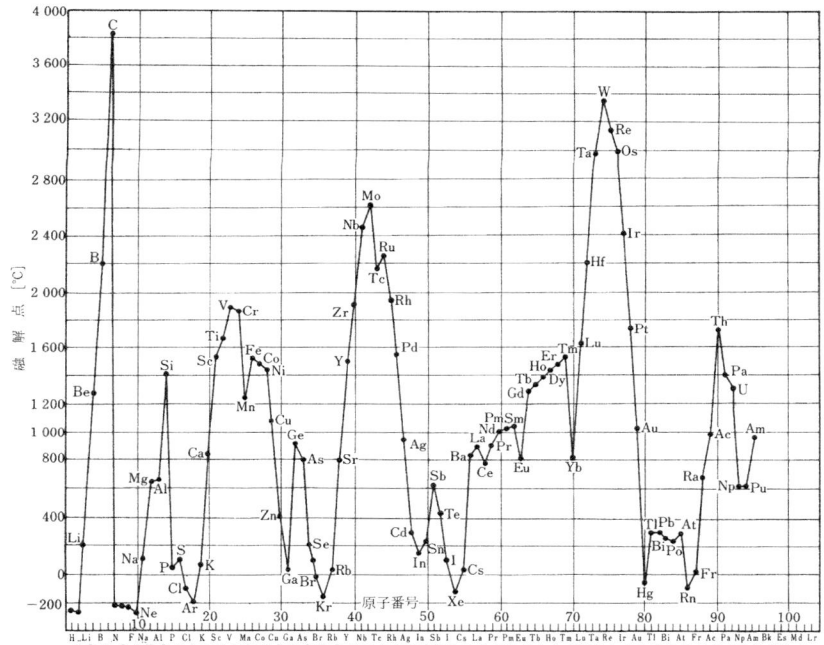

1・2・6 金属元素の熱伝導率・平均比熱・電気抵抗率・電気抵抗率の温度係数・線膨張率(室温)

金属	熱伝導率 (0〜100℃) [W・m⁻¹・K⁻¹]	平均比熱 (0〜100℃) [J・kg⁻¹・K⁻¹]	電気抵抗率 (20℃) [μΩ・cm]	電気抵抗率の温度係数 (0〜100℃) [10⁻³ K⁻¹]	膨張係数 (0〜100℃) [10⁻⁶ K⁻¹]	金属	熱伝導率 (0〜100℃) [W・m⁻¹・K⁻¹]	平均比熱 (0〜100℃) [J・kg⁻¹・K⁻¹]	電気抵抗率 (20℃) [μΩ・cm]	電気抵抗率の温度係数 (0〜100℃) [10⁻³ K⁻¹]	膨張係数 (0〜100℃) [10⁻⁶ K⁻¹]
Al	238	917	2.67	4.5	23.5	Ni	88.5	452	6.9	6.8	13.3
Ag	425	234	1.63	4.1	19.1	Os	86.9	130	8.8	4.1	4.57
As	—	331	33.3	—	5.6	Pb	34.9	129.8	20.6	4.2	29.0
Au	315.5	130	2.2	4	14.1	Pd	75.2	247	10.8	4.2	11.0
Ba	—	285	60(0℃)	—	18	Po	—	—	—	—	—
Be	194	2052	3.3	9.0	12	Pr	11.7	192	68	1.71	4.8
Bi	9	124.8	117	4.6	13.4	Pt	73.4	134.4	10.58	3.92	9.0
Ca	125	624	3.7	4.57	22	Pu	8.4	142	146.5	—	55
Cd	103	233.2	7.3	4.3	31	Ra	—	—	—	—	—
Ce	11.9	188	85.4	8.7	8	Rb	58.3(s)	356	12.1	4.8	9.0
Co	96	427	6.34	6.6	12.5	Re	47.6	138	18.7	4.5	6.6
Cr	91.3	461	13.2	2.14	6.5	Rh	148	243	4.7	4.4	8.5
Cs	36.1(s)	234	20	4.8	97	Ru	116.3	234	7.7	4.1	9.6
Cu	397	386.0	1.694	4.3	17.0	Sb	23.8	209	40.1	5.1	8〜11
Dy	10.0	173	91	1.19	8.6	Sc	—	558	66	—	12
Er	9.6	166	86	2.01	9.2	Se	—	339	12	—	37
Fe	78.2	456	10.1	6.5	12.1	Si	138.5	729	10³〜10⁶	—	7.6
Ga	41.0(s)	377	—	—	—	Sm	—	181	92	1.48	—
Gd	8.8	298	134	0.9/1.76	6.4	Sn	73.2	226	12.6	4.6	23.5
Ge	56.4	310	∼89×10³	—	5.75	Sr	—	737	23(0℃)	—	100
Hf	22.9	147	32.2	4.4	6.0	Ta	57.55	142	13.5	3.5	6.5
Hg	8.65	138	95.9	1.0	61	Tb	—	172	116	—	7.0
Ho	—	164	94	1.71	9.5(400℃)	Te	3.8	134	1.6×10⁵ (0℃)	—	1.7‖c軸 27.5⊥c軸
In	80.0	243	8.8	5.2	24.8						
Ir	146.9	130.6	5.1	4.5	6.8	Th	49.2	100	14	4.0	11.2
K	104(s)	754	6.8	5.7	83	Ti	21.6	528	54	3.8	8.9
La	13.8	200	57	2.18	4.9	Tl	45.5	130	16.6	5.2	30
Li	76.1	3517	9.29	4.35	56	Tm	—	160	90	1.95	11.6(400℃)
Lu	—	154	68	—	125(400℃)	U	28	117	27	3.4	*
Mg	155.5	1038	4.2	4.25	26.0	V	31.6	498	19.6	3.9	8.3
Mn	7.8	486	160(α)	—	23	W	174	138	5.4	4.8	4.5
Mo	137	251	5.7	4.35	5.1	Y	10.2	309	53	2.71	10.8(400℃)
Na	128	1227	4.7	5.5	71	Yb	—	145	28	1.30	25.0
Nb	54.1	268	16.0	2.6	7.2	Zn	119.5	394	5.96	4.2	31
Nd	12.8	209	64	1.64	6.7	Zr	22.6	289	44	4.4	5.9

(s) 固体, * α-U 23‖a軸, −3.5‖b軸, 17‖c軸(25〜300℃), β-U 4.6‖c軸, 23‖c軸(20〜720℃)

Smithells Metals Reference Book, 7th ed.(1992), Butterworth-Heinemann.

1・2・7 金属元素の熱伝導率・電気抵抗率・線膨張率・比熱(高温)

金属	温度 t (°C)	熱膨張率 (20~t°C) [10^{-6}K^{-1}]	電気抵抗率 [$\mu\Omega\cdot$cm]	熱伝導率 [W·m^{-1}·K^{-1}]	比熱 [J·kg^{-1}·K^{-1}]
Ag	20	—	1.63	419	234
	100	19.6	2.1	419	222
	500	20.6	4.7	(377)	(230)
	900	22.4	7.6	—	(243)
Al	20	—	2.67	—	900
	100	23.9	3.55	—	938
	200	24.3	4.78	238	984
	300	25.3	5.99	—	1 030
	400	26.49	7.30	—	1 076
Au	20	—	2.2	293	126
	100	14.2	2.8	293	130
	500	15.2	6.8	—	142
	900	16.7	11.8	—	151
Be	20	—	3.3	180	1 976
	100	12	5.3	152	2 081
	200	13	10.5	130.2	(2 215)
	300	14.5	11.1	117.7	(2 353)
	500	16	21.8	103.0	(2 621)
	700	17	26	85.8	(2 889)
Bi	20	—	117	8.0	121
	100	13.4	156	7.5	130
	250	—	260	7.5	147
Cd	20	—	7.3	84	230
	100	31.8	9.6	87.9	239
	300	(38)	18.0	104.7	260
Co	20	—	5.68	—	434
	100	12.3	9.30	—	453
	200	13.1	13.88	—	478
	300	13.6	19.78	—	502
	400	14.0	26.56	—	527
	600	—	40.2	—	575
	800	—	58.6	—	716
	1 000	—	77.4	—	800
	1 200	—	91.9	—	883
Cr	20	—	13.2	91.3	444
	100	6.6	18 (152°C)	—	490
	400	8.4	31 (407°C)	76.2 (426°C)	582
	700	9.4	47 (652°C)	67.4 (760°C)	649
Cu	20	—	1.694	394	385
	100	17.1	—	394	389
	200	17.2	2.93	389	402
	500	18.3	4.6	341 (497°C)	(427) (538°C)
	1 000	20.3	8.1	244 (977°C)	(473) (1 037°C)
Fe	20	—	10.1	73.3	444
	100	12.2	14.7	68.2	477
	200	12.9	22.6	61.5	523
	400	13.8	43.1	48.6	611
	600	14.5	69.8	38.9	699
	800	14.6	105.5	29.7	791
Hf	20	—	35.5	(22.2)	144
	100	—	46.5	22.0	148
	200	—	60.3	21.5	152
	400	6.3	84.4	20.7	160
	1 000	6.1	—	—	185
	1 400	6.0	—	—	—
	1 800	5.9	—	—	—
Ir	20	—	5.1	148 (0°C)	130
	100	6.8	6.8	143	134
	500	7.2	15.1	—	142
	1 000	7.8	—	—	159
Mg	20	—	4.2	167	1 022
	100	26.1	5.6	167	1 063
	200	27.0	7.2	163	1 110
	400	28.9	12.1	130	1 197
Mo	20	—	5.7	142	247
	100	5.2	7.6	138	260
	500	5.7	17.6	121	285
	1 000	5.75	31	105	310
	1 500	6.51	46	84	339 (平均)
	2 500	—	77	—	—
Nb	20	—	14.6	—	268
	200	7.19	25.0	56.5	271
	400	7.39	36.6	60.7	284
	600	7.56	48.1	65.3	292
	800	7.72	59.7	—	301
	1 000	7.88	71.3	—	310
Ni	20	—	6.9	88	435
	100	13.3	10.3	82.9	477
	200	13.9	15.8	73.3	528
	300	14.4	22.5	63.6	578
	400	14.8	30.6	59.5	519
	500	15.2	34.2	62.0	535
	900	16.3	45.5	—	595
Pb	20	—	20.6	34.8	130
	100	29.1	27.0	33.5	134
	200	30.0	36.0	31.4	134
	300	31.3	50	29.7	138
Pd	20	—	10.8	75	243
	100	11.1	13.8	74	247
	500	12.4	27.5	—	268
	1 000	13.6	40	—	297
Pt	20	—	10.58	72	134
	100	9.1	13.6	72	134
	500	9.6	27.9	—	147
	1 000	10.2	43.1	67	159
	1 500	11.31	55.4	63	176
Pu	20$\alpha\to\alpha$	47	145.8	(8.4)	131
	100$\alpha\to\alpha$	203	141.6	—	138
	200$\alpha\to\beta$	173	107.8	—	145
	300$\alpha\to\gamma$	181	107.4	—	153
	400$\alpha\to\delta$	109	100.7	—	154
	500$\alpha\to\varepsilon$	101	110.6	—	144
Re	20	12.4∥軸 4.7⊥軸	18.7	48	134
	100	—	25	48	138
	2 500	—	7.29 (2 000°C)	132	— (2 527°C)
Rh	20	—	4.7	149	243
	100	8.5	6.2	147	255
	500	9.8	14.6	—	289
	1 000	10.8	—	—	331
Sb	20	—	40.1	18.0	205
	100	8.4~11.0	59	16.7	214
	500	9.7~11.6	154	19.7	239
Sn	20	—	12.6	65	222
	100	23.8	15.8	63	239
	200	24.2	23.0	60	260
Ta	20	—	13.5	57	138
	100	6.5	17.2	54	142
	500	6.6	35	—	151
	1 500	—	71	—	167
	2 500	—	102	—	234 (2 727°C)
Ti	20	—	54	16	519
	100	8.8	70	15	540
	200	9.1	88	15	569
	400	9.4	119	14	619
	600	9.7	152	13	636
	800	9.9	165	(13)	682
Tl	20	—	16.6	46	134
	100	30	—	45	138
	200	—	—	45	142
U	20α	—	30	27	116
	600α	—	59	38	186
	700β	—	55.5	40	176
	800γ	—	54	42.3	160
V	20	—	24.8	—	492
	100	8.3	31.5	31	505
	500	9.6	—	36.8	570
	700	—	—	35.2	603
	900	10.4	—	—	636
W	20	—	5.4	167	134
	100	4.5	7.3	159	138
	500	4.6	18	121	142
	1 000	4.6	33	111	151
	2 000	5.4	65	93	—
	3 000	6.6	100	—	—
Zn	20	—	5.96	113	389
	100	31	7.8	109	402
	200	33	11.0	105	414
	300	34	13.0	101	431
	400	—	16.5	96	444

Smithells Metals Reference Book, 7th ed. (1992), Butterworth-Heinemann.

1・2・8 液体金属の物性　a. 比熱・熱伝導率・電気抵抗

Metals Reference Book, 5th ed. (1976), Butterworths.

金属	温度 [℃]	比熱 [J/g·K]	熱伝導率 [W/m·K]	電気抵抗 [$\mu\Omega\cdot$m]	金属	温度 [℃]	比熱 [J/g·K]	熱伝導率 [W/m·K]	電気抵抗 [$\mu\Omega\cdot$m]
Ag	960.7	0.283	174.8	0.172 5	Li	400	4.215	53.8	—
	1 000	0.283	176.5	0.176 0		600	4.165	57.5	—
	1 100	0.283	180.8	0.184 5		800	4.148	58.6	—
	1 200	0.283	185.1	0.193 5		1 000	4.147	58.4	—
	1 300	0.283	189.3	0.202 3		1 600	(4.36)	52.0	—
	1 400	—	193.5	0.211 1	Mg	650	(1.36)	78	0.274
Al	660	1.08	94.03	0.242 5		700	(1.36)	81	0.277
	700	1.08	95.37	0.248 3		800	(1.36)	88	0.282
	800	1.08	98.71	0.263 0		1 000	(1.36)	100	—
	900	1.08	102.05	0.277 7	Mn	124	0.838	—	0.40
	1 000	—	105.35	0.292 4	Mo	2 607	0.57	—	(0.605)
As	817	—	—	(2.10)	Na	97	1.386	89.7	0.096 4
Au	1 063	(0.149)	104.44	0.312 5		100	1.385	89.6	0.099
	1 100	(0.149)	105.44	0.318 0		200	1.340	82.5	0.134
	1 200	(0.149)	108.15	0.331 5		400	1.278	71.6	0.224
	1 300	(0.149)	110.84	0.348 1		600	1.255	62.4	0.326
	1 400	(0.149)	113.53	0.363 1		800	1.270	53.7	0.469
B	2 077	2.91	—	(2.10)		1 000	(1.316)	45.8	—
Ba	727	0.228	—	1.33		1 200	(1.405)	38.8	—
Be	1 283	3.48	—	(0.45)	Nb	2 468	—	—	(1.05)
Bi	271	0.146	17.1	1.290	Nd	1 024	0.232	—	(1.26)
	300	0.143	15.5		Ni	1 454	0.620	—	0.850
	400	0.147 5	15.5		P (黒)	44	—	—	(2.70)
	500	0.137 5	15.5		Pb	327	0.152	15.4	0.948 5
	600	0.133 6	15.5			400	0.144	16.6	0.986 3
	700	—	15.5			500	0.137	18.2	1.034 4
Ca	865	(0.775)	—	(0.250)		600	0.135	19.9	(1.082 5)
Cd	321	0.264	42	0.337		800	—	—	(1.169)
	400	0.264	47	0.343 0		1 000	—	—	(1.263)
	500	0.264	54	0.351 0	Po	254	—	—	(3.98)
	600	0.264	(61)	0.360 7	Pr	935	(0.238)	—	(1.38)
Ce	804	0.25	—	1.268	Pt	1 770	(0.178)	—	(0.73)
	1 000	0.25	—	1.294	Pu	640	—	—	(1.33)
	1 200	0.25	—	1.310	Ra	960	(0.136)	—	(1.71)
Co	1 493	(0.59)	—	1.02	Rb	38.8	0.398	33.4	0.228 3
Cr	(1 903)	(0.78)	—	(0.316)		100	0.383	33.4	0.273 0
Cs	28.6	0.28	19.7	0.370		200	0.364	31.6	0.366 5
	100	0.265	20.2	0.450		500	0.348	26.1	0.689 0
	200	0.240	20.8	0.565		1 000	(0.378)	17.0	(1.71)
	400	0.21	20.2	0.810		1 500	—	8.0	(5.32)
	600	0.22	18.3	1.125	Re	3 158	—	—	(1.45)
	800	0.25	16.1	1.570	Ru	2 427	—	—	(0.84)
	1 600	—	4.0		S	119	0.984	—	$>10^{10}$
Cu	1 083	0.495	165.6	0.200	Sb	630.5	(0.258)	21.8	1.135
	1 100	0.495	166.1	0.202		700	(0.258)	21.3	1.154
	1 200	0.495	170.1	0.212		800	(0.258)	20.9	1.181
	1 400	0.495	176.3	0.233		1 000	(0.258)	—	1.235
	1 600	0.495	180.4	0.253	Sc	1 539	(0.745)	—	(1.31)
Fe	1 536	(0.795)	—	1.386	Se	217	0.445	0.3	$\sim 10^6$
Fr	18	(0.142)	—	(0.87)	Si	1 410	1.04	—	0.75
	700	(0.134)	—			1 500	1.04	—	0.82
Ga	29.8	0.398	(25.5)	0.26		1 600	1.04	—	0.86
	100	0.398	30.0	0.27	Sm	1 072	(0.223)	—	(1.90)
	200	0.398	35.0	0.28	Sn	232	0.250	30.0	0.472 0
	300	0.398	(39.2)	0.30		300	0.242	31.4	0.490 6
Gd	(1 350)	(0.213)	—	(0.278)		400	0.241	33.4	0.517 1
Ge	934	(0.404)	—	0.672		500	(0.24)	35.4	0.543 5
	1 000	(0.404)	—	0.727		1 000	(0.26)	—	(0.670)
Hf	(2 227)	—	—	(2.18)	Sr	770	0.354	—	(0.58)
Hg	−38.87	(0.142)	6.78	0.905	Ta	(2 996)	—	—	(1.18)
	0	(0.142)	7.61	0.940	Tb	1 365	—	—	(2.44)
	20	0.139	8.03	0.957	Te	450	(0.295)	2.5	5.50
	100	0.137	9.47	1.033		500	(0.295)	3.0	4.80
	500	(0.137)	12.67	1.600		600	(0.295)	4.1	4.30
	1 000	—	8.86	3.77		800	(0.295)	(6.2)	(3.9)
	1460 [臨界温度]	—	~0.0004	~1 000		1 000	(0.295)	—	(3.8)
Ho	1 500	(0.203)	—	(1.93)	Ti	1 685	(0.700)	—	(1.72)
In	156.6	(0.259)	(42)	0.323 0	Tl	303	0.149	(24.6)	0.731
	200	(0.259)	—	0.333 9		400	0.149	—	0.759
	400	(0.259)	—	0.436 1		500	0.149	—	0.788
	600	(0.259)	—	(0.513 1)	Tm	1 600	—	—	(1.88)
K	63.5	0.820	53.0	0.136 5	U	1 133	(0.161)	—	0.636
	100	0.810	51.7	0.154		1 200	(0.161)	—	0.653
	200	0.790	47.7	0.215		1 300	(0.161)	—	(0.678)
	500	0.761	37.8	0.444	V	1 912	(0.780)	—	(0.71)
	1 000	(0.838)	24.4	(0.110)	W	3 377	—	—	(1.27)
	1 500	—	15.5		Y	1 530	(0.377)	—	(1.04)
La	930	(0.057 5)	(21.0)	1.38	Yb	824	—	—	(1.64)
	1 000	(0.057 5)	—	1.43	Zn	419.5	0.481	49.5	0.374
	1 100	(0.057 5)	—	1.50		500	0.481	54.1	0.368
	1 200	(0.057 5)	—	1.56		600	0.481	59.9	0.363
Li	180.5	4.370	46.4	0.240		800	0.481	(60.7)	0.367
	200	4.357	47.2	—	Zr	1 850	(0.367)	—	(1.53)

(単位の換算)　比熱：$0.239 \times [\mathrm{J/g\cdot K}] = [\mathrm{cal/g\cdot K}]$；熱伝導率：$0.8604 \times [\mathrm{W/m\cdot K}] = [\mathrm{kcal/M\cdot h\cdot K}]$, $2.39 \times 10^{-3} [\mathrm{W/m\cdot K}] = [\mathrm{cal/cm\cdot s\cdot K}]$

b. 密度・表面張力・粘性率

金属	温度 t_0(°C)	密度 ρ_0 [Mg/m³]	$d\rho/dt$ [kg/m³·K]	表面張力 γ_0 [mN/m]	$d\gamma/dt$ [mN/m·K]	粘性率 η_{mp} [mN·s/m²]	η_0 [mN·s/m²]	E [kJ/mo]
Ag	960.7	9.346	−0.907	903	−0.16	3.88	0.4532	22.2
Al	660.0	2.385	−0.28	914	−0.35	1.30	0.1492	16.5
As	817	5.22	−0.535	−	−	−	−	−
Au	1063	17.36	−1.5	1140	−0.52	5.0	1.132	15.9
B	2077	2.08	−	1070	−	−	−	−
Ba	727	3.321	−0.526	224	−0.095	−	−	−
Be	1283	1.690	−0.1162	1390	(−0.29)	−	−	−
Bi	271	10.068	−1.33	378	−0.07	1.80	0.4458	6.45
Ca	865	1.365	−0.221	361	−0.10	1.22	0.0651	27.2
Cd	321	8.02	−1.16	570	−0.26	2.28	0.3001	10.9
Ce	804	6.685	−0.227	740	−0.33	2.88	−	−
Co	1493	7.76	−0.988	1873	−0.49	4.18	0.2550	44.4
Cr	1875	6.28	−0.30	1700	(−0.32)	−	−	−
Cs	28.6	1.854	−0.6381	69	−0.047	0.68	0.1022	4.81
Cu	1083	8.000	−0.801	1285	−0.13	4.0	0.3009	30.5
Dy	1500	−	−	648	−0.13	−	−	−
Er	1530	−	−	637	−0.12	−	−	−
Eu	?	−	−	?	?	−	−	−
Fe	1536	7.015	−0.883	1872	−0.49	5.5	0.3699	41.4
Fr	18	(2.35)	(−0.792)	(62)	(−0.044)	(0.765)	−	−
Ga	29.8	6.09	−0.60	718	−0.10	2.04	0.4359	4.00
Gd	1312	(7.14)	−	810	−0.16	−	−	−
Ge	934	5.578	−0.458	621	−0.26	0.64	0.2576	9.13
Hf	1943	11.1	−	1630	(−0.21)	−	−	−
Hg	−38.87	13.691	−2.436	498	−0.20	2.10	0.5565	2.51
	0	13.5951	平均					
	20	13.5459	以上					
			0〜100°C					
	100	13.3515						
Ho	1500	−	−	650	−0.123	−	−	−
In	156.6	7.023	−0.6798	556	−0.09	1.89	0.3020	6.65
Ir	2443	(20.0)	−	2250	(−0.31)	−	−	−
K	63.5	0.8270	−0.2285	111.0	−0.0625	0.51	0.1340	5.02
La	930	5.955	−0.237	720	−0.32	2.45	−	−
Li	180.5	0.525	−0.1863	395	−0.150	0.57	0.1456	5.56
Lu	1700	−	−	940	−0.073	−	−	−
Mg	651	1.590	−0.2647	559	−0.35	1.25	0.0245	30.5
Mn	1241	5.73	−0.7	1090	−0.2	−	−	−
Mo	2607	(9.34)	−	2250	(−0.30)	−	−	−
Na	96.5	0.927	−0.2361	195	−0.0895	0.68	0.1525	5.24
Nb	2468	(7.83)	−	1900	(−0.24)	−	−	−
Nd	1024	6.688	−0.528	689	−0.09	−	−	−
Ni	1454	7.905	−1.160	1778	−0.38	4.90	0.1663	50.2
Os	2727	(20.1)	−	2500	(−0.33)	−	−	−
P	44	−	−	52	−	1.71	−	−
Pb	327	10.678	−1.3174	468	−0.13	2.77	0.4881	8.65
Pd	1552	10.49	−1.266	1500	(−0.22)	−	−	−
Pr	935	6.611	−0.240	−	−	2.80	−	−
Pt	1769	19	−2.9	1800	(−0.17)	−	−	−
Pu	640	16.64	−1.450	550	−0.10	6.0	1.089	5.59
Rb	38.9	1.437	−0.486	83	−0.052	0.67	0.0940	5.15
Re	3158	(18.8)	−	2700	(−0.34)	−	−	−
Rh	1966	10.8	−	2000	(−0.30)	−	−	−
Ru	2427	(10.9)	−	2250	(−0.31)	−	−	−
S	119	1.819	−0.800	61	−0.07	〜12	−	−
Sb	630.5	6.483	−0.565*	367	−0.05	1.22	0.0812	22.0
Sc	1540	−	−	937	−0.124	−	−	−
Se	217	3.989	−1.44	106	−0.1	24.8	−	−
Si	1410	2.561	−0.263	865	(−0.13)	0.575	0.1875	−15.68
Sm	1072	−	−	430	−0.072	−	−	−
Sn	232	7.000	−0.6127	544	−0.07	1.91	0.4474	6.09
Sr	770	2.48	−	303	−0.10	−	−	−
Ta	2977	(15.0)	−	2150	(−0.25)	−	−	−
Tb	1356	−	−	669	−0.056	−	−	−
Te	451	5.71	−0.360	180	(−0.06)	〜2.14	−	−
Th	1691	10.5	−	978	(−0.14)	−	−	−
Ti	1685	4.11	−0.702	1650	(−0.26)	5.2	−	−
Tl	302	11.280	−1.43	464	−0.14	2.64	0.2983	10.5
U	1133	17.90	−1.031	1550	−0.14	6.5	0.4848	30.4
V	1912	5.7	−	1950	(−0.31)	−	−	−
W	3377	(17.6)	−	2500	(−0.29)	−	−	−
Y	1520	−	−	872	−0.086	−	−	−
Yb	824	−	−	−	−	1.07	−	−
Zn	419	6.575	−1.10	782	−0.17	4.16	0.3381	14.4
Zr	−	(5.8)	−	1480	(−0.20)	8.0	−	−

* 適用範囲は1000°Cまで

(注) 任意の温度の密度, 表面張力, 粘性率は各々次式から得られる. 密度: $\rho = \rho_0 + (t - t_0)(d\rho/dt)$;
表面張力: $\gamma = \gamma_0 + (t - t_0)(d\gamma/dt)$; 粘性率: $\eta = \eta_0 \exp(E/RT)$ (R: ガス定数 8.3144J/K·mol)

Metals Reference Book, 5th ed. (1976), Butterworths; B. J. Keene: *Int. Mat. Rev.*, **38**, 4 (1993); 佐藤, 山村ほか: 熱物性, **6** (1992), 232; 江島, 佐藤ほか: 日本金属学会誌, **54** (1990), 1005; Y. Sato et al.: *High Temp. High Pressures*, **32** (2000), 253; Y. Sato et al.: *Int J. Thermophys.*, **21** (2000), 1463; Y. Sato et al.: *J. Cryst. Growth*, **249** (2003), 404.

1・2・9 デバイ温度と電子比熱

定容電子比熱は，$C_v = \gamma T$ で表わされる．ここに T は絶対温度 [K] である．表に示したのはこの γ の値である．なおジュールをカロリーに変換するには 0.239 を乗ずればよい．

	1 A	2 A	3 A	4 A	5 A	6 A	7 A	8			1 B	2 B	3 B	4 A	5 B	6 B
2	3 Li 3.7 1.8	4 Be 11.6 0.23		原子番号 記号 デバイ温度 [10^2K] γ [10^{-3} J/mol·K^2]									5 B 22.3 (0.01)	6 C ダイヤモンド / グラファイト 22.3 4.2	7 N	8 O
3	11 Na 1.58 1.4	12 Mg 4.0 1.3											13 Al 4.28 1.35	14 Si 6.40	15 P	16 S
4	19 K 0.90 2.2	20 Ca 2.30 2.9	21 Sc 4.2 3.5	22 Ti 3.6 9.3	23 V 4.5 1.40	24 Cr 6.3 18	25 Mn 4.67 5.0	26 Fe 4.45 4.7	27 Co 4.5 7.1	28 Ni 3.43 0.688	29 Cu 3.10 0.65	30 Zn 3.2 0.60	31 Ga 3.70	32 Ge	33 As	34 Se 0.9
5	37 Rb 0.52 2.6	38 Sr 1.47 3.6	39 Y 3.1 3.0	40 Zr 2.4 7.6	41 Nb 4.5 2.0	42 Mo 6.0 3.3	43 Tc 4.8 4.9	44 Ru 3.0 9.9	45 Rh 2.26 0.611	46 Pd 1.88 0.63	47 Ag 1.08 1.6	48 Cd 1.78	49 In 白 灰 1.99 2.1	50 Sn	51 Sb 2.07 0.24	52 Te 1.53
6	55 Cs (0.44)	56 Ba 1.10 2.7	57 La 1.42 10	72 Hf 2.6 2.6	73 Ta 2.4 5.9	74 W 4.0 1.3	75 Re 4.3 2.3	76 Os 5.0 2.4	77 Ir 4.2 3.1	78 Pt 2.40 6.8	79 Au 1.64 0.75	80 Hg 0.8 2.1	81 Tl 0.87 2.6	82 Pb 1.1 3.3	83 Bi 1.19 0.021	84 Po
7	87 Fr	88 Ra	89 Ac			66 Dy 1.4 (10)	90 Th 1.7 4.7	92 U 2.0 11								

( ) した値は不確かである．

1・2・10 おもな元素の蒸気圧 (s：固体状態)

元素	温度 [℃]			元素	温度 [℃]			元素	温度 [℃]		
	1 mmHg	100 mmHg	760 mmHg		1 mmHg	100 mmHg	760 mmHg		1 mmHg	100 mmHg	760 mmHg
Ag	1 357	1 865	2 212	Ga	1 349	1 784	2 071	P(black)	290$_s$	393$_s$	453$_s$
Al	1 284	1 749	2 056	H$_2$	−263.3$_s$	−257.9	−252.5	Pb	973	1 421	1 744
Ar	−218.2$_s$	−200.5$_s$	−185.6	He	−271.7	−270.3	−268.6	Pt	2 730	3 714	4 407
As	372$_s$	518$_s$	610$_s$	Hg	126.2	261.7	357.0	Rb	297	574	679
Au	1 869	2 521	2 966	I$_2$	38.7$_s$	116.5	183.0	Rn	−144.2$_s$	−99.0$_s$	−61.8
Ba	s	1 301	1 638	K	341	586	774	S	183.8	327.2	444.6
Bi	1 021	1 271	1 420	Kr	−199.3$_s$	−171.8$_s$	−152.0	Sb	886	1 223	1 440
Br$_2$	−48.7$_s$	9.3	58.2	Li	723	1 097	1 372	Se	356	554	680
C	3 586$_s$	4 373$_s$	4 827$_s$	Mg	621$_s$	909	1 107	Si	1 724	2 083	2 287
Ca	s	1 207	1 487	Mn	1 292	1 792	2 151	Sn	1 492	1 968	2 270
Cd	394	611	765	N$_2$	−226.1$_s$	−209.7	−195.8	Sr	s	1 111	1 384
Cl$_2$	−118.0$_s$	−71.7	−33.8	Na	439	701	892	Te	520	838	1 087
Cr	1 616	2 139	2 482	Ne	−257.3$_s$	−251.0$_s$	−246.0	Tl	825	1 196	1 457
Cs	279	509	690	Ni	1 810	2 364	2 732	W	3 990	5 168	5 927
Cu	1 628	2 207	2 595	O$_2$	−219.1$_s$	−198.8	−183.1	Xe	−168.5$_s$	−132.8$_s$	−108.0
F$_2$	−223.0	−202.7	−187.9	P(yellow)	76.6	197.3	280.0	Zn	487	736	907
Fe	1 787	2 360	2 735	P(violet)	237$_s$	349$_s$	417$_s$				

American Institute of Physics Handbook, 2nd ed.

1・2・11 元素の磁化率 (常温の各元素の単位質量当りの磁化率を CGS 電磁単位で表わした値)

原子番号	元素	磁化率 ($\chi \times 10^6$)	原子番号	元素	磁化率 ($\chi \times 10^6$)
1	H	− 1.97	47	Ag	− 0.20
2	He	− 0.47	48	Cd	− 0.18
3	Li	+ 0.50	49	In	− 0.11
4	Be	− 1.00	50	Sn	− 0.25
5	B	− 0.69	51	Sb	− 0.87
6	C	− 0.49	52	Te	− 0.31
7	N	− 0.8	53	I	− 0.36
8	O	+106.2	54	Xe	−
9	F	—	55	Cs	− 0.22
10	Ne	− 0.33	56	Ba	+ 0.9
11	Na	+ 0.51	57	La	+ 1.04
12	Mg	+ 0.55	58	Ce	+15.0
13	Al	+ 0.65	59	Pr	+25.0
14	Si	− 0.13	60	Nd	+36.0
15	P	− 0.90	61	Pm	—
16	S	− 0.49	62	Sm	—
17	Cl	− 0.57	63	Eu	+22.0
18	A	− 0.45	64	Gd	*
19	K	+ 0.52	65	Tb	—
20	Ca	+ 1.10	66	Dy	—
21	Sc	—	67	Ho	—
22	Ti	+ 1.25	68	Er	—
23	V	+ 1.4	69	Tm	—
24	Cr	+ 3.08	70	Yb	—
25	Mn	+11.8	71	Lu	—
26	Fe	*	72	Hf	—
27	Co	*	73	Ta	+ 0.93
28	Ni	*	74	W	+ 0.28
29	Cu	− 0.086	75	Re	—
30	Zn	− 0.157	76	Os	+ 0.05
31	Ga	− 0.24	77	Ir	+ 0.15
32	Ge	− 0.12	78	Pt	+ 1.10
33	As	− 0.31	79	Au	− 0.15
34	Se	− 0.32	80	Hg	− 0.168
35	Br	− 0.39	81	Tl	− 0.24
36	Kr	− 0.39	82	Pb	− 0.12
37	Rb	+ 0.21	83	Bi	− 1.35
38	Sr	− 0.20	84	Po	—
39	Y	+ 5.3	85	At	—
40	Zr	− 0.45	86	Rn	—
41	Nb	+ 1.5	87	Fr	—
42	Mo	+ 0.04	88	Ra	—
43	Tc	—	89	Ac	—
44	Ru	+ 0.50	90	Th	+ 0.11
45	Rh	+ 1.11	91	Pa	+ 2.6
46	Pd	+ 5.4	92	U	—

* は強磁性. Metals Reference Book, 4 th ed. (1967), Butterworths.

1・2・12 元素の原子磁化率

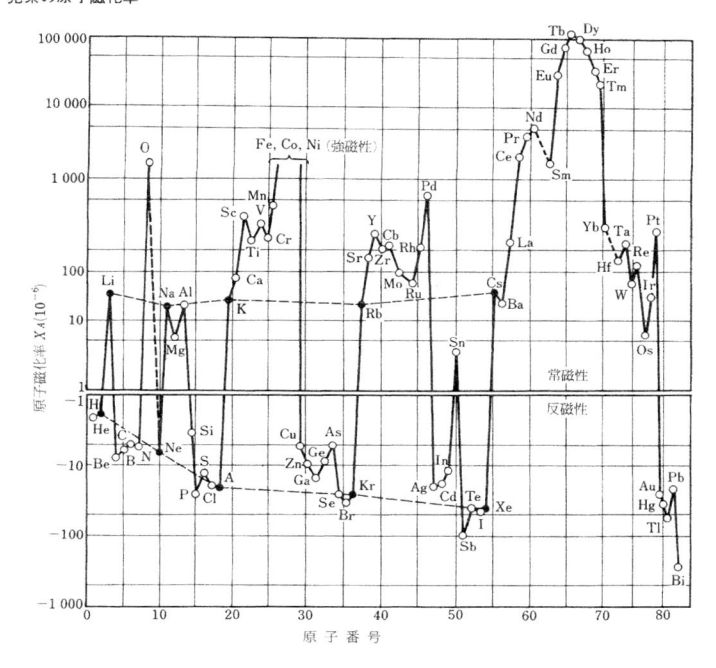

American Institute of Physics Handbooks, 2nd ed.

1・2・13 元素の電気陰性度

原子が化学結合をつくるときに，電子を引きつける能力を電気陰性度 (electronegativity) という．異種の2原子からなる化学結合 $A-B$ において，A と B との電気陰性度の差が大きいほど，電子は一方の原子に引きつけられ $A-B$ のイオン性は増す．図は L. Pauling が求めた値である．

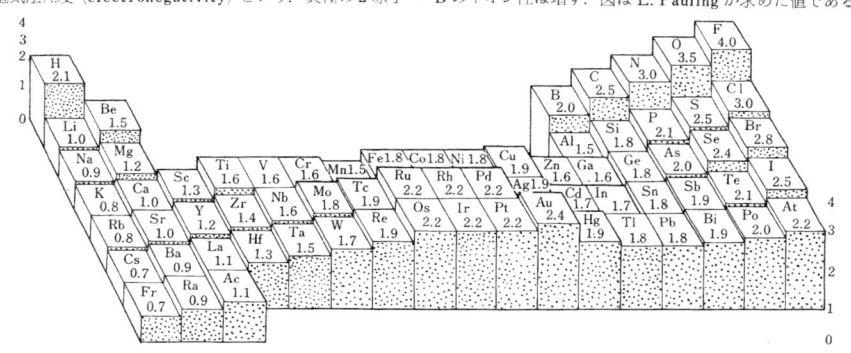

1・2・14　金属および合金中の拡散係数

純金属または合金において濃度勾配を無視できるような条件下での拡散を自己拡散または不純物拡散とよび、その拡散係数を D^* で表す。合金中で濃度勾配が存在する条件下での拡散は相互拡散（あるいは化学拡散）とよび、相互拡散係数 $\tilde{D}$ は各合金構成元素の固有拡散係数によって表され、AB2元合金（固溶体）では

$$\tilde{D}_{AB} = N_B D_A + (1-N_B) D_B$$
$$D_A = D^*_A (1 + \partial \ln \gamma_B / \partial \ln N_B)$$
$$D_B = D^*_B (1 + \partial \ln \gamma_B / \partial \ln N_B)$$

が成立する。ここで N_B は合金中の元素Bの原子分率、γ_B は活量係数、D_A, D_B はA原子、B原子の固有拡散係数である。組成による非平衡空孔の影響などが著しい場合には、上式は補正しなければならない。

拡散係数 D^*, $\tilde{D}$ は通常、アレニウス式 $D = D_0 \exp(-Q/RT)$ で表され、前指数項 D_0 ならびに活性化エネルギー Q の値が与えられれば、任意の温度における拡散係数を求めることができる。

拡散の実験データに関しては、1967年から発行されている Diffusion Data, 現在の誌名 Defect and Diffusion Forum にほとんどすべて集められている。

表に純金属中の自己拡散および不純物拡散の前指数項 D_0 ならびに活性化エネルギー Q の値を示す。表中、実験方法を特に示していないものは放射性同位元素による測定である。六方晶系に属する元素で⊥、∥ はそれぞれ c 軸に垂直ならびに平行な方向への拡散に関する値を示す。磁気変態を示す金属における α の値は、強磁性温度域の活性化エネルギーが $Q(1 + \alpha s^2)$ で表されることに対応する。s は温度0Kの自発磁化率に対する温度 TK での比である。一部の金属（β-Ti, β-Zr）ではアレニウスプロットの著しい曲がりに対応して、アレニウス式に $\exp(\beta/RT^2)$ を乗じて表している。表中の β の値は MJ·mol^{-1}·K で示した。D_0 と Q の値が2組示されているものは拡散係数の温度依存性が二つのアレニウス式の和として表されたものであり、上段の値が低温域、下段の値が高温域で優勢となる過程に対するものである。

純金属中の拡散に関するデータ

[実験方法]　左肩に原子量が示される場合：放射性同位元素による測定
- (ID) ：希薄固溶体中の拡散または相互拡散の外挿値
- (G) ：ガス放出またはガス浸透度による測定
- (IF) ：内部摩擦による測定
- (RD) ：組織観察（多相拡散）による測定
- (M) ：その他の方法による測定

金属	拡散元素 (実験方法)	測定温度[K]	D_0[m²/s]	Q[kJ/mol]	金属	拡散元素 (実験方法)	測定温度[K]	D_0[m²/s]	Q[kJ/mol]
Ag	^{110m}Ag	594～1228	4.6×10⁻⁶ 3.3×10⁻⁴	170 218	Al	^{110}Ag	644～928	1.2×10⁻⁵	117
	Al(ID)	873～1223	1.3×10⁻⁵	160		^{26}Al	729～916	1.7×10⁻⁴	142
	As	915～1213	4.2×10⁻⁶	150		^{198}Au	642～928	1.3×10⁻⁵	116
	^{198}Au	991～1198	6.2×10⁻⁵	199		Be(ID)	773～908	5.2×10⁻³	163
	^{115}Cd	865～1210	4.4×10⁻⁵	175		^{115}Cd	714～907	1.0×10⁻⁴	124
	^{60}Co	973～1214	1.9×10⁻⁴	204		^{60}Co	602～897	1.9×10⁻²	168
	^{51}C	976～1231	1.1×10⁻⁴	193		^{51}Cr	859～922	1.8×10⁻¹¹	253
	^{64}Cu	973～1223	1.2×10⁻⁵	193		^{137}Cs	453～573	1.0×10⁻⁶	99.0
	^{59}Fe	992～1201	2.4×10⁻⁴	205		^{64}Cu	594～928	6.5×10⁻⁵	136
	^{71}Ge	943～1123	8.4×10⁻⁶	153		^{59}Fe	723～924	7.7×10⁻¹	221
	^{203}Hg	926～1221	7.9×10⁻⁶	160		^{72}Ga	680～926	4.9×10⁻⁵	123
	^{111}In	885～1210	4.1×10⁻⁵	170		^{71}Ge	674～926	4.8×10⁻⁵	121
	^{54}Mn	883～1212	4.3×10⁻⁴	196		H(G)	446～681	6.1×10⁻⁵	54.8
	^{63}Ni	1021～1224	2.2×10⁻³	229		^{4}He(G)	573～823	1×10⁻¹	130
	O(G)	685～1135	3.7×10⁻⁷	46.0		^{203}Hg	718～862	1.5×10⁻⁴	142
	^{210}Pb	973～1208	2.2×10⁻⁵	160		^{114}In	715～929	1.2×10⁻⁴	123
	^{103}Pd	1009～1212	9.6×10⁻⁵	238		Li(M)	803～923	3.5×10⁻⁵	126
	^{191}Pt	1094～1232	1.9×10⁻⁴	236		^{28}Mg	598～923	6.2×10⁻⁵	115
	^{106}Ru	1066～1219	1.8×10⁻²	276		^{54}Mn	743～929	8.7×10⁻⁵	208
	^{35}S	873～1173	1.7×10⁻⁴	168		^{99}Mo	898～928	1.4×10⁻³	250
	^{124}Sb	741～1215	1.7×10⁻⁵	160		^{24}Na	463～543	3×10⁻⁸	98.4
	^{75}Se	759～1109	2.9×10⁻⁵	157		^{63}Ni	742～924	4.4×10⁻⁴	146
	^{113}Sn	865～1210	2.5×10⁻⁵	165		^{210}Pb	777～876	5.0×10⁻⁵	146
	^{125}Te	650～1169	2.1×10⁻⁵	155		Si(ID)	753～893	2.0×10⁻⁴	136
	Ti(ID)	1051～1220	1.3×10⁻⁴	198		^{124}Sb	721～893	9×10⁻⁶	122
	^{204}Tl	918～1073	1.5×10⁻⁵	159		^{113}Sn	649～906	8.4×10⁻⁵	119
	^{48}V	1012～1218	2.7×10⁻⁴	209		^{204}Tl	737～862	1.2×10⁻⁵	153
	^{65}Zn	916～1198	5.3×10⁻⁵	175		^{235}U	798～898	1×10⁻¹⁵	117
						^{48}V	751～892	1.6	303
						^{65}Zn	438～918	1.8×10⁻⁵	118
						^{95}Zr	804～918	7.3×10⁻²	242

1 元素

金属	拡散元素 (実験方法)	測定温度 [K]	D_0 [m²/s]	Q [kJ/mol]	金属	拡散元素 (実験方法)	測定温度 [K]	D_0 [m²/s]	Q [kJ/mol]
Au	^{110}Ag	1 004〜1 323	8.6×10^{-6}	169	Co	^{59}Fe	1 081〜1 396	3.4×10^{-5}	260
	Al(ID)	773〜1 223	5.2×10^{-6}	144			1 396〜1 573	1.6×10^{-5}	249
	^{198}Au	1 031〜1 333	8.4×10^{-6}	174		H(G)	278〜332	9.3×10^{-8}	23.3
	^{57}Co	1 030〜1 335	2.5×10^{-5}	185		^{54}Mn	1 133〜1 378	3.2×10^{-6}	232
	Cu(ID)	973〜1 179	1.1×10^{-5}	170			1 424〜1 519	1.1×10^{-6}	218
	Fe	973〜1 323	1.9×10^{-5}	173		^{63}Ni	1 045〜1 321	3.4×10^{-5}	269
	^{68}Ge	1 010〜1 287	7.3×10^{-6}	145			1 465〜1 570	1.0×10^{-5}	252
	H(G)	280〜330	4.7×10^{-8}	29.6		^{65}Zn	1 081〜1 396	1.2×10^{-5}	267
	^{203}Hg	873〜1 300	1.2×10^{-5}	156			1 396〜1 573	8.0×10^{-6}	255
	^{114}In	973〜1 278	7.5×10^{-6}	154	Cr	^{14}C	1 473〜1 773	9.0×10^{-7}	111
	Ni(ID)	973〜1 323	2.5×10^{-5}	188		^{51}Cr	1 073〜2 093	1.3×10^{-1}	442
	Pd(ID)	973〜1 273	7.6×10^{-6}	195		^{59}Fe	1 518〜1 686	4.7×10^{-5}	332
	Pt(ID)	973〜1 273	9.5×10^{-6}	201		^{99}Mo	1 373〜1 673	2.7×10^{-7}	243
	Sb(ID)	1 003〜1 278	1.1×10^{-6}	129		N(IF)	338〜463	1.6×10^{-6}	115
	^{113}Sn	972〜1 272	4.0×10^{-6}	143		^{48}V	1 595〜2 041	3.8×10^{-2}	419
	^{121}Te	908〜1 145	6.3×10^{-6}	141	Cu	^{110}Ag	1 053〜1 353	6.3×10^{-5}	195
	^{65}Zn	969〜1 287	8.2×10^{-6}	158		Al(ID)	985〜1 270	1.3×10^{-5}	185
Be	^{110m}Ag	929〜1 170	$\begin{cases} 1.8 \times 10^{-4} \\ 4.3 \times 10^{-5} \end{cases}$ ⊥ ∥	181 165		^{73}As	1 086〜1 348	2.0×10^{-5}	176
	Al	1 068〜1 356	1.0×10^{-4}	168		^{198}Au	993〜1 350	5.4×10^{-5}	206
	^{7}Be	836〜1 321	$\begin{cases} 5.2 \times 10^{-5} \\ 6.2 \times 10^{-5} \end{cases}$ ⊥ ∥	157 165		Be(ID)	973〜1 348	6.6×10^{-5}	196
						^{207}Bi	1 074〜1 349	7.7×10^{-5}	178
	^{57}Co	1 253〜1 493	2.7×10^{-3}	287		^{115}Cd	983〜1 309	1.2×10^{-4}	194
	^{64}Cu	693〜1 273	$\begin{cases} 4.2 \times 10^{-5} \\ 3.8 \times 10^{-5} \end{cases}$ ⊥ ∥	193 199		^{60}Co	640〜848	4.3×10^{-5}	214
						^{51}Cr	999〜1 338	3.4×10^{-5}	195
	^{59}Fe	973〜1 349	5.3×10^{-5}	217		^{67}Cu	992〜1 355	8.8×10^{-5}	211
	^{63}Ni	1 073〜1 523	2×10^{-5}	243		^{59}Fe	989〜1 329	1.0×10^{-4}	213
C	^{14}C	2 268〜2 620	2.4×10^{-4}	682		^{67}Ga	1 153〜1 351	5.2×10^{-5}	193
Ca	^{14}C	773〜1 073	2.7×10^{-7}	97.5		^{68}Ge	975〜1 288	4.0×10^{-5}	187
	^{45}Ca	773〜1 073	8.3×10^{-4}	161		H(G)	723〜1 198	1.1×10^{-6}	38.9
	^{59}Fe	823〜1 073	3.2×10^{-9}	125		^{203}Hg	1 053〜1 353	3.5×10^{-5}	184
	^{63}Ni	823〜1 073	1.1×10^{-9}	121		^{115}In	602〜1 351	2.2×10^{-5}	178
	^{235}U	773〜973	1.1×10^{-9}	146		^{192}Ir	1 184〜1 303	1.1×10^{-3}	276
Cd	^{110}Ag	473〜583	$\begin{cases} 6.8 \times 10^{-5} \\ 1.4 \times 10^{-4} \end{cases}$ ⊥ ∥	105 103		^{54}Mn	972〜1 253	1.0×10^{-4}	200
						^{95}Nb	1 080〜1 179	2.0×10^{-4}	251
	^{195}Au	448〜583	$\begin{cases} 3.2 \times 10^{-4} \\ 1.4 \times 10^{-4} \end{cases}$ ⊥ ∥	111 107		^{63}Ni	613〜950	7.6×10^{-5}	225
						O(G)	830〜1 280	9.7×10^{-7}	61.2
	^{109}Cd	420〜600	$\begin{cases} 1.8 \times 10^{-5} \\ 1.1 \times 10^{-5} \end{cases}$ ⊥ ∥	82.0 77.9		^{32}P	847〜1 319	3.1×10^{-7}	136
						^{210}Pb	1 007〜1 225	8.6×10^{-5}	182
	^{203}Hg	423〜573	$\begin{cases} 2.1 \times 10^{-5} \\ 2.1 \times 10^{-5} \end{cases}$ ⊥ ∥	78.6 78.6		^{103}Pd	1 080〜1 328	1.7×10^{-4}	228
						^{191}Pt	1 149〜1 352	5.6×10^{-5}	233
	^{114}In	433〜573	$\begin{cases} 9.0 \times 10^{-6} \\ 1.0 \times 10^{-5} \end{cases}$ ⊥ ∥	70.9 73.0		Rh(ID)	1 023〜1 348	3.3×10^{-5}	243
						^{103}Ru	1 221〜1 335	8.5×10^{-4}	257
	^{210}Pb	514〜571	$\begin{cases} 7.1 \times 10^{-6} \\ 6.0 \times 10^{-6} \end{cases}$ ⊥ ∥	65.8 68.9		^{35}S	1 023〜1 273	2.3×10^{-3}	206
						^{124}Sb	1 049〜1 349	4.8×10^{-5}	180
	^{65}Zn	428〜593	$\begin{cases} 8.4 \times 10^{-6} \\ 1.3 \times 10^{-5} \end{cases}$ ⊥ ∥	75.4 75.5		Ti(ID)	973〜1 283	6.9×10^{-5}	196
						^{204}Tl	1 058〜1 269	7.1×10^{-5}	181
						^{48}V	955〜1 342	2.5×10^{-4}	215
						^{65}Zn	878〜1 322	3.4×10^{-5}	191
γ-Ce	^{110m}Ag	853〜968	2.5×10^{-5}	88.3	Er	^{169}Er	1 475〜1 684	$\begin{cases} 4.5 \times 10^{-4} \\ 3.7 \times 10^{-4} \end{cases}$ ⊥ ∥	302 301
	^{198}Au	823〜973	4.4×10^{-7}	62.3					
	^{141}Ce	801〜965	5.5×10^{-5}	153	α-Fe	^{110m}Ag	973〜1 033	2.3×10^{-2}	278
	^{60}Co	920〜1 000	1.6×10^{-7}	35.6			1 053〜1 173	3.8×10^{-3}	259
	^{59}Fe	875〜990	1.7×10^{-6}	49.8		Al(ID)	1 173〜1 373	5.2×10^{-4}	246
δ-Ce	^{110m}Ag	996〜1 049	1.2×10^{-5}	92.9		^{195}Au	1 055〜1 174	3.1×10^{-3}	261
	^{198}Au	999〜1 047	9.5×10^{-6}	85.8		^{7}Be	1 073〜1 773	1.7×10^{-3}	228
	^{141}Ce	992〜1 044	1.2×10^{-5}	90.0		C	238〜1 168	2.0×10^{-6}	83.9
	^{60}Co	1 003〜1 048	1.2×10^{-7}	33.5		^{57}Co	859〜1 173	2.8×10^{-4}	251 ($\alpha = 0.23$)
	^{59}Fe	1 005〜1 046	2.0×10^{-7}	32.2		^{51}Cr	885〜1 174	3.7×10^{-3}	267 ($\alpha = 0.133$)
						^{64}Cu	1 068〜1 175	4.2×10^{-4}	244
Co	^{14}C	976〜1 673	7.6×10^{-6}	140 ($\alpha = 0.109$)		^{59}Fe	766〜1 148	2.8×10^{-4}	251 ($\alpha = 0.156$)
	^{57}Co	923〜1 743	$\begin{cases} 1.46 \times 10^{-5} \\ 4.04 \end{cases}$	270 ($\alpha = 0.032$) 440		H(G)	270〜1 040	4.2×10^{-8}	3.85
						^{54}Mn	973〜1 033	1.5×10^{-4}	234

I 基礎的な物性

金属	拡散元素 (実験方法)	測定温度[K]	D_0[m²/s]	Q[kJ/mol]	金属	拡散元素 (実験方法)	測定温度[K]	D_0[m²/s]	Q[kJ/mol]
α-Fe	^{99}Mo	833〜1163	1.5×10^{-2}	283 ($\alpha=0.074$)	K	^{198}Au	279〜326	1.3×10^{-7}	13.5
	N	244〜1146	1.4×10^{-6}	79.1		^{42}K	221〜335	1.6×10^{-5}	39.2
	^{95}Nb	1053〜1163	9.1×10^{-3}	295		^{22}Na	273〜335	5.8×10^{-6}	31.2
	^{63}Ni	788〜1160	4.2×10^{-5}	268 ($\alpha=0.060$)		^{86}Rb	273〜333	9.0×10^{-6}	36.7
	O	1023〜1123	3.8×10^{-7}	92.1	La	^{195}Au	873〜1073	2.2×10^{-6}	75.7
	^{32}P	932〜1017	1.4×10	332		^{140}La	933〜1113	1.5×10^{-4}	189
		1078〜1153	2.9×10^{-2}	271	Li	^{110m}Ag	323〜423	5.4×10^{-5}	53.7
	^{32}S	973〜1173	3.5×10^{-3}	232		^{195}Au	300〜441	1.4×10^{-5}	44.9
	^{124}Sb	1040〜1173	4.4×10^{-2}	270		Bi	413〜450	5.3×10^{10}	198
	Si(ID)	1100〜1173	1.7×10^{-4}	229		^{115}Cd	355〜449	6.2×10^{-5}	62.8
	Sn	673〜1163	6.0×10^{-6}	190 ($\alpha=0.232$)		^{64}Cu	362〜420	3.0×10^{-5}	41.9
	^{44}Ti	948〜1173	2.1×10^{-1}	293 ($\alpha=0.079$)		^{72}Ga	389〜446	2.1×10^{-5}	54.0
	^{48}V	1058〜1172	1.2×10^{-2}	274		^{203}Hg	328〜448	1.0×10^{-4}	59.4
	^{185}W	1048〜1148	2.9×10^{-5}	231		^{114}In	348〜443	3.9×10^{-5}	66.4
	Zn(ID)	1072〜1169	6.0×10^{-3}	263		^{6}Li	220〜454	$\begin{cases} 1.9 \times 10^{-5} \\ 9.5 \times 10^{-3} \end{cases}$	53 76.2
γ-Fe	As(ID)	1323〜1573	5.8×10^{-5}	246		^{22}Na	317〜435	4.4×10^{-5}	52.0
	^{7}Be	1373〜1623	3.3×10^{-5}	256		Pb	401〜443	1.6	105
	C(ID)	1123〜1578	2.3×10^{-5}	148		Sb	413〜449	1.6×10^{8}	174
	^{60}Co	1333〜1673	2.9×10^{-6}	247		^{113}Sn	380〜447	6.2×10^{-5}	66.3
	^{51}Cr	1173〜1618	1.7×10^{-5}	264		^{65}Zn	333〜448	5.7×10^{-5}	54.3
	^{64}Cu	1378〜1641	4.3×10^{-5}	280	Mg	^{110m}Ag	752〜913	$\begin{cases} 1.8 \times 10^{-3} \;\bot \\ 3.6 \times 10^{-4} \;\| \end{cases}$	148 133
	^{59}Fe	1444〜1634	4.9×10^{-5}	284		Ce(RD)	823〜871	4.5×10^{-2}	176
	H	1184〜1667	1.0×10^{-6}	47.3		^{109}Cd	733〜898	$\begin{cases} 4.6 \times 10^{-5} \;\bot \\ 1.3 \times 10^{-4} \;\| \end{cases}$	133 141
	^{181}Hf	1371〜1625	3.6×10^{-1}	407		^{59}Fe	673〜873	4.0×10^{-10}	88.7
	^{54}Mn	1193〜1553	1.6×10^{-5}	262		^{114}In	747〜906	$\begin{cases} 1.9 \times 10^{-1} \;\bot \\ 1.8 \times 10^{-4} \;\| \end{cases}$	142 143
	Mo(ID)	1323〜1633	3.6×10^{-6}	240		La(RD)	813〜868	2.2×10^{-6}	102
	N	1173〜1623	9.1×10^{-5}	169		^{28}Mg	773〜903	$\begin{cases} 1.8 \times 10^{-4} \;\bot \\ 1.8 \times 10^{-4} \;\| \end{cases}$	138 139
	^{95}Nb	1210〜1604	8.3×10^{-5}	267		^{63}Ni	673〜873	1.2×10^{-9}	95.8
	^{63}Ni	1203〜1629	7.7×10^{-5}	281		^{124}Sb	781〜896	$\begin{cases} 3.3 \times 10^{-4} \;\bot \\ 2.6 \times 10^{-4} \;\| \end{cases}$	138 137
	O(RD)	1223〜1373	1.3×10^{-4}	166		^{113}Sn	748〜903	4.3×10^{-4}	150
	^{32}P	1523〜1673	8.7×10^{-4}	273		^{238}U	773〜893	1.6×10^{-9}	115
	^{103}Pd	1373〜1523	4.0×10^{-5}	279		^{65}Zn	740〜893	4.1×10^{-5}	119
	^{193m}Pt	1223〜1533	1.0×10^{-4}	283	Mo	C(M)	1533〜2283	1.0×10^{-6}	139
	^{35}S	1223〜1625	7.5×10^{-4}	236		^{31}Cr	1273〜1423	1.9×10^{-4}	342
	Se(G)	1389〜1601	2.6×10^{-5}	233		^{60}Co	2123〜2623	1.8×10^{-3}	448
	^{113}Sn	1197〜1653	8.5×10^{-5}	262		^{59}Fe	1273〜1623	1.5×10^{-5}	346
	Ti(ID)	1348〜1498	1.5×10^{-5}	251		H(G)	770〜1170		10.6
	^{48}V	1375〜1629	6.2×10^{-5}	274		^{99}Mo	1360〜2773	$\begin{cases} 1.3 \times 10^{-5} \\ 1.4 \times 10^{-2} \end{cases}$	437 549
	W(ID)	1258〜1578	5.1×10^{-5}	272		N(G)	1373〜2273	2.1×10^{-5}	120
	Zn(ID)	1289〜1425	6.2×10^{-5}	274		^{95}Nb	1973〜2373	1.7×10^{-9}	379
δ-Fe	^{60}Co	1669〜1775	5.5×10^{-4}	256		O(IF)	〜473	3.0×10^{-6}	130
	^{59}Fe	1683〜1765	9.2×10^{-3}	296		^{32}P	2273〜2473	1.9×10^{-5}	337
	Ni(ID)	1746〜1767	9.7×10^{-4}	262		^{186}Re	1973〜2473	9.7×10^{-5}	396
	^{35}S	1673〜1733	1.4×10^{-4}	203		^{35}S	2493〜2743	3.2×10^{-3}	423
α-Hf	Al(M)	1023〜1173	1.7×10^{-2}	357		^{182}Ta	2098〜2449	1.9×10^{-5}	473
	C(ID)	1393〜2033	7.4×10^{-3}	312		V(ID)	1803〜1998	2.9×10^{-4}	473
	^{60}Co	1106〜1798	5.3×10^{-7}	95.5		^{185}W	2173〜2541	3.6×10^{-4}	516
	^{51}Cr	1183〜2173	1.4×10^{-5}	214	Na	^{110m}Ag	298〜351	2.0×10^{-6}	21.4
	^{181}Hf	1493〜1883	$\begin{cases} 2.8 \times 10^{-5} \;\bot \\ 8.6 \times 10^{-5} \;\| \end{cases}$	348 370		^{198}Au	274〜350	3.3×10^{-8}	9.25
	N	823〜1173	2.4×10^{-6}	242		^{115}Cd	273〜363	3.7×10^{-5}	40.8
	O	1393〜2033	7.4×10^{-3}	312		^{114}In	293〜363	1.8×10^{-4}	48.7
β-Hf	C(ID)	2093〜2403	4.2×10^{-6}	167		^{42}K	273〜364	8×10^{-6}	35.3
	^{181}Hf	2058〜2433	1.1×10^{-7}	159		^{6}Li	291〜358	1.8×10^{-5}	49.0
	N	2103〜2383	8.0×10^{-7}	124		^{22}Na	195〜371	$\begin{cases} 5.7 \times 10^{-7} \\ 7.2 \times 10^{-5} \end{cases}$	35.7 48.1
	O	2088〜2403	3.2×10^{-5}	171					
In	^{110}Ag	298〜413	$\begin{cases} 5.2 \times 10^{-5} \;\bot \\ 1.1 \times 10^{-5} \;\| \end{cases}$	53.6 48.1					
	^{198}Au	298〜413	2.8×10	28.0					
	^{114}In	317〜417	$\begin{cases} 3.7 \times 10^{-4} \;\bot \\ 2.7 \times 10^{-4} \;\| \end{cases}$	78.2 78.2					
	^{204}Tl	322〜430	4.9×10^{-6}	64.9					

金属	拡散元素 (実験方法)	測定温度 [K]	D_0 [m²/s]	Q [kJ/mol]	金属	拡散元素 (実験方法)	測定温度 [K]	D_0 [m²/s]	Q [kJ/mol]
Na	^{86}Rb	272~358	1.5×10^{-5}	35.5	Pb	^{59}Fe	1373~1523	1.8×10^{-5}	260
	^{113}Sn	316~363	5.4×10^{-5}	43.9		H(G)	473~1548	2.9×10^{-7}	22.2
	^{204}Tl	297~356	5.2×10^{-5}	42.6		^{103}Pd	1323~1773	2.1×10^{-5}	266
Nb	^{14}C	1203~2073	3.3×10^{-6}	159	α-Pr	^{110}Ag	885~1000	1.4×10^{-5}	106
	^{60}Co	1580~1920	1.1×10^{-5}	275		^{198}Au	923~1053	4.3×10^{-6}	82.4
	^{51}Cr	1226~1708	3.0×10^{-5}	349		^{60}Cu	933~1063	4.7×10^{-6}	68.7
	^{59}Fe	1663~2168	1.4×10^{-5}	294		^{64}Cu	926~1059	8.4×10^{-6}	75.8
	H(G)	120~300	9.0×10^{-9}	6.56		^{65}Zn	876~1039	1.8×10^{-5}	104
		300~600	5.0×10^{-8}	10.2	β-Pr	^{110}Ag	1153~1177	3.2×10^{-6}	90.0
	Mo	1998~2455	9.2×10^{-5}	510		^{198}Au	1073~1183	3.3×10^{-6}	84.1
	N	623~1873	6.3×10^{-6}	162		^{64}Cu	1086~1187	5.7×10^{-6}	74.5
	^{95}Nb	1354~2690	1.5×10^{-6}	354		^{166}Ho	1073~1173	9.5×10^{-7}	110
			4.6×10^{-4}	443		^{114}In	1073~1173	9.6×10^{-6}	121
	^{63}Ni	1433~2168	7.7×10^{-6}	264		^{140}La	1073~1173	1.8×10^{-6}	108
	O	303~1773	4.2×10^{-6}	107		^{142}Pr	1073~1173	8.7×10^{-6}	123
	^{32}P	1573~2073	5.1×10^{-6}	215		^{65}Zn	1095~1194	6.3×10^{-5}	113
	^{35}S	1373~1773	2.6×10^{-1}	306	Pt	^{199}Au	850~1265	1.3×10^{-5}	252
	^{113}Sn	2123~2663	1.4×10^{-5}	330		^{57}Co	1173~1423	2.0×10^{-3}	310
	^{182}Ta	1376~2346	1.0×10^{-4}	415		H(G)	873~1173	6.0×10^{-7}	24.7
	Ti	1898~2348	4×10^{-5}	370		O(G)	1708~1777	9.3×10^{-4}	326
	^{48}V	1898~2348	4.7×10^{-5}	377		^{195}Pt	1523~1998	6.0×10^{-6}	260
	W	2175~2443	7.0	653				6.0×10^{-5}	365
	Zr	1855~2357	4.7×10^{-5}	364	γ-Pu	^{238}Pu	492~593	3.8×10^{-6}	118
Ni	^{110}Ag	1997~1693	8.9×10^{-4}	279	δ-Pu	^{238}Pu	623~713	4.5×10^{-7}	99.6
	Al	914~1212	1.0×10^{-4}	260	ε-Pu	^{240}Pu	773~885	2.2×10^{-6}	77.4
	^{198}Au	1173~1373	2.0×10^{-4}	272	Rb	(NMR)	250~313	2.3×10^{-5}	39.3
	^{7}Be	1293~1673	1.9×10^{-6}	193	S	^{35}S	353~368	2×10^{13} ⊥	215
	^{14}C	873~1673	1.2×10^{-5}	137				∥	(290)
	^{144}Ce	973~1373	6.6×10^{-5}	254	Sb	^{124}Sb	773~903	1.0×10^{-5} ⊥	150
	^{57}Co	1335~1696	2.8×10^{-4}	285				5.6×10^{-3} ∥	201
	^{51}Cr	1373~1541	1.1×10^{-4}	272	Se	^{35}S	333~363	1.7×10^{-1} ⊥	111
	Cu(M)	1080~1613	6.1×10^{-5}	255				1.1×10^{-9} ∥	57.7
	^{59}Fe	1478~1669	1.0×10^{-4}	269		^{75}Se	425~488	1.0×10^{-2} ⊥	135
	^{58}Ge	939~1675	2.1×10^{-4}	264				2.0×10^{-5} ∥	116
	H	220~631	4.8×10^{-7}	39.4		^{204}Tl	333~423	2.0×10^{-7}	69.5
		631~1726	6.9×10^{-7}	40.5	Sn	^{110}Ag	403~503	1.8×10^{-5} ⊥	77.0
	In	777~1513	1.1×10^{-4}	250				7.1×10^{-7} ∥	51.5
	^{147}Nd	973~1373	4.4×10^{-5}	250		^{198}Au	403~503	1.6×10^{-5} ⊥	74.1
	^{63}Ni	815~1670	9.2×10^{-5}	278				5.8×10^{-7} ∥	46.1
			3.7×10^{-2}	357		^{109}Cd	463~498	1.3×10^{-2} ⊥	115
	O	1123~1673	4.9×10^{-6}	164				2.2×10^{-2} ∥	118
	^{193}Pt	1354~1481	2.5×10^{-4}	287		^{60}Co	413~490	5.5×10^{-4}	92.0
	Pu(RD)	1298~1398	1.7×10^{-5}	213		^{64}Cu	413~503	2.4×10^{-7}	33.1
	^{35}S	1078~1495	1.4×10^{-4}	219		^{203}Hg	448~449	3.0×10^{-3} ⊥	112
	^{125}Sb	1203~1674	3.8×10^{-4}	264				7.5×10^{-4} ∥	106
	^{113}Sn	1242~1642	4.6×10^{-4}	267		^{114}In	454~494	3.4×10^{-6} ⊥	108
	^{235}U	1248~1348	1.0×10^{-4}	236				1.2×10^{-3} ∥	107
	^{48}V	1073~1573	8.7×10^{-5}	278		^{63}Ni	393~473	1.9×10^{-6}	54.2
	^{181}W	1346~1668	2.9×10^{-4}	308			298~373	2.0×10^{-7}	18.1
P	^{33}P	295~316	3.6×10^{5}	115		^{124}Sb	466~499	7.3×10^{-3} ⊥	123
Pb	^{110}Ag	423~573	4.6×10^{-6}	60.8				7.1×10^{-3} ∥	121
	^{195}Au	334~563	5.2×10^{-7}	38.6		^{113}Sn	433~501	1.1×10^{-5} ⊥	105
	^{109}Cd	523~823	9.2×10^{-5}	92.8				7.7×10^{-4} ∥	107
	^{64}Cu	491~803	8.6×10^{-7}	34.2		^{204}Tl	410~489	1.3×10^{-7}	61.5
	^{203}Hg	523~823	1.5×10^{-4}	96.7		^{65}Zn	410~500	8.4×10^{-4} ⊥	89.2
	In	433~473	3.3×10^{-3}	112				1.1×10^{-6} ∥	50.2
	^{63}Ni	481~593	1.0×10^{-6}	44.5	Ta	^{14}C	1723~2473	6.4×10^{-7}	162
	^{210}Pb	473~573	8.9×10^{-5}	107		^{59}Fe	2053~2330	5.9×10^{-6}	330
	^{109}Pd	470~590	3.4×10^{-7}	35.4		H(G)	133~250	2.8×10^{-10}	4.05
	^{124}Sb	461~588	2.9×10^{-5}	92.9			250~373	4.2×10^{-8}	13.1
	^{113}Sn	523~723	4.1×10^{-5}	94.4					
	^{204}Tl	479~596	5.1×10^{-5}	102					
	^{65}Zn	453~773	1.6×10^{-6}	47.8					

金属	拡散元素 (実験方法)	測定温度 [K]	$D_0 [m^2/s]$	$Q [kJ/mol]$	金属	拡散元素 (実験方法)	測定温度 [K]	$D_0 [m^2/s]$	$Q [kJ/mol]$
Ta	^{99}Mo	2023〜2493	1.8×10^{-7}	339	β-Ti	^{32}P	1218〜1873	3.6×10^{-7}	101
	^{95}Nb	1194〜2757	2.3×10^{-5}	413				5.0×10^{-2}	237
	O(ID)	873〜1873	3.5×10^{-7}	99.2		Pd(ID)	1173〜1823	5.9×10^{-4}	311 ($\beta=100$)
	^{35}S	2243〜2383	1.0×10^{-2}	293		^{46}Sc	1213〜1843	2.5×10^{-4}	298 ($\beta=108$)
	^{182}Ta	1261〜2993	2.1×10^{-5}	424		Si(ID)	1173〜1823	4.2×10^{-5}	259 ($\beta=78.9$)
	^{235}U	1873〜2423	7.6×10^{-9}	353		Sn(ID)	1173〜1823	6.9×10^{-5}	301 ($\beta=110$)
	^{91}Y	1473〜1773	1.2×10^{-5}	302		^{182}Ta	1187〜1869	1.1×10^{-4}	335 ($\beta=136$)
Te	^{203}Hg	543〜713	3.4×10^{-9}	78.2		^{44}Ti	1176〜1893	3.5×10^{-4}	329 ($\beta=129$)
	^{75}Se	593〜713	2.6×10^{-6}	120		^{48}V	1175〜1816	3.2×10^{-3}	352 ($\beta=124$)
	^{127}Te	496〜640 ⊥	2.0×10^{-3}	166		W(ID)	1173〜1773	1.8×10^{-2}	431 ($\beta=176$)
		∥	6.0×10^{-5}	148		^{95}Zr	1193〜1773	4.7×10^{-7}	148
α-Th	H(G)	573〜1173	2.9×10^{-7}	40.8	α-Tl	^{110}Ag	350〜480 ⊥	3.8×10^{-6}	49.4
	N(G)	1173〜1763	2.1×10^{-7}	94.1			∥	2.7×10^{-6}	46.9
	^{231}Pa	963〜1183	1.3×10^{-2}	313		^{198}Au	380〜490 ⊥	5.3×10^{-8}	21.8
	^{228}Th	998〜1140	4.0×10^{-2}	300			∥	2.0×10^{-9}	11.7
	^{233}U	963〜1183	2.2×10^{-4}	332		^{204}Tl	420〜500 ⊥	4×10^{-5}	94.6
							∥	4×10^{-5}	95.8
β-Th	C(ID)	1713〜1953	2.2×10^{-6}	113	β-Tl	^{110}Ag	500〜580	4.2×10^{-6}	49.8
	N(ID)	1723〜1988	3.2×10^{-7}	71.1		^{198}Au	500〜580	5.2×10^{-8}	25.1
	O(ID)	1713〜1973	1.3×10^{-7}	46.0		^{204}Tl	513〜573	4.2×10^{-5}	80.2
α-Ti	Al	1036〜1140 ⊥	6.6×10^{-3}	329	α-U	^{60}Co	663〜903	2.0×10^{-6}	46.3
	^{14}C	873〜1073	7.9×10^{-8}	128		^{234}U	853〜923	2×10^{-7}	167
	^{60}Co	875〜1135 ⊥	3.2×10^{-6}	126	β-U	^{60}Co	964〜1036	1.5×10^{-6}	115
		∥	1.9×10^{-6}	114		H(G)	971〜1023	3.3×10^{-8}	15.1
	^{51}Cr	875〜1123 ⊥	2.0×10^{-6}	169		^{234}U	963〜1023	1.4×10^{-6}	176
		∥	2.2×10^{-6}	166	γ-U	^{198}Au	1058〜1279	4.9×10^{-7}	127
	Cu(ID)	1030〜1100	3.8×10^{-5}	195		^{60}Co	1056〜1262	3.5×10^{-8}	52.7
	^{59}Fe	877〜1136 ⊥	6.4×10^{-6}	144		^{51}Cr	1070〜1310	5.5×10^{-7}	103
		∥	4.7×10^{-7}	112		^{64}Cu	1059〜1312	2.0×10^{-7}	101
	H(G)	293〜353	5.8×10^{-6}	30.9		^{59}Fe	1060〜1262	2.7×10^{-6}	50.2
	^{54}Mn	878〜1135 ⊥	6.0×10^{-5}	189		H(G)	1073〜1243	1.5×10^{-7}	47.7
		∥	4.9×10^{-6}	161		^{54}Mn	1060〜1211	1.8×10^{-8}	58.2
	N(RD)	723〜973	2.1×10^{-5}	224		^{95}Nb	1063〜1375	4.9×10^{-6}	166
	^{63}Ni	877〜1100 ⊥	5.4×10^{-6}	142		^{63}Ni	1059〜1312	5.4×10^{-8}	65.7
		∥	5.6×10^{-4}	137		^{234}U	1073〜1323	1.8×10^{-7}	115
	O(ID)	923〜1148	4.1×10^{-5}	197	V	^{14}C	333〜2098	8.8×10^{-7}	116
	^{32}P	973〜1123 ⊥	1.6×10^{-5}	138		^{51}Cr	1233〜1473	9.5×10^{-7}	270
		∥	4.7×10^{-4}	172		^{59}Fe	1473〜1823	2.5×10^{-4}	319
	^{44}Ti	873〜1133 ⊥	1.4×10^{-3}	303			1823〜2088	3.2×10^{-4}	357
β-Ti	Ag(ID)	1173〜1773	1.1×10^{-3}	354 ($\beta=143$)		^{32}P	1473〜1723	2.5×10^{-6}	208
	Au(ID)	1173〜1823	9.3×10^{-4}	348 ($\beta=132$)		^{235}U	1373〜1773	1.0×10^{-3}	257
	^{14}C	1373〜1673	3.0×10^{-7}	83.7		^{48}V	997〜1915	2.9×10^{-5}	310
	^{60}Co	1183〜1923	1.2×10^{-6}	128			1915〜2115	1.7×10^{-2}	409
			2.0×10^{-4}	220	W	^{14}C	2073〜3073	9.2×10^{-7}	169
	Cr(ID)	1173〜1823	7.0×10^{-6}	204 ($\beta=33.0$)		^{57}Co	1365〜1533	4.3×10^{-4}	418
	Cu(ID)	1173〜1773	5.8×10^{-5}	214 ($\beta=72.8$)		Cr	1909〜2658	8.5×10^{-5}	546
	^{55}Fe	1193〜1923	7.8×10^{-4}	132		^{59}Fe	2203〜2803	1.4×10^{-4}	276
			2.7×10^{-4}	230		H(G)	1373〜2673	4.1×10^{-7}	37.7
	Ga(ID)	1223〜1823	6.4×10^{-4}	336 ($\beta=126$)		Mo	1909〜2658	1.4×10^{-7}	567
	Ge(ID)	1173〜1823	7.9×10^{-5}	282 ($\beta=95.1$)		N(G)	1873〜3273	1.1×10^{-7}	97.5
	H	773〜1373	5.4×10^{-7}	36.9		^{95}Nb	1578〜2640	3.0×10^{-4}	577
	In(ID)	1173〜1823	1.4×10^{-4}	315 ($\beta=120$)		O(IF)		1.3×10^{-4}	100
	^{54}Mn	1203〜1923	6.1×10^{-7}	141		^{186}Re	2110〜2900	4.0×10^{-4}	597
			4.3×10^{-4}	243		^{35}S	2153〜2453	2.2×10^{-9}	292
	^{99}Mo	1173〜1923	8×10^{-5}	180		^{182}Ta	1578〜2648	3.1×10^{-4}	586
			2.0×10^{-3}	306		U(M)	2245〜3000	1.8×10^{-6}	389
	N(ID)	1603〜1853	2.0×10^{-7}	101		^{185}W	1705〜3409	4.0×10^{-5}	526
	^{95}Nb	1273〜1923	5.0×10^{-7}	165				4.6×10^{-4}	666
			2.0×10^{-3}	306		^{91}Y	1473〜1873	6.7×10^{-7}	285
	^{63}Ni	1203〜1923	9.2×10^{-7}	124	Y	^{91}Y	1173〜1573 ⊥	5.2×10^{-4}	281
			2.0×10^{-4}	220			∥	8.2×10^{-5}	252
	O	1608〜1848	2.0×10^{-6}	115					

金属	拡散元素 (実験方法)	測定温度 [K]	D_0 [m²/s]	Q [kJ/mol]	金属	拡散元素 (実験方法)	測定温度 [K]	D_0 [m²/s]	Q [kJ/mol]
Zn	¹¹⁰Ag	544〜686 ⊥ ∥	4.5×10^{-5} 3.2×10^{-5}	115 109	α-Zr	⁴⁸V ⁹⁵Zr	873〜1123 937〜1099	1.1×10^{-12} 9.0×10^{-5}	95.9 306
	¹⁹⁸Au	620〜688 ⊥ 588〜688 ∥	2.9×10^{-5} 9.7×10^{-5}	124 124	β-Zr	⁷Be ¹⁴C	1188〜1573 1143〜1523	8.3×10^{-6} 8.9×10^{-6}	130 133
	¹¹⁵Cd	498〜689 ⊥ ∥	1.2×10^{-5} 1.1×10^{-5}	85.4 85.9		¹⁴¹Ce	1153〜1873	3.2×10^{-6} 4.2×10^{-3}	173 310
	⁶⁴Cu	611〜688 ⊥ ∥	2.0×10^{-4} 2.2×10^{-4}	125 124		⁶⁰Co ⁵¹Cr	1193〜1873 1187〜1513	3.3×10^{-7} 7.0×10^{-7}	91.4 142
	⁷²Ga	513〜676 ⊥ ∥	1.8×10^{-6} 1.4×10^{-6}	75.9 77.0		Cu(ID) ⁵⁹Fe	1173〜1290 1172〜1886	1.0×10^{-5} 5.3×10^{-7}	155 104
	²⁰³Hg	533〜686 ⊥ ∥	7.3×10^{-6} 5.6×10^{-6}	84.4 82.4		H He(G)	1033〜1283 1273〜1673	5.3×10^{-7} 2.3×10^{-8}	34.8 149
	¹¹⁴In	444〜689 ⊥ ∥	1.4×10^{-5} 6.2×10^{-5}	82.0 79.9		¹⁸¹Hf	1190〜1943	2.8×10^{-9} 3.0×10^{-5}	108 251
	⁶³Ni	563〜663 ⊥ ∥	4.3×10^{-5} 8.1×10^{-4}	121 136		⁵⁴Mn ⁹⁹Mo	1225〜1420 1173〜1873	5.6×10^{-7} 2.0×10^{-8} 2.6×10^{-4}	138 147 286
	¹¹³Sn	571〜673 ⊥ ∥	1.3×10^{-5} 1.5×10^{-5}	77.0 81.2		N	1193〜1913	1.5×10^{-6}	128
	⁶⁵Zn	513〜691 ⊥ ∥	1.8×10^{-5} 1.3×10^{-5}	96.2 91.6		⁹⁵Nb	1155〜2031	2.7×10^{-9} 2.6×10^{-5}	117 238
α-Zr	¹⁴C	873〜1123	2.0×10^{-7}	152		O(RD) ²²P	1323〜1473 1223〜1473	9.8×10^{-5} 3.3×10^{-5}	172 139
	⁵¹Cr	1023〜1121	2.0×10^{-5} 2.0×10^{-5}	163 153		Rb(RD) ³⁵S	1153〜1303 1428〜1523	8.8×10^{-8} 2.8×10^{-3}	154 162
	⁶⁴Cu	888〜1132	2.5×10^{-5} 4.0×10^{-5}	155 149		¹⁸²Ta ²³⁵U	1173〜1473 1223〜1773	5.0×10^{-5} 3.0×10^{-10} 3.6×10^{-5}	113 82.5 243
	H	548〜973	7.0×10^{-7}	44.6		⁴⁸V	1143〜1473 1473〜1673	7.6×10^{-7} 3.2×10^{-5}	192 239
	⁵⁴Mn	893〜1083	2.4×10^{-7}	126		¹⁸⁵W	1173〜1523	4.1×10^{-5}	233
	⁹⁹Mo	873〜1123	6.2×10^{-12}	104		⁹⁵Zr	1189〜2000	8.2×10^{-5}	331 (β=151)
	N	923〜1123	1.5×10^{-5}	226					
	⁹²,⁹⁴,⁹⁶Nb	1000〜1100	1.9×10^{-5}	260					
	O(RD)	673〜1773	5.2×10^{-4}	213					
	³⁵S	870〜1080	8.9×10^{-4}	185					
	¹¹³Sn	973〜	1.0×10^{-12}	92.1					

1・2・15 熱中性子の照射によって誘起される放射能

天然元素 N が熱中性子を吸収し,放射性同位元素 A に変換し,各種の放射能を放出しつつ A→B→…… と崩壊してゆくとする.このとき発生する放射能(とくに γ 線)は各種材料の炉内照射試験,原子炉材料の選択設計あるいはラジオアイソトープの生産の際などに重要な問題となる.いま 1 g の元素 N を熱中性子束 ϕ で T 時間照射した後,t 時間放置したとする.このとき生成した放射性元素 A および B から発生する放射能の強さ I_A, I_B はそれぞれ

$$I_A = I_\infty \phi \left\{ 1 - \exp\left(-\frac{0.693\,T}{\tau_A}\right) \right\} \exp\left(-\frac{0.693\,t}{\tau_A}\right)$$

$$I_B = I_\infty \phi \left\{ F\left(\frac{t}{\tau}\right) - F\left(\frac{t+T}{\tau}\right) \right\}$$

ただし,関数 $F(t/\tau)$ は次式で与えられる.

$$F(t/\tau) = \left\{ \varphi \exp\left(\frac{-0.693\,t}{\tau}\right) - \exp\left(\frac{-0.693\,t}{\tau}\varphi\right) \right\} / (\varphi - 1)$$

ここで τ_A, τ_B は元素 A, B の半減期,τ はそのうちの長いもの,φ はその比で 1 より大きくとる.また I_∞ は 1 g の元素 N を単位熱中性子束で ∞ 時間照射したときに生ずる放射能(飽和放射能)で,表に示してある.表には 5×10^{13} nv の熱中性子束で 180 時間(3.3×10^{19} nvt)照射したときに生ずる誘導放射能を,おもな金属について計算した値を示した.この表の γ 線エネルギーは崩壊時に発生するものの中の最高エネルギーのみを示した.なお上式の計算方式は "誘導放射能(γ)の計算表および計算図表" 原研(原子炉管理部)発行に詳しく与えられている.

おもな金属 1 g を熱中性子束 5×10^{13} nv で 180 時間照射したときに生ずる誘導放射能(1 Ci = 3.7×10^{10} Bq)

核種	半減期	飽和放射能 [3.7×10^{10} Bq/g·nv]	γ崩壊エネルギー [MeV]	誘導放射能 [3.7×10^{10} Bq/g]
²³Na→²⁴Na	15.1 h	3.75×10^{-13}	2.75	1.86×10
²⁷Al→²⁸Al	2.3 min	1.27×10^{-13}	1.75	6.4
⁵⁰Ti→⁵¹Ti	5.8 min	2.49×10^{-12}	0.93	1.25×10^2
⁵¹V→⁵²V	3.8 min	2.43×10^{-12}	1.44	1.22×10^2
⁵⁰Cr→⁵¹Cr	27.8 d	3.97×10^{-13}	0.32	1.55
⁵⁵Mn→⁵⁶Mn	2.58 h	3.97×10^{-12}	2.98	1.99×10^2
⁵⁸Fe→⁵⁹Fe	45.1 d	8.12×10^{-16}	1.10	4.47×10^{-3}
⁵⁹Co→⁶⁰Co	5.3 yr	9.92×10^{-12}	1.17	1.34
⁶⁴Ni→⁶⁵Ni	2.56 h	5.15×10^{-15}	1.49	2.58×10
⁶³Cu→⁶⁴Cu	12.87 h	6.88×10^{-13}	1.34	3.44×10
⁶⁵Cu→⁶⁶Cu	5.15 min	3.18×10^{-12}	1.05	1.59×10
⁹³Nb→⁹⁴ᵐNb	6.6 min	1.75×10^{-13}	0.90	8.8×10^2
⁹²Mo→⁹³ᵐMo	6.8 h	1.61×10^{-16}	1.48	8.1×10^{-3}
⁹⁸Mo→⁹⁹Mo	67 h	1.81×10^{-14}	0.78	7.3×10^{-1}

1・2・16 おもなγ放射性核種のエネルギーと半減期による分類 (太字は，その核種の主要放射線であることを示す)

線のエネルギー [MeV] \ 半減期	1 h 以下			1～10 h			10 h～1 d		
0～0.3	^{60m}Co ^{94m}Nb ^{104m}Rh ^{151}Nd	^{70}Ga ^{101}Mo ^{116m}In ^{155}Sm ^{239}U	^{81m}Se ^{101}Tc ^{123}Sn ^{199}Pt	^{52}Fe ^{85m}Kr ^{117}Cd ^{134m}Cs ^{152m}Eu ^{176m}Lu	^{75}Ge ^{105}Ru/^{105}Rh ^{117}In ^{139}Ba ^{165}Dy ^{177}Yb	^{80m}Br ^{127}Te ^{149}Nd ^{171}Er ^{180m}Hf	^{28}Mg ^{109}Pd/^{109}Ag ^{159}Gd ^{194}Ir	^{43}K ^{187}W ^{197m}Hg	^{77}Ge ^{123}I ^{188}Re ^{197}Pt
0.3～0.5	^{51}Ti ^{128}I	^{101}Tc ^{151}Nd	^{116m}In ^{199}Pt	^{65}Ni ^{105}Ru ^{165}Dy	^{85m}Kr ^{149}Nd ^{171}Er	^{87}Sr ^{152m}Eu ^{180m}Hf	^{28}Mg ^{69m}Zn ^{159}Gd ^{197m}Hg/^{197m}Au	^{42}K ^{77}Ge ^{187}W	^{43}K ^{130}I ^{194}Ir
0.5～0.7	^{11}C ^{51}Ti ^{101}Tc ^{128}I	^{13}N ^{80}Br ^{104}Rh ^{199}Pt	^{15}O ^{101}Mo ^{108}Ag	^{18}F ^{68}Ga ^{117}In ^{165}Dy	^{66}Ga ^{97}Nb ^{132}I	^{52}Fe ^{105}Ru ^{149}Nd	^{43}K ^{77}Ge ^{194}Ir	^{64}Cu ^{130}I	^{72}Ga ^{187}W
0.7～1.0	^{27}Mg ^{88}Rb ^{128}I	^{51}Ti ^{101}Mo ^{199}Pt	^{66}Cu ^{116m}In ^{177}Yb	^{56}Mn ^{132}I	^{66}Ga ^{152m}Eu	^{105}Ru ^{165}Dy	^{28}Mg ^{97}Zr/^{97m}Nb ^{187}W	^{72}Ga ^{194}Ir	^{77}Ge ^{130}I
1.0～1.5	^{27}Mg ^{70}Ga ^{101}Mo	^{52}V ^{81}Se ^{116m}In	^{66}Cu ^{88}Rb	^{31}Si ^{52}Fe/^{52m}Mn ^{66}Ga ^{132}I ^{177}Yb	^{117}A ^{68}Ga ^{139}Ba	^{65}Ni ^{117m}Cd ^{152m}Eu	^{24}Na ^{64}Cu ^{97}Zr	^{28}Mg ^{72}Ga ^{130}I	^{43}K ^{77}Ge ^{194}Ir
1.5～2.0	^{28}Al ^{101}Mo	^{38}Cl ^{116m}In	^{88}Rb	^{56}Mn	^{132}I		^{28}Mg/^{28}Al ^{72}Ga ^{194}Ir	^{97}Zr	^{42}K ^{142}Pr
2.0～3.0	^{38}Cl ^{116m}In	^{88}Rb	^{101}Mo	^{56}Mn	^{66}Ga	^{132}I	^{24}Na ^{97}Zr	^{72}Ga ^{194}Ir	^{77}Ge
＞3.0	^{49}Ca	^{88}Rb		^{56}Mn	^{66}Ga				

1~10 d	10~100 d	100 d~1 yr	1 yr 以上
^{47}Sc ^{67}Cu ^{67}Ga ^{72}Se ^{77}As ^{97}Ru ^{99}Mo ^{111}Ag ^{131}I ^{132}Te ^{133m}Xe ^{133}Xe ^{143}Ce ^{149}Pm ^{151}Pm ^{153}Sm ^{161}Tb ^{166}Ho ^{175}Yb ^{177}Lu ^{186}Re ^{193}Os ^{197}Hg ^{199}Au ^{206}Bi ^{222}Rn+娘核種 ^{239}Np	^{59}Fe ^{103}Pd/^{103m}Rh ^{103}Ru/^{103m}Rh ^{114m}In ^{125}I $^{129m}/^{129}$Te ^{131}Ba ^{140}Ba ^{141}Ce ^{147}Nd ^{160}Tb ^{169}Yb ^{175}Hf ^{181}Hf ^{191}Os/^{191}Ir ^{192}Ir ^{203}Hg ^{233}Pa	^{57}Co ^{75}Se ^{110m}Ag ^{113}Sn ^{119m}Sn ^{127m}Te ^{144}Ce ^{153}Gd ^{170}Tm ^{182}Ta ^{195}Au	^{109}Cd ^{125}Sb ^{129}I ^{133}Ba ^{152}Eu ^{154}Eu ^{155}Eu ^{208}Po ^{210}Pb ^{226}Ra+娘核種 ^{227}Ac+娘核種 ^{228}Ra/^{228}Ac ^{228}Th+娘核種 ^{233}U ^{238}U/^{234}Th ^{239}Pu ^{241}Am
^{47}Ca ^{97}Ru ^{99}Mo ^{105}Rh ^{111}Ag ^{115}Cd ^{131}I ^{140}La ^{143}Ce ^{151}Pm ^{175}Yb ^{177}Lu ^{193}Os ^{198}Au ^{206}Bi ^{222}Rn+娘核種 ^{239}Np	^{7}Be ^{51}Cr ^{59}Fe ^{103}Ru ^{115m}Cd ^{126}I $^{129m}/^{129}$Te ^{131}Ba ^{140}Ba/^{140}La ^{147}Nd ^{169}Yb ^{175}Hf ^{181}Hf ^{192}Ir ^{233}Pa	^{75}Se ^{113}Sn/^{113m}In	^{125}Sb ^{133}Ba ^{134}Cs ^{152}Eu ^{226}Ra+娘核種 ^{227}Ac+娘核種 ^{241}Am
^{52}Mn ^{72}As ^{76}As ^{77}As ^{82}Br ^{97}Ru ^{115}Cd ^{122}Sb ^{124}I ^{131}I ^{143}Ce ^{153}Sm ^{186}Re ^{198}Au ^{206}Bi ^{222}Rn+娘核種	^{48}V ^{56}Co ^{58}Co ^{74}As ^{84}Rb ^{85}Sr/^{85m}Rb ^{103}Ru ^{114m}In ^{124}Sb ^{126}I ^{140}Ba ^{147}Nd ^{192}Ir	^{65}Zn ^{88}Y ^{106}Ru/^{106}Rh ^{110m}Ag ^{144}Ce/^{144}Pr	^{22}Na ^{26}Al ^{85}Kr ^{125}Sb ^{134}Cs ^{137}Cs/^{137m}Ba ^{154}Eu ^{207}Bi ^{208}Po ^{226}Ra+娘核種 ^{227}Ac+娘核種 ^{228}Ra+娘核種
^{47}Ca ^{52}Mn ^{72}As ^{82}Br ^{99}Mo ^{124}I ^{131}I ^{140}La ^{143}Ce ^{151}Pm ^{186}Re ^{206}Bi	^{46}Sc ^{48}V ^{56}Co ^{58}Co ^{84}Rb ^{89}Sr ^{95}Nb ^{95}Zr ^{114m}In ^{115m}Cd ^{124}Sb ^{126}I $^{129m}/^{129}$Te ^{140}Ba/^{140}La ^{160}Tb	^{54}Mn ^{88}Y ^{110m}Ag ^{182}Ta ^{210}Po	^{134}Cs ^{152}Eu ^{207}Bi ^{227}Ac+娘核種 ^{228}Ra/^{223}Ac ^{228}Th+娘核種 ^{238}U/^{234m}Pa
^{47}Ca ^{52}Mn ^{76}As ^{82}Br ^{122}Sb ^{124}I ^{143}Ce ^{166}Ho ^{198}Au ^{206}Bi ^{222}Rn+娘核種	^{46}Sc ^{48}V ^{56}Co ^{59}Fe ^{84}Rb ^{86}Rb ^{91}Y $^{114m}/^{114}$In ^{115m}Cd ^{124}Sb ^{126}I $^{129m}/^{129}$Te ^{160}Tb	^{65}Zn ^{110m}Ag ^{123m}Sn ^{144}Ce/^{144}Pr ^{182}Ta	^{22}Na ^{26}Al ^{40}K ^{60}Co ^{134}Cs ^{152}Eu ^{154}Eu ^{207}Bi ^{226}Ra+娘核種 ^{228}Th+娘核種
^{76}As ^{124}I ^{140}La ^{166}Ho ^{206}Bi ^{222}Rn+娘核種	^{56}Co ^{58}Co ^{84}Rb ^{124}Sb ^{140}Ba/^{140}La	^{88}Y ^{110m}Ag	^{26}Al ^{207}Bi ^{226}Ra+娘核種 ^{228}Ra/^{228}Ac ^{228}Th+娘核種
^{76}As ^{124}I ^{140}La ^{222}Rn+娘核種	^{48}V ^{56}Co ^{124}Sb ^{140}Ba/^{140}La ^{56}Co	^{88}Y ^{106}Ru/^{106}Rh ^{144}Ce/^{144}Pr	^{216}Ra+娘核種 ^{228}Th+娘核種

1・2・17 測定者と試料による測定値のばらつき

金属の物理的性質は，試料の純度，処理の方法，測定方法などにより，測定者によって非常に異なる場合が多い．表に数値を示したものは，一般にこれらの測定値を処理して，もっとも確からしい値を求めたものである．ここには，比熱・線膨張・電気抵抗率および熱伝導率の値について，何人かの測定者の値を集めたものを示した．金属の種類としては比較的測定例の多い銀・金・チタンを選んである．

Y. S. Touloukian, ed.: Thermophysical Properties of High Temperature Solid Materials (1967), Macmillan.

a. 銀の比熱・線膨張・電気抵抗率および熱伝導率

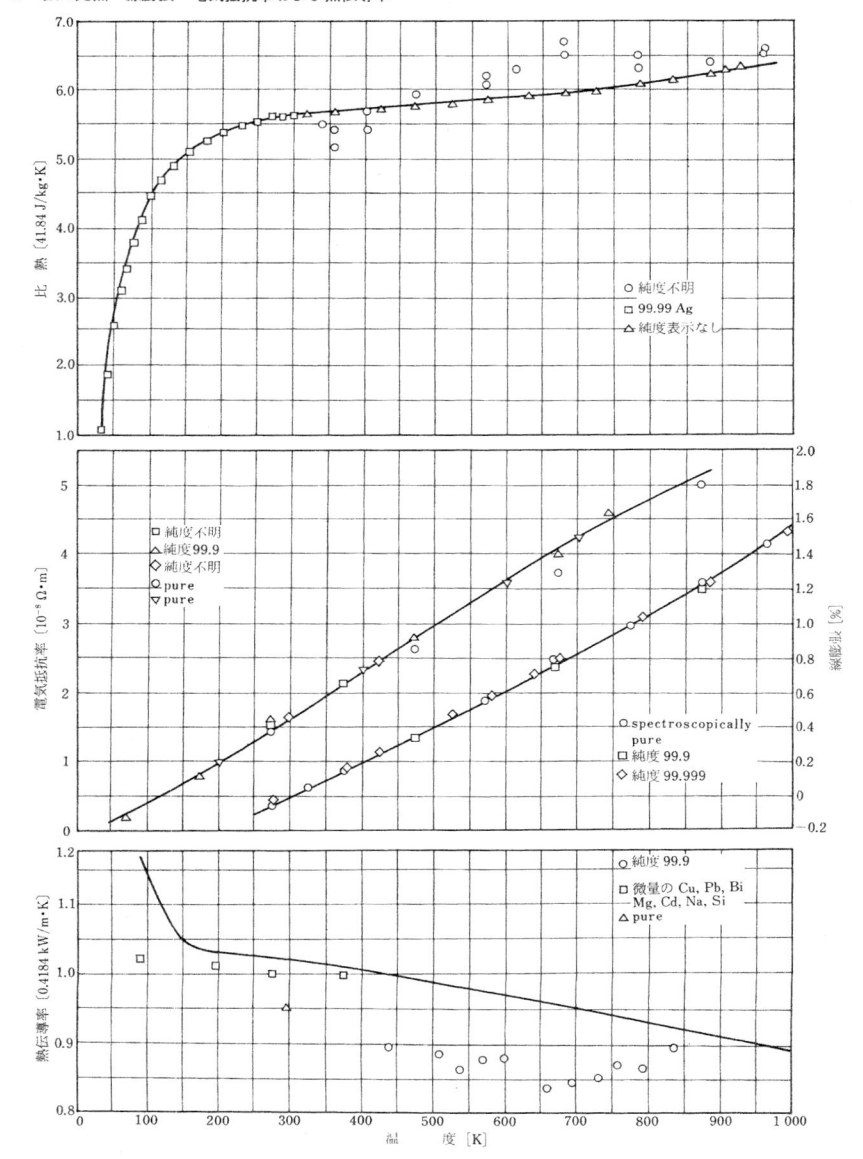

b. 金の比熱・線膨張・電気抵抗率および熱伝導率

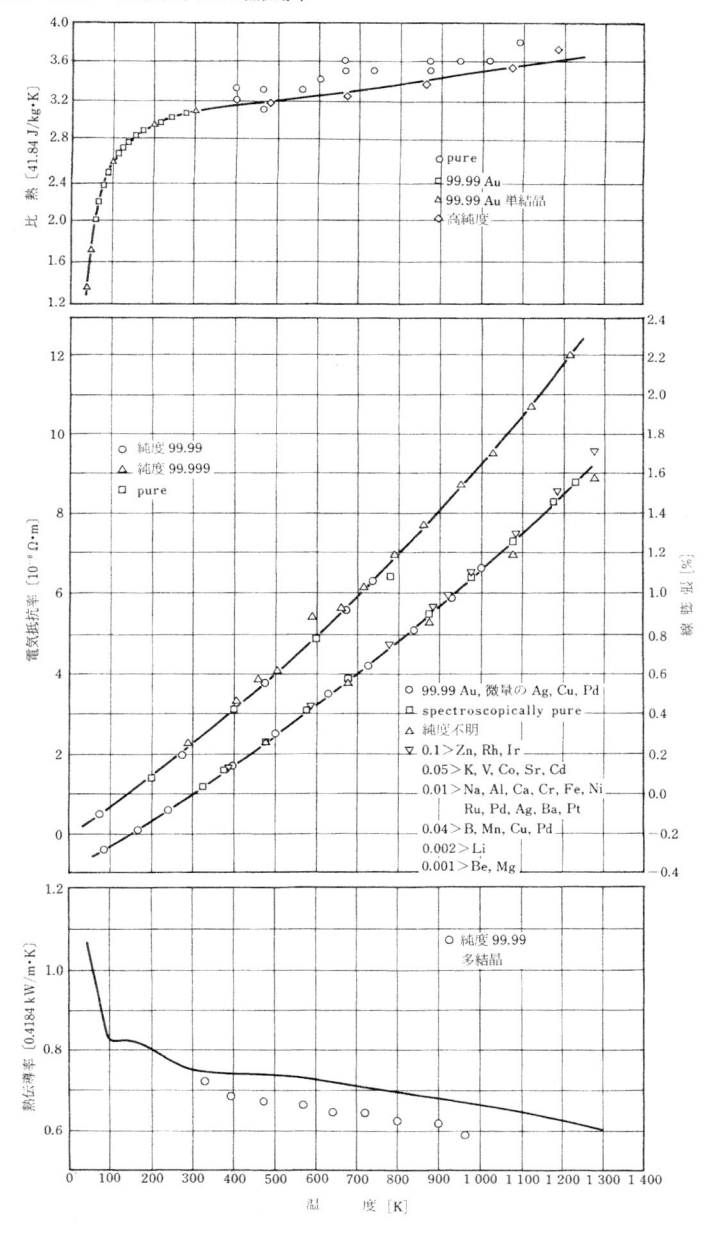

c. チタンの比熱・線膨張・電気抵抗率および熱伝導率

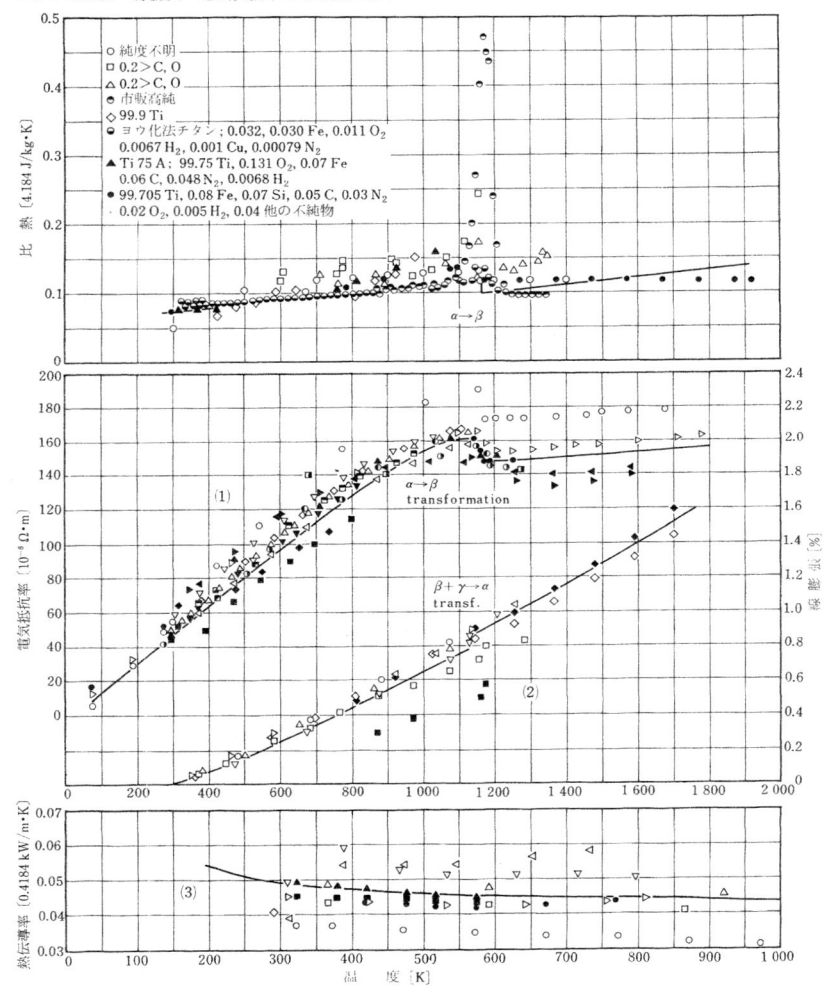

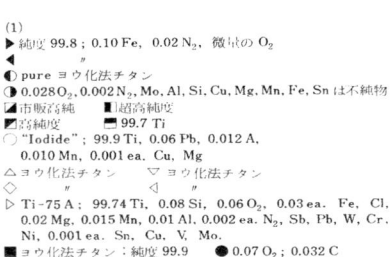

凡例 (比熱):
- ○ 純度不明
- □ 0.2＞C, O
- △ 0.2＞C, O
- ● 市販高純
- ◇ 99.9 Ti
- ● ヨウ化法チタン；0.032, 0.030 Fe, 0.011 O$_2$, 0.0067 H$_2$, 0.001 Cu, 0.00079 N$_2$
- ▲ Ti 75 A；99.75 Ti, 0.131 O$_2$, 0.07 Fe, 0.06 C, 0.048 N$_2$, 0.0068 H$_2$
- ● 99.705 Ti, 0.08 Fe, 0.07 Si, 0.05 C, 0.03 N$_2$, 0.02 O$_2$, 0.005 H$_2$, 0.04 他の不純物

比熱 (4.184 J/kg·K)
$\alpha \to \beta$

電気抵抗率 ($10^{-8}\,\Omega\cdot$m), 膨脹率 [%]
(1) $\alpha \to \beta$ transformation
(2) $\beta + \gamma \to \alpha$ transf.

熱伝導率 (0.4184 kW/m·K)
(3)

温度 [K]

(1)
- ▶ 純度 99.8；0.10 Fe, 0.02 N$_2$, 微量の O$_2$
- ◀ 〃
- ● pure ヨウ化法チタン
- ◐ 0.028 O$_2$, 0.002 N$_2$, Mo, Al, Si, Cu, Mg, Mn, Fe, Sn は不純物
- ◣ 市販高純　■ 超高純度
- ◆ 高純度　■ 99.7 Ti
- ○ "Iodide"；99.9 Ti, 0.06 Pb, 0.012 A, 0.010 Mn, 0.001 ea. Cu, Mg
- △ ヨウ化法チタン　▽ ヨウ化法チタン
- ◇ 〃　◁ 〃
- ▷ Ti-75 A；99.74 Ti, 0.08 Si, 0.06 O$_2$, 0.03 ea. Fe, Cl, 0.02 Mg, 0.015 Mn, 0.01 Al, 0.002 ea. N$_2$, Sb, Pb, W, Cr, Ni, 0.001 ea. Sn, Cu, V, Mo.
- ■ ヨウ化法チタン：純度 99.9　● 0.07 O$_2$；0.032 C
- ◇ 純度 99.6　□ β-phase
- ▲ ヨウ化法チタン：純度 99.99
- ▼ A-55 (formerly RC-55)

(2)
- ▽ ダクタイル；0.12 Mg, 0.06 Mn, ＜0.03 Ca, Cu, Fe, Sn, V, 0.01＞Si (0.005＞Al, Na, O, N は小)
- △ ダクタイル；0.04 Mg, 0.03 Mn, Si, 0.05＞Ca, Fe, Al, Na, 0.001＞Ca, Sn, V, O, N は小
- ▽ 純度不明
- □ ヨウ化法チタン：純度 99.96
- ■ 〃
- ● 市販高純
- ◆ 〃
- ◁ 〃
- ▷ 〃

(3)
- ○ 99.815 Ti, 0.10 Mn, 0.04 Fe, 0.035 C, 0.01 Mg
- □ 99.64 Ti, 0.123 O$_2$, 0.12 Fe, 0.08 C, 0.028 N$_2$, 0.0073 H$_2$
- △ 99.75 Ti, 0.131 O$_2$, 0.07 Fe, 0.06 C, 0.048 N$_2$, 0.0068 H$_2$
- ▽ ヨウ化法チタン；99.9 Ti
- ◁ 99.6 Ti
- ▷ A-55 (通常 RC-55)
- ■ 市販普通程度
- ▲ 高純度
- ● 純度 99.64〜99.75

1・3 機械的性質

1・3・1 金属元素の弾性率 E と剛性率 G

金属	T [K]	E [10^{11} Pa]	G [10^{11} Pa]	金属	T [K]	E [10^{11} Pa]	G [10^{11} Pa]	金属	T [K]	E [10^{11} Pa]	G [10^{11} Pa]
Ag	300	1.005	0.313	(In)	293	0.104	—	(Sc)	296	0.755	0.288
Al	303	0.757	0.260	Ir	294	5.7±0.1	2.30±0.05	(Sm)	—	0.341	0.126
Au	300	0.883	0.296	(K)	90	0.0354	0.013	Sn	293~298	0.610±0.007	0.228
(Ba)	293	0.127	—	(La)	—	0.384	0.147±0.005	Ta	298	1.811	
(Be)	293	2.90	1.41	(Li)	83	0.115	0.042	(Tb)		0.575	0.228
(Bi)	293	0.341	—	(Mg)	293	0.443	—	(Th)	常温	0.728	0.280
(Ca)	293	0.196	—	Mg	303		0.166	Ti	298	1.142	
(Cd)	293	0.623	—	Mn	293	1.98	—	(Ti)			0.398
(Ce)	293	0.300	0.126±0.006	Mo	293~298	3.27	1.206	(Tl)	293	0.079	—
Co α	293~298	2.1		(Na)	90	0.0895	0.034	U	298	1.90	—
Co β	-298	2.2	—	Nb	293	1.046±0.002	0.373	(U)			0.703
Cr	298	2.53	—	(Nd)		0.379	0.145	V	298	1.326	
Cu	298	1.36	—	(Ni)	298	2.05	0.77	(V)			0.466
(Dy)	—	0.631	0.254	(Pb)	293	0.157	—	W	298	4.027	—
(Er)		0.733	0.296	(Pd)	293	1.21	—		298		1.554±0.004
Fe	—	1.90	0.80	(Pr)		0.352	0.135	(Y)		0.633±0.006	0.254±0.003
Ga	90	0.926	—	(Pt)	293	1.699	—	(Yb)		0.178	0.070
	273		0.375	Pu α		1.006±0.004	0.434±0.004	(Zn)		1.18	0.43
(Gd)		0.562	0.223	Re	296	4.54	1.745	Zr	298	0.976	
(Hf)		1.38	—	(Rh)	293	3.79	—	(Zr)			0.361
Hg	83	0.274	0.100	Ru	296	4.38	1.70				
(Ho)		0.671	0.267	(Sb)	293	0.549	—				

( ) の値は信頼度の低いもの.

International Tables of Selected Constants, 16, Metals, Thermal and Mechanical Data.

1・3・2 金属の弾性率
a. 立方晶系結晶の弾性率

金属	T [K]	c_{11} [10^{11} Pa]	c_{12} [10^{11} Pa]	c_{44} [10^{11} Pa]	金属	T [K]	c_{11} [10^{11} Pa]	c_{12} [10^{11} Pa]	c_{44} [10^{11} Pa]
Ag	0	1.3149	0.9733	0.5109	Mo	0	4.768	1.554	1.111
	75	1.3054	0.9704	0.5028		73	4.730±0.094	1.562±0.099	1.109±0.0024
	300	1.2399	0.9367	0.4612		293	4.63	1.61	1.09
Al	0	1.1430	0.6192	0.3162	(Na)	299	0.0739	0.0622	0.0419
	80	1.1373	0.6191	0.3128	Nb	1.42	2.46±0.02	1.34±0.04	0.294±0.001
	300	1.0678	0.6074	0.2821		300	2.465	1.345	0.2873
	300	1.039	0.575	0.283					
Au	0	2.0163	1.6967	0.4544	(Ni)	0	2.612	1.508	1.317
	75	2.0030	1.6886	0.4477		80	2.601	1.507	1.309
	300	1.9234	1.6314	0.4195		300	2.508	1.500	1.235
Co	298	3.037±0.023	1.543±0.023	0.747±0.004	Pb	0	0.555±0.003	0.454±0.002	0.194±0.001
Cr	77	3.91	0.896	1.032		80	0.543	0.448	0.184
	298	3.50	0.678	1.008		300	0.495	0.423	0.149
Cu	0	1.7620	1.2494	0.8177	Pd	0	2.341	1.761	0.712±0.003
	80	1.7540	1.2447	0.8100		80	2.338	1.780	0.702±0.003
	80	1.7522	1.2419	—		300	2.261	1.761	0.717±0.003
	300	1.6839	1.2142	0.7539	Ta	0	2.6632	1.5816	0.8736
	300	1.6448	1.1752	—		80	2.6652	1.5896	0.8647
(Fe)	0	2.431±0.008	1.381±0.004	1.219±0.004		300	2.6091	1.5743	0.8182
	80	2.4164±0.015	1.3740±0.015	1.2148±0.015	Th	80	0.777	0.482	0.511
	300	2.3310±0.015	1.3544±0.015	1.1783±0.005		300	0.753	0.489	0.478
Ir	294	6.0±0.6	2.6±0.7	2.70±0.08	V	4.2	2.323	1.193	0.460
(K)	83	0.0459	0.0372	0.0263		300	2.287	1.190	0.4315
	常温	0.0371	0.0315	0.0188	W	0	5.3255	2.0495	1.6313
Li	78	0.1481	0.1248	0.1077		80	5.3252	2.0496	1.6312
	78	0.1476	0.1243	0.1077		300	5.2327	2.0453	1.6072
	195	0.1342	0.1125	0.0960					
	195	0.1320	0.1102	0.0960					

太字の値は信頼度の高いもの, ( ) の値は信頼度の低いもの.

International Tables of Selected Constants, 16, Metals, Thermal and Mechanical Data.

b. 六方晶系・正方晶系および三方晶系結晶の弾性率

金属	T [K]	c_{11} [10^{11} Pa]	c_{33} [10^{11} Pa]	c_{44} [10^{11} Pa]	c_{66} [10^{11} Pa]	c_{12} [10^{11} Pa]	c_{13} [10^{11} Pa]	c_{14} [10^{11} Pa]
Be	0	2.994±0.006	3.422±0.012	1.662±0.005	—	0.276±0.008	0.11±0.05	—
	75	2.994±0.006	3.422±0.012	1.662	—	0.276±0.008	0.11±0.05	—
	300	2.923±0.006	3.364±0.012	1.625	—	0.267±0.008	0.14±0.05	—
Bi	4.2	0.687	0.408	0.129	0.225	—	—	0.0844
	80	0.686	0.406	0.127	0.224	—	—	0.0805
	301	0.635	0.381	0.113	0.194	0.247	0.245	0.0723
Cd	0	1.308±0.066	0.5737±0.0040	0.2449±0.0015	0.4516±0.0030	0.4048±0.0045	0.4145±0.0090	—
	80	1.289±0.055	0.5600±0.0040	0.2370±0.0015	0.4425±0.0030	0.4040±0.0045	0.4129±0.0090	—
	300	1.152±0.055	0.5122±0.0035	0.2025±0.0015	0.3774±0.0025	0.3972±0.0045	0.4053±0.0090	—
Co	298	3.071±0.015	3.581±0.020	0.755±0.004	—	1.650±0.008	1.027±0.015	—
(Hf)	4	1.901	2.044	0.600	0.578	0.745	0.655	—
	73	1.891	2.035	0.595	0.572	0.747	0.658	—
	298	1.811	1.969	0.557	0.520	0.772	0.661	—
Hg	364	0.360	0.505	0.129	—	0.289	0.303	0.05
In	4.2	0.5392±0.0038	0.5162±0.0036	0.0797±0.006	0.1684±0.0012	0.3871±0.0038	0.4513±0.0045	—
	77	0.5260±0.0038	0.5080±0.0036	0.0754±0.006	0.1600±0.0012	0.4056±0.0038	0.4457±0.0045	—
	300	0.4535±0.0038	0.4515±0.0036	0.0651±0.006	0.1207±0.0012	0.4006±0.0038	0.4151±0.0045	—
Mg	298	0.597	0.617	0.164	—	0.262	0.217	—
Re	4.2	6.344±0.013	7.016±0.014	1.691±0.003	—	2.66±0.03	2.02±0.03	—
	78	6.306±0.013	6.997±0.014	1.684±0.003	—	2.67±0.03	1.94±0.03	—
	298	6.126±0.012	6.827±0.014	1.625±0.003	—	2.70+0.03	2.06±0.03	—
Sb	常温	0.994	0.446	0.395	0.342	0.309	0.264	0.216
Sn β	4.2	0.8274±0.0062	1.0310±0.0077	0.2695±0.0021	0.2818±0.0021	0.5785±0.0115	0.3421±0.011	—
	77	0.8152±0.0062	1.0040±0.0077	0.2620±0.0021	0.2781±0.0021	0.5790±0.0115	0.3642±0.011	—
	300	0.7230±0.0062	0.8840±0.0077	0.2203±0.0021	0.2400±0.0021	0.5940±0.0115	0.3578±0.011	—
Ti	4	1.761	1.905	0.508	0.446	0.869	0.683	—
	73	1.749	1.894	0.505	0.439	0.871	0.680	—
	298	1.624	1.807	0.467	0.352	0.920	0.690	—
Tl	4.2	0.444±0.001	0.602±0.002	0.0880±0.001	—	0.376±0.001	0.30	—
	75	0.435±0.001	0.588±0.002	0.0837±0.001	—	0.370±0.001	0.30	—
	300	0.408±0.001	0.528±0.002	0.0726±0.001	—	0.354±0.001	0.29	—
(Y)	0	0.834±0.002	0.801±0.002	0.2690±0.0006	—	0.291±0.003	0.19±0.04	—
	75	0.830±0.002	0.798±0.002	0.2656±0.0006	—	0.293±0.003	0.18±0.04	—
	300	0.779±0.002	0.769±0.002	0.2431±0.0006	—	0.285±0.003	0.21±0.04	—
Zn	4.2	1.7909	0.6880	0.4595	—	0.375	0.554	—
	77	1.7677	0.6766	0.4479	—	0.368	0.552	—
	295	1.6368	0.6347	0.3879	—	0.364	0.530	—
(Zr α)	4	1.554	1.725	0.363	0.441	0.672	0.646	—
	73	1.542	1.716	0.358	0.432	0.648	0.648	—
	298	1.434	1.648	0.320	0.353	0.653	0.653	—

太字の値は信頼度の高いもの,( )の値は信頼度の低いもの.
International Tables of Selected Constants, 16, Metals, Thermal and Mechanical Data.

1・3・3 おもな金属元素の圧縮率 K (体積弾性率の逆数)

金属	温度 T [K]	K [10^{-11} Pa^{-1}]	金属	温度 T [K]	K [10^{-11} Pa^{-1}]	金属	温度 T [K]	K [10^{-11} Pa^{-1}]	金属	温度 T [K]	K [10^{-11} Pa^{-1}]
Ag	**300**	**1.00**	Hg α	0	2.58	(Nd)	—	3.08	(Tb)	—	2.50
Al	**303**	**1.30**		200	3.45		常温	3.1	Tb	常温	2.5
	293	**1.28**	Hg β	0	2.17	**Ni**	**常温**	**0.535**	**Th**	—	**1.73**
Au	**300**	**0.607**	(Ho)	—	2.18	(Ni)	常温	0.56	(Th)	常温	1.9
(Be)	303	0.96	Ho	常温	2.55	**Pb**	**常温**	**2.2**	Ti α	—	9.66
Bi	**303**	**2.9**	**In**	**300**	**2.4**	(Pd)	常温	0.55	Tl	常温	2.5
Cd	**293**	**2.170±0.016**	**Ir**	**294**	**0.27**	(Pr)	—	3.34	**Tm**	—	**2.6**
			(Ir)	常温	0.28	Pr	常温	2.67			
(Ce)	—	5.05	(K)	4.2	28.3	(Pt)	常温	0.36	(U α)	—	0.90
	常温	4.8	(La)	—	3.30	**Rb**	**4.2**	**34.2**	**W**	**0～50**	**0.335**
Co	**常温**	**0.526**		常温	3.9	**Re**	**296**	**0.27**		**300**	**0.338**
Cs	**4.2**	**43**	(Li)	4.2	7.7					常温	0.31
			Li	**293**	**8.9**	(Rh)	常温	0.37	(Y)	—	2.51±0.1
Cu	**0**	**0.70**	**Lu**	**常温**	**2.3**	**Ru**	**296**	**0.28**	(Yb)	—	7.26
	298	**0.720**				(Ru)	常温	0.31	Yb	常温	6.71
	298	**0.742**	**Mg**	**303**	**2.78**	(Sb)	常温	2.5	**Zn**	**常温**	**1.6**
(Dy)	—	2.44	(Mg)	常温	2.3	(Sc)	—	1.52	(Zr)	—	1.01
Dy	常温	2.65	(Mn)	常温	1.6	Sc	常温	2.3		0	1.05
(Er)	—	2.15	**Mo**	**常温**	**0.38**					300	1.06
Er	常温	2.5		常温	0.36	(Sm)	—	2.6		常温	
Eu	**常温**	**8.45**	**Na**	**370.8**	**16.69**	Sm	常温	3.9			
Fe	**常温**	**0.58**		4.2	13.6	**Sn**	**300**	**1.82**			
(Gd)	—	2.57	(Nb)	常温	0.57		常温	1.81			
	常温	2.55				**Ta**	**常温**	**0.49**			

太字の値は信頼度の高いもの，( ) の値は信頼度の低いもの．

2 結　　晶

2・1 結晶の格子面と方向

2・1・1 ミラー指数

結晶格子の三つの主軸 X, Y, Z を座標軸とし，これらの軸とある格子面の交わった点と原点との距離を x, y, z とする．三つの軸方向の格子定数 a, b, c をそれぞれ x, y, z で除した値を最小の整数比 h, k, l で表わしたものを格子面のミラー指数 (Miller indices)，あるいは面指数といい，(hkl) という記号で表わす．

$$\frac{a}{x} : \frac{b}{y} : \frac{c}{z} = h : k : l$$

また格子面が座標軸と負の方向で交わる場合には，面指数の上に ˉ をつけ，$(\bar{h}kl)$ のように表わす．ある座標軸に平行な面指数は 0 で表わす．立方格子におけるいくつかの格子面を図1に示した．記号 $\{hkl\}$ は同じ面指数 h, k, l をもつ等価のすべての面を意味する．$\{hkl\}$ という記号を使うことも多い．たとえば立方格子の $\{100\}$ 面とは (100)，(010)，(001)，$(\bar{1}00)$，$(0\bar{1}0)$，$(00\bar{1})$ の 6 つの格子面を表わしている．このように，結晶学的に等価な格子面の数を多重度 (multiplicity) という（表1）．

六方格子においては，c 軸とこれに垂直で互いに 120° で交わる三本の座標軸をとることができるので，格子面で 4 つの面指数 h, k, i, l で表わし，$(hkil)$ とかくことがある．すなわち，

$$\frac{a}{x_1} : \frac{a}{x_2} : \frac{a}{x_3} : \frac{c}{z} = h : k : i : l$$

ただし，h, k, i の間には

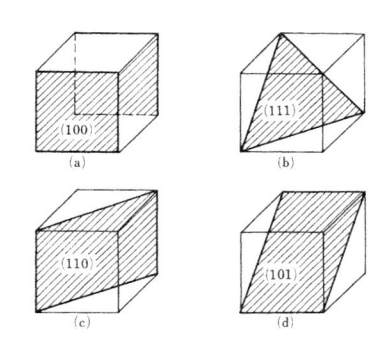

図 1．立方格子の主要な格子面の例

(a) (100)
(b) (111)
(c) (110)
(d) (101)

表1 格子面の多重度

結晶系	$h00$	$00l$	$hh0$	$h0l$	$hk0$	hhh	hhl	hkl
立方晶	6	6	12	12	24	8	24	48
正方晶	4	2	4	8	8	8	8	16
六方,斜方晶	6	2	6	12	12	12	12	24

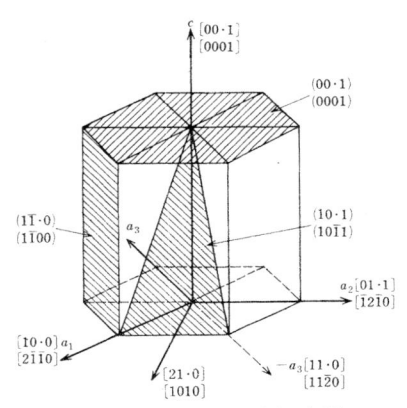

図2 六方格子の格子面と方向の表示法

という関係があるので, i を省略して $(hk\cdot l)$ とかくことが多い. (hkl) ミラー指数に対し, $(hkil)$ をミラー・ブラベ指数 (Miller-Bravais indices) ということがある. 図2には, 六方格子の二, 三の格子面を二つの表示法で示した. ある面指数をもつ格子面の間隔と格子定数の関係を表2に示してある. また立方格子における格子面間のなす角度を表3に示す. 一般に立方晶の $(h_1k_1l_1)$ 面と $(h_2k_2l_2)$ 面のなす角 ϕ は次式で与えられる.

$$\cos\phi = \frac{h_1h_2+k_1k_2+l_1l_2}{\sqrt{(h_1^2+k_1^2+l_1^2)(h_2^2+k_2^2+l_2^2)}}$$

2・1・2 結晶方向の表示法

結晶格子内のあるベクトル方向は, これと平行で原点をとおる直線上のある点の座標で表わされる. 一般にはその座標を簡単な整数比 $u:v:w$ に直し, $[uvw]$ のようにかく. $[uvw]$ と逆方向は $[\bar{u}\bar{v}\bar{w}]$ である. また結晶学的に等価な一組の方向を $[uvw]$ とかく $\langle uvw\rangle$ とかくことも多いが, 〈 〉は平均値とまぎらわしいので [ ] が用いられる). たとえば立方格子の $[110]$ 方向とは $[110]$, $[101]$, $[011]$, $[1\bar{1}0]$, $[\bar{1}01]$, $[0\bar{1}1]$ の6方向とその逆方向 $[\bar{1}\bar{1}0]$, $[\bar{1}0\bar{1}]$, $[0\bar{1}\bar{1}]$, $[\bar{1}10]$, $[10\bar{1}]$, $[01\bar{1}]$ の合計12の方向を意味する. 六方格子における方向の表示法は, 格子面の場合と同様に三指数 $[UV\cdot W]$ と四指数 $[uvtu]$ の二つの場合がある. ただし両者の間には,

$$U = u-t$$
$$V = v-t$$
$$W = w$$

あるいは,

$$u = \frac{1}{3}(2U-V)$$
$$v = \frac{1}{3}(2V-U)$$
$$u+v = -t$$

という関係がある. 三指数の方が簡単であるが, 図2からもわかるように対称関係にある等価な方向や面を識別することが難しい.

2・2 金属の結晶構造

2・2・1 おもな金属の結晶構造

元素の大半約80%以上は最密六方 (hcp), 面心立方 (fcc), 体心立方 (bcc) のどれかに属する構造をもつ. 表4に元素の結晶構造を周期表上に示し, 表5には元素の結晶構造の記号の説明を表示した. 表6および以下の各項におけるA1, A2, ……, B1という表示は Struktubericht によるものである (Aは単体, Bは組成比1:1, Cは組成比1:2の化合物を意味する). また表5中のそれ以外の略号は, H: 六方, R: 菱面体, C: 立方, O: 斜方, T: 正方, M: 単斜の各結晶系に属する構造をもつことを意味している. また一つの元素で二つ以上の構造があるもののうち, 同素変態をする元素の構造変化や変態温度は表5に示してある. 次におもな金属の結晶構造を図示し, 簡単に説明する.

a. 立方格子

(i) 面心立方格子

(1) A1形構造 (図3)　いわゆる面心立方構造 (fcc) である (Al や α-Fe の結晶構造を単に面心立方格子あるいは体心立方格子というのは厳密には正しくない. なぜならば図4に示したようにダイヤモンド構造も面心立方格子をもつ構造であり, 面心立方あるいは体心立方というのは空間格子につけられた名前で, 原子の配列した結晶構造を示すものではないからである).

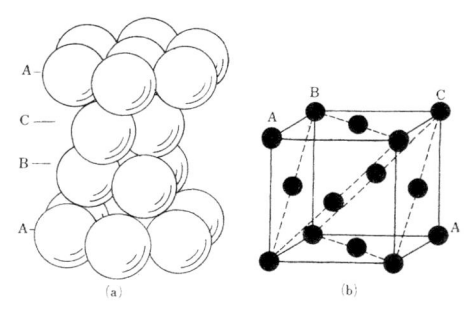

図3 fcc形構造

2 結晶

表 2 格子面間隔 d と格子定数 a の関係

結晶系	$1/d^2$	結晶系	$1/d^2$
立方晶	$\dfrac{h^2+k^2+l^2}{a^2}$	斜方晶	$\dfrac{h^2}{a^2}+\dfrac{k^2}{b^2}+\dfrac{l^2}{c^2}$
正方晶	$\dfrac{h^2+k^2}{a^2}+\dfrac{l^2}{c^2}$	単斜	$\dfrac{1}{\sin^2\beta}\cdot\left(\dfrac{h^2}{a^2}+\dfrac{k^2\sin^2\beta}{b^2}+\dfrac{l^2}{c^2}-\dfrac{2hl\cos\beta}{ac}\right)$
六方晶	$\dfrac{4}{3}\cdot\dfrac{h^2+hk+k^2}{a^2}+\dfrac{l^2}{c^2}$	菱面体	$\dfrac{(h^2+k^2+l^2)\sin^2\alpha+2(hk+kl+lh)(\cos^2\alpha-\cos\alpha)}{a^2(1+2\cos^3\alpha-3\cos^2\alpha)}$

表 3 立方晶の格子面間角

$$\cos\phi = \frac{Hh+Kk+Ll}{\sqrt{(H^2+K^2+L^2)(h^2+l^2+k^2)}}$$

(HKL)	(hkl)	ϕ						
100	100	0°	90°					
	110	45°	90°					
	111	54°44′						
	210	26°34′	63°26′	90°				
	211	35°16′	65°54′					
	221	48°11′	70°32′					
	310	18°26′	71°34′	90°				
	311	25°14′	72°27′					
	320	33°41′	56°19′	90°				
	321	36°43′	57°42′	74°30′				
110	110	0°	60°	90°				
	111	35°16′	90°					
	210	18°26′	50°46′	71°34′				
	211	30°	54°44′	73°13′	90°			
	221	19°28′	45°	76°22′	90°			
	310	26°34′	47°52′	63°26′	77°5′			
	311	31°29′	64°46′	90°				
	320	11°19′	53°58′	66°54′	78°41′			
	321	19°6′	40°54′	55°28′	67°48′	79°6′		
111	111	0°	70°32′					
	210	39°14′	75°2′					
	211	19°28′	61°52′	90°				
	221	15°48′	54°44′	78°54′				
	310	43°5′	68°35′					
	311	29°30′	58°31′	79°58′				
	320	61°17′	71°19′					
	321	22°12′	51°53′	72°1′	90°			
210	210	0°	36°52′	53°8′	66°25′	78°28′	90°	
	211	24°6′	43°5′	56°47′	79°29′	90°		
	221	26°34′	41°49′	53°24′	63°26′	72°39′	90°	
	310	8°8′	58°3′	45°	64°54′	73°34′		
	311	19°17′	47°36′	66°8′	82°15′			
	320	7°7′	29°45′	41°55′	60°15′	68°9′	75°38′	82°53′
	321	17°1′	33°13′	53°18′	61°26′	70°13′	83°8′	90°
211	211	0°	33°33′	48°11′	60°	70°32′	80°24′	
	221	17°43′	35°16′	47°7′	65°54′	74°12′	82°12′	
	310	25°21′	49°48′	58°55′	75°2′	82°35′		
	311	19°8′	42°24′	60°30′	75°45′	90°		
	320	25°9′	37°37′	55°33′	63°5′	83°30′		
	321	10°54′	29°12′	40°12′	49°6′	56°56′		
		70°54′	77°24′	83°44′	90°			
221	221	0°	27°16′	38°57′	63°37′	83°37′	90°	
	310	32°31′	42°27′	58°12′	65°4′	83°57′		
	311	25°14′	45°17′	59°50′	72°27′	84°14′		
	320	22°24′	42°18′	49°40′	68°18′	79°21′	84°42′	
	321	11°29′	27°1′	36°42′	57°41′	63°33′	74°30′	
		79°44′	84°53′					
310	310	0°	25°51′	36°52′	53°8′	72°33′	84°16′	
	311	17°33′	40°17′	55°6′	67°35′	79°1′	90°	
	320	15°15′	37°52′	52°8′	74°45′	84°58′		
	321	21°37′	32°19′	40°29′	47°28′	53°44′	59°32′	
		65°	75°19′	85°9′	90°			
311	311	0°	35°6′	50°29′	62°58′	84°47′		
	320	23°6′	41°11′	54°10′	65°17′	75°28′	85°12′	
	321	14°46′	36°19′	49°52′	61°5′	71°12′	82°44′	
320	320	0°	22°37′	46°11′	62°31′	67°23′	72°5′	90°
	321	15°30′	27°11′	35°23′	48°9′	53°37′	58°45′	63°36′
		72°45′	77°9′	85°45′	90°			
321	321	0°	21°47′	31°	38°13′	44°25′	50°	60°
		64°37′	69°4′	73°24′	81°47′	85°54′		

表 4 元素の結晶構造と周期表

1A	2A											3B	4B	5B	6B	7B	2 (A3) (A2) He
3 A2 A1 A3 Li	4 (A2) A3 Be			原子番号 結晶構造記号 元素記号			1 A3 A1 H					5 H T R B	6 R H A4 C	7 H C N	8 C (R) O	9 A1 F	10 Ne
11 A2 A3 Na	12 A3 Mg	3A	4A	5A	6A	7A	8			1B	2B	13 A1 Al	14 A4 Si	15 C O C P	16 A16 M R S	17 A1 A3 A2 Cl	18 A1 A
19 A2 K	20 A2 A1 Ca	21 (A2) A3 Sc	22 A3 Ti	23 A2 V	24 (A1) A2 Cr	25 A2 A1 A13 A12 Mn	26 A2 A1 A3 Fe	27 A1 A3 Co	28 A1 Ni	29 A1 Cu	30 A3 Zn	31 A11 Ga	32 A4 Ge	33 A7 As	34 A8 Se	35 O Br	36 A1 Kr
37 A2 Rb	38 A2 A3 A1 Sr	39 A2 A3 Y	40 A2 A3 Zr	41 A2 Nb	42 A2 Mo	43 A3 Tc	44 A3 Ru	45 A1 Rh	46 A1 Pd	47 A1 Ag	48 A3 Cd	49 A6 In	50 A5 A4 Sn	51 A7 Sb	52 A8 Te	53 O I	54 A1 Xe
55 A2 Cs	56 A2 (T) (11) Ba	57 A2 A1 4H La	72 A2 A3 Hf	73 A2 Ta	74 A2 W	75 A3 Re	76 A3 Os	77 A1 Ir	78 A1 Pt	79 A1 Au	80 A10 Hg	81 A2 A3 Tl	82 A1 Pb	83 A7 Bi	84 Ai Ah Po	85 At	86 Rn
87 Fr	88 Ra	89 A1 Ac															

			58 A2 A1 4H Ce	59 A2 4H Pr	60 A2 4H Nd	61 Pm	62 (A2) 9R Sm	63 A2 Eu	64 A3 Gd	65 (A2) A3 O Tb	66 (A2) A3 O Dy	67 A3 Ho	68 A2 A3 Er	69 A2 A3 Tm	70 A2 A1 Yb	71 (?) A3 Lu
			90 A2 A1 Th	91 Aa Pa	92 A2 Ab A20 U	93 A2 Ac Np	94 A2 T A1 O Pu	95 H Am	96 Cm	97 Bk	98 Cf	99 Es	100 Fm	101 Md	102 No	103 Lw

表 5 元素の結晶構造

元素	結晶系	結晶構造	温度 [℃]	格子定数 [10^{-10} m]			c/a α または β	配位数	原子間距離 [10^{-10} m]	単位格子中の原子数	空間群
				a	b	c					
Ac	立方	A1	—	5.311				12	3.755	4	Fm3m
Ag	立方	A1	25	4.0862				12	2.8894	4	Fm3m
Al	立方	A1	25	4.0496				12	2.8635	4	Fm3m
α-Am	六方	4H	20	3.4680		11.240	3.2411	6 6	3.4504 3.4680	4	P6$_3$/mmc
β-Am	立方	A1	22	4.894				12	3.460$_6$	4	Fm3m
As	菱面体	A7	22.5	4.1318			$\alpha=54°8'$	3	2.507	2	R$\bar{3}$m
	六方			3.7598		10.547					
ε-As	斜方	黒リン		3.62	10.85	4.48		3	3.139	8	Cmca
Au	立方	A1	25	4.0785				12	2.8839	4	Fm3m
B	正方		室温	8.80		5.05				50	P4$_2$/nnm
B	正方		室温	10.12		14.14	1.397			190.6	
B	菱面体		室温	10.12			$\alpha=65°28'$			~108	R$\bar{3}$m(?)
α-B	菱面体			5.057			$\alpha=58°4'$			12	R$\bar{3}$m
	六方			4.908		12.567	2.561			36	R$\bar{3}$m
Ba	立方	A2	25	5.013				8	4.341	2	Im3m

(表 5 つづき)

元素	結晶系	結晶構造	温度 [℃]	格子定数 [10^{-10} m]			c/a α または β	配位数	原子間距離 [10^{-10} m]	単位格子中の原子数	空間群
				a	b	c					
Ba II	六方	A3	室温	3.901		6.155	1.58	6	3.813$_6$	2	P6$_3$/mmc
			62 kbar (以下,この圧力下で存在する結晶構造を示す)					6	3.901		
α-Be	六方	A3	室温	2.286		3.584	1.568	6	2.2256	2	P6$_3$/mmc
								6	2.286		
β-Be	立方	A2	1 255	2.551				8	2.209	2	Im3m
Bi	菱面体	A7	25	4.736			$\alpha = 57°14'$	3	3.071	2	R$\bar{3}$m
								3	3.529		
	六方		25	4.546		11.862	2.609			6	
			4 K	4.533$_3$		11.807	2.604$_4$			6	
α-Ca	立方	A1	26	5.5884				12	3.9516	4	Fm3m
β-Ca	六方		不純物による								
γ-Ca	立方	A2	467	4.480				8	3.880	2	Im3m
Cd	六方	A3	21	2.9788		5.6167	1.8856	6	2.9788	2	P6$_3$/mmc
								6	3.2932		
γ-Ce	立方	A1	23	5.1601				12	3.6487	4	Fm3m
δ-Ce	立方	A2	757	4.12							
β-Ce	六方	4 H	25	3.673		11.802	3.214	6	3.633	4	P6$_3$/mmc
	<250 K							6	3.673		
α-Ce	立方	A1	77 K	4.85			formed<110 K	12	3.43	4	Fm3m
			25 K	4.82							
			,15 kbar								
α-Co	六方	A3	室温	2.507		4.070	1.623$_5$	6	2.497	2	P6$_3$/mmc
								6	2.507		
β-Co	立方	A1	室温	3.544				12	2.506	4	Fm3m
Cr	立方	A2	20	2.884$_6$				8	2.498	2	Im3m
Cs	立方	A2	173 K	6.079				8	5.265	2	Im3m
			5 K	6.045							
Cu	立方	A1	20	3.6147				12	2.5560	4	Fm3m
α-Dy	六方	A3	室温	3.5903		5.6475	1.5730	6	3.5029	2	P6$_3$/mmc
								6	3.5903		
α-Er	六方	A3	室温	3.5588		5.5874	1.5700	6	3.4680	2	P6$_3$/mmc
								6	3.5588		
Eu	立方	A2	25	4.5820				8	3.9681	2	Im3m
			5 K	4.551							
α-Fe	立方	A2	20	2.8664				8	2.4823	2	Im3m
γ-Fe	立方	A1	916	3.6468				12	2.5786	4	Fm3m
δ-Fe	立方	A2	1 394	2.9322				8	2.5393	2	Im3m
Fe II	六方	A3	25	2.465		4.050	1.643	6		2	P6$_3$/mmc
			150 kbar					6			
Ga	斜方		室温	4.523	7.661	4.524		1	2.484	8	Cmca
								2	2.691		
								2	2.730		
								2	2.788		
Ga	斜方		24	4.5197	4.5260	7.6633					
	(準安定)		4.2 K	4.5156	4.4904	7.6328					
			257 K	2.90	8.13	3.17		2	2.68	4	Cmcm
								4	2.87		
								2	2.90		
								2	3.17		
α-Gd	六方	A3	20	3.6360		5.7826	1.5904	6	3.5730	2	P6$_3$/mmc
								6	3.6360		
β-Gd	立方	A2	?	~4.06							
Gd	菱面体	9 R	室温	8.92			$\alpha = 23°18'$			3	R$\bar{3}$m
	六方			3.61		26.03					
Ge	立方	A4	25	5.6575				4	2.4497	8	Fd3m
Ge II	正方	A5	室温	4.884		2.692	0.551			4	I4$_1$/amd
Ge III	正方		室温	5.93		6.98	1.18		~2.45	12	P4$_3$2$_1$2
			? kbar								P4$_1$2$_1$2
α-Hf	六方	A3	24	3.1946		5.0511	1.5811	6	3.1273	2	P6$_3$/mmc
								6	3.1946		
β-Hf	立方	A2	2 000	~3.61				8		2	Im3m

(表 5 つづき)

元素	結晶系	結晶構造	温度 [℃]	格子定数 [10^{-10} m] a	b	c	c/a αまたはβ	配位数	原子間路離 [10^{-10} m]	単位格子中の原子数	空間群
Hg	菱面体	A10	227 K	3.005			$\alpha=70°32'$	6	3.005	1	$R\bar{3}m$
	六方		227 K	3.467			1.937				
Hg II	正方		77 K	3.995		2.825	0.707			2	I4/mmm
α-Ho	六方	A3	室温	3.5773		5.6158	1.570	6	3.486	2	$P6_3/mmc$
								6	3.577		
β-Ho	立方	A2						8		2	$Im\bar{3}m$
In	正方	A6	室温	4.5979		4.9467	1.076	4	3.251	4	F4/mmm
								8	3.373		
			4.2 K	4.5557		4.9342	1.083				
Ir	立方	A1	室温	3.8389				12	2.715	2	$Im\bar{3}m$
K	立方	A2	78 K	5.247				8	4.524	2	$Im\bar{3}m$
			5 K	5.225							
α-La	六方	4H	室温	3.770		12.159	3.225	6	3.739	4	$P6_3/mmc$
								6	3.770		
β-La	立方	A1	室温	5.296				12	3.745	4	$Fm\bar{3}m$
γ-La	立方	A2	887	4.26				8		2	$Im\bar{3}m$
β-Li	立方	A2	25	3.5100				8	3.040	2	$Im\bar{3}m$
α-Li	六方	A3	78 K	3.111		5.093	1.637	6	3.111	2	$P6_3/mmc$
								6	3.116		
α-Lu	六方	A3	室温	3.5031		5.5509	1.585	6	3.434	2	$P6_3/mmc$
								6	3.503		
β-Lu	立方	A2								2	$Im\bar{3}m$
Mg	六方	A3	25	3.2094		5.2105	1.623	6	3.197	2	$P6_3/mmc$
								6	3.209		
α-Mn	立方	A12	室温	8.9139						58	$I\bar{4}3m$
β-Mn	立方	A13	室温	6.3145						20	$P4_132$
γ-Mn	立方	A1	1 095	3.8624				12	2.731	4	$Fm\bar{3}m$
δ-Mn	立方	A2	1 134	3.0806				8	2.668	2	$Im\bar{3}m$
Mo	立方	A2	20	3.1468				8	2.725	2	$Im\bar{3}m$
β-Na	立方	A2	20	4.2906				8	3.716	2	$Im\bar{3}m$
			5 K	4.225							
α-Na	六方	A3	5 K	3.767		6.154	1.634	6	3.767	2	$P6_3/mmc$
								6	3.768		
Nb	立方	A2	25	3.3066				8	2.864	2	$Im\bar{3}m$
α-Nd	六方	4H	室温	3.6579		11.7992	3.226	6	3.628	2	$P6_3/mmc$
								6	3.658		
β-Nd	立方	A2	883	4.13				8		2	$Im\bar{3}m$
Ni	立方	A1		3.5238				12	2.492	4	$Fm\bar{3}m$
α-Np	斜方		20	6.663	4.723	4.887		1	2.60	8	Pnma
								1	2.63		
								2	2.64		
								1	3.06		
β-Np	正方		313	4.897		3.388	0.692	4	2.76	4	$P4_22$
								4	3.24		
γ-Np	立方	A2	600	3.52				8	3.05	2	$Im\bar{3}m$
Os	六方	A3	20	2.7353		4.3191	1.579	6	2.675	2	$P6_3/mmc$
								6	2.735		
白リン	立方		238 K	7.18				2	2.224	8	Cmca
黒リン	斜方		22	3.3136	10.478	4.3763		1	2.244		
P	菱面体	A7	室温	3.524			$\alpha=57°15'$	3		2	$R\bar{3}m$
			50~83kbar					3			
			室温	2.377				6			
	単純立方		120 kbar								
赤リン	立方			11.31						66	
Pa	正方			3.925		3.238	0.825	8	3.212	2	I4/mmm
								2	3.238		
Pb	立方	A1	25	4.9502				12	3.500	4	$Fm\bar{3}m$
Pd	立方	A1	22	3.8907				12	2.751	4	$Fm\bar{3}m$
			4 K	3.884							
α-Po	単純立方		~10	3.345				6	3.345	1	$Pm\bar{3}m$
β-Po	菱面体		~75	3.359			$\alpha=98°13'$			1	$R\bar{3}m$

(表 5 つづき)

元素	結晶系	結晶構造	温度 [℃]	格子定数 [10⁻¹⁰ m] a	b	c	c/a αまたはβ	配位数	原子間距離 [10⁻¹⁰ m]	単位格子中の原子数	空間群
α-Pr	六方	4H	室温	3.673		11.835	3.223	6	3.640	4	$P6_3/mmc$
								6	3.673		
β-Pr	立方	A2	821	4.13				8	3.58	2	$Im3m$
Pr	立方	A1	室温	4.88				12	3.45	4	$Fm3m$
			40 kbar								
Pt	立方	A1	20	3.924				12	2.775	4	$Fm3m$
α-Pu	単斜		21	6.183	4.822	10.963	$\beta=101.79°$	3~5	2.57~2.78	16	$P2_1/m$
β-Pu	単斜		190	9.284	10.463	7.859	$\beta=92°13'$		2.59~	34	$I2/m$
			93	9.227	10.449	7.824	$\beta=92°54'$				
γ-Pu	斜方		235	3.159	5.7682	10.162		4	3.279	8	$Fddd$
								2	3.159		
								4	3.288		
δ-Pu	立方	A1	320	4.637				12	3.279	4	$Fm3m$
δ'-Pu	正方	b.c.	470	3.33		4.46				2	
		f.c.	465	4.701		4.489					
ε-Pu	立方	A2	500	3.638				8	3.151	2	$Im3m$
Rb	立方	A2	20	5.70				8	4.94	2	$Im3m$
			5 K	5.585					4.83_7		
Re	六方	A3	室温	2.760		4.458	1.615	6	2.741	2	$P6_3/mmc$
								6	2.760		
Rh	立方	A1	20	3.804				12	2.690	4	$Fm3m$
Ru	六方	A3	25	2.706		4.282	1.5824	6	2.650	2	$P6_3/mmc$
								6	2.706		
S	斜方		24.8	10.465	12.8660	24.486		2	2.037 (平均)	128	$Fddd$
S	単斜		室温	10.92	10.98	11.04	$\beta=83°16'$			48	$P2_1/a$
S	斜方		室温	6.46			$\alpha=115°18'$			6	$R\bar{3}$
Sb	菱面体	A7	25	4.507			$\alpha=57°6'27''$	3		2	$R\bar{3}m$
								3			
	六方		25	4.308		11.247		3	2.906	6	
								3	3.351		
			4.2 K	4.301		11.222		3	2.902	6	
								3	3.343		
Sb II	単純立方		室温	2.986				6	2.986	1	$Pm3m$
			70 kbar								
Sb III	六方	A3	室温	3.369		5.33	1.58	6	3.299	2	$P6_3/mmc$
			90 kbar					6	3.369		
α-Sc	六方	A3	室温	3.309		5.273	1.594	6	3.256	2	$P6_3/mmc$
								6	3.309		
β-Sc	立方	A2								2	$Im3m$
Se	六方	A8	25	4.366		4.959	1.135	2	2.321	3	$P3_121$
								4	3.464		$P3_221$
α-Se	単斜		室温	9.05	9.07	11.61	$\beta=90°46'$	2	2.31~2.37	32	$P2_1/n$
β-Se	単斜		室温	12.85	8.07	9.31	$\beta=93°8'$	2	2.30~2.37	32	$P2_1/a$
Si	立方	A4	25	5.431				4	2.352	8	$Fd3m$
Si II	正方	A5	室温	4.686		2.585	0.554	4		4	$I4_1/amd$
			? kbar					2			
Sm	菱面体	9R		8.996			$\alpha=23°13'$	6	3.587	3	$R\bar{3}m$
								6	3.629		
	六方			3.621		26.25				9	
β-Sn	正方	A5	25	5.832		3.181	0.546	4	3.022	4	$I4_1/amd$
								2	3.181		
α-Sn	立方	A4	20	6.489				4	2.810	8	$Fd3m$
Sn II	正方		314	3.81		3.48	0.91			2	
			39 kbar								
α-Sr	立方	A1	25	6.085				12	4.303	4	$Fm3m$
β-Sr	六方	A3	248	4.32		7.06_4	1.635	6	4.32	2	$P6_3/mmc$
								6	4.324		
γ-Sr	立方	A2	614	4.85				8	4.19	2	$Im3m$
Sr	立方	A2	室温	4.434				8	3.84_0	2	$Im3m$
			42 kbar								

(表 5 つづき)

元素	結晶系	結晶構造	温度 [℃]	格子定数 [10⁻¹⁰ m] a	b	c	c/a αまたはβ	配位数	原子間距離 [10⁻¹⁰ m]	単位格子中の原子数	空間群
Ta	立方	A2	室温	3.298				8	2.856	2	Im3m
α-Tb	六方	A3	室温	3.601		5.6936	1.5811	6	3.525	2	P6₃/mmc
								6	3.601		
β-Tb	立方	A2								2	Im3m
⁹⁹Tc	六方	A3		2.735		4.388	1.604	6	2.703	2	P6₃/mmc
								6	2.735		
Te	六方	A8	25	4.457		5.9268	1.330	2	2.864	3	P3₁21
								4	3.468		P3₂21
Te II	菱面体	A7	室温	4.69			α=53°18'	3	2.87	2	R3̄m
			30 kbar					3	3.48		
	六方			4.208		12.036				6	
α-Th	立方	A1	室温	5.085				12	3.595	4	Fm3m
β-Th	立方	A2	1 450	4.11				8	3.56	2	Im3m
α-Ti	六方	A3	25	2.951		4.6843	1.587	6	2.896	2	P6₃/mmc
								6	2.951		
β-Ti	立方	A2	900	3.307				8	2.864	2	Im3m
Ti	六方	ω相	室温	4.625		2.813	0.608				
α-Tl	六方	A3	18	3.457		5.5248	1.598	6	3.408	2	P6₃/mmc
								6	3.457		
β-Tl	立方	A2	262	3.882				8	3.362	2	Im3m
α-Tm	六方	A3	室温	3.538		5.5546	1.570	6	3.447	2	P6₃/mmc
								6	3.538		
β-Tm	立方	A2									
α-U	斜方	A20	25	2.854	5.8695	4.9548		2	2.754	4	Cmcm
								2	2.854		
								4	3.263		
								4	3.343		
			4.2 K	2.844	5.8689	4.9316					
β-U	正方		720	10.759		5.656	0.526	complex		30	P4₂/mnm
γ-U	立方	A2	805	3.524				8	3.052	2	Im3m
V	立方	A2	室温	3.023				8	2.618	2	Im3m
W	立方	A2	25	3.165				8	2.741	2	Im3m
Y	六方	A3	室温	3.647		5.7306	1.571	6	3.551	2	P6₃/mmc
								6	3.647		
Yb	立方	A1	室温	5.486				12	3.879	4	Fm3m
Zn	六方	A3	25	2.665		4.9468	1.856	6	2.665	2	P6₃/mmc
								6	2.913		
α-Zr	六方	A3	25	3.231		5.1477	1.593	6	3.179	2	P6₃/mmc
								6	3.231		
β-Zr	立方	A2	862	3.609				8	3.126	2	Im3m
Zr (H. P.)	六方	ω相		5.036		3.109	0.617				

W. B. Pearson: A Handbook of Lattice Spacings and Structures of Metals and Alloys, Vol. 2 (1967), Pergamon Press.

表 6 元素の結晶構造の記号

結晶構造の記号	結晶系	単位格子中の原子の数	図	結晶構造の記号	結晶系	単位格子中の原子の数	図
A1 (Cu)	立方	4	3	A13 (β-Mn)	立方	20	7
A2 (W)	〃	2	5	A16 (α-S)	斜方	128	
A3 (Mg)	六方	2	8	A20 (α-U)	〃	4	14
A4 (ダイヤモンド)	立方	8	4	Aa (Pa)	正方	2	
A5 (β-Sn)	正方	4	11	Ab (β-U)	〃	30	13
A6 (In)	〃	2	12	Ac (α-Np)	斜方	8	
A7 (Sb)	菱面体	2	16	Ad (β-Np)	正方	4	
A8 (Se)	六方	3	10	Ag (B)	〃	50	
A9 (グラファイト)	α六方	4		Ah (α-Po)	立方	1	
	β菱面体	6		Ai (β-Po)	菱面体	1	
A10 (Hg)	菱面体	1	15	9R (α-Sm)	〃	3	
A11 (Ga)	斜方	8		4H (α-La)	六方	4	
A12 (α-Mn)	立方	58	6				

2 結　晶

(2) ダイヤモンド形構造：A4形（図4）　単位格子に8個の原子を含み，各原子は等距離の4個の隣接原子で作られる四面体の中心に位置する．Si, Ge も同形である．

(ii) 体心立方格子

(1) A2形構造（図5）　いわゆる体心立方構造（bcc）である．

(2) α-Mn形構造：A12形（図6）　基本的にはA2 (bcc) 形構造を 3×3×3 個並べ，さらに4つの原子を付け加えたもので，合計58個の原子を単位格子に含む．あるいは大きなbccをとり，その体心と，体隅の格子点に29個ずつの原子の集団をおいた構造と見ることもできる．図6(a) には体心位置 ◎ の周囲に配列した28個の原子配列を示した．このグループが体隅を中心としても存在する．図6(b)，(c) はそれぞれ (100)，(110) 面に平行な断面である．

(iii) その他の立方格子

α-Po は単位格子に一つの原子を含む単純立方構造をもつただ一つの元素であるといわれている．β-Mn形構造, A13形（図7）は複雑な立方構造で単位格子に20個の原子を含む．

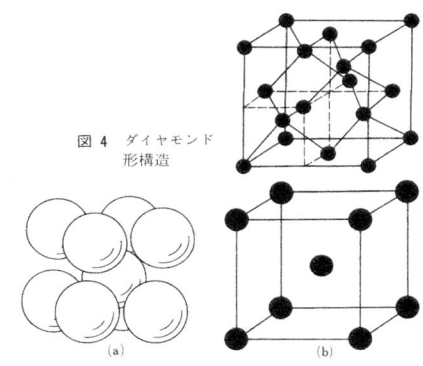

図4　ダイヤモンド形構造

図5　bcc 形構造

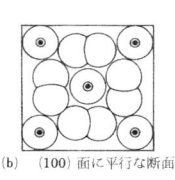

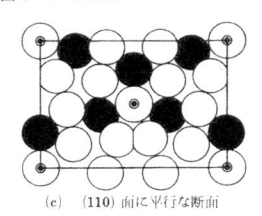

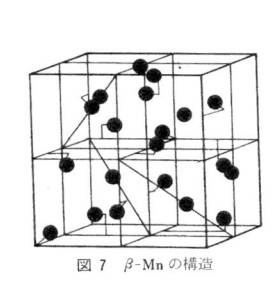

図6　α-Mn の構造
(a) 体心原子のまわりの29個の原子
(b) (100) 面に平行な断面
(c) (110) 面に平行な断面

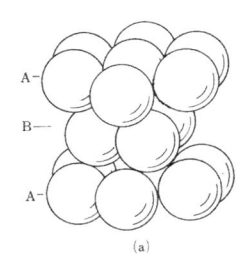

図7　β-Mn の構造

図8　hcp 形構造

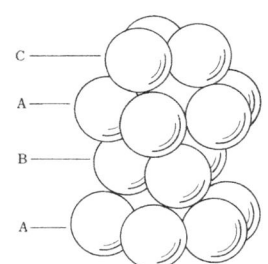

図9　二重六方形構造 (4H)

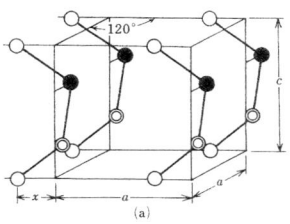

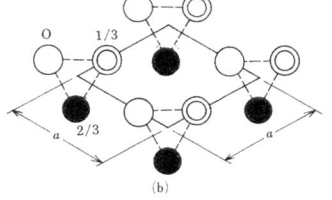

図10　セレン形構造 (b は (001) 面への投影図)

b. 六方格子

(1) **最密六方 (hcp) 構造：A 3 形 (図 8)** 理想的な軸比 c/a は $\sqrt{8/3}=1.633$ であるが，これより長いもの (Zn, Cd) や短いもの (α-Ti, Zr) もある (表 5 参照)．

(2) **二重六方 (double hexagonal) 構造：4 H (図 9)** 最密パッキング構造の一つ，La, Ce など希土類金属に見出され，ランタン形構造ともいう．

(3) **Se 形構造：A 8 形 (図 10)** 図に示すように六方格子の c 軸方向に平行にラセン状に原子が配列している．単位格子には 3 個の原子が含まれる．

c. 正方格子

(1) **β-Sn (白スズ) 形構造：A 5 形 (図 11)** 体心正方である．単位格子に 4 原子を含む (α-Sn (灰スズ) はダイヤモンド形構造)．

(2) **In 形構造：A 6 形 (図 12)** 結晶の単位格子は体心正方とすべきであるが，c/a が 1 に非常に近い (1.08) 面心正方格子とした方がわかりやすい．

(3) **β-U 形構造：Ab 形 (図 13)** 図に示す単純格子にさらに 30 個の原子を含む非常に複雑な正方格子である．

図 (a) と (b) は (100) 面および (001) 面に投影して見た図であり，図 (c) は (001) 面に平行な断面で三角形と六角形からなるカゴ状の原子配列を示すことがわかる．これは FeCr などの σ 相の構造とよく似ている．

d. 斜方格子

(1) **Ga 形構造：A 11 形** 単位格子に 8 個の原子を含む複雑な斜方格子である．

(2) **α-U 形構造：A 20 形 (図 14)** 4 個の原子を含む斜方格子で図示したように折れ曲がった原子列が c 軸方向につらなっている．この構造は非常にひずんだ hcp とも考えることができる．

e. 菱面体格子

(1) **Hg 形構造：A 10 形 (図 15)** 単純な菱面体格子で，約 $\alpha=70.5°$ である．

(2) **Sb 形構造：A 7 形 (図 16)** 単純立方をわずかにひずませたもので，図の●原子をずらせば単純立方になる．また同右図のように見れば層状構造と見ることもできる．

2・2・2 最密パッキング構造

金属元素の代表的な構造である fcc と hcp はともに同一

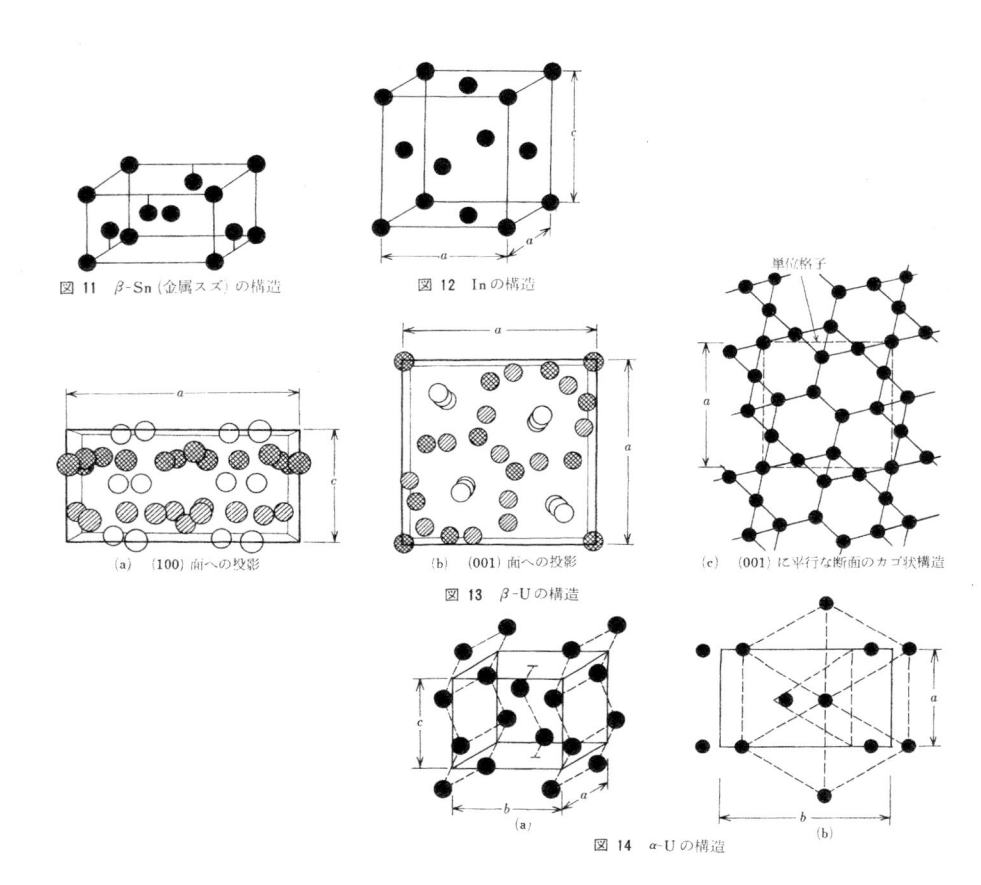

図 11 β-Sn (金属スズ) の構造

図 12 In の構造

(a) (100) 面への投影　　(b) (001) 面への投影　　(c) (001) に平行な断面のカゴ状構造

図 13 β-U の構造

図 14 α-U の構造

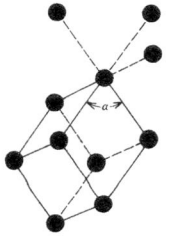

2 結晶

図 15 Hg の構造 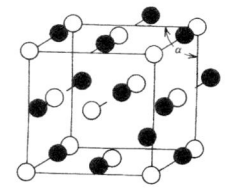　　図 16 Sb の構造 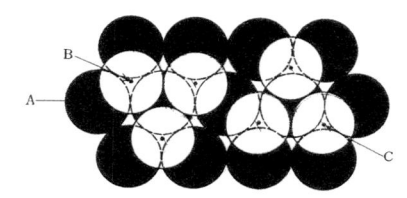　　図 17 球の最密パッキング構造

の半径をもつ剛球を最も密に積重ねた配列をしている．すなわち，一平面上に球を最密に並べた上に球を積重ねる場合，積重ねの位置には図 17 に示した三つ（A, B, C）がある．最密パッキングはこれらの三つの位置の繰返しでできるが，その代表的な構造の一つは ABAB…という積重ね，他の一つは ABCABC…という繰返しであり，これらがそれぞれ hcp（軸比 $c/a=1.633$）と fcc の構造になる（図 3 および図 8 参照）．ランタン形構造は ABACABAC…という積重なりの構造で（図 9），表 4, 表 5 では 4H と略記した．また α-Sm（サマリウム）は ABCBCACAB という 9 層の最密原子面をもち，表 4, 表 5 では 9R と示した．いずれの最密パッキング構造でも，原子が空間を占有している割合は $\sqrt{3}\pi/8=0.681$ にすぎない．また加工や変態によってこのような最密パッキング構造の規則正しい配列の繰返しの中に，積重なりの乱れが生ずる．このような欠陥を積層不整あるいは積層欠陥（stacking fault, stacking disorder）とよぶ．

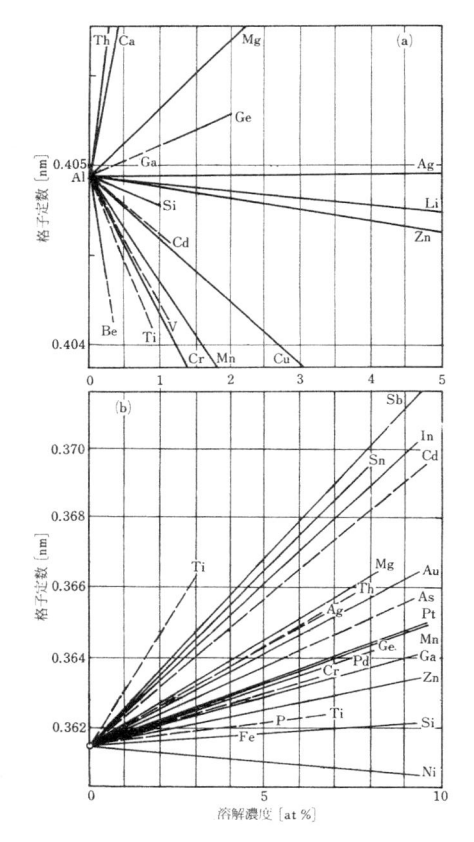

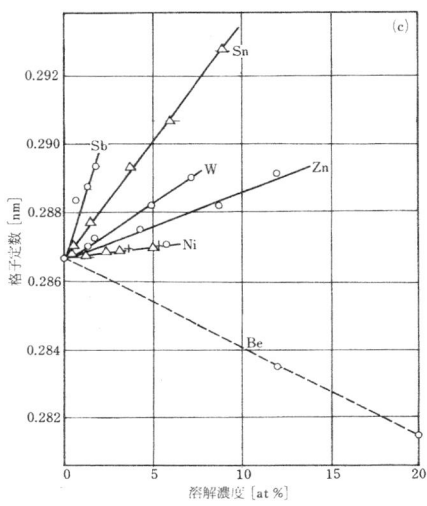

(a) Al 合金の格子定数
(b) Cu 合金の格子定数
(c) α Fe 合金の格子定数

図 18 置換形固溶体の格子定数

2・3 固溶体の結晶構造

2・3・1 置換形固溶体 (substitutional solid solution)
合金の成分原子が等価の結晶格子点を互いに入り混って占めている固溶体を置換形固溶体という．図 18 に Al, Cu, Fe をベースとする置換形一次固溶体の格子定数を例示した．

2・3・2 侵入形固溶体 (interstitial solid solution)
金属結晶の格子点の隙間に溶質原子が入込んだ固溶体が侵入形固溶体である．侵入形固溶体では，溶質原子は溶媒金属の格子中の特定な結晶学的場所，すなわち格子間原子位置を占める．これには侵入原子が金属原子によってどのようにかこまれるかによって，hcp, bcc 格子中のこれら二種の格子間原子位置を図 19 に示した．これらの格子では最近接の金属原子は互いに接する程度の大きさ（原子半径 r_0）をもつが，八面体，四面体格子位置においた侵入原子（半径 r）が周囲の金属原子と接するとすると，両者の半径の比 r/r_0 で格子間原子位置の隙間の大きさを表わすことができる．表 7 に示したように fcc と hcp の格子間原子位置の r/r_0 は，どちらも八面体位置の方が大きいが，bcc では四面体位置の方が大きい．侵入形固溶体では金属の格子は溶質原子の侵入によって格子間隔をおしひろげられ，濃度の増大とともに格子は膨張する．図 20 (a) は γ-Fe (fcc) に C 原子が侵入固溶した場合の格子定数の変化を示す．また同図 (b) は Fe-C マルテンサイトの場合で，Fe 原子の格子は bct (体心正方) となり c 軸方向に急激に膨張することを示す．

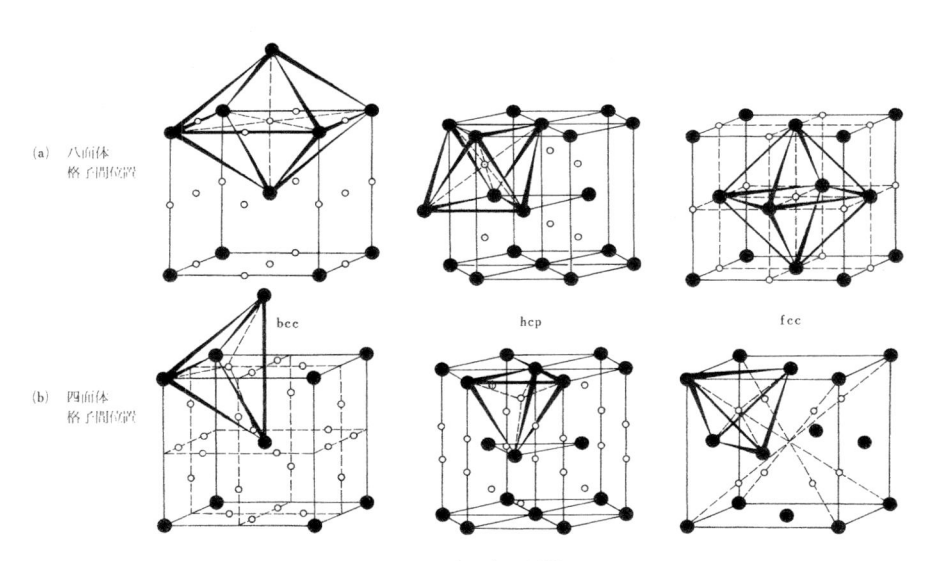

図 19 bcc, hcp および fcc 中の八面体 (a) と四面体格子間位置 (b)

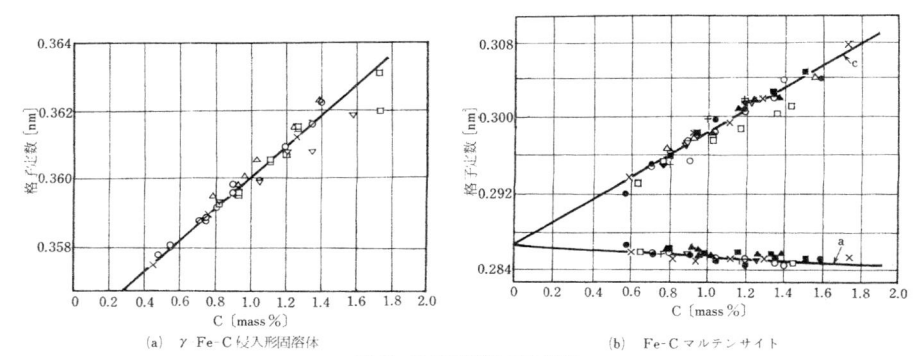

(a) γ Fe-C 侵入形固溶体

(b) Fe-C マルテンサイト

図 20 侵入形固溶体の格子定数

2 結晶

表 7 剛球モデルにおける格子間位置の隙間 (r/r_o)

結晶構造	八面体位置	四面体位置
面心立方	$\sqrt{2}-1=0.414$	$\sqrt{6}/2-1=0.225$
最密六方	〃	〃
体心立方	0.154	0.291

2・4 規則格子・金属間化合物および金属化合物の結晶構造

代表的な規則格子,金属間化合物およびその他の金属化合物の結晶構造を示し,組成比に従ってその実例を表示する.

2・4・1 規則格子構造

a. AB形 おもな規則格子構造を組成比と基本格子形に従って表8にまとめて示した.

(1) CuAu I ($L1_0$) 形 (図21(a), 表9) A原子とB原子が面心正方構造の(001)面を交互に占めたものである.表9に変態温度と軸比 c/a を示す.

(2) CuPt ($L1_1$) 形 (図21(b)) fccの(111)面をCuとPtが交互に占めたもので,菱面体的にひずむ.CuPt (変態温度812°C) だけに見出されている.

(3) CuZn (L2) 形 (図21(c), 表10) CsCl形構造 (体心立方) である.図に示す二つの単純立方格子 $α$, $β$ を副格子 (sublattice) といい,それぞれCu,およびZnだけで占められている.

表 8 主な規則格子構造

組成比	基本格子型		
	体心立方	面心立方	最密六方
1:1	CuZn型 (図21(c))	CuAuI型 (図21(a)) / CuPt型 (図21(b))	MgCd型 (図21(d))
2:1	Cr_2Al型 (図22(b))	Ni_2Cr型 (図22(a))	
3:1	Fe_3Al型 (図23(b)) / ホイスラー型 Cu_2MnAl (図23(b))	Cu_3Au型 (図23(a))	Mg_3Cd型 (図23(c))
4:1		Ni_4Mo型 (図24)	

表 9 CuAu($L1_0$)形規則合金の変態温度と軸比

	変態温度(°C)	c/a
CuAuI*	380	0.92
CoPt	825	0.97
NiPt	645	0.94
FePt	1300	0.97
FePd	~700	0.97
InMg	330	0.96
NiMn	750	0.94
AlMn	準安定	0.91
TiAl		1.02

* CuAuは適当な条件のもとではCuAuIIといわれる長周期規則格子構造をとる.これと区別する意味でCuAu I と表示する.

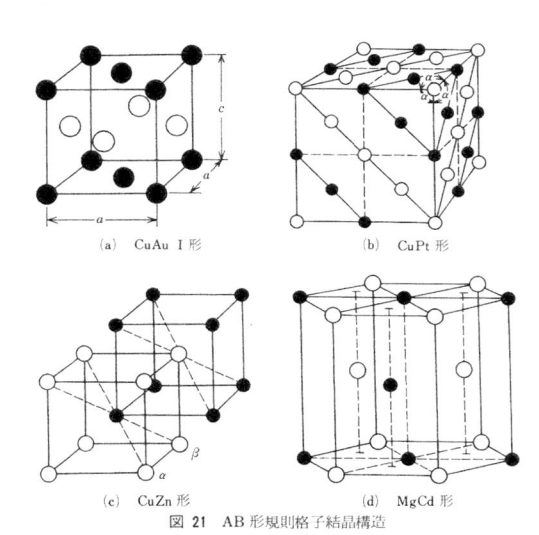

表 10 CuZn($L2_0$)形規則合金の変態温度 [°C]

CuZn	FeCo	FeV	CuPd*1	AgCd*2	AgZn*3	AuMn
468	730	準安定	600	235	~130	615

*1 理想的組成範囲では存在せず,Cu側によった組成をもっている.また高温の不規則相は面心立方である.
*2 AgCd の変態は複雑で,必ずしも確定していない.
*3 準安定.常温の安定形は $ζ$-AgZn といわれ六方晶である.

(a) CuAu I 形

(b) CuPt 形

(c) CuZn 形

(d) MgCd 形

図 21 AB形規則格子結晶構造

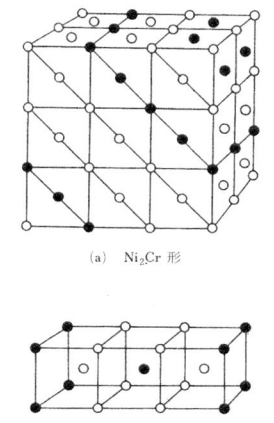

(a) Ni_2Cr 形

(b) Cr_2Al 形

図 22 AB_2形規則格子構造

(4) MgCd(B19)形（図21 (d)，表11） hcp構造を基本とする構造で，AuCd形ともいう．

b. AB_2 形

(1) Ni_2Cr 形（図22 (a)，表12） fccを基本とした体心斜方格子である．

(2) Cr_2Al（C11_b）形（図22 (b)，表13） bccを基本とした体心正方格子で，Ni_2Cr形で$a=c$としたものである．

c. AB_3 形

(1) Cu_3Au（L1_2）形（図23 (a)，表14） fccの体隅をA，面心をB原子が占めた構造である．

(2) Fe_3Al（D0_3）形（図23 (b)，表15） bccを基本とし，単位胞に16原子を含む．

(3) Mg_3Cd（D0_{19}）形（図23 (c)，表16） hcpを基本とする構造で，Ni_3Sn形ともいう．

d. AB_4 形

Ni_4Mo形（図24，表17） fccを基本とする．

2・4・2 長周期規則構造

a. AB 形

CuAu II（L1_{0-S}）形（図25 (a)，表18） CuAu Iを基本とする一次元長周期構造である．CuAu Iの格子定数を単位としてはかった逆位相の周期Mは5である．第三元素の添加により，Mは著しく変化する．

表 11 MgCd(B19)形規則合金の変態温度 [℃]

MgCd	MoRh	MoIr	WIr
250	~100	~1600	~1200

表 12 Ni_2Cr 形規則合金の変態温度 [℃]

A_2 \ B	V	Cr
Ni_2	920	580
Pd_2	905	—
Pt_2	>1100	—

表 13 Cr_2Al（C11_b）形規則合金の変態温度 [℃]

Cr_2Al	Cd_2Hg	$CdHg_2$	U_2Mo
860	−10	−12	600

表 14 Cu_3Au（L1_2）形規則合金の変態温度 [℃]

B_3 \ A	Li	Mg	Mn	Fe	Ca	Cu	Au	Pd	Pt	In
Mg_3										350
Mn_3									~1050	
Fe_3									835	
Ni_3			510	500					580	
Cu_3							390	~500	~600	
Ag_3									785	
Au_3	~600					190				
Pd_3			?	~800						
Pt_3			~1000	?	~750					
In_3		110								

表 15 Fe_3Al（D0_3）形規則合金の変態温度 [℃]

Fe_3Al	Fe_3Si	Cu_3Al
~500	~1200	非安定

表 16 Mg_3Cd(D0_{19})形規則合金の変態温度と軸比

	変態温度[℃]	c/a
Mg_3Cd	150	1.610
$MgCd_3$	80	1.620
Ni_3Sn	~900	1.606
Rh_3Mo	—	1.596
Rh_3W	>1200	1.596
Ir_3Mo	>1600	1.598
Ir_3W	—	1.598
Ag_3In	~187	—
Ti_3Al	—	1.606

表 17 Ni_4Mo(D$1a$)形規則合金の変態温度 [℃]

	V	Cr	Mn	Mo	W
Ni_4	—	—	—	860	970
Au_4	565	400	420		

表 18 AB形一次元長周期規則合金

合金		周期 M	組成 [at%]
CuAu II		8–5	35–60 Au
CuAu +	Ag	5–16	0–10 Ag
	Al	5–1.5	0–24 Al
	Ga	5–1.5	0–23 Ga
	In	5–2	0–17 In
	Sn	5–4.2	0–6 Sn
	Mn	5–2	0–18 Mn
	Ni	5–6	0–5 Ni
	Pd	5–6	0–1 Pd
	Zn	5–1.4	5–38 Zn

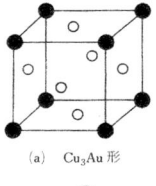

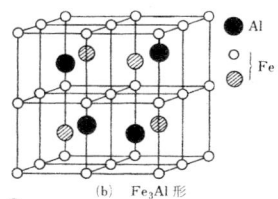

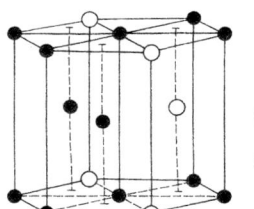

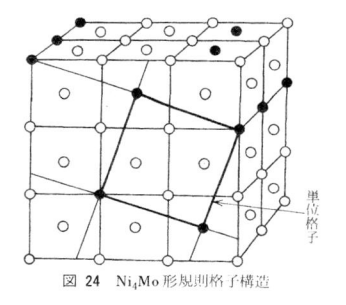

(a) Cu_3Au 形

(b) Fe_3Al 形

(c) Mg_3Cd 形

図 23 AB_3 形規則格子構造

図 24 Ni_4Mo形規則格子構造

b. A_3B 形

(1) Ag_3Mg ($L1_{2-S}$) 形 (図 25 (b), 表 19)　Cu_3Au 形を基本とし，一つの主軸の方向に周期 $M \simeq 2\sim 10$ の逆位相境界をもつ．

(2) Ni_3V (DO_{22}) 形 (図 25 (c), 表 19)　Ag_3Mg 形と同様に Cu_3Au 形を基本として，$M=1$ の構造で，Al_3Ti 形ともいう．同形の化合物も多い (表 31 参照)．

(3) Cu_3Pd ($L1_{2-S_1,S_2}$) 形 (図 25 (d), 表 20)　Cu_3Au 形を基本とした二次元の長周期構造である．二つの主軸の方向の逆位相のずれの種類と周期が異なる．

(4) Au_3Mn ($L1_{2-S_1,S_1}$) 形 (図 25 (e), 表 20)　二つの主軸方向に同種のずれをもつ二次元の長周期構造である．Au_3Mn では周期 $M_1 \simeq 1$，$M_2 \simeq 2$ である．Cu-Au-Zn 三元にも見出されている．

表 19　A_3B 形一次元長周期規則合金

合金	変態温度 [°C]	周期 M	組成 [at %]
Cu_3Pt	~600	8~6	24~26
Cu_3Pd	~480	11~6	18~25
Cu_3Pd+ Ni		4~7	1~2 Ni
Cu_3Pd+ Zn		5	1 Zn
Cu_3Pd+ Au		2~5	5~11 Au
Cu_3Au II	~350	8~10	30~38 Au
$Cu_3Au + Al$		2	~13 Al
Pd_3Mn II		2	25
Ag_3Mg	393	1.7~2	21~29
Au_3Cd	412	2	25
Au_3Zn [H]	422	2	20~26
$Au_3Zn + Cd$		2	4~20 Cd
Ni_3V	1 045	1	25
Pd_3V	815	1	25
Pd_3Nb	~1 200	1	25

2・4・3　金属間化合物および金属化合物

金属どうし，あるいは金属と非金属の間の化合物について，その結晶構造を以下の図，表に示す．

a. A B 形

(1) NaCl (B 1) 形 (図 26 (a), 表 21)　この構造は典型的イオン結晶の構造として有名である．金属どうしの化

表 20　A_3B 形二次元長周期規則格子

	周期		組成 [at %]
	M_1	M_2	
Cu_3Pd	7~3	6~3	20~30
$Au_{3+}Cd$	2.9	2.4	19~21
Au_3Cu	11	>11	22~34
Au_3Mn	1.0~1.3	2.1~2.5	25
Cu_Au_Zn	1.7~5.0		5~25
Au_3 Cd	9~7		28~35

表 21　NaCl 形化合物

	Sc	La	Ce	Pr	Nd	Ti	Zr	Hf	V	Nb	Ta	U
C						○	○	○	○	○	○	○
N	○	○	○	○	○	○	○	○	○	○	○	○
P		○	○	○	○							
As		○	○	○	○							
Sb		○	○	○								
Bi		○	○									

	Mg	Ca	Sr	Ba	Eu	Yb	Mn	Sn	Pb
O	○	○	○	○	○	○	○		
S		○	○	○	○	○	○		○
Se		○	○	○	○	○			
Te		○	○	○	○				

(a) CuAu II 形

(b) Ag_3Mg 形

(c) Ni_3V 形

(d) Cu_3Pd 形

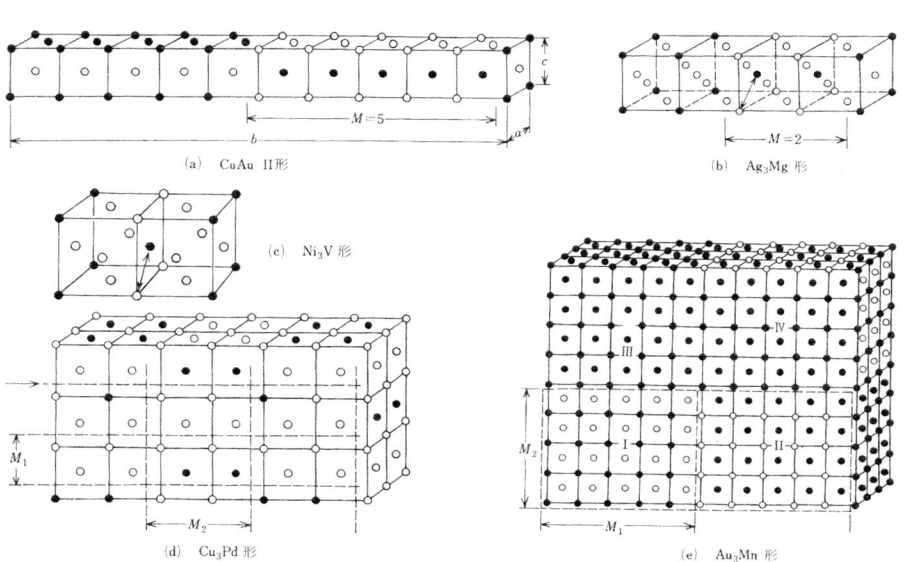

(e) Au_3Mn 形

図 25　長周期規則構造の例

合物でもこの構造をとるのがいくつか知られている。
(2) CsCl (B2) 形 (図21 (c), 表22)
(3) NaTl (B32) 形 (図26 (b), 表23)
(4) ZnS (B3) 形と ZnO (B4) 形 (図26 (c), (d), (e), 表24) ZnS 形はせん亜鉛鉱 (Zinc blende) 形, ZnO 形はウルツ鉱 (Wurzite) 形ともいわれ, 前者は二つの面心立方構造が組合さったもので, 原子位置はダイヤモンド形と同じである. 後者は二つの最密六方構造が組合さったものである. 表24の○はZnS形, △はZnO形である. 両者における四面体配列の相違を図 (e) に示す.
(5) NiAs (B8) 形と MnP (B31) 形 (図26 (f), (g), (h), 表25) 表25のNはNiAs (六方格子), MはMnP 形 (斜方格子) を示す. MnP 形は NiAs 形から原子をわずかにずらすことによって導かれる. また NiAs 形の化合物の多くは広い組成域をもち, いわゆる非化学量論的化合物として知られ, 組成比の変化によって CdI_2 形, Ni_2In 形へと連続的に変化する (図27 (e) 参照).
(6) WC (Bh) 形 (図26 (i)) W原子の作る六方格子の中にCの最密原子面が侵入したいわゆる侵入形化合物で, MoC, WN, MoN, TaN_{1-x}, NbN_{1-x} も同形である.

表22 CsCl 形化合物

	La	Ce	Pr	Ti	Fe	Co	Ni	Cu	Ag	Au
Be				○	○	○		○		
Mg	○								○	○
Al							○			
Zn	○							○	○	
Cd	○							○	○	

表23 NaTl 形化合物

	Zn	Cd	Al	Ga	In	Tl
Na					○	○
Li	○	○	○	○	○	

表24 ZnS (せん亜鉛鉱) 形と ZnO (ウルツ鉱) 形の化合物

	Al	Ga	In	Tl		Be	Mn	Zn	Cd	Hg
N	△	△	△		O		△			
P	○	○	○		S	○	○△	○△	○△	○
As	○	○	○		Se	○	○△	○△	△	○
Sb	○	○	○		Tl	○		○	○	

○: ZnS形, △: ZnO形

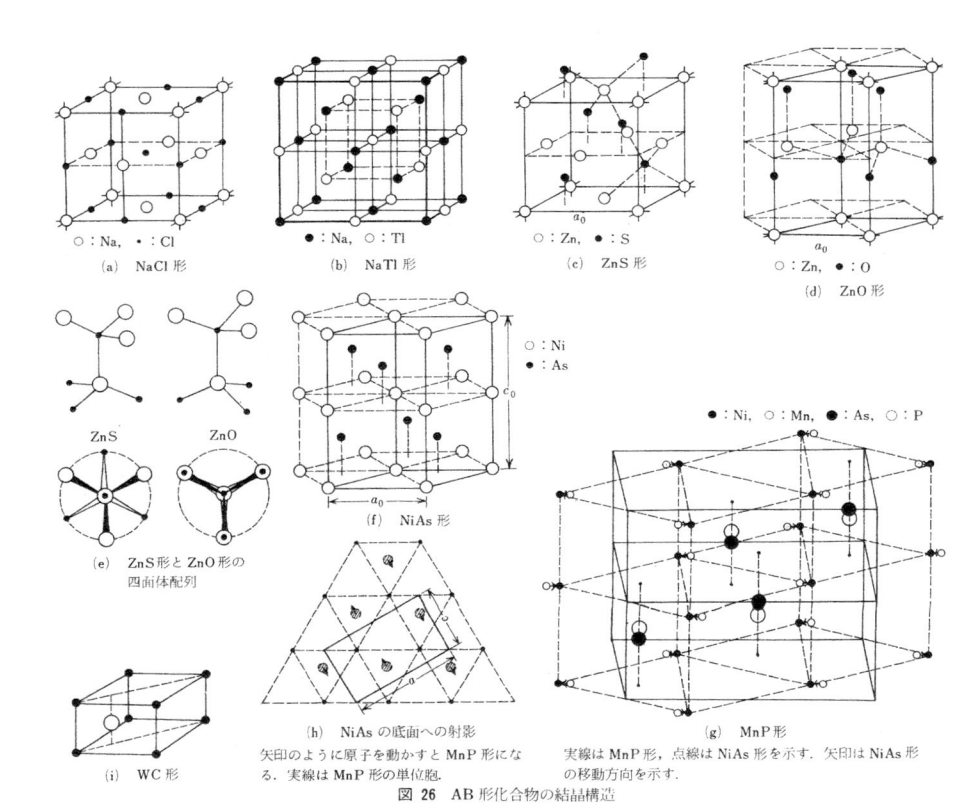

図26 AB形化合物の結晶構造
(a) NaCl 形 ○: Na, ●: Cl
(b) NaTl 形 ●: Na, ○: Tl
(c) ZnS 形 ○: Zn, ●: S
(d) ZnO 形 ○: Zn, ●: O
(e) ZnS形とZnO形の四面体配列
(f) NiAs 形 ○: Ni, ●: As
(g) MnP 形 ●: Ni, ○: Mn, ●: As, ○: P 実線はMnP形, 点線はNiAs形を示す. 矢印はNiAs形の移動方向を示す.
(h) NiAs の底面への射影 矢印のように原子を動かすとMnP形になる. 実線はMnP形の単位胞.
(i) WC 形

2 結晶

表 25 NiAs 形と MnP 形の化合物

	Ti	V	Cr	Mn	Fe	Co	Ni	Rh	Pd	Ir	Pt
S		N	N	N		N	N				
Se		N	N	N	N	N	N				
Te		N	N	N	N	N	N	N	N	N	N
P		N	M	M	M	M					
As		M	M	M	M	M	N				
Sb	N			N	N	N	N	M	N		N
Bi				N			N	N			N
Si						N			M		M
Ge			N	N	N	{M N}	M	M		M	
Sn			N	N	N	N	{M N}	M		N	
Pb							N	N			

N: NiAs 形, M: MnP 形

b. AB_2 形

(1) CaF_2(C1) 形 (図 27 (a), 表 26)   ほたる石形 (Fluorite). 立方晶で数多くの化合物が知られ, 表 18 のほかにもハロゲン化物に多い. Ca は, fcc 配列をとり, その四面体位置に F が入ったものである. 逆-CaF_2(Anti-fluorite) 形とは, イオン結晶としたときの+, −イオンが Ca^{2+}, F_2 と逆転したものである.

(2) FeS_2(C2) 形 (図 27 (b), 表 27)   黄鉄鉱 (Pyrite) 形ともいい, 立方晶である. NaCl 形の Cl の位置に二つの S が対角線方向に配列する.

(3) TiO_2(C4) 形 (図 27 (c), 表 28)   ルチル形ともよばれ, Ti は体心正方格子を組む. TiO_2 には, このほかにアナターゼ形, イタチタン石形がある.

(4) CdI_2(C6) 形 (図 27 (d), 表 29)   ヨウ素 I が最密六方構造をとり, その八面体格子間位置を一層ごとに Cd が占める.

(5) Ni_2In 形 (図 27 (e))   これは, NiAs 形から容易に導かれる六方晶である.

(6) SiO_2 形 (図 28) SiO_2(シリカ) にはいろいろの変態がある. 図 (a) はクリストバライトの高温形 (立方) で,

表 26 CaF_2 形化合物

B_2 \ A	Al	Ga	In	Sn
Au	○	○	○	
Pt	○		○	

A \ B_2	La	Ce	Pr	Nd	Sm	Th	U	Pu	Am
H	○	○	○	○	○		○		
N						○	○		
O						○	○	○	○

(Anti-CaF_2 形)

A \ B_2	O	S	Se	Te	Si	Ge	Sn	Pb
Li	○	○	○	○				
Na	○	○	○	○				
Ka	○	○	○	○				
Rb	○							
Mg					○	○	○	

表 27 FeS_2 形化合物

Fe \ S_2	Mn	Fe	Co	Ni	Ru	Rh	Os
S	○	○	○	○	○	○	○
Se		○	○	○	○	○	○
Te		○			○		○

Fe \ S_2	Pd	Pt	Au
P	○	○	
As	○	○	
Sb	○	○	○
Bi		○	

表 28 TiO_2 (ルチル) 形化合物

Ti \ O_2	Ti	V	Nb	Cr	Mo	W	Ge	Sn	Pb	Te	Mn	Fe	Co	Ni	Zn	Os
O_2	○	○	○	○	○	○	○	○	○	○	○	○	○	○	○	○
F_2											○	○	○	○	○	

表 29 CdI_2 形化合物

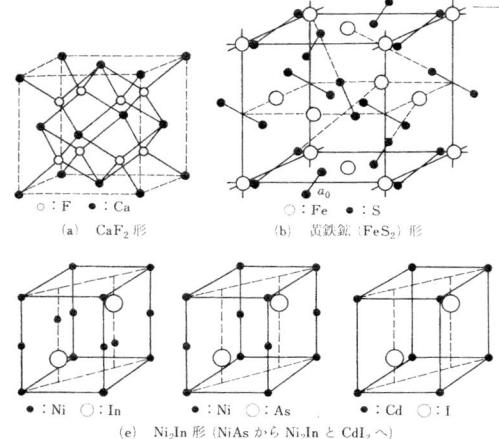

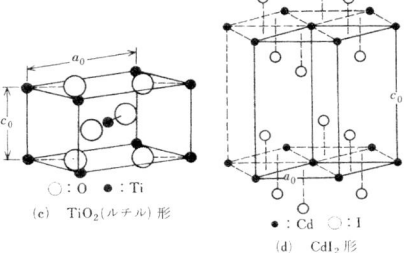

Cd \ I_2	Ti	Zr	V	Co	Ni	Pd	Pt	Sn
S_2	○	○					○	○
Se_2	○	○	○				○	○
Te_2	○	○	○	○	○	○	○	

(a) CaF_2 形   ○: F ●: Ca

(b) 黄鉄鉱 (FeS_2) 形   ○: Fe ●: S

(c) TiO_2 (ルチル) 形   ○: O ●: Ti

(d) CdI_2 形   ●: Cd ○: I

(e) Ni_2In 形 (NiAs から Ni_2In と CdI_2 へ)   ●: Ni ○: In   ●: Ni ○: As   ●: Cd ○: I

図 27 CaF_2, FeS_2, TiO_2, CdI_2, Ni_2In 形

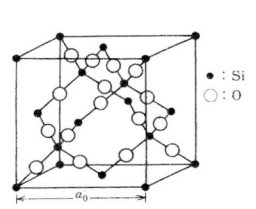

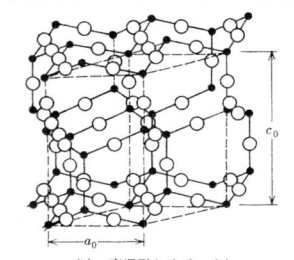

(a) 高温形クリストバライト　(b) 高温形トリジマイト　(c) 高温形石英

図 28　SiO_2 のいろいろな変態

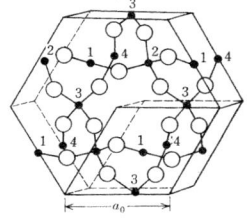

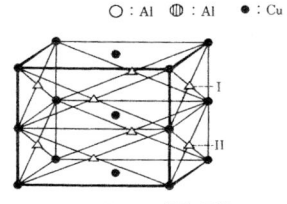

○: Al　◐: Al　●: Cu

(a) △の位置にAlが底面に平行な面の中で対になって入る
(b) 底面への投影

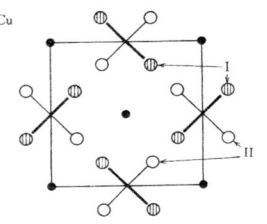

図 29　$CuAl_2$ 形

表 30　$MoSi_2$ 形化合物

	Re	Mo	W	Mg
Si_2	○	○	○	
Hg_2				○

表 31　$CuAl_2$ 形化合物

	Mn	Fe	Co	Cu	Ag	Rh	Pd	Au	Al	Si	Zn
Na_2								○			
Al_2				○							
Ge_2											
In_2							○				
Sn_2	○		○	○							
Pb_2								○			
Th_2				○	○		○	○		○	
Zr_2				○							○
Ta_2										○	

$β$形といわれ Si がダイヤモンド構造を，その中間に O が入った構造である．図 (b) はトリジマイドの高温形（六方）で，図 (c) は石英の高温形（六方）である．いずれも Si は O の作る四面体に囲まれている．溶融石英はこの正四面体結合がくずれたものである．

(7) $MoSi_2$ ($C11b$) 形（図 22 (b)，表 30）　規則構造　Cr_2Al 形と同形である．他に WSi_2 がある．

(8) $CuAl_2$ ($C16$) 形（図 29，表 31）　斜方晶で図の△印の位置に二つの Al が対をなして入り，図 (b) のような網目をなしている．

(9) Laves 相，$MgZn_2$ ($C14$)，$MgCu_2$ ($C15$)，$MgNi_2$ ($C36$) 形（図 30，表 32）　図では，○は Mg，●は Zn あるいは Cu，●は Ni である．金属原子だけの構造は四面体を作り，その積重なりが PQ，PQR，PQPR となっている．$MgZn_2$ と，$MgNi_2$ は六方晶，$MgCu_2$ は立方晶である．

(10) W_2C ($L'3$) 形（図 31，表 33）　侵入形化合物の一つ，金属原子は最密六方格子を組み，その八面体格子間位置に C，あるいは N 原子が 1/2 の確率で統計的に分布する．表 33 に示したように，金属炭化物・窒化物に見られるが，これらの多くは高温でのみ安定で，低温では規則構造をとる．

c.　AB_3 形

(1) Cr_3Si ($A15$) 形（図 32，表 34）　体心立方で$β$-W 形ともいう．W の高温形としての名がつけられたが，酸化物 W_3O の誤認であった．

(2) Fe_3Si (DO_3) 形（図 23 (b)，表 35）　Fe_3Al と同形

(3) Cu_3Au ($L1_2$) 形（図 23 (a)，表 36）

表 32　Laves 相化合物の例

B\A	K	Ca	La	Ce	Gd	Ti	Zr	V	Nb	Ta	Cr	Mo	W	Mn	Re	Fe	U	Th
Be_2									△			○	○	○	○	○		
Na_2																		△
Al_2		△	△	△	△													
Mg_2		○	△	△	△													
Cr_2						○	○		△	○								
Mn_2						△												△
Fe_2			△	△	△							●						
Co_2			△	△	△				●	●								
Ni_2			△	△	△													
Ag_2			○															

表 33　W_2C 形

A\B_2	V_2	Mn_2	Fe_2	Nb_2	Mo_2	Ta_2	W_2
C	○			○	○	○	○
N	○	○		○		○	

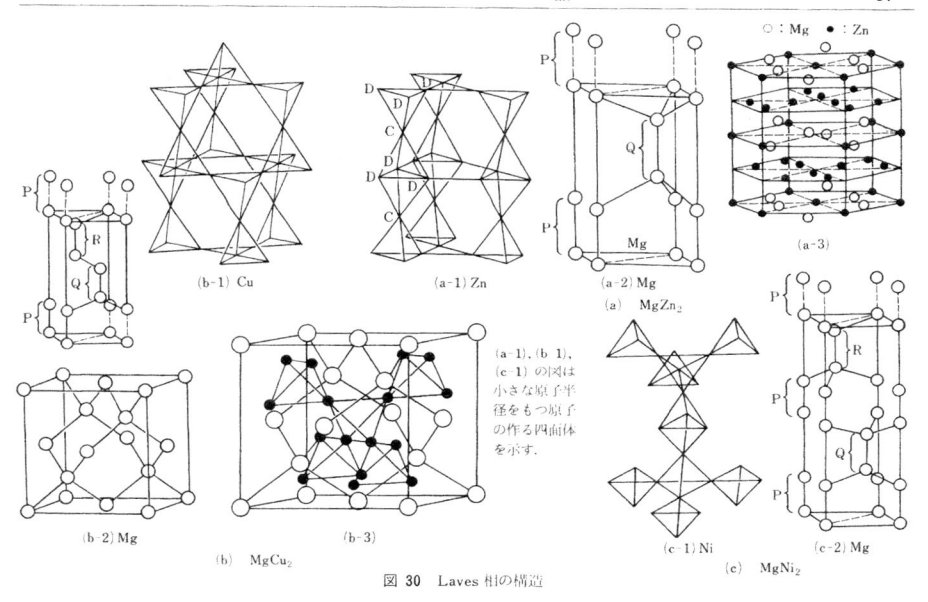

図 30 Laves 相の構造

(a) MgZn₂ — (a-1) Zn, (a-2) Mg, (a-3)
(b) MgCu₂ — (b-1) Cu, (b-2) Mg, (b-3)
(c) MgNi₂ — (c-1) Ni, (c-2) Mg

(a-1), (b-1), (c-1)の図は小さな原子半径をもつ原子の作る四面体を示す.

表 34 $Cr_3Si(\beta-W)$ 形, A 15

A＼B₃	Ti₃	V₃	Cr₃	Nb₃	Mo₃	Ta₃	W₃
O							○
Si		○	○	○			
Co		○					
Ga		○		○			
Ge		○	○		○		
Sn		○	○			○	
Sb		○	○				
Ru			○				
Rh		○		○			
Os			○		○		
Ir	○		○	○			
Pt	○	○	○				
Au	○	○	○				

表 35 $Fe_3Si(DO_3)$ 形金属間化合物

B₃＼A	Sb	Bi	Hg	La	Ce	Pr	Al
Li₃	○						
Mg₃				○	○	○	
Fe₃							○

表 36 $Cu_3Au(L1_2)$ 形化合物の例

Ir₃Ti	Rh₃Ti	Sn₃Th	Pt₃Ti	In₃Th
Ir₃V	Rh₃V	Sn₃U	Pt₃Zn	In₃U
Ir₃Nb	Rh₃Nb	Tl₃Th	Pb₃Ca	Co₃Ti
Ir₃Zr	Rh₃Zr	Tl₃U	Sn₃Ca	Ni₃Al
	Rh₃U	Pt₃Sn	Tl₃Ca	Ni₃Si

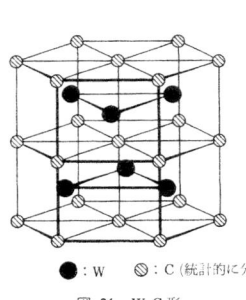

●: W ◎: C (統計的に分布)
図 31 W_2C 形

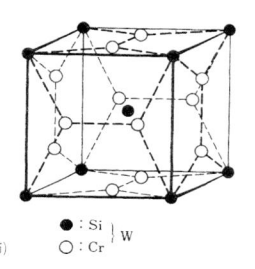

●: Si ○: Cr } W
図 32 $Cr_3Si(\beta-W)$ 形

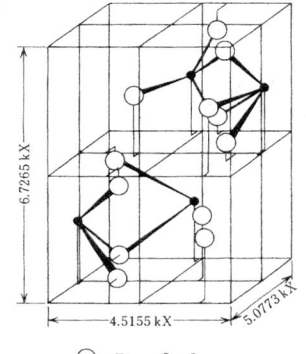

6.7265 kX, 4.5155 kX, 5.0773 kX
○: Fe ●: C
図 33 Fe_3C(セメンタイト)の構造

(4) Al_3Ti (DO_{22}) 形 (図25 (c), 表37)　　Ni_3V と同形.
(5) Ni_3Ti (DO_{24}) 形 (表38)　　Cu_3Au 形 (あるいは Mg_3Cd 形) の最密原子面を ABAC の順で積重ねた構造で六方晶である.
(6) Fe_3C (DO_{11}) 形 (図33)　　セメンタイトの構造で, 12個の Fe と 4 個の C を含む斜方格子である. Fe_3C のほか Co_3C, Ni_3C も同形である.

2・5　その他の化合物

a. 電子化合物　　金属間化合物と置換形固溶体との中間的性質をもつものに, いわゆる電子化合物 (electron compound) (あるいは Hume-Rothery 合金ともいう) とよばれる一群がある. 合金中の総価電子数 e と総原子数 a との比 e/a (電子濃度) が一定の合金相において, 同じ結晶構造をもつものの総称で, **表39** に実例をまとめて示す. 遷移金属の価電子数は 0 とする. どの構造の場合でもそれぞれの電子濃度を中心として, 比較的広い存在領域をもつ. $e/a \simeq 3/2$ には体心立方, 最密六方と β-Mn 形立方の三つが, $e/a \simeq 21/13$ は γ 黄銅形立方, $e/a \simeq 7/4$ は最密六方である. 原子配列は規則的配列をもつ場合が多い (β 黄銅, γ 黄銅) が, 不規則の場合も含まれる. γ 黄銅形構造 ($D8_2$) は**図34**に示すように bcc の単位格子を $3\times3\times3=27$ 個並べ, その体心と体隅の原子を除いて, それぞれの原子を図 (b) の矢印の方向にずらせたもので, 単位格子に 52 個の原子を含む.

b. σ 相 (図35, 表40)　　σ 相は多く遷移金属どうしの合金に現われ, 広い組成域をもつ場合がある. 正方格子で 30 個の原子を含み, 規則的配列をもつ. c 面内の配列は**図35** (b) に示すように三角と六角の組合せからなる竹カゴの網目状である. β-U の構造と類似している.

表 39　電子化合物の代表的な組成

電　子　濃　度　e/a				
3/2			21/13	7/4
体心立方	β-Mn	最密六方	γ 黄銅	最密六方
CuBe	Cu_5Si	Cu_3Ga	Cu_5Zn_3	Cu_2Zn_3
CuZn	AgHg	Cu_3Ge	Cu_5Cd_8	CuCd$_3$
Cu_3Al	Ag_3Al	AgZn	Cu_5Hg_8	Cu_3Sn
Cu_3Ga^*	Au_3Al	AgCd	Cu_9Al_4	Cu_3Ge
Cu_3In	$CoZn_3$	Ag_3Al	Cu_9Ga_4	Cu_3Si
Cu_5Si		Ag_3Ga	Cu_9In_4	$AgZn_3$
Cu_5Sn		Ag_3In	$Cu_{31}Si_8$	$AgCd_3$
AgMg		Ag_3Sn	$Cu_{31}Sn_8$	Ag_3Sn
$AgZn^*$		Ag_7Sb	Ag_5Zn_8	Ag_5Al_3
$AgCd^*$		Au_3In	Ag_5Cd_8	$AuZn_3$
Ag_3Al^*		Au_5Sn	Ag_5Hg_8	$AuCd_3$
Ag_3In^*			Ag_9In_4	Au_3Sn
AuMg			Au_5Zn_8	Au_5Al_3
AuZn			Au_5Cd_8	
AuCd			Au_9In_4	
FeAl			Mn_5Zn_{21}	
CoAl			Fe_5Zn_{21}	
NiAl			Co_5Zn_{21}	
NiIn			Ni_5Be_{21}	
PdIn			Ni_5Zn_{21}	
			Ni_5Cd_{21}	
			Rh_5Zn_{21}	
			Pd_5Zn_{21}	
			Pt_5Be_{21}	
			Pt_5Zn_{21}	
			$Na_{31}Pb_8$	

＊ 温度により異なった構造が生ずる.

表 40　σ 相 ($D8_6$ 形) の例と存在濃度範囲

	V	Nb	Cr	Mo	W
Mn	17～28		17～28	～50	
Fe	48～52		43～50	～50	50～60
Co	～50		53～58	～50	50～60
Ni	55～65				
Pd		～67			
Re		～46			

数字は上欄の原子の at %.

表 37　Al_3Ti (DO_{22}) 形

B₂ \ A	Ti	Zr	V	Nb	Ta
Al_3	○		○	○	○
Ga_3		○			

表 38　Ni_3Ti (DO_{24}) 形

B₃ \ A	Ti	Zr
Ni_3	○	
Pd_3	○	
Pt_3		○

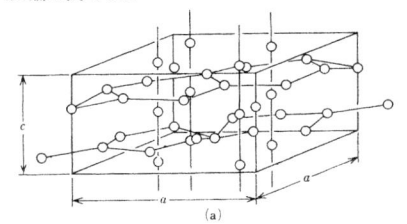

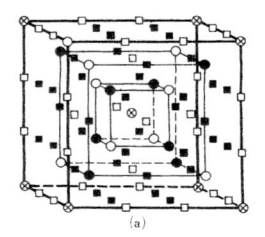

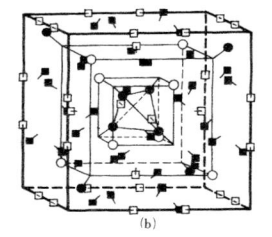

図 34　γ 黄銅形構造. (a) 27 個の bcc 格子点より ⊗ の原子を除くと (b) γ 黄銅の構造となる

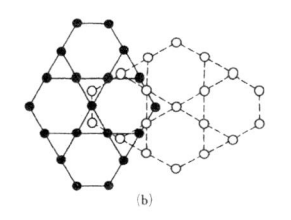

図 35　σ 相の構造

2 結 晶　　53

c. **Cu₂AlMn (L2₁) 形** (図23(b), 表41)　ホイスラー (Heusler) 合金の構造で, 面心立方. Fe₃Al 型の○は Cu, ●は Mn, ◉は Al を示したものである.

d. **α-Al₂O₃ (D5₁) 形** (図36, 表42)　コランダムの構造で O 原子は最密六方の配列をとり, Al は6個の原子でかこまれる.

e. **CaTiO₃ (E2₁) 形** (図37)　ペロブスカイト (Perovskite) 構造で, 体心立方である. AlFe₃C, AlMn₃C, ZnMn₃C, BaTiO₃, SrTiO₃ などがこれに属する.

f. **Al₂MgO₄ (H1₁) 形** (図38, 表43)　スピネル (spinel) 構造で, 複雑な面心立方である. 多くのフェライトは基本的にはこの構造をもっている.

表 41　ホイスラー (L2₁) 形 (B₂CA) の代表的な組成

B₂C＼A	Mg	Al	Mn	Fe	Co	Ni	Ga	In	Sn
Cu₂Mn					○	○	○	○	○
Cu₂Sn		○	○	○		○			
Ni₂Ti		○							
Ni₂Sb		○							
Ni₂Sn		○							

多くのものは準安定相としてのみ存在する.

表 42　α-Al₂O₃ (D5₁) 形

B₂＼A₂	Al₂	Ti₂	V₂	Cr₂	Fe₂	Co₂	Ga₂	Rh₂
O₃	○	○	○	○	○	○	○	○

表 43　スピネル (A₂BO₄) 形

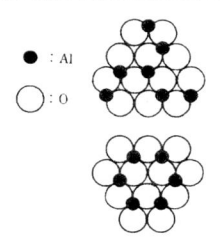

A₂O₄＼B	Mg	Ti	Mn	Fe	Co	Ni	Cu	Zn	Cd
Al₂O₄	○		○	○	○	○	○	○	
Cr₂O₄	○		○	○	○	○	○	○	
Fe₂O₄	○		○	○	○	○	○	○	
Co₂O₄	○	○							
Mn₂O₄		○					○		

● : Al
○ : O

図 36　コランダム (Al₂O₃) の構造

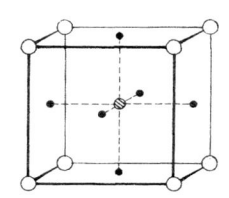

● : Mn, Fe, O
○ : Zn, Al, Pt, Ni, Ca, Ba, Sr
◉ : C, N, Ti

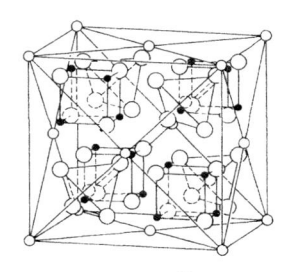

図 37　ペロブスカイト形

● : A　○ : B　○ : O

図 38　スピネル (A₂BO₄) の構造

II 製錬に関する基礎的物性と熱力学的数値

1 物　性

1・1 溶融合金
1・1・1 拡散係数
a. 溶融合金中の拡散係数

拡散元素	拡散媒	形	温度 [℃]	拡散係数 [10^{-9} m²/s]	温度範囲 [℃]	頻度係数 [10^{-8} m²/s]	活性化エネルギー [kJ/mol]	文献
Ag	Ag	self			1 002～1 105	7.10	34.1	1)
	Ag	〃			975～1 350	5.8	32.0	1)
	60.6 Bi-39.4 Pb*	inter	514	4.96	425～562	6.95	17.5	2)
	58.4 Bi-41.6 Sn*	〃	484	5.05	465～620	6.04	16.4	2)
	59.5 Pb-40.5 Sn*	〃	480	3.96	453～609	2.79	12.5	2)
Al	軟鋼	〃	1 600	15.7～16.0				3)
Bi	Pb	〃	500	6.2	450～600	9.6	17.6	2)
	Sn	〃	500	4.57	450～600	1.3	20.9	2)
	Sn	〃	450	3.6		13	2.1	4)
C	Fe-0.03, 2.1, 3.5 C**	self	1 550	6	1 350～1 590		41.8	3)
	Fe-4.3 C**	〃	1 300	3.9	1 300, 1 400	12.7	45.2	3)
	Fe-1.63 C**	inter	1 550	33	1 410～1 600	160	58.6	3)
	Fe-2.53 C**	〃	1 550	(47)	1 340～1 505	390	66.9	3)
Co	Fe	〃			1 568, 1 638		46.0	3)
	Fe-C sat	〃	1 550	5.5	1 200～1 400	20	54.4	3)
Cr	Fe-C sat	〃	1 550	3.4	1 200～1 400	18.5	14.2	3)
Cu	Cu	self			1 140～1 260	0.146	40.6	1)
Fe	Fe-2.5 C**	〃	1 360	7.8	1 340～1 400	100	65.7	3)
	Fe-4.6 C**	〃	1 360	9.8	1 240～1 360	43	63.6	3)
Ga	Ga	〃			30～98	1.07	4.7	2)
Hg	Hg	〃			2.5～91.2	1.3	4.9	1)
	Hg	〃			0.0～98.6	0.85	4.2	1)
	Hg	〃			23～60	1.1	4.8	1)
In	In	〃			175～740	2.89	10.2	1)
	In	〃			227～628	3.34	10.7	1)
K	K	〃			67～217	17	10.7	1)
Mg	Mg	〃	700	2.7				
	Al	inter	670	6.1				
Mn	Fe-C sat	〃			1 200～1 610	1.93	24.3	
	Fe-C sat	〃			1 192～1 400	10	36.8	
Mo	Fe-C sat	〃			1 200～1 400	6.0	90.0	3)
Na	Na	self			98.5～226.5	11	10.2	1)
Nb	Fe-C sat	inter			1 250～1 400	4.5	31.8	3)
Ni	Fe-C sat	〃			1 280～1 430	0.9	16.3	3)
	Fe-C sat	〃			1 200～1 400	75	58.6	3)
P	Fe	inter	1 550	4.7	1 550～1 625	4.3	33.5	3)
	Fe-C sat	〃			1 256～1 412	31	33.5	3)
Pb	Pb	self			333～657	9.15	18.6	1)
	Sn	inter	500	3.7				4)
S	Fe	〃	(1 550)	(4.5)	1 560～1 670	4.9	36.0	3)
	Fe	〃	1 550	13	1 550～1 625	414	87.9	3)
	Fe-C sat	〃			1 390～1 560	2.8	39.7	3)
	Fe-C sat	〃			1 300, 1 431	74	87.9	3)
Sb	Pb	〃	450	3.1		0.25	26.8	4)
	Pb	〃	500	4.1	450～600	25	22.6	2)
	Sn	〃	450	3.3		33	11.7	4)

拡散元素	拡散媒	形	温度 [°C]	拡散係数 [10^{-9} m^2/s]	温度範囲 [°C]	頻度係数 [10^{-8} m^2/s]	活性化エネルギー [kJ/mol]	文献
Si	Fe	〃			1575~1680	5.0	41.8	3)
	Fe-C sat	〃	1550	2.5	1400~1600	2.4	34.3	3)
	Fe-C sat	〃			1226~1412	13	30.1	3)
	Fe-C sat	〃			1250~1450	12.7	38.1	3)
	Fe-C sat	〃			1200~1400	1.07	41.8	3)
Sn	Sn	self			267~683	3.02	10.8	1)
	Sn	〃			299~662	13.9	16.7	2)
	Pb	inter	510	3.87	450~600	12	24.7	2)
	80 Pb-20 Sn*	〃	510	3.5				2)
	60 Pb-40 Sn*	〃	510	2.3				2)
	40 Pb-60 Sn*	〃	510	1.8				2)
Ti	Fe-C sat	〃			1216~1440	3.2	26.8	3)
	Fe-C sat	〃			1300~1450	18.1	47.7	3)
	Fe-C sat	〃			1200~1400	50	71.1	3)
V	Fe-C sat	〃			1250~1400	6.2	30.1	3)
W	Fe-C sat	〃			1200~1400	1250	144.8	3)
Zn	Zn	self			450~600	8.2	21.3	1)
	Zn	〃			420~600	12	23.4	1)
	Hg	inter	20	2.0				4)

* mol%, ** mass %.
1) N. H. Nachtrieb: The Properties of Liquid Metals, ed. P. D. Adams, H. A. Davies, S. G. Epstein, (1967), p. 309, Taulor & Francis.
2) 丹羽貴知蔵:日本金属学会誌, **28** (1964), 348, 353.
3) 川合保治:鉄鋼基礎共同研究会 溶鋼溶滓部会, 42年度シンポジウム資料, 鉄鋼協会.
4) J. R. Wilson: *Metallurgical Rev.*, **10**, 40 (1965).

b. 自己拡散係数(補遺)

金属	トレーサー	温度 [K]	拡散係数 [10^{-9} m^2/s]	温度範囲 [K]	頻度係数 [10^{-8} m^2/s]	活性化エネルギー [kJ/mol]
Cd	RI	673	0.10	603~773	$D/10^{-9} = -9.59 + 1.58 \times 10^{-2} T$	
Bi	RI	773	0.75	548~973	3.83	10.49
Ga	^{72}Ga	473	0.48	280~680	3.45	7.74
Ge	^{71}Ge	1373	1.96	1293~1493	22	27.6
Hg	^{203}Hg	373	0.26	248~525	$D/10^{-9} = -0.481 + 4.34 \times 10^{-4} T^{1.5}$	
K	^{42}K	473	0.89	371~557	7.6	8.45
Li	^{6}Li, ^{7}Li	673	1.71	468~723	14.1	11.8
Na	^{24}Na	473	0.81	376~557	8.6	9.29
Pb	^{210}Pb	673	0.23	630~673	2.37	13.0
Rb	^{86}Rb	673	0.025	337~856	$D/10^{-9} = -1.479 + 3.824 \times 10^{-6} T^2$	
Sb	^{122}Sb, ^{124}Sb	1073	0.75	895~1302	5.46	17.70
Sn	RI	1273	1.53	628~1925	$D/10^{-9} = 0.0172(T - 504.9) + 2.07$	
Te	RI	773	0.35	733~873	12.9	23.2
Tl	RI	873	1.25	623~1073	$D/10^{-9} = 4.25 + 9.40 \times 10^{-3} T$	
Zn	^{65}Zn	773	0.30	723~873	8.2	21.3

Handbook of Physicochemical Properties at High Temperatures, ed. Y. Kawai, Y. Shiraishi (1988), Iron Steel Inst. Japan より抜粋, 計算.

c. 溶融 Al および Cu 中の各種元素の相互拡散係数

媒質	拡散元素	温度 [K]	拡散係数 [10^{-9} m^2/s]	温度範囲 [K]	頻度係数 [10^{-8} m^2/s]	活性化エネルギー [kJ/mol]
Al	^{110}Ag	973	5.94	966~1261	19.4	28.2
	Ce	973	1.2			
	^{60}Co	973	2.75	973~1169	8.13	27.4
	Cu	973	5.54	976~1079	10.5	23.8
	^{59}Fe	973	3.00	976~1270	36.8	38.9
	^{72}Ga	(973)	(7.20)	980~1063	9.07	20.5
	^{114}In	(973)	(5.40)	980~1101	9.05	22.8
	La	973	1.4			
	Ni	(973)	(3.8)	1042~1195	10.0	26.5
	^{103}Ru	(973)	(3.5)	984~1300	6.7	23.9
	^{124}Sb	973	5.15	971~1239	12.5	25.8
	^{113}Sn	(973)	(6.7)	1083~1230	13.2	24.1

1 物性

媒質	拡散元素	温度〔K〕	拡散係数 〔$10^9 m^2/s$〕	温度範囲 〔K〕	頻度係数 〔$10^{-8} m^2/s$〕	活性化エネルギー 〔kJ/mol〕
Cu	^{110}Ag	(1373)	(3.0)	1423~1925	$D/10^{-9}=2.87+8.5\times10^{-3}(T-1356)$	
	^{185}Au	1373	3.23	1373~1823	$D/10^{-9}=3.11+7.3\times10^{-3}(T-1356)$	
	Co	1373	3.60	1373~1523	23.5	47.7
	^{59}Fe	1373	3.91	1373~1523	35.9	51.6
	Ge	1373	3.90	1373~1573	6.21	31.6
	^{114}In	(1373)	(2.3)	1417~1596	10.3	43.4
	^{192}Ir	(1373)	(2.0)	1385~1582	2.42	28.5
	Ni	1373	3.66	1371~1523	17.1	43.9
	^{103}Ru	1373	3.3	1383~1591	2.47	23.1
	S	1373	9.81	1373~1523	200	60.7
	^{124}Sb	1373	0.14	1373~1838	$D/10^{-9}=3.82\times10^{-3}+8.2\times10^{-3}(T-1356)$	
	Se	1373	5.10	1373~1523	40	49.8
	^{113}Sn	(1373)	2.9	1383~1773	$D/10^{-9}=2.73+12.0\times10^{-3}(T-1356)$	
	Te	1373	3.11	1373~1523	34	53.6

Handbook of Physicochemical Properties at High Temperatures, ed. Y. Kawai, Y. Shiraishi (1988), Iron Steel Inst. Japan より抜粋, 計算.

d. 溶融Fe中各種元素の相互拡散係数

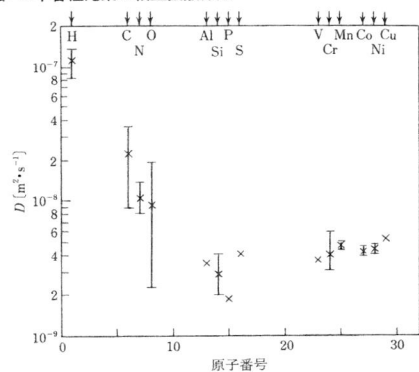

1823 K (1550℃) エラーバーは文献値の最大, 最小の幅を示し, ×印は文献値の平均を示す. 小野陽一:鉄と鋼, **63**(1977), 1350.

e. セラミックスと液体金属との濡れ性

(i) 濡れ性の尺度

接触角:図1に示す θ を接触角といい, 濡れ性の直感的尺度として多用されている. 濡れが関与する工学的現象には θ の大小, 特に $90°$ より大きいか小さいかが重要な意味をもつ.

界面自由エネルギー変化:濡れの前後の系の界面張力(界面自由エネルギー)の変化量(慣用的に濡れる前の量から後の量を差し引いた量)は, 濡れの三つのタイプ, すなわち拡張濡れ, 浸漬濡れ, 付着濡れに対応して, それぞれ, 式(1), (2), (3)で表され, 種々の系の濡れを比較するうえでの一般的尺度として用いられる.

$$W_S = \gamma_S - \gamma_L - \gamma_{LS} \quad (1)$$
$$W_I = \gamma_S - \gamma_{LS} \quad (2)$$
$$W_A = \gamma_S + \gamma_L - \gamma_{LS} \quad (3)$$

W_S, W_I, W_A は, それぞれ拡張仕事, 浸漬仕事, 付着仕事, γ_S, γ_L はそれぞれ, 固体, 液体の表面張力, γ_{LS} は, 固液間の界面張力.

Youngの式(4)が成り立つ場合(図1参照),

$$\gamma_S = \gamma_{LS} + \gamma_L \cos\theta \quad (4)$$

式(1), (2), (3)は, それぞれ, 式(5), (6), (7)(Young-Dupré式)で表されるので, W_S, W_I, W_A は, 測定可能な量である γ_L, θ から求めることができる.

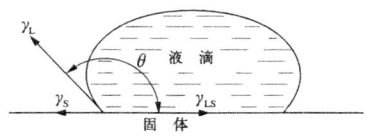

図1 固体上の液滴の形状

$$W_S = \gamma_L(\cos\theta - 1) \quad (5)$$
$$W_I = \gamma_L \cos\theta \quad (6)$$
$$W_A = \gamma_L(\cos\theta + 1) \quad (7)$$

(ii) 濡れ性に影響を及ぼす因子

[1] 熱力学的因子

濡れ性は, 式(1)~(3)あるいは式(5)~(7)に示されるように, 界面張力の関数である. 界面張力は熱力学的には, 界面の過剰のヘルムホルツエネルギーであるので, 濡れ性には原子, 分子間の相互作用エネルギーとエントロピーが関与する.

① 1成分系(金属, セラミックスのそれぞれが1成分系とみなせる場合):

(1) 濡れと熱力学的相互作用

1モルの酸化物表面が液体金属で濡らされる場合の付着仕事 $W_{A,mol}$ が, 表1に示すような大きな値をもつことから, このような高温の液体金属-酸化物系の濡れには, 固液

界面での化学的相互作用の関与が支配的であると考えられている[1]。

また、金属-酸化物系の付着仕事 W_A と、金属酸化物 MO の標準生成自由エネルギー ΔF_{MO}° との間には、図2に示すように、直線関係のあることが見出されており[2]、両者の関係は式(8)で表される。

$$W_A = W_0 + A(\Delta F_{MO}^\circ) \qquad (8)$$

W_0 は分散力に基づく結合エネルギーの寄与分であり、$A(\Delta F_{MO}^\circ)$ は、金属と酸化物表面の酸素イオンとの間の相互作用と配位状態に基づく自由エネルギーの寄与分に相当する。酸素との親和力の強い金属ほど、$A(\Delta F_{MO}^\circ)$ 項の寄与が大きい。

(2) 各種メタル セラミックス系の接触角

表2〜9に示す。

② 多成分系(金属、セラミックスの少なくとも一方が2成分系以上の場合):

系のヘルムホルツエネルギーは系の化学組成に依存するので、濡れ性も系の化学組成に依存する。

(1) 金属の化学組成

Fe-X 系合金-Al_2O_3 系(X は合金成分)および、Fe-O 系合金-Al_2O_3 系の例をそれぞれ、図3、図4に示す。

(2) セラミックスの化学組成

Fe-(Al_2O_3-Cr_2O_3)系の例を図5に示す。

(3) 化学反応

1. 化合物の生成

金属-セラミックス間:界面に化合物が生成する系の濡

表1 酸化物-溶融金属間の付着仕事 $W_{A,mol}$[1]

系	温度[℃]	W_A[10^{-3}J/m^2]	$W_{A,mol}$[kJ/mol]
Ni-ZrO_2	1500	917	59
Ni-CoO	1500	1500	71
Fe-Cr_2O_3	1550	1400	113
Fe-ThO_2	1550	1090	84
Cu-NiO	1100	990	42

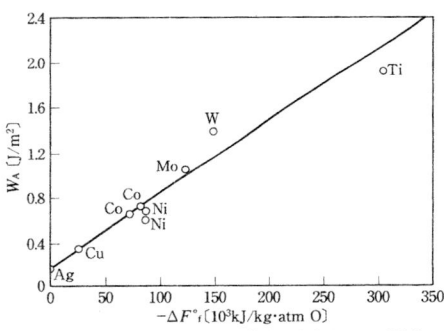

図2 多結晶アルミナと諸金属間の付着仕事(真空中)W_A と酸化物の標準生成自由エネルギー $-\Delta F_f^\circ$ との関係[2]

表2 溶融 Fe と Al_2O_3 との接触角[3]

Al_2O_3 の種類	鉄	温度[℃]	接触角[度]	雰囲気	文献
多結晶	アームコ鉄	1550	141	Vac(真空)	4)
多結晶	電解鉄	1550	121	H_2	4)
多結晶	電解鉄	1550	129	He	4)
多結晶	電解鉄	1575	111	—	5)
多結晶	電解鉄1*	1600	137	H_2	6)
多結晶	電解鉄	1600	122	Ar	6)
単結晶	電解鉄	1600	118	Ar	7)
多結晶	電解鉄2*	1600	118	H_2	8)
多結晶	電解鉄*	1550	138	Ar	9)
多結晶	電解鉄3*	1530	134	Ar	10)
単結晶	電解鉄	1600	92	Ar	10)
単結晶	電解鉄	1570	93	Ar	11)
多結晶	電解鉄4*	1550	128	He	12)
多結晶	電解鉄	1600	132	He	13)
多結晶	電解鉄5*	1600	128	H_2	14)
多結晶	電解鉄6*	1600	124	—	15)
多結晶	電解鉄	1600	140	Ar	16)
多結晶	電解鉄	1550	140	Ar	17)
多結晶	電解鉄	1550	141	H_2	18)
多結晶	電解鉄	1600	140	Ar	19)

* 試料に番号がついているものは同時に報告されている表面張力の値が1400mN/m前後と低く、多分試料中に酸素が含まれていたものと予想される。

表3 溶融純 Ni と Al_2O_3 との接触角[3]

Al_2O_3 の種類	温度[℃]	接触角[度]	雰囲気	文献
多結晶	1600	104	H_2	20)
多結晶	1500	124	Ar	21)
多結晶	1500	150	—	22)
多結晶	1600	123	—	13)
多結晶	1575	107	Ar	11)
単結晶	1585	106	Ar	11)
多結晶	1560	140	Ar	23)
単結晶	1500	101	Vac	24)
多結晶	1500	111	Vac	25)
多結晶	1500	111	Ar	25)
多結晶	1500	107	Ar	25)
多結晶	1500	109	H_2	25)
多結晶	1500	128	Vac	4)
多結晶	1500	133	H_2	4)
多結晶	1500	141	He	4)
多結晶	1500	144	He	26)
多結晶	1500	101	Vac	27)

表4 溶融純金属による Al_2O_3 の濡れ性[3]

金属	Al_2O_3 の種類	雰囲気	温度[℃]	接触角[度]	文献
Ag	多結晶	H_2	1000	142	28)
	多結晶	Ar	1000	160	29)
	単結晶	Ar	1000	130	29)
	多結晶	大気	1100	84	30)
Au	多結晶	H_2	1075	151	28)
	多結晶	大気	1200	136	30)
Co	多結晶	Ar	1615	128	31)
	多結晶	H_2	1600	132	32)
Cu	多結晶	H_2	1100	158	28)
	多結晶	Ar	1100	170	29)
	多結晶	Ar	1150	162	33)
	単結晶	真空	1230	162	34)
Ga	単結晶	He	1500	97	35)
	単結晶	He	30	130	36)
In	多結晶	真空	600	140	37)
			700	138	
Pt	多結晶	大気	1900	139	30)
Sn	多結晶	Ar	338	165	31)
	多結晶	H_2	257	163	28)

1 物　性

表5 種々の溶融金属と二酸化ケイ素(SiO_2)との接触角[3]

金属	接触角〔度〕	温度〔℃〕	文献
Ag	152	1000	38)
	128	1000	29)
	129	1000	28)
Al	39	1575	11)
	70	900	39)
	63	800	40)
Au	140	1100	41)
Cu	111	1560	11)
	134	1100	41)
Fe	107	1600	8)
Ga	126	30	42)
In	128	157	42)
	140	600	37)
	138	700	37)
Pb	164	800	43)
	112	700	44)
	135	400	44)
	128	677	45)
Si	90	1480	11)
Sn	127	900	41)
	108	1575	11)
	107.5	1400	46)
	146.5	700	38)
	120	700	44)
	145±10	400〜800	41)
	150	400	44)
	134	350	46)
	124	232	42)
	142	350	28)

表6 溶融純金属による ZrO_2 の濡れ性[3]

金属	ZrO_2 の種類	雰囲気	温度〔℃〕	接触角〔度〕	文献
Ag	5.5 mass% CaO	真空	1000	135	47)
			1200	120	
Al	5.5 mass% CaO	真空	900	145	47)
			1200	59	
Co	5 mass% CaO	Ar	1550	123	48)
			1770	116	
Cu	5 mass% CaO	Ar	1200	122	48)
			1500	117	
	11 mol% CaO	Ar	1150	126	49)
	5.5 mass% CaO	真空	1100	126	47)
			1200	116	
	3 mol% Y_2O_3	Ar	1083	115	50)
Fe	3 mol% Y_2O_3	真空	1600	115	5)
	3 mol% Y_2O_3		1530	119	10)
	4 mass% CaO	H_2	1600	105	8)
	4 mass% CaO	真空	1550	102	51)
	5 mol% HfO_2	H_2	1550	111	4)
		He		102	
		真空		92	
Mn	3.8 mol% Y_2O_3	Ar	1300	80	52)
Ni	5 mass% CaO	Ar	1467	122	53)
			1680	117	
	3 mol% Y_2O_3	Ar	1451	112	50)
	5 mol% HfO_2	H_2	1500	131	4)
		He		120	
		真空		118	
Sn	4 mass% CaO	H_2	650	153	28)
			1300	140	

表7 溶融金属による SiC の濡れ性[3,54]

金属	SiC の種類	雰囲気	温度〔℃〕	接触角〔度〕	Si〔at%〕
Ag	H.P.	Ar	1010	142	0
	R.B.	Ar	1010	131	4.8
	C.R.B.	Ar	1010	138	0
Co	H.P.	Ar	1530	65	42.1
	R.B.	Ar	1530	56	42.1
Cu	H.P.	Ar	1135	167	0
	H.P.+B_4C	Ar	1135	134	1.1
	R.B.	Ar	1135	138	4.3
	S.C.	真空		n.d.	
Fe	H.P.	Ar	1600	24	n.d.
	H.P.+B_4C	Ar	1600	28	n.d.
	R.B.	Ar	1600	29	n.d.
Ge	R.B.	Ar	1020	164	0.9
	R.B.	Ar	1200	42	34.5
	R.B.	Ar	1300	0	n.d.
	R.B.	Ar	1420	0	47.6
	H.P.	真空	1300	165	0
	S.C.	真空	1230	132	0.5
Ni	H.P.+B_4C	Ar	1500	72	33.6
	R.B.	Ar	1500	68	33.3
Pb	H.P.	Ar	330	167	0
	R.B.	Ar	330	161	0
Sn	H.P.+B_4C	Ar	1100	150	0
	R.B.	Ar	1100	131	0.1
	S.C.	真空	1024	126	0.3
	S.C.	真空	1200	123	0.8

H.P.：ホットプレスした SiC
R.B.：反応焼結 SiC
S.C.：単結晶
C.R.B.：炭化処理反応焼結 SiC
n.d.：確認不能

表8 溶融純金属による Si_3N_4 の濡れ性[3]

金属	雰囲気	温度〔℃〕	接触角〔度〕	文献
Ag	真空	1050	136	55)
		1100	133	
Al	真空	710	160	56)
		900	119	55)
		1200	28	
Cu	真空	1100	128	55)
		1200	120	
Fe	NH_3	1535	95	57)
	Ar	1530	90	58)
In	真空	600	140	37)
		700	138	
Si	水素	1430	49	59)
Sn	水素	800	154	12)
		1470	140	
	真空	800	168	
		1200	29	

表 9 溶融金属による黒鉛，ダイヤモンドの濡れ性[3]

金属	黒鉛，ダイヤモンド	雰囲気	温度 [℃]	接触角 [度]	文献
Ag	ダイヤモンド	真空	1100	120	60)
	ダイヤモンド	H_2	1000	135, 103, 147	61)
	ダイヤモンド	真空	1000	120	1)
	黒鉛	真空	980	136	60)
	黒鉛	真空	1000	163	62)
Au	ダイヤモンド	真空	1100	151	63)
	黒鉛	真空	1100	140	61)
Bi	黒鉛	真空	800	136	63)
	ダイヤモンド	H_2	580	113, 106, 111	61)
Cu	ダイヤモンド	真空	1100	145	63)
	黒鉛	真空	1100	140	63)
	黒鉛	He	1250	140	63)
	黒鉛	$Ar-H_2$	1500	140	64)
	黒鉛	真空	1200	120	65)
Ga	黒鉛	真空	1000	137	66)
	黒鉛	真空	30	143	67)
			900	143	
Ge	ダイヤモンド	真空	1100	131	68)
	黒鉛	真空	1100	139	68)
Hg	黒鉛	大気	20	154	62)
In	ダイヤモンド	真空	800	148	63)
	黒鉛	真空	800	141	63)
	炭素	真空	600	140	37)
				138	
	黒鉛	真空	235	148	67)
			910	150	
Pb	ダイヤモンド	H_2	600	110, 117, 101	61)
	ダイヤモンド	H_2	1000	110	63)
	黒鉛	真空	800	138	63)
Sn	ダイヤモンド	H_2	750	133, 135, 130	61)
	ダイヤモンド	真空	1100	125	63)
	黒鉛	真空	1000	149	63)
Sb	ダイヤモンド	真空	900	120	63)
	黒鉛	H_2	800	136	63)

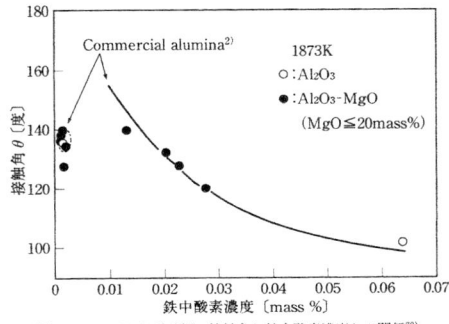

図 4 Al_2O_3-MgO 系基板の接触角と鉄中酸素濃度との関係[70]

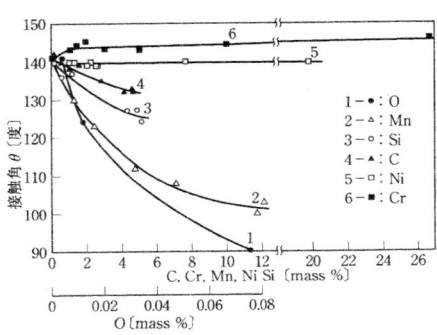

図 5 Al_2O_3-Cr_2O_3 系基板の接触角に及ぼす Cr_2O_3 濃度の影響[21]

図 3 多結晶アルミナ-溶鉄間の接触角 θ に及ぼす添加元素の影響[23]（1560℃, アルゴンガス中）

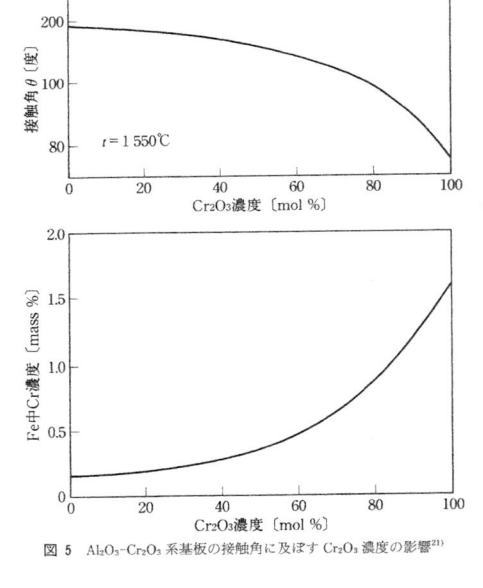

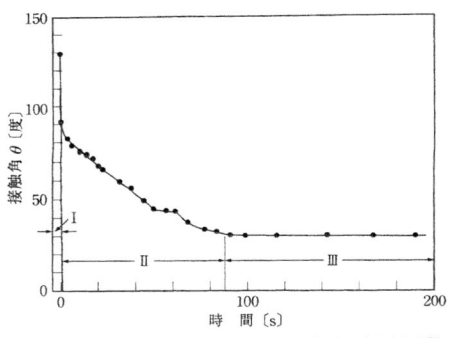

図 6 真空中, 1085℃ での Cu-9.5% Ti 合金の接触角の時間依存性[71]

れ性は，界面に生成した化合物（図6，表10では，TiO の生成）と金属との間の濡れ性になる．

生成化合物の表面の性状など生成反応による表面の物理化学的性状が変化する場合，この面からの検討も必要になる[72]．

表10 真空中,1150°C での Cu-Ti 合金と各種金属酸化物との濡れ性[69]

酸化物	接触角 θ [度] Ti [at%]					
	0	1	2	3	4	6	8
Al_2O_3	129	88	50	40	32	21	14
MgO	133	95	61	43	36	26	—
SiO_2	128	72	45	40	35	27	—
Ti_2O_3	113	90	62	45	32	21	15
$TiO_{0.86}$	72	67	61	55	49	40	31
$TiO_{1.14}$	82	75	68	63	58	48	40

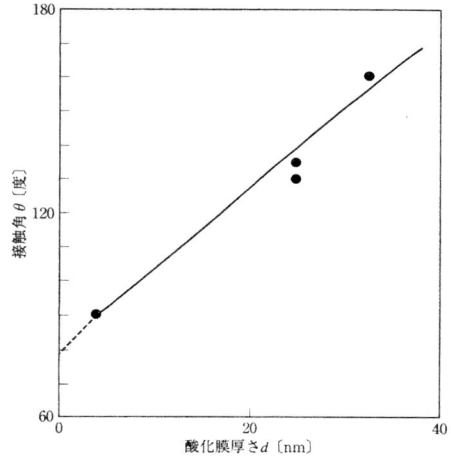

図7 真空中,800°C でのサファイア上 Al の接触角に及ぼすアルミニウム酸化膜厚さの影響[73]

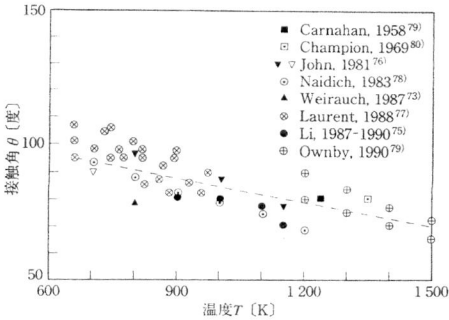

図8 Al 滴表面に酸化膜のない状態での Al-Al_2O_3 系の接触角と濃度との関係[74]

気相-金属間:図7に示すように気相中酸素と,Al との反応で Al 表面に Al_2O_3 が生成すると,生成 Al_2O_3 が濡れ性(接触角)に影響を与える。Al_2O_3 膜は固相であり,セラミックスとの間の反応速度は遅い。この場合には熱力学的範疇だけでなく,力学的因子の考慮も必要になる。

2. セラミックスの金属中への溶解

セラミックスの溶解に伴う金属中の化学組成の変化によって濡れ性が変化する。図4中,酸素濃度 100 mass ppm 付近までの θ の増加は Al 濃度の減少によるものであり,図5の Cr_2O_3 含有量の増加に伴う θ の減少は,Cr_2O_3 の溶解による主に Cr 濃度の増加に起因すると考えられる。なお,Al_2O_3-MgO 系のように,溶解度積の小さい成分どうしの酸化物系の場合,溶鉄中酸素濃度が 10~20 mass ppm の範囲では,図4に示すように,酸化物組成が変化しても,θ はほとんど変化しない[70]。

(4) 温 度

自由エネルギーは温度の関数であるので,界面張力自身およびメタル-セラミックス間などの化学反応の平衡位置,セラミックスの溶解度も温度により変化する。したがって,濡れ性も温度により変化する。θ は一般に温度の上昇とともに減少する(図8)。

[2] 速度論的因子

図6に示すように,接触初期の滴の変形が非常に速い場合には,液滴-セラミックス-気相の3相境界での力学的平衡が成立していない時期,すなわち,流動抵抗が θ の時間的変化を律速する時期,Ⅰが現れる。変形が遅くなると,液滴-セラミックス間の反応速度により θ が律速される時期,Ⅱが現れる。この場合には3相境界で力学的平衡は成立しているとみなせる。高温度の場合,一般に化学反応速度は速いので,拡散などの物質移動速度が反応の律速となる場合が多い。熱力学的平衡状態になると,θ はもはや時間により変化しなくなり,一定の値を示すようになる(時期Ⅲ)。

液滴-セラミックス間に物質移動がある場合,γ_{SL} が低下し,θ に影響を与えるという報告[82]があるが,この点については実験,理論の両面からのさらなる検討が必要と思われる。

[3] 表面の物理的形状,因子

① 表面粗さ

粗面の場合,Young の式(4)は成立せず,Wenzel[83]は次式(9)を提唱した。

$$R(\gamma_S - \gamma_{LS}) = \gamma_L \cos\theta' \qquad (9)$$

$R(=A/A_0)$ は粗度因子(roughness factor)で,A は固体表面の実面積,A_0 は幾何学的面積,θ' は粗面に対するみかけの接触角である。図9は式(9)が成り立つ例であるが,式(9)で記述できない場合も多く,表面の凹凸の形状,分布などを考慮する必要があろう。

② 界面の構造

ミクロ的には,結晶方位によっても θ は影響を受ける(図10)。マクロ的には例えば,金属-酸化物系のように,接触角が大きい場合,図11に示すような composite interface[86],すなわち,凹みには溶融金属が十分入り込めないような構造の界面が形成される可能性がある。このような場合には,Wenzel の式では不十分であり,Cassie と Baxter[87,88]の研究が参考になろう。

メタル-セラミックス間の反応により,広がりの先端に隆起(ridge)が形成されるなどして[89]形状が変わる場合にも,真の接触角とみかけの接触角は異なるものになる。

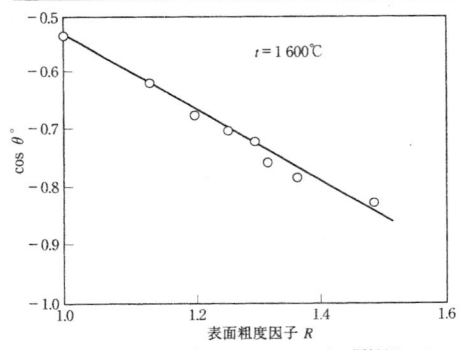

図 9　1600℃，溶鉄-Al_2O_3 系における $\cos\theta$ と R との関係（Wenzelの関係）[84]

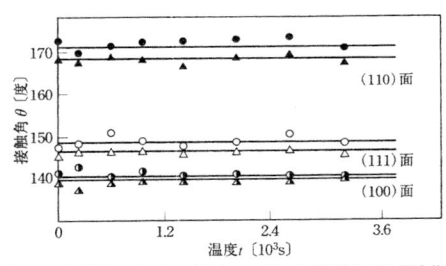

図 10　表面自由エネルギー変化（1モル当たりの付着仕事）と酸化物生成自由エネルギー変化との関係[85]

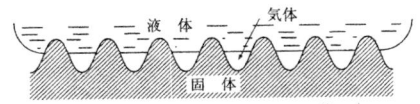

図 11　粗面での composite interface[86]

文　献

1) V. N. Eremenko: The Role of Surface Phenomena in Metallugy, ed. V. N. Eremenko (1963), p. 1, Consultants Bureau.
2) J. E. McDonald, J. G. Eberhart: Trans. Met. Soc. AIME, 233 (1965), 512.
3) 野城清: ぬれ技術ハンドブック~基礎・測定評価・データ~, 石井淑夫, 小石眞純, 角田光雄編 (2001), (株)テクノシステム.
4) M. Humenik, W. D. Kingrey: J. Am. Ceram. Soc., 37 (1954), 18.
5) N. Eustathopoulos, A. Passerone: Phys.-Chim. Slder. C-R Congr., (1978), p. 61, Soc. Fr. Metall.
6) K. Ogino, K. Nogi, O. Yamase: Trans. ISIJ, 23 (1983), 234.
7) 荻野和己: 電気製鋼, 52 (1981), 262.
8) 荻野和己, 足立彰, 野城清: 鉄と鋼, 59 (1973), 1237.
9) B. G. Chetnov: Izv. VUZ Chern. Metall., 6 (1983), 4.
10) A. Staronka, W. Gotas: Arch. Eisenhuettenwes., 50 (1979), 237.
11) V. A. Kalmykov, Yu V. Sveshkov, S. A. Elezov: Fiz. Khim. Obrab. Mater., 8 (1976), 64.
12) B. C. Allen, W. D. Kingery: Trans. Met. Soc. AIME, 215 (1959), 30.
13) N. A. Vatolin, V. F. Ukhov, O. A. Esin, E. L. Dubinin: Tr. Inst. Metall., Sverdlovsk, 20 (1969), 42.
14) K. Ogino, K. Nogi: Technol. Rept. Osaka Univ., 20 (1970), 509.
15) B. va Muu, H W. Fenzke, G. Neuhof: Neue Huette, 29 (1968), 128.
16) P. Kozakevitch, L-D. Lucas: Rev. Metall., 65 (1968), 589.
17) V. A. Mchedlishvili, Sh M. Mikiashvili, A. M. Samarin: Pov. Yav. Rasp. Voz. Tverd Fraz. (1965), 389.
18) S. I. Popel, L. A. Smirnov, B. V. Tsarevskii, N. K. Dzhemilev, I. Pastukhov: Russ. Metall., 1 (1965), 46.
19) K. Nogi, K. Ogino: Can. Metall. Quart., 22 (1983), 19.
20) 荻野和己, 秦松斉: 日本金属学会誌, 43 (1979), 871.
21) 新谷宏隆, 玉井康勝: 窯業協会誌, 89 (1989), 480.
22) Yu. V. Naidich: Contact Phenomena in Metallic Melts (1972), Naukova Dumka (in Russian).
23) B. V. Tsarevskii, S. I. Popel: Izv. VUZ Chern. Metall., 12 (1960), 12.
24) W. H. Sutton, E. Feigold: Mater. Sci. Res., 3 (1966), 577.
25) J. E. Ritter, M. S. Burton: Trans. Met. Soc. AIME, 239 (1967), 21.
26) V. A. Gribanoyan, Yu. A. Minaev, V. G. Rakovskii, O. Kh. Fatkulin, B. A. Iksanov, L. I. Gribanova: Wettability and Surface Properties of Melts and Solids (1972), p. 78 (in Russian).
27) B. J. Keene, J. M. Sillwood: 非公開報告書 — IMS Internal Note, No. 10, (National Physical Laboratory), Teddington, Middx, UK (1969).
28) 野城清, 大石恵一郎, 荻野和己: 日本金属学会誌, 52 (1988), 72.
29) 秦松斉, 阿部倫比古, 中谷文忠, 荻野和己: 日本金属学会誌, 49 (1985), 523.
30) N. F. Grigorenko, A. I. Stegny, I. E. Kasich-Pilipenko, Yu. V. Nadich, V. V. Pasichny: Proc. 1st Int. Conf. on High Temperature Capillarity, 8-11, May (1994), 123.
31) K. Nikolopoulos: J. Mater. Sci., 20 (1985), 3993.
32) 荻野和己, 秦松斉, 中谷文忠: 日本金属学会誌, 46 (1982), 957.
33) V. N. Eremenko, Yu. V. Naidich, A. A. Nasovich: Russ. J. Phys. Chem., (English Transl.), 34 (1960), 566.
34) A. C. D. Chaklader, A. M. Amstrong, S. K. Misra: J. Am. Ceram. Soc., 51 (1968), 630.
35) V. N. Eremenko, V. I. Nizhenko, L. I. Skliarenko: Izv. Akad. Nauk SSSR, Metall., 2 (1966), 188.
36) D. Beruto, L. Barco, A. Passerone: Oxides and Oxide Films, Vol. 6, ed. A. K. Vijh (1981), p. 1, Marcel Dekker.
37) V. S. Zhuravlev, N. A. Krasovskaya, V. S. Sudovtsova, Yu. V. Naidich: Proc. 2nd Int. Conf. on High Temperature Capillarity 29 Jun.-2nd Jul., Cracow, Poland (1997), 158.
38) 中野昭三郎, 大谷正康: 日本金属学会誌, 34 (1970), 562.
39) C. Maruno, J. A. Pask: J. Am. Ceram. Soc., 60 (1977), 276.
40) C. Maruno, and J. A. Pask: J. Mater. Sci., 12 (1977), 223.
41) D. V. Atterton, T. P. Hoar: J. Inst. Met., 81 (1952), 54.
42) F. L. Harding, D. R. Rossington: J. Am. Ceram. Soc., 53 (1970), 87.
43) V. N. Eremenko, Yu. V. Naidich: Wetting of The Surface of Refract Crucibles by Rare Met. (1958), Naukova Dumka.
44) M. Demeri, M. Farag, J. Heasley: J. Mater. Sci., 9 (1974), 683.
45) R. Sangiorgi, M. L. Muolo, N. Eustathopoulos: Proc. 1st Int. Conf. on High Temperature Capillarity, 9-12 May, Bratislava, Slovakia (1994), 148.
46) T. S. Ignatova, T. I. Nasarova, A. A. Bulgakov: Physical Chemistry of Interfacial Phenomena at High Temperatures (1971), p. 162, Naukova Dumka.
47) M. Ueki, M. Naka, I. Okamoto: J. Mater. Sci. Lett., 5 (1986), 1261.
48) P. Nikolopoulos, D. Sotiropoulou: J. Mater. Sci., 6 (1987), 1429.
49) 野城清, 武田裕之, 荻野克巳: 日本金属学会誌, 53 (1989), 927.
50) J. G. Duh, W. S. Chien, B. S. Chiou: J. Mater. Sci. Lett., 8 (1989), 405.
51) D. Chatain, I. Rivollet, N. Eustathopoulos: J. Chim. Phys., 83 (1986), 561.
52) N. Shinozaki, M. Sonoda, K. Mukai: Metall. Mater. Trans., 29B (1998), 1121.
53) K. Nogi, H. Takeda, K. Ogino: ISIJ Int., 30 (1990), 1092.

54) K. Nogi, K. Ogino : Int. Symp. on Advanced Materials, 28-31 Aug., Tokyo (1988).
55) M. Naka, M. Kubo, I. Okamoto : *J. Mater. Sci. Lett.*, **6** (1987), 965.
56) M. G. Nicholas, D. A. Mortomer, L. N. Jones, R. M. Crispin : *J. Mater. Sci. Lett.*, **25** (1990), 2679.
57) G. A. Yasinskaya : *Porsch. Metall.*, 7 (1966), 53.
58) S. K. Chuchamarov, O. A. Esin, V. M. Kamyshchov : *Izv. VUZ Chern. Metall.*, 4 (1967), 72.
59) M. W. Barsoum, P. D. Ownby : Surface and Interfaces in Ceramic and Ceramic-Metal Systems, ed. J. A. Pask, A. Evans (1981), p. 457, Plenum Press.
60) L. Lauermann, G. Metzger, T. Sauerwald : *Z. Phys. Chem.*, **216** (1961), 42.
61) 野城清, 岡田行正, 荻野克巳, 岩本信之 : 日本金属学会誌, **57** (1993), 63.
62) Yu. V. Naidich, G. A. Kolesnichenko : Poverkhnostnie Iavleniia Vrasplavkhi Voznikayoschikh iz Nikh Tverdikh Fazakh (1965), p. 564.
63) Vzaimodeictvie Metallicheskikh Rasplavovs PoverkhnostiiyoAalmaza Igrafita, ed. Yu. V. Naidich, G.A.Kolescnichenko (Akad. Nauk USSR).
64) K. Nogi, Y. Osugi, K. Ogino : *ISIJ Int.*, **30** (1990), 64
65) N. Sobczak, J. Sobczak, P. Rohagi, M. Ksiazek, W. Radziwill, J. Morgiel : Proc. 2nd Int. Conf. on High Temperature Capillarity, 29 Jun.-2nd Jul., Cracow, Poland (1997), 145.
66) V. N. Eremenko, V. I. Nizhenko, L. I. Skliarenko : *Izv. AN SSSR, Neorganicheskie Materialy*, 2 (1966), 67.
67) V. I. Kononenko, V. I. Lomovchev, A. L. Sukhman : *Met.*, 5 (1976), 104.
68) V. V. Lazarev, P. P. Pugachevich : *DAN SSSR*, **134** (1960), 132.
69) Yu. V. Naidich : *Prog. Surf. Memb. Sci.*, **14** (1981), 353.
70) 篠崎信也, 越田陽夫, 向井精宏, 高橋芳朗, 田中泰彦 : 鉄と鋼, **80** (1994), 748.
71) J. G. Li : *J. Mater. Sci. Lett.*, **11** (1992), 1551.
72) W. M. Armstrong, A. C. D. Chaklader, D. J. Rose : *Trans. Met. Soc. AIME*, **227** (1963), 1109.
73) D. A. Weirauch : Role of Interfaces, ed. J. A. Pask, A. G. Evans (1987), p. 329, Plenum Press.
74) J. G. Li : *Ceram. Int.*, **20** (1994), 391.
75) J. G. Li : *Rare Metals*, **10** (1991), 255.
76) H. John : Investigation of Influencing Parameters on the Wetting of Aluminium Oxideby Aluminium, Ph. D Dissertation, (Technical University of Berlin), (1981).
77) V. Laurent, D. Chatain, C. Chatillon, N. Eustathopoulos : *Acta Metall.*, **36** (1988), 1797.
78) Yu. V. Naidich, V. Yu. N. Chuvashov, N. F. Ishuchuk, V. P. Krasovski : *Poroshk. Metall.*, **6** (1983), 67.
79) P. D. Ownby, K. Li, D. A. Weirauch : *J. Am. Ceram. Soc.*, **74** (1991), 1275.
80) R. D. Carnahan, T. I.. Johnson, C. H. Li : *J. Am. Ceram. Soc.*, **41** (1958), 343.
81) J. A. Champion, B. J. Keene, J. M. Sillwood : *J. Mater. Sci.*, 4 (1969), 39.
82) I. A. Askay, C. E. Hoge, J. A. Pask : *J. Phys. Chem.*, **78** (1974) 1178.
83) R. W. Wenzel : *Ind. Eng. Chem.*, **28** (1936), 988.
84) K. Ogino : *Taikabutsu Overseas*, 2, 2 (1982), 80.
85) K. Nogi, M. Tsujimoto, K. Ogino, N. Iwamoto : *Acta Metall. Mater.*, **40** (1992), 1045.
86) R. E. Johnson, Jr., R. H. Dettre : Surface and Colloid Science, Vol. 2, ed. E. Matijevic (1969), Wiley-Interscience.
87) A. B. D. Cassie, S. Baxter : *Trans. Faraday Soc.*, **40** (1944), 546.
88) S. Baxter, A. B. D. Cassie : *J. Textile Inst.*, **36**, T (1945), 67.
89) A. P. Tomsia, E. Saiz, S. Foppiano, R. M. Cannon : Proc. 2nd Int. Conf. on High Temperature Capillarity, 29 Jun.-2nd Jul, Cracow, Poland (1997), 59.

1・1・2 密度, 粘度と表面張力
a. 密　　度
(i) Ag-Bi 系溶融合金の密度

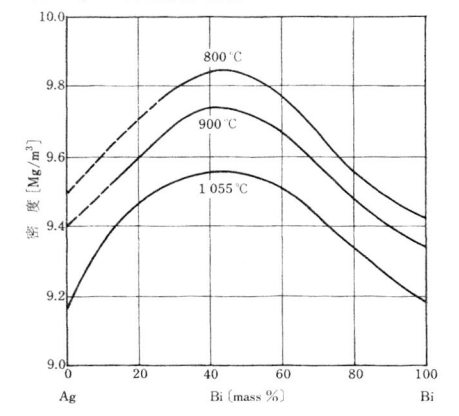

F. Sauerwald : The Properties of Liquid Metals, ed. P. D. Adams, H. A. Davies, S. G. Epstein (1967), p. 545, Taylor & Francis.

(ii) Ag-Pb 系溶融合金の密度

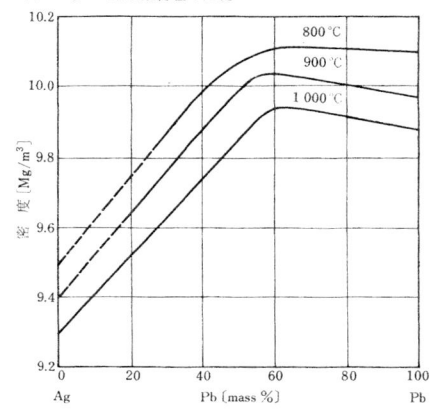

F. Sauerwald : The Properties of Liquid Metals, ed. P. D. Adams, H. A. Davies, S. G. Epstein (1967), p. 545, Taylor & Francis.

(iii) Al-Cu 系溶融合金の密度

(iv) Al-Zn 系溶融合金の密度

K. Bornemann, F. Sauerwald：Z. Metallkd., 14 (1922), 254.

(v) Bi-Zn 系溶融合金の密度

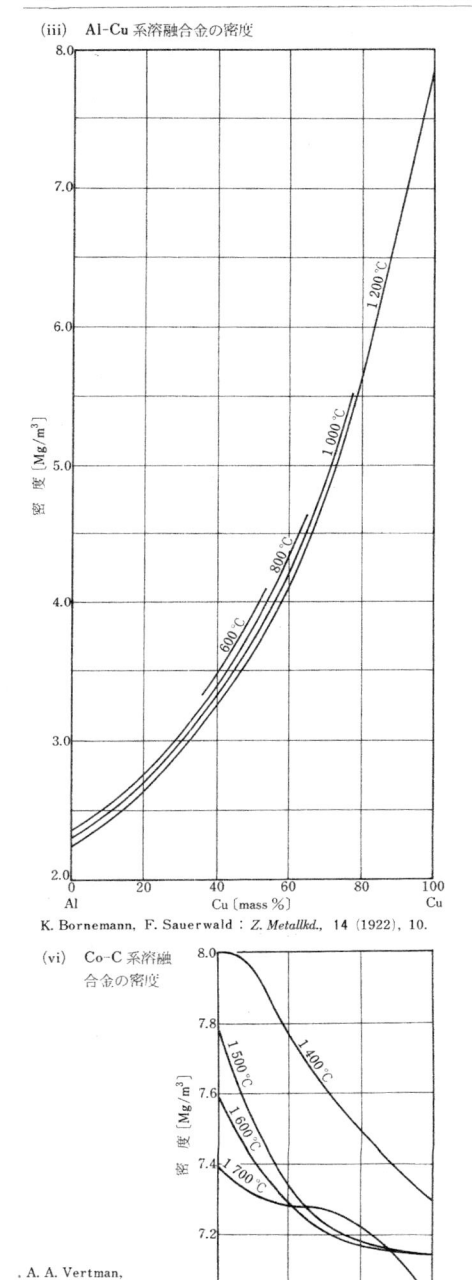

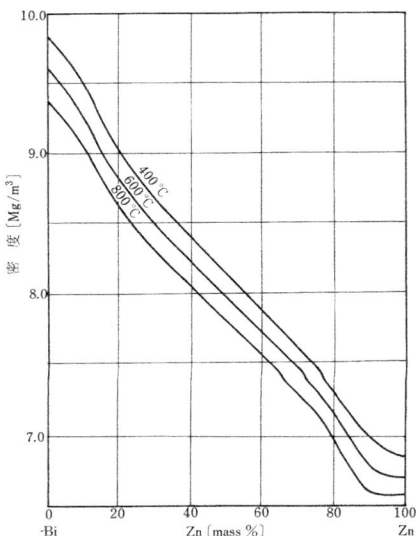

K. Bornemann, F. Sauerwald：Z. Metallkd., 14 (1922), 10.

(vi) Co-C 系溶融合金の密度

A. A. Vertman, A. M. Samarin：Svoĭstva Rasplavov Jeleza (1969), p.148, Nauka, Moskva.

K. Bornemann, P. Siebe：Z. Metallkd., 14 (1922), 329.

(vii) Co-Fe 系溶融合金の密度 (1 620 ℃)

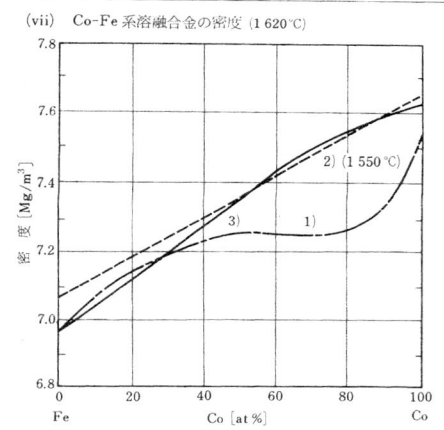

曲線: 2) (1 550 ℃), 3), 1)

1) M. G. Frohberg, R. Weber : *Arch. Eisenhüttenwes.*, **35** (1964), 877.
2) N. K. Dzhemilev, S. I. Popel, B. V. Tsarewskii : *Zh. Fiz. Khim.*, 1 (1967), 47.
3) 渡辺, 天辰, 斎藤 : 東北大学選鉱製錬研究所彙報, **25** (1969), 109.

(viii) Cu-Fe 系溶融合金の密度

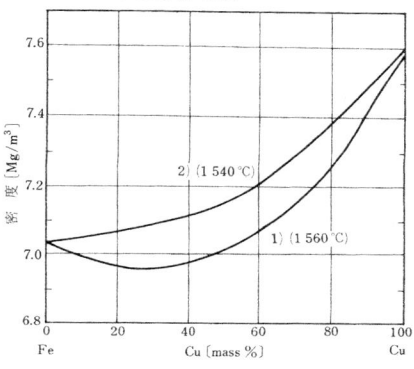

曲線: 2) (1 540 ℃), 1) (1 560 ℃)

1) M. G. Frohberg, R. Weber : *Arch. Eisenhüttenwes.*, **35** (1964), 877.
2) Aby El-Chasan, K. Abdel-Aziz, A. A. Vertman, A. M. Samarin : *Izv. Akad. Nauk SSSR, Metall.*, 3 (1966), 19.

(ix) Cu-Sb 系溶融合金の密度

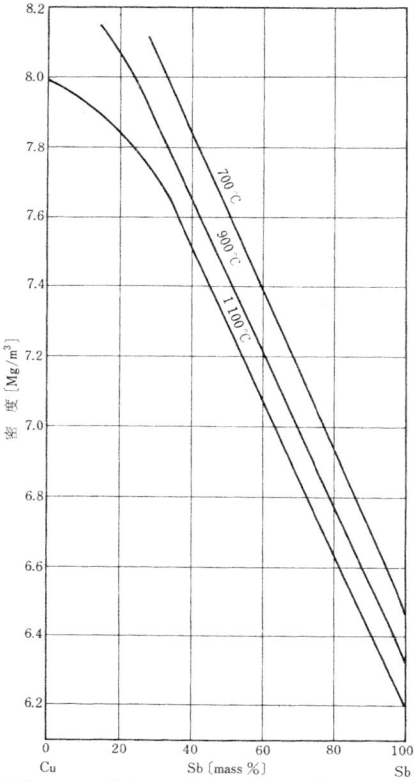

曲線: 700 ℃, 900 ℃, 1 100 ℃

K. Bornemann, F. Sauerwald : *Z. Metallkd.*, **14** (1922), 254.

(x) Cu-Sn 系溶融合金の密度

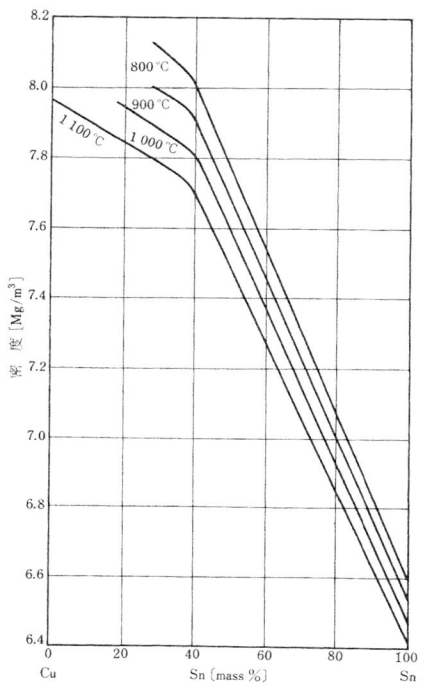

曲線: 800 ℃, 900 ℃, 1 000 ℃, 1 100 ℃

K. Bornemann, F. Sauerwald : *Z. Metallkd.*, **14** (1922), 10.

(xi) Cu-Zn 系溶融合金の密度

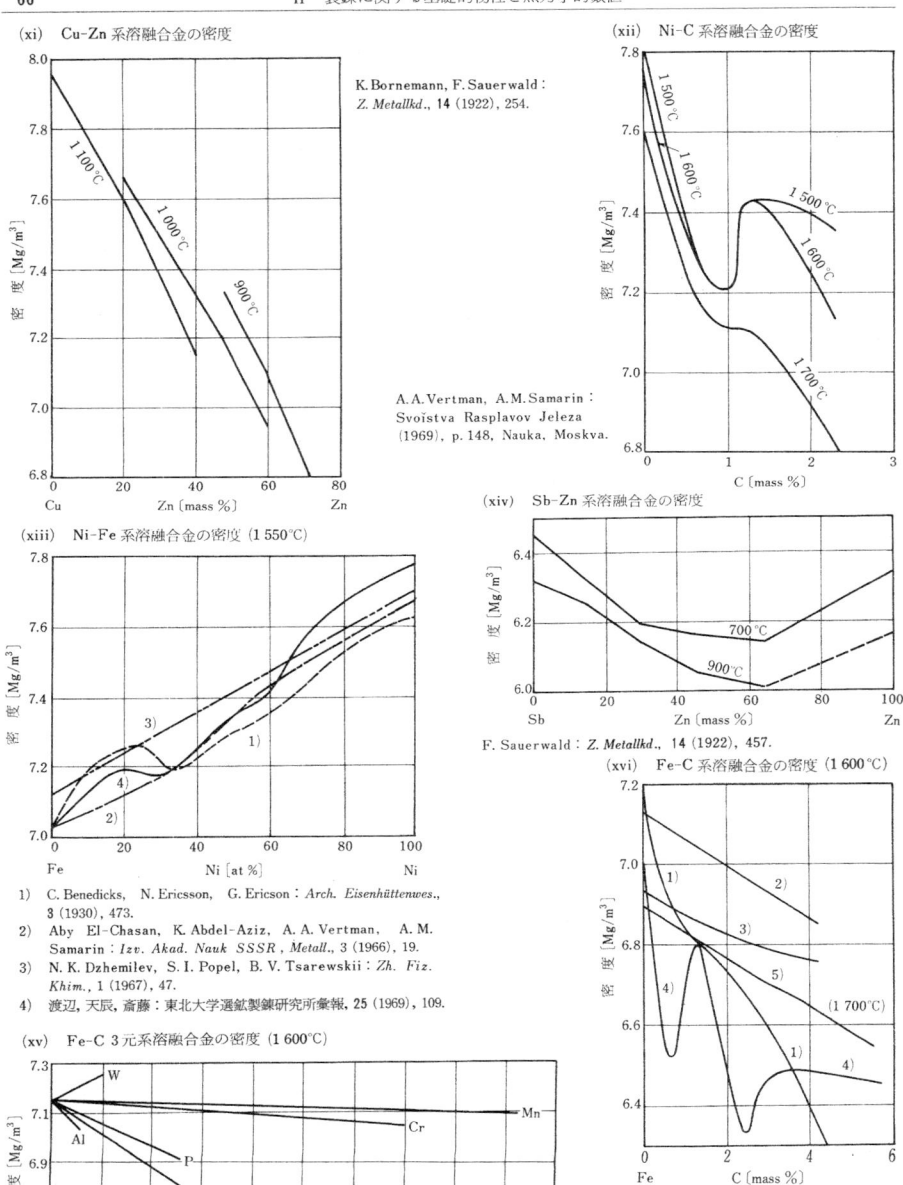

K. Bornemann, F. Sauerwald：
Z. Metallkd., **14** (1922), 254.

(xii) Ni-C 系溶融合金の密度

A. A. Vertman, A. M. Samarin：
Svoĭstva Rasplavov Jeleza
(1969), p. 148, Nauka, Moskva.

(xiii) Ni-Fe 系溶融合金の密度 (1 550 ℃)

1) C. Benedicks, N. Ericsson, G. Ericson：Arch. Eisenhüttenwes., **3** (1930), 473.
2) Aby El-Chasan, K. Abdel-Aziz, A. A. Vertman, A. M. Samarin：Izv. Akad. Nauk SSSR, Metall., **3** (1966), 19.
3) N. K. Dzhemilev, S. I. Popel, B. V. Tsarewskii：Zh. Fiz. Khim., **1** (1967), 47.
4) 渡辺, 天辰, 斎藤：東北大学選鉱製錬研究所彙報, **25** (1969), 109.

(xv) Fe-C 3元系溶融合金の密度 (1 600 ℃)

J. F. Elliott, M. Gleiser：Thermochemistry for Steelmaking, Vol. II (1960), Addison-Wesley.

(xiv) Sb-Zn 系溶融合金の密度

F. Sauerwald：Z. Metallkd., **14** (1922), 457.

(xvi) Fe-C 系溶融合金の密度 (1 600 ℃)

1) C. Benedicks, N. Ericsson, G. Ericson：Arch. Eisenhüttenwes., **3** (1930), 473.
2) E. Widawski, F. Sauerwald：Z. Anorg. Allgem. Chem., **129** (1930), 145.
3) L. D. Lucas：Mem. Sci. Rev. Met., **61** (1964), 97.
4) A. A. Vertman, A. M. Samarin, E. S. Philippov：Dokl. Akad. Nauk SSSR, **155** (1964), 323.
5) 斎藤, 佐久間, 白石：東北大学選鉱製錬研究所彙報, **30** (1974), 47.

(xvii) Al 合金系の液相線における密度（外挿値）と融体密度の温度係数

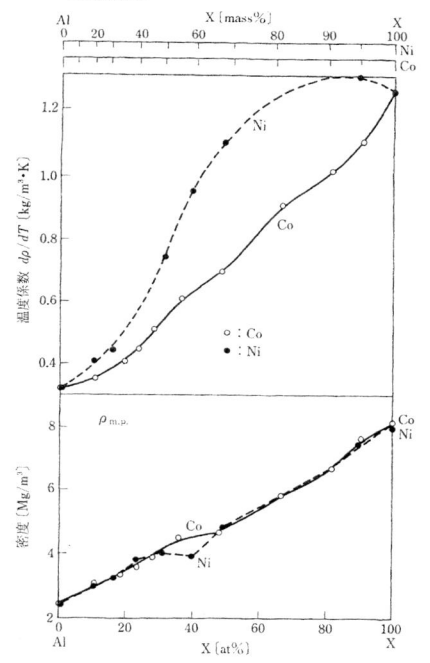

(xviii) In 合金系の液相線における密度（外挿値）と融体密度の温度係数

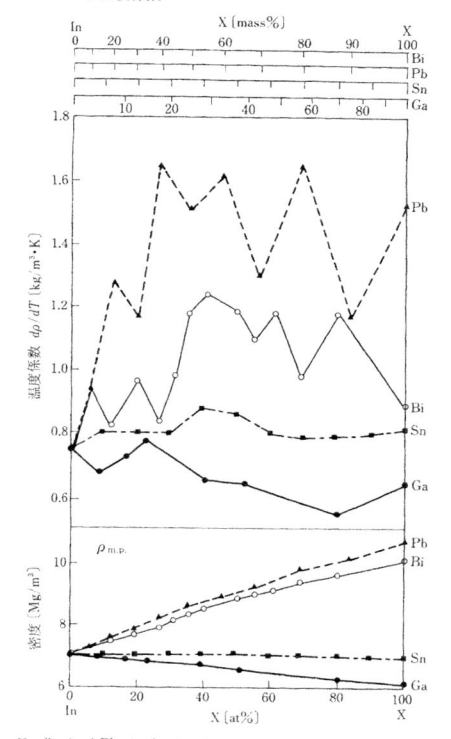

Handbook of Physicochemical Properties at High Temperatures, ed. Y. Kawai, Y. Shiraishi (1988), Iron Steel Inst. Japan を用いて作図.

Handbook of Physicochemical Properties at High Temperatures, ed. Y. Kawai, Y. Shiraishi (1988), Iron Steel Inst. Japan を用いて作図.

(xix) Sn合金系の液相線における密度（外挿値）と融体密度の温度係数

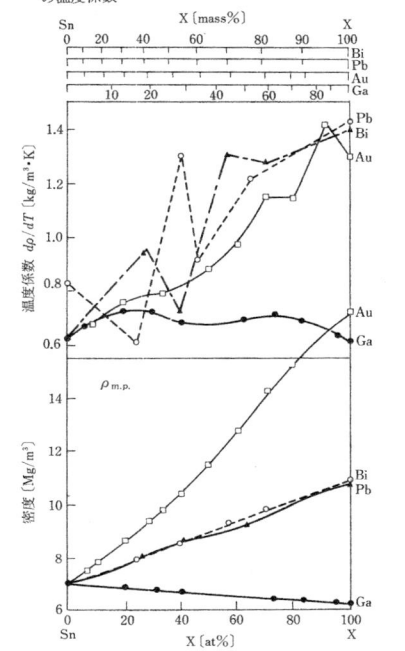

(ii) Al-Zn溶融合金の粘度

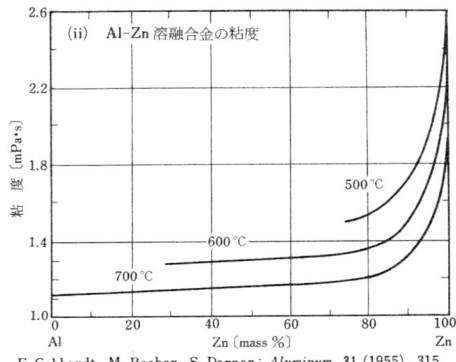

E. Gebhardt, M. Becher, S. Dorner : *Aluminum*, **31** (1955), 315.

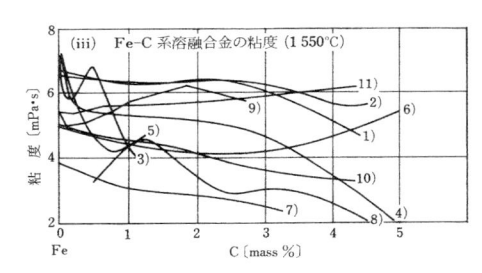

Handbook of Physicochemical Properties at High Temperatures, ed. . Kawai, Y. Shiraishi (1988), Iron Steel Inst. Japan を用いて作図．

(iii) Fe-C系溶融合金の粘度 (1550℃)

1) R. N. Barfield, J. A. Kitchener : *J. Iron Steel Inst.*, **180** (1955), 324.
2) B. N. Turovskii, A. P. Lyubimov : *Izv. VUZ Chern. Metal.*, 2 (1960), 15.
3) Wen Li-Shi, P. P. Arsentev : *ibid.*, 7 (1961), 5.
4) N. V. Vatolin, A. A. Vostryakov, O. A. Esin : *Fiz. Met. Metalloved.*, **15** (1963), 222.
5) A. A. Romanov, V. G. Kochegarov : *Izv. Akad. Nauk SSSR, Metall. Gorn. Delo*, 3 (1963), 89.
6) L. D. Lucas : *Compt. Rend.*, **259** (1964), 3760.
7) 中川，鈴木，百瀬：鋳物，**38** (1966), 633, 635；鉄鋼基礎共同研究会，溶鋼溶滓部会第2分科会資料 (1968).
8) D. S. Popov, A. F. Visskarev, V. I. Yavoiskii : *Izv. VUZ Chern. Metal.*, 9 (1970), 52.
9) W. Krieger, H. Trenkler : *Arch. Eisenhüttenwes.*, **42** (1971), 175, 685.
10) 川合，辻，金本：鉄と鋼，**60** (1974), 38.
11) 上田，武田，飯田，森井：*ibid.*, **62** (1976), S 464.

b. 粘度

(i) Al-Si系の700℃での粘度

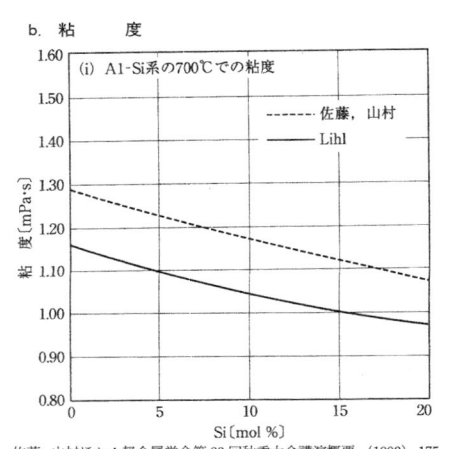

佐藤，山村ほか：軽金属学会第83回秋季大会講演概要，(1992), 175.
F. Lihl et al. : *Z. Metallkd.*, **59** (1968), 213.

(iv) Fe系溶融2元合金の粘度 (1550℃)(I)

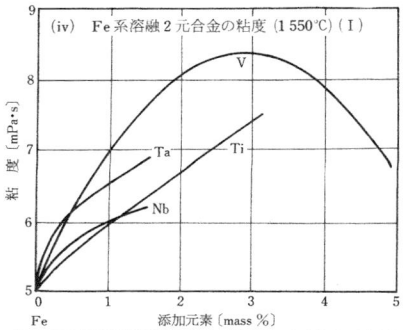

成田，尾上：鉄鋼基礎共同研究会，溶鋼溶滓部会第2分科会資料 (1967).

(v) Fe系溶融2元合金の粘度 (1550℃) (II)

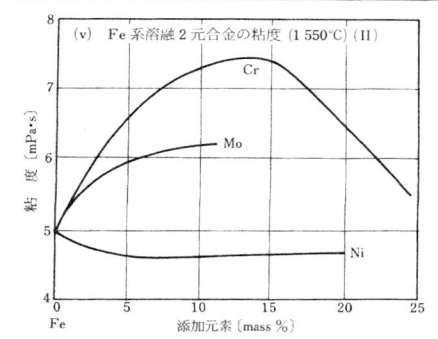

K. Narita, T. Onoye : Proc. ICSTIS (1971), Suppl. Trans. ISIJ, 11 (1971), 400.

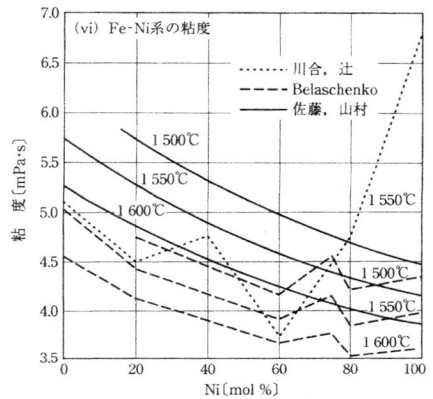

(vi) Fe-Ni系の粘度

D. K. Belaschenko : Dokl. Akad. Nauk SSSR, 117 (1957), 98.
Y. Kawai : Proc. ICSTIS (1971), Suppl. Trans. ISIJ, 11 (1971), 387.
Y. Sato, T. Yamamura : Proc. 15th Sympo. Thermophys. Prop., (2003), CD-ROM.

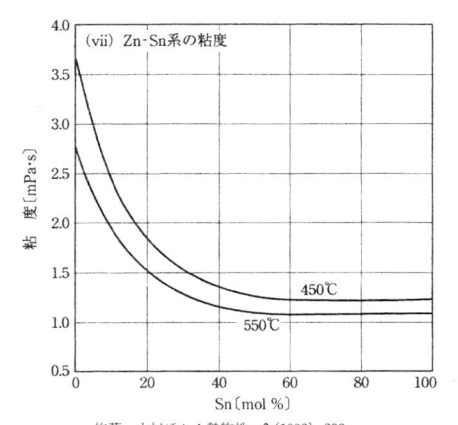

(vii) Zn-Sn系の粘度

佐藤, 山村ほか:熱物性, 6 (1992), 232.
A. F. Crawley : Metall. Trans., 3 (1972), 971.

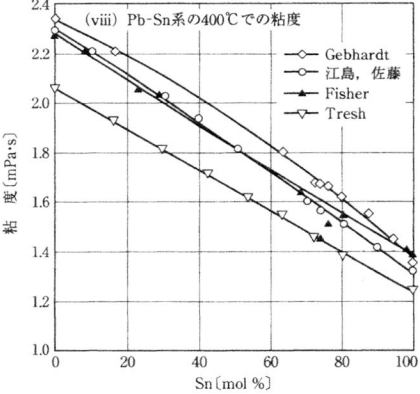

(viii) Pb-Sn系の400℃での粘度

E. Gebhardt et al. : Z. Metallkd., 48 (1957), 636.
江島, 佐藤ほか:日本金属学会誌, 54 (1990), 1005.
H. J. Fisher et al. : J. Metals, 6 (1954), 1060.
H. R. Thresh et al. : Metall. Trans., 1 (1970), 1531.

(ix) Cu および Sn 系合金の粘度

系	温度 [K]	組成 [at%]/粘度 [mPa·s]															文献
Cu-Ag	1473	0 3.9		17 3.5			37 3.4			60 3.2			78 3.2			100 3.2	1)
Cu-Al	1473	0 3.0	10 3.4	20 3.8	30 3.8	40 3.5		50 2.6		60 1.9				90 1.0		100 0.7	1)
Cu-Pb	1373	0 3.8		20 2.3				42 1.8	53.5 1.6				80 0.9			100 0.8	2)
Cu-Sn	1473	0 3.0	10 2.6	20 2.3	30 2.1			50 1.3			70 0.89					100 0.57	1)
Sn-Ag	873	0 1.00		20 1.15		40 1.75				60 3.34			80 5.06				3)
Sn-Cd	573		11.18 1.52		25 1.67			50 1.46			66.5 1.37			85 1.45			4)
Sn-Pb	623	0 1.39	9.2 1.48	19.7 1.59	26.0 1.65	27.6 1.68	36.4 1.78	46.2 1.92		57.2 2.02		69.6 2.18	83.7 2.29			100 2.44	5)
Sn-Zn	673		8.7 1.28	15.2 1.26				50 1.34				75 1.86			90 2.63		4)

1) L. Ya. Kozlov, L. M. Romanov, N. N. Petrov : Izv. VUZ Chern. Metall., (1983) 3, 7.
2) D. K. Belaschenko, L. I. Gvozdeva, A. P. Lyubimov : C631 Russ. Met. (Metall'), (1968) 3, 135.
3) H. Nakajima : Trans. JIM, 17 (1976), 403.
4) B. Djemili, L. Martin-Garin, R. Martin-Garin, P. Desré : J. Less-Common Met., 79 (1981), 29.
5) H. R. Thresh, A. F. Crawley : Metall. Trans., 1 (1970), 1531.

c. 表面張力

(i) Fe-Cr 溶融 2 元合金の表面張力

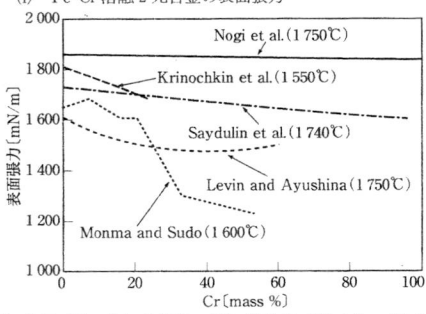

1) E. V. Krinochkin, K. T. Kurochkin, P. V. Umrikhin : *Russ. Metall.*, **5** (1971), 51-54.
2) K. Nogi, W. B. Chung, A. McLean, W. A. Miller : *Mater. Trans. JIM*, **32**, 2 (1991), 164-168.
3) R. A. Saydulin, A. A. Deryabin, S. J. Popel, V. N. Kozhurkov : *Russ. Metall.*, (1973), 38-41.
4) K. Monma, H. Sudo : *J. Jpn. Inst. Met.*, **24**, 3 (1960), 169-176.
5) E. S. Levin, G. D. Ayushina : *Russ. J. Phys. Chem.*, **45**, 6 (1971), 792-795.
6) A. Sharan, T. Nagasaka, A. W. Cramb : *Metall. Mater. Trans. B*, **25B** (1994), 626-628.

(iii) Fe-Cu 溶融 2 元合金の表面張力

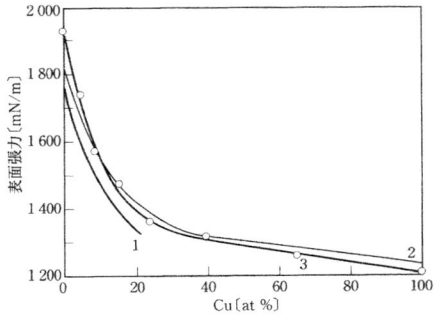

1) C. Lang : *Aluminum*, **49** (1973), 231.
2) V. I. Nizhenko, L. I. Floka : *Izv. VUZ Chern. Metall.*, 9 (1973), 13.
3) K. Nogi, W. B. Chung, A. McLean, W. A. Miller : *Mater. Trans. JIM*, **32** (1991), 164-168.

(ii) Fe-Ni 溶融 2 元合金の表面張力

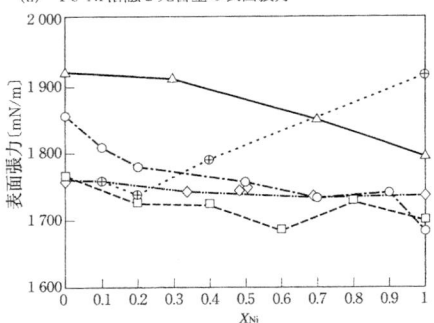

1) K. Eckler, I. Egry, D. M. Herlach : *Mater. Sci. Eng.*, **AI 33**, 718-721.
2) K. Mori, M. Kishimoto, T. Shimose, Y. Kawai : *J. Jpn. Inst. Met.*, **39** (1975), 1301-1308.
3) S. I. Popel, L. M. Shergin, B. V. Tsarevskii : *Russ. J. Phys. Chem.*, **43** (1969), 1325-1328.
4) Y. A. Minaev : *Izv. VUZ Chern. Metall.*, 9 (1977), 131.
5) H-K. Lee, M. G. Frohberg, J. P. Hajra : *Steel Research*, **64** (1993), 191-196.

(iv) Fe-Sn 溶融 2 元合金の表面張力

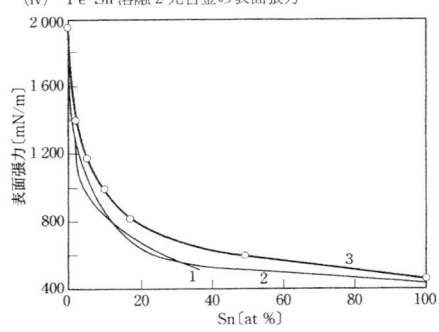

1) B. F. Dyson : *Trans. Met. Soc. AIME*, **227** (1963), 1098.
2) V. I. Nizhenko, L. I. Floka : *Izv. VUZ Chern. Metall.*, 9 (1973), 13.
3) K. Nogi, W. B. Chung, A. McLean, W. A. Miller : *Mater. Trans. JIM*, **32** (1991), 164-168.

1 物性

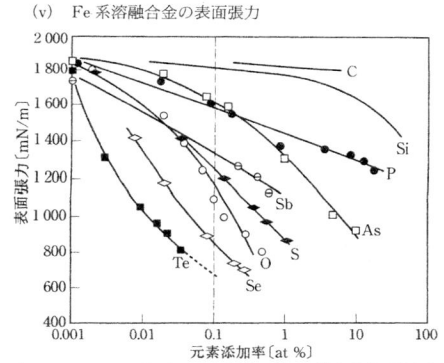

(v) Fe 系溶融合金の表面張力

1) F. A. Halden, W. D. Kingrey：*J. Phys. Chem.*, **59** (1955), 557-559.
2) K. Ogino, K. Nogi, O. Yamase：*Trans. ISIJ.*, **23** (1983), 234-239.
3) J. T. Wang, R. A. Rarasev, A. M. Samarin：*Russ. Metall. Fuels*, 1 (1960), 21-25.
4) S. I. Popel, B. V. Tsarevisky, V. V. Palov, E. L. Furman：*Russ. Metall.*, **4** (1975), 42-46.
5) P. Kozakevitch, G. Urbain：*Mem. Sci. Rev. Metall.*, **58** (1961), 931-947.
6) P. Kozakevitch, G. Urbain：*Mem. Sci. Rev. Metall.*, **58** (1961), 517-534.
7) G. D. Molonov, P. S. Kharlashin：*Izv. VUZ Chern. Metall.*, 3 (1977), 14-17.
8) E. S. Levin, P. V. Gel'd, B. A. Baum：*Russ. J. Phys. Chem.*, **40** (1966), 1455-1458.
9) X. M. Xue, H. G. Jiang, Z. T. Sui, B. Z. Ding, Z. Q. Hu：*Metall. Mater. Trans. B*, **27B** (1996), 71-79.

(vi) Cu-Ni 溶融 2 元合金の表面張力

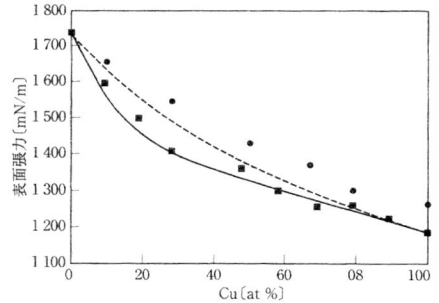

1) K. Nogi, W. B. Chung, A. McLean, W. A. Miller：*Mater. Trans. JIM.*, **32** (1991), 164-168.
2) V. N. Fesenko, V. N. Eremenko：*Zh. Fiz. Khim.*, **35** (1961), 860.
3) E. Gorges, I. Egry：*J. Mater. Sci.*, **30** (1995), 2517-2520.

(vii) Ni-Sn 溶融 2 元合金の表面張力

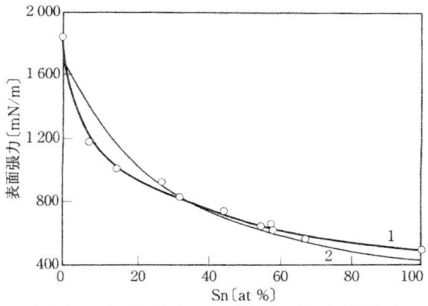

1) V. N. Eremenko, V. I. Nizhenko：*Ukr. Khim. Zh.*, **30** (1964), 125.
2) K. Nogi, W. B. Chung, A. McLean, W. A. Miller：*Mater. Trans. JIM*, **32**, 2 (1991), 164-168.

(viii) Co-Cu 溶融 2 元合金の表面張力

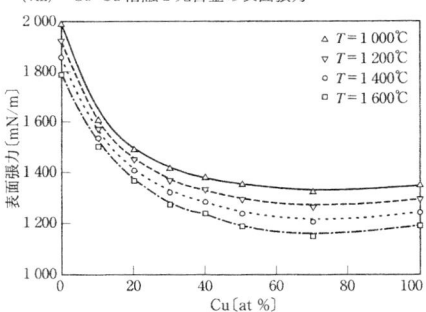

R.-A. Eichel, I. Egry：*Z. Metallkd.*, **90** (1999), 371-375.

(ix) Co-Fe 溶融 2 元合金の表面張力

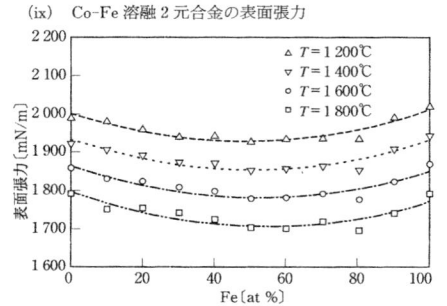

R.-A. Eichel, I. Egry：Z. Metallkd., **90** (1999), 371-375.

(x) Al-Si, Al-Zn Al-Mg 溶融 2 元合金の表面張力

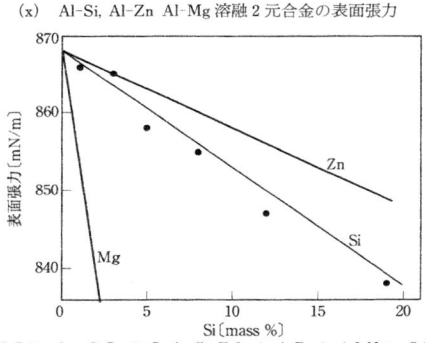

J. Goicoechea, C. Garcia-Cordovilla, E. Louis, A. Pamies：J. Mater. Sci., **27** (1992), 5247-5252.

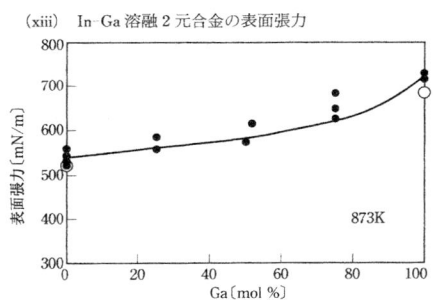

(xi) Bi-Ga 溶融 2 元合金の表面張力

T. Tanaka, M. Matsuda, K. Nakao, Y. Katayama, D. Kaneko, S. Hara, X. Xing, Z. Qiao：Z. Metallkd., **92** (2001), 1242-1246.

(xii) Sn-Ga 溶融 2 元合金の表面張力

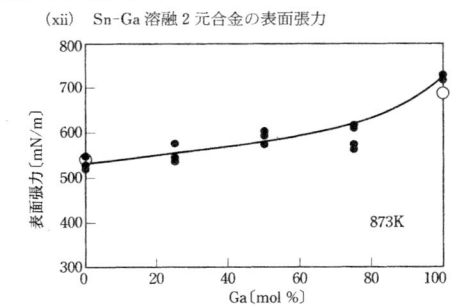

T. Tanaka, M. Matsuda, K. Nakao, Y. Katayama, D. Kaneko, S. Hara, X. Xing, Z. Qiao：Z. Metallkd., **92** (2001), 1242-1246.

(xiii) In-Ga 溶融 2 元合金の表面張力

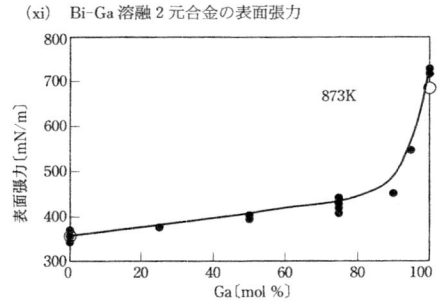

T. Tanaka, M. Matsuda, K. Nakao, Y. Katayama, D. Kaneko, S. Hara, X. Xing, Z. Qiao：Z. Metallkd., **92** (2001), 1242-1246.

(xiv) Sn-Bi 溶融 2 元合金の表面張力

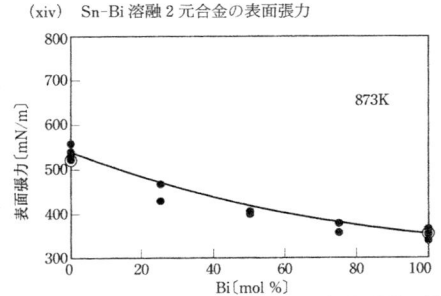

T. Tanaka, M. Matsuda, K. Nakao, Y. Katayama, D. Kaneko, S. Hara, X. Xing, Z. Qiao：Z. Metallkd., **92** (2001), 1242-1246.

(xv) In-Bi 溶融2元合金の表面張力

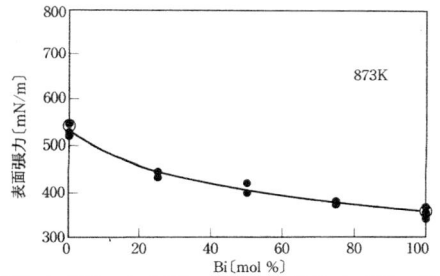

(xvi) In-Sn 溶融2元合金の表面張力

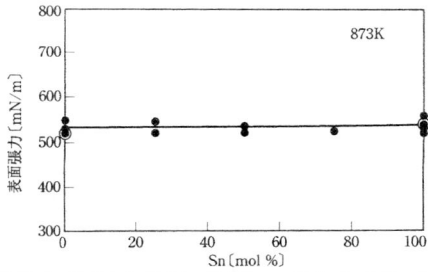

T. Tanaka, M. Matsuda, K. Nakao, Y. Katayama, D. Kaneko, S. Hara, X. Xing, Z. Qiao: *Z. Metallkd.*, **92** (2001), 1242-1246.

T. Tanaka, M. Matsuda, K. Nakao, Y. Katayama, D. Kaneko, S. Hara, X. Xing, Z. Qiao: *Z. Metallkd.*, **92** (2001), 1242-1246.

d. 金属および半導体融体の熱拡散率,熱伝導率

系	熱拡散率 α [m²·s⁻¹]	熱伝導率 λ [W·m⁻¹·K⁻¹]	温度 [K]	測定法	文献
Cu	$-5.78\times10^{-9}T+4.03\times10^{-5}$		1357〜1473	レーザーフラッシュ法	1)
Fe	$4.51\times10^{-9}(T-1808)+5.97\times10^{-6}$	$21.5\times10^{-3}(T-1818)+33.3$	1818〜1868	レーザーフラッシュ法	2), 4)
Co	$6.59\times10^{-9}(T-1768)+6.14\times10^{-6}$	$27.9\times10^{-3}(T-1768)+30.4$	1768〜1838	レーザーフラッシュ法	2), 4)
Ni	$6.61\times10^{-9}(T-1728)+1.02\times10^{-6}$	$23.0\times10^{-3}(T-1728)+53.0$	1728〜1908	レーザーフラッシュ法	2), 4)
Ge	$1.40\times10^{-8}(T-1728)+2.29\times10^{-5}$	$23.9\times10^{-3}(T-1218)+48.0$	1218〜1398	レーザーフラッシュ法	3)

1) NPL Report CBTLM S30 (2000).
2) Y. Waseda, H. Ohta, H. Shibata, T. Nishi: *High Temp. Mater. Proc.*, **21** (2002), 387-398.
3) T. Nishi, H. Shibata, H. Ohta: *Mater. Trans.*, **44** (2003), 2369-2374.
4) T. Nishi, H. Shibata, H. Ohta, Y. Waseda: *Metall. Mater. Trans. A*, **34A** (2003), 2801-2807.

1・2 溶融塩 [a)~f)]

1・2・1 溶融塩の密度・導電率・表面張力

溶融塩	密度 ρ [Mg·m^{-3}]	温度範囲 [K]	導電率 K [10^2 S·m^{-1}]	温度範囲 [K]	表面張力 σ [mN·m^{-1}]	温度範囲 [K]
LiF	$2.358-4.902\times10^{-4}T$	1149~1320	$15.287\exp(-5386.5/RT)$	1140~1310	$346.49-0.0988T$	1160~1530
LiCl	$1.884-4.328\times10^{-4}T$	910~1050	$13.134\exp(-6097.8/RT)$	917~1056	$178.96-0.0594T$	893~1195
LiBr	$3.066-6.515\times10^{-4}T$	825~1012	$12.98\exp(-6970.6/RT)$	831~1022	$150.56-0.0499T$	834~1159
LiI	$3.791-9.178\times10^{-4}T$	760~880	$10.113\exp(-5903.7/RT)$	756~877	$125.68-0.0430T$	743~985
LiNO$_3$	$2.323-5.532\times10^{-4}T$	537~651	$20.354\exp(-14108.3/RT)$	558~653		
Li$_2$CO$_3$	$2.203-3.729\times10^{-4}T$	1019~1136	$29.34\exp(-16543.8/RT)$	1110~1270	$284.59-0.0406T$	1020~1130
Li$_2$SO$_4$	$2.464-4.07\times10^{-4}T$	1133~1487	$18.929\exp(-14258.1/RT)$	1140~1245	$301-0.0672T$	1133~1373
NaF	$2.755-6.36\times10^{-4}T$	1275~1370	$10.49\exp(-7996.4/RT)$	1276~1411	$289.60-0.0820T$	1270~1360
NaCl	$2.139-5.430\times10^{-4}T$	1080~1290	$7.6426\exp(-6742.6/RT)$	1080~1290	$189.45-0.0702T$	1077~1190
NaBr	$3.175-8.169\times10^{-4}T$	1027~1218	$9.097\exp(-8723.7/RT)$	1030~1229	$164.93-0.0628T$	1033~1185
NaI	$3.627-9.491\times10^{-4}T$	945~1185	$8.292\exp(-10138.0/RT)$	936~1187	$139.83-0.0573T$	944~1165
NaNO$_3$	$2.323-6.978\times10^{-4}T$	585~744	$12.103\exp(-12154.7/RT)$	583~691	$155.5-0.0613T$	589~869
NaOH	$2.068-4.784\times10^{-4}T$	600~730	$24.490\exp(-12084.4/RT)$	593~723		
NaPO$_3$	$2.690-4.59\times10^{-4}T$	930~1100	$9.1272\exp(-21516.2/RT)$	1100~1300	$228.7-0.0398T$	1005~1250
Na$_2$CO$_3$	$2.480-4.487\times10^{-4}T$	1151~1254	$13.758\exp(-14757.2/RT)$	1138~1240	$268.61-0.0502T$	1143~1290
Na$_2$SO$_4$	$2.652-5.034\times10^{-4}T$	1173~1350	$11.893\exp(-15982.7/RT)$	1189~1232	$269-0.066T$	1170~1460
Na$_2$MoO$_4$	$3.407-6.29\times10^{-4}T$	1020~1230	$15.609\exp(-21389.0/RT)$	1024~1237	$286.3-0.07688T$	971~1485
Na$_2$WO$_4$	$4.629-7.97\times10^{-4}T$	1025~1774	$7.541\exp(-16447.6/RT)$	925~1774	$272.3-0.0697T$	983~1868
KF	$2.646-6.515\times10^{-4}T$	1154~1310	$10.002\exp(-9731.7/RT)$	1132~1285	$240.0-0.0848T$	1185~1583
KCl	$2.136-5.832\times10^{-4}T$	1060~1200	$6.9475\exp(-10100.3/RT)$	1063~1198	$173.60-0.0722T$	1049~1186
KBr	$2.958-8.253\times10^{-4}T$	1014~1203	$6.256\exp(-11259.3/RT)$	1011~1229	$158.69-0.0681T$	1012~1194
KI	$3.359-9.557\times10^{-4}T$	955~1177	$4.846\exp(-10406.8/RT)$	959~1184	$136.10-0.0600T$	969~1186
KNO$_3$	$2.324-7.430\times10^{-4}T$	612~823	$9.1025\exp(-13587.3/RT)$	615~780	$154.71-0.0717T$	620~760
KOH	$2.013-4.396\times10^{-4}T$	640~870	$13.264\exp(-9324.6/RT)$	680~860		
KPO$_3$	$2.568-4.272\times10^{-4}T$	1170~1470	$6.479\exp(-22056.0/RT)$	1155~1225	$208.4-0.0556T$	1132~1773
K$_2$CO$_3$	$2.414-4.421\times10^{-4}T$	1180~1280	$11.027\exp(-16489.4/RT)$	1184~1279		
K$_2$SO$_4$	$2.475-4.511\times10^{-4}T$	1350~1410	$7.949\exp(-16017.5/RT)$	1341~1360	$245.2-0.0765T$	1372~1394
K$_2$MoO$_4$	$3.094-6.082\times10^{-4}T$	1204~1337	$4.72\exp(-18274.9/RT)$	1205~1270	$229.5-0.06478T$	1203~1406
K$_2$WO$_4$	$4.062-4.784\times10^{-4}T$	1198~1794	$8.141\exp(-19518.7/RT)$	1210~1300	$266.5-0.0905T$	1210~1793
RbF	$3.995-1.021\times10^{-3}T$	1080~1340			$209-0.0782T$	1068~1218
RbCl	$3.121-8.832\times10^{-4}T$	996~1196	$8.621\exp(-14393.2/RT)$	1003~1197	$167.28-0.0739T$	996~1179
RbBr	$3.739-1.072\times10^{-3}T$	977~1180	$6.174\exp(-13585.7/RT)$	969~1179	$150.91-0.0667T$	974~1183
RbI	$3.950-1.144\times10^{-3}T$	926~1175	$5.082\exp(-13535.5/RT)$	929~1158	$132.89-0.0614T$	921~1126
RbNO$_3$	$3.084-9.791\times10^{-4}T$	606~793	$9.942\exp(-15640.1/RT)$	590~680	$157-0.083T$	603~873
RbPO$_3$			$11.225\exp(-26100.6/RT)$	1120~1230		
Rb$_2$CO$_3$	$3.600-6.797\times10^{-4}T$	1165~1231			$266.4-0.1042T$	1160~1230
Rb$_2$SO$_4$	$3.442-6.65\times10^{-4}T$	1359~1818	$6.2394\exp(-16641.1/RT)$	1345~1395	$197.85-0.0502T$	1359~1818
CsF	$4.899-1.281\times10^{-3}T$	985~1185	$13.577\exp(-13577.3/RT)$	1010~1125	$184.6-0.0808T$	1048~1253
CsCl	$3.769-1.065\times10^{-3}T$	945~1179	$11.698\exp(-17962.2/RT)$	926~1170	$150.83-0.0683T$	943~1163
CsBr	$4.245-1.223\times10^{-3}T$	910~1133	$11.185\exp(-19903.6/RT)$	917~1131	$141.52-0.0649T$	922~1185
CsI	$4.255-1.183\times10^{-3}T$	919~1126	$8.616\exp(-19174.9/RT)$	932~1137	$122.88-0.0568T$	900~1148
CsNO$_3$	$3.594-1.125\times10^{-3}T$	715~850	$5.804\exp(-13602.4/RT)$	688~764	$142.3-0.074T$	683~873
CsPO$_3$	$3.825-7.32\times10^{-4}T$	1070~1290	$10.896\exp(-30079.7/RT)$	1020~1200	$166.6-0.0487T$	1010~1314
Cs$_2$CO$_3$	$4.377-8.565\times10^{-4}T$	1100~1231			$213.5-0.0731T$	1100~1220
CsSO$_4$	$4.3-9.515\times10^{-4}T$	1309~1803	$4.7018\exp(-15420.8/RT)$	1295~1355	$180.9-0.0551T$	1309~1803
CuCl	$4.226-7.6\times10^{-4}T$	709~858	$4.19463\exp(-735.89/RT)$	746~1430		
AgCl	$5.519-9.4\times10^{-4}T$	760~900	$8.482\exp(-4941.4/RT)$	753~1013	$216.4-0.052T$	733~973
AgBr	$6.80-1.035\times10^{-3}T$	720~940	$5.183\exp(-3476.9/RT)$	723~1073	$171.3-0.025T$	733~973
AgI	$6.415-1.01\times10^{-3}T$	870~1075	$4.674\exp(-4794.9/RT)$	830~1073	$134.08-0.023T$	773~873
AgNO$_3$	$4.503-1.098\times10^{-3}T$	483~633	$11.29\exp(-11384.9/RT)$	490~630	$179.2-0.0613T$	495~625
AgClO$_3$	$8.950-1.056\times10^{-3}T$	478~485	$16\exp(-16115.8/RT)$	505~510		
BeCl$_2$	$2.276-1.1\times10^{-3}T$	706~746	$6.72\times10^{12}\exp(-2.191\times10^5/RT)$	718~761		
MgF$_2$	$3.235-5.24\times10^{-4}T$	1650~2100				
MgCl$_2$	$1.976-3.02\times10^{-4}T$	1017~1099	$7.374\exp(-16313.7/RT)$	987~1244	$65.34-0.00307T$	1010~1160
CaF$_2$	$3.179-3.91\times10^{-4}T$	1640~2300	$18.168\exp(-16146.3/RT)$	1720~1960	$1604.6-0.72T$	1670~1880
CaCl$_2$	$2.526-4.225\times10^{-4}T$	1000~1122	$19.628\exp(-19870.1/RT)$	1060~1291	$189-0.03952T$	1073~1219
SrF$_2$	$4.784-7.51\times10^{-4}T$	1750~2200				
SrCl$_2$	$3.390-5.78\times10^{-4}T$	1167~1310	$17.792\exp(-20866.0/RT)$	1146~1357	$230.7-0.0541T$	1157~1307
BaF$_2$	$5.775-9.99\times10^{-4}T$	1600~2000			$991-1292$	
BaCl$_2$	$4.015-6.81\times10^{-4}T$	1240~1370	$17.479\exp(-22066.8/RT)$	1233~1359	$218.3-0.0397T$	1240~1360

溶融塩	密度 ρ $[Mg \cdot m^{-3}]$	温度範囲 [K]	導電率 K $[10^2 S \cdot m^{-1}]$	温度範囲 [K]	表面張力 σ $[mN \cdot m^{-1}]$	温度範囲 [K]
$ZnCl_2$	$2.838 - 5.293 \times 10^{-4} T$	590~ 830	$5.399 \exp(-97170.8/RT)$	593~ 673	$54.9 - 0.002 T$	580~ 818
			$2624.4 \exp(-66802.2/RT)$	673~ 851	$68.8 - 0.019 T$	818~ 970
$ZnBr_2$	$4.113 - 9.59 \times 10^{-4} T$	707~ 875	$894.4 \exp(-59991.2/RT)$	671~ 913	$62.8 - 0.0172 T$	773~ 873
					$124.9 - 0.0895 T$	873~ 943
$CdCl_2$	$4.078 - 8.2 \times 10^{-4} T$	840~1080	$6.365 \exp(-8577.3/RT)$	845~1082	$108.5 - 0.028 T$	853~1194
$CdBr_2$	$4.983 - 1.08 \times 10^{-3} T$	853~ 993	$5.488 \exp(-11502.0/RT)$	849~1055	$93.38 - 0.0314 T$	908~1048
CdI_2	$5.133 - 1.117 \times 10^{-3} T$	673~ 973	$23.613 \exp(-26108.6/RT)$	675~ 913		
Hg_2Cl_2	$9.093 - 4 \times 10^{-4} T$	799~ 850	$12.652 \exp(-17481.9/RT)$	800~1060		
$HgCl_2$	$5.939 - 2.862 \times 10^{-4} T$	550~ 577	$0.0070941 \exp(-24729.5/RT)$	550~ 630		
$HgBr_2$	$6.772 - 3.233 \times 10^{-4} T$	511~ 592	$0.020134 \exp(-21038.3/RT)$	520~ 610	$133.55 - 0.1343 T$	514~ 549
HgI_2	$6.944 - 3.235 \times 10^{-3} T$	532~ 627	$0.0017223 \exp(12789.4/RT)$	530~ 650		
$ScCl_3$			$218.43 \exp(-61225.5/RT)$	1223~1273		
YCl_3	$3.007 - 5 \times 10^{-4} T$	998~1118	$32.755 \exp(-36083.4/RT)$	973~1148		
LaF_3	$5.793 - 0.682 \times 10^{-3} T$	1750~2450				
$LaCl_3$	$4.154 - 8.326 \times 10^{-4} T$	746~1218	$9.427 \exp(-18966.8/RT)$	1170~1270	$272.2 - 0.132 T$	1165~1280
CeF_3	$6.253 - 9.36 \times 10^{-4} T$	1700~2200				
$CeCl_3$	$4.248 - 9.2 \times 10^{-4} T$	1123~1223	$13.107 \exp(-22452.6/RT)$	1101~1204		
$NdCl_3$	$4.264 - 9.301 \times 10^{-4} T$	1090~1270	$28.58 \exp(-33196.4/RT)$	1048~1173		
ThF_4	$7.108 - 7.59 \times 10^{-4} T$	1393~1651			$460.9 - 0.161 T$	1420~1940
$ThCl_4$	$4.823 - 1.4 \times 10^{-3} T$	1050~1120	$10.25 \exp(-25368.0/RT)$	1087~1195		
UF_4	$7.784 - 9.92 \times 10^{-4} T$	1309~1614			$446.9 - 0.192 T$	1320~1700
UCl_3	$13.65 - 7.943 \times 10^{-3} T$	1220~1300	$1.07 (T = 1123)$		$311.5 - 0.165 T$	1123~1323
UCl_4	$5.251 - 1.946 \times 10^{-3} T$	880~1300	$5.216 \exp(-18104.1/RT)$	872~1001	$204.95 - 0.185 T$	880~ 960
$AlCl_3$	$2.557 - 2.712 \times 10^{-3} T$	462~ 569	$9.7744 \times 10^{-4} \exp(-29259/RT)$	475~ 515	$49.0 - 0.0828 T$	464~ 514
$AlBr_3$	$3.549 - 2.436 \times 10^{-3} T$	380~ 540	$1.167 \times 10^{-4} \exp(-27761.3/RT)$	468~ 543		
AlI_3			$0.1876 \exp(-45133.6/RT)$	464~ 530		
$InCl_2$	$3.863 - 1.6 \times 10^{-3} T$	541~ 710	$6.405 \exp(-13866.0/RT)$	508~ 780		
$InCl_3$	$3.944 - 2.1 \times 10^{-3} T$	870~ 939	$0.045 \exp(-16158.9/RT)$	859~ 967		
$InBr_3$	$4.184 - 1.5 \times 10^{-3} T$	721~ 801	$0.1194 \exp(-2005.1/RT)$	709~ 813		
InI_3	$4.445 - 1.5 \times 10^{-3} T$	503~ 633	$0.8838 \exp(-11021.3/RT)$	504~ 580		
$TlCl$	$6.893 - 1.8 \times 10^{-3} T$	708~ 915	$8.683 \exp(-11938.8/RT)$	720~1169		
$TlNO_3$	$5.804 - 1.874 \times 10^{-3} T$	484~ 552	$9.416 \exp(-13150.1/RT)$	485~ 554	$132.2 - 0.078 T$	499~ 731
$SnCl_2$	$4.016 - 1.253 \times 10^{-3} T$	580~ 753	$33.808 \exp(-16395.3/RT)$	520~ 620	$154.9 - 0.0984 T$	556~ 729
			$-4.7341 + 0.014348 T -$	529~1235		
			$7.7764 \times 10^{-6} T^2 +$			
			$8.7578 \times 10^{-10} T^3$			
$PbCl_2$	$6.112 - 1.5 \times 10^{-3} T$	789~ 983	$16.55 \exp(-15184.0/RT)$	773~ 923	$233.7 - 0.124 T$	791~ 845
$PbBr_2$	$6.789 - 1.65 \times 10^{-3} T$	778~ 873	$9.727 \exp(-14634.2/RT)$	660~1080		
NH_4NO_3	$1.759 - 6.675 \times 10^{-4} T$	453~ 463			$148.4 - 0.105 T$	443~ 493
$SbCl_3$	$3.476 - 2.293 \times 10^{-3} T$	325~ 350	$0.241 \exp(-20611.6/RT)$	333~ 353		
$BiCl_3$	$5.073 - 2.3 \times 10^{-4} T$	523~ 623	$3.5702 \exp(-9409.97/RT)$	510~ 610	$136.09 - 0.1290 T$	544~ 655
			$-4.0243 + 0.016574 T -$	620~ 898		
			$1.9059 \times 10^{-5} T^2 + 6.8368$			
			$\times 10^{-9} T^3$			
$BiBr_3$	$6.059 - 2.637 \times 10^{-3} T$	580~1200	$2.159 \exp(-9355.58/RT)$	510~ 590	$122.65 - 0.1067 T$	523~ 715
			$-1.9945 - 0.0081742 T -$	600~ 998		
			$8.99735 \times 10^{-6} T + 3.0220$			
			$\times 10^{-9} T^3$			
$TeCl_4$			$7.734 \exp(-17765.6/RT)$	509~ 589		

1) G. J. Janz: Molten Salts Handbook, (1967), p.2, Academic Press.
2) G. J. Janz, G. L. Gardner et al.: *J. Phys. Chem. Ref. Data*, 17 (1974), 1.
3) G. J. Janz, R. P. T. Tomkins et al.: *J. Phys. Chem. Ref. Data*, 4 (1975), 871.
4) G. J. Janz, R. P. T. Tomkins et al.: *J. Phys. Chem. Ref. Data*, 6 (1977), 409.
5) G. J. Janz, R. P. T. Tomkins et al.: *J. Phys. Chem. Ref. Data*, 8 (1979), 125.
6) G. J. Janz: *J. Phys. Chem. Ref. Data*, 9 (1980), 791.
7) G. J. Janz, R. P. T. Tomkins: *J. Phys. Chem. Ref. Data*, 9 (1980), 831.
8) G. J. Janz: *J. Phys. Chem. Ref. Data*, 17 (S2) (1988), 1.
9) G. P. Bystrai, V. N. Desyatnik et al.: *Izv. VUZ Metall.*, 4 (1975), 165.
10) G. P. Bystrai, V. N. Desyatnik et al.: *Atom. Energ.*, 36 (1974), 517.
11) V. D. Golyshev, M. A. Goniket et al.: *Teplofiz. Vys. Temp.*, 21 (1983), 899.
12) P. P. Savintsev, V. A. Khoklov et al.: *Teplofiz. Vys. Temp.*, 16 (1978), 644.
13) Handbook of Physicochemical Properties at High Temperatures, ed. Y. Kawai, Y. Shiraishi (1988), p.239, Iron Steel Inst. Japan.
14) 江島辰彦, 佐藤 譲ほか: 日本金属学会誌, 51 (1987), 328.
15) 江島辰彦, 佐藤 譲ほか: 日本化学会誌, (1982), 961.
16) T. Ejima, Y. Sato et al.: *J. Chem. Eng. Data*, 32 (1987), 180.
17) Y. Nagasaka, A. Nagashima.: *Int. J. Thermophys.*, 9 (1988), 923.
18) 中沢巨樹, 赤堀正憲, 長坂雄次, 長島 昭: 日本機械学会論文集, 56B (1990), 245.

1・2・2 溶融塩の粘度・音速

溶融塩	粘度 [mPa·s]	温度範囲 [K]	音速 u [m·s^{-1}]	温度範囲 [K]
LiF	$0.18359\exp(21832/RT)$	1128〜1342	$3895-1.205T$	1163〜1313
LiCl	$0.10896\exp(19375/RT)$	886〜1169	$2760.6-0.8212T$	895〜1115
LiBr	$0.1403\exp(17246/RT)$	823〜1082	$1974.6-0.6129T$	850〜1045
LiI	$0.1265\exp(17386/RT)$	742〜1028	$1623.3-0.5300T$	780〜 975
LiNO$_3$	$0.08237\exp(18575/RT)$	540〜 650	$2210.0-0.7741T$	537〜 635
Li$_2$CO$_3$	$0.1074\exp(35000/RT)$	1016〜1198	$3583.4-0.762T$	1019〜1136
NaF	$0.13663\exp(25396/RT)$	1277〜1364	$3480-1.100T$	1298〜1433
NaCl	$0.09463\exp(21439/RT)$	1078〜1180	$2622.5-0.8246T$	1100〜1260
NaBr	$0.1034\exp(20478/RT)$	1022〜1192	$1985.7-0.6415T$	1030〜1220
NaI	$0.07171\exp(23736/RT)$	950〜1100	$1689.3-0.5874T$	960〜1135
NaNO$_3$	$0.1041\exp(16259/RT)$	589〜 731	$3049.9-2.970T$ $+6.84\times10^{-4}T^2$	589〜 635
NaOH	$0.07211\exp(20657/RT)$	623〜 823		
NaPO$_3$	$0.02412\exp(83259/RT)$	916〜1110		
	$0.16063\exp(67874/RT)$	1010〜1290		
Na$_2$CO$_3$	$0.2080\exp(27930/RT)$	1141〜1234	$3022.9-0.612T$	1151〜1254
Na$_2$SO$_4$	$0.148\exp(9990/RT)$	1240〜1460		
Na$_2$MoO$_4$	$0.153\exp(29570/RT)$	1030〜1190		
Na$_2$WO$_4$	$0.0797\exp(38683/RT)$	1050〜1250		
KF	$0.10680\exp(23778/RT)$	1141〜1328	$2776-0.850T$	1153〜1288
KCl	$0.07084\exp(23911/RT)$	1051〜1191	$2498.1-0.8745T$	1060〜1235
KBr	$0.0737\exp(23543/RT)$	1011〜1194	$2012.3-0.7311T$	1015〜1195
KI	$0.09836\exp(22355/RT)$	980〜1160	$1714.8-0.6393T$	975〜1155
KNO$_3$	$0.07737\exp(18468/RT)$	615〜 760	$2863.3-2.210T$ $+6.84\times10^{-4}T^2$	612〜 823 618〜 751
KOH	$0.02295\exp(25845/RT)$	673〜 873		
KPO$_3$	$0.0007198\exp(12001/RT)$	1123〜1173		
K$_2$CO$_3$	$0.1875\exp(27030/RT)$	1179〜1234	$2771.5-0.635T$	1229〜1340
K$_2$MoO$_4$	$0.28952\exp(21360/RT)$	1215〜1285		
K$_2$WO$_4$	$0.07666\exp(36065/RT)$	1235〜1255		
RbF	$0.09711\exp(24322/RT)$	1078〜1275		
RbCl	$0.07676\exp(24031/RT)$	1000〜1182	$2013.3-0.7370T$	1005〜1185
RbBr	$0.1158\exp(20346/RT)$		$1734.7-0.6476T$	980〜1160
RbI	$0.08514\exp(21610/RT)$	930〜1120	$1546.9-0.5914T$	940〜1130
RbNO$_3$	$0.1296\exp(16636/RT)$	598〜 698	$2546.7-2.307T$ $+9.0\times10^{-4}T^2$	601〜 741
Rb$_2$CO$_3$	$0.1659\exp(28550/RT)$	1153〜1233	$2289.2-0.617T$	1186〜1272
CsF	$0.10093\exp(22244/RT)$	981〜1281		
CsCl	$0.06078\exp(24942/RT)$	933〜1183	$1762.9-0.6748T$	935〜1120
CsBr	$0.0847\exp(22920/RT)$	912〜1192	$1555.0-0.5899T$	935〜1120
CsI	$0.0772\exp(22701/RT)$	917〜1198	$1406.6-0.5409T$	915〜1110
CsNO$_3$	$0.03936\exp(23196/RT)$	685〜 740	$2021.2-1.430T$ $+3.64\times10^{-4}T^2$	695〜 824
Cs$_2$CO$_3$	$0.1029\exp(30500/RT)$	1073〜1230	$2082.2-0.607T$	1079〜1222
CuCl	$0.1042\exp(21234/RT)$	773〜 973		
AgCl	$0.3128\exp(12121/RT)$		$2210-0.604T$	742〜 845
AgBr	$0.3806\exp(12920/RT)$	713〜 873		
AgI	$0.1481\exp(22004/RT)$	878〜1100		
AgNO$_3$	$0.1159\exp(15146/RT)$	530〜 593	$2530.02-2.6295T$ $+1.62\times10^{-3}T^2$	483〜 593
BeF$_2$	$7.603\times10^{-7}\exp$ $[(220040/RT)+(1471000/T^2)]$	847〜1252		
	$3.018\times10^{-7}\exp(239258/RT)$	1024〜1130		
	$2.265\times10^{-7}\exp(242266/RT)$	1130〜1252		
MgCl$_2$	$0.17939\exp(20559/RT)$	993〜1170	$1216-0.145T$	1002〜1140
MgBr$_2$	$0.003409\exp(60213/RT)$	1040〜1220	$866.3-0.122T$	
CaCl$_2$	$0.2405\exp(16368/RT)$	863〜 963	$2866-0.758T$	1073〜1160
SrCl$_2$	$0.09638\exp(34918/RT)$	1150〜1300	$2572-0.609T$	1148〜1240
BaCl$_2$	$0.07993\exp(39521/RT)$	1210〜1320	$2486-0.620T$	1243〜1413
ZnCl$_2$	$2.691\times10^{-7}\exp(114740/RT)$	591〜 628	$3741-7.443T$ $+4.89\times10^{-3}T^2$	600〜 735
	$5.302\times10^{-5}\exp(99099/RT)$	628〜 722		
	$2.890\times10^{-4}\exp(75136/RT)$	722〜 853	$1167+0.338T$	735〜 853
ZnBr$_2$	$7.788\times10^{-5}\exp(82480/RT)$	680〜 810	$1130-0.509T$	683〜 873
CdCl$_2$	$0.2406\exp(16368/RT)$	863〜 963	$1384-0.381T$	956〜1033
CdBr$_2$	$0.1893\exp(19062/RT)$	853〜 949	$1066-0.300T$	843〜1013
CdI$_2$	$0.08208\exp(29472/RT)$	680〜 920	$1003-0.365T$	683〜 973
HgCl$_2$	$0.01376\exp(21719/RT)$	550〜 568	768	558
HgBr$_2$	$0.01801\exp(21088/RT)$	528〜 548	$776-0.122T$	528〜 613

溶融塩	粘度 [mPa·s]	温度範囲 [K]	音速 u [m·s^{-1}]	温度範囲 [K]
HgI$_2$	$0.04 \exp(18958/RT)$	541〜 631	$1050 - 0.778T$	543〜 613
LaCl$_3$	$0.0815 \exp(37089/RT)$	1130〜1200		
NdCl$_3$	$0.11674 \exp(27121/RT)$	1160〜1240		
ThF$_4$	$0.010775 \exp(58222/RT)$	1348〜1488		
AlCl$_3$	$0.00822 \exp(14640/RT)$	467〜 513		
AlBr$_3$	$0.03491 \exp(13067/RT)$	373〜 523		
AlI$_2$	$0.06338 \exp(14547/RT)$	480〜 680		
InI$_2$	$0.05193 \exp(19597/RT)$	560〜 820		
TlCl	$0.173 \exp(14226/RT)$	740〜1040		
TlNO$_2$	$0.0843 \exp(15301/RT)$	493〜 554		
PbCl$_2$	$0.05619 \exp(28293/RT)$	773〜 973	$1956 - 0.796T$	793〜 873
PbBr$_2$	$0.08165 \exp(24573/RT)$	700〜 820		
SbCl$_3$	$0.003841 \exp(18600/RT)$	323〜 353		
BiCl$_3$	$0.3787 \exp(19636/RT)$	873〜1073		

1・2・3 共融組成付近における混合溶融塩の密度と粘度

混合溶融塩	組成 [モル比]	密度 ρ [Mg·m^{-3}], 粘度 η [mPa·s]	温度 [K]
NaNO$_2$-NaNO$_3$	60 : 40 (506 K)	$\rho = 2.1973 - 6.320 \times 10^{-4}T$	510〜 770
NaNO$_2$-KNO$_3$	54 : 46 (414 K)	$\rho = 2.2242 - 6.643 \times 10^{-4}T$	450〜 770
NaNO$_3$-KNO$_3$	46 : 54 (495 K)	$\rho = 2.2933 - 6.818 \times 10^{-4}T$	625〜 720
	50 : 50 (—)	$\eta = 0.074755 \exp(17878/RT)$	520〜 720
NaF-AlF$_3$	85 : 15 (1161 K)	$\rho = 3.0535 - 7.65 \times 10^{-4}T$	1275〜1370
	83.3 : 16.7	$\eta = 0.0363 \exp(44654/RT)$	1260〜1410
LiCl-NaCl	49 : 51	$\rho = 1.880 - 4.85 \times 10^{-4}T$	923〜1173
LiCl-KCl	58.8 : 41.2	$\rho = 2.0286 - 5.2676 \times 10^{-4}T$	680〜 860
	60 : 40	$\eta = 0.08703 \exp(20852/RT)$	890〜1070
NaCl-KCl	51.2 : 48.8	$\rho = 2.1314 - 5.6793 \times 10^{-4}T$	960〜1170
	51.2 : 48.8	$\eta = 0.028 \exp(33501/RT)$	1000〜1170
MgCl$_2$-NaCl	41.8 : 68.2	$\rho = 2.1253 - 4.7419 \times 10^{-4}T$	1030〜1100
	40 : 60	$\eta = 0.08278 \exp(21741/RT)$	973〜1073
MgCl$_2$-KCl	32.8 : 67.2	$\rho = 2.0007 - 4.5709 \times 10^{-4}T$	1030〜1150
	32.4 : 67.6	$\eta = 0.1408 \exp(18801/RT)$	900〜1030
MgCl$_2$-CsCl	$1-X : X$	$\rho = (1.967 + 3.279X - 4.813X^3 + 3.344X^5) - (2.907 + 20.19X - 33.92X^2 + 21.51X^3) \times 10^{-4}T$	823〜1173
CaCl$_2$-KCl	28.2 : 71.8	$\rho = 2.265 - 5.5242 \times 10^{-4}T$	1090〜1170
AlCl$_3$-LiCl	55 : 45	$\rho = 1.9228 - 6.8 \times 10^{-4}T$	450〜 495
AlCl$_3$-NaCl	61.8 : 38.2	$\rho = 2.078 - 8.38 \times 10^{-4}T$	400〜 560
AlCl$_3$-KCl	66.7 : 33.3	$\rho = 3.2364 - 1.432 \times 10^{-3}T$	500〜 780
ZnCl$_2$-LiCl	76.2 : 23.8	$\rho = 2.7263 - 5.3488 \times 10^{-4}T$	780〜 850
	77.6 : 22.4	$\eta = 0.000724 \exp(57798.7/RT)$	566〜 696
ZnCl$_2$-NaCl	60.4 : 39.6	$\rho = 2.7582 - 6.7248 \times 10^{-4}T$	570〜 770
	60.6 : 39.4	$\eta = 0.002732 \exp(42698.4/RT)$	539〜 599
ZnCl$_2$-KCl	53.9 : 46.1	$\rho = 2.6727 - 7.197 \times 10^{-4}T$	520〜 860
	56.6 : 43.4	$\eta = 0.003531 \exp(40260.8/RT)$	530〜 578
ZnCl$_2$-CsCl	54.3 : 45.7	$\rho = 3.375 - 9.253 \times 10^{-4}T$	708〜 873
	50.6 : 49.4	$\eta = 0.05385 \exp(26321.6/RT)$	692〜 879
ZnCl$_2$-PbCl$_2$	80.5 : 19.5	$\rho = 3.6390 - 7.4 \times 10^{-4}T$	570〜 800
PbCl$_2$-KCl	17.9 : 82.1	$\rho = 5.533 - 1.42 \times 10^{-3}T$	840〜 970
PbCl$_2$-AgCl	42.6 : 57.4	$\rho = 5.864 - 1.26 \times 10^{-4}T$	660〜 970
AgCl-KCl	80.6 : 19.4	$\eta = 2.48, 2.12, 1.62, 1.28$	723, 773, 875, 973
NaBr-KBr	50 : 50	$\rho = 3.0466 - 8.356 \times 10^{-4}T$	990〜1130
AgBr-KBr	39.5 : 60.5	$\rho = 3.954 - 9.8 \times 10^{-4}T$	870〜 970
Na$_3$AlF$_6$-Al$_2$O$_3$	95 : 5 (wt%)	$\rho = 3.182 - 8.80 \times 10^{-4}T$	1283〜1363
Na$_3$AlF$_6$-CaF$_2$	95 : 5 (wt%)	$\rho = 3.255 - 8.90 \times 10^{-4}T$	1263〜1353
LiCl-NaCl-AlCl$_3$	$1-y-z : z : y$ ($y > 0.5$)	$\rho = [(1.8884 - 0.2607y + 0.2215z + 0.2475yz + 0.2552y^2 + 0.0436z^2)]T + (4.325 + 1.189y + 0.866z + 3.403yz + 3.249y^2 + 0.328z^2) \times 10^{-4}T$	800〜1200
Li$_2$CO$_3$-K$_2$CO$_3$	50 : 50	$\rho = 2.3599 - 4.548 \times 10^{-4}T$	870〜1150
	50 : 50	$\eta = 0.0892 \exp(33100/RT)$	776〜1101
Na$_2$CO$_3$-K$_2$CO$_3$	50 : 50	$\rho = 2.4369 - 4.393 \times^{-4}T$	1000〜1230
	50 : 50	$\eta = 0.18862 \exp(28097/RT)$	1020〜1180
KNO$_3$-NaNO$_2$ -NaNO$_3$	44 : 49 : 7	$\rho = 2.2936 - 0.7947 \times 10^{-4}T$	470〜 870
	53 : 40 : 7	$\eta = 0.5631 \exp(-146.9794/T + 574265.2/T^2)$ [1]	
Li$_2$CO$_3$- Na$_2$CO$_3$-K$_2$CO$_3$	43.5 : 31.5 : 25.0	$\rho = 2.39115 - 4.559 \times 10^{-4}T$	1150〜1220
		$\eta = 0.1038 (33140/RT)$	1071〜 892

1) P. G. Gaune : *J. Chem. Eng. Data*, **27** (1982), 151.

1・2・4 溶融塩中の拡散係数 ($D = D_0 \exp(-E/RT)$)

溶媒塩 (mol%)	拡散 イオン	D_0 係数 (10^{-7} m²·s⁻¹)	E (kJ·mol⁻¹)	温度範囲 (K)	測定方法	文献	溶媒塩 (mol%)	拡散 イオン	D_0 係数 (10^{-7} m²·s⁻¹)	E (kJ·mol⁻¹)	温度範囲 (K)	測定方法	文献
NaF	Na	3.08	36.4	1290〜1410	キャピラリー法	1)	RbCl	⁸⁶Rb	2.51	33.50	1013〜1153	キャピラリー法	10)
KF	K	2.46	31.4	1140〜1290	キャピラリー法	1)		³⁶Cl	1.67	31.00	1013〜1153	キャピラリー法	10)
LiBeF₃	⁶Li	11.2	39.0	710〜830	キャピラリー法	2)	CsCl	¹³⁷Cs	0.72	20.21	945〜1003	キャピラリー法	11)
	¹⁸F	3.16×10⁶	144	763〜923	キャピラリー法	3)		¹³⁴Cs	1.73	30.60	941〜1067	キャピラリー法	10)
Li₂BeF₄	Li	9.27×10⁷	32.5	740〜890	キャピラリー法	2)		³⁶Cl	2.46	32.70	941〜1067	キャピラリー法	10)
	F	6.61×10⁷	128	783〜923	キャピラリー法	3)	TlCl	²⁰⁴Tl	7.3	19.00	725〜799	キャピラリー法	12)
Na₃AlF₆	Na	$D=9.50\times10^{-9}$ m²·s⁻¹ (1323 K)			キャピラリー法	4)		Tl	0.79	19.10	745〜815	キャピラリー法	12)
	¹⁹F	$D=5.88\times10^{-9}$ m²·s⁻¹ (1323 K)			キャピラリー法	4)	CuCl	⁶⁴Cu	0.499	13.165	723〜1023	キャピラリー法	13)
	²⁶Al	$D=6.9\times10^{-9}$ m²·s⁻¹ (1324 K)			キャピラリー法	5)		³⁶Cl	0.717	22.67	723〜1023	キャピラリー法	13)
46.5 LiF–	⁶Li	3.85	37.15	753〜936	キャピラリー法	6)	CaCl₂	⁴⁵Ca	0.38	25.55	1056〜1277	キャピラリー法	9)
11.5 NaF–	²²Na	4.42	36.40	777〜889	キャピラリー法	7)		³⁶Cl	1.9	37.07	1060〜1292	キャピラリー法	9)
42.0 KF	⁴²K	0.729	25.56	764〜886	キャピラリー法	7)	SrCl₂	⁸⁹Sr	0.21	22.51	1194〜1393	キャピラリー法	9)
	¹⁸F	1.63	30.25	753〜936	キャピラリー法	6)		³⁶Cl	0.77	28.79	1185〜1430	キャピラリー法	9)
LiCl	⁶Li	1.23	18.00	883〜1033	キャピラリー法	7)	BaCl₂	¹⁴⁰Ba	0.64	37.49	1267〜1480	キャピラリー法	9)
	³⁶Cl	0.71	18.43	883〜1033	キャピラリー法	7)		³⁶Cl	2.0	39.66	1266〜1476	キャピラリー法	9)
NaCl	²²Na	1.84	26.40	1073〜1273	キャピラリー法	8)	CdCl₂	¹¹⁵ᵐCd	1.1	28.62	880〜1079	キャピラリー法	14)
		2.1	29.87	1093〜1293	キャピラリー法	9)		³⁶Cl	1.1	28.87	880〜1075	キャピラリー法	14)
	³⁶Cl	1.83	29.90	1073〜1273	キャピラリー法	8)	PbCl₂	²¹⁰Pb	1.4	32.47	788〜861	キャピラリー法	9)
		1.9	31.09	1099〜1308	キャピラリー法	9)		³⁶Cl	2.55	32.38	788〜853	キャピラリー法	12)
KCl	⁴²K	1.8	28.79	1071〜1256	キャピラリー法	9)	NaI	²²Na	1.09	21.0	948〜1055	キャピラリー法	15)
	³⁶Cl	1.8	29.83	1067〜1260	キャピラリー法	9)		¹³¹I	1.88	30.2	945〜1058	キャピラリー法	15)

1) K. Grjotheim, S. Zuca : *Acta Chem. Scand.*, **22** (1968), 531.
2) N. Iwamoto, N. Umesaki, K. Furukawa, H. Ohno : *Trans. JWRI*, **7** (1978), 1.
3) 大野英雄, 綱脇恵章, 梅咲則正, 古川和男, 岩本信也:日本金属学会誌, **41** (1977), 391.
4) F. Lantelme, M. Chemla : *C. R. Acad. Sci.*, Paris, **267a** (1968), 281.
5) D. Harari, F. Lantelme, M. Chemla : *C. R. Acad. Sci.*, Paris, **270c** (1970), 653.
6) N. Iwamoto, Y. Tsunawaki, N. Umesaki, K. Furukawa, H. Ohno : *Trans. JWRI*, **7** (1978), 5.
7) N. Iwamoto, Y. Tsunawaki, N. Umesaki, K. Furukawa, H. Ohno : *Trans. JWRI*, **7** (1978), 279.
8) 江島辰彦, 山村 力, 有田陽二:日本金属学会誌, **38** (1974), 859.
9) J. O' M. Bockris, S. R. Richards, L. Nanis : *J. Phys. Chem.*, **69** (1965), 1627.
10) J. O' M. Bockris, G. W. Hooper : *Disc. Faraday Soc.*, **32** (1961), 218.
11) 江島辰彦, 山村 力, 久本 寛:日本金属学会誌, **41** (1977), 742.
12) C. A. Angell, J. W. Tomlinson : *Trans. Faraday Soc.*, **61** (1965), 2312.
13) J. C. Poignet, M. J. Barbier : *Electrochim. Acta*, **26** (1981), 1429.
14) L. E. Wallin, A. Lunden : *Z. Naturforsch.*, **14a** (1959), 262.
15) S. B. Tricklebank, L. Nanis, J. O' M. Bockris : *J. Phys. Chem.*, **68** (1964), 58.

1・2・5 熱拡散率 (溶融塩)

塩	熱拡散率 α [m²·s⁻¹], 熱伝導率 λ [W·m⁻¹·K⁻¹]	温度範囲 (K)	測定方法	文献
NaNO₃	$\alpha = 1.53\times10^{-10}T + 4.81\times10^{-8}$	593〜660	レーザーフラッシュ法	1)
KNO₃	$\alpha = 9.74\times10^{-11}T + 8.84\times10^{-8}$	621〜694	レーザーフラッシュ法	1)
LiCl	$\lambda = 0.626 - 0.29\times10^{-3}(T-883)$	967〜1321	強制レイリー散乱法	2)
NaCl	$\lambda = 0.519 - 0.18\times10^{-3}(T-1074)$	1170〜1441	強制レイリー散乱法	2)
KCl	$\lambda = 0.389 - 0.17\times10^{-3}(T-1043)$	1056〜1335	強制レイリー散乱法	2)
RbCl	$\lambda = 0.249 - 0.11\times10^{-3}(T-990)$	1046〜1441	強制レイリー散乱法	2)
CsCl	$\lambda = 0.209 - 0.12\times10^{-3}(T-918)$	960〜1360	強制レイリー散乱法	2)
NaBr	$\lambda = 0.320 - 0.08\times10^{-3}(T-1020)$	1050〜1267	強制レイリー散乱法	3)
KBr	$\lambda = 0.218 - 0.04\times10^{-3}(T-1007)$	1035〜1245	強制レイリー散乱法	3)
RbBr	$\lambda = 0.203 - 0.11\times10^{-3}(T-953)$	1031〜1326	強制レイリー散乱法	3)
CsBr	$\lambda = 0.149 - 0.02\times10^{-3}(T-909)$	948〜1314	強制レイリー散乱法	3)
NaI	$\lambda = 0.206 - 0.03\times10^{-3}(T-935)$	961〜1099	強制レイリー散乱法	4)
KI	$\lambda = 0.150 - 0.10\times10^{-3}(T-958)$	965〜1234	強制レイリー散乱法	4)
RbI	$\lambda = 0.136 - 0.07\times10^{-3}(T-913)$	963〜1226	強制レイリー散乱法	4)
CsI	$\lambda = 0.119 - 0.08\times10^{-3}(T-894)$	937〜1277	強制レイリー散乱法	4)

1) H. Ohta, G. Ogura, Y. Waseda, M. Suzuki : *Rev. Sci. Instrum.*, **61** (1990), 2645.
2) Y. Nagasaka, N. Nakazawa, A. Nagashima : *Int. J. Thermophys.*, **13** (1992), 555.
3) N. Nakazawa, Y. Nagasaka, A. Nagashima : *Int. J. Thermophys.*, **13** (1992), 753.
4) N. Nakazawa, Y. Nagasaka, A. Nagashima : *Int. J. Thermophys.*, **13** (1992), 763.

文 献(溶融塩)

a) 江島辰彦, 佐藤譲ほか:日本金属学会誌, **45** (1981), 368.
b) Y. Sato, T. Yamamura et al. : *Electrochem.*, **67** (1999), 568.
c) Y. Sato, T. Ejima et al. : *J. Phys. Chem.*, **94** (1990), 1991.
d) Y. Sato, T.Yamamura et al. : *Int. J. Thermophys.*, **18** (1997), 1123.
e) 佐藤譲, 山村力ほか:熱物性, **13** (1999), 162.
f) 佐藤譲, 江島辰彦ほか:日本金属学会誌, **43** (1979), 97.

1・3 溶融スラグ

1・3・1 拡散係数

a. 溶融2元酸化物系の自己拡散

系〔mol%〕	トレーサー	温度〔K〕	拡散係数〔m²/s〕	温度範囲〔K〕	頻度因子〔m²/s〕	活性化エネルギー〔kJ/mol〕	文献
$Na_2O \cdot 3SiO_2$	^{22}Na	1373	$1.8E-9$	1023〜1423	$3.16E-7$	59.0	1)
$Na_2O \cdot 2SiO_2$	〃	〃	$2.2E-9$	1173〜1423	$2.00E-7$	51.5	〃
$Na_2O \cdot SiO_2$	^{18}O	〃	$6.6E-13$	1333〜1673	$79E-7$	186	2)
$K_2O \cdot 3SiO_2$	^{42}K			1123〜1332	$5.01E-7$	69.9	1)
$CaO-SiO_2$							
36.6-63.4	^{45}Ca	1873	$3.1E-10$	1773〜1923	$37E-7$	146	3)
41.3-58.7	〃	〃	$3.9E-10$	1833〜1923	$9.2E-7$	121	〃
47.0-53.0	〃	1873	$4.4E-10$	1823〜1973	$24E-7$	134	〃
51.2-48.8	〃	〃	$5.0E-10$	1823〜1923	$46E-7$	142	〃
55.2-44.8	〃	〃	$6.1E-10$	1773〜1923	$20E-7$	126	〃
36.6-63.4	^{31}Si	1873	$3.2E-11$				4)
41.7-58.3	〃	〃	$5.1E-11$				〃
46.6-53.4	〃	〃	$7.6E-11$				〃
51.6-48.4	〃	〃	$11.1E-11$				〃
38-62	^{18}O	〃	$5.3E-10$	1793〜1923	8	365	5)
56-44	〃	〃	$6.3E-9$	1823〜1923	$1.5E-3$	408	〃
$FeO-SiO_2$							
56-44	^{59}Fe	1573	$1.1E-8$	1523〜1577	$1.6E-3$	155	6)
67-33		1773	$1.3E-9$	1639〜1813	$1.82E-7$	73	7)
$Co-SiO_2$							
63.5-36.5	^{57}Co	1773	$8.2E-9$	1700〜1845	$2.03E-2$	217	8)
	^{29}Si	〃	$4.3E-10$	1700〜1845	$1.58E-13$	766	〃
$PbO-SiO_2$							
90-10	^{210}Pb	1123	$7.08E-10$				9)
	^{30}Si		$6.31E-10$				
	^{18}O		$14.1E-10$				
80-20	^{210}Pb		$5.01E-10$				
	^{30}Si		$3.16E-10$				
	^{18}O		$5.62E-10$				
70-30	^{210}Pb		$2.00E-10$				
	^{30}Si		$1.41E-10$				
	^{18}O		$1.58E-10$				
60-40	^{210}Pb		$7.94E-11$				
	^{30}Si		$3.98E-11$				
	^{18}O		$1.58E-10$				
50-50	^{210}Pb		$2.00E-11$				
	^{30}Si		$0.56E-11$				
40-60	^{210}Pb		$3.98E-11$				
$CaO-Al_2O_3$							
63.3-36.7	^{45}Ca	1773	$8.9E-11$	1693〜1758	$2.2E-3$	251	10)

1) G. D. Negodaev, I. A. Ivanov, K. K. Evstop'ev: *Elektrokhimiya*, **8** (1972), 234.
2) Y. Oishi, R. Terai, H. Ueda: Mass Transport Phenomena in Ceramics, ed. A. R. Cooper, A. H. Heuer (1975), p. 297, Plenum Press.
3) H. Keller, K. Schwerdtfeger, K. Hennesen: *Metall. Trans. B*, **10 B** (1979), 67.
4) H. Keller, K. Schwerdtfeger: *Metall. Trans. B*, **10 B** (1979), 551.
5) T. Saito, Y. Shiraishi, N. Nishiyama, K. Sirimachi, Y. Sawada: 4th Japan-USSR Joint Symp. Phys. Chem. Metall. Process (Iron Steel Inst. Japan)(1973), p. 53; *Can. Met. Quart.*, **22** (1983), 37.
6) L. Yang, C. Chien, G. Derge: *J. Chem. Phys.*, **30** (1959), 1627.
7) D. P. Agarwal, D. R. Gaskell: *Metall. Trans. B*, **6 B** (1975), 263.
8) J. Kieffer, G. Borchardt, S. Scherrer, S. Weber: *Mater. Sci. Forum*, **7** (1986), 243.
9) H. Schmalzried, Y. Takada, B. Langanke: *Z. Phys. Chem. N. F.*, **128** (1981), 205.
10) T. Saito, K. Maruya: *Sci. Rep. Res. Inst. Tohoku Univ., A*, **10** (1958), 306.

b. 溶融スラグ中の拡散係数

拡散元素	拡散媒 [mass%] CaO	拡散媒 [mass%] SiO_2	拡散媒 [mass%] Al_2O_3	温度 [℃]	拡散係数 [10^{-10} m^2/s]	温度範囲 [℃]	頻度係数 [m^2/s]	活性化エネルギー [kJ/mol]
Al	43.5	46.5	10	1 440	0.56	1 440~1 520	4.3	356
	38.6	41.3	20.1	1 440	0.40	1 400~1 485	5.4×10^{-4}	251
Ca	38.5	40.5	20.9	1 500	2.1	1 350~1 540	1.0×10^{-1}	293
	43	39	18	1 450	0.95	1 350~1 450	1.6×10^{-7}	126
	45.6	34.1	20.3	1 440	0.38	1 440~1 575	7.9×10^{-4}	238
	40~43	30~35	21	1 450	2.4	1 400~1 500	7.6×10^{-3}	134
	32.5	57.5	10	1 450	7.5	1 450~1 550	3.5×10^{-4}	88
	55.2	44.8	—	1 485	0.71	1 455~1 530	2×10^{-3}	251
	48.7	—	51.3	1 440	0.50	1 420~1 485	4×10^{-2}	(293)
Fe	FeO 61	39	—	1 304	120	1 250~1 304		167
	40~43	30~35	21	1 400	1.5	1 300~1 500	2.0×10^{-3}	226
	40	40	20	1 400	2.7	1 360~1 500		155~159
H	27.3	56.4	16.3	1 600	11			
	34.4	38.7	26.9	1 600	17			
	49.3	22.3	28.4	1 600	25			
N	30.3	50.1	19.6	1 500	0.5			
	47.5	40.2	12.3	1 500	5.2			
	53.2	25.7	21.1	1 500	1.7			
Na	—	$Na_2O \cdot 2SiO_2$	—	1 350	49	910~1 440	2.3×10^{-7}	52
	Na_2O 24	76 [mol%]	—	1 350	32	850~1 500	4.7×10^{-7}	67
Nb	40	40	20	1 500	0.25	1 370~1 500		155~159
Ni	40	40	20	1 500	6.5	1 380~1 500		155~159
O	40.4	30.9	20.5	1 475	10.2	1 372~1 538	4.7×10^{-1}	356
P	40~43	30~35	21	1 450	4.5	1 300~1 500	2.4×10^{-4}	188
S	50.3	39.3	10.4	1 445	0.89	1 445~1 580	1.4×10^{-4}	205
	40~43	30~35	21	1 500	2.5	1 300~1 500	4.7×10^{-3}	247
Si	38.5	40.5	20.9	1 430	0.105	1 365~1 430	1.0×10^{-2}	293
	45	MgO 6, BeO_3 2	47	1 550	0.5	1 380~1 500		197~201
V	40	40	20	1 500	0.25	1 370~1 500		155~159

川合保治:鉄鋼基礎共同研究会,溶鋼精浄部会,昭和42年度シンポジウム資料.

1・3・2 溶融スラグの密度・粘度・表面張力
a. 溶融スラグの密度
(i) M_2O-SiO_2系融体の密度 (1 400℃)

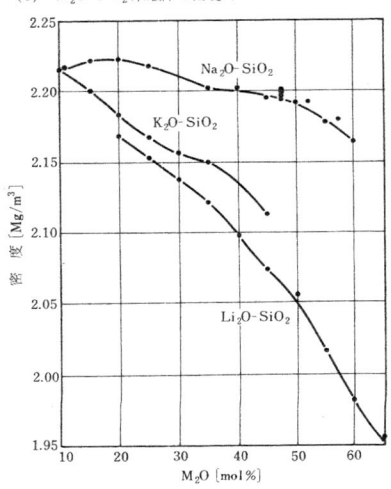

J. O'M. Bockris, J. W. Tomlinson, J. L. White : *Trans. Faraday Soc.*, **52** (1956), 299.

(ii) MO-SiO_2系融体の密度 (1 700℃)

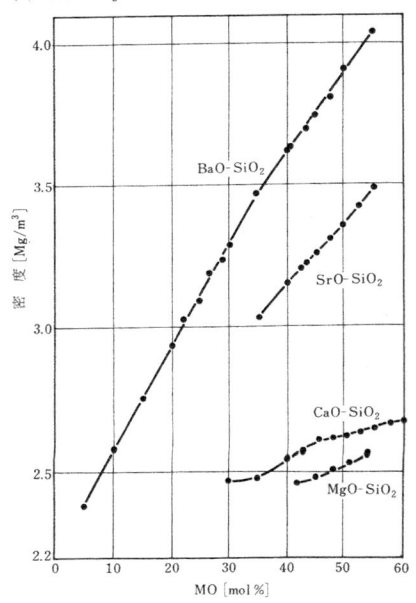

J.-W. Tomlinson, M. S. R. Heynes, J. O'M. Bockris : *Trans. Faraday Soc.*, **55** (1959), 1822.

1 物性

(iii) FeO-SiO₂系融体の密度

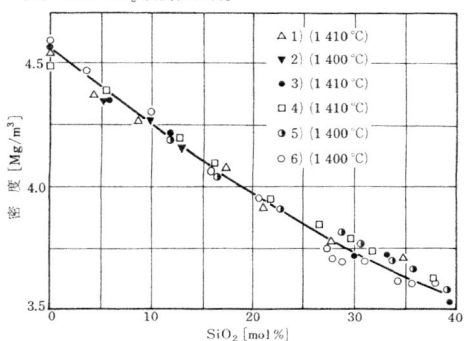

- 1) (1 410 ℃)
- 2) (1 400 ℃)
- 3) (1 410 ℃)
- 4) (1 410 ℃)
- 5) (1 400 ℃)
- 6) (1 400 ℃)

1) J. Henderson, R. G. Hudson, R. G. Ward, G. Derge : *Trans. AIME*, **221** (1961), 80.
2) 足立, 荻野, 川崎：鉄と鋼, **50** (1964), 473.
3) J. Henderson : *Trans. AIME*, **230** (1964), 501.
4) D. R. Gaskell, R. G. Ward : *Trans. AIME*, **239** (1967), 249.
5) 池田, 田村, 白石, 斎藤：東北大学選鉱製錬研究所彙報, **29** (1973), 24.
6) K. Ogino, M. Hirano, A. Adachi : *Technol. Rept. Osaka Univ.*, **24** (1974), 49.

(iv) CaO-SiO₂-Al₂O₃系融体の密度 (1 500 ℃)

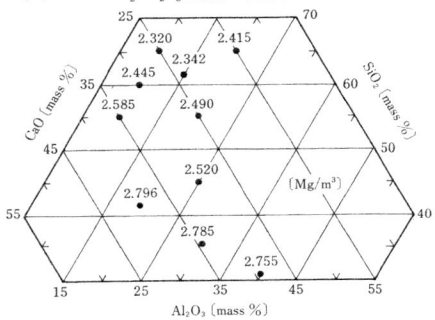

L. R. Barrett, A. G. Thomas : *J. Soc. Glass Technol.*, **43** (1959), 179 T.

(v) MnO-SiO₂-Al₂O₃系融体の密度 (1 570 ℃)

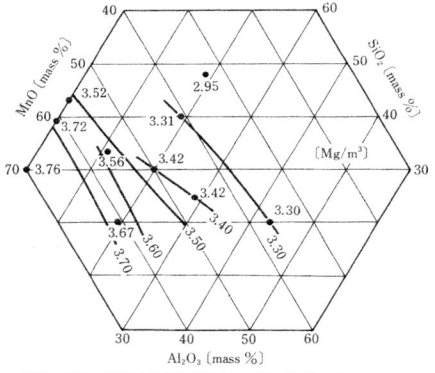

向井, 坂尾, 佐野：日本金属学会誌, **31** (1967), 928.

(vi) FeO-CaO-SiO₂[1], FeO-CaO-Fe₂O₃[2] 系の密度 (1 400 ℃)

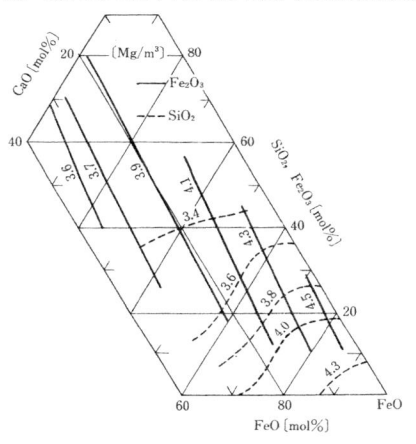

1) 川合保治, 森 克巳, 白石博章, 山田 昇：鉄と鋼, **62** (1976), 53.
2) S. Hara, K. Irie, D. R. Gaskell, K. Ogino : *Trans. JIM*, **29** (1988), 977.

b. 溶融スラグの粘度

(i) MO-SiO₂系融体の粘度

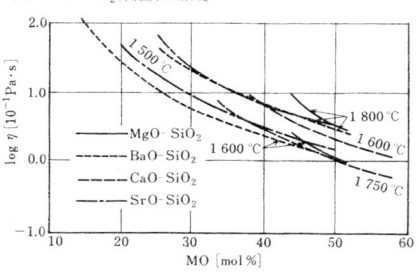

- MgO-SiO₂
- BaO-SiO₂
- CaO-SiO₂
- SrO-SiO₂

J. O'M. Bockris, J. A. Kitchener, J. MacKenzie : *Trans. Faraday Soc.*, **51** (1955), 1734.

(ii) M₂O-SiO₂系融体の粘度

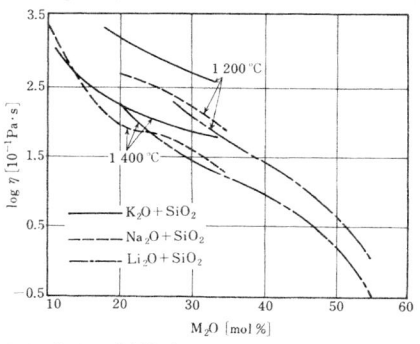

- K₂O + SiO₂
- Na₂O + SiO₂
- Li₂O + SiO₂

J. O'M. Bockris, J. A. Kitchener, J. MacKenzie : *Trans. Faraday Soc.*, **51** (1955), 1734.

(iii) $FeO-SiO_2$ 系融体の粘度

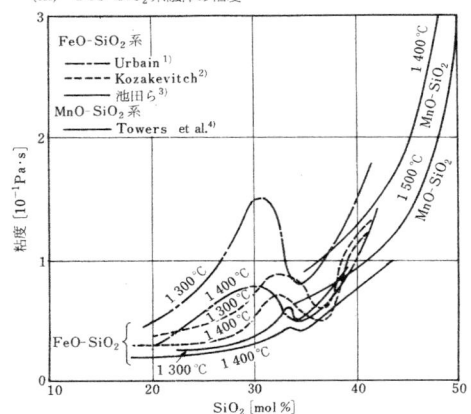

凡例:
- —·— Urbain[1]
- ---- Kozakevitch[2]
- ····· 池田ら[3]
- —— Towers et al.[4]

$FeO-SiO_2$ 系
$MnO-SiO_2$ 系

1) M. G. Urbain : *Compt. Rend.*, **232** (1951), 614.
2) P. Kozakevitch : *Rev. Metall.*, **46** (1949), 505.
3) 池田, 田村, 白石, 斎藤: 東北大学選鉱製錬研究所彙報, **29** (1973), 24.
4) H. Towers et al. : *J. West Scotland Iron Steel Inst.*, **51** (1943〜1944), 123.

(iv) $CaO-SiO_2-Al_2O_3$ 系融体の粘度 $(10^{-1}Pa \cdot s)$

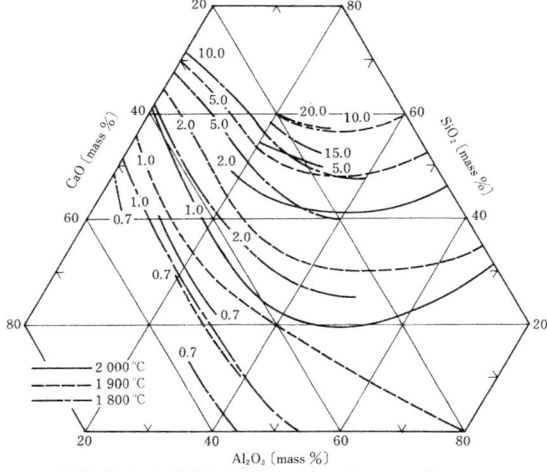

—— 2 000 ℃
---- 1 900 ℃
—·— 1 800 ℃

P. Kozakevitch, G. Urbain : Viscosité et Structure des Laitiers Liquides (1954), Centre d'Etudes Supérieures de la Siderurgie, Metz, France.

(v) $Na_2O-SiO_2-Al_2O_3$ 系の等粘度曲線 $[10^{-1}Pa \cdot s]$ (1 500℃)

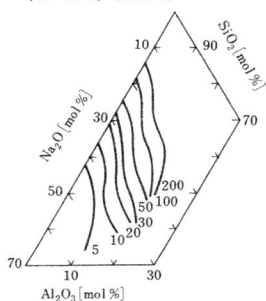

神, 溝口, 杉之原 : 日本金属学会誌, **42** (1978), 775.

(vi) $CaO-SiO_2-Fe_2O_3$ 系の等粘度曲線 $[10^{-1}Pa \cdot s]$ (1 550℃)

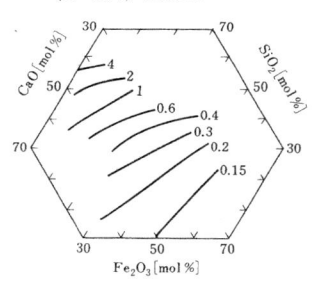

角田, 三森, 森永, 柳ケ瀬 : 日本金属学会誌, **44** (1980), 94.

(vii) $Na_2O-SiO_2-Fe_2O_3$ 系の等粘度曲線 $[10^{-1}Pa \cdot s]$ (1 400℃)

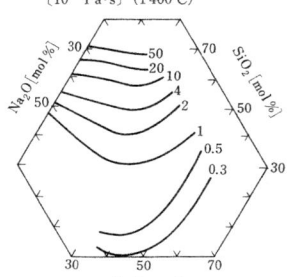

角田, 三森, 森永, 柳ケ瀬 : 日本金属学会誌, **44** (1980), 94.

1 物性

(viii) Na_2O-SiO_2-NiO 系の等粘度曲線
$[10^{-1} Pa \cdot s]$ (1400°C)

(ix) $CaO-SiO_2-NiO$ 系の等粘度曲線
$[10^{-1} Pa \cdot s]$ (1550°C)

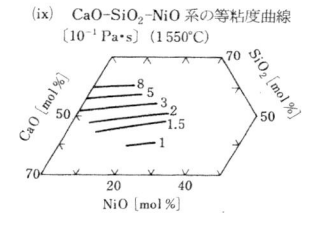

(viii), (ix)とも;河原, 森永, 柳ヶ瀬:日本金属学会誌, 43 (1979), 55.

(x) 酸化物系の粘度

系 [mol%]	回帰式 $\log(\eta/0.1 Pa \cdot s)$				温度範囲 [K]	温度 [℃] 粘度 $\log(\eta/0.1 Pa \cdot s)$			文献
	A	$+$	B/T			2050°	2100°	2200°	1)
Al_2O_3	-2.95	$+$	$5993/T$		2323〜2473	-0.38	-0.42	-0.52	
						800°	1000°	1200°	2)
B_2O_3	-0.652	$+$	$3394/T$		1073〜1673	2.511	2.014	1.652	
						1000°	1200°	1400°	2)
GeO_2	-4.269	$+$	$13570/T$		1273〜1673	6.391	4.944	3.842	
						500°	650°	800°	3)
P_2O_5	-4.073	$+$	$9214/T$		773〜1073	7.85	5.91	4.51	
						1700°	1900°	2100°	2)
SiO_2	-6.74	$+$	$28180/T$		1973〜2673	7.54	6.23	5.14	
$Al_2O_3 \cdot CaO$	A	$+$	B/T			1600°	1700°	1800°	1)
83.2-16.8	-3.11	$+$	$6150/T$		2173〜2373				
62.3-37.7	-3.96	$+$	$8118/T$		1973〜2273		1.42	0.90	
50.0-50.0	-4.99	$+$	$10140/T$		1923〜2223		1.41	0.80	
45.2-54.8	-5.47	$+$	$11040/T$		1823〜2073	2.66	1.34	0.71	
40.25-59.75	-5.65	$+$	$11340/T$		1723〜2023	2.54	1.25	0.66	
37.4-62.6	-5.46	$+$	$10760/T$		1773〜2123	1.93	0.99	0.54	
34.6-65.4	-4.80	$+$	$9198/T$		1773〜2273	1.29	0.73	0.43	
28.6-71.4	-4.19	$+$	$8137/T$		1873〜2273	1.43	0.86	0.54	
25.5-74.5	-3.77	$+$	$7158/T$		1973〜2273		0.72	0.48	
$B_2O_3 \cdot BaO$	A	$+$	B/T	$+ C/T^2$		850°	900°	950°	4)
88.2-17.8	10.764	$-$	33990	$27.61E-6$	1077〜1280	2.390	1.854	1.432	
79.8-20.2	4.157	$-$	19140	$19.51E-6$	1127〜1280	2.579	2.015	1.547	
76.2-23.8	-9.712	$+$	13790		1127〜1280	2.569	2.046	1.565	
72.7-27.3	-9.954	$+$	13960		1119〜1222	2.480	1.950	1.463	
67.9-32.1	-12.149	$+$	16360		1119〜1220	2.422	1.801	1.231	
63.7-36.3					1180〜1229		1.513	1.044	
$B_2O_3 \cdot CaO$						900°	1000°	1100°	5)
45.0-55.0						2.60	1.38	0.74	
$B_2O_3 \cdot SrO$						900°	1000°		6)
66.88-33.12						2.156	1.164		
$B_2O_3 \cdot PbO$	A	$+$	B	$/(t-t_0)$		800°	900°	1000°	7)
81.86-18.14	-2.926		2365	408.2		3.110	1.883	1.070	
80.08-19.92	-2.018		2412	408.6		4.144	2.890	2.060	
76.61-23.39	-3.000		2280	444.0		3.404	2.000	1.101	
72.70-27.30	-3.132		2344	441.8		3.412	1.984	1.067	
$B_2O_3 \cdot ZnO$	A	$+$	B/T			1000°	1100°	1200°	8)
53.9-46.1	-3.625	$+$	6373		1133〜1523	1.381	1.017	0.702	
43.8-56.2	-4.187	$+$	6582		1156〜1506	0.983	0.607	0.281	
38.6-61.4	-5.854	$+$	8220		1083〜1493	0.589	0.120	-0.286	
33.4-66.6	-4.678	$+$	6478		1223〜1493	0.411	0.040	-0.280	
28.0-72.0	-3.804	$+$	5423		1286〜1493	0.464	0.303	-0.116	
22.6-77.4	-2.836	$+$	4390		1333〜1483	0.613	0.361	0.144	
$B_2O_3 \cdot Li_2O$	A	$+$	B/T	$+ C/T^2$		700°	800°	900°	9)
100-0	0.990	$-$	1480	$3.120E-6$	725〜1474	2.765	2.321	1.996	
97.5-2.5	1.643	$-$	4739	$5.324E-6$	776〜1280	2.396	1.850	1.472	
93.7-6.3	1.293	$-$	5849	$6.655E-6$	873〜1263	2.311	1.622	1.144	
90.1-9.9	3.687	$-$	12640	$18.019E-6$	676〜1271	2.337	1.480	0.921	
86.1-13.9	6.489	$-$	19570	$15.366E-6$	878〜1170	2.602	1.592	0.969	
83.2-16.8	2.437	$-$	12480	$12.540E-6$	972〜1273	2.855	1.697	0.911	
78.4-21.6	-11.290	$+$	14018		967〜1073	3.117	1.774		
74.4-25.6	-44.448	$+$	92770	$-46.66E-6$	1074〜1174		1.489	0.733	
71.2-28.8	-9.061	$+$	11380		1071〜1170		1.543	0.639	

系 〔mol%〕	回帰式 log(η/0.1 Pa·s)			温度範囲 〔K〕	温度 〔℃〕 粘度 log(η/0.1 Pa·s)			文献
	A	+ B/T	+ C/T²		700°	800°	900°	
B_2O_3-Na_2O								9)
99.0-1.0	1.543	-3468	4.297E-6	766~1276	2.517	2.043	1.709	
97.0-3.0	1.772	-5002	5.412	768~1267	2.347	1.810	1.440	
93.8-6.2	3.241	-9238	8.027	772~1275	2.226	1.604	1.200	
90.0-10.0	-5.658	+7492	0.361	771~1172	2.423	1.638	0.992	
84.3-15.7	4.904	-15890	13.430	875~1168	2.757	1.759	1.117	
80.4-19.6	3.936	-15440	14.221	970~1173	3.088	1.898	1.104	
75.5-24.5	-8.693	+11285		1071~1172		1.824	0.928	
71.3-28.7	-3.839	-337	6.562	967~1176	2.746	1.546	0.643	
66.7-33.3	16.205	-42290	27.973	872~1071	2.287	1.087		
65.6-34.4	-10.336	12270		967~1080	2.219	1.043		
B_2O_3-K_2O								9)
98.9-1.1	1.709	-3394	4.109E-6	776~1268	2.561	2.115	1.802	
97.9-2.1	2.588	-5819	5.415	768~1270	2.327	1.868	1.563	
96.1-3.9	2.593	-6863	6.301	776~1270	2.195	1.670	1.322	
91.6-8.4	2.803	-9278	8.450	746~1269	2.193	1.495	1.035	
88.4-11.6	3.023	-9867	8.970	969~1172	2.357	1.618	1.130	
84.1-15.9	-5.777	8182		1073~1174		1.848	1.198	
80.5-19.5	-6.818	9342		1072~1150		1.889	1.147	
76.5-23.5	5.428	-18410	15.473	870~1172	2.852	1.711	0.979	
68.5-31.5	10.197	-29220	20.658	873~1075	1.985	0.906		
GeO_2-Li_2O					1000°	1200°	1400°	10)
98.61-1.39	-1.9284	3798			1.055	0.650	0.342	
97.52-2.48	-2.2076	6635			3.004	2.297	1.758	
91.98-8.02	-2.5097	5538			1.841	1.250	0.801	
90.41-9.59	-2.6266	5308			1.543	0.977	0.546	
82.3-17.7	-2.0847	3706			0.827	0.431	0.130	
GeO_2-Na_2O								10)
98.42-1.58	-2.4864	7578			3.466	2.658	2.043	
95.71-4.29	-2.2316	5853			2.366	1.742	1.267	
92.21-7.79	-2.6681	5652			1.772	1.169	0.710	
70.1-29.9	-2.0340	3615			0.805	0.420	0.126	
GeO_2-K_2O								10)
99.16-0.84	-2.5511	8457			4.092	3.190	2.504	
96.99-3.01	-2.4406	6996			3.055	2.309	1.741	
95.42-4.58	-2.7606	6561			2.393	1.694	1.161	
92.59-7.41	-2.6739	5808			1.889	1.269	0.798	
83.3-16.7	-2.2693	4197			1.028	0.580	0.239	
78.3-21.7	-1.7482	3293			0.839	0.487	0.220	
71.9-28.1	-2.9401	5122			1.083	0.537	0.121	
68.4-31.6	-2.7849	4903			1.067	0.544	0.146	
GeO_2-Rb_2O								10)
99.58-0.42	-2.4287	9172			4.776	3.798	3.054	
97.66-2.34	-2.6039	7618			3.380	2.568	1.950	
93.66-6.34	-2.9397	6474			2.146	1.455	0.930	
90.76-9.24	-3.7150	7096			1.859	1.102	0.526	
82.8-17.2	-3.9434	6203			0.929	0.268	-0.236	
72.0-28.0	-3.4357	5955			1.242	0.607	0.124	
GeO_2-PbO_2					700°	900°	1100°	11)
80-20					3.30	1.85	1.32	
75-25					2.75	1.26	0.88	
70-30					2.10	1.13	0.88	
66.7-33.3					2.00	0.93	0.78	
63-37					1.75	0.91	0.76	
60-40					1.65	0.87	0.68	
55-45					1.70	0.88		
50-50					1.65	0.86	0.66	

1) R. Rossin, J. Bersan, G. Urbain : *Rev. Int. Hautes Temp. Refract.*, 1 (1964), 159.
2) Handbook of Physicochemical Properties at High Temperatures, ed. Y. Kawai, Y. Shiraishi (1988), p.121, Iron Steel Inst. Japan.
3) R. L. Cormia, J. D. Mackenzie, D. Turnbull : *J. Appl. Phys.*, 34 (1963), 2245.
4) L. Shartsis, H. F. Shermer : *J. Am. Ceram. Soc.*, 37 (1954), 544.
5) R. S. Saringyulyan, K. A. Kostanyan : "Viscosity and Electrical Conductivity of Glasses in a Wide Temperature Range", VINITI, 902-69 Dep., (1969), p.13.
6) S. R. Nagel : "Crystallization Kinetics in Binary Borate Glass Melts" (Thesis), Univ. Illinois, (1973), p.254.
7) C. J. Leedecke, C. G. Bergerson : Material Science Research. Vol.12, Borate Glasses", ed. C.D.Pye, V.D.Frechette, N.J.Kreidl (1978), p.413, Plenum Press.
8) V. N. Efimov, S. A. Lyamkin, A. M. Pogodaev : Tezisy VII th Vses. Konf, "Fizicheskaya Khimiya i elektrokhimiya rasplavlennykh i tverdykh elektrolitov", Sverdlovsk, Vol.2, 32.
9) L. Shartsis, W. Capps, S. Spinner : *J. Am. Ceram. Soc.*, 36 (1953), 319.
10) E. F. Riebling : *J. Chem. Phys.*, 39 (1963), 1889.
11) O. K. Geokchyan, K. A. Kostanyan : "Tezisy Vses. soveshch. Issledovanie Stekloobraznykh sistem i sintez novykh stekol na ikh osnove", Moskva, 8.

c. 溶融スラグの表面張力

(i) 溶融2元シリケートの表面張力 (1 570 ℃)

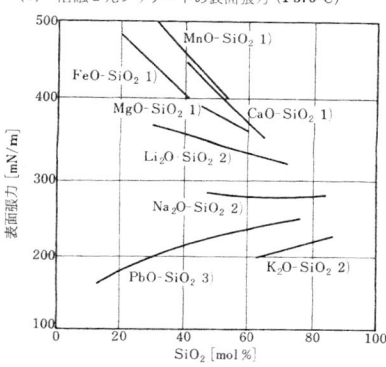

(i), (ii) とも
1) T. B. King: *J. Soc. Glass Technol.*, **35** (1951), 241.
2) L. Shartsis, S. Spinner: *J. Research Natl. Bur. Standards*, **46** (1951), 385.
3) L. Shartsis, S. Spinner, A. W. Smock: *ibid.*, **40** (1948), 61.

(ii) 溶融2元シリケートの表面張力の温度係数 (1 570 ℃)

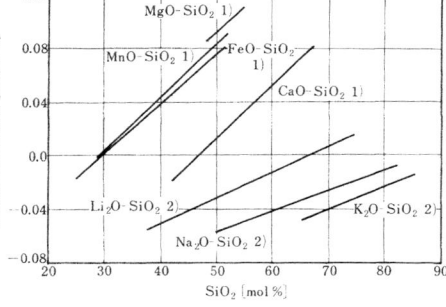

(iii) 溶融2元 FeO 系の表面張力 (1 400 ℃)

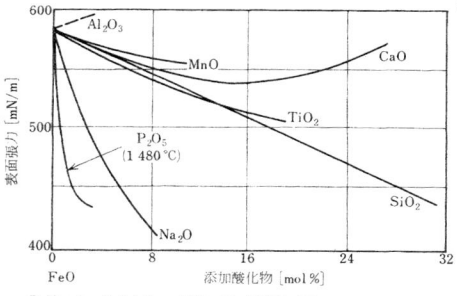

P. Kozakevitch: *Rev. Mét.*, **46** (1949), 572.

(iv) CaO-FeO-SiO$_2$ 系融体の表面張力 [mN/m] (1 400 ℃)

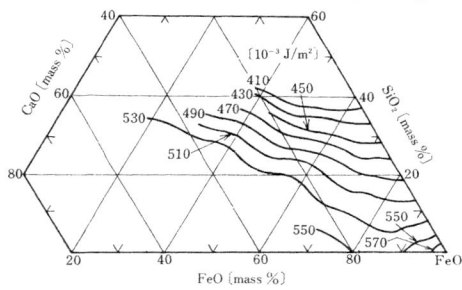

P. Kozakevitch, A. F. Kononenko: *J. Phys. Chem.*, *USSR*, **14** (1940), 1118.

(v) MnO-FeO-SiO$_2$ 系融体の表面張力 [mN/m] (1 400 ℃)

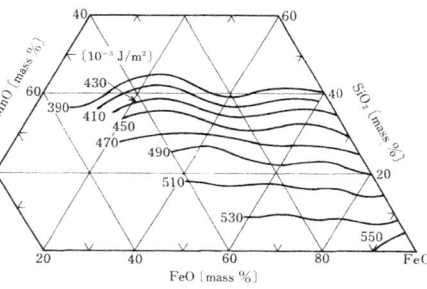

P. Kozakevitch, A. F. Kononenko: *J. Phys. Chem.*, *USSR*, **14** (1940), 1118.

(vi) CaO-SiO$_2$-FeO (1 400 ℃)[1], CaO-SiO$_2$-Al$_2$O$_3$ (1 600 ℃)[2] の等表面張力線 [mN/m]

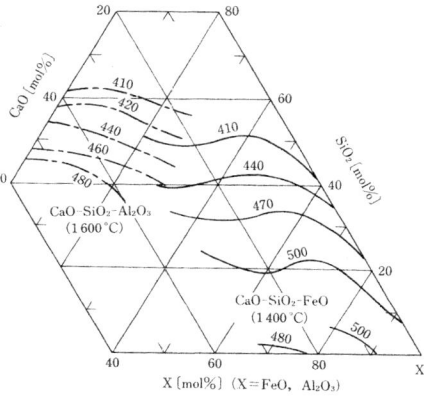

1) 川合保治, 森 克巳, 白石博章, 山田 昇: 鉄と鋼, **62** (1976), 53.
2) K. Gunji, T. Dan: *Trans. ISIJ*, **14** (1974), 162.

d. 熱拡散率（スラグ）

スラグ組成	熱拡散率 α [m²·s⁻¹], 熱伝導率 λ [W·m⁻¹·K⁻¹]	温度範囲 [K]	測定方法	文献
35CaO45SiO₂20Al₂O₃	$\lambda = -1.25 \times 10^{-4} T + 0.950$	1 273～1 723	レーザーフラッシュ法	1)
50CaO35SiO₂	$\alpha = 9.74 \times 10^{-11} T + 8.84 \times 10^{-8}$	621～ 694	レーザーフラッシュ法	1)
55CaO45SiO₂	$\alpha = -26.6 \times 10^{-8} T + 0.506$	1 273～1 723	レーザーフラッシュ法	1)
B₂O₃：H₂O (120 ppm)	$\alpha = 0.500 \times 10^{-10} T + 0.189 \times 10^{-6}$	1 273～1 723	レーザーフラッシュ法	2)
B₂O₃ + In₂O₃ (0.008 mol%)：H₂O 120 ppm	$\alpha = 0.468 \times 10^{-9} T - 0.204 \times 10^{-6}$	1 273～1 723	レーザーフラッシュ法	2)
B₂O₃：H₂O (500 ppm)	$\alpha = 0.468 \times 10^{-9} T - 0.176 \times 10^{-6}$	1 273～1 723	レーザーフラッシュ法	2)
67Fe₂O₃33CaO	$\alpha = -55.4 \times 10^{-12} T + 0.399 \times 10^{-6}$	1 573～1 645	レーザーフラッシュ法	3)
60Fe₂O₃40CaO	$\alpha = -763 \times 10^{-12} T + 0.149 \times 10^{-6}$	1 563～1 630	レーザーフラッシュ法	3)
55Fe₂O₃45CaO	$\alpha = -537 \times 10^{-12} T + 0.116 \times 10^{-6}$	1 578～1 655	レーザーフラッシュ法	3)

1) H. Ohta, G. Ogura, Y. Waseda, M. Suzuki：*Rev. Sci. Instrum.*, **61** (1990), 2645.
2) 小倉岳, 徐仁国, 太田弘道, 早稲田嘉夫：日本セラミックス協会学術論文誌, **98** (1990), 305.
3) I. K. Suh, H. Ohta, Y. Waseda：*High Temp. Mater. Process*, **8** (1989), 231.

1・4 溶融マット

a. 拡散係数

溶融硫化物系の自己拡散係数[1)]

系 [mol%]	トレーサー	温度 [K]	拡散係数 [m²/s]	温度範囲 [K]	頻度因子 [m²/s]	活性化エネルギー [kJ/mol]
Fe–S						
66.5–33.5	⁵⁹Fe	1 473	5.7E-9	1 425～1 511	6.57E-7	56.9
69.0–31.0	〃	〃	9.0E-9	1 437～1 507	29.8E-7	71.1
71.0–29.0	〃	〃	1.6E-10	1 431～1 527	2 020E-7	116
Cu–S						
80.2–19.8	⁶⁴Cu	1 473	8.7E-9	1 433～1 529	6.93E-7	53.6
Cu–Fe–S						
32–40–28	⁵⁹Fe	1 473	3.3E-9	1 441～1 517	3.57E-7	57.3
	⁶⁴Cu	〃	6.7E-9	1 433～1 518	56.4E-7	82.4
48.1–20.0–31.9	⁵⁹Fe	〃	2.4E-9	1 433～1 523	144E-7	107

1) L. Yang, S. Kado, G. Derge：Physical Chemistry of Process Metallurgy, ed. G. R. St. Pierre, Part 1 (1959), p. 535, Interscience.

b. 密度, 粘度および電気伝導率

溶融マットの基礎となる各種硫化物および混合硫化物系についていくつかの物性値を示す。

永森 幹, 矢沢 彬, 日本金属学会会報, **14** (1975), 163.

(i) 硫化物-硫化物擬2元系の密度　　　　(ii) 硫化物-硫化物擬2元系の粘性

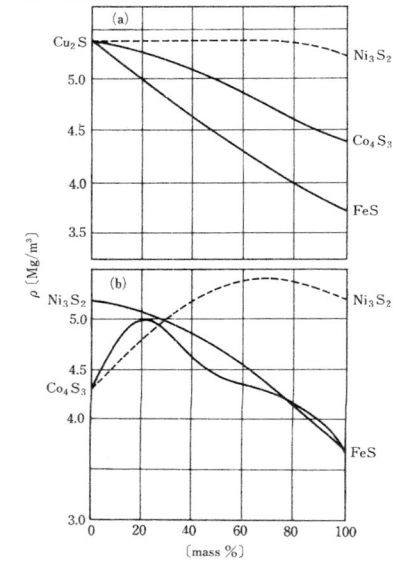

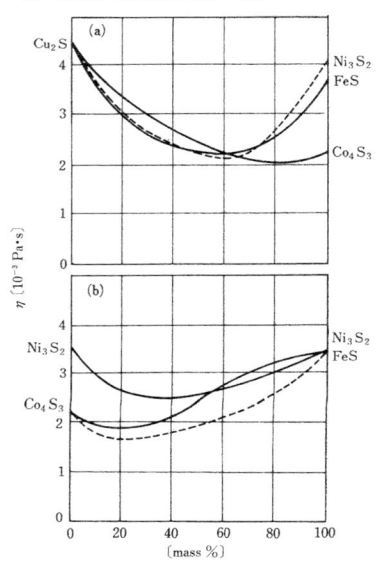

(a) Cu_2S–Ni_3S_2, Cu_2S–Co_4S_3, Cu_2S–FeS系(1 200℃)；
(b) Ni_3S_2–FeS, Ni_3S_2–Co_4S_3, Co_4S_3–FeS系(1 250℃)

(iii) 各種物質の電気伝導率と温度の関係

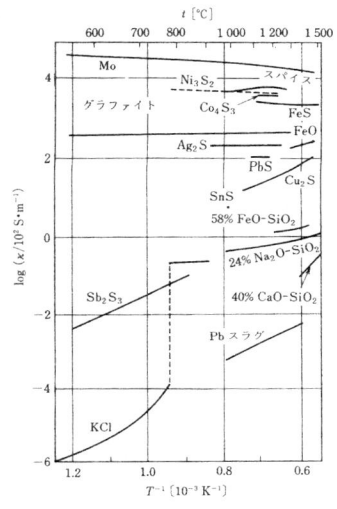

(iv) 硫化物-硫化物擬2元系融体の電気伝導率

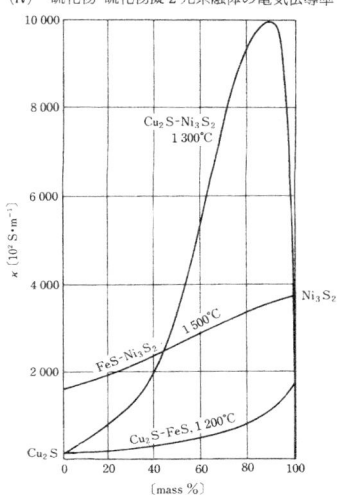

1・5 水　溶　液

水溶液の物性に関する従来の取扱いでは，温度が変った場合についてはほとんど注意が払われていないので二，三の例を示す．

矢沢　彬，江口元徳，湿式製錬と廃水処理(1975), p.9, 共立出版．

(i) 水の物性値の温度依存性

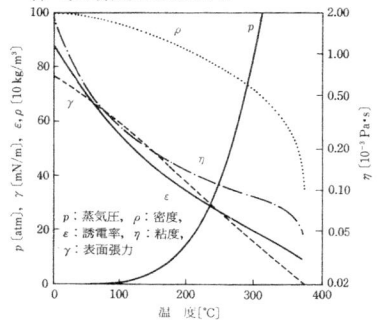

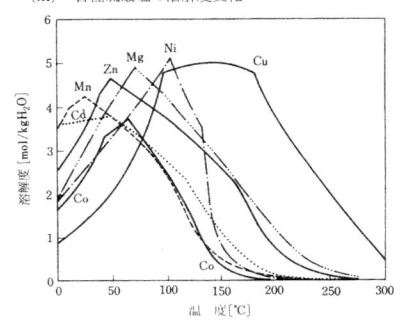

(ii) 各種ガスの溶解度の温度依存性

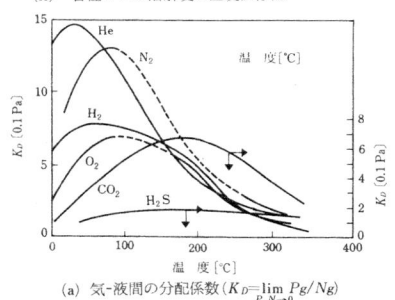

(a) 気-液間の分配係数 $(K_D = \lim_{P, N \to 0} Pg/Ng)$

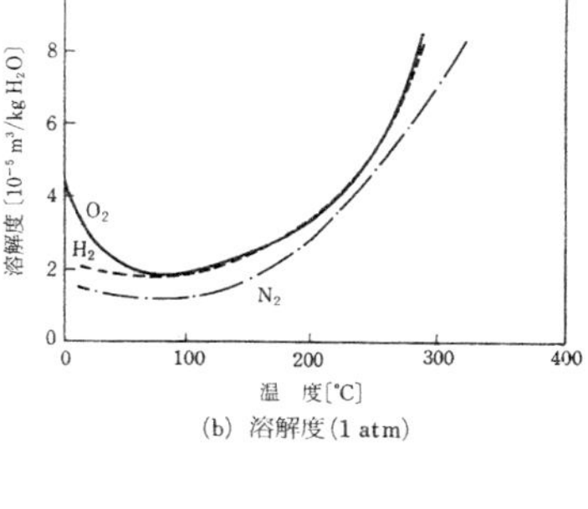

(b) 溶解度 (1 atm)

(iii) 各種硫酸塩の溶解度変化

1・6 種々の物質の輻射率（放射率）

物　質	λ〔μm〕	温　度〔K〕	ε_λ	温　度〔K〕	ε_T	文　献
Al				370～770	0.028～0.06	2)
Al　（酸化膜）	0.65		0.30			2)
Al$_2$O$_3$	0.65	1 270～1 770	0.15			2)
Ag	0.66	970～1 670	0.055			2)
	0.55	1 250	0.072			2)
Au　（固）	0.65	300～1 300	0.06～0.15	300～1 400	0.02～0.03	3)
Au　（液）	0.66	1 336	0.22			2)
BeO（黒色）	0.65	1 580～1 920	0.56～0.54	1 580～1 920	0.82～0.89	1)
BeO（白色）	0.65	1 580～1 920	0.44～0.51	1 580～1 920	0.22～0.23	1)
Bi				300～370	0.048～0.061	2)
C　（黒鉛，研磨）	0.65	1 000～2 800	0.764～0.798	1 000～2 800	0.76～0.80	3)
C　（黒鉛，蒸着）	0.65	1 000～3 000	0.90～0.95			3)
C　（黒鉛，粉）			0.95			1)
Co　（固）	0.65	1 550～1 690	0.36	770～1 270	0.13～0.23	2)
Co　（液）	0.65	1 770	0.37			2)
Co　（酸化膜）	0.65		0.75			2)
Cr	0.65	1 350～1 850	0.43～0.36	370～1 000	0.08～0.26	3)
	0.55	1 730	0.53			2)
Cr　（酸化膜）	0.65		0.70			2)
Cu　（固）	0.66	1 270	0.105	590～1 090	0.02	2)
Cu　（液）	0.65	1 810	0.17	1 356	0.15	2)
Cu　（研磨）				590～1 090	0.01～0.03	2)
75 mass% Cu-25 mass% Fe（液）	0.65	1 808	0.34			2)
52 mass% Cu-48 mass% Fe（液）	〃	〃	0.41			2)
25 mass% Cu-75 mass% Fe（液）	〃	〃	0.45			2)
75 mass% Cu-25 mass% Ni（液）	〃	〃	0.34			2)
50 mass% Cu-50 mass% Ni（液）	〃	〃	0.41			2)
25 mass% Cu-75 mass% Ni（液）	〃	〃	0.46			2)
33 mass% Cu-33 mass% Fe-33 mass% Ni（液）	〃	〃	0.46			2)
CuO	0.63		0.70			4)
Fe　（固）	0.65	1 320～1 800	0.39～0.36	1 300～1 700	0.08～0.13	2), 3)
Fe　（液）	0.65	1 810～2 170	0.43～0.50			2)
Fe　（酸化膜）	0.65		0.70			2)
鋳　鉄	0.65	1 810	0.40	1 810	0.29	1)
銅　（固）	0.65		0.35	370	0.08	2)
銅　（液）					0.28	
50 mass% Fe-50 mass% Ni	0.65	1 810	0.44			2)
70 mass% Fe-30 mass% Pt（液）	0.65		0.42			2)
FeO	0.63	1 070～1 470	0.98～0.92			4)
Ir	0.65	2 020	0.30			2)
MgO	0.65	900～1 700	0.20～0.45	700～1 500	0.53～0.27	3)
Mn　（固，液）	0.65	1 200～1 450	0.59			2)
Mo	0.66	1 270～2 770	0.378～0.332			2)
	0.65	273～2 890	0.42～0.328	1 000～2 895	0.096～0.29	3)
	0.467	1 270～2 770	0.395～0.365			2)
Nb　（固）	0.65		0.49	1 470～2 270	0.19～0.24	2)
Nb　（液）	0.65		0.40			2)
Ni	0.65	1 220～1 670	0.375			2)
	0.55	1 220～1 670	0.425	300～1 270	0.045～0.19	2)
	0.46	1 220～1 670	0.450			2)
Ni　（研磨）				590～1 255	0.10～0.21	2)
Ni　（酸化膜）	0.65		0.90	500～1 600	0.30～0.87	3)
NiO	0.65	1 400～2 250	0.96～0.80	922～1 527	0.59～0.86	3)
ニクロム	0.65		0.35			2)
Pd　（固）	0.65	1 270～1 800	0.35～0.33			2)
Pd　（液）	0.66	1 828	0.37			2)
Pt	0.66	1 170～1 770	0.29～0.295	370～1 470	0.047～0.191	2)
	0.65	1 100～1 900	0.282～0.297	295～1 800	0.037～0.191	3)
	0.463	1 570～1 870	0.37～0.39			2)

1 物性

物質	λ [μm]	温度 [K]	ε_λ	温度 [K]	ε_T	文献
Rh (固)	0.65	<2 230	0.29			2)
Rh (液)	0.65	>2 230	0.30			2)
SiC	0.65	1 400～1 800	0.88	1 300～1 800	0.92～0.87	3)
SiO$_2$ (微粒)	0.65	1 270～1 770	0.18			2)
SiO$_2$ (粗粒)	0.65	1 270～1 770	0.50			2)
Ta	0.66	1 170～2 770	0.459～0.392	1 670～2 270	0.20～0.25	2)
	0.65	300～3 300	0.55～0.36	295～2 800	0.05～0.30	3)
	0.467	1 370～2 070	0.505～0.460			2)
TaB	0.65	2 090～3 570	0.70			2)
TaC	0.65	2 090～3 570	0.67			2)
Th (固)	0.65	<1 990	0.36			2)
Th (液)	0.65	>1 990	0.40			2)
ThO$_2$	0.65	2 060～2 310	0.40～0.62			1)
Ti	0.65	1 080～1 620	0.459～0.484	1 050～1 300	0.33～0.40	2)
TiC	0.65	2 090	0.96			2)
TiO$_2$	0.65		0.50			1)
U (固)	0.65	<1 406	0.55			2)
U (液)	0.65	>1 406	0.34			2)
V (固)	0.65	<2 120	0.35			2)
V (液)	0.65	>2 120	0.32			2)
W	0.665	290～1 170	0.470～0.452			2)
	0.650	290～3 655	0.47～0.40	300～3 655	0.024～0.353	3)
Y (固, 液)	0.65	～1 782～	0.35			2)
Zr	0.65	1 098～1 580	0.436～0.426			2)
ZrB	0.65	2 093	0.70			2)
ZrC	0.65	2 093	0.96			2)
ZrO$_2$	0.65	1 000～2 000	0.40	700～1 800	0.53～0.19	3)
Ag	0.65	1 000～1 250	0.055	663～1 093	0.03～0.04	5), 6)
BN (粉末)				800～2 000	0.90～0.59	6)
(平滑)	0.65	1 100～1 900	0.64～0.62			6)
Be	0.65	固, 液	0.61	753～863	0.26～0.30	8)
CaCO$_3$ (石灰石)				773	0.75	11)
Cu-Zn (研磨)				473～643	0.028～0.031	7)
(酸化)				873	0.59	7), 8)
Hf (研磨)	0.65	1 500～1 875	0.445～0.45	700～850	0.186～0.248	6)
Hg				273～373	0.09～0.12	10), 12)
Mg	0.65	固, 液	0.59			
MoSi$_2$	0.65	1 073～2 273	0.75	1 273	0.8	5), 6)
NbC (平滑)	0.65	1 600～3 200	0.65～0.60	1 000～1 300	0.73～0.85	5), 6)
				1 800	0.59	5)
Pb (研磨)				500	0.074	7)
(酸化)				473	0.63	10)
Pt-10% Rh (空気中)				1 500～1 900	0.102～0.126	5)
Si (平滑)				1 073～1 973	0.80	6)
Slag (高炉)					0.55～0.75	9)
Soda 灰 (粉末)					0.4～0.8	6)
TiN (平滑)	0.65	1 100～1 900	0.81～0.79	1 000～1 400	0.55～0.78	5), 6)
				2 500～3 000	0.33	5)
WC (ホットプレス)				1 400～1 800	0.17～0.27	5)
(光沢)	0.65	1 573～2 773	0.58			5)
Zn (研磨)				473～573	0.04～0.05	12)
(酸化)				1 273, 1 473	0.5, 0.6	12)

注) ε_λ：波長 λ における指向幅射率, ε_T；全指向幅射率
1) J. E. Campball, ed. : High Temperature Technology (1957).
2) J. F. Elliott, M. Gleiser : Thermochemistry for Steelmaking, Vol. 1 (1960), Addison-Wesley.
3) W. D. Kingery : Property Measurements at High Temperatures (1959).
4) A. U. Seybolt. J. E. Burke : Experimental Metallurgy (1953).
5) Y. S. Touloukian, ed. : Thermophysical Properties of High Temperature Solid Materials, TPRC (1967), Vol. 1-6. Purdue Univ.
6) A. E. Sheindlin : Radiative Properties of Solid Materials (Rus.) (1974), Energiya.
7) R. Siegiel, J. R. Howell : Thermal Radiation Heat Transfer (1972), McGraw-Hill.
8) T. R. Harrison : Radiation Pyrometry and Its Underlying Principles of Radiant Heat Transfer (1960), John Wiley & Sons.
9) V. G. Gruzin : Measurement of Temperatures of Liquid Iron Alloys (Rus.) (1955), Metallurgizdat.
10) J. Lecompte : Le Rayonnement Infrarouge (1949), Gauthier-Villars.
11) A. Gauffé : Transmission de la Chaleur per Rayonnement (1968), Eyrolles Gauthier Villars.
12) A. Sala : Radiant Properties of Materials, Table of Radiant Values for Black Body and Real Materials (1986), Elsevier.

1・7 耐火材

1・7・1 耐火材の特性

材料名	組成 [%]	気孔率 [vol %]	溶融温度 [°C]	最高使用温度 [°C]	比重	比熱 (20〜1000°C) (kJ/kg·K)	線膨張率 (20〜1000°C) (10^{-6} K^{-1})	熱伝導率 [W/K·m] 100°C	熱伝導率 1000°C	電気抵抗率 [10^{-2} Ω·m] 20°C	電気抵抗率 1000°C
サファイア	99.9 Al_2O_3	0	2 030	1 950	3.97	1.09	8.6	30.1	7.9	>10^{14}	10^8
焼結アルミナ	99.8 Al_2O_3	3〜7	2 030	1 900	3.97	1.09	8.6	28.9	5.9	>10^{14}	5×10^7
焼結ベリリヤ	99.8 BeO	3〜7	2 570	1 900	3.03	2.09	8.9	209.2	19.2	>10^{14}	10^8
ホットプレス窒化ホウ素	98 BN, 1.5 B_2O_3	3〜7	2 730	1 900	2.25	1.63	13.3	5.9〜29.3	12.6〜25.1	10^{10}	10^4
ホットプレス炭化ホウ素	99.5 B_4C	2〜5	2 450	1 900	2.52	1.50	4.5	29.3	20.9	0.5	—
焼結カルシア	99.8 CaO	5〜10	2 600	2 000	3.32	0.96	13.0	13.8	7.1	>10^{14}	10^6
黒鉛	99.9 C	20〜30	3 700	2 600	2.22	1.42	1.5〜2.5	125.5	41.8	10^{-3}	10^{-3}
焼結マグネシア	99.8 MgO	3〜7	2 800	1 900	3.58	1.04	13.5	34.3	6.7	>10^{14}	10^7
焼結ケイ化モリブデン	99.8 $MoSi_2$	0〜10	2 030	1 700 (空気中)	6.2	0.46	9.2	31.4	12.6	22×10^{-6}	—
焼結ムライト	72 Al_2O_3, 28 SiO_2	3〜10	1 810	1 750	3.03	1.04	5.3	5.4	3.3	>10^{14}	
焼結フォルステライト	99.5 $2MgO\cdot SiO_2$	4〜12	1 885	1 750	3.22	0.96	10.6	4.2	2.1	>10^{14}	10^6
焼結スピネル	99.8 $MgO\cdot Al_2O_3$	3〜10	2 135	1 850	3.58	1.09	8.8	13.8	5.4	>10^{14}	10^6
高密度炭化ケイ素	98 SiC, 1-2 Si, <1 C	2〜5	>2 700	1 600 (空気中)	3.22	0.84	4.0	55.6	20.9	10	4
焼結炭化チタン	98 TiC, <1 C, <1 O	3〜10	3 140	2 500	4.25	0.75	7.4	33.5	8.4	1×10^{-4}	
焼結チタニア	99.5 TiO_2	3〜7	1 840	1 600	4.24	0.84	8.7	6.3	3.3	>10^{14}	10^4
焼結トリア	99.8 ThO_2	3〜7	3 050	2 500	10.00	0.25	9.0	9.2	2.9	>10^{14}	10^5
焼結イットリア	99.8 Yt_2O_3	2〜5	2 410	2 000	4.50	0.54	9.3	(92.0)	—	—	—
焼結ウラニア	99.8 UO_2	3〜10	2 800	2 200	10.96	0.25	10.0	8.4	2.9	—	—
焼結安定化ジルコニア	92 ZrO_2, 4 HfO_2, 4 CaO	3〜10	2 550	2 200	5.6	0.56	10.0	2.1	2.1	10^8	500
焼結ジルコン	99.5 $ZrO_2\cdot SiO_2$	5〜15	2 420	1 800	4.7	0.67	4.2	6.3	3.3	>10^{14}	10^5
溶融シリカ	99.8 SiO_2	0	1 710	1 100	2.20	0.75	0.5	1.7	5.0	>10^{14}	10^6
バイコールガラス	96 SiO_2, 4 B_2O_3	0	—	950	2.18	0.79	0.7	1.7	—	>10^{14}	
パイレックスガラス	81 SiO_2, 13 B_2O_3, 2 Al_2O_3, 4 M_2O	0	—	650	2.23	0.84	3.2	1.7	—	>10^{14}	
ムライト磁器	70 Al_2O_3, 27 SiO_2, 3 ($MO+M_2O$)	2〜10	1 750	1 400	2.8*	1.05	5.5	2.9	2.5	>10^{14}	10^4
高アルミナ磁器	90-95 Al_2O_3, 4-7 SiO_2, 1-4($MO+M_2O$)	2〜5	1 800	1 500	3.75*	1.09	7.8	20.9	62.8	>10^{14}	10^4
ステアタイト磁器	35 MgO, 60 SiO_2, 5 Al_2O_3	2〜5	1 450	1 200	2.7*	1.09	10.2	3.3	2.5	>10^{14}	10^5
モリブデン	99.8 Mo	0	2 625	2 200	10.2	0.27	5.45	146.4	117.1	5.2×10^{-6}	2.4×10^{-6}
白金	99.9 Pt	0	1 774	1 550	21.45	0.15	10.1	69.5	92.0	11.4×10^{-6}	4.5×10^{-6}
白金-20%ロジウム	80 Pt, 20 Rh	0	1 900	1 650	18.74	0.20	10.3	—	—	20.8×10^{-6}	32×10^{-6}
タンタル	99.8 Ta	0	3 000	2 000	16.6	0.15	6.5	54.4	50.2	12.4×10^{-6}	54×10^{-6}
タングステン	99.8 W	0	3 410	3 000	19.3	0.14	4.0	167.4	125.5	5.48×10^{-6}	25×10^{-6}

* かさ比重,その他真比重.
1) W. D. Kingery: Property Measurements at High Temperatures (1959), John Wiley.
2) I. E. Campbell, ed.: High Temperature Technology (1957), John Wiley.

1・7・2 耐火材の機械的性質

材料名	弾性率 $(10^{11}Pa)$	引張強さ [MPa] 20℃	引張強さ [MPa] 1000℃	モース硬さ [HM]	安定性 還元性ふん囲気	安定性 炭素	安定性 酸性塩	安定性 塩基性塩	安定性 溶融金属	耐熱衝撃性	備考
サファイア	3.8	280～1000	210～700	9	良	可	良	良	良	良	高温での抗張力大.
焼結アルミナ	3.6	210	150	9	良	可	良	良	良	可	焼結酸化物中で機械的特性に優れる.
焼結ベリリヤ	3.1	140	70	9	優	優	—	良	可	優	酸化物中最も熱伝導性大, 粉末は毒性.
ホットプレス窒化ホウ素	0.8	50～100	7～15							可	機械加工可能, 空気中赤熱以上で酸化.
ホットプレス炭化ホウ素	2.9	350	280	9.3						可	空気中赤熱以上で容易に酸化.
焼結カルシア	—	—	—	4.5	不可	不可	不可	可	可	不可	水蒸気により水和.
黒鉛	0.09	24	28		優	優	良	良	良	優	空気中450℃, 水蒸気中700℃, CO_2中900℃で酸化2500℃でH_2と反応.
焼結マグネシア	2.2	98	84	6	不可	良	不可	良	良	不可	真空中, 還元性ふん囲気中で1700℃で解離.
焼結ケイ化モリブデン	4.1	700	280							可	ぜい性, 空気中でSiO_2の被膜生成.
焼結ムライト	1.5	84	49	6～7	可	可	良	良	可	可	
焼結フォルステライト	—	70	—							不可	電気絶縁体として使用.
焼結スピネル	2.4	86	77	8		可	可	良	可	可	
高密度炭化ケイ素	4.7	17	170	9.2	優	優	良	不可	不可	可	
焼結炭化チタン	3.1	1100	1000	8～9	優	良	良	良	良	良	空気中, 赤熱以上で容易に酸化.
焼結チタニア	—	56	42							不可	還元ふん囲気により酸素を放出.
焼結トリア	1.5	84	50	7	良	不可	良	良	優	可	化学的・機械的安定性に富む.
焼結イットリア	—	—	—							不可	
焼結ウラニア	1.8	84	130							可	
焼結安定化ジルコニア	1.6	140	100	7～8	良	良	良	良	良	可	ガラス溶解に適する.
焼結ジルコン	2.1	84	42	7.5	可	良	良	不可	良	可	高温でZrO_2+SiO_2に解離.
溶融シリカ	0.7	110	—	7	可	良	良	—	良	優	1100℃以上で失透.
バイコールガラス	0.7	70	—							優	多くの場合, 溶融シリカの代わりに使用可.
パイレックスガラス	0.7	70	—							良	
ムライト磁器	0.7	70	42		可					可	
高アルミナ磁器	3.6	350	—		可			可		良	
ステアタイト磁器	0.7	140	—						不可		電気絶縁体として使用.
モリブデン	3.1	630～1750	210		良	可	良	良	—	優	2150℃で0.267Paの蒸気圧, Cと1600℃で反応.
白金	1.5	170	56		不可	不可	優	優	—	優	
白金-20%ロジウム	2.0	490	210		不可	不可	優	優	—	優	
タンタル	1.9	350～1270	180		良	—	良	良	—	優	機械加工性良好, 水素ぜい性.
タングステン	4.1	700～3500	420		良	可	良	良	—	優	Cと1500℃で反応.

1・7・3 耐熱性酸化物の電気的性質・磁化率・拡散係数・活性化エネルギー

酸 化 物	誘 電 率	磁 化 率 $[10^{-15} H \cdot m^2/kg]$	電気伝導性	電 気 伝 導 率 $[10^2 S \cdot m^{-1}]$ と活性化エネルギー $[4.184 kJ/mol]$
Al_2O_3	12.3	−1.55	不 導 体	$3 \times 10^{-14}(300°C)$, $3 \times 10^{-7}(1000°C)$
Al_2O_3(単結晶)				$1.5 \times 10^{-5}(1500°C)$
β-Al_2O_3				$0.42(800°C)$
Al_2O_3-SiO_2				$6.0 \times 10^{-3}(1600°C)$
BaO		−2.05	n 型半導体	$10^{-6}(300°C)$, $4.5 \times 10^{-2}(500°C)$
BeO	11.8〜13.7		不 導 体	$10^{-3} \sim 10^{-1}(1400°C)$
CaO		−4.26	不 導 体	$2.5 \times 10^{-4}(1600°C)$, $p_{O_2}=10^{-6}atm$
CaO (単結晶)				
$3CaO \cdot P_2O_5$				$2.7 \times 10^{-4}(1200°C)$, $0.15(1600°C)$
CeO_2		6.16	n 型半導体	$3 \times 10^{-3}(1000°C)$, $p_{O_2}=1atm$
CeO_2-La_2O_3 (80/20)			n 型半導体	$8 \times 10^{-2}(1000°C)$, $p_{O_2}=1atm$
CoO		1176.5	p 型半導体	$10^{-2}(300°C)$
$CoAl_2O_4$				
Cr_2O_3		402.7×10^6	p 型半導体	$7.5 \times 10^{-4}(350°C)$, $4.3 \times 10^{-2}(1200°C)$
Cu_2O				
FeO			半 導 体	$0.3(1220°C, O/Fe=1.1)$
Fe_3O_4				
Fe_2O_3				
HfO_2		−1.74		$5 \times 10^{-4}(1000°C)$, $p_{O_2}=10^{-4}atm$
HfO_2-CaO (88/12)				$5 \times 10^{-2}(1000°C)$
La_2O_3		−6.32		$3 \times 10^{-4}(1000°C)$
$La_{0.3}Ca_{0.7}AlO_3$				$3 \times 10^{-3}(1000°C)$
$La_{0.8}Sr_{0.2}CoO_3$				$10^3(1000°C)$
MgO	10.5〜11.5	−3.95	不 導 体	$(1.6\sim3.0) \times 10^{-4}(1600°C)$
MgO (単結晶)				$(5.1\sim13) \times 10^{-5}(1600°C)$
$MgO \cdot Al_2O_3$				$5 \times 10^{-6}(1100°C)$
$MgO \cdot SiO_2$				$1.0 \times 10^{-2}(1500°C)/99$
MnO		1198.6	p 型半導体	$10^{-8}(20°C)$
Nd_2O_3				$10^{-2}(1000°C)$
NiO		151.0	p 型半導体	$1.5 \times 10^{-4}(600°C)$, $4 \times 10^{-2}(1250°C)$
$NiAl_2O_4$				$0.076(200°C)$
$Ni_{0.923}Li_{0.077}O$				
Sc_2O_3 (単結晶)				
Sm_2O_3				
Gd_2O_3				
Dy_2O_3				
Er_2O_3				
Lu_2O_3			不 導 体	$10^{-14}(20°C)$, $2 \times 10^{-4}(1300°C)$
SiO_2	4.5〜4.6	−7.11	n 型半導体	$2.5 \times 10^{-5}(20°C)$, $1.5 \times 10^{-2}(1200°C)$
SnO_2		−0.79		
SrO		−0.95	〃	$5 \times 10^{-4}(1000°C)$, $p_{O_2}=1atm$
Ta_2O_5		−1.11	〃	$10^{-5}(550°C)$
ThO_2				$1.4 \times 10^{-3}(1000°C)/20$
				$1.9 \times 10^{-2}(1600°C)/20$
ThO_2 (単結晶)				$9.2 \times 10^{-4}(1000°C)$, 空気$/26$
ThO_2-CaO (85/15)				$2.4 \times 10^{-3}(1000°C)$, $p_{O_2}=10^{-13}atm$
ThO_2-La_2O_3 (85/15)				$1.3 \times 10^{-3}(1000°C)$, $p_{O_2}<10^{-5}atm$/33
ThO_2-Y_2O_3 (92/8)				$1.35 \times 10^{-1}(1600°C, p_{O_2}<10^{-5}atm)/45$
TiO			金属伝導	$0.3(0°C)$
TiO_2 (ルチル型)	29〜117	1.11	n 型半導体	$3 \times 10^{-3}(1000°C, p_{O_2}=1atm)$
UO_2		118.4		$3.4 \times 10^{-5}(20°C)$, $2 \times 10^{-3}(500°C)$
U_3O_8				$5 \times 10^{-3}(200°C)$, $8 \times 10^{-1}(1100°C)$
V_2O_3		219.5×10^6	金属伝導	$1.8 \times 10^2(20°C)$
Y_2O_3				$4.8 \times 10^{-3}(1600°C)$, $p_{O_2}=0.1atm$
				$3.5 \times 10^{-4}(1600°C)$, $p_{O_2}=10^{-7}atm$
Y_2O_3 (単結晶)				$1.5 \times 10^{-4}(800°C)$, $2 \times 10^{-1}(1350°C)$
ZnO	36.5	−5.68	n 型半導体	$1.0 \times 10^{-6}(950°C)$, $p_{O_2}=10^{-12}atm$
ZrO_2				$0.2\sim6.2 \times 10^{-2}(1000°C)/(26\sim31)$
ZrO_2-CaO (85/15)				$0.6\sim2.5$ $(1600°C)/16$
ZrO_2-MgO (80/20)				$4.4 \times 10^{-2}(1100°C)$, $3 \times 10^{-4}(1150°C)$
ZrO_2-Y_2O_3 (90/10)				$0.20(1600°C)$
ZrO_2-RE_2O_3 (8〜15mol%)				$2.4 \times 10^{-3}(1000°C)$, $0.44(1600°C)/17$
CaF_2				$(0.1\sim2.9) \times 10^{-2}(1000°C)/17\sim27$
NaCl				0.1
粘土質れんが				$1.4 \times 10^{-3}(1400°C)$
高アルミナれんが				4.4×10^{-3} (〃)
珪磁アルミナれんが				3.5×10^{-4} (〃)
ムライトれんが				1.4×10^{-4} (〃)
				1.3×10^{-6} (〃)
ケイ酸質れんが				6.1×10^{-4} (〃)
ジルコンれんが				2.8×10^{-4} (〃)
マグネシアれんが				9.1×10^{-5} (〃)
マグクロれんが				2.5×10^{-4} (〃)
クロマグれんが				4.2×10^{-4} (〃)
フォルステライト				

* 活性化エネルギー、電気的性質のうち大半は、平野賢一氏の総説（文献1），C. B. Alcockの論文（文献2）および W. A. Fischer と D. Jankeの単行本（文献3）より引用した．

1) 平野賢一：窯業協会誌, **74**(1966), 215.
2) C. B. Alcock : Proceedings of a Symposium by Nuffield Research Group(1969), Imperial College, London.
3) W. A. Fischer, D. Janke : Metallurgische Elektrochemie (1975), Springer-Verlag.
4) S. F. Palguev, A. D. Neumin : *Sov. Phys. Solid. St.*, **4** (1962).
5) 高橋武彦, 岩原弘育：電気化学, **34**(1966), 254, 906.

拡散係数 $[10^{-4}\,m^2/s]$ 陽イオン	活性化エネルギー $[kJ/mol]$ 陰イオン	電荷担体の輸率	備考, 文献
$7.1\times10^{-12}(1\,670°C)/114^*$	$1.6\times10^{-14}(1\,600)/152$	$t_{A e^{3-}}\ll 0.01,\ t_{O^{2-}}=0.70$ $t_e=0.30\,(1\,600°C)$	3)
$6.3\times10^{-5}(800°C,\ Na^+)$		$t_{Na^+}=1.0$ $t_{O^{2-}}=1.0$	$Na_{1-x}Al_{11}O_{17}$ $Al_2O_3 62.8,\ SiO_2 32.2,\ K_2O$ $1.0,\ Na_2O 1.0,\ MgO 0.5\%$
$1.3\times10^{-8}(1\,400°C)/92$			
$1.3\times10^{-10}(1\,600°C)/62$	$1.3\times(10^{-12}\sim10^{-11})(1\,600°C)$ $/(49\sim68)$	$t_{Be^{2+}}=0.8\sim1.0$	4)
$1.6\times10^{-10}(1\,600°C)/81$	—		4)
$3.7\times10^{-12}(1\,500°C)/64$	—		
$1\,200-1\,450°C/83$			P_2O_5 過剰
$1\,450-1\,650°C/28$			
		$t_{O^{2-}}=0.95,\ t_e=0.05$ $(1\,000°C,\ p_{O_2}=0.02-1\,atm)$	5)
$3\times10^{-9}(1\,000°C)/35$	$2.9\times10^{-13}(1\,200°C)/97$		
$10^{-11}(1\,300°C)/81$			
$1.2\times10^{-14}(1\,200°C)/85$	$5.0\times10^{-14}(1\,200°C)/98$		$O/Fe<1.09:$ p型
$3\times10^{-8}(1\,000°C)/36$	$1.7\times10^{-21}(1\,200°C)/93$		$O/Fe>1.09:$ n型
$8\times10^{-8}(1\,000°C)/30$			
$2\times10^{-9}(1\,000°C)/55$			
$10^{-11}(1\,000°C)/88$	$2.8\times10^{-13}(1\,000°C)/80$		
		$t_{O^{2-}}=1.0$ $t_e=1.0\,(1\,000°C,\ 空気),\ t_e=0$ $(1\,000°C,\ 還元雰囲気)$ $t_{ion}=0.9,\ t_e=0.1\,(1\,000°C,$ $p_{O_2}=0.2\sim1.0)$	6)
$1.6\times10^{-10}(1\,600°C)/79$	$5.9\times10^{-13}(1\,600°C)/62$	$t_{ion}=1.0\,(1\,000-1\,600°C)$	Al_2O_3 過剰
$10^{-13}(1\,000°C)/84$		$t_{ion}=1.0\,(1\,300-1\,500°C)$	SiO_2 過剰
$3\times10^{-11}(1\,000°C)/46$	$2.8\times10^{-9}(1\,000°C)/31$	$t_{ion}=1.0\,(p_{O_2}=10^{-12}\sim10^{-17}\,atm(1\,000°C)$	4)
$2\times10^{-14}(1\,000°C)$	$4.2\times10^{-10}(1\,000°C)/58$		
	$7.1\times10^{-9}(1\,200°C)/38$	$t_{ion}=1\,の\,p_{O_2}=10^{-8}\sim10^{-15}\,atm\,(850°C)$	Yb_2O_3 も同様
	$5.9\times10^{-7}(1\,200°C)/21$	$t_{ion}=1\,の\,p_{O_2}=10^{-8}\sim10^{-15}\,atm\,(850°C)$	
	$2.9\times10^{-9}(1\,200°C)/29$		
	$8.8\times10^{-9}(1\,200°C)/26$		
	$2.1\times10^{-9}(1\,200°C)/30$		
	$2.8\times10^{-7}(1\,200°C)/30$		
	$7.5\times10^{-13}(1\,200°C)/63$	$t_{ion}=1\,のp_{O_2}=1\sim10^{-15}\,atm\,(1\,000°C)$	
	$4.6\times10^{-10}(1\,600°C)/106$	$t_{ion}=1\,(1\,000°C,\ p_{O_2}=10^{-10}\,atm)$ $t_{ion}=0\,(1\,000°C,\ p_{O_2}=0.2\,atm)$	
$1.7\times10^{-14}(1\,600°C)/59$			
$6.0\times10^{-17}(2\,000°C)/150$		$t_{ion}=0.99,\ p_{O_2}<10^{-6}\,atm\,(500\sim1\,400°C)$	
		〃	9)
$10^{-17}(1\,000°C)/59$	$4.2\times10^{-11}(1\,000°C)/66$	〃	
$3\times10^{-15}(1\,000°C)/100$	$4.2\times10^{-13}(1\,000°C)/60$		
$10^{-19}(1\,000°C)/70$	$4.2\times10^{-9}(1\,000°C)/65$		
$1.6\times10^{-10}(1\,600°C)/44$		$t_{ion}=0.7,\ p_{O_2}=10^{-10}\,atm\,(1\,000°C)$	$p_{O_2}=10^{-8}\sim10^{-11}\,atm$ で電気伝導度は極小, 10)
	$3.2\times10^{-8}(1\,200°C)/20$		
	$10^{-11}(1\,000°C)/56$		$p_{O_2}=10^{-12}\sim10^{-16}\,atm$ で電気伝導度は極小
$Zr^{4+}:\ 2.9\times10^{-10}(1\,600°C)/62$	$3.3\times10^{-7}(1\,000°C)/31$	$t_{O^{2-}}\simeq 1$	11)
$Ca^{2+}:\ 1.2\times10^{-8}(1\,600°C)/99$	$2.1\times10^{-5}(1\,600°C)/29$	〃	$1\,100\sim1\,500°C$ で相変化により電気伝導度極小となる
		〃	
		〃	RE: Nd, Sm, Gd, Yb, Lu
$1.9\times10^{-13}(1\,000°C)/85$	$5.9\times10^{-7}(900°C)/46$	$t_F=1.0,\ t_{Ca^{2+}}<10^{-9}$	12)
$(1.6\sim2.5)\times10^{-9}(700°C)/$	$(2.3\sim2.7)\times10^{-9}(700°C)/49$		
$(37\sim45)$			Superduty, 気孔率18%
			〃 気孔率24%
			〃 3.1%, Al_2O_3 99%
			〃 26%
			〃 1.5%, 溶融鋳造品
			〃 22%
			〃 30%
			〃 17%, 90〜95% MgO
			〃 19%
			〃 14%

6) E. C. Subarao, P. H. Sutter : *J. Am. Ceram. Soc.*, **46**(1963), 433.
7) H. Schmalzried : *Z. Phys. Chem.*(N. F.), **38**(1963), 87
8) V. B. Tare, H. Schmalzried : *Z. Phys. Chem.*(N. F.), **38**(1963), 87
9) J. W. Patterson, et al : *J. Electrochem. Soc.*, **114**(1967), 752
10) N. M. Tallan, R. W. Vest : *J. Am. Ceram. Soc.*, **49**(1966), 401.
11) W. H. Rhodes, R. E. Carter : *J. Am. Ceram. Soc.*, **49**(1966), 244.
12) R. W. Vre, Jr. : *J. Chem. Phys.*, **26**(1957), 1363.

$(15.8\times10^{-9}\,H\cdot m^2/kg \doteqdot 1\,emu/g,\ 4.184\,J=1.00\,cal)$

1・7・4 高融点炭化物, ホウ化物および窒化物焼結体の性質

物質	色	融点または昇華点 [°C]	熱伝導率(20°C) [10^{-3}W/K·m]	熱膨張係数 [10^{-6}K^{-1}]	真比重	硬度 モース	硬度 ヌープ [MPa]	耐圧強さ [MPa]	引張強さ [MPa]	弾性率 [10^{11}Pa]	比抵抗(20°C) [10^{-2}Ω·m]	酸化 [mg/m²·s]
B_4C	黒色	2450	29〜81	4.5	2.52	9.3	2800	3000	300	4.5	0.8	27.8(1100°C)
Be_2C	透明なこはく色	2150	21	10.5	2.44	9⁺	—	735	—	—	1.1	2.8(1200°C)
SiC	緑色	2100	42	4.7	3.21	9.2	2550	570	—	—	5×10^{-2}	2.8(1200°C)
TiC	金属様灰色	3140	17〜29	7.4	4.25	8〜9	2470	760	475	3.1	1×10^{-4}	77.8(1100°C)
WC	灰色	2867	—	6.2	15.5	9⁻	—	—	—	—	1×10^{-5}	
ZrC	金属様灰色	3530	21	—	6.7	8〜9	—	1650	—	—	6.4×10^{-5}	
TiB_2	金属様	2900	23	4.6	4.5	—	2710	350	130	4.4	$(2〜3) \times 10^{-5}$	5.0(1400°C)
ZrB_2	金属様	3060	23	4.5	6.1	—	1560	—	200	2.9	2.5×10^{-5}	0.22(1000°C)
BN	白色	3000	13	3.8	2.2	1〜2	—	—	105	0.9	2×10^7	0.47(1000°C)
TiN	金黄色	2950	29	—	5.4	8〜9	1770	1000	—	—	22×10^{-6}	15.0(1400°C)
ZrN	緑色一金に似る	3310	16	—	7.0	8⁺	1510	—	—	—	14×10^{-6}	30.6(1400°C)
Si_3N_4	灰黒色	1900	17	2.9	3.43	9⁻	—	—	—	—	—	
AlN	半透明なこはく色	2500	—	4.8	3.26	7	—	—	—	—	—	

1・7・5 金属と酸化物間の反応

	タングステン W		タンタル Ta		モリブデン Mo		ニオブ Nb		ジルコニウム Zr	
アルミナ Al_2O_3	2250 K	a* A	1860 K*	A	2160 K	a* A	2090 K* 弱く反応(Nb_2O_3)		1670 K 強く腐食(ZrO_2)	B, D
マグネシア MgO	2250 K	a* A	2090 K* 銀色薄膜	E	2090 K* 粒界反応(Nb_2O_3)	A	2030 K*	A, B	1870 K 強く腐食	D
ジルコニア ZrO_2	2170 K 多孔質組織	a* A	2170 K*	E	2360 K	A	1860 K* 粒界反応	A, C	1870 K* 粒界浸透	A, B
ベリリア BeO_2	2370 K 黄色薄膜(BeO)	a* A	1860 K*	E	2170 K	A	1860 K* (ベリリウム化ニオブ)	B, C, E	1770 K*	B, F
トリア ThO_2	2560 K* 密着力強し	a* A	2470 K*	A	2470 K	A	2030 K* 粒界浸透	A, B, C	1870 K* 粒界浸透	A, B
チタニア TiO_2	2090 K*	A	2030 K*		2090 K	A	1750 K* 腐食	A, C	1670 K	C

	チタン Ti		ニッケル Ni		シリコン Si		ベリリウム Be		炭素 C	
アルミナ Al_2O_3	1860 K* 強く腐食(TiO_2)	B, D	2070 K	A	1670 K 腐食	B, E	2070 K 強く腐食(BeO)	B, E	1920 K*	F
マグネシア MgO	1870 K* 強く腐食	B, D, E	2070 K 接着	A	1670 K Mg_2SiO_4 一定の表面		1670 K	A	1920 K*	F
ジルコニア ZrO_2	1970 K* 強く腐食(TiO_2)	B, D	2070 K	A	1670 K (SiO_2)	B, E	1870 K 粒界反応(BeO)	A, B	1870 K*	F
ベリリア BeO_2	1860 K*	B, D, F	2070 K	A	1670 K	B, E			2250 K* (Be_2C, CO)	B
トリア ThO_2	1970 K* 粒界浸透	A, B	2070 K	A	1870 K 粒界浸透	B, C	1870 K 粒界反応	C	1860 K*	F
チタニア TiO_2	1860 K* 強く腐食	D	2070 K	A	1860 K* 強く腐食	D	1670 K*	C	1750 K*	F

2000 K a A ← 真空中での反応の様子
( )内は生成物

── 真空中での酸化物との反応最低温度
a. 13.3 Pa 以下の真空中ではこの値より 100〜200 K 低くなる.
← 不活性ガス中 2073 K における反応の様子 (ただし, W, Ta, C は真空中)

A 金属-酸化物間に物理的変化なし.
B 結晶粒界に沿って浸透と酸化相の変化が認められる.
C 酸化物にいくらかの侵食が認められる.
D 酸化物にかなりの侵食が認められる.
E 内面に新相ができる.
F 酸化物の還元が認められる.

* ゲ・ベ・サムソノフ, ア・ベ・エピック:日・ソ通信社翻訳部訳, 高融点被覆(1973), 日・ソ通信社.
その他は第一事業部技術資料, 抵抗加熱炉(1974), 日本真空技術.

1・7・6 のぞき窓用材料の光透過率
a. 各種ガラス

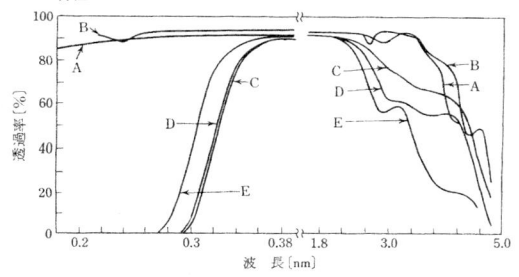

A：水晶，B：溶融石英，C：鉛ガラス，D：石灰ガラス，
E：Corning. no. 7740（パイレックス）

b. 結 晶

2 mm厚の試料における10％以上の光透過率の波長範囲を表す．

1) W. G. Driscoll, W. Vaughan : Handbook of Optics (1978), McGraw-Hill.
2) W. L. Wolfe, G. J. Zissis : The Infrared Handbook (1978), Office of Naval Research.
3) D. E. Gray : American Institute of Physics Handbook (1972), McGraw-Hill.
4) 工藤恵栄：分光学的性質を主とした基礎物性図表 (1972), 共立出版．

1・7・7 封着用材料
a. 封着用金属の性質

符号	金 属	最大動作温度 [℃] 真空中	空気中	平均熱膨張係数 $[10^{-7}/K]$ (20〜350℃)	比 低 抗 $[10^{-8}\,\Omega\cdot m]$ (20℃)	熱伝導率 $[10^2 \text{W/K}\cdot\text{m}]$ 0℃	25℃	100℃
1	銅	400	150	178	1.724	4.03	4.01	3.95
2	鉄	500	200	132	9.6	0.87	0.80	0.72
3	白金	1600	1400	92	10.6	0.72	0.72	0.72
4	チタン			〜100	3	0.22	0.22	0.21
5	モリブデン	2000	200	55	4.8	1.39	1.38	1.35
6	タングステン	3000	300	44	5.6	1.77	1.73	1.63
7	シルバニア* (Fe-Ni-Cr)	700	600	89	94			
8	26％クロム系	1000	100	105	68	0.13		
9	コバール (Fe-Ni Co)	1000	600	47	4.4	0.17		

b. 封着用ガラスの性質

符号	ガ ラ ス	平均熱膨張係数 $[10^{-7}/K]$ (100〜300℃)	徐冷点 [℃]	軟化点 [℃]	作業温度 [℃]	封着材料
a	ソーダ石灰ガラス	107	513	700	960	1*, 3, 4, 7〜9, b, c
b	鉛ソーダ石灰ガラス	98	437	630	640	1*, 3, 4, 7〜9, a, c
c	鉛カリガラス	96	437	630	990	1*, 3, 4, 7〜9, a, b
d	アルミノケイ酸塩ガラス	43	710	920	1200	5, f, h, i
e	タングステン用ガラス	37	518	770	1150	1*, 6, h
f	モリブデン用ガラス	48	480	699		1*, 5
g	コバール用ガラス	47	484	680	1070	1*, 10
h	パイコール	8		910	1500	5*, 中間ガラス
i	石英ガラス	6		1140	>1650	5*, 中間ガラス

*については，フォイルシールまたはナイフエッジシールを使用した．

2 熱力学的数値
2・1 一般
2・1・1 各種物質の熱力学的数値

物質名[4]	構造[1]	比熱[2]			温度範囲[4] [K]	蒸気圧				温度範囲[4] [K]	$-\Delta H_{298}$[3] [kJ/mol]	S_{298}[3] [J/K·mol]	状態[4]	状態変化の温度 [K]	潜熱[3] [kJ/mol]
		a	b	c		A	B	C	D						
⟨Ag⟩	面	21.3	8.54	1.51	rt〜mp	−14 900	−0.85	—	12.20	rt〜mp	0	42.68	m	1 233.9	11.1
|Ag|		30.5			mp〜1 600	−14 400	−0.85	—	11.70	mp〜bp			b	2 420	258
⟨AgCl⟩	NaCl	62.26	4.18	−113	rt〜mp	−11 830	−0.30	−1.02	12.39	rt〜mp	127	96.2	m	728	13
|AgCl|		66.9			mp〜900	−11 320	−2.55	—	17.34	mp〜bp			b	1 837	118
⟨Ag₂O⟩	Cu₂O	59.33	40.8	−4.2	rt〜500						31	122	分		
⟨Ag₂S⟩ₐ	ZnS	42.38	110.5	—	rt〜452						32	144	t	449, 859	5.9**
													m	1 115	11**
⟨Al⟩	Ag	20.7	12.4	—	rt〜mp						0	28.3	m	932	11
|Al|		32	—	—	mp〜1 650	−16 380	−1.0	—	12.32	mp〜bp			b	2 723	291
(Al)											−322	164			
(AlF)		37		−6.07	rt〜2 000						255	215			
⟨AlF₃⟩ᵦ	菱	87.57	13	—	727〜1 400	−16 700	−3.02	—	23.27	rt〜sp	1 490	66.5	t, s	727, 1 553	0.63*, 280*
(AlCl)		38	—	−2.85	rt〜2 000						48.5*	228	s	453	
⟨AlCl₃⟩	六方 (層状格子)	55.44	117.2	—	rt〜mp						705.4	110*			
|AlCl₃|		131			mp〜500										
(AlCl₃)		82.8		−11.0	rt〜1 800										
⟨Al₂O₃⟩	Cr₂O₃	106.6	17.8	−28.5	rt〜1 800						1 674	51.0	m	2 303	(109)
⟨Al₄C₃⟩		100.8	132	—	rt〜600						215	89.1			
⟨As⟩	As	21.9	9.29	—	rt〜1 100	−6 160	—	—	9.82	600〜900	0	35	s	895	114*
(As₄)											−149*	289*			
(As₂)											−124*	239			
|AsCl₃|		133	—	—	rt〜371	−2 660	−5.83	—	24.76	mp〜bp	336*	233*	m, b	257, 403	10**, 31*
⟨As₂O₃⟩		35.0	203	—	rt〜548						653.5	122.7	m, b	582, 732	37**, 59.4*
⟨As₂S₃⟩						−5 100	—	—	4.67	450〜600	126**		m, b	580, 838	
⟨Au⟩		23.7	51.9	—	rt〜mp	−19 820	−0.306	−0.16	10.81	rt〜mp	0	47.36	m	1 336	12.8*
|Au|		29.3	—	—	mp〜1 600	−19 280	−1.01	—	12.38	mp〜bp			b	3 223	343
⟨B⟩	(多種)	16.79	9.058	−7.49	rt〜1 100	−29 900	−1.0	—	13.88	1 000〜mp	0	5.9*	m	2 303	
|B|		16.05	10.0	−6.28	rt〜1 240						−4.2	6.53*			
|BBr₃|						−2 710	−7.04	—	28.36	mp〜bp	242	226*	m	226	−200
(BBr₃)		74.60	8.54	−8.16	rt〜1 000						208	324	b	364	31*
⟨B₂O₃⟩	立	57.03	73.01	−14.1	rt〜mp						1 281	54.0	m	723	22*
|B₂O₃|		127.6			mp〜1 800						1 278		b	(2 573)	
⟨BN⟩	グラファイト	68.16	2.82	—	rt〜1 400						253	15.4			
⟨B₄C⟩	菱	96.19	22.6	−44.85	rt〜1 373						58.6**	27.1			
⟨Ba⟩ᵦ	Na	−5.69	80.3	—	673〜mp	−9 730	—	—	7.83	750〜mp	0	67.8	t, m	643, 983	0.63**, 7.66*
|Ba|		48.1			mp〜1 125	−9 340	—	—	7.42	mp〜			b	(1 973)	
⟨BaCl₂⟩ₐ	PbCl₂	94.68			892〜1 198						859.4	123.8	t, m	1 195, 1 235	17**, 17*
|BaCl₂|		104.4			mp〜1 339								b	(2 103)	(209)
⟨BaO⟩	NaCl	53.30	4.35	−8.301	rt〜1 270	−21 900	—	—	0.99	1 200〜1 700	582	70.3	m	2 198 (3 023)	57.7*
⟨BaS⟩	NaCl										443.5*	92.0**			
⟨Be⟩	Mg	19.0	8.58	−3.35	rt〜mp	−16 730	—	0.145	9.065	1 000〜1 557	0	9.54	t, m	1 527, 1 559	—, 15*
|Be|		25.4	2.15		1 560〜2 200	−17 000	−0.775	—	11.90	1 557〜2 670			b	(2 673)	305*
⟨BeCl₂⟩						−7 870	−5.03	—	27.15	rt〜mp	490.8	90.0**	m, b	683, (823)	13*, (105)
⟨BeO⟩	ウルツ	46.476	5.962	−35.17	rt〜1 200						598.7	14.1	m	2 853	80.8*
⟨Be₃N₂⟩	Sc₂O₃	30.6	129		rt〜600						587.9	—	m	2 473	
⟨Be₂C⟩	CaF₂	32	44.4	—	rt〜						91.2**	16*	m	2 673	
⟨Be₂SiO₄⟩	菱										20**	64.4		(1 833)	
⟨Bi⟩	As	18.8	22.6	—	rt〜mp						0	56.69	m	544.4	11
|Bi|		20.0	6.15		mp〜820	−10 400	−1.26	—	12.35	mp〜bp			b	1 953	179*
⟨Bi₂O₃⟩	単	103.5	33.5	—	rt〜800						1 097	290	t, m	990, 1 090	(117, 28)
													b	(2 163)	
⟨C⟩_grs	グラファイト	17.2	4.27	−8.79	rt〜2 300						0	5.694	m	4 073	100
⟨C⟩_dia	ダイヤモンド	9.12	13.2	−6.19	rt〜1 200						−1.90	24.4			
(CH₄)		23.6	47.86	−1.92	rt〜1 500						74.85	186			
(CO)		28.4	4.10	−0.46	rt〜2 500						110	198			
(CO₂)		44.1	9.04	−8.54	rt〜2 500						393.5	214			
(CS)											−230*	210			
|CS₂|		77.0			rt〜bp						−87.9*	151	m	161	4.39*
(CS₂)		52.09	6.69	−7.53	rt〜1 800								b	319	27

2 熱力学的数値

物質名[4]	構造[1]	比熱[2] a	b	c	温度範囲[4] [K]	蒸気圧 A	B	C	D	温度範囲[4] [K]	$-\Delta H_{298}^{3)}$ [kJ/mol]	$S_{298}^{3)}$ [J/K·mol]	状態[4]	状態変化の温度 [K]	蒸熱[3] [kJ/mol]
〈COS〉		47.40	9.12	-7.66	rt~1 800						142	231	b	223	18.5
〈Ca〉$_\alpha$	Ag	22.2	13.9		rt~713	-9 350	-1.39	—	12.82	rt~mp	0	41.6	t	737	0.25
〈Ca〉$_\beta$		6.28	32.4	10	713~mp								m	1 116	8.4*
|Ca|		31			mp~1 220	-8 920	-1.39	—	12.45	mp~bp			b	1 756	151
〈CaF$_2$〉$_\alpha$	CaF$_2$	59.83	30.46	1.97	rt~1 424	-23 600	-4.525	—	27.41	rt~1 424	1 222	68.83	t	1 424	4.77
〈CaF$_2$〉$_\beta$		108.0	10.5		1 424~mp	-23 350	-4.525	—	27.23	1 424~mp			m	1 691	30
|CaF$_2$|		100.0			mp~1 800								b	2 783	312
〈CaCl$_2$〉	TiO$_2$(歪)	71.88	12.7	-2.51	600~mp						800.8	113.8	m	1 045	28
|CaCl$_2$|		103.3			mp~1 700	-13 570	—	—	9.22	1 110~1 281			b	(2 273)	
〈CaO〉	NaCl	49.62	4.52	-6.96	rt~1 177						634.3	40	m	2 888	(79)
〈Ca(OH)$_2$〉		59.33	134.0	-9.10	360~670						993.7	83.3			
〈CaS〉	斜方	42.68	15.9		rt~1 000						460	56.5			
〈CaSO$_4$〉		70.21	98.74		rt~1 400						1 433	107	t, m	1 466, (1 673)	—, (28)
〈CaC$_2$〉$_\beta$	CaC$_2$	64.43	8.37		720~1 275						59.0**	70.3		720, 2 573	5.56**, —
〈CaCO$_3$〉	BaCO$_3$	104.5	21.9	-25.9	rt~1 200						1 207	88.7	t	323	0.188**
〈CaSiO$_3$〉	三斜	111.5	15.1	-27.3	rt~1 450						90.0	82.0	t, m	1 463, 1 813	(5.4, 56.1)
〈Ca$_2$SiO$_4$〉$_\beta$	Na$_2$BeF$_4$	151.7	36.9	-30.3	rt~1 200						126	128	t	848, 1 693	(444, 3.26)
														2 403	
〈Ca$_3$Al$_2$O$_6$〉	立	260.6	19.2	-50.2	rt~1 800						6.7**	205			
〈CaAl$_2$O$_4$〉		151	24.9	-33.3	rt~1 800						15**	114			
〈CaAl$_4$O$_7$〉		276.5	22.9	-74.5	rt~1 800							178	m	(1 808)	
〈Ca$_2$Fe$_2$O$_5$〉		248.6		-48.87	rt~1 750						31**	189	m	(1 753)	157*
|Ca$_2$Fe$_2$O$_5$|		310.5			1 750~1 850										
〈CaFe$_2$O$_4$〉		164.9	19.9	-15.3	rt~1 510							145	m	(1 513)	108*
|CaFe$_2$O$_4$|		248.5			1 510~1 800										
〈Cd〉	Mg	22.2	12.3			-5 908	-0.232	-0.284	9.717	rt~594	0	51.5	m	594	6.40
|Cd|		29.7			mp~1 100	-5 819	-1.257	—	12.287	594~1 050			b	1 038	100
〈CdO〉	NaCl	40.4	8.70		rt~1 200						257	54.8			
〈CdS〉	ウルツ, ZnS	54.0	3.8		rt~1 273	-11 460	-2.5		16.06	rt~1 200	144	69.0*	分		
〈Ce〉$_\beta$	Mg	23.6	9.6	5.02	rt~1 003						0	64.0*	t	1 003	3.01
〈Ce〉$_\gamma$		37.9			1 003~mp								m	1 077	5.4*
|Ce|		39.1			mp~1 373	-20 750	-1.51	—	13.40	mp~bp			b	4 083	346
〈CeCl$_3$〉	UCl$_3$					-18 750	-7.05	—	36.38	rt~mp	1 058	150*	m, b	1 075, 2 004	
〈Ce$_2$O$_3$〉	La$_2$O$_3$										1 820	151*			
〈CeO$_2$〉	CaF$_2$	62.8	10		rt~2 500						1 089	62.3			
{Cl$_2$}		36.9	0.25	-2.85	rt~3 000						0	223	b	239	20.4
〈Co〉$_\alpha$	Mg	21.4	14.3	-0.88	440~650	-22 209		-0.223	10.817	rt~mp	0	30.0	t	703	(0.46)
〈Co〉$_\beta$		13.8	24.5		718~1 400								t	1 393	
〈Co〉$_\gamma$		40.2			1 400~mp								m	1 768	16
|Co|		40.4	60.29		mp~1 900								b	320	377
〈CoCl$_2$〉	CdCl$_2$	69.29	61.09		rt~1 000	-14 150	-5.03		30.10		326*	109	m, b	1 013, 1 298	59.0*, 157
〈CoO〉	NaCl	48.28	8.54	1.7	rt~1 800						239	52.93	m	2 123	
〈Co$_3$O$_4$〉	スピネル	129.0	71.46	-23.9	rt~1 000						905.0	103			
〈Cr〉		24.4	9.87	3.68	rt~mp	-20 680	-1.31		14.56		0	23.8	m	2 173	21
|Cr|		39.3			mp~								b	2 963	342
〈CrCl$_2$〉	斜方	63.72	22.2		rt~mp	-14 000	-0.62	-0.58	15.14	rt~mp	406*	115.3	m	1 088	32**
|CrCl$_2$|		100				-13 800	-5.03		27.70	mp~bp			b	1 573	197*
〈CrCl$_3$〉		81.34	29.4		rt~sp	-13 950	-0.73	-0.77	17.49	rt~bp	552.3*	123	s	(1 218)	238*
〈Cr$_2$O$_3$〉	Cr$_2$O$_3$	119.4	9.20	-15.6	350~1 800	-10 300	—		20.14	448~468	1 130	81.2	m	(2 673)	
〈CrN〉	NaCl	41.2	16		rt~800						123	104		328	
〈Cr$_4$C〉	立	122.8	31.0	-21.0	rt~1 700						98.3*	106	m	1 793	
〈Cr$_7$C$_3$〉	六方	238.3	60.84	-42.34	rt~1 700						228*	201	m	2 053	
〈Cr$_3$C$_2$〉	斜方										110*	85.4		2 163	
〈Cs〉	Na	31.9									0	88.7		302.9	
|Cs|		53.19			mp~330	-4 075	-1.45		11.38	rt~1 000			b	973	66.5*
〈CsCl〉$_\alpha$	CsCl (別表)	53.47	5.15	-1.92	rt~743	-10 800	-3.02		19.99	700~mp	433.0	100	t	742	2.43
〈CsCl〉$_\beta$		3.368	73.81	-3.72	743~mp								m	918	21
|CsCl|		57.99	17.9		mp~1 170	-9 815	-3.52		20.38	mp~bp			b	1 573	160
〈Cu〉	Ag	22.6	6.28		rt~1 600	-17 770	-0.86		12.29	rt~mp	0	33.3	m	1 356	13
|Cu|		31.4			mp~1 600	-17 520	-1.21		13.21	mp~bp			b	2 843	307
〈CuCl〉	ZnS	24.6	80.3		rt~mp						135	87.0*	m	703	10.3**
|CuCl|		66.11			mp~1 200	-10 170			8.04	1 000~1 900			b	1 963	166
〈CuCl$_2$〉		64.52	50.21		rt~mp						206*	108.1			
〈Cu$_2$O〉	Cu$_2$O	62.34	23.8		rt~1 200						167	93.09	m	1 503	(56.1)
〈CuO〉	単	38.8	20.1		rt~1 250						155	42.7			
〈Cu$_2$S〉$_\alpha$	ZnS	81.59			rt~376						82.0	119	t	376	(3.85)
〈Cu$_2$S〉$_\beta$		97.28			376~623								t	623	(0.84)

II 製錬に関する基礎的物性と熱力学的数値

物質名[4]	構造[1]	比熱[2]			温度範囲[4] [K]	蒸気圧				温度範囲[4] [K]	$-\Delta H_{298}^{3)}$ [kJ/mol]	$S_{298}^{3)}$ [J/K·mol]	状[4]態	状態変化の温度 [K]	潜熱[3] [kJ/mol]
		a	b	c		A	B	C	D						
$\langle Cu_2S \rangle_\gamma$		85.02			623〜1400								m	1403	11**
$\langle CuS \rangle$	六方	44.4	11.0		rt〜1273						50.6*	66.5*			
$\langle CuSO_4 \rangle$		78.53	71.96		rt〜900						769.8	(106)	m	473	
(F_2)		34.7	1.84	-3.35	rt〜2000						0	203			
$\langle Fe \rangle_\alpha$	Na	17.5	24.8		rt〜1033	-21080	-2.14	—	16.89	rt〜mp	0	27.2	t	1183	0.92
$\langle Fe \rangle_\gamma$	Ag	7.70	19.5		181〜1674								t	1673	0.88
$\langle Fe \rangle_\delta$	Na	43.9			674〜mp								m	1809	14*
$|Fe|$		41.8			mp〜1873	-19710	-1.27	—	13.27	mp〜bp			b	3343	340*
$\langle FeCl_2 \rangle$	$CdCl_2$	79.24	8.70	-4.90	rt〜950						342	120	m	950	43.1
$|FeCl_2|$		102.1			950〜1110	-9475	-5.23	—	26.53	mp〜bp			b	1285	126
$\langle FeCl_3 \rangle$	AsI_3	123.7		-25.6	rt〜mp						400	135	m, b	580, 588	(75.3), 60.7**
$\langle Fe_{0.95}O \rangle$	NaCl	48.79	8.37	-2.80	rt〜mp						264	58.79	m	1651	31
$|Fe_{0.95}O|$		68.20			mp〜1800										
$\langle Fe_3O_4 \rangle$	スピネル	201			900〜1800						1117	151	m	1870	138*
$\langle Fe_2O_3 \rangle$	Al_2O_3	151			950〜1050						821.3	87.4	t	(953), (1053)	0.67, —
$\langle FeS \rangle_\alpha$	NiAs	21.7	110.5		rt〜411						95.4	67.4	t	411	2.38
$\langle FeS \rangle_\beta$		72.80			411〜598								t	598	0.50
$\langle FeS \rangle_\gamma$		51.04	9.96		598〜mp								m	1468	32.3
$|FeS|$		71.13			mp〜1500										
$\langle FeS_2 \rangle$	FeS_2	74.81	5.52	-12.8	rt〜1000						177*	52.93			
$\langle FeSO_4 \rangle$											922.6	108			
$\langle Fe_4N \rangle$	Ag (N格子間)	112.3	34.1		rt〜1000						11*	(156)			
$\langle Fe_3C \rangle$	斜方	82.17	83.68		rt〜463						-23**	101	t, m	463, 1500	0.75, 51.5*
$\langle FeCO_3 \rangle$	$MgCO_3$										747.7	92.9			
$|Fe(CO)_5|$						-2075	—		8.42	rt〜bp	226	337.9	m, b	253, 382	13.2*, 33*
$\langle FeSi \rangle$	立	44.85	18.0	—	rt〜900						80.3*	50.2**	m	1693	
$\langle Fe_2SiO_4 \rangle$	Mg_2SiO_4	152.8	39.2	-28.0	rt〜1490						1448	145	m	1493	92.0
$|Fe_2SiO_4|$		241	—		1490〜1721										
$\langle Fe_2TiO_4 \rangle$		139.5	63.09	-14.2	rt〜1600						163				
$\langle Fe_2TiO_5 \rangle$		192.6	22.0	-31.0	rt〜1700						156				
$\langle FeTiO_3 \rangle$	Cr_2O_3	116.5	18.2	-20.0	rt〜1640						106		m	1643	70.8
$|FeTiO_3|$		199.2			1640〜1800										
$\langle FeAl_2O_4 \rangle$	スピネル										41.8**	106	m	1713	
	スピネル	163.0	22.3	-31.9	rt〜1800						5.4**	146	m	2453	
$\langle Ga \rangle$	Ga	26.09			300						0	41	m	302.9	5.590
$|Ga|$		27.80			300	-14330	-0.844	—	11.42	rt〜mp			b	2693	270
(Ga)											-286	169			
$\langle Ge \rangle$	ダイヤモンド	25.02	3.43	2.34	rt〜mp	-20150	-0.91	—	13.28	rt〜mp	0	31.2	m	1213	37*
$|Ge|$		28			mp〜1573	-18700	-1.10	—	12.87	mp〜bp			b	3143	328*
$|GeCl_4|$						-2940	-9.08	—	34.27		(543.9)	347	b	357	30*
$(GeCl_4)$											45.2**	224*	b	(1203)	
$\langle GeO \rangle$	ルチル										552.3	55.2*	m	1389	43.9**
$\langle GeO_2 \rangle$														888	21**
$\langle GeS \rangle$	斜方					-9820	-2.5	—	17.10	rt〜mp	89.5**	66.1	m	1033	145**
													b		
(H_2)		27.3	3.26	0.50	rt〜3000						0	130.6			
(HF)		26.9	8.43	1.09	rt〜2000						271	174	m, b	190, 292.6	3.93, —
(HCl)		26.5	4.60	1.09	rt〜2000						92	186.8	b	188	
$|H_2O|$		75.4			rt〜373	-2900	-4.65	—	22.613	mp〜bp	285.9	70.08	b	273	6.008
(H_2O)		30.0	10.7	0.33	rt〜2500						241.8	189	b	373	41.1
(H_2S)		29.4	15.4		rt〜1800						21	205.6		212.7	18.7
$\langle Hf \rangle$	Mg	23.46	7.61		rt〜1346	-32000	-0.5	—	11.81	rt〜2023	0	2.1	t	2023	(6.90)
$|Hf|$						-29830	—	—	9.20	mp〜bp			m	2495	(24.1)
(Hf)											-610.9	186.8	b	4723	570.7*
$\langle HfCl_4 \rangle$		131.7		-9.96	rt〜485	-5197	—	—	11.71	476〜681	990.4	191	m, s	(705), 589	—, 99.6*
$\langle HfO_2 \rangle$	単	72.76	8.70	-14.6	rt〜1800						1113	59.4	t, m	(1843), 3173	
$\langle Hg \rangle$		27.7			rt〜bp	-3305	-0.795	—	10.355	rt〜bp	0	76.1	m	234	2.30
(Hg)		20.8			bp〜3000								b	630	59.12
$\langle HgCl \rangle$	正	46.23	15.5		rt〜mp						132	98.3	m	816	
$\langle HgCl_2 \rangle$		63.93	43.5		rt〜553	-4580	-2.0	—	16.39		230	144	m, b	551, 577	19.6, 59.0
$\langle HgO \rangle$		37.0	25		mp〜600						90.8	70.3			
$\langle HgS \rangle$	六方	41.8	15.3		rt〜mp						58.2	81.6	t	659	(4.2)
$\langle In \rangle$		24.3	10.5		rt〜mp						0	58.2	m	430	3.26
$|In|$		30.3	-1.38		mp〜800	-12580	-0.45	—	9.79	mp〜bp			b	2335	232*
(In)											-243	174			

2 熱力学的数値

物質名[4]	構造[1]	比熱[2]			温度範囲[4] [K]	蒸気圧				温度範囲[4] [K]	$-\Delta H_{298}^{\circ}$[2] [kJ/mol]	S_{298}°[3] [J/K·mol]	状態変化の温度	[K]	潜熱[3] [kJ/mol]
		a	b	c		A	B	C	D						
⟨In₂O₃⟩	Sc₂O₃										926.8	113**	m	2 183	
⟨K⟩	Na	25.3	13.1		rt—mp						0	64.0	m	336.6	2.39
|K|		32.6			mp—600	-4 770	-1.37	—	11.58	350—1 050			b	1 052	79.1*
(K)											-90	160			
⟨KF⟩	NaCl	46.10	13.1		rt—mp	-12 930	-2.06	—	17.30	rt—mp	562.7	66.5	m, b	1 130, 1 783	28.2*, 187*
⟨KCl⟩	NaCl	41.4	21.8	3.22	rt—mp	-12 230	-3.0	—	20.34	rt—mp	436.0	82.4	m	2 282	26.6
|KCl|		66.94			mp—1 200	-10 710	-3.0	—	18.91				b	2 917	163
⟨K₂O⟩											361	98.3**			
⟨K₂CO₃⟩		80.29	109.0		630—mp						391		m	2 408	28
|K₂CO₃|		154.6	44.52		mp—1 250										
⟨La⟩	Mg	25.8	6.69		rt—800	-22 120	-0.33	—	10.39	rt—mp	0	56.9	t	2 378	2.85
(La)											-422.6	182.3	m, b	2 430, 4 930	8.49**, 402
⟨Li⟩	Na	12.76	36.0		rt—mp						0	29.1	m	1 690.6	2.93*
|Li|		29			500—1 000	-8 145	-1.0	—	11.34	mp—bp			b	2 839	148
(Li)											-161*	138.7			
⟨LiCl⟩	NaCl	46.0	14.2		rt—mp						405	59.29	m, b	2 120, 2 892	19.9, 151*
⟨Li₂O⟩	CaF₂	62.51	25.4		rt—1 045						597	37.9			
⟨LiOH⟩	SnO	50.17	34.5		rt—mp						487.6	42.7	m	1 983	21
|LiOH|		84.78			mp—880										
⟨Mg⟩		22.3	10.3	-0.431	rt—mp	-7 780	-0.855	—	11.41	rt—mp	0	32.5	m	2 160	8.8*
|Mg|		33.9			mp—1 130	-7 550	-1.41	—	12.79	mp—bp			b	2 615	128*
⟨MgF₂⟩	ルチル	70.84	42.7	-37.2	rt—mp	-20 600	-2.11	—	19.06	rt—1 536	4 503	232	m	2 773	235
|MgF₂|		382.6			mp—1 800	-18 150	-3.9	—	23.17	1 536—2 605			b	3 842	1 110
⟨MgCl₂⟩	CdCl₂	320.0	24.0	-34.9	rt—mp						2 597	362	m	2 224	174
|MgCl₂|		374.2	—		mp—1 500	-10 840	-5.03	—	25.53	mp—bp			b	2 928	554*
⟨MgO⟩	NaCl	181.8	41.22	-38.3	rt—1 200						2 433	110	s	4 280	
⟨Mg₂SiO₄⟩	斜方	606.3	111	-144	rt—1 800						256*	385.2	m	3 400	
⟨MgSiO₃⟩	斜方	102.7	19.8	-26.3	rt—1 600						36*	67.8			
⟨MgAl₂O₄⟩	スピネル	154.0	26.8	-40.9	rt—1 800						25*	80.54	m	2 408	
⟨Mn⟩α	α-Mn	21.6	15.9		rt—1 000						0	31.8	t	993	201
⟨Mn⟩β		34.9	2.76		1 000—1 374	-14 920	-1.96	—	16.19	rt—mp			t	1 373	2.30
⟨Mn⟩γ		44.77			1 374—1 410							32.3	t	1 409	1.80
⟨Mn⟩δ		47.30			1 410—mp								m	1 517	(14)
|Mn|		46.02			mp—bp	-14 520	-3.02	—	19.24	mp—bp			b	2 333	220*
⟨MnCl₂⟩	CdCl₂	75.48	13.2	-5.73	rt—mp	-17 400	-3.02	—	22.06	rt—mp	482.0	118.2	m	923	38
|MnCl₂|		94.56			mp—1 200	-10 606	-4.33	—	23.68	mp—bp			b	1 504	149*
⟨MnO⟩	NaCl	46.48	8.12	-3.68	rt—1 800						385	59.8	m	2 058	54.4**
⟨Mn₃O₄⟩	正	144.9	45.27	-9.20	rt—1 445						1 387	154	t, m	1 445, 1 833	21*, —
⟨Mn₂O₃⟩	Sc₂O₃	103.5	35.1	-13.5	rt—1 350						957	110			
⟨MnO₂⟩	斜方	69.45	10.2	-16.2	rt—780						520.1	53.1	t	523	
⟨MnS⟩	多種	47.70	7.53		rt—1 803						205	78.2	m	1 803	(26)
⟨MnSO₄⟩		122.4	37.3	-29.5	rt—1 100						1 064	112	m	973	
⟨MnCO₃⟩	MgCO₃	92.01	38.9	-19.6	rt—700						895.0	85.8			
⟨MnSiO₃⟩	三斜	110.5	16.2	-25.8	rt—1 500						25	89.1	m	1 543	
⟨Mo⟩	Na	24.1	1.17		300—2 500	-34 700	-0.236	-0.145	11.66	rt—mp	0	28.6	m, b	2 893, 4 923	28**, 590.0
⟨MoCl₅⟩	NbCl₅					-5 210	—	—	13.1	rt—mp	380	272*	m, b	467, 541	(33), 62.8**
⟨MoO₂⟩	単										586	54.4			
⟨MoO₃⟩	MoO₃	83.97	24.7	-15.4	rt—1 808	-15 230	-4.02	—	27.16		745.6	77.8	m, b	1 068, 1 373	52.5*, 192*
(N₂)·		27.9	4.27		rt—2 500						0	191.5	m	63, 77	0.720, 5.577
(NH₃)		29.7	25.1	-1.55	rt—1 800						46.0	192.3	m, b	195, 239.6	5.657, 23.3
⟨Na⟩	Na	20.9	22.4		rt—mp						0	51.25	m	370.9	2.64
|Na|		31.4			mp—500	-5 780	-1.18	—	11.50	rt—bp			b	1 155	99.2
(Na)											-109	154			
⟨NaCl⟩	NaCl	45.95	16.3		rt—mp	-12 440	-0.90	-0.46	14.31		413	72.8	m	1 074	28
|NaCl|		66.9			mp—1 300								b	1 738	170
⟨Na₂O⟩	CaF₂	65.69	22.6		rt—1 100						421.3	71.1*			
⟨NaOH⟩α	正	71.76	-111	—	rt—568						428.0	64.4	t	566	6.36*
⟨NaOH⟩β		85.98			568—mp								m	593	6.36*
|NaOH|		89.45	-5.86		mp—980	-7 520	—	—	7.43	1 280—1 700			b	1 663	(144.3)
⟨Na₂S⟩	CaF₂										387	98.3**	m	1 223	(6.7)
⟨Na₂SO₄⟩α	斜方	98.32	132.8		rt—450						1 395	149.5	t	458	2.9
⟨Na₂SO₄⟩β		121.6	80.92		514—1 157								t	514	4.4
|Na₂SO₄|		197.4			1 157—1 850								b	1 163	24.1
⟨Na₂CO₃⟩		58.49	228	-13.08	rt—500						1 136	136	b	593, 753	1.05
|Na₂CO₃|		142.2	44.8		mp—1 210								m	1 123	29*
⟨Na₂SiO₃⟩	斜方	130.3	40.2	-27.1	rt—mp						232*	114	m	1 361	52.3
|Na₂SiO₃|		179.1			mp—1 80										
⟨Na₂Si₂O₅⟩	斜方	185.7	70.54	-44.64	rt—mp						253*	165	t, m	953, 1 147	7.1**, 36

物質名[4]	構造[1]	比熱[2]			温度範囲[4] [K]	蒸気圧				温度範囲[4] [K]	$-\Delta H_{298}^{3)}$ [kJ/mol]	$S_{298}^{3)}$ [J/K·mol]	状[4]態	状態変化の温度 [K]	潜熱[3] [kJ/mol]
		a	b	c		A	B	C	D						
|Na$_2$Si$_2$O$_5$|		260.9			mp~1 800										
⟨Na$_3$AlF$_6$⟩$_\alpha$		192.3	123.3	−11.6	rt~845						83.7	238	t	845	(9.04)
⟨Na$_3$AlF$_6$⟩$_\beta$		218.2	66.36		845~1 300								m	1 403	115
|Na$_3$AlF$_6$|		391			1 300~1 400										
⟨Nb⟩	Na	24.62	3.39	−9.2	rt~1 415	−37 650	0.715	−0.166	8.94	rt~mp	0	36.5	m, b	2 741, 5 018	260, 682.0
⟨NbCl$_5$⟩	単					−4 370	—	—	11.51	403~mp	797.1	226*	m, b	478, 523	29**, 54.8*
⟨NbO⟩	六方	42.01	9.71	−3.26	rt~1 700						412	48.1**	t	2 208	
⟨NbO$_2$⟩$_\alpha$	ルチル	48.95	40.00	−3.01	rt~1 090						796.6	54.4**	t	1 090	
⟨NbO$_2$⟩$_\beta$		92.88			1 090~1 200								t	1 200	
⟨NbO$_2$⟩$_\gamma$		83.05			1 200~1 800								m	2 353	
⟨Nb$_2$O$_5$⟩	Ta$_2$O$_5$	162.2	14.8	−30.6	rt~1 780						1 904	137	t	1 073, 1 423	(126)
													m	1 733	
⟨Ni⟩$_\alpha$	Ag	32.6	1.80	−1.586	rt~(630)	−22 500	−0.96	—	13.60	rt~mp	0	29.8	t	631	0.59**
⟨Ni⟩$_\beta$		29.7	4.18	−9.33	630~mp								m	1 728	17
|Ni|		39			mp~2 200	−22 400	−2.01	—	16.95	mp~bp			b	3 193	375*
⟨NiCl$_2$⟩	CdCl$_2$	73.22	13.2	−4.98	rt~mp	−13 300	−2.68	—	21.88	rt~sp	305	97.70	m	(1 303)	77.4
|NiCl$_2$|		100.4			mp~1 336								s	1 243	225
⟨NiO⟩$_\alpha$	NaCl	−20.9	157.2	16.3	rt~525						241	38	m	2 257	
⟨NiO⟩$_\beta$		58.07			525~565										
⟨NiO⟩$_\gamma$		46.78	8.45		565~1 800										
⟨Ni$_2$S$_3$⟩											199*	134	t, m	823, 1 063	—, (24)
											92.9*	52.93			
⟨NiS⟩	NiAs	38.7	53.56	—	rt~600										
⟨NiSO$_4$⟩		126	41.5	—	rt~1 200						889.1	(97.1)			
(Ni(CO)$_4$)											152	402	m, b	248, 315	14, 29
(O$_2$)		30.0	4.18	−1.67	rt~3 000						0	205	m	54	0.444
													b	90	6.82
⟨P⟩$_{白}$	立	94.1	—	—	rt~mp						0	44.4*			
⟨P⟩$_赤$		19.8	16.3	—	rt~800						18.4*				
(P)		20.8	—	—	rt~1 500						(−314)	163			
(P$_2$)		34.8	1.92	−3.01	rt~2 000						−140	218			
(P$_4$)		79.20	3.60	11.8	rt~1 500						−58.6	280	m, b	317, 553	2.51*, 51.9*
⟨P$_2$O$_5$⟩	斜方	35.0	226	—	rt~631						1 492	114.4	m, b	843, 873	(48.1, 109)
⟨Pb⟩	Ag	23.6	9.75	—	rt~mp						0	64.9	m	600	4.81
|Pb|		32.4	−3.10	—	mp~1 200	−10 130	−0.985	—	11.16	mp~bp			b	2 013	178
⟨PbCl$_2$⟩	PbCl$_2$	66.78	33.5	—	rt~mp	−9 890	−0.95	−0.91	15.36	rt~mp	359	136	m	771	24**
|PbCl$_2$|		113.8	—	—	mp~900	−10 000	−6.65	—	31.60	mp~bp			b	1 225	127
⟨PbO⟩$_黄$	正	37.9	26.8	—	rt~1 000	−13 480	−0.92	−0.35	14.36	rt~mp	219	67.4	m	1 159	25*
⟨PbO⟩$_赤$	正	44.4	16.7	—	rt~900										
⟨Pb$_3$O$_4$⟩	正										734.7	211*			
⟨Pb$_2$O$_3$⟩	単											152			
⟨PbO$_2$⟩	ルチル	53.1	32.6	—	rt~1 000						277				
⟨PbS⟩	NaCl	44.60	16.4	—	rt~900						94.1	91.2	m	1 392	
⟨PbSO$_4$⟩	BaSO$_4$	45.86	129.7	17.6	rt~1 100						918.4	149	t, m	1 139, 1 363	(17, 40)
⟨Pd⟩	Ag	24.3	5.77	—	rt~1 828	−19 800	−0.755	—	11.82	rt~mp	0	37.9	m	1 825	18**
(Pd)											−377	167.0	b	3 213	361
⟨Pt⟩	Ag	24.25	5.376	—	rt~mp	−29 200	−0.855	—	13.24	rt~mp	0	41.8	m	2 042	20**
(Pt)											−556.5	192.3	b	4 443	469.0*
⟨Rb⟩	Na	30.4	—	—	rt~mp						0	76.6	m	312	2.20
|Rb|		32.6	—	—	mp~400	−4 688	−1.76	—	13.07	813~1 258			b	946	75.7
⟨RbCl⟩	NaCl	48.1	10.4	—	rt~990	−11 670	−3.0	—	20.157	rt~mp	430.5	91.6*	m	988	(18)
|RbCl|		64.0	—	—	990~	−10 300	−3.0	—	18.77	mp~bp			b	1 654	167*
⟨Rh⟩	Ag	23.0	8.62	—	rt~1 900	−29 360	−0.88	—	13.50	rt~mp	0	31.6	m	2 233	
(Rh)											−555.6	185.7	b	4 033	
⟨S⟩$_斜$	S (斜)	15.0	26.1	—	rt~368.6						0	31.9	t	348.6	0.402
⟨S⟩$_単$	S (単)	14.9	29.1	—	368.6~mp						−0.29**	32.6	m	392	1.67
|S|											−238	168	b	717.7	
(S$_2$)		35.7	1.17	−3.31	rt~2 000						−130*	228	m, b	—, 898	2.51, 106*
(S$_4$)											−132.8*	(306)	m, b	—, 898	5.0, 95.8*
(S$_6$)											−114.9*	(376)	m, b	—, 800	7.5, 66.1**
(S$_8$)											−125.5	(470.7)	m, b	—, 763	10.0, 63.2
|S|		22.6	23.0	—	mp~bp										
(SO)		32.2	3.51	−2.72	rt~2 000						−0.8	222			
(SO$_2$)		43.43	10.6	−5.94	rt~1 800						296.9	247.9	m, b	197.6, 263	7.41, 24.9
|SO$_3$|						−2 230	—	—	9.90	mp~bp	437.6	122	m	316	
(SO$_3$)	As	57.32	26.9	−13.1	rt~1 200						295	256	s	325	66.5
⟨Sb⟩	As	23.1	7.28	—	rt~mp						0	45.69			
|Sb|		31.4	—	—	mp~1 300						272*	180.2			

2 熱力学的数値

物質名[4]	構造[1]	比熱[2]			温度範囲[4] [K]	蒸気圧				温度範囲[4] [K]	$-\Delta H_{298}^\circ$ [kJ/mol]	S_{298}° [J/ K·mol]	状態[4]	状態変化の温度 [K]	潜熱[3] [kJ/mol]
		a	b	c		A	B	C	D						
⟨Sb₂⟩											236*	255	m, b	903.6, 1 948	40, 165
⟨Sb₄⟩											−205*	350.0	m	903.6	79.5
⟨Sb₂O₃⟩	立 (Sb₄O₆)	79.91	71.5	—	mp∼930						708.8	123	t, m	843, 929	(14, 109)
⟨Sb₂O₅⟩	立	117.6	—	—	300							125*			
⟨Sb₂S₃⟩	Bi₂O₃	101	55.2	—	mp∼821						169**	127**	m	819	125*
⟨Sc⟩	Mg	19.0	23.0	—	rt∼mp						0	34	t, m	1 608, 1 812	4.0, 14
{Sc}											−376*	174.7	b	3 103	31.4
⟨Se⟩	⟨Se₆⟩										0	42.47	m, b	493, 968	38**, (90.0)
⟨Si⟩	ダイヤモンド	23.9	2.47	−4.14	rt∼mp						0	19	m	1 683	50.6*
{Si}		25.6	—	—	mp∼1 873	−20 900	−0.565	—	10.78	mp∼bp			b	3 553	833
(SiCl₂)											163*	288			
|SiCl₄|		140	—	—	rt∼bp	−1 572	—	—	7.64	rt∼333	686.2	240	m, b	203, 331	7.74*, 28
⟨SiI₄⟩	SnI₄	81.96	87.4	—	rt∼mp						197*		m	394	20
|SiI₄|		147.5	41.3	—	mp∼573	−3 863	−5.0	—	23.38	mp∼bp			b	574	50.2*
(SiO)											97.1**	211.5			
⟨SiO₂⟩ₐ	SiO₂(石英)	46.94	34.3	−11.3	rt∼848						907.9	41.8	t	848	(0.63)
⟨SiO₂⟩ᵦ	SiO₂(クリストバル)	60.29	8.12	—	848∼2 000						904.7	42.7	t, m	523, —	(1.3**, 15**)
⟨Si₃N₄⟩		70.42	98.7	—	rt∼900						737.6*	107*	s	2 173	
⟨SiP⟩											69.0**	(28)			
⟨SiC⟩		37.4	12.6	−12.8	rt∼1 700						62.8*	16.5	m	>2 973	
|SiO₂|		55.98	15.4	−14.4	rt∼2 000										
⟨Sn⟩₁	Sn	18.5	26.4	—	rt∼mp						0	51.5	t	286	2.09*
⟨Sn⟩₂	ダイヤモンド										2.09*	44.8	m	505	7.07
|Sn|		34.7	−9.2	—	510∼810	−15 500	—	—	8.23	505∼bp			b	2 896	296
⟨SnO⟩	SnO	40.0	14.6	—	rt∼1 273						286	56.5*	{t, m}	683, 813	(1.88, 1.26)
⟨SnO₂⟩	ルチル	73.89	10.0	−21.6	rt∼1 500						580.3	48.5*		1 903	
⟨SnS⟩ₐ	NaCl(高)	35.7	31.3	3.8	rt∼875	−11 195	−2.19	—	17.39	700∼875	108*	77.0	m	1 154	31.6
⟨SnS⟩ᵦ		40.9	15.6		875∼mp	−11 160	−2.19	—	17.35	875∼1 154					
|SnS|		74.9			1 153∼1 250	−8 566	—	—	8.41	mp∼			b	1 553	
⟨SnS₂⟩	CdI₂	64.89	17.6	—	rt∼1 000						167	87.4			
⟨Sr⟩	Ag					−9 450	−1.31	—	13.08	813∼mp	0	52.3*	m, b	1 043, 1 623	(8.9), 154*
⟨Ta⟩	Na	24.3	2.97	—	rt∼2 300	−40 800	—	—	10.29	rt∼mp	0	41	b	3 253	25**
⟨TaCl₅⟩						−4 654	—	—	12.197		859.8	234*	m, b	493, 507	36.8*, 50.2*
⟨Ta₂O₅⟩	斜方	122	41.8	—	rt∼mp						2 044	143		2 143	
⟨Te⟩	Se(Te₂)	19.2	22.0	—	rt∼mp						0	49.9	m	723	35.0*
|Te|		38			mp∼873								b	1 271	105*
⟨Th⟩	Ag	23.6	12.7	—	rt∼1 273	−30 200	−1.0	—	12.95	rt∼mp	0	53.39	t, m	1 625, 2 023	(2.9), —
													b	5 123	
⟨ThF₄⟩	単										2 000	142.0	m, b	(1 323, 1 973)	
⟨ThCl₄⟩	正方					−12 900	—	—	14.30	974∼1 043	1 190		t, m	679, 1 042	(5.0), 61.5
													b	1 195	153
⟨ThI₄⟩											610.9*	264	m, b	839, 1 110	33**, 132*
⟨ThO₂⟩	CaF₂	69.66	8.91	−9.37	rt∼2 500	−31 600	—	—	10.1	2 000∼2 800	1 227	65.3	m	3 493	
⟨Ti⟩ₐ	Mg	22.1	10		rt∼tp						0	31	t	1 155	3.3*
⟨Ti⟩ᵦ		28.9			tp∼1 350	−24 400	−0.91	—	13.18	1 155∼mp			m	1 940	19**
(Ti)											−469.0	180.2	b	3 558	425.5
⟨TiCl₂⟩	CdI₂					−15 230	−2.51	—	19.36	rt∼mp	513.8	101	m	1 308	
⟨TiCl₃⟩						−9 620	−3.27	—	21.47	rt∼sp	718.0	138**	m, b	1 003, 1 023	(21, 138)
|TiCl₃|		149			rt∼bp	−2 919	−5.788	—	25.129		801.7	249	b	248	9.37*
|TiCl₄|		106.5	1.00	−9.87	rt∼2 000					760.2	353	b	410	36.2
⟨TiI₂⟩						−12 500	−1.51	—	16.90	rt∼1 000	(197)	146**	s	1 443	223
⟨TiI₄⟩	SnI₄										386	359*	m, b	423, 650	18**, 56.1*
⟨TiO⟩ₐ	NaCl	44.22	15.1	−7.78	rt∼1 264						518	35	t	1 264	3.43
⟨TiO⟩ᵦ		49.58	12.6		1 264∼1 800								m	2 293	58.6*
⟨Ti₂O₃⟩ᵦ	Cr₂O₃	145.1	5.44	−42.68	473∼1 800						1 518	78.78	t, m	473, 2 403	0.92**
⟨Ti₃O₅⟩	単	148.4	123		rt∼450						2 456	129	t	450	9.37*
⟨TiO₂⟩	ルチル	75.19	1.17	−18.2	rt∼1 800						943.5	50.2	m	2 113	64.9**
⟨TiS₂⟩ᵦ	CdI₂	62.72	21.5	—	420∼1 010						(335)	78.4			
⟨TiN⟩	NaCl	49.83	3.93	−12.4	rt∼1 800						336	30.3	m	3 223	
⟨TiC⟩	NaCl	49.50	3.35	−15.0	rt∼1 800						185	24*	m	3 433	
⟨Tl⟩ₐ	Mg	22.0	14.5		rt∼505.5						0	64.4	t, m	507, 577	0.38**, 4.31
|Tl|		31.4			mp∼800	−9 300	−0.892	—	11.10	700∼1 800			b	1 733	166
⟨TlCl⟩	CsCl	50.21	8.37	—	rt∼700	−7 370	−2.11	—	16.49	rt∼mp	205	113	m	703	16*
|TlCl|		59.4			700∼850	−6 650	−2.62	—	16.92	mp∼bp			b	1 089	103.6
⟨U⟩ₐ		10.9	37.4	4.90	rt∼941	−25 580	−2.62	—	18.58	rt∼mp	0	50.33	t	941, 1 048	2.93, 4.81

物質名[4]	構造[1]	比熱[2]			温度範囲[4] [K]	蒸気圧				温度範囲[4] [K]	$-\Delta H_{298}$[3] [kJ/mol]	S_{298}°[3] [J/K·mol]	状態[4]	状態変化の温度 [K]	潜熱[3] [kJ/mol]
		a	b	c		A	B	C	D						
⟨U⟩$_\beta$		41.8			941～1 048								m, b	1 403, 4 203	13**, 417
⟨UF$_3$⟩	CeF$_3$										1 443	117*			
⟨UF$_4$⟩	ThF$_4$	108	29.3	0.25	rt～1 309	−16 400	−3.02	—	22.60	rt～mp	1 897	152	{m b	1 309 1 730	42.7 222
⟨UF$_6$⟩		52.7	385		rt～337	−3 312	−5.53	—	26.843	rt～mp	2 186	228	m	337	19.2
⟨UCl$_4$⟩	ThCl$_4$	114	35.9	−3.31	rt～800	−11 350	−3.02	—	23.21	rt～mp	1 051	198	m	863	44.8
|UCl$_4$|		109	60.2		890～920	−9 950	−5.53	—	28.96	mp～bp			b	1 062	141*
⟨UO$_2$⟩	CaF$_2$	80.33	6.79	−16.6	rt～1 500						1 084	77.8	m	3 103	
⟨U$_3$O$_8$⟩	斜方	282	36.9	−49.96	rt～900						3 574	282			
⟨U$_4$O$_9$⟩	立										4 510	336			
⟨UO$_3$⟩	六方	92.42	10.6	−12.4	rt～900						1 230	98.7			
⟨UC⟩		56.07	4.27	−6.11	rt～2 073						90.8	58.91	m	2 373	
⟨UI$_4$⟩		146	9.96	19.7	380～720						529.3	280*	m	779	
⟨UCl$_6$⟩	六方										1 133	286			
⟨UC$_{1.9}$⟩	CaC$_2$										96.2	68.2	m	2 453	
⟨V⟩	Na	22.6	8.37		rt～1 900	−26 900	0.33	−0.205	10.12	rt～mp	0	28	m, b	2 188, 3 683	21, 452
⟨VCl$_3$⟩	AsI$_3$	96.19	16.4	−7.03	rt～900						561	131			
|VCl$_4$|						−2 875	−6.07	—	25.56	rt～mp	569.9		b	433	33*
⟨V$_2$O⟩	単										458*				
⟨VO⟩	面	47.36	13.5	−5.27	rt～1 700						431	39	m	(1 973)	
⟨V$_2$O$_3$⟩	Cr$_2$O$_3$	122.8	19.9	−22.7	rt～1 800						807.5	98.3	m	>2 273	
⟨VO$_2$⟩$_\alpha$	単	62.59			rt～345						717.6	51.5	t, m	345, (1 633)	4.31**, 56.9*
⟨V$_2$O$_5$⟩	斜方	194.7	−16.3	−55.31	rt～mp						1 558	131	m	943	65.3
⟨VN⟩	NaCl	45.77	8.79	−9.25	rt～1 600						217*	37	m	(2 323)	
⟨VC⟩	NaCl	38.4	13.8	−8.16	rt～1 600						102*	28.3	m	(3 123)	
⟨W⟩	Na	23.24	4.130	—	600～3 100	−44 000	0.50	—	8.70	rt～mp	0	33.5	{m b	(3 653) (5 773)	(35.1) 824.2*
⟨WCl$_6$⟩	菱					−4 580	—	—	10.73	425～tp	405.8		{t, m b	500, 553 611	(92, 20.1) 58.2**
⟨WO$_2$⟩	単										589.5	66.9			
⟨W$_3$O$_8$⟩	単										2 274				
⟨WO$_3$⟩	単	73.14	28.41	—	rt～1 550	−24 600	—	—	15.63	1 000～mp	842.7	83.3	t, m	993, 1 746	
⟨WC⟩	六方	33.4	9.08	—	rt～3 000						38.1**	41.8**			
⟨Y⟩	Mg	23.4	7.95	1.21	rt～1 758	−22 230	−0.66	—	11.835	rt～mp	0	44.48	t	1 758	5.0
|Y|		43.1	—	—	mp～1 950	−22 280	−1.97	—	16.13	mp～bp			b	1 803	11.5*
(Y)											−424.7	179.4	b	3 573	367*
⟨Y$_2$O$_3$⟩	Sc$_2$O$_3$										1 905	99.2	t	1 330	1.30
⟨Zn⟩	Mg	22.4	10.0	—	rt～mp	−6 850	0.755	—	11.21	rt～mp	0	41.6	m	692.5	7.28
|Zn|		31.4	—	—	mp～1 200	−6 620	−1.255	—	12.34	mp～bp			b	1 180	114
⟨ZnCl$_2$⟩	CdCl$_2$	60.7	23.0	—	rt～mp						416	108*	m	591	10.3*
|ZnCl$_2$|		100	—	—	mp～1 000	−8 415	−5.035	—	26.42	(693)～883			b	1 005	119**
⟨ZnO⟩	ウルツ	48.99	5.10	−9.12	rt～1 600						348	43.5	m	2 243	
⟨ZnS⟩	ZnS	50.88	5.19	−5.69	rt～1 200	−13 980	—	—	8.98	970～1 280	202*	57.7*	t	1 293	(13)
⟨ZnSO$_4$⟩		91.6	76.1	—							978.6	128*			
⟨Zn$_2$TiO$_4$⟩	スピネル	166.6	23.2	−32.2	rt～1 800						−1.3**	137			
⟨Zr⟩$_\alpha$	Mg	28.6	4.69	−3.81	rt～1 135						0	39	t	1 125	3.8**
⟨Zr⟩$_\beta$		30.4	—	—	1 135～1 400	−31 820	−0.50	—	11.78	1 125～mp			m	2 130	19**
|Zr|						−30 300	—	—	9.38	mp～bp			b	4 673	
(Zr)											−611.7	181.3			
⟨ZrCl$_4$⟩	SnI$_4$	133.6	—	−12.2	rt～sp	−5 400	—	—	11.765	480～689	982.0	186	m, s	(710), 607	38**, 103
⟨ZrO$_2$⟩	単	69.62	7.53	−14.1	rt～1 478						1 100	50.6	t, m	1 473, 2 973	5.94*,
⟨ZrSiO$_4$⟩		131.7	16.4	−33.8	rt～1 800							84.5	m	2 703	

1) 取り上げた物質の構造は同じ結晶構造をもつ代表的な物質名で表わす。代表物質の結晶構造は次表に一括してある。
2) 比熱 C_P[J/K·mol] は (1) 式、蒸気圧 P[mmHg] は (2) 式によりおのおの求められる。

$$C_P = a + b \cdot 10^{-3} \cdot T + c \cdot 10^5 \cdot T^{-2} \quad (1)$$
$$\log P = AT^{-1} + B \cdot \log T + C \cdot 10^{-3} \cdot T + D \quad (2)$$

3) 生成熱 $(-\Delta H_{298})$、標準エントロピー (S_{298}°) および潜熱の精度は、表示値に * を、精度の不明なものは ( ) を付けて分類した。
  * のないもの：誤差が ±3% 以内
  *：誤差が ±3%～10%
  **：誤差が 10% 以上
  の測定値である。

主な物質の結晶構造

物質名	結晶構造	単位格子当り原子(A)または分子(M)の数	配位 (A:陰イオン K:陽イオン)	備考
Ag	面心立方晶系	4 A	12	金属結晶
As	菱面体晶系	2 A	3	等極層状
ダイヤモンド	立方晶系	8 A	4	等極
グラファイト	層状	4 A	3	等極層状
Ga	斜方晶系	8 A	1, 2, 2, 2	等極-金属結晶
In	正方、歪面心立方	2 A	4, 8	金属+(等極)結晶
Mg	最密六方	2 A	12	金属結晶
α-Mn	立方晶系、歪体心立方	58 A	12~16	
Na	体心立方晶系	2 A	8	金属結晶
S	斜方晶系	128 A	2	S_8 分子
S	単斜晶系	48 A	2	等極鎖状
Se	六方晶系	3 A	2	等極鎖状
Sn_β	正方晶系、歪ダイヤモンド	4 A	6	等極-金属結晶
U	斜方晶系、歪Mg型	4 A	12	金属結晶
CsCl	体心立方晶系	1 M	K 8, A 8	異極(+金属)結晶
NaCl	立方晶系	4 M	K 6, A 6	異極-等極
NiAs	六方晶系	2 M	K 6, A 6	Niにつき配位数2の鎖状(等極)
SnO	正方晶系	2 M	K 4, A 4	
ZnS	面心立方晶系	4 M	K 4, A 4	閃亜鉛鉱、イオン性
ウルツ	六方晶系	2 M	K 4, A 4	ZnS、ウルツ鉱、イオン性
CaC_2	正方晶系	2 M	Ca (4-2) C (4-2)	
CaF_2	立方晶系	4 M	K 8, A 8	イオン性
$CdCl_2$	菱面体晶系	1 M	K 6, A 3	層状
Cu_2O	立方晶系	2 M	K 2, A 4	
FeS_2	立方晶系	4 M	K 6, A 6	パイライト
$PbCl_2$	斜方晶系	4 M	Pb 4 b または C 2 b	
α, β-石英	六方晶系	3 M	Si 4, O 2	
β-クリストバル石	立方晶系	8 M	Si 4, O 2	
β-リンケイ石	六方晶系、石英類似	4 M	Si 4, O 2	
TiO_2 ルチル	正方晶系	2 M	Ti 6, O 3	Ti:鎖状、O:配位数1
As_2O_3	立方晶系	16 M	As 3, O 2	As_4O_6 分子
Cr_2O_3	菱面体晶系	2 M	Cr 6, O 4	イオン性、O:最密
La_2O_3	六方晶系	1 M	La (4+3) O (2+2)	イオン(+金属)性
Sc_2O_3	歪立方晶系、CaF_2	16 M	Sc 6, O 4	イオン性、Sc:配位数12
AlF_3	菱面体晶系	2 M	K 6, A 2	イオン性、F:配位数 (8+2)
AsI_3	菱面体晶系	2 M	K 6, A 2	イオン性、I:配位数 (8+2)
MoO_3	斜方晶系	4 M	Mo 6, O 2, 3	O:配位数12
SnI_4	立方晶系	8 M	Sn 4, I 1	SnI_4 分子

4) それぞれの記号の意味を以下にしめす.
　　mp：融点、bp：沸点、sp：昇華点、tp：変態点、rt：室温、分：分解、( )：固体、| |：液体、{ }：気体

O. Kubaschewski, E. LL. Evans, C. B. Alcock：Metallurgical Thermochemistry, 4th ed. (1967), Pergamon Press.

各種物質の熱力学的数値（増補）

比熱 $[J/K \cdot mol]$ $C_P° = a + (b \times T) \times 10^{-3} + (c/T^2) \times 10^5 + (d \times T^2) \times 10^{-6} + (e/T^3) \times 10^3$

物質名	相	a	b	c	d	e	温度範囲 [K]	$\Delta H°_{298}$ [kJ/mol]	$\Delta G°_{298}$ [kJ/mol]	$S°_{298}$ [J/K·mol]	状態	状態変化の温度	潜熱 [kJ/mol]
AgI	c1	24.35	100.83	—	—	—	rt〜423	−61.84	−66.19	115.5	t	423	6.15
	c2	56.5	—	—	—	—	423〜mp				m	831	9.41
	l	58.6	—	—	—	—	mp〜bp			34.7	b	1 778	
AlB$_2$	c	50.96	28.66	−14.1	—	—	rt〜1 673	−151	−149		d	1 673	
12 CaO·7 Al$_2$O$_3$	c	1 263.4	274.1	−231.4	—	—	rt〜1 800	−19 430	−18 469	1 046.8			
FeO·Al$_2$O$_3$	c	155.39	26.15	−31.34	—	—	rt〜mp	−1 995.3	−1 879.9	106.3	m	2 053	
LiAl	c	43.9	16.7	—	—	—	rt〜mp	−48.1	−45	46.9	m	993	
AlN	g	37.44	0.481	−9.18	—	1.351	rt〜2 500	523	492	228.4			
3 Al$_2$O$_3$·2 SiO$_2$	c	519.61	23.14	−347.86	—	50.5	rt〜mp	−6 831.6	−6 446.9	250	m	2 023	
TiAl	c	55.94	5.94	−7.5	—	—	rt〜1 733	−75.3	−73.3	52.3			
TiAl$_3$	c	103.51	16.7	−9	—	—	rt〜1 613	−146.4	−140.1	94.6			
GaAs	c	45.19	6.07	—	—	—	rt〜mp	−71	−67.8	64.18	m	1 238	87.86
	l	59	—	—	—	—	mp〜1 400						
As$_2$O$_5$	c	42.47	246.9	—	—	—	rt〜1 073	−924.87	−782.4	105.4	d	1 073	
As$_4$O$_6$ cubic	c1	176.10	145.33	−22.828	—	—	rt〜mp	−1 313.94	−1 152.53	214.2	m	551	
As$_4$O$_6$ monocl	c2	59.83	175.7	—	—	—	rt〜mp	−1 309.6	−1 154.03	234	m	582	18.41
	l	152.7	—	—	—	—	mp〜bp				b	734	
As$_4$O$_6$	g	212.807	18.569	−39.777	—	—	rt〜1 000	−1 209.2	−1 097.9	381			
FeB	c	48.288	6.439	—	—	—	rt〜mp	−71.13	−69.51	27.7	m	1 923	
Fe$_2$B	c	71.21	13.8	—	—	—	rt〜mp	−71.13	−70.01	56.55	m	1 662	
K$_2$B$_4$O$_7$	c	297.662	6.41	−253.396	—	41.363	rt〜mp	−3 334.2	−3 137.1	208.36	m	1 088	104.2
	l	482.921	29.937	−651.378	—	—	1 088〜2 500						
Na$_2$B$_4$O$_7$	c	204.21	79.34	−36.47	—	—	rt〜mp	−3 291.1	3 096.1	189.54	m	1 016	81.2
	l	444.88	—	—	—	—	1 016〜2 500						
TiB	c	56.13	−2.85	−22.93	—	0.87	rt〜2 500	−160.2	−159.7	34.7	d	2 500	
TiB$_2$	c	56.02	26.39	−17.2	−3.52	—	rt〜mp	−323.8	−319.7	28.49	m	3 193	100
	l	108.8	—	—	—	—	mp〜3 500						
BaCO$_3$	c1	86.9	48.95	−11.97	—	—	rt〜1 079	−1 216.3	−1 137.6	112.1	t	1 079	18.8
	c2	154.8	—	—	—	—	1 079〜1 241				t	1 241	2.9
	c3	163.2	—	—	—	—	1 241〜1 793				d	1 793	
Br$_2$	l	75.69	—	—	—	—	rt〜mp	0	0	152.231	b	332.62	29.556
	g	37.36	0.46	−1.3	—	—	bp〜2 500						
FeBr$_2$	c1	73.6	22.26	—	—	—	rt〜650	−249.8	−238.1	140.6	t	650	0.4
	c2	73.6	22.26	—	—	—	650〜mp				m	964	50
	l	106.7	—	—	—	—	mp〜bp				b	1 207	123
	g	59.999	2.971	—	—	—	rt〜2 500	−46	−93	337.247			
FeBr$_3$	c	74.5	75.3	—	—	—	rt〜600	−268.2	−243.7	173.6			
NbBr$_5$	c	147.904	—	—	—	—	rt〜mp	−556.1	−508.9	258.78	m	527	24.02
	l	271.345	−111.311	—	—	—	mp〜bp				b	635	75.73
	g	132.859	0.075	−6.326	—	—	rt〜2 500	−438.5	−448.1	449.144			
KCN	c	66.36	—	—	—	—	rt〜mp	−113	−101.88	128.49	m	895	14.6
	l	75.3	—	—	—	—	mp〜bp				b	1 898	157.11
	g	49.982	9.816	−1.711	−2.121	—	rt〜2 500	90.8	64.19	261.79			
MoC	c	42.057	7.623	−28.577	—	4.903	rt〜1 500	−10	−10.7	36.67			
Mo(CO)$_6$	c	205.23	154.8	—	—	—	rt〜sp	−982.8	−877.8	325.9	s	375	
NbC	c	51.674	8.208	2.222	−27.68	4.16	rt〜2 500	−138.9	−136.8	35.4			
Ca$_2$P$_2$O$_7$ beta	c1	221.88	61.76	−46.69	—	—	rt〜1 413	−3 338.8	−3 132.1	189.24	t	1 413	6.69
	c2	318.61	—	—	—	—	1 413〜mp				m	1 626	100.83
	l	405	—	—	—	—	mp〜1 700						
Ca$_3$P$_2$	c	107.9	28	—	—	—	rt〜1 100	−506	−481	123.8			
DyCl$_3$ beta	c	94.56	17.99	−1.42	—	—	rt〜mp	−1 000	−921.8	146.9	m	924	25.52
	l	144.77	—	—	—	—	mp〜1 000						
EuCl$_3$	c	90.5	26.15	—	—	—	rt〜mp	−936	−848.9	120	m	896	33.05
	l	142.3	—	—	—	—	mp〜1 200						
GaCl$_3$	c	22.661	245.98	—	—	—	rt〜mp	−524.2	−454.8	142	m	351	11.13
	l	109	—	—	—	—	mp〜1 000						
	g	83.21	−0.02	−9.486	—	0.75	rt〜2 500	−447.7	−432.7	325			
GdCl$_3$	c	86.48	34.31	1.42	—	—	rt〜mp	−1 008	−931.5	146	m	875	40.58
	l	139.515	—	—	—	—	mp〜1 000						
NH$_4$Cl	c1	38.45	161.3	—	—	—	rt〜457.7	−314.43	−202.97	94.6	t	457.7	3.95
	c2	34.75	111.51	—	—	—	457.7〜mp					793.2	
SiHCl	g	54.673	1.33	−36.681	—	7.238	rt〜2 500	40.945	24.36	251.222			
SiHCl$_3$	g	103.42	1.72	−58.49	—	9.92	rt〜2 500	−513	−482	313.76			
InCl$_3$ monocl	c	90.914	30.474	—	—	—	rt〜mp	−537.2	−462.6	142	m	856	27

2 熱力学的数値

物質名		相	比熱					温度範囲 [K]	$\Delta H°_{298}$ [kJ/mol]	$\Delta G°_{298}$ [kJ/mol]	$S°_{298}$ [J/K·mol]	状態	状態変化の温度	潜熱 [kJ/mol]
			a	b	c	d	e							
InCl$_3$	monocl	l	117	—	—	—	—	mp～1200						
		g	82.907	0.106	−5.577	—	—	rt～2500	−374	−358.2	339.378			
LaCl$_3$		c	97.19	21.46	—	—	—	rt～mp	−1071.1	−997.4	144.3	m	1128	54.4
		l	125.5	—	—	—	—	mp～bp				b	2085	
NpCl$_4$		c	109.6	36.4	—	—	—	rt～mp	−984.1	−896.2	201.7	m	811	66.1
		l	175.7	—	—	—	—	mp～1000						
TaOCl$_3$		c	133.5	—	−12.1	—	—	rt～600	−892.45	−802.69	177.4			
		g	107.9	—	−8.4	—	—	rt～2000	−780.7	−745.8	361.5			
SCl$_2$		l	91.002	—	—	—	—	rt～bp	−50	−29	183.7	b	329.94	30.94
		g	57.685	0.23	−6.197	—	—	rt～2500						
ScCl$_3$		c	95.663	15.4	−7.293	—	—	rt～mp	−925.1	−851.1	121	m	1240	67.67
		l	143.444	—	—	—	—	mp～1300						
SmCl$_3$		c	82.26	47.7	0.75	—	—	rt～mp	−1025.9	−948.9	145.6	m	951	44.35
		l	143.5	—	—	—	—	mp～1200						
SnCl$_4$		l	165.27	—	—	—	—	rt～bp	−511.3	−440.2	258.6	b	385	35.98
		g	106.98	0.84	−7.82	—	—	rt～1000	−471.5	−432.2	365.7			
YCl$_3$		c	104.73	3.22	−12.13	—	—	rt～mp	−1000	−927.8	136.8	m	994	31.4
		l	135.73	—	—	—	—	mp～bp						
YbCl$_3$		c	94.68	9.33	−1.88	—	—	rt～mp	−959.8	−886.3	147.7	m	1127	35.35
		l	121.3	—	—	—	—	mp～1500						
Dy$_2$O$_3$		c1	146.832	−27.713	−25.085	17.677	—	mp～1590	−1863.1	−1771.5	149.8	t	1590	0.729
		c2	144.23	—	—	—	—	1590～1800						
Er$_2$O$_3$			125.82	7.753	−40.569	—	9.454	rt～1800	−1897.9	−1808.7	155.6			
Eu$_2$O$_3$	monocl	c1	147.02	—	−27.846	—	—	rt～895	−1651.4	−1556.8	146	t	895	0.643
	monocl	c2	132.23	15.752	—	—	—	895～1800						
	cubic	c3	136.65	15.936	−18.595	—	—	rt～1350	−1662.7	−1566.4	140.16			
Ga$_2$O$_3$	monocl	c	114.398	14.962	−23.759	—	—	rt～mp	−1089.1	−998.3	84.98	m	2080	100
		l	160	—	—	—	—	mp～4000						
GaP		c	41.8	6.82	—	—	—	rt～1790	−88	−79	52.3	m	1790	
Gd$_2$O$_3$	monocl	c1	113.234	15.193	−7.393	—	—	rt～1800	−1819.6	−1732.3	151.88			
	cubic		130.075	5.696	−64.802	—	15.396	rt～1550	−1826.9	−1739.5	150.6	t	1550	
InCl$_2$		c	90.914	30.474	—	—	—	rt～mp	−537.2	−462.6	142	m	856	27
KOH		c1	32.8	89.75	4.73	—	—	rt～516	−424.764	−379.113	78.9	t	516	6.44
		c2	78.7	—	—	—	—	516～mp				m	679	8.62
		l	33.107	—	—	—	—	mp～bp				b	1596	
		g	51.823	3.443	−3.895	—	—	rt～2500	−231	−232.6	238.2			
NbI$_5$		c	129.62	87.32	—	—	—	rt～mp	−268.6	−272.6	340	m	600	37.66
		l	180	—	—	—	—	mp～bp				b	620	58.58
MoSi$_2$		c	67.846	11.948	−6.568	—	—	rt～mp	−117	−117	65.019	m	2300	
Nd		c1	25.98	1.8	−0.29	14.23	—	rt～1128	0	0	71.5	t	1128	3.029
		c2	44.56	—	—	—	—	1128～mp				m	1289	7.142
		l	48.79	—	—	—	—	mp～bp				b	3341	
		g	25.096	3.59	−3.623	—	—	rt～2000	327.6	292.4	189.297			
Nd$_2$O$_3$		c1	115.77	29.79	−11.88	—	—	rt～1395	−1807.9	−1720.8	158.6	t	1395	0.935
		c2	155.64	—	—	—	—	1395～mp				m	2173	
Sm$_2$O$_3$	monocl	c1	128.41	20.545	−18.827	—	—	rt～1195	−1823	−1734.6	151	t	1195	0.898
	monocl	c2	154.41	—	—	—	—	1195～1800						
	cubic	c3	137.02	12.365	−25.189	—	—	rt～1150	−1827.4	−1737.4	144.77	t	1150	
Se, hex		c1	3.883	78.95	3.381	−69.54	—	rt～mp	0	0	42.442	m	494	6.159
		l	74.48	−93.22	−14.94	55.86	—	mp～bp				b	958	
		g	22.3	−1.33	−1.25	—	—	bp～2000						
TaSi$_2$		c	73.26	7.71	−9.06	—	—	rt～2200	−117	−116	75.27			
Sm		g	33.033	−2.803	−1.636	—	—	rt～2000	206.7	172.8	182.933			
Sm		c1	47.49	2.18	−44.85	—	8.41	rt～1190	0	0	69.58	t	1190	
		c2	46.94	—	—	—	—	1190～mp				m	1345	
		l	50.21	—	—	—	—	mp～bp				b	2064	
		g	36.38	−4.82	−13.91	—	2.94	bp～2100						
Sr		c1	27.57	−3.35	−1.34	18.95	—	rt～828	0	0	52.3	t	828	0.75
		c2	37.7	—	—	—	—	828～mp				m	1041	8.2
		l	35.1	—	—	—	—	mp～bp				b	1654	137.94
V		c	26.61	0.21	−1.84	3.47	—	rt～mp			28.91	m	2190	22.84
		l	46.2	—	—	—	—	mp～bp				b	3694	
Yb		c1	24.27	8.37	—	—	—	rt～553	0	0	59.87	t	553	
		c2	26.33	5.51	0.69	—	—	553～1033				t	1033	
		c3	36.11	—	—	—	—	1033～mp				m	1097	
		l	36.78	—	—	—	—	mp～bp				b	1467	
		g	20.786	—	—	—	—	rt～2000	152.3	118.4	173.017			

山内 繁編：熱力学データベース "MALT," 日本熱測定学会より集録．

2・1・2 各種物質の標準生成自由エネルギー-温度図
a. 酸化物の標準生成自由エネルギー-温度図

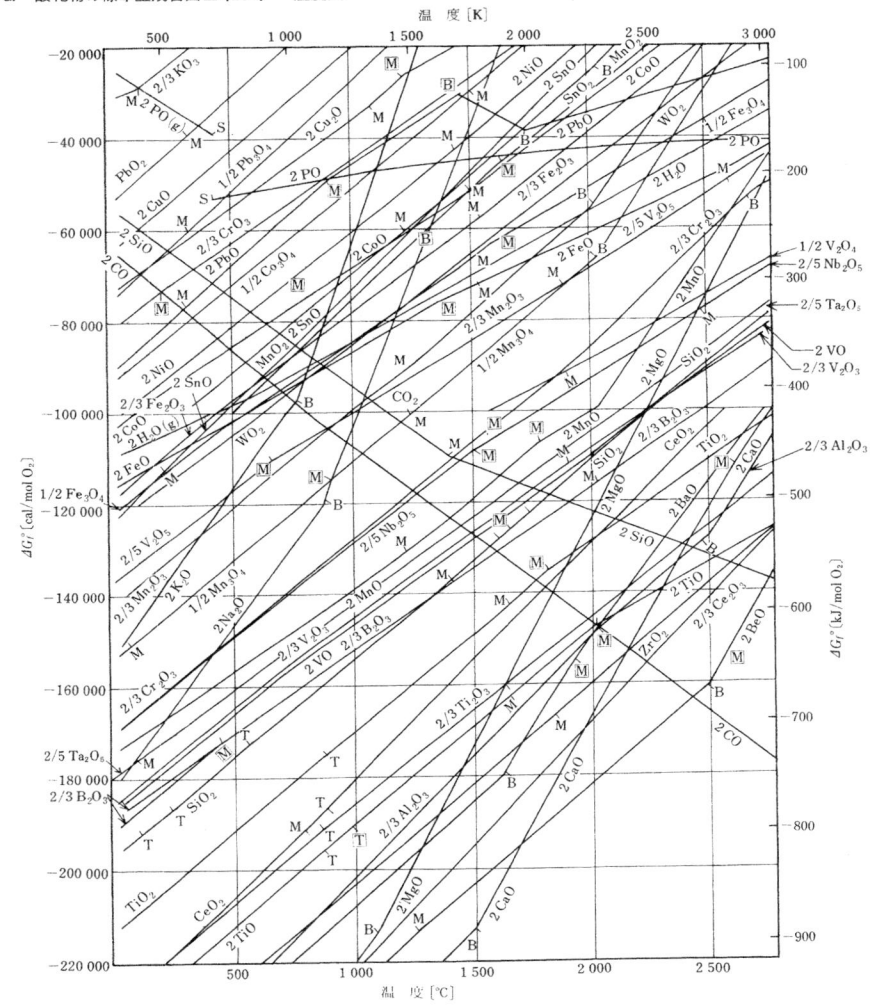

S, T, M, B：おのおのの金属の昇華・変態・融解・蒸発温度
[S], [T], [M], [B]：おのおのの酸化物の昇華・変態・融解・蒸発温度
J. F. Elliott, M. Gleiser：Thermochemistry for Steelmaking, Vol. I (1960), Addison-Wesley.

b. 硫化物の標準生成自由エネルギー-温度図

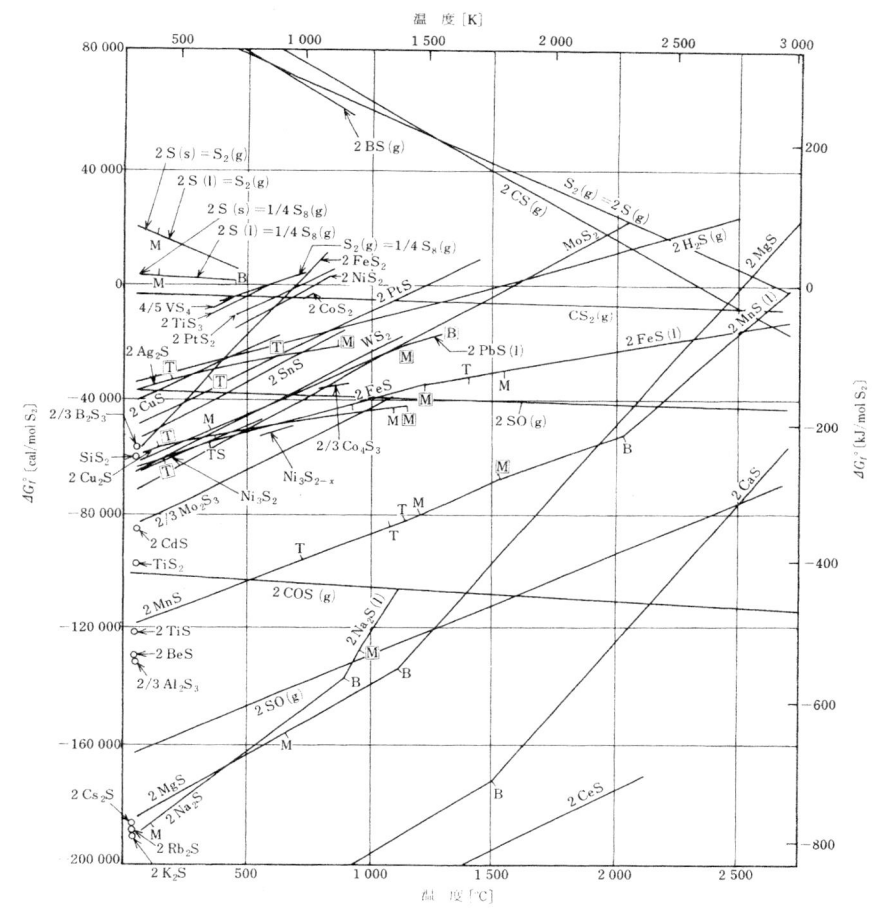

S, T, M, B：おのおのの金属の昇華・変態・融解・蒸発温度
Ⓢ, Ⓣ, Ⓜ, Ⓑ：おのおのの硫化物の昇華・変態・融解・蒸発温度

J. F. Elliott, M. Gleiser : Thermochemistry for Steelmaking, Vol. I (1960), Addison-Wesley.

c. 窒化物の標準生成自由エネルギー-温度図

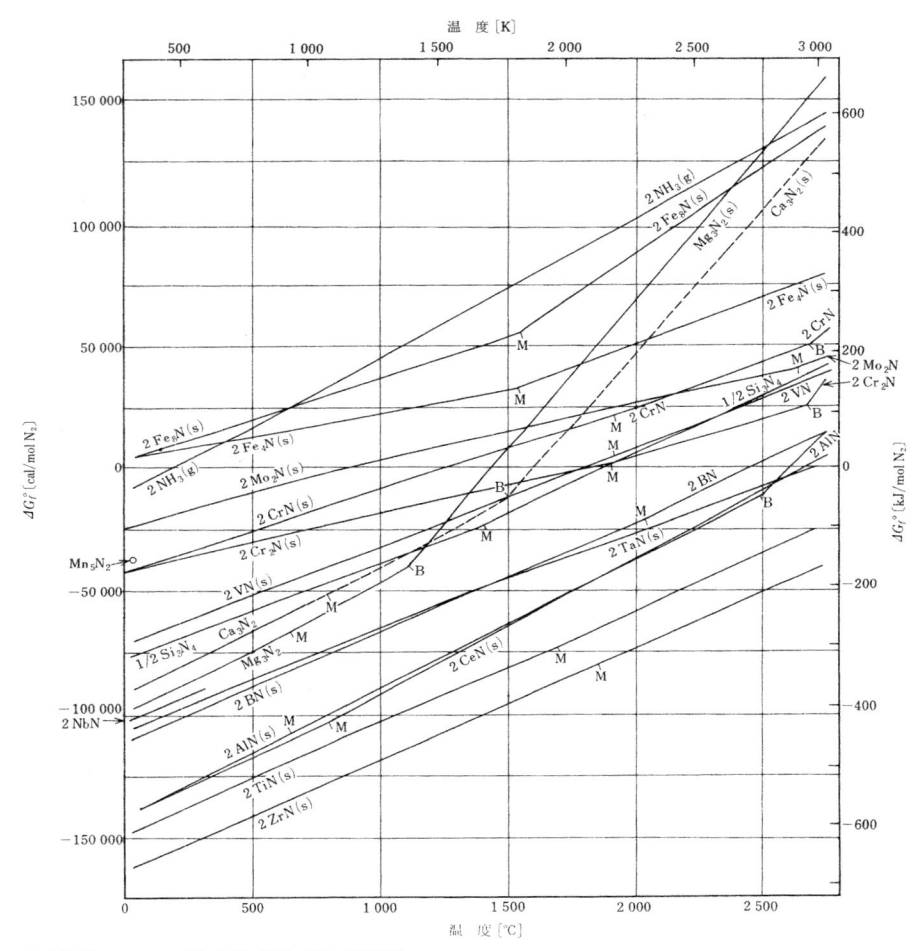

S, T, M, B：おのおのの金属の昇華・変態・融解・蒸発温度
J. F. Elliott, M. Gleiser：Thermochemistry for Steelmaking, Vol. I (1960), Addison-Wesley.

d. 炭化物の標準生成自由エネルギー-温度図

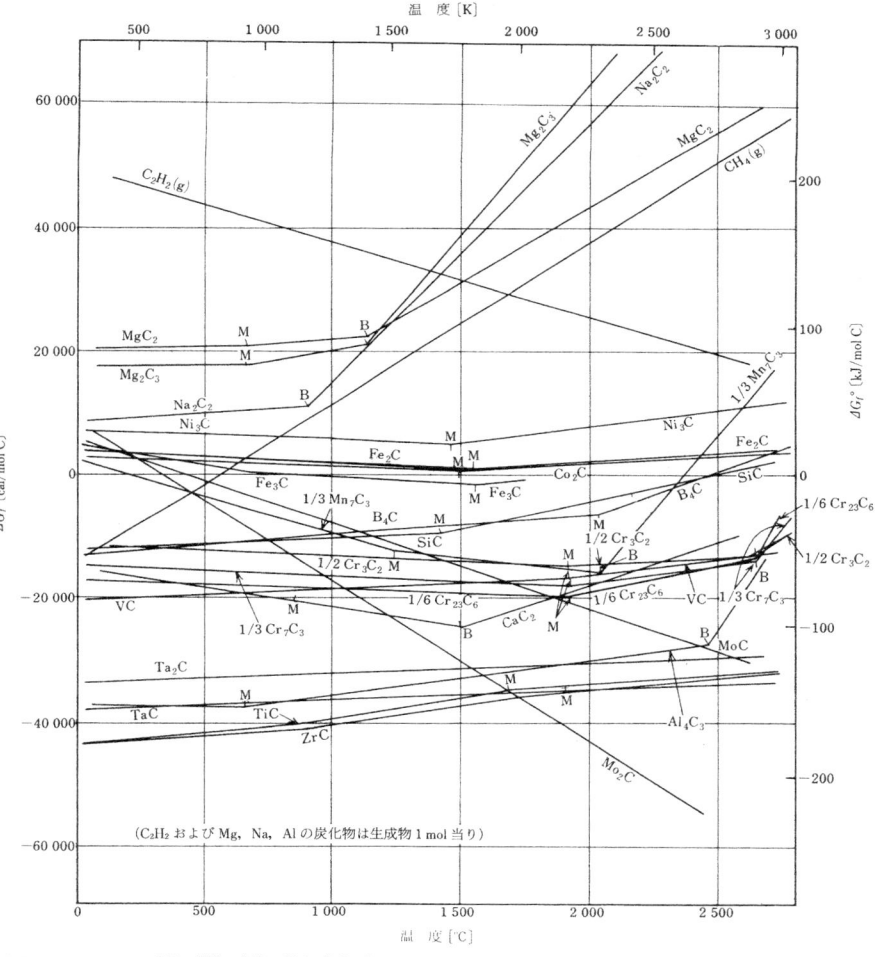

(C₂H₂ および Mg, Na, Al の炭化物は生成物 1 mol 当り)

S, T, M, B：おのおのの金属の昇華・変態・融解・蒸発温度
J. F. Elliott, M. Gleiser：Thermochemistry for Steelmaking, Vol. I (1960), Addison-Wesley.

e. フッ化物・硫酸化物・ケイ酸化物の標準生成自由エネルギー（次の文献を参照）

J. F. Elliott, M. Gleiser：Thermochemistry for Steelmaking, Vol. I (1960), Addison-Wesley.
C. J. Osborn：*J. Met. Trans. AIME*, **188** (1950), 600.
A. Glassner：Argonne National Laboratory Operated by the University of Chicago for the U. S. Atomic Energy Commission under Contract W-31-109.
H. H. Kellogg：*Trans. Met. Soc. AIME*, **230** (1964), 1622.

f. 塩化物の標準生成自由エネルギー

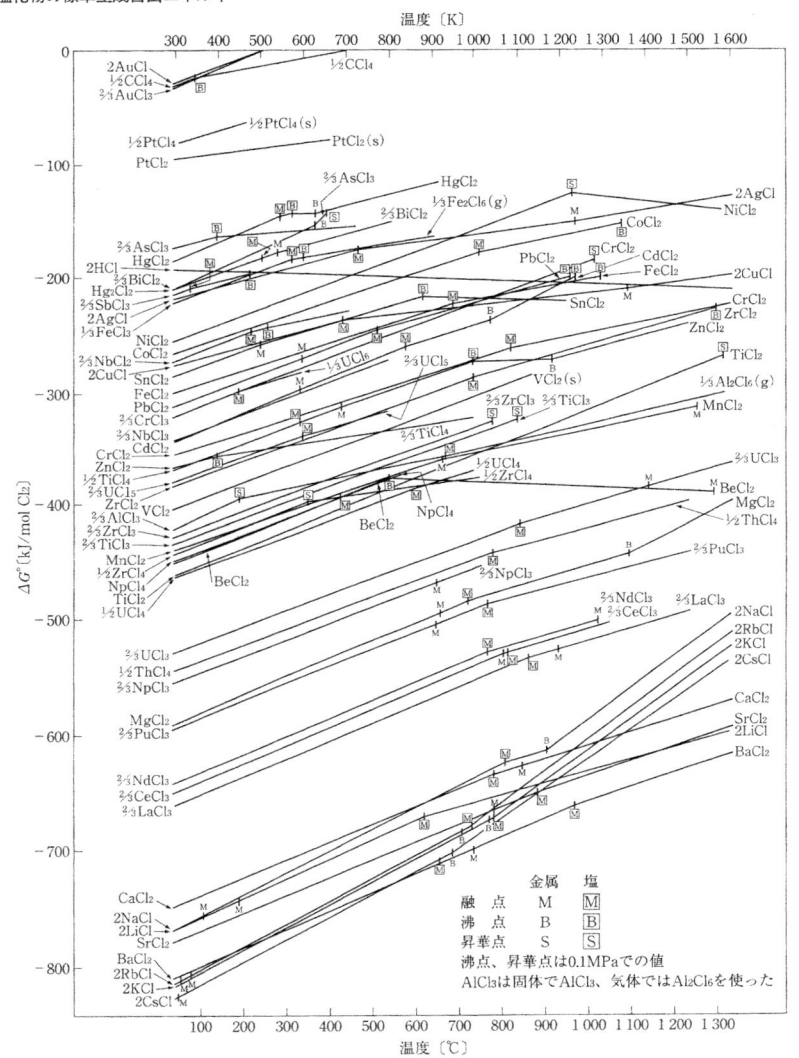

溶融塩・熱技術研究会編：溶融塩・熱技術の基礎 (1993), アグネ技術センター.

2・2 溶融合金

2・2・1 溶融合金系の活量

溶融2元合金系の活量を16の元素を基本として (i)〜(xvi) に図示してある。図の組成軸 (横軸) の左端が基本元素M で，右端が合金元素Xを示す。基本元素どうしで重複する組合せはいずれか一方のみを示してある。活量は，いくつかの例外 (*印) を除いてはいずれも溶融純成分を基準として示されているが，表示温度が純成分の融点よりも低い場合は過冷融体を基準とすることになる。基本元素の活量 a_M は左端で，合金元素の活量 a_X は右端でそれぞれ1となる。曲線に付した番号は図の下に示した合金系の番号に対応し，図中括弧付きはM，括弧なしはXの活量曲線を示している。活量値はそれぞれに示された温度における活量である。任意の温度 T における成分 i の活量を概算推定するには，特別の場合を除いては一般に正則溶液の仮定をおき，$RT\log \gamma_i$ が温度に無関係に一定として推定するのが便利である。

すなわち，
(1) 図より N_i に対する a_i を読み取り，
(2) a_i/N_i より γ_i を求め，その対数に図の下に示した温度 T_0 [K] を乗ずる。
(3) 任意の温度 T [K] で除して T における $\log \gamma_i$ を求め，
(4) γ_i に N_i を乗じて T における a_i を得る。

R. Hultgren, P. D. Desai, D. T. Hawkins, M. Gleiser and K. K. Kelley: Selected Values of the Thermodynamic Properties of Binary Alloys, (1973), ASM.

2・2・2 溶融合金系の活量係数

前項に対応する溶融2元合金系の各成分の無限希薄における活量係数 γ° の値を表示してある。任意の温度 T における活量係数を推定するには前項に述べた方法を用いるのが便利である。

溶融2元合金の無限希薄活量係数

Ag-X系				Al-X系				Au-X系				Cd-X系			
X	γ_{Ag}	γ_X°	温度[K]	X	γ_{Al}	γ_X°	温度[K]	X	γ_{Au}	γ_X°	温度[K]	X	γ_{Cd}	γ_X°	温度[K]
Al	0.341	0.041	1273	Be	4.71	—	1600	Al	1.1×10^{-4}	4×10^{-5}	1338	Ag	—	0.308	1223
Au	0.474	0.354	1350	Bi	4.61	21.0	1173	Bi	0.750	—	973	Bi	1.00	1.17	773
Bi	3.52	—	1000	Cd	22.8	56.2	950	Cd	3.82×10^{-3}	—	1000	Ga	7.76	11.0	700
Ga	0.137	—	1000	Ga	1.16	1.16	1023	Cu	0.155	0.155	1550	Hg	0.244	0.126	600
Ge	1.65	0.412	1250	Ge	—	0.174	1200	Pb	0.134	0.369	1200	Mg	0.126	0.113	923
Si	3.70	1.66	1700	Si	—	0.040	1100	Sn	5.20×10^{-3}	—	823	Sn	1.62	1.93	773
Sn	1.187	1.49	1250	Sn	2.71	6.64	973	Tl	0.348	—	973	Tl	1.93	3.83	750
Tl	3.98	—	975	Zn	2.68	2.16	1000	Zn	5.7×10^{-4}	—	1080	Zn	4.15	3.30	800

Cu-X系				Fe-X系				Hg-X系				In-X系			
X	γ_{Cu}	γ_X°	温度[K]	X	γ_{Fe}	γ_X°	温度[K]	X	γ_{Hg}	γ_X°	温度[K]	X	γ_{In}	γ_X°	温度[K]
Ag	3.41	3.38	1423	Al	0.027	0.058	1873	Au	—	—	590	Ag	—	1.08	1100
Al	0.042	2.0×10^{-3}	1373	Au	0.324	—	1473	Bi	1.41	3.27	594	Al	10.1	6.60	1173
As	—	—	1273	C	—	0.573	1873	Cs	—	$<1\times10^{-4}$	550	Bi	0.500	0.340	900
Bi	3.24	—	1200	Co	1.59	1.05	1863	In	—	0.0297	298	Cd	2.58	1.76	800
Cd	1.43	—	873	Cr	—	0.874	1873	K	7.0×10^{-3}	$<1\times10^{-4}$	600	Cu	—	1.33	1073
Fe	9.51	10.6	1823	Mn	1.33	1.33	1863	Na	2.0×10^{-3}	1.0×10^{-5}	673	Pb	1.35	1.75	673
Mg	0.149	—	1100	Pd	2.31	2.81	1873	Pb	1.13	6.44	600	Sn	1.24	0.376	700
Mn	—	0.511	1500	Pt	—	0.0138	1880	Sn	—	13.8	450	Zn	11.5	3.92	700
				Si	0.0162	1.32×10^{-3}	1873								

Mg-X系				Na-X系				Ni-X系				Pb-X系			
X	γ_{Mg}	γ_X°	温度[K]	X	γ_{Na}	γ_X°	温度[K]	X	γ_{Ni}	γ_X°	温度[K]	X	γ_{Pb}	γ_X°	温度[K]
Al	0.168	0.526	1073	Bi	$<1\times10^{-4}$	—	773	Ca	—	0.576	1750	Ag	0.924	2.03	1273
Ca	0.381	1.0×10^{-3}	1200	Cd	0.070	2.27	673	Cu	1.91	2.23	1823	Al	78.5	22.1	1200
Ga	0.027	8.0×10^{-3}	923	In	0.063	0.863	713	Fe	0.617	0.355	1873	Bi	0.467	0.490	700
Hg	—	—	673	K	2.44	2.82	384	Mg	6.45×10^{-3}	—	1000	Cd	5.21	3.38	773
In	0.033	9.0×10^{-3}	923	Pb	3.2×10^{-3}	3.0×10^{-4}	700	Pd	1.55	1.68	1873	Cu	5.27	4.87	1473
Li	0.054	0.332	1000	Rb	6.2×10^{-3}	9.4×10^{-4}	773	Pt	—	—	1850	K	9.9×10^{-3}	6.5×10^{-3}	848
				Tl	3.4×10^{-3}	0.022	673					Mg	1.0×10^{-3}	0.120	973
												Pt	—	0.043	1273

Sb-X系				Sn-X系				Tl-X系				Zn-X系			
X	γ_{Sb}	γ_X°	温度[K]	X	γ_{Sn}	γ_X°	温度[K]	X	γ_{Tl}	γ_X°	温度[K]	X	γ_{Zn}	γ_X°	温度[K]
Ag	0.054	0.605	1250	Bi	1.16	1.36	600	Bi	0.238	0.027	750	Ag	—	0.203	1023
Bi	1.29	0.451	1200	Ca	—	1.0×10^{-4}	1223	Cd	3.83	1.93	750	Bi	2.82	32.7	873
Cd	—	—	773	Cu	0.317	7.0×10^{-3}	1400	Hg	0.120	—	298	Cu	—	0.235	1200
Cu	—	0.378	1190	Fe	2.80	6.65	1820	In	1.96	1.51	723	Ga	1.56	2.25	750
In	0.114	0.231	900	Li	—	1.95×10^{-3}	1000	K	0.271	6.0×10^{-2}	798	Hg	2.30	—	573
Pb	0.779	0.779	905	Mg	1.0×10^{-4}	0.0186	1073	Mg	0.025	0.065	923	Mg	0.085	0.065	923
Sn	0.411	0.411	905	Pb	6.82	2.20	1050	Pb	0.796	0.714	773	Pb	7.94	34.6	923
Zn	1.26	—	850	Pd	—	2.4×10^{-4}	1050	Sn	2.31	1.97	723	Sn	1.96	4.58	750

(i) Ag-X系

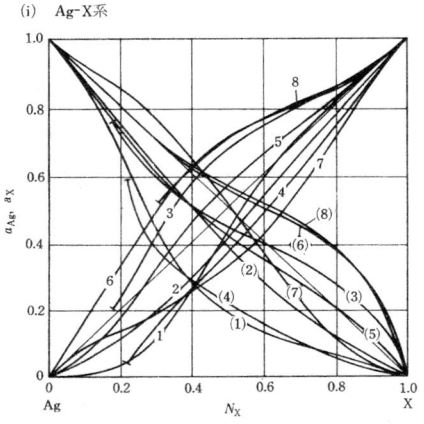

(ii) Al-X系

1. Ag-Al (1 273K)
2. Ag-Au (1 350K)
3. Ag-Bi (1 000K) ($N_{Bi}>0.182$)
4. Ag-Ga (1 000K) ($N_{Ga}>0.22$)
5. Ag-Ge (1 250K)
6. Ag-Si (1 700K)
7. Ag-Sn (1 250K)
8. Ag-Tl (975K) ($N_{Tl}>0.31$)

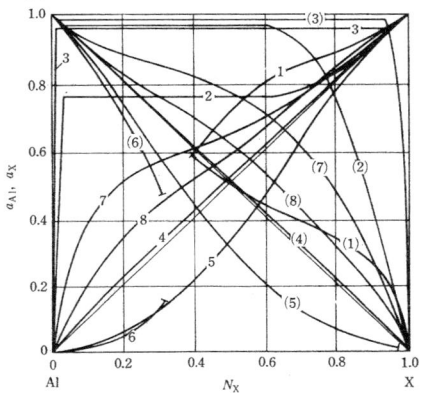

1. Al-Be (1 600K) ($N_{Be}>0.40$)
2. Al-Bi (1 173K)
3. Al-Cd (950K)
4. Al-Ga (1 023K)
5. Al-Ge (1 200K) ($0.97>N_{Ge}$)
6. Al-Si (1 100K) ($0.31>N_{Si}$)
7. Al-Sn (973K)
8. Al-Zn (1 000K)

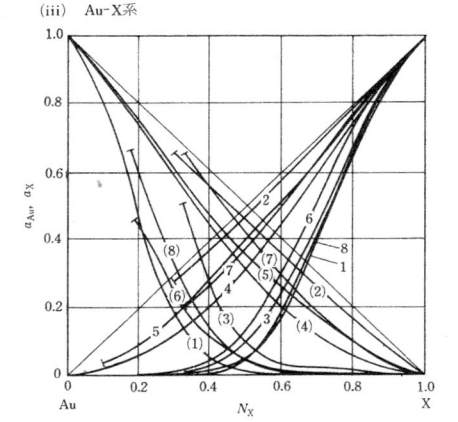

(iii) Au-X系

(iv) Cd-X系

1. Au-Al (1 338K)
2. Au-Bi (973K) ($N_{Bi}>0.30$)
3. Au-Cd (1 000K) ($N_{Cd}>0.325$)
4. Au-Cu (1 550K)
5. Au-Pb (1 200K) ($N_{Pb}>0.100$)
6. Au-Sn (823K) ($N_{Sn}>0.193$)
7. Au-Tl (973K) ($N_{Tl}>0.33$)
8. Au-Zn (1 080K) ($N_{Zn}>0.18$)

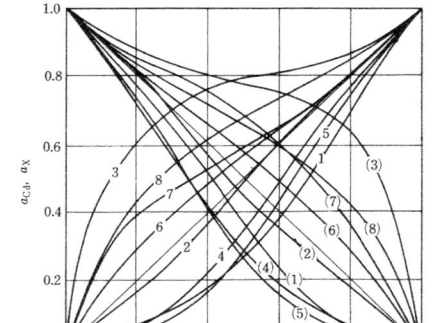

1. Cd-Ag (1 223K) ($0.968>N_{Ag}$)
2. Cd-Bi (773K)
3. Cd-Ga (700K)
4. Cd-Hg (600K)
5. Cd-Mg (923K)
6. Cd-Sn (773K)
7. Cd-Tl (750K)
8. Cd-Zn (800K)

2 熱力学的数値

(v) Cu-X系

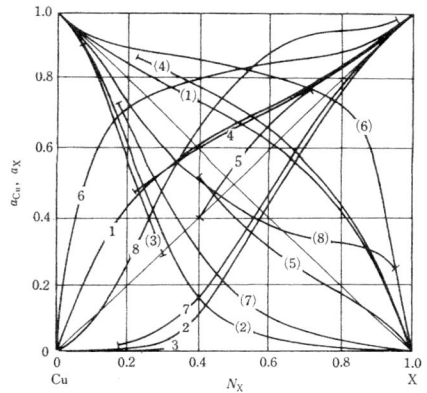

1. Cu-Ag (1 423K)
2. Cu-Al (1 373K)
3. Cu-As (1 273K) $(0.30 > N_{As} > 0.06)$
4. Cu-Bi (1 200K) $(N_{Bi} > 0.22)$
5. Cu-Cd (873K) $(N_{Cd} > 0.404)$
6. Cu-Fe (1 823K)
7. Cu-Mg (1 100K) $(N_{Mg} > 0.168)$
8. Cu-Mn (1 500K) $(0.96 > N_{Mn})$

(vi) Fe-X系

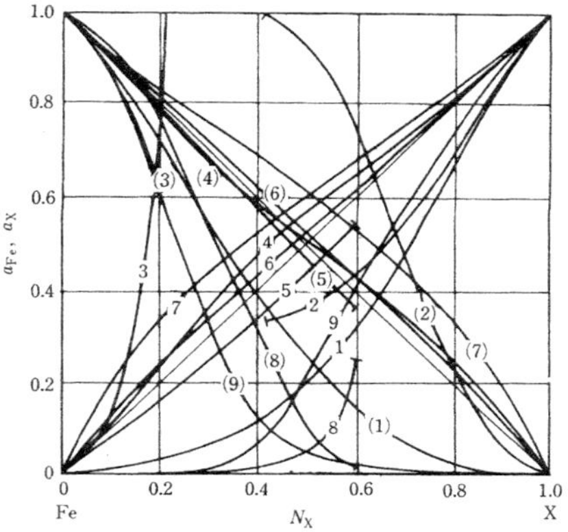

1. Fe-Al (1 873K)
2. *Fe-Au (1 473K) $(N_{Au} > 0.415)$
3. *Fe-C (1 873K) $(0.211 > N_C)$
4. Fe-Co (1 863K)
5. Fe-Cr (1 873K) $(0.60 > N_{Cr})$
6. Fe-Mn (1 863K)
7. Fe-Pd (1 873K)
8. *Fe-Pt (1 880K) $(0.60 > N_{Pt})$
9. Fe-Si (1 873K)

(vii) Hg-X系

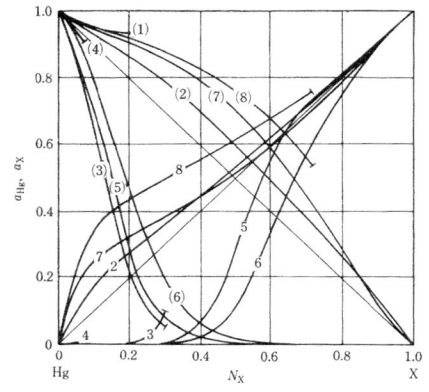

1. *Hg-Au (590K) $(0.20 > N_{Au})$
2. Hg-Bi (594K)
3. Hg-Cs (550K) $(0.30 > N_{Cs})$
4. Hg-In (298K) $(0.05 > N_{In})$
5. Hg-K (600K)
6. Hg-Na (673K)
7. Hg-Pb (600K)
8. Hg-Sn (450K) $(0.72 > N_{Sn})$

(viii) In-X系

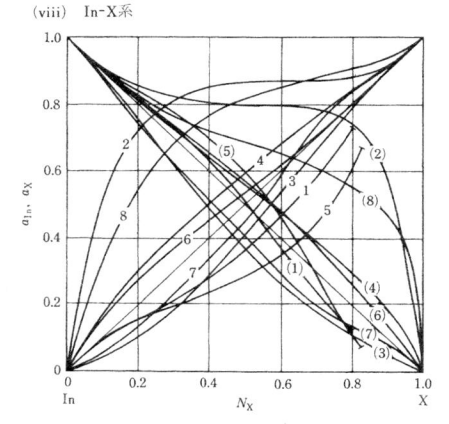

1. *In-Ag (1 100K) $(N_{In} > 0.20)$
2. In-Al (1 173K)
3. In-Bi (900K)
4. In-Cd (800K)
5. *In-Cu (1 073K) $(0.825 > N_{Cu})$
6. In-Pb (673K)
7. In-Sn (700K)
8. In-Zn (700K)

(ix) Mg-X 系

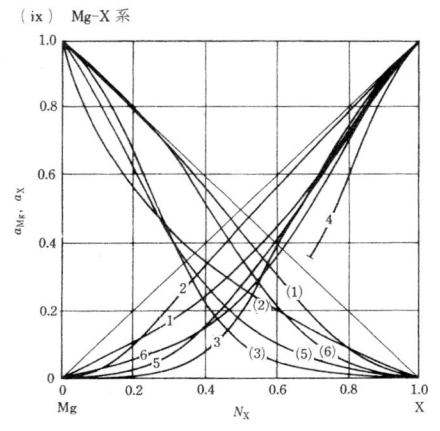

1. Mg-Al (1 073K)
2. Mg-Ca (1 200K)
3. Mg-Ga (923K)
4. Mg-Hg (673K) ($N_{Hg} > 0.695$)
5. Mg-In (923K)
6. Mg-Li (1 000K)

(x) Na-X 系

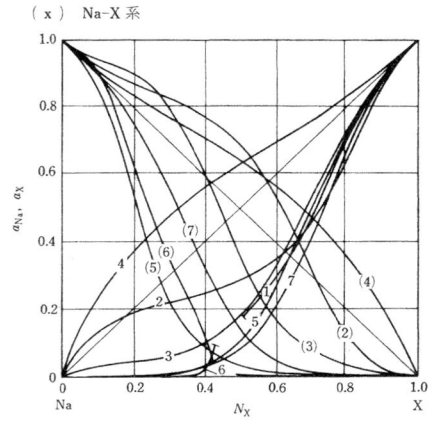

1. Na-Bi (773K) ($N_{Bi} > 0.51$)
2. Na-Cd (673K)
3. Na-In (713K)
4. Na-K (384K)
5. Na-Pb (700K)
6. Na-Sn (773K) ($0.43 > N_{Sn}$)
7. Na-Tl (673K)

(xi) Ni-X 系

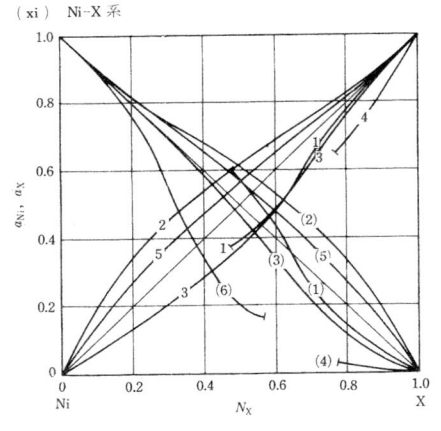

1. Ni-Ca (1 750K) ($N_{Ca} > 0.475$)
2. Ni-Cu (1 823K)
3. Ni-Fe (1 873K)
4. Ni-Mg (1 000K) ($N_{Mg} > 0.77$)
5. Ni-Pd (1 873K)
6. Ni-Pt (1 850K) ($0.565 > N_{Pt}$)

(xii) Pb-X 系

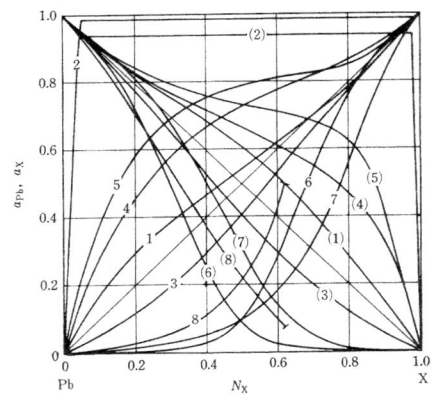

1. Pb-Ag (1 273K)
2. Pb-Al (1 200K)
3. Pb-Bi (700K)
4. Pb-Cd (773K)
5. Pb-Cu (1 473K)
6. Pb-K (848K)
7. Pb-Mg (973K)
8. ＊Pb-Pt (1 273K)

2 熱力学的数値　　　　　　　　　　　　　　　　115

(xiii) Sb-X 系

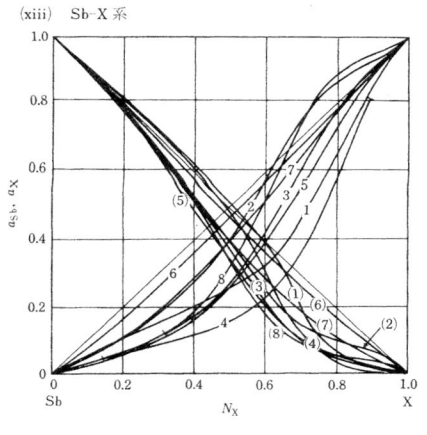

a_{Sb}, a_X vs N_X

1. Sb-Ag (1 250K)
2. Sb-Bi (1 200K)
3. *Sb-Cd (773K) ($N_{Cd}>0.315$)
4. *Sb-Cu (1 190K) ($0.892>N_{Cu}$)
5. Sb-In (900K)
6. Sb-Pb (905K)
7. Sb-Sn (905K)
8. *Sb-Zn (850K) ($N_{Zn}>0.14$)

(xiv) Sn-X 系

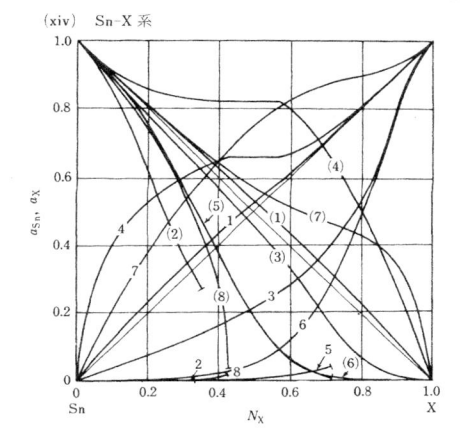

a_{Sn}, a_X vs N_X

1. Sn-Bi (600K)
2. Sn-Ca (1 223K) ($0.35>N_{Ca}$)
3. Sn-Cu (1 400K)
4. Sn-Fe (1 820K)
5. Sn-Li (1 000K) ($0.715>N_{Li}$)
6. Sn-Mg (1 073K)
7. Sn-Pb (1 050K)
8. *Sn-Pd (1 050K) ($0.425>N_{Pd}$)

(xv) Tl-X 系

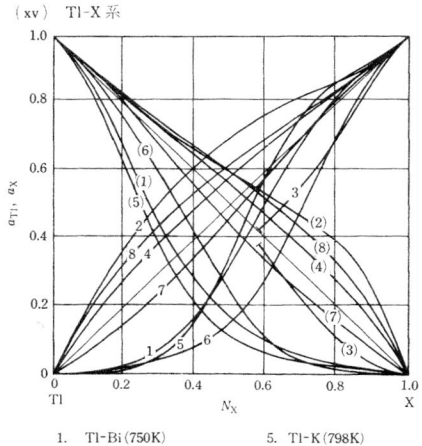

a_{Tl}, a_X vs N_X

1. Tl-Bi (750K)
2. Tl-Cd (750K)
3. *Tl-Hg (298K) ($N_{Hg}>0.58$)
4. Tl-In (723K)
5. Tl-K (798K)
6. Tl-Mg (923K)
7. Tl-Pb (773K)
8. Tl-Sn (723K)

(xvi) Zn-X 系

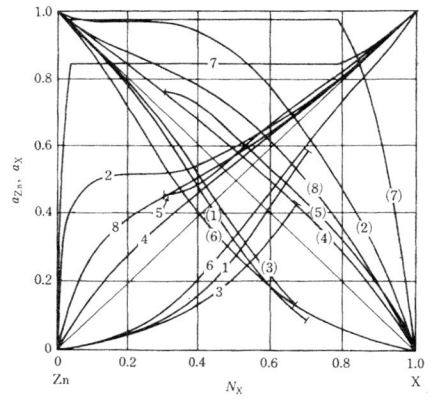

a_{Zn}, a_X vs N_X

1. *Zn-Ag (1 023K) ($0.696>N_{Ag}$)
2. Zn-Bi (873K)
3. Zn-Cu (1 200K) ($0.666>N_{Cu}$)
4. Zn-Ga (750K)
5. Zn-Hg (573K) ($N_{Hg}>0.295$)
6. Zn-Mg (923K)
7. Zn-Pb (923K)
8. Zn-Sn (750K)

2・2・3 製鋼反応の平衡値

反応	$\log K$	$\Delta G°$ [kJ/mol]	備考
$\underline{O}+CO=CO_2$	$\log p_{CO_2}/p_{CO} \cdot a_O = 8\,718/T - 4.762$	$-166\,860 + 91.13\,T$	
$\underline{C}+CO_2=2\,CO$	$\log p_{CO}^2/p_{CO_2} \cdot a_C = -7\,558/T + 6.765$	$144\,680 - 129.49\,T$	
$\underline{C}+\underline{O}=CO$	$\log p_{CO}/a_C \cdot a_O = 1\,160/T + 2.003$	$-22\,180 - 38.37\,T$	
	$\log f_C^{(C)} = 0.298\,[\%\,C],\ \log f_O^{(C)} = -0.421\,[\%\,C]$		
$\underline{O}+H_2=H_2O$	$\log p_{H_2O}/p_{H_2} \cdot a_O = 7\,040/T - 3.224$	$-134\,770 + 61.71\,T$	$(1\,550 \sim 1\,650℃)$
	$\log f_O = (-1\,750/T + 0.76)[\%\,O]$		
$SiO_2(s)=\underline{Si}+2\underline{O}$	$\log a_{Si} \cdot a_O^2 = -30\,720/T + 11.76$	$588\,020 - 225.06\,T$	
	$\log f_O = -0.137\,[\%\,Si],\ \log f_{Si} = (3\,910/T - 1.77)\,[\%\,Si]$		
$Al_2O_3(s)=2\underline{Al}+3\underline{O}$	$\log a_{Al}^2 \cdot a_O^3 = -64\,900/T + 20.63$	$1\,242\,230 - 394.97\,T$	$e_{Al}^{(Al)}\,0.043\,(1\,600℃)$
	$\log f_{Al} = \log f_{Al}^{(Al)} + \log f_{Al}^{(O)} = e_{Al}^{(Al)}\,[\%\,Al] + e_{Al}^{(O)}\,[\%\,O]$		$\begin{cases}e_O^{(Al)} - 1.10 & (\%\,Al < 10)\\ & (\%\,Al < 1)\end{cases}$
	$\log f_O = \log f_O^{(O)} + \log f_O^{(Al)} = e_O^{(O)}\,[\%\,O] + e_O^{(Al)}\,[\%\,Al]$		$\begin{cases}e_{Al}^{(O)} - 1.86\\ e_O^{(O)} - 0.17\end{cases}$
$FeO(l)+\underline{Mn}=MnO(l)+Fe(l)$	$\log a_{MnO}/a_{FeO} \cdot a_{Mn} = 6\,440/T - 2.95$	$-123\,340 + 56.48\,T$	$1\,550 \sim 1\,650℃$
$\underline{Mn}+\underline{O}=MnO(l)$	$\log a_{MnO}/a_{Mn} = 12\,760/T - 5.68$	$-244\,350 + 108.78\,T$	$\%\,Mn < 1.0$
	$\log f_{Mn} = \log f_{Mn}^{(Mn)} + \log f_{Mn}^{(O)} = 0$		
	$\log f_O = \log f_O^{(O)} + \log f_O^{(Mn)} = (-1\,750/T + 0.76)\,[\%\,O]$		
$FeV_2O_4(s)=Fe(l)+2\underline{V}+4\underline{O}$	$\log a_V^2 \cdot a_O^4 = -44\,850/T + 16.602$	$858\,560 - 317.98\,T$	
$V_2O_3(s)=2\underline{V}+3\underline{O}$	$\log a_V^2 \cdot a_O^3 = -42\,610/T + 16.862$	$815\,460 - 322.75\,T$	$\begin{cases}e_V^{(V)} = 0.00,\\ e_V^{(O)} = -7\,950/T + 3.20\\ e_O^{(O)} = -1\,750/T + 0.76,\\ e_O^{(V)} = -2\,500/T + 1.01\end{cases}$
	$\log f_V = \log f_V^{(V)} + \log f_V^{(O)} = e_V^{(V)}\,[\%\,V] + e_V^{(O)}\,[\%\,O]$		
	$\log f_O = \log f_O^{(O)} + \log f_O^{(V)} = e_O^{(O)}\,[\%\,O] + e_O^{(V)}\,[\%\,V]$		
$FeCr_2O_4(s)=Fe(l)+2\underline{Cr}+4\underline{O}$	$\log a_{Fe} \cdot a_{Cr}^2 \cdot a_O^4 = -53\,420/T + 22.92$	$1\,022\,570 - 438.73\,T$	$e_{Cr}^{(Cr)} = 0.00,\ e_{Cr}^{(O)} = -0.189$
	$\log f_{Cr} = \log f_{Cr}^{(Cr)} + \log f_{Cr}^{(O)} = e_{Cr}^{(Cr)}\,[\%\,Cr] + e_{Cr}^{(O)}\,[\%\,O]$		$\begin{cases}e_O^{(O)} = -1\,750/T + 0.76\\ e_O^{(Cr)} = -0.055\end{cases}$
	$\log f_O = \log f_O^{(O)} + \log f_O^{(Cr)} = e_O^{(O)}\,[\%\,O] + e_O^{(Cr)}\,[\%\,Cr]$		
$FeO(l)=Fe(l)+\underline{O}$	$\log a_O/a_{FeO} = -6\,150/T + 2.604$	$117\,700 - 49.83\,T$	
	$\log f_O = \log f_O^{(O)} = (-1\,750/T + 0.76)\,[\%\,O]$		
$1/2\,H_2=\underline{H}\,(\alpha\text{-Fe})$	$\log\,[\%\,H]/\sqrt{p_{H_2(atm)}} = -1\,418/T - 2.369$	$28\,650 + 45.35\,T$	
$1/2\,H_2=\underline{H}\,(\gamma\text{-Fe})$	$= -1\,182/T - 2.369$	$22\,620 + 45.35\,T$	
$1/2\,H_2=\underline{H}\,(\delta\text{-Fe})$	$= -1\,418/T - 2.369$	$28\,650 + 45.35\,T$	
$1/2\,H_2=\underline{H}$	$= -1\,905/T - 1.591$	$36\,460 + 30.46\,T$	
$1/2\,N_2=\underline{N}$	$\log\,[\%\,N]/\sqrt{p_{N_2(atm)}} = -188/T - 1.248 \pm 21.86/T$	$3\,600 + 23.89\,T \pm 420$	

日本学術振興会製鋼第19委員会編:製鋼反応の推奨平衡値 (1968),日刊工業新聞社.

2・3 溶融塩

2・3・1 溶融塩化物の電極電位 (理論分解電圧)

25℃における順序	金属イオン	298 K 水溶液	298 K 固体	正確度 298 K	373 K	473 K	573 K	673 K	773 K	873 K	1 073 K	1 273 K	1 773 K
1	Ra^{2+}	4.28	4.336	±0.07	4.272	4.189	4.108	4.029	3.952	3.876	3.723	3.569	l 3.096
2	K^+	4.285	4.232	±0.01	4.158	4.056	3.954	3.854	3.755	3.658	l 3.441	3.155	2.598
3	Sm^{2+}	<4.52	4.206	±0.15	4.147	4.071	3.998	3.926	3.856	3.787	l 3.661	3.559	3.317
4	Ba^{2+}	4.26	4.202	±0.01	4.139	4.056	3.975	3.888	3.808	3.728	3.568	l 3.412	3.079
5	Cs^+	4.283	4.189	±0.01	4.109	4.002	3.896	3.791	3.692	3.599	l 3.362	3.078	2.667 (1 300V)
6	Rb^+	4.285	4.177	±0.04	4.101	3.998	3.897	3.795	3.695	3.595	l 3.314	3.001	2.428 (1 381V)
7	Sr^{2+}	4.25	4.048	±0.01	3.987	3.909	3.832	3.757	3.684	3.612	3.469	l 3.333	2.977
8	Li^+	4.405	4.011	±0.09	3.955	3.881	3.800	3.722	3.646	3.571	l 3.457	3.352	3.122
9	Na^+	4.074	3.980	±0.04	3.910	3.810	3.712	3.615	3.519	3.424	3.240	l 3.019	2.366 (1 465V)
10	Ca^{2+}	4.230	3.888	±0.02	3.830	3.754	3.680	3.607	3.534	3.462	l 3.323	3.208	2.926
11	La^{3+}	3.88	3.565	±0.03	3.504	3.426	3.350	3.277	3.205	3.134	2.997	l 2.876	2.607
12	Ce^{3+}	3.84	3.517	±0.03	3.456	3.378	3.303	3.229	3.157	3.086	2.945	l 2.821	2.540
13	Pr^{3+}	3.83	3.481	±0.01	3.420	3.342	3.266	3.192	3.120	3.049	2.911	l 2.795	2.523
14	Nd^{3+}	3.80	3.430	±0.01	3.369	3.291	3.215	3.140	3.067	2.994	l 2.856	2.736	2.455
15	Pm^{3+}	3.78	3.410	±0.03	3.353	3.279	3.208	3.139	3.072	3.006	l 2.884	2.784	2.554
16	Sm^{3+}	3.77	3.380	±0.10	3.322	3.249	3.178	3.109	3.041	2.975	l 2.861	2.763	2.712 (1 107D)

2 熱力学的数値

298Kにおける順序	金属イオン	298K 水溶液	298K 固体	正確度 298K	373 K	473 K	573 K	673 K	773 K	873 K	1 073 K	1 273 K	1 773 K
17	Eu^{3+}	3.77	3.340	±0.10	3.283	3.210	3.139	3.076	3.002	2.936	l 2.828	2.815 (7 827D)	—
18	Gd^{3+}	3.76	3.317	±0.01	3.260	3.187	3.116	3.047	2.979	2.913	l 2.807	2.709	—
19	Tb^{3+}	3.75	3.261	±0.03	3.204	3.130	3.059	2.990	2.923	2.858	l 2.754	2.657	2.483
20	Dy^{3+}	3.71	3.206	±0.03	3.149	3.075	3.004	2.935	2.868	2.802	l 2.690	2.599	2.433
21	Y^{3+}	3.73	3.163	±0.04	3.106	3.032	2.961	2.892	2.824	2.758	l 2.643	2.548	2.359
22	Ho^{3+}	3.68	3.134	±0.01	3.077	3.003	2.932	2.863	2.796	2.729	l 2.610	2.511	2.329
23	Er^{3+}	3.66	3.119	±0.01	3.062	2.989	2.918	2.849	2.781	2.715	l 2.589	2.488	2.283
24	Tm^{3+}	3.64	3.086	±0.01	3.029	2.956	2.884	2.815	2.748	2.682	l 2.553	l 2.447	2.257 (1 497V)
25	Yb^{3+}	3.63	3.075	±0.01	3.017	2.944	2.873	2.804	2.736	2.670	l 2.542	l 2.434	2.221 (1 487V)
26	Mg^{2+}	3.73	3.070	±0.004	3.006	2.922	2.840	2.760	2.680	2.602	l 2.460	2.346	2.449 (1 027D)
27	Lu^{3+}	3.61	3.049	±0.01	2.988	2.909	2.834	2.760	2.687	2.616	2.478	l 2.356	1.974 (1 418V)
28	Sc^{3+}	3.44	2.946	±0.01	2.885	2.807	2.731	2.657	2.585	2.514	2.375	l 2.264	2.108 (1 477V)
29	Zr^{2+}	—	2.905	±0.43	2.847	2.772	2.699	2.629	2.560	2.508 (577 D)	—	—	—
30	U^{3+}	3.16	2.846	—	2.788	2.713	2.639	2.566	2.494	2.423	2.280	2.162	1.886
31	Th^{4+}	3.26	2.840	±0.05	2.779	2.699	2.622	2.546	2.474	2.399	l 2.264	2.268 (921 V)	—
32	Zr^{3+}	—	2.790	±0.29	2.736	2.668	2.603	2.540	2.492 (477 D)	—	—	—	—
33	Hf^{4+}	3.06	2.537	±0.32	2.481	2.409	2.340	—	—	—	—	—	—
34	U^{4+}	2.86	2.493	—	2.436	2.362	2.289	2.217	2.146	l 2.078	1.974	1.953 (827 V)	—
35	Be^{2+}	3.21	2.435	±0.11	2.382	2.315	2.252	2.192	2.144	—	—	—	—
36	Mn^{2+}	2.54	2.287	±0.02	2.235	2.166	2.098	2.032	1.967	1.902	l 1.807	1.725	1.649 (1 190V)
37	Zr^{4+}	2.89	2.266	±0.22	2.209	2.135	2.063	—	—	—	—	—	—
38	Ti^{2+}	2.99	2.255	±0.22	2.202	2.134	2.069	2.006	1.945	1.885	—	—	—
39	$(Al^{3+})_2$	3.02	2.200	±0.01	2.150	2.097 (180 S)	—	—	—	—	—	—	—
40	Ti^{3+}	Ca 2.57	2.154	±0.14	2.097	2.024	1.954	1.886	1.836 (475 D)	—	—	—	—
41	V^{2+}	Ca 2.54	2.103	±0.43	2.044	1.970	1.898	1.828	1.761	1.695	1.566	1.441	l 1.269 (1 377V)
42	Tl^+	1.696	1.906	±0.02	1.865	1.798	1.732	1.660	1.606	1.561	1.473	1.470 (876 V)	—
43	Zn^{2+}	2.123	1.914	±0.01	1.854	1.776	l 1.706	1.655	1.603	1.552	1.476	—	—
44	Cr^{2+}	2.27	1.846	±0.06	1.795	1.729	1.664	1.600	1.537	1.474	1.352	1.262	1.137 (1 302V)
45	$(Si^{3+})_2$	—	1.778	±0.07	1.736	1.713 (145 V)	—	—	—	—	—	—	—
46	Cd^{2+}	1.763	1.775	±0.01	1.715	1.637	1.560	1.481	1.403	l 1.331	1.193	1.002 (980 V)	—
47	Ti^{3+}	—	1.748	±0.11	1.700	1.678 (136 V)	—	—	—	—	—	—	—
48	V^{3+}	Ca 2.23	1.735	±0.43	1.674	1.596	1.576 (227 D)	—	—	—	—	—	—
49	Gd^{2+}	Ca 1.81	1.713	±0.22	1.659	l (200D)	—	—	—	—	—	—	—
50	In^+	Ca 1.61	1.709	±0.22	1.654	1.581	l 1.520	1.465	1.414	1.364	1.360 (609 V)	—	—
51	Cr^{3+}	2.10	1.706	±0.07	1.646	1.567	1.489	1.412	1.336	1.261	1.113	1.006 (947 S)	—
52	In^{2+}	Ca 1.66	1.657	±0.06	1.601	1.528	l 1.464	1.407	1.361 (485 V)	—	—	—	—
53	In^{3+}	1.702	1.641	±0.04	1.588	1.519	1.451	1.384	1.321 (498 S)	—	—	—	—
54	Pb^{2+}	1.486	1.627	±0.01	1.569	1.493	1.420	1.345	l 1.271	1.215	1.112	1.039 (954 V)	—
55	Ga^{3+}	1.89	1.619	±0.01	l 1.572	1.528 (200 V)	—	—	—	—	—	—	—
56	Sn^{2+}	1.496	1.607	±0.02	1.556	1.490	l 1.428	1.373	1.320	1.270	1.259 (623 V)	—	—

298 Kにおける順序	金属イオン	298 K 水溶液	298 K 固体	正確度 298 K	373 K	473 K	573 K	673 K	773 K	873 K	1073 K	1273 K	1773 K
57	Fe^{2+}	1.80	1.565	±0.02	1.516	1.451	1.388	1.327	1.267	1.207	l 1.118	1.050	1.041 (1 026V)
58	Si^{4+}	—	1.484	±0.005	1.466 (57 V)	—	—	—	—	—	—	—	—
59	Co^{2+}	1.637	1.464	±0.02	1.408	1.337	1.269	1.203	1.140	1.079	l 0.977	0.900	0.881 (1 050V)
60	Ni^{2+}	1.610	1.412	±0.04	1.355	1.282	1.210	1.139	1.070	1.003	l 0.875	0.763 (987 V)	—
61	V^{4+}	—	1.323	±0.32	0.281	1.253 (152 V)	—	—	—	—	—	—	—
62	Cu^+	0.839	1.232	±0.02	1.191	1.140	1.093	1.050	1.024	1.003	0.970	0.943	0.862
63	Sn^{4+}	1.35	1.228	±0.01	1.184	1.176 (113 V)	—	—	—	—	—	—	—
64	Ge^{4+}	—	1.225	±0.16	1.190 (83 V)	—	—	—	—	—	—	—	—
65	Fe^{3+}	1.396	1.197	±0.06	1.147	1.084	l 1.023	—	—	—	—	—	—
66	Ag^+	0.560	1.137	±0.01	1.093	1.037	0.984	0.935	l 0.896	0.870	0.826	0.784	0.665
67	Sb^{3+}	—	1.122	—	1.077	1.028	1.019 (221 V)	—	—	—	—	—	—
68	Bi^{3+}	—	1.102	—	1.051	0.986	l 0.926	0.867	—	—	—	—	—
69	$(Hg^+)_2$	0.571	1.092	±0.01	1.022	0.930	0.840	0.730	0.597	—	—	—	—
70	As^{3+}	—	1.019	—	0.986	0.973 (130 V)	—	—	—	—	—	—	—
71	Hg^{2+}	0.506	0.952	±0.02	0.892	0.814	l 0.743	—	—	—	—	—	—
72	Cu^{2+}	1.023	0.846	±0.11	0.791	0.721	0.654	0.589	0.528	—	—	—	—
73	Ir	—	0.794	±0.13	0.751	0.699	0.650	0.603	0.558	0.515	0.433 (799 D)	—	—
74	Pd^{2+}	0.373	0.768	±0.06	0.714	0.646	0.581	0.518	0.457	0.397	l 0.331 (737 D)	—	—
75	Mo^{2+}	—	0.759	±0.06	0.711	0.651	0.593	0.538	0.485	—	—	—	—
76	Sb^{5+}	—	0.742	—	0.701	0.656 (172 V)	—	—	—	—	—	—	—
77	Ir^{2+}	<0.26	0.733	±0.06	0.685	0.625	0.567	0.512	0.458	0.406	0.320 (771 D)	—	—
78	Mo^{3+}	1.56	0.723	±0.07	0.669	0.602	0.536	—	—	—	—	—	—
79	Ir^{3+}	Ca 0.21	0.665	±0.04	0.610	0.539	0.472	0.406	0.342	0.280	0.180 (765 D)	—	—
80	Mo^{4+}	—	0.650	±0.05	0.600	0.582 (127 D)	—	—	—	—	—	—	—
81	W^{2+}	—	0.629	±0.11	0.582	0.512	0.463	0.408	—	—	—	—	—
82	Mo^{5+}	—	0.597	±0.02	0.350	l 0.491	0.463 (268 V)	—	—	—	—	—	—
83	Rh^{3+}	Ca 0.56	0.593	±0.04	0.539	0.471	0.406	0.343	0.281	0.221	0.104	0.020 (948 D)	—
84	Rh^{2+}	Ca 0.76	0.575	±0.06	0.524	0.460	0.398	0.339	0.281	0.225	l 0.142	0.093 (958 D)	—
85	Pt^+	—	0.572	±0.13	0.525	0.465	0.407	0.353	0.300	0.257 (583 D)	—	—	—
86	Pt^{2+}	Ca 0.16	0.564	±0.06	0.513	0.449	0.387	0.328	0.270	0.225 (581 D)	—	—	—
87	W^{4+}	—	0.564	±0.03	0.513	0.449	0.432 (227 D)	—	—	—	—	—	—
88	Ru^{3+}	—	0.546	±0.04	0.494	0.428	0.364	0.303	0.243	0.185	0.170 (627 D)	—	—
89	W^{5+}	—	0.538	±0.03	0.491	0.431	l 0.392 (276 V)	—	—	—	—	—	—
90	Rh^+	Ca 0.76	0.520	±0.13	0.478	0.425	0.376	0.328	0.282	0.238	0.153	0.084 (965 D)	—
91	W^{6+}	—	0.513	±0.03	0.464	0.401	l 0.343	—	—	—	—	—	—
92	Pt^{3+}	—	0.484	±0.07	0.426	0.351	0.279	0.209	—	—	—	—	—
93	Pt^{4+}	—	0.465	±0.03	0.412	0.344	0.278	—	—	—	—	—	—
94	Au^{3+}	−0.140	0.211	±0.03	0.162	0.101	l 0.043	−0.001	—	—	—	—	—
95	Au^+	Ca −0.320	0.182	±0.04	0.138	0.082	0.037 (287 D)	—	—	—	—	—	—
96	C^{4+}	—	0.178	±0.05	0.147 (77 V)	—	—	—	—	—	—	—	—

S:昇華, V:蒸発, D:分解, l:この記号の左側は固体, 右側は液体, ( )内の数値は温度[℃]

1) W. J. Hamer, M. S. Malmberg, B. Rubin : *J. Electrochem. Soc.*, 103 (1956), 8.
2) L. Brewer : The Chemistry and Metallurgy of Miscellaneous Materials Thermodynamics, ed. L. L. Quill (1950), McGraw-Hill, New York.
3) Selected Values of Chemical Thermodynamic Properties : National Bureau of Standards Circular, 500 (1952) ; also Series III (1948〜53). K. K. Kelley, Bulletin 476, U. S. Rept. of the Interior (1949) ; also Bulletins 383 (1935) and 393 (1936).

2・4 溶融スラグ,マット
2・4・1 溶融酸化物系の活量

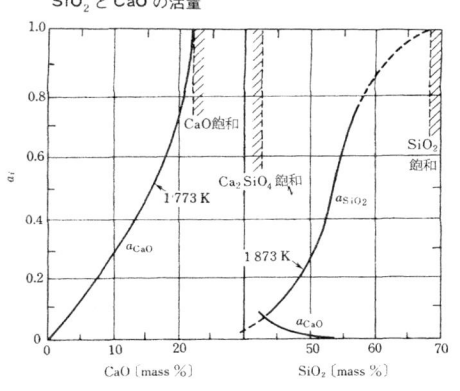

a. CaO-CaF$_2$系のCaOの活量およびCaO-SiO$_2$系のSiO$_2$とCaOの活量

b. FeO-SiO$_2$系のSiO$_2$とFeOの活量

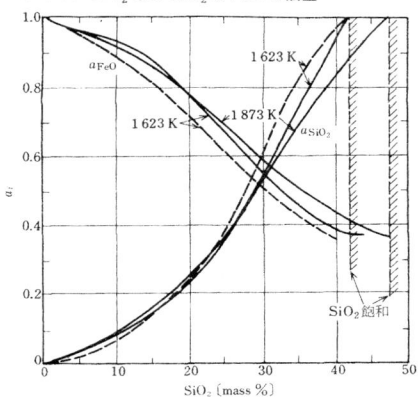

c. PbO-SiO$_2$系のSiO$_2$とPbOの活量およびZnO-SiO$_2$系のSiO$_2$とZnOの活量

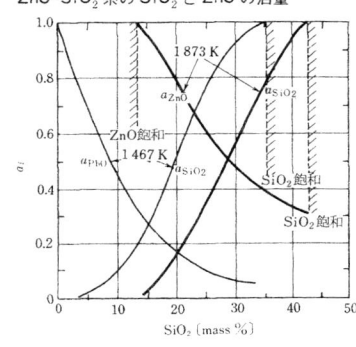

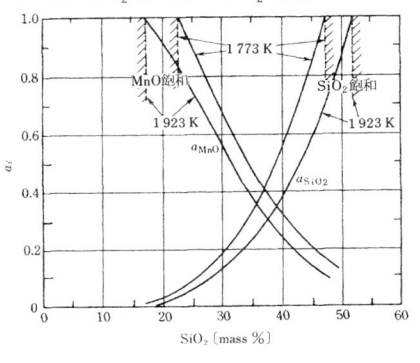

d. MnO-SiO$_2$系のMnOとSiO$_2$の活量

e. CaO-Al$_2$O$_3$系のAl$_2$O$_3$とCaOの活量

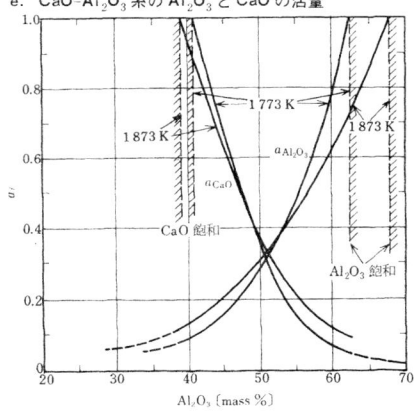

f. CaO-FeO系のFeOとCaOの活量(1 873 K)

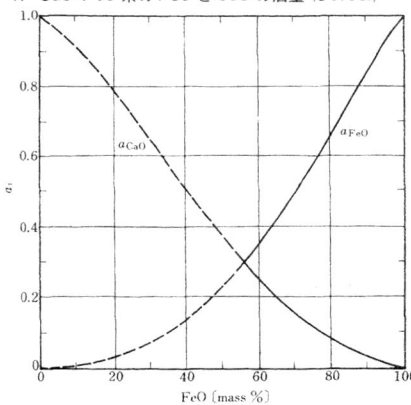

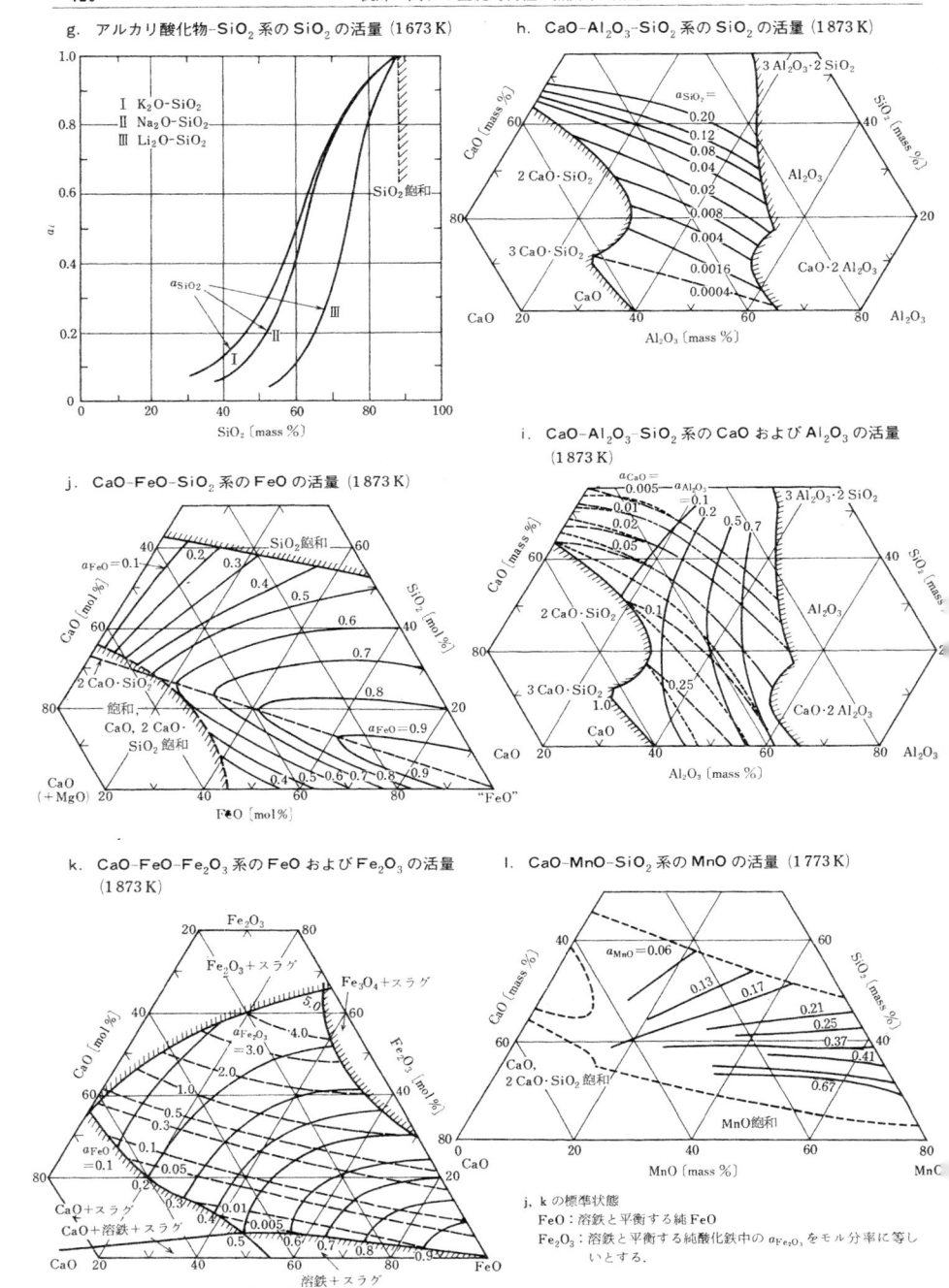

g. アルカリ酸化物-SiO_2 系の SiO_2 の活量 (1673 K)

I K_2O-SiO_2
II Na_2O-SiO_2
III Li_2O-SiO_2

h. CaO-Al_2O_3-SiO_2 系の SiO_2 の活量 (1873 K)

i. CaO-Al_2O_3-SiO_2 系の CaO および Al_2O_3 の活量 (1873 K)

j. CaO-FeO-SiO_2 系の FeO の活量 (1873 K)

k. CaO-FeO-Fe_2O_3 系の FeO および Fe_2O_3 の活量 (1873 K)

l. CaO-MnO-SiO_2 系の MnO の活量 (1773 K)

j, k の標準状態
FeO：溶鉄と平衡する純 FeO
Fe_2O_3：溶鉄と平衡する純酸化鉄中の $a_{Fe_2O_3}$ をモル分率に等しいとする。

m. CaO–CaF$_2$–Fe$_t$O 系の CaO の活量 (1673 K)

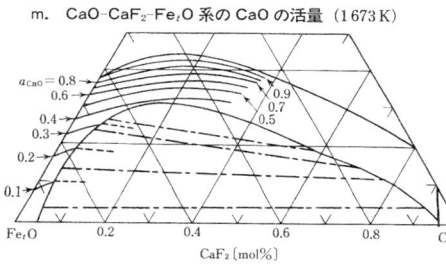

n. CaO–CaF$_2$–Fe$_t$O 系の Fe$_t$O の活量 (1673 K)

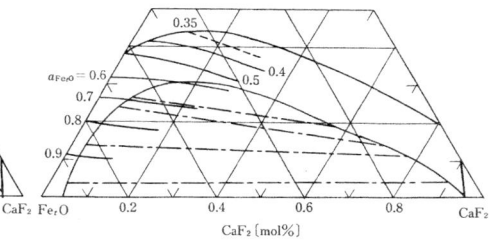

M. Iwase, N. Yamada, E. Ichise, H. Akizuki : *Trans. Iron Steel Soc. A.I.M.E.*, **4** (1984), 53.

o. CaO–CaCl$_2$–Fe$_t$O 系の CaO の活量 (1473 K)

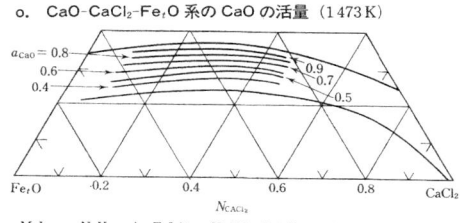

p. CaO–CaCl$_2$–Fe$_t$O 系の Fe$_t$O の活量 (1473 K)

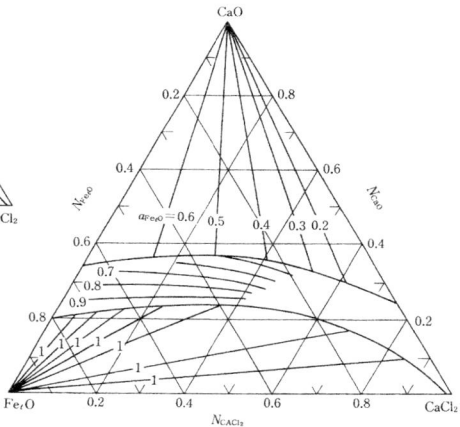

M. Iwase, N. Yamada, E. Ichise, H. Akizuki : *Trans. Iron Steel Soc. A.I.M.E.*, **5** (1984), 53.

q. CaO–Al$_2$O$_3$–CaF$_2$ 系の CaO の活量 (1773 K)

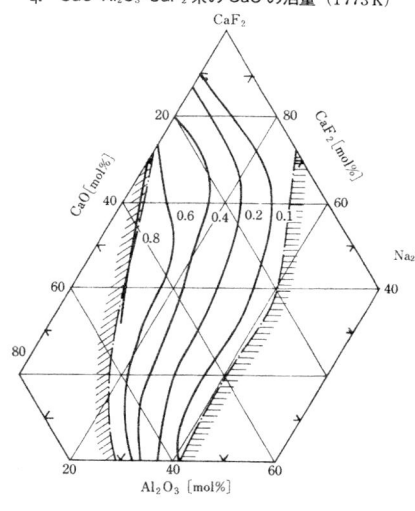

r. Na$_2$O–SiO$_2$–P$_2$O$_5$ 系の P$_2$O$_5$ の活量 (1573 K)

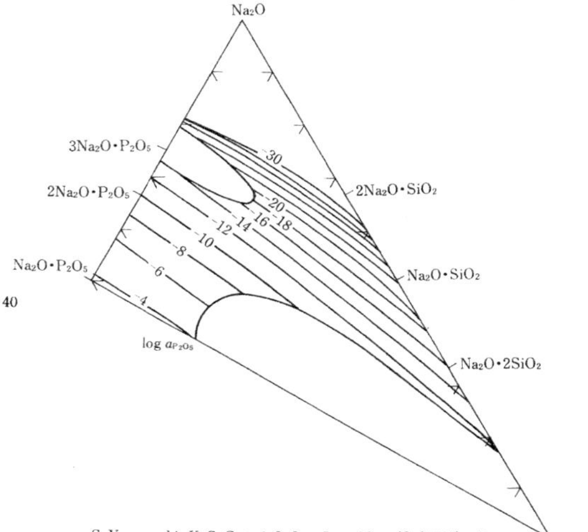

S. Yamaguchi, K. S. Goto : *J. Jpn. Inst. Met.*, **48** (1984), 43.

s. サルファイドキャパシティ（1773 K）

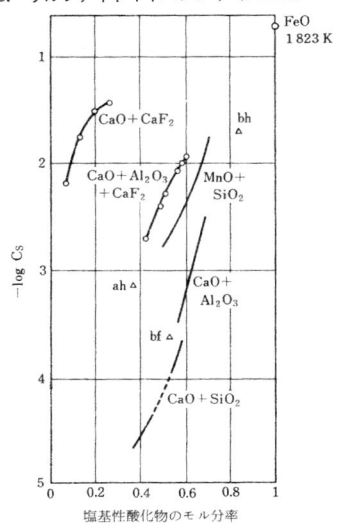

t. サルファイドキャパシティ（1923 K）

△bf：高炉スラグ，△bh：塩基性平炉スラグ，△ah：酸性平炉スラグ
（1923 K）．$CaO+Al_2O_3+CaF_2$ 系におけるモル比 $Al_2O_3:CaF_2=1.3$
：1

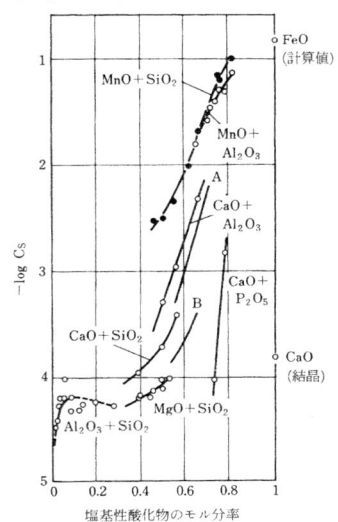

A：$CaO+Al_2O_3+P_2O_5$（0.07 モル分率），
B：$CaO+SiO_2+P_2O_5$（0.07 モル分率）

a〜l. J. F. Elliott, M. Gleiser, V. Ramakrishna：Thermochemistry for Steelmaking, Vol. II (1963), Addison-Wesley.
q. D. M. Edmunds, J. Taylor：*J. Iron Steel Inst.*, Apr. (1972), 280.
s, t. F. D. Richardson：Physical Chemistry of Melts in Metallurgy, Vol. 2 (1974).

2・4・2 マット

溶融マットに関する熱力学的数値は報告例がきわめて少ない．

a. 金属-硫黄 2 元系における金属（実線），硫化物（破線）の活量

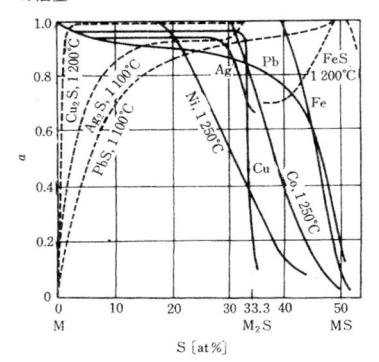

b. Cu_2S-FeS 系の活量

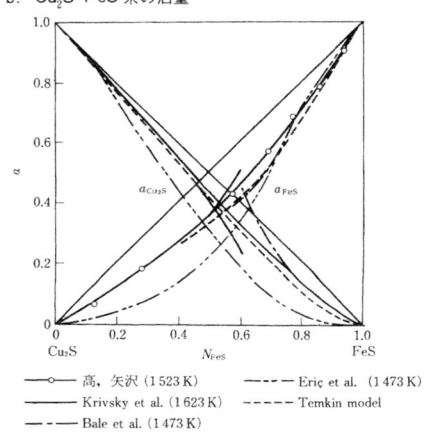

―○― 髙，矢沢（1523 K） ――― Eriç et al.（1473 K）
――― Krivsky et al.（1623 K） ――― Temkin model
―・― Bale et al.（1473 K）

髙 在越, 矢沢 彬：東北大学選鉱製錬研究所彙報, **38**, 2 (1982), 107〜118.

2 熱力学的数値

c. Cu_2S-PbS, FeS-PbS 系の活量 (1 200℃)

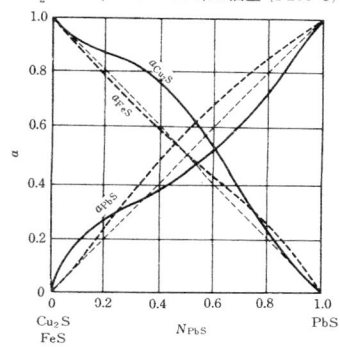

d. Cu_2S-ZnS, FeS-ZnS 系の活量 (1 200℃)

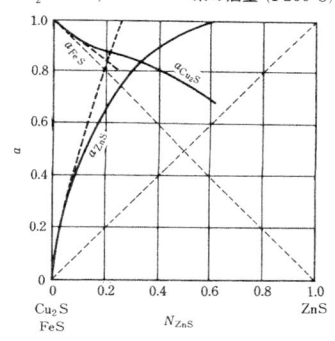

永森 勒; 矢沢 彬: 日本金属学会会報, **14** (1975), 163.

e. Cu-Fe-S 系におけるマット-金属間の平衡と Fe の等活量線 (1 250℃)

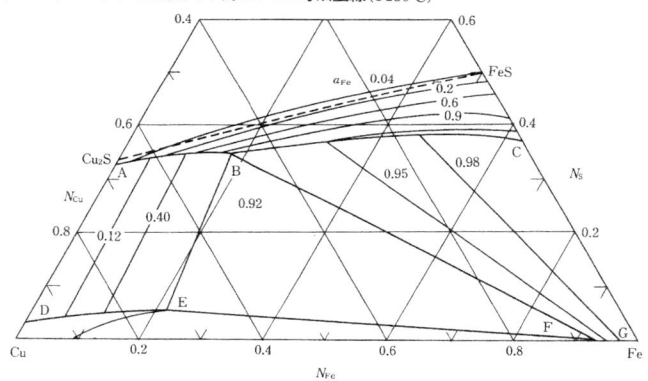

高 在越, 矢沢 彬: 東北大学選鉱製錬研究所彙報, **38**, 2 (1982), 107〜118.

f. Cu-Fe-S 系におけるマット-金属間の平衡と Cu の等活量線 (1 250℃)

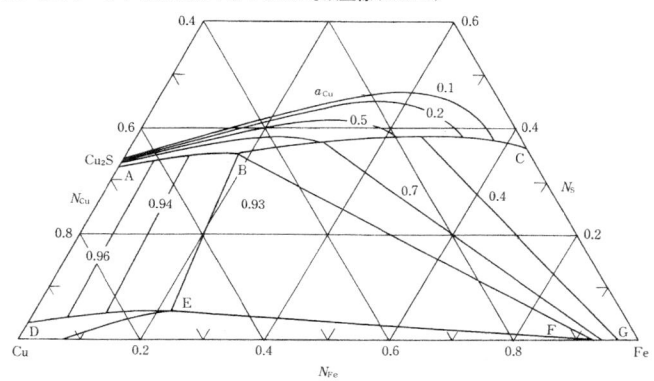

高 在越, 矢沢 彬: 東北大学選鉱製錬研究所彙報, **38**, 2 (1982), 107〜118.

2・5 水溶液
2・5・1 標準電極電位

電極反応	$E°$ [V]	$\left(\dfrac{dE}{dT}\right)_{th}$ [mV/K]	$\left(\dfrac{dE}{dT}\right)_{isoth}$ [mV/K]	電極反応	$E°$ [V]	$\left(\dfrac{dE}{dT}\right)_{th}$ [mV/K]	$\left(\dfrac{dE}{dT}\right)_{isoth}$ [mV/K]
$Mg(OH)_2 + 2e = Mg + 2OH^-$	−2.69	−0.074	−0.945	$S + 2e = S^{2-}$	−0.48	−0.06	−0.93
$Be_2O_3^{2-} + 3H_2O + 4e = 2Be + 6OH^-$	−2.62			$Ni(NH_3)_6^{2+} + 2e = Ni + 6NH_3(aq)$	−0.47		
$UO_2 + 2H_2O + 4e = U + 4OH^-$	−2.39	−0.349	−1.220	$NiCO_3 + 2e = Ni + CO_3^{2-}$	−0.45	−0.400	−1.271
$Mg^{2+} + 2e = Mg$	−2.363	0.974	0.103	$Bi_2O_3 + 3H_2O + 6e = 2Bi + 6OH^-$	−0.44	−0.343	−1.214
$H_2AlO_3^- + H_2O + 3e = Al + 4OH^-$	−2.35			$Fe^{2+} + 2e = Fe$	−0.4402	0.923	0.052
$1/2 H_2 + e = H^-$	−2.25	−0.70	−1.57	$Cu(CN)_2^- + e = Cu + 2CN^-$	−0.43		
$H^+ + e = H(g)$	−2.1065	1.382	0.511	$Cr^{3+} + e = Cr^{2+}$	−0.41		
$AlF_6^{3-} + 3e = Al + 6F^-$	−2.07	0.67	−0.20	$Cd^{2+} + 2e = Cd$	−0.4029	0.778	−0.093
$H_2PO_2^- + e = P + 2OH^-$	−2.05			$Hg(CN)_4^{2-} + 2e = Hg + 4CN^-$	−0.37	1.65	0.78
$Th^{4+} + 4e = Th$	−1.90	1.15	0.28	$PbI_2 + 2e = Pb + 2I^-$	−0.365	0.747	−0.124
$Be^{2+} + 2e = Be$	−1.85	1.44	0.56	$Cu_2O + H_2O + 2e = 2Cu + 2OH^-$	−0.358	−0.455	−1.326
$U^{3+} + 3e = U$	−1.80	0.80	−0.07	$PbSO_4 + 2e = Pb + SO_4^{2-}$	−0.3588	−0.144	−1.015
$SiO_2 + 4H^+ + 4e = Si + 2H_2O$	−0.857	0.497	−0.374	$Cd^{2+} + Hg + 2e = Cd(Hg)$	−0.3515	0.62	0.252
$NiS(\alpha) + 2e = Ni + S^{2-}$	−0.83			$Tl(OH) + e = Tl + OH^-$	−0.345	0.003	−0.868
$2H_2O + 2e = H_2 + 2OH^-$	−0.828	0.037	−0.834	$In^{3+} + 3e = In$	−0.342	1.27	0.40
$Ta_2O_5 + 10H^+ + 10e = 2Ta + 5H_2O$	−0.812	0.494	−0.377	$Tl^+ + e = Tl$	−0.3363	−0.456	−1.327
$Cd(OH)_2 + 2e = Cd + 2OH^-$	−0.809	−0.143	−1.014	$Ag(CN)_2^- + e = Ag + 2CN^-$	−0.31	0.958	0.087
$Zn^{2+} + 2e = Zn$	−0.7628	0.962	0.091	$PbBr_2 + 2e = Pb + 2Br^-$	−0.284	0.530	−0.341
$FeCO_3 + 2e = Fe + CO_3^{2-}$	−0.756	−0.422	−1.293	$Co^{2+} + 2e = Co$	−0.277	0.93	0.06
$TlI + e = Tl + I^-$	−0.753	0.721	−0.150	$CuCNS + e = Cu + CNS^-$	−0.27		
$Co(OH)_2 + 2e = Co + 2OH^-$	−0.73	−0.193	−1.064	$PbCl_2 + 2e = Pb + 2Cl^-$	−0.268	0.396	−0.475
$HgS + 2e = Hg + S^{2-}$	−0.72			$V^{3+} + e = V^{2+}$	−0.255		
$Ni(OH)_2 + 2e = Ni + 2OH^-$	−0.72	−0.17	−1.04	$Ni^{2+} + 2e = Ni$	−0.250	0.93	0.06
$Ag_2S + 2e = 2Ag + S^{2-}$	−0.69			$HO_2^- + H_2O + e = OH^- + 2OH^-$	−0.24		
$AsO_2^- + 2H_2O + 3e = As + 4OH^-$	−0.68			$2SO_4^{2-} + 4H^+ + 2e = S_2O_6^{2-} + 2H_2O$	−0.22	1.39	0.52
$U^{4+} + e = U^{3+}$	−0.607	2.27	1.40	$CO_2 + 2H^+ + 2e = HCOOH(aq)$	−0.196	−0.065	−0.936
$Fe(OH)_3 + e = Fe(OH)_2 + OH^-$	−0.56			$CuI + e = Cu + I^-$	−0.185	0.671	−0.200
$O_2 + e = O_2^-$	−0.56			$AgI + e = Ag + I^-$	−0.152	0.587	−0.284
$TlCl + e = Tl + Cl^-$	−0.557	0.311	−0.560	$Sn^{2+} + 2e = Sn$	−0.136	0.589	−0.282
$Cu_2S + 2e = 2Cu + S^{2-}$	−0.54			$O_2 + H^+ + e = HO_2$	−0.13		
$H_3PO_2 + H^+ + e = P + 2H_2O$	−0.508	0.45	−0.42	$Pb^{2+} + 2e = Pb$	−0.126	0.420	−0.451
$PbCO_3 + 2e = Pb + CO_3^{2-}$	−0.506	−0.423	−1.294	$2Cu(OH)_2 + 2e = Cu_2O + 2OH^- + H_2O$	−0.080	0.15	−0.72
$H_3PO_3 + 2H^+ + 2e = H_3PO_2 + H_2O$	−0.499	0.51	−0.36	$O_2 + H_2O + 2e = HO_2^- + OH^-$	−0.076		
$H_2BO_3^- + H_2O + 3e = B + 4OH^-$	−1.79			$MnO_2 + 2H_2O + 2e = Mn(OH)_2 + 2OH^-$	−0.05	−0.458	−1.329
$SiO_3^{2-} + 3H_2O + 4e = Si + 6OH^-$	−1.70			$HgI_4^{2-} + 2e = Hg + 4I^-$	−0.038	0.91	0.04
$Al^{3+} + 3e = Al$	−1.662	1.375	0.504	$AgCN + e = Ag + CN^-$	−0.017	0.992	0.121
$Ti^{2+} + 2e = Ti$	−1.63			$2H^+ + 2e = H_2$	0.000	0.871	0.000
$HPO_3^{2-} + 2H_2O + 2e = H_2PO_2^- + 3OH^-$	−1.57			$NO_3^- + H_2O + 2e = NO_2^- + 2OH^-$	0.01	−0.388	−1.259
$Mn(OH)_2 + 2e = Mn + 2OH^-$	−1.55	−0.208	−1.079	$CuBr + e = Cu + Br^-$	0.033	0.426	−0.445
$Zr^{4+} + 4e = Zr$	−1.53			$UO_2^{2+} + e = UO_2^+$	0.05	1.45	0.58
$ZnS + 2e = Zn + S^{2-}$	−1.405	0.02	−0.85	$Pd(OH)_2 + 2e = Pd + 2OH^-$	0.07	−0.193	−1.064
$Cr(OH)_3 + 3e = Cr + 3OH^-$	−1.34	−0.12	−0.99	$AgBr + e = Ag + Br^-$	0.0713	0.363	−0.508
$Zn(CN)_4^{2-} + 2e = Zn + 4CN^-$	−1.26	1.19	0.32	$HgO(r) + H_2O + 2e = Hg + 2OH^-$	0.098	−0.249	−1.120
$Zn(OH)_2 + 2e = Zn + 2OH^-$	−1.245	−0.131	−1.002	$TiO^{2+} + 2H^+ + e = Ti^{3+} + H_2O$	0.1		
$ZnO_2^{2-} + 2H_2O + 2e = Zn + 4OH^-$	−1.216			$Co(NH_3)_6^{3+} + e = Co(NH_3)_6^{2+}$	0.1		
$CdS + 2e = Cd + S^{2-}$	−1.21	0.00	−0.87	$Si + 4H^+ + 4e = SiH_4$	0.102	0.674	−0.197
$CrO_2^- + 2H_2O + 3e = Cr + 4OH^-$	−1.2			$C + 4H^+ + 4e = CH_4$	0.1366	0.662	−0.209
$SiF_6^{2-} + 4e = Si + 6F^-$	−1.24	0.22	−0.65	$CuCl + e = Cu + Cl^-$	0.137	0.236	−0.635
$TiF_6^{2-} + 4e = Ti + 6F^-$	−1.191	−0.09	−0.96	$S + 2H^+ + 2e = H_2S$	0.142	0.662	−0.209
$Mn^{2+} + 2e = Mn$	−1.180	0.79	−0.08	$Mn(OH)_3 + e = Mn(OH)_2 + OH^-$	0.15	−0.032	−0.903
$Te + 2e = Te^{2-}$	−1.14			$Sn^{4+} + 2e = Sn^{2+}$	0.15		
$2SO_3^{2-} + 2H_2O + 2e = S_2O_4^{2-} + 4OH^-$	−1.12	0.16	−0.71	$Pt(OH)_2 + 2e = Pt + 2OH^-$	0.15	−0.273	−1.144
$ZnCO_3 + 2e = Zn + CO_3^{2-}$	−1.06	−0.293	−1.164	$Cu^{2+} + e = Cu^+$	0.153	0.944	0.073
$Cd(CN)_4^{2-} + 2e = Cd + 4CN^-$	−1.03			$Co(OH)_3 + e = Co(OH)_2 + OH^-$	0.17	0.07	−0.80
$FeS(\alpha) + 2e = Fe + S^{2-}$	−1.01			$HgBr_4^{2-} + 2e = Hg + 4Br^-$	0.21		
$PbS + 2e = Pb + S^{2-}$	−0.98			$AgCl + e = Ag + Cl^-$	0.2224	0.213	−0.658
$CNO^- + H_2O + 2e = CN^- + 2OH^-$	−0.970	−0.340	−1.211	$PbO_2 + H_2O + 2e = PbO(r) + 2OH^-$	0.248	−0.323	−1.194
$SO_4^{2-} + H_2O + 2e = SO_3^{2-} + 2OH^-$	−0.93	−0.518	−1.389	$Hg_2Cl_2 + 2e = 2Hg + 2Cl^-$	0.2676	0.554	−0.317
$Se + 2e = Se^{2-}$	−0.92	−0.02	−0.89	$ClO_3^- + H_2O + 2e = ClO_2^- + 2OH^-$	0.33	−0.60	−1.47

2 熱力学的数値

電極反応	$E°$ [V]	$\left(\dfrac{dE}{dT}\right)_{th}$ [mV/K]	$\left(\dfrac{dE}{dT}\right)_{isoth}$ [mV/K]	電極反応	$E°$ [V]	$\left(\dfrac{dE}{dT}\right)_{th}$ [mV/K]	$\left(\dfrac{dE}{dT}\right)_{isoth}$ [mV/K]
$P+3H_2O+3e=PH_3+3OH^-$	-0.89			$UO_2^{2+}+4H^++2e=U^{4+}+2H_2O$	0.334	-0.40	-1.27
$Fe(OH)_2+2e=Fe+2OH^-$	-0.877	-0.19	-1.06	$Cu^{2+}+2e=Cu$	0.337	0.879	0.008
$H_3BO_3+3H^++3e=B+3H_2O$	-0.8698	0.390	-0.481	$Ag_2O+H_2O+2e=2Ag+2OH^-$	0.344	-0.466	-1.337
$Fe(CN)_6^{3-}+e=Fe(CN)_6^{4-}$	0.36			$AuCl_4^-+3e=Au+4Cl^-$	1.00	0.24	-0.63
$ClO_4^-+H_2O+2e=ClO_3^-+2OH^-$	0.36	-0.37	-1.24	$Br_2(l)+2e=2Br^-$	1.065	0.242	-0.629
$VO^{2+}+2H^++e=V^{3+}+H_2O$	0.361			$Cu^{2+}+2CN^-+e=Cu(CN)_2^-$	1.12		
$Ag(NH_3)_2^++e=Ag+2NH_3$	0.373	0.411	-0.460	$ClO_2^-+e=ClO_2$	1.16	-1.35	-2.22
$O_2+H_2O+e=OH^-+HO_2$	0.4			$ClO_4^-+2H^++2e=ClO_3^-+H_2O$	1.19	0.46	-0.41
$O_2+2H_2O+4e=4OH^-$	0.401	-0.809	-1.680	$IO_3^-+6H^++5e=1/2I_2+3H_2O$	1.195	0.507	-0.364
$Ag_2CrO_4+2e=2Ag+CrO_4^{2-}$	0.464	-0.287	-1.158	$ClO_3^-+3H^++2e=HClO_2+H_2O$	1.21	0.62	-0.25
$IO^-+H_2O+2e=I^-+2OH^-$	0.49			$O_2+4H^++4e=2H_2O$	1.229	0.025	-0.846
$Cu^++e=Cu$	0.521	0.813	-0.058	$MnO_2+4H^++2e=Mn^{2+}+2H_2O$	1.23	0.210	-0.661
$I_2+2e=2I^-$	0.536	0.723	-0.148	$Tl^{3+}+2e=Tl^+$	1.25	1.76	0.89
$I_3^-+2e=3I^-$	0.536			$ClO_2+H^++e=HClO_2$	1.275	-0.57	-1.44
$Cu^{2+}+Cl^-+e=CuCl$	0.538	1.521	0.650	$PdCl_4^{2-}+2e=PdCl_2^{2-}+2Cl^-$	1.288	0.42	-0.45
$AgNO_2+e=Ag+NO_2^-$	0.564	0.606	-0.265	$Cr_2O_7^{2-}+14H^++6e=2Cr^{3+}+7H_2O$	1.33	-0.392	-1.263
$MnO_4^-+e=MnO_4^{2-}$	0.564			$Cl_2+2e=2Cl^-$	1.360	-0.389	-1.260
$2AgO+H_2O+2e=Ag_2O+2OH^-$	0.57	-0.246	-1.117	$HIO+H^++e=1/2I_2+H_2O$	1.45	1.29	0.42
$PtBr_4^{2-}+2e=Pt+4Br^-$	0.581	1.02	0.15	$PbO_2+4H^++2e=Pb^{2+}+2H_2O$	1.455	0.633	-0.238
$MnO_4^-+2H_2O+3e=MnO_2+4OH^-$	0.588	-0.907	-1.778	$Au^{3+}+3e=Au$	1.50		
$BrO_3^-+3H_2O+6e=Br^-+6OH^-$	0.61	-0.416	-1.287	$HO_2+H^++e=H_2O_2$	1.5		
$UO_2^{2+}+4H^++2e=U^{4+}+2H_2O$	0.62	-2.26	-3.13	$Mn^{3+}+e=Mn^{2+}$	1.51	2.10	1.23
$PdCl_4^{2-}+2e=Pd+4Cl^-$	0.62	0.75	-0.12	$MnO_4^-+8H^++5e=Mn^{2+}+4H_2O$	1.51	0.21	-0.66
$Cu^{2+}+Br^-+e=CuBr$	0.640	1.331	0.460	$BrO_3^-+6H^++5e=1/2Br_2+3H_2O$	1.52	0.453	-0.418
$Ag_2SO_4+2e=2Ag+SO_4^{2-}$	0.653	-0.311	-1.182	$Ce^{4+}+e=Ce^{3+}$	1.61		
$Au(CNS)_4^-+3e=Au+4CNS^-$	0.66			$HClO+H^++e=1/2Cl_2+H_2O$	1.63	0.73	-0.14
$ClO_2^-+H_2O+2e=ClO^-+2OH^-$	0.66	-0.583	-1.454	$HClO_2+2H^++2e=HClO+H_2O$	1.64	0.32	-0.55
$PtCl_6^{2-}+2e=PtCl_4^{2-}+2Cl^-$	0.68			$NiO_2+4H^++2e=Ni^{2+}+2H_2O$	1.68		
$O_2+2H^++2e=H_2O_2(aq)$	0.682	-0.162	-1.033	$PbO_2+SO_4^{2-}+4H^++2e$	1.685	1.197	0.326
$H_2O_2(aq)+H^++e=OH(g)+H_2O$	0.72	1.411	0.540	$=PbSO_4+2H_2O$			
$PtCl_4^{2-}+2e=Pt+4Cl^-$	0.73	0.64	-0.23	$MnO_4^-+4H^++3e=MnO_2+2H_2O$	1.695	0.205	-0.666
$BrO^-+H_2O+2e=Br^-+2OH^-$	0.76			$H_2O_2+2H^++2e=2H_2O$	1.776	0.213	-0.658
$(CNS)_2+2e=2CNS^-$	0.77			$CO_3^-+e=CO_2^-$	1.82		
$Fe^{3+}+e=Fe^{2+}$	0.771	2.059	1.188	$Ag^{2+}+e=Ag^+$	1.98		
$Hg_2^{2+}+2e=2Hg$	0.799			$S_2O_8^{2-}+2e=2SO_4^{2-}$	2.01		
$Ag^++e=Ag$	0.7991	-0.129	-1.000	$OH+H^++e=H_2O$	2.02	-1.818	-2.689
$Cu^{2+}+I^-+e=CuI$	0.86	1.086	0.215	$FeO_4^{2-}+8H^++3e=Fe^{3+}+4H_2O$	2.20	0.02	-0.85
$HO_2^-+H_2O+2e=3OH^-$	0.88			$OH+H^++e=H_2O$	2.85		-1.855
$ClO^-+H_2O+2e=Cl^-+2OH^-$	0.89			$F_2+2e=2F^-$	2.87	-0.959	-1.830
$2Hg^{2+}+2e=Hg_2^{2+}$	0.920			$F_2+2H^++2e=2HF(aq)$	3.06	0.27	-0.60
$Pd^{2+}+2e=Pd$	0.987						

2・5・2 水溶液に関する熱力学的数値

水溶液中の反応は,

$$aA+mH^++Ze^-=bB+cH_2O \quad (1)$$

で示され,298 K における標準自由エネルギー変化 $\Delta G°_{298}$ は次のように示される.

$$\Delta G°_{298}=b\Delta G°_{298}(B)+c\Delta G°_{298}(H_2O)-a\Delta G°_{298}(A)\\-m\Delta G°_{298}(H^+) \quad (2)$$

$\Delta G°_{298}(A)$, $\Delta G°_{298}(B)$, $\Delta G°_{298}(H_2O)$, $\Delta G°_{298}(H^+)$ を次表から読み取り,$\Delta G°_{298}$ を求めることができる.水溶液中の電位は水素基準 ($2H^++2e^-=H_2$, $E°=0$) であるから,$\Delta G°(e^-)$ は消去され,考える必要はない.

標準状態の電位 $E°$ と $\Delta G°$ の間には

$$E°=-\dfrac{\Delta G°}{ZF}=\dfrac{-\Delta G°}{96\,485\,Z} \quad (3)$$

また平衡定数 K と $\Delta G°$ の間には,

$$\log K=\dfrac{-\Delta G°}{2.3\,RT}=\dfrac{-\Delta G°(J)}{5\,707} \quad (298\,K) \quad (4)$$

なる関係があるから,$\Delta G°_{298}$ から $E°_{298}$ あるいは K_{298} が求まる.

水溶液系における熱力学的数値

イオン，化合物	$\Delta H°_{298}$ [kJ/mol]	$\Delta G°_{298}$ [kJ/mol]	$S°_{298}$ [J/mol·K]	イオン，化合物	$\Delta H°_{298}$ [kJ/mol]	$\Delta G°_{298}$ [kJ/mol]	$S°_{298}$ [J/mol·K]
H^+	0	0	0	Fe_3O_4	−1 118.4	−1 015.5	146.4
$H_2(g)$	0	0	130.574	FeS	−100.0	−100.4	60.29
$O_2(g)$	0	0	205.028	FeS_2	−178.2	−166.9	52.93
$H_2O(l)$	−285.830	−237.178	69.91	Fe_7S_8	−736.4	−748.5	485.8
OH^-	−229.994	−157.293	−10.75				
				Mg^{2+}	−466.85	−454.8	−138.1
Al^{3+}	−531	−485	−321.7	$Mg(OH)_2$	−924.54	−833.58	63.18
$Al(OH)_3{}^*$	−1 276	−1 138	(71)	MgO(ペリクレース)	−601.70	−569.44	26.94
$Al_2O_3·H_2O$(ベーム石)	−1 974.8	−1 825.5	96.86	MgS	−346.0	−341.8	50.33
$Al_2O_3·H_2O$(ダイアスポア)	−2 000	−1 841	70.54				
$Al_2O_3·3H_2O$(ギブス石)	−2 562.7	−2 287.4	140.21	Mn^{2+}	−220.75	−228.0	−73.6
$AlO_2{}^-$	−918.8	−823.4	−21	$Mn(OH)_2$	−695.4	−615.0	99.2
$Al(OH)_4{}^-$	−1 490.3	−1 297.9	117	MnS	−214.2	−218.4	78.2
				MnO_2	−520.03	−465.18	53.05
Ag^+	105.579	77.124	72.68				
Ag_2O	−31.05	−11.21	121.3	CN^-	150.6	172.4	94.1
$Ag_2S(\alpha)$	−32.59	−40.67	144.01	$NH_3(aq)$	−80.29	−26.57	111.3
$AgCl$	−127.068	−109.805	96.2	$NH_4{}^+$	−132.51	−79.37	113.4
$AgCN(c)$	146.0	156.9	107.19				
$Ag(CN)_2{}^-$	270.3	305.4	192	Ni^{2+}	−54.0	−45.6	−128.9
$Ag(NH_3)_2{}^+$	−111.29	−17.24	245.2	$Ni(OH)_2$	−529.7	−447.3	88
				$Ni(OH)_3{}^*$	−678.2	−541.8	(81.6)
Au^{+*}	−	163.2	−	NiO	−239.7	−211.7	37.99
$Au(CN)_2{}^-$	242.3	285.8	172	NiS	−82.0	−79.5	52.97
				Ni_3S_2	−202.9	−197.1	133.9
Ca^{2+}	−542.83	−553.54	−53.1	$Ni(NH_3)_6{}^{2+}$	−630.1	−256.1	394.6
$Ca(OH)_2$	−986.08	−898.56	83.39				
CaO	−635.09	−604.04	39.75	Pb^{2+}	−1.7	−24.39	10.46
CaS	−482.4	−477.4	56.5	$Pb(OH)_2$	−515.9	−452.3	
				PbO(黄色酸化鉛)	−217.32	−187.90	68.70
Cd^{2+}	−75.90	−77.580	−73.2	PbO(赤色酸化鉛)	−218.99	−188.95	66.5
$Cd(OH)_2$	−560.7	−473.6	96	PbS	−100.4	−98.7	91.2
CdO	−258.2	−228.4	54.8	$PbSO_4$	−919.94	−813.20	148.57
CdS	−161.9	−156.5	64.9	PbO_2	−277.4	−217.36	68.6
Co^{2+}	−58.2	−54.4	−113	$H_2S(g)$	−20.63	−33.56	205.69
$Co(OH)_2$	−539.7	−454.4	79	$H_2S(aq)$	−39.7	−27.86	121
$Co(OH)_3{}^*$	−730.5	−596.6	(84)	HS^-	−17.6	12.05	62.8
CoO	−237.94	−214.22	52.97	S^{2-}	33.1	85.8	−14.6
CoS^*	−80.8	−82.8	67.4	$SO_4{}^{2-}$	−909.27	−744.63	20.1
				$HSO_4{}^-$	−887.34	−756.01	131.8
Cu^+	71.67	50.00	40.6	$SO_2(aq)$	−322.980	−300.70	161.9
Cu^{2+}	64.77	65.52	−99.6	$HSO_3{}^-$	−626.22	−527.81	139.7
$Cu(OH)_2{}^*$	−443.9	−356.9	(79)	$SO_3{}^{2-}$	−635.5	−486.6	−29
Cu_2O	−168.6	−146.0	93.14				
CuO	−157.3	−129.7	42.64	$Sn^{2+}(aqHCl)$	−8.8	−27.2	−17
Cu_2S	−79.5	−86.2	120.9	$Sn^{4+}(aqHCl)$	30.5	2.5	−117
CuS	−53.1	−53.6	66.5	$Sn(OH)_2$	−561.1	−491.6	155
$CuSO_4$	−771.36	−661.9	109	SnO	−285.8	−256.9	56.5
$CuFeS_2$	−190.4	−190.58	124.98	SnO_2	−580.7	−519.7	52.3
$Cu(NH_3)_4{}^{2+}$	−348.5	−111.29	273.6	SnS	−100	−98.3	77.0
Fe^{2+}	−89.1	−78.87	−137.7	Zn^{2+}	−153.89	−147.03	−112.1
Fe^{3+}	−48.5	−4.6	−315.9	$Zn(OH)_2$	−641.91	−553.58	81.2
$Fe(OH)_2$	−569.0	−486.6	88	ZnO	−348.28	−318.32	43.64
$Fe(OH)_3$	−823.0	−696.6	106.7	ZnS (閃亜鉛鉱)	−205.98	−201.29	57.7
Fe_2O_3	−824.2	−742.2	87.40	$ZnSO_4$	−982.8	−874.5	119.7

日本金属学会編：講座・現代の金属学 製錬編2, 非鉄金属製錬 (1980), p.322.

水溶液における活量は図1にHCN-H$_2$O系の例を示すように金属溶液の場合と同様に示されるが，通常溶質の活量を示すのに便利なように質量モル濃度による希薄溶液基準の活量を用いることが多い．その例を図2に示す．図3の縦軸はイオン平均活量係数($f_\pm$)をとって示してある．

また，水溶液中の反応の平衡関係を電気化学の立場からΔGの指標である電位Eと水素イオン濃度pHの関係で示したものが電位-pH図である．ここでは二，三の参考文献をあげるに止める．矢沢彬，江口元徳：湿式製錬と廃水処理 (1975)．p. 29；日本金属学会 編：講座・現代の金属学製錬編2, 非鉄金属製錬 (1980), p. 159；森岡 進：日本金属学会会報, 7 (1968), 485.

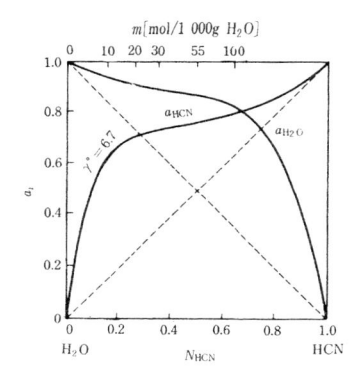

図1　HCN水溶液の濃度と活量の関係

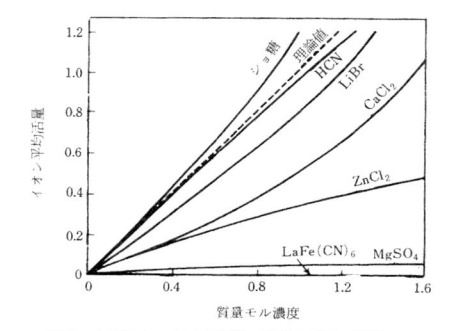

図2　水溶液中における溶質の濃度と活量の関係

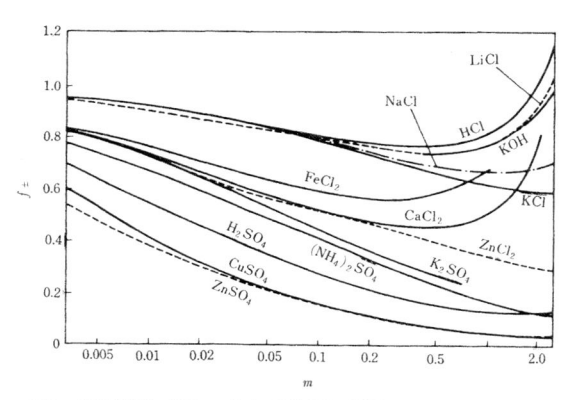

図3　各種電解質の質量モル濃度と活量係数の関係

矢沢　彬, 江口元徳：湿式製錬と廃水処理 (1975), p. 18, 共立出版.

3 その他

3・1 合金鉄の代表組成 (mass%) と用途

改訂4版の編集に際して，合金鉄の代表組成と用途はJIS 規格に基づいて全面的に見直しを行った．各合金鉄の詳細については引用している JIS を参照する必要がある．

合金鉄		JIS	主要元素	C	Si	P	不純物元素	主要用途
高炭素フェロマンガン	0号	G2301-1998	Mn：78-82	≤7.5	≤1.2	≤0.40	S≤0.02	鉄鋼製造(脱酸剤,脱硫剤,合金成分添加剤)
	1号		Mn：73-78	≤7.3	≤1.2	≤0.40	S≤0.02	
中炭素フェロマンガン	0号		Mn：80-85	≤1.5	≤1.5	≤0.40	S≤0.02	
	2号		Mn：75-80	≤2.0	≤2.0	≤0.40	S≤0.02	
低炭素フェロマンガン	0号		Mn：80-85	≤1.0	≤1.5	≤0.35	S≤0.02	
	1号		Mn：75-80	≤1.0	≤1.5	≤0.40	S≤0.02	
フェロシリコン	1号	G2302-1998	—	≤0.2	88-93	≤0.05	S≤0.02	鉄鋼製造(還元剤,脱酸剤,造さい剤,合金成分添加剤)
	2号		—	≤0.2	75-80	≤0.05	S≤0.02	
	3号		—	≤0.2	40-45	≤0.05	S≤0.02	
	6号		—	≤1.3	14-20	≤0.05	S≤0.02	
高炭素フェロクロム	0号	G2303-1998	Cr：65-70	≤8.0	≤1.5	≤0.40	S≤0.08	鉄鋼製造(合金成分添加剤)
	1号		Cr：65-70	≤6.0	≤1.5	≤0.40	S≤0.08	
	2号		Cr：60-65	≤6.0	≤2.0	≤0.40	S≤0.08	
	3号		Cr：60-65	≤8.0	≤2.0	≤0.40	S≤0.06	
	4号		Cr：60-65	≤9.0	≤8.0	≤0.40	S≤0.06	
	5号		Cr：55-60	≤8.0	≤8.0	≤0.40	S≤0.05	
中炭素フェロクロム	3号		Cr：60-65	≤4.0	≤3.5	≤0.40	S≤0.05	
	4号		Cr：55-60	≤4.0	≤3.5	≤0.40	S≤0.05	
低炭素フェロクロム	1号		Cr：65-70	≤0.10	≤1.0	≤0.40	S≤0.03	
	2号		Cr：60-65	≤0.03	≤1.0	≤0.40	S≤0.03	
	3号		Cr：60-65	≤0.06	≤1.0	≤0.40	S≤0.03	
	4号		Cr：60-65	≤0.10	≤1.0	≤0.40	S≤0.03	
シリコマンガン	0号	G2304-1998	Mn：65-70	≤1.5	20-25	≤0.30	S≤0.05	鉄鋼製造(脱酸剤,脱硫剤,合金成分添加剤)
	1号		Mn：65-70	≤2.0	16-20	≤0.30	S≤0.02	
	2号		Mn：60-65	≤2.0	16-20	≤0.30	S≤0.03	
	3号		Mn：60-65	≤2.5	14-18	≤0.30	S≤0.03	
フェロタングステン	1号	G2306-1998	W：75.0-85.0	≤0.60	≤0.50	≤0.05	S≤0.05 Mn≤0.5 Sn≤0.08 Cu≤0.10 As≤0.10	鉄鋼製造(合金成分添加剤)
高炭素フェロモリブデン		G2307-1998	Mo：55.0-65.0	≤6.0	≤3.0	≤0.10	S≤0.20 Cu≤0.50	鉄鋼製造(合金成分添加剤)
低炭素フェロモリブデン			Mo：60.0-70.0	≤0.10	≤2.0	≤0.06	S≤0.10 Cu≤0.50	
フェロバナジウム	1号	G2308-1998	V：75.0-85.0	≤0.2	≤2.0	≤0.10	S≤0.10 Al≤4.0	鉄鋼製造(合金成分添加剤)
	2号		V：45.0-55.0	≤0.2	≤2.0	≤0.10	S≤0.10 Al≤4.0	
低炭素フェロチタン	0号	G2309-1998	Ti：70-75	≤0.1	≤0.3	≤0.02	S≤0.02 Mn≤0.3	鉄鋼製造(脱酸剤,脱窒剤,合金成分添加剤)
	1号		Ti：40-45	≤0.1	≤1.0	≤0.05	S≤0.03 Mn≤1.0	
	3号		Ti：24-28	≤0.1	≤1.0	≤0.05	S≤0.03 Mn≤1.0	
フェロホスホル	1号	G2310-1986	—			20-28		鉄鋼製造(合金成分添加剤)
金属マンガン		G2311-1986	Mn：残部	≤0.01	≤0.01	≤0.01	S≤0.04 Fe≤0.01	鉄鋼および非鉄合金製造(合金成分添加剤)
金属ケイ素	1号	G2312-1986	—	≤0.1	≥98.0	≤0.05	S≤0.05 Fe≤0.7	鉄鋼および非鉄合金製造(合金成分添加剤)
	2号		—	≤0.1	≥97.0	≤0.05	S≤0.05 Fe≤1.5	
金属クロム		G2313-1998	Cr≥99.0	≤0.04	≤0.2	≤0.05	S≤0.05 Fe≤0.5 Al≤0.3	非鉄合金製造(合金成分添加剤)

3 その他

合金鉄		JIS	主要元素	C	Si	P	不純物元素	主要用途
カルシウムシリコン	1号	G2314-1986	Ca≧30	≦1.0	55-65	≦0.05		鉄鋼製造(脱酸剤, 造さい剤, 接種剤)
	2号		Ca: 25-29	≦1.0	55-65	≦0.05		
シリコクロム		G2315-1998	Cr≧30	≦0.10	≧40	≦0.04		鉄鋼製造(還元剤, 合金成分添加剤)
高炭素フェロニッケル	1号	G2316-2000	Ni≧16.0	≧3.0	≦3.0	≦0.05	S≦0.03 Mn≦0.3 Cr≦2.0 Cu≦0.10 Ni≦0.05	鉄鋼製造(合金成分添加剤)
	2号		Ni≧16.0	<3.0	≦5.0	≦0.05	S≦0.03 Mn≦0.3 Cr≦2.5 Cu≦0.10 Ni≦0.05	
低炭素フェロニッケル	1号		Ni≧28.0	≦0.02	≦0.3	≦0.02	S≦0.03 Cr≦0.3 Cu≦0.10 Ni≦0.05	
	2号		28.0>Ni≧17.0	≦0.02	≦0.3	≦0.02	S≦0.03 Cr≦0.3 Cu≦0.08 Ni≦0.05	
高炭素フェロボロン	1号	G2318-1998	B: 19-23	≦2.0	≦4.0		Al≦0.50	鉄鋼製造(脱ガス剤, 合金成分添加剤)
	2号		B: 14-18	≦2.0	≦4.0		Al≦0.50	
低炭素フェロボロン	1号		B: 19-23	≦0.1	≦2.0		Al≦12	
	2号		B: 14-18	≦0.1	≦2.0		Al≦10	
フェロニオブ	1号	G2319-1998	Nb+Ta≧60 TaはNbの1/5以下, 必要によって1/10以 下を指定できる	≦0.20	≦3.0	≦0.2	S≦0.20 Sn≦0.35 Al≦4.0	鉄鋼製造(合金成分添加剤)
	2号		Nb+Ta≧60 TaはNbの1/5以下, 必要によって1/10以 下を指定できる	≦0.20	≦3.0	≦0.2	S≦0.20 Sn≦3.0 Al≦6.0	

(注意):指定化学成分に関しては各 JIS を参照のこと.

3・2 各種実用物質の平均比熱 $[J/g \cdot K]$ [1)]

物質	温度範囲 [K]	平均比熱	物質	温度範囲 [K]	平均比熱
石炭		1.1〜1.5	コンクリート,石,砂 ガラス,石灰石など		0.88
コークス(低灰分)	300〜 600	1.00	固体金属		
	300〜 800	1.26	Al	常温	0.93
	300〜1 100	1.42	Cu, Zn, 真鍮	〃	0.37
	300〜1 400	1.51	鉄鋼[2)]	〃	0.51
重油	—	1.6〜2.1	鉄鋼[2)]	1 300	0.72
木材	—	1.9〜2.7	Mg	常温	1.05
耐火れんが	300〜 500	0.84	Ni	〃	0.51
	300〜 800	0.96	Ag	〃	0.25
	300〜1 300	1.09	Pb, Pt	〃	0.12
	300〜1 700	1.21	溶融金属		
クロムれんが	300〜 500	0.75	Al		1.08
	300〜 800	0.84	Cu, Zn		0.51
	300〜1 300	0.93	Pb		0.12
	300〜1 700	0.96	Hg		0.12
マグネシアれんが	300〜 500	0.96	Fe		0.75
	300〜1 300	1.05	銑鉄[2)]	1 500〜1 700	0.86
	300〜1 700	1.17	高炉スラグ[2)]	300	0.77
ケイ石れんが	300〜 500	1.21		1 300	1.03
	300〜 800	0.88	溶融マット		0.61
	300〜1 300	0.96	溶融スラグ[2)]		
	300〜1 700	1.08	製鋼スラグ	1 900	1.29
		1.21	高炉スラグ	1 900	1.13

1) 吾妻潔他編:金属工学講座基礎編 II 冶金物理化学と製錬基礎論(1950), p. 41, 朝倉書店.
2) 鉄鋼熱計算用数値:日本学術振興会, 昭和40年12月.

3・3 各種エネルギーの総発熱量

エネルギー	単位	平均総発熱量 [MJ] (kcal)	エネルギー	単位	平均総発熱量 [MJ] (kcal)
電 力	kW·h	10.3 (2 450) (熱効率35.1%)	コークス・炉ガス	Nm^3	20.1 (4 800)
石 油			転 炉 ガ ス	〃	8.4 (2 000)
原 油	$10^{-3} m^3$	39.3 (9 400)	都 市 ガ ス	〃	41.9 (10 000)
揮発油, ナフサ	〃	36.0 (8 600)	亜 炭	kg	17.2 (4 100)
灯油, ジェット油	〃	37.2 (8 900)	薪	層積 m^3	6 400 (1 540×10^3)
軽 油	〃	38.5 (9 200)	木 炭	kg	29.3 (7 000)
重 油	〃	41.4 (9 900)	核 燃 料 天 然 ウ ラ ン (U^{235}=0.72金属)	〃	28.5×10^6 (6 811×10^6)
L P G	kg	50.2 (12 000)			
精 製 ガ ス	Nm^3	83.7 (20 000)	練 炭	〃	22.6 (5 400)
その他石油製品	$10^{-3} m^3$	39.3 (9 400)	豆 炭	〃	28.5 (6 800)
天 然 ガ ス			石 炭		
油田ガス田ガス	m^3	41.0 (9 800)	精 炭・国 産	〃	毎年の平均品位で換算
炭 田 ガ ス	〃	33.5 (8 000)	〃 輸 入	〃	32.2 (7 700)
L P G	kg	55.7 (13 300)	雑炭(低品位を含む)	〃	16.5 (3 950)
高 炉 ガ ス	Nm^3	3.35 (800)	コ ー ク ス	〃	28.5 (6 800)

資源エネルギー庁長官官房総務課 編:総合エネルギー統計

III 鉄鋼材料

(含:超合金・サーメット・超硬合金など)

1 鉄鋼の物理的性質

1・1 各種鉄鋼材料の熱伝導率

種類	化学成分 [mass%]	熱伝導率 [W/(m·K)]					
		0℃	200℃	400℃	600℃	800℃	1000℃	1200℃
純鉄	—	74.4	61.4	48.9	38.9	29.7	—	—
合金鋼	0.33 C, 0.55 Mn, 0.17 Cr, 3.47 Ni, 0.04 Mo, 0.09 Cu	36.4	38.9	36.8	32.6	25.1	27.6	30.1
合金鋼	0.34 C, 0.55 Mn, 0.78 Cr, 3.53 Ni, 0.39 Mo, 0.05 Cu	33.0	35.1	35.5	30.5	26.8	28.4	30.1
合金鋼	0.32 C, 0.69 Mn, 1.09 Cr, 0.07 Ni, 0.12 Mo, 0.07 Cu	48.5	44.3	38.5	31.8	25.9	28.0	30.1
合金鋼	0.35 C, 0.59 Mn, 0.88 Cr, 0.25 Ni, 0.20 Mo, 0.12 Cu	42.6	41.8	38.9	33.9	26.3	30.1	30.1
高合金鋼	1.22 C, 0.22 Si, 13.0 Mn, 0.03 Cr, 0.07 Ni, 0.07 Cu	13.0	16.3	19.2	21.7	22.8	25.5	28.0
高合金鋼	0.28 C, 0.15 Si, 0.89 Mn, 28.3 Ni, 0.03 Cu	12.5	16.3	19.6	23.0	25.1	27.6	29.7
高合金鋼	0.27 C, 0.28 Mn, 13.7 Cr, 0.2 Ni, 0.25 W, 0.02 V	25.1	27.2	27.6	26.8	25.1	27.6	29.7
高合金鋼	0.72 C, 0.25 Mn, 4.26 Cr, 0.07 Ni, 18.45 W, 1.08 V	24.2	27.2	28.4	27.2	25.9	27.6	30.1

1・2 各種鉄鋼材料の平均見掛比熱および電気抵抗率

種類	化学成分 [mass%]	平均見掛比熱 [J/(kg·K)]								電気抵抗率 [10^{-8} Ω·m]						
		50〜100℃	250〜300℃	350〜400℃	450〜500℃	550〜600℃	650〜700℃	700〜750℃	750〜800℃	850〜900℃	20℃	200℃	400℃	600℃	800℃	1000℃	1200℃
純鉄	—	469	544	586	649	732	828	971	912	711	—	—	—	—	—	—	—
炭素鋼	0.06 C, 0.38 Mn	481	552	594	661	753	866	1105	874	845	13.0	25.2	44.8	72.5	107.3	116.0	121.6
炭素鋼	0.08 C, 0.31 Mn	—	—	—	—	—	—	—	—	—	14.2	26.3	45.8	73.4	108.1	116.5	122.0
炭素鋼	0.23 C, 0.64 Mn	485	556	598	661	749	845	1431	950	—	16.9	29.2	48.7	75.8	109.4	116.7	121.9
炭素鋼	0.42 C, 0.64 Mn	485	548	586	649	707	770	1582	623	548	17.1	29.6	49.3	76.6	111.1	117.9	123.0
炭素鋼	0.80 C, 0.32 Mn	490	565	607	669	711	770	2079	615	—	18.0	30.8	50.5	77.2	112.9	119.1	123.1
炭素鋼	1.22 C, 0.35 Mn	485	556	598	636	699	816	2088	649	—	19.6	33.3	54.0	80.2	115.2	122.6	127.1
合金鋼	0.23 C, 1.51 Mn, 0.105 Cu	477	544	590	649	741	837	1148	820	536	20.8	33.3	52.3	78.6	110.3	117.4	122.7
合金鋼	0.33 C, 0.55 Mn, 0.173 Cr, 3.47 Ni	481	548	590	661	749	1636	954	602	640	27.1	39.0	56.2	81.4	112.2	118.0	122.8
合金鋼	0.34 C, 0.55 Mn, 0.78 Cr, 3.53 Ni, 0.39 Mo	485	556	607	669	770	1050	1661	636	636	28.9	40.6	58.7	82.5	111.4	117.6	122.2
合金鋼	0.32 C, 0.69 Mn, 1.09 Cr, 0.07 Ni	494	552	594	657	741	837	1498	933	573	21.0	33.0	51.7	77.8	110.6	117.7	123.0
合金鋼	0.35 C, 0.59 Mn, 0.88 Cr, 0.26 Ni, 0.20 Mo	477	544	594	657	736	824	1615	883	—							
合金鋼	0.49 C, 0.90 Mn, 1.98 Si, 0.64 Cu	498	556	602	665	736	828	904	1364	—	42.9	52.9	68.5	91.1	117.3	122.3	127.1
高合金鋼	1.22 C, 13.00 Mn, 0.22 Si	519	569	598	577	—	—	—	—	—	68.3	84.7	99.4	103.8	120.0	125.3	128.8
高合金鋼	0.28 C, 0.89 Mn, 28.34 Ni	498	498	490	519	544	515	519	515	527	84.2	94.7	103.9	111.2	116.5	120.6	124.3
高合金鋼	0.08 C, 0.37 Mn, 19.1 Cr, 8.14 Ni	510	548	569	594	649	623	628	640	640	71.0	85.0	97.6	107.2	114.1	119.6	124.1
高合金鋼	0.13 C, 0.25 Mn, 12.95 Cr	473	552	607	682	778	874	904	690	669	50.6	67.9	85.4	102.1	116.0	117.0	121.6
高合金鋼	0.72 C, 0.25 Mn, 4.3 Cr, 18.5 W, 1.08 V	410	464	502	552	598	636	715	732	736	41.9	54.4	71.8	92.2	115.2	120.9	126.6

1・3 炭素鋼・合金鋼・ステンレス鋼の平均線膨張係数

1・3・1 炭素鋼の平均線膨張係数（焼なまし状態）

化学成分 〔mass%〕			平均線膨張係数〔10^{-6} K^{-1}〕			
C	Mn	Si	0〜100℃	0〜300℃	0〜500℃	0〜700℃
0.06	0.38	0.01	12.6	13.5	14.2	15.0
0.23	0.64	0.11	12.2	13.1	13.9	14.9
0.42	0.64	0.11	11.2	13.0	14.0	14.9
0.58	0.92	0.25	11.1	12.9	14.1	14.9
0.80	0.32	0.13	11.1	12.5	13.6	14.7
1.22	0.35	0.16	10.6	12.1	13.5	14.7

1・3・2 合金鋼の平均線膨張係数（焼もどし状態）

化学成分〔mass%〕	SAE規格番号	平均線膨張係数〔10^{-6} K^{-1}〕			
		20〜100℃	20〜300℃	20〜500℃	20〜700℃
0.44 C, 0.69 Mn, 0.037 P, 0.038 S	1145 (快削鋼)	11.6	13.1	14.2	15.1
0.40 C, 1.65 Mn, 0.20 Si	1340 (Mn 鋼)	8.8	11.3	13.1	14.2
0.30 C, 0.8 Mn, 0.1 Si, 3.6 Ni	2330 (Ni 鋼)	10.9	12.1	13.4	—
0.40 C, 0.8 Mn, 1.25 Ni, 0.60 Cr	3140 (Ni-Cr 鋼)	11.8	12.9	14.0	—
0.30 C, 0.5 Mn, 0.2 Si, 0.87 Cr, 0.2 Mo	4130 (Cr-Mo 鋼)	11.2	12.4	13.6	—
0.40 C, 0.40 Mn, 0.2 Si, 0.8 Cr	5140 (Cr 鋼)	—	13.4	14.3	15.0
1.00 C, 0.33 Mn, 1.57 Cr	52100 (軸受鋼)	—	13.4	14.2	14.6
0.53 C, 0.8 Mn, 1.0 Cr, 0.17 V	6150 (Cr-V 鋼)	12.4	13.4	14.2	—

1・3・3 ステンレス鋼の平均線膨張係数

鋼種	平均線膨張係数〔10^{-6} K^{-1}〕				
	0〜100℃	0〜315℃	0〜538℃	0〜650℃	0〜816℃
12 Cr	9.9	10.1	11.5	11.7	—
18 Cr	9.0	10.5	11.2	11.3	—
25 Cr	10.6	11.2	11.5	12.1	—
18-8	17.3	17.8	18.4	18.7	—
18-8 Mo	16.0	16.2	17.5	18.6	20.0
18-8 Ti	16.8	17.1	18.6	19.3	20.2
18-8 Nb	16.8	17.1	18.6	19.1	20.0
25-20	14.4	16.2	16.9	17.5	—

2 軟鋼・高張力鋼および低温用鋼

2・1 軟鋼の鋼塊の性質

		リムド鋼塊	キルド鋼塊
外観		表面に酸化物付着．頂部盛り上る．	表面平滑．頂部に収縮孔．
断面マクロ組織	外殻部	チル晶および柱状晶．	チル晶および柱状晶．
	内質部	肥大晶および粒状晶．	肥大晶および沈殿晶．
全面的偏析	外殻部	平均成分より不純分低く，位置により偏析あり．	ほぼ均一で，平均成分に近い．
	内質部	平均成分より不純分多く，特に上部中央部に不純分が濃縮される．	外殻部に比べて多少不同があるがほぼ均一で，平均成分に近い．
局部的偏析	外殻部	隅角部柱状晶衝合面に軽微な偏析あり（コーナーゴースト）．	リムド鋼塊と同じ（コーナーゴースト）．
	内質部	外殻部との境界面付近，気泡内端面および上半部に円錐状や柱状に偏析が認められる．	上半部に円錐さや状の偏析部あり（リングゴースト），中央部にV字形の偏析部あり．
気泡	外殻部	下半部柱状晶の間，長さ20〜60 mmの管状気泡	管状気泡の発生なし．表面にピンホールを生ずることがある．
	内質部	外殻部との境界付近および上部に粒状気泡．	ほとんど発生しない．
収縮管		発生せず，逆に膨張を示す．	頂部中央および中心線に発生．
き裂		ほとんど発生しない．	表面・隅角部・上半部に円錐状，下半部中央にV形など発生傾向あり．
非金属介在物	外殻部	少量，ほとんど均一に分布．	少量，ほとんど均一に分布．
	内質部	局部的に集合，特に頂部に多い．	同 上

2・2 各種薄鋼板の例

2・2・1 軟質冷延鋼板の例

化学成分〔mass%〕				機械的性質			
C	Si	Mn	Ti	降伏点〔MPa〕	引張強さ〔MPa〕	伸び〔%〕	r値
一般加工用							
0.025	0.01	0.25		189	334	43.1	1.16
深絞り加工用							
0.0025	0.01	0.15	0.05	171	318	45.2	1.86
超深絞り加工用							
0.0015	0.01	0.12	0.06	143	288	51.1	2.52

2・2・2 高強度冷延鋼板の例

	化学成分〔mass%〕					機械的性質				
	C	Si	Mn	P	Ti	降伏点〔MPa〕	引張強さ〔MPa〕	伸び〔%〕	r値	焼付硬化量〔MPa〕
一般加工用										
390 MPa級	0.085	0.01	0.42	0.025		289	425	37.8		
490 MPa級	0.098	0.01	0.69	0.041		355	531	29.8		
絞り加工用										
340 MPa級	0.019	0.01	0.15	0.062		234	372	40.6	1.64	
370 MPa級	0.022	0.01	0.17	0.075		246	389	38.5	1.52	
焼付硬化性（BH）										
340 MPa級	0.025	0.01	0.14	0.054		221	373	40.3	1.63	44
深絞り加工用										
340 MPa級	0.0025	0.01	0.54	0.063	0.053	223	387	39.8	1.85	
390 MPa級	0.0026	0.01	0.78	0.079	0.054	239	423	37.4	1.73	
低降伏比型（DP）										
590 MPa級	0.18	0.01	1.62	0.023		338	611	32.1		
780 MPa級	0.19	0.052	1.83	0.021		453	802	32.3		
（超高張力）										
1 180 MPa級	0.15	0.051	2.51	0.015	0.051	1 029	1 235	10.2		
超高延性型（TRIP）										
780 MPa級	0.17	1.22	2.03	0.011		492	783	32.3		

2 軟鋼・高張力鋼および低温用鋼

2・3 低合金高張力鋼

2・3・1 国産構造用低合金高張力鋼の例

鋼種	項 目 名	C	Si	Mn	P	S	Cu	Ni	Cr	Mo	Nb	V	B	その他	降伏点 (N/mm^2)	引張強さ (N/mm^2)	伸び (%)	シャルピー衝撃試験 試験温度 (℃)	吸収エネルギー (J)	製造法	主な用途	備考
490N/mm² 級	SM490A	≤0.20	≤0.55	≤1.60	≤0.035	≤0.035									≥325	490~610	≥22		≥27	R,N,TMC	構造用	JIS G3106
	SN490B	≤0.18	≤0.55	≤1.60	≤0.030	≤0.015									325~445	490~610	≥17	0	≥27	R,N,TMC	建築用	YR≤80%, JIS G3136
	BT-HT325C	≤0.18	≤0.55	0.60~1.60	≤0.020	≤0.008									325~445	490~610	≥17	0	≥27	TMC	建築用	YR≤80%, 新日鐵
	NSFR490B	≤0.15	≤0.35	≤1.60	≤0.030	≤0.015									325~445	490~630	≥17	0	≥27	R,N,TMC	耐火建築用	YR≤80%, 高周波加熱試験, 新日鐵
	S355JR	≤0.24	≤0.55	≤1.60	≤0.045	≤0.045									≥355	490~630	≥14	+20	≥27	R,N	構造用	EN10025
	K32A	≤0.18	≤0.50	0.90~1.60	≤0.035	≤0.035	≤0.35	≤0.40	≤0.20	≤0.08	≤0.05	≤0.10		N≤0.009	≥315	440~590	≥22	0	≥31	R,N	船殻用	NK 鋼船規則
	SB480	≤0.31	0.15~0.30	≤0.90	≤0.035	≤0.040									≥265	480~620	≥17			R,N	ボイラー用	JIS G3103
	SPV315	≤0.27	0.15~0.40	0.85~1.20	≤0.030	≤0.035		≤0.40	≤0.30	≤0.12	≤0.02	≤0.03			≥260	485~630	≥16			R,N,TMC,Q	圧力容器用	JIS G3115
	SA516-70	≤0.27	0.15~0.40	0.85~1.20	≤0.035	≤0.035									385~505	550~670	≥20			R,N	圧力容器用	ASME SA516
	HBL385C	≤0.20	≤0.55	≤1.60	≤0.020	≤0.008									≥385		≥20			TMC	建築用	YR≤80%, JFE
	KCL A325C	≤0.18	≤0.55	0.60~1.60	≤0.020	≤0.008								$P_{cm}≤0.27$	325~445	490~610	≥21	0	≥27	TMC	建築用	地震用, YR≤80%
590N/mm² 級	SM570	≤0.18	≤0.55	≤1.60	≤0.035	≤0.035									≥460	570~720	≥19	-5	≥47	Q,TMC	構築用	JIS G3106
	SA440C	≤0.18	≤0.55	≤1.60	≤0.020	≤0.008									440~540	590~740	≥20	0	≥47	R,N	建築用	
	SB590P	≤0.12	≤0.55	1.20~1.60	≤0.025	≤0.008								≤0.0002	≥440	590~740	≥18	-5	≥47	R,TMC	送電鉄塔用	JIS G3129
	SPV490	≤0.18	0.15~0.75	≤1.60	≤0.030	≤0.030									≥490	610~740	≥19	-10	≥47	Q,TMC	圧力容器用	JIS G3115
	HW490CF	≤0.09	≤0.40	≤1.60	≤0.030	≤0.025								$P_{cm}≤0.20$	≥490	610~740	≥18	-10	≥47	Q,TMC	圧力容器用	WES3009
	WEL·TEN590E	≤0.12	≤0.55	≤2.00	≤0.030	≤0.025								Ti≤0.005	≥450	610~710	≥19		≥47	R	建築・産業用	新日鐵, t≤32 mm
	WEL·TEN610	≤0.16	≤0.55	0.90~1.60	≤0.030	≤0.025	≤0.30	≤0.60	≤0.30	≤0.30	≤0.05	≤0.10	≤0.0050		≥490	610~730	≥19	-10	≥47	Q	圧力容器・構造用	手棒低温鋼, 新日鐵
	WEL·TEN610CF	≤0.07	≤0.40	≤1.60	≤0.025	≤0.015	≤0.30	≤0.60	≤0.30	≤0.30	≤0.05	≤0.03	≤0.003		≥490	610~730	≥19	-10	≥47	Q	圧力容器・構造用	手棒低温鋼, 新日鐵
	WEL·TEN610SCF	≤0.07	≤0.40	0.70~1.35	≤0.015	≤0.015	≤0.35	≤0.25	≤0.25	≤0.08	≤0.02	≤0.06		$P_{cm}≤0.18$	≥490	610~730	≥19	-10	≥47	Q	圧力容器用	
	SA537-2	≤0.24	0.15~0.50	≤2.00	≤0.030	≤0.025	≤0.30	1.50	≤0.25	≤0.08		0.12			≥415	550~690	≥22			R	圧力容器用	ASME SA537
	S500Q	≤0.20	≤0.80	≤1.70	≤0.025	≤0.015	≤0.50	≤2.0	≤1.50	≤0.70	≤0.06	≤0.06	≤0.0050	N≤0.015	≥500	590~770	≥17	-20	≥27	Q,TMC	構造用	EN10137-2
	JFE·HITEN610U1	≤0.09	0.15~0.55	1.20~1.60	≤0.020	≤0.010	≤0.50	≤0.80	≤0.30	≤0.30	≤0.03		≤0.003		≥450	610~730	≥19	-25	≥47	Q,TMC	圧力容器・構造用	JFE, t≥100
	JFE·HITEN610U2	≤0.12	0.15~0.55	1.20~1.60	≤0.020	≤0.010	≤0.50	≤0.80	≤0.30	≤0.30		≤0.06		$P_{cm}≤0.20$	≥450	590~710	≥20	-10	≥47	R	圧力容器・構造用	JFE, t≥75
	JFE·HITEN590SB	≤0.18	≤0.55	≤2.00	≤0.030	≤0.015					(Nb+V+Ti≤0.15)				≥450	590~710	≥20	-5	≥47	R	建築・産業用	JFE
	SUMITEN590K	≤0.18	≤0.55	≤1.70	≤0.030	≤0.025	≤0.30	≤0.50	≤0.50	≤0.30	≤0.05	≤0.05		$P_{cm}≤0.30$	≥450	590~710	≥20	-10	≥47	Q,TMC	建築機械用	住金
	SUMITEN590	≤0.16	≤0.55	0.90~1.60	≤0.020	≤0.025	≤0.30	≤0.60	≤0.60	≤0.30	≤0.05	≤0.10		$P_{cm}≤0.26$	≥450	590~710	≥20	-15	≥47	Q,TMC	構造用	住金
	SUMITEN590F	0.04~0.09	0.05~0.35	0.90~1.60	≤0.020	≤0.015	≤0.50	≤0.80	≤0.50	≤0.35	≤0.06		≤0.003	$P_{cm}≤0.20$	≥450	590~710	≥19	-10	≥47	Q,TMC	圧力容器用	住金
	K·TEN610	≤0.20	≤0.55	≤1.60	≤0.020	≤0.025	≤0.50	≤0.80	≤0.50	≤0.50	≤0.06	≤0.10			≥490	610~730	≥19	-5	≥47	Q	構造用	神鋼
	K·TEN610CF	≤0.09	≤0.40	≤1.60	≤0.025	≤0.015	≤0.25	≤0.80	≤0.35	≤0.60	≤0.03	≤0.05		$P_{cm}≤0.20$	≥490	610~730	≥20			Q	構造用	神鋼
780N/mm² 級	SHY685NS-F	≤0.14	≤0.55	≤1.50	≤0.015	≤0.015	≤0.50	0.30~1.50	≤0.80	≤0.60		≤0.05	≤0.0005		≥685	780~930	≥16	-40		Q	水圧鉄管用	溶性認定要≥50%, JIS G3128
	A517F	0.10~0.20	0.15~0.35	0.60~1.00	≤0.035	≤0.035	0.15~0.50	0.70~1.00	0.40~0.65	0.40~0.60		0.03~0.08	0.0005~0.006		≥690	795~930	≥16			Q	構造用	ASTM A517
	WEL·TEN780RE	≤0.16	≤0.55	≤1.60	≤0.030	≤0.025								Ti≤0.30	≥685	780~930	≥15			R	建築・産業用	新日鐵, t≤9 mm

鋼種	鋼種名	化学成分 (mass%)										引張試験			シャルピー衝撃試験		製造法	主な用途	備考
		C	Si	Mn	P	S	Cu	Ni	Cr	Mo	Nb	V	B	その他	降伏点 [N/mm²]	引張強さ [N/mm²]	伸び [%]	試験温度 [℃]	衝撃値 [J]			
780N/mm²級	WEL-TEN780	≤0.16	≤0.35	0.60~1.20	≤0.020	≤0.015	0.15~0.50	0.40~1.50	0.40~0.80	0.15~0.60		≤0.10	≤0.005		≥685	780~930	≥16	-20	≥47	Q	構造用	新日鉄
	WEL-TEN780C	≤0.16	≤0.35	0.60~1.20	≤0.020	≤0.015	≤0.50		0.60~1.20	0.15~0.60		≤0.10	≤0.005		≥685	780~930	≥16	-20	≥47	Q	溶接タンク・構造用	新日鉄
	WEL-TEN780E	≤0.22	≤0.55	≤1.60	≤0.025	≤0.015									≥685	780~930	≥16	-15	≥47	Q	建設・産業用	新日鉄
	WEL-TEN780PE	≤0.07	≤0.55	0.60~1.30	≤0.020	≤0.015	0.80~1.30	0.40~0.80	0.15~0.60						≥685	780~930	≥16	-40	≥35	Q	橋梁用	新日鉄
	JFE-HITEN780F	≤0.16	≤0.55	≤1.20	≤0.015	≤0.015	≤0.30		≤1.20	≤0.60		≤0.05	≤0.005		≥685	780~930	≥16	-20	≥47	Q	球形タンク用	JFE
	JFE-HITEN780M	≤0.14	≤0.35	≤1.20	≤0.015	≤0.015	≤0.50	1.50	≤0.70	≤0.50		≤0.05	≤0.003		≥685	780~930	≥16	-35	≥47	Q	構造用鋼	JFE
	JFE-HITEN780-EX	≤0.09	≤0.55	0.60~1.50	≤0.015	≤0.015	≤0.50	0.30~1.50	≤0.80	≤0.60		≤0.07	0.0005~0.0030		≥685	780~930	≥16	-40	≥47	Q	橋梁用	平炉低級形 JFE
	SUMITEN780LE	0.13~0.20	0.15~0.20	1.00~1.40	≤0.015	≤0.015	0.15~0.50	0.30~1.50	0.30~0.80	0.10~0.60		≤0.15	≤0.003	P_{cm}≤0.23	≥685	780~930	≥16	-40	≥47	Q.TMC	建設・産業用	JFE
	SUMITEN780S	≤0.18	≤0.55	≤1.20	≤0.029	≤0.025	≤0.50		0.50~1.20	0.10~0.60		≤0.10	≤0.005	P_{cm}≤0.30	≥685	780~930	≥16	20	≥47	Q.TMC	建設・産業用	住金
	K-TEN780	≤0.16	≤0.55	≤1.50	≤0.025	≤0.010	≤0.50	1.60	≤0.60	≤0.60		≤0.10	≤0.005	P_{cm}≤0.30	≥685	780~930	≥16	-20	≥47	Q	圧力容器用	神鋼
	K-TEN780CF	≤0.09	≤0.55	≤1.50	≤0.025	≤0.010	≤0.50	1.60	≤0.50					P_{cm}≤0.25	≥685	780~930	≥16	-20	≥47	Q	橋梁用	神鋼
950N/mm²級	HT100	≤0.14	≤0.55	≤0.005	≤0.010	≤0.005		0.50~3.50	0.40~4.80	0.40~0.70			≤0.005	P_{cm}≤0.29	≥885	950~1130	≥12	-55	≥47	Q.TMC	水圧鉄管用	JESC H0001,破面遷移温度≤-55℃
	WEL-TEN950	≤0.14	≤0.55	0.60~1.60	≤0.012	≤0.008	0.15~0.50	0.70	≤0.80	0.40~0.70		≤0.02	≤0.005		≥885	950~1130	≥13	-50	≥47	R	水圧鉄管用	新日鉄
	WEL-TEN950RE	≤0.16	≤0.55	≤2.00	≤0.025	≤0.025	≤0.50			0.02~0.05					≥885	950~1130	≥11	-15	≥47	Q	建設・産業用	新日鉄
	WEL-TEN950PE	≤0.16	≤0.55	0.90~1.50	≤0.025	≤0.008	0.15~0.50	0.70	≤0.80	0.40~0.70		≤0.02	≤0.005		≥885	950~1130	≥13	-20	≥47	R	建設・産業用	新日鉄
	JFE-HITEN980	≤0.14	≤0.35	≤1.20	≤0.010	≤0.005	≤0.70	≤4.0	≤0.80	≤0.80		≤0.15	≤0.005		≥885	950~1130	≥13	-60	≥47	Q	水圧鉄管用	JFE
	JFE-HITEN980S	≤0.18	≤0.35	≤1.20	≤0.020	≤0.005	≤0.50	1.00~2.50	0.10~1.20	0.10~0.90		≤0.08	≤0.005		≥885	950~1130	≥13	-25	≥47	Q	建設・産業用	JFE
	SUMITEN950	≤0.16	≤0.35	≤1.20	≤0.015	≤0.010	0.15~0.50	1.50	≤0.80	≤0.90		≤0.03	≤0.005	P_{cm}≤0.34	≥885	950~1130	≥12	-30	≥27	Q	圧力容器用	住金
	K-TEN980	≤0.16	≤0.55	≤1.50	≤0.025	≤0.010	≤0.50	0.50	≤0.80	≤0.90					≥885	950~1130	≥12	-30	≥27	Q.TMC	建設・産業用	神鋼
低温用鋼	SLA325B	≤0.16	≤0.55	0.80~1.60	≤0.030	≤0.025				≤0.12					≥325	440~560	≥22	-55	≥0.5vE₅	R.N.TMC	低温タンク用	JIS G3126,vE₅:最高発貨エネルギー
	KL33	≤0.14	0.10~0.50	0.70~1.50	≤0.030	≤0.025									≥325	440~560	≥20	-60	≥41	Q.TMC	船舶用	NK 鋼船規則
	A203D	≤0.17	0.15~0.40	≤0.70	≤0.035	≤0.025		3.25~3.75							≥275	485~620	≥17	-20	≥41	N.Q	低温タンク用	ASTM A203
	SL9N590	≤0.12	≤0.30	≤0.90	≤0.025	≤0.005	≤0.40	8.50~9.50							≥590	690~830	≥21	-196	≥47	Q	LNGタンク用	JIS G3127
	N-TUF90	≤0.16	0.15~0.55	0.90~1.60	≤0.030	≤0.020	0.60	0.40		0.30		≤0.10			≥490	610~730	≥19	-60	≥47	Q.TMC	低温タンク用	新日鉄
	JFE-HITEN610U2L	≤0.09	0.15~0.55	0.90~1.60	≤0.025	≤0.010	≤0.30	0.70		0.30		≤0.06			≥490	610~730	≥19	-25	≥47	Q.TMC	低温タンク用	JFE
	SUMITEN590LT	≤0.16	≤0.55	≤1.60	≤0.030	≤0.025	≤0.50	0.80		0.50		≤0.03		P_{cm}≤0.26	≥450	590~710	≥20	-30	≥27	Q.TMC	建設・産業用	住金
耐候性高張力鋼	SMA490BW	≤0.18	0.15~0.65	≤1.40	≤0.035	≤0.035	0.30~0.50	0.05~0.30	0.45~0.75						≥365	490~610	≥19	0	≥27	R.N.TMC	橋梁用	JIS G3114
	SMA570W	≤0.18	0.15~0.65	≤1.40	≤0.035	≤0.035	0.30~0.50	0.05~0.30	0.45~0.75						≥460	570~720	≥19	-5	≥47	Q.TMC	橋梁用	JIS G3114
	A588A	≤0.19	0.15~0.65	0.80~1.25	≤0.04	≤0.05	0.25~0.40	0.40~0.65				0.02~0.10			≥345	≥485	≥21			R	構造用	ASTM A588
	SMA490BW-MOD	≤0.18	0.15~0.65	≤1.40	≤0.035	≤0.035	0.30~0.50	2.50~3.50	0.08						≥365	490~610	≥19	-5	≥27	R	溶接耐候性鋼	新日鉄
	SMA570W-MOD	≤0.18	0.15~0.65	≤1.40	≤0.035	≤0.035	0.30~0.60	2.50~3.50							≥460	570~720	≥19	-5	≥47	R.TMC	海岸・海洋耐候性鋼	海岸・海洋耐候性鋼,JFE
	JFE-ACL570 Type1	≤0.18	0.15~0.65	≤1.40	≤0.025	≤0.035	0.30~0.60	1.00~1.60	0.20~0.60						≥460	570~720	≥19	-5	≥47	Q.TMC	橋梁用	JFE
	JFE-ACL570 Type2	≤0.18	0.15~0.65	≤1.40	≤0.035	≤0.035	0.30~0.50	2.00~3.00	≤0.10					P_{cm}≤0.29	≥460	570~720	≥19	-5	≥47	R.TMC	橋梁用	JFE

注1) R：圧延まま,TMC：TMCP,N：焼きならし,Q：焼入焼戻し
2) 板厚・試験片等により規格値が異なる場合は、原則として板厚最小の規格値を記載した。

2・3・2 各国の非調質形低合金高張力鋼の例

主要な合金元素	名称	国	成分 [mass%]								機械的性質 (圧延のまま)		
			C	Si	Mn	P	Cu	Ni	Cr	Mo	その他	降伏点 [MPa]	引張強さ [MPa]	伸び [%]
Si-Mn	HSB 50	独	<0.20	平均 0.45	<0.95	<0.05						>343	490~588	20~24
	ST 52	独	0.16~0.20	0.45~0.55	1.00~1.25	<0.06						>353	510~627	>22
Mn-Cu	Man-Ten	米	<0.30	<0.30	1.10~1.60	<0.04	>0.20					>343	>480	>22
Si-Mn-Cu	Si-Stahl	独	0.10~0.20	0.80~1.20	0.70~0.90				0.25			>353	490~608	>20
	ST Mn-Cu-Si	独	0.17~0.20	0.50~0.60	1.00~1.30				0.50~0.60			>353	510~627	>20
Si-Mn-Cr	Cromansil	米	<0.14	0.60~0.90	1.10~1.40				0.40~0.60			>343	>549	>18
Si-Mn-Zr	N-A-X Finegrain	米	≦0.18	0.60~0.90	0.60~1.00	<0.04	≦0.25				Zr 0.05~0.15	>343	>480	>22
Mn-P-Cu	Otiscoloy	米	<0.12	<0.10	1.00~1.35	0.10~0.14	<0.50	<0.10	<0.10			343~480	480~588	33~44
Mn-Cu-Ni	Tri-Ten	米	≦0.25	≦0.30	≦1.35	≦0.045	0.30~0.60	0.40~0.90				>343	>480	
Mn-Cu-Cr	Chromador	英	<0.30	<0.20	0.70~1.00		0.25~0.50		0.70~1.10			>353	568~666	>22
Mn-Cu-V	Tri-Ten E	米	≦0.22	≦0.30	≦1.25	<0.04	≧0.20				V≧0.02	>343	>480	>22
Mn-Cr-Al	ST Cr-Mn	独	0.21~0.25		1.30~1.50	<0.03			0.60~0.80		Al 0.08	>402	>588	>10
Si-Mn-Cu-Cr	Union Baustahl	独	0.12~0.18	0.25~0.50	0.70~0.90		0.50~0.80		0.40~0.60			>353	510~608	>20
Si-Mn-Cu-Mo	Gutehof-fnungshütte	独	0.10~0.20	0.10~0.50	1.00~1.50		>0.35			0.10~0.25				
Mn-P-Cu-Ni	Yoloy	米	≦0.15	≦0.30	≦0.75	≦0.10	0.75~1.25	1.50~1.85				>343	>480	>22
Mn-Cu-Ni-Cr	Stecoloy #2	米	≦0.14	≦0.25	≦1.10	<0.04	0.30~0.40	0.40~0.60	0.40~0.60			>343	>480	>22
Mn-Cu-Ni-Cr	BS 968	英	<0.23	<0.35	<1.80	<0.06	<0.6	<0.50	<0.35			>353	568~666	>14
Mn-Cu-Ni-Mo	R.D.S.-I	米	<0.12		0.50~1.00	<0.04	0.50~1.50	0.50~1.25		>0.10		>382	>480	>25
P-Cu-Ni-Mo	Armco-High Tensile	米	<0.12	<0.10	0.20	0.05~0.15	0.35	>0.50		>0.05		>343	451~519	25~28
Mn-P-Cu-Ni-Cr	AW 70-90	米	≦0.25	≦0.25	0.75	0.08~0.10	0.30~0.50	≦0.25	≦0.25			>480	>617	
Mn-P-Cu-Ni-Mo	Dynalloy	米	≦0.15	≦0.30	0.60~1.00	0.05~0.10	0.30~0.60	0.40~0.70		0.05~0.15		>343	>480	>25
Mn-P-Cu-Mo-Al	Hi-Steel	米	≦0.12	≦0.15	0.50~0.90	0.05~0.10	0.95~1.30	0.45~0.75		0.08~0.18	Al 0.12~0.27	>343	>480	>22
Mn-Cu-Ni-Cr-Mo	Republic 50	米	≦0.12	≦0.15	0.50~1.00	<0.04	0.30~1.00	0.40~1.10	≦0.30	≧0.10		>343	>480	>22
Si-Mn-P-Cu-Ni-Cr	Cor-ten	米	<0.12	0.25~1.00	0.10~0.50	0.07~0.20	0.30~0.50	<0.55	0.50~1.50			>343	>480	>22
Si-Mn-Cu-Ni-Cr-Ti	MK Stal	ソ連	≦0.12	0.80~1.20	1.30~1.65	≦0.045	0.15~0.40	≦0.30	≦0.30		Ti 0.01	>343	>490	>18
Si-Mn-Ni-Cr-Mo-V	N-A-X High Tensile	米	0.10~0.18	0.65~0.90	0.60~0.75	<0.04	≦0.25	0.10~0.25	0.50~0.65	>0.15	V 0.10~0.15	343~451	480~578	32~50
Mn-P-Cu-Ni-Cr-Mo	Yoloy E	米	≦0.18		0.90	≦0.10	0.20~0.50	0.40~1.00	0.20~0.35	<0.40		>343	>480	>22
Si-Mn-Cu-Ni-Cr-Mo-V-Ti-Al	Kaisaloy No.1	米	≦0.20	≦0.60	<1.25	<0.05	≧0.35	<0.50	≦0.25	≦0.15	V≧0.02, Ti≧0.005, Al≦0.25	>343	>480	>22

2・3・3 調質形低合金高張力鋼の代表例 (T-1鋼, Ducol W-30鋼)

名称	熱処理	成分 [mass%]									機械的性質		
		C	Si	Mn	P	Cu	Ni	Cr	Mo	その他	降伏点 [MPa]	引張強さ [MPa]	伸び [%]
U.S.S.T-1	焼入れ 焼もどし	0.10~0.20	0.15~0.35	0.60~1.00	≦0.04	<0.50	0.70~1.00	0.40~0.80	0.40~0.60	V 0.03~0.10 B 0.002~0.006	>686	>784	>17
Ducol W-30	焼ならし 焼もどし	≦0.17	≦0.30	≦1.50	≦0.05	≦0.30	≦0.30	<0.28	<0.10	V 0.70	>490	588~686	>15

2・3・4 2相鋼

右の図に示したように，降伏点が低くて塑性加工が比較的容易であるが，高い引張強さを有し，フェライトと急冷相(マルテンサイトやベイナイト)の混合組織の鋼を2相鋼 (dual phase steel)という．これには，制御圧延によって組織を微細化しベイナイトを混在させたものと，$(\gamma+\alpha)$ 2相域に加熱して冷却し，γ をマルテンサイトまたはベイナイトに変態させたものとがある．

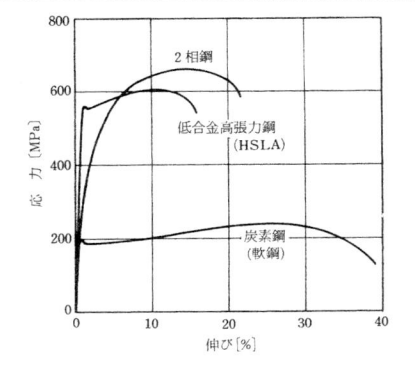

No.	プロセス	化学成分 [mass%]						降伏点 [MPa]	引張強さ [MPa]	伸び [%]
		C	Si	Mn	Cr	Mo	その他			
1	熱処理	0.11	0.58	1.43	0.12	0.08	—	384	659	28
2	熱処理	0.12	0.61	1.55	—	—	0.064 V, REM*	422	675	29
3	熱処理	0.11	0.63	1.79	—	—	0.033 V, REM*	429	692	28
4[1]	熱処理	0.09	0.25	2.10	—	—	0.08 Ti	755	990	12
5[2]	熱処理	0.14	0.50	2.2	—	—	0.05 Ti	735	1 029	18
6[3]	熱処理	0.15	0.49	2.59	—	—	—	647	990	19
10[4]	熱処理	0.15	1.52	2.03	—	—	—	598	1 029	18
11[5]	熱処理	0.20	1.48	2.17	—	—	—	568	1 019	21
12[6]	圧延まま	0.05	1.20	1.40	—	—	0.0026 Ca*	431	666	29
13	圧延まま	0.06	1.35	0.90	0.50	0.35	REM*	365	641	29
14	圧延まま	≤0.12	≤1.50	≤2.50	—	—	—	510	917	18
15	圧延まま	≤0.15	≤1.50	≤2.00	≤0.50	—	REM*	402	637	29

注) No.1~3 および No.13 は米国製，その他は日本製
* REM：希土類元素，Ca 添加は介在物の形態制御のため

1) H. Gondoh, H. Takechi, T. Kawano, K. Koyama："Production of cold-rolled steel sheets having tensile strengths over 100 kg/mm² by continuous anneal", *Tetsu-to-Hagane*, **62** (1976), S591.
2) Y. Mizuyama, K. Yamasaki, M. Oka："Improvement of bending formability of ultra high strength cold rolled steel sheets", *Tetsu-to-Hagane*, **72** (1986), S634.
3) K. Kawasaki, K. Koyama, T. Watanabe："Development of 100 kg/mm² grade cold-rolled sheet steel for press forming", *Tetsu-to-Hagane*, **73** (1987), S511.
4) H. Shirasawa, Y. Tanaka, M. Miyahara, Y. Baba："Production of formable TS980 MPa grade cold-rolled steel", *Trans. ISIJ*, **26** (1986), 310-314.
5) Y. Kuroda, K. Koyama, H. Katoh, T. Watanabe："Development of 100 kg/mm² grade cold-rolled high-strength sheet steel with superior ductility", *Tetsu-to-Hagane*, **71** (1985), S1369.
6) K. Nakazawa, K. Matsuzuka, T. Satoh, Y. Ohno："The Production technology of high strength steel sheets and their properties", *Tetsu-to-Hagane*, **68** (1982), 1263-1269.

2・4 試験方法と遷移温度の示し方

低温における衝撃試験結果より遷移温度を求めるには (1) 吸収エネルギー（衝撃値）の低下しはじめる温度, (2) 吸収エネルギーの最大値と最小値の算術平均となる温度, (3) 衝撃値曲線が温度軸に対して最大角度をとる温度, (4) 吸収エネルギーが, 30 ft·lbf, 15 ft·lbf, 10 ft·lbf などを示す温度, (5) ぜい性破面率が 50%（破面遷移温度）または 100%（無延性遷移温度）となる温度, (6) 横収縮率が 2% となる温度などが普通に使用されている. (1 ft·lbf = 1.356 J)

試験法	遷移温度名称	記号	定義
V シャルピー試験	エネルギー遷移温度	$vT_{rE}1$	吸収エネルギーの最大値と最小値の平均の値となる温度
		$vT_{rE}2$	吸収エネルギー曲線が温度に対して最大傾斜をもつ温度
	破面遷移温度	vT_{rs}	ぜい性破面率が 50% となる温度
	30 ft·lbf 遷移温度	vT_r30	吸収エネルギーが 30 ft·lbf (40.68 J) となる温度
	15 ft·lbf 遷移温度	vT_r15	吸収エネルギーが 15 ft·lbf (20.34 J) となる温度
	10 ft·lbf 遷移温度	vT_r10	吸収エネルギーが 10 ft·lbf (13.56 J) となる温度
	横収縮率遷移温度	$vT_r\phi$	横収縮率が 2% となる温度
	15 mil 膨出遷移温度	$vT_r15\,mil$	横膨出の長さが 15 mil (0.38 mm) となる温度（横膨出率が 3.81%）
	無延性遷移温度	vT_{rN}	ぜい性破面率が 100% となる温度
	0°C における吸収エネルギー	$vE\,0$	
	−20°C における吸収エネルギー	vE_{-20}	
	−46°C における吸収エネルギー	vE_{-46}	
プレスシャルピー試験	エネルギー遷移温度	$_pT_{rE}1$	吸収エネルギーの最大値の 1/2 の値となる温度
		$_pT_{rE}2$	吸収エネルギー曲線が温度に対して最大傾斜をもつ温度
	破面遷移温度	$_pT_{rs}1$	ぜい性破面率が 50% となる温度
		$_pT_{rs}2$	ぜい性破面先端の深さが 4 mm となる温度
2 mmU および 5 mmU シャルピー試験	15 ft·lbf 遷移温度	$2T_r15, 5T_r15$	吸収エネルギーが 15 ft·lbf (20.34 J) となる温度
	無延性遷移温度	$2T_{rN}, 5T_{rN}$	ぜい性破面率が 100% となる温度
	延性遷移温度	$2T_{rd}, 5T_{rd}$	吸収エネルギーまたは横収縮率が急激に減少する温度範囲の中心温度
	0°C における吸収エネルギー	$2E\,0, 5E\,0$	
	−46°C における吸収エネルギー	$2E-46, 5E-46$	
3 mm ファン・デア・ベーン試験	延性遷移温度	$3T_I$	最大荷重時のたわみ量が 6 mm となる温度
	無延性遷移温度	$3T_{ND}$	延性破面の深さが 0 となる最高温度
	破面遷移温度	$3T_{II}$	延性破面の深さが切欠底部より 32 mm に達する温度
8 mm ファン・デア・ベーン試験	破面遷移温度	$8T_{II}$	ぜい性破面の深さが切欠底部より 32 mm となる温度

2・5 低温用金属材料の例

( ) 中の数値はおよその目安を示す.

材料	JIS または ASTM 番号	代表化学成分 (mass%)	引張強さ [MPa]	伸び [%]	最低使用温度 [°C]	低温延性のための組織因子
C-Si 鋼 (Al キルド鋼)	ASTM A 201	C 0.20 Mn 0.80 Si 0.15〜0.30	382〜451	>24	(−45)	AlN による結晶粒微細化
C-Si 鋼 (Al キルド鋼)	ASTM A 212	C 0.28 Mn 0.90 Si 0.15〜0.30	451〜529	>23	(−45)	
2.5 Ni 鋼	ASTM A 203 G A, B	C 0.17 Mn 0.80 Si 0.15〜0.30 Ni 2.20〜2.60	451〜529	>24	(−60)	結晶粒微細化 Ni によるフェライトの低温靭性化
3.5 Ni 鋼	ASTM A 203 G D, E	C 0.17 Mn 0.80 Si 0.15〜0.30 Ni 3.25〜3.75	451〜529	>24	(−100)	
9 Ni 鋼	ASTM A 353	C 0.13 Mn 0.80 Si 0.15〜0.30 Ni 8.50〜9.50	>617	>22	(−195)	結晶粒微細化 Ni によるフェライトの低温靭性化 オーステナイト相分散
18-8 ステンレス鋼	SUS 304 A 167 G 2 TYPE 304	C 0.08 Mn 2.00 Si 1.00 Ni 8.00〜11.00 Cr 18.00〜20.00	>539	>55	(−200)	fcc 金属の特性
銅	C 1100 P	Cu 99.9	(216)	(25)	(−200)	
アルミニウム	A 1070 P	Al 99.7	(88)	(4)	(−200)	

3 機械構造用鋼およびこれに類する強靱鋼

3・1 機械構造用炭素鋼

区分	記号	主要化学成分 [mass%] C	Mn	熱処理 [℃] 焼ならし (N)	焼なまし (A)	焼入れ (H)	焼もどし (H)	熱処理	降伏点 [MPa]	引張強さ [MPa]	伸び [%]	絞り [%]	衝撃値 (シャルピー) [kJ/m²]	硬さ [HB]
0.05C 〜 0.15C	S 10 C	0.08〜0.13	0.30〜0.60	900〜950 空冷	約900 炉冷	—	—	N A	206 以上 —	314 以上 —	33 以上 —	— —	— —	109〜156 109〜149
	S09 CK	0.07〜0.12	0.30〜0.60	900〜950 空冷	約900 炉冷	1次880〜920 油(水)冷 2次750〜800 水 冷	150〜200 空 冷	A H	— 245 以上	— 392 以上	— 23 以上	— 55 以上	— 1 372 以上	109〜149 121〜179
0.10C 〜 0.20C	S 12 C S 15 C	0.10〜0.15 0.13〜0.18	0.30〜0.60 0.30〜0.60	880〜930	約880	—	—	N A	235 以上 —	372 以上 —	30 以上 —	— —	— —	111〜167 111〜149
	S 15 CK	0.13〜0.18	0.30〜0.60	880〜930 空冷	約880 炉冷	1次870〜920 油(水)冷 2次750〜800 水 冷	150〜200 空 冷	A H	— 343 以上	— 490 以上	— 20 以上	— 50 以上	— 1 176 以上	111〜149 143〜235
0.15C 〜 0.25C	S 17 C S 20 C	0.15〜0.20 0.18〜0.23	0.30〜0.60 0.30〜0.60	870〜920	約860	—	—	N A	245 以上 —	402 以上 —	28 以上 —	— —	— —	116〜174 114〜153
	S 20 CK	0.18〜0.23	0.30〜0.60	870〜920 空冷	約860 炉冷	1次870〜920 油(水)冷 2次750〜800 水 冷	150〜200 空 冷	A H	— 392 以上	— 539 以上	— 18 以上	— 45 以上	— 980 以上	114〜153 159〜241
0.20C 〜 0.30C	S 22 C S 25 C	0.20〜0.25 0.22〜0.28	0.30〜0.60 0.30〜0.60	860〜910	約850	—	—	N A	265 以上 —	441 以上 —	27 以上 —	— —	— —	123〜183 121〜156
0.25C 〜 0.35C	S 28 C S 30 C	0.25〜0.31 0.27〜0.33	0.60〜0.90 0.60〜0.90	850〜900 空冷	約840 炉冷	850〜900 水冷	550〜650 急冷	N A H*1	284 以上 — 333 以上	470 以上 — 539 以上	25 以上 — 23 以上	— — 57 以上	— — 1 078 以上	137〜197 126〜156 152〜212
0.30C 〜 0.40C	S 33 C S 35 C	0.30〜0.36 0.32〜0.38	0.60〜0.90 0.60〜0.90	840〜890 空冷	約830 炉冷	840〜890 水冷	550〜650 急冷	N A H*2	304 以上 — 392 以上	510 以上 — 568 以上	23 以上 — 22 以上	— — 55 以上	— — 980 以上	149〜207 126〜163 167〜235
0.35C 〜 0.45C	S 38 C S 40 C	0.35〜0.41 0.37〜0.43	0.60〜0.90 0.60〜0.90	830〜880 空冷	約820 炉冷	830〜880 水冷	550〜650 急冷	N A H*3	323 以上 — 441 以上	539 以上 — 608 以上	22 以上 — 20 以上	— — 50 以上	— — 882 以上	156〜217 131〜163 179〜255
0.40C 〜 0.50C	S 43 C S 45 C	0.40〜0.46 0.42〜0.48	0.60〜0.90 0.60〜0.90	820〜870 空冷	約810 炉冷	820〜870 水冷	550〜650 急冷	N A H*4	343 以上 — 490 以上	568 以上 — 686	20 以上 — 17 以上	— — 45 以上	— — 784 以上	167〜229 137〜170 201〜269
0.45C 〜 0.55C	S 48 C S 50 C	0.45〜0.51 0.47〜0.53	0.60〜0.90 0.60〜0.90	810〜860 空冷	約800 炉冷	810〜860 水冷	550〜650 急冷	N A H*5	363 以上 — 539 以上	608 以上 — 735 以上	18 以上 — 15 以上	— — 40 以上	— — 686 以上	179〜235 143〜187 212〜277
0.50C 〜 0.60C	S 53 C S 55 C	0.50〜0.56 0.52〜0.58	0.60〜0.90 0.60〜0.90	800〜850 空冷	約790 炉冷	800〜850 水冷	550〜650 急冷	N A H*6	392 以上 — 598 以上	647 以上 — 784 以上	15 以上 — 14 以上	— — 35 以上	— — 588 以上	183〜255 149〜192 229〜285
0.55C 〜 0.65C	S 58 C	0.55〜0.61	0.60〜0.90	800〜850 空冷	約790 炉冷	800〜850 水冷	550〜650 急冷	N A H*7	392 以上 — 588 以上	647 以上 — 784 以上	15 以上 — 14 以上	— — 35 以上	— — 588 以上	183〜255 149〜192 229〜285

有効直径 [mm]：＊1 30，＊2 32，＊3 35，＊4 37，＊5 40，＊6 42，＊7 42．JIS G 4051-1979

3・2 快削鋼 (JIS G 4804-1999)

記号	化学成分 [mass%] C	Mn	P	S	Pb
SUM 11	0.08〜0.13	0.30〜0.60	0.040 以下	0.08〜0.13	—
SUM 12	0.08〜0.13	0.60〜0.90	0.040 以下	0.08〜0.13	—
SUM 21	0.13 以下	0.70〜1.00	0.07〜0.12	0.16〜0.23	—
SUM 22	0.13 以下	0.70〜1.00	0.07〜0.12	0.24〜0.33	—
SUM 22 L	0.13 以下	0.70〜1.00	0.07〜0.12	0.24〜0.33	0.10〜0.35
SUM 23	0.09 以下	0.75〜1.05	0.04〜0.09	0.26〜0.35	—
SUM 23 L	0.09 以下	0.75〜1.05	0.04〜0.09	0.26〜0.35	0.10〜0.35
SUM 24 L	0.15 以下	0.85〜1.15	0.04〜0.09	0.26〜0.35	0.10〜0.35
SUM 31	0.14〜0.20	1.00〜1.30	0.040 以下	0.08〜0.13	—
SUM 31 L	0.14〜0.20	1.00〜1.30	0.040 以下	0.08〜0.13	0.10〜0.35
SUM 32	0.12〜0.20	0.60〜1.10	0.040 以下	0.10〜0.20	—
SUM 41	0.32〜0.39	1.35〜1.65	0.040 以下	0.08〜0.13	—
SUM 42	0.37〜0.45	1.35〜1.65	0.040 以下	0.08〜0.13	—
SUM 43	0.40〜0.48	1.35〜1.65	0.040 以下	0.24〜0.33	—

3・3 機械構造用 Mn 鋼・Mn-Cr 鋼および Cr 鋼

JIS 記号	化学成分 [mass%]					熱処理 [℃]		機械的性質				衝撃値 (シャルピー 2 mmU) [kJ/m²]
	C	Si	Mn	Cr	不純物	焼入れ	焼もどし	降伏点 [MPa]	引張強さ [MPa]	伸び [%]	絞り [%]	
SMn 433	0.30~0.36	0.15~0.35	1.20~1.50	—	Ni＜0.25 Co＜0.30	830~880 油冷	550~650 急冷	＞539	＞686	＞20	＞55	＞980
SMn 438	0.35~0.41	〃	1.35~1.65	—		〃	〃	＞588	＞735	＞18	＞50	＞784
SMn 443	0.40~0.46	〃	1.35~1.65	0.35~0.70	P＜0.03 S＜0.03	〃	〃	＞637	＞784	＞17	＞45	＞784
SMnC 443	0.40~0.46	〃	1.20~1.65	0.35~0.70		〃	〃	＞784	＞931	＞13	＞40	＞490
SCr 1 (旧)	0.30~0.40	0.20~0.50	0.70~1.00	0.80~1.10		830~880 油(水)冷	580~680 急冷	＞686	＞833	＞17	＞50	＞784
SCr 430	0.28~0.33	0.15~0.35	0.60~0.85	0.90~1.20	P＜0.030 S＜0.030 Cu＜0.30 Ni＜0.25	〃	〃	＞637	＞784	＞18	＞55	＞882
SCr 435	0.33~0.38	〃	〃	〃		〃	〃	＞735	＞882	＞15	＞50	＞686
SCr 440	0.38~0.43	〃	〃	〃		〃	〃	＞784	＞931	＞13	＞45	＞588
SCr 445	0.43~0.48	〃	〃	〃		〃	〃	＞833	＞980	＞12	＞40	＞490

3・4 機械構造用 Cr-Mo 鋼・Ni 鋼・Ni-Cr 鋼および Ni-Cr-Mo 鋼

種類	JIS 記号	化学成分 [mass%]						熱処理 [℃]		機械的性質					硬さ [HB]
		C	Mn	Ni	Cr	Mo	不純物 (max)	焼入れ	焼もどし	降伏点 [MPa]	引張強さ [MPa]	伸び [%]	絞り [%]	シャルピー [kJ/m²]	
Cr-Mo 鋼	SCM 432	0.27~0.37	0.30~0.60	—	1.00~1.50	0.15~0.30	Si＝0.15~0.35 P＜0.030 S＜0.030 Cu＜0.35 Ni＜0.30	830~880 油(水)冷	550~650 急冷	＞735	＞882	＞16	＞50	＞882	255~321
	SCM 430	0.28~0.33	0.60~0.85	—	0.90~1.20	0.15~0.30				＞686	＞833	＞18	＞55	＞1 078	241~293
	SCM 435	0.33~0.38	0.60~0.85	—	0.90~1.20	0.15~0.30				＞784	＞931	＞15	＞50	＞784	269~321
	SCM 440	0.38~0.43	0.60~0.85	—	0.90~1.20	0.15~0.30				＞833	＞980	＞12	＞45	＞588	285~341
	SCM 445	0.43~0.48	0.60~0.85	—	0.90~1.20	0.15~0.30				＞882	＞1 029	＞12	＞40	＞392	302~363
Ni-Cr 鋼	SNC 236	0.32~0.40	0.50~0.80	1.00~1.50	0.50~0.90	—	P＜0.030 S＜0.030 Cu＜0.35	820~880 油冷	550~650 急冷	＞588	＞735	＞22	＞50	＞1 176	212~255
	SNC 631	0.27~0.35	0.35~0.65	2.50~3.00	0.60~1.00	—				＞686	＞833	＞18	＞50	＞1 176	248~302
	SNC 836	0.32~0.40	0.35~0.65	3.00~3.50	0.60~1.00	—				＞784	＞931	＞15	＞45	＞784	269~321
Ni-Cr-Mo 鋼	SNCM 431	0.27~0.35	0.60~0.90	1.60~2.00	0.60~1.00	0.15~0.30	Si＝0.15~0.35 P＜0.030 S＜0.030 Cu＜0.35	820~870 油冷	570~670 急冷	＞686	＞833	＞20	＞55	＞980	248~302
	SNCM 625	0.20~0.30	0.35~0.60	3.00~3.50	1.00~1.50	0.15~0.30				＞833	＞931	＞18	＞50	＞784	269~321
	SNCM 630	0.25~0.35	0.35~0.60	2.50~3.50	2.50~3.50	0.50~0.70				＞882	＞1 078	＞15	＞45	＞784	302~352
	SNCM 240	0.38~0.43	0.70~1.00	0.40~0.70	0.40~0.65	0.15~0.30				＞784	＞882	＞17	＞50	＞686	255~311
	SNCM 7 (旧)	0.43~0.48	0.70~1.00	0.40~0.70	0.40~0.65	0.15~0.30				＞882	＞980	＞15	＞45	＞490	293~352
	SNCM 439	0.36~0.43	0.60~0.90	1.60~2.00	0.60~1.00	0.15~0.30				＞882	＞980	＞16	＞45	＞686	293~352
	SNCM 447	0.44~0.50	0.60~0.90	1.60~2.00	0.60~1.00	0.15~0.30				＞931	＞1 029	＞14	＞40	＞588	302~363

3・5 B鋼 (AISI) の成分例

AISI No.	化学成分 [mass%]						
	C	Si	Mn	P, S	Ni	Cr	Mo
50 B 44	0.43~0.48	0.20~0.35	0.75~1.00		—	0.40~0.60	—
50 B 46	0.44~0.49	0.20~0.35	0.75~1.00		—	0.20~0.35	—
50 B 50	0.48~0.53	0.20~0.35	0.75~1.00		—	0.40~0.60	—
50 B 60	0.56~0.64	0.20~0.35	0.75~1.00	P<0.035	—	0.40~0.60	—
51 B 60	0.56~0.64	0.20~0.35	0.75~1.00	S<0.040	—	0.70~0.90	—
81 B 45*	0.43~0.48	0.20~0.35	0.75~1.00		0.20~0.40	0.35~0.55	0.08~0.15
86 B 45	0.43~0.48	0.20~0.35	0.75~1.00		0.40~0.70	0.40~0.60	0.15~0.25
94 B 15*	0.13~0.18	0.20~0.31	0.75~1.00		0.30~0.60	0.30~0.50	0.08~0.15
94 B 17	0.15~0.20	0.20~0.35	0.75~1.00		0.30~0.60	0.30~0.50	0.08~0.15

B 0.0005%以上を含む。　* SAE 94 B 17 の C% を 0.28~0.33 にしたものが 94 B 30 である。

3・6 ピアノ線材および硬鋼線材

種類	JIS記号	C[mass%]	その他	種類	JIS記号	C[mass%]	その他
ピアノ線材	SWRS 67	0.65~0.75	Si=0.12~0.32 Mn=0.30~0.60(A種) 0.60~0.90(B種) P<0.025 S<0.025 Cu<0.20	硬鋼線材	SWRH 57	0.54~0.61	Si=0.12~0.35 Mn=0.30~0.60(A種) 0.60~0.90(B種) P, S<0.040 (C≦0.62) P, S<0.030 (C≧0.67)
	SWRS 77	0.75~0.85			SWRH 67	0.64~0.71	
	SWRS 87	0.85~0.95			SWRH 77	0.74~0.81	

炭素量を示す数字にはこのほか 62, 72, 75, 80, 82, 92 がある (硬鋼線材の場合は 27, 32, 37, 42 がある)。JIS G 3502-1996

3・7 ばね鋼の種類 (JIS G 4801-1984)

JIS記号	化学成分 [mass%]					熱処理 [℃]		機械的性質
	C	Si	Mn	Cr	V	焼入れ	焼もどし	引張強さ [MPa]
SUP 3	0.75~0.90	0.15~0.35	0.30~0.70	—	—	830~860 油冷	450~500	>1 078
SUP 4	0.90~1.10	0.15~0.35	0.30~0.70	—	—	〃	〃	>1 127
SUP 6	0.55~0.65	1.50~1.80	0.70~1.00	—	—	〃	480~530	>1 225
SUP 7	0.55~0.65	1.80~2.20	0.70~1.00	<0.20	—	〃	490~540	〃
SUP 9	0.50~0.60	0.15~0.35	0.65~0.95	0.65~0.95	—	〃	460~510	〃
SUP 10	0.45~0.55	0.15~0.35	0.65~0.95	0.80~1.10	0.15~0.25	840~870 油冷	470~540	〃
SUP 11 A	0.55~0.65	0.15~0.35	0.70~1.00	0.70~1.00	(B>0.0005)	830~860 油冷	460~510	〃

ゼンマイとしては炭素工具鋼 SK 2~SK 6 が用いられる。(4・1・1 参照)　SUP 9 A : SUP 9 の C, Mn, Cr を各 0.05 増したもの。

3・8 低炭素マルテンサイト鋼

記号*	化学成分 [mass%]								熱処理 [℃]	機械的性質			
	C	Si	Mn	P	S	Ni	Cr	Mo	W		引張強さ [MPa]	伸び [%]	絞り [%]	シャルピー [kJ/m²]
イ 210	0.25~0.35	<0.35	<0.60	<0.030	<0.030	4.0~5.0	1.3~1.8	0.30~0.60			>1 568	>7	>25	>490
イ 211	0.15~0.22	<0.35	<0.60	<0.030	<0.030	3.8~4.5	1.3~1.8	0.10~0.30	0.7~1.3		>1 176	>13	>40	>784
イ 227	0.25~0.35	<0.40	0.80~1.50	<0.030	<0.030	1.5~2.0	2.5~3.5	0.20~0.40		約 850~910 焼入れ 約 200 焼もどし	>1 568	>7	>25	>490
イ 228	0.15~0.22	<0.40	0.80~1.20	<0.030	<0.030	1.8~2.3	1.8~2.3	0.30~0.60			>1 176	>13	>40	>784
イ 237	0.25~0.35	<0.40	0.80~1.50	<0.030	<0.030	1.5~2.0	2.5~3.5		0.4~0.8		>1 568	>7	>25	>490
イ 238	0.15~0.22	<0.40	0.80~1.20	<0.030	<0.030	1.8~2.3	1.8~2.3		0.7~1.1		>1 176	>13	>40	>588

* 旧日本航空規格。

3・9 超強靭鋼

記号	化学成分 [mass%]							焼もどし温度 [℃]	機械的性質				
	C	Si	Mn	Ni	Cr	Mo	V	その他		引張強さ [MPa]	降伏点 (0.2%耐力) [MPa]	伸び [%]	絞り [%]	Vノッチシャルピー [J]
4350	0.50	0.20~0.35	0.75	1.83	0.80	0.25			204	2166	1676	8	15	14
HS 260	0.40	0.60	0.85	2.20	1.45	0.50				1989				
Super Hy·Tuf	0.40	2.30	1.30		1.40	0.35	0.20		288	2009	1656	10	35	19
High-C Super Hy-Tuf	0.47	2.42	1.28		1.11	0.42	0.25		266	2225			24	14
90 B 40 Modified	0.40	0.20~0.35	0.75	0.85	0.80	0.20		B	249	1960	1617	7	28	18
USS strux	0.43	0.55	0.90	0.60	0.90	0.55		B		1989				
Tricent	0.43	1.60	0.80	1.83	0.85	0.38	0.08		260	2029	1666	8	23	24
Super Tricent	0.55	2.10	0.80	3.60	0.90	0.50			204	2352				16
4340 (AMS 6415)	0.40	0.20~0.35	0.75	1.83	0.80	0.25			232 / 493	1862 / 1313	1460 / 1235	10.4 / 14.6	34.6 / 48.9	26 / 37
4330 Mod (AMS 6427)	0.30	0.20~0.35	0.80	1.83	0.85	0.43	0.08		245 / 345	1764 / 1617	1431 / 1392	10.9 / 10.9	42.2 / 44.3	23 / 24
HS 220 (AMS 6407)	0.30	0.55	0.70	2.05	1.20	0.45			321	1627	1343	10.5	42	22
Hy-Tuf (AMS 6418)	0.25	1.50	1.35	1.83	0.30	0.40			288	1578	1303	13	49	41
B-514	0.25	0.80	2.30	0.70	0.30			Cu 0.70		1568	1264		54.8	

3・10 はだ焼鋼

JIS記号**	化学成分 [mass%]					浸炭後の熱処理* [℃]		機械的性質					
	C	Mn	Ni	Cr	Mo	1次焼入れ	2次焼入れ	降伏点 [MPa]	引張強さ [MPa]	伸び [%]	絞り [%]	衝撃値 (シャルピー) [kJ/m²]	硬さ [HB]
S 09 CK	0.07~0.12	0.30~0.60	—	—	—	880~920油(水)	750~800水	>245	>392	>23	>55	>1372	121~179
S 15 CK	0.12~0.18	0.30~0.60	—	—	—	870~920 〃	750~800 〃	>343	>490	>20	>50	>1176	143~235
SCr 415	0.13~0.18	0.60~0.85		0.90~1.20		850~900油	800~850油(水)	—	>784	>15	>40	>588	217~302
SCr 420	0.18~0.23	0.60~0.85		0.90~1.20		850~900 〃	800~850 〃	—	>833	>14	>35	>490	235~321
SCM 415	0.13~0.18	0.60~0.85		0.90~1.20	0.15~0.35	850~900油	800~850油	—	>833	>16	>40	>686	235~321
SCM 420	0.18~0.23	0.60~0.85		0.90~1.20	0.15~0.35	850~900 〃	800~850 〃	—	>931	>14	>40	>588	262~341
SCM 421	0.17~0.23	0.70~1.00		0.90~1.20	0.15~0.35	920~900油(空)	800~850 〃	—	>980	>14	>35	>588	285~366
SNC 236	0.12~0.18	0.35~0.65	2.00~2.50	0.20~0.50		850~900油	750~800水(油)	—	>784	>17	>45	>882	235~341
SNC 815	0.12~0.18	0.35~0.65	3.00~3.50	0.70~1.00		830~880油(空)	750~800油	—	>980	>12	>45	>784	285~388
SNCM 220	0.12~0.23	0.60~0.90	0.40~0.70	0.40~0.65	0.15~0.30	850~900油	800~850油	—	>931	>17	>45	>686	269~352
SNCM 415	0.12~0.18	0.40~0.70	1.60~2.00	0.40~0.65	0.15~0.30	850~900 〃	780~830 〃	—	>882	>16	>45	>588	255~311
SNCM 420	0.17~0.23	0.40~0.70	1.60~2.00	0.40~0.65	0.15~0.30	850~900 〃	770~820 〃	—	>980	>15	>45	>686	285~341
SNCM 815	0.12~0.18	0.30~0.60	4.00~4.50	0.70~1.00	0.15~0.30	830~880 〃	750~800 〃	—	>1078	>12	>40	>686	311~375
SNCM 616	0.13~0.20	0.80~1.20	2.80~3.20	1.40~1.80	0.40~0.60	900~油(空)	830~油(空)	—	>1176	>14	>40	>784	341~415

その他の化学成分:P, S<0.030, Si=0.15~0.35 (S 9 CK, 0.10~0.35). * 焼もどし 150~200℃ 空冷. ** これらのH鋼も用いられる.

3・11 窒化鋼

JIS記号	化学成分 [mass%]						熱処理 [℃]		機械的性質				
	C	Si	Mn	Cr	Al	不純物	焼入れ	焼もどし	降伏点 [MPa]	引張強さ [MPa]	伸び [%]	絞り [%]	シャルピー [kJ/m²]
SACM 645	0.40~0.50	0.15~0.50	<0.06	1.30~1.70	0.15~0.30	0.70~1.20	P, S<0.030% Ni<0.25% Cu<0.30%	880~930 油冷	680~720 急冷	>686	>833	>15	>50	>980

4 工具鋼およびこれに類する高硬度鋼

4・1 工 具 鋼

4・1・1 炭素工具鋼 (JIS G 4401-2000)

JIS記号	C [mass%]	JIS記号	C [mass%]	不純物 [mass%]
SK 140	1.30〜1.50	SK 85	0.80〜0.90	Si<0.35
SK 120	1.15〜1.25	SK 75	0.70〜0.80	Mn<0.50
SK 105	1.00〜1.10	SK 65	0.60〜0.70	P, S<0.030
SK 95	0.90〜1.00			Cu<0.30
				Cr<0.20

4・1・2 合金工具鋼 (JIS G 4404-2000)

JIS記号	化学成分 [mass%]								用途	備考
	C	Si	Mn	Ni	Cr	Mo	W	V		
SKS 4	0.45〜0.55	<0.35	<0.50	<0.25	0.50〜1.00	—	0.50〜1.00	—	耐衝撃用	1. Cu<0.25, P, S<0.03. 2. SKS 43およびSKS 44については不純物としてCr 0.20%をこえてはならない.
SKS 41	0.35〜0.45	<0.35	<0.50	<0.25	1.00〜1.50	—	2.50〜3.50	—		
SKS 42	0.75〜0.85	<0.30	<0.50	<0.25	0.25〜0.50	—	1.50〜2.50	0.15〜0.30		
SKS 43	1.00〜1.10	<0.25	<0.30	<0.25	—	—	—	0.10〜0.25		
SKS 44	0.80〜0.90	<0.25	<0.30	<0.25	—	—	—	0.10〜0.25		
SKS 1	1.30〜1.40	<0.35	<0.50	<0.25	0.50〜1.00	—	4.00〜5.00	—	切削用	1. Cu<0.25, P, S<0.03. 2. SKS 1, SKS 2およびSKS 7にはV 0.20%以下含有してもさしつかえない.
SKS 11	1.20〜1.30	<0.35	<0.50	<0.25	0.20〜0.50	—	3.00〜4.00	0.10〜0.30		
SKS 2	1.00〜1.10	<0.35	<0.80	<0.25	0.50〜1.00	—	1.00〜1.50	—		
SKS 21	1.00〜1.10	<0.35	<0.50	<0.25	0.20〜0.50	—	0.50〜1.00	0.10〜0.25		
SKS 5	0.75〜0.85	<0.35	<0.50	0.70〜1.30	0.20〜0.50	—	—	—		
SKS 51	0.75〜0.85	<0.35	<0.50	1.30〜2.00	0.20〜0.50	—	—	—		
SKS 7	1.10〜1.20	<0.35	<0.50	<0.25	0.20〜0.50	—	2.00〜2.50	—		
SKS 8	1.30〜1.50	<0.35	<0.50	<0.25	0.20〜0.50	—	—	—		
SKS 3	0.90〜1.00	<0.35	0.90〜1.20	—	0.50〜1.00	—	0.50〜1.00	—	冷間金型用	1. Cu<0.25, P, S<0.030 2. SKS 3およびSKS 31ではNi 0.25%をこえてはならない. 3. SKS 93, 94, 95はそれぞれSK 3, 4, 5に0.2〜0.6%のCrを添加したものである.
SKS 31	0.95〜1.05	<0.35	0.90〜1.20	—	0.80〜1.20	—	1.00〜1.50	—		
SKD 1	1.80〜2.40	<0.40	<0.60	—	12.00〜15.00	—	—	—		
SKD 11	1.40〜1.60	<0.40	<0.60	—	11.00〜13.00	0.80〜1.20	—	0.20〜0.50		
SKD 12	0.95〜1.05	<0.40	0.60〜0.90	—	4.50〜5.50	0.80〜1.20	—	0.20〜0.50		
SKD 2	1.80〜2.20	<0.40	<0.60	—	12.00〜15.00	—	2.50〜3.50	—		
SKD 4	0.25〜0.35	<0.40	<0.60	—	2.00〜3.00	—	5.00〜6.00	0.30〜0.50	熱間金型用	1. Cu<0.25, P, S<0.030. 2. SKT 1〜SKT 4およびSKT 6にはV 0.20%以下含有してもさしつかえない 3. SKD 61にWを約1%添加したものがSKD 62である
SKD 5	0.25〜0.35	<0.40	<0.60	—	2.00〜3.00	—	9.00〜10.00	0.30〜0.50		
SKD 6	0.32〜0.42	0.80〜1.20	<0.50	—	4.50〜5.50	1.00〜1.50	—	0.30〜0.50		
SKD 61	0.32〜0.42	0.80〜1.20	<0.50	—	4.50〜5.50	1.00〜1.50	—	0.80〜1.20		
SKT 1	0.50〜0.60	<0.35	0.80〜1.20	—	—	—	—	—		
SKT 2	0.50〜0.60	<0.35	0.80〜1.20	—	0.80〜1.20	—	—	—		
SKT 3	0.50〜0.60	<0.35	0.60〜1.00	0.25〜0.60	0.90〜1.20	0.30〜0.50	—	—		
SKT 4	0.50〜0.60	<0.35	0.60〜1.00	1.30〜2.00	0.70〜1.00	0.20〜0.50	—	—		
SKT 5	0.50〜0.60	<0.35	0.60〜1.00	—	1.00〜1.50	0.20〜0.40	—	0.10〜0.30		
SKT 6	0.70〜0.80	<0.35	0.60〜1.00	2.50〜3.00	0.80〜1.10	0.30〜0.50	—	—		

4・2 工具鋼に類する高硬度鋼
4・2・1 高速度鋼

JIS記号	成分	用途	JIS記号	成分	用途
SKH 2	0.8 C-4 Cr-18 W-1 V	一般の工具切削用	SKH 9	0.85 C-4 Cr-5 Mo-6 W-2 V	高靭性の切削工具材
SKH 3	0.8 C-4 Cr-18 W-1 V-5 Co	重切削用	SKH 52	1.05 C-4 Cr-5.5 Mo-6 W-2.5 V	比較的靭性を必要とする難削材切削用工具類
SKH 4 A	0.8 C-4 Cr-18 W-1.3 V-10 Co	難削材切削用	SKH 53	1.15 C-4 Cr-5.5 Mo-6 W-3 V	
SKH 4 B	0.8 C-4 Cr-19 W-1.3 V-15 Co		SKH 54	1.3 C-4 Cr-5 Mo-6 W-3V	
SKH 5	0.3 C-4 Cr-20 W-1.3 V-16 Co	高難削材切削用	SKH 55	0.85 C-4 Cr-5 Mo-6 W-4 V-5 Co	高重切削用工具
SKH 10	1.5 C-4 Cr-13 W-5 V-5 Co		SKH 56	0.85 C-4 Cr-5 Mo-6 W-2 V-8 Co	
			SKH 57	1.2 C-4 Cr-3.5 Mo-10 W-3.5 V-10 Co	

左行はW系、右行はMo系高速度鋼。JIS G 4403-2000

4・2・2 高炭素クロム軸受鋼

JIS 記号	化学成分 (mass%)					熱処理 [°C]	焼入れ硬さ [HRC]	用途	摘要
	C	Si	Mn	Cr	不純物				
SUJ 1	0.95~1.10	0.15~0.35	<0.50	0.90~1.20		760~800 焼なまし	>63	径17.5 mm以下の球およびコロ	主として熱間圧延鋼材から冷間加工によって作られる。
SUJ 2	0.95~1.10	0.15~0.35	<0.50	1.30~1.60	P<0.025 S<0.025 Mo<0.08	800~850 油焼入れ	>63	中寸法の球、コロおよびレース	主として熱間圧延鋼材から削り出しまたは鍛造によって作られる。
SUJ 3	0.95~1.10	0.40~0.70	0.90~1.15	0.90~1.20		200以下 焼もどし	>63	径または肉厚30 mm以上の球、コロおよびレース	主として熱間圧延鋼材から鍛造によって作られる。

SUJ 2に0.10~0.25% Moを添加したものがSUJ 4、SUJ 3に0.10~0.25% Moを添加したものがSUJ 5である。JIS G 4805-1999

4・2・3 耐食および耐熱軸受鋼

AISI 記号	化学成分 (mass%)						備考
	C	Cr	Al	Mo	V	W	
AISI 440 C	1.0	17	—	<0.75	—	—	耐食用
MHT	1.0	1.45	1.50	—	—	—	使用温度180°C以下、Alを含むため空気中溶解では介在物が多い。
HALMo	0.6	4.25	—	5.25	0.55	—	使用温度310°C以下。
M-1	0.8	4.00	—	9.00	1.00	1.50	使用温度310°C以下、膨張係数最も少ない。
T-1 (18-4-1)	0.7	4.00	—	—	1.20	18.00	硬さ低下最も少ない。500°C位使用可能、非金属介在物多い。真空溶解で改善できる。

4・2・4 黒鉛鋼

1.20~1.60% C鋼に0.5~1.5% Si、あるいは0.1~0.2% Alを添加して黒鉛化を促進させ、被削性、耐摩耗性の向上を図った鋼種である。

化学成分 (mass%)									不純物	焼なまし硬さ [HB]	焼入れ [°C]	焼入れ硬さ [HRC]	用途
C	Si	Mn	W	Al	Ni	Cr	Mo						
1.20~1.60	0.55~1.50	0.35~1.10			<0.25	0.20~0.30	0.20~0.30		<228	816 油冷	>63	空気槌ピストン、カム、ダイス、ゲージ、タップ、ロール、スピンドル
1.45~1.60	0.55~0.85	0.35~0.50	2.50~3.20		<0.25	<0.25	0.40~0.60	P, S<0.025	<269	800 塩水	>65	抜型、引抜ダイス、成形ダイス
1.45~1.60	0.15~0.35	0.20~0.40		0.10~0.20	<0.25	<0.25			<217	800 塩水	>65	焼入れ深度浅く、耐衝撃用
1.45~1.60	0.90~1.00	1.00~2.00			<0.25	1.65~2.00	0.40~0.60		<269	830 空冷	>60	形状複雑なダイス

5 ステンレス鋼およびこれに類する高合金鋼

5・1 ステンレス鋼の状態図および組織図

5・1・1 Fe-Cr および Fe-Ni 2元状態図

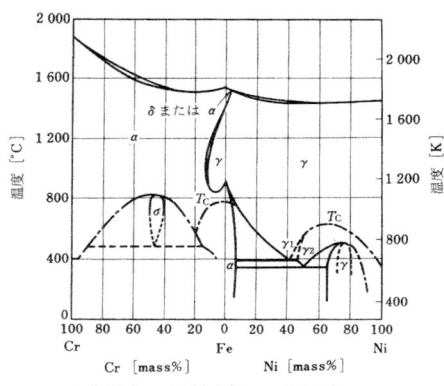

5・1・2 シェフラーの組織図（溶着金属）

J. L. Walter, M. R. Jackson, C. T. Sims, ed.: Alloying ASM International (1988), p.231 一部加筆.

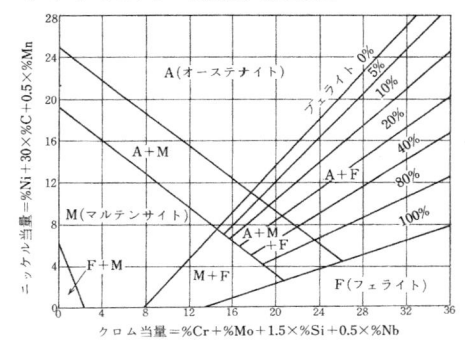

5・2 ステンレス鋼 （1 MPa＝1 N/mm^2, JIS では N/mm^2 と表記されている）

5・2・1 ステンレス鋼の組織と機械的性質 （棒材）（JIS G 4303-1998）

| 系 | JIS 記号 | 主要成分 [mass%] | | | 引張試験 | | | | 硬さ試験 | 状態 |
		Cr	Ni	その他	耐力 [MPa]	引張強さ [MPa]	伸び [%]	絞り [%]	硬さ [HB]	
オーステナイト系	SUS 201	16.00～18.00	3.50～5.50	Mn 5.50～7.50, C＜0.15, N＜0.25	＞275	＞520	＞40	＞45	＜241	固溶化状態
	SUS 202	17.00～19.00	4.00～6.00	Mn 7.50～10.00, C＜0.15, N＜0.25	＞275	＞520	＞40	＞45	＜207	
	SUS 301	16.00～18.00	6.00～8.00	C＜0.15	＞205	＞520	＞40	＞60	＜207	
	SUS 302	17.00～19.00	8.00～10.00	C＜0.15	＞205	＞520	＞40	＞60	＜187	
	SUS 303	17.00～19.00	8.00～10.00	C＜0.15, S＞0.15	＞205	＞520	＞40	＞50	＜187	
	SUS 303 Se	17.00～19.00	8.00～10.00	C＜0.15, Se＞0.15	＞205	＞520	＞40	＞50	＜187	
	SUS 303 Cu	17.00～19.00	8.00～10.00	Cu 1.50～3.50, C＜0.15, S＞0.15	＞205	＞520	＞40	＞50	＜187	
	SUS 304	18.00～20.00	8.00～10.50		＞205	＞520	＞40	＞60	＜187	
	SUS 304 L	18.00～20.00	9.00～13.00	低 C	＞175	＞480	＞40	＞60	＜187	
	SUS 304 N 1	18.00～20.00	7.00～10.50	N 0.10～0.25	＞275	＞550	＞35	＞50	＜217	
	SUS 304 N 2	18.00～20.00	7.50～10.50	N 0.15～0.30, Nb＜0.15	＞345	＞690	＞35	＞50	＜250	
	SUS 304 LN	17.00～19.00	8.50～11.50	低 C, N 0.12～0.22	＞245	＞550	＞40	＞50	＜217	
	SUS 304 J 3	17.00～19.00	8.00～10.50	Cu 1.00～3.00	＞175	＞480	＞40	＞60	＜187	
	SUS 305	17.00～19.00	10.50～13.00	C＜0.12	＞175	＞480	＞40	＞60	＜187	
	SUS 309 S	22.00～24.00	12.00～15.00		＞205	＞520	＞40	＞60	＜187	
	SUS 310 S	24.00～26.00	19.00～22.00		＞205	＞520	＞40	＞50	＜187	
	SUS 316	16.00～18.00	10.00～14.00	Mo 2.00～3.00	＞205	＞520	＞40	＞60	＜187	
	SUS 316 L	16.00～18.00	12.00～15.00	Mo 2.00～3.00, 低 C	＞175	＞480	＞40	＞60	＜187	

5 ステンレス鋼およびこれに類する高合金鋼

系	JIS 記号	主要成分 [mass%]			耐力 [MPa]	引張強さ [MPa]	伸び [%]	絞り [%]	硬さ [HB]	状態
		Cr	Ni	その他						
オーステナイト系	SUS 316 N	16.00~18.00	10.00~14.00	Mo 2.00~3.00, N 0.10~0.22	>275	>550	>35	>50	<217	固溶化状態
	SUS 316 LN	16.50~18.50	10.50~14.50	Mo 2.00~3.00, N 0.10~0.22, 低 C	>245	>550	>40	>50	<217	
	SUS 316 Ti	16.00~18.00	1.000~14.00	Mo 2.00~3.00, Ti>5×C%	>205	>520	>40	>50	<187	
	SUS 316 J 1	17.00~19.00	10.00~14.00	Mo 1.20~2.75, Cu 1.00~2.50	>205	>520	>40	>60	<187	
	SUS 316 J 1 L	17.00~19.00	12.00~16.00	Mo 1.20~2.75, Cu 1.00~2.50, 低 C	>175	>480	>40	>60	<187	
	SUS 316 F	16.00~18.00	10.00~14.00	Mo 2.00~3.00	>205	>520	>40	>50	<187	
	SUS 317	18.00~20.00	11.00~15.00	Mo 3.00~4.00	>205	>520	>40	>60	<187	
	SUS 317 L	18.00~20.00	11.00~15.00	Mo 3.00~4.00, 低 C	>175	>480	>40	>60	<187	
	SUS 317 LN	18.00~20.00	11.00~15.00	Mo 3.00~4.00, N 0.10~0.22, 低 C	>245	>550	>40	>50	<217	
	SUS 317 J 1	16.00~19.00	15.00~17.00	Mo 4.00~6.00, 低 C	>175	>480	>40	>45	<187	
	SUS 836 L	19.00~24.00	24.00~26.00	Mo 5.00~7.00, N<0.25, 低 C	>205	>520	>35	>40	<217	
	SUS 890 L	19.00~23.00	23.00~28.00	Mo 4.00~5.00, Cu 1.00~2.00, 低 C	>215	>490	>35	>40	<187	
	SUS 321	17.00~19.00	9.00~13.00	Ti>5×C%	>205	>520	>40	>50	<187	
	SUS 347	17.00~19.00	9.00~13.00	Nb>10×C%	>205	>520	>40	>50	<187	
	SUS XM 7	17.00~19.00	8.50~10.50	Cu 3.00~4.00	>175	>480	>40	>60	<187	
	SUS XM 15 J 1	15.00~20.00	11.50~15.00	Si 3.00~5.00	>205	>520	>40	>60	<207	
オ*・フ系	SUS 329 J 1	23.00~28.00	3.00~6.00	Mo 1.00~3.00	>390	>590	>18	>40	<277	固溶化状態
	SUS 329 J 3 L	21.00~24.00	4.50~6.50	Mo 2.50~3.50, N 0.08~0.20, 低 C	>450	>620	>18	>40	<302	
	SUS 329 J 4 L	24.00~26.00	5.50~7.50	Mo 2.50~3.50, N 0.08~0.30, 低 C	>450	>620	>18	>40	<302	
フェライト系	SUS 405	11.50~14.50	—	Al 0.10~0.30	>175	>410	>20	>60	<183	焼なまし状態
	SUS 410 L	11.00~13.50	—	低 C	>195	>360	>22	>60	<183	
	SUS 430	16.00~18.00	—	C<0.12	>205	>450	>22	>50	<183	
	SUS 430 F	16.00~18.00	—	C<0.12, S>0.15	>205	>450	>22	>50	<183	
	SUS 434	16.00~18.00	—	Mo 0.75~1.25, C<0.12	>205	>450	>22	>60	<183	
	SUS 447 J 1	28.50~32.00	—	Mo 1.50~2.50, 極低 (C, N)	>295	>450	>20	>45	<228	
	SUS XM 27	25.00~27.50	—	Mo 0.75~1.50, 極低 (C, N)	>245	>410	>20	>45	<219	
マルテンサイト系	SUS 403	11.50~13.00	—	C<0.15, 低 Si	>390	>590	>25	>55	>170	焼入れ焼もどし状態
	SUS 410	11.50~13.50	—	C<0.15	>345	>540	>25	>55	>159	
	SUS 410 J 1	11.50~14.00	—	Mo 0.30~0.60, C 0.08~0.18, 低 Si	>490	>690	>20	>60	>192	
	SUS 410 F 2	11.50~13.50	—	Pb 0.05~0.30, C<0.15	>345	>540	>18	>50	>159	
	SUS 416	12.00~14.00	—	C<0.15, S>0.15	>345	>540	>17	>45	>159	
	SUS 420 J 1	12.00~14.00	—	C 0.16~0.25	>440	>640	>20	>50	>192	
	SUS 420 J 2	12.00~14.00	—	C 0.26~0.40	>540	>740	>12	>40	>217	
	SUS 420 F	12.00~14.00	—	C 0.26~0.40, S>0.15	>540	>740	>8	>35	>217	
	SUS 420 F 2	12.00~14.00	—	Pb 0.05~0.30, C 0.26~0.40	>540	>740	>5	>35	>217	
	SUS 431	15.00~17.00	1.25~2.50	C<0.20	>590	>780	>15	>40	>229	
	SUS 440 A	16.00~18.00	—	C 0.60~0.75	—	—	—	—	HRC>54	
	SUS 440 B	16.00~18.00	—	C 0.75~0.95	—	—	—	—	〃 >56	
	SUS 440 C	16.00~18.00	—	C 0.95~1.20	—	—	—	—	〃 >58	
	SUS 440 F	16.00~18.00	—	C 0.95~1.20, S>0.15	—	—	—	—	〃 >58	

* オーステナイト・フェライト系.

5・2・2 マルテンサイト系ステンレス鋼の熱処理 (JIS G 4303-1998)

種類の記号	熱処理 〔℃〕		
	焼なまし	焼入れ	焼もどし
SUS 403, 410, 410 F 2	800～900 徐冷または約 750 急冷	950～1 000 油冷	700～750 急冷
SUS 410 J 1	830～900 徐冷または約 750 急冷	970～1 020 油冷	650～750 急冷
SUS 416	800～900 徐冷または約 750 急冷	950～1 000 油冷	700～750 急冷
SUS 420 J 1, 420 J 2, 420 F, 420 F 2	800～900 徐冷または約 750 空冷	920～ 980 油冷	600～750 急冷
SUS 431	一次約 750 急冷, 二次約 650 急冷	1 000～1 050 油冷	630～700 急冷
SUS 440 A, B, C, F	800～920 徐冷	1 010～1 070 油冷	100～180 空冷

5・2・3 析出硬化系ステンレス鋼の組成,機械的性質と熱処理 (JIS G 4303-1998)

a. 析出硬化系ステンレス鋼の組成と機械的性質

JIS記号	記号	主要成分 〔mass%〕			引張試験				硬さ試験
		Cr	Ni	その他	耐力 〔MPa〕	引張強さ 〔MPa〕	伸び 〔%〕	絞り 〔%〕	硬さ 〔HB〕
SUS 630	H 900	15.00～17.50	3.00～5.00	3.00～5.00 Cu-0.15～0.45 Nb	>1 175	>1 310	>10	>40	>375
	H 1025				>1 000	>1 070	>12	>45	>331
	H 1075				> 860	>1 000	>13	>45	>302
	H 1150				> 725	> 930	>16	>50	>277
SUS 631	TH 1050	16.00～18.00	6.50～7.75	0.75～1.50 Al	> 960	>1 140	> 5	>25	>363
	RH 950				>1 030	>1 230	> 4	>10	>388

b. 析出硬化系ステンレス鋼の熱処理 (JIS G 4303-1998)

種類の記号	熱処理		
	種類	記号	条件
SUS 630	固溶化熱処理	S	1 020～1 060℃急冷
	析出硬化熱処理	H 900	S 処理後 470～490℃空冷
		H 1025	S 処理後 540～560℃空冷
		H 1075	S 処理後 570～590℃空冷
		H 1150	S 処理後 610～630℃空冷
SUS 631	固溶化熱処理	S	1 000～1 100℃急冷
	析出硬化熱処理	TH 1050	S 処理後 760±15℃に 90 min 保持, 1 h 以内に 15℃以下に冷却, 30 min 保持, 565±10℃に 90 min 保持後空冷.
		RH 950	S 処理後 955±10℃に 10 min 保持, 室温まで空冷, 24 h 以内に -73±6℃に 8 h 保持, 510±10℃に 60 min 保持後空冷.

S:固溶, H:析出硬化, T:変態処理, R:サブゼロ処理

5・3 マルエージ鋼

5・3・1 マルエージ鋼の組成と機械的性質

記号	化学成分 〔mass%〕						機械的性質				熱処理条件
	Ni	Co	Mo	Ti	Al	Cr	耐力 〔MPa〕	引張強さ 〔MPa〕	伸び 〔%〕	絞り 〔%〕	
18 Ni(200)	18	8.5	3.3	0.2	0.1	—	1 400	1 500	10	60	820℃-1 h + 480℃-3 h
18 Ni(250)	18	8.5	5.0	0.4	0.1	—	1 700	1 800	8	55	820℃-1 h + 480℃-3 h
18 Ni(300)	18	9.0	5.0	0.7	0.1	—	2 000	2 050	7	40	820℃-1 h + 480℃-3 h
18 Ni(350)	18	12.5	4.2	1.6	0.1	—	2 400	2 450	6	25	820℃-1 h + 480℃-12 h
12-5-3	12	—	3	0.2	0.3	5	1 400	1 500	10	60	

* C<0.03%

Metals Handbook, 10th ed., Vol.1(1990), p.793, p.796.

6 耐熱鋼および超耐熱合金 (1 MPa=1 N/mm², JIS では N/mm²と表記されている)

6・1 ボイラ・熱交換器用合金鋼鋼管 (JIS G 3462-1988)

JIS 記号	化学成分 [mass%]			機械的性質				
	C	Cr	Mo	引張強さ [MPa]	降伏点 [MPa]	伸び [%]		
						外径 20 mm 以上	外径 20 mm 未満 10 mm 以上	外径 10 mm 未満
						11・12号試験片	11号試験片	11号試験片
STBA 12	0.10〜0.20	—	0.45〜0.65	>380	>205	>30	>25	>22
STBA 13	0.15〜0.25	—	0.45〜0.65	>410	>205	>30	>25	>22
STBA 20	0.10〜0.20	0.50〜0.80	0.40〜0.65	>410	>205	>30	>25	>22
STBA 22	<0.15	0.80〜1.25	0.45〜0.65	>410	>205	>30	>25	>22
STBA 23	<0.15	1.00〜1.50	0.45〜0.65	>410	>205	>30	>25	>22
STBA 24	<0.15	1.90〜2.60	0.87〜1.13	>410	>205	>30	>25	>22
STBA 25	<0.15	4.00〜6.00	0.45〜0.65	>419	>205	>30	>25	>22
STBA 26	<0.15	8.00〜10.00	0.90〜1.10	>410	>205	>30	>25	>22

Mn：12・13種 0.30〜0.80 他は 0.30〜0.60，P：12・13・20・22種 0.035 以下他は 0.030 以下
S：12・13・20・22種 0.035 以下他は 0.030 以下，Si：12・13・20種 0.10〜0.50, 22・24・25種 0.50 以下，
23種 0.50〜1.00, 26種 0.25〜1.00

6・2 高温高圧水素中における鋼の使用限界

凡例：
表面脱炭 ————————————
内部脱炭（水素アタック）————————

	炭素鋼	0.5Mo	1.0 Cr 0.5 Mo	2.0 Cr 0.5 Mo	2.25 Cr 1.00 Mo	3.0 Cr 0.5 Mo	6.0 Cr 0.5 Mo
水素アタックされず	○	▽	□	△	◇	☆	▽
水素アタック	●	▼	■	▲	◆	★	▼
表面脱炭	⊗						

オーステナイト系ステンレス鋼は，一般的に水素雰囲気中ではいかなる温度および圧力でも脱炭しない．
API 941 5th ed. (1997).

6・2・1 高温高圧水素中における鋼の使用限界

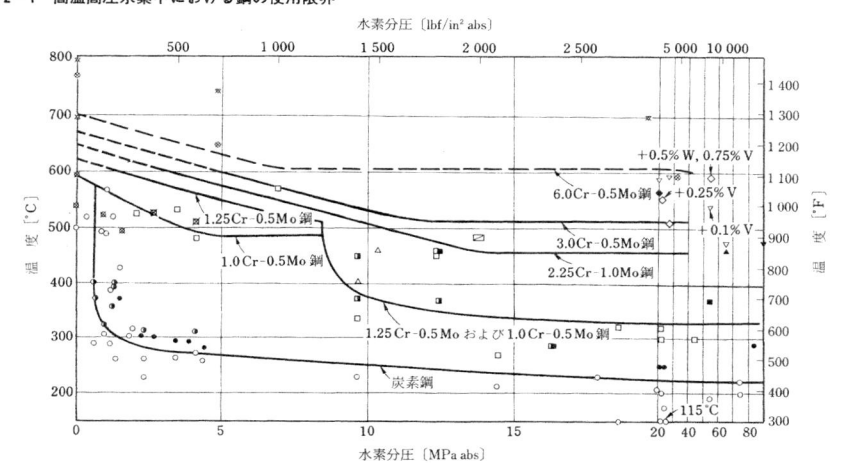

6・2・2 高温高圧水素中における Cr-0.5Mo および Mn-0.5Mo 鋼の使用実績

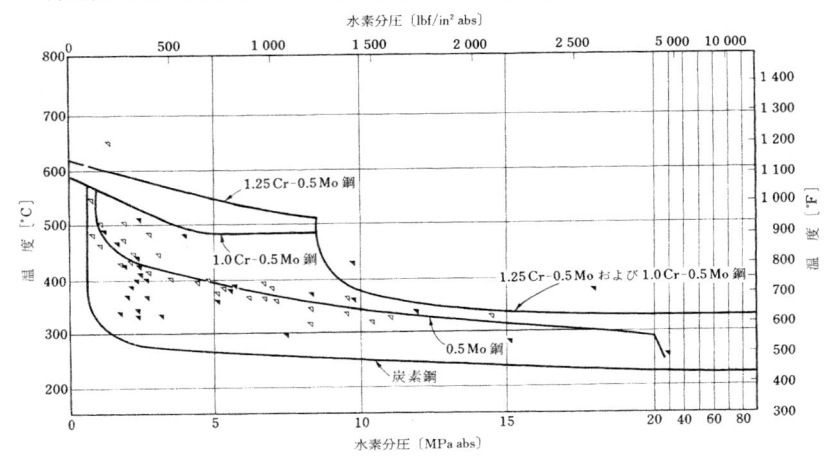

水素分圧 [lbf/in² abs]

（グラフ：縦軸 温度 [℃] / [℉]、横軸 水素分圧 [MPa abs]、曲線 1.25Cr-0.5Mo 鋼、1.0Cr-0.5Mo 鋼、1.25Cr-0.5Mo および 1.0Cr-0.5Mo 鋼、0.5Mo 鋼、炭素鋼）

6・3 耐 熱 鋼

6・3・1 耐熱鋼の組成と機械的性質 （JIS G 4311-1991）

系	JIS記号	化学成分 [mass%]						機械的性質				状態
		C	Si	Mn	Ni	Cr	その他	耐力 [MPa]	引張強さ [MPa]	伸び [%]	絞り [%]	硬さ [HB]	
オーステナイト系	SUH 31	0.35〜0.45	1.50〜2.50	<0.60	13.00〜15.00	14.00〜16.00	W 2.00〜3.00	>315 >315	>740 >690	>30 >25	>40 >35	<248*¹ <248*²	固溶化熱処理
	SUH 35	0.48〜0.58	<0.35	8.00〜10.00	3.25〜4.50	20.00〜22.00	N 0.35〜0.50	>560	>880	>8	—	>302*¹	固溶化熱処理後時効処理
	SUH 36	0.48〜0.58	<0.35	8.00〜10.00	3.25〜4.50	20.00〜22.00	N 0.35〜0.50	>560	>880	>8	—	>302*¹	
	SUH 37	0.15〜0.25	<1.00	1.00〜1.60	10.00〜12.00	20.50〜22.50	N 0.15〜0.30	>390	>780	>35	>35	<248*¹	
	SUH 38	0.25〜0.35	<1.00	<1.20	10.00〜12.00	19.00〜21.00	B 0.001〜0.010 Mo 1.80〜2.50	>490	>880	>20	>25	>269*¹	
	SUH 309	<0.20	<1.00	<2.00	12.00〜15.00	22.00〜24.00		>205	>560	>45	>50	<201*³	固溶化熱処理
	SUH 310	<0.25	<1.50	<2.00	19.00〜22.00	24.00〜26.00		>205	>590	>40	>50	<201*³	
	SUH 330	<0.15	<0.15	<2.00	33.00〜37.00	14.00〜17.00		>205	>560	>40	>50	<201*³	
	SUH 660	<0.08	<1.00	<2.00	24.00〜27.00	13.50〜16.00	Ti 1.90〜2.35, Mo 1.00〜1.50 Al<0.35, V 0.10〜0.50 B 0.001〜0.010	>590	>900	>15	>18	>248*¹	固溶化熱処理後時効処理
	SUH 661	0.08〜0.16	<1.00	1.00〜2.00	19.00〜21.00	20.00〜22.50	Mo 2.00〜3.00 W 2.00〜3.00 Co 18.50〜21.00 N 0.10〜0.20 Nb 0.75〜1.25	>315 >345	>690 >760	>35 >30	>35 >30	<248*³ >192*³	固溶化熱処理 固溶化熱処理後時効処理
フェライト系	SUH 446	<0.20	<1.00	<1.50	<0.60	23.00〜27.00	N <0.25 Cu <0.30	>275	>510	>20	>40	<201	焼なまし
マルテンサイト系	SUH 1	0.40〜0.50	3.00〜3.50	<0.60		7.50〜9.50		>685	>930	>15	>35	>269*⁴	焼入れ焼もどし
	SUH 3	0.35〜0.45	1.80〜2.50	<0.60		10.00〜12.00	Mo 0.70〜1.30	>685 >635	>930 >880	>15 >15	>35 >35	>269*¹ >262*⁵	
	SUH 4	0.75〜0.85	1.75〜2.25	<0.60	0.20〜0.60	1.15〜1.65		>685	>880	>10	>15	>262*¹	
	SUH 11	0.45〜0.55	1.00〜2.00	<0.60		7.50〜9.50		>685	>880	>15	>35	>262*¹	
	SUH 600	0.15〜0.20	<0.50	0.50〜1.00		10.00〜13.00	Mo 0.30〜0.60, Nb 0.20〜0.60 V 0.10〜0.40 N 0.05〜0.10	>685	>830	>15	>30	<321*⁴	
	SUH 616	0.20〜0.25	<0.50	0.50〜1.00	0.50〜1.00	11.00〜13.00	Mo 0.75〜1.25 V 0.20〜0.30	>735	>880	>10	>25	<341*⁴	

適用寸法[mm]： （＊1）25以下　（＊2）25〜180　（＊3）180以下　（＊4）75以下　（＊5）25〜75

6 耐熱鋼および超耐熱合金

6・3・2 12Cr系耐熱鋼の組成とクリープ破断強さ

a. 12Cr系耐熱鋼の組成

鋼 名	化学組成 [mass%]									
	C	Mn	Si	Cr	Mo	W	V	Nb	N	Ni	その他
H 46 (SUH 600)	0.16	0.6	0.4	11.5	0.65	—	0.3	0.25	0.05	—	—
FV 448	0.13	1.0	0.5	10.5	0.75	—	0.15	0.45	0.05	—	—
C-422 (SUH 616)	0.23	0.6	0.4	13.0	1.0	1.0	0.25	—	—	0.7	—
HT-9	0.20	0.55	0.25	11.5	1.0	0.5	0.3	—	—	0.55	—
EM-12	0.10	1.0	0.4	9.5	2.0	—	0.3	0.4	—	—	—
HCM 12A (火 SUS 410J3TB)	0.12	0.6	0.3	11.0	0.4	2.0	0.2	0.05	0.05	0.3	1 Cu 0.003 B
NF 616 (火 STBA 29)	0.08	0.45	0.2	9.0	0.5	1.8	0.2	0.05	0.05	—	0.003 B
TAF	0.18	0.5	0.3	10.5	1.5	—	0.2	0.15	—	—	0.03 B

b. 12Cr系耐熱鋼のクリープ破断強さ [MPa]

鋼 名	熱処理	550℃			600℃			650℃		
		10^3 h	10^4 h	10^5 h	10^3 h	10^4 h	10^5 h	10^3 h	10^4 h	10^5 h
H 46 (SUH 600)	1 150℃ 油冷 650℃ 空冷	354	308	—	262	118	62	151	54	(30)
FV 448	1 150℃ 油冷 650℃ 空冷	386	285	131	247	139	54	154	60	—
C-422 (SUH 616)	1 060℃ 油冷 650℃ 空冷	340	240	120	210	120	(55)	90	(50)	(20)
HT 9	1 050℃ 空冷 760℃ 空冷	255	210	165	165	110	68	80	55	(26)
EM-12	1 080℃ 空冷 785℃ 空冷	280	225	175	180	128	85	89	60	(37)
HCM 12A (火 SUS 410J3TB)	1 050℃ 空冷 780℃ 空冷	280	238	200	190	155	124	119	90	64
NF 616 (火 STBA 29)	1 050℃ 空冷 780℃ 空冷	273	237	(204)	198	164	(131)	130	98	(69)
TAF	1 150℃ 油冷 700℃ 空冷	442	373	314	280	220	165	175	127	85

6・3・3 各種耐熱鋼のクリープ破断強さおよびクリープ強さの比較(物質・材料研究機構 クリープデータシートに基づく)

a. 各種フェライト耐熱鋼の 10^5 h クリープ破断強さの比較

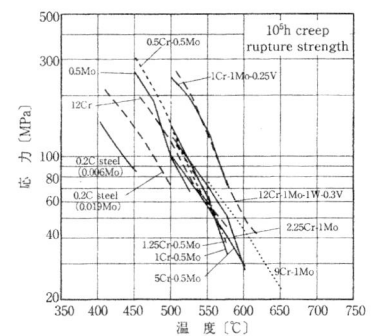

b. 各種フェライト耐熱鋼のクリープ強さ($1\%/10^5$ h)の比較

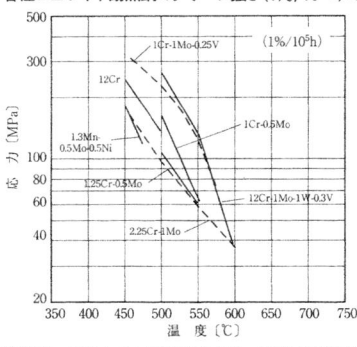

c. 各種オーステナイト耐熱鋼の 10^5 h クリープ破断強さの比較

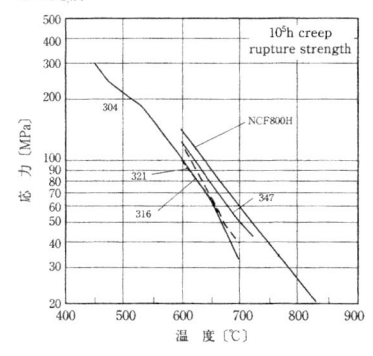

d. 各種オーステナイト耐熱鋼のクリープ強さ($1\%/10^5$ h)の比較

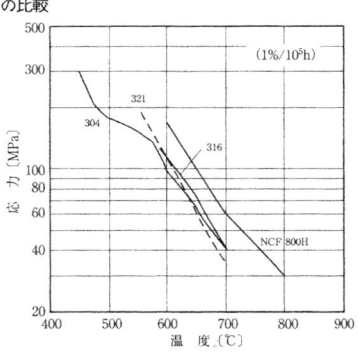

6・4 超耐熱合金
6・4・1 鍛造用超耐熱合金
a. Fe基超耐熱合金の組成

合金名	化学成分 [mass%]												
	Ni	Cr	Co	Mo	W	Nb	Al	Ti	Fe	Mn	Si	C	B	その他
A-286	26.0	15.0	—	1.3	—	—	0.2	2.0	54.0	1.3	0.5	0.05	0.015	—
Alloy 901	42.5	12.5	—	5.7	—	—	0.2	2.8	36.0	0.1	0.1	0.05	0.015	—
Discaloy	26.0	13.5	—	2.7	—	—	0.1	1.7	54.0	0.9	0.8	0.04	0.005	—
Haynes 556	20.0	22.0	20.0	3.0	2.5	0.1	0.3	—	29.0	1.5	0.4	0.10	—	0.2 N, 0.02 La, 0.9 Ta
Incoloy 800	32.5	21.0	—	—	—	—	0.4	0.4	46	0.8	0.5	0.05	—	—
Incoloy 801	32.0	20.5	—	—	—	—	—	1.1	44.5	0.8	0.5	0.05	—	—
Incoloy 802	32.5	21.5	—	—	—	—	—	—	46	0.8	0.4	0.4	—	—
Incoloy 807	40.0	20.5	8.0	0.1	5.0	—	0.2	0.3	25	0.50	0.40	0.05	—	—
Incoloy 825	38-46	19.5-23.5	—	2.5-3.5	—	—	0.2	0.6-1.2	22	1.0	0.5	0.05	—	1.5-3 Cu, 0.03 S
Incoloy 903	38.0	—	15.0	—	—	3.0	0.7	1.4	41.0	—	—	—	—	—
Incoloy 907	38	—	13	—	—	4.7	0.03	1.5	42	—	0.15	—	—	—
Incoloy 909	38.0	—	13.0	—	—	4.7	—	1.5	42.0	—	0.4	0.01	0.001	—
N-155	20.0	21.0	20.0	3.0	2.5	1.0	—	—	30.0	1.5	0.5	0.15	—	0.15 N
Pyromet CTX-1	37.7	0.1	16.0	0.1	—	3.0	1.0	1.7	39.0	—	—	0.03	—	—
Pyromet CTX-3	38.3	0.2	13.6	—	—	4.9	0.1	1.6	残部	—	0.15	0.05	0.007	—
S-590	20	20.5	20	4.0	4.0	4.0	—	—	—	1.25	0.40	0.43	—	—
V-57	27.0	14.8	—	1.3	—	—	0.3	3.0	52.0	0.3	0.7	0.08	0.010	—
16-25-6	25.5	16.25	—	6.0	—	—	—	—	残部	2.0	1.0	0.10	—	—
17-14 CuMo	14.0	16.0	—	2.5	—	0.4	—	0.3	62.4	0.75	0.50	0.12	—	3.0 Cu
19-9 DL	9.0	19.0	0.4	—	1.3	—	—	0.3	残部	1.0	0.50	0.3	—	—
20-Cb 3	34.0	20.0	—	2.5	—	—	1.0	—	42.4	—	—	0.07	—	3.5 Cu

Metals Handbook, 10th ed., Vol.1(1990), p.965 一部加筆.

b. Ni基超耐熱合金の組成

合金名	化学成分 [mass%]													
	Ni	Cr	Co	Mo	W	Nb	Al	Ti	Fe	Mn	Si	C	B	Zr	その他
Astroloy	55.0	15.0	17.0	5.3	—	—	4.0	3.5	—	—	—	0.06	0.030	—	—
Cabot 214	75.0	16.0	—	—	—	—	4.5	—	2.5	—	—	—	—	—	0.01 Y
D-979	45.0	15.0	—	4.0	—	—	1.0	3.0	27.0	0.3	0.2	0.05	0.010	—	—
Hastelloy C-22	51.6	21.5	2.5	13.5	4.0	—	—	—	5.5	1.0	0.1	0.01	—	—	0.3 V
Hastelloy C-276	—	15.5	2.5	16.0	3.7	—	—	—	5.5	1.0	0.1	0.01	—	—	0.3 V
Hastelloy G-30	42.7	29.5	2.0	5.5	2.5	0.8	—	—	15.0	1.0	1.0	0.03	—	—	2.0 Cu
Hastelloy S	67.0	15.5	—	14.5	—	—	0.3	—	1.0	0.5	0.4	—	0.009	—	0.05 La
Hastelloy X	47.0	22.0	1.5	9.0	0.6	—	—	—	18.5	0.5	0.5	0.10	—	—	—
Hastelloy XR	残部	22.0	<0.1	9.0	0.5	—	0.01	0.02	18.0	0.9	0.4	0.07	0.005	—	—
Haynes 230	57.0	22.0	—	2.0	14.0	—	0.3	—	—	0.5	0.4	0.10	—	—	0.02 La
Inconel 587	残部	28.5	20.0	—	—	0.7	1.2	2.3	—	—	—	0.05	0.003	0.05	—
Inconel 597	残部	24.5	20.0	1.5	—	1.0	1.5	3.0	—	—	—	0.05	0.012	0.05	0.02 Mg
Inconel 600	76.0	15.5	—	—	—	—	—	—	8.0	0.5	0.2	0.08	—	—	—
Inconel 601	60.5	23.0	—	—	—	—	1.4	—	14.1	0.5	0.2	0.05	—	—	—
Inconel 617	54.0	22.0	12.5	9.0	—	—	1.0	0.3	—	—	—	0.07	—	—	—
Inconel 625	61.0	21.5	—	9.0	—	3.6	0.2	0.2	2.5	0.2	0.2	0.05	—	—	—
Inconel 706	41.5	16.0	—	—	—	2.9	0.2	1.8	40.0	0.2	0.2	0.03	—	...	—
Inconel 718	52.5	19.0	—	3.0	—	5.1	0.5	0.9	18.5	0.2	0.2	0.04	—	—	—
Inconel X 750	73.0	15.5	—	—	—	1.0	0.7	2.5	7.0	0.5	0.2	0.04	—	—	—
KSN	残部	16.0	—	—	26.0	0.4	—	—	—	—	—	0.02	—	0.05	—
M-252	55.0	20.0	10.0	10.0	—	—	1.0	2.6	—	0.5	0.5	0.15	0.005	—	—
Nimonic 75	76.0	19.5	—	—	—	—	—	0.4	3.0	0.3	0.3	0.10	—	—	—
Nimonic 80 A	76.0	19.5	—	—	—	—	1.4	2.4	—	0.3	0.3	0.06	0.003	0.06	—
Nimonic 90	59.0	19.5	16.5	—	—	—	1.5	2.5	—	0.3	0.3	0.07	0.003	0.06	—
Nimonic 105	53.0	15.0	20.0	5.0	—	—	4.7	1.2	—	—	—	0.15	0.016	0.04	—
Nimonic 115	60.0	14.3	13.2	—	—	—	4.9	3.7	—	—	—	0.15	0.016	0.04	—
Nimonic 263	51.0	20.0	20.0	5.9	—	—	0.5	2.1	—	0.4	0.3	0.06	0.001	0.02	—
Nimonic 942	残部	12.5	—	6.0	—	—	0.6	3.7	37	0.2	0.30	0.03	0.010	—	—
Nimonic PE.11	残部	18.0	—	5.2	—	—	0.8	2.3	35	0.20	0.30	0.05	0.03	0.2	—
Nimonic PE.16	43.0	16.5	1.0	1.1	—	—	1.2	1.2	33.0	0.1	0.1	0.05	0.020	—	—
Nimonic PK.33	56.0	18.5	14.0	7.0	—	—	2.0	2.0	0.3	0.1	0.1	0.05	0.030	—	—
Pyromet 860	43	12.6	4.0	6.0	—	—	1.25	3.0	30.0	0.05	0.05	0.05	0.010	—	—
René 41	55.0	19.0	11.0	1.0	—	—	1.5	3.1	—	—	—	0.09	0.005	—	—
René 95	61.0	14.0	8.0	3.5	3.5	3.5	3.5	2.5	—	—	—	0.15	0.010	0.05	—
SSS 113 MA	残部	23.0	—	—	18.0	—	—	0.48	—	—	—	0.03	—	0.035	—
Udimet 400	残部	17.5	14.0	4.0	—	0.5	1.5	2.5	—	—	—	0.06	0.008	0.06	—
Udimet 500	54.0	18.0	18.5	4.0	—	—	2.9	2.9	—	—	—	0.08	0.006	0.05	—
Udimet 520	57.0	19.0	12.0	6.0	1.0	—	2.0	3.0	—	—	—	0.05	0.005	—	—
Udimet 630	残部	18.0	—	3.0	3.0	6.5	0.5	1.0	18.0	—	—	0.03	—	—	—
Udimet 700	55.0	15.0	17.0	5.0	—	—	4.0	3.5	—	—	—	0.06	0.030	—	—
Udimet 710	55.0	18.0	15.0	3.0	1.5	—	2.5	5.0	—	—	—	0.07	0.020	—	—
Udimet 720	55.0	17.9	14.7	3.0	1.3	—	2.5	5.0	—	—	—	0.03	0.033	0.03	—
Unitemp AF 2-1 DA 6	60.0	12.0	10.0	2.7	6.5	—	4.0	2.8	—	—	—	0.04	0.015	0.10	1.5 Ta
Waspaloy	58.0	19.5	13.5	4.3	—	—	1.3	3.0	—	—	—	0.08	0.006	—	—

Metals Handbook, 10th ed., Vol.1(1990), p.951 に加筆修正.

c. Co基超耐熱合金の組成

合金名	Ni	Cr	Co	Mo	W	Ta	Nb	Al	Fe	Mn	Si	C	Zr	その他
AiResist 213	—	19	66	—	4.7	6.5	—	3.5	—	—	—	0.18	0.15	0.1 Y
Elgiloy	15	20	40	7	—	—	—	—	残部	2	—	0.1	—	0.04 Be
Haynes 150	—	28	50.5	—	—	—	—	—	残部	—	0.75	—	—	0.02 P, 0.002 S
Haynes 188	22.0	22.0	39.2	—	14.0	—	—	—	3.0	—	—	0.10	—	—
L-605	10.0	20.0	52.9	—	15.0	—	—	—	—	—	—	0.05	—	—
MAR-M 918	20.0	20.0	52.5	—	—	7.5	—	—	—	—	—	0.05	0.10	—
MP 35 N	35.0	20.0	35.0	10.0	—	—	—	—	—	—	—	—	—	—
MP 159	25.5	19.0	35.7	7.0	—	—	0.6	0.2	9.0	—	—	—	—	3.0 Ti
Stellite 6 B	3.0	30	残部	1.5	4.5	—	—	—	3.0	2.0	2.0	1.1	—	—
S-816	20.0	20.0	残部	4.0	4.0	—	4.0	—	3.0	1.20	—	0.40	—	—
V-36	20.0	25.0	残部	4.0	—	—	2.3	—	2.4	1.0	—	0.32	—	—

Metals Handbook, 10th ed., Vol.1(1990), p.965.

d. 鍛造用超耐熱合金の1000hクリープ破断強さ [MPa]

合金名	650°C	760°C	870°C	980°C	合金名	650°C	760°C	870°C	980°C
Fe基					Inconel 718 Super	600	—	—	—
A-286	315	105	—	—	Inconel X 750	470	—	50	—
Alloy 901	525	205	—	—	KSN	—	—	67	34
Discaloy	275	60	—	—	M-252	565	270	95	—
Haynes 556	275	125	55	20	Nimonic 75	170	50	5	—
Incoloy 800	165	66	30	13	Nimonic 80 A	420	160	—	—
Incoloy 801	—	—	—	—	Nimonic 90	455	205	60	—
Incoloy 802	170	110	69	24	Nimonic 105	—	330	130	30
Incoloy 807	—	105	43	19	Nimonic 115	—	420	185	70
Incoloy 903	510	—	—	—	Nimonic 942	520	270	—	—
Incoloy 909	345	—	—	—	Nimonic PE.11	335	145	—	—
N-155	295	140	70	20	Nimonic PE.16	345	150	—	—
S-590	280	127	—	—	Nimonic PK.33	655	310	90	—
V-57	485	—	—	—	Pyromet 860	545	250	—	—
Ni基					René 41	705	345	115	—
Astroloy	770	425	170	55	René 95	860	—	—	—
Cabot 214	—	—	30	15	SSS 113 MA	—	—	69	37
D-979	515	250	70	—	Udimet 400	600	305	110	—
Hastelloy S	—	90	25	—	Udimet 500	760	325	125	—
Hastelloy X	215	105	40	15	Udimet 520	585	345	150	—
Haynes 230	—	125	55	15	Udimet 700	705	425	200	55
Inconel 587	—	285	—	—	Udimet 710	870	460	200	70
Inconel 597	—	340	—	—	Udimet 720	670	—	—	—
Inconel 600	—	—	30	15	Unitemp AF 2-1DA 6	885	360	—	—
Inconel 601	195	60	30	15	Waspaloy	615	290	110	—
Inconel 617	360	165	60	30	**Co基**				
Inconel 617	—	160	60	30	Haynes 150	—	40	—	—
Inconel 625	370	160	50	20	Haynes 188	—	165	70	30
Inconel 706	580	—	—	—	L-605	270	165	75	30
Inconel 718	595	195	—	—	MAR-M 918	—	60	20	5
Inconel 718 Direct Age	405	—	—	—					

Matals Handbook, 10th ed., Vol.1(1990), p.962 に加筆修正.

6・4・2 普通鋳造用超耐熱合金
a. 普通鋳造用 Ni 基超耐熱合金の組成

合金名	化学成分 [mass%]												密度
	C	Cr	Co	Mo	W	Ta	Nb	Al	Ti	Hf	Zr	B	Ni	その他	[Mg/m³]
B-1900	0.10	8.0	10.0	6.0	—	4.3	—	6.0	1.0	—	0.08	0.015	残部	—	8.2
B-1900 Hf (MM 007)	0.10	8.0	10.0	6.0	—	4.3	—	6.0	1.0	1.5	0.08	0.015	残部	—	8.25
B-1910	0.10	10.0	10.0	3.0	—	7.0	—	6.0	1.0	—	0.10	0.015	残部	—	—
C 130	0.04	21.5	—	10.0	—	—	—	0.8	2.6	—	—	—	残部	—	—
C 242	0.30	20.0	10.0	10.3	—	—	—	0.1	0.2	—	—	—	残部	—	—
C 263	0.06	20.0	20.0	5.9	—	—	—	0.45	2.15	—	0.02	<0.001	残部	—	—
C 1023	0.15	15.5	10.0	8.0	—	—	—	4.2	3.6	—	—	0.006	残部	—	—
CM 247 LC	0.07	8.1	9.3	0.5	9.5	3.0	—	5.6	0.7	1.4	0.01	0.015	残部	—	—
GMR-235	0.15	15.0	—	4.8	—	—	—	3.8	2.0	—	—	0.05	残部	0.3 Mn, 0.4 Si 11.0 Fe	8.0
GMR-235 D	0.15	15.0	—	4.8	—	—	—	3.5	2.5	—	—	0.05	残部	4.5 Fe	8.04
Hastelloy S	0.01	16.0	—	15.0	—	—	—	0.40	—	—	—	0.009	残部	3.0 Fe, 0.02 La, 0.65 Si, 0.55 Mn	—
Hastelloy X	0.08	21.8	1.5	9.0	0.6	—	—	—	—	—	—	—	残部	18.5 Fe, 0.5 Mn 0.3 Si	—
IN-100	0.18	10.0	15.0	3.0	—	—	—	5.5	4.7	—	0.06	0.014	残部	1.0 V	7.75
IN-162	0.12	10.0	—	4.0	2.0	2.0	1.0	6.5	1.0	—	0.10	0.02	残部	0.5 Fe	—
IN-625	0.06	21.5	—	8.5	—	—	4.0	0.2	0.2	—	—	—	残部	2.5 Fe	—
IN-713 C	0.12	12.5	—	4.2	—	—	2.0	6.1	0.8	—	0.10	0.012	残部	—	8.25
IN-713 LC	0.05	12.0	—	4.5	—	—	2.0	5.9	0.6	—	0.10	0.01	残部	—	8.00
IN-713 Hf (MM 004)	0.05	12.0	—	4.5	—	—	2.0	5.9	0.6	1.3	0.10	0.01	残部	—	—
IN-718	0.04	18.5	—	3.0	—	—	5.1	0.5	0.9	—	—	—	残部	18.5 Fe	8.22
IN-731	0.18	9.5	10.0	2.5	—	—	—	5.5	4.6	—	0.06	0.015	残部	1.0 V	7.75
IN-738 C	0.17	16.0	8.5	1.75	2.6	1.75	0.9	3.4	3.4	—	0.10	0.01	残部	—	8.11
IN-738 LC	0.11	16.0	8.5	1.75	2.6	1.75	0.9	3.4	3.4	—	0.04	0.01	残部	—	—
IN-792	0.21	12.7	9.0	2.0	3.9	3.9	—	3.2	4.2	—	0.10	0.02	残部	—	8.25
IN-939	0.15	22.4	19.0	—	2.0	1.4	1.0	1.9	3.7	—	0.10	0.009	残部	—	8.2
M 22	0.13	5.7	—	2.0	11.0	3.0	—	6.3	—	—	0.60	—	残部	—	8.63
MAR-M 200	0.15	9.0	10.0	—	12.5	—	1.8	5.0	2.0	—	0.05	0.015	残部	—	8.53
MAR-M 200 Hf (MM 009)	0.14	0.9	10.0	—	12.5	—	1.0	5.0	2.0	2.0	—	0.015	残部	—	—
MAR-M 246	0.15	9.0	10.0	2.5	10.0	1.5	—	5.5	1.5	—	0.05	0.015	残部	—	8.44
MAR-M 246 Hf (MM 006)	0.15	9.0	10.0	2.5	10.0	1.5	—	5.5	1.5	1.4	0.05	0.015	残部	—	—
MAR-M 247 (MM 0011)	0.16	8.5	10.0	0.65	10.0	3.0	—	5.6	1.0	1.4	0.04	0.015	残部	—	8.53
MAR-M 421	0.14	15.8	9.5	2.0	3.8	—	—	4.3	1.8	—	0.05	0.015	残部	—	8.08
MAR-M 432	0.15	15.5	20.0	—	3.0	2.0	2.0	2.8	4.3	—	0.05	0.015	残部	—	8.16
MC-102	0.04	20.0	—	6.0	2.5	0.6	6.0	—	—	—	—	—	残部	0.25 Si, 0.30 Mn	—
MM-002	0.15	9.0	10.0	—	10.0	2.5	—	5.5	1.5	1.5	0.05	0.015	残部	—	—
Nimocast 75	0.12	20.0	—	—	—	—	—	—	0.5	—	—	—	残部	—	8.44
Nimocast 80	0.05	19.5	—	—	—	—	—	1.4	2.3	—	—	—	残部	1.5 Fe	8.17
Nimocast 90	0.06	19.5	18.0	—	—	—	—	1.4	2.4	—	—	—	残部	1.5 Fe	8.18
Nimocast 95	0.07	19.5	18.0	—	—	—	—	2.0	2.9	—	0.02	0.015	残部	—	—
Nimocast 100	0.20	11.0	20.0	5.0	—	—	—	5.0	1.5	—	0.03	0.015	残部	—	—
Nimocast 242	0.34	20.5	10.0	10.5	—	—	—	0.2	0.3	—	—	—	残部	1.0 Fe, 0.3 Mn 0.3 Si	8.4
Nimocast 263	0.06	20.0	20.0	5.8	—	—	—	0.5	2.2	—	0.04	0.008	残部	0.5 Fe, 0.5 Mn	8.36
NX 188	0.04	—	—	18.0	—	—	—	8.0	—	—	—	—	残部	—	—
René 41	0.08	19.0	10.5	9.5	—	—	—	1.7	3.2	—	0.01	0.005	残部	—	—
René 77	0.08	15.0	18.5	5.2	—	—	—	4.25	3.5	—	—	0.015	残部	—	7.91
René 80	0.17	14.0	9.5	4.0	4.0	—	—	3.0	5.0	—	0.03	0.015	残部	—	8.16
René 80 Hf	0.15	14.0	9.5	4.0	4.0	—	—	3.0	4.7	0.8	0.01	0.015	残部	—	—
René 100	0.15	9.5	15.0	3.0	—	—	—	5.5	4.2	—	0.06	0.015	残部	1.0 V	7.75
René 125 Hf (MM 005)	0.10	9.0	10.0	2.0	7.0	3.8	—	4.8	2.6	1.6	0.05	0.015	残部	—	—
René 200	0.03	19.0	12.0	3.2	—	3.1	5.1	0.5	1.0	—	—	—	残部	—	—
SEL	0.08	15.0	26.0	4.5	—	—	—	4.4	2.4	—	—	0.015	残部	—	—
SEL-15	0.07	11.0	14.5	6.5	1.5	—	0.5	5.4	2.5	—	—	0.015	残部	—	8.7
TM-321	0.11	8.1	8.2	—	12.6	4.7	—	5.0	0.8	0.9	0.05	0.01	残部	—	—
Udimet 500	0.08	18.5	16.5	3.5	—	—	—	3.0	3.0	—	—	0.006	残部	—	8.02
Udimet 700	0.08	14.3	14.5	4.3	—	—	—	4.25	3.5	—	0.02	0.015	残部	—	—
Udimet 710	0.13	18.0	15.0	3.0	1.5	—	—	2.5	5.0	—	0.08	—	残部	—	8.08
UDM 56	0.02	16.0	5.0	1.5	6.0	—	—	4.5	2.0	—	0.03	0.070	残部	0.5 V	8.2
Waspaloy	0.06	19.0	12.3	3.8	—	—	—	1.2	3.0	—	0.01	0.005	残部	0.45 Mn	—

Metals Handbook, 10th ed., Vol.1 (1990), p.982 に加筆修正.

6 耐熱鋼および超耐熱合金

b. 普通鋳造用 Ni 基超耐熱合金のクリープ破断強さ [MPa]

合金名	815°C 100 h	815°C 1 000 h	870°C 100 h	870°C 1 000 h	980°C 100 h	980°C 1 000 h	合金名	815°C 100 h	815°C 1 000 h	870°C 100 h	870°C 1 000 h	980°C 100 h	980°C 1 000 h
B-1900	510	380	385	250	180	110	MAR-M 246	525	435	440	290	195	125
CMSX-2	—	—	—	345	—	170	MAR-M 246 Hf(MM 006)	530	425	425	285	205	130
GMR-235	—	—	—	180	—	75	MAR-M 247	585	415	455	290	185	125
IN-100	455	365	360	260	160	90	MAR-M 421	450	305	310	215	125	83
IN-162	505	370	340	255	165	110	MAR-M 432	435	330	295	215	140	97
IN-625	130	110	97	76	34	28	MC-102	195	145	145	105	—	—
IN-713 C	370	305	305	215	130	70	MM-002	—	—	—	305	—	125
IN-713 LC	425	325	295	240	140	105	Nimocast 90	160	110	125	83	—	—
IN-713 Hf(MM 004)	—	—	—	205	—	90	Nimocast 242	110	83	90	59	45	—
IN-731	505	365	—	—	165	105	René 77	—	—	310	215	130	62
IN-738 C	470	345	330	235	130	90	René 80	—	—	350	240	160	105
IN-738 LC	430	315	295	215	140	90	René 125 Hf(MM 005)	—	—	—	305	—	115
IN-792	515	380	365	260	165	105	SEL-15	—	—	—	295	—	75
IN-939	—	—	—	195	—	60	TM-321	594	486	481	349	217	129
M-22	515	385	395	285	200	130	Udimet 500	344	253	250	167	95	55
MAR-M 200	495	415	385	295	170	125	Udimet 710	420	325	305	215	150	76
MAR-M 200 Hf(MM 009)	—	—	—	305	—	125	UDM 56	—	—	—	270	—	125

Metals Handbook, 10th ed., Vol.1(1990), p.985 に加筆.

c. 鋳造用 Co 基超耐熱合金の組成

合金名	化学組成 [mass%]												密度 [Mg/m³]
	C	Cr	Ni	W	Ta	Nb	Mo	Ti	B	Zr	Fe	Co	その他	
AiResist 13	0.45	21.0	—	11.0	—	2.0	—	—	—	—	2.5 max	残部	3.4 Al, 0.1 Y	8.43
AiResist 215	0.35	19.0	0.5	4.5	7.5	—	—	—	—	0.13	—	残部	4.3 Al, 0.1 Y	8.47
F 75	0.25	28.0	1.0 max	—	—	—	5.5	—	—	—	—	残部	—	—
FSX-414	0.25	29.5	10.5	7.0	—	—	—	—	0.012	—	2.0 max	残部	—	8.3
HS-21(MOD Vitallium)	0.25	27.0	3.0	—	—	—	5.0	—	—	—	1.0	残部	—	—
HS-25(L-605)	0.10	20.0	10.0	15.0	—	—	—	—	—	—	—	残部	—	—
HS-31(X-40)	0.50	25.0	10.0	7.5	—	—	—	—	—	0.17	1.5	残部	0.4 Si	—
MAR-M 302	0.85	21.5	—	10.0	9.0	—	—	0.2	0.005	—	1.5 max	残部	—	9.21
MAR-M 322	1.0	21.5	—	9.0	4.5	—	—	0.75	—	2.25	0.75	残部	—	8.91
MAR-M 509	0.60	24.0	10.0	7.0	7.5	—	—	0.2	—	—	1.0	残部	—	8.85
ML-1700	0.2	25.0	—	15.0	—	—	—	—	0.4	—	—	残部	—	—
WI-52	0.42	21.0	1.0 max	11.0	—	2.0	—	—	—	—	2.0	残部	—	8.88
X-45	0.25	25.5	10.5	7.0	—	—	—	—	0.010	—	2.0 max	残部	—	—

Metals Handbook, 10th ed., Vol.1(1990), p.983 に加筆.

d. 鋳造用 Co 基超耐熱合金のクリープ破断強さ [MPa]

合金名	815°C 100 h	815°C 1 000 h	870°C 100 h	870°C 1 000 h	980°C 100 h	980°C 1 000 h	1 095°C 100 h	1 095°C 1 000 h
FSX-414	150	115	110	85	55	35	21	—
HS-21	150	95	115	90	60	50	—	—
HS-31(X-40)	180	140	130	105	75	55	—	—
MAR-M 509	270	225	200	140	115	90	55	41
WI-52	—	195	175	150	90	70	—	—
X-45	167	131	124	93	—	—	—	—

Metals Handbook, 10th ed., Vol.1(1990), p.985.

6・4・3 一方向凝固柱状晶 (DS) 超耐熱合金の組成

合金名	化学組成 [mass%]												
	C	Cr	Co	Mo	W	Nb	Ta	Re	Al	Ti	B	Zr	Hf	Ni
第1世代														
GTD 111	0.1	14	9.5	1.5	3.8	—	2.8	—	3.0	4.9	0.01	—	—	残部
MAR-M 200 Hf	0.13	8	—	—	12	1	—	—	5.0	1.9	0.015	0.03	2	残部
CM 247 LC	0.07	8	9	0.5	10	—	3.2	—	5.6	0.7	0.015	0.01	1.4	残部
René 80 Hf	0.16	14	9	4	4	—	—	—	3.0	4.7	0.015	0.01	0.8	残部
TMD-5	0.07	5.8	9.5	1.9	13.7	—	3.3	—	4.6	0.9	0.015	0.015	1.4	残部
第2世代														
PWA 1426	0.1	6.5	12	1.7	6.5	—	4	3	6.0	—	0.015	0.03	1.5	残部
CM 186 LC	0.07	6	9	0.5	8.4	—	3.4	3	5.7	0.7	0.015	0.005	1.4	残部
René 142	0.12	6.8	11.8	1.5	4.9	—	6.4	2.8	6.1	—	0.015	—	1.5	残部
第3世代														
TMD-103	0.07	3	12	2	6	—	6	5	6.0	—	0.015	—	0.1	残部

6・4・4 単結晶用超耐熱合金の組成

合金名	化学組成 [mass%]													
	Cr	Co	Mo	W	Ta	Re	Nb	Al	Ti	Hf	Y	B	その他	Ni
第1世代														
PWA 1480	10	5	—	4	12	—	—	5.0	1.5	—	—	—	—	残部
René N-4	9	8	2	6	4	—	0.5	3.7	4.2	—	—	—	—	残部
CMSX-2	8	5	0.6	8	6	—	—	5.6	1.0	—	—	—	—	残部
AM1	7	8	2	5	8	—	1	5.0	1.8	—	—	—	—	残部
RR 2000	10	15	3	—	—	—	—	5.5	4.0	—	—	—	1 V	残部
SRR 99	8	5	—	10	3	—	—	5.5	2.2	—	—	—	—	残部
MC-2	8	5	2	8	6	—	—	5.0	1.5	—	—	—	—	残部
MDSC-7M	10	4.5	0.7	6	5.4	0.1	—	5.4	2.0	—	—	—	—	残部
TMS-26	5.6	8.2	1.9	10.9	7.7	—	—	5.1	—	—	—	—	—	残部
第2世代														
PWA 1484	5	10	2	6	9	3	—	5.6	—	0.1	—	—	—	残部
René N-5	7	8	2	5	7	3	—	6.2	—	0.2	—	—	—	残部
CMSX-4	6	9	0.6	6	7	3	—	5.6	1.0	0.1	—	—	—	残部
TMS-82⁺	4.9	7.8	1.9	8.7	6.0	2.4	—	5.3	0.5	0.1	—	—	—	残部
YH 61	7.1	1	0.8	8.8	8.9	1.4	0.8	5.1	—	0.25	—	0.02	0.07 C	残部
第3世代														
René N-6	4.2	12.5	1.4	6	7.2	5.4	—	5.8	—	0.15	0.01	0.004	0.05 C	残部
CMSX-10	2	3	0.4	5	8	6	0.1	5.7	0.2	0.03	—	—	—	残部
TMS-75	3	12	2	6	6	5	—	6.0	—	0.1	—	—	—	残部
第4世代														
TMS-138	3	6	3	6	6	5	—	6.0	—	0.1	—	—	2 Ru	残部
MC-NG	4	<0.2	1	5	5	4	—	6.0	0.5	0.1	—	—	4 Ru	残部

6・4・5 粉末用超耐熱合金
a. 粉末用超耐熱合金の組成

合金名	化学組成 [mass%]												
	C	Cr	Co	Mo	W	Ta	Nb	Hf	Al	Ti	V	B	Zr	Ni
AF-115	0.045	10.9	15.0	2.8	5.7	—	1.7	0.7	3.8	3.7	—	0.016	0.05	残部
IN-100	0.07	12.4	18.5	3.2	—	—	—	—	5.0	4.3	0.8	0.02	0.06	残部
IN-713 LC	0.05	12.0	0.08	4.7	—	—	(2.0)	—	6.2	0.8	—	0.005	0.1	残部
IN-738	0.17	16.0	8.5	1.7	2.6	1.7	0.9	—	3.4	3.4	—	0.01	0.1	残部
IN-792 (PA 101)	0.12	12.4	9.0	1.9	3.8	3.9	—	—	3.1	4.5	—	0.02	0.10	残部
LC Astroloy	0.023	15.1	17.0	5.2	—	—	—	—	4.0	3.5	—	0.024	<0.01	残部
MAR-M 200	0.15	9.0	10.0	—	12.0	—	1.0	—	5.0	2.0	—	0.015	0.05	残部
Modified MAR-M 432	0.14	15.4	19.6	—	2.9	0.7	1.9	0.7	3.1	3.5	—	0.02	0.05	残部
MERL 76	0.025	12.2	18.2	3.2	—	—	1.3	0.3	5.0	4.3	—	0.02	0.06	残部
NASA II B-7	0.12	8.9	9.1	2.0	7.6	10.1	—	1.0	3.4	0.7	0.5	0.023	0.080	残部
René 80	0.20	14.5	10.0	3.8	3.8	—	—	—	3.1	5.1	—	0.014	0.05	残部
René 95	0.08	12.8	8.1	3.6	3.6	—	3.6	—	3.6	2.6	—	0.01	0.053	残部
Unitemp AF 2-1 DA 142	0.35	12.2	10.0	3.0	6.2	1.7	—	—	4.6	3.0	—	0.014	0.12	残部
Waspaloy	0.04	19.3	13.6	4.2	—	—	—	—	1.3	3.6	—	0.005	0.048	残部
RSR 103	—	—	—	15.0	—	—	—	—	8.4	—	—	—	—	残部
RSR 104	—	—	—	18.0	—	—	—	—	8.0	—	—	—	—	残部
RSR 143	—	—	—	14.0	—	6.0	—	—	6.0	—	—	—	—	残部
RSR 185	0.04	—	—	14.4	6.1	—	—	—	6.8	—	—	—	—	残部

Metals Handbook, 10th ed., Vol.1 (1990), p.970.

b. 粉末 (P/M) 用超耐熱合金の機械的性質

合金名	条件	粒径 [μm]	0.2% 耐力 [MPa]			引張強さ [MPa]			伸び [%]		
			25°C	649°C	704°C	25°C	649°C	704°C	25°C	649°C	704°C
Astroloy	—	5	936	1025	1030	1393	1300	1160	—	25	24
LC Astroloy	HIP	—	932	863	—	1380	1290	—	26	25	—
IN-100	—	5	940	1080	1065	1130	1290	1270	8	16	20
IN-718	急冷凝固	—	1240	1035	—	1450	1173	—	18	20	—
MERL 76	Gatorized	20	1035	1050	1050	1505	1276	1320	38	20	16
René 95	HIP (1121°C)	—	1215	1120	—	1636	1514	—	—	17	—
RSR 185	押し出しまま	16-20	1380	—	1104	1860	—	1310	8	—	—

Metals Handbook, 10th ed., Vol.1 (1990), p.975.

6・4・6 酸化物分散 (ODS) 超耐熱合金
a. 酸化物分散 (ODS) 超耐熱合金の組成

合金名	化学組成 [mass%]											
	Cr	Y₂O₃	Mo	W	Ta	Al	Ti	C	B	Zr	Co	Fe	Ni
Inconel MA 754	20	0.6	—	—	—	0.3	0.5	0.05	—	—	—	—	残部
Inconel MA 758	30	0.6	—	—	—	0.3	0.5	0.05	—	—	—	—	残部
Inconel MA 760	20	0.95	2	3.5	—	6	—	0.05	0.01	0.15	—	—	残部
Inconel MA 956	20	0.5	—	—	—	4.5	0.5	—	—	—	—	残部	
Inconel MA 957	14	0.25	—	—	—	—	1.0	—	—	—	0.3	残部	
Inconel MA 6000	15	1.1	2	4	2	4.5	2.5	0.05	0.01	0.15	2.0	—	残部
TMO-20	4.3	1.1	1.5	11.6	6	5.5	1.1	0.05	0.01	0.05	8.7	—	残部

Metals Handbook, 10th ed., Vol.1 (1990), p.973 に加筆.

b. 酸化物分散（ODS）超耐熱合金の機械的性質

合金名	形状	熱処理	0.2%耐力*1 [MPa]			引張強さ*1 [MPa]			伸び*1 [%]			1000 h破断強さ*1 [MPa]	
			21℃	540℃	1095℃	21℃	540℃	1095℃	21℃	540℃	1095℃	650℃	980℃
Inconel MA 754	棒	1315℃-1 h；空冷	585	515	134	965	760	148	21	19	12.5	225	130
Incoloy MA 956	板	1300℃-1 h；空冷	555	285	84.8	645	370	91	10	20	3.5	110*2	65
Inconel MA 6000	棒	1230℃ 0.5 h；空冷 955℃-2 h；空冷 845℃-24 h；空冷	1285	1010	192	1295	1155	222	4	6	9.0	—	185

*1 長手方向の試験結果
*2 760℃の値
Metals Handbook, 10th ed., Vol.1(1990), p.976.

7 鋳鉄および鋳鋼 (1 MPa=1 N/mm², JIS では N/mm² と表記されている)

7・1 ねずみ鋳鉄品の規格（JIS G 5501-1995）

種類の記号	引張強さ [MPa]	硬さ [HB]
FC 100	100 以上	201 以下
FC 150	150 以上	212 以下
FC 200	200 以上	223 以下
FC 250	250 以上	241 以下
FC 300	300 以上	262 以下
FC 350	350 以上	277 以下

7・2 各種ねずみ鋳鉄品の機械的性質と供試材鋳放し肉厚の関係（JIS G 5501-1995，参考値）

種類の記号	鋳鉄品の肉厚 [mm]	引張強さ [MPa]
FC 100		—
FC 150	20 以上 40 未満 40 以上 80 未満 80 以上 150 未満 150 以上 300 未満	120 以上 110 以上 100 以上 90 以上
FC 200	20 以上 40 未満 40 以上 80 未満 80 以上 150 未満 150 以上 300 未満	170 以上 150 以上 140 以上 130 以上
FC 250	20 以上 40 未満 40 以上 80 未満 80 以上 150 未満 150 以上 300 未満	210 以上 190 以上 170 以上 160 以上
FC 300	20 以上 40 未満 40 以上 80 未満 80 以上 150 未満 150 以上 300 未満	250 以上 220 以上 210 以上 190 以上
FC 350	20 以上 40 未満 40 以上 80 未満 80 以上 150 未満 150 以上 300 未満	290 以上 260 以上 230 以上 210 以上

7・3 可鍛鋳鉄品の規格（JIS G 5705-2000）

a. 白心可鍛鋳鉄品の機械的性質（一部）

記号*	試験片の直径（主要寸法） [mm]	引張強さ [MPa]	0.2%耐力 [MPa]	伸び [%]	硬さ [HB]
FCMW 35-04	9 12 15	340 以上 350 以上 360 以上	— — —	5 以上 4 以上 3 以上	280 以下
FCMW 38-12	9 12 13	320 以上 380 以上 400 以上	170 以上 200 以上 210 以上	15 以上 12 以上 8 以上	200 以下
FCMW 40-05	9 12 15	360 以上 400 以上 420 以上	200 以上 220 以上 230 以上	8 以上 5 以上 4 以上	220 以下

* 将来の改訂版でも継承する予定の等級。

b. 黒心可鍛鋳鉄品およびパーライト可鍛鋳鉄品の機械的性質（一部）

記号*	試験片の直径 [mm]	引張強さ [MPa]	0.2%耐力 [MPa]	伸び [%]	硬さ [HB]
FCMB 27-05	12 または 15	270 以上	165 以上	5 以上	163 以下
FCMB 30-06	12 または 15	300 以上	—	6 以上	150 以下
FCMB 35-10	12 または 15	350 以上	200 以上	10 以上	150 以下
FCMP 45-06	12 または 15	450 以上	270 以上	6 以上	150～200
FCMP 55-04	12 または 15	550 以上	340 以上	4 以上	180～230
FCMP 65-02	12 または 15	650 以上	430 以上	2 以上	210～260

* 将来の改訂版でも継承する予定の等級。

7・4 球状黒鉛鋳鉄品の規格（JIS G 5502-2001）

別鋳込み供試材の機械的性質（一部）

種類の記号	引張強さ [MPa]	0.2%耐力 [MPa]	伸び [%]	シャルピー吸収エネルギー			硬さ [HB]	主要基地組織
				試験温度 [℃]	3個の平均 [J]	個々の値 [J]		
FCD 350-22	350 以上	220 以上	22 以上	23±5	17 以上	14 以上	150 以下	フェライト
FCD 400-15	400 以上	250 以上	15 以上	—	—	—	130～180	フェライト
FCD 500-7	500 以上	320 以上	7 以上	—	—	—	150～230	フェライト+パーライト
FCD 600-3	600 以上	370 以上	3 以上	—	—	—	170～270	パーライト+フェライト
FCD 700-2	700 以上	420 以上	2 以上	—	—	—	180～300	パーライト
FCD 800-2	800 以上	480 以上	2 以上	—	—	—	200～330	パーライトまたは焼戻しマルテンサイト

7・5 ダクタイル鋳鉄管および異形管の規格（JIS G 5526-1998）

記号	引張強さ [MPa]	伸び [%]
FCD (420-10)	420 以上	10 以上

7・6 オーステンパ球状黒鉛鋳鉄品（JIS G 5503-1995）

別鋳込み供試材の機械的性質

記号	引張強さ [MPa]	耐力 [MPa]	伸び [%]	硬さ [HB]
FCAD 900-4	900 以上	600 以上	10	—
FCAD 900-8	900 以上	600 以上	8 以上	—
FCAD 1000-10	1000 以上	700 以上	5 以上	—
FCAD 1200-2	1200 以上	900 以上	2 以上	341 以上
FCAD 1400-1	1400 以上	1100 以上	1 以上	401 以上

7・7 オーステナイト鋳鉄品の規格 (JIS G 5510-1999)

a. 片状黒鉛系 (一部)

種類の記号	化学成分 [mass%]				
	C	Si	Mn	Ni	Cr	Cu
FCA-NiMn 13 7	3.0 以下	1.5 ~3.0	6.0 ~7.0	12.0 ~14.0	0.2 以下	0.5 以下
FCA-NiCr 20 2	3.0 以下	1.0 ~2.8	0.5 ~1.5	18.0 ~22.0	1.0 ~2.5	0.5 以下
FCA-NiSiCr 20 5 3	2.5 以下	4.5 ~5.5	0.5 ~1.5	18.0 ~22.0	1.5 ~4.5	0.5 以下
FCA-Ni 35	2.4 以下	1.0 ~2.0	0.5 ~1.5	34.0 ~36.0	0.2 以下	0.5 以下

b. 球状黒鉛系 (一部)

種類の記号	化学成分 [mass%]					
	C	Si	Mn	Ni	Cr	Cu
FCDA-NiMn 13 7	3.0 以下	2.0 ~3.0	6.0 ~7.0	12.0 ~14.0	0.2 以下	0.5 以下
FCDA-NiCr 20 3	3.0 以下	1.5 ~3.0	0.5 ~1.5	18.0 ~22.0	2.5 ~3.5	0.5 以下
FCDA-NiSiCr 20 5 2	3.0 以下	4.5 ~5.5	0.5 ~1.5	18.0 ~22.0	1.0 ~2.5	0.5 以下
FCDA-NiCr 30 3	2.6 以下	1.5 ~3.0	0.5 ~1.5	28.0 ~32.0	2.5 ~3.5	0.5 以下
FCDA-Ni 35	2.4 以下	1.5 ~3.5	0.5 ~1.5	34.0 ~36.0	0.2 以下	0.5 以下
FCDA-NiCr 35 3	2.4 以下	1.5 ~3.0	0.5 ~1.5	34.0 ~36.0	2.0 ~3.0	0.5 以下

7・8 オーステナイト鋳鉄品の機械的性質 (JIS G 5510-1999)

a. 片状黒鉛系の引張強さ

種類の記号	引張強さ [MPa]
FCA-NiMn 13 7	140 以上
FCA-NiCr 20 2	170 以上
FCA-NiSiCr 20 5 3	190 以上
FCA-Ni 35	120 以上

b. 球状黒鉛系の機械的性質

種類の記号	引張強さ [MPa]	0.2%耐力 [MPa]	伸び [%]	シャルピー吸取エネルギー [J] 3個の衝撃試験の平均値	
				Vノッチ	Uノッチ
FCDA-NiMn 13 7	390 以上	210 以上	15 以上	16 以上	—
FCDA-NiCr 20 3	390 以上	210 以上	7 以上	—	—
FCDA-NiSiCr 20 5 2	370 以上	210 以上	10 以上	—	—
FCDA-NiCr 30 1	370 以上	210 以上	13 以上	—	—
FCDA-Ni 35	370 以上	210 以上	20 以上	—	—
FCDA-NiCr 35 3	370 以上	210 以上	7 以上	—	—

7・9 オーステナイト鋳鉄品の物理的性質 (JIS G 5510-1999, 参考)

a. 片状黒鉛系の物理的性質 (参考)

種類の記号	密度 [Mg/m³]	線膨張係数 (293-473 K) [m/(m·K)]×10⁻⁶	熱伝導率 [W/(m·K)]	電気比抵抗 [Ω·mm²/m]	透磁率 μ (H=8 kA/m での値)	比熱 [J/(g·K)]
FCA-NiMn 13 7	7.4	17.7	37.7~41.9	1.4	1.02	0.46~0.50
FCA-NiCuCr 15 6 2	7.3	18.7	37.7~41.9	1.6	1.03	0.46~0.50
FCA-NiCuCr 15 6 3	7.3	18.7	37.7~41.9	1.1	1.05	0.46~0.50
FCA-NiCr 20 2	7.3	18.7	37.7~41.9	1.4	1.04	0.46~0.50
FCA-NiCr 20 3	7.4	18.7	37.7~41.9	1.2	1.04	0.46~0.50
FCA-NiSiCr 20 5 3	7.4	18.0	37.7~41.9	1.6	1.10	0.46~0.50
FCA-NiCr 30 3	7.4	12.4	37.7~41.9	—	—	0.46~0.50
FCA-NiSiCr 30 5 5	7.4	14.6	37.7~41.9	1.6	2 以上	0.46~0.50
FCA-Ni 35	7.6	5.0	37.7~41.9	—	—	0.46~0.50

b. 球状黒鉛系の物理的性質 (参考)

種類の記号	密度 [Mg/m³]	線膨張係数 (293-473 K) [m/(m·K)]×10⁻⁶	熱伝導率 [W/(m·K)]	電気比抵抗 [Ω·mm²/m]	透磁率 μ (H=8 kA/m での値)
FCDA-NiMn 13 7	7.3	18.2	12.6	1.0	1.02
FCDA-NiCr 20 2	7.4	18.7	12.6	1.0	1.04
FCDA-NiCrNb 20 2	7.4	18.7	12.6	—	1.04
FCDA-NiCr 20 3	7.45	18.7	12.6	1.0	1.05
FCDA-NiSiCr 20 5 2	7.35	18.0	12.6	—	—
FCDA-Ni 22	7.4	18.4	12.6	1.0	1.02
FCDA-NiMn 23 4	7.45	14.7	12.6	—	1.02
FCDA-NiCr 30 1	7.45	12.6	12.6	—	—
FCDA-NiCr 30 3	7.45	12.6	12.6	—	—
FCDA-NiSiCr 30 5 2	7.45	15.1	12.6	—	—
FCDA-NiSiCr 30 5 5	7.45	14.4	12.6	—	—
FCDA-Ni 35	7.6	5.0	12.6	—	—
FCDA-NiCr 35 3	7.7	5.0	12.6	—	—
FCDA-NiSiCr 35 5 2	7.45	12.9	12.6	—	—

7・10 炭素鋼鋳鋼品の規格 (JIS G 5101-1991)

種類の記号	化 学 成 分 [mass%]			降伏点または耐力 [MPa]	引 張 試 験		
	C	P	S		引張強さ [MPa]	伸び [%]	絞り [%]
SC 360	0.20 以下	0.040 以下	0.040 以下	175 以上	360 以上	23 以上	35 以上
SC 410	0.30 以下	0.040 以下	0.040 以下	205 以上	410 以上	21 以上	35 以上
SC 450	0.35 以下	0.040 以下	0.040 以下	225 以上	450 以上	19 以上	30 以上
SC 480	0.40 以下	0.040 以下	0.040 以下	245 以上	480 以上	17 以上	25 以上

特に必要がある場合、規定されていない元素については、受渡当事者間の協定による。
遠心力鋳鋼管には、上表の記号の末尾に、これを表す記号-CF を付ける。

7・11 溶接構造用鋳鋼品の規格 (JIS G 5102-1991)

種類の記号	化 学 成 分 [mass%]								炭素当量 [mass%]	降伏点または耐力 [MPa]	引張強さ [MPa]	伸び [%]	シャルピー吸収エネルギー [J]	
	C	Si	Mn	P	S	Ni	Cr	Mo	V					衝撃試験温度 [℃]	4号試験片 3個の平均値
SCW 410	0.22 以下	0.80 以下	1.50 以下	0.040 以下	0.040 以下	—	—	—	—	0.40 以下	235 以上	410 以上	21 以上	0	27 以上
SCW 450	0.22 以下	0.80 以下	1.50 以下	0.040 以下	0.040 以下	—	—	—	—	0.43 以下	255 以上	450 以上	20 以上	0	27 以上
SCW 480	0.22 以下	0.80 以下	1.50 以下	0.040 以下	0.040 以下	0.50	0.50	—	—	0.45 以下	275 以上	480 以上	20 以上	0	27 以上
SCW 550	0.22 以下	0.80 以下	1.50 以下	0.040 以下	0.040 以下	2.50	0.50	0.30	0.20	0.48 以下	355 以上	550 以上	18 以上	0	27 以上
SCW 620	0.22 以下	0.80 以下	1.50 以下	0.040 以下	0.040 以下	2.50	0.50	0.30	0.20	0.50 以下	430 以上	620 以上	17 以上	0	27 以上

Ni, Cr, Mo および V を規定していない種類は、炭素当量の規定値内でこれを含有することができる。

炭素当量 $[\%] = C + \dfrac{Mn}{6} + \dfrac{Si}{24} + \dfrac{Ni}{40} + \dfrac{Cr}{5} + \dfrac{Mo}{4} + \dfrac{V}{14}$

7・12 構造用高張力炭素鋼および低合金鋼鋳鋼品の規格 (JIS G 5111-1991)

種類の記号[*1]	化 学 成 分 [mass%]							熱処理[*4]		降伏点または耐力 [MPa]	引張強さ [MPa]	伸び [%]	絞り [%]	硬さ [HB]	適用
	C	Si	Mn	P	S	Ni	Cr	Mo	焼ならしの場合[*2]	焼入れ焼もどしの場合[*3]						
SCC 3 A	0.30〜0.40	0.30〜0.60	0.50〜0.80	0.040 以下	0.040 以下	—	—	—	○	—	265 以上	520 以上	13 以上	20 以上	143 以上	構造用
SCC 3 B	0.30〜0.40	0.30〜0.60	0.50〜0.80	0.040 以下	0.040 以下	—	—	—	—	○	370 以上	620 以上	13 以上	20 以上	183 以上	構造用
SCC 5 A	0.40〜0.50	0.30〜0.60	0.50〜0.80	0.040 以下	0.040 以下	—	—	—	○	—	295 以上	620 以上	9 以上	15 以上	163 以上	構造用、耐摩耗用
SCC 5 B	0.40〜0.50	0.30〜0.60	0.50〜0.80	0.040 以下	0.040 以下	—	—	—	—	○	440 以上	690 以上	9 以上	15 以上	201 以上	構造用、耐摩耗用
SCMn 1 A	0.20〜0.30	0.30〜0.60	1.00〜1.60	0.040 以下	0.040 以下	—	—	—	○	—	275 以上	540 以上	17 以上	35 以上	143 以上	構造用
SCMn 1 B	0.20〜0.30	0.30〜0.60	1.00〜1.60	0.040 以下	0.040 以下	—	—	—	—	○	390 以上	640 以上	17 以上	35 以上	170 以上	構造用
SCMn 2 A	0.25〜0.35	0.30〜0.60	1.00〜1.60	0.040 以下	0.040 以下	—	—	—	○	—	345 以上	590 以上	16 以上	35 以上	163 以上	構造用
SCMn 2 B	0.25〜0.35	0.30〜0.60	1.00〜1.60	0.040 以下	0.040 以下	—	—	—	—	○	440 以上	690 以上	16 以上	35 以上	183 以上	構造用
SCMn 3 A	0.30〜0.40	0.30〜0.60	1.00〜1.60	0.040 以下	0.040 以下	—	—	—	○	—	370 以上	640 以上	13 以上	30 以上	170 以上	構造用
SCMn 3 B	0.30〜0.40	0.30〜0.60	1.00〜1.60	0.040 以下	0.040 以下	—	—	—	—	○	490 以上	690 以上	13 以上	30 以上	197 以上	構造用
SCMn 5 A	0.40〜0.50	0.30〜0.60	1.00〜1.60	0.040 以下	0.040 以下	—	—	—	○	—	390 以上	690 以上	9 以上	20 以上	183 以上	構造用、耐摩耗用
SCMn 5 B	0.40〜0.50	0.30〜0.60	1.00〜1.60	0.040 以下	0.040 以下	—	—	—	—	○	540 以上	740 以上	9 以上	20 以上	212 以上	構造用、耐摩耗用
SCSiMn 2 A	0.25〜0.35	0.50〜0.80	0.90〜1.20	0.040 以下	0.040 以下	—	—	—	○	—	295 以上	590 以上	13 以上	35 以上	163 以上	構造用 (主としてアンカーチェーン用)
SCSiMn 2 B	0.25〜0.35	0.50〜0.80	0.90〜1.20	0.040 以下	0.040 以下	—	—	—	—	○	440 以上	640 以上	17 以上	35 以上	183 以上	構造用 (主としてアンカーチェーン用)
SCMnCr 2 A	0.25〜0.35	0.30〜0.60	1.00〜1.60	0.040 以下	0.040 以下	—	0.40〜0.80	—	○	—	345 以上	590 以上	13 以上	30 以上	163 以上	構造用
SCMnCr 2 B	0.25〜0.35	0.30〜0.60	1.00〜1.60	0.040 以下	0.040 以下	—	0.40〜0.80	—	—	○	440 以上	640 以上	17 以上	35 以上	183 以上	構造用
SCMnCr 3 A	0.30〜0.40	0.30〜0.60	1.00〜1.60	0.040 以下	0.040 以下	—	0.40〜0.80	—	○	—	390 以上	640 以上	9 以上	25 以上	170 以上	構造用
SCMnCr 3 B	0.30〜0.40	0.30〜0.60	1.00〜1.60	0.040 以下	0.040 以下	—	0.40〜0.80	—	—	○	490 以上	690 以上	13 以上	30 以上	207 以上	構造用
SCMnCr 4 A	0.35〜0.45	0.30〜0.60	1.00〜1.60	0.040 以下	0.040 以下	—	0.40〜0.80	—	○	—	410 以上	690 以上	9 以上	20 以上	183 以上	構造用、耐摩耗用
SCMnCr 4 B	0.35〜0.45	0.30〜0.60	1.00〜1.60	0.040 以下	0.040 以下	—	0.40〜0.80	—	—	○	540 以上	740 以上	9 以上	20 以上	223 以上	構造用、耐摩耗用
SCMnM 3 A	0.30〜0.40	0.30〜0.60	1.00〜1.60	0.040 以下	0.040 以下	—	0.20 以下	0.15〜0.35	○	—	390 以上	640 以上	13 以上	30 以上	170 以上	構造用、強靱材用
SCMnM 3 B	0.30〜0.40	0.30〜0.60	1.00〜1.60	0.040 以下	0.040 以下	—	0.20 以下	0.15〜0.35	—	○	490 以上	690 以上	13 以上	30 以上	212 以上	構造用、強靱材用
SCCrM 1 A	0.20〜0.30	0.30〜0.60	0.50〜0.80	0.040 以下	0.040 以下	—	0.80〜1.20	0.15〜0.35	○	—	390 以上	590 以上	13 以上	35 以上	170 以上	構造用、強靱材用
SCCrM 1 B	0.20〜0.30	0.30〜0.60	0.50〜0.80	0.040 以下	0.040 以下	—	0.80〜1.20	0.15〜0.35	—	○	490 以上	690 以上	13 以上	35 以上	201 以上	構造用、強靱材用
SCCrM 3 A	0.30〜0.40	0.30〜0.60	0.50〜0.80	0.040 以下	0.040 以下	—	0.80〜1.20	0.15〜0.35	○	—	440 以上	690 以上	13 以上	35 以上	183 以上	構造用、強靱材用
SCCrM 3 B	0.30〜0.40	0.30〜0.60	0.50〜0.80	0.040 以下	0.040 以下	—	0.80〜1.20	0.15〜0.35	—	○	540 以上	740 以上	13 以上	35 以上	217 以上	構造用、強靱材用
SCMnCrM 2 A	0.25〜0.35	0.30〜0.60	1.00〜1.60	0.040 以下	0.040 以下	—	0.30〜0.70	0.15〜0.35	○	—	440 以上	690 以上	13 以上	35 以上	201 以上	構造用、強靱材用
SCMnCrM 2 B	0.25〜0.35	0.30〜0.60	1.00〜1.60	0.040 以下	0.040 以下	—	0.30〜0.70	0.15〜0.35	—	○	540 以上	690 以上	13 以上	35 以上	212 以上	構造用、強靱材用
SCMnCrM 3 A	0.30〜0.40	0.30〜0.60	1.00〜1.60	0.040 以下	0.040 以下	—	0.30〜0.70	0.15〜0.35	○	—	490 以上	690 以上	9 以上	30 以上	212 以上	構造用、強靱材用
SCMnCrM 3 B	0.30〜0.40	0.30〜0.60	1.00〜1.60	0.040 以下	0.040 以下	—	0.30〜0.70	0.15〜0.35	—	○	635 以上	740 以上	9 以上	30 以上	223 以上	構造用、強靱材用
SCNCrM 2 A	0.25〜0.35	0.30〜0.60	0.90〜1.50	0.040 以下	0.040 以下	1.60〜2.00	0.30〜0.90	0.15〜0.35	○	—	590 以上	780 以上	9 以上	20 以上	223 以上	構造用、強靱材用
SCNCrM 2 B	0.25〜0.35	0.30〜0.60	0.90〜1.50	0.040 以下	0.040 以下	1.60〜2.00	0.30〜0.90	0.15〜0.35	—	○	690 以上	880 以上	9 以上	20 以上	269 以上	構造用、強靱材用

遠心力鋳鋼管には、上表の記号の末尾に、これを表す記号-CF を付ける。

* 1 記号末尾の A は焼ならし焼もどしを、B は焼入焼もどしを表す。
* 2 焼ならし温度 850〜950℃、焼もどし温度 550〜650℃
* 3 焼入温度 850〜950℃、焼もどし温度 550〜650℃
* 4 ○印は、該当する熱処理を示す。

7・13 ステンレス鋼鋳鋼品の規格 (JIS G 5121-2003)

種類の記号	化学成分 [mass%]									その他
	C	Si	Mn	P	S	Ni	Cr	Mo	Cu	
SCS 1	0.15 以下	1.50 以下	1.00 以下	0.040 以下	0.040 以下	(*1)	11.50~14.00	(*4)	—	—
SCS 1X	0.15 以下	0.80 以下	0.80 以下	0.035 以下	0.025 以下	(*1)	11.50~13.50	(*4)	—	—
SCS 2	0.16~0.24	1.50 以下	1.00 以下	0.040 以下	0.040 以下	(*1)	11.50~14.00	(*4)	—	—
SCS 2 A	0.25~0.40	1.50 以下	1.00 以下	0.040 以下	0.040 以下	(*1)	11.50~14.00	(*4)	—	—
SCS 3	0.15 以下	1.00 以下	1.00 以下	0.040 以下	0.040 以下	0.50~1.50	11.50~14.00	0.15~1.00	—	—
SCS 3 X	0.10 以下	0.80 以下	0.80 以下	0.035 以下	0.025 以下	0.80~1.80	11.50~13.00	0.20~0.50	—	—
SCS 4	0.15 以下	1.50 以下	1.00 以下	0.040 以下	0.040 以下	1.50~2.50	11.50~14.00	—	—	—
SCS 5	0.06 以下	1.00 以下	1.00 以下	0.040 以下	0.040 以下	3.50~4.50	11.50~14.00	—	—	—
SCS 6	0.06 以下	1.00 以下	1.00 以下	0.040 以下	0.030 以下	3.50~4.50	11.50~14.00	0.40~1.00	—	—
SCS 6 X	0.06 以下	1.00 以下	1.50 以下	0.035 以下	0.025 以下	3.50~5.00	11.50~13.00	1.00 以下	—	—
SCS 10	0.03 以下	1.50 以下	1.50 以下	0.040 以下	0.030 以下	4.50~8.50	21.00~26.00	2.50~4.00	—	N 0.08~0.30 (*2)
SCS 11	0.08 以下	1.50 以下	1.00 以下	0.040 以下	0.030 以下	4.00~7.00	23.00~27.00	1.50~2.50	—	(*2)
SCS 12	0.20 以下	2.00 以下	2.00 以下	0.040 以下	0.040 以下	8.00~11.00	18.00~21.00	—	—	—
SCS 13	0.08 以下	2.00 以下	2.00 以下	0.040 以下	0.040 以下	8.00~11.00	18.00~21.00 *3	—	—	—
SCS 13 A	0.08 以下	2.00 以下	1.50 以下	0.040 以下	0.040 以下	8.00~11.00	18.00~21.00 *3	—	—	—
SCS 13 X	0.07 以下	1.50 以下	1.50 以下	0.040 以下	0.030 以下	8.00~11.00	18.00~21.00	—	—	—
SCS 14	0.08 以下	2.00 以下	2.00 以下	0.040 以下	0.040 以下	10.00~14.00	17.00~20.00	2.00~3.00	—	—
SCS 14 A	0.08 以下	1.50 以下	1.50 以下	0.040 以下	0.040 以下	9.00~12.00	18.00~21.00 *3	2.00~3.00	—	—
SCS 14 X	0.07 以下	1.50 以下	1.50 以下	0.040 以下	0.030 以下	9.00~12.00	17.00~20.00	2.00~2.50	—	—
SCS 14 XNb	0.08 以下	1.50 以下	1.50 以下	0.040 以下	0.030 以下	9.00~12.00	17.00~20.00	2.00~2.50	—	Nb 8×C%以上 1.00 以下
SCS 15	0.08 以下	2.00 以下	2.00 以下	0.040 以下	0.040 以下	10.00~14.00	17.00~20.00	1.75~2.75	1.00~2.50	—
SCS 16	0.03 以下	1.50 以下	2.00 以下	0.040 以下	0.040 以下	12.00~16.00	17.00~20.00	2.00~3.00	—	—
SCS 16 A	0.03 以下	1.50 以下	1.50 以下	0.040 以下	0.040 以下	9.00~13.00	17.00~21.00	2.00~3.00	—	—
SCS 16 AX	0.03 以下	1.50 以下	1.50 以下	0.040 以下	0.030 以下	9.00~12.00	17.00~20.00	2.00~2.50	—	—
SCS 16 AXN	0.03 以下	1.50 以下	1.50 以下	0.040 以下	0.040 以下	9.00~12.00	17.00~20.00	2.00~2.50	—	N 0.10~0.20
SCS 17	0.20 以下	2.00 以下	2.00 以下	0.040 以下	0.040 以下	12.00~15.00	22.00~26.00	—	—	—
SCS 18	0.20 以下	2.00 以下	2.00 以下	0.040 以下	0.040 以下	19.00~22.00	23.00~27.00	—	—	—
SCS 19	0.03 以下	2.00 以下	2.00 以下	0.040 以下	0.040 以下	8.00~12.00	17.00~21.00	—	—	—
SCS 19A	0.03 以下	2.00 以下	1.50 以下	0.040 以下	0.040 以下	8.00~12.00	17.00~21.00	—	—	—
SCS 20	0.03 以下	2.00 以下	2.00 以下	0.040 以下	0.040 以下	12.00~16.00	17.00~20.00	1.75~2.75	1.00~2.50	—
SCS 21	0.08 以下	2.00 以下	2.00 以下	0.040 以下	0.040 以下	9.00~12.00	18.00~21.00	—	—	Nb 10×C%以上 1.35 以下
SCS 21X	0.08 以下	1.50 以下	1.50 以下	0.040 以下	0.030 以下	9.00~12.00	18.00~21.00	—	—	Nb 8×C%以上 1.00 以下
SCS 22	0.08 以下	2.00 以下	2.00 以下	0.040 以下	0.040 以下	10.00~14.00	17.00~20.00	2.00~3.00	—	Nb 10×C%以上 1.35 以下
SCS 23	0.07 以下	2.00 以下	2.00 以下	0.040 以下	0.040 以下	27.50~30.00	19.00~22.00	2.00~3.00	3.00~4.00	—
SCS 24	0.07 以下	1.00 以下	1.00 以下	0.040 以下	0.040 以下	3.00~5.00	15.50~17.50	—	2.50~4.00	Nb 0.15~0.45
SCS 31	0.06 以下	0.80 以下	0.80 以下	0.035 以下	0.025 以下	4.00~6.00	15.00~17.00	0.70~1.50	—	—
SCS 32	0.03 以下	1.00 以下	1.50 以下	0.035 以下	0.025 以下	4.50~6.50	25.00~27.00	2.50~3.50	2.50~3.50	N 0.12~0.25
SCS 33	0.03 以下	1.00 以下	1.50 以下	0.035 以下	0.025 以下	4.50~6.50	25.00~27.00	2.50~3.50	—	N 0.12~0.25
SCS 34	0.07 以下	1.50 以下	1.50 以下	0.040 以下	0.030 以下	9.00~12.00	17.00~20.00	3.00~3.50	—	—
SCS 35	0.03 以下	1.50 以下	1.50 以下	0.040 以下	0.030 以下	9.00~12.00	17.00~20.00	3.00~3.50	—	—
SCS 35N	0.03 以下	1.50 以下	1.50 以下	0.040 以下	0.030 以下	9.00~12.00	17.00~20.00	3.00~3.50	—	N 0.10~0.20
SCS 36	0.03 以下	1.50 以下	1.50 以下	0.040 以下	0.030 以下	9.00~12.00	17.00~19.00	—	—	—
SCS 36N	0.03 以下	1.50 以下	1.50 以下	0.040 以下	0.030 以下	9.00~12.00	17.00~19.00	—	—	N 0.10~0.20

* 1　Ni は，1.00 mass%以下添加することができる．
* 2　必要に応じて，表記以外の合金元素を添加することができる．
* 3　SCS 13，SCS 13 A，SCS 14 および SCS 14 A で低温に使用する場合，Cr の上限は 23.00 mass%としてもよい．
* 4　SCS 1，SCS 1X，SCS 2 および SCS 2 A は，Mo 0.50 mass%以下を含有してもよい．
SCS 1～SCS 6 の機械的性質および熱処理については，受渡当事者間の協定によってもよい．
遠心力鋳鋼管には，記号の末尾にこれを示す記号-CF を付ける．

7 鋳鉄および鋳鋼

記号	熱処理条件 [℃]			耐 力 [MPa]	引張強さ [MPa]	伸び [%]	絞り [%]	硬さ [HB]	類似鋼種 (参考)
	焼入れ	焼もどし	固溶化熱処理						
T 1	950 以上 油冷又は空冷	680～740 空冷又は徐冷	―	345 以上	540 以上	18 以上	40 以上	163～229	ASTM CA 15 ACI CA 15
T 2	950 以上 油冷又は空冷	590～700 空冷又は徐冷	―	450 以上	620 以上	16 以上	30 以上	179～241	
―	950～1 050 空冷	650～750 空冷	―	450 以上	620 以上	14 以上	―	―	ASTM CA 15
T	950 以上 油冷又は空冷	680～740 空冷又は徐冷	―	390 以上	590 以上	16 以上	35 以上	170～235	ASTM CA 40 ACI CA 40
T	950 以上 油冷又は空冷	600 以上 空冷又は徐冷	―	485 以上	690 以上	15 以上	25 以上	269 以下	ASTM CA 40 ACI CA 40
T	900 以上 油冷又は空冷	650～740 空冷又は徐冷	―	440 以上	590 以上	16 以上	40 以上	170～235	ASTM CA 15 M
―	1 000～1 050 空冷	620～720 空冷又は徐冷	―	440 以上	590 以上	15 以上	―	―	ASTM CA 15 M
T	900 以上 油冷又は空冷	650～740 空冷又は徐冷	―	490 以上	640 以上	13 以上	40 以上	192～255	―
T	900 以上 油冷又は空冷	600～700 空冷又は徐冷	―	540 以上	740 以上	13 以上	40 以上	217～277	―
T	950 以上 空冷	570～620 空冷又は徐冷	―	550 以上	750 以上	15 以上	35 以上	285 以下	ASTM CA 6 NM ACI CA 6 NM
QT₁	1 000～1 100 空冷	570～620 空冷	―	550 以上	750 以上	15 以上	―	―	ASTM CA 6 NM
QT₂	1 000～1 100 空冷	500～530 空冷又は徐冷	―	830 以上	900 以上	12 以上	―	―	ASTM CA 6 NM
S	―	―	1 050～1 150 急冷	390 以上	620 以上	15 以上	―	302 以下	
S	―	―	1 030～1 150 急冷	345 以上	590 以上	13 以上	―	241 以下	
S	―	―	1 030～1 150 急冷	205 以上	480 以上	28 以上	―	183 以下	ASTM CF 20 ASI CF 20
S	―	―	1 030～1 150 急冷	185 以上	440 以上	30 以上	―	183 以下	
S	―	―	1 030～1 150 急冷	205 以上	480 以上	33 以上	―	183 以下	ASTM CF 8 ACI CF 8
―	―	―	1 050 以上急冷	180 以上	440 以上	30 以上	―	―	
S	―	―	1 030～1 150 急冷	185 以上	440 以上	28 以上	―	183 以下	
S	―	―	1 030～1 150 急冷	205 以上	480 以上	33 以上	―	183 以下	ASTM CF 8 M ACI CF 8 M
―	―	―	1 080 以上急冷	180 以上	440 以上	30 以上	―	―	
―	―	―	1 080 以上急冷	180 以上	440 以上	25 以上	―	―	
S	―	―	1 030～1 150 急冷	185 以上	440 以上	28 以上	―	183 以下	
S	―	―	1 030～1 150 急冷	175 以上	390 以上	33 以上	―	183 以下	
S	―	―	1 030～1 150 急冷	205 以上	480 以上	33 以上	―	183 以下	ASTM CF 3 M ACI CF 3 M
―	―	―	1 080 以上急冷	180 以上	440 以上	30 以上	―	―	ASTM CF 3 M
―	―	―	1 080 以上急冷	230 以上	510 以上	30 以上	―	―	ASTM CF 3 MN
S	―	―	1 050～1 160 急冷	205 以上	480 以上	28 以上	―	183 以下	ASTM CH 10 ACI CH 10 ASTM CH 20 ACI CH 20
S	―	―	1 070～1 180 急冷	195 以上	450 以上	28 以上	―	183 以下	ASTM CK 20 ACI CK 20
―	―	―	1 030～1 150 急冷	185 以上	390 以上	33 以上	―	183 以下	
S	―	―	1 030～1 150 急冷	205 以上	480 以上	33 以上	―	183 以下	ASTM CF 3 ACI CF 3
S	―	―	1 030～1 150 急冷	175 以上	390 以上	33 以上	―	183 以下	
S	―	―	1 030～1 150 急冷	205 以上	480 以上	28 以上	―	183 以下	ASTM CF 8 C ACI CF 8 C
―	―	―	1 050 以上急冷	180 以上	440 以上	25 以上	―	―	ASTM CF 8 C
S	―	―	1 030～1 150 急冷	205 以上	440 以上	28 以上	―	183 以下	
S	―	―	1 070～1 180 急冷	165 以上	390 以上	30 以上	―	183 以下	ASTM CN 7 M ACI CN 7 M
	F の表による								ASTM CB 7 Cu-1 ACI CB 7 Cu
―	1 020～1 070 空冷	580～630 空冷又は徐冷	―	540 以上	760 以上	15 以上	―	―	
―	―	―	1 120 以上水冷	450 以上	650 以上	18 以上	―	―	ASTM A 890 M 1 B
―	―	―	1 120 以上水冷	450 以上	650 以上	18 以上	―	―	
―	―	―	1 120 以上急冷	180 以上	440 以上	30 以上	―	―	ASTM CG 8 M
―	―	―	1 120 以上急冷	180 以上	440 以上	30 以上	―	―	ASTM CG 3 M
―	―	―	1 120 以上急冷	230 以上	510 以上	30 以上	―	―	
―	―	―	1 050 以上急冷	180 以上	440 以上	30 以上	―	―	
―	―	―	1 050 以上急冷	230 以上	510 以上	30 以上	―	―	

種類の記号	記号	熱処理条件 [℃]		耐力 [MPa]	引張強さ [MPa]	伸び [%]	硬さ [HB]
		固溶化熱処理	時効処理				
SCS 24	H 900	1 020～1 080 急冷	475～525×90 分空冷	1 030 以上	1 240 以上	6 以上	375 HB
	H 1025	1 020～1 080 急冷	535～585× 4 時間空冷	885 以上	980 以上	9 以上	311 以下
	H 1075	1 020～1 080 急冷	565～615× 4 時間空冷	785 以上	960 以上	9 以上	277 以下
	H 1150	1 020～1 080 急冷	605～655× 4 時間空冷	665 以上	850 以上	10 以上	269 以下

7・14 耐熱鋼鋳鋼品の規格 (JIS G 5122-2003)

種類の記号	化学成分 (mass%)							熱処理条件 (℃) 熱なまし	耐力 [MPa]	引張強さ [MPa]	伸び [%]	硬さ [HB]	類似鋼種 (参考)
	C	Si	Mn	P	S	Ni	Cr						
SCH 1	0.20〜0.40	1.50〜3.00	1.00 以下	0.040 以下	0.040 以下	1.00 以下	12.00〜15.00	800〜900 徐冷	−	490 以上	−	−	
SCH 1X	0.30〜0.50	1.00〜2.50	0.50〜1.00	0.040 以下	0.030 以下	1.00 以下	12.00〜14.00	800〜850 徐冷	−	−	−	300 以下	ASTM HC
SCH 2	0.40 以下	2.00 以下	1.00 以下	0.040 以下	0.040 以下	1.00 以下	25.00〜28.00	800〜900 徐冷	−	340 以上	−	−	ASTM HC, ACI HC
SCH 2X1	0.30〜0.50	1.00〜2.50	0.50〜1.00	0.040 以下	0.030 以下	1.00 以下	23.00〜26.00	800〜850 徐冷	−	−	−	300 以下	ASTM HC
SCH 2X2	0.30〜0.50	1.00〜2.50	0.50〜1.00	0.040 以下	0.030 以下	1.00 以下	27.00〜30.00	800〜850 徐冷	−	−	−	320 以下	ASTM HC
SCH 3	0.40 以下	2.00 以下	1.00 以下	0.040 以下	0.040 以下	1.00 以下	12.00〜15.00	800〜900 徐冷	−	490 以上	−	−	
SCH 4	0.20〜0.35	1.00〜2.50	0.50〜1.00	0.040 以下	0.040 以下	0.50 以下	6.00〜8.00		−	−	−	−	
SCH 5	0.30〜0.50	1.00〜2.50	0.50〜1.00	0.040 以下	0.030 以下	1.00 以下	16.00〜19.00	800〜850 徐冷	−	−	−	300 以下	
SCH 6	1.20〜1.40	1.00〜2.50	0.50〜1.00	0.040 以下	0.030 以下	1.00 以下	27.00〜30.00	800〜850 徐冷	−	−	−	400 以下	
SCH 11	0.40 以下	2.00 以下	1.00 以下	0.040 以下	0.040 以下	4.00〜6.00	24.00〜28.00	−	−	590 以上	−	−	
SCH 11X	0.30〜0.50	1.00〜2.50	1.50 以下	0.040 以下	0.030 以下	3.00〜6.00	25.00〜28.00	−	250 以上	400 以上	3 以上	400 以下	ASTM HD, ACI HD
SCH 12	0.20〜0.40	2.00 以下	2.00 以下	0.040 以下	0.040 以下	8.00〜12.00	18.00〜23.00	−	235 以上	490 以上	23 以上	−	ASTM HF, ACI HF
SCH 12X	0.30〜0.50	1.00〜2.50	2.00 以下	0.040 以下	0.030 以下	9.00〜11.00	21.00〜23.00	−	230 以上	450 以上	8 以上	−	ASTM HF
SCH 13	0.20〜0.50	2.00 以下	2.00 以下	0.040 以下	0.040 以下	11.00〜14.00	24.00〜28.00	−	235 以上	490 以上	8 以上	−	ASTM HH, ACI HH
SCH 13A	0.25〜0.50	1.75 以下	2.50 以下	0.040 以下	0.040 以下	12.00〜14.00	23.00〜26.00	−	235 以上	490 以上	8 以上	−	ASTM HH Type II
SCH 13X	0.30〜0.50	1.00〜2.50	2.00 以下	0.040 以下	0.030 以下	11.00〜14.00	24.00〜27.00	−	220 以上	450 以上	6 以上	−	ASTM HH Type II
SCH 15	0.35〜0.70	2.50 以下	2.00 以下	0.040 以下	0.040 以下	33.00〜37.00	15.00〜19.00	−	−	440 以上	4 以上	−	ASTM HT, ACI HT
SCH 15X	0.30〜0.50	1.00〜2.50	2.00 以下	0.040 以下	0.030 以下	34.00〜36.00	16.00〜18.00	−	220 以上	420 以上	6 以上	−	ASTM HT
SCH 16	0.20〜0.35	2.50 以下	2.00 以下	0.040 以下	0.040 以下	33.00〜37.00	13.00〜17.00	−	195 以上	440 以上	13 以上	−	ASTM HT 30
SCH 17	0.20〜0.50	2.00 以下	2.00 以下	0.040 以下	0.040 以下	8.00〜11.00	26.00〜30.00	−	275 以上	540 以上	5 以上	−	ASTM HE, ACI HE
SCH 18	0.20〜0.50	2.00 以下	2.00 以下	0.040 以下	0.040 以下	14.00〜18.00	26.00〜30.00	−	235 以上	490 以上	8 以上	−	ASTM HI, ACI HI
SCH 19	0.20〜0.50	2.00 以下	2.00 以下	0.040 以下	0.040 以下	23.00〜27.00	19.00〜23.00	−	−	390 以上	5 以上	−	ASTM HN, ACI HN
SCH 20	0.35〜0.75	2.50 以下	2.00 以下	0.040 以下	0.040 以下	37.00〜41.00	17.00〜21.00	−	−	390 以上	4 以上	−	ASTM HU, ACI HU
SCH 20X	0.30〜0.50	1.00〜2.50	2.00 以下	0.040 以下	0.030 以下	36.00〜39.00	18.00〜21.00	−	220 以上	420 以上	6 以上	−	ASTM HU
SCH 20 XNb	0.30〜0.50	1.00〜2.50	2.00 以下	0.040 以下	0.030 以下	36.00〜39.00	18.00〜21.00	−	220 以上	420 以上	4 以上	−	
SCH 21	0.25〜0.35	1.75 以下	1.50 以下	0.040 以下	0.040 以下	19.00〜22.00	23.00〜27.00	−	235 以上	440 以上	8 以上	−	ASTM HK 30, ACI HK 30
SCH 22	0.35〜0.45	1.75 以下	1.50 以下	0.040 以下	0.040 以下	19.00〜22.00	23.00〜27.00	−	235 以上	440 以上	8 以上	−	ASTM HK 40, ACI HK 40
SCH 22X	0.30〜0.50	1.00〜2.50	2.00 以下	0.040 以下	0.030 以下	19.00〜22.00	24.00〜27.00	−	220 以上	450 以上	8 以上	−	ASTM HK 40
SCH 23	0.20〜0.60	2.00 以下	2.00 以下	0.040 以下	0.040 以下	18.00〜22.00	28.00〜32.00	−	245 以上	450 以上	8 以上	−	ASTM HL, ACI HL
SCH 24	0.35〜0.75	2.00 以下	2.00 以下	0.040 以下	0.040 以下	33.00〜37.00	24.00〜28.00	−	235 以上	440 以上	5 以上	−	ASTM HP, ACI HP
SCH 24X	0.30〜0.50	1.00〜2.50	2.00 以下	0.040 以下	0.030 以下	33.00〜36.00	24.00〜27.00	−	220 以上	440 以上	6 以上	−	ASTM HP
SCH 24 XNb	0.30〜0.50	1.00〜2.50	2.00 以下	0.040 以下	0.030 以下	33.00〜36.00	24.00〜27.00	−	220 以上	440 以上	4 以上	−	
SCH 31	0.15〜0.35	1.00〜2.50	2.00 以下	0.040 以下	0.030 以下	8.00〜10.00	17.00〜19.00	−	230 以上	450 以上	15 以上	−	
SCH 32	0.15〜0.35	1.00〜2.50	2.00 以下	0.040 以下	0.030 以下	13.00〜15.00	19.00〜21.00	−	230 以上	450 以上	10 以上	−	
SCH 33	0.25〜0.50	1.00〜2.50	2.00 以下	0.040 以下	0.030 以下	23.00〜25.00	23.00〜25.00	−	220 以上	400 以上	4 以上	−	
SCH 34	0.05〜0.12	1.20 以下	1.20 以下	0.040 以下	0.030 以下	30.00〜34.00	19.00〜23.00	−	170 以上	440 以上	20 以上	−	ASTM CT15C
SCH 41	0.35〜0.60	1.00 以下	2.00 以下	0.040 以下	0.030 以下	18.00〜22.00	19.00〜22.00	−	320 以上	400 以上	6 以上	−	
SCH 42	0.35〜0.55	1.00〜2.50	1.50 以下	0.040 以下	0.030 以下	24.00〜27.00	27.00〜30.00	−	220 以上	400 以上	3 以上	−	
SCH 43	0.10 以下	0.50 以下	0.50 以下	0.020 以下	0.020 以下	Bal.	47.00〜52.00	−	230 以上	540 以上	8 以上	−	ASTM 50Cr-50Ni-Nb
SCH 44	0.40〜0.60	0.50〜2.00	1.50 以下	0.040 以下	0.030 以下	50.00〜55.00	16.00〜21.00	−	220 以上	440 以上	5 以上	−	
SCH 45	0.35〜0.65	2.00 以下	1.30 以下	0.040 以下	0.030 以下	64.00〜69.00	15.00〜19.00	−	200 以上	470 以上	3 以上	−	ASTM HX
SCH 46	0.44〜0.48	1.00 以下	2.00 以下	0.040 以下	0.030 以下	33.00〜37.00	24.00〜27.00	−	270 以上	480 以上	5 以上	−	
SCH 47	0.50 以下	1.00 以下	1.00 以下	0.040 以下	0.030 以下	1.00 以下	25.00〜30.00	協定による	協定による	協定による	−		

いずれの鋳鋼品においても Mo は、0.50 mass%以下を含有してもよい。
SCH 2 は、受渡当事者間の協定によって Ni 4.00 mass%以下とすることができる。
SCH 13、SCH 13 A、SCH 21 及び SCH 22 は、N 0.20 mass%以下を添加することができる。ただし、この場合には、右欄の伸びは適用しない。
SCH 22 で高圧用遠心力鋳鋼管の場合は、Ni 20.00〜23.00 mass%、Cr 23.00〜26.00 mass%および P 0.030 mass%以下とする。
遠心力鋳鋼管には、上表の記号の末尾に、これを表す記号-CF を付ける。

7・15 高マンガン鋼鋳鋼品の規格 (JIS G 5131-1991)

種類の記号	化学成分 [mass%]						水靭処理温度(℃)	耐力 [MPa]	引張強さ [MPa]	伸び [%]	適用
	C	Si	Mn	P	S	Cr	V				
SCMnH 1	0.90〜1.30		11.00〜14.00	0.100 以下	0.050 以下	−	−	約1000				一般用 (普通品)
SCMnH 2	0.90〜1.20	0.80 以下	11.00〜14.00	0.070 以下	0.040 以下	−	−	約1000		740 以上	35 以上	一般用 (高級品、非磁性品)
SCMnH 3	0.90〜1.20	0.30〜0.80	11.00〜14.00	0.050 以下	0.035 以下	−	−	約1050		740 以上	35 以上	主としてレールクロッシング用
SCMnH 11	0.90〜1.30	0.80 以下	11.00〜14.00	0.070 以下	0.040 以下	1.50〜2.50	−	約1050	390 以上	740 以上	20 以上	高耐力高耐摩耗用 (ハンマー、ジョープレート等)
SCMnH 21	1.00〜1.35	0.80 以下	11.00〜14.00	0.070 以下	0.040 以下	2.00〜3.00	0.40〜0.70	約1050	440 以上	740 以上	10 以上	主としてキャタピラシュー用

7・16 高温高圧用鋳鋼品の規格 (JIS G 5151-1991)

種類の記号	化学成分 [mass%]							不純物の化学成分 [mass%]							降伏点または耐力 [MPa]	引張強さ [MPa]	伸び [%]	絞り [%]	備考
	C	Si	Mn	P	S	Cr	Mo	V	Cu	Ni	Cr	Mo	W	合計量					
SCPH 1	0.25以下	0.60以下	0.70以下	0.040以下	0.040以下	—	—	—	0.50以下	0.50以下	0.25以下	0.25以下	—	1.00以下	205以上	410以上	21以上	35以上	炭素鋼
SCPH 2	0.30以下	0.60以下	1.00以下	0.040以下	0.040以下	—	—	—	0.50以下	0.50以下	0.25以下	0.25以下	—	1.00以下	245以上	480以上	19以上	35以上	炭素鋼
SCPH 11	0.25以下	0.60以下	0.50~0.80	0.040以下	0.040以下	—	0.45~0.65	—	0.50以下	0.50以下	0.35以下	—	0.10以下	1.00以下	245以上	450以上	22以上	35以上	0.5%モリブデン鋼
SCPH 21	0.20以下	0.60以下	0.50~0.80	0.040以下	0.040以下	1.00~1.50	0.45~0.65	—	0.50以下	0.50以下	—	—	0.10以下	1.00以下	275以上	480以上	17以上	35以上	1%クロム0.5%モリブデン鋼
SCPH 22	0.25以下	0.60以下	0.50~0.80	0.040以下	0.040以下	1.00~1.50	0.90~1.20	—	0.50以下	0.50以下	—	—	0.10以下	1.00以下	345以上	550以上	16以上	35以上	1%クロム1%モリブデン鋼
SCPH 23	0.20以下	0.60以下	0.50~0.80	0.040以下	0.040以下	1.00~1.50	0.90~1.20	0.15~0.20	0.50以下	0.50以下	—	—	0.10以下	1.00以下	345以上	550以上	13以上	35以上	1%クロム1%モリブデン0.2%バナジウム鋼
SCPH 32	0.20以下	0.60以下	0.50~0.80	0.040以下	0.040以下	2.00~2.75	0.90~1.20	—	0.50以下	0.50以下	—	—	0.10以下	1.00以下	275以上	480以上	17以上	35以上	2.5%クロム1%モリブデン鋼
SCPH 61	0.20以下	0.75以下	0.50~0.80	0.040以下	0.040以下	4.00~6.50	0.45~0.65	—	0.50以下	0.50以下	—	—	0.10以下	1.00以下	410以上	620以上	17以上	35以上	5%クロム0.5%モリブデン鋼

不純物については，受渡当事者間の協定によって，上記の値を適用することができる．

7・17 低温高圧用鋳鋼品の規格 (JIS G 5152-1991)

種類の記号	化学成分 [mass%]							不純物の化学成分 [mass%]				降伏点または耐力 [MPa]	引張強さ [MPa]	伸び [%]	絞り [%]	衝撃試験温度 [℃]	シャルピー吸収エネルギー [J]							備考
																		4号試験片		4号試験片*(幅7.5 mm)		4号試験片*(幅5 mm)		
	C	Si	Mn	P	S	Ni	Mo	Cu	Ni	Cr	合計量						3個の平均値	個の値	3個の平均値	個の値	3個の平均値	個の値	
SCPL 1	0.30以下	0.60以下	1.00以下	0.040以下	0.040以下	—	—	0.50以下	0.50以下	0.25以下	1.00以下	245以上	450以上	21以上	35以上	-45	18以上	14以上	15以上	12以上	9以上	9以上	炭素鋼
SCPL 11	0.25以下	0.60以下	0.50以下	0.040以下	0.040以下	—	0.45~0.65	0.50以下	0.50以下	—	—	245以上	450以上	21以上	35以上	-60	18以上	14以上	15以上	12以上	9以上	9以上	0.5%モリブデン鋼
SCPL 21	0.25以下	0.60以下	0.50~0.80	0.040以下	0.040以下	2.00~3.00	—	0.50以下	—	—	—	275以上	480以上	21以上	35以上	-75	21以上	17以上	18以上	14以上	14以上	11以上	2.5%ニッケル鋼
SCPL 31	0.15以下	0.60以下	0.50以下	0.040以下	0.040以下	3.00~	—	0.50以下	—	—	—	275以上	480以上	21以上	35以上	-100	21以上	17以上	18以上	14以上	14以上	11以上	3.5%ニッケル鋼

遠心力鋳鋼管には，上表の記号の末尾に，これを表す記号-CFを付ける．
不純物については，受渡当事者間の協定によって，上記の値を適用することができる．
* 4号の衝撃試験片が採れない遠心力鋳鋼管の場合には，サブサイズ試験片を適用する．この場合，括弧の数値は，試験片の幅を示す．

7・18 溶接構造用遠心力鋳鋼管の規格 (JIS G 5201-1991)

種類の記号	化学成分 [mass%]								炭素当量 [%]	降伏点または耐力 [MPa]	引張強さ [MPa]	伸び [%]	衝撃試験温度 [℃]	シャルピー吸収エネルギー [J]		
														4号試験片	4号試験片*(幅7.5 mm)	4号試験片*(幅5.5 mm)
	C	Si	Mn	P	S	Ni	Cr	Mo	V					3個の平均値	3個の平均値	3個の平均値
SCW 410-CF	0.22以下	0.80以下	1.50以下	0.040以下	0.040以下	—	—	—	—	0.40以下	235以上	410以上	21以上	0	27以上	24以上	20以上
SCW 480-CF	0.22以下	0.80以下	1.50以下	0.040以下	0.040以下	—	—	—	—	0.43以下	275以上	480以上	20以上	0	27以上	24以上	20以上
SCW 490-CF	0.20以下	0.80以下	1.50以下	0.040以下	0.040以下	—	—	—	—	0.44以下	315以上	490以上	20以上	0	27以上	24以上	20以上
SCW 520-CF	0.20以下	0.80以下	1.50以下	0.040以下	0.040以下	0.50以下	0.50以下	—	—	0.45以下	355以上	520以上	18以上	0	27以上	24以上	20以上
SCW 570-CF	0.20以下	1.00以下	1.50以下	0.040以下	0.040以下	2.50以下	0.50以下	0.50以下	0.20以下	0.48以下	430以上	570以上	17以上	0	27以上	24以上	20以上

Ni, Cr, MoおよびVを規定していない種類は，炭素当量の規定値内でこれを含有することができる．

$$\text{炭素当量 [\%]} = C + \frac{Mn}{6} + \frac{Si}{24} + \frac{Ni}{40} + \frac{Cr}{5} + \frac{Mo}{4} + \frac{V}{14}$$

* 4号衝撃試験片が採れない場合には，サブサイズ試験片を適用する．この場合の，括弧内の数値は，試験片の幅を示す．

7・19 高温高圧用遠心力鋳鋼管の規格 (JIS G 5202-1991)

種類の記号	化学成分 [mass%]								不純物の化学成分 [mass%]						降伏点または耐力 [MPa]	引張強さ [MPa]	伸び [%]	備考
	C	Si	Mn	P	S	Cr	Mo	V	Cu	Ni	Cr	Mo	W	合計量				
SCPH 1-CF	0.22以下	0.60以下	1.10以下	0.040以下	0.040以下	—	—	—	0.50以下	0.50以下	0.25以下	0.25以下	—	1.00以下	245以上	410以上	21以上	炭素鋼
SCPH 2-CF	0.30以下	0.60以下	1.10以下	0.040以下	0.040以下	—	—	—	0.50以下	0.50以下	0.25以下	0.25以下	—	1.00以下	275以上	480以上	19以上	炭素鋼
SCPH 11-CF	0.20以下	0.60以下	0.30~0.60	0.035以下	0.035以下	—	0.45~0.65	—	0.50以下	0.50以下	0.35以下	—	0.10以下	1.00以下	205以上	380以上	19以上	0.5%モリブデン鋼
SCPH 21-CF	0.15以下	0.60以下	0.30~0.60	0.030以下	0.030以下	1.00~1.50	0.45~0.65	—	0.50以下	0.50以下	—	—	0.10以下	1.00以下	205以上	410以上	19以上	1%クロム0.5%モリブデン鋼
SCPH 32-CF	0.15以下	0.60以下	0.30~0.60	0.030以下	0.030以下	1.90~2.60	0.90~1.20	—	0.50以下	0.50以下	—	—	0.10以下	1.00以下	205以上	410以上	19以上	2.5%クロム1%モリブデン鋼

不純物については，受渡当事者間の協定によって，上記の値を適用することができる．

8 鋼の熱処理に関連する事項

8・1 鋼の熱処理用加熱温度

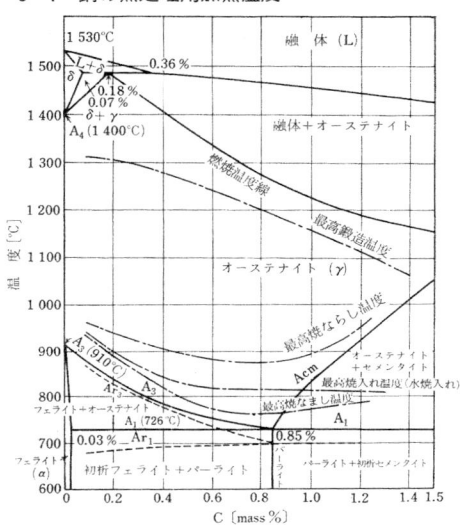

熱処理用加熱温度（オーステナイト化温度 T_A）は次式によって計算することができる。

$$T_A[°C] = 920 - 150 \times \%C + 20 \times \%Cr \\ + 30 \times \%Mo - 20 \times \%Ni + 200 \times \%V + 10 \times \%W$$

ただし，$C<0.9\%$，$Si<1.8\%$，$Mn<1.1\%$，$Cr<1.8\%$，$Mo<0.50\%$，$Ni<5\%$，$W<2\%$，$V<0.25\%$

8・2 化学組成から A_{C_3} 点，A_{C_1} 点，M_S 点を求める式

いくつかの実験式が提案されているが，代表的なものとして次のものがある。

$$A_{c_3}[°C] = 910 - 203 \times (\sqrt{\%C}) - 15.2 \times (\%Ni) \\ + 44.7 \times (\%Si) + 104 \times (\%V) \\ + 31.5 \times (\%Mo) + 13.1 \times (\%W)$$

$$A_{c_1}[°C] = 723 - 10.7 \times (\%Mn) - 16.9 \times (\%Ni) \\ + 29.1 \times (\%Si) + 16.9 \times (\%Cr) \\ + 290 \times (\%As) + 6.38 \times (\%W)$$

$$M_s[°C] = 550 - 361 \times (\%C) - 39 \times (\%Mn) \\ - 35 \times (\%V) - 20 \times (\%Cr) - 17 \times (\%Ni) \\ - 10 \times (\%Cu) - 5 + (\%Mo + \%W) \\ + 15 \times (\%Co) + 30 \times (\%Al)$$

8・3 鋼の焼入性試験方法（ジョミニー式一端焼入方法（JIS G 0561-1998））

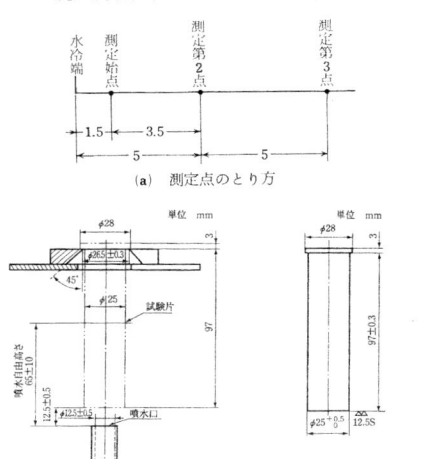

(a) 測定点のとり方

(b) 一端焼入試験装置

(c) 焼入性試験片の寸法

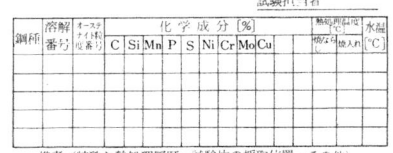

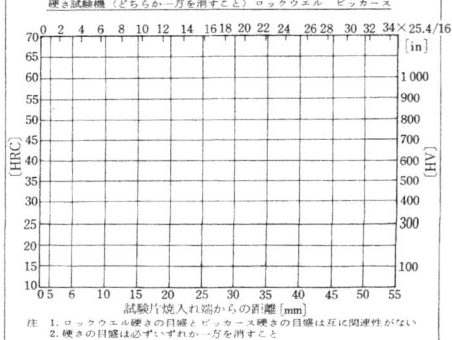

(d) 焼入性図表

8・4 焼ならし状態の炭素鋼，低合金鋼の引張強さの推定法

0.3%C, 0.7%Mn, 0.25%Si, 0.04%P なる組成の鋼の焼ならし状態における引張強さは次のようにして求める。①の0.3%Cと②の0.7%Mnを結ぶ直線が③と交わる点 (72) を求め，これと④の0.25%Siとを結ぶ直線が⑤と交わる点 (75) を求める。この点と⑥の0.040%Pとを結ぶ直線を引き⑦と交わる点の値，55 kgf/mm²がこの鋼の引張強さである。低合金鋼の場合，Mo, Cu, Cr, Ni の添加による係数を小図より求め，上記の方法で求めた強度に各元素の係数を乗ずる。(55 kgf/mm² = 539 MPa)

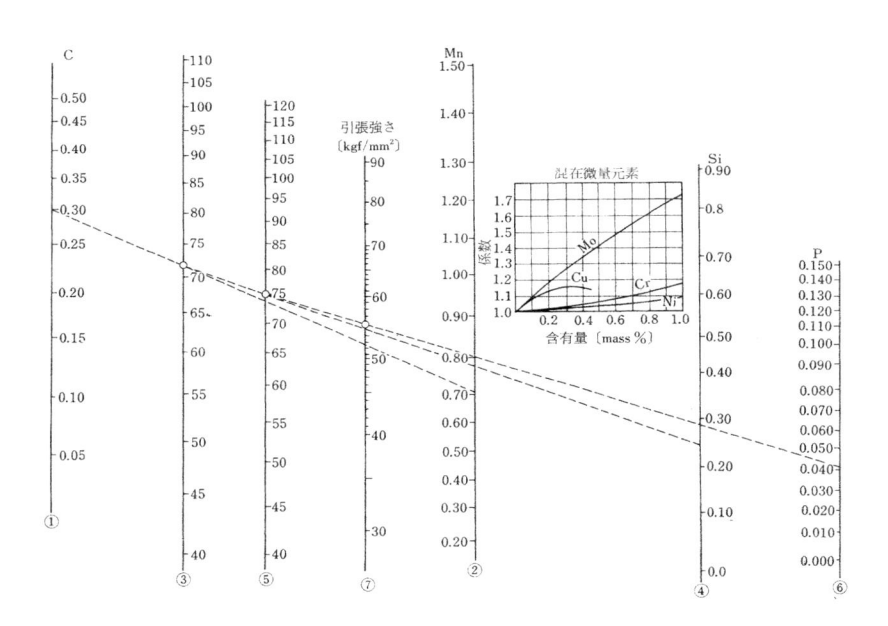

8・5 低合金鋼の焼入性を組成と結晶粒度から求める方法

8・5・1 相乗法による焼入性倍数

合金元素は一般に焼入性を向上するが，パーライト変態とベイナイト変態とでは，合金元素の効果が異なる場合がある。CrやMoなどはベイナイト変態速度をそれほどおそくしないので，パーライト変態を抑える冷却速度の場合でもベイナイトが形成される。50%マルテンサイトが得られる理想臨界直径 D_I [in] を求めるには，

$$D_I = D_{IC} \times F_{Si} \times F_{Mn} \times F_P \times F_S \times F_{Cr} \times F_{Ni} \times F_{Mo} \times F_{Cu} \times F_B$$

なる式によるが，パーライト変態が関与する場合とベイナイト変態が関与する場合とにより，右表のそれぞれの焼入性倍数を用いる。

基本焼入性 (D_{IC}) [in] (1 in = 2.54 cm)

結晶粒度番号	Pearlitic hardenability に対する基本焼入性 (D_{IC})	Bainitic hardenability に対する基本焼入性 (D_{IC})
1	$0.548 \times \sqrt{\%C}$	
2	$0.504 \times \sqrt{\%C}$	
3	$0.465 \times \sqrt{\%C}$	
4	$0.431 \times \sqrt{\%C}$	
5	$0.400 \times \sqrt{\%C}$	$0.494 \times \sqrt{\%C}$
6	$0.370 \times \sqrt{\%C}$	
7	$0.340 \times \sqrt{\%C}$	
8	$0.311 \times \sqrt{\%C}$	
9	$0.288 \times \sqrt{\%C}$	
10	$0.266 \times \sqrt{\%C}$	

焼入性倍数

元素	Pearlitic hardenability に対する焼入性倍数	Bainitic hardenability に対する焼入性倍数
F_{Si}	$1 + 0.64 \cdot \%Si$	$1 + 0.64 \cdot \%Si$
F_{Mn}	$1 + 4.10 \cdot \%Mn$	$1 + 4.10 \cdot \%Mn$
F_P	$1 + 2.83 \cdot \%P$	$1 + 2.83 \cdot \%P$
F_S	$1 - 0.62 \cdot \%S$	$1 - 0.62 \cdot \%S$
F_{Cr}	$1 + 2.33 \cdot \%Cr$	$1 + 1.16 \cdot \%Cr$
F_{Ni}	$1 + 0.52 \cdot \%Ni$	$1 + 0.52 \cdot \%Ni$
F_{Mo}	$1 + 3.14 \cdot \%Mo$	1
F_{Cu}	$1 + 0.27 \cdot \%Cu$	$1 + 0.27 \cdot \%Cu$
F_B	$1 + 1.5(0.90 - \%C) \cdot \%B$	

G. D. Rahrer, C. D. Armstrong : *Trans. ASM*, **40** (1940), 1099.

8・5・2 相加法による理想臨界直径 (D_1) の計算法

図の (a) および (b) により, 各合金元素に対して, その含有量における焼入性指数を求め, この指数の総和と D_1 の関係を (c) 図で求める方法である.

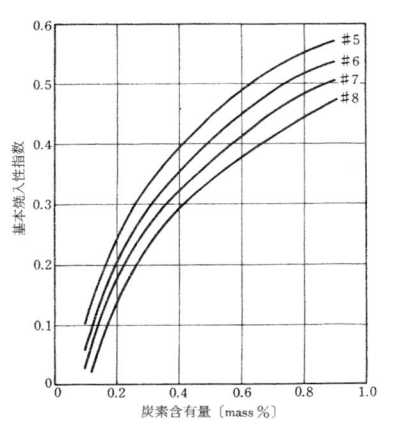

(a) 基本焼入性指数と炭素含有量, 結晶粒度との関係

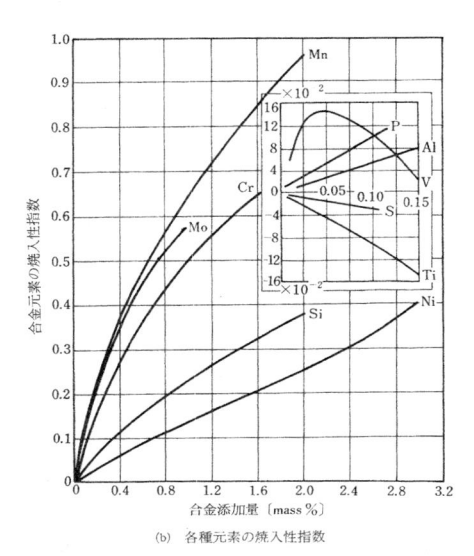

(b) 各種元素の焼入性指数

(c) 焼入性指数と D_1 との関係

8・5・3 D_1 と D の関係

理想的な冷却条件, つまり鋼材表面温度がただちに液温になる場合を想定したときの理想臨界直径 D_1 より, 実際の臨界直径 (中心部のマルテンサイト量が50%になる直径) D を求めるには, 次表により焼入液の急冷度 H の効果に応じた補正を行なう (1 in＝2.54 cm).

冷却条件	H 値 [in^{-1}]
静止した空気中での冷却	0.02
油中で攪拌しながらの冷却	0.4〜0.5
水中で静止しながらの冷却	1.0
油中で強く攪拌しながらの冷却	1.5
水中で動かしながらの冷却	4.4〜6.0
水中で強く攪拌しながらの冷却	>10
試料表面がただちに液温になる場合	∞

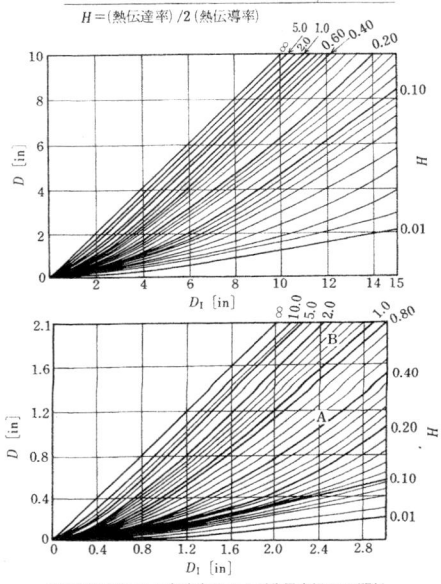

H＝(熱伝達率)/2(熱伝導率)

理想臨界直径 D_1 と急冷度 H および臨界直径 D の関係

8・5・4 50%マルテンサイト組織の D_I と種々のマルテンサイト量組織に対する D_I との関係

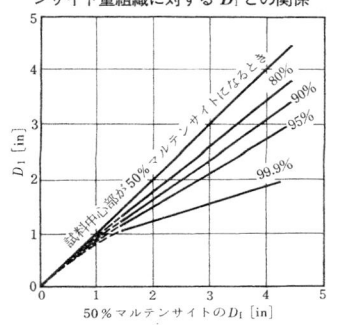

8・5・5 球状黒鉛鋳鉄の焼入性を求めるための焼入性倍数

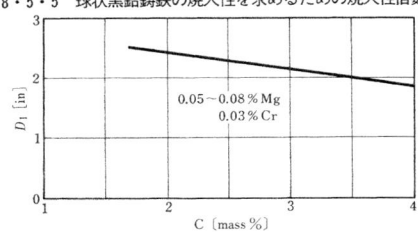

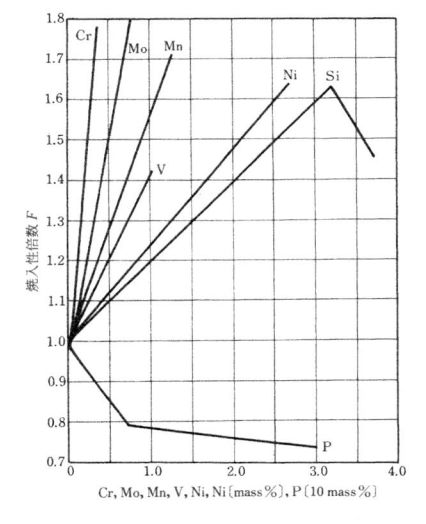

(a) 1/16 in 硬さ (IH) と C 含有量との関係

(b) D_I と IH/DH との関係 (1 in = 2.54 cm)

8・5・6 D_I よりジョミニー曲線を求める方法

マルテンサイトの硬さ（ジョミニー曲線で，水冷端から 1/16 in での硬さ）は，C % のみに依存すると考え，この硬さ IH を図 (a) より求める．

水冷端から種々の距離における硬さを DH とする．図 (b) より，与えられた鋼の D_I に対する IH/DH が求まる．水冷端からの距離と DH の関係を求めると，ジョミニー曲線が得られる．

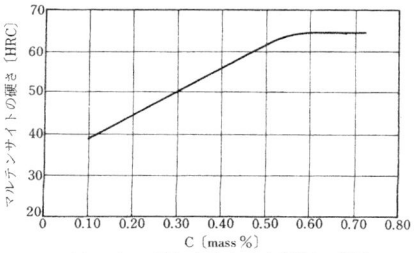

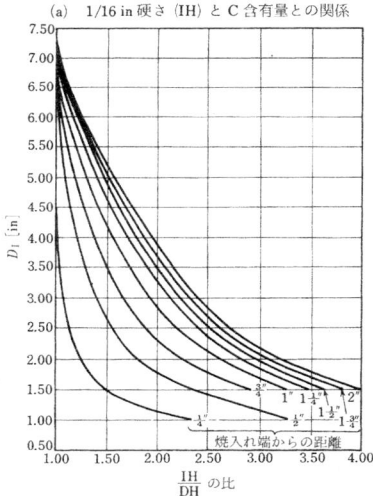

8・5・7 ジョミニー試験片と丸棒の焼入れによる冷却速度の関係

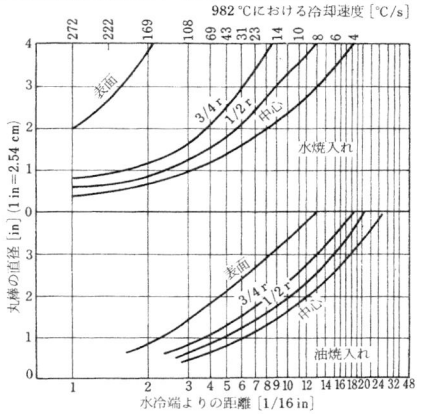

図による．たとえば直径 3 in の丸棒を油焼入れしたときの表面の焼入れ冷却速度は，ジョミニー試験で 8.5/16 in での冷却速度に相当し，その冷却速度は 17 ℃/s である．

982 ℃における冷却速度 [℃/s]

Society of Automotive Engineers Handbook (1952), p.114.

8・5・8 硬さと炭素量よりマルテンサイト量を求める方法
%はマルテンサイト量を示す

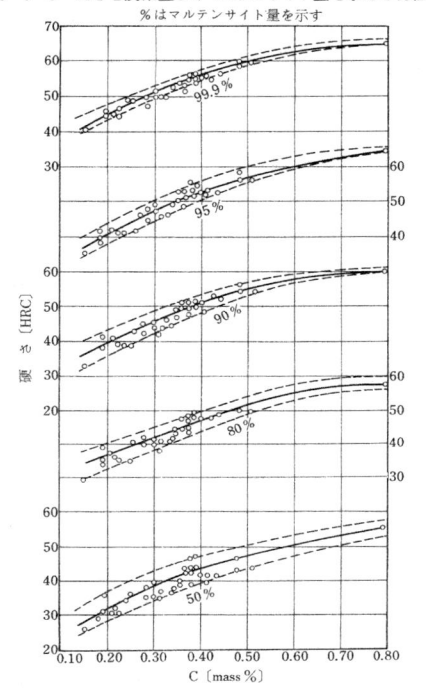

8・6 焼もどし硬さの計算法

化学組成から焼もどし硬さ R_T を推定するには次のようにする。8・4・6図(a)より焼入れのままの硬さ R_Q を求める。8・5・1より焼もどしによる硬さの低下量 D を求め、8・5・2より限界硬さ B を、また8・5・3より焼もどし因子 f を求め、合金元素による硬さの増量 A を8・5・4より求める。これらの数値を用いて、R_T を次式により計算する。

$$R_T = (R_Q - D - B)f + B + A$$

8・6・1 硬さ減量 D と焼もどし温度の関係

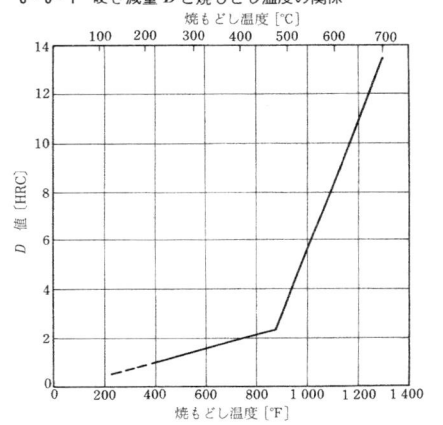

8・6・2 限界硬さ B と炭素含有量の関係

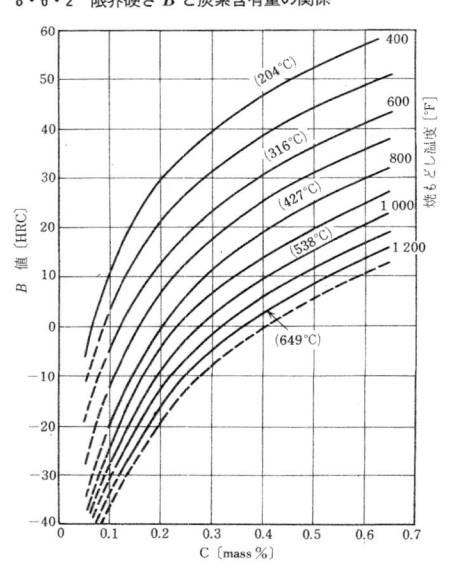

8・6・3 焼もどし因子 f、C%および焼もどし温度の関係

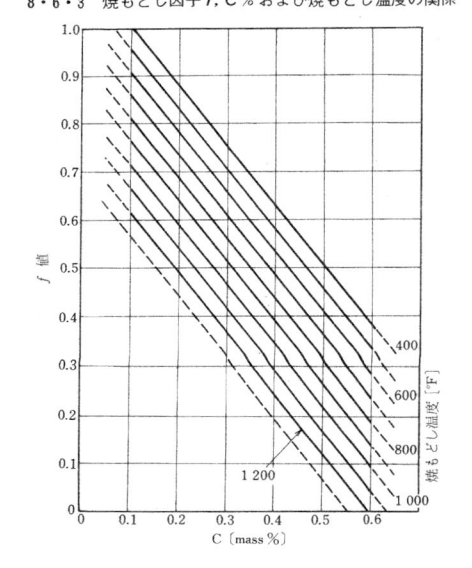

8 鋼の熱処理に関連する事項   167

8・6・4 各種元素の硬さ増量 A

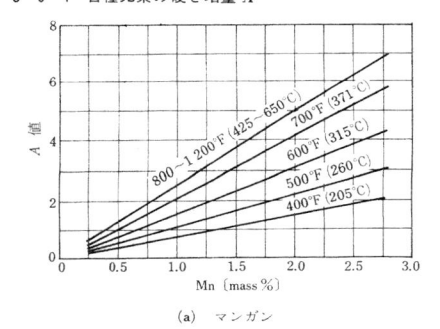

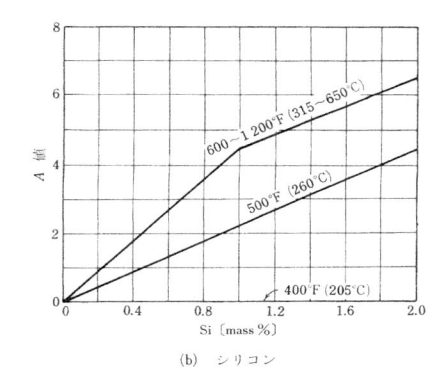

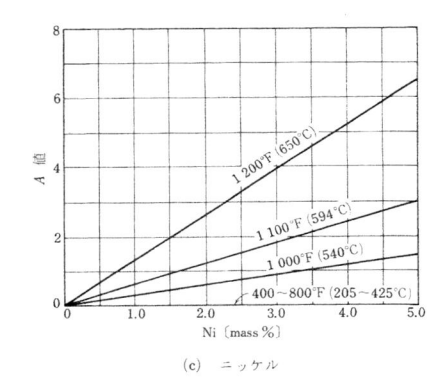

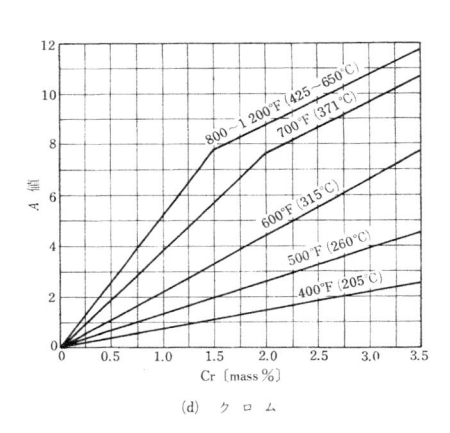

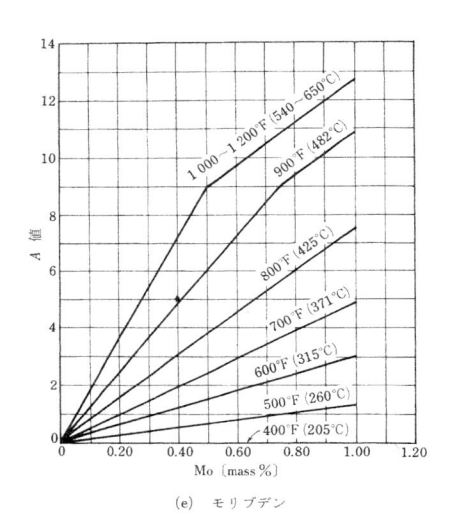

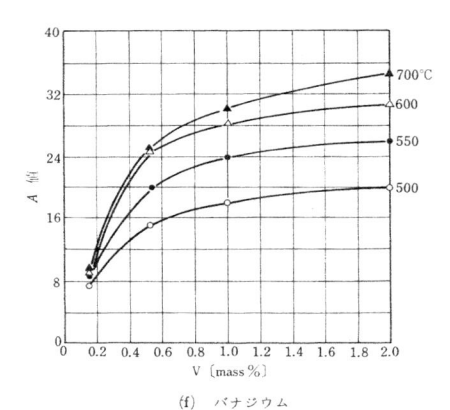

(a) マンガン

(b) シリコン

(c) ニッケル

(d) クロム

(e) モリブデン

(f) バナジウム

8・7 650℃で焼もどした鋼の機械的性質を化学組成から推定する方法

板厚が20〜25 mmで,引張強さが,1000 MPa級までの鋼について,次式で機械的性質を推測することができる.

引張強さ $[9.8 \text{ MPa}] = 95\sqrt{C} + 17\sqrt{Si} + 2\sqrt{Mn}$
$+ \sqrt{Ni} + 25\sqrt{Cr} + 15\sqrt{Mo} + 47\sqrt{V} + 70\sqrt{B}$
$+ 10\sqrt{Cu} + 13\sqrt{N_T}/Al_S - 4.2 \times 10^{-4}/(Al_S)^2$
$+ 3\sqrt{Al_S} - 11.5$

降伏強さ $[9.8 \text{ MPa}] = 63\sqrt{C} + 22\sqrt{Si} + 2\sqrt{Mn}$
$+ 2\sqrt{Ni} + 23\sqrt{Cr} + 19\sqrt{Mo} + 54\sqrt{V} + 98\sqrt{B}$
$+ 16\sqrt{Cu} + 22\sqrt{N_T}/Al_S - 12.0 \times 10^{-4}/(Al_S)^2$
$+ 4\sqrt{Al_S} - 18.7$

伸び $[\%] = -35\sqrt{C} - 12\sqrt{Si} - 6\sqrt{Mn} - 3\sqrt{Ni}$
$- 11\sqrt{Cr} - \sqrt{Mo} + \sqrt{V} - 24\sqrt{B} - 45\sqrt{Cu}$
$- 0.4\sqrt{N_T}/Al_S + 9.7 \times 10^{-4}/(Al_S)^2$
$- \sqrt{Al_S} + 82.4$

シャルピー遷移温度 $vT_{r15}[℃] = 126\sqrt{C} + 20\sqrt{Si}$
$- 5\sqrt{Mn} - 71\sqrt{Ni} + 57\sqrt{Cr} - 26\sqrt{Mo} + 155\sqrt{V}$
$- 364\sqrt{B} - 107\sqrt{Cu} - 1.3\sqrt{N_T}/Al_S - 51.8 \times 10^{-4}$
$/(Al_S)^2 + 11\sqrt{Al_S} - 127.9$

式中の元素は質量%を示す.N_T, Al_S はそれぞれ全窒素,酸可溶 Al 量を示し,窒素添加をしない鋼では $N_T = 0.006$,Al をとくに添加しない場合は $Al_S = 0.006$ とする.

8・8 機械構造用鋼の機械的性質間の関係

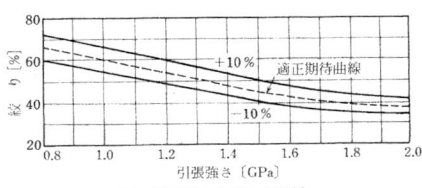

(a) 引張強さと絞りの関係

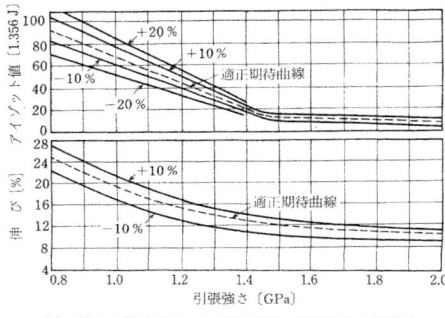

(b) 焼入れ焼もどしした構造用鋼の引張強さと衝撃値,伸びの関係

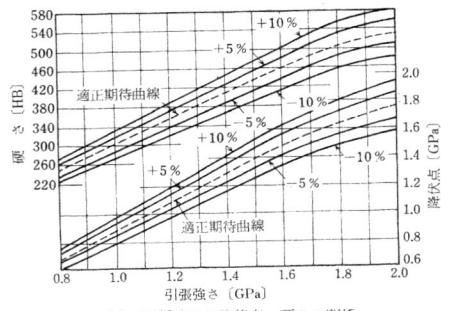

(c) 引張強さと降伏点,硬さの関係

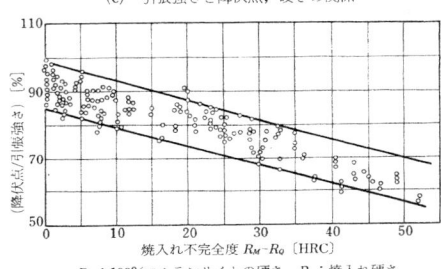

(d) 焼入れの不完全度と焼もどし状態の降伏比の関係
R_M:100%マルテンサイトの硬さ,R_Q:焼入れ硬さ

8・9 塩浴と金属浴

8・9・1 塩浴の組成と使用温度

a. 低温用(150〜550℃)塩浴の組成例

成 分	組 成(質量比)	溶融点[℃]
KNO_3-$NaNO_2$	55.2:44.8	141
$NaNO_3$-KNO_3	45.8:54.2	218
$NaNO_2$-KNO_3	60.2:39.8	219
$NaNO_2$-$NaNO_3$	44.5:55.5	222

b. 中温用(570〜950℃)の中性塩浴

成 分	組 成 [mol%]	溶融温度[℃]	使用温度[℃]
$BaCl_2$-KCl	2:3	656	700〜1000
$BaCl_2$-$NaCl$	2:3	654	700〜 900
$BaCl_2$-$CaCl$	35:65	600	600〜 850
$CaCl_2$-$NaCl$	46:54	501	550〜 850
$NaCl$-$LiCl$	3:4	580	600〜 900
$NaCl$-KCl	1:1	664	700〜 900

c. 高温用塩浴 $BaCl_2$ 溶解温度 962℃
使用温度 1000〜1350℃

8・9・2 金属浴の例

種別	配合割合[%]	溶融温度[℃]	使用温度[℃]
(1)	ビスマス……48 鉛……26 スズ……13 カドミウム……13	70	80〜750
(2)	ビスマス……50 鉛……28 スズ……22	100	110〜800
(3)	ビスマス……56.5 スズ……43.5	125	140〜800

8・9・3 塩浴の蒸発速度

溶融塩 (mol比)	温度 [℃]	標準蒸発速度 μ_0 [mg/m²·s]	蒸発係数 α [mg·K/m²·s]	溶融塩 (mol比)	温度 [℃]	標準蒸発速度 μ_0 [mg/m²·s]	蒸発係数 α [mg·K/m²·s]
NaCl	1 000	142	-1.4×10^4	NaCl + KCl + BaCl₂ (1:1:1)	900	65	-1.2×10^4
KCl	〃	236	-1.0×10^4	KCl + CaCl₂ (3:1)	1 000	171	-1.2×10^4
BaCl₂	〃	130	-1.5×10^4	CaCl₂ + BaCl₂ (1:1)	〃	41	-1.3×10^4
CaCl₂	〃	101	-1.1×10^4	NaNO₃ + KNO₃ (3:1)	700	224	-6.1×10^3
MgCl₂	700	827	-1.0×10^4	NaCl + MgCl₂ (1:1)	〃	189	-8.3×10^3
NaNO₃	〃	122	-5.3×10^3	KCl + MgCl₂ (1:1)	〃	268	-1.1×10^4
KNO₃	550	112	-7.5×10^3	AlF₃ + NaF (63%:37%)	1 000	213	-1.2×10^4
KOH	〃	508	-3.6×10^3	AlF₃ + NaF + Al₂O₃ (60%+35%+5%)	〃	236	-1.2×10^4
NaCl + BaCl₂ (1:1)	1 000	112	-1.4×10^4				
NaCl + KCl (1:1)	900	159	-1.0×10^4				
KCl + BaCl₂ (1:1)	〃	106	-9.7×10^3				

μ_0:静止状態の蒸発速度,$\alpha=d(\log\mu_0)/d(1/T)$ 小川:日本金属学会誌,10 (1949),7〜12.

8・9・4 水溶性焼入液(室温静止状態)の急冷度,H値

溶液	H値[in⁻¹] 高温	低温	溶液	H値[in⁻¹]* 高温	低温	溶液**	H値[in⁻¹]* 高温	低温
HCl 10%	4.5	0.2	ポリアルキレングリコール 20%	0.1	0.02	ニカワ 0.5%	0.25	0.1
酢酸 20%	1.5	0.4	グリセリン 20%	0.6	0.3	ポリビニルアルコール 1%	0.3	0.05
NaOH 5%	11	0.8	エチレングリコール 20%	0.6	0.25	カルボキシメチルセルローズ 0.5%	0.2	0.05
NaCl 10%	9	0.7	ポリエチレングリコール 20%	0.5	0.25			

高温:800〜400℃,低温:300℃以下
* 水($H=1$)の冷却速度との比(山崎惣三郎,山崎隆雄:熱処理,11 (1971),215)より推定. ** 品物表面に低温で膜を形成する.

9 鋼中炭化物および金属間化合物

9・1 炭 化 物

9・1・1 炭化物の結晶構造および諸性質

	炭化物	結晶構造 結晶形	格子定数 [nm]	生成エネルギー ΔH_f (25℃) [kJ/mol]	溶融点 [℃]	常温硬さ [GPa]
2元系	TiC	面心立方晶	$a=0.432$	-183	3 140	31.4
	ZrC	〃	$a=0.4685$	-192	3 530	25.5
	V₄C₃	〃	$a=0.416$	-117	2 830	27.4
	NbC	〃	$a=0.4458$	-125	3 506	23.5
	TaC	〃	$a=0.4445$	-161	3 877	17.6
	Ta₂C	最密六方晶	$a=0.309,\ c=0.492$	-150	3 400	—
	Cr₃C₂	斜方晶	$\begin{cases}a=0.282\ \ c=1.147\\ b=0.553\end{cases}$	-87.8	1 890	12.7
	Cr₇C₃	三方晶	$a=1.398\ \ c=0.452$	-178	1 665	14.2
	Cr₂₃C₆	面心立方晶	$a=1.0638$	-411	1 550	9.8
	Mn₃C	斜方晶	$\begin{cases}a=0.5080,\ c=0.4530\\ b=0.6772\end{cases}$	-96.1	1 520	(Fe, Mn)₃C : 15.7
	Mn₇C₃	三方晶	$a=1.387,\ c=0.453$	$-278\sim-284$	1 728	—
	Mn₂₃C₆	面心立方晶	$a=1.057$	—	—	—
	MoC	最密六方晶	$a=0.290,\ c=0.277$	-12.5	2 692	—
	Mo₂C	〃	$a=0.300,\ c=0.472$	-17.6	2 687	17.6
	WC	〃	$a=0.290,\ c=0.283$	-35.2	2 867	23.5
	W₂C	〃	$a=0.299,\ c=0.471$	-54.3	2 856	29.4
	Fe₃C	斜方晶	$\begin{cases}a=0.451,\ c=0.673\\ b=0.508\end{cases}$	20.9	1 650	13.1
	Co₃C	〃	$\begin{cases}a=0.508,\ c=0.452\\ b=0.673\end{cases}$	—	—	—
	Ni₃C	〃		—	—	—
多元系	Cr₂₁M₂C₆	面心立方晶	$a=1.06\sim1.07$	—	~1 520	(Cr, Fe)₂₃C₆ : 14.9
	M₆C	〃	$a=1.10\sim1.25$	—	~1 400	Fe₃Mo₃C : 13.2 / Fe₃Mo₂C : 10.5
	M′₆C	〃	$a=1.08\sim1.09$	—	~1 400	
	M₄C₃	〃	$a=0.832$	—	—	

9・1・2 炭化物生成反応の標準エネルギー

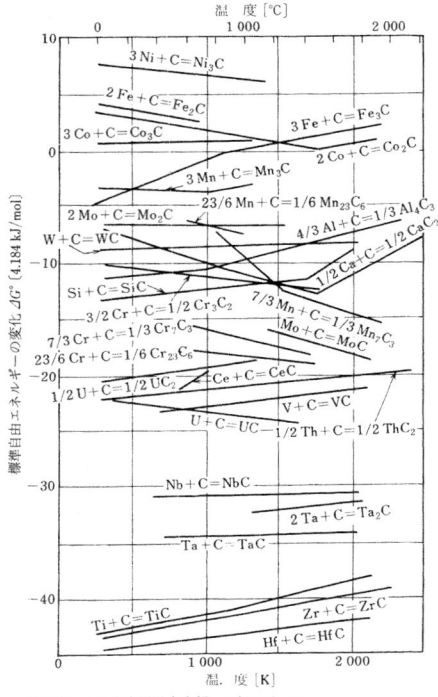

[Figure: 標準自由エネルギーの変化 ΔG° (4.184 kJ/mol) vs 温度 [°C] / [K], showing curves for various carbide formation reactions:
$3Ni+C=Ni_3C$, $2Fe+C=Fe_2C$, $3Co+C=Co_3C$, $3Fe+C=Fe_3C$, $2Co+C=Co_2C$, $3Mn+C=Mn_3C$, $23/6Mn+C=1/6Mn_{23}C_6$, $2Mo+C=Mo_2C$, $4/3Al+C=1/3Al_4C_3$, $1/2Ca+C=1/2CaC_2$, $W+C=WC$, $Si+C=SiC$, $3/2Cr+C=1/2Cr_3C_2$, $7/3Mn+C=1/3Mn_7C_3$, $7/3Cr+C=1/3Cr_7C_3$, $Mo+C=MoC$, $23/6Cr+C=1/6Cr_{23}C_6$, $1/2U+C=1/2UC_2$, $Ce+C=CeC$, $V+C=VC$, $U+C=UC$, $1/2Th+C=1/2ThC_2$, $Nb+C=NbC$, $2Ta+C=Ta_2C$, $Ta+C=TaC$, $Ti+C=TiC$, $Zr+C=ZrC$, $Hf+C=HfC$]

成田貴一:日本金属学会会報, **8** (1969), 49.

9・1・4 鋼中炭化物の溶解度積

$TiC = \underline{Ti}_\gamma + \underline{C}_\gamma$, $(C \approx 0.1\%)$

$\log [\%Ti]_\gamma [\%C]_\gamma = -\dfrac{10\,475}{T} + 5.33$

$TiC = \underline{Ti}_\gamma + \underline{C}_\gamma$, $(C \approx 0.3\%)$

$\log [\%Ti]_\gamma [\%C]_\gamma = -\dfrac{10\,475}{T} + 4.92$

$TiC = \underline{Ti}_\gamma + \underline{C}_\gamma$, $(C \approx 0.5\%)$

$\log [\%Ti]_\gamma [\%C]_\gamma = -\dfrac{10\,475}{T} + 4.68$

$ZrC = \underline{Zr}_\gamma + \underline{C}_\gamma$, $(C \approx 0.1\%)$

$\log [\%Zr]_\gamma [\%C]_\gamma = -\dfrac{8\,464}{T} + 4.26$

$ZrC = \underline{Zr}_\gamma + \underline{C}_\gamma$, $(C \approx 0.3\%)$

$\log [\%Zr]_\gamma [\%C]_\gamma = -\dfrac{8\,464}{T} + 3.84$

$ZrC = \underline{Zr}_\gamma + \underline{C}_\gamma$, $(C \approx 0.5\%)$

$\log [\%Zr]_\gamma [\%C]_\gamma = -\dfrac{8\,464}{T} + 3.61$

$V_4C_3 = 4\underline{V}_\gamma + 3\underline{C}_\gamma$, $(C \approx 0.1\%)$

$\log [\%V]_\gamma^4 [\%C]_\gamma^3 = -\dfrac{30\,400}{T} + 23.02$

$V_4C_3 = 4\underline{V}_\gamma + 3\underline{C}_\gamma$, $(C \approx 0.3\%)$

$\log [\%V]_\gamma^4 [\%C]_\gamma^3 = -\dfrac{30\,400}{T} + 21.58$

$V_4C_3 = 4\underline{V}_\gamma + 3\underline{C}_\gamma$, $(C \approx 0.5\%)$

$\log [\%V]_\gamma^4 [\%C]_\gamma^3 = -\dfrac{30\,400}{T} + 20.88$

$VC = \underline{V}_\gamma + \underline{C}_\gamma$

$\log [\%V]_\gamma [\%C]_\gamma = -\dfrac{9\,500}{T} + 6.72$

$NbC = \underline{Nb}_\gamma + \underline{C}_\gamma$

$\log [\%Nb]_\gamma [\%C]_\gamma = -\dfrac{7\,900}{T} + 3.42$

$TaC = \underline{Ta}_\gamma + \underline{C}_\gamma$

$\log [\%Ta]_\gamma [\%C]_\gamma = -\dfrac{7\,000}{T} + 2.90$

$\underline{M}$ は M が固溶していることを示す.

成田貴一:日本金属学会会報, **8** (1969), 49.

9・1・3 鋼中炭化物生成反応の標準エネルギー [単位:J/mol]

$4/3\underline{Al}_\gamma(1\%) + \underline{C}_\gamma(0.1\%) = 1/3Al_4C_3$	$\Delta G^\circ = -45\,700 + 91.50\,T$
$4/3\underline{Al}_\gamma(1\%) + \underline{C}_\alpha(0.01\%) = 1/3Al_4C_3$	$\Delta G^\circ = -84\,400 + 134.00\,T$
$2\underline{Co}_\gamma(1\%) + \underline{C}_\gamma(0.1\%) = Co_2C$	$\Delta G^\circ = -58\,900 + 144.00\,T$
$2\underline{Co}_\alpha(1\%) + \underline{C}_\alpha(0.01\%) = Co_2C$	$\Delta G^\circ = -97\,400 + 171.00\,T$
$3\underline{Co}_\gamma(1\%) + \underline{C}_\gamma(0.1\%) = Co_3C$	$\Delta G^\circ = -92\,300 + 4.210\,T \log T + 183.00\,T$
$3\underline{Co}_\alpha(1\%) + \underline{C}_\alpha(0.01\%) = Co_3C$	$\Delta G^\circ = -131\,000 + 4.210\,T \log T + 211.00\,T$
$23/6\underline{Cr}_\gamma(1\%) + \underline{C}_\gamma(0.1\%) = 1/6Cr_{23}C_6$	$\Delta G^\circ = -194\,000 + 203.0\,T$
$23/6\underline{Cr}_\alpha(1\%) + \underline{C}_\alpha(0.01\%) = 1/6Cr_{23}C_6$	$\Delta G^\circ = -232\,000 + 234.0\,T$
$7/3\underline{Cr}_\gamma(1\%) + \underline{C}_\gamma(0.1\%) = 1/3Cr_7C_3$	$\Delta G^\circ = -152\,000 + 143.0\,T$
$7/3\underline{Cr}_\alpha(1\%) + \underline{C}_\alpha(0.01\%) = 1/3Cr_7C_3$	$\Delta G^\circ = -190\,000 + 173.0\,T$
$3/2\underline{Cr}_\gamma(1\%) + \underline{C}_\gamma(0.1\%) = 1/2Cr_3C_2$	$\Delta G^\circ = -119\,000 + 114.0\,T$
$3/2\underline{Cr}_\alpha(1\%) + \underline{C}_\alpha(0.01\%) = 1/2Cr_3C_2$	$\Delta G^\circ = -157\,000 + 143.0\,T$
$23/6\underline{Mn}_\gamma(1\%) + \underline{C}_\gamma(0.1\%) = 1/6Mn_{23}C_6$	$\Delta G^\circ = -110\,000 + 214.0\,T$
$23/6\underline{Mn}_\alpha(1\%) + \underline{C}_\alpha(0.01\%) = 1/6Mn_{23}C_6$	$\Delta G^\circ = -149\,000 + 210.0\,T$
$7/3\underline{Mn}_\gamma(1\%) + \underline{C}_\gamma(0.1\%) = 1/3Mn_7C_3$	$\Delta G^\circ = -54\,900 + 115.0\,T$
$7/3\underline{Mn}_\alpha(1\%) + \underline{C}_\alpha(0.01\%) = 1/3Mn_7C_3$	$\Delta G^\circ = -93\,400 + 122.0\,T$
$3\underline{Mn}_\gamma(1\%) + \underline{C}_\gamma(0.1\%) = Mn_3C$	$\Delta G^\circ = -107\,000 + 199.0\,T$
$3\underline{Mn}_\alpha(1\%) + \underline{C}_\alpha(0.01\%) = Mn_3C$	$\Delta G^\circ = -146\,000 + 201.0\,T$ (1000~1193 K)
$3\underline{Mn}_\alpha(1\%) + \underline{C}_\alpha(0.01\%) = Mn_3C$	$\Delta G^\circ = -138\,000 + 193.0\,T$ (298~1000 K)
$2\underline{Mo}_\gamma(1\%) + \underline{C}_\gamma(0.1\%) = Mo_2C$	$\Delta G^\circ = -122\,000 + 161.0\,T$
$2\underline{Mo}_\alpha(1\%) + \underline{C}_\alpha(0.01\%) = Mo_2C$	$\Delta G^\circ = -160\,000 + 189.0\,T$
$\underline{Mo}_\gamma(1\%) + \underline{C}_\gamma(0.1\%) = MoC$	$\Delta G^\circ = -28\,800 + 52.90\,T$
$\underline{Mo}_\alpha(1\%) + \underline{C}_\alpha(0.01\%) = MoC$	$\Delta G^\circ = -67\,300 + 80.50\,T$
$\underline{Nb}_\gamma(1\%) + \underline{C}_\gamma(0.1\%) = NbC$	$\Delta G^\circ = -173\,000 + 97.30\,T$
$\underline{Nb}_\alpha(1\%) + \underline{C}_\alpha(0.01\%) = NbC$	$\Delta G^\circ = -1\,460 + 141.0\,T$
$3\underline{Ni}_\gamma(1\%) + \underline{C}_\gamma(0.1\%) = Ni_3C$	$\Delta G^\circ = -39\,900 + 198.0\,T$
$3\underline{Ni}_\alpha(1\%) + \underline{C}_\alpha(0.01\%) = Ni_3C$	$\Delta G^\circ = -40\,300 + 115.0\,T$
$\underline{Si}_\gamma(1\%) + \underline{C}_\gamma(0.1\%) = SiC$	$\Delta G^\circ = -78\,800 + 147.0\,T$
$\underline{Si}_\alpha(1\%) + \underline{C}_\alpha(0.01\%) = SiC$	$\Delta G^\circ = -183\,000 + 131.0\,T$
$2\underline{Ta}_\gamma(1\%) + \underline{C}_\gamma(0.1\%) = Ta_2C$	$\Delta G^\circ = -222\,000 + 174.0\,T$
$2\underline{Ta}_\alpha(1\%) + \underline{C}_\alpha(0.01\%) = Ta_2C$	$\Delta G^\circ = -189\,000 + 95.60\,T$
$\underline{Ta}_\gamma(1\%) + \underline{C}_\gamma(0.1\%) = TaC$	$\Delta G^\circ = -227\,000 + 131.0\,T$
$\underline{Ta}_\alpha(1\%) + \underline{C}_\alpha(0.01\%) = TaC$	$\Delta G^\circ = -177\,000 + 108.0\,T$
$\underline{Ti}_\gamma(1\%) + \underline{C}_\gamma(0.1\%) = TiC$	$\Delta G^\circ = -215\,000 + 140.0\,T$ (>1155 K)
$\underline{Ti}_\alpha(1\%) + \underline{C}_\alpha(0.01\%) = TiC$	$\Delta G^\circ = -212\,000 + 137.0\,T$ (<1155 K)
$\underline{V}_\gamma(1\%) + \underline{C}_\gamma(0.1\%) = VC$	$\Delta G^\circ = -130\,000 + 89.70\,T$
$\underline{V}_\alpha(1\%) + \underline{C}_\alpha(0.01\%) = VC$	$\Delta G^\circ = -169\,000 + 117.0\,T$
$\underline{W}_\gamma(1\%) + \underline{C}_\gamma(0.1\%) = WC$	$\Delta G^\circ = -116\,000 + 105.0\,T$
$\underline{W}_\alpha(1\%) + \underline{C}_\alpha(0.01\%) = WC$	$\Delta G^\circ = -155\,000 + 145.0\,T$
$\underline{Zr}_\gamma(1\%) + \underline{C}_\gamma(0.1\%) = ZrC$	$\Delta G^\circ = -736\,000 + 95.60\,T$
$\underline{Zr}_\alpha(1\%) + \underline{C}_\alpha(0.01\%) = ZrC$	$\Delta G^\circ = -214\,000 + 142.0\,T$

$\underline{M}$ は M が固溶していることを示す. 成田貴一:日本金属学会会報, **8** (1969), 49.

9・1・5 各種鋼の焼もどしにおける炭化物の変化

鋼 の 成 分 (mass%)					焼もどし [h]	焼 も ど し 温 度 と 抽 出 炭 化 物					
C	Cr	V	W	Mo		427℃	482℃	538℃	593℃	649℃	704℃
0.30	1.67				5	Fe_3C(*4)	Fe_3C(*4, 3)	Fe_3C(*4, 3)	Fe_3C(*4, 3)	Fe_3C(*4, 3)	Fe_3C(*4, 4)
0.34	3.40				5	Fe_3C(4)	Fe_3C(4)	Fe_3C(3) Cr_7C_3(*5)	Fe_3C(2) Cr_7C_3(*3)	Fe_3C(5) Cr_7C_3(4)	Cr_7C_3
0.33	6.47				5	Fe_3C(4)	Fe_3C(3)	Fe_3C(3) Cr_7C_3(*1)	Fe_3C(2) Cr_7C_3(*3, 3)	Fe_3C(2) Cr_7C_3(*4)	Cr_7C_3(4)
0.17			5.83		5	Fe_3C(4)	Fe_3C(*4, 4)	Fe_3C(*1, 2)	Fe_3C(*5, 5) W_2C(*1)	W_2C(2) M_6C(3)	W_2C(2) M_6C(4)
0.15				1.84	2	Fe_3C(3)	Fe_3C(3) MoC_2(*1)	Fe_3C(4) Mo_2C(*1)	Fe_3C(4) Mo_2C(*2)	Mo_2C(*2)	Mo_2C(1) Mo_2C(*4)
0.14				3.07	5	Fe_3C(3)	Fe_3C(3) Mo_2C(*1)	Mo_2C(*1)	Mo_2C(*2, 2)	Mo_2C(*4)	Mo_2C(*4, 4) M_6C(4)
0.29				3.07	2	Fe_3C(*4)	Fe_3C(*3)	Fe_3C(*2) Mo_2C(*2)	Fe_3C(*1) Mo_2C(*3)	Mo_2C(*4)	Mo_2C(*4)
0.30		0.68			5	Fe_3C(*3)	Fe_3C(*3)	Fe_3C(3) V_4C_3(*1)	Fe_3C(3) V_4C_3(*3)	V_4C_3(*4)	Fe_3C(2) V_4C_3(*4)
0.34	2.29			1.64	2	Fe_3C(2)	Fe_3C(3)	Fe_3C(4)	Fe_3C(4) Mo_2C(*5) M_6C(*5)	Fe_3C(4) Mo_2C(*5) M_6C(*5)	Fe_3C(*4) Mo_2C(*5) M_6C(*5) Cr_7C_3(2)

* 電子線回折データ, 他はX線回折データ.
( ) 内の番号は回折線の強さで, 1…極弱, 2…弱, 3…中程度, 4…強, 5…こん(痕)跡または疑わしいもの.

9・2 金属間化合物

9・2・1 Fe基合金中の析出化合物

系別	鋼 種	焼入れまたは溶体化後の組織	焼もどしまたは時効による析出相	相 の 遷 移
Fe ｜ Cr 系	1/2 Mo	M	Fe_3C, Mo_2C (粒状, 粒内)	—
	Mo-V	M	Fe_3C (少, 粒内) V_4C_3 (多, 粒内) M_6C (粒界)	Fe_3C→V_4C_3→M_6C
	$1\frac{1}{4}$Cr-$\frac{1}{2}$Mo	M	$M_{23}C_6$, Fe_3C, Cr_7C_3, Mo_2C (球状, 粒内)	—
	$2\frac{1}{4}$Cr-1 Mo	M	Fe_3C, Mo_2C, Cr_7C_3, $M_{23}C_6$, M_6C	$\begin{cases}\varepsilon\to Fe_3C\to Fe_3C+Mo_2C\\+Cr_7C_3\to M_{23}C_6+M_6C\end{cases}\to M_{23}C_6$
	5 Cr-$\frac{1}{2}$Mo-Ti	M, TiC	$M_{23}C_6$, TiC, Laves (Fe$_2$Ti)	—
	9 Cr-1 Mo	M	Fe_3C, Cr_7C_3, $M_{23}C_6$	Fe_3C→Cr_7C_3→$M_{23}C_6$
	3 Cr-Mo-W-V (H 40)	M, γ_R	V_4C_3 (針界, 多, 粒内) Fe_3C (粒界, 少, 球状)	
	12 Cr	M, ($M_{23}C_6$)	$M_{23}C_6$, Cr_7C_3, Fe_3C	Fe_3C→$M_{23}C_6$↑
	17 Cr	α, (M)	Fe_3C, Cr_7C_3, $M_{23}C_6$	Fe_3C→Cr_7C_3→$M_{23}C_6$
	21 Cr	α, ($M_{23}C_6$)	$M_{23}C_6$ (粒界, 粒内)	—
	27 Cr	α, ($M_{23}C_6$)	α, ($M_{23}C_6$) (粒界, 粒内)	—
Fe ｜ Cr ｜ Ni 系	17-7 PH	M (γ)	規則格子 (CsCl型)?, NiAl?	—
	17-4 PH	M (γ)	M_2X* (多, 粒内, 微細) $M_{23}C_6$ (中, 粒界)	M_2X→$M_{23}C_6$
	18-8 (304)	γ, (δ)	$M_{23}C_6$ (中, 粒界)	—
	18-8 Mo (316)	γ, (δ)	(Cr, Mo)$_{23}C_6$ (少, 粒界, 粒内) σ (少, 粒界)	—
	18-8-Ti (321)	γ, TiC, (δ)	TiC (中, 粒内, 細析) σ (少, 粒界), $M_{23}C_6$ (少, 粒内)	—
	18-8-Nb (347)	γ, NbC, (δ)	NbC (中, 粒内, 細析) $M_{23}C_6$ (少, 粒界), σ (少, 粒界)	—
	25-20 (310)	γ	$Cr_{23}C_6$ (少, 粒界, 粒界)	—
	15-15 N	γ, Nb (C, N)	$M_{23}C_6$ (少, 粒界), M_6C (少) Laves (中, 粒内), (M_4C_3)	M_4C_3→$M_{23}C_6$→M_6C →Laves
	19-9 DL	γ, Nb (C, N)	$M_{23}C_6$ (中, 粒界, 粒内) Nb (C, N)	—
	16-25-6 (Timken)	γ, M_6C	$M_{23}C_6$ (中, 粒界, 粒内針状析) M_6C (中, 粒界) $CrMoN_2$ (少, 粒内針状析) Fe_7Mo_6	$M_{23}C_6$→M_6C →$CrMoN_2$
	A-286	γ, TiC, G	G (少, 粒内) Ni_3(Al, Ti) (中, 粒内) Ni_3Ti (中, 粒内, 板状晶) Laves (少, 粒界)	Ni_3Al→Ni_3Ti→Laves
	Incoloy 901	γ, TiC	Ni_3(Al, Ti) (中, 粒内) Ni_3Ti (中, 粒内, 板状晶) Laves (中, 粒内)	
	Turbaloy 13	γ, TiC	TiC (中, 粒内) Laves (Fe$_2$Al 鋳造状態で存在)	—

系別	鋼種	焼入れまたは溶体化後の組織	焼もどしまたは時効による析出相	相の遷移
Fe–Cr–Ni–Co–系	G-18 B	γ, Nb(C, N)	M_4C_3 (初期, 粒内), $M_{23}C_6$ (中, 粒内), Nb(C, N), M_6C (少, 粒界), M'_6C (少, 粒界), Laves (後期, 粒界)	$M_4C_3 \to M_{23}C_6 \to M_6C \to M'_6C$
	LCN-155	γ, Nb(C, N)	$M_{23}C_6$ (少, 粒内), M_6C (少, 粒界), π (多, 粒内), Laves (少, 粒界), Nb(C, N), M_4C_3	$M_4C_3 \to M_{23}C_6 \to \pi$ / M_6C, Laves
	S-590	γ, NbC	NbC (中, 粒状), M_6C (少, 粒界), Laves (中, 粒界)	—

M：マルテンサイト組織, γ：オーステナイト組織, α：フェライト組織
* M_2X は Cr_2N と Mo_2C の中間の格子定数を示す最密六方晶で, X は C または N である.
$M_{23}C_6$：主として M は C であるが他 Fe も含まれる. Mo, W などの原子半径の大きい元素も 2 原子まで含むことができる.
9・2・1〜3 におけるアンダーラインは, 硬化上重要な析出相を示す.
今井, 増本：日本金属学会会報, 1 (1962), 411 参照.

9・2・2 Ni 基合金中の析出化合物

形別	鋼種	溶体化処理後の組織	時効による析出相	相の遷移
マトリックス強化形	Hastelloy B	γ, (δ), M_6C	β (MoNi$_4$, Widmanstätten 組織, 低温), γ (MoNi$_3$, 針状組織, 高温)	$\beta \to \gamma$
析出強化形	Nimonic 75	γ, Ti(C, N)	$M_{23}C_6$ (中, 低温で粒界, 粒内, 高温で粒界), M_7C_3 (少, 高温)	$M_7C_3 \to M_{23}C_6$
	〃 80 A	γ, Ti(C, N) または TiN	$M_{23}C_6$ (少, 粒内), Ni$_3$(Al, Ti) (中, 粒内), M_7C_3 (少, 高温)	$M_7C_3 \to M_{23}C_6$
	〃 90	〃	Ni$_3$(Al, Ti) (中, 粒内), $M_{23}C_6$ (中, 粒内)	
	〃 100	〃	Ni$_3$(Al, Ti) (多, 粒内), M_6C (少, 粒界), ($M_{23}C_6$)	
	Inconel X	γ, Ti(C, N), Nb(C, N)	Ni$_3$(Al, Ti) (多, 粒内), $M_{23}C_6$ (少, 粒界), Ni$_3$Ti	Ni$_3$(Al, Ti) $\to$ Ni$_3$Ti
	Inconel X 550	〃	Ni$_3$(Al, Ti) (多, 粒内), Ti(C, N), Nb(C, N)	
	Inco 700	γ, Ti(C, N)	Ni$_3$(Al, Ti) (多, 粒内), M_6C (中, 粒界), $M_{23}C_6$ (少, 粒界)	
	Udimet 500	〃	$M_{23}C_6$ (少, 粒界), Ni$_3$(Al, Ti) (多, 粒内)	$\to$ 次 (TiC $\to M_{23}C_6$)
	Waspaloy	〃	Ni$_3$(Al, Ti) (中, 粒内), M_6C (中, 粒界), $M_{23}C_6$ (少, 粒界), Laves (少, 粒界)	
	M-252	γ, Ti(C, N), M_6C	Ni$_3$(Al, Ti) (少, 粒内), M_6C (少, 粒界), M'_6C (少, 粒界), Ti(C, N), μ	$M_{23}C_6 \to M_6C$ $\to M_6C$, Laves
	M-647	γ, Ti(C, N)	Ni$_3$(Al, Ti), σ, χ	—
	René 41	γ, Ti(C, N)	Ti(C, N), M_6C (中, 粒内), Ni$_3$(Al, Ti) (多, 粒内), $M_{23}C_6$ (中, 粒界)	$M_{23}C_6 \to M_6C$
	Inconel 718	γ, NbC	Ni$_3$(Al, Ti) (多, 粒内), $M_{23}C_6$, NbC, Ni$_3$Nb	

9・2・3 Co 基合金中の析出化合物

形別	鋼種	溶体化処理材の組織	時効による析出相	相の遷移
弱析出硬化形	S-816	γ, Nb(C, N)	$M_{23}C_6$ (中, 粒界, 粒内), M_6C (中, 粒内), NbC (多, 粒内), Laves (少, 粒界)	$M_{23}C \to M_6C$
	I-336	γ, Nb(C, N)	$M_{23}C_6$ (中, 粒界, 粒内), M_6C (少, 粒内)	$M_{23}C_6 \to M_6C$
	HS-30 (422-19)	γ, β (hcp)	$M_{23}C_6$, M_6C (少, 針状粒), M_7C_3 (鋳造材, 中), Cr_3C_2 (鋳造材, 少)	$(M_7C_3) \to M_{23}C_6 \to M_6C$
	HS-31 (X-40)	γ, β (hcp)	$M_{23}C_6$, M_6C (少, 層状析)	$M_{23}C_6 \to M_6C$
	HS-21 (Vitallium)	γ	$M_{23}C_6$ (多, 高温で lamella 析, 低温で Widmanstätten 析), M_6C (少, 粒界), M_7C_3	$(M_7C_3) \to M_{23}C_6 \to M_6C$
	X-63	γ	$M_{23}C_6$ (中, 粒界, 粒内), (Cr_2N)	
	G-32	γ, Nb(C, N)	$M_{23}C_6$ (中, 粒内), NbC, (M_6C)	$M_{23}C_6 \to M_6C$
強析出硬化形	J-1570	γ, Ti(C, N)	Ni$_3$Ti (多, 粒内, 針状晶), M_6C (少, 粒界), ε (少, 粒界, 高温)	

9・2・4 耐熱合金に現われる金属間化合物,窒化物の結晶構造と性質（9・2・2参照）

	化合物	結晶形	格子定数 $[10^{-10}\,m]$	溶融点 $[℃]$	常温硬さ $[GPa]$
金属間化合物	σ(FeCr)* 相	正方晶	$a=8.790,\ c=4.559$	1 520	10.8〜12.7
	σ(FeCrMo) 〃	〃	$a=8.81,\ c=4.58$	〜1 400	10.3
	Laves(Fe$_2$Ti)* 〃	最密六方晶	$a=5.15,\ c/a=1.65$	1 530	6.9
	$\varkappa$(Fe$_{36}$Cr$_{12}$Mo$_{10}$) 〃	体心立方晶	$a=8.920$	1 490	〜10
	ε(Fe$_7$Mo$_6$)* 〃	菱面体晶	$a=8.97,\ \alpha=30°38'$	1 480	9.6
	γ'(Ni$_3$Al) 〃	面心立方晶	$a=3.560$	1 378	2.0
	η(Ni$_3$Ti) 〃	最密六方晶	$a=5.106,\ c=8.307$	1 395	5.0
	G(Ni$_{13}$Ti$_8$Si$_6$) 〃	立方晶	$a=11.198$	—	—
窒化物	TiN	面心立方晶	$a=4.23$	2 950	24.5
	ZrN	〃	$a=4.56$	2 980	27.4
	NbN	〃	$a=4.39$	2 030	24.5
	Cr$_2$N	最密六方晶	$a=4.80,\ c=4.47$	—	11.8
	BN	〃	$a=2.504,\ c=6.661$	昇華 3 000	—
	CrMoN$_2$	〃	$a=2.84,\ c=4.57$	—	—
	M$_{11}$(CN)$_2$	面心立方晶	$a=10.75$	—	—

* 一例として示してある．

耐熱合金中にはこのほか次のようによばれている析出物がある．

記号	結晶構造	例
η_1	面心立方晶	A$_3$B$_3$C
η_2	〃	A$_2$B$_4$C
η'	〃	(A, B)$_6$C，(η_1 より格子定数小)
χ	〃	M$_{23}$C$_6$
π	η' に近い	(Cr, Co, Ni, Fe)$_8$(Mo, W)$_3$(C, N)$_2$

IV 非鉄材料

1 純金属

1・1 純金属の機械的性質 (標準値)

純金属	純度 [%]	引張強さ [MPa]	耐力 [MPa]	伸び [%]	硬さ*	備考
Ag	99.9	125	54	48	26 HV	fine silver
Al	99.996	47	167	60	17 HB	
As	99.999	—	—	—	—	
Au	99.99	130	—	45	25 HB	
Be	~99	412	216	2.0	—	鋳造押出し材
Bi	99.999	—	—	—	7 HB	
Ca	—	54	14	55	17 HB	
Cd	—	71	—	50	22 HB	
Ce	—	102	90	23.9	30.7 HB	鋳造材
Co	99.95	245	—	6	124 HB	
Cr	99.99	412	—	44	130 HV	ヨウ化法クロム
Cu	99.95	213	67	50	40 HRB	
Fe	99.9	216	127	35	—	
Hf	—	444	230	23	160 HV	圧延方向
In	99.999	2.6	—	22	0.9 HB	
Ir	—	199	—	—	200 HV	
Mg	99.98	147	62	8	35 HB	圧延たてよこ方向の平均
Mn	—	494	240	40	—	
Mo	99.97	481	441	50	160 HV	
Nb	99.95	275	206	30	80 HV	
Ni	99.95 Ni+Co	316	59	30	60 HV	
Np	99.1	—	—	—	355 HV	
Os	—	—	—	—	350 HV	
Pb	99.90	18	8	40	37 HV	圧延材 (化学用)
Pd	99.85	172	34	30	38 HV	
Pt	99.85	127	25	37	39 HV	
Pu	99.9	412	275	0.35	260 HV	
Re	99.9	111	314	24	280 HV	
Rh	—	686	—	30	120 HV	
Ru	99.9	490	363	3	350 HV	
Sb	—	—	—	—	30~58 HB	
Sc	—	—	—	—	78 HB	
Se	99.999	—	—	—	—	
Sn	99.95	17	—	96	5.3 HB	焼なまし板材
Ta	99.98	206	177	40	70 HV	
Te	99.999	—	—	—	—	
Th	99.95	113	47	36	38 HV	
Ti	99.9	233	137	54	60 HV	ヨウ化法チタン
Tl	99.999	89	—	40	2 HB	
U	99.95	384	192	4	187 HV	
V	99.95	186	98	39	55 HV	ヨウ化法バナジウム
W	99.95	588	539	0	360 HV	焼結焼なまし材
Y	—	130	55	28	37 HB	
Zn	99.9	118	—	55	45 HB	
Zr	99.8	343	206	34	60 HB	ヨウ化法ジルコニウム

* 硬さ中 HB はブリネル, HRB はロックウェル B スケール, HV はビッカース硬さを示す.

1・2 純金属の純度
1・2・1 各種金属中の不純物の一例

金属名	種別	分析値 [%]						備考
Ag	高純度銀	Ag 99.998	Au 0.00004	Cu 0.0005	Pb 0.0004	Bi 0.0001	Fe 0.0001	国産品電気銀一例
		Cu 0.00001~0.00002		Pb 0.00001~0.00002		Bi 0.00001~0.00002	Fe 0.0001	COMINCO
Al	工業用純アルミニウム地金	Fe 0.12 Ca 0.0007	Si 0.10 Na 0.002	Cu 0.003 Zn 0.0015	Ti 0.008	Mn 0.002	V 0.001	Mg 0.0004	国産品一例
	高純度アルミニウム	Fe tr. Ba tr.	Si 0.001 V nil	Cu tr. Al 99.998	Mn tr.	Mg tr.	Ni nil	Ti tr.	Ca tr.	住友化学工業
	帯溶融精製	Cu 0.08 Y 0.001 Nd<0.001 Zn 1	As 0.001 Lu<0.0001 Pr<0.001 Co≦0.01	Sb 0.002 Ho<0.0001 Cr<0.01 Na<0.2	Ga 0.05 Gd<0.01 La<0.001 K<0.01	Mn 0.15 Tb<0.001 Ni<1	Sc 0.4~0.5 Sm<0.0001 Cd 0.02~0.07 [単位:ppm=100万分の1]	Chaudron (1962)
Au	純金	Au 99.930	Ag 0.036	Cu 0.032	Pb 0.003	Fe tr.	Zn nil	国産品一例
Be	高純度ベリリウム（ビード状）	Be>97.90 Mn 0.018 Cu 0.012	B 0.00008 Cr 0.004 Zn 0.01	Fe 0.42 Cd 0.0001 Ag 0.0002	Al 0.50 Li 0.0005 Pb 0.0003	Mg 1.00 Ca 0.02 Si 0.085	Ni 0.027 Co 0.0003 N 0.025	Mo 0.0008	Beryllium Corp.（米）分析例
	工業用鋳造インゴット	BeO 200~300 [単位:ppm]	Fe 100	Al 50	Si 200	Cu 100	Ni 150	日本碍子
Ca	カルシウム地金（電解法）	Fe 0.04	Al 0.03	Si 0.02	O+N 0.44	Mg 0.01	Cl 0.058	
	蒸留カルシウム	Mg 0.0026	Fe 0.00043	Si 0.00033	Al 0.00077	Na tr.	N,O測定せず	
Cd	高純度品	Cd>99.9997 Ag<0.00005	Pb<0.00005	Cu<0.00004	Zn<0.0002	Fe<0.00002	三井金属鉱業
	超高純度	Cd>99.99995 Tl<0.00001	Pb<0.00001	Cu<0.00001	Zn<0.00001	Fe<0.00001	日本曹達
Co	カソード	Co>99.7	Cu<0.05	Fe<0.05	Zn<0.05	Mn tr.	S<0.02	同和鉱業普通品
	ショット	Co>99.7	Cu<0.05	Fe<0.15	Zn tr.	Mn tr.	S tr.	
Cr	電解クロム	Cr>99.2	Fe<0.2	C<0.02	Si<0.01	P<0.005	S<0.03	H<0.008	N<0.03	O<0.55	東洋曹達製普通品
	脱ガス品	Cr>99.6	Fe<0.2	C<0.02	Si<0.01	P<0.005	S<0.03	H<0.001	N<0.03	O<0.1	
Cu	タフピッチ銅	Cu 99.94 O 0.035 Pb 0.0012 Ni 0.0010	As 0.0012 P —	Sb 0.0003 Si 0.0010	Bi 0.0027 S 0.0012	Au+Ag 0.0012 Sn 0.0003	Fe 0.0025 Zn 0.0010	工業用純銅の代表例
	脱酸銅	Cu 99.96 O 0.003 Fe 0.0032 Pb 0.0021 Sn 0.0010 Zn 0.0015	As 0.0013 Ni 0.0008	Sb 0.0005 P 0.021	Bi 0.0030 Si 0.0012	Au+Ag 0.0015 S 0.0022		代表例
	OFHC銅	Cu 99.97 O 0.0015 Fe 0.0012 Pb 0.0005 Sn 0.0008 Zn nil	As 0.0002 Ni 0.0005	Sb 0.0007 P nil	Bi tr. Si 0.0004	Au+Ag 0.0015 S 0.0020		代表例
	真空溶解銅	Cu 99.99 O 0.000 Fe 0.0003 Pb 0.0004 Sn 0.000 Zn 0.000	As 0.0002 Ni 0.0002	Sb 0.0001 P 0.000	Bi 0.000 Si 0.0002	Au+Ag 0.0003 S 0.0004		古河電工
Fe	帯溶融精製超高純鉄	C+N 0.5 Ca 0.15 Pd<0.1	S 1.2 Ti 0.06 Cd<0.2	P 0.03 Cr 0.05 その他<0.09	Si 0.8 Co 0.07 [単位:ppm]	Mn 0.1 Na 0.06	Ni 0.2 Zn<0.1	Mg 0.1 Ge<0.2	Cl 0.4	Smith その他 (1963)
	純鉄	C<0.001 N 0.0002	P<0.0005	S 0.002	Si 0.002	Cu<0.002	O 0.003	National Bureau of Standards (米)
	Ferrovac E(I)	C 0.007 Ni 0.005	Mn 0.005 O 0.015	P 0.003 N 0.0003	S 0.006	Si 0.008	Cu<0.003	Vacuum Metal Corp.（米）
	Ferrovac E(II)	C 0.004 Ni 0.005 Pb 0.0003	Mn 0.001 Cr 0.001 Co 0.004	P 0.002 V 0.004 O 0.0071	S 0.005 W nil N 0.00027	Si 0.006 Mo 0.001	Cu 0.002 Sn 0.003	Vacuum Metal Corp.（米）, 分析例 Keh (1965)
	Puron	C 0.003 Ni 0.003	Mn 0.001 O 0.074	P 0.001 N 0.006	S 0.004	Si 0.002	Cu 0.009	Westinghouse （米）
	純鉄	C 0.03 O 0.01	Mn 0.002 N 0.01	P nil	Si 0.0003	Cu 0.0001	Ni 0.001	Johnson Matthey（英）

1 純　金　属

金属名	種　別	分　析　値 [%]					備　考
Fe	NPL 純鉄	C 0.002〜0.004　Mn 0.004　S 0.004〜0.006　Si 0.002〜0.003　Cu 0.004〜0.007　Ni 0.005〜0.007　O 0.001〜0.002　N 0.001〜0.002					National Physical Laboratory (英)
	電解鉄	C 0.02	S 0.005	P 0.005	Si 0.005	Mn 0.002	
	スエーデン鉄	C 0.085	S 0.04	P 0.046	Si 0.02	Mn 0.09	
	還元鉄	C 0.0045	S 0.0015	P 0.001	Si 0.0002	Mn 0.002	
	電気炉による純鉄	C<0.01	S<0.01	P<0.01	Si<0.01	Mn<0.01	
	アームコ鉄	C 0.012	S 0.025	P 0.005	Si tr.	Mn 0.017	
	カーボニル鉄	C 0.0007〜0.0016　S —　P —　Si —　Mn —　O<0.01　As, Cu, Mn, Ni, Co, Cr, Mo, Zn, nil					
Mg	マグネシウム地金 (原子力用)	Mg>99.95　Al<0.01　Si<0.01　Mn<0.005　Fe<0.005　Zn<0.03　Cu<0.001　Ni<0.001　B<0.00003　Cd<0.00005					
	高純度品	Mg>99.95　Al<0.01　Si<0.01　Mn<0.005　Fe<0.005　Zn<0.03　Cu<0.001　Ni<0.001　B —　Cd —					古河マグネシウム
	普通品	Mg>99.90　Al<0.01　Si<0.01　Mn<0.01　Fe<0.01　Zn<0.05　Cu<0.005　Ni<0.001　B —　Cd —					
	超高純度マグネシウム	Mg 99.998　Pb 0.0002　Ni 0.00005　Cu 0.0002　Al 0.0003　Zn 0.0005　Mn 0.0002　Si 0.0006　Fe 0.0005					旭化成工業
Mn	電解マンガン	Mn>99.9　Fe<0.002　C<0.01　Si<0.01　P<0.0015　S<0.04					東ソー普通品
Mo	金属モリブデン粉末	Mo>99.95　Fe<0.01　P<0.005　S<0.005　C<0.003					横浜タングステン製錬所
	帯溶融精製	Al<0.0005　Cr<0.0005　Cu<0.0002　Fe<0.0005　Mg<0.0001　Mn<0.0002　Ni<0.0003　Si<0.0005　Sn<0.0005　O<0.0001　N<0.0001　C<0.0001　Mo>99.995					Lawley-Van den Sype-Maddin (1963)
Nb	ペレット	Ta 0.11　Fe 0.006　Ti 0.0006　C 0.10　O 0.055　N 0.005　H 0.0015					Plansee
Ni	電解ニッケル地金	Ni+Co 99.98　Cu 0.003　Fe 0.005　Si tr.　S tr.　C 0.003					住友金属鉱山
	電解ニッケル地金	Ni+Co>99.95　Co<0.30　Cu<0.005　Fe<0.005　Si<0.005　S<0.001　C<0.02　Mn<0.002　Pb<0.001					志村化工
Pb	高純度	Pb 99.999　Ag<0.0001　Bi<0.0001　Cu<0.0001　Sn<0.0001　Zn<0.0001					大阪アサヒメタル
	超高純度	Pb 99.9999　Ag 0.00001〜0.00002　Bi<0.00005　Cu<0.00002					
Sb	高純度	Sb 99.999　Ag<0.00005　Bi<0.00002　Cu<0.0001　Pb<0.0001　Si<0.0001　Sn<0.0001					大阪アサヒメタル
	超高純度	Sb 99.9999　Cu 0.00001〜0.00002　Pb 0.00001〜0.00002　As<0.00005　Sn 0.00001〜0.00002					ASARCO (米)
Se	セレン地金	Se>99.99　Te<0.0002　S<0.005　Pb<0.0001　Sb<0.0002　Fe<0.0005　SiO₂ 0.004　Hg nil　Cu<0.0004　Ag tr.					住友金属鉱山
		Se 99.999　Al<0.0001　Cu<0.0001　Sb<0.0001　Si<0.0001					大阪アサヒメタル
Si	超高純度	$P<2\times10^{-7}$　$Au<5\times10^{-10}$　$As\ 3\times10^{-8}$　$Ta<4\times10^{-8}$　$Sb<5\times10^{-9}$　$K<2\times10^{-7}$　$Cu\ 6\times10^{-7}$　$Mo<10^{-5}$　$Fe<5\times10^{-5}$　$Na<10^{-8}$　$Mn<1.5\times10^{-8}$　$Zn<10^{-5}$					Pechiney (仏)
		$B\ 9\times10^{-6}$　$P\ 3.5\times10^{-6}$　$Cu\ 4\times10^{-9}$　$Al\ 4\times10^{-8}$　$As\ 3\times10^{-6}$　$Au\ 3\times10^{-10}$　$Ga\ 10^{-7}$　$Sb\ 4\times10^{-7}$　$Ta\ 10^{-12}$　$In\ 5\times10^{-9}$　$Sn\ 2\times10^{-7}$　$Fe\ 5\times10^{-9}$					Du Pont (米)
Sn		Sn 99.9997　Cu nil　Pb 0.0002　In nil					三菱金属鉱業
	高純度スズ地金	Sn 99.999+　Cu<0.00005　Pb<0.0001　In<0.00001　Ag<0.00005　Fe 0.0001〜0.0002					大阪アサヒメタル
Ta	インゴット	Al<0.0025　Nb<0.009　C 0.0015　N 0.0015　O<0.005　W<0.004　Ni 0.001					日本真空技術
	棒	Al<0.0020　Nb 0.01　Fe 0.002　Si 0.007　Cu 0.001　Mn 0.0002　Mg 0.0001					Johnson Matthey (英)
Te	工業用高純度	C 0.0035〜0.031　N 0.027　H 0.0050　O 0.077　Si<0.01					アメリカ製
	高純度テルル地金	Te 99.9999　Ag<0.00001　Cu 0.00001〜0.00002　Pb 0.00001〜0.00002　Si 0.00001〜0.00002					大阪アサヒメタル
		Te>99.999　Fe<0.0001　Cu<0.0001					COMINCO
Ti	スポンジチタン	Ti>99.7　Fe<0.02　Cl<0.05　N<0.005　C<0.005　Mg<0.02　O<0.03　H<0.003					東邦チタニウム特号
		Ti>99.5　Fe<0.02　Cl 0.06　Mn 0.005　Mg 0.01　Si 0.02　N 0.005　H 0.002　O 0.06　C 0.02					日本曹達
	電解チタン	Fe<0.005　Cr<0.005　Mg<0.001　Si<0.005　Mn 0.02　Al<0.03　C 0.010　V<0.005　Cu<0.006　H 0.002　N 0.001　O 0.011					Baker-Henrie (1962), Bureau of Mine (米)

金属名	種別	分析値 [%]						備考
U	メタル	B<0.00002 Na<0.0040	Cd<0.00001 C<0.0400	Fe<0.0100 Cl —	Mn<0.0005 H<0.0010	Ni<0.0050 Co<0.0010	Si<0.0050	原子燃料公社. JRR-3 用燃料 地金として公社 提供分.
		Fe<0.0150 Ni<0.0030	Cr<0.0065 Al<0.0020	H<0.0010 C<0.0070	Mn<0.0025	Mg<0.0025	Si<0.0020	Eldorad Mining & Refining Co., Ltd.
V	フレーク	V 99.8	C 0.004	O 0.004	Si 0.01	N 0.005	Cu 0.02 Al 0.02 Cr 0.03	日本碍子
	切削片	V 99.88	Fe 0.0088	C 0.0070	N 0.0055	O 0.0220	Si 0.0430 Al 0.0135 Mo 0.0100	Wah Chang (米)
	ヨウ化法で高 純化	C 0.015 N<0.0005	Ca<0.002 Ni 0.002	Cr 0.007 O 0.004	Cu 0.003 Si 0.005	Fe 0.015 Ti<0.002	H 0.001 Mg<0.002	Carlson・Owen (1961)
W	金属タングス テン塊	W>98 Sn<0.02	C<0.05 Cu<0.01	SiO$_2$+CaO<0.02 As<0.01	Mn<0.01	P<0.01	S<0.01	梁村鉱業所
	帯溶融精製	Al 0.0001 O 0.0003	Fe 0.0001 N 0.0002	Si 0.0013 H 0.00003	Mg 0.0018	Ni 0.0003	Cu 0.0001	Koo (1961)
Zn	超高純度亜鉛	Zn>99.9999 As<0.000004	Pb<0.00005	Cd<0.00001	Cu<0.00004	Fe<0.00002		三井金属鉱業
		Zn>99.9999 As<0.000002	Pb<0.00003	Cd<0.00001	Cu<0.00002	Fe<0.00003		
		Zn>99.99990	Pb<0.00002	Cd<0.00003	Cu<0.00004	Fe<0.00001		日本曹達1号品
Zr	ジルコニウム スポンジ	Al 0.0075 Fe 0.1500 Si 0.0100 Cu 0.0050 W 0.0050	B 0.00005 Pb 0.0100 Ti 0.0050 Li 0.0001 Zn 0.0100	Cl 0.1300 Mn 0.0050 V 0.0050 Mg 0.0600 希土類 0.0015	Cr 0.0200 Ni 0.0070 Cd 0.00005 Mo 0.0050	Co 0.0020 N 0.0050 Ca 0.0030 P 0.0100	Hf 0.0100 O 0.1400 C 0.0500 Na 0.0050	東洋ジルコニウム (現在日本鉱業)
	ジルコニウム粉末 (ゲッター)	Zr 97	Si 0.2	H 0.2	Fe 0.05	Na$_2$O, CaO, MgO 0.2~0.5	重金属なし	Degussa
	電光状	Zr 90~93	Si 0.5~2	H 0.2~1.9	Fe 0.5~2	Na$_2$O, CaO, MgO 0.2~0.5		
	ヨウ化法で高 純化	Al 0.003 Hf 0.006 O 0.02	C 0.01 Mg<0.001 Pb<0.001	Ca<0.005 Mn<0.001 Si 0.003	Cr 0.003 Mo<0.001 Sn<0.001	Cu<0.00005 N 0.001 Ti 0.001	Fe 0.02 H 0.002 Ni 0.003	Shapiro (1955)

幸田成康：金属物理学序論 (1973)，コロナ社より転載し，若干修正した．

1・2・2 JIS 各種非鉄金属地金の純度

地金	種類	純度 [%]	地金	種類	純度 [%]	地金	種類	純度 [%]
銀	1種 2種	Ag>99.99 Ag>99.95	銅粉	1種 2種	Cu>99.6 Cu>99.5	スポンジ チタン	1種 2種 3種 4種	Ti>99.6 Ti>99.4 Ti>99.3 Ti>99.2
アルミニ ウム	特1種 特2種 1種 2種 3種 追加用	Al>99.90 Al>99.85 Al>99.70 Al>99.50 Al>99.00 Al>99.65	マグネシ ウム	1種 2種	Mg>99.90 Mg>99.8	成形チタン	1種 2種	Ti>99.0 Ti>97.0
				特種	Ni+Co>99.95 Co<0.30			
精製アル ミニウム	特種 1種 2種	Al>99.995 Al>99.990 Al>99.950	ニッケル	1種 2種 3種	Ni+Co>99.95 Ni+Co>99.85 Ni+Co>98.00	タングス テン粉末	1級 2級 3級	W>99.9 W>99.0 W>98.0
二次アル ミニウム	展 伸 用	1種 Al>99 2種 Al>98 3種 Al>97	鉛	特種 1種 2種 3種 4種 5種	Pb>99.99 Pb>99.97 Pb>99.95 Pb>99.90 Pb>99.80 Pb>99.50	亜鉛	最純 特種 普通 蒸留特種 蒸留1種 蒸留2種	Zn>99.995 Zn>99.99 Zn>99.6 Zn>98.5 Zn>98.0
	脱 酸 用	4種 Al>99 5種 Al>97 6種 Al>90				水銀	高純度 普通	蒸留残査 <0.0001 蒸留残査 <0.01
カドミウ ム	1種 2種	Cd>99.99 Cd>99.96	アンチモン	特種 1種 2種	Sb>99.95 Sb>99.00 Sb>98.50	マンガン*	電解	Mn>99.2
銅	電気銅 さお銅 タフピッチ形銅 リン脱酸形銅 無酸素形銅	Cu>99.96 Cu>99.90 Cu>99.90 Cu>99.9 Cu>99.96	スズ	1種 A, B 2種 3種	Sn>99.90 Sn>99.80 Sn>99.50	ケイ素*	1号 2号	Si>98.0 Si>97.0
						クロム*		Cr>99.0

* 合金添加用

1・2・3 JIS 各種非鉄金属半製品の純度 (アルミニウムおよび銅はそれぞれ 3・2・2 および 2・3・2 参照)

	種類		純度 [%]
モリブデン	照明および電子機器用モリブデン線	1種	Mo>99.95
	〃	2種および3種	Mo>99.90
	照明および電子機器用モリブデン棒, 板		Mo>99.90
ニッケル	電子管用ニッケル板および条		Ni+Co>99.00
	棒および線		Ni+Co>99.00
	電子管陰極用ニッケル板および条	1種	Ni+Co>99.2 Si:0.15
	〃	2種A	Ni+Co>99.2 Mg:0.02
	〃	2種B	Ni+Co>99.2 Mg:0.04
	〃	2種C	Ni+Co>99.2 Mg:0.07
	〃	3種	Ni+Co>99.8
	〃	4種	Ni+Co>94.5 Si:0.04, W:4.0
	電子管陰極用継目無ニッケル管 1種A, B		Ni+Co>99.2 Si:0.15 (Bには Mg:0.08)
	〃	2種	Ni+Co>99.2 Si:0.03 Mg:0.05
	〃	3種	Ni+Co>99.7
	〃	4種	Ni+Co>94.5 Si:0.04 Mg:0.05 W:4.0

	種類		純度 [%]
鉛	鉛板		Pb>99.90
	鉛管 1種(化学工業用)		Pb>99.9
	〃 2種(一般用)		Pb>99.5
	〃 3種(ガス用)		Pb>99.5
	水道用鉛管	1種	Pb>99.8
	〃	2種	Pb>99.6 Sb:0.20
	タンタル展伸材		Ta>99.80
チタン	チタン板および条, 配管用チタン管, 熱交換器用	1種	Ti>99.5 他元素の最大許容量の総計から逆算
		2種	Ti>99.4
	チタン管, チタン線, 棒	3種	Ti>99.3
タングステン	照明および電子機器用タングステン線	1種	W>99.95
		2種	W>99.90
	照明および電子機器用タングステン棒	1種	W>99.95
		2種	W>99.90
亜鉛	亜鉛板 1種 乾電池用		Zn>98.8
	1種 一般用		Zn>98.5
	2種 凸版用, 平版用		Zn>99.0
	3種 ボイラジンク		Zn>98.5

2 銅および銅合金

2・1 一般

2・1・1 銅および銅合金の一般的呼称

電気銅:銅用転炉でマットを吹錬した粗銅を電解精製して得られた銅.溶解時の操作で以下の三種類の純銅とする.

ETPCu (Electrolytic Tough Pitch Copper):電気銅を種々の炉で溶解して鋳塊とした 0.01〜0.04% の酸素を含む銅.As, P 等の不純物が導電率を低下させない酸化物となっており,伸線加工時の一回の減面率が大きくとれるところから Tough Pitch とよばれた.通常の導電用材料.ただし,亜酸化銅を含み水素を含む雰囲気での焼なましで脆化することがある.反射炉で溶解し松材でポーリングするタフピッチ銅は現在ほとんど製造されない.

りん脱酸銅(または単に脱酸銅):りんを脱酸剤として用いたもので,りんが残留している.0.015〜0.040% のりんを含むものを高りん脱酸銅,0.004〜0.015% 未満のりんを含むものを低りん脱酸銅という.

無酸素銅(または OFC, Oxygen Free Copper):地金中に残留する酸素を通常の脱酸剤を用いず,真空溶解や CO 還元雰囲気で脱酸し,亜酸化銅の存在していない電気銅.現状の実績では,酸素含有量 10ppm 以下.

青銅 (Bronze):本来は銅主体の Cu-Sn 合金およびそれに若干の合金元素を添加したものを指したが,広い意味ではたとえばマンガン青銅というようにスズよりもある元素を多く含んでおり,その元素名を冠していう場合や,アルミ青銅やケイ素青銅のようにある元素と銅との 2 元合金をあらわすこともある.またコマーシャルブロンズ (Cu-10% Zn) のように丹銅や黄銅に属するとみられる合金の商品名としてよばれることもある.

2・1・2 銅に各種元素を添加したときの色の変化

添加元素	色の変化
Zn	添加によって黄色を増し,10% で黄味を帯びた赤色,20% になると淡橙色,30% 前後で緑味を帯びた黄色から黄金色,35% で黄金色,40% で赤味を帯びた金色
Sn	添加によって黄色を増すが,3% までは銅赤色,10% までは赤味を帯びた黄色となり,10% を越すと灰黄色,12% 以上で白と黄の斑色,15% 以上 20% までは橙黄色
Ni	添加により白色を増し,40〜50% で最も白い
Al	添加により黄金色を増す.5〜12% のものはアルミ金とよばれる模造金

2・1・3 亜鉛当量

元素名	Al	Cd	Fe	Mg	Mn	Ni	Pb	Si	Sn
亜鉛当量	6.0	1.0	0.9	2.0	0.5	-1.3	1.0	10.0	2.0

亜鉛当量とは,普通黄銅 (Cu-Zn) に上記の第3元素を添加して特殊黄銅としたとき,その添加単位量がどれだけの量の亜鉛と同じ影響を黄銅の組織にあたえるかを示す数である.すなわち,いま

C:実際に含有される銅量 [%]
C':組織からみた見掛けの銅量 [%]
Q:添加元素量 [%]
E:添加元素の亜鉛当量

とすると,
$$C' = \frac{100C}{100+Q(E-1)}$$

という関係がある.この C' によって普通黄銅の性質から特殊黄銅の性質を推定しうる.しかし,この関係はそれらの添加によって Cu-Zn 2 元系と類似の組織を保つときにのみ適用される.

2・2 銅

2・2・1 無酸素銅および電気銅の電気伝導率におよぼす添加元素の効果

a. 無酸素銅

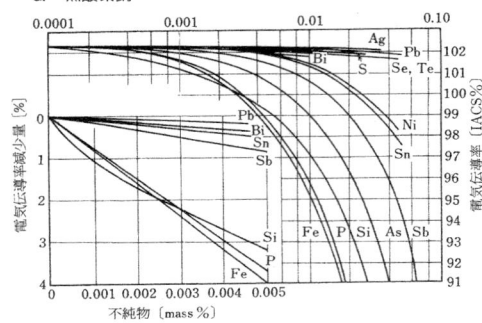

IACS：International Annealed Copper Standard。IACS%とは標準焼なまし純銅線の抵抗率(293 K で 17.241 nΩ・m)に対する電気伝導率の%。$\rho_{293}/n\Omega\cdot m = 1\,724.1/\text{IACS}\%$。銅合金やアルミニウム合金で%で表示された電気伝導率または導電率はすべてこのIACS%である。

b. 電気銅（固溶酸素 0.03%）

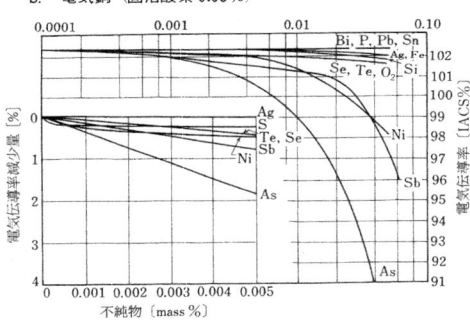

1) J. S. Smart, A. A. Smith, Jr., J. A. Philips：*Trans. AIME*, 143 (1941), 272.
2) J. S. Smart, A. A. Smith, Jr.：*Trans. AIME*, 147 (1942), 48; 152 (1943), 103; 106 (1946), 144.

2・2・2 各種純銅の電気伝導率におよぼす冷間加工の効果

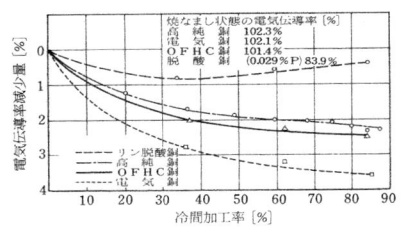

OFHC：Oxygen Free High-Conductivity Copper，旧アマックス社の商標。
D. K. Crampton, H. L. Burghoff, J. T. Stacy：*Trans. AIME*, 143 (1941), 228.

2・2・3 無酸素銅の機械的性質におよぼす冷間加工の効果

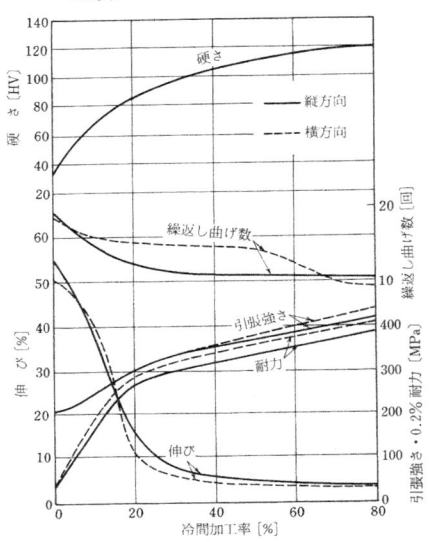

田中 浩，佐藤 信：古河電工時報，14 (1957), 6.

2・2・4 各種純銅板（50％圧延 1mm）の機械的性質におよぼす焼なまし温度の影響

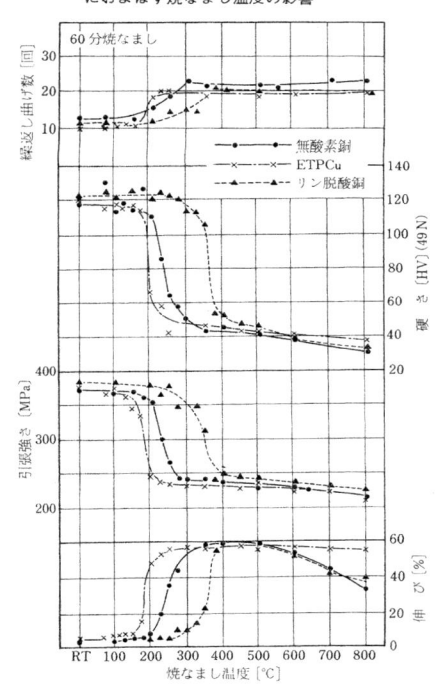

2・2・6 純銅の加工率，焼なまし温度と結晶粒の大きさ

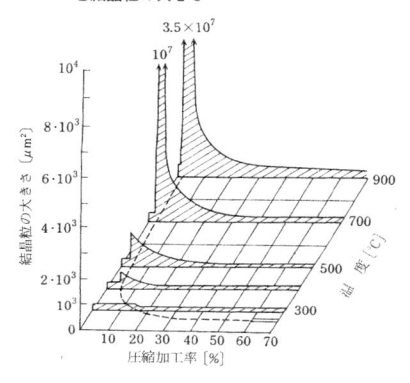

渡辺幸健：古河電工時報, 14 (1957), 83.

2・2・5 各種加工率のETPCu(2mm線，各温度で30分焼なまし)の焼なましによる機械的性質の変化

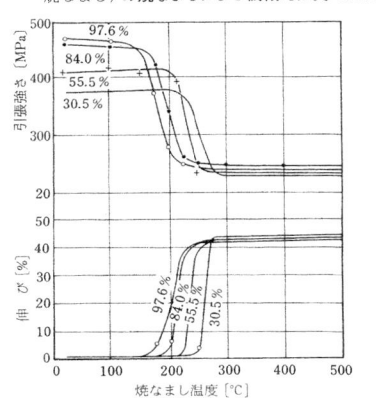

幸田成康：古河電工時報，電線, 12 (1937).

2・2・7 銅の機械的性質および電気伝導率におよぼす酸素の効果

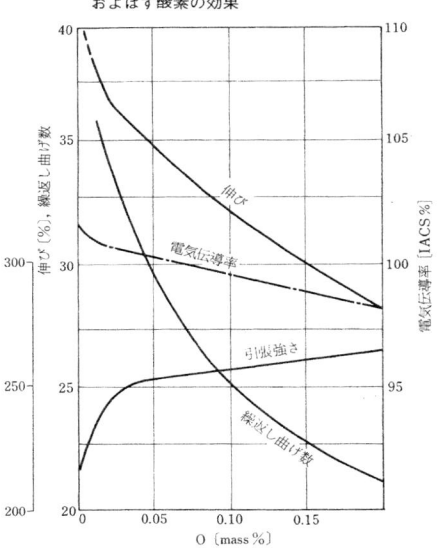

(F. L. Antisell: Trans. AIME, **64** (1921), 432 より作成)

2・2・8 純銅の再結晶温度上昇におよぼす微量合金元素の影響

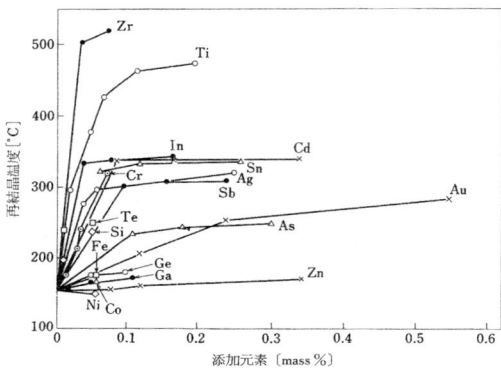

堀 茂徳, 田井英男, 片山博彰:日本金属学会誌, **45** (1981), 1223
Deutsches Kupfer-Institut: Niedrigegierte Kupferlegierungen (Berlin, 1966), p. 24.

b. 各種組成の Cu-Al 2元合金の機械的性質

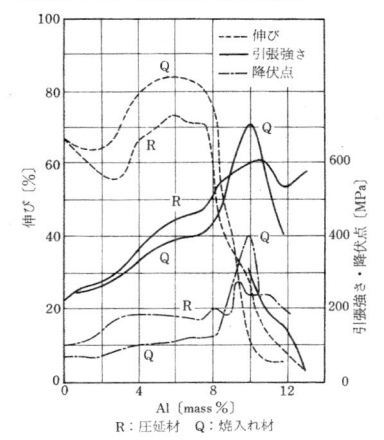

R:圧延材　Q:焼入れ材

2・3 銅合金

2・3・1 銅合金の性質

a. 各種銅合金の引張強さと電気伝導率

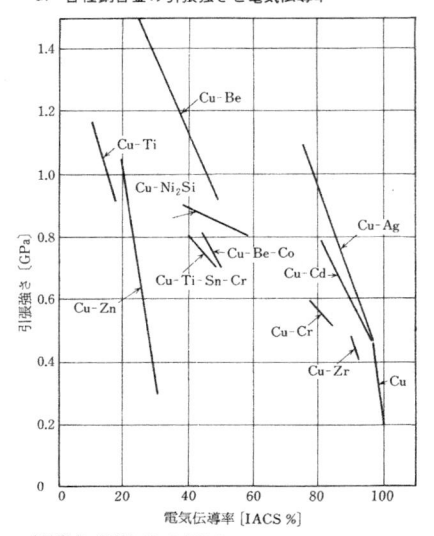

山路賢吉:塑性加工, **5** (1964), 711.

c. 各種組成の Cu-Ni 2元合金の機械的性質

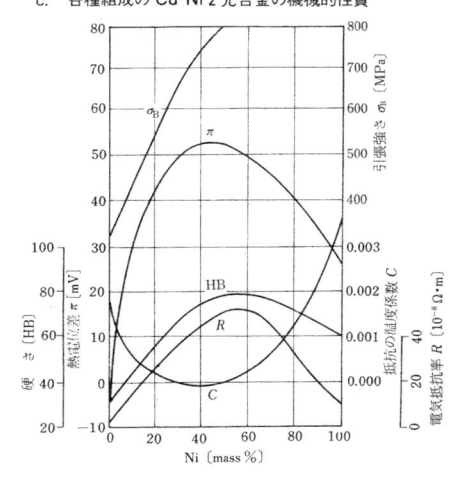

d. 各種組成の Cu-Sn 2 元合金の機械的性質

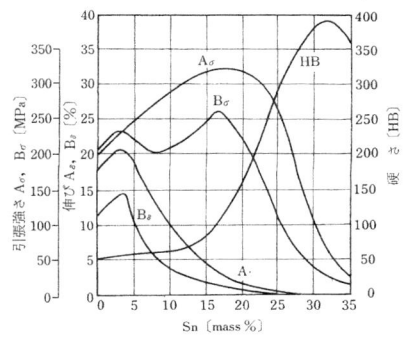

e. 各種組成の Cu-Zn 2 元合金の機械的性質
 (1.5 mm 焼なまし板)

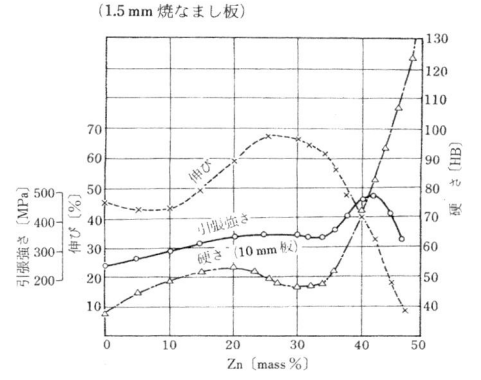

A：焼なましした鋳物〔Shepherd-Upton〕, B：鋳物〔Law〕.

f. 加工度の異なる 70/30 黄銅の低温焼なまし硬化
 (焼なまし時間 1.8 ks)

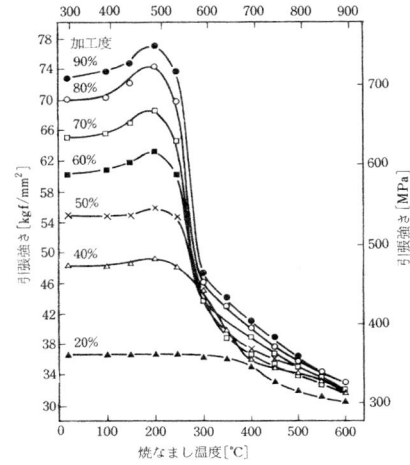

山田史郎：日本金属学会誌, 5(1941), 390.

g. 時効処理した高力導電用銅合金の高温硬さ

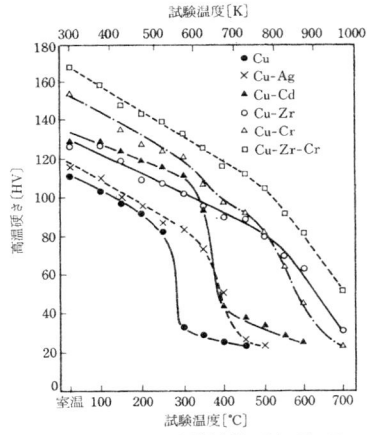

丸田隆美：伸銅技術研究会誌, 2(1963), 89.

2・3・2 展伸用銅金属（伸銅品）

a. 展伸用銅金属（伸銅品）の分類 UNS (Unified Numbering System for Metals and Alloys) 合金番号によるものを次に示す.

展 伸 用 銅 金	UNS 合金番号*	JIS 合金番号
銅 (Cu>99.3%)	C10100〜C15815	C1010〜C1401
高銅合金 (Cu 96〜99.3%)	C16200〜C19990	C1700〜C1990
Cu-Zn（黄銅）	C21000〜C28000	C2100〜C2801
Cu-Zn-Pb（鉛入り黄銅）	C31200〜C38600	C3501〜C3771
Cu-Zn-Sn（すず黄銅）	C40400〜C48600	C4250〜C4641
Cu-Sn（りん青銅）	C50100〜C52480	C5102〜C5212
Cu-Sn-Pb（鉛入りりん青銅）	C53400〜C54400	C5341〜C5441
Cu-Al（アルミ青銅）	C60800〜C64210	C6161〜C6301
Cu-Si（けい素青銅, シルジン青銅）	C64700〜C66100	
特殊 Cu-Zn	C66300〜C69710	C6711〜C6872
Cn-Ni（白銅, キュプロニッケル）	C70100〜C79830	C7351〜C7941

* ASTM (American Society for Testing amd Materials) と SAE (Society of Automotive Engineers) との共同提案なる合金番号.
 CDA (Copper Development Association Inc.) の合金番号は原則的には UNS の最後 2 桁がないものである.

b. おもな伸銅品 (JIS 規格を基準とした)

合金番号	旧称	化学成分 [mass%]									
		Cu	Pb	Fe	Sn	Zn	Al	As	Be	Mn	Ni	Si
C1011	電子管用無酸素銅	99.99<	0.001≧			0.0001≧						
C1020	無酸素銅	99.96<	—	—	—	—	—	—	—	—	—	
C1100	タフピッチ銅 1 / 印刷用銅 11	99.90<	—	—	—	—	—	—	—	—	—	
C1201	りん脱酸銅 1A	99.90<	—	—	—	—	—	—	—	—	—	
C1220	りん脱酸銅 1B	99.90<	—	—	—	—	—	—	—	—	—	
C1221	りん脱酸銅 2	99.75<	—	—	—	—	—	—	—	—	—	
C1401	印刷用銅 12	99.30<	—	—	—	—	—	—	—	—	0.10〜0.20	
C1700	ベリリウム銅 1								1.60〜1.79		Ni+Co ≧0.2	
C1720	ベリリウム銅 2								1.80〜2.00		Ni+Co ≧0.2	
C1990	ばね用チタン銅	Cu+Ti>99.7	—	—								
C2051	雷管用銅	98.0〜99.0	≦0.05	≦0.05	—	残部						
C2100	丹銅 1	94.0〜96.0	≦0.05	≦0.05	—	残部						
C2200	丹銅 2	89.0〜91.0	≦0.05	≦0.05	—	残部						
C2300	丹銅 3	84.0〜86.0	≦0.05	≦0.05	—	残部						
C2400	丹銅 4	78.5〜81.5	≦0.05	≦0.05	—	残部						
C2600	製紙ロール黄銅 1 / 黄銅 1	68.5〜71.5	≦0.05	≦0.05	—	残部						
C2680	黄銅 2A	64.0〜68.0	≦0.05	≦0.05	—	残部						
C2700	製紙ロール黄銅 2 / 黄銅 2	63.0〜67.0	≦0.05	≦0.05	—	残部						
C2720	黄銅 2B	62.0〜64.0	≦0.07	≦0.07	—	残部						
C2800	製紙ロール黄銅 3 / 黄銅 3	59.0〜63.0	≦0.10	≦0.07	—	残部						
C2801	黄銅 3	59.0〜62.0	≦0.10	≦0.07	—	残部						
C3501	ニップル用黄銅	60.0〜64.0	0.7〜1.7	≦0.20	—	残部						
C3560	快削黄銅 11	61.0〜64.0	2.0〜3.0	≦0.10	—	残部						
C3561	快削黄銅 14	57.0〜61.0	2.0〜3.0	≦0.10	—	残部						
C3601	快削黄銅 特1	59.0〜63.0	1.8〜3.7	≦0.30	—	残部						
C3602	快削黄銅 1	59.0〜63.0	1.8〜3.7	≦0.50	—	残部						
C3603	快削黄銅 特2	57.0〜61.0	1.8〜3.7	≦0.35	—	残部						
C3604	快削黄銅 2	57.0〜61.0	1.8〜3.7	≦0.50	—	残部						
C3605	快削 H3250(2000)	56.0〜60.0	3.5〜4.5	≦0.50	—	残部						
C3710	快削黄銅 12	58.0〜62.0	0.6〜1.2	≦0.10	—	残部						
C3712	鍛造用黄銅 1	58.0〜62.0	0.25〜1.2	—	—	残部						
C3713	快削黄銅 13	58.0〜62.0	1.0〜2.0	≦0.10	—	残部						
C3771	鍛造用黄銅 2	57.0〜61.0	1.0〜2.5	—	—	残部						
C4250	すず入り黄銅	87.0〜90.0	≦0.05	≦0.05	1.5〜3.0	残部						
C4430	復水器用黄銅 1	70.0〜73.0	≦0.05	≦0.05	0.9〜1.2	残部		0.02〜0.06				
C4621	ネーバル黄銅 1	61.0〜64.0	≦0.20	≦0.10	0.7〜1.5	残部						
C4622	ネーバル黄銅 1	61.0〜64.0	≦0.30	≦0.20	0.7〜1.5	残部						
C4640	ネーバル黄銅 2	59.0〜62.0	≦0.20	≦0.10	0.50〜1.0	残部						
C4641	ネーバル黄銅 2	59.0〜62.0	≦0.50	≦0.20	0.50〜1.0	残部						

P	その他の規定	引張強さ [N/mm²]	伸び [%]	形　状**	記載規格および類似合金
0.0003≧	0.001≧Bi, O, Se, Te, 0.00018≧S, 0.0001≧Cd, Hg	245〜315	15≦	P, R, T, B, W	H3510
		235〜315	10≦	P, R, T, B	H3100 H3260 H3300
		235〜305	10≦	P, R, T, B, W	H3100 H3260 H3300
0.004〜0.015		235〜315	10≦	P, R, T, B, W	H3100 H3260 H3300
0.015〜0.040		235〜315	10≦	P, R, T, TW, B, W	H3100 H3260 H3300 H3320
0.004〜0.040		235〜305	10≦	P, R	H3100
		—	—	P	H3100
	Cu+Be+Fe+Ni+Co＞99.5, Fe+Ni+Co≦0.6	1180≦	—	PR(1/2H)	H3130
	Cu+Be+Fe+Ni+Co＞99.5, Fe+Ni+Co≦0.6	785〜930	10≦	P, R, T, B(1/4HM)	H3130 H3270
	Ti 2.9〜3.5	735〜930	10≦	P, R(1/4HM)	H3130
		215〜255	38≦	R(F)	H3100
		265〜345	18≦	P, R, W	ギルディングメタル H3100 H3260
		285〜365	20≦	P, R, T, W	コマーシャルメタル・トムバック H3100 H3260 H3300
		305〜380	23≦	P, R, T, W	レッドブラス(赤黄銅) H3100 H3260 H3300
		325〜400	25≦	P, R, W	ローブラス(低亜鉛黄銅) H3100 H3260
		365〜450	23≦	P, R, T, TW, B, W	カートリッジブラス(薬包黄銅) H3100 H3250 H3260 H3300 H3320
		355〜450	23≦	P, R, TW	イエローブラス(黄色黄銅) H3320
		355≦	20≦	T, B, W	H3250 H3260 H3300
		355〜440	28≦	P, R, W	H3100 H3260
		375≦	15≦	T, B, W	マンツメタル H3250 H3260 H3300
		410〜490	15≦	P, R	H3100
	Fe+Sn≦0.40	345〜440	10≦	W	H3260
		375〜460	10≦	P, R	H3100
		420〜510	8≦	P, R	H3100
	Fe+Sn≦0.50	345≦	—	B, W	H3250 H3260
	Fe+Sn≦1.2	315≦	—	B, W(F)	H3250 H3260
	Fe+Sn≦0.6	365≦	—	B, W	H3250 H3260
	Fe+Sn≦1.2	335≦	—	B, W(F)	H3250 H3260
	Fe+Sn≦1.2	335≦	—	W(F)	H3250
		420〜510	18≦	P, R	H3100
	Fe+Sn≦0.6	315≦	15≦	B(F)	H3250
		420〜510	10≦	P, R	H3100
	Fe+Sn≦1.0	315≦	15≦	B(F)	H3250
≦0.35		390〜480	15≦	P, R	H3100
		315≦	35≦	P, R, T(F)	H3100 H3320 H3300
		375≦	20≦	P(F)	H3100
		345≦	20≦	B(F)	H3250
		375≦	25≦	P(F)	H3100
		345≦	20≦	B(F)	H3250

合金番号	旧称	化学成分 [mass%]										
		Cu	Pb	Fe	Sn	Zn	Al	As	Be	Mn	Ni	Si
C5102	りん青銅	—	—	—	4.5〜5.5	—						
C5111	りん青銅	—	—	—	3.5〜4.5	—						
C5191	りん青銅 2	—	—	—	5.5〜7.0	—						
C5210	ばね用りん青銅	—	≦0.50	≦0.10	7.0〜9.0	≦0.20						
C5212	りん青銅 3	—	—	—	7.0〜9.0							
C5341	快削りん青銅 1	—	0.8〜1.5	—	3.5〜5.8	—						
C5441	快削りん青銅 2	—	3.5〜4.5	—	3.5〜5.8	1.5〜4.5						
C6140	アルミ青銅	88.0〜92.5	≦0.01	1.5〜3.5		≦0.20	6.8〜8.0			≦1.0	—	
C6161	アルミ青銅 1	83.0〜90.0	—	2.0〜4.0			7.0〜10.0			0.50〜2.0	0.50〜2.0	
C6191	アルミ青銅 2	81.0〜88.0	—	3.0〜5.0			8.5〜11.0			0.50〜2.0	0.50〜2.0	
C6241	アルミ青銅 3	80.0〜87.0	—	3.0〜5.0			9.0〜12.0			0.50〜2.0	0.50〜2.0	
C6280	アルミ青銅 4	78.0〜85.0	—	1.5〜3.5			8.0〜11.0			0.50〜2.0	4.0〜7.0	
C6301	アルミ青銅 5	77.0〜84.0		3.5〜6.0			8.5〜10.5			0.50〜2.0	4.0〜6.0	
C6711	楽器弁用黄銅 11	61.0〜65.0	0.1〜1.0	—	0.7〜1.5	残部	—			0.05〜1.0		
C6712	楽器弁用黄銅 12	58.0〜62.0	0.1〜1.0	—		残部	—			0.05〜1.0		
C6782	高力黄銅 1,2	56.0〜60.5	≦0.50	0.10〜1.0		残部	0.20〜2.0			0.50〜2.5		
C6783	高力黄銅 3	55.0〜59.0	≦0.50	0.20〜1.5		残部	0.20〜2.0			1.0〜3.0		
C6870	復水器用黄銅 4	76.0〜79.0	≦0.05	≦0.05		残部	1.8〜2.5	0.02〜0.06			—	
C6871	復水器用黄銅 2	76.0〜79.0	≦0.05	≦0.05		残部	1.8〜2.5	0.02〜0.06				0.02〜0.05
C6872	復水器用黄銅 3	76.0〜79.0	≦0.05	≦0.05		残部	1.8〜2.5	0.02〜0.06			0.20〜1.0	
C7060	復水器用白銅 1	—	≦0.05	1.0〜1.8			≦0.50	—		0.20〜1.0	9.0〜11.0	
C7100	復水器用白銅 2	—	≦0.05	0.50〜1.0			≦0.50	—		0.20〜1.0	19.0〜23.0	
C7150	復水器用白銅 3	—	≦0.05	0.40〜1.0			≦0.50	—		0.20〜1.0	29.0〜33.0	
C7164	復水器用白銅	—	≦0.05	1.7〜2.3			≦0.50	—		1.5〜2.5	29.0〜32.0	
C7351	洋白 1	70.0〜75.0	≦0.10	≦0.25		残部	—			0〜0.50	16.5〜19.5	
C7451	洋白 4	63.0〜67.0	≦0.10	≦0.25		残部	—			0〜0.50	8.5〜11.0	
C7521	洋白 2	62.0〜66.0	≦0.10	≦0.25		残部	—			0〜0.50	16.5〜19.5	
C7541	洋白 3	63.0〜67.0	≦0.10	≦0.25		残部	—			0〜0.50	12.5〜15.5	
C7701	ばね用洋白・洋白特種	54.0〜58.0	≦0.10	≦0.25		残部	—			0〜0.50	16.5〜16.5	
C7941	快削洋白	60.0〜64.0	0.8〜1.8	≦0.25		残部	—			0〜0.50	16.5〜19.5	

* 引張性質は形状，肉厚，質別で変わる．標準的に薄板材またはもっとも直径の小さな棒の1/2Hの数値を記載した．板材や1/2Hの数値がない合金種については（ ）の中に質別記号を示した．

** 形状の略号は 板：P，条：R，管：T，溶接管：TW，棒：B，線：W である．

2 銅および銅合金

P	その他の規定	引張強さ [N/mm²]	伸び [%]	形 状**	記載規格および類似合金
0.03〜0.35	Cu+Sn+P>99.5	410≦	13≦	B(H)	H3110 H3270
0.03〜0.35	Cu+Sn+P>99.5	460≦	13≦	P, R, B, W(H)	H3110 H3270
0.03〜0.35	Cu+Sn+P>99.5	430≦	15≦	B	H3110 H3270
0.03〜0.35	Cu+Sn+P>99.7	470〜610	27≦	P, R	
0.03〜0.35	Cu+Sn+P>99.5	440≦	15≦	B	H3110 H3270
0.03〜0.35	Cu+Sn+Pb+P>99.5	375≦	12≦	B(H)	H3270
0.01〜0.50	Cu+Sn+Pb+Zn+P>99.5	375≦	12≦	B(H)	H3270
<0.015		480≦	35≦	P(F)	H3100
	Cu+Al+Fe+Ni+Mn>99.5	635≦	25≦	P, B	アームスブロンズ H3250 H3100
	Cu+Al+Fe+Ni+Mn>99.5	685≦	15≦	B(F)	H3250
	Cu+Al+Fe+Ni+Mn>99.5	685≦	10≦	B(F)	H3250 H3100
	Cu+Al+Fe+Ni+Mn>99.5	620≦	10≦	P(F)	H3100
	Cu+Al+Fe+Ni+Mn>99.5	635≦	15≦	P(F)	H3100
	Fe+Al+Sn≦1.0	—	—	R	H3100
	Fe+Al+Sn≦1.0	—	—	R	H3100
		460≦	20≦	B(F)	H3250 H3100
		510≦	15≦	B(F)	H3250
		375≦	40≦	T(O)	H3300
		375≦	40≦	T(O)	H3300
		375≦	40≦	T(O)	H3300
	Cu+Ni+Fe+Mn>99.5	275≦	30≦	P, R, T(F)	H3100 H3300 H3320
	Cu+Ni+Fe+Mn>99.5	315≦	40≦	T(O)	H3300
	Cu+Ni+Fe+Mn>99.5	345≦	35≦	P, R, T(F)	H3100 H3300 H3320
	Cu+Ni+Fe+Mn>99.5	430≦	30≦	T(O)	H3300
	Pb分析は注文者の要求あるものに限り行う。	390〜510	5≦	P, R	H3110
	Ni中のCoはNiに含む。	390〜510	5≦	P, R	H3110 H3270
		440〜575	5≦	P, R, B	H3110 H3270
		410〜540	5≦	P, R, B	H3110 H3270
		540〜655	8≦	P, R, B	H3270
		550〜685	—	B(H)	H3270

c. JIS で用いられている質別記号

記号	定　義
F	製造のままのもの．機械的性質の制限はしない．(F は Fabrication の略)
O	完全に再結晶したもの又は焼なましをしたもの．引張強さの値が最も低い．(Zero－O)
OL	焼なましをしたもの又は軽い加工を施したもの．引張強さは O と同じ．[Zero－(O)－Light の略]
1/8H	引張強さが質別 O と 1/4H の中間のように加工硬化したもの．(H は Hard の略)
1/4H	引張強さが質別 1/8H と 1/2H の中間のように加工硬化したもの．
1/2H	引張強さが質別 1/4H と 3/4H の中間のように加工硬化したもの．
3/4H	引張強さが質別 1/2H と H の中間のように加工硬化したもの．
H	引張強さが質別 3/4H と EH の中間のように加工硬化したもの．
EH	引張強さが質別 H と SH の中間のように加工硬化したもの．(EH は Extra Hard の略)
SH	引張強さが最大になるように熱処理を行ったもの．(SH は Spring Hard の略)
SR	ひずみ取りのための熱処理を行ったもの．(SR は Stress Release の略)

伸銅品データブック，日本伸銅協会 (1997)，16．

d. 各種銅合金の焼なまし温度

合　金 (通　称)	温　度 [℃]	合　金 (通　称)	温　度 [℃]
電　気　銅	370～650	快削性黄銅	430～590
95/5　黄　銅	430～790	鍛造用黄銅	430～590
9/1*　黄　銅	430～790	アドミラルティ黄銅	430～590
85/15　黄　銅	430～730	ネーバル黄銅	430～590
8/2　黄　銅	430～700	アルミ黄銅	430～590
7/3　黄　銅	430～700	5％リン青銅	480～675
65/35　黄　銅	430～704	8％リン青銅	480～675
6/4　黄　銅	430～590	30％キュプロニッケル	650～870
鉛入り黄銅	430～650	18％洋白	590～820

* 9/1 とは Cu と Zn の含有量の割合で示したもので Cu 90％ Zn 10％ のことである．

e. 各種組成の Cu-Be 2 元合金の 350℃ 時効による硬さ変化

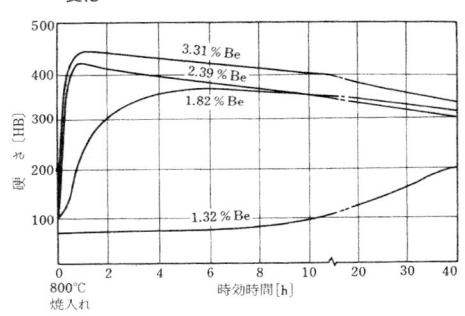

G. Masing, D. Dahl : *Wiss. Veröff. Siemens*, 8 (1929), 94.

2・3・3　鋳造用銅合金

a. 鋳物用銅合金の分類

UNS 合金番号によるものを次に示す．

鋳物用銅合金	UNS 合金番号
銅（Cu＞99.3％）	C80100 － C81100
高銅合金（Cu 94～99.3％）	C81300 － C82800
Cu-Sn-Zn，Cu-Sn-Zn-Pb（赤黄銅，鉛入り赤黄銅）	C83300 － C83800
半赤黄銅，鉛入り半赤黄銅	C84200 － C84800
黄銅，鉛入り黄銅	C85200 － C85800
Mn 青銅，鉛入り Mn 青銅	C86100 － C86800
Cu-Zn-Si（ケイ素青銅，ケイ素黄銅，シルジン青銅，シルジン黄銅）	C87200 － C87900
Cu-Bi，Cu-Bi-Se	C89320 － C89940
Cu-Sn（スズ青銅）	C90200 － C91700
Cu-Sn-Pb（鉛入りスズ青銅）	C92200 － C92900
Cu-Sn-Pb（高鉛入りスズ青銅）	C93200 － C94500
Cu-Sn-Ni（ニッケルスズ青銅）	C94700 － C94900
Cu-Al-Fe，Cu-Al-Fe-Ni（アルミ青銅）	C95200 － C95800
Cu-Ni-Fe（ニッケル銅）	C96200 － C96600
Cu-Ni-Zn（洋白，洋銀，ニッケル銀）	C97300 － C97800
Cu-Pb（鉛入り銅）	C98200 － C98800
特殊合金	C99300 － C99750

b. JIS H 5120(1997)による銅合金鋳物

種類[1]	記号[2]	主要成分 [mass%] (幅の中央値)[3]										引張試験		類似のUNS合金
		Cu	Sn	Pb	Zn	Fe	Ni	P	Al	Mn	Si	引張強さ [N/mm²]	伸び [%]	
銅1	CAC101	99.5<	0.4>	—	—	—	—	0.07>	—	—	—	175<	35<	C80100?
銅2	CAC102	99.7<	0.2>	—	—	—	—	0.07>	—	—	—	155<	35<	
銅3	CAC103	99.9<	—	—	—	—	—	0.04>	—	—	—	135<	40<	
黄銅1	CAC201	85.5	0.1>	0.5>	14.0	0.2>	0.2>	—	0.2>	—	—	145<	25<	
黄銅2	CAC202	67.5	1.0>	1.8	27.0	0.8>	1.0>	—	0.5>	—	—	195<	20<	C85400
黄銅3	CAC203	62.5	1.0>	1.8	35.5	0.8>	1.0>	—	0.5>	—	—	245<	20<	C85700
高力黄銅1	CAC301	57.5	1.0>	0.4>	37.5	0.8	1.0>	—	1.0	0.8	0.1>	430<	20<	C86400
高力黄銅2	CAC302	57.5	1.0>	0.4>	36.0	1.3	1.0>	—	1.3	0.8	0.1>	495<	18<	C86500
高力黄銅3	CAC303	62.5	0.5>	0.2>	25.0	3.0	0.5>	—	4.0	3.8	0.1>	635<	15<	C86200
高力黄銅4	CAC304	62.5	0.2>	0.2>	25.0	3.0	0.5>	—	6.3	3.8	0.1>	755<	12<	C86300
青銅1	CAC401	81.0	3.0	5.0	10.0	0.35>	1.0>	0.05>	0.01>	—	0.01>	166<	15<	Sb<0.2
青銅2	CAC402	88.0	8.0	1.0>	4.0	0.2>	1.0>	0.05>	0.01>	—	0.01>	245<	20<	C92300 Sb<0.2
青銅3	CAC403	88.0	10.0	1.0>	2.0	0.2>	1.0>	0.05>	0.01>	—	0.01>	245<	15<	C92500 Sb<0.2
青銅6	CAC406	85.0	5.0	5.0	5.0	0.3>	1.0>	0.05>	0.01>	—	0.01>	195<	15<	Sb<0.2
青銅7	CAC407	88.0	6.0	2.0	4.0	0.2>	1.0>	0.05>	0.01>	—	0.01>	215<	18<	C92200 Sb<0.2
りん青銅2A	CAC502A	89.0	11.0	0.3>	0.3>	0.2>	1.0>	0.13	0.01>	—	0.01>	195<	5<	C90700 Sb<0.05
りん青銅2B	CAC502B	89.0	11.0	0.3>	0.3>	0.2>	1.0>	0.33	0.01>	—	0.01>	295<	5<	Sb<0.05
りん青銅3A	CAC503A	86.0	13.5	0.3>	0.3>	0.2>	1.0>	0.13	0.01>	—	0.01>	195<	1<	Sb<0.05
りん青銅3B	CAC503B	86.0	13.5	0.3>	0.3>	0.2>	1.0>	0.33	0.01>	—	0.01>	265<	3<	C91000 Sb<0.05
鉛青銅2	CAC602	84.0	10.0	5.0	1.0>	0.3>	1.0>	0.1>	0.01>	—	0.01>	195<	10<	Sb<0.3
鉛青銅3	CAC603	79.0	10.0	10.0	1.0>	0.3>	1.0>	0.1>	0.01>	—	0.01>	175<	7<	C93700 Sb<0.5
鉛青銅4	CAC604	76.0	8.0	15.0	1.0>	0.3>	1.0>	0.1>	0.01>	—	0.01>	165<	5<	C93800 Sb<0.5
鉛青銅5	CAC605	73.0	7.0	19.0	1.0>	0.3>	1.0>	0.1>	0.01>	—	0.01>	145<	5<	Sb<0.5
アルミ青銅1	CAC701	87.5	0.1>	0.1>	0.5>	2.0	0.6	—	9.0	0.6	—	440<	25<	C95200
アルミ青銅2	CAC702	84.0	0.1>	0.1>	0.5>	3.8	1.5	—	9.3	0.8	—	490<	20<	C95400
アルミ青銅3	CAC703	81.5	0.1>	0.1>	0.5>	4.5	4.5	—	9.5	0.8	—	590<	15<	C95800
アルミ青銅4	CAC704	77.5	0.1>	0.1>	0.5>	3.5	2.5	—	7.5	11.0	—	590<	15<	C95700
シルジン青銅1	CAC801	86.0	0.1>	—	10.0	—	—	—	—	4.0		345<	25<	
シルジン青銅2	CAC802	80.5	0.3<	—	15.0	—	—	—	—	4.5		440<	12<	
シルジン青銅3	CAC803	82.0	2.0>	—	14.0	0.3>	—	—	0.3>	0.2>	3.7	390<	20<	C87500

1) 「〜鋳物」は省略した.
2) 旧称は JIS H 5120 参照. CAC:Copper Alloy Casting. 100:銅, 200:黄銅, 300:高力黄銅, 400:青銅, 500:りん青銅, 600:鉛青銅, 700:アルミ青銅, 800:シルジン青銅.
3) JIS の Sb の上限は類似合金の項に, その他の残余成分の上限値は主要成分欄中に>で示した.

c. りん青銅鋳物 (9% Sn) における
含有りん量と機械的性質

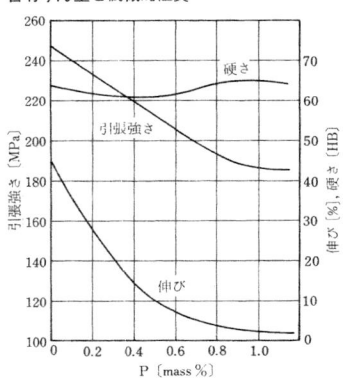

b. 特殊添加元素
(i) 再結晶温度

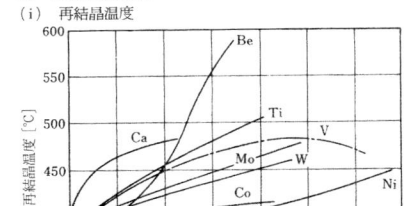

(ii) Zr は 450°C, その他は 380°C で 1 h 焼なましを
行ったときの結晶粒度

3 アルミニウムおよびアルミニウム合金

3・1 一般

3・1・1 8% 冷間加工した 99.99% Al の再結晶に
およぼす添加元素の効果

a. 普通添加元素

(i) 各温度で 30 mim 焼なまし後, 検鏡によって測定
した再結晶温度

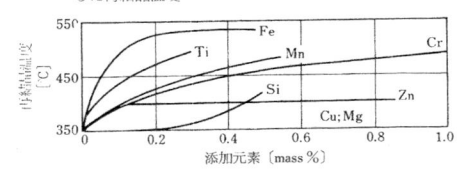

(ii) Fe と Ti は 600°C, その他は 500°C で 30 min
焼なましを行ったときの結晶粒度

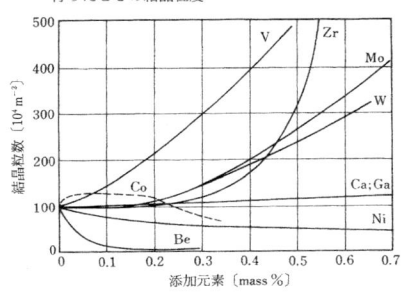

3・1・2 高純度アルミニウムの電気伝導率におよぼす
不純物の効果 (320°C, 3 h 焼なまし状態)

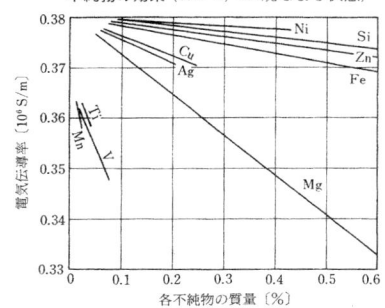

3・2 展伸用アルミニウム合金

3・2・1 展伸用アルミニウム合金の分類例

非熱処理合金 ─ 耐食合金 ─ 各種純アルミニウム (E.C., 1050, 1100 など)
　　　　　　　　　　　　Al-Mn 系 (3003 など)
　　　　　　　　　　　　Al-Mg 系 (5052, ヒドロナリウムなど)
　　　　　　　　　　　　その他　特殊用途 (たとえば 8001)

熱処理合金 ─ 耐食合金 ─ Al-Mg-Si 系 (6062, アンチコロダルなど)
　　　　　　高力合金 ─ Al-Cu-Mg 系 (ジュラルミン (2017, 2024) など)
　　　　　　　　　　　Al-Zn-Mg 系 (ESD, 7075 など)
　　　　　　耐熱合金 ─ Al-Cu 系 (2219, 2020, RR 57 など)
　　　　　　　　　　　Al-Cu-Ni 系 (Y合金, RR 59, 2018 など)
　　　　　　　　　　　Al-Si 系 (4032 など)

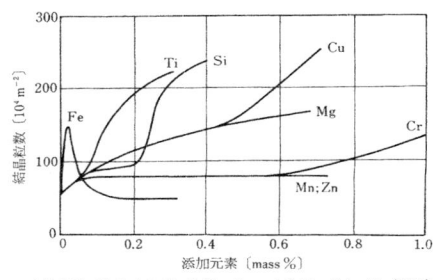

a.: F. Lihl, E. Nachtigall, G. Piesslinger : *Z. Metallkd.*, 51 (1960), 580.
b.: F. Lihl, E. Nachtigall, H. Offenbartl, Vertragander 4.: Internationaler Leichtmetalltagung (1961) in Leoben.

3・2・2 おもな展伸用アルミニウム合金 (JIS 規格を基準とした)

種類 (合金番号)	化学成分[1] [mass%]									形状[2]
	Si	Fe	Cu	Mn	Mg	Cr	Zn	Ti	主な不純物	Al	
1N99	0.006	0.004	0.008	—	—	—	—	—		99.99 以上	
1N90	0.05	0.030	0.050	—	—	—	—	—		99.90 以上	
1085	0.10	0.12	0.03	0.02	0.02		0.03	0.02	Ga 0.03, V 0.05	99.85 以上	
1080	0.15	0.15	0.03	0.02	0.02		0.03	0.03	Ga 0.03, V 0.05	99.80 以上	P
1070	0.20	0.25	0.04	0.03	0.03		0.04	0.03	V 0.05	99.70 以上	P, BE, BD, W, TE, TD
1060	0.25	0.35	0.05	0.03	0.03		0.05	0.03		99.60 以上	
1050	0.25	0.40	0.05	0.05	0.05		0.05	0.03	V 0.05	99.50 以上	P, BE, BD, W, TE, TD, TW
1230	Si+Fe 0.7		0.10	0.05	0.05		0.10	0.03	V 0.05	99.30 以上	
1N30	Si+Fe 0.7		0.10	0.05	0.05		0.05	—		99.30 以上	
1100	Si+Fe 0.95		0.05~0.20	0.05	—		0.10	—		99.00 以上	P, BE, BD, W, TE, TD, TW, S, FD
1200	Si+Fe 1.00		0.05	0.05	—		0.10	0.05		99.00 以上	P, BE, BD, W, TE, TD, TW, S, FD
1N00	Si+Fe 1.0		0.05~0.20	0.05	0.10		0.10	0.10		99.00 以上	P
2011	0.40	0.7	5.0~6.0	—	—		0.30	—	Pb 0.20~0.6, Bi 0.20~0.6	残部	BW, W
2014	0.50~1.2	0.7	3.9~5.0	0.40~1.2	0.20~0.8	0.10	0.25	0.15	Zr+Ti 0.20	〃	P, BE, BD, TE, S, FD, FH
2017	0.20~0.8	0.7	3.5~4.5	0.40~1.0	0.40~0.8	0.10	0.25	0.15	Zr+Ti 0.20	〃	P, BE, BD, W, TE, FD
2117	0.8	0.7	2.2~3.0	0.20	0.20~0.50	0.10	0.25			〃	W
2018	0.9	1.0	3.5~4.5	0.20	0.45~0.9	0.10	0.25	—	Ni 1.7~2.3	〃	FD
2218	0.9	1.0	3.5~4.5	0.20	1.2~1.8	0.10	0.25	—	Ni 1.7~2.3	〃	FD
2618	0.10~0.25	0.9~1.3	1.9~2.7	—	1.3~1.8	—	0.10	0.04~0.10	Ni 0.9~1.2	〃	
2219	0.20	0.30	5.8~6.8	0.20~0.40	0.02		0.10	0.02~0.10	Zr 0.10~0.25, V 0.05~0.15	〃	
2024	0.50	0.50	3.8~4.9	0.30~0.9	1.2~1.8	0.10	0.25	0.15	Zr+Ti 0.20	〃	P, BE, BD, W, TE, TD, S, PC
2025	0.50~1.2	1.0	3.9~5.0	0.40~1.2	0.05	0.10	0.25	0.15		〃	FD, FH
2N01	0.50~1.3	0.6~1.5	1.5~2.5	0.20	1.2~1.8		0.20	0.20	Ni 0.6~1.4	〃	FD, FH
3003	0.6	0.7	0.05~0.20	1.0~1.5	—		0.10	—		〃	P, BE, BD, W, TE, TD, TW, S
3203	0.6	0.7	0.05	1.0~1.5	—		0.10	—		〃	P, TE, TD, TW, S
3004	0.30	0.7	0.25	1.0~1.5	0.8~1.3		0.25	—		〃	P
3104	0.6	0.8	0.05~0.25	0.8~1.4	0.8~1.3		0.25	0.10	Ga 0.05, V 0.05	〃	P
3005	0.6	0.7	0.30	1.0~1.5	0.20~0.6	0.10	0.25	0.10		〃	P
3105	0.6	0.7	0.30	0.30~0.8	0.20~0.8	0.20	0.40	0.10		〃	P
4032	11.0~13.5	1.0	0.50~1.3	—	0.8~1.3	0.10	0.25	—	Ni 0.50~1.3	〃	FD

IV 非鉄材料

種類(合金番号)	化学成分[1] [mass%]									形状[2]
	Si	Fe	Cu	Mn	Mg	Cr	Zn	Ti	主な不純物	Al	
5005	0.30	0.7	0.20	0.20	0.50~1.1	0.10	0.25	—		残部	P
5052	0.25	0.40	0.10	0.10	2.2~2.8	0.15~0.35	0.10	—		〃	P, BE, BD, W, TE, TD, TW, S
5652	Si+Fe 0.40		0.04	0.01	2.2~2.8	0.15~0.35	0.10	—		〃	P
5154	0.25	0.40	0.10	0.10	3.1~3.9	0.15~0.35	0.20	0.20		〃	P, TE, TD, TW
5254	Si+Fe 0.45		0.05	0.01	3.1~3.9	0.15~0.35	0.20	0.05		〃	P
5454	0.25	0.40	0.10	0.50~1.0	2.4~3.0	0.05~0.20	0.25	0.20		〃	P, TE, S
5056	0.30	0.40	0.10	0.05~0.20	4.5~5.6	0.05~0.20	0.10	—		〃	BE, BD, W, TE, TD, FD
5082	0.20	0.35	0.15	0.15	4.0~5.0	0.15	0.25	0.10		〃	P
5182	0.20	0.35	0.15	0.20~0.50	4.0~5.0	0.10	0.25	0.10		〃	P
5083	0.40	0.40	0.10	0.40~1.0	4.0~4.9	0.05~0.25	0.25	0.15		〃	P, BE, BD, W, TE, T, TW, S, FD, FH
5086	0.40	0.50	0.10	0.20~0.7	3.5~4.5	0.05~0.25	0.25	0.15		〃	P
5N01	0.15	0.25	0.20	0.20	0.20~0.6	—	0.03	—		〃	P
5N02	0.40	0.40	0.10	0.30~1.0	3.0~4.0	0.50	0.10	0.20		〃	リベット
6101	0.30~0.7	0.50	0.10	0.03	0.35~0.8	0.03	0.10	—	B 0.06	〃	
6003	0.35~1.0	0.60	0.10	0.8	0.8~1.5	0.35	0.20	0.10		〃	
6151	0.6~1.2	1.0	0.35	0.20	0.45~0.8	0.15~0.35	0.25	0.15		〃	FD, FH
6061	0.40~0.8	0.7	0.15~0.40	0.15	0.8~1.2	0.04~0.35	0.25	0.15		〃	P, BE, BD, W, TE, TD, S, FD, FH
6N01	0.40~0.9	0.35	0.35	0.50	0.40~0.8	0.30	0.25	0.10	Mn+Cr 0.50	〃	S
6063	0.20~0.6	0.35	0.10	0.10	0.45~0.9	0.10	0.10	0.10		〃	BE, TE, TD, S
7003	0.30	0.35	0.20	0.30	0.50~1.0	0.20	5.0~6.5	0.20	Zr 0.05~0.25	〃	BE, TE, S
7N01	0.30	0.35	0.20	0.20~0.7	1.0~2.0	0.30	4.0~5.0	0.20	Zr 0.25, V 0.10	〃	P, BE, TE, S
7050	0.12	0.15	2.0~2.6	0.10	1.9~2.6	0.04	5.7~6.7	0.06	Zr 0.08~0.15	〃	
7072	Si+Fe 0.7		0.10	0.10	0.10	—	0.8~1.3	—		〃	
7075	0.40	0.50	1.2~2.0	0.30	2.1~2.9	0.18~0.28	5.1~6.1	0.20	Zr+Ti 0.25	〃	P, BE, BD, TE, TD, S, FD, FH, PC
8021	0.15	1.2~0.7	0.05	—	—	—	—	—		〃	
8079	0.05~0.30	0.7~1.3	0.05	—	—	—	0.10	—		〃	

注 1) 範囲を示していない数字は,許容限界値を示す.
 2) P:板, PC:合せ板, BE:押出棒, BD:引抜棒, W:引抜線, TE:押出管, TD:引抜管, TW:溶接管, S:押出形材,
    FD:型打鍛造品, FH:自由鍛造品
なお, この他に国際規格(ISO)から採択したJIS規格合金がある.

展伸材の呼称
 JISでは展伸材に4桁の数字の呼称を付けている. 4桁の数字は国際登録アルミニウム合金名にならって表示されている.
  純アルミニウム系   1XXX   Al-Si系   4XXX   Al-Zn-Mg系   7XXX
  Al-Cu系   2XXX   Al-Mg系   5XXX   その他の系   8XXX
  Al-Mn系   3XXX   Al-Mg-Si系   6XXX
 ここで, 第1位の数字は合金系を示している. 第2位の数字は0が基本合金を示し, 1以降の数字は基本合金の改良または派生合金を示す.
純アルミニウムの場合は第3位, 第4位の数字は純度を示す. 日本で開発された合金については第2位の数字に代えてNで表示する.

3・2・3　JIS はく用アルミニウムおよびアルミニウム合金
a.　アルミニウムおよびアルミニウム合金はく
A 1070 (3・2・2 参照)
A 1N30 (Cu≦0.10, Si＋Fe≦0.7, Mn≦0.05,
　　　　Mg≦0.05, Zn≦0.05, Al≧99.30)
A 3003 (3・2・2 参照)
b.　高純度アルミニウムはく
A 1N99 (Cu＋Si≦0.010, Fe≦0.004, Al≧99.99)
A 1N90 (Cu＋Si≦0.080, Fe≦0.030, Al≧99.90)
c.　はり合せアルミニウムはく
A 1070 (3・2・2 参照)
A 1N30 (3・2・3 a 参照)
A 3003 (3・2・2 参照)

3・2・4　JIS アルミニウムおよびアルミニウム合金の板および管の導体
A 1060 (3・2・2 参照)
A 6101 (　　〃　　)
A 6061 (　　〃　　)
A 6063 (　　〃　　)

3・2・5　アルミニウムおよびアルミニウム合金の質別記号および熱処理用語
a.　質別記号
（ⅰ）基本記号
　F　製造のままのもの
　O　焼なましをしたもの
　H　加工硬化したもの
　T　熱処理により，F，O，H 以外の安定な質別にしたもの
（ⅱ）細分記号
〔HX〕
　H1：加工硬化だけのもの
　H2：加工硬化後，適度に軟化熱処理したもの
　H3：加工硬化後，安定化処理したもの
〔HXY〕
　HX1：1/8硬質　　　　HX6：3/4硬質
　HX2：1/4硬質　　　　HX7：7/8硬質
　HX3：3/8硬質　　　　HX8：硬質
　HX4：1/2硬質　　　　HX9：特硬質
　HX5：5/8硬質
〔TX〕
　T1：高温加工から冷却後，自然時効
　T2：高温加工から冷却後，冷間加工，自然時効
　T3：溶体化処理後，冷間加工し，自然時効
　T4：溶体化処理後，自然時効
　T5：高温加工から冷却後，人工時効
　T6：溶体化処理後，人工時効
　T7：溶体化処理後，安定化処理
　T8：溶体化処理後，冷間加工し，人工時効
　T9：溶体化処理後，人工時効処理し，冷間加工
　T10：高温加工から冷却後，冷間加工し，人工時効

〔TXY〕（Yは二つ以上の数字のことがある）
　T36：T3の断面減少率をほぼ6%としたもの
　T61：展伸材は温水焼入れ後，人工時効，鋳物はT6よりも高い強さを得るため人工時効硬化処理条件を調整したもの
　T73：溶体化処理後，過時効
　T7352：溶体化処理後，残留応力を除去し，過時効処理
　T83：T8の断面減少率をほぼ3%としたもの
　T86：T36を人工時効したもの
　T42：T4の処理を使用者が行ったもの
　T62：T6の処理を使用者が行ったもの

b.　アルミニウム合金の熱処理用語
　焼なまし処理（annealing）：焼なまし処理とは，金属および合金を適度の温度に加熱保持してから適度の冷却速度で室温まで持ちきたす操作をいう．アルミニウム合金の場合は，通常，冷間加工組織を再結晶によって軟化させたり，析出硬化した合金を析出相が成長する温度に保持し，第2相を粗大化させ，合金の強度を低下させる目的で行なう．

　溶体化処理（solution heat treatment）：溶体化処理とは，添加元素が合金の基質中に溶け込んで固溶体を形成するような適度の温度に合金を加熱保持し，固溶体が得られたならば，急速に冷却してその状態を室温に持ちきたす操作をいう．このときの急冷は合金によって空冷，水冷または油冷で行なうが，この急冷操作を焼入れ（quenching）という．

　時効処理（ag(e)ing treatment）：金属および合金において，一般に室温ではゆっくり，高温では急速に進行する性質変化が起こる現象を時効（ageing, aging）といい，これによって硬化が起こると時効硬化（age hardening）という．析出（precipitation）が起こると時効析出ともいわれるが，析出によって硬化すると析出硬化（precipitation hardening）という．

　室温に放置することによって時効を行なわせるときは自然（室温または常温）時効（natural ag(e)ing）といい，室温以上で時効させるときは人工（焼もどし，または高温）時効（artificial ag(e)ing）という．

　安定化処理（stabilizing treatment）：材料の使用中に析出がさらに進行したり，寸法に経年変化を生ずる場合がある．それを防ぐため，通常，使用温度よりさらに高い温度で処理し，析出をある程度まで行なわせておくとよい．この処理を安定化処理という．この処理を施した材料の組織は，通常，時効による変化の最大を過ぎていわゆる過時効（over age）の状態にある場合が多い．

3・2・6　展伸用アルミニウム合金
a.　焼なまし，溶体化および時効硬化処理
（ⅰ）焼なまし
　3003, 3203, 3005, 7N01 などは約415℃，それ以外の合金は345℃に加熱し，7N01は炉冷，その他の合金は炉冷または空冷する．
（ⅱ）溶体化
　2014：495～505℃水冷
　2017：495～510℃水冷
　2018：505～520℃熱湯（100℃）

2218： 505～520℃熱湯(100℃)
2024： 490～500℃水冷
2025： 510～520℃ 〃
2N01： 520～530℃ 〃
4032： 505～520℃ 40～82℃
6151： 510～525℃ 〃
6061： 515～550℃ 〃
6063： 515～525℃ 〃
7N01： 約450℃　空冷または炉冷
7075： 460～470℃水冷

(iii) 時効硬化

自然時効の場合，7N01は室温1箇月以上，その他は室温96時間以上

人工時効の場合
2014： 170～180℃，約10時間(150～165℃，約18時間)
2018： 165～175℃，約10時間
2218： 〃
2024： 185～195℃，約9時間(T861は約8時間)
2025： 165～175℃，約10時間
2N01： 165～170℃，約12～20時間
4032： 165～170℃，約12～20時間
6151： 〃
6061： 170～180℃，約8時間；板は155～165℃，約18時間(170℃，約8時間)
6063： T5は約205℃，約1時間；T6，T83は約250℃，約8時間
7N01： 約120℃，約24時間
7075： T6，T62は115～125℃，24時間以上；T73は100～115℃，6～8時間後，175～180℃，8～10時間；T7352は115～125℃，6～8時間後，170～180℃，6～8時間

b. 焼入れ処理時間と材料肉厚との関係

	寸　法* [mm]	保持時間 [min]
板材	0.42 以下	6～10
	0.55～0.70	10～14
	0.90～1.20	14～18
	1.60～2.00	18～22
	2.60～3.20	22～28
	4.00～4.80	28～34
	5.30～6.30	34～38
棒および形材	3.75 以下	30
	3.75～25	45
	25 増すごとに	45

* 板材は厚さ，棒および形材はそれぞれ径および対辺距離についての寸法を示す．

3・2・8 展伸用 Al-Mg 2元合金のマグネシウム量と機械的性質の関係（熱処理したもの）

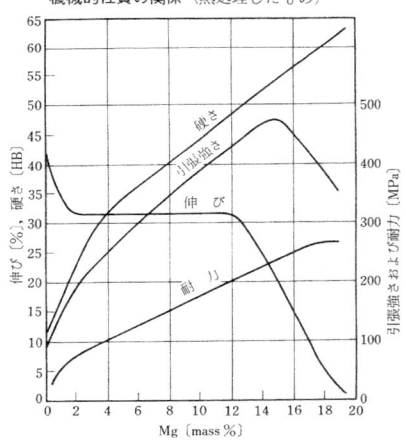

L.W.Kempf, F.Keller : Metals Handbook (1939), p.1254, ASM.

3・2・7 おもなアルミニウム合金板の機械的性質 (JIS H 4000-1999)

合金および質別	引張強さ [MPa]	耐力[MPa]	伸び[%]	合金および質別	引張強さ [MPa]	耐力[MPa]	伸び[%]
1080-O	55～95	≧15	≧30	5005-O	110～145	≧35	≧20
1080-H18	≧120	—	≧3	5005-H18	≧175	—	≧20
1050-O	60～100	≧20	≧25	5052-O	175～215	≧65	≧18
1050-H18	≧125	—	≧3	5052-H18	≧275	≧225	≧4
1100-O	75～110	≧25	≧25	5154-O	205～285	≧75	≧16
1100-H18	≧155	—	≧3	5154-H18	≧315	≧240	≧3
2014-O	≦215	≦110	≧16	5454-O	215～285	≧85	≧14
2014-T4	≧410	≧245	≧14	5083-O	275～355	125～195	≧16
2014-T6	≧460	≧400	≧7	5083-H32	315～375	235～305	≧8
2017-O	≦215	≦110	≧12	5086-O	245～305	≧100	≧18
2017-T4	≧355	≧195	≧15	5086-H36	325～375	≧265	≧4
2024-O	≦215	≦95	≧12	5N01-O	85～125	—	≧20
2024-T4	≧430	≧275	≧15	5N01-H18	≧165	—	≧3
2024-T62	≧440	≧345	≧5	6061-O	≦145	≦85	≧18
3003-O	95～125	≧35	≧23	6061-T4	≧205	≧110	≧16
3003-H18	≧185	≧165	≧3	6061-T6	≧295	≧245	≧10
3004-O	155～195	≧60	≧15	7N01-O	≦245	≦145	≧16
3004-H16	245～285	≧195	≧3	7N01-T6	≧335	≧275	≧10
3005-O	120～165	≧45	≧18	7075-O	≦275	≦145	≧10
3005-H18	≧225	≧205	≧2	7075-T6	≧530	≧460	≧7

3・2・9 ジュラルミン (2017相当) 板の室温時効特性 (512℃, 30min 溶体化)

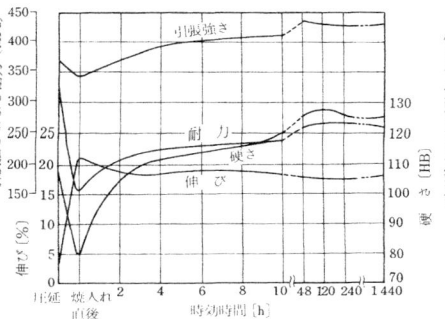

R. J. Anderson: Proc. ASTM, 20 (1926), 349.

3・2・11 7075合金板の焼もどし時効特性 (溶体化処理後17日たってから時効させた)

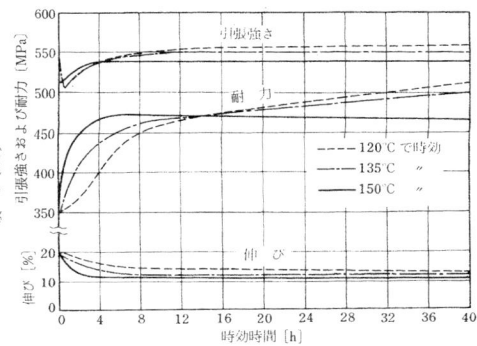

W. A. Anderson: Precipitation from Solid Solution (1959), p.150, ASM.

3・2・10 ジュラルミン (2017相当) 線の復元現象および再時効による引張強さの変化

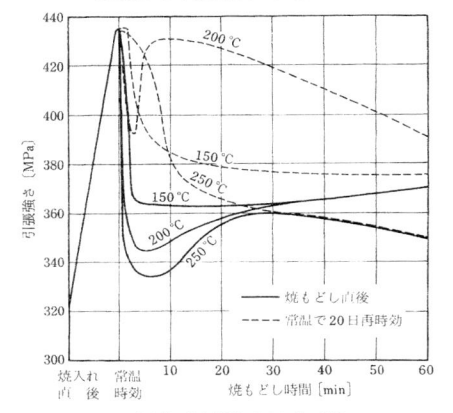

幸田成康: 北海道大学工学部紀要, 8 (1947), 107.

3・2・13 各種皮材を合せた Al-Cu-Mg 合金合せ板の引張強さと皮材の厚さとの関係

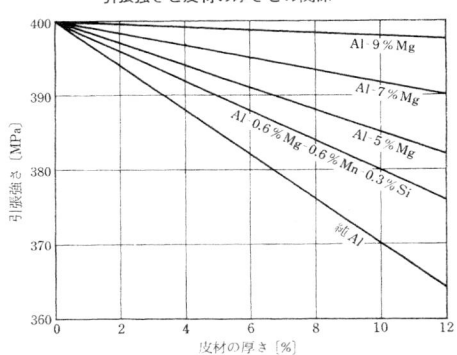

3・2・12 アルミニウム合金合せ材の心材と皮材の組合せ

心材	皮材	相当合金	適用	心材	皮材	相当合金	適用
2014 (Al-Cu-Mg)	6003 (Al-Mg-Si)	JIS A 2014 PC Alclad 2014	板, 条	5056 (Al-Mg) 6053 (Al-Mg$_2$Si)	6253 (Al-Mg$_2$Si-Zn) 高純 Al	Alclad 5056 —	線 板
2017 (Al-Cu-Mg)	1230 (純 Al)		板, 条	6061 (Al-Mg$_2$Si)	7072	Alclad 6061	板
2024 (Al-Cu-Mg)	1230 (純 Al)	JIS A 2024 PC Alclad 2024	板, 条	7075 (Al-Zn-Mg)	7072	JIS A 7075 PC Alclad 7075	板 板
2219 (Al-Cu-Mg)	7072 (Al-Zn)	Alclad 2219	板	7079 (Al-Zn-Mg)	7072	Alclad 7079	板
3003 (Al-Mn)	7072	Alclad 3003	板, 管	7178 (Al-Zn-Mg)	7072	Alclad 7178	板
3004 (Al-Mn)	7072	Alclad 3004	板, 管				

Alclad (アルクラッド) とは, 強度は高いが耐食性の悪いアルミニウム合金の表面に, 耐食性のよいアルミニウム合金または高純度のアルミニウムをはり合わせることによって耐食性を改善した複合アルミニウム板材をいう.

3・2・14 各種アルミニウム合金の高温での耐力

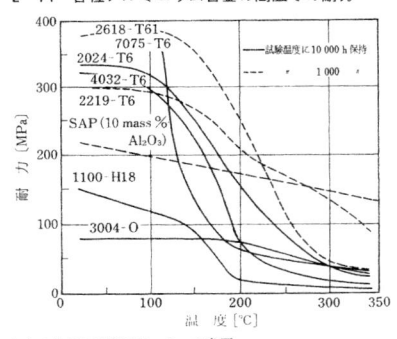

（図：合金別の温度-耐力曲線；2618-T61, 7075-T6, 2024-T6, 4032-T6, 2219-T6, SAP(10 mass % Al_2O_3), 1100-H18, 3004-O；試験温度に10 000 h保持／1 000 h）

合金の成分と材質は 3・2・2 参照．

3・3 鋳造用アルミニウム合金

3・3・1 各種 Al (99.8%)-Cu 金型鋳物の機械的性質

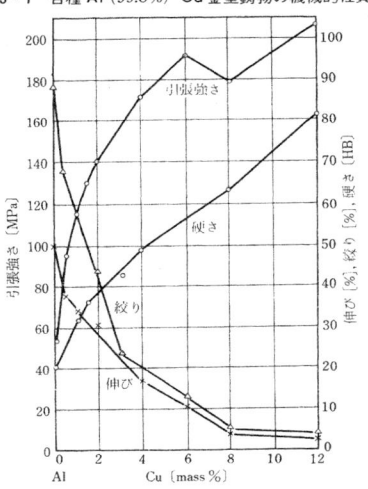

3・3・2 各種 Al (99.8%)-Mg 金型鋳物の機械的性質

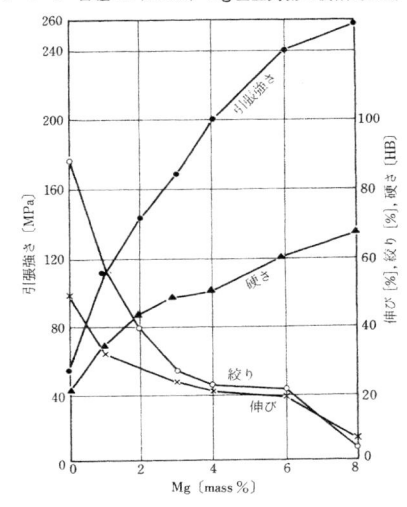

3・3・3 各種 Al (99.2%)-Si 金型鋳物の機械的性質

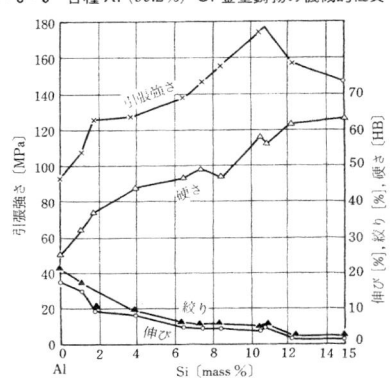

3・3・4 おもなアルミニウム合金ダイカスト（JIS規格を基準とした） JIS H 5302-2000

| 種　類 | 化　学　成　分* [mass%] | | | | | | | | | 類似合金 |
(種類記号)	Cu	Si	Mg	Zn	Fe	Mn	Ni	Sn	Al	(ASTM)
1種 (ADC1)	1.0	11.0〜13.0	0.3	0.5	1.3	0.3	0.5	0.1	残部	A413.0
3種 (ADC3)	0.6	9.0〜10.0	0.4〜0.6	0.5	1.3	0.3	0.5	0.1	〃	A360.0
5種 (ADC5)	0.2	0.3	4.0〜8.5	0.1	1.8	0.3	0.1	0.1	〃	518.0
6種 (ADC6)	0.1	1.0	2.5〜4.0	0.4	0.8	0.4〜0.6	0.1	0.1	〃	
10種 (ADC10)	2.0〜4.0	7.5〜9.5	0.3	1.0	1.3	0.5	0.5	0.2	〃	A380.0
10種Z (ADC10Z)	2.0〜4.0	7.5〜9.5	0.3	3.0	1.3	0.5	0.5	0.2	〃	A380.0
12種 (ADC12)	1.5〜3.5	9.6〜12.0	0.3	1.0	1.3	0.5	0.5	0.2	〃	383.0
12種Z (ADC12Z)	1.5〜3.5	9.6〜12.0	0.3	3.0	1.3	0.5	0.5	0.2	〃	383.0
14種 (ADC14)	4.0〜5.0	16.0〜18.0	0.45〜0.65	1.5	1.3	0.5	0.3	0.3	〃	B390.0

* 範囲を示していない数値は，許容限界値を示す．
なお，この他に国際規格（ISO）から採択したJIS規格合金がある．

3・3・5 おもなアルミニウム合金鋳物 (JIS 規格を基準とした) JIS H 5202-1999

種 類 (種類記号)	化 学 成 分[1] [mass%]											類似合金 (ASTM)	引張強さ[2] [MPa]	伸 び [%]
	Cu	Si	Mg	Zn	Fe	Mn	Ni	Ti	Pb	Sn	Cr	Al			
AC1B	4.2〜 5.0	0.30	0.15〜 0.35	0.10	0.35	0.10	0.05	0.05〜 0.30	0.05	0.05	0.05	残部	204.0	T4≧330	T4≧8
AC2A	3.0〜 4.5	4.0〜 6.0	0.25	0.55	0.8	0.55	0.30	0.20	0.15	0.05	0.15	〃		F≧180 T6≧270	F≧2 T6≧1
AC2B	2.0〜 4.0	5.0〜 7.0	0.50	1.0	1.0	0.5	0.35	0.20	0.20	0.10	0.20	〃	319.0	F≧150 T6≧240	F≧1 T6≧1
AC3A	0.25	10.0〜 13.0	0.15	0.30	0.8	0.35	0.10	0.20	0.10	0.10	0.15	〃		F≧170	F≧5
AC4A	0.25	8.0〜 10.0	0.30〜 0.6	0.25	0.55	0.30〜 0.6	0.10	0.20	0.10	0.05	0.15	〃		F≧170 T6≧240	F≧3 T6≧2
AC4B	2.0〜 4.0	7.0〜 10.0	0.50	1.0	1.0	0.50	0.35	0.20	0.20	0.10	0.20	〃	333.0	F≧170 T6≧240	—
AC4C	0.20	6.5〜 7.5	0.20〜 0.4	0.3	0.5	0.6	0.05	0.20	0.05	0.05	—	〃	356.0	F≧150 T5≧170 T6≧230	F≧3 T5≧3 T6≧2
AC4CH	0.10	6.5〜 7.5	0.25〜 0.45	0.10	0.20	0.10	0.05	0.20	0.05	0.05	0.05	〃	A356.0	F≧160 T5≧180 T6≧250	F≧3 T5≧3 T6≧5
AC4D	1.0〜 1.5	4.5〜 5.5	0.4〜 0.6	0.5	0.6	0.5	0.3	0.2	0.1	0.1	—	〃	355.0	F≧160 T5≧190 T6≧290	—
AC5A	3.5〜 4.5	0.7	1.2〜 1.8	0.1	0.7	0.6	1.7〜 2.3	0.2	0.05	0.05	0.2	〃	242.0	O≧180 T6≧260	—
AC7A	0.10	0.20	3.5〜 5.5	0.15	0.30	0.6	0.05	0.20	0.05	0.05	0.15	〃		F≧210	F≧12
AC8A	0.8〜 1.3	11.0〜 13.0	0.7〜 1.3	0.15	0.8	0.15	0.8〜 1.5	0.20	0.05	0.05	0.10	〃	336.0	F≧170 T5≧190 T6≧270	—
AC8B	2.0〜 4.0	8.5〜 10.5	0.50〜 1.5	0.50	1.0	0.50	0.10〜 1.0	0.20	0.10	0.10	0.10	〃		F≧170 T5≧190 T6≧270	—
AC8C	2.0〜 4.0	8.5〜 10.5	0.50〜 1.5	0.50	1.0	0.50	0.50	0.20	0.10	0.10	0.10	〃	332.0	F≧170 T5≧180 T6≧270	—
AC9A	0.50〜 1.5	22〜 24	0.50〜 1.5	0.20	0.8	0.50	0.50〜 1.5	0.20	0.10	0.10	0.10	〃		T5≧150 T6≧190 T7≧170	—
AC9B	0.50〜 1.5	18〜 20	0.50〜 1.5	0.20	0.8	0.50	0.50〜 1.5	0.20	0.10	0.10	0.10	〃		T5≧170 T6≧270 T7≧200	—

注 1) 範囲を示していない数値は,許容限界値を示す.
2) F, T4, T5, T6 などは質別記号を表す.
なお,この他に国際規格 (ISO) から採択した JIS 合金がある.

4 マグネシウムおよびマグネシウム合金

4・1 一 般

4・1・1 マグネシウム合金における添加元素の型
(機械的性質への効果による分類)

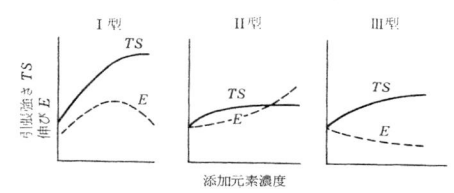

I型:Al, Zn, Ca, Ag, Ce, Ga, Ni, Cu, Th
II型:Tl, Cd,   III型:Sn, Pb, Bi, Sb

G. V. Raynor : The Physical Metallurgy of Magnesium and Its Alloys (1959).

4・1・2 マグネシウムの底面すべり臨界せん断応力に およぼす添加元素の効果

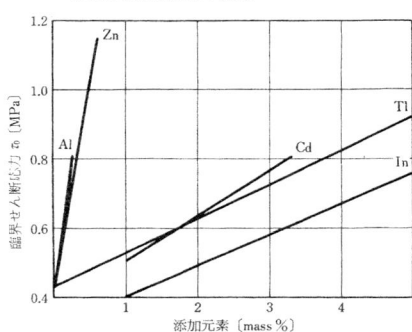

E. D. Levine, W. F. Sheely, R. R. Nash : Trans. AIME, 215 (1959), 521.

4・1・3 マグネシウム合金の再結晶温度

合金**	圧延率 [%]	開始温度 [℃]	終止温度 [℃]
純 Mg	10	170	360*
高純 Mg	5	200	250
〃	10	100～125	250
Mg-0.5％Ca	10	220	360*
Mg-0.7％Ce	10	260	360*
Al-0.5％Mn	10	200	320*
AZ 61	6	245	308
〃	17	233	303
M 1 A	8	230	450
〃	43	140	420
〃	57	130	420

* 完全軟化温度, ** 合金組成については 4・2・1 参照.

4・1・4 各種マグネシウム合金の硬さ（均一処理）

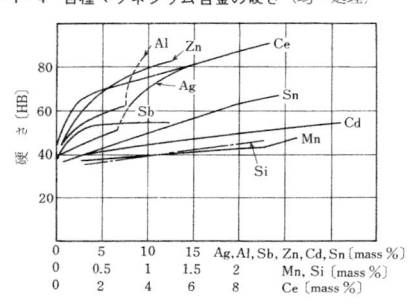

（グラフ：縦軸 硬さ [HB]、曲線 Al, Zn, Ce, Ag, Sb, Sn, Cd, Mn, Si）

0　5　10　15　Ag, Al, Sb, Zn, Cd, Sn [mass％]
0　0.5　1　1.5　2　Mn, Si [mass％]
0　2　4　6　8　Ce [mass％]

4・1・5 マグネシウム合金記号

市場では、マグネシウム合金を ASTM 規格で呼ぶことが多いため、ASTM 規格の記号の説明をする．マグネシウム合金の ASTM 記号は、通常 2 字のアルファベットと 2 種の数字からなる．最初の 2 字は主な合金元素を示し*，次の 2 種の数字はそれぞれの元素の標準含有量を％で示したものである．これら 2 つの元素の順は、量が等しい時はアルファベット順に、量が違う時は多い方からとなる．さらに、それらにつづいて ABC…など、I, O 以外のアルファベットがつく、これは同じ主成分からなるが若干組成の異なる合金を示し、ABC の順につけていく．例えば AZ 61 とは標準含有量が Al 6％，Zn 1％のマグネシウム合金を示し、M1A とは、Mn 1％を含む最初の合金を示す．また、質別記号は、この合金記号の後につくが、それはアルミニウムの場合と類似で、F：製造のままで機械的性質を規定していないもの、H 112：製造のままで機械的性質を規定しているもの、O：焼なまし、H 10 および H 11：わずかに加工硬化（硬質）、H 23, H 24 および H 26：加工硬化後適当な焼なまし、T 4：溶体化焼入れ処理、T 5：溶体化処理をはぶき焼戻しのみ、T 6：焼入れ後焼戻し処理となっている．

JIS 規格での質別記号は、以上のほか、FS：製造後安定化処理、TS：焼入れおよび安定化処理がある．また、硬質記号では、例えば 1/2 硬質であると 1/2H とする．

* 合金元素の記号例は次のとおりである．

A：Al	H：Th	Q：Ag
B：Bi	K：Zr	R：Cr
C：Cu	L：Li	S：Si
D：Cd	M：Mn	T：Sn
E：希土類	N：Ni	Y：Sb
F：Fe	P：Pb	Z：Zn

4・2 展伸用・鋳物用マグネシウム合金

4・2・1 おもな展伸用マグネシウム合金（JIS 規格を基準とした） JIS H 4201～4204-1998

JIS 種類	JIS 記号[1]	対応 ISO 記号	ASTM	化学成分 [mass％] Al	Zn	Mn	Zr	Fe	Si	Cu	Ni	Ca	その他合計[2]	Mg
1 種	MP 1	Mg-Al 3 Zn 1 Mn	AZ 31	2.5～3.5	0.50～1.5	≧0.2	—	≦0.03	≦0.10	≦0.10	≦0.005	≦0.04	≦0.30	残部
4 種	MP 4	Mg-Zn 1 Zr	—	—	0.75～1.5	—	0.4～0.8	—	—	≦0.03	≦0.005	—	≦0.30	残部
5 種	MP 5	Mg-Zn 3 Zr	—	—	2.5～4.0	—	0.4～0.8	—	—	≦0.03	≦0.005	—	≦0.30	残部
7 種	MP 7			1.5～2.4	0.50～1.5	≧0.05	—	≦0.010	≦0.10	≦0.10	≦0.005	—	≦0.30	残部
1 種	MB 1	Mg-Al 3 Zn 1 Mn	AZ 31 B	2.5～3.5	0.50～1.5	≧0.2	—	≦0.03	≦0.10	≦0.10	≦0.005	≦0.04	≦0.30	残部
2 種	MB 2	Mg-Al 6 Zn 1 Mn	AZ 61 A	5.5～7.2	0.50～1.5	0.15～0.40	—	≦0.03	≦0.10	≦0.10	≦0.005	—	≦0.30	残部
3 種	MB 3	Mg-Al 8 Zn	AZ 80 A	7.5～9.2	0.2～1.0	0.10～0.40	—	≦0.005	≦0.10	≦0.05	≦0.005	—	≦0.30	残部
4 種	MB 4	Mg-Zn 1 Zr	—	—	0.75～1.5	—	0.4～0.8	—	—	≦0.03	≦0.005	—	≦0.30	残部
5 種	MB 5	Mg-Zn 3 Zr	—	—	2.5～4.0	—	0.4～0.8	—	—	≦0.03	≦0.005	—	≦0.30	残部
6 種	MB 6	Mg-Zn 6 Zr	ZK 60 A	—	4.8～6.2	—	0.45～0.8	—	—	≦0.03	≦0.005	—	≦0.30	残部
1 種	MS 1	Mg-Al 3 Zn 1 Mn	AZ 31 B	2.5～3.5	0.50～1.5	≧0.2	—	≦0.03	≦0.10	≦0.10	≦0.005	≦0.04	≦0.30	残部
2 種	MS 2	Mg-Al 6 Zn 1 Mn	AZ 61 A	5.5～7.2	0.50～1.5	0.15～0.40	—	≦0.03	≦0.10	≦0.10	≦0.005	—	≦0.30	残部
3 種	MS 3	Mg-Al 8 Zn	AZ 80 A	7.5～9.2	0.2～1.0	0.10～0.40	—	≦0.005	≦0.10	≦0.05	≦0.005	—	≦0.30	残部
4 種	MS 4	Mg-Zn 1 Zr	—	—	0.75～1.5	—	0.4～0.8	—	—	≦0.03	≦0.005	—	≦0.30	残部
5 種	MS 5	Mg-Zn 3 Zr	—	—	2.5～4.0	—	0.4～0.8	—	—	≦0.03	≦0.005	—	≦0.30	残部
6 種	MS 6	Mg-Zn 6 Zr	ZK 60 A	—	4.8～6.2	—	0.45～0.8	—	—	≦0.03	≦0.005	—	≦0.30	残部
1 種	MT 1	Mg-Al 3 Zn 1 Mn	AZ 31 B	2.5～3.5	0.50～1.5	≧0.2	—	≦0.03	≦0.10	≦0.10	≦0.005	≦0.04	≦0.30	残部
2 種	MT 2	Mg-Al 6 Zn 1 Mn	AZ 61 A	5.5～7.2	0.50～1.5	0.15～0.40	—	≦0.03	≦0.10	≦0.10	≦0.005	—	≦0.30	残部
4 種	MT 4	Mg-Zn 1 Zr	—	—	0.75～1.5	—	0.4～0.8	—	—	≦0.03	≦0.005	—	≦0.30	残部

注 1) MP：マグネシウム合金板, MB：マグネシウム合金棒, MS：マグネシウム合金押出形材, MT：マグネシウム合金継目無管
　2) その他の元素は, 存在が予知される場合に限り分析を行う.

4・2・2 おもな鋳造用マグネシウム合金 (JIS規格を基準とした) JIS H 5203-2000

種類	JIS 記号	ISO 対応ISO記号	ASTM	化学成分 [mass%]										その他 各不純物	その他 不純物合計	Mg
				Al	Zn	Mn	Zr	RE[1]	Y	Ag	Si	Cu	Ni	Fe			
鋳物1種	MC1	—	AZ63A	5.3~6.7	2.5~3.5	0.15~0.35	—	—	—	—	≦0.30	≦0.25	≦0.01	—	—	≦0.30	残部
鋳物2種C	MC2C	—	AZ91A	8.1~9.3	0.40~1.0	0.13~0.35	—	—	—	—	≦0.30	≦0.10	≦0.01	—	—	≦0.30	残部
鋳物2種E	MC2E	—	AZ91E	8.1~9.3	0.40~1.0	0.17~0.35	—	—	—	—	≦0.20	≦0.015	≦0.0010	≦0.005[2]	—	≦0.30	残部
鋳物3種	MC3	MgAl9Zn2	AZ92A	8.0~10.0	1.5~2.5	0.10~0.5	—	—	—	—	≦0.3	≦0.20	≦0.01	≦0.05	—	≦0.30	残部
鋳物5種	MC5	—	AM100A	9.3~10.7	≦0.3	0.10~0.35	—	—	—	—	≦0.30	≦0.10	≦0.01	—	—	≦0.30	残部
鋳物6種	MC6	MgZn5Zr	ZK51A	—	3.5~3.5	—	0.40~1.0	—	—	—	—	≦0.10	≦0.01	—	—	≦0.30	残部
鋳物7種	MC7	MgZn6Zr	ZK61A	—	5.5~6.5	—	0.60~1.0	—	—	—	—	≦0.10	≦0.01	—	—	≦0.30	残部
鋳物8種	MC8	—	EZ33A	—	2.0~3.1	—	0.50~1.0	2.5~4.0	—	—	—	≦0.10	≦0.01	—	—	≦0.30	残部
鋳物9種	MC9	MgAg3RE2Zr	QE22A	—	≦0.2	—	0.4~1.0	1.8~2.8	—	2.0~3.0	—	≦0.10	≦0.01	—	—	≦0.30	残部
鋳物10種	MC10	MgZn4REZr	ZE41A	—	3.5~5.0	—	0.4~1.0	0.75~1.75	—	—	—	≦0.10	≦0.01	—	—	≦0.30	残部
鋳物11種	MC11	—	ZC63A	—	5.5~6.5	0.25~0.75	—	—	—	—	≦0.20	2.4~3.0	≦0.01	—	—	≦0.30	残部
鋳物12種	MC12	—	WE43A	—	≦0.20	≦0.15	0.4~1.0	2.4~4.4	3.7~4.3	—	≦0.01	≦0.03	≦0.005	≦0.01	≦0.2	≦0.30	残部
鋳物13種	MC13	—	WE54A	—	≦0.20	≦0.15	0.4~1.0	1.5~5.5	4.75~5.5	—	≦0.01	≦0.03	≦0.005	—	≦0.2	≦0.30	残部
鋳物ISO 1種	—	MgAl6Zn3	—	5.00~7.0	2.0~3.5	0.10~0.5	—	—	—	—	≦0.3	≦0.2	≦0.01	≦0.05	—	—	残部
鋳物ISO 2種A	—	MgAl8Zn1	—	7.0~9.5	0.3~1.0	≦0.15	—	—	—	—	≦0.5	≦0.35	≦0.02	≦0.05	—	—	残部
鋳物ISO 2種B	—	MgAl8Zn	—	7.5~9.0	0.2~1.0	0.1~0.6	—	—	—	—	≦0.3	≦0.2	≦0.01	≦0.05	—	—	残部
鋳物ISO 3種	—	MgAl9Zn	—	8.3~10.3	0.2~1.0	0.15~0.6	—	—	—	—	≦0.3	≦0.2	≦0.01	≦0.05	—	—	残部
鋳物ISO 4種	—	MgRE2Zn2Zr	—	—	0.8~3.0	—	0.40~1.0	2.5~4.0	—	—	—	≦0.10	≦0.01	—	≦0.30	—	残部

注1) REは、希土類元素である。
2) 受渡当事者間の協定によって、FeとMn含有量との比が0.032を超えなければ、Feの含有量が0.005%を超えてもよい。

備考1. この表に規定する以外の有毒な不純物があると認められるときは、受渡当事者間の協定によって、その不純物の許容限度を規定する事ができる。
2. 8種、10種のREは、主としてセリウム(Ce)である。
3. 9種のREは、ネオジウム(Nd)が70%以上、残りの大部分はプラセオジウム(Pr)であるジジム合金(Di: Didymium Metal)で添加する。
4. 12種、13種のREは、主としてネオジウム(Nd)と重希土類である。

JIS H 5203 Mg合金鋳物の機械的性質

記号		質別記号[1]	対応ISO記号	引張強さ [MPa]	耐力 [MPa]	伸び [%]	液体化処理[1),2)]		時効硬化処理[1),2)]	
							温度[2] [℃]	時間 [h]	温度[2] [℃]	時間 [h]
MC1	-F	鋳造のまま		≧180	≧70	≧4	—	—	—	—
	-T4	溶体化処理		≧240	≧70	≧7	385	10~14	—	—
	-T5	時効硬化処理		≧180	≧80	≧2	—	—	260 232	4 5
	-T6	溶体化処理後 時効硬化処理		≧240	≧110	≧3	385	10~14	218 232	5 5
MC2C	-F	鋳造のまま		≧160	≧70	—	—	—	—	—
	-T4	溶体化処理		≧240	≧70	≧7	413[3]	16~24	—	—
	-T5	時効硬化処理		≧160	≧80	≧2	—	—	168 216	16 4
	-T6	溶体化処理後 時効硬化処理		≧240	≧110	≧3	413[3]	16~24	168 216	16 5~6

記 号	質別記号[1]	対応ISO記号	引張強さ [MPa]	耐 力 [MPa]	伸 び [%]	液体化処理[1],[2] 温度[2] [℃]	液体化処理[1],[2] 時間 [h]	時効硬化処理[1],[2] 温度[2] [℃]	時効硬化処理[1],[2] 時間 [h]
MC2E	-F	鋳造のまま	≧160	≧70	—	—	—	—	—
	-T4	溶体化処理	≧240	≧70	≧7	413[3]	16～24	—	—
	-T5	時効硬化処理	≧160	≧80	≧2	—	—	168 216	16 4
	-T6	溶体化処理後 時効硬化処理	≧240	≧110	≧3	413[3]	16～24	168 216	16 5～6
MC3	-F	鋳造のまま	MgAl9Zn2-M	≧140	≧75	≧1	—	—	—	—
	-T4	溶体化処理	MgAl9Zn2-TB	≧230	≧75	≧6	407[4]	16～24	—	—
	-T5	時効硬化処理		≧160	≧80	—	—	—	260	4
	-T6	溶体化処理後 時効硬化処理	MgAl9Zn2-TF	≧235	≧110	≧1	407[4]	16～24	218	5
MC5	-F	鋳造のまま		≧140	≧70	—	—	—	—	—
	-T4	溶体化処理		≧240	≧70	≧6	424[3]	16～24	—	—
	-T5	時効硬化処理		≧160	≧80	—	—	—	232	5
	-T6	溶体化処理後 時効硬化処理		≧240	≧110	≧2	424[2]	16～24	232	5
MC6	-T5	時効硬化処理	MgZn5Zr-TE	≧235	≧140	≧4	—	—	177[5]	12
MC7	-T5	時効硬化処理		≧270	≧180	≧5	—	—	149	48
	-T6	溶体化処理後 時効硬化処理	MgZn6Zr-TF	≧275	≧180	≧4	499[6]	2	129	48
MC8	-T5	時効硬化処理		≧140	≧100	≧2	—	—	175	16
MC9	-T6	溶体化処理後 時効硬化処理	MgAg3RE2Zr-TE	≧240	≧175	≧2	525[7]	4～8	204	8
MC10	-T5	時効硬化処理	MgZn4REZr-TE	≧200	≧135	≧2	—	—	329[8]	2
MC11	-T6	溶体化処理後 時効硬化処理	—	≧190	≧125	≧2	440[7]	4～8	200	16
MC12	-T6	溶体化処理後 時効硬化処理		≧220	≧170	≧2	527[7]	4～8	250	16
MC13	-T6	溶体化処理後 時効硬化処理		≧225	≧175	≧2	527[7]	4～8	250	16
—		鋳造のまま	MgAl6Zn3-M	≧160	≧75	≧3	—	—	—	—
—		鋳造のまま	MgAl8Zn1-M	≧140	≧75	—	—	—	330	—
—		鋳造のまま	MgAl8Zn-M	≧140	≧75	≧1	—	—	—	—
		溶体化処理	MgAl8Zn-TB	≧230	≧75	≧6	413	16～24	—	—
		溶体化処理後 時効硬化処理	MgAl8Zn-TF	≧235	≧95	≧2	413		330	2
		鋳造のまま	MgAl9Zn-M	≧140	≧75	≧1	—	—	—	—
		溶体化処理	MgAl9Zn-TB	≧230	≧75	≧6	413	16～24	215	3
		溶体化処理後 時効硬化処理	MgAl9Zn-TF	≧235	≧110	≧1	413	16～24	168	16
—		時効硬化処理	MgRE2Zn2Zr-TE	≧140	≧95	≧2	—	—	330	2

注(1) 質別記号は,JIS H 0001 に定めている記号,定義及び意味による.
(2) 温度は,表記温度±6℃の範囲とする.
参考 1) 溶体化処理後の鋳物は,強制空冷により室温まで冷却する.他の条件が設定される場合には除く.400℃以上で保護雰囲気となる CO_2,SO_2 又は 0.5～1.5% SF_6 を添加した CO_2 などを使用する.
2) Mg-Al-Zn 合金系の溶体化処理においては,260℃の熱処理炉で昇温を溶体化温度まで2時間かけて行う必要がある.
3) 結晶の粗大化を防止するために,413℃±6℃ 6時間-352℃±6℃ 2時間-413℃±6℃ 10時間の処理を行ってよい.
4) 結晶の粗大化を防止するために,407℃±6℃ 6時間-352℃±6℃ 2時間-407℃±6℃ 10時間の処理を行ってよい.
5) 218℃±6℃ 8時間でもよい.
6) 482℃±6℃ 10時間でもよい.
7) 65℃の温水又は,他の媒体で冷却する.
8) 規定の機械的性質が得られない場合,177℃で16時間の処理を追加してもよい.

4・2・3 おもなダイカストマグネシウム合金（JIS規格を基準とした）JIS H 5303-2000

JIS		ISO	ASTM	化 学 成 分 [mass%]								機械的性質		
種類	記号	対応ISO記号	対応ASTM記号	Al	Zn	Mn	Si	Cu	Ni	Fe	その他各不純物	Mg	引張強さ [MPa]	耐力 [MPa]	伸び [%]
1種B	MDC1B	—	AZ91B	8.3〜9.7	0.35〜1.0	0.13〜0.50	≦0.50	≦0.35	—	≦0.03	—	残部	230	160	3
1種D	MDC1D	—	AZ91D	8.3〜9.7	0.35〜1.0	0.15〜0.50	≦0.10	≦0.030	≦0.002	≦0.005	≦0.02	残部	230	160	3
2種B	MDC2B	—	AM60B	5.5〜6.5	≦0.22	0.24〜0.6	≦0.10	≦0.010	≦0.002	≦0.005	≦0.02	残部	220	130	8
3種B	MDC3B	—	AS41B	3.5〜5.0	≦0.12	0.35〜0.7	0.5〜1.5	≦0.02	≦0.002	≦0.0035	≦0.02	残部	210	140	6
4種	MDC4	—	AM50A	4.4〜5.4	≦0.22	0.26〜0.6	≦0.10	≦0.010	≦0.002	≦0.004	≦0.02	残部	200	110	10
ISO1種A	—	MgAl8Zn1	—	7.0〜9.5	0.3〜2.0	≧0.15	≦0.5	≦0.35	≦0.02	≦0.05	—	残部	—	—	—
ISO1種B	—	MgAl8Zn	—	7.5〜9.0	0.2〜1.0	0.15〜0.6	≦0.3	≦0.2	≦0.01	≦0.05	—	残部	—	—	—
ISO2種	—	MgAl9Zn	—	8.3〜10.3	0.2〜1.0	0.15〜0.6	≦0.3	≦0.2	≦0.01	≦0.05	—	残部	—	—	—
ISO3種	—	MgAl9Zn2	—	8.0〜10.0	1.5〜2.5	0.10〜0.5	≦0.3	≦0.2	≦0.01	≦0.05	—	残部	—	—	—

4・2・4 各種マグネシウム合金砂型鋳物の高温での耐力

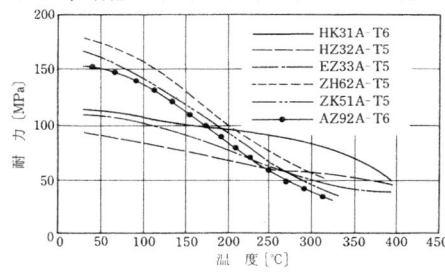

（グラフ：横軸 温度 [℃] 0〜450、縦軸 耐力 [MPa] 0〜200）
凡例：HK31A-T6、HZ32A-T5、EZ33A-T5、ZH62A-T5、ZK51A-T5、AZ92A-T6

合金の成分は 4・2・2、質別記号は 3・2・5 参照．
T. E. Leontis : *Met. Prog.*, 72 (1957), 97.

5 チタンおよびジルコニウムとそれらの合金

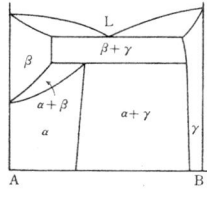

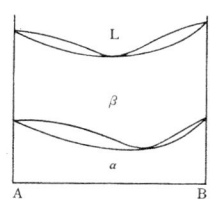

(a) α 相安定型
Ti に対して：C, N, O, Al, Sn（中性型）
Zr に対して：C, N, O, Sn

(b) β 相安定型
Ti に対して：V, Nb, Mo, Ta
Zr に対して：Nb, Ta, Th, U

(c) β 共析型
Ti に対して：Cr, Fe, Co, Cu, Si, Ag, H, Mn, Ni, W
Zr に対して：Cr, Fe, Co, Cu, Mo, V, Si, Ag, H, Mn, Ni, W, Be

(d) 全率固溶型
Ti に対して：Zr(中性型), Hf
Zr に対して：Ti, Hf

A：チタンあるいはジルコニウム，B：添加元素

5・1 チタンおよびチタン合金

5・1・1 アルミニウム (Al) 当量およびモリブデン (Mo) 当量

$$\text{Al 当量} = [\text{Al}] + \frac{[\text{Zr}]}{6} + \frac{[\text{Sn}]}{3} + 10[\text{O}]$$

$$\text{Mo 当量} = [\text{Mo}] + \frac{[\text{Ta}]}{5} + \frac{[\text{Nb}]}{3.6} + \frac{[\text{W}]}{2.5} + \frac{[\text{V}]}{1.5} + 1.25[\text{Cr}] + 1.25[\text{Ni}] + 1.7[\text{Mn}] + 1.7[\text{Co}] + 2.5[\text{Fe}]$$

1) H. W. Rosenwerg : The Science, Technology and Application of Titanium (1970), p.851, Pergamon Press.
2) E. K. Molchanova : Phase Diagrams of Titanium Alloys of Atlas Diagram, Israel Program for Scientific Translations, Jerusalem, (1965).
3) Materials Properties Handbook : Titanium Alloys, ed. R. R. Boyer, G. Welsch. E. W. Collings (1994), p.10, ASM.

5・1・2 おもなチタン合金

合金	熱処理	引張強さ [MPa]	耐力 [MPa]	伸び [%]
工業用純チタン				
JIS 1 種	焼なまし	274〜412	>167	>27
JIS 2 種	焼なまし	343〜510	>216	>23
JIS 3 種	焼なまし	480〜617	>343	>18
耐食合金				
Ti-0.15 Pd	焼なまし	343〜510	>216	>23
Ti-0.3 Mo-0.8 Ni	焼なまし	519	441	25
Ti-5 Ta	焼なまし	343〜510	>216	>23
α 型合金				
Ti-5 Al-2.5 Sn	焼なまし	862	804	16
Ti-5 Al-2.5 Sn (ELI)	焼なまし	804	745	16
Ti-5.5 Al-3.5 Sn-3 Zr-1 Nb-0.3 Mo-0.3 Si	溶体化, 時効	1 020	892	16
Ti-2.5 Cu	焼なまし	539〜696	>461	>18
Near α 型合金				
Ti-8 Al-1 Mo-1 V	2 段なまし	1 000	951	15
Ti-2.25 Al-11 Sn-5 Zr-1 Mo-0.2 Si	溶体化, 時効	1 098	990	15
Ti-6 Al-2 Sn-4 Zr-2 Mo	焼なまし	980	892	15
Ti-5 Al-5 Sn-2 Zr-2 Mo-0.25 Si	1 247 K 1.8 ks 空冷 + 866 K-7.2 ks 空冷	1 039	960	13
Ti-6 Al-2 Nb-1 Ta-0.8 Mo	焼なまし	784	686	15
Ti-6 Al-2 Sn-1.5 Zr-1 Mo-0.35 Bi-0.1 Si	β 鍛造 + 2 段焼なまし	1 009	941	11
Ti-6 Al-5 Zr-0.5 Mo-0.2 Si	溶体化, 時効	990〜1 137	>853	>6
Ti-5 Al-6 Sn-2 Zr-1 Mo-0.2 Si	1 255 K-3.6 ks 空冷 + 866 K-3.6 ks 空冷	1 088	990	16
α+β 型合金				
Ti-8 Mn	焼なまし	941	862	15
Ti-3 Al-2.5 V	焼なまし	686	588	20
Ti-6 Al-4 V	焼なまし	980	921	14
	溶体化, 時効	1 166	1 098	10
Ti-6 Al-4 V (ELI)	焼なまし	892	823	15
Ti-6 Al-6 V-2 Sn	焼なまし	1 058	990	14
	溶体化, 時効	1 274	1 078	10
Ti-7 Al-4 Mo	溶体化, 時効	1 098	1 029	16
Ti-6 Al-2 Sn-4 Zr-6 Mo	溶体化, 時効	1 274	1 176	10
Ti-6 Al-2 Sn-2 Zr-2 Mo-2 Cr-0.25 Si	溶体化, 時効	1 274	1 137	11
Ti-10 V-2 Fe-3 Al	溶体化, 時効	1 274	1 196	10
Ti-4 Al-2 Sn-4 Mo-0.5 Si	溶体化, 時効	1 098〜1 274	>960	>9
Ti-4 Al-4 Sn-4 Mo-0.5 Si	溶体化, 時効	1 254〜1 421	>1 198	>8
Ti-2.25 Al-11 Sn-4 Mo-0.2 Si	時効	>1 049	>931	>8
Ti-5 Al-2 Zr-4 Mo-4 Cr	溶体化, 時効	1 137〜1 205	1 168〜1 137	8〜15
Ti-4.5 Al-5 Mo-1.5 Cr	溶体化, 時効	1 029	980	13
Ti-6 Al-5 Zr-4 Mo-1 Cu-0.2 Si	溶体化, 時効	1 245	1 127	8
Ti-5 Al-2 Cr-1 Fe	焼なまし	>882	>833	>10
β 型合金				
Ti-13 V-11 Cr-3 Al	溶体化, 時効	1 215〜1 274	1 166〜1 225	8
Ti-8 Mo-8 V-2 Fe-3 Al	溶体化, 時効	1 303	1 235	8
Ti-3 Al-8 V-6 Cr-4 Mo-4 Zr	溶体化, 時効	1 441	1 372	7
Ti-11.5 Mo-6 Zr-4.5 Sn	溶体化, 時効	1 382	1 313	11
Ti-11 V-11 Zr-2 Al-2 Sn	溶体化, 時効	1 284	1 186	6
Ti-15 Mo-5 Zr	溶体化, 時効	1 372	1 323	10
Ti-15 Mo-5 Zr-3 Al	溶体化, 時効	1 470	1 450	14
Ti-15 V-3 Cr-3 Al-3 Sn	溶体化, 時効	1 225	1 107	10

西村 孝, 大山英人：軽金属, **36** (1986), 778.

5 チタンおよびジルコニウムとそれらの合金

5・1・3 β安定化元素を含むチタン合金の平衡状態図と焼入れによる生成相との関係

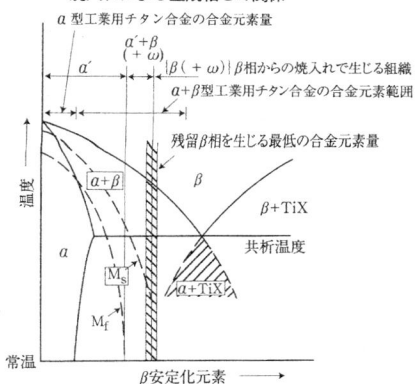

日本金属学会編:講座・現代の金属学 材料編5, 非鉄材料 (1987), p.136.

5・1・4 チタンの耐力におよぼす添加元素の効果

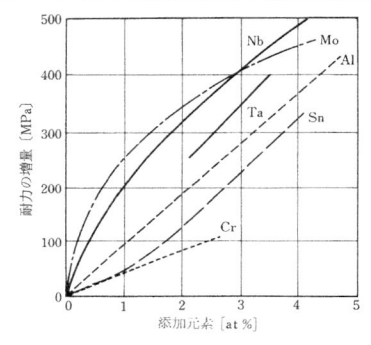

5・1・5 チタンの硬さにおよぼす添加元素の効果

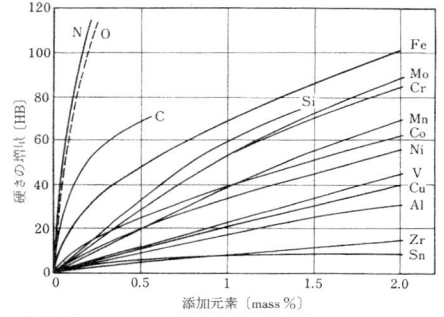

T. M. Mckinley : *J. Electrochem. Soc.*, Oct. (1956), 564.

5・1・6 チタンの機械的性質におよぼす侵入型不純物の効果

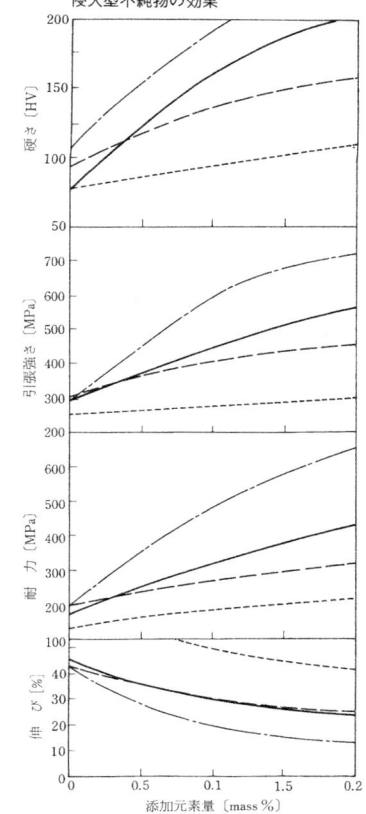

―――― 酸素 (N:0.01%, C:0.01% を含むチタンに対して)
―・―・― 窒素 (O:0.05%, C:0.01% を含むチタンに対して)
― ― ― 炭素 (O:0.02%, N:0.01% を含むチタンに対して)
・・・・・・・ 水素 (ヨウ化法チタンに対して)

5・1・7 チタン2元合金の M_s 曲線

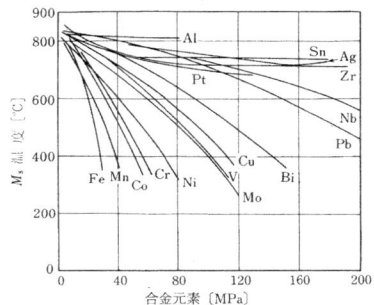

佐藤知雄, 黄 無清, 鈴木修二郎:住友軽金属技報, 31 (1962), 314.

5・1・8 チタンの高温での引張性質

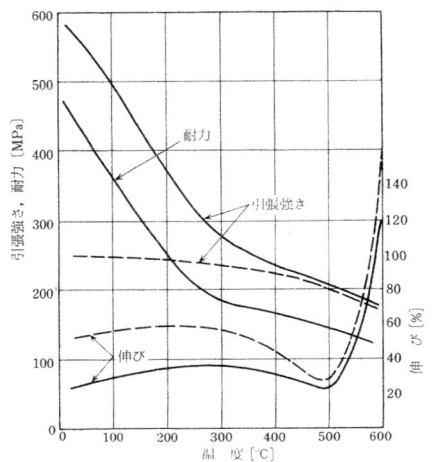

5・1・9 チタン2元系合金の室温における電気抵抗

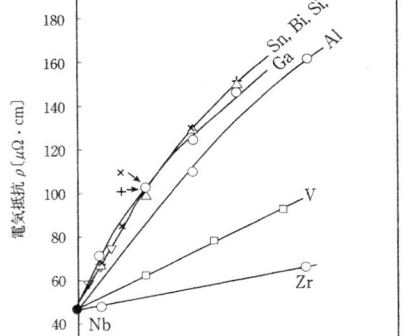

Physics of Solid Solution Strengthening, ed. E. W. Collings, H. L. Gegel (1975), Plenum Press.

――― 工業用純チタン (O：0.2 mass%)
――― ヨウ化法チタン (O：0.01 mass%)

5・1・10 チタンのヤング率におよぼす合金元素の影響

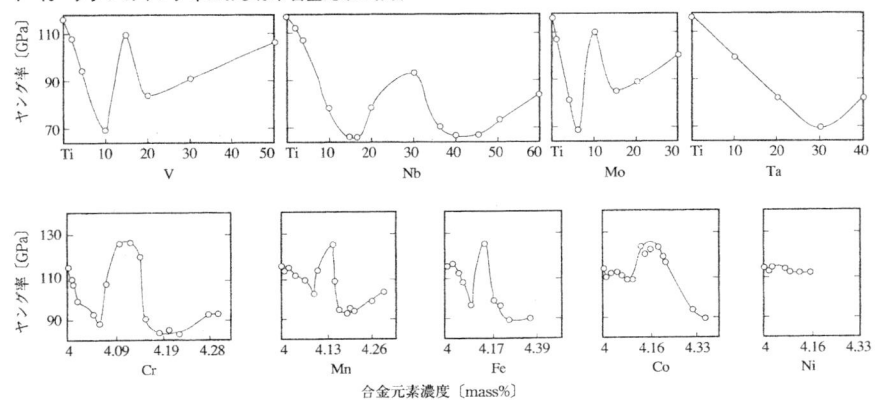

合金元素濃度 [mass%]

1) Materials Properties Handbook：Titanium Alloys, ed. R. R. Boyer, G. Welsch, E. W. Collings (1994), p.94, ASM.
2) Y. L. Zhou, M. Niinomi, T. Akahori, Gunawarman：ATEM'03, JSME-MMD, Sept. 10-12, 2003, Nagoya, CD-Rom.

5・1・11 合金のタイプで整理した室温における降伏強さと破壊靭性

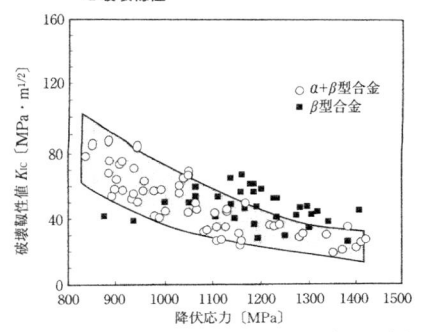

チタン合金破壊靭性値データ集：(社)日本鉄鋼協会チタン材料研究会 (1990)．

5・1・12 Ti-6Al-4V合金のミクロ組織形態と疲労強度との関係

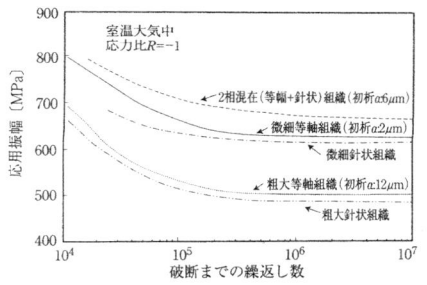

G. Lütjering, A. Gysler：Titanium Science and Technology, Vol.4 (1985), p.2066, Deutsche Gesellshaft fur Metallkunde e.V.

5・1・13 Ti-6Al-4V合金のミクロ組織形態と疲労き裂進展速度との関係

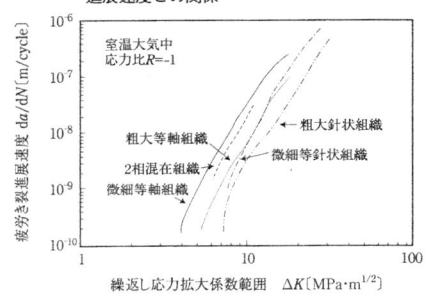

G. Lütjering, A. Gysler：Titanium Science and Technology, Vol.4 (1985), p.2077, Deutsche Gesellshaft fur Metallkunde e.V.

5・2 ジルコニウムおよびジルコニウム合金

5・2・1 原子炉用純ジルコニウムおよびジルコニウム合金の化学組成と機械的性質

種類	記号	化学組成 [mass%]								最小引張強さ [MPa]	最小0.2%耐力 [MPa]	伸び [%]
		Sn	Fe	Cr	Ni	Nb	O	Fe+Cr+Ni	Fe+Cr			
純ジルコニウム	R60001	—	—	—	—	—	—	—	—	296	138	18
ジルカロイ-2	R60802	1.20〜1.70	0.07〜0.20	0.05〜0.15	0.03〜0.08	—	—	0.18〜0.38	—	413	241	14
ジルカロイ-4	R60804	1.20〜1.70	0.18〜0.24	0.07〜0.13	—	—	—	—	0.28〜0.37	413	241	14
Zr-2.5Nb	R60901	—	—	—	—	2.40〜2.80	0.09〜0.13	—	—	448	310	15

ASTM B351：Annual Book of ASTM Standards, Vol.13.01 (1998).

5・2・2 工業用純ジルコニウムおよびジルコニウム合金の化学組成と機械的性質

種類	記号	化学組成 [mass%]									最小引張強さ [MPa]	最小0.2%耐力 [MPa]	伸び [%]
		Zr+Hf (最大含有量)	Hf (最大含有量)	Fe+Cr	Sn	H (最大含有量)	N (最大含有量)	C (最大含有量)	Nb	O (最大含有量)			
702	R60702	99.2	4.5	0.2 (最大含有量)	—	0.005	0.0025	0.05	—	0.16	379	207	16
704	R60704	97.5	4.5	0.2〜0.4	1.5	0.005	0.0025	0.05	—	0.18	413	241	14
705	R60705	95.5	4.5	0.2 (最大含有量)	—	0.005	0.0025	0.05	2.0〜3.0	0.18	552	379	16
706	R60706	95.5	4.5	0.2 (最大含有量)	—	0.005	0.0025	0.05	2.0〜3.0	0.16	510	345	20

ASTM B351：Annual Book of ASTM Standards, Vol.13.01 (1998).

5・2・3 おもなジルコニウム合金

合金 (数字は標準成分量の %)	引張性質 (括弧以外は焼なまし材*の標準値)			類似合金
	引張強さ〔MPa〕	耐力〔MPa〕	伸び〔%〕	
ヨウ化法 Zr	199	83	40.8	
スポンジ Zr	434	258	30	
Zr-3 Sn	380	275	32	Zr-2.5 Sn はジルカロイ (Zircaloy) 1
Zr-7 Sn	522	446	24	
Zr-10 Sn	652	515	19	
Zr-1.5 Al-3 Sn	625	494	20	
Zr-2 Al-3 Sn	707	604	16	
Zr-2 Al-10 Sn	727	590	3	
Zr-3 Al-3 Sn	873	728	10	
Zr-5 Ti-3 Sn	439	323	18	
Zr-5 Ti-10 Sn	804	707	4	
Zr-1.5 Sn-0.12 Fe-0.05 Ni-0.1 Cr	539	392	36	ジルカロイ 2, JIS ZrTN 802 D
Zr-0.25 Sn-0.3 (Fe+Ni+Cr)	436	272	34	ジルカロイ 3
Zr-1.5 Sn-0.2 Fe-0.1 Cr	755	588	23	ジルカロイ 4, JIS ZrTN 804 D
Zr-0.2 Sn-0.1 Fe-0.1 Ni-0.1 Nb	294	147	35	オゼナイト 0.5 (ソ)
Zr-1.0 (Sn+Fe+Ni+Nb)	—	—	—	オゼナイト 1 (ソ)
Zr-1.0 Sn-0.17 Fe-<0.1 Ni-0.12 Cr	—	—	—	ジルカロイ改良合金 (日)
Zr-0.5 Cu-1 Mo	—	—	—	
Zr-4 Cu	—	—	—	
Zr-2.5 Nb	(789**)	(693**)	(16**)	

* ジルコニウム合金の焼なましは普通、純 Zr では 650~750℃, ジルカロイではそれよりやや高い温度 (たとえばジルカロイ 2 で 850℃) でなされる.
** 880℃焼入れ 500℃ 6 時間焼もどし状態.

5・2・4 ジルコニウムの機械的性質におよぼす酸素の効果

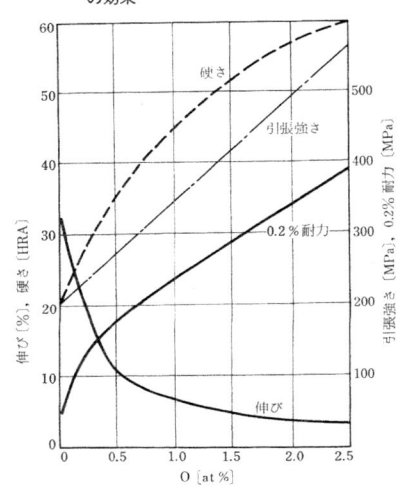

C. O. Smith : *Nucl. React. Mater.* (1967), 133.

5・2・5 25℃および500℃におけるヨウ化法ジルコニウムの耐力におよぼす添加元素の効果

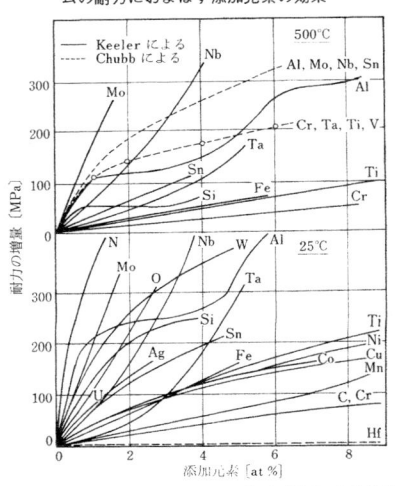

B. Lustman, J. G. Goodwin : Reactor Handbook, Vol. 1, ed. C. R. Tipton, Jr. (1960), p.708.

5・2・6　工業用ジルコニウム合金，(a) 702，(b) 704 および (c) 705 の引張特性と温度との関係

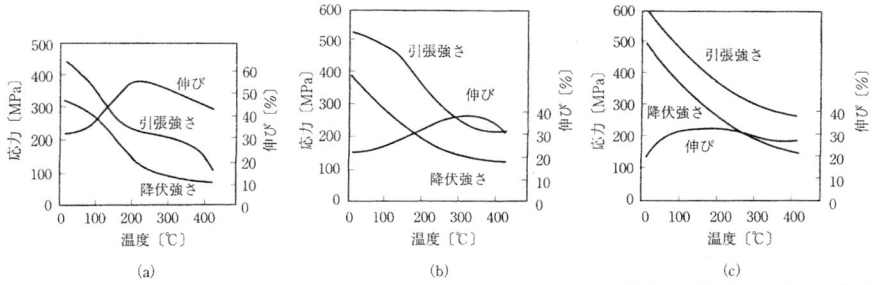

(a)　(b)　(c)

R. T. Webster, T. W. Albany：Zirconium and Hafnium, Metals Handbook, Vol.2, 10th ed., Properties and Selection：Nonferrous Alloys and Special-Purpose Materials (1990), p.667, ASM.

5・2・7　工業用ジルコニウム合金，(a) 702 および (b) 705 のクリープ破断曲線

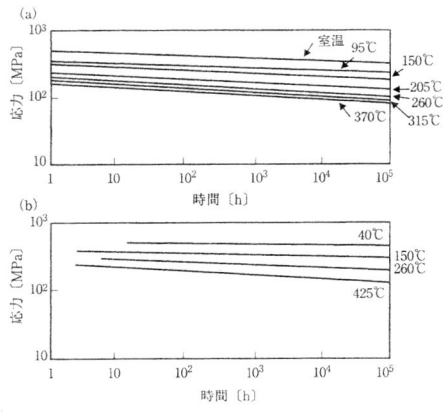

R. T. Webster, T. W. Albany：Zirconium and Hafnium, Metals Handbook, Vol.2, 10th ed., Properties and Selection：Nonferrous Alloys and Special-Purpose Materials (1990), p.668, ASM.

5・2・8　溶体化・時効処理した Zr-2.5% Nb における破壊靭性値におよぼす水素含有量(ppm)および温度の影響 (K_d：動的破壊靭性値，K_c：静的破壊靭性値)

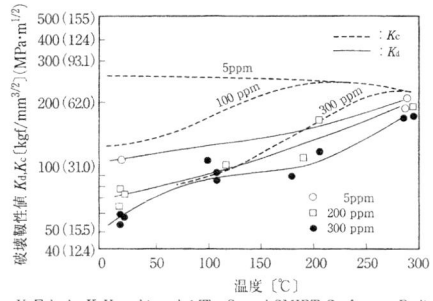

Y. Fukuda, K. Hayashi et al.：The Second SMIRT Conference, Berlin (1973).

5・2・9　702 ジルコニウム合金の曲げ疲労曲線

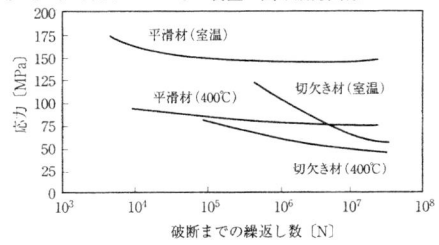

R. T. Webster, T. W. Albany：Zirconium and Hafnium, Metals Handbook, Vol.2, 10th ed., Properties and Selection：Nonferrous Alloys and Special-Purpose Materials (1990), p.669, ASM.

5・2・10　溶体化・時効処理を施した Zr-2.5% Nb の圧力管で圧力(σ_b)サイクル試験を行った場合のき裂進展速度 da/dN と繰返し応力拡大係数範囲 ΔK との関係(σ_b：繰返し圧力)

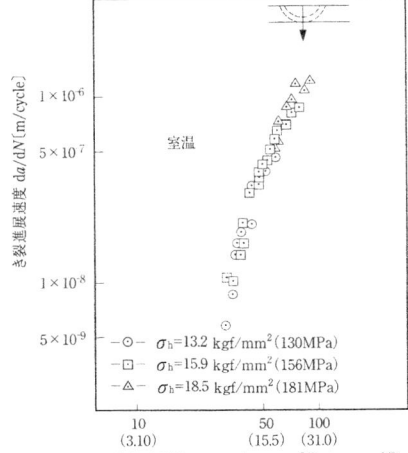

T. Sasada, H. Kimoto：ASTM STP 1132 (1991), 99.

5・2・11 ジルコニウムの均一腐食におよぼす不純物濃度の影響

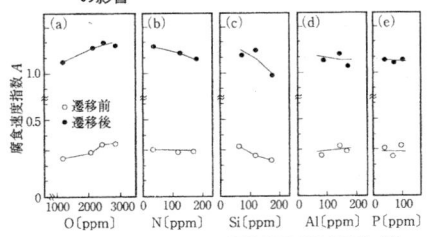

M. Harada, M. Kimpara, K. Abe：ASTM STP 1132 (1991), 368.

5・2・12 ジルコニウムの種々の酸あるいはアルカリに対する腐食速度

酸あるいはアルカリ	濃度 [mass%]	温度 [K]	腐食速度 [mm/y]
酢 酸	0〜99.5	室温から沸点	<0.025
酢 酸	100	433	<0.025
無水酢酸	99	室温から沸点	<0.025
ギ 酸	0〜99	室温から沸点	<0.025
尿素反応装置の混合物	—	466	<0.025
NH₄OH	0〜28	室温から沸点	<0.025
Ca(OH)₂	0〜50	室温から沸点	<0.025
KOH	0〜50	室温から沸点	<0.025
NaOH	0〜40	室温から沸点	<0.025

K. W. Bird：Adv. Mater. Process., 151 (1997), 19.

6 その他の合金

6・1 ニッケルおよびニッケル合金

6・1・1 ニッケル合金の焼なまし条件

合金	高温軟化処理*		低温焼なまし処理**		冷却条件
	温度 [℃]	時間 [min]	温度 [℃]	時間 [h]	
ニッケル	826	3〜6	270〜350	1	急冷または徐冷
ジュラニッケル	930	1〜4	270〜350	1	急冷
Kモネル	1 000	1〜4	270〜350	1	急冷
インコネル	1 060	7〜15	430〜500	1	急冷または徐冷

* 高温軟化処理 (soft annealing treatment) は冷間加工後の硬化を除き、次の加工を容易にさせる。再結晶と結晶成長が起こる。またKモネルのような析出型合金は急冷して固溶体状態とする。
** 低温焼なまし処理 (low annealing treatment) は加工組織には大きな変化はなく、回復のみが行われる。この場合、ニッケルおよびその合金では耐力、引張強さ、硬さなどの上昇がみられる。

6・1・2 各種ニッケル2元合金のキュリー点

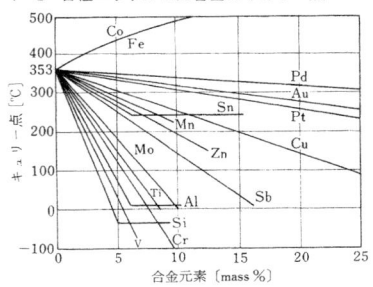

Sn, Al, Si で途中から水平になっているのは2相領域である。
E. M. Wise：Metals Handbook, Vol. 1 (1961), p.1218, ASM.

6・1・3 おもな高ニッケル合金

III 6・4・1 参照。

6・2 貴 金 属

6・2・1 白金への添加元素の効果

a. 最純白金に種々の元素を添加したときの電気抵抗率の増加

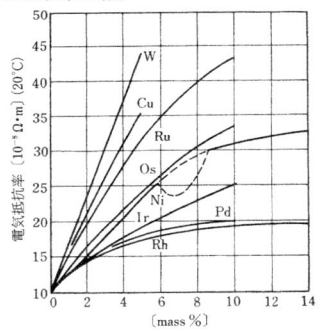

R. E. Vines, E. M. Wise：Platinum Metals and their Alloys (1941).

b. 最純白金に種々の元素を添加した時の硬さの増加

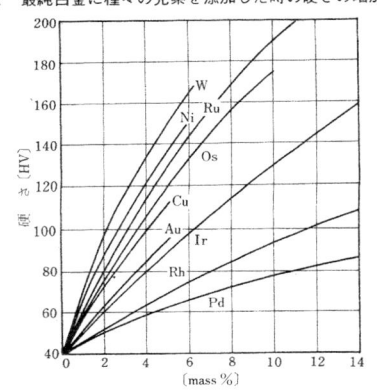

6・2・2 パラジウムへの添加元素の効果

a. 純パラジウムに種々の元素を添加した時の電気抵抗率の増加

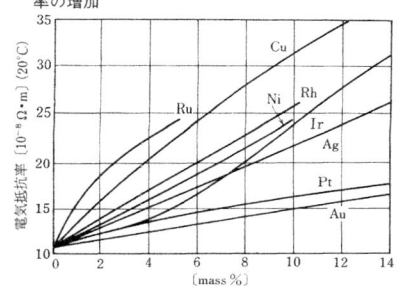

b. 純パラジウムに種々の元素を添加した時の硬さの変化

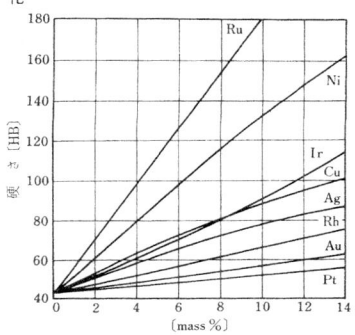

R. F. Vines, E. M. Wise : Platinum Metals and their Alloys (1941).

6・2・3 金への添加元素の効果

a. 金に種々の元素を添加したときの電気抵抗率の増加

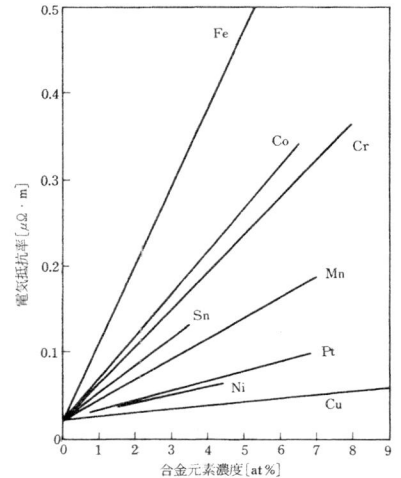

b. 金に種々の元素を添加したときの引張強さの増加

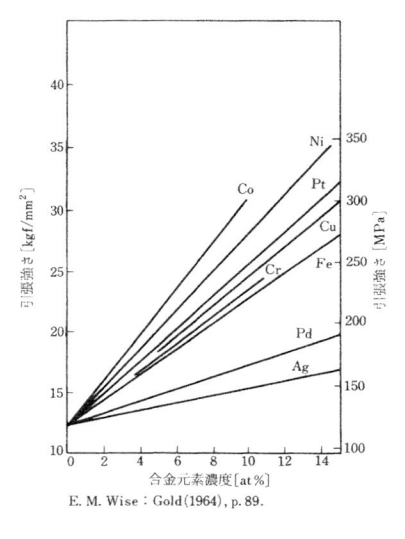

E. M. Wise : Gold(1964), p. 72.

E. M. Wise : Gold(1964), p. 89.

6・2・4 銀への添加元素の効果

a. 銀に種々の元素を添加したときの電気抵抗率の増加

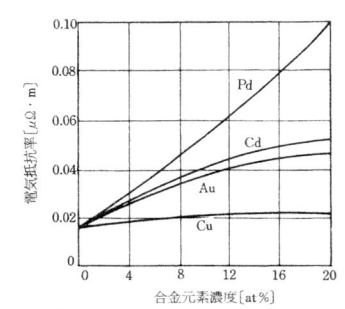

b. 銀に種々の元素を添加したときの硬さの増加

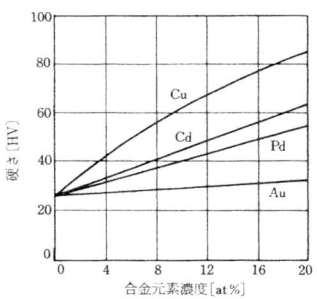

坂本：電子金属材料デザインガイド(1978), 総合電子出版社.

坂本：電子金属材料デザインガイド(1978), 総合電子出版社.

6・2・5 貴金属合金例

a. 金合金

合金	化学成分 [mass%]						引張強さ [MPa]	伸び [%]
	Au	Ag	Cu	Ni	Zn	Mn		
24金*	100	—	—	—	—	—	127	45
18金	75	0~25	0~25	0~16.5	0~5	—	—	—
14金	58.3	0~36	6~32	0~18	0~7	0~6	—	—
ホワイトゴールド18金	75	—	1.6~10	13~17	3~5	0~1	657~726	30~50
〃 14金	58.3	—	10~20	13~17	0~7	0~1	657~726	30~50
ピンクゴールド14金	58.3	3~5	30~32	3~5	0~4	—	412~618	—
〃 12金	50.0	0~4	37~42	4~6	2~5	—	412~618	—
イエローゴールド18金	75	16.7	8.3	—	—	—	—	—
〃 14金	58.3	25.0	16.7	—	—	—	—	—
〃 10金	41.7	33.3	25.0	—	—	—	—	—

* 金合金の品位はカラット (Carat, Karat, Kと略す) であらわし, 24部中に含まれるAuの質量の割合によって示される. たとえば14Kは14/24のAuを含む.

b. 白金合金

合金	引張強さ [MPa]	伸び [%]
白金	147	37
Pt-5%Ru	412	34
Pt-5%Ir	275	—
Pt-10%Ir	382	—
Pt-5%Rh	206	—
Pt-10%Rh	314	35
Pt-4%W	500	25

c. その他

合金	引張強さ [MPa]	伸び [%]
銀	137	50
Ag-60%Pd	353	47
Pd-4.5%Ru	481	25
Pd-4%Ru-1%Rn	451	25

6・2・6 歯科用貴金属合金成分範囲

種類	化学成分 [mass%]									
	Au	Ag	Cu	Pd	Pt	Zn	Al	Ni	Cd	Hg	Sn
鋳造合金の成分範囲	0~93	3~75	2~28	0~25	0~16	0~0.4	—	—	—	—
高カラット金合金	>75	2~15	1~11	0~4	—	0~1	—	—	—	—
低カラット金合金	58.3	9	19.7	—	—	7	—	6	—	—
白金加金(1)	55~65	5~14	10~15	—	6~16	—	—	—	—	—
白金加金(2)	62~80	5~17	7~15	0~8	~10	0~3	—	—	—	—
22金の一例	91.7	5.3	3.0	—	—	—	—	—	—	—
陶材焼付用合金	82~87	1~3	—	2~8	4~12	—	—	—	—	—
Au-Ag-Pd合金	>20	>35	17	>20	—	1	—	—	—	—
Ag-Pd合金	0~10	58~75	0~10	22~25	—	—	—	—	—	—
Ag合金	—	>60	—	—	—	18	—	—	—	17
線材の成分範囲	0~70	0~50	0~21	0~44	0~50	0~2	—	0~3	—	—
金ろうの成分範囲	45~80	3~35	8~22	—	—	—	—	—	—	—
銀ろうの成分範囲	—	20~80	15~45	—	—	3~30	—	—	0~5	—
アマルガム(1)	—	>65	<6	—	—	<2	—	—	—	>3	>25
アマルガム(2)	—	>60	—	—	—	18	—	—	—	—	17

6・3 亜鉛合金, 鉛合金

6・3・1 おもな亜鉛合金ダイカスト

合金	化学成分 [mass%]								機械的性質		類似合金
	Zn	Al	Cu	Mg	Ti	Cr	Mn	Be	引張強さ [MPa]	伸び [%]	
AG40A	残	3.5~4.3	<0.25	0.020~0.05	—	—	—	—	284	10	JIS Z DC2, ASTM UNSZ35520(AG40A), SAE903, Zamak 3, ZAC 1, ZAM 1, Mazak 3, Gomak 3, DINGD-ZnAl 4.
AG41A	残	3.5~4.3	0.75~1.25	0.03~0.08	—	—	—	—	324	7	JIS Z DC1, ASTM UNSZ35530(AG41A), SAE925. Zamak 5, ZAC 2, ZAM 2, Mazak 5, Gomak 5, DIN GD-ZnAl 4Cu 1.
Alloy 7	残	3.5~4.3	<0.25	0.010~0.02	—	—	—	—	284	14	Zamak 7 (Mg 0.005~0.020%, Ni 0.005~0.020%, 他は同じ)
ILZRO12*	残	11.0~13.0	0.5~1.25	0.01~0.03	—	—	—	—	343~363	5~7	
ILZRO14	残	0.01~0.03	1.0~1.5	—	—	—	—	—	226~235	5~6	
ILZRO16	残	0.01~0.04	1.0~1.5	—	0.15~0.25	0.10~0.20	Ti + Cr 0.30~0.40		226~235	5~6	
Beric	残	2~25	1~10	0.01~5	0.01~1.5	—	—	0.02~0.15	294~314	1~5	
高Mn合金	残	—	—	—	—	—	25	—	549~569	4~10	

* ILZRO : International Lead Zinc Research Organizationの略.
日本鉛亜鉛需要研究会編: 亜鉛ハンドブック(1977), 日刊工業新聞社.

6・3・2 おもな鉛合金（はんだ，活字および軸受合金を除く）

種類	化学成分 [mass%]（標準値）					機械的性質*		類似合金
	As	Sb	Sn	Bi	Ca	引張強さ (MPa)	伸び [%]	
ヒ素入り鉛	0.15	—	0.10	0.10	—	17	40	
カルシウム入り鉛	—	—	—	—	0.028	21(31)	40 (25)	
1％硬鉛	—	1	—	—	—	21	50	
4％ 〃	—	4	—	—	—	27(80)	48.3 (6.3)	JIS 硬鉛板 4 種 (HPbP 4)
6％ 〃	—	6	—	—	—	28	47	JIS 硬鉛板 6 種 (HPbP 6)
8％ 〃	—	8	—	—	—	>49	>20	JIS 硬鉛鋳物 8 種 (HPbC 8)
9％ 〃	—	9	—	—	—	51	17	JIS 硬鉛板 8 種 (HPbP 8)
10％ 〃	—	10	—	—	—	>50	>19	JIS 硬鉛鋳物 10 種 (HPbC 10)

* 括弧の前の値は加工後，括弧の内は熱処理後の値を，また範囲は JIS 規格を示す．

6・3・3 活字合金成分例（用途を基準とした）

用途	化学成分 [mass%]（標準値）			相当 JIS 活字合金地金
	Pb	Sb	Sn	
エレクトロタイプ用	94.0	3.0	3.0	—
欧文活版用	70.0	20.0	10.0	1 種 10 号
和文活版用	75.0	17.0	8.0	2 種 8 号
〃	80.0	17.0	3.0	2 種 3 号
鉛版用（輪転機）	79.0	15.0	6.0	3 種 6 号
鉛版用（一般）	81.5	15.0	3.5	3 種 3, 5 号
ライノタイプ用	83.0	13.0	4.0	4 種 4 号
〃	84.0	11.0	5.0	
欄けい用	85.0	13.0	2.0	4 種 2 号
込物用	86.0	13.0	1.0	4 種 1 号

6・4 高融点金属

6・4・1 各種モリブデン 2 元合金の 870℃ における硬さ

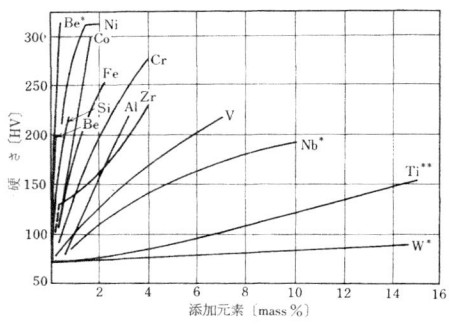

注のあるもの以外は鋳造後 1 315℃ で焼なましを行なった．
* 鋳造のまま，** 1 925℃ で焼なまし
H. Inouye, W. D. Manly : Reactor Handbook, Vol. 1, ed. C. R. Tipton, Jr. (1960), p. 604.

6・4・2 各種バナジウム 2 元合金の硬さ

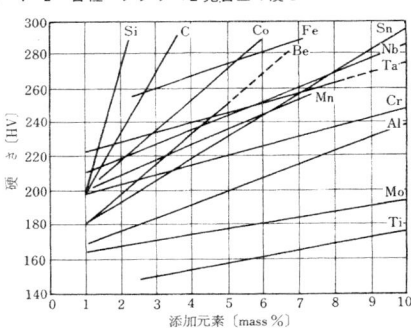

W. Rostoker, D. J. McPherson, M. Hansen : Report WADC-TR-52-145 (1954), Wright Air Development Center.

6・4・3 若干の高融点金属の高温での引張性質

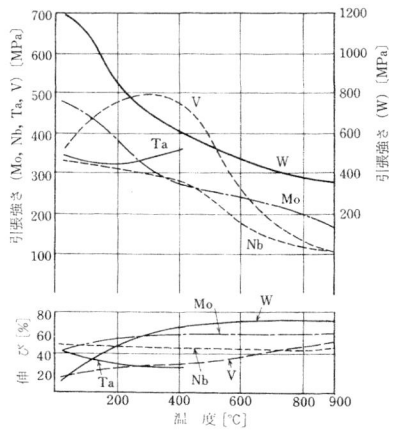

金属	状態
Mo	加工後再結晶させた 0.015 mass％ C を含むアーク融解材
Nb	加工後焼なましたもの
Ta	不明
V	不明
W	加工後再結晶させたが，若干結晶粒が伸びている 0.6 mm 線

6・5 おもな軸受用合金 (主として低融点合金系)

6・5・1 ホワイトメタル系

合金記号	化学成分 [mass%] (標準値)						類似合金
	Sn	Sb	Pb	Cu	Zn	As	
JIS 1種**(WJ1)	残部	6.0	—	4.0	—	—	
〃 2 〃 (WJ2)	残部	9.0	—	5.5	—	—	
〃 2 〃 B(WJ2B)	残部	8.5	—	8.0	—	—	ASTM B23-49-合金3, DIN Lg*Sn 80 F (Sb : 11)
〃 3 〃 (WJ3)	残部	11.5	≦3.0	4.5	—	—	DIN LgSn 80 (Cu : 6)
〃 4 〃 (WJ4)	残部	12.0	14.0	4.0	—	—	
〃 5 〃 (WJ5)	残部	—	—	2.5	28.5	—	
〃 6 〃 (WJ6)	45.0	12.0	残部	2.0	—	—	
〃 7 〃 (WJ7)	12.0	14.0	残部	≦1.0	—	—	
〃 8 〃 (WJ8)	7.0	17.0	残部	≦1.0	—	—	イソダメタル (8 Sn-15 Sb)
〃 9 〃 (WJ9)	6.0	10.0	残部	—	—	—	ASTM B23-49-合金 19, SAE 13
〃 10 〃 (WJ10)	1.0	15.0	残部	0.3	—	1.0	ASTM B23-49-合金 15, SAE15, S バビット
ASTM B23-49-合金 1	残部	4.5	—	4.5	—	—	SAE 10, Sn バビット
〃 〃 合金 2	残部	7.5	—	3.5	—	—	SAE 12, DIN LgSn 89
〃 〃 合金 4	残部	12.0	10.0	3.0	—	—	
〃 〃 合金 5	残部	15.0	18.0	2.0	—	—	
〃 〃 合金 6	20.0	15.0	残部	1.5	—	—	
〃 〃 合金 7	10.0	15.0	残部	—	—	—	SAE 14, DIN LgPbSn 10, DIN LgPbSn 9 Cd (Cd : 0.5, Ni : 0.4, Cu : 10, As : 0.6)
〃 〃 合金 8	5.0	15.0	残部	—	—	—	DIN LgPbSn 5 (Cu : 0.8), DIN LgPbSn 6 Cd (Cd : 0.8, Ni : 0.4, Cu : 1.0, As : 0.6)
〃 〃 合金 10	2.0	15.0	残部	—	—	—	
〃 〃 合金 12	—	10.0	残部	—	—	—	
〃 〃 合金 16	10.0	12.5	残部	—	—	—	
SAE 11 〃	残部	6.8	—	5.8	—	—	
G バビット (Babbitt)	0.75	12.75	残部	—	—	3.0	

* Lg : ドイツ語の Legierung (合金) の略. ** JIS H 5401-1958.
ホワイトメタル (White Metal) とは, Pb, Sb, Bi, Sn, Cd, Zn などを含んだ比較的低融点の一群の白色をした合金を指す.

6・5・2 アルミニウム系

合金名	化学成分 [mass%]						硬さ [HV]
	Al	Sn	Cu	Ni	Si	Mg	
JIS 軸受用 Al 合金鋳物 1種 (AJ1)	残部	12.0	0.75	—	—	—	30~40
〃 2種 (AJ2)	残部	7.5	2.5	—	—	—	45~55
SAE 770 (鋳物)	残部	6.25	1.0	1.0	—	—	
MB 7 (鋳物)	残部	7.0	1.0	1.7	0.6	1.0	
SAE 780 (圧延材)	残部	7.0	1.0	1.6	0.6	1.0	
〃 781 (圧延材)	残部	6.25	1.0	0.5	1.5	—	

6・5・3 銅・鉛合金系

合金名	化学成分 [mass%]						類似合金
	Pb	Ni または Ag	Fe	Sn	その他	Cu	
JIS 軸受用銅鉛合金鋳物 1種 (KJ1)	40	≦2.0	≦0.8	≦1.0	≦1.0	残部	
〃 2種 (KJ2)	35	≦2.0	≦0.8	≦1.0	≦1.0	残部	SAE 480 鋳造および焼結
〃 3種 (KJ3)	30	≦2.0	≦0.8	≦1.0	≦1.0	残部	SAE 48
〃 4種 (KJ4)	25	≦2.0	≦0.8	≦1.0	≦1.0	残部	SAE 49

6・5・4 カドミウム系

合金名	化学成分 [mass%]				
	Cd	Ni	Ag	Cu	Zn
SAE 18	残部	1.3	—	—	0.1
SAE 180	残部	—	0.75	0.6	—

6・5・5 アルカリ硬化鉛系

合金名	化学成分 [mass%]						類似合金
	Ca	Ba	Na	Li	Al	Hg	
フラリーメタル (Frary Metal)	0.75	1.5	—	—	—	0.3	
バーンメタル (Bahn Metal)	0.69	—	0.62	0.04	0.02	—	DIN LgPb

6・5・6 亜鉛系

合金名	化学成分 (mass%)					
	Zn	Cu	Al	Sn	Pb	Fe
イソダメタル (Isoda Metal)	残部	6.0	3.0	—	—	—
ジャーマニヤブロンズ (Germania Bronze (bearing metal))	残部	4.4	—	9.6	4.7	0.8
ホワイトブロンズ (White Bronze)	残部	5.6	—	17.5	0.7	—

ほかに Zamak 3 および 5 合金 (6・3・1) などがある.

6・5・7 焼結含油系

	合金名	化学成分 (mass%)						類似合金
		Cu	Fe	Sn	Pb	C	Zn	その他	
銅系	JIS 1種	残部	—	9.5	—	≦3	—	<0.5	SAE 841
	〃 2種	残部	—	≦11	≦3	≦3	≦5	<0.5	
	SAE 840	残部	—	10	—	≦1.75	—	<0.5	
鉄系	JIS 1種	—	残部	—	—	≦3	—	≦3	SAE 850
	〃 2種	—	残部	—	3〜15	≦3	—	≦3	
	〃 3種	3〜25	残部	—	—	≦3	—	≦3	SAE 862(Cu:7〜11), SAE 863(Cu:20〜25)
	SAE 851	—	残部	—	—	0.43	—	≦3	

以上のほかに鉛青銅系, リン青銅系 (2・3・2a 参照), 銀 (めっき) 系, 鋳鉄系, 焼結炭化物系, 非金属系などがある.

6・6 低融点合金

化学成分 (mass%)					融解区域 [℃]		備考
Bi	Pb	Sn	Cd	その他	開始点	終了点	
44.70	22.60	8.30	5.30	In 19.10	46.7	46.7	共晶
42.34	22.86	11.00	8.46	In 15.34	47.0	48.0	
49.40	18.00	11.60	—	In 21.00	58.0	58.0	
53.50	17.00	19.00	—	In 10.50	60.0	60.0	共晶, アナトミカル合金 (Anatomical Alloy)
42.80	22.80	11.40	8.50	In 14.50	60	68	
45.10	24.00	12.00	9.10	Hg 9.80	64	69	
49.30	26.30	13.20	9.80	Ga 1.40	65	66	
35.60	49.10	—	—	Hg 15.30	55	106	
47.50	25.40	12.60	9.50	Hg 5.00	67	70	
50.00	26.70	13.30	10.00	—	70.0	70.0	共晶, リポウィッツ合金 (Ripowitz's Alloy)
50.00	25.00	12.50	12.50	—	60	72	ウッド合金 (Wood's Alloy)
42.50	37.70	11.30	8.50	—	70	78	
50.00	34.50	9.30	6.20	—	70	78	
35.30	35.10	20.10	9.50	—	70	105	
38.40	30.80	15.40	15.40	—	70	97	
57.10	22.85	11.45	8.60	—	—	73	
52.2	26.0	14.8	7.0	—	—	73.5	
50.0	28.6	14.3	7.1	—	—	74	
27.5	27.5	10.0	34.5	—	—	75	
44.15	23.50	23.50	8.85	—	—	75	
57.50	—	17.30	—	In 25.20	78.8	78.8	共晶
57.65	15.40	15.40	11.55	—	—	82	
52.00	31.70	15.30	1.00	—	83	92	
51.65	40.20	—	8.15	—	91.5	91.5	共晶
50.0	30.0	20.0	—	—	—	92	オニオン合金 (Onion Alloy)
50.0	25.0	25.0	—	—	—	93	ダルセ合金 (D'Arcet's Alloy)
52.0	32.0	16.0	—	—	95	95	
52.5	32.0	15.5	—	—	95	96	
33.6	33.1	19.1	14.3	—	—	93	
48.0	25.63	12.77	9.6	In 4.0	61	65	セローロー147 (Cerrolow 147)

化　学　成　分　〔mass%〕					融解区域 [°C]		備　　考
Bi	Pb	Sn	Cd	その他	開始点	終了点	
42.91	21.70	7.97	5.09	In 18.33 Hg 4.00	38	43	セロロー 105 (Cerrolow 105)
50.0	31.2	18.8	—	—	—	94	ニュートン合金 (Newton's Alloy)
46.12	19.66	34.22	—	—	95	133	マロット合金 (Malotte's Alloy)
56.0	22.0	22.0	—	—	95	104	
59.4	14.8	25.8	—	—	95	114	
57.2	17.0	25.0	—	—	95	109	
50.1	33.3	—	16.6	—	—	95	
40.0	20.0	40.0	—	—	—	100	
50.0	32.2	17.8	—	—	—	100	
50.0	28.0	22.0	—	—	—	100	ローズ合金 (Rose's Alloy)
50.0	12.5	37.5	—	—	—	100	
53.9	—	25.9	20.2	—	102.5	102.5	共晶
39.3	—	33.2	27.5	—	103	103	共晶
50.0	—	25.0	25.0	—	103	114	
40.7	—	27.9	31.4	—	103	138	
36.5	36.5	27.0	—	—	96	119	
33.33	33.34	33.33	—	—	96	143	
54.4	43.6	1.0	1.0	—	104	115	
48.0	28.5	14.5	—	Sb 9.0	103	227	セロマトリックス合金 (Cerromatrix Alloy)
40.0	40.0	20.0	—	—	—	113	
55.0	44.0	1.0	—	—	117	120	
27.6	27.6	10.3	34.5	—	—	120	
55.5	44.5	—	—	—	124	124	共晶
56.2	2.0	40.7	0.7	In 0.4	124	130	
28.5	43.0	28.5	—	—	96	137	
58.0	42.0	—	—	—	—	125	
30.8	38.4	30.8	—	—	—	130	
40.0	40.0	11.5	8.5	—	—	—	セロセーフ合金 (Cerrosafe Alloy)
47.7	33.2	18.8	—	Sb 0.3	—	—	デイ合金
56.0	—	40.0	—	Zn 4.0	130	130	共晶
53.59	42.41	—	—	Sb 4.0	124	158	
5.0	32.0	45.0	18.0	—	132	139	
57.0	—	43.0	—	—	138.5	138.5	共晶
21.0	42.0	37.0	—	—	120	152	
—	30.6	51.2	18.2	—	143	143	共晶
60.0	—	—	40.0	—	144	144	共晶
20.0	40.0	40.0	—	—	—	144	
20.0	50.0	30.0	—	—	130	173	
16.0	36.0	48.0	—	—	140	163	
25.0	50.0	25.0	—	—	—	149	
14.0	43.0	43.0	—	—	143	163	
—	—	—	—	In 100	156.4	156.4	純金属
12.6	47.5	39.9	—	—	145	176	
10.0	40.0	50.0	—	—	120	168	
—	—	73.5	24.5	Zn 2.0	—	163	
11.4	45.6	43.0	—	—	—	165	
12.8	49.0	38.2	—	—	—	172	
—	—	67.75	32.25	—	176	176	共晶
—	38.1	61.9	—	—	183	183	
—	—	91.0	—	Zn 9.0	199	199	共晶
—	—	98.0	—	Mn 2.0	200	200	共晶
—	—	96.5	—	Ag 3.5	221	221	共晶
—	—	100	—	—	232	232	純金属
—	87.5	—	—	Sb 12.5	247	247	共晶
—	82.5	—	17.5	—	248	248	共晶

6・7 金属間化合物

6・7・1 高温構造用材料として有望な金属間化合物

化合物	利点	欠点	結晶構造	注*
(a) 近い時期に利用される可能性があるもの				
Ni_3Al	延性	比重, 融点	$L1_2$	
Co_3Ti	延性	比重, 融点	$L1_2$	日本
Ti_3Al	比重, 高温加工性	耐酸化性, 変態温度	DO_{19}	アメリカ
TiAl	比強度	難加工性	$L1_0$	
FeAl	延性, 価格, 耐酸化性	融点, 比重	B2	アメリカ
NiAl	融点, 耐酸化性	延性	B2	アメリカ
(b) 将来利用される可能性があるもの				
Ni_2TiAl	耐酸化性, 強度	延性	$L2_1$	アメリカ
$TiAl_3$	比重, 耐酸化性	延性	DO_{22}	
VAl_3	比重, 耐酸化性	延性	DO_{22}	日本
$NbAl_3$	融点, 比重	延性	DO_{22}	
$ZrAl_3$	融点, 比重	延性	DO_{23}	
Mo_3Al_8	融点	延性, 耐酸化性		
Nb_3Al	融点	延性, 耐酸化性	A15	
$MoSi_2$	融点	延性	$C11_b$	日本
Ti_5Si_3	比重	延性, 耐酸化性	$D8_8$型	アメリカ
Nb_5Si_3	融点	延性, 耐酸化性	D8型	アメリカ
Nb_2Be_{17}	融点	延性, 耐酸化性		アメリカ
$ZrBe_{13}$	融点	延性, 耐酸化性		アメリカ

* 一つの国でのみ研究が行われている場合に,その国名を注として記した.

辻本得蔵, 竹山雅夫:材料科学, 26(1989), 217.

6・7・2 高温用材料の特性

	Ti合金	Ti_3Al基合金	TiAl基合金	超合金
密度 [Mg/m^3]	4.5	4.15〜4.7	3.76	8.3
常温ヤング率 [GPa]	110〜96	145〜110	176	206
900℃のヤング率 [GPa]	70*	110〜90	140	140〜150
クリープ耐用限 [℃]	538	815	1038	1093
酸化耐用限 [℃]	593	649	1038	1093
室温伸び [%]	〜20	2〜5	1〜3	3〜5
使用温度における伸び [%]	20〜40	5〜8	7〜12	10〜20

* 650℃における値

H. A. Lipsitt : MRS Synposia Proceedings, Vol. 39, High-Temperature Ordered Intermetallic Alloys, ed. C. C. Koch, C. T. Liu, N. S. Stoloff (1985), p. 351, MRS Pittsburgh.

6・7・3 各種の機能（強度特性以外）を示す金属間化合物

分類	機能	記号	材料（〔　〕内は金属間化合物以外）
機械的 (A)	制振	A 1	NiTi, Mg-Mg$_2$Ni(共晶), Cu-Cu$_9$Al$_4$(共析)
	超弾性	A 2	NiTi, Cu$_3$Al(+Ni)
	形状記憶	A 3	NiTi, AuCd, CuZn, Fe$_3$Pt, 〔Mn-Cu合金〕
熱的 (B)	蓄熱（顕熱，潜熱，反応）	B 1	〔Na〕, 〔ジフェニルエーテル〕, 〔LiH〕, 〔NaOH〕, 〔MgOH$_2$〕
	発熱（電熱等）	B 2	MoSi$_2$, 〔SiC〕
	断熱	B 3	〔各種無機物〕
	赤外線放射	B 4	〔SiC〕, 〔ZrO+SiO$_2$〕
化学的・生体的 (C)	イオン選択透過	C 1	〔各種イオン交換樹脂〕
	気体選択透過	C 2	〔各種高分子膜〕
	抗血栓（生体適合）	C 3	〔シリコンゴムなど〕
	生体内分解	C 4	〔コラーゲン, ポリアミノ酸有機物〕
	触媒	C 5	CdSe(水素化), PdSi(アモルファス), 〔その他無機系等無数〕
	吸水	C 6	〔樹脂, パルプなど〕
	水素貯蔵	C 7	LaNi$_5$, FeTi, CeNi$_5$, Mg$_2$Ni
	人工骨，関節，歯科用	C 8	NiTi, Ag$_3$Sn(+Hg), Ag$_3$Sn(+Cu+Hg)
	ガス吸, 脱着(C 7 以外)	C 9	〔活性炭〕, 〔ゼオライト〕
	液体選択	C 10	〔アルコール濃縮腹〕
電気・電子的 (D)	光電変換（光による超電力）	D 1	CdTe, InSb, 〔CdS〕, 〔PbS〕, GaAs, AlAs, CdSe, 〔Si〕, CuInSe$_2$
	焦電（温度変化による分極）	D 2	〔LiTaO$_3$〕, 〔BaTiO$_3$〕, 〔ポリフッ化ビニリデン〕
	熱電変換	D 3	FeSi$_2$, CrSi$_2$, PbTe, Bi$_2$Te$_3$
	圧電変換	D 4	〔BaTiO$_3$〕, 〔CdS〕, 〔LiTaO$_3$〕, 〔PbTiO$_3$-PbZrO$_3$〕
	熱電子放射	D 5	〔BaO〕, 〔(Ba, Sr, Ca)O〕, 〔LaB$_6$〕, 〔TiC〕
	導電, 耐アーク（接点）	D 6	〔Au-Ag合金〕, 〔Ag-W合金〕
	超伝導	D 7	〔Nb-Ti合金〕, Nb$_3$Sn, V$_3$Ga, Nb$_3$Ge, 〔酸化物系〕
	温度呼応抵抗変化（サーミスター）	D 8	(As$_2$Se$_3$)$_{0.8}$(Sb$_2$Te$_3$)$_{0.2}$(アモルファス), 〔MnO-CoO〕, 〔ZnO〕
	応力呼応抵抗変化	D 9	〔Si〕, PbTe, InSb, 〔Pt〕
	電気化学（電池用）	D 10	カルコゲン化合物, 〔黒鉛〕
	〃（燃料電池用）	D 11	〔黒鉛〕, 〔SiC〕
	〃（固体電解質）	D 12	〔ZrO$_2$〕, 〔β-アルミナ〕, 〔Li$_3$N〕, 〔RbAg$_4$I$_5$〕
	半導性（IC等計算機用）	D 13	〔Si〕, GaAs(耐放射線用候補), 〔SiC〕(同左)
	絶縁伝熱性	D 14	〔ダイヤモンド〕, 〔SiC〕, 〔AlN〕
磁気的 (E)	高透磁率	E 1	〔パーマロイ, Ni-Fe系〕, 〔Fe-Si-Al, センダスト〕, 〔Fe-B等アモルファス〕
	磁性流体	E 2	〔Fe$_3$O$_4$+溶媒〕, 〔NiO・Fe$_2$O$_3$(ニッケルフェライト)+溶媒〕
	磁気バルブ	E 3	〔Y$_{2.6}$Sm$_{0.4}$Fe$_5$O$_{12}$(ガーネット)〕, GdCo(アモルファス)
	永久磁石	E 4	アルニコ(FeCo+NiAl)他, 〔MnO・Fe$_2$O$_3$等のフェライト〕, FmCo$_5$
	ホール効果	E 5	〔Si〕, 〔Ge〕, InAs, InSb, GaAs
	磁性半導体（磁場で抵抗変化）	E 6	EuTe, CdCr$_2$Se$_4$, 〔EuS〕
光学的 (F)	ルミネックス（蛍光, リン光, LEO）	F 1	〔ZnS〕, 〔CaWO$_4$〕, CuAl+In$_2$O$_3$, ZnSe, GaAlAs系
	レーザー発振	F 2	AlGaAs系, AlGaAsSb系, InGaAsP系, 〔YAG〕
	感光	F 3	〔ハロゲン化銀〕, 〔フォトレジスト〕, 〔アモルファス Si(レーザー用)〕, As$_2$Se$_3$ (レーザー用)
	フォトクロミック（可逆変化）	F 4	〔オルソニトロベンジル〕, 〔CaF$_2$〕, 〔Zr含有ガラス〕
	透光, 導光（光ファイバー）	F 5	〔石英〕, 〔多成分ガラス〕, カルコゲンガラス(As-Seなど)
	光選択透過	F 6	〔Cd$_2$SnO$_4$〕, 〔In$_2$O$_3$〕
	偏光機能	F 7	〔NaNO$_3$〕, 〔TrO$_3$〕, 〔方向性高分子膜〕
	光電子放出	F 8	GaAs, Sb+Cs(金属間化合物と思われる)
	2次電子放出	F 9	〔Cu-Be系〕, Sb+Cs(金属間化合物と思われる), GaAs(+Cs)
	光導電	F 10	〔CdS〕, CdSe, InSb, GaAs, 〔PbO〕
	光磁気記録	F 11	MnBi, MnAlGe, 〔EuO〕, CdCo(アモルファス), 〔ガーネット類〕
	音響光学	F 12	〔PbMoO$_4$〕, 〔TeO$_2$〕, 〔カルコゲナイド系ガラス〕
	フォトケミカルホールバーニング	F 13	〔ポルフィリン〕, 〔テトラジン〕
	光選択吸収	F 14	〔SiO/Ge/Al膜〕, 〔PbS/Al膜〕, CdTe／Al膜
	エレクトロクロミック	F 15	〔アルカリハライド〕, 〔BaTiO$_3$〕, 〔WO$_3$〕, 〔TiO$_2$〕
放射線関連 (G)	放射線シンチレーション	G 1	〔ZnS(+Ag)〕, 〔NaI(+Tl)〕, Li$_2$O を含むガラス〕
	中性子減速	G 2	〔黒鉛〕, 〔Be〕, 〔酸化ベリリウム〕
	中性子吸収	G 3	〔B〕, 〔Hf〕, 〔Ag+30%Cd〕
	耐放射線	G 4	〔オーステナイト鋼〕, 〔V合金〕, 〔銅合金〕

注1) 分類は主として新素材便覧(1988), 通産資料調査会による.
2) 対応する金属間化合物の記載がない場合も，さらに調査すれば存在する可能性がある.
3) 研究段階のものも含む.
4) 固溶範囲のものも，単純な原子比だけで示してある(例えば Cu$_3$Al).
5) D 13 はトランジスターなどの素子として用いられる半導体に限る.
6) F 1, F 2 の AlGaAs系などは Al$_x$Ga$_{1-x}$As の意.
7) Se, Te などを含む化合物も金属間化合物とした.

山崎道夫：未来を拓く構造用金属間化合物(1989), p.84, 素形材センター.

7 金属複合材料

 複合材料は，賦形されて始めて特性も与えられる材料である．したがってその特性とくに構造に敏感な強さなどの特性は，繊維の体積含有率，配向度合，製造方法によって左右されることが多い．また開発途上の材料も多く，特性を限定できないのが現状である．この章ではあえて特性値を平均値等で表さず範囲を示すことにした．
 開発ないし研究に携わる方は，このデータの上限値を上げることを目標としていただきたい．また製造に携わっている方はバラツキを減らすことに力を注いでいただきたい．バラツキを減らすことによってデータは恐らく上限値に近くまで収束してくれるはずである．機械設計者は信頼性を考慮してこのデータを扱っていただきたい．
 なおこれらのデータは主として次の文献1)～3)をまとめた．

1) 日本複合材料学会編：複合材料ハンドブック(1989)，日刊工業新聞社．
2) 牧 廣編：次世代複合材料技術ハンドブック(1990)，日本規格協会．
3) 新素材試験評価調査委員会・繊維強化金属WG：文献抄録(1986)，日本鉄鋼協会．

7・1 補強用繊維

7・1・1 各種代表的補強用繊維の常温特性

	種 類		密度 $[Mg/m^3]$	直径 $[\mu m]$	引張強さ $[GPa]$	引張弾性率 $[GPa]$	伸び $[\%]$	線膨張率 $[10^{-6}/K]$	熱伝導率 $[W/m \cdot K]$
連続繊維	ガラス	Eガラス	2.54～2.59	8～10	1.03～3.78	54.9～68.7	4.8	5.0	1.04
		Sガラス	2.46～2.49	8～13	4.59～4.66	84.3～86.8	5.5	2.3～2.8	1.05
		耐アルカリガラス	2.7	13～20	1.37～3.43	68.7～76.5	3.6	4.1	
	金属	W	19.4	10	3.98	405	—	4.3	201
		Mo	10.2	25	2.2	353	—	4.9	146.3
		炭素鋼	7.74	13	4.12	200	2～5	11～13	50
		ステンレス鋼	7.93	10	0.49	193		17～18	16.3
	複合体	B(B/W)	2.31～2.57	100～200	3.4～3.51	378～400	—	8.0	31
		SiC(SiC/C)	3.30～3.44	142	2.4～3.4	351～365	—	4.9	
	燃成体	PAN系カーボン HT	1.75～1.82	7～8	3.53～7.06	230～300	1.5～2.4	1～0	—
		MM	1.91	5～7	2.45～4.04	392～490	0.5～1.0	—	—
		ピッチ系カーボン GP	1.57～1.65	8	0.59～0.79	30～33	2.0～2.4	2～4	5.8～11.6
		HT	1.9～2.10	10	2.25～2.60	245～294	1.0	—	—
		HM	1.9～2.2	8～10	1.30～2.40	400～827	0.3～0.9	-0.9～-1.4	110～375
		SiC(CP)	2.3～2.55	10～15	2.45～2.94	167～196		3.1	
		α-Al$_2$O$_3$	3.9	20	2.0	382	—	—	—
		〃	—	11	1.7	137	—	—	—
		γ-Al$_2$O$_3$	3.25	17	1.8	206	—	—	—
	有機繊維	アラミド	1.39～1.45	12	2.74～3.04	60～80	3.3～4.4	—	—
			1.45	12	2.79～3.14	126～131	2.0～2.4	—	—
			1.48	12	2.4	165		—	—
		ナイロン	1.15	—	0.68～0.98	5.9～9.8	16～22	—	—
		ポリエチレン	0.96	—	1.5～3.4	59～98	4～6	—	—
不連続繊維	ウィスカー	δ-Al$_2$O$_3$	3.4	3	0.98	98	—	—	—
		β-SiC	3.18	0.1～3	2.06	481	—	—	—
		グラフォイト	1.66	1～3	20.6	700	—	—	—
		ポリオキシメチレン	—	0.1～0.3	—	98	—	—	—
		チタン酸カリウム	3.58	0.3	6.86	206	—	—	—

7・1・2 金属繊維の特性例

	密度 $[Mg/m^3]$	直径 $[\mu m]$	引張弾性率 $[GPa]$	引張強さ $[GPa]$	線膨張率 $[10^{-6}/K]$	熱伝導率 $[W/m \cdot K]$	融点 $[K]$
W	19.6	13	407	4.02	4.3	201	3673
Mo	10.2	25	329	2.16	4.9	146.3	2895
炭素鋼	7.74	13	196	4.12	11～13	50	1673
ピアノ線	7.8	80	199	3.43	12	50	1673
SUS 304	7.8	80	196	0.52	17～18	16.3	1673
Be	1.84	127	245	1.27	12	180	1553
Ti	4.51	—	132	1.67	9.0	15	2073
Al	2.8	—	69	0.60	24.0	209.4	993
Mg	1.74	—	41	0.37	25	157.4	923
アモルファス(Fe-Si-B)	7.3	125	118	3.34	8.7	—	—
アモルファス(Al-Y-Ni)	—	—	71	1.14	—	—	—

7・1・3 ボロンおよびシリコンカーバイド繊維(太径)の特性

		密度 [Mg/m³]	直径 [μm]	引張弾性率 [GPa]	引張強さ [GPa]	線膨張率 [10⁻⁶/K]	熱伝導率 [W/m・K]
ボロン	B on W	2.56	102	378〜400	3.24〜3.6	—	—
	B on W*	2.48	142	400	3.24〜3.6	8	31
	B on W	2.45	203	378〜400	3.31〜3.5	—	—
	B on C	2.29	102	345〜358	3.10	—	—
	B on C	2.29	142	345〜358	3.10	—	—
	B on C	2.29	203	345〜358	3.17	—	—
SiC被覆ボロン	B on W	2.32	107	378〜400	3.24	—	—
	B on W	2.32	147	378〜400	3.24	—	—
	B on C	2.31	107	351〜365	3.17	—	—
	B on C	2.31	147	351〜365	3.12	—	—
シリコン カーバイド	SiC on W	3.46	102	434〜448	2.76	—	—
	SiC on W	3.46	142	422〜448	2.76〜4.46	—	—
	SiC on C	3.44	102	351〜365	2.41	—	—
	SiC on C	3.44	142	351〜365	2.41	4.9	—
	SiC on C*	3.10	142	402〜412	3.78〜4.12	2.7	—

* AVCOカタログより

7・1・4 カーボン繊維の特性例

		密度 [Mg/m³]	直径 [μm]	引張弾性率 [GPa]	引張強さ [GPa]	線膨張率 [10⁻⁶/K]	熱伝導率 [W/m・K]	備考
カーボン繊維	PAN系	1.74	8	220〜230	2.45〜3.53	0〜1	—	HT
		1.79	7	230〜240	3.50〜4.02	-0.1〜0.2	17.4	HJ
		1.80	7	300	〜5.59	—	—	HM
		1.85〜1.9	6	400〜500	2.16〜2.5	-0.5	116	HM
	ピッチ系	1.6	12〜18	30〜33	0.5〜0.8	2〜4	5.8〜11.6	GP
		2.0	10	300	2.35〜2.60	-1.2	70〜128	
		2.17	10	500	2.75〜2.94	—	—	
		2.16	10	600〜700	3.2〜3.3	-1.4	174〜375	

7・1・5 SiCおよびAl₂O₃系繊維(細径)の特性

		密度 [Mg/m³]	直径 [μm]	引張弾性率 [GPa]	引張強さ [GPa]	線膨張率 [10⁻⁶/K]	熱伝導率 [W/m・K]
炭化ケイ素繊維	SiC系	2.55	14	196	2.94	3.1	—
		2.20	14	177	2.94	—	—
		2.4〜2.6	14	186	2.94	1〜2	12
	Si-Ti-C	2.3〜2.5	10〜15	120	2.5	—	—
アルミナ繊維	α-Al₂O₃	3.95	20	382	1.37	—	—
	α-Al₂O₃	3.6	10	324	1.77	—	—
	γ-Al₂O₃	3.3	10	210	1.77	8.8	—
	γ-Al₂O₃	3.05	10〜12	190	2.0	—	—
	δ-Al₂O₃	3.1	10	160	1.6	—	—

7・2 金属基複合材料

7・2・1 一方向強化金属の特性例

繊維		B		SiC$_{CVD}$		カーボン		α-Al₂O₃	γ-Al₂O₃	SiC$_{PC}$	SiC$_{(w)}$
						HT	Al				
マトリックス		Al	Ti	Al	Ti	Al	Al	Al	Al	Al	Al
体積含有率 V_f [%]		48〜50	50	48	48	50	67	50〜55	50	35	20
引張弾性率 [GPa]	0°	210〜240	241〜248	207	214	185	264〜270	220〜234	150	100〜107	103〜131
	90°	130〜145	179〜200	134	165	—	—	138〜152	110	—	—
引張強さ [GPa]	0°	1.45〜1.69	1.24〜1.31	1.81	1.58〜1.86	0.93	1.42〜1.53	0.53〜0.55	0.86	0.80〜0.90	0.4〜0.6
	90°	0.14〜0.21	0.45〜0.52	0.09	0.30〜0.05	—	—	0.17〜0.20	0.10	0.07〜0.08	—
伸び [%]	0°	0.4〜0.7	—	—	—	—	—	—	—	—	1.5〜2.0
引張疲れ強さ [10⁶GPa]	0°	0.87〜1.03	—	—	—	—	—	0.4〜0.5	0.4	—	—
曲げ弾性率 [GPa]	0°	—	—	—	—	—	225	—	135	—	—
曲げ強さ [GPa]	0°	1.58〜2.00	—	—	—	—	1.37	—	1.10	1.00〜1.10	—
	90°	—	—	—	—	—	0.04	—	0.18	—	—
曲げ疲れ強さ	0°	—	—	—	—	—	—	—	0.30	0.40	—
圧縮弾性率 [GPa]	0°	—	—	—	—	—	—	—	140	—	—
圧縮強さ [GPa]	0°	2.96〜3.83	—	—	—	—	2.07	—	1.47	—	—
	90°	—	—	—	—	—	0.34〜0.38	—	0.18	—	—
せん断弾性率 [GPa]		39.7〜61.0	—	—	—	—	—	48	35	—	34〜41
せん断強さ [GPa]		0.11〜0.34	—	—	—	—	—	—	—	—	—
ポアッソン比		—	—	—	—	—	0.244	0.33	0.118	—	0.33
熱伝導率 [W/m・K]	0°	—	—	—	—	—	—	—	105	—	—
	90°	—	—	—	—	—	—	—	75.3	—	—
熱膨張係数 [10⁻⁶/K]	0°	—	—	—	—	—	0.2	7.2	7.6	—	—
	90°	—	—	—	—	—	18.0	20.0	14.0	—	—
備考		—	—	—	—	—	—	FP	住化	ニカロン	—

7・2・2 ボロン繊維強化一方向材の力学特性（常温）

繊維	マトリックス	体積含有率 V_f 〔%〕	密度 〔Mg/m³〕	熱処理または製法	0°方向 引張弾性率 〔GPa〕	0°方向 引張強さ 〔MPa〕	0°方向 伸び 〔%〕	90°方向 引張弾性率 〔GPa〕	90°方向 引張強さ 〔MPa〕	90°方向 伸び 〔%〕	0°方向の熱膨張率 〔10⁻⁶/K〕
B (102μm)	Al-1100	48	—	—	207	1510～1550	—	145	140～120	—	—
(142μm)	Al-1100	50	—	—	214	1490	0.72	136	133	0.57	—
(203μm)	Al-1100	50	—	—	208～234	1410～1550	0.61	110～168	119～163	0.04～0.94	—
(142μm)	Al-6061	50	—	T6	232～235	1653～1685	—	151～153	182～183	—	—
(102μm)	Al-7075	30	—	T6	—	1100	1.0	—	193	0.45	—
(102μm)	Ti	50	—	—	241～248	1241～1310	—	179～200	455～517	—	—

7・2・3 シリコンカーバイド（SiC$_{(CVD)}$）繊維強化一方向材の力学特性（常温）

繊維	マトリックス	体積含有率 V_f 〔%〕	密度 〔Mg/m³〕	熱処理または製法	0°方向 引張弾性率 〔GPa〕	0°方向 引張強さ 〔MPa〕	0°方向 伸び 〔%〕	90°方向 引張弾性率 〔GPa〕	90°方向 引張強さ 〔MPa〕	90°方向 伸び 〔%〕	0°方向の熱膨張率 〔10⁻⁶/K〕
SiC$_{(CVD)}$	Al-1100	50	—	—	207	1810	—	134	90	—	—
	Al-6061	40	—	—	210	1500	—	—	—	—	—
		50	—	—	215～238	1592～1848	—	—	—	—	—
SCS-2	Al-8Cr-1Fe	48	2.87	（プレス）	215～228	1794～1865	—	127～130	39～72	—	—
	Al-4Ti	48	2.88	（プレス）	233～288	1688～1840	0.86	117～146	41～70	—	—
SiC$_{(CVD)}$	Ti	35	—	—	186	1690	—	—	—	—	—
		40	—	—	198	1570	—	—	—	—	—
SCS-6	Ti-6Al-4V	49～51	3.73	（プレス）	230～249	1593～2235	—	107～140	—	—	—
	Ti-15V-3Cr -Al-3Sn	35	4.14	（プレス）	187～194	1817～2044	—	130～138	410～601	—	—
	Ti-15Mo -5Zr-3Al	47	4.27	（HIP）	205～221	1817～2081	—	120～125	413～495	—	—
SiC$_{(CVD)}$	Mg	46	—	—	209	1520	—	—	—	—	—
SiC$_{(CVD)}$	Cu	33	—	—	202	960	—	—	—	—	—

7・2・4 カーボン繊維強化一方向材の力学特性（常温）

繊維	マトリックス	体積含有率 V_f 〔%〕	密度 〔Mg/m³〕	熱処理または製法	0°方向 引張弾性率 〔GPa〕	0°方向 引張強さ 〔MPa〕	0°方向 伸び 〔%〕	90°方向 引張弾性率 〔GPa〕	90°方向 引張強さ 〔MPa〕	90°方向 伸び 〔%〕	0°方向の熱膨張率 〔10⁻⁶/K〕
NLM-200	Al-1050	40	2.7	（プレス）	97～101	943～1027	—	—	—	—	—
	-1050	42	2.64	（ロール）	88～108	937～1030	—	—	—	—	—
M40J	Al-1080	44	2.28	（プレス）	162～171	996～1151	—	33～73	20～45	—	—
	〃	44	2.30	（ロール）	163～189	900～1156	0.56～0.67	30	12～19	0.045～0.08	—
	〃	41～49	2.17	（HIP）	153～189	991～1190	0.51～0.68	25～35	11～18	—	—
	〃	44	2.29	（レーザーロール）	143～161	603～722	0.56～1.0	—	4.15～13.2	—	—
M40	Al-1100	35	—	—	100～107	800～900	—	—	—	—	—
	-5056	47	2.3	—	176～200	850～1140	—	—	—	—	—
	-6061	67	2.1	—	264～270	1421～1539	—	—	—	—	—
	Al-Si	70	2.1	—	245	1420	—	—	—	—	0.2
HM40	Al-4032	40	2.24	（HIP）	137～207	896～1075	0.46～0.54	65～73	18～27	—	—
UHM	Al-4032	56	2.31	（HIP）	333～437	814～1072	0.19～0.27	19～23	22～56	—	—
T300	Mg	70	1.7	—	147	1470	—	—	—	—	1.8

7・2・5 炭化ケイ素系（SiC$_{PC}$）繊維強化一方向材の力学特性（常温）

繊維	マトリックス	体積含有率 V_f 〔%〕	密度 〔Mg/m³〕	熱処理または製法	0°方向 引張弾性率 〔GPa〕	0°方向 引張強さ 〔MPa〕	0°方向 伸び 〔%〕	90°方向 引張弾性率 〔GPa〕	90°方向 引張強さ 〔MPa〕	90°方向 伸び 〔%〕	0°方向の熱膨張率 〔10⁻⁶/K〕
NL202	Al-1050	37	2.70	（プレス）	117～122	697～860	0.95	100～112	77～130	—	—
	〃	39	2.66	（プレス）	85～98	862～961	1.11～1.16	91～107	73～100	—	—
	〃	40	2.64	（プレス）	96～120	759～1023	—	—	—	—	—
	〃	40	2.69	（ロール）	99～126	914～1015	1.12～1.23	71～110	85～103	—	—
	〃	33.7	2.65	（レーザーロール）	95～102	563～709	0.97～1.2	—	12.8～14.8	—	—
	Al-5.7Ni	40	2.71	—	121～134	810～990	—	—	—	—	—
NL232	Al-1050	50	2.63	（プレス）	107～132	1043～1445	—	—	—	—	—
	Al-5.7Ni	50	2.68	（プレス）	130～145	1196～1460	—	—	—	—	—
SiC$_{(PC)}$	Al	35	2.6	—	98～108	785～883	—	—	—	—	3.2

7・2・6 アルミナ繊維強化一方向材の力学特性（常温）

繊維	マトリックス	体積含有率 V_f [%]	密度 [Mg/m³]	熱処理または製法	0°方向 引張弾性率 [GPa]	0°方向 引張強さ [MPa]	0°方向 伸び [%]	90°方向 引張弾性率 [GPa]	90°方向 引張強さ [MPa]	90°方向 伸び [%]	0°方向の熱膨張率 [10⁻⁶/K]
$\alpha\text{-}Al_2O_3$	Al	50〜55	3.25	—	220〜234	486〜551	—	138〜152	172〜207	—	—
	Mg	50〜55	2.8	—	207〜220	482〜551	—	103〜110	110	—	—
	Pb	40〜45	6.7〜7.0	—	179〜193	448〜517	—	110	98	—	—

7・2・7 β-SiC ウィスカー強化アルミニウム合金の力学特性（常温，主として押出材）

繊維	マトリックス	体積含有率 V_f [%]	密度 [Mg/m³]	熱処理または製法	0°方向 引張弾性率 [GPa]	0°方向 引張強さ [MPa]	0°方向 伸び [%]	90°方向 引張弾性率 [GPa]	90°方向 引張強さ [MPa]	90°方向 伸び [%]	0°方向の熱膨張率 [10⁻⁶/K]
$\beta\text{-}SiC_{(w)}$	1100	15	—	—	93	245	—	—	—	—	—
		20	—	—	100	450	—	—	—	—	—
		30	—	—	110	600	—	—	—	—	—
	1103	22.8	—	T 4	141	571	—	—	—	—	—
		22.8	—	T 6	139	633	—	—	—	—	—
	1105	20.9	—	T 4	133	515	—	—	—	—	—
		20.9	—	T 6	139	551	—	—	—	—	—
	2014	25	—	T 6	115	537	2.0	—	—	—	—
	2024	15	—	T 4	90〜96	400〜434	1〜2	—	—	—	—
		15	—	T 6	—	573	1.0	—	—	—	—
		15	—	—	89〜101	378〜443	0.11〜2.0	—	—	—	—
		20	—	T 4	96〜117	455〜532	1〜2.4	4	550	1.8	—
		20	—	T 6	—	750	5	—	—	—	—
		20	—	—	96〜117	453〜522	1〜2	—	—	—	—
		21	—	—	98	500	—	—	—	—	—
		25	—	T 4	117〜152	551〜641	1〜2	—	—	—	—
	4032	15	—	—	100	410	—	—	—	—	—
		20	—	—	120	440	—	—	—	—	—
		24	—	—	125	450	—	—	—	—	—
	5056	15	—	—	90〜122	352〜396	〜1.7	—	—	—	—
$\beta\text{-}SiC_{(w)}$	6003	20.1	—	T 4	146	544	—	—	—	—	—
		20.1	—	T 6	150	—	—	—	—	—	—
	6005	25.1	—	T 4	149	—	—	—	—	—	—
	6061	10	—	—	103〜138	310〜345	—	—	—	—	—
		15	—	—	91〜96	306〜379	—	—	—	—	—
		16	—	—	104	500	—	—	—	—	—
		15	—	T 6	90	350	—	—	—	—	—
		20	—	T 6	103	465〜580	〜5	—	—	—	11
		25	—	T 6	120	480	—	—	—	—	—
	7075	30	—	T 6	161〜183	615〜856	0.47	—	—	—	—
	7075+Zn	25	—	T 6	143〜152	847〜893	—	—	—	—	—
		30	—	T 6	159〜170	592〜887	0.2〜0.4	—	—	—	—
		25	—	(HIP)	137〜159	930〜1050	0.1〜1.0	98〜119	715〜765	1.0〜2.5	—
	MR 727	—	—	T 6	—	882	1.0	—	—	—	—
	S 12 A	15	—	—	107	294	0.57	—	—	—	15
	AC 4 C	14	—	—	98	294	2.4	—	—	—	16〜21
	AC 8 A	17.7	—	—	100	335	—	—	—	—	14.5

8 各種性質

8・1 各種一般用金属材料の特性

材料	質別	引張強さ [MPa]	耐力 [MPa]	伸び [%]	せん断力 [MPa]	弾性率 [GPa]	比重	融点 [°C]	銅を100%とした電気伝導率	熱伝導率 [W/K·m]	熱膨張係数 [10^{-6} K^{-1}]
純銅	硬質	343	309	6	192	117	8.90	1 065~1 083	100	389	16.8
〃	熱間圧延材	220	69	45	158	117	8.90	1 065~1 083	100	389	16.8
65/35 黄銅	硬質	522	309	7	295	103	8.46	904~935	26	121	18.4
〃	軟質	343	124	60	227	103	8.46	904~935	26	121	18.4
5%Sn 青銅	硬質	556	515	10	—	110	8.86	954~1 049	18	79.5	17.8
〃	軟質	323	130	64	—	110	8.86	954~1 049	18	79.5	17.8
モネル	硬質	755	686	8	597	178	8.80	1 299~1 349	3.6	25.1	14.0
〃	軟質	549	240	40	316	178	8.80	1 299~1 349	3.6	25.1	14.0
1100 アルミニウム	H 18	166	152	5	89	68	2.71	616~652	57	218	23.6
7075 アルミニウム合金	T 6	572	503	11	338	71	2.80	476~638	30	121	23.6
純鉄	板	350	213	21	288	192	7.65	1 535	16	71.1	26.7
鋼	熱間圧延材	412	261	30	309	192	7.85	—	12	58.6	11.7
ステンレス鋼	軟質	618	275	55	460	199	7.90	1 427~1 471	2.4	16.7	17.3
〃	硬質	1 030	858	15	769	199	7.90	1 427~1 471	2.1	16.7	17.3
チタン	99.7	343	216	40	(490)	117	4.51	1 820	3.6	16.7	8.4
ジルコニウム	スポンジZr	434	258	30	359	88	6.51	1 750	3.8	12.6	5
亜鉛	ダイカスト	275	178	5	213	—	6.64	419	27	113	27.4
マグネシウム合金 AZ31	F 材	216	108	7	140	44.6	1.80	510~621	13	79.5	25.9

8・2 各種合金のクリープラプチャー強さ

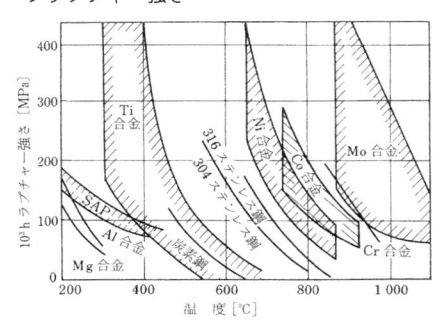

304 および 316 ステンレス鋼の主成分はそれぞれ Fe-9%Ni-19%Cr および Fe-12%Ni-17%Cr-2.5%Mo.
SAP とは焼結 Al 粉末材, すなわち Al 粉を押出し成形したもの.

8・3 種々の金属のクリープの活性化エネルギー

金属	ΔH [kJ/mol]	金属	ΔH [kJ/mol]	金属	ΔH [kJ/mol]	金属	ΔH [kJ/mol]
Be (99.7%)	272	Ti (99.6%)	251	Nb (99.8%)	314	Sn (99.94%)	88
Mg (99.93%)	130	Fe (99.93%)	326	Mo	502	Pt (99.98%)	234
Al (99.99%)	142~151	Ni (99.5%)	272	Mo-0.34%Nb	502	Au	209
Al-1.6%Mg	151	Cu	184	Mo-0.87%V	502	Pb (99.9998%)	79
Al-0.1%Cu	151	Cu-45%Ni	175	Cd (99.96%)	92	Pb (99.92%)	96
Al-1.1%Cu	151	Zn (99.99%)	109	In (99.86%)	69		

J. E. Dorn : *J. Mech. Phys. Solids*, **3** (1954), 85 より抜粋, 求め方および実験者は省略.

8・4 低温での性質

8・4・1 軽合金 (Al, Mg, Ti 合金) の低温における伸び

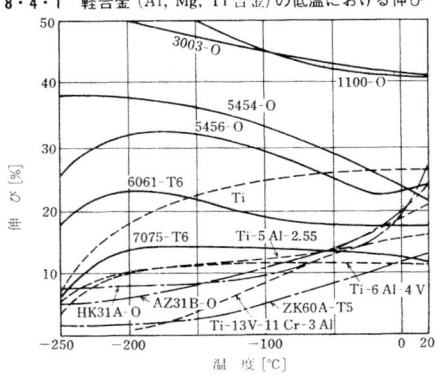

1100-O, 3003-O, 5454-O, 5456-O, 6061-T6, 7075-T6 は Al 合金で，その成分，質別記号などについては，3・2・2, 3・2・5 参照。
HK31A-O, AZ31B-O, ZK60A-T5 は Mg 合金で，その成分，質別記号などについては 4・2・1, 4・2・2, 3・2・5 参照。

8・4・2 銅およびニッケル合金の低温における伸び

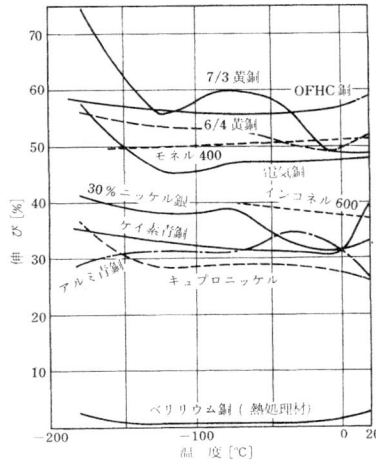

ベリリウム銅以外は焼なまし材。

8・5 若干の合金における析出物

合金	母体の結晶構造*	析出物	析出物の形	母体の析出面または方向	方位関係 (添字のない記号は母体の面および方向を示す)
Al-Ag	f c c	G.P.→γ'→γ (Ag$_2$Al) (γ' および γ は h c p*)	G.P.: 球状, γ': 板状または棒状	G.P.: {100} θ': {100}	(111) // (0001) γ' または γ [1$\bar{1}$0] // [11$\bar{2}$0] γ' または γ {100} // {100} θ' または θ
Al-Cu	f c c	G.P.→θ''→θ'→θ (CuAl$_2$)	C.P. および θ': 板状		
Al-Mg	f c c	β'→β (Mg$_2$Al$_3$)	β': 棒状	<110>	
Al-Si	f c c	Si	球状→板状	{100}, {112}, {111}	
Al-Zn	f c c	G.P.→α'→Zn	G.P.: 球状, α': 板状	α': {111}	
Al-Cu-Mg	f c c	G.P.B.→S" (G.P.B[2])	G.P.B.: 棒状または球状, S": 球状？	G.P.B. {100}	
Al-Mg-Si	f c c	G.P.→規則 G.P.→β'→β (Mg$_2$Si)	G.P.: 棒状	G.P. <100>	[100] // [100] β' [100] // [011] β'
Al-Zn-Mg	f c c	G.P.→規則 G.P.→η'→η (MgZn$_2$) →T((AlZn)$_{49}$Mg$_{32}$) (η' は h c p)			(111) // (0001) η' [1$\bar{1}$0] // [11$\bar{2}$0] η'
Cu-Be	f c c	G.P.	板状	{100}	
Cu-Co	f c c	G.P.	球状		
Cu-Ti	f c c	γ'**	板状	{100}	
Cu-Ni-Fe	f c c	共役固溶体	周期構造	{100}	
Cu-Ni-Co	f c c	共役固溶体	周期構造	{100}	
Cu-Al$_2$O$_3$	f c c	Al$_2$O$_3$	三角板状	{111}	
Cu-BeO	f c c	BeO	三角板状	{111}	
Cu-SiO$_2$	f c c	SiO$_2$	球状		
Fe-C	b c c	ε 炭化物→Fe$_3$C	ε: 板状	ε: {100} Fe$_3$C: {110} <111>	
Fe-Cu	b c c	G.P.	球状		
Fe-Mo	b c c	G.P.	板状	{100}	
Fe-N	b c c	α'' (Fe$_{16}$N$_2$)→γ' (Fe$_4$N)	α'': 板状	α'': {100}	
Ni-Al	f c c	γ' (Ni$_3$Al)	板状	{100}	
Ni-Si	f c c	γ'**	立方体	各面 // {100}	
Ni-Ti	f c c	γ'**		{100}	
Ni-Cr-Ti	f c c	γ'**	立方体	各面 // {100}	
Ni-Cr-Al	f c c	γ'**	立方体	各面 // {100}	

* f c c は面心立方, b c c は体心立方, h c p は最密六方格子をあらわす。
** これらの合金における析出物は Ni-Al 合金での γ' (Ni$_3$Al) と同じ形態である。

A. Kelly, R. B. Nicholson : *Prog. Mater. Sci.*, **10** (1963), 149.

V 電気磁気機能材料

1 電気材料

1・1 導電材料

1・1・1 銅および銅合金

名 称	組 成 〔％〕	引張強さ 〔MPa〕	伸 び 〔％〕	導電率 〔％IACS〕	ヤング率 〔GPa〕	用 途
軟 銅	タフピッチ銅 または無酸素銅	245～251	34.5～40.5	100.6～101.7	117	各種導体材料
硬 銅	〃	453～483	1～1.6	99.1～99.35	117	架空送配電線
Cu-Cr 合金	0.7% Cr	519	14	83	130	耐熱性導体材料
Cu-Zr 合金	0.15% Zr	461	10	90	130	〃
Cu-Ag 合金	0.2% Ag	441	2	96	117	〃
Cu Ti 合金	4.3% Ti	1 137	4	10	127	導電用ばね材
Cu-Be 合金	2.0% Be-0.3% Co	1 310～1 590	1～3	22～25	127	〃
黄 銅	3.0% Zn	784	2	28	110	導電用構造材

1・1・2 アルミニウムおよびアルミニウム合金[1]

名 称	合 金 系	引張強さ 〔MPa〕	伸 び 〔％〕	導電率 〔％IACS〕	許容温度 (連続)〔℃〕	用 途
軟アルミ	ECAl	59～98	10	61	90	電力, 通信ケーブル巻線
半硬アルミ	〃	98～167	10	61	90	
硬アルミ[2]	〃	173	1.7	61	90	架空送配電線
高力アルミ合金	Al-Mg-Si Al-Fe 等	245	1.7	55～58	90	架空送配電線, 地線
イ号アルミ線[3]	Al-Mg-Si	309	4	53	90	〃
耐熱アルミ合金[4]	Al-Zr	172	1.7	60	150	架空送電線
超耐熱アルミ合金	Al-Zr+X	〃	〃	57	200	〃
高導電性超耐熱 アルミ合金	Al Zr + X′	〃	〃	60	200	〃
特別耐熱アルミ合金	Al-Zr+X″	〃	〃	58	230	〃
高力耐熱アルミ合金[5]	Al-Zr+X‴	245	2	55～58	150	〃
A 1060[6]	Al 99.6%	69	10	61	90	母線
A 6101-T6[6]	Al-Mg-Si	196	10	56	90	〃
A 6061-T6[6]	Al-Mg Si	265	10	39	90	パイプ母線
A 6063 T6[6]	〃	206	8	51	90	〃

1) 線径 $\phi 3.2$ mm の規格値を代表として示した (ただし, 母線用材料は t 6.0 mm).
2) JEC 130 による. (JEC : Standard of th Japanese Electrical Committee)
3) JEC 74 による.
4) JEC 194 による.
5) JCS 363 による. (JCS : Japanese Cable Makers Association Standard)
6) JIS H 4180-1990 による.

1・1・3 架空送配電線用鋼線[1]

名 称	引張強さ 〔MPa〕	伸 び 〔％〕	ねじり回数 〔回〕	導電率 〔％IACS〕	めっき付着量 〔g/m²〕	標準 Al 厚さ 〔mm〕	用 途
亜鉛めっき鋼線[2]	1 270	4.5	16	—	245	—	} 鋼心アルミより線
特別強力亜鉛めっき鋼線[3]	1 760	4.5	16	—	245	—	
超強力亜鉛めっき鋼線[3]	1 960	4.0	20	—	230	—	低損失電線
アルミめっき鋼線[3]	1 200	4.0	14	—	105	—	鋼心アルミより線
アルミ覆鋼線 14 AC	1 570	1.5	20	14	—	0.11	
20 AC	1 320	1.5	16	20.3	—	0.21	
23 AC／130	1 270	1.5	16	23	—	0.26	鋼心アルミより線
23 AC／125	1 220	1.5	16	23	—	0.26	架空地線
27 AC	1 080	1.5	16	27	—	0.33	
30 AC	880	1.5	16	30	—	0.39	
35 AC	690	1.5	16	35	—	0.54	
40 AC	690	1.5	16	40	—	0.61	
アルミ覆インバー線[3]	980	1.5	20	13.8	—	0.18	アルミ覆インバー心 特別耐熱アルミ合金 より線
亜鉛めっきインバー線[3]	1 080	1.5	16	—	245	—	亜鉛めっきインバー心 超耐熱アルミ合金よ り線

1) 線径 $\phi 3.2$ mm の規格値を代表として示した (ただし, 超強力亜鉛めっき鋼線は $\phi 2.8$ mm, アルミ覆インバー線は $\phi 3.4$ mm).
2) JEC 130, JEC 197, JEC 74 による.
3) 電気設備技術基準による.

1・1・4 薄膜材料の電気抵抗

金属	純度 [mass%]	比抵抗 [$10^8\Omega\cdot m$]	膜厚 [nm]	基板*	形成法	真空度 [Pa]**
Al	99.999	2.9～3.5	500	SiO_2	SP	10^{-5}
Ag	99.99	1.9～2.0	500	G	EB, R	10^{-4}
Au	99.99	2.4～2.7	500	G	EB, R, SP	10^{-4}
Cu	99.99	1.8～2.2	500	G	EB, R	10^{-3}～10^{-4}
Fe	99.99	20～35	100～500	G	SP	10^{-4}
In	99.9999	9.8	400	G	R	10^{-5}
Mo	99.99<	5.7～8.5	2～3x10^3	SiO_2	EB, SP	10^{-5}
Mo	99.9	50～70	80～145	SiO_2	EB	10^{-4}
Nb	99.9	25～30	300	G	EB	10^{-4}
Ni	99.999	5～10	100～200	G	EB	10^{-4}
Ti	99.9	55～60	200～300	G	EB	10^{-4}
Pd	99.9	12	100	G	EB	10^{-6}
W	99.9	30～35	100	G	EB	10^{-4}
W	99.999<	11～15	300	SiO_2	SP	10^{-6}
W	WF_6	～8	300	SiO_2	CVD	10^{-6}
Zr	99.9	70～90	300	G	EB	10^{-4}
Al–1 mass% Si		3.0～3.1	500	SiO_2	SP	10^{-5}
Al–1 mass% Si –0.5 mass% Cu		3.2～3.3	500	SiO_2	SP	10^{-5}

形成法,真空度,基板温度,膜厚,原料の純度などに大きく依存する.本データは実験に備えられている標準的な装置で作製したものである.
R:抵抗蒸着, EB:電子ビーム蒸着, SP:スパッタ, CVD:化学蒸着
* Gは硬質ガラス
** R, EB では蒸着時真空度, SP, CVD では到達真空度

1・1・5 マイクロボンディングワイヤ[1]

金属	線径 [μm]	抵抗 [Ω] (at 1 mm)	溶断電流 [A]	破断荷重 [N]	伸び [%]	用途・備考
Au (99.99%)	20	0.73	0.53	0.029～0.078	2～6	熱圧着, 超音波接合 トランジスタ, IC, LSI
	25	0.47	0.70	0.064～0.113	2～6	
	30	0.33	0.92	0.103～0.152	2～9	
Al (99.999%)	100	3.49×10^{-3}	—	0.49～0.78(S)	10～30	超音波接合 パワートランジスタ 整流器
	300	0.382×10^{-3}	—	3.92～5.88(S)		
	500	～0.138×10^{-3}	—	11.4～15.6(S)		
Al–1% Si	30	0.04	—	0.21～0.23(H) 0.17～0.19(SR)	0.5～4.5	超音波接合 IC, LSI
	50	0.016	—	0.47～0.53(SR)	0.5～6	
	80	0.006	—	1.28～1.47(SR)	0.5～6	

S:soft, H:hard, SR:stress relieved
1) 田中電子工業資料ほか.

1・1・6 マイクロエレクトロニクス用はんだ

合金組成 [mass%]	融点 [℃]	用途・備考
Au–12 Ge	～356	
Pb–2 Ag–2 Sn	309～312	
Pb–2.5 Ag–5 In	300	チップボンディング用
Pb–5 Sn	310～314	
Sn–37 Pb	183	
Sn–3.5 Ag–0.7 Cu	217～219	鉛フリーはんだ
Sn–9 Zn	199	(フリップチップ接合等)

1・1・7 リードフレーム材料[1]

成分系	種類	標準組成 [mass%]	引張強さ [MN/m²]	伸び [%]	弾性係数 [MN/m²]	熱伝導度 (室温) [W/m・K]	熱膨張係数 (20〜300℃) [10⁻⁶/K]	導電率 [%]	半軟化温度 [℃]	備考
鉄合金系	鉄-ニッケル系	42Ni-Fe	500〜600	—	1.5×10^5	14.7	4.0〜4.7(30〜300℃) 7.5〜8.5(30〜500℃)	3	650	
	鉄-ニッケル-クロム系	42Ni-6Cr-Fe	550	30	—	12.2	8.5〜9.2(30〜350℃) 9.7〜10.4(30〜425℃)	—	—	
	鉄-ニッケル-コバルト系	29Ni-17Co-Fe	500〜600	—	1.5×10^5	16.4	4.6〜5.2(30〜400℃) 5.1〜5.5(30〜450℃)	3.5	650	コバール
銅合金系	ジルコニウム入り銅	0.18Zr-Cu	470	10	—	—	17.5	90	480	C150
	鉄入り銅	0.1Fe-Cu	410	4	—	—	17.2	90	400	
		2.3Fe-0.12Zn-Cu	450	5	1.2×10^5	265	16.3	65	475	C194
		1.55Fe-0.55Sn-0.85Co-0.1P-Cu	540	3	1.4×10^5	197	16.9	50	450	C195
	スズ入り銅	0.7Sn-Cu	410	6	—	—	17.6	60	325	C501
		1.25Sn-Cu	450	6	1.2×10^5	181	17.8	38	400	C505
	丹銅	10Zn-Cu	420	5	—	—	18.2	44	400	C2200*
		15Zn-Cu	420	8	—	—	18.6	37	400	C2300*
	リン青銅	2Sn-0.15P-Cu	520	3	1.3×10^5	168	17.8	30	400	C507
		4Sn-0.2P-Cu	590	5	—	—	17.9	20	400	C509
		6Sn-0.2P-Cu	640	10	—	—	18.0	18	400	
		8Sn-0.2P-Cu	690	10	—	—	18.2	13	400	
クラッド材系	アルミクラッド材	Al/42Ni-Fe	500〜600	—	1.5×10^5	—	4.0〜4.7(30〜300℃) 6.7〜7.4(30〜450℃)	3〜4	—	
	銀ろうクラッド材	Ag-Cu/42Ni-Fe	500〜600	—	1.5×10^5	—	—	3〜4	—	

* JIS H 3100
1) 古河電工時報 (1980), 103 ほか.

1・2 抵抗および電熱材料

1・2・1 精密抵抗材料：電気抵抗用銅マンガンの成分と特性**

種類・等級		記号	化学成分〔mass%〕			体積抵抗率およびその許容差〔$\mu\Omega\cdot m$〕	温度係数				電気抵抗安定度〔%〕	対銅平均熱起電力〔$\mu V/K$〕
			Mn	Ni	Cu+Mn+Ni		適用温度範囲〔℃〕	測定点の温度〔℃〕	一次温度係数 α_{23}〔$10^{-6}/K$〕	二次温度係数 β〔$10^{-6}/K^2$〕		
線	AA級	CMWAA	10.0〜13.0	1.0〜4.0	98.0以上	0.440±0.030	5〜45		−4〜+8	−0.7〜0	0.10以下	2以下
	A級	CMWA						13±2	−10〜+20	−1.0〜0		
	B級	CMWB						23±2	−20〜+40	−1.0〜0		
	C級	CMWC						33±2	−40〜+80	−1.0〜0		
棒	−	CMB						43±2	−40〜+80*	−1.0〜0*	0.10*以下	2*以下
板	−	CMP										

* 参考値とする．
** JIS C 2522-1999 規格値を示した．

1・2・2 精密抵抗材料：電気抵抗用銅ニッケルの成分と特性**

種類・等級		記号	化学成分〔mass%〕			体積抵抗率およびその許容差〔$\mu\Omega\cdot m$〕	測定点の温度〔℃〕	温度係数			機械的性質	
			Ni	Mn	Cu+Ni+Mn			一次温度係数 α_{23}〔$10^{-6}/K$〕	二次温度係数 β〔$10^{-6}/K^2$〕	平均温度係数 α〔$10^{-6}/K$〕	引張強さ〔MPa〕	伸び〔%〕
線	AA級	CNWAA	42.0〜48.0	0.5〜2.5	99.0以上	0.490±0.030	23±2	−10〜+10	−1.5〜0	−	410〜540	25以上
							38±2					
							53±2					
	A級	CNWA						−	−	−20〜+20		
	B級	CNWB						−	−	−40〜+40		
帯	−	CNRW					53±2					
条	−	CNR						−	−	−80〜+80*		
板	−	CNP										

* 参考値とする．
** JIS C 2521-1999 規格値による．

1・2・3 精密抵抗材料：ニッケルクロムアルミニウム合金精密抵抗材料の特性*

成分〔mass%〕	級別	体積抵抗率〔$\mu\Omega\cdot m$〕	温度範囲〔℃〕	抵抗温度係数〔$10^{-6}/K$〕	対銅熱起電力〔$\mu V/K$〕
Cr 20	1 a		−65〜250	±20以下	3以下
Al 3	1 b	1.33	−65〜150	±10以下	3以下
Fe, Si, Mn, (Cu)少量					
Ni 残	1 c		−65〜150	±5以下	3以下

* 級別および特性は ASTM B 267 による．

1・2・4 一般用抵抗材料：種類，成分と特性*

合金系	合金の記号	化学成分 [mass%]							体積抵抗率およびその許容差 [$\mu\Omega\cdot m$] (20℃)	平均温度係数 [10^{-3}/K] (20〜100℃)	最高使用温度 [℃]	対銅熱起電力 [μV/K] (0〜100℃)	特性(参考)			
		C	Si	Mn	Ni	Cr	Al	Fe	その他					特色	はんだ付け性，ろう接性	加工性	使用上注意すべき点
鉄クロム	GFC 142	0.10以下	1.5以下	1.0以下		23〜26	4〜6	残部	−	1.42±0.06	100	400	− 4				成形加工後および低温におけるぜい化に留意すること
	GFC 123	0.10以下	1.5以下	1.0以下	−	17〜21	2〜4	残部	−	1.23±0.06	150	400	− 3	高強度	困難	やや困難	
	GFC 111	0.10以下	1.5以下	1.0以下	−	13〜17	2〜3	残部	−	1.11±0.06	300	400	− 2				
ニッケルクロム	GNC 112	0.15以下	0.75〜1.6	1.5以上	57	15〜18	−	残部		1.12±0.05	150	500	+ 1				還元性雰囲気中の使用は避けること
	GNC 108	0.15以下	0.75〜1.6	2.5以上	77	19〜21	−	1.0以下		1.08±0.05	50	500	+ 5	強じん性および耐食性良好	やや困難	良好	
	GNC 101	0.15以下	1.0〜3.0	1.5以上	34〜37	18〜21	−	残部		1.01±0.05	400	500	− 2				
	GNC 69		1.0以下	1.5以下		9.0〜10.5	−		Ni+Cr+Si 99.0以上	0.690±0.030	350	500	+20.5				
鉄ニッケルクロム	GSU 72	0.08以下	1.0以下	2.0以下	8.0〜10.5	18〜20	−	残部		0.720±0.030	1 200	300	− 4	耐食性良好	やや困難		成形加工による加工硬化に注意すること
銅マンガンニッケル	GCM 44	−	−	10.0〜13.0	1.0〜4.0	−	−	−	Cu+Mn+Ni 98.0以上	0.440±0.030	± 50	150	± 2	耐食，耐酸化性劣る	良好	良好	防食被覆が必要である.
銅ニッケル	GCN 49			0.5〜2.5	42.0〜48.0	−	−			0.490±0.030	± 80	400	−41	耐食性やや良	良好	良好	−
	GCN 30			1.5以下	20.0〜25.0					0.300±0.024	200	300	−32				
	GCN 15			1.0以下	8.0〜12.0				Cu+Ni+Mn 99.0以上	0.150±0.015	500	250	−25	電気用銅材より耐食性良好	良好	良好	
	GCN 10			1.0以下	4.0〜7.0					0.100±0.012	700	220	−18				
	GCN 5			1.0以下	0.5〜3.0					0.050±0.005	1 500	200	−13				
高ニッケル	GNA 28		2.5以下	2.5以下			3.0以下		Ni+Al+Si+Mn 98.5以上	0.280±0.025	2 200	500	−20.5	耐食性良好	やや困難	良好	
	GN 9.6	0.05以下	0.2以下	0.10〜0.50	99.0	−	−	0.20以下		0.0960±0.0150	4 500	500	−22		良好		

* JIS C 2532-1999 規格による

1・2・5 電熱材料：電熱用ニッケルクロムおよび鉄クロムの種類，成分および特性*

種類	記号	化学成分 [mass%]							体積抵抗率 [$\mu\Omega\cdot m$] (23℃)	寿命値		伸び [%]
		Ni	Cr	Al	C	Si	Mn	Fe		試験方法	回	
電熱用ニッケルクロム1種	NCHW 1	77以上	19〜21	−	0.15以下	0.75〜1.6	2.5以下	1.0以下	1.08±0.05	I 法 1 200℃	300以上	20以上
電熱用ニッケルクロム2種	NCHW 2	57以上	15〜18	−	0.15以下	0.75〜1.6	1.5以下	残部	1.12±0.05	I 法 1 200℃	200以上	20以上
電熱用ニッケルクロム3種	NCHW 3	34〜37	18〜21	−	0.15以下	1.0〜3.0	1.0以下	残部	1.01±0.05	I 法 1 200℃	100以上	20以上
電熱用鉄クロム1種	FCHW 1	−	23〜26	4〜6	0.10以下	1.5以下	1.0以下	残部	1.42±0.06	U 法 1 300℃	100以上	10以上
電熱用鉄クロム2種	FCHW 2	−	17〜21	2〜4	0.10以下	1.5以下	1.0以下	残部	1.23±0.06	U 法 1 300℃	70以上	10以上

* JIS C 2520-1999 規格による．

1・2・6 特殊用途用抵抗材料：高温度係数材料

a. 白金，ニッケルおよび銅の電気的特性

種類	体積抵抗率 [$\mu\Omega\cdot m$]	抵抗温度係数 [10^{-3}/K]
白金	0.106	3.916
ニッケル	0.078〜0.082	6.0〜6.5
銅	0.0172	4.3

b. 鉄ニッケル抵抗材料

合金成分	体積抵抗率 [$\mu\Omega\cdot m$]	抵抗温度係数 [10^{-3}/K]
ニッケル36%-鉄合金	0.71〜0.77	2.0以上
ニッケル50%-鉄合金	0.35〜0.41	4.0以上
ニッケル70%-鉄合金	0.18〜0.22	4.0以上

家田他編：電気・電子材料ハンドブック (1987)，p.619，朝倉書店．

1・2・7 ひずみ計用抵抗材料：抵抗ひずみ計用材料の特性

材質	ひずみ感度 K	体積抵抗率 $[\mu\Omega\cdot m]$	抵抗温度係数 $[10^{-6}/K]$	対銅熱起電力 $[\mu V/K]$
銅マンガン合金	0.7〜2.0	0.44	±10	+2
銅ニッケル合金	2.0〜2.2	0.49	±20	−40
ニッケルクロム合金	2.0〜2.2	1.07	70	4
ニッケルクロムアルミニウム合金	2.0〜2.3	1.33	±10	±3

家田他編：電気・電子材料ハンドブック (1987), p. 619, 朝倉書店.

1・3 電子放出材料

1・3・1 金属の仕事関数 (ϕ)，熱電子放出定数 (A_e) と陰極の Figure of Merit (ϕ/T_e)

I - III 族	ϕ [eV]	$\phi/T_e \times 10^3$	IV - VI 族	ϕ [eV]	A_e	$\phi/T_e \times 10^3$	VII - VIII 族	ϕ [eV]	A_e	$\phi/T_e \times 10^3$
Li	2.4	3.2	Ti	3.9	—	2.4	Re	4.7	700	1.8
K	2.2	6.1	Zr	4.1	—	1.9	Fe	4.5	26	3.4
Cs	1.9	5.9	Hf	3.5	14	1.6	Co	4.4	41	3.1
Cu	4.6	4.4	Th	3.4	70	1.8	Ni	4.6	30	3.5
Ag	4.5	4.5	Ta	4.1	37	1.5	Os	4.7	—	1.8
Au	4.9	4.1	Mo	4.2	55	1.9	Ir	5.3	63	2.2
Al	4.2	3.6	W	4.5	70	1.6	Pt	5.3	32	2.8
Ba	2.5	3.8	Nb	4.2	—	1.7				
Sr	2.1	3.4								

T_e：蒸気圧が 1.3×10^{-3} Pa となる温度
D. A. Wright：Proc. I. E. E., Part II, **100** (1953), 125.

1・3・2 単原子層陰極および酸化物陰極の熱電子放出定数 (A_e) と仕事関数 (ϕ)

単原子層-基体金属	A_e $(10^4$ A/m²・K$)$	ϕ [eV]
Zr-W	5.2	3.14
Th-W	4.98	2.63
Th-W$_2$C	0.97	2.18
Cs-W	—	1.4〜1.7
Ba-W	1.5	1.63〜
Cs-O-W	—	1.13
Ba-O-W	0.18	1.34
Ba-Ni	—	1.25〜
BaSrO$_2$	—	1.0〜1.7

学振132委編：電子イオンビームハンドブック (1973), p. 25, 日刊工業新聞社.

1・3・3 炭化物，ホウ化物陰極の仕事関数 (ϕ) と融点 (T_m)

陰極	ϕ [eV]	T_m [℃]	陰極	ϕ [eV]	T_m [℃]	陰極	ϕ [eV]	T_m [℃]
CaB$_6$	2.9	2235	NdB$_6$	3.3	—	NbC	3.8	3600
SrB$_6$	2.7	2235	SmB$_6$	4.4	—	MoC	3.8	2600
BaB$_6$	3.5	2270	EuB$_6$	4.3	—	HfC	3.4	3928
LaB$_6$	2.8	2210	TiC	3.5	3067	TaC	3.8	3983
CeB$_6$	3.0	2190	VC	3.8	2648	WC	3.7	2776
PrB$_6$	3.4		ZrC	3.4	3420			

大島忠平：応用物理, **50** (1981) および岡野 寛, 二本正昭, 細木茂行, 川辺 潮：真空, **20** (1977), 127.

1・3・4 アルカリ金属の極大感度波長と限界波長

	Cs	Rb	K	Na	Li
極大感度波長 [10^{-10} m]	4 800～5 500	4 600～4 800	4 200～4 400	3 400～4 200	2 800～4 050
限 界 波 長 [10^{-10} m]	7 400～6 600	6 800～5 700	7 000～5 500	6 400～5 000	5 800～5 400

1・4 測 温 材 料

1・4・1 熱電対線の JIS 規格 (JIS C 1602：1995)

種 類*	階 級 [級]	線 径 [mm]	最高使用限度 常 用 [°C]	最高使用限度 過熱使用 [°C]	温度検出許容差
B	0.5	0.5	1 500	1 700	±4°C (600～800°C) 測定温度の0.5% (800°C～常用限度)
R (PR) S	0.25	0.5	1 400	1 600	±1.5°C (0～600°C) 測定温度の0.25% (600～1 600°C)
K (CA)	0.4 および 0.75	0.65 1.00 1.60 2.30 3.20	650 750 850 900 1 000	850 950 1 050 1 100 1 200	0.4級, ±1.5°C (−40°C～+375°C) 測定温度の0.4% (375°C～1 000°C) 0.75級, ±2.5°C (−40°C～+333°C) 測定温度の0.75% (333°C～1 200°C)
J (IC)	0.4 および 0.75	0.65 1.00 1.60 2.30 3.20	400 450 500 550 600	500 550 650 750 750	0.4級, ±1.5°C (−40°C～+375°C) 測定温度の0.4% (370°C～750°C) 0.75級, ±2.5°C (−40°C～+333°C) 測定温度の0.75% (333°C～1 200°C)
T (CC)	0.75	0.32 0.65 1.00 1.60	200 200 250 300	250 250 300 350	±1.0°C (−40°C～+133°C) 測定温度の0.75% (133°C～350°C)
E (CRC)	0.75	0.65 1.00 1.60 2.30 3.20	450 500 550 600 700	500 550 650 750 800	±3°C (0～400°C) 測定温度の0.75% (400°C～常用限度)

* B：白金・6% ロジウム合金-白金・30% ロジウム合金, R：白金-白金・13% ロジウム合金, S：白金-白金・10% ロジウム合金, K：クロメル-アルメル, J：鉄-コンスタンタン, T：銅-コンスタンタン, E：クロメル-コンスタンタン, ( ) 内は旧 JIS による.

1・4・2 各種熱電対の規準熱起電力 (JIS C 1602：1995)

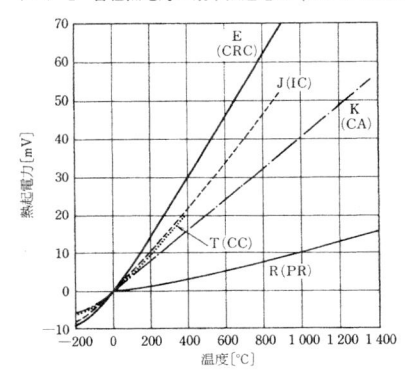

1・4・3 高融点金属 (W-Re 系) 熱電対の種類

両脚の構成材料		最高使用温度 [°C]	特 徴
+ 脚	− 脚		
W	W-26%Re	2 800	Wは酸化しやすく, 空気中での使用は不可. 不活性, 還元性雰囲気中での使用に適している.
W-5%Re	W-26%Re	2 800	
W-3%Re	W-25%Re	2 800	

1・4・4 熱電対素線およびサーミスタの主成分

	種 類	主 成 分
熱電対素線	アルメル	Ni, Cr
	クロメル	Ni, Al, Mn
	コンスタンタン	Cu, Ni
サーミスタ*	N T C	Mn, Co, Ni, Fe の酸化物
	P T C	希土類金属酸化物をドープした (Ba, Sr, Pb)TiO$_3$
	C T R	VO$_2$, P$_2$O$_5$, BaO

* NTC：Negative Temperature Coefficient Thermistor
  PTC：Positive Temperature Coefficient Thermistor
  CTR：Critical Temperature Resistor

1・4・5 測温抵抗体の種類

記号	R_{100}/R_0 値	階級	規定電流	使用温度区分	導線形式
Pt$_{100}$	1.385	A級	1 mA	L -200~100°C	2 線式
			2 mA	M 0~350°C	3 線式
		B級	5 mA*	H 0~650°C	4 線式
(JPt$_{100}$)	(1.3916)	A級	1 mA	L -200~100°C	2 線式
			2 mA	M 0~350°C	3 線式
		B級	5 mA*	H 0~500°C	4 線式

1) JIS C 1604-1997 による
2) A級の測温抵抗体の許容差 [°C]：± (0.15 + 0.002|t|)
3) B級の測温抵抗体の許容差 [°C]：± (0.3 + 0.005|t|)
4) R_{100} は 100°C における抵抗値
5) R_0 は 0°C における抵抗値 (100Ω)
6) 括弧書きは将来廃止する
7) *印はA級には適用しない
8) シース測温抵抗体の使用温度区分Hは 0~500°C
9) 導線形式2導線式は、シース測温抵抗体には適用しない

1・4・6 各種バリスタの特性

種類	ZnOバリスタ	ツェナーダイオード	SiCバリスタ
動作電圧 [V]	0.6~300~30 000	4~200~10 000	8~1 200
非直線係数 n	40~50	100以上	4~6
温度係数 (10^{-3} K^{-1})	-0.005~-0.01	0.1	-0.1~-0.2
サージ耐量	20 MA/m^2	数 A	—

1・4・7 各種サーミスタおよび測温抵抗体の温度特性

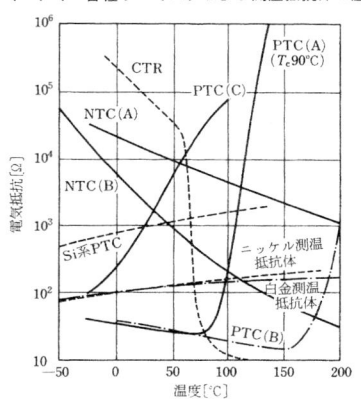

1・5 超電導材料

1・5・1 元素の超電導遷移温度 T_c と臨界磁場 H_0 (0 K に外挿した値)

元素名	T_c [K]	状態(指示のない場合は常圧の値)	H_0 [kA/m]	元素名	T_c [K]	状態(指示のない場合は常圧の値)	H_0 [kA/m]
Al	1.196		7.9	Pa	1.4		
	3~3.6	LT 膜		Pb	7.23		64.2
Ba	5	HP, 11~18GPa		Re	1.70		15.8
Be	0.026				~7	LT 膜, 非晶質	
	5~8.2	LT 膜		Ru	0.49		5.3
Bi	6.0	LT 膜, 非晶質		Sb	3.5	HP, 8.5~15GPa, Sb II	
	3.9	HP, 2.63~2.71GPa, Bi II		Se	6.95	HP, 13GPa	
	7.2	HP, 2.74~3.7GPa, Bi III		Si	7.1	HP, 13GPa	
Cd	0.56		2.4	Sn	3.722		24.7
Ce	1.6	HP, 5GPa			5.2	HP, 12.5GPa, Sn II	
Cs	~1.5	HP, 12.5GPa			4.7	LT 膜	
Fe$^{1)}$	2	HP, ~20GPa	0.2	Ta	4.48		66.4
Ga	1.09		40	Tc	8.22		113
	8.4	LT 膜, 非晶質		Te	2.05	HP, 4.3GPa, Te II	
	6.38	HP, >3.55GPa, Ga II			4.28	HP, 7GPa, Te III	
Ge	5.2	HP, 12GPa		Th(α)	1.368		13.0
Hg(α)	4.15		33.0	Ti(α)	0.39		4.5
Hg(β)*	3.95		27.1	Ti(β)	4.0(外挿)		13.7
Hf(α)	0.165			Tl(α)	2.39		
In	3.40		23.4	Tl(β)	1.75		
	4.25	LT 膜		U(α)	0.68		
Ir	0.14		1.5	U(β)	0.8		
La(α)	4.9		64.6	U(γ)	2.1		
La(β)	6.3		128	V	5.3		81.6
	11.93	HP, ~14GPa		W	0.012		85.6
Li$^{2)}$	20	HP, 48GPa			4.1	LT 膜, 0.2μm	2 720 (1K)
Mo	0.92		7.8	Y	~1.2~2.7	HP, 12~17GPa	
	~8	LT 膜, 非晶質		Zn	0.875		4.2
Nb	9.17		158	Zr(α)	0.55		3.8
Os	0.65		5.2	Zr(β)	0.5(外挿)		
P	5.8	HP, 30GPa		Zr(ω)*	0.65		

LT 膜：極低温基板上への蒸着薄膜，HP：高圧印加
* 高圧相
1) K. Shimizu, et al.: *Nature*, **412** (2001), 316.
2) K. Shimizu, et al.: *Nature*, **419** (2002), 597.

1・5・2 合金, 化合物, 非晶質合金, 有機・分子系超電導材料の超電導臨界温度 T_c と臨界磁場 H_{c2}

a. 合金系材料

組成	結晶構造	T_c [K]	$\mu_0 H_{c2}$ [T]	H_{c2} 測定温度
$Pb_{0.5}Bi_{0.5}$	fcc	8.8	1.5	4.2K
$Hf_{0.15}Nb_{0.85}$	bcc	9.85	10.2	1.2K
$Hf_{0.50}Ta_{0.50}$	〃	6.0	9.0	〃
$Nb_{0.20-0.55}Ti_{0.80-0.45}$	〃	7.5-10.2	11.5-7.7	4.2K
$Nb_{0.40}Ti_{0.30}Zr_{0.30}$	〃	9.5	11.3	〃
$Nb_{0.40}Ti_{0.30}Hf_{0.30}$	〃	9.5	11.5	〃
$Nb_{0.35}Ti_{0.60}Ta_{0.05}$	〃	9.2	12.0	〃
$Nb_{0.40-0.75}Zr_{0.60-0.25}$	〃	7.0-11.0	10.5-7.5	〃
$Ti_{0.50}V_{0.50}$	〃	8.0	8.0	〃
$Ta_{0.50}Ti_{0.50}$	〃	8.8	14.0	1.2K
$Mo_{0.57}Re_{0.43}$	〃	11.6	2.8	4.2K

b. 化合物系材料

組成	結晶構造	T_c [K]	H_{c2} [MA/m]	H_{c2} 測定温度
Nb_3Al	A 15	18.7	23.6	4.2K
$Nb_3(Al_{0.7}Ge_{0.3})$	〃	20.7	32.8	〃
Nb_3Ga	〃	20.2	26.4	〃
Nb_3Ge	〃	22.5	29.6	〃
Nb_3Sn	〃	18.0	17.2	〃
V_3Ga	〃	15.2	17.6	〃
V_3Si	〃	17.0	16.8	〃
V_2Hf	Laves 相	9.2	16.0	4.2K
$V_2(Hf \cdot Zr)$	〃	10.1	18.4	〃
$(V \cdot Nb)_2Hf$	〃	10.4	20.0	〃
$PbGd_{0.2}Mo_6S_8$	Chavrel 相	14.4	40.8	4.2K
$SnMo_6S_8$	〃	13.4	23.2	〃
$LaMo_6Se_8$	〃	11.4	—	—
MoC	NaCl 型	13.0	—	—
NbC	〃	11.6	2.0	4.2K
NbN (薄膜)	〃	17.3	18.4	4.2K
$NbNC$	〃	17.8	—	—
$LiTi_2O_4$	スピネル型	12.4	6.6	4.2K
$Mo_{0.38}Re_{0.62}$ (薄膜)	σ 相	15	—	—
$NbGe_2$ (薄膜)	C40	16	—	—
$Sn_{0.20}Sb_{0.80}$ (薄膜)	fcc	21.6	—	—
$(Y_{0.7}Th_{0.3})_2C$	Pu_2C_3 型	17.0	—	—
Zr_2Rh	Cu_2Al 型	11.2	6.4	4.2K
YNi_2B_2C	正方晶	15.6	6.4($H \parallel c$)	4.2K
			8.6($H \parallel c$)	4.2K
YPd_2B_2C	正方晶	23.2	~9.6	4.2K
MgB_2 [1)]	AlB_2 型	39	—	—
MgB_2 [2)]	AlB_2 型	38.6	7.3($H \parallel c$)	0K 外挿
			20.3($H \parallel c$)	0K 外挿

1) J. Nagamatsu, et al.: *Nature*, **410** (2001), 63.
2) M. Xu, et al.: *Appl. Phys. Lett.*, **79** (2001), 2779.

c. 非晶質合金材料

組成	作製方法	T_c [K]	H_{c2} [MA/m]	H_{c2} 測定温度
$Sn_{0.9}Cu_{0.1}$	LT 膜	6.8	—	—
$Mo_{0.8}Ru_{0.2}$	〃	9.5	—	—
$W_{0.1}Re_{0.9}$	〃	7.7	—	—
$(Mo_{0.8}Re_{0.2})_{80}P_{10}B_{10}$	融体急冷	8.6	8.4	4.2 K
$Zr_{0.77}Rh_{0.23}$	〃	4.1	4.9	1.7 K

d. 有機・分子系超電導材料

分子式	結晶構造	T_c [K]	加圧 [MPa]
$(TMTSF)_2PF_6$	三斜晶	1.4	0.65
$(TMTSF)_2FSO_3$	〃	3	0.50
$(TMTSF)_2ClO_4$	〃	1.4	常圧
$(BEDT\text{-}TTF)_2I_3$	三斜晶	8	0.13(合成時)
$(BEDT\text{-}TTF)_2AuI_3$	(P1)	5.0	常圧
$\chi\text{-}(BEDT\text{-}TTF)_2\text{-}Cu(SCN)_2$	単斜晶	13	常圧
$\chi\text{-}(ET)_2Cu(CN)[N(CN)_2]$	—	12.3	〃
$(MDT\text{-}TSF)_2X(X=I_3, IBr_2, I_2Br, AuI_2)$	—	4〜5	—
$(BETS)_2(Cl_2TCNQ)$	三斜晶	1.5	350
$RbCs_2C_{60}$	立方晶	33	
K_3C_{60}	立方晶	19.3	

1・5・3 代表的な実用超電導線材の臨界電流密度 J_c-磁場 H 特性 (J_c は線材全断面積で除した overall J_c の値)

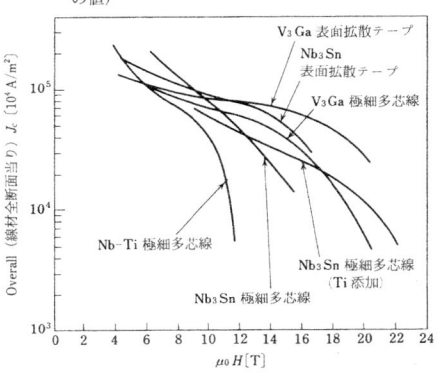

1・5・4 開発中の先進超電導材料(酸化物高温超電導線材は除く)の臨界電流密度 J_c-磁場 H 特性

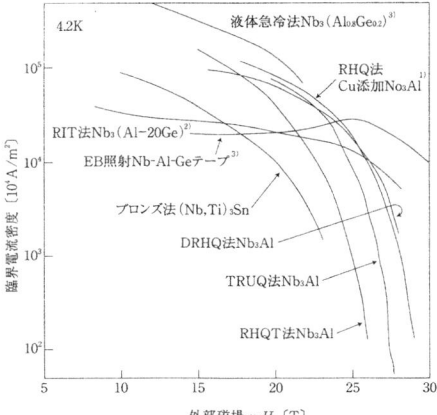

1) 飯島他: 日本金属学会誌, **66** (2002), 229.
2) T. Takeuchi: *Supercond. Sci. Technol.*, **13** (2000), R101.
3) 井上: 低温工学, **33** (1998), 604.

1・5・5 酸化物高温超電導体の超電導臨界温度 T_c と臨界磁場 H_{c2}

組　成	結晶構造	T_c [K] (ゼロ抵抗)	$\mu_0 H_{c2}(0)$ [T] (∥:c軸に平行, ⊥:c軸に垂直)
$Ba_{0.6}K_{0.4}BiO_3$	ペロブスカイト	28 (磁化率)	
$La_{1.2}Ba_{0.8}CuO_{4-y}$	K_2NiF_4型ペロブスカイト	28	
$La_{1.2}Sr_{0.8}CuO_{4-y}$	〃	30	
$YBa_2Cu_3O_{7-y}$	酸素欠損型ペロブスカイト	93	72(∥), 238(⊥)
$LnBa_2Cu_3O_{7-y}$ (Ln=Nd, Sm, Eu, Gd, Dy, Ho, Er, Tm, Yb, Lu)	〃	93〜	
$YBa_2Cu_4O_8$		85	
$Y_2Ba_4Cu_7O_x$		70	
$Bi_2Sr_2CuO_x$	層状ペロブスカイト	7〜22	
$Bi_2Sr_2CaCu_2O_x$	〃	75〜85	25(∥), 310(⊥)
$Bi_2Sr_2Ca_2Cu_3O_x$	〃	100〜105	
$(Bi, Pb)_2Sr_2Ca_2Cu_3O_x$	〃	110〜117	
$TlBa_2CaCu_2O_x$	〃	65〜85	
$TlBa_2Ca_2Cu_3O_x$	〃	100〜110	
$TlBa_2Ca_3Cu_4O_x$	〃	122	
$TlBa_2CuO_x$	〃	85	23(∥), 400(⊥)
$Tl_2Ba_2CaCu_2O_x$	〃	95〜110	
$Tl_2Ba_2Ca_2Cu_3O_x$	〃	115〜125	
$Tl_2Ba_2Ca_3Cu_4O_x$	〃	95〜110	16(∥), 70(⊥)
$Tl_1Sr_2Ca_2Cu_3O_x$		100(オンセット)	
$HgBa_2CuO_x$	層状ペロブスカイト	95	
$HgBa_2CaCu_2O_x$	〃	122	
$HgBa_2Ca_2Cu_3O_x$	〃	135	
〃	〃	165	30 GPa
$Hg_2Ba_2CaCu_2O_x$	〃	97	
$Hg_2Ba_2Ca_3Cu_4O_x$	〃	117	
$(Pb, Cu)_3Sr_2$- $(Y, Ca)Cu_2O_{9-y}$	Pb系層状ペロブスカイト	70	
$(NdCeSr)_2CuO_{4-y}$	T^*構造	30	
$Nd_{1.85}Ce_{0.15}CuO_{3-y}$	T'構造	24	1.28(∥), 11.84(⊥)

1・5・6 代表的な酸化物高温超電導材料（線材）の臨界電流密度 J_c-磁場 H 特性（含 MgB_2線材）

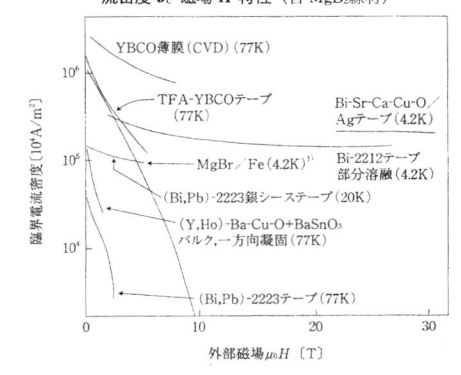

1) 熊倉他：日本金属学会誌，66 (2002), 214.

1・5・7 種々のサイズの Bi 系酸化物高温超電導テープの臨界電流 I_c, 臨界電流密度 J_c と超電導体の体積率

サイズ [mm×mm]	長さ [m]	体積率 [%]	J_c [kA/cm²] (77K, 0T)	I_c [A] (77K, 0T)	機関
0.08×1.75	—	31	74	33	ASC/USA
0.22×3.49	500	30	23	52	NST/Denmark
0.18×2.8	1100	20	28	28	NST/Denmark
0.23×3.6	900	25	34	74	住友電工
0.24×3.8	540	36	34	110	住友電工

1・5・8 開発中の Y 系酸化物高温超電導テープの基材構造，Y123 成膜法，臨界電流 I_c(77K, 0T)と臨界電流密度 J_c(77K, 0T)

基材構造	Y123 成膜法	長さ [m]	I_c [A]	J_c [MA/cm²]	機関
Y_2O_3/IBAD-YSZ/Hastelloy	PLD	0.06	140	1.2	フジクラ
Y_2O_3/IBAD-$Gd_2Zr_2O_7$/Hastelloy	PLD	9.6	50	0.42	フジクラ
IBAD-$Gd_2Zr_2O_7$/Hastelloy	PLD	40(80)	30	1.6	フジクラ
CeO_2/IBAD-$Gd_2Zr_2O_7$/Hastelloy	PLD	0.01	—	4.4	ISTEC/フジクラ
(110) Ag-Cu	PLD	11	10	0.25	東芝
MgO/NiO/(100)Ni	PLD	—	—	0.3	古河電工
ISD-YSZ/Hastelloy	PLD	0.01	37.2	0.43	住友電工
CeO_2/IBAD-GZO/Hastelloy	TFA-MOD	—	210	3.4	ISTEC
CeO_2/YSZ/CeO_2/(100)Ni	TFA-MOD	0.0055	—	0.59	ASC
YSZ/CeO_2/(100)Ni	PLD	—	—	3.0	ORNL
CeO_2/IBAD-YSZ/Hastelloy	PLD	0.05	210	—	LANL
CeO_2/IBAD-YSZ/Hastelloy	CVD	0.01	97	—	IGC
IBAD-YSZ/SUS	PLD	0.11	—	2.3	Goettingen

1・6 接点・電極・封着材料

1・6・1 接点用合金

組成 [mass%]	密度 [Mg/m³]	融点 [℃]	硬さ [HV]	比抵抗 [$10^{-8}\Omega\cdot m$]	熱伝導度 [kW/m·K]	組成 [mass%]	密度 [Mg/m³]	融点 [℃]	硬さ [HV]	比抵抗 [$10^{-8}\Omega\cdot m$]	熱伝導度 [kW/m·K]
Au	19.3	1063	20	2.4	0.29	Pt	21.45	1769	40	9.98	0.29
Au-10 Ag	17.6	1055	30	10.4	0.07	Pt-10 Ir	21.6	1780	120	23.9	0.03
Au-30 Ag	16.6	1025	32	10.4	0.07	Pt-20 Ir	21.7	1815	200(240)	30.0	0.018
Au-20 Cu	17.5	890	25	14.2	—	Pt-30 Ir	21.8	1885	285	31.6	0.015
Au-30 Cu-7.5 Ag	13.7	861	165	14.0	0.05	Pt-20 Ni	18.8	1650	210	27	—
Au-5 Ni	18.3	1020	140	13.2	—	Pt-10 Pd	19.9	1550	90	27.5	0.007
Au-40 Pd	17.6	1460	100	32	—	Pt-20 Pd	18.6	1560	70	28	0.005
Au-25 Ag-6 Pt	—	1029	—	15.5	—	Pt-5 Rh	20.8	1840	140	34	0.003
Ag	10.5	960.8	26	1.6	0.42	Pd	12.02	1552	40	10.8	0.075
Ag-10 Au	11.0	970	29	3.6	0.20	Pd-40 Ag	11.4	1320	105	43	0.029
Ag-10 Cu	10.4	778	62(140)	2.0	0.34	Pd-50 Ag	11.2	1288	100	31	0.025
Ag-20 Cu	10.2	778	85	2.1	0.33	Pd-10 Ni	12	1580	180(280)	43	—
Ag-26 Cu-2 Ni	—	777	—	2.8	—	Pd-30 Ag-20 Au-5 Pt	—	1371	—	38	—
Ag-10 Ni	10.3	960	65	1.9	—	Pt-5 Cu	14	1400	120	28	—
Ag-20 Pd	10.7	1070	55(145)	10.1	0.09	Pd-40 Cu	—	1223	100	37	—
Ag-2 C	9.7	960	40	2.0	0.38	Ag-12CdO	10.2	960	70	2.3	—
Ag-65 W	14.9	—	120	4.3	—	Cu-0.04 酸化物		1065		1.7	—
Ag-6 Cu-2 Cd	10.4	880	65	3.9	—						

1・6・2 ばね性接点材料

組成 [mass%]	密度 [Mg/m³]	融点 [°C]	比抵抗 [10^{-8} Ω·m]	ヤング率 [GPa]	引張強さ [GPa]	硬さ [HB]	特長
62.5Au-29Ag-8.5Cu	14.4	1 014	12.5	—	—	95	
62.5Au-7.5Ag-30Cu	13.7	861	14.0	—	—	165	高ばね性
70Au-10Ag-5Pt-Cu-Ni	15.9	955	13.3	110	1.03〜1.37	〜250	高強度, 高耐食性
50Pd-20Ag-30Cu	10.0	1 150	27.2	—	0.69〜1.27	190〜320 (HV)	低価格
90Pd-10Ru	12.0	1 580	43.0	—	0.59〜0.98	180〜280 (HV)	
45Pd-30Ag-20Au-5Pt	12.8	1 371	39.4	110	0.36〜0.51	95	耐高温軟化, 高耐食性
35Pd-30Ag-10Au-10Pt-Cu-Zn	11.9	1 098	31.6	117	1.14〜1.41	265〜310	高ばね性, 高耐食性
43Pd-40Ag-Cu-Pt	10.3	1 077	28.25	117	0.99	270	耐摩耗性, 高耐食性, 低価格

1・6・3 電子管電極材料

材料	融点 [°C]	蒸気圧 [Pa] (800°C)	19.6 MPa の負荷に耐える最高温度 [°C]	許容陽極損失 表面状況 (用途)	許容陽極損失 [10^4 W/m²]	熱輻射率 表面状況	熱輻射率 [%]*1	ガス放出特性 測定条件	ガス放出特性 放出ガス量 [cm³/100 g]
銅	1 083	1.3×10^{-2}	270	(水冷管)	100〜300	無垢	17	1 100°C	0.5〜4
				(強制空冷管)	50	黒化	<75		
モリブデン	2 608	1.3×10^{-6} (1 570°C)	1 000 147MPa (15 kgf/mm²)	粗面	4	無垢	36〜39	1 750°C × 1 h	0.01〜0.1
				Zr吹付	6	Zr吹付	70		
グラファイト	3 542	1.3×10^{-6} (1 700°C)	—		4		89		
ニッケル	1 452	1.3×10^{-6}	600	輝面	0.6	無垢	37.5	1 150°C × 20min	2.5
				着炭	3	黒化	<70		
鉄	1 528	1.3×10^{-6}	450	輝面	1.1	無垢	40〜44	800〜900°C	10〜20
				着炭	3				
アルミクラッド鉄	約1 450	1.3×10^{-4}	420	黒化	3	黒化	85	900°C	1.8*2

*1 0.665 μm において (黒体を 100% とする).
*2 8 cm³/100 g の純鉄にクラッド

1・6・4 ガラス封着用金属材料

分類	材料名	成分 [mass%]	物理的性質 線膨張係数 [10^{-7} K⁻¹]	物理的性質 変移点 [°C]	物理的性質 固有抵抗 [10^{-8} Ω·m]	機械的性質 引張強さ [MPa]	機械的性質 伸び [%]	機械的性質 硬さ [HRB]	使用ガラス ( ) 内はコーニング社番号	封着に必要な表面酸化物
単体金属	Fe	C<0.1, Si<0.1 Mn0.5, Fe残	135 (0〜400°C)	—	12	<392	35	55	アルカリ鉛ガラス (1990)	$Fe_3O_4 + Fe_2O_3$
	Cu	OFHC, 電気銅	177 (〃)	—	1.7				アルミノケイ酸ガラス PM9	Cu_2O
	W		48 (〃)	—	5.6				ホウケイ酸ガラス (3320) (7740)	$W_2O_5 + WO_3$
	Mo		56 (〃)	—	4.8				アルミノケイ酸ガラス Schoft (1447)	$Mo_2O_5 + MoO_3$
	Pt		94 (〃)	—	10.6		40		ケイ酸ソーダガラス	
合金	Fe-42Ni	Ni42, Mn<0.8 Fe残	40〜47 (30〜400°C)	300	70	490	30	76	ソーダライムガラス (0010) (8160)	$Fe_3O_4 + Fe_2O_3$
	Fe-52Ni	Ni52, Mn<0.6 Si<0.2, Fe残	101 (30〜400°C)	520	40	490〜588	35	70	ソーダライムガラス (0080)	〃
	Fe-28Cr	Cr25〜30, C<0.2 Mn<1.5, Fe残	110 (30〜350°C)	—	72	539	25	70	ソーダライムガラス (0080)	Cr_2O_3
	コバール	Ni29, Co17 Fe残	44〜52 (30〜350°C)	420	49	490〜588	>20	70〜80	ホウケイ酸ガラス (7052) (8800)	$Fe_3O_4 + Fe_2O_3$
	シルバニア #4	Ni42, Cr6 Fe残	8.5〜9.2 (30〜350°C)	300	95	490〜588	30	70〜80	ソーダライムガラス (0080) (8870)	Cr_2O_3
複合	ジュメット	外Cu (全量の20〜30%) 心Fe-42Ni合金	軸方向55〜65 (40〜350°C)	300	4〜6				鉛カリガラス	Cu_2O
	銅クラッドコバール	Cu:コバール:Cu 1:8:1	46.7 (30〜400°C)	420	8					Cu_2O

1・7 誘電材料

1・7・1 圧電単結晶の諸定数

結晶	密度 [Mg/m³]	弾性コンプライアンス S_{ij} [10^{-12}m²/N]							圧電定数 d_{ij} [10^{-12}C/N]			比誘電率 $\varepsilon_{ii}^T/\varepsilon_0$	
水晶	2.65	S_{11}^E 12.77	S_{33}^E 9.60	S_{12}^E −1.79	S_{13}^E −1.22	S_{44}^E 20.04	S_{66}^E 29.12	S_{14}^E 4.50	d_{11} 2.31	d_{14} 0.727		$\varepsilon_{11}/\varepsilon_0$ 4.52	$\varepsilon_{33}/\varepsilon_0$ 4.68
KH₂PO₄	2.34	S_{11} 17.50	S_{33} 20	S_{12} −4	S_{13} −7.5	S_{44}^E 77.7	S_{46}^E 161		d_{14} 1.3	d_{36} 21		$\varepsilon_{11}/\varepsilon_0$ 42	$\varepsilon_{33}/\varepsilon_0$ 21
NH₄H₂PO₄	1.80	S_{11} 18.1	S_{33} 43.5	S_{12} 1.9	S_{13} −11.8	S_{44}^E 116	S_{66}^E 166		d_{14} −1.5	d_{36} 48		$\varepsilon_{11}/\varepsilon_0$ 56	$\varepsilon_{33}/\varepsilon_0$ 15.4
BaTiO₃	6.02	S_{11}^E 8.05	S_{33}^E 15.7	S_{12}^E −2.35	S_{13}^E −5.24	S_{44}^E 18.4	S_{66}^E 8.84		d_{15} 392	d_{33} 85.6	d_{31} −34.5	$\varepsilon_{11}/\varepsilon_0$ 2 920	$\varepsilon_{33}/\varepsilon_0$ 168
ロッシェル塩 (34℃)	1.77	S_{11}^E 52.0 S_{55}^E 350.3	S_{33}^E 359 S_{66}^E 104.2	S_{12}^E −16.3	S_{13}^E −11.6	S_{44}^E 150.2			d_{14} 345	d_{25} 54	d_{36} 12	$\varepsilon_{11}/\varepsilon_0$ 205	$\varepsilon_{33}/\varepsilon_0$ 9.5 $\varepsilon_{33}/\varepsilon_0$ 9.5
LiNbO₃	4.46	S_{11}^E 5.831	S_{12}^E −1.150	S_{13}^E −1.452	S_{14}^E −1.000	S_{33}^E 5.026	S_{44}^E 17.10	S_{66}^E 13.96	d_{15} 69.2	d_{31} −0.85	d_{33} 6.0	$\varepsilon_{11}/\varepsilon_0$ 85.2	$\varepsilon_{33}/\varepsilon_0$ 28.7
LiTaO₃	7.46	S_{11}^E 4.930	S_{12}^E −0.519	S_{13}^E −1.280	S_{14}^E 0.588	S_{33}^E 4.317	S_{44}^E 10.46	S_{66}^E 10.90	d_{15} 26.4	d_{31} −3.0	d_{33} 5.7	$\varepsilon_{11}/\varepsilon_0$ 5.36	$\varepsilon_{33}/\varepsilon_0$ 43.4

1・7・2 圧電セラミックスの諸定数

		PZT-4	PZT-5	PCM-5A	PCM-67	PbTiO₃系
結合係数	k_p	0.58	0.60	0.65	0.32	0.062
	k_{31}	0.33	0.34	0.38	0.19	
	k_{33}	0.70	0.71	0.71	0.48	0.54
	k_{15}	0.71	0.69	0.70	0.37	
圧電定数 [C/N]	d_{31}	-122×10^{-12}	-171×10^{-12}	-186×10^{-12}	-42×10^{-12}	-3.2×10^{-12}
	d_{33}	285×10^{-12}	374×10^{-12}	375×10^{-12}	109×10^{-12}	68×10^{-12}
	d_{15}	495×10^{-12}	584×10^{-12}	579×10^{-12}	131×10^{-12}	
[V・m/N]	g_{31}	-10.6×10^{-3}	-11.4×10^{-3}	-12.3×10^{-3}	-7.7×10^{-3}	-1.7×10^{-3}
	g_{33}	24.9×10^{-3}	24.8×10^{-3}	25.7×10^{-3}	19.8×10^{-3}	37×10^{-3}
	g_{15}	38.0×10^{-3}	38.2×10^{-3}	33.9×10^{-3}	24.7×10^{-3}	
誘電率	$\varepsilon_{33}^T/\varepsilon_0$	1 300	1 700	1 710	620	209
	$\varepsilon_{11}^T/\varepsilon_0$	1 475	1 730	1 830	600	238
誘電正接	D	0.40	2.00	1.50	0.64	
弾性定数 [N/m²]	$1/s_{11}^E$	8.2×10^{10}	6.1×10^{10}	6.2×10^{10}	11.0×10^{10}	13.5×10^{10}
	$1/s_{33}^E$	6.6×10^{10}	5.3×10^{10}	5.5×10^{10}	10.8×10^{10}	
	$1/s_{44}^E$	2.6×10^{10}	2.1×10^{10}	2.0×10^{10}	4.2×10^{10}	
密度 [Mg/m³]		7.6	7.7	7.7	7.7	6.94
機械的質係数 Q_M		500	75	60	3 130	922
キュリー点 [℃]		325	365	326	340	255

PZT (アメリカバーニトロン社の商品名): PbTiO₃-PbZrO₃系
PCM (松下電器産業㈱の商品名): PbTiO₃-PbZrO₃-Pb(Mg(1/3)Nb(2/3))O₃系

1・7・3 セラミックコンデンサの特性

a. 単板型

	特性		
	比誘電率 ε_r	温度係数 [$10^{-6}K^{-1}$]	Q (1 MHz)
$MgTiO_3$	16~18	+100	>5 000
$MgTiO_3$-$CaTiO_3$	17~45	+100~-150	>5 000
$2MgO \cdot SiO_2$-SrO-BaO-TiO_2	6~13	+100~-1 000	>5 000
$La_2O_3 \cdot 2TiO_2$	35~38	+60	>5 000
$Bi_2O_3 \cdot 2TiO_2$	104~110	-150	>2 000
$CaTiO_3$-La_2O_3-TiO_2	100~150	-470~-1 000	>3 000
TiO_2	90~110	-750	>5 000
$SrTiO_3$-$CaTiO_3$	240~300	-1 000~-2 200	>1 500
$CaTiO_3$	150~160	-1 500	>1 500
$SrTiO_3$	240~260	-3 300	>1 500
$BaTiO_3$-$SrTiO_3$-La_2O_3-TiO_2	360~650	-3 300~-4 700	>1 500

b. 積層型

特性	容量温度変化率	ε_r	tan δ	材料
CH	0±60 [$10^{-6}K^{-1}$]	20~100	<0.1%	
RH	-200±60 [$10^{-6}K^{-1}$]	90~120	<0.1%	(温度補償用材料) MgO-SiO_2, $MgTiO_3$-$CaTiO_3$, $BaTi_4O_9$, Nd_2O_3-TiO_2-BaO, $SrTiO_3$-$CaTiO_3$, $CaTiO_2$-La_2O_3-TiO_2, $BaTiO_3$-La_2O_3-TiO_2
UJ	-750±120 [$10^{-6}K^{-1}$]	130~250	<0.1%	
SL	+350~-1 000 [$10^{-6}K^{-1}$]	250~330	<0.3%	
B	-25~+85°C	2 000~3 000	<2.5%	(高誘電率系材料)
R	-55~+125°C ±15%	2 000~3 000	<2.5%	$BaTiO_3 + (CaZrO_3, NiSnO_3, MgO \cdot TiO_2, BaO, Bi_2O_3$-$SnO_2$-$ZrO_2$
E	-25~+85°C +20% -55%	5 000~10 000	<5.0%	(高誘電率系材料)
F	-25~+85°C +30% -80%	10 000~20 000	<5.0%	$BaTiO_3 + (CaZrO_3, CaSnO_3, SrTiO_3, CaTiO_2, BaZrO_3, La_2O_3)$

1・7・4 表面波素子用圧電基板材料の特性

	材料名	カット	伝搬方向	音速[m/s]	結合係数 [%]	温度係数 [$10^{-6}K^{-1}$]	比誘電率 ε_r	伝搬損失 [100 dB/m]	実用化状況
単結晶	水晶	Y	X	3 159	0.22	-24	4.5	0.82 (1 GHz)	△
	〃	ST	X	3 158	0.16	0	4.5	0.95 (〃)	◎
	$LiNbO_3$	Y	Z	3 485	4.3	-85	38.5	0.31 (〃)	◎
	〃	131°Y	X	4 000	5.5	-74	38.5	0.26 (〃)	△
	〃	41.5°X	X	4 000	5.5	-72	38.5	1.05 (〃)	△
	〃	128°Y	X	3 960	5.5	-74	38.5		◎
	$LiTaO_3$	Y	Z	3 230	0.66	-35	44	0.35 (〃)	◎
	〃	X	112°Y	3 295	0.6	-18	44		◎
	$Bi_{12}GeO_{20}$	(100)	(011)	1 681	1.2	-122	38	0.89 (〃)	△
	$Bi_{12}SiO_{20}$	(110)	(001)	1 622	0.69	—	—	0.17 (〃)	△
	CdS	X	Z	1 720	0.62	—	9.5	—	△
	$Li_2B_4O_7$	28°X	Z	3 470	0.8	0	8.2		○
薄膜	ZnO/ガラス	C軸配向		3 170	0.64	-15	8~9	6.2 (58 MHz)	◎
	AlN/Al_2O_3	X	Z	6 120					△
セラミック	PZT-8A	Z	—	2 200	—	—	1 000	2.3 (40 MHz)	○
	ILW系*1	Z	—	2 270	—	10	690	0.45 (22 MHz)	○
	KPM-21*2	Z	—	2 430	0.17	17	350		○
	三成分系*3	Z	—	—	0.16	38	493		○
	$Na_{1-x}Li_xNbO_3$	Z	—	—	0.23	—	160~220		○
	$Pb(MnNb)ZrTiO_3$	Z	—	2 340	—	-16	735	5.8 (61 MHz)	○

*1 $PbTiO_3$-$PbZrO_3$-$In(Li_{3/5}W_{2/5})O_3$系
*2 $PbTiO_3$-$PbZrO_3$-$Pb(Mn_{1/3}Nb_{2/3})O_3$系
*3 $PbTiO_3$-$PbZrO_3$-$Pb(Sn_{1/2}Sb_{1/2})O_3$系
◎ 量産中, ○ 開発中, △ 実験段階

2 半導体用材料

2・1 Si半導体素子用材料

ダイオードなどの単体半導体素子および集積回路用に主に用いられるSi単結晶ウェハの特性を示す．下記のウェハをそのまま使用する場合と，これを基板にしてSiをエピタキシャル成長させ使用する場合とがある．

2・1・1 個別半導体素子用ウェハ

素子名	結晶の製法[*1]	導電型	不純物[*2]	抵抗率 $(10^{-2}\Omega \cdot m)$	結晶方位	方位精度	転位密度 $(10^4 m^{-2})$	ウェハ直径
ツェナーダイオード	CZ	n	P	0.001~1	⟨111⟩	±0.1°>	0~10	20~125mm
パワートランジスタ サイリスタ 太陽電池	FZ	n	P	1~100	⟨111⟩	±0.1°>	0~10	20~100 〃
大電力サイリスタ PINダイオード	FZ	n(p)	P(B, Al)	100~1 000	⟨111⟩	±0.1°>	0~10	20~100 〃

[*1] CZ：チョクラルスキー法，FZ：帯溶融法 [*2] 導電型決定不純物

2・1・2 集積回路(IC)用ウェハ

構造	動作型	結晶の製法	導電型	不純物	結晶方位	方位精度	転位密度	ウェハ直径
MOS[*1]	pチャンネル	CZ	n	P	⟨111⟩,⟨100⟩	±0.1°>	0	100~400mm 200mmが中心
	n 〃	CZ, FZ	p	B	⟨100⟩	〃	0	
	相補型	CZ, SOI	n, p	P, B	⟨100⟩	〃	0	
バイポーラ	TTL[*2]	CZ	p	B	⟨111⟩	〃	0	〃
	ECL[*3]	CZ	p	B	⟨100⟩	〃	0	〃
	IIL[*4]	CZ	p	B	⟨100⟩	〃	0	〃

[*1] Metal-Oxide-Semiconductor, [*2] Transistor-Transistor-Logic, [*3] Emitter-Coupled-Logic, [*4] Integrated-Injection-Logic

2・2 Ⅲ-Ⅴ族化合物半導体素子用材料

2・2・1 発受光素子用基板

結晶	製法	導電型	不純物	抵抗率 $(10^{-2}\Omega \cdot m)$	結晶方位	方位精度	転位密度 $(10^4 m^{-2})$	移動度 $(10^{-4} m^2/V \cdot s)$
GaAs	BG VGF	n	Si	10^{-2}~10^{-3}	⟨100⟩	±0.1°	10^2~10^4	~1 500
GaAs	BG VGF	p	Zn	10^{-2}~10^{-3}	⟨100⟩	±0.1°	10^2~10^4	~50
GaP	CZ	n	S		⟨111⟩			
InP	CZ	n	S Sn	10^{-2}~10^{-3}	⟨100⟩	±0.1°	10^3以下	1 000

VGF：Vertical Gradient Freezing Method

2・2・2 電子素子用基板

結晶	製法	導電型	不純物	抵抗率 $(10^{-2}\Omega \cdot m)$	結晶方位	方位精度	転位密度 $(10^4 m^{-2})$	移動度 $(10^{-4} m^2/V \cdot s)$
GaAs	CZ	SI	Cr Undope	10^{-8}~10^{-9}	⟨100⟩	±0.1°	10^4~10^5	6 000~7 000
InP	CZ	SI	Fe		⟨100⟩	±0.1°	10^5以下	4 000

2・3 その他

上記のほか，Ge，InSbなどが少量使われている．

3 磁性材料

3・1 高透磁率材料

3・1・1 電磁軟鉄

種類	主成分 [%]	形状	D [Mg/m³]	ρ [$10^3\Omega\cdot$m]	H_C [A/m]	μ_0 ($\times 10^3$)	μ_m ($\times 10^3$)	B_s [T]	B [T]	主用途
電磁軟鉄[*1]	C<0.03 Si<0.20(SUY) Mn, P, S, (Al, Ti)<0.10(A)	棒, ロッド, 線 薄板 厚板[*2]	7.85 ~7.88		<12~240		12		B_{10}>1.45 B_{40}>1.60 B_{10}=1.63	継鉄, 接極子, 磁気シールド
アームコ鉄[*3]	<0.08(不純物)		7.86	10.7	4~20	0.3~0.5	10~20	2.155		
Cioffi 純鉄[*4]	<0.05(不純物)		7.88	10.0	0.8~3.2	10~25	200~340	2.158		

D: 密度, ρ: 電気抵抗率, H_C: 保磁力(400A/m 励磁), μ_0: 初透磁率, μ_m: 最大透磁率, B_s: 飽和磁束密度, B_{10}, B_{40}: 磁界強さ1000A/m, 4000A/m での磁束密度
[*1] JIS C 2504-2000
[*2] 新日鉄電磁厚板カタログ
[*3] アームコカタログ
[*4] P. P. Cioffi: Phys. Rev., 39 (1932), 363

3・1・2 電磁鋼板

種類	主成分 [%]	厚み [mm]	鉄損代表値 [W/kg]	D [Mg/m³]	ρ [$10^3\Omega\cdot$m]	H_C [A/m]	μ_m ($\times 10^3$)	B_s [T]	B_{50} [T]	主用途
無方向性電磁鋼板[*1]	0~3Si	0.20 0.35 0.50	$W_{5/1000}$ 13.6 $W_{15/50}$ 2.00~3.1 2.26~8.0	7.60 ~7.85		14~59	20~130	18~3.7	1.63 ~176		回転機 変圧器 マグネットスイッチ 磁気シールド
同極薄鋼板[*2]	3Si	0.10 0.15	$W_{5/1000}$ 8.1 9.6	7.65		52			1.58		高周波・パルス機器
方向性電磁鋼板[*1]	3Si	0.23 0.27 0.30 0.35	$W_{17/50}$ 0.75~1.06 0.84~1.23 0.98~1.25 1.12~1.46	7.65		46~50	2.8~4.5	94~60	1.83 ~1.93		大型回転機 変圧器 リアクトル 変成器
同極薄鋼板[*2]	3Si	0.025 0.05 0.10	$W_{10/400}$ 6.4 6.0	7.65		48		32	1.75 1.84		高周波・パルス機器
高ケイ素鋼板[*3]	6.5Si	0.05 0.10	$W_{10/400}$ 6.5 5.7	7.49		82		16 23	1.28 1.29		高周波機器 回転機

$W_{15/50}$: 1.5T/50Hz, $W_{17/50}$: 1.7T/50Hz, $W_{5/1000}$: 0.5T/1kHz における鉄損, B_s, B_{50}: 磁界強さ 800A/m, 5000A/m における磁束密度, H_C: 1.0T 励磁の保磁力
[*1] 新日鉄電磁鋼板カタログ
[*2] 日本金属カタログ
[*3] NKK カタログ

3・1・3 パーマロイ

種類	代表的化学成分[%] (残部 Fe)	磁気等級	μ_i ($\times 10^3$)	H_C [A/m]	B_{800} [T]	ρ [$10^{-8}\Omega\cdot$m]	T_C [℃]	D [Mg/m³]	特色 および主用途
パーマロイ PB	42~49Ni	-04 -06 -10	≧4 ≧6 ≧10	≦12 ≦10 ≦6	≧1.40	45	500	8.25	高磁束密度材 リレー
パーマロイ PC	2~3Cr, 4~6Cu, 75~78Ni 1~6Cu, 3~5Mo, 75~80Ni 3.5~5Mo, 79~82Ni	-30 -60 -100	≧30 ≧60 ≧100	≦4 ≦2 ≦1	≧0.65	55~65	350~460	8.62~8.77	高透磁率材 磁気遮蔽, 巻鉄心, 磁気ヘッド
パーマロイ PD	36~40Ni	-03	≧2.5	≦24	≧1.1	75	230	8.15	高電気抵抗材
パーマロイ PE	42~49Ni		0.5	8	1.55	40	500	8.25	高角形材, 巻鉄心
パーマロイ PF	56~65Ni		—	—	—	—	—	—	巻鉄心

板厚: 0.4~1.5mm, μ_i: 初透磁率, H_C: 保磁力, B_{800}: 800A/m の磁束密度, ρ: 比電気抵抗, T_C: キュリー温度, D: 密度
参照 JIS C 2351-1994

3・1・4 センダストおよび Fe-Al 合金

材料名	成分 [%] (残部 Fe)	μ_i $(\times 10^3)$	H_c [A/m]	B_{800} [T]	ρ $[10^{-8}\Omega\cdot m]$	T_c [°C]	D $[Mg/m^3]$	HV	主用途
アルパーム	16Al	6.0	2.0	0.8	140	400	6.5	350	
ハイパーマル	12Al	2.5	8.0	1.4	100	–	6.75	–	
センダスト	9.5Si, 5.5Al	30.0	1.6	1.0	80	500	6.8	500	ヘッド，磁気シールド
スーパーセンダスト	6.2Si, 5.4Al, 1Ni	7.0 (μ_{800})	4.0	0.95	104	590	–	410	

HV：ビッカース硬さ，他の記号は 3・1・3 と同じ．

3・1・5 恒透磁率合金

材料名	成分 [%] (残部 Fe)	μ_i	恒透磁性の 最高磁界 [A/m]	μ_m	B_s [T]	ρ $[10^{-8}\Omega\cdot m]$
25-45 Perminvar	25Co, 45Ni	380	240	1800	1.55	19
7-70 Perminvar	7Co, 70Ni	850	–	4000	1.25	15
7-25-45 Perminvar	7Mo, 25Co, 45Ni	550	240	3800	1.03	80
Senperm	11Si, 16.5Ni	400	160	3100	–	80
Isoperm	40Ni	– 90	–	–	–	40

B_s：飽和磁束密度，他の記号は 3・1・3 と同じ．

3・1・6 電磁雑音吸収体・電磁波シールド材

a. 電磁雑音吸収体

材料名	粉末形状	μ'_{max}	μ''_{max}	ρ $[\Omega\cdot m]$	D $[Mg/m^3]$	有効周波数	主用途
FeSiAl／ポリマー FeCuNbSiB／ポリマー FeSiCr／ポリマー FeSiAlCr／ポリマー	扁平状	15〜100	5〜30	1〜10^8	2〜3.5	100MHz〜 10GHz	ノイズ抑制 シート
カーボニル鉄／ポリマー アトマイズ FeSi／ポリマー アトマイズ FeSiAl／ポリマー アトマイズ FeSiAlCr／ポリマー	球状	5〜20	2〜7	1〜10^8	3〜5	100MHz〜 10GHz	ノイズ抑制 シート

μ'：複素透磁率の実数部，μ''：複素透磁率の虚数部，他の記号は 3・1・3 と同じ．

b. 電磁波シールド材

材料名	ε_r	μ_r	比反射損失 [db]	有効周波数	有効磁界
銅	1.000	1	±0.0	≧1kHz	–
アルミニウム	0.630	1	–2.1	≧1kHz	–
鉄	0.170	200	–30.7	≦1kHz	≦10G
パーマロイ (78Ni)	0.108	8000	–48.7	≦1kHz	≦1G

ε_r：銅を1としたときの比導電率，μ_r：銅を1としたときの比透磁率
参考文献 最新 電磁波の吸収と遮蔽 (1999), p.284〜306, 日経技術図書．

3・1・7 軟磁性フェライト

a. 低磁束密度応用

成分系	μ_0	$\tan\delta/\mu_0$ $(\times 10^{-6})$	α_μ $[10^{-6}/K]$	T_c [°C]	DF $(\times 10^{-6})$	η_B $[10^{-6}/mT]$	B_s [T]	f^* [MHz]	用途
Mn-Mg-Zn	300〜400	≦70	35〜40	≧100	–	–	0.21〜0.28	10〜15	偏向ヨーク
Mn-Zn	3000〜5000	≦10	–0.5〜4.0	≧120	≦3.0	0.3〜0.8	0.40〜0.47	0.5〜1.0	インダクタ
〃	5000〜10000	≦15	–0.5〜2.5	≧120	≦3.0	0.3〜1.5	0.38〜0.47	0.3〜0.5	トランス
〃	10000〜15000	≦15	–0.5〜1.5	≧100	≦3.0	0.0〜1.0	0.35〜0.44	0.1〜0.2	フィルタ など
〃	15000〜30000	≦15	–1.0〜1.5	≧100	≦3.0	0.0〜1.0	0.35〜0.44	0.1〜0.2	
Ni-Zn	10〜50	≦500	4〜90	≧300	–	–	0.29〜0.35	70〜250	
〃	50〜100	≦210	4〜75	≧250	10〜20	30〜60	0.30〜0.41	30〜90	高周波用インダクタ
〃	100〜500	≦160	3〜65	≧120	5〜30	10〜30	0.29〜0.35	8〜30	
〃	500〜1000	≦15	1〜15	≧120	5〜10	2〜10	0.31〜0.39	3〜8	高周波用トランス など
〃	1000〜1500	≦10	1〜7	≧120	2〜5	2〜10	0.28〜0.35	2〜3	
〃	1500〜2000	≦8	4〜11	≧100	2〜5	2〜5	0.29〜0.34	1〜2	

* 透磁率が初透磁率の 80% に低下する周波数

μ_0：比初透磁率，$\tan\delta/\mu_0$：損失係数，α_μ：温度係数，T_c：キュリー温度，DF：ディスアコモデーション係数，η_B：ヒステリシス係数，B_s：飽和磁束密度，f：周波数
参考文献 平賀貞太郎，奥谷克伸，尾島輝彦：電子材料シリーズ フェライト (1986), 丸善．

b. 高磁束密度応用

成分系	μ_0	P^* [kW/m³]	$\mu_a{}^*$	T_c [℃]	B_s [T]	用途
Mn-Zn	1 000〜2 000	400〜1 500	2 000〜8 000	200〜300	0.45〜0.55	スイッチング電源
〃	2 000〜3 500	250〜700	3 000〜6 000	200〜250	0.45〜0.53	フライバックトランス など
〃	3 500〜5 000	500〜850	3 000〜6 000	150〜200	0.45〜0.50	

μ_0：比初透磁率, P：コア損失, μ_a：振幅透磁率, T_c：キュリー温度, B_s：飽和磁束密度
＊ 測定条件は周波数 100 kHz, 磁束密度 200 mT, 温度 100℃
参考文献 平賀貞太郎, 奥谷克伸, 尾島輝彦：電子材料シリーズ フェライト (1986), 丸善.

3・1・8 マイクロ波用フェライト

結晶系	成分系	M_s [10^{-4}T]	ΔH [kA/m]	ε	$\tan\delta$ ($\times 10^{-4}$)	T_c [℃]	用途
ガーネット系	Y Al-IG	250〜450	2.0〜4.0	13〜15	7〜30	100〜170	
	〃	500〜1 200	2.0〜6.0	13〜15	7〜30	150〜200	サーキュレータ
	Y-Gd-IG	800〜1 350	6.0〜9.0	14〜16	3〜30	210〜290	アイソレータ など
	Y-CaV-IG	800〜1 950	0.5〜2.5	13〜16	2〜8	180〜280	
	YIG	1 750〜1 800	4.0〜4.5	14〜15	5〜8	270〜290	
スピネル系	Mg-Mn	2 000〜3 000	16.0〜44.0	12〜19	1〜30	280〜300	サーキュレータ
	Li-Fe	2 250〜3 300	37.5〜48.0	13〜18	5〜50	440〜600	アイソレータ など
	Ni-Zn	4 800〜5 100	56.0〜88.0	13〜15	10〜30	300〜340	

M_s：飽和磁化, ΔH：磁気共鳴半値幅, ε：比誘電率, $\tan\delta$：誘電体損失係数, T_c：キュリー温度
参考文献 平賀貞太郎, 奥谷克伸, 尾島輝彦：電子材料シリーズ フェライト (1986), 丸善.

3・1・9 アモルファス合金

a. Co系アモルファス高透磁率磁芯材料（低磁歪, $\lambda_s \leq 10^{-6}$）

(i) 液体急冷薄帯

組成 [at%]	B_s [T]	T_c [K]	H_c [A/m]	μ_e (1kHz)	ρ [$10^{-8}\Omega\cdot$m]	T_x [K]	熱処理	文献
$Co_{70.3}Fe_{4.7}Si_{15}B_{10}$	0.8	710	0.47	8 500	134	760	FA	1)
$Co_{75.3}Nb_{5}Fe_{4.7}Si_{4}B_{16}$	1.1	$>T_x$	3.58	51 000		680	RFA	2)
$Co_{61.6}Fe_{4.2}Ni_{2.2}Si_{12}B_{20}$	0.54	480	0.16	120 000		870	WQ	3)

B_s：飽和磁束密度, T_c：キュリー温度, H_c：直流保磁力, μ_e：比透磁率, ρ：比電気抵抗, T_x：結晶化温度
FA：磁場中焼鈍, RFA：回転磁場中焼鈍, WQ：T_x以上から水焼入れ
1) 藤森啓安他：日本金属学会誌, 41 (1977), 111.
2) Y. Makino, et al.："Ferrite", Proc. Int. Conf. Ferrites (1980, Kyoto), 699.
3) [AMOMET(R)] S. Ohnuma, et al.：Rapidly Quenched Metals III, ed. B. Cantor (1978), p.197, The Metals Society, London.

(ii) スパッタ薄膜

組成 [at%]	B_s [T]	T_c [K]	H_c [A/m]	μ_e (1kHz)	T_x [K]	熱処理	文献
$Co_{95}Zr_5$	1.5	$>T_x$	8	3 000		FA	1)
$Co_{88}Nb_6Ti_6$	1.1	$>T_x$	4	6 000		FA	2)
$Co_{88}Nb_7Zr_{3.5}Mo_2Cr_{1.5}$	1.1	$>T_x$	40	5 000	760	RFA	3)

B_s：飽和磁束密度, T_c：キュリー温度, H_c：直流保磁力, μ_e：比透磁率, T_x：結晶化温度
FA：磁場中焼鈍, RFA：回転磁場中焼鈍
1) Y. Shimada, et al.：J. Appl. Phys., 53 (1982), 3156.
2) H. Fujimori, et al.：IEEE Trans. Magn., MAG-22 (1986), 1101.
3) H. Sakakima：IEEE Trans. Magn., MAG-19 (1983), 131.

b. Fe系アモルファス低損失パワー磁芯材料（液体急冷薄帯）

組成 [at%]	B_s [T]	λ_s ($\times 10^{-6}$)	H_c [A/m]	W [W/kg]	ρ [$10^{-8}\Omega\cdot$m]	t [μm]	文献
$Fe_{78}Si_{13}B_{10}$	1.6$_8$		2.4	0.24 (1.6T/60Hz)		〜40	1)
$Fe_{81}B_{13}Si_4C_2$	1.6$_7$		0.8	0.07 (1.3T/50Hz)		〜150	1)
$Fe_{81}B_{13}Si_{3.5}C_{1.5}$	1.6$_8$	30	0.5	0.26 (1.3T/60Hz)	135	〜20	2)

B_s：飽和磁束密度, λ_s：飽和磁歪, H_c：直流保磁力, W：鉄損, ρ：比電気抵抗, t：厚さ
1) [AMOMET(R)] M. Mitera et al.：Rapidly Quenched Metals IV, ed. by T. Masumoto, K. Suzuki (1982), p.1011, The Japan Institute of Metals.
2) [METGLAS 2605SC(R)] 増本 健監修：アモルファス金属の基礎 (1982), オーム社; http://www.metglas.jp/jpn/j-specialty.html

3・1・10 ナノ結晶・ナノグラニュラー

a. ナノ結晶

Fe系ナノ結晶高透磁率磁芯材料（アモルファス状態をナノ結晶化）

組成 [at%]	B_s [T]	T_c [K]	λ_s ($\times 10^{-6}$)	H_c [A/m]	μ_e	W [W/kg]	ρ [$10^{-8}\Omega\cdot m$]	T_{xa} [K]	形態	文献
$Fe_{73.5}Si_{13.5}B_9Nb_3Cu_1$	1.24	$>T_x$	1.9	0.5	100 000 (1kHz)	—	120	843	液体急冷薄帯 ($\sim20\mu m$)	1)
$Fe_{90}Zr_7B_3$	1.63	$>T_x$	−1.1	5.6	22 000 (1kHz)	0.21 (1.4T/50Hz) 低損失パワー磁芯	44	923	液体急冷薄帯 ($\sim20\mu m$)	2)
$Fe_{85.5}B_{8.5}Nb_4Zr_2$	1.64	$>T_x$	−0.1	3.0	60 000 (1kHz)	0.1 (1.4T/50Hz) 低損失パワー磁芯		738	液体急冷薄帯 ($\sim20\mu m$)	2)
$Fe_{79.4}Ta_{9.5}C_{11.1}$	1.54	$>T_x$	−0.4	8	5 300 (10MHz)	—	34	665	スパッタ薄膜 ($\sim1\mu m$)	3)
$Fe/Fe_{80.5}Hf_{7.7}C_{11.2}$	1.98	$>T_x$	−3.0	100	5 000 (10MHz)	—		823	スパッタ薄膜 ($\sim1\mu m$)	3)

B_s：飽和磁束密度，T_c：キュリー温度，λ_s：飽和磁歪，H_c：直流保磁力，μ_e：比透磁率，W：鉄損，ρ：比電気抵抗，T_{xa}：結晶化熱処理温度

1) [FINEMET(R)] Y. Yoshizawa, et al.: *Mater. Trans. JIM*, **31** (1990), 314 ; 電気学会マグネティックス研究会資料, **MAG-99-54** (1999), 17.
2) [NANOPERM(R)] K. Suzuki et al.: *J. Appl. Phys.*, **74** (1993), 3316 ; A. Makino et al.: *Mater. Trans. JIM*, **36** (1995), 924 ; *J. Magn. Magn. Mater.*, 215-216 (2000), 288.
3) [NANOMAX(R)] 長谷川直也他：日本応用磁気学会誌, **14** (1990), 313 ; N. Hasegawa, et al.: *J. Mater. Eng. Performance*, **2** (1993), 181.

b. 金属-非金属ナノグラニュラー

(Fe, Co)-(酸化物)系ナノグラニュラー高透磁率磁芯材料（スパッタ薄膜）

組成 [at%]	B_s [T]	λ_s ($\times 10^{-6}$)	H_k [A/m]	H_c [A/m]	μ_e	μ''	Q	ρ [$10^{-8}\Omega\cdot m$]	文献
$Fe_{67.9}Co_{10.1}Al_6O_{16}$	2.0	10	960	168	450 (500MHz)	—	15 (100MHz)	118	1)
$Fe_{60.5}Co_{32.5}Zr_2O_5$	2.3		4 000	800	400 (700MHz)	—	3 (100MHz)	36	1)
$Co_{60}Al_{11}O_{29}$	1.1		5 700	143	150 (2GHz)	100		510	1)

B_s：飽和磁束密度，λ_s：飽和磁歪，H_k：異方性磁場，H_c：直流保磁力，μ_e：比透磁率，μ''：損失，Q：Q値，ρ：比電気抵抗

1) 大沼繁弘他：日本応用磁気学会誌, **24** (2000), 691 ; *ibid*, **25** (2001), 871 ; S. Ohnuma et al.: *Appl. Phys. Lett.*, **82** (2003), 946 ; S. Ohnuma, et al.: *J. Appl. Phys.*, **78** (9) (1996), 5130.

3・1・11 磁性流体

磁性微粒子（約10nm）を分散させた液体で，磁場や遠心力を加えても，粒子濃度が液体内で均一に保たれ，全体が磁性をもったような挙動を示す．磁化，粘度，蒸気圧，温度特性などは分散媒体や分散質の種類，分散質濃度で応用や研究の目的にあわせて適宜選択される．磁性は超常磁性的挙動を示す．分散質には種々のフェライト，金属コバルトなどがあり，マグネタイトを用いたものが最も多い．

a. 代表的磁性流体の特性

溶媒	飽和磁化 (10^{-4}T)	粘度 (10^{-3}Pa·s)	使用温度範囲 [°C]	沸点 [°C]	蒸気圧 [Pa] (25°C)	引火点 [°C]	比重 (25°C)	応用例
アイコシルナフタリン	200 ± 5	170 ± 30	−10 〜 160	250 (分解)	3.3×10^{-5}	225	1.19	防塵シール
ポリ α-オレフィン系	300 ± 20	170 ± 30	−20 〜 160			224	1.24	潤滑，油圧機器 熱媒体，ダンパー
アイコシルナフタリン	305 ± 25	320 ± 50	−10 〜 160	250 (分解)	3.3×10^{-5}	225	1.33	真空シール
水	310 ± 20	45 ± 5	−10 〜 100	100			1.43	比重差分離
ケロシン	380 ± 20	25 ± 5	−20 〜 120	120 〜 270		65	1.39	一般試験用
アイコシルナフタリン	560 ± 30	1 600 ± 200	−20 〜 160	250 (分解)	3.3×10^{-5}	225	1.67	高圧シール
ケロシン	—	15 ± 3	−20 〜 120	120 〜 270		65	1.30	磁気テープ，磁×などの現象
ケロシン	270 ± 10	25 ± 10	−5 〜 200	150 〜 250		>35	1.39	熱輸送媒体 （磁化の温度依存性 1.25×10^{-4}T/K）
ヘキサン	270 ± 10	8 ± 3	−20 〜 150	69		−26	1.24	同上

タイホー工業カタログ「フェリコロイド」(1990).

3・2 磁気記録媒体材料

年率100%ともいわれる記録面密度の向上を見せている磁気記録装置において，その磁性媒体材料は最も変遷の激しい応用材料である．したがって，現在用いられている材料のみならず，今後実用化が期待できる，または可能性のあるものについて表に引用も含め収録して示す．

a. 可撓性媒体

磁気テープやフレキシブル媒体（フロッピーや ZIP のような円盤型）を総称して可撓（かとう）性媒体という．プラスチック基板上に微細な磁性粉末をバインダーと呼ぶ有機材料と混合し塗布して作製する（塗布媒体ともいう）のが一般的である．一方，ME（Metal Evaporated）テープのように真空蒸着法による場合もある．塗布媒体は究極的（超常磁性限界）微小寸法まで塗布粒子を微細化している．材料は鉄を基本とするメタル系粉末が主流である．粒子の配向はテープ長手方向ないし円盤面内方向にその長さ方向をそろえている．一方，MEテープは蒸着膜とはいえ斜め蒸着法と酸素導入により微細粒子が基板上に斜めに成長したCo粒子を基本にその粒界がコバルト酸化物からなる微細粒子構造をとる．

b. ディスク媒体 (rigid media)

ハードディスク装置に用いられる硬い円板状のアルミやガラスディスクを基板としスパッタ法で形成される薄膜記録媒体である．granular media といわれるように薄膜といえども連続・均質な膜ではなく，微粒子型が基本の形態である．

従来方式の面内磁化型媒体には Co-Cr 系合金薄膜が用いられている．最近では熱擾乱の影響を避けるため反強磁性結合型（antiferro ないし synthetic）も開発された．将来型として垂直磁気記録用媒体の開発が進行しており，Co-Cr系を中心に，多層型，FePt規則合金型の3種が主な候補材料である．いずれも大きな垂直磁気異方性を有し，軟磁性裏打ち層を有する2層構造を基本としている．

表1に塗布媒体（いずれも可撓性媒体の範疇）の例を示した．表2にはハードディスクに用いる薄膜媒体を，面内型材料と垂直記録媒体用材料とに分けて示した．ただし，同表で斜め異方性とある媒体はテープ（可撓性媒体の一種）専用である．

表3に磁気光記録媒体材料を示す．磁気光効果により再生するが，記録は光ビーム照射による局所温度上昇を利用する熱磁気現象による記録である．記録密度向上の要求に伴い，近年では記録層と読み出し層を複合させる方式に発展してきた．

表1 塗布媒体

材料	適用例	磁性粉				記録媒体				記録密度			参考文献
		飽和磁化 (MWb・m/kg)	保磁力 (kA/m)	粒径 (μm)	軸比	飽和磁束密度 (T)	保磁力 (kA/m)	膜厚 (μm)	角形比	(kbpi)	(tpi)	(bpsi)	
Co-γFe₂O₃	フレキシブルディスク		52〜56	〜0.4	〜8	0.12〜0.14	56〜54		0.56〜0.60	8.7〜30	67.5〜135	0.6〜4M	1)
	フレキシブルディスク	55.7〜60	60	0.6				1		17.4	135	2.3M	
Fe/Ni/Co	フレキシブルディスク	〜100	140	0.2	〜10	〜0.3	139〜142		0.82〜0.86	45.2	2 118	100M	1,2,3)
Fe-Co	テープ			0.06		〜0.35	〜190	0.04〜0.09	0.85〜0.87			3G	4,5)
BaFe₁₂O₁₉	フレキシブルディスク	69〜82	40〜48(⊥)	〜0.05	〜0.3	0.13〜0.14	60〜64(⊥)	2.5	0.5〜0.6	35	135	4.7M	6)
	フレキシブルディスク			0.03			〜200	0.09				3G	4,5)

1) 斎藤他：日本応用磁気学会誌，**22** (1998)，1196-1201．
2) 大石他：テレビジョン学会技術報告，**19** (41)(1995)，25-30．
3) H. Inaba, et al.: *IEEE Trans. Magn.*, **29** (1993), 3607-3612．
4) 栗原他：*NIKKEI ELECTORONICS* (2002. 3. 25)，137．
5) K. Ejiri, et al.: *IEEE Trans. Magn.*, **37** (2001), 1605．
6) 尾上他：東芝レビュー，**43** (1988)，893；T. Fujiwara, et al.: *IEEE Trans. Magn.*, **MAG 21** (1985)，1480．

表2 薄膜媒体

	膜の種類	薄膜微細構造		記録媒体特性				備考（下地，膜構成）	参考文献
		結晶構造	配向性	磁気異方性 (10^4 J/m³)	飽和磁束密度 (T)	保磁力 (kA/m)	角形比		
面内記録	Co-Cr-Ta	hcp	面内		0.51〜0.56	70〜151		Cr 下地	1)
	Co-Cr-Pt-Ta-Nb	hcp	面内	18	0.45〜0.78	159〜193	0.77〜0.84	CrMo 下地	2)
	Co-Cr-Pt-B スパッタ膜	hcp	(11.0) 面内	18		322		Co-Cr-X/Cr-X-Y/Cr 下地	3)
	Co-Cr-Pt-B系 AFC スパッタ膜	hcp	面内	—		318	〜0.5	AFC：Antiferromagnetically coupled CoPtCrB/Ru/CoPtCrB	4)
	Co-Cr-Pt系 SF スパッタ膜	hcp	面内	—		316		SF：Synthetic ferri Co-Cr-Pt/Ru/Co-Cr-Pt	5)
斜め異方性	Co-(Co-O) 斜め蒸着膜	—	容易軸傾斜？	0.45	119, 111.5, 116	0.85, 0.79		磁気テープ専用，膜厚 33nm, PET, Poly-Aramid	6,7)

膜の種類		薄膜微細構造		記録媒体特性				備考(下地,膜構成)	参考文献
		結晶構造	配向性	磁気異方性 $[10^5J/m^3]$	飽和磁束密度$[T]$	保磁力 $[kA/m]$	角形比		
垂直記録	Co-Cr-Pt スパッタ膜	hcp	(001)	27.6	0.58	444	1	Ti 下地	8)
	Co-Cr-Pt スパッタ膜	hcp	(001)	12.5	0.31	207	0.98	非磁性 Co-Cr 下地	9)
	Co-Cr-Pt スパッタ膜	hcp	(001)	33.6	0.41	393	0.92	70Gbit/in²	10)
	Co-Cr-Pt-O スパッタ膜	hcp	(001)	—	0.5	302	1	Ru 下地	11)
	Co-Cr-Pt-Nb スパッタ膜	hcp	(001)	20		286	0.94	Pt/Ti/NiFeNb 垂直二層膜	12)
	Co-Cr-Pt-B スパッタ膜	hcp	(001)	—	—	271	1	Ru/Ta 下地	13)
	CoPtCr-SiO₂ スパッタ膜	—	—	42	—	557	—	Ru 下地	14)
	Ba-フェライト スパッタ膜	六方晶系	(001)	19.1	0.35	279	—	Pt-Ta 下地	15)
	Sr-フェライト スパッタ膜	六方晶系	(001)	—	—	237〜279	—	対向ターゲットスパッタ,Pt下地,Ar+Krガス	16)
	Co-γFe₂O₃ ECR スパッタ膜	スピネル	(311)	—	0.17〜0.74	135〜253	0.33〜0.75	(NiO 下地)	17)
	Co/Pd 多層スパッタ膜	fcc	(111)	29〜72	0.25〜0.75	159〜796	1	高 Ar 圧スパッタ	18)
								C 下地, Si 下地	19)
								ITO 下地	20)
								NiAl/Pd 下地(pinning layer)	21)
	Fe-Pt スパッタ膜	fct	(001)	120 以上	1	159〜398	1	MgO 下地	22)
	(Co-Pt) Ag/SiO₂ スパッタ膜	fct	(001)		0.13	875	〜1		23)
	Fe-Pt 自己組織化膜	fcc, fct	(111)			493		直径 4nm	24)
	(Fe-Pt)-Cu, Ag 膜	//fct	(110)			〜955	—	glass 基板, 規則化温度の低温化	25)

1) D. M. Donett, et al.:J. Magn. Soc. Jpn., 23 (1999), 1009 ; J. Chen, et al.:J. Magn. Soc. Jpn., 21, S2 (1997), 513.
2) H. Akimoto, et al.:IEEE Trans. Magn., 34 (1998), 1597.
3) G. Choe, et al.:Digest of TMRC2002, B1, Aug. (2002).
4) E. E. Fullerton, et al.:Appl. Phys. Lett., 77 (2000), 3806.
5) J. Hong, et al.:IEEE Trans. Magn., 38 (2002), 15.
6) H. Yoshida, et al.:J. Mag. Soc. Jpn., 18, Suppl., No.S1 (1994), 439.
7) T. Kawana, et al.:presented at the Intermag. 1995, EA-03 ; T. Ozue, et al.:IEEE Trans. Magn., 32 (1996) 3881 ; NIKKEI ELECTORONICS (2001.6.4) (No.797), 114.
8) T. Keitoku, et al.:J. Magn. Magn. Mater., 235 (2001), 34 ; 経徳他:信学技報, MR2000-5 (2000), 25.
9) H. Takano, et al.:presented at the Intermag. 2000, AD-06 ; 高野他:信学技報, MR2000-11 (2000), 21.
10) W. R. Eppler, et al.:Digest of TMRC2002, C1, Aug. (2002).
11) A. Takeo, et al.:IEEE Trans. Magn., 36 (2000), 2378 ; T. Hikosaka, et al.:IEEE Trans. Magn., 37 (2001), 1586.
12) J. Ariake, et al.:Digest of Intermag. 2002, FQ04, Apl. (2002).
13) Min Zheng, et al.:Digest of Intermag. 2002, FQ03, Apl. (2002).
14) 竹野入他:第 26 回日本応用磁気学会学術講演集, 17pPS-15 (2002), 141 ; 竹野他:信学技報, MR2002-6 (2002), 31.
15) 船橋他:日本応用磁気学会誌, 25 (2001), 547.
16) S. Nakagawa, et al.:Digest of Intermag. 2002, EP12, Apl. (2002).
17) S. Yamamoto, et al.:J. Magn. Magn. Mater., 235 (2001), 342 ; 山本他:日本応用磁気学会誌, 26, 4 (2002), 263.
18) L. Wu, et al.:J. Magn. Soc. Jpn., 21 (1997), 301 ; K. Ouchi, et al.:IEEE Trans. Magn., 36 (2000), 16.
19) 朝日他:日本応用磁気学会誌, 25 (2001), 575 ; 川治他:信学技報, MR2002-7(2002), 35.
20) W. Peng, et al.:J. Appl. Phys., 87 (2000), 6358.
21) L. Wu, et al.:Digest of Intermag. 2002, DB09, Apl. (2002).
22) T. Suzuki, et al.:J. Magn. Soc. Jpn., 21, Suppl., No.2 (1997), 177. ; N. Honda, et al.:J. Magn. Soc. Jpn., 24 (2000), 1027.
23) Chen Chen, et al.:Appl. Phys. Lett., 76, 22 (2000), 3218.
24) S. Sun, et al.:Science, 287 (2000), 1989.
25) T. Maeda, et al.:Digest of Intermag. 2002, ED05, Apl. (2002).

3 磁性材料

表 3 熱(光)磁気記録材料

	媒体	キュリー温度 T_c [℃]	磁化 M_s [15.79× 10^{-6}H/m]	カー回転角 θ_K [°]	カー楕円率 η_K [°]	波長 λ [10^{-10}m]	反射率 R [%]	保磁力 H_c [79.58A/m]	備考	文献
記録層	TbFeCo	160～270	0.125～0.250	0.35 0.4	0.19	7 800 5 320	28	3 000～15 000		1)
	NdFeCo	160～250 T_{comp}：−40～150	0.25～0.04	0.4		5 000		1 000～5 000		
	PtCo 多層膜	150～430	0.19～0.50	0.4 0.3		3 000 6 700		200～1 000 Oe		2), 3)
	Co/Pt, Co/Pd 多層膜	130～350	150～450 emu/cc	0.1～0.4		7 800		100～3 000 Oe	Co/Pt：12 nm Co/Pd：15 nm	4)
	Co/Pt 多層膜		791kA/m	0.44 0.25	0.15 0.03	3 000 8 200		25kA/m	(2.02 nm：Co +1.77 nm：Pt) 14 層	5)
	PtCo 多層膜	250～300	235～250 emu/cc	0.62～0.67		8 300	19～20	400～790 Oe	(0.5 nm：Co +1.7 nm：Pt) 9 層	6)
	PtCo 多層膜	400		0.81	0.02	5 320	19	1 000 Oe	(0.4 nm：Co +0.9 nm：Pt) 17 層	1)
読み出し層	GdFeCo	350 T_{comp}：−10		0.75		6 800		500 Oe	20 nm	7)
	GdFeCo	480～520 K	580～800 emu/cc	0.30 0.38	0.11 0.10	3 000 8 200			$Gd_{30}(Fe_{89}Co_{11})_{70}$	8), 9)
	GdFeCo	320		0.47	0.21	5 320			120 nm	1)

1) M. Kaneko, Y. Sabi, I. Ichimura, S. Hashimoto：*IEEE Trans. Magn.*, **29** (1993), 3766-3771.
2) D. M. Newman, R. J. Matelon, M. L. Wears：*Trans. Magn. Soc. Jpn.*, **2** (2002), 216-219.
3) W. B. Zeper, F. J. A. M. Greidanus, P. F. Carcia：*IEEE Trans. Magn.*, **25** (1989), 3764-3766.
4) Y. Ochiai, S. Hashimoto, K. Aso：*IEEE Trans. Magn.*, **25** (1989), 3755-3757.
5) W. B. Zeper, F. J. A. M. Greidanus, P. F. Carcia, C. R. Fincher：*J. Appl. Phys.*, **65** (1989), 4971-4975.
6) S. Sumi, Y. Teragaki, Y. Kusumoto, K. Torazawa, S. Tsunashima, S. Uchiyama：*J. Magn. Magn. Mater.*, **126** (1993), 590-592.
7) H. Awano, S. Ohnuki, H. Shirai, N. Ohta, A. Yamaguchi, S. Sumi, K. Torazawa：*Appl. Phys. Lett.*, **69** (1996), 4257-4259.
8) X. Y. Yu, H. Watanabe, S. Iwata, S. Tsunashima, S. Uchiyama, R. Gerber：*Trans. Mat. Res. Soc. Jpn.*, **15B** (1994), 1011-1014.
9) S. Tsunashima, S. Masui, T. Kobayashi, S. Uchiyama：*J. Appl. Phys.*, **53** (1982), 8175-8177.

3・3 磁気抵抗材料

磁気抵抗材料	磁気抵抗変化率 [%](室温)	磁気抵抗材料	磁気抵抗変化率 [%](室温)
異方性磁気抵抗効果材料		スペキュラースピンバルブ	
$Ni_{80}Fe_{20}$合金	4	NiO/Co/Cu/Co/Au	12～15
$Ni_{80}Co_{20}$合金	6	NiO/Co/Cu/Co/Cu/NiO	21
巨大磁気抵抗(GMR)効果材料		グラニュラー合金	
[Fe(1.4nm)/Cr(0.8nm)]$_{50}$人工格子(多層膜)	20～30	Co-Cu 系	20～25
[Co(0.8nm)/Cu(0.9nm)]$_{60}$人工格子(多層膜)	50～60	Co-Ag 系	20～25
スピンバルブ		トンネル磁気抵抗(TMR)効果材料	
NiFe/Cu/Co	14	接合型	
Co/Cu/Co	9.5	$IrMn/NiFe/CoFe/AlO_x/CoFe$	50～58
$Co_9Fe/Cu/Co_9Fe$	10～12	$IrMn/Co/AlO_x/Ni_{80}Fe_{20}$	15
NiFe/Cu/NiFe	5	グラニュラー型	
スピンフィルタースピンバルブ		Co-Al-O	6～8
$Ta/Cu/Co_9Fe/Cu/Co_9Fe/IrMn/Ta$	9～10	Fe-Co-Mg-F	13

参考文献
1) T. R. McGuire, R. I. Potter：*IEEE Trans. Magn.*, **MAG-11** (1975), 1018.
2) B. Dieny：*J. Magn. Magn. Mater.*, **136** (1994), 335.
3) E. Hirota, H. Sakakima, K. Inomata：Giant Magneto-Resistance Devices, Springer Ser. Surface Sci. Vol.40 (2002).

3・4 半硬質および永久磁石材料

3・4・1 半硬質材料

分類		種類	組成 [mass%] (残部 Fe)	残留磁束密度 B_r [T]	保磁力 H_{cJ} [kA/m]	角形比	主な用途*
焼入型		Cr 鋼	0.9C, 0.3Mn, 3Cr	1.2	2.8	—	L
		Co-Cr 鋼	0.8C, 15Co, 4.5Cr	1.1	5.6	—	L
α/γ 変態型	Fe-Co 系	Vicalloy	52Co, 9.5V	1.1〜1.3	4.0〜14.4	0.7〜0.8	H
		Remendur	48.5Co, 3V	1.6〜2.15	1.6〜4.8	0.90〜0.95	R
	Fe-Mn 系	Fe-Mn-Cr	11.5〜12.5Mn, 2〜4Cr, 3Ti	0.8〜1.0	6.4〜10.4	—	H
		Fe-Mn-Co	9.7Mn, 19Co	1.6	3.6	0.91	R
	Fe-Ni 系	Fe-Ni-Cu	16Ni, 6Cu	1.4	3.6	>0.9	L, R
		Fe-Ni-Al	15Ni, 3Al, 1Ti	1.5〜1.7	2.4〜4.0	>0.9	R
スピノーダル 分解型	アルニコ系	—	8〜9Al, 13〜17Ni, 0〜5Co	0.9〜1.0	5.0〜10.4	—	H
	Fe-Cr-Co 系	—	25〜30Cr, 7〜11Co	0.8〜1.1	6.0〜32.0	—	H
析出型	高 Co-Fe 系	Co-Fe-Nb	85Co, 3Nb	1.45	1.6	0.95	R, M
	高 Fe-Mo 系	Fe-Mo-Co	10Mo, 16Co	1.56	4.0	—	H
	高 Fe-W 系	Fe-W-Co	10〜13W, 12〜20Co	1.92	2.0〜5.6	>0.90	R
		Fe-Mo-W	3Mo, 3W	1.83	1.55	0.93	R
	Fe-Cu 系	—	18.3Cu, 1.7Mn	1.55	4.4	0.95	R

* H：ヒステリシスモータ用, L：ラッチングリレー用, M：半固定記憶素子用, R：リマネントリードスイッチ用
日本金属学会編：金属便覧 改訂 5 版 (1990), p.705, 丸善.

3・4・2 アルニコ系磁石

a. 磁気特性

種類	JIS 簡略呼称	JIS コード番号	最大エネルギー積 $(BH)_{max}$ [kJ/m³]		残留磁束密度 B_r [mT]		保磁力 H_{cB} [kA/m]		保磁力 H_{cJ} [kA/m]		材質(旧)名称	組成 [mass%]
			最小	公称	最小	公称	最小	公称	最小	公称		
鋳造または焼結等方性	AlNiCo 9/5	R1-0-1	9	13	550	600	44	52	47	55	アルニコ 3	Al：8〜13
	AlNiCo 12/6	R1-0-2	11.6	15.6	630	680	52	60	55	63	アルニコ 2	Ni：13〜28
	AlNiCo 17/9	R1-0-3	17	21	580	630	80	88	86	94	アルニコ 7	Co：0〜42
鋳造異方性	AlNiCo 37/5	R1-1-1	37	41	1 180	1 230	48	56	49	57	アルニコ 6	Fe：残部
	AlNiCo 38/11	R1-1-2	38	42	800	850	110	118	112	120	アルニコ 8	Cu：2〜6
	AlNiCo 44/5	R1-1-3	44	48	1 200	1 250	52	60	53	61	アルニコ 5	Ti：0〜9
	AlNiCo 60/11	R1-1-4	60	64	900	950	110	118	112	120	アルニコ 8	その他の成分
	AlNiCo 36/15	R1-1-5	36	40	700	750	140	148	148	156	アルニコ 8HC	Si：0〜0.8
	AlNiCo 58/5	R1-1-6	58	62	1 300	1 350	52	60	53	61	アルニコ 5Col	Nb：0〜3
	AlNiCo 72/12	R1-1-7	72	76	1 050	1 100	118	126	120	128	アルニコ 9	
焼結異方性	AlNiCo 34/5	R1-1-10	34	38	1 120	1 170	47	55	48	56	アルニコ 5	
	AlNiCo 26/6	R1-1-11	26	30	900	950	56	64	58	66	アルニコ 6	
	AlNiCo 31/11	R1-1-12	31	35	760	810	107	115	111	119	アルニコ 8	
	AlNiCo 33/15	R1-1-13	33	37	650	700	135	143	150	158	アルニコ 8HC	

JIS C 2502-1998

b. 組成と磁気特性

材質		組成 [mass%] (残 Fe)					磁気特性		
		Al	Ni	Co	Cu	添加物	B_r [T]	H_{cJ} [kA/m]	$(BH)_{max}$ [kJ/m³]
等方性*	アルニコ 2	10	17	12	6	—	0.72	44	13
	アルニコ 3	12	25	—	—	—	0.69	38	11
	アルニコ 4	12	28	5	—	—	0.55	58	10
異方性**	アルニコ 5 等軸晶	8	14	24	3	—	1.25	50	40
	アルニコ 5 半等軸晶	8	14	24	3	—	1.25	55	48
	アルニコ 5 柱状晶	8	14	24	3	—	1.28	60	58
	アルニコ 5 帯溶融	8	14	24	3	—	1.35	62	64
	アルニコ 6	8	15	24	3	Ti：1.2	1.065	63	32
	アルニコ 8	7	14.5	35	5	Ti：5	0.8	111	32
	アルニコ 8 柱状晶	7	14.5	35	5	Ti：5, S：0.2	1.095	127	83

* R. M. Bozorth：Ferromagnetism (1993), IEEE Press.
** 磁気工学講座 硬質磁性材料 (1976), p.59, 丸善.

c. その他の諸性質

種類	密度 [Mg/m³]	比抵抗 [$10^{-8} \Omega \cdot m$]	硬さ [HRC]	熱膨張係数 [10^{-6}/K]	キュリー点 [K]	B_rの温度係数 [%/K]	H_{cJ}の温度係数 [%/K]	リコイル透磁率
鋳造	7.1〜7.3	60〜75	45〜60	11.0〜12.4	1 023〜1 123	−0.02	−0.07〜+0.03	2〜7.5
焼結	6.8〜7.1							

JIS C 2502-1998

3・4・3 Fe-Cr-Co 磁石材料
a. 磁気特性

種類	JIS 簡略呼称	JIS コード番号	最大エネルギー積 $(BH)_{max}$ [kJ/m³]		残留磁束密度 B_r [mT]		保磁力 H_{cB} [kA/m]		保磁力 H_{cJ} [kA/m]		組成 [mass%]
			最小	公称	最小	公称	最小	公称	最小	公称	
鋳造または焼結等方性	CrFeCo 12/4	R2-0-1	12	16	800	850	40	44	42	46	Co:7〜25
	CrFeCo 10/3	R2-02	10	14	850	900	27	31	29	33	Cr:25〜35
鋳造または焼結異方性	CrFeCo 28/5	R2-1-1	28	32	1 000	1 050	45	49	46	50	Fe:残部
	CrFeCo 30/4	R2-1-2	30	34	1 150	1 200	40	44	41	45	その他の成分
	CrFeCo 35/5	R2-1-3	35	39	1 050	1 100	50	54	51	55	(Si, Ti, Mo, Al, V):
	CrFeCo 44/5	R2-1-4	44	48	1 300	1 350	44	48	45	49	0.1〜3

b. 組成, 熱処理と磁気特性

組成 [mass%] (残部 Fe)					B_r [T]	H_{cJ} [kA/m]	$(BH)_{max}$ [kJ/m³]	熱処理条件および備考
Cr	Co	Mo	Ti	Si				
28	23			1	1.30	580	42	640°CMT40min, 600°C1h, 500°C1h, 560°C4h
22	15		1.5		1.56	51	66	690°CMT20min, 620°C1h, 600°C40min, 8°C/h, 500°C7h
24	15	3	1.5		1.41	58	50	655°CMT20min, 620°C1h, 600°C2h, 8°C/h, 500°C10h
24	15	3	1.0		1.54	67	76	655°CMT20min, 620°C1h, 600°C2h, 8°C/h, 500°C10h, 柱状晶
21.5	18.5	3	1.0		1.58	72.8	91.2	675°CMT12min, 620°C1h, 600°C1h, 8°C/h, 500°C5h, (100)単結晶
25	12		1.5		1.45	50	62	655°CMT80min, 620°C1h, 600°C2h, 5°C/h, 500°C10h
26	10		1.5		1.44	47	54	640°CMT1h, 620°C1h, 15°C/h, 500°C50h
27	8		1.5		1.36	46	48	630°CMT3h, 620°C1h, 5°C/h, 500°C50h
29	6		1.5		1.28	46	40	620°CMT3h, 610°C6h, 3.8°C/h, 500°C50h
30	4		1.5		1.25	46	40	610°CMT12h, 600°C24h, 0.8°C/h, 500°C50h

M. Okada, S. Sugimoto, M. Homma, N. Ikuta: MRS Int'l. Mtg. on *Adv. Mats.*, 11 (1989), 123.

c. その他の諸性質

密度 [Mg/m³]	比抵抗 [10⁻⁸Ω·m]	熱膨張係数 [10⁻⁶/K]	キュリー点 [K]	B_r の温度係数 [%/K]	H_{cJ} の温度係数 [%/K]	リコイル透磁率
7.6〜7.7	68	11.0〜12.4	893〜913	−0.05〜−0.03	−0.04	2.5〜6

JIS C 2502-1998
R. J. Parker: Advances in Permanent Magnetism (1990), p.321, John Wiley & Sons.

3・4・4 Pt-Co, Pt-Fe 磁石材料

	組成	最大エネルギー積 $(BH)_{max}$ [kJ/m³]	残留磁束密度 B_r [mT]	保磁力 H_{cB} [kA/m]	保磁力 H_{cJ} [kA/m]	硬さ [HRC]	密度 [Mg/m³]	比抵抗 [10⁻⁸Ω·m]	熱膨張係数 [10⁻⁶/K]	リコイル透磁率	キュリー点 [K]
Pt-Co[1]	—	72	600	370	—	26	11[4]	28	11.4	1.1	753
Pt-Co[2]	Co-50at%Pt	96	740	—	450						
Pt-Fe[3]	Fe-38.5mass%Pt	159	1 080	—	400						

1) R. J. Parker: Advances in Permanent Magnetism (1990), p.321, John Wiley & Sons.
2) H. Kaneko, et al.: *Trans. JIM.*, 9 (1968), 124.
3) 渡辺他:日本金属学会誌, 47 (1983), 669.
4) 近角総信:強磁性体の物理(下)(1984), p.379, 裳華房.

3・4・5 Mn-Al-C 磁石材料

種類	組成 [mass%]			磁気特性		
	Mn	Al	C	B_r [mT]	H_c [kA/m]	$(BH)_{max}$ [kJ/m³]
等方性	72	27	1	300〜330	160〜180	14〜16
異方性	70	29.5	0.5	520〜600	160〜210	40〜48
	70	29.5	0.5	580〜620	240〜270	56〜64
面異方性	70	29.5	0.5	420〜460	160〜230	24〜32

B_r:残留磁束密度, H_c:保磁力, $(BH)_{max}$:最大エネルギー積
日本応用磁気学会誌, 6, 1 (1982), 18〜21.

3・4・6 フェライト磁石材料

成分系	製造方法	製造会社	材料名	磁気特性			
				B_r [mT]	H_{cB} [kA/m]	H_{cJ} [kA/m]	$(BH)_{max}$ [kJ/m³]
$BaFe_{12}O_{19}$	乾式等方性	TDK	FB1A	205〜235	143〜175	239〜279	7.3〜10.5
		NEC/TOKIN	Q2	200〜240	127〜160	—	7.1〜10.4
		日立金属	YBM-3	200〜230	127〜160	254〜319	6.3〜8.8
	乾式異方性	NEC/TOKIN	Q10	360〜400	143〜175	—	26.3〜29.5
		日立金属	YBM-1A	370〜410	135〜168	—	25.4〜29.5
	湿式異方性	TDK	FB4A	400〜420	159〜191	161〜193	30.2〜33.4
		NEC/TOKIN	Q6	400〜430	143〜175	—	28.8〜32.0
		日立金属	YBM-1B, -1BB	380〜420	143〜207	—	27.0〜32.7

成分系	製造方法	製造会社	材料名	磁気特性			
				B_r [mT]	H_{cB} [kA/m]	H_{cJ} [kA/m]	$(BH)_{max}$ [kJ/m³]
SrFe₁₂O₁₉	乾式異方性	TDK	FB3X, 3G, 3N	360～410	223～271	223～291	23.5～28.3
			FB4D	400～420	223～247	223～255	29.8～33.0
		NEC/TOKIN	SR-30, -40, -40S, -40SS, -40H	340～410	214～287	-	20.6～31.9
		日立金属	YBM-2D, -2C	330～390	214～263	-	19.8～27.9
		住友特殊金属	SSR-D32, -D35, -D37	360～410	159～263	167～271	23.8～31.8
	湿式異方性	TDK	FB4B, 4X	390～430	223～271	223～283	28.7～35.0
			FB5N, 5B, 5H	395～450	215～310	217～334	29.5～38.3
			FB6N, 6B, 6H, 6E	370～450	247～314	251～406	25.9～38.3
		日立金属	YBM-2B, -2BA, -2BB, -2BC, -2BD, -2BE, -2BF	360～440	175～303	222～422	21.4～36.7
			YBM-5BB, -5BD, -5BE, -5BF	380～440	214～303	214～383	27.0～36.7
			YBM-6BB, -6BD, -6BE, -6BF	390～440	230～310	238～382	28.5～36.7
		住友特殊金属	SSR-320H, -360H, -420	360～430	222～294	230～350	23.8～35.0
			SSR-330IH, -400, -400H, -430, -460	360～450	206～310	214～342	24.6～38.2
			SSR-360IH, -380MH, -420H, -460R	380～450	246～314	250～414	27.0～38.2
		NEC/TOKIN	SR-1H, -2H, -1, -2, -3, -4	340～440	215～287	-	22.4～26.8
		Carbone Lorraine	FXD4A, 4B	405～415	250～270	260～280	31.1～32.6
			FXD6A, 6C, 6D	392～431	258～299	268～357	29.1～35.2
			FXD8C, 8D, 8E	398～428	302～313	320～380	30.0～34.7
Sr₁₋ₓLaₓFe₁₂₋ₓCoₓO₁₉	乾式異方性	TDK	FB5D	405～425	243～267	247～279	31.0～34.2
			FB9N, 9B, 9H	420～470	267～354	275～410	33.4～42.0
	湿式異方性	日立金属	YBM-9BD, -9BE, -9BF	420～455	-	286～414	-
		住友特殊金属	SSR-480R, -460MR, -440IH	420～470	266～334	278～406	33.4～40.6
		Carbone Lorraine	FXD11C, 11D, 11E	420～440	318～333	360～400	33.4～36.7

1) 各社カタログ（2002年版）より抜粋
2) 製造会社は他にも，中国，韓国などに数多く存在

3・4・7 希土類磁石材料

a. 希土類コバルト系磁石材料

組織分類	材質	製法	残留磁束密度 B_r [T]	保磁力 H_{cB} [kA/m]	固有保磁力 H_{cJ} [kA/m]	最大磁気エネルギー積 $(BH)_{max}$ [kJ/m³]	温度係数		密度 [Mg/m³]
							$\alpha(B_r)$ [%/K]	$\alpha(H_{cJ})$ [%/K]	
異方性	Sm₂Co₁₇焼結	焼結法	0.90	620	1000	140	-0.03	-0.25	8.4
			0.94	600	860	160			
			1.00	660	1500	180			
			1.00	680	1000	180			
			1.05	600	700	200			
			1.05	700	1500	200			
			1.10	600	700	220			
	SmCo₅焼結	焼結法	0.86	600	1200	140	-0.04	-0.30	8.3
			0.90	600	700	150			
			0.92	660	1200	160			
			0.93	600	700	170			
	Sm₂Co₁₇ボンド	圧縮成形	0.78	480	750	110	-0.03	-0.25	6.8
		射出成形	0.48	300	600	40	-0.03	-0.25	5.3
			0.61	360	700	65			5.5
			0.65	480	750	75			5.7
	SmCo₅ボンド	射出成形	0.62	380	680	65	-0.04	-0.28	5.7

特性分類は$(BH)_{max}$とH_{cJ}の最低値の典型的な値に基づいた．

b. 希土類鉄ホウ素系磁石

組織分類	材質	製法	残留磁束密度 B_r [T]	保磁力 H_{cB} [kA/m]	固有保磁力 H_{cJ} [kA/m]	最大磁気エネルギー積 $(BH)_{max}$ [kJ/m³]	温度係数		密度 [Mg/m³]
							$\alpha(B_r)$ [%/K]	$\alpha(H_{cJ})$ [%/K]	
異方性	Nd₂Fe₁₄B焼結	焼結法	0.98	700	1900	170	-0.10～-0.12	-0.45～-0.6	7.4～7.5
			1.06	760	1900	200			
			1.06	790	1300	210			
			1.06	760	2400	210			
			1.13	840	1200	250			
			1.16	840	1800	240			
			1.16	840	2000	240			
			1.20	830	2400	250			
			1.21	840	200	260			
			1.23	700	800	290			
			1.24	900	1200	280			

3 磁性材料

組織分類	材質	製法	残留磁束密度 B_r [T]	保磁力 H_{cB} [kA/m]	固有保磁力 H_{cJ} [kA/m]	最大磁気エネルギー積 $(BH)_{max}$ [kJ/m³]	温度係数 $\alpha(B_r)$ [%/K]	温度係数 $\alpha(H_{cJ})$ [%/K]	密度 [Mg/m³]
異方性	$Nd_2Fe_{14}B$ 焼結	焼結法	1.30	900	1300	310	$-0.10\sim-0.12$	$-0.45\sim-0.6$	7.4～7.5
			1.31	800	880	320			
			1.33	920	1300	340			
			1.35	800	900	360			
			1.39	840	880	380			
	$Nd_2Fe_{14}B$ 押し出し	熱間加工	1.08	810	1600	230			
			1.14	830	1110	240			
			1.22	870	1100	270			
			1.28	880	1000	300			
	$Nd_2Fe_{14}B$ ボンド	圧縮成形	0.85		1000	130	-0.11	-0.45	5.8～6.1
			0.93		1300	140			
			0.95		900	170			
			1.00		960	180			
		射出成形	0.67		1400	100			
			0.75		880	110			
			0.73		1000	110			
等方性	$Nd_2Fe_{14}B$ ホットプレス	熱間加工	0.86	610	1600	127			7.5
	$Nd_2Fe_{14}B$ ボンド	圧縮成形	0.56	350	950	53	$-0.10\sim-0.12$	-0.4	5.8
			0.63	360	640	63			5.8
			0.70	500	680	82			6.2
		射出成形	0.38	280	900	30			4.6
			0.40	270	900	26			4.2
			0.43	270	560	28			4.2
			0.47	290	560	33			4.6
			0.47	320	700	40			5
			0.51	320	700	45			5.7
			0.55	350	700	50			5.7
	$Fe_3B/Nd_2Fe_{14}B$ ボンド	射出成形	0.50	210	350	30	-0.08	-0.33	4.9

1. 国際標準が未制定のため特性分類は$(BH)_{max}$とH_{cJ}の最低値の典型的な値に基づいた.
2. $Nd_2Fe_{14}B$異方性ボンド磁石の原料製法には水素化・不均化・脱水素・再結合法(HDDR法)と熱間塑性加工法とがある.
3. $Fe_3B/Nd_2Fe_{14}B$はFe_3Bと$Nd_2Fe_{14}B$からなるナノコンポジット磁石を表す.

c. サマリウム鉄窒素系磁石

組織分類	材質	製法	残留磁束密度 B_r [T]	保磁力 H_{cB} [kA/m]	固有保磁力 H_{cJ} [kA/m]	最大磁気エネルギー積 $(BH)_{max}$ [kJ/m³]	$\alpha(B_r)$ [%/K]	$\alpha(H_{cJ})$ [%/K]	密度 [Mg/m³]
異方性	$Sm_2Fe_{17}N_3$ボンド	射出成形	0.62	370	700	70	-0.07	-0.5	4.1～4.3
			0.73	480	680	99			4.6～4.8
			0.76	485	660	107			4.7～4.9
等方性	$Sm_2Fe_{17}N_3$ボンド	圧縮成形	0.56	390	850	57	-0.07	-0.42	5.8
	$SmFe_7N$ ボンド	圧縮成形	0.80	500	720	110	-0.034	-0.4	5.9～6.3
		射出成形	0.75	440	700	72			5.0～5.5

1. 特性分類は$(BH)_{max}$とH_{cJ}の最低値の典型的な値に基づいた.
2. $Sm_2Fe_{17}N_3$異方性磁石の原料粉末は直接還元法などの方法で作製した単結晶微粉末を窒化処理して製造される.
3. $Sm_2Fe_{17}N_3$等方性磁石の原料粉末は急冷凝固法などにより作製した多結晶合金を窒化処理して製造される.

3・4・8 ボンド磁石の磁気特性

磁石材料	フェライト磁石 ($SrO \cdot 6Fe_2O_3$系または$BaO \cdot 6Fe_2O_3$系)						希土類磁石 ($Sm_2(Co, Fe, Cu, M)_{17}$系 $M=Zr$, etc.および$SmCo_5$系(*印))		希土類磁石 (Nd-Fe-B系)						希土類磁石 (Sm-Fe-N系)			
製法	押出成形		射出成形		圧延成形		圧縮成形		射出成形		圧縮成形		圧延成形		圧縮成形		射出成形		押出成形
等方性・異方性の区別	等方性	異方性	等方性	異方性	等方性	異方性	異方性(*)	異方性	等方性	異方性	等方性	異方性	等方性	異方性	等方性	異方性	等方性	異方性	異方性
残留磁束密度 B_r [mT]	155	290	160	309	160	260	500	810	680	698	770	1100	670	830	690	800	750	810	440	753
保磁力 H_{cJ} [kA/m]	240	240	199	250	330	195	950	950	790	864	1114	1142	1034	800	720	700	756	744	733
最大磁気エネルギー $(BH)_{max}$ [kJ/m³]	4.3	15.2	3.98	18.7	4.8	11.9	40	120	84	91	99	199	72.2	119	68	110	72	115	32	102
可逆温度係数 $\Delta B_r/B_r$ [%/℃]	-0.18	-0.18	-0.18	-0.18	-0.18	-0.18	-0.035	-0.035	-0.04	-0.035	-0.11	-0.11	-0.11	-0.13	-0.11	-0.05	-0.05	-0.06	-0.05	-0.06
密度 d [Mg/m³]	3.85	3.8	3.9	3.86	3.85	3.7	7.2	7.2	5.8	6.1	6.3	5.63	5.1	—	6.2	5	4.9	5.1	4.9

備考：磁気特性は量産品の最高値レベルで示した．また，バインダー材料としては，圧縮成形ではエポキシ樹脂，射出成形ではナイロン6やナイロン12かPPS，押出成形では塩素化ポリエチレンやEVA，圧延成形では塩素化ポリエチレンやNBRが主として用いられる．

参考文献
1) 電気学会技術報告第729号「高性能永久磁石の特性，安定性と応用」(1999)，電気学会．
2) Proc. 16th International Workshop on Rare-Earth Magnets and Their Applications, Sendai, Japan (2000), Japan Institute of Metals (日本金属学会).
3) 第120回研究会資料「希土類ボンド磁石」(2001)，日本応用磁気学会．
4) BMシンポジウムおよび技術例会・講演資料 (2000) (2001) および (2002)，日本ボンド磁石工業協会．

3・5 磁歪材料

3・5・1 金属磁歪振動子材料

材料	k_{max}	λ_s (10^{-6})	ρ $[\Omega\cdot m]$	D $[Mg/m^3]$	v_l $[km/s]$	σ_B $[MPa]$	Q_e
Ni (soft)	0.16~0.25	-40	7×10^{-8}	—	7.75	49~343	100
Ni (semi hard)	0.3	-35	7×10^{-8}	8.9	4.8		
Ni-Co (4.5% Co)	0.51	-33	10.5×10^{-8}	—	—		
Ni-Co (4% Co)	0.59	—	—	—	5.0		
Ni-Co (18% Co)	0.46	—	—	—	4.8		
Ni-Co (18.5% Co)	0.41	-23	11×10^{-8}	—	—		
Ni-Co (20% Co)	0.37	—	—	—	4.9		
Ni-Co-Cr (1.4% Co, 2.3% Cr)	0.37	—	30×10^{-8}	—	—		
Ni-Co-Cr (2% Co, 0.3% Cr)	0.3	—	—	—	4.8		
Ni-Fe (45 Permalloy)	0.18~0.35	27	45×10^{-8}	8.2	4.1		
Fe-Co (2V-Permendur)	0.20~0.37	70	26×10^{-8}	8.2	5.2		
Fe-Al (13 Alfer, 13 Alfenol)	0.22~0.33	40	90×10^{-8}	6.6	4.5	686	50

k_{max}：最大電気機械結合係数, λ_s：飽和磁気ひずみ定数, ρ：比電気抵抗, D：密度, v_l：縦波弾性波伝搬速度, σ_B：引張強さ, Q_e：弾性的Q値

3・5・2 フェライト磁歪振動子材料

材料	k_{max}	λ_s (10^{-6})	ρ $[\Omega\cdot m]$	D $[Mg/m^3]$	v_l $[km/s]$	σ_B $[MPa]$	Q_e
Ni Ferrite (Ferrocube 4E)	0.18~0.21	-27	>10	5.0~5.1	5.8		
Ni-Co Ferrite (Ferrocube 7B)	0.19~0.24	-27	>10	5.1~5.2	5.7		
Ni-Cu-Co Ferrite (Vibrox II)	~0.27	-28	>4	5.1~5.2	5.4	39.2	800
Ni-Cu-Zn Ferrite (Vibrox I)	~0.22	-28	>4	5.1~5.2	5.6		
Ni-Cu-Co Ferrite (Ferrocube 7A1)	0.25~0.32	-30	1~10	5.1~5.2	5.5		
Ni-Cu-Co Ferrite (Ferrocube 7A2)	0.21~0.26	-28	1~10	5.1~5.2	5.6		
Magnetite (Fe_3O_4, CoO, TiO_2, SiO_2)	25		60	0.05	5.0	5.4	

k_{max}：最大電気機械結合係数, λ_s：飽和磁気ひずみ定数, ρ：比電気抵抗, D：密度, v_l：縦波弾性波伝搬速度, σ_B：引張強さ, Q_e：弾性的Q値

3・5・3 超磁歪希土類系化合物

	λ_s (10^{-6})	λ_{111} (10^{-6})	λ_{100} (10^{-6})	$B_2(10^8 J/m^3)$	v_s (m/s)	v_l (m/s)	ρ (Mg/m^3)	$E(10^{10}N/m^2)$	$K_1(10^5 J/m^3)$
TbFe$_2$	1750	2460		-4.9	3940	1980	9.0	9.4	-76
DyFe$_2$	433	1260	0±4	-4.7					21
ErFe$_2$	-229	-300		1.7	4120	2180	9.7	12.1	-3.3
TmFe$_2$	-123	-210		4.2					-53
SmFe$_2$	-1560	-2100		-3.5					
Terfenol-D (Tb$_{0.3}$Dy$_{0.7}$)Fe$_2$	~2000						9.25	2.65	

λ：磁歪定数, B_2：磁気弾性エネルギー, K_1：結晶磁気異方性エネルギー, v：音速, ρ：密度, E：ヤング率

H. T. Savage, A. E. Clark, J. M. Powers：*IEEE Trans. Magn.*, **MAG-11** (1975), 1355；R. Abbundi, A. E. Clark：*IEEE Trans. Magn.*, **MAG-13** (1977), 1519.

3・6 インバーおよびエリンバー材料[1]

3・6・1 インバー型合金の線膨張係数と磁気変態点

種類	主成分 [mass %]	熱処理	線膨張係数 $[10^{-6}]$	磁気変態点 [K]
インバー	Fe-36.5Ni	焼なまし	+1.2	$T_C=505$
スーパーインバー	Fe-32Ni, 5Co	〃	±0.1	$T_C=503$
ステンレスインバー	Fe-54Co, 9.5Cr	〃	±0.1	$T_C=390$
Fe-Pt合金	Fe-55Pt	〃	-23.6	$T_C=353$
Fe-Pd合金	Fe-46Pd	急冷[*1]	+1.0	$T_C=613$
Zr-Nb-Fe合金[2]	(Zr$_{0.7}$Nb$_{0.3}$)Fe$_2$	焼なまし	-2.0	$T_C=382$
Cr-Fe-Sn合金[3]	Cr-3.1Fe, 1.6Sn	〃	0.0	$T_N=333$
Mn-Ge-Fe合金[4]	Mn-25Ge, 2Fe	〃	-0.9	$T_N=373$
Fe-B非晶質合金[5]	Fe-17at%B	〃	0.3	$T_C=600$
Fe Ni-Zr非晶質合金[6]	(Fe$_{0.8}$Ni$_{0.2}$)$_{90}$Zr$_{10}$	〃	~0	$T_C=473$
ノビナイト合金[7]・[*2]	Fe-32Ni, 5Co, 2.4C, 2Si	〃	1.8	$T_C=573$
LEX合金[8]・[*2]	Fe-36Ni, 0.8C, 0.6Si	水冷	1.9	$T_C=523$

[*1] 100~200℃の平均 [*2] 鋳鉄

3・6・2 エリンバー型合金の諸特性

分類	種類	主成分 [mass%]	磁気変態点 [K]	電気抵抗率 [μΩ·m]	線膨張係数 [10⁻⁶]	ヤング率 [GPa]	ずれ弾性率	ヤング率の温度係数 [10⁻³ K⁻¹]	引張強さ	降伏点 [MPa]	弾性限	伸び [%]	硬さ [HV]
I[1]	Elinvar	36Ni, 12Cr	~373	—	8	78~83	—	±0.3	735	470	—	30	—
	EL-1	36Ni, 9Cr	413	1.0	~10	176	—	+2	—	—	—	—	150
	EL-3	42.5Ni, 5.5Cr, 2.4Ti	463	1.07	8	176~196	78	−1.5~+1.0	980~1 666	—	—	4~20	300~400
	Iso-elastic	36Ni, 7~8Cr, 0.6Mn, 0.5Mo, 0.5Si	—	0.88	7.2	179	64	−3.6~+2.7	1 176	—	—	—	300~350
	Métélinvar	40Ni, 6Cr, 1.5Mo, 3W, 2Mn, 0.6C	533および568	—	—	176	—	0	1 431	—	1 274	11	—
	Elinvar Extra	43Ni, 5Cr, 2.75Ti, 0.6Mn, 0.35Co	473	—	6.5(294) 7.5(230 ~338)	167~186	69	0.8	1 372	1 245	725	7	H_RC 42
	Ni-Span C-902	42.27Ni, 5.32Cr, 2.46Ti	433~463	1.0~1.2	8.1	176~196	69~74	±1.8	617~1 372	1 245	755	—	420
	Y Nic	42Ni, 5.5Cr, 2.5Ti, 0.5Al, 0.6Si	—	—	8	186~196	65~68	0	980~1 372	—	715~755	2~4	300~400
	Vibralloy	39Ni, 9Mo	573	—	8	173	—	0.8	1 029	—	735	2	300
	Nivarox CT	36Ni, 8Cr, 1Ti, Be	353	0.97	7.5	186	—	±2.5	—	—	539	1~1.6	420~460
	Durinval I	40~42Ni, 2Mn, 2.1Ti, 1.9~2Al	363	—	—	—	—	±1.0	1 421	—	1 323	10	—
	Co-Elinvar	26.6Co, 16.7Ni, 9.3Cr	453	—	7.2	180	74	1.5	980	882	—	13	360
	Elcoloy IV	35Co, 16Ni, 5Cr, 4Mo, 4W	333~353	—	8.4	182	75	±0.5	1 715	1 323	—	—	300~400
II[11]	Pallagold[9]	52Au-Pd	なし	0.28	11.3	97	40	0.5	—	—	—	—	153
	Mn-Ni-Cr 合金[10]	16Ni, 25Cr	—	—	21.6	165	53	0.85	—	—	—	—	250
III[11]	Fe-B 合金	16at%B	593	—	−0.1	131	60	−0.2	2 940	—	—	—	1 000
	Fe-Cr-B 合金	6at%Cr-15at%B	423	—	0	144	—	0.5	—	—	—	—	1 100
IV	Pd-Si 合金	20at%Si	なし	—	13	67	—	−1.3	1 333	852	—	0.11	325

I：鉄基強磁性結晶質合金， II：非強磁性結晶質合金， III：強磁性非晶質合金， IV：非強磁性非晶質合金

文　献
1) 白川勇記編：応用金属学大系, 9 電磁材料, (1965), p. 360, 誠文堂新光社.
2) M. Shiga, et al.：*J.M.M.M.*, **10** (1979), 280.
3) 深道他：日本金属学会誌, **37** (1973), 927.
4) 増本他：日本金属学会誌, **46** (1982), 999.
5) K. Fukamichi, et al.：Proc. RQ3 (1978), 117.
6) K. Shirakawa, et al.：*IEEE Trans. Magn.*, **MAG-16** (1980), 910.
7) 特許公報, 昭60-51547.
8) 特許公報, 平3-9179.
9) 増本他：日本金属学会誌, **33** (1969), 121.
10) 増本他：日本金属学会誌, **36** (1972), 881.
11) 菊地他：マシンデザイン, **7** (1980), 38.

4　その他の機能材料

4・1　防振材料

4・1・1　制振合金のダンピング機能の原理

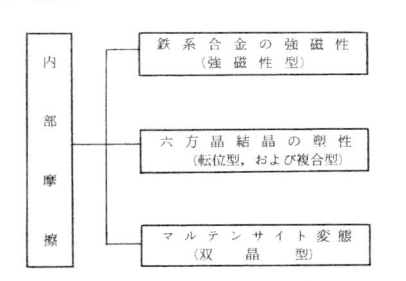

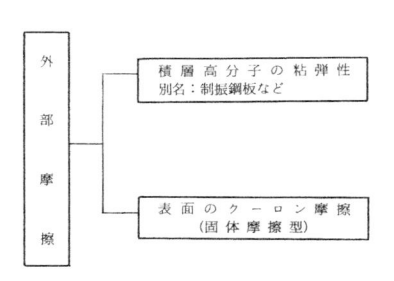

内部摩擦
- 鉄系合金の強磁性（強磁性型）
- 六方晶結晶の塑性（転位型，および複合型）
- マルテンサイト変態（双晶型）

外部摩擦
- 積層高分子の粘弾性（別名：制振鋼板など）
- 表面のクーロン摩擦（固体摩擦型）

4・1・2 制振合金の制振機構と合金例

型	減衰機構	合金組成〔mass%〕と熱処理		合金例	使用温度
複合型	基地と第2相との界面での塑性流動または粘性流動	Fe-3C-2Si Al-78Zn	鋳放し 焼入時効	ねずみ鋳鉄 SPZ合金	<270℃
強磁性型	90℃磁区壁の非可逆移動に伴う磁気-機械的静履歴損失	純Fe, 純Ni Fe-12Cr Fe-12Cr-2Al Fe-12Cr-2Al-3Mo Fe-0.1C-12Cr-2Al Co-22Ni-2Ti-0.25Al	焼純 〃 〃 〃 〃 〃	純鉄, TDニッケル 12Crステンレス鋼 サイレンタロイ ジェンタロイ トランカロイ NIVCO-10	<T_c <410 <350 <890 <T_c <470
転位型	すべり転位の不純物固着点からの離脱に伴う静履歴損失	純Mg Mg-0.6Zr Mg-Mg₂Ni(亜共晶)	鋳放し 〃 〃	純マグネシウム KIXI合金 1)	
双晶型	相変態に付随する格子不変変形に伴い生じた内部双晶境界，または相境界などの移動に伴う応力緩和，または静履歴損失	Mn-37Cu-4Al-2Ni-3Fe Mn-20Cu-5Ni-2Fe(at%) Cu-44Mn-2Al Cu-42Mn-2Al-2Sn Cu-21Zn-6Al Cu-14Al-4Ni 49Ti-51Ni(at%)	焼入時効 徐冷 焼入時効 〃 焼入れ 〃 〃	ソノストン M 2052[2)] インクラミュート1 インクラミュート2 プロテウス 3) ニチノール	<90 <120 <75 <125 <170 <80 <20
固体摩擦型	A.粒界腐食で生じた微少なクラックのクーロン摩擦による損失	Fe-18Cr-8Ni	—	18/8ステンレス鋼	
	B.鋼の表面に溝を切ってこれを圧延し，溝を押しつぶして生じたきずのクーロン摩擦，またはレーザー加工などで作ったごく小さい割れ目のクーロン摩擦による損失	(略)	—	鋼材一般	

1) R. D. Adams : *J. Sound Vib.*, **23** (1972), 199.
2) 殷他：日本金属学会誌, **65** (2002), 607.
3) 杉本孝一：鉄と鋼, **60** (1974), 2203.

4・1・3 金属材料の強度と制振係数

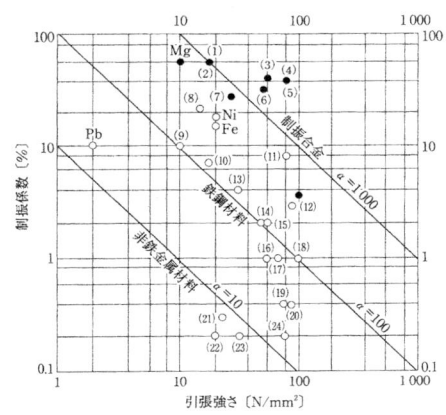

(1) Mg-Zr合金 (KIXI)
(2) Mg-Mg₂Ni
(3) Mn-Cu合金
(4) Cu-Al-Ni合金
(5) Cu-Zn-Al合金
(6) TiNi
(7) Al-Zn合金
(8) 高炭素片状黒鉛鋳鉄（オーステナイト地）
(9) 片状黒鉛鋳鉄 (FC-10)
(10) Mg合金 (AZ81A)
(11) 12Cr鋼
(12) フェライト系ステンレス鋼
(13) 極軟鋼
(14) 可鍛鋳鉄（パーライト地）
(15) 球状黒鉛鋳鉄（パーライト地）
(16) 18-8ステンレス鋼
(17) 0.45%C鋼
(18) 0.95%C鋼
(19) 0.65%C鋼
(20) 0.80%C鋼
(21) Al合金（鋳造用）
(22) 青銅
(23) 黄銅
(24) Ti合金

田中良平編：制振材料 その機能と応用 (1992), p.14, 日本規格協会.

4・1・4 制振合金の使用例とその効果

	名 称	使 用 例	効 果		名 称	使 用 例	効 果
複合型	ねずみ鋳鉄	自動車のブレーキディスク	ブレーキ鳴き解消の効果	強磁性型	ジェンタロイ	切削工具用シャンク	びびり振動防止
転位型	KIXI合金	ミサイル誘導用電子装置の取付け枠	発射時の衝撃振動による誤動作の危険解消の効果			DCソレノイドプランジャー	
						鉄道線路の補修機	−4dB
双晶型	ソノストン	潜水艦のスクリュー	回転騒音低下		サイレンタロイ	大電力直流開閉器	−3dB
		チェーンコンベヤーガイド	92ホン→87ホン			扉・シャッター・事務機	−
		高速テープパンチャー用の取付け枠	−14dB			切削工具用シャンク	びびり振動防止
		メカニカルフィルター			トランカロイ	計装シャルピー試験機	測定精度の向上
		削岩機のドリル	111dB→98dB		制振鋼	US Army M-133型装甲車	−10dB(50MPH)
		防音車輪	−6dB				
		ホット・コットレル・ハンマー				圧延球状黒鉛鋳鉄	木工用円盤鋸	−10dB
	インクラミュート	円盤鋸	−13dB	固体摩擦型	レーザーカットきず入り鋼	円盤コンクリートカッター	騒音低下
	M2052	台所用ディスポーザル	−				
		音響機器部品(ネジ,ワッシャー)	−20dB				

4・2 形状記憶材料

4・2・1 各種形状記憶合金の結晶構造と変態温度ヒステリシス[1]

合 金	組 成 (at%)	結晶構造変化	温度ヒステリシス	特 徴
Ag-Cd	44〜49Cd	B2-2H	〜15	−
Au-Cd	46.5〜48.0Cd	B2-2H	〜15	−
Cu-Zn	49〜50Cd	B2 三方晶	〜2	−
Cu-Zn-X	38.5〜41.5Zn	B2-M9R	〜10	−
(X=Si, Sn, Ga)	数 at%X	B2-M9R	〜10	−
Cu-Zn-Al	(15〜25)Zn-(5〜8)Al(mass%)	B2(DO$_3$)-M9R, M18R	〜10	実用材
Cu-Al-Ni	(28〜29)Al-(3.0〜4.5)Ni	DO$_3$-2H	〜35	−
Cu-Al-Mn	(17〜20)Al-(9〜13)Mn	ホイスラー-18R	〜15	高加工性[2]
Cu-Sn	〜15Sn	DO$_3$-2H, 18R	−	−
Cu-Au-Zn	(23〜28)Au-(45〜47)Zn	ホイスラー-18R	〜6	−
Ni-Al	36〜38Ni	B2-3R, 7R	〜10	−
Ni-Mn-Ga	(20〜25)Mn-(20〜25)Ga	ホイスラー-3R, 7R, 5層周期	〜15	強磁性[3]
Ti-Ni	49〜51Ni	B2-単斜晶	〜30	実用材
		B2-R相	〜1	−
Ti-Ni-Cu	50Ti-(8〜20)Cu	B2-斜方晶	4〜12	実用材
Ti-Pd-Ni	50Ti-(0〜40)Ni	B2-斜方晶	30〜50	高 M_s 材
In-Tl	18〜23Tl	FCC-FCT	〜4	−
In-Cd	4〜5Cd	FCC-FCT	〜3	−
Mn-Cu	5〜35Cu	FCC-FCT	−	(実用制振材料)
Fe-Pt	〜25Pt	FCC-BCT	〜17	−
Fe-Ni-Co-Ti	33Ni-10Co-4Ti(mass%)	FCC-BCT	〜70	熱弾性型(低 M_s のみ)
Fe-Mn-Si	(28〜33)Mn-(4〜6)Si(mass%)	FCC-HCP	〜130	実用材(非熱弾性型)
Fe-Cr-Ni-Mn-Si	9Cr-5Ni-14Mn-6Si(mass%)	FCC-HCP	〜180	実用材(非熱弾性型)
Fe-Pd	〜30Pd	FCC-FCT	〜4	強磁性
Fe-Pt	〜25Pt	FCC-FCT	−	強磁性

1) Shape Memory Materials, ed. K. Otsuka, C. M. Wayman (1998), p.42 & p.120, Cambridge University Press を加筆修正.
2) R. Kainuma, et al.: *Metall. Mater. Trans. A*, **27A** (1996), 2187.
3) K. Ullakko, et al.: *Appl. Phys. Lett.*, **69** (1996), 1966.

4・2・2 Ni-Ti および Cu-Zn-Al 系形状記憶合金の基礎物性と特性

項 目	単位	NiTi	Cu-Zn-Al
融点	°C	1 240〜1 310	950〜1 020
密度	10^3kg·m^{-3}	6.4〜6.5	7.5〜8.0
20°Cにおける熱伝導率	W·m^{-1}·K^{-1}		
母相		18	120
M相		8.6	−
熱膨張係数	10^{-6}K^{-1}		
母相		10〜11	17
M相		6.6	16〜18
定圧比熱	J·kg^{-1}·K^{-1}	470〜620	390〜400
変態潜熱	J·kg^{-1}	19 000〜32 000	7 000〜9 000
耐食性		Ti 並み(高い)	Al 黄銅並み(低い)
人体適応性		高い	低い
電気抵抗	10^{-6}W·m		
母相		1.0	0.07
M相		0.8	0.12
ヤング率	GPa		
母相		70〜98	70〜100
M相			70
剛性率(G)母相	GPa	27	−
降伏応力(母相)	MPa	200〜800	150〜350
1回引張強度	MPa		
母相		800〜1 500	400〜900
M相		700〜2 000	700〜800
破断のび	%		
母相		15〜50	10〜15
M相		20〜60	10〜15
疲労強度 $N=10^6$	MPa	350	270
弾性異方性	$(2C_{44}(C_{11}-C_{12})^{-1})$	2	13
変態温度	°C	−200〜120	−200〜120
熱ヒステリシス	°C	30〜80	5〜25
形状回復率	%	6〜8	4〜6
二方向形状記憶	%	3.2〜5	5〜4
超弾性ひずみ	%		
単結晶		4〜10	2〜10
多結晶		6.5〜10	1.8〜5
最大回復応力	MPa	500〜900	400〜700

J. van Humbeeck and R. Stalmans: Shape Memory Materials, ed. K. Otsuka, C. M. Wayman (1998), p.174-177, Cambride University Press を修正.

4・2・3 Ti-Ni 合金の疲労寿命（S-N 曲線）

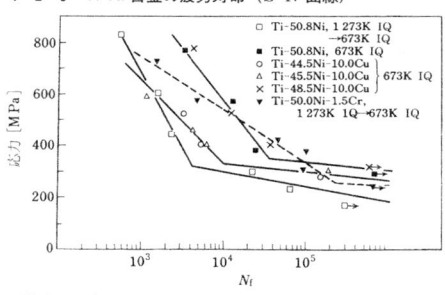

○ Ti-50.8Ni, 1 273K IQ →673K IQ
■ Ti-50.8Ni, 673K IQ
○ Ti-44.5Ni-10.0Cu
△ Ti-45.5Ni-10.0Cu 673K IQ
× Ti-48.5Ni-10.0Cu
▼ Ti-50.0Ni-1.5Cr, 1 273K IQ→673K IQ

K. Otsuka, S. Miyazaki, Y. Miwa: Reports of Special Project Research on Energy under Grant-in-Aid of Scientific Research of the Ministry of Education, Science and Culture, Japan, SPEY 23 (1988), 57.

4・3 水素吸蔵材料

4・3・1 金属水素化物（二成分系）の平衡解離圧と温度の関係 ($\ln P_{H_2} = 2\Delta H/RT - 2\Delta S/R$)

金属水素化物	ΔH [kJ/mol H]	ΔS [J/K·mol H]	温度範囲 [K]	金属水素化物	ΔH [kJ/mol H]	ΔS [J/K·mol H]	温度範囲 [K]
BaH_2[1]	−96	−74	(1008〜1188)	NbH_2[10]	−20	−66	(313〜404)
CaH_2[2]	−92	−70	(873〜1053)	NdH_2[5]	−106	−73	(873〜1063)
CaH_2[2]	−85	−63	(1053〜1173)	$NdH_{0.5}$[8]	−20	−48	(293〜573)
CeH_2[5]	−103	−74	(824〜1173)	PrH_2[5]	−104	−73	(873〜1073)
CeD_2[6]	−97	−70	(870〜1030)	PrD_2[6]	−100	−70	
CsH[2]	−56	−85	(518〜651)	ScH_2[5]	−100	−73	(873〜1326)
DyH_2[5]	−110	−75		SmH_2[5]	−101	−68	
DyD_2[6]	−109	−73		SrH_2[2]	−99	−79	(<1273)
ErH_2[5]	−112	−76		$TaH_{0.5}$[3]	−38	−46	(573〜973)
ErH_3[7]	−41	−63		TbH_2[5]	−106	−71	
ErD_2[6]	−110	−75		TbD_2[6]	−104	−70	
GdH_2[5]	−98	−66	(873〜1073)	ThH_2[8]	−73	−63	
HfH_2[8]	−66	−52		TiH_2[8]	−67	−60	(>773)
HoH_2[5]	−113	−77		TmH_2[5]	−112	−76	
HoH_3[7]	−39	−60		TmD_2[6]	−108	−76	
HoD_2[6]	−110	−76		UH_3[4]	−42	−60	(580〜933)
KH[2]	−59	−84	(561〜688)	$VH_{0.5}$[11]	−35	−42	(253〜373)
LaH_2[5]	−104	−75	(871〜1071)	VH_2[10]	−20	−70	(313〜373)
LaD_2[6]	−97	−69	(871〜1071)	YH_2[5]	−113	−73	(<1173)
LiH[2]	−79	−67	(873〜1173)		−93	−57	(>1173)
LuH_2[5]	−103	−76		YH_3[7]	−45	−70	
LuD_2[6]	−99	−66		YD_2[6]	−108	−69	(>1173)
MgH_2[2]	−37	−67	(713〜833)	YbH_2[5]	−90	−70	(473〜673)
NaH[2]	−57	−82	(773〜873)	ZrH_2[8]	−95	−77	
$NbH_{0.5}$[9]	−47	−54	(625〜873)				

P_{H_2}：平衡解離圧，ΔH：水素化物の生成エンタルピー，ΔS：水素化物の生成エントロピー，T：温度，R：気体定数
1) *J. Less-Common Met.*, **65** (1979), 111.
2) Metal Hydrides, ed. by W. M. Mueller, J. P. Blackledge, G. G. Libowitz (1968), p. 201, Academic Press.
3) Metal Hydrides, ed. by W. M. Mueller, J. P. Blackledge, G. G. Libowitz (1968), p. 616, Academic Press.
4) Metal Hydrides, ed. by W. M. Mueller, J. P. Blackledge, G. G. Libowitz (1968), p. 512, Academic Press.
5) Handbook on the Physics and Chemistry of Rare Earth, Vol. 3, ed. by K. A. Gschneider, Jr., L. R. Eyring (1979), p. 309, North-Holland.
6) Handbook on the Physics and Chemistry of Rare Earth, Vol. 3, ed. by K. A. Gschneider, Jr., L. R. Eyring (1979), p. 310, North-Holland.
7) Handbook on the Physics and Chemistry of Rare Earth, Vol. 3, ed. by K. A. Gschneider, Jr., L. R. Eyring (1979), p. 315, North-Holland.
8) International Metals Reviews, 5, 6 (1980), 276.
9) *J. Phys. Chem.*, **73** (1969), 683.
10) *Inorganic Chem.*, **9** (1970), 1678.
11) *J. Phys. F*, **12** (1982), 1369.

4・3・2 金属水素化物（三成分系）の平衡解離圧と温度の関係 ($\ln P_{H_2} = 2\Delta H/RT - 2\Delta S/R$)

金属水素化物	ΔH [kJ/mol H]	ΔS [J/K·mol H]	温度範囲 [K]	金属水素化物	ΔH [kJ/mol H]	ΔS [J/K·mol H]	温度範囲 [K]
$CeNi_5H_6$	−7	−63		$LaNi_5H_6$	−16	−54	(294〜354)
$Co_3LaH_{4.3}$	−23	−63		Mg_2NiH_4	−32	−61	(571〜622)
$CoTiH_{0.9}$	−27	−67	(350〜475)	$Mn_{1.5}TiH_{2.5}$	−16	−58	(273〜323)
$CoZrH_{1.3}$	−40	−65	(423〜573)	$Mn_2ZrH_{3.6}$	−27	−61	
$Cr_{1.5}TiH_{2.6}$	−10	−60	(183〜263)	$NdNi_5H_6$	−15	−53	
$CuMg_2H_3$	−36	−71	(568〜620)	Ni_5PrH_6	−15	−63	
$CuTiH_{2.4}$	−63	−73	(773〜848)	$NiTiH_{0.9}$	−30	−70	(425〜600)
$FeTiH_{1.6}$	−17	−66	(273〜343)	$NiZrH_3$	−37	−64	(398〜673)

4・4 医療用材料

手術用器具など医療に使用される材料はJIS部門Tに各種の規格が設けられている。歯科用材料については金合金，銀合金，Ni-Cr合金，Co-Cr合金などT6101以下にJIS規格があるが，合金組成はメーカーにより異なり，種類も多いため文献を参照されたい[1,2]．義手，義足の類については炭素鋼，ステンレス鋼やジュラルミンなどの合金が使用されているが，JIS規格はない．

生体組織中で使用される生体用材料についてはASTM規格Part 46がある[4]が，JISでは特に生体用材料としての規格はない．生体用材料には，まず316あるいは316Lを中心としたステンレス鋼，Co-Cr合金，チタンおよびTi合金などがある[5]．これらの合金組成と機械的性質について以下に示す．その他にもNiTiも生体用材料として注目されている[5]．

1) 三浦維四，中村健吾：最新歯科金属学第5版(1970)，アグネ．
2) 金竹哲也：歯科理工学通論，(1978)，永末書店．
3) 朝倉健太郎：金属，51，No.3 (1981)，21．
4) Annual Book of ASTM Standards, Part 46 (1980).
5) 浜中人士，三浦維四：金属，51，No.3 (1981)，1．

4・4・1 生体用ステンレス鋼 〔mass%〕

合金 (規格)種類	化学組成 Cr	Ni	Mo	N	Mn	C	P	S	Si	Cu	Fe
18Cr-14Ni-2.5Mo (ASTM F138) 棒材，線材	17.00〜19.00	13.00〜15.50	2.00〜3.00	〜0.10	〜2.00	〜0.03	〜0.025	〜0.010	〜0.75	〜0.50	balance
18Cr-14Ni-2.5Mo (ASTM F139) 薄板材，ストリップ	17.00〜19.00	13.00〜15.00	2.25〜3.00	〜0.10	〜2.00	〜0.030	〜0.025	〜0.010	〜0.75	〜0.50	balance
(ASTM F621) 鍛造材	ASTM F138, F1314, F1586の仕様を満たすこと										
窒素強化 22Cr-12.5Ni-5Mn- 2.5Mo (ASTM F1314) 棒材，線材	20.50〜23.50	11.50〜13.50	2.00〜3.00 (0.10<Nb<0.30,	0.20〜0.40 0.10<V<0.30)	4.00〜6.00	〜0.030	〜0.025	〜0.010	〜0.75	〜0.50	balance
窒素強化 21Cr-10Ni-3Mn- 2.5Mo (ASTM F1586) 棒材	19.5〜22.0	9.0〜11.0 (0.25<Nb<0.8)	2.0〜3.0	0.25〜0.5	2.00〜4.25	〜0.08	〜0.025	〜0.01	〜0.75	〜0.25	balance

Annual Book of ASTM Standards 2002, Vol.13.01 (2002).

4・4・2 生体用ステンレス鋼の機械的性質

合金 (規格)種類	機械的性質 処理状態	引張強さ 〔MPa〕	0.2%耐力 〔MPa〕	伸び 〔%〕
18Cr-14Ni-2.5Mo (ASTM F138) 棒材，線材	焼なまし 冷間加工 超硬	490 860 1 350	190 690	40 12
18Cr-14Ni-2.5Mo (ASTM F139) 薄板材，ストリップ	焼なまし 冷間加工	490 860	190 690	10
(ASTM F621) 鍛造材				
窒素強化 22Cr-12.5Ni-5Mn- 2.5Mo (ASTM F1314) 棒材，線材	焼なまし 冷間加工	690 1 035	380 862	35 12
窒素強化 21Cr-10Ni-3Mn- 2.5Mo (ASTM F1586) 棒材	焼なまし 中間硬さ 高硬さ	740 1 000 1 100	430 700 1 000	35 20 10

Annual Book of ASTM Standards 2002, Vol.13.01 (2002).

4・4・3 生体用コバルト合金〔mass%〕

合金(規格)種類 化学組成	Cr	Mo	Ni	W	Fe	Ti	C	Si	P	S	Mn	Co
Co-Cr-Mo (ASTM F 75) 鋳造材	27.0〜30.00	5.0〜7.00	〜1.00	−	〜0.75	−	〜0.35	〜1.00	−	−	〜1.00	balance
Co 20Cr-15W-10Ni (ASTM F 90) 加工材	19.0〜21.00	−	9.00〜11.00	14.00〜16.00	〜3.00	−	0.05〜0.15	〜0.40	〜0.030	〜0.030	1.00〜2.00	balance
Co-35Ni-20Cr-10Mo (ASTM F 562) 加工材 (ASTM F 688) 加工合金 (厚板, 薄板, 箔) (ASTM F 961) 鍛造材	19.0〜21.0	9.0〜10.5	33.0〜37.0 (B<0.015)	−	〜1.0	〜1.0	〜0.025	〜0.15	〜0.015	〜0.010	〜0.15	balance
Co-Ni-Cr-Mo-W-Fe (ASTM F 563) 加工材	18.00〜22.00	3.00〜4.00	15.00〜25.00	3.00〜4.00	4.00〜6.00	0.50〜3.50	〜0.05	〜0.50	−	〜0.010	〜1.00	balance
Co-28Cr-6Mo (ASTM F 799) 鍛造材	26.0〜30.0	5〜7	〜1.0 (N<0.25)	−	〜0.75	−	〜0.35	〜1.0	−	−	〜1.0	balance
Co-Cr-Ni-Mo-Fe (ASTM F 1058) 加工材												
1 種	19.0〜21.0	6.0〜8.0	14.0〜16.0 (Be<0.10)	−	balance	−	〜0.15	〜1.20	〜0.015	〜0.015	1.5〜2.5	39.0〜41.0
2 種	18.5〜21.5	6.5〜7.5	15.0〜18.0 (Be<0.001)	−	balance	−	〜0.15	〜1.20	〜0.015	〜0.015	1.0〜2.0	39.0〜42.0
Co-28Cr-6Mo (ASTM F 1537) 加工材	26.0〜30.0	5.0〜7.0	〜1.0 (N<0.25)	−	〜0.75	−	〜0.35	〜1.0	−	−	〜1.0	balance

Annual Book of ASTM Standards 2002, Vol.13. 01 (2002).

4・4・4 生体用コバルト合金の機械的性質

合金(規格)種類 機械的性質	処理状態	引張強さ [MPa]	0.2%耐力 [MPa]	伸び [%]	断面減少率 [%]
Co-Cr-Mo (ASTM F75) 鋳造材	鋳放し	665	450	8	8
Co-20Cr-15W-10Ni (ASTM F90) 加工材	焼なまし	860〜896	310〜379	30〜45	
Co-35Ni-20Cr-10Mo (ASTM F562) 加工材	溶体化焼なまし 冷間加工・時効	793〜1 000 1 793	241〜448 1 586	50.0 8.0	65.0 35.0
(ASTM F688) 加工材 (厚板, 薄板, 箔) (ASTM F961) 鍛造材	焼なまし 45%冷間加工 鍛造	792 1 357	310 1 343 ASTM F562 を指針とする	45 3	
Co-Ni-Cr-Mo-W-Fe (ASTM F563) 加工材	完全焼なまし 冷間加工あるいは 中間硬さ 冷間加工・時効 高硬さ 冷間加工・時効 超硬 (特別用途)	600 1 000 1 310 1 586	276 827 1 172 1 310	50 12 12	65 50 45
Co-28Cr-6Mo (ASTM F799) 鍛造材	鍛造	1 172	827	12	12
Co-Cr-Ni-Mo-Fe (ASTM F1058) 加工材 1種, 2種	冷間加工 冷間加工・時効	895〜1 795 1 170〜2 240	690〜1 725	1〜17	
Co-28Cr-6Mo (ASTM F1537) 加工材	焼なまし 熱間加工 温間加工	897 1 000 1 192	517 700 827	20 12 12	20 12 12

Annual Book of ASTM Standards 2002, Vol.13. 01 (2002).

4・4・5　生体用タンタル〔mass%〕

材料(規格) \ 化学組成(最大値)	C	O	N	H	Nb	Fe	Ti	W	Mo	Si	Ni	Ta
純Ta(ASTM F560) 電子ビームあるいは真空アーク鋳造材	0.010	0.0150	0.010	0.0015	0.100	0.010	0.010	0.05	0.020	0.0050	0.010	balance
焼結材	0.010	0.030	0.010	0.0015	0.100	0.010	0.05	0.05	0.020	0.0050	0.010	balance

Annual Book of ASTM Standards 2002, Vol.13. 01 (2002).

4・4・6　生体用純タンタルの機械的性質

材料(規格) \ 機械的性質	処理状態	引張強さ〔MPa〕	0.2%耐力〔MPa〕	伸び〔%〕	断面減少率〔%〕	ヤング率〔GPa〕
純Ta(ASTM F560) ミル板材	冷間加工	517	345	2		186
	応力除去	379	241	10		
	焼なまし	207	138	20〜30		
棒材, 線材	冷間加工	482	345	1		
	焼なまし	172〜241	138	15〜25		

Annual Book of ASTM Standards 2002, Vol.13. 01 (2002).

4・4・7　生体用チタンおよびチタン合金

合金(型) (規格)	化学組成〔mass%〕
純チタン(α型) (ASTM F 67, ISO 5832-2)	
1種	C：0.10 max, Fe：0.20 max, H：0.015 max, N：0.03 max, O：0.18 max, Ti：bal.
2種	C：0.10 max, Fe：0.30 max, H：0.015 max, N：0.03 max, O：0.25 max, Ti：bal.
3種	C：0.10 max, Fe：0.35 max, H：0.015 max, N：0.05 max, O：0.35 max, Ti：bal.
4種	C：0.10 max, Fe：0.50 max, H：0.015 max, N：0.05 max, O：0.40 max, Ti：bal.
Ti-6Al-4V ELI($\alpha+\beta$型) (ASTM F 136, ISO 5832-3)	Al：5.5〜6.50, C：0.08 max, Fe：0.25 max, H：0.012 max, N：0.05 max, O：0.13 max, V：3.5〜4.5, Y：0.005 max, Ti：bal.
Ti-6Al-4V($\alpha+\beta$型) (ASTM F 1472, ISO 5832-3)	Al：5.5〜6.75, C：0.08 max, Fe：0.30 max, H：0.015 max, N：0.05 max, O：0.20 max, V：3.5〜4.5, Y：0.005 max, Ti：bal.
Ti-6Al-4V($\alpha+\beta$型)(鋳物) (ASTM F 1108)	Al：5.5〜6.75, C：0.10 max, Fe：0.30 max, H：0.015 max, N：0.05 max, O：0.20 max, V：3.5〜4.5, Y：0.005 max, Ti：bal.
Ti-6Al-7Nb($\alpha+\beta$型) (ASTM F 1295, ISO 5832-11)	Al：5.5〜6.50, C：0.08 max, Fe：0.25 max, H：0.009 max, N：0.05 max, O：0.13 max, Nb：6.5〜7.50, Ta：0.50 max, Ti：bal.
Ti-5Al-2.5Fe($\alpha+\beta$型) (ISO 5832-10)	Al：5.0, C：0.05 max, Fe：2.5, H：0.015 max, N：0.05 max, O：0.25, Ti：bal.
Ti-3Al-2.5V($\alpha+\beta$型) (ASTM B 348, F-04.1206)	Al：3.0, C：0.05 max, Fe：0.13, H：0.015 max, N：0.01, O：0.10, V：2.5, Ti：bal.
Ti-6Al-2Nb-1Ta($\alpha+\beta$型)	Al：5.5〜6.5, Nb：0.5〜1.5, C：0.05, O：0.10, Fe：0.25
Ti-6Al-6Nb-1Ta($\alpha+\beta$型)	Al：6.0, Nb：6.0, Ta：1.0
Ti-5Al-3Mo-4Zr($\alpha+\beta$型)	Al：5.0, Mo：3.0, Zr：4.0, Ti：bal.
Ti-15Sn-4Nb-2Ta-0.2Pd($\alpha+\beta$型)	Sn：15.0, Nb：4.0, Ta：2.0, Pd：0.2, Ti：bal.
Ti-15Zr-4Nb-2Ta-0.2Pd($\alpha+\beta$型)	Zr：15.0, Nb：4.0, Ta：2.0, Pd：0.2, Ti：bal.
Ti-13Nb-13Zr(β型) (ASTM F 1713)	Nb：12.5〜14.0, Zr：12.5〜14.0, C：0.08 max, Fe：0.25 max, H：0.012 max, N：0.05 max, O：0.15 max, Ti：bal.
Ti-12Mo-6Zr-2Fe(β型) (ASTM F 1813)	Mo：10〜13, Zr：5.0〜7.0, Fe：1.5〜2.5, C：0.05 max, H：0.020 max, N：0.05 max, O：0.08〜0.28 max, Ti：bal.
Ti-15Mo(β型) (ASTM F 2066)	Mo：14.00〜16.00, Fe：0.10 max, C：0.10 max, H：0.020 max, N：0.05 max, O：0.20 max, Ti：bal.
Ti-16Nb-10Hf(β型)	Nb：16.0, Hf：9.5, C：0.05 max, H：0.015 max, Fe：0.05, N：0.002, O：0.20 max, Ti：bal.
Ti-15Mo-5Zr-3Al(β型)	Mo：15.0, Zr：5.0, Al：3.0, C：0.02, H：0.02, N：0.01, O：0.18, Ti：bal.
Ti-15Mo-2.8Nb-0.2Si-0.26O(β型)	Mo：15.0, Nb：2.8, Si：0.2, O：0.26, C：0.02 max, H：0.02 max, Fe：0.2, N：0.01, Ti：bal.
Ti-12Mo-5Zr-5Sn(β型)	Mo：12.0, Zr：5.0, Sn：5.0, C：0.02 max, H：0.02 max, Fe：0.2, N：0.01, O：0.18, Ti：bal.
Ti-30,40,50Ta(β型)	Ta：30, 40, 50, C：0.05 max, H：0.015 max, Fe：0.1, N：0.01, O：0.15, Ti：bal.
Ti-45Nb(β型)	Nb：45.5, C：0.04 max, H：0.003 max, Fe：0.1, N：0.01, O：0.1, Ti：bal.
Ti-35Zr-10Nb(β型)	Zr：35.2, Nb：10.5, C：0.04 max, H：0.003 max, Fe：0.1, N：0.01, O：0.1, Ti：bal.
Ti-35Nb-7Zr-5Ta(β型)	Nb：35.5, Zr：7.3, Ta：5.7, C：0.05 max, H：0.003 max, Fe：0.005, N：0.02, O：0.15, Ti：bal.
Ti-29Nb-13Ta-4.6Zr(β型)	Nb：27.0〜31.0, Zr：3.6〜5.6, Ta：12.0〜14.0, C：0.10 max, H：0.015 max, N：0.05 max, Ti：bal.
TiNi(金属間化合物)	Ni：54.5〜57.0, C：0.070 max, H：0.005 max, Fe：0.050, O：0.050 max, Co：0.050 max, Cu：0.010 max, Cr：0.010 max, Nb：0.025 max, Ti：bal.

1) Annual Book of ASTM Standards, Vol.13. 01 (2001).
2) D. M. Brunette, P. Tengvall, M. Textor, P. Thomsen：Titanium in Medicine (2001), Springer.
3) M. Niinomi：*Mater. Sci. Eng.*, **A243** (1998), 231.
4) 佐々木佳男, 土井憲司, 松下富春：金属, **66** (1996), 812.

4・4・8 生体用チタンおよびチタン合金の機械的性質

合金(型)(規格)	処理状態	引張強さ [MPa]	0.2%耐力 [MPa]	伸び [%]	断面減少率 [%]	ヤング率 [GPa]
純チタン(α 型) (ASTM F 67, ISO 5832-2)						
1種	焼なまし	240	170	24	30	102.7
2種	焼なまし	345	275	20	30	102.7
3種	焼なまし	450	380	18	30	103.4
4種	焼なまし	550	483	15	25	104.1
Ti-6Al-4V ELI($\alpha+\beta$ 型) (ASTM F 136, ISO 5832-3)	焼なまし	860〜965	795〜875	10〜15	25〜47	101〜110
Ti-6Al-4V($\alpha+\beta$ 型) (ASTM F 1472, ISO 5832-3)	焼なまし	895〜930	825〜869	6〜10	20〜25	110〜114
Ti-6Al-4V($\alpha+\beta$ 型)(鋳物) (ASTM F 1108)	焼なまし(HIP)	860	758	8	14	
Ti-6Al-7Nb($\alpha+\beta$ 型) (ASTM F 1295, ISO 5832-11)	焼なまし	900	800	10	20	114
Ti-5Al-2.5Fe($\alpha+\beta$ 型) (ISO 5832-10)		1020	895	15	35	112
Ti-5Al-1.5B($\alpha+\beta$ 型)		925〜1080	820〜930	15〜17	36〜45	110
Ti-3Al-2.5V($\alpha+\beta$ 型) (ASTM B 348, F-04.1206)	焼なまし	690	586	15	25	
Ti-6Al-2Nb-1Ta($\alpha+\beta$ 型)		710	655	10		
Ti-6Al-6Nb-1Ta($\alpha+\beta$ 型)		906〜969	862〜910	11〜16	44〜51	
Ti-5Al-3Mo-4Zr($\alpha+\beta$ 型)						
Ti-15Sn-4Nb-2Ta-0.2Pd($\alpha+\beta$ 型)	焼なまし	860	790	21	64	89
	時効	1109	1020	10	39	103
Ti-15Zr-4Nb-2Ta-0.2Pd($\alpha+\beta$ 型)	焼なまし	715	693	28	67	97
	時効	919	806	18	72	99
Ti-13Nb-13Zr(β 型) (ASTM F 1713)	溶体化	550	345	15	30	
	時効	973〜1037	836〜908	10〜16	27〜53	79〜84
Ti-12Mo-6Zr-2Fe(β 型) (ASTM F 1813)	焼なまし	931.5〜1060	897〜1000	12〜22	30〜73	74〜85
Ti-15Mo(β 型) (ASTM F 2066)	焼なまし	690〜874	483〜544	12〜21	60〜82	78
Ti-16Nb-10Hf(β 型)	溶体化	486	276	16		
Ti-15Mo-5Zr-3Al(β 型)	溶体化	852	838	25	48	80
	時効	1060〜1100				
Ti-15Mo-2.8Nb-0.2Si-0.26O(β 型)	焼なまし	979〜999	945〜987	16〜18	60	83
Ti-12Mo-5Zr-5Sn(β 型)						
Ti-30, 40, 50Ta(β 型)						
Ti-45Nb(β 型)	引抜き	483	448	12		
Ti-35Zr-10Nb(β 型)	熱間圧延	897	621	16		
Ti-35Nb-7Zr-5Ta(β 型)	溶体化	596.7	547.1	19.0	68.0	55
Ti-29Nb-13Ta-4.6Zr(β 型)	溶体化	573	282	30		58.2
	時効	942	869	16		73.9
	冷間スウェージ	837	600	19	68.1	63
TiNi(金属間化合物) (ASTM F 2063)	焼なまし	551(最小)	345	5〜20		

1) Annual Book of ASTM Standards, Vol.13. 01 (2001).
2) D. M. Brunette, P. Tengvall, M. Textor, P. Thomsen: Titanium in Medicine (2001), Springer.
3) M. Niinomi: *Mater. Sci. Eng.*, **A243** (1998), 231.

4・4・9 歯科鋳造用ニッケルクロム合金の組成と特性

タイプ	組成 [mass%]						融点 [K]	硬さ [HV]	引張強さ [MPa]	伸び [%]
	Ni	Cr	Al	Mn	Mo	その他				
I	85.0	10.0	−	−	−	5.0	1573	230	600	4
II	65.0	18.0	3.0	3.0	10.0	1.0	1573	350	810	1.2

長谷川二郎, 平澤 忠, 高橋重雄編：現代歯科理工学 (1996), p.186, 医歯薬出版.

4・4・10 歯科加工用ニッケルクロム合金の組成と特性

種類	組成 [mass%]					硬さ [HV]	引張強さ [MPa]	伸び [%]
	Ni	Cr	Ag		その他			
線	83.0	15.0	1.0		1.0		980<	1<
板	91.0	7.0	1.0		1.0	146〜148	490〜529	3.6〜40

長谷川二郎, 平澤 忠, 高橋重雄編：現代歯科理工学 (1996), p.186, 医歯薬出版.

4・4・11 歯科鋳造用コバルトクロム合金の組成と特性

タイプ	組成 [mass%]						融点 [K]	硬さ [HV]	引張強さ [MPa]	伸び [%]
	Co	Cr	Ni	Mn	Mo	その他				
I	58.0	28.0	3.0	7.0	—	4.0	1 663	330	830	5
II	57.0	23<	5<	—	3.0	9.0>	1 663	320	800	2.4

長谷川二郎，平澤 忠，高橋重雄編：現代歯科理工学 (1996)，p.186，医歯薬出版．

4・4・12 歯科加工用コバルトクロム合金の組成と特性

タイプ	組成 [mass%]					引張強さ [MPa]		伸び [%]	
	Co	Cr	Ni	Mo	W	軟化	硬化	軟化	硬化
I	46.0	20.0	22.0	3.0<	2.0<	882<	980<	15	1<
II	42.0	18.0	27.0	—	—	—	1 176	—	—

長谷川二郎，平澤 忠，高橋重雄編：現代歯科理工学 (1996)，p.186，医歯薬出版．

4・4・13 歯科用チタン合金の種類と機械的性質

合金	プロセス	引張強さ [MPa]	降伏強さ [MPa]	伸び [%]	硬さ [HV]
Ti-20Cr-0.2Si	鋳造	874	669	6	318
Ti-20Pd-5Cr	鋳造	880	659	5	261
Ti-13Cu-4.5Ni	鋳造	703	—	2.1	—
Ti-6Al-4V	鋳造	976	847	5.1	—
Ti-6Al-4V	超塑性成形	954	729	10	346
Ti-6Al-7Nb	鋳造	933	817	7.1	—
Ti-Ni	鋳造	470	—	8	190

奥野：生体材料，14 (1996)，267．

4・4・14 歯科用高カラット合金の組成と特性

タイプ	組成 [mass%]						融点 [K]		硬さ [HV]		引張強さ [MPa]		伸び [%]	
	Au	Pt	Pd	Ag	Cu	その他	液相点	固相点	軟化	硬化	軟化	硬化	軟化	硬化
I	78.0〜91.7	0.3〜2.0	0.0〜3.0	2.9〜11.0	0.6〜7.0	0.1〜0.5	1 233〜1 333	1 213〜1 298	55〜120	—	230〜265	—	31〜45	—
II	72.0〜83.5	1.0〜2.0	1.0〜3.0	8.0〜14.0	6.0〜14.0	0.1〜3.0	1 200〜1 253	1 193〜1 198	87〜180	—	333〜540	—	29〜51	—
III	73.0〜75.0	1.0〜7.0	1.5〜4.0	5.5〜10.0	9.9〜15.0	0.5〜3.0	1 188〜1 233	1 133〜1 213	125〜170	203〜290	275〜687	441〜786	20〜39	3.0〜26
IV	67.0〜75.0	1.0〜4.2	1.0〜4.0	5.0〜12.3	12.0〜16.0	0.55〜3.0	1 123〜1 226	1 148〜1 213	160〜190	230〜290	451〜589	657〜883	23.5〜45	6.5〜20

長谷川二郎，平澤 忠，高橋重雄編：現代歯科理工学 (1996)，p.182，医歯薬出版．

4・4・15 歯科用低カラット合金の組成と特性

組成 [mass%]							融点 [K]		硬さ [HV]		引張強さ [MPa]		伸び [%]	
Au	Pt	Pd	Ag	Cu	In	その他	液相点	固相点	軟化	硬化	軟化	硬化	軟化	硬化
33.4〜45.0	0.0〜1.0	5.0〜10.0	21.0〜40.0	5.0〜29.0	0.0〜13	2.0〜7.0	1 133〜1 233	1 088〜1 143	148〜180	200〜310	486〜804	687〜1 079	14〜39	2.0〜7.5

長谷川二郎，平澤 忠，高橋重雄編：現代歯科理工学 (1996)，p.183，医歯薬出版．

4・4・16 歯科鋳造用金合金の規格 (ADAS No.5)

タイプ	金および白金族元素 [mass%]	硬さ [HV]		引張強さ [MPa]		伸び [%]		融点 [K]*
		急冷	硬化	急冷	硬化	急冷	硬化	
I	83 以上	50〜90	—	—	—	18 以上	—	1 203 以上
II	78 以上	90〜120	—	—	—	12 以上	—	1 173 以上
III	78 以上	120〜150	—	—	—	12 以上	—	1 173 以上
IV	75 以上	150 以上	220 以上	—	622.5 以上	10 以上	2 以上	1 143 以上

* 液相点と固相点の中間値に相当する．

長谷川二郎，平澤 忠，高橋重雄編：現代歯科理工学 (1996)，p.183，医歯薬出版．

4・4・17 歯科加工用金合金の規格 (ADAS No.7)

タイプ	金および白金族元素 [%]	融点 [K]*	降伏点 [MPa]		引張強さ [MPa]		伸び [%]	
			炉冷	急冷	炉冷	急冷	炉冷	急冷
I	75 以上	1 228 以上	862 以上	—	930.8 以上	—	15 以上	4 以上
II	65 以上	1 144 以上	689.5 以上	—	862 以上	—	15 以上	2 以上

* 液相点と固相点の中間値に相当する．

長谷川二郎，平澤 忠，高橋重雄編：現代歯科理工学 (1996)，p.183，医歯薬出版．

4・4・18 歯科用12%金銀パラジウム合金の公示組成範囲

種類	組成 [mass%]								
	Au	Pt	Pd	Ag	Cu	In	Zn	Sn	その他
Au-Ag-Pd-Cu	12.0	0〜3	20〜23	45〜58	6〜20	0〜0.5	0〜5	0〜4	0〜6
5≦Cu<10	12.0	−	20.0	57〜58	6〜8	−	−	−	2〜4.1
10≦Cu<15	12.0	−	20.0	50〜56	10〜14.5	−	0〜5	0〜4	0〜6
15≦Cu<20	12.0	0〜3	20〜23	45〜52	15〜18	0〜0.5	0〜5	0〜0.1	0〜5
20≦Cu	12.0	−	20.0	46〜47	20.0	−	0〜1	−	0〜2
Au-Ag-Pd-In	12.0	−	20.0	40〜49	20.0	17〜20	0〜4	−	0〜2

長谷川二郎,平澤 忠,高橋重雄編:現代歯科理工学 (1996), p.184, 医歯薬出版.

4・4・19 歯科用12%金銀パラジウム合金の特性の平均値

種類	融点 [K]		硬さ [HV]		引張強さ [MPa]		伸び [%]	
	液相点	固相点	軟化	硬化	軟化	硬化	軟化	硬化
5≦Cu<10	−	−	125	−	480	−	26	−
10≦Cu<15	1171	1249	138	235	500	800	19	5
15≦Cu<20	1179	1221	154	272	540	830	20	5
20≦Cu	−	1198	146	258	510	760	28	4
Au-Ag-Pd-In	−	1185	126	195	480	720	15	4

長谷川二郎,平澤 忠,高橋重雄編:現代歯科理工学 (1996), p.184, 医歯薬出版.

4・4・20 歯科用銀合金の組成と特性

組成 [mass%]							融点 [K]		硬さ [HV]		引張強さ [MPa]		伸び [%]	
Ag	Pd	Cu	In	Zn	Sn	その他	液相点	固相点	鋳造時	硬化時	鋳造時	硬化時	鋳造時	硬化時
71.0	0.4	−	22.0	−	−	−	953	893	130	−	343	−	14	−
55.0	25.0	17.0	−	3.0	−	−	1128	1218	139*	265	520*	790	20*	4
65.0	−	−	−	13.0	22.0	−	833	−	160	−	320	−	−	−
72.0	−	−	8.0	10.0	6.0	4.0	918	−	135	−	353	−	8	−

* 軟化時.

長谷川二郎,平澤 忠,高橋重雄編:現代歯科理工学 (1996), p.185, 医歯薬出版.

4・5 光ファイバー

4・5・1 光ファイバーの伝送損失の各種要因とスペクトル構造

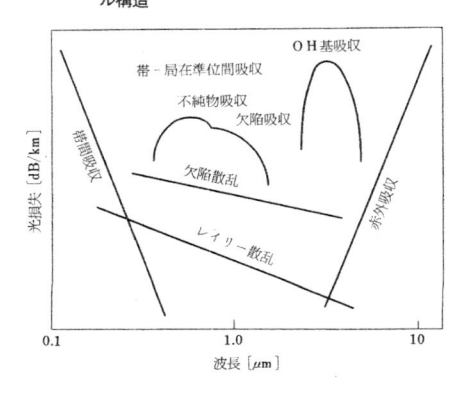

4・5・2 赤外光ファイバー材料の伝送損失スペクトルの理論限界と,実用化されている光源用レーザの発振波長

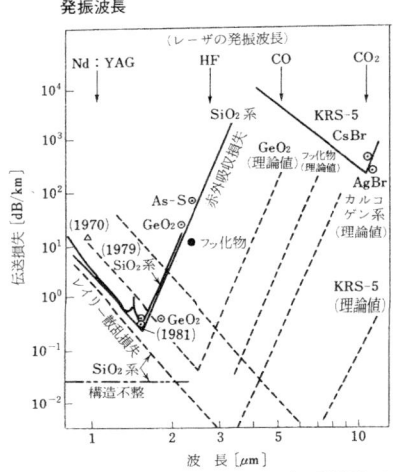

石英系 (SiO_2) ファイバーのスペクトルならびに現在開発されているほかのファイバー材料の最低伝送損失もプロットされている.

4・5・3 光ファイバーによるエネルギー輸送とその応用分野

技能＼分野	産業	環境工学	生活	芸術文化	医用保健	防災
照明	作業照明 坑内照明 海中照明 石油タンク内照明	光源共用 信号機給光 ディスプレイ(表示) 点灯モニタ	暗所照明 水中照明 自然採光 ディスプレイ(表示)	装飾照明 アート照明 劇場照明 ショウ照明	殺菌 体内照明 手術照明 画像伝送	防災照明 安全状態モニタ
光合成	温室栽培 光工学反応 バイオマス	広域栽培	盆栽 植物栽培	観賞植物栽培	殺菌 培養	防護林育成
加熱	レーザアニール 溶鉱 廃棄物処理 温室蓄熱	融雪 太陽エネルギー利用 太陽光発電	プリンタ ファクシミリ 温水供給 無電着火	スポーツ 料理	はり灸 殺菌	予備テスト
加工	レーザスクライバー レーザマーカー 切断 (同時多点)溶接	土木建設 トンネル掘削 砕氷	建築 プリンタ ファクシミリ 新聞製版	彫刻 微細加工	レーザメス 異物破砕 コアギュレータ	予備テスト
給電	光エネルギー輸送 プラント給電 無誘導雑音給電 海洋機器給電	移動体給電	非常用給電	非常用給電	ペースメーカ充電 水中給電	防災給電 水中給電 広域給電
動力源	アクチュエータ 太陽光発電 無雑音動力源	光子ロケット	ラジオメータ	オーディオ	計測制御 無雑音動力源	計測制御

4・5・4 主な酸化物系赤外用ファイバー材料とその導波特性

材質	構造	透過域[μm]	損失[dB/km]
溶融石英	アモルファス	0.15～4.5	0.2 (1.55 μm)
溶融 GeO_2	アモルファス		0.15 (1.7～1.8 μm)
$GeO_2 \cdot Sb_2O_3$	アモルファス	～5.7	
$GeO_2 \cdot PbO$	アモルファス	～5.5	
$GaO \cdot Al_2O_3$	アモルファス	0.4～5	
La_2O_3	アモルファス	0.4～5	
$Bi_2O_3 \cdot PbO \cdot (BaO, ZnO, Tl_2O)$	アモルファス	～7.5	
$As_2O_3 \cdot PbO \cdot Bi_2O_3$	アモルファス	～5.7	
$TeO_2 \cdot ZnO \cdot BaO$	アモルファス	～6.2	
$TeO_2 \cdot (WO_3/BaO) \cdot (Ta_2O_2, Bi_2O_3/ZnO, PbO)$	アモルファス	～6	1000 (2 μm)

* 理論値（固有損失または期待値）

4・5・5 主なカルコゲナイド系赤外用ファイバー材料とその導波特性

材質	構造	透過域[μm]	損失[dB/km]
As_2S_3	アモルファス	1.5～12	20 000
As_2Se_3	アモルファス	～17.8	
$La \cdot Ca \cdot Ge \cdot Se$	アモルファス	～17	
GeS_3	アモルファス	0.5～11	10^{-2} (5～6 μm), 360 (2.4 μm)
$Ge_3PS_{7.5}$	アモルファス	0.55～10.5	10^{-1}～10^{-2} (5～6 μm), 380 (2.5 μm)
$Se_{55}Ge_{30}As_{15}$	アモルファス	～12	10 000 (5.5～7)
$GeSe_3$	アモルファス	～12	10 000
$ZnSe$	アモルファス		

* 理論値（固有損失または期待値）

4・5・6 主なハロゲン化物系赤外用ファイバー材料とその導波特性

材料	構造	透過域 [μm]	損失 [dB/km]
BeF_2	アモルファス	0.15～4.5	$10^{-2}(1.05\mu m)^{*2}$
$(Sr, Ca, Mg, Ba)F_2$	多結晶,単結晶		
HF系	アモルファス	0.2 ～5	
$LaF_3 \cdot BaF_2 \cdot ZrF_4$	アモルファス	0.25～7	
$CdF_2 \cdot PbF_2 \cdot AlF_3$	アモルファス		
$CaF_2 \cdot BaF_2 \cdot YF_3 \cdot AlF_3$	アモルファス	0.2 ～7	$10^{-2}(\sim 3\mu m)^{*2}$
$GdF_3 \cdot BaF_2 \cdot ZrF_4$	アモルファス	0.3 ～8	$10^{-3}(3.5\sim 4\mu m), 300(3.39\mu m)$
$MF'_2 \cdot AlF_3 (/ZrF_4)^{*1}$	アモルファス	～12	$10^{-2}(2\sim 4\mu m)^{*2}$
KCl	多結晶,単結晶		4 200 $(10.6\mu m)$
CsI	単結晶		8 000 $(10.6\mu m)$
CsBr	単結晶		5 000 $(10.6\mu m)$
KRS・6 (TlCl・TlBr)	多結晶		
KRS・5 (TlBr・TlI)	多結晶	2 ～35	$10^{-2}\sim 10^{-5}(10.6\mu m)^{*2}, 300(10.6\mu m)$
	多結晶 (1983年住友電工)		220 $(10.6\mu m)$
Ag (Cl/Br)	多結晶 (1979年ハネウェル)		$10^{-3}(5\mu m)^{*2}, 2500\sim 4000(10.6\mu m)$
	単結晶 (1981年ベル研)		8 000 $(10.6\mu m)$
$ZnCl_2$	アモルファス		$10^{-3}(3.5\sim 4\mu m)^{*2}$
KBr	多結晶,単結晶		
KI	多結晶,単結晶		
NaCl	多結晶,単結晶	～15	
NaF	多結晶,単結晶		

*1 M＝Ca, Sr, Ba, Pb   *2 理論値

文　献
1) 浜川圭弘：システムと制御, **28** (1984), 170.
2) 大久保勝彦：ISDN時代と光ファイバー技術, (1990), p. 2～12, 理工学社.

4・6 音響材料

4・6・1 振動板材料の特徴

材料もしくは呼称	特徴	使用周波数帯域
ベリリウム製振動板[1,2]	銅基板上にBeを蒸着後基板を除去	中高音
GFRPハニカム	アルミニウムの表面材にカーボンファイバーを使用	低音
発泡ニッケル[5]	発泡ウレタンにNiめっき後ウレタンを除去	低音
ボロン―チタン複合振動板[3]	チタン基板上に電解蒸着法によりホロン膜を生成	高音
ボロン合金	チタン基板にホロンを拡散	中高音
カーボンメタル	カーボンファイバーをニッケルめっきで結合しパルプと混合	低音
GFRPコーン	カーボンファイバーを編み樹脂にて硬化	中低音
ポリマーグラファイト[4]	グラファイトとポリマーを混練しグラファイト結晶粒子を配向させながら結合	低,中,高音
ファインセラミック	Al合金基板上にセラミックを溶射	低音

1) 持田康典, 徳島忠夫, 鈴木国雄："ベリリウム材料", 電気四学会連合大会予稿集 (1976), p.3～33.
2) 持田康典, 徳島忠夫, 鈴木由文："スピーカー振動板用合金", 極限に挑む金属材料 (1979), p.265, 工業調査会.
3) 竹内寛, 井上秀明：ボロン―チタン複合振動板材料, National Technical Report **25**, No.5 (1979), p.978.
4) 塚越庸弘他：浸硼処理を施した振動板の特性, 日本音響学会講演論文集 (1979), p.271.
5) E. Kamijo, M. Honda: "Characteristics and Application of Sponge Metal", *Chem. Economy Eng. Rev.*, **7**, 1 (1975).

4・6・2 振動板材料の特性

材料	密度 [Mg/m^3]	融点 [℃]	縦弾性係数 [GPa]	音速 [m/s]
Be	1.84	1 280	274	12 329
B	2.30		382	13 021
C (ダイヤモンド)	3.50		103	17 320
Mg	1.74		44	5 063
Al	2.69		73	5 244
Ti	4.54	1 668	108	4 919
BeC	1.90		314	12 978
B_4C	2.50		450	13 565
SiC	4.09		490	11 057
TiC	4.89		441	9 632
AlB_2	2.90		412	12 034
Al_2O_3	3.90		421	10 420
MgO	2.49		245	10 020

金属, **50**, No.8 (1980).

4・6・3 振動板材料の比弾性率と内部損失

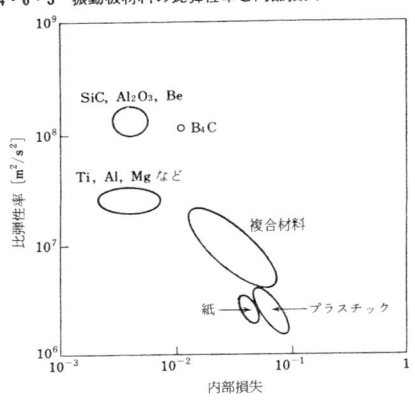

4・6・4 ヘッドシェル・フレーム用 Al 合金

Al 合金ダイカスト	化　学　成　分〔mass%〕								用　途
	Cu	Si	Mg	Zn	Fe	Mn	Ni	Sn	Al	
1 種(ADC 1)	0.6以下	11.0〜13.0	0.3以下	0.5以下	1.3以下	0.5以下	0.5以下	0.1以下	残部	ヘッドシェル
5 種(ADC 5)	0.2以下	0.3以下	4.0〜11.0	0.1以下	1.8以下	0.3以下	0.1以下	0.1以下	残部	ヘッドシェル
10 種(ADC 10)	2.0〜4.0	7.5〜9.5	0.3以下	1.0以下	1.3以下	0.5以下	0.5以下	0.3以下	残部	フレーム
12 種(ADC 12)	1.5〜3.5	10.5〜12.0	0.3以下	1.0以下	1.3以下	0.5以下	0.5以下	0.3以下	残部	ヘッドシェル

4・6・5 ヨークおよびボトムプレート材料

部品名	化　学　成　分〔mass%〕							
	C	Si	Mn	P	S	Cr	Pb	Fe
ヨーク	0.066	0.004	0.99	0.057	0.309	0.056	0.32	残部
ボトムプレート	2.53	3.25	0.23	0.017	0.010	0.22	<0.001	残部

4・7 電池材料

4・7・1 一次電池用材料と電池の特徴

電池系	材料		備考	特徴
	正極	負極		
MnO_2-Zn (中性電解液)	MnO_2	Zn	MnO_2 は主に電解法、一部化学法、天然物も使用。 電解液は NH_4Cl から $ZnCl_2$ へ。	電圧1.5V, エネルギー密度85W・h/kg, 165W・h/L。 安価。
MnO_2-Zn (アルカリ電解液)	MnO_2	Zn	MnO_2 は主に電解法。 Zn は粉末状を用いる。	電圧1.5V, エネルギー密度(125W・h/kg, 330W・h/L)。 エネルギー密度がマンガン乾電池に比べて大きい。
NiOOH-Zn (アルカリ電解液)	NiOOH	Zn	構造はアルカリ乾電池と同じインサイドアウト構造。	電圧1.5V。 高出力パルス放電に優れる。
Ag_2O-Zn (アルカリ電解液)	Ag_2O	Zn	Ag_2O が主流で、一部 AgO も使用。 Zn は粉末状。	電圧1.6V, エネルギー密度120W・h/kg, 500W・h/L。 作動電圧安定。
Zn-空気 (アルカリ電解液)	(空気中の O_2)	Zn	空気極は Ni スクリーンなどを支持体とする乙極。 Zn は粉末状。	電圧1.5V, エネルギー密度340W・h/kg, 1050W・h/L。 補聴器、ポケットベル電源用。
リチウム系 (有機電解液)	MnO_2, $(CF)_n$ 等	Li	MnO_2 は加熱脱水して用いる。 Li は一般には板状。	電圧3V (MnO_2, $(CF)_n$), エネルギー密度220〜230W・h/kg, 410〜550W・h/L。 高電圧で、保存特性良好。

4・7・2 二次電池用材料と電池の特徴

電池系	正極		負極		特徴
	活物質	支持体	活物質	支持体	
PbO_2-Pb (硫酸電解液)	PbO_2	Pb-Sb, Pb-Ca などの合金	Pb	Pb-Sb, Pb-Ca などの合金格子	電圧2.0V, エネルギー密度35W・h/kg, 70W・h/L。 他の二次電池より安価。
Ni-Cd (アルカリ電解液)	NiOOH	Ni めっきした有孔薄鋼板, Ni の焼結体, スポンジ状 Ni 基板など	Cd	Ni めっきした有孔薄鋼板, Ni の焼結体	電圧1.2V, エネルギー密度58W・h/kg, 200W・h/L。 焼結式は電気伝導度に優れ、機械的強度も大きい。 非焼結式は高エネルギー密度で、製法が簡便。
Ni-MH (アルカリ電解液)	NiOOH	Ni-Cd 系と同じ	MH (水素吸蔵合金)	Ni めっきした有孔薄鋼板, スポンジ状 Ni 基板など	電圧1.2V, エネルギー密度87W・h/kg, 310W・h/L。 PbO_2-Pb, Ni-Cd より高エネルギー密度。
リチウムイオン電池 (有機電解液)	$LiCoO_2$	アルミニウム箔	C_6Li	銅箔	電圧3.7V, エネルギー密度160W・h/kg, 420W・h/L。 高電圧で高エネルギー密度。
リチウムポリマー電池 (ゲル状ポリマー電解質)	$LiCoO_2$	アルミニウム箔	C_6Li	銅箔	電圧3.7V, エネルギー密度150W・h/kg, 290W・h/L。 高電圧で高エネルギー密度。
Zn-臭素 ($ZnBr_2$)	Br_2	多孔質 Ti 板(または C 板)など	Zn	Ti 板(または C 板)	電圧1.6V, エネルギー密度70W・h/kg, 60W・h/L。 活物質安価。
Redox Flow (酸性電解液)	Fe^{2+}/Fe^{3+}, V^{4+}/Ti^{5+} など	炭素フェルト	Cr^{2+}/Cr^{3+}, V^{2+}/Ti^{3+} など	炭素フェルト	電圧1.0V (鉄クロム系), 1.4V (バナジウム系), エネルギー密度は活物質溶液の量によって決まる。
Na-S (β-アルミナ)	S	黒鉛フェルト	Na	ステンレス鋼などの細い金属繊維や金属管	電圧2.0V, エネルギー密度170W・h/kg, 250W・h/L。 300〜350℃で作動。

4・7・3 燃料電池用材料と電池の特徴

電池系	材料 正極	材料 負極	特徴
アルカリ電解液系	Ni, (C)などの多孔体に Pt, Agなどの触媒	Ni, (C)などの多孔体に Pt 触媒	常温で作動する. しかし, CO_2を含む活物質は使用できない.
リン酸電解液系	Ti, (C)などの多孔体に Pt 属触媒	Ti, (C)などの多孔体に Pt 属触媒	$150 \sim 200°C$で作動. CO_2を含む活物質を使用できる.
溶融塩電解質系 (炭酸アルカリ)	Ni, Cuなどの多孔体	NiO, CuOなどの多孔体	$600 \sim 700°C$で作動. CO_2を含んでもよく, また Pt 触媒不要.
固体電解質系 (金属酸化物)	$La_{1-x}Sr_xMO_3$(M=Mn, Fe, Co)の多孔体	Ni/ZrO_2-Y_2O_3サーメットの多孔体	$600 \sim 1000°C$で作動. ZrO_2-Y_2O_3, ZrO_2-Sc_2O_3, CeO_2-Sm_2O_3, $LaGaO_3$ などを電解質とする. Pt 触媒不要. COによる触媒の被毒なし.
固体高分子系	C多孔体に担持したPt触媒	C多孔体に担持したPt系合金またはPt触媒	常温$\sim 100°C$で作動. 低温のため起動時間短い. パーフルオロスルホン酸膜などを電解質とする. COによる触媒被毒あり.

4・8 固体電解質材料

4・8・1 固体電解質材料の伝導イオン種とイオン伝導率

伝導イオン種		固体電解質	イオン伝導率$[10^2 \text{S/m}]$(温度$[°C]$)	参考文献
陽イオン	H^+	$H_3PMo_{12}O_{40} \cdot 29H_2O$	$\sim 10^{-1}$ $(25°C)$	1)
	H^+	NH_4^+-β''-アルミナ*1	$\sim 10^{-4}$ $(25°C)$	2)
	Li^+	LiI	5×10^{-7} $(30°C)$	3)
	Li^+	LiI-Al_2O_3 (分散系)	$\sim 10^{-5}$ $(25°C)$	4)
	Li^+	Li_3N ($c\perp$)	1.2×10^{-3} $(25°C)$	5)
	Li^+	PEO-$LiClO_4$*2	10^{-5} $(20°C)$	6)
	Li^+	LiI-Li_2S-B_2S_3 (非晶質)	1.7×10^{-3} $(25°C)$	7)
	Li^+	LiI-Li_2S-P_2S_5 (非晶質)	5×10^{-4} $(25°C)$	8)
	Li^+	Li_3PO_4-Li_2S-SiS_2 (非晶質)	7.6×10^{-4} $(25°C)$	9)
	Na^+	β-アルミナ*3 (単結晶, $c\perp$)	1.4×10^{-2} $(25°C)$	10)
	Na^+	β-アルミナ (焼結体)	$\sim 5 \times 10^{-4}$ $(25°C)$	11)
	Na^+	NASICON*4	2×10^{-2} $(300°C)$	12)
	Ag^+	α-AgI	~ 2 $(150°C)$	13)
	Ag^+	$RbAg_4I_5$	0.3 $(25°C)$	14)
	Cu^+	$Rb_4Cu_{16}I_7Cl_{13}$	0.3 $(25°C)$	15)
陰イオン	F^-	LaF_3	6×10^{-2} $(300°C)$	16)
	O^{2-}	$0.9ZrO_2 \cdot 0.1CaO$ (CSZ)	$\sim 10^{-2}$ $(800°C)$	17)
	O^{2-}	$0.8ZrO_2 \cdot 0.1Y_2O_3$ (YSZ)	$\sim 2 \times 10^{-2}$ $(800°C)$	17)
	O^{2-}	$0.75Bi_2O_3 \cdot 0.25WO_3$	0.5 $(800°C)$	18)

*1 $(NH_4^+)(H_3O^+)_{2/3}Mg_{2/3}Al_{31/3}O_{17}$
*2 ポリエチレンオキシド (=PEO) + $LiClO_4$の複合体
*3 $Na_{1+x}Al_{11}O_{17+x/2}$
*4 $Na_{1+x}Zr_2P_{3-x}Si_xO_{12}$ (=NASICON, $x \fallingdotseq 2$)

1) O. Nakamura, T. Kodama, I. Ogino, Y. Miyake : *Chem. Lett.*, **1979** (1979), 17.
2) N. Baffier, J. C. Babot, Ph. Colomban : *Solid State Ionics*, **13** (1984), 233.
3) C. R. Schlaikjer, C. C. Liang : First Ion Transport in Solids, ed. by van Gool (1973), p.685, North-Holland.
4) C. C. Liang : *J. Electrochem. Soc.*, **120** (1973), 1289.
5) A. Rabenau : *Solid State Ionics*, **6** (1982), 277.
6) M. Watanabe, S. Nagana, K. Sanui, N. Ogata : *Polym. J.*, **18** (1986), 809.
7) H. Wada, M. Menetrier, A. Levasseur, P. Hagenmuller : *Mat. Res. Bull.*, **18** (1983), 189.
8) J. P. Malugani, B. Fahys, R. Mercier, G. Robert, J. P. Duchange, S. Baudry, N. Brousselly, J. P. Gabano : *Solid State Ionics*, **9/10** (1983), 659.
9) 近藤繁雄:新規二次電池材料の最新技術, 小久見善八監修 (1997), p.136, シーエムシー.
10) M. S. Whittingham, R. A. Huggins : *J. Chem. Phys.*, **54** (1971), 414.
11) K. W. Powerrs, S. P. Mitoff : General Electric Report No. CRD 082 (1974).
12) A. Clearfield. M. A. Sabramanian, W. Wang, P. Jerus : *Solid State Ionics*, **9/10** (1983), 895.
13) C. Tubandt, E. Lorenz : *Z. Phys. Chem.*, **87** (1913), 513.
14) D. O. Raleigh : *J. Appl. Phys.*, **41** (1970), 1876.
15) T. Takahashi, O. Yamamoto, S. Yamada, S. Hayashi : *J. Electrochem. Soc.*, **126** (1979), 1654.
16) A. Roos, A. F. Aalders, J. Schoonman, A. F. M. Arts, H. W. de Wijn : *Solid State Ionics*, **9/10** (1983), 571.
17) 水谷惟恭:機能性セラミックの設計, 日本化学会編 (1982), p.221, 学会出版センター.
18) T. Takahashi, H. Iwahara : *Mat. Res. Bull.*, **13** (1978), 1447.

VI 原子力材料

1 核分裂炉用材料

1・1 主な動力炉の燃料と材料

	略称	燃料	被覆材	減速材	冷却材	主な開発国
黒鉛炉	Magnox 炉	U 金属(天然)	マグノックス	黒鉛	CO_2	英
	AGR(改良ガス炉)	UO_2(低濃縮)	ステンレス鋼	黒鉛	CO_2	英
	HTGR(高温ガス炉)	UC/ThC(高濃縮)または UO_2(低濃縮)	SiC	黒鉛	He	米,露,独,日,中,南ア
	RBMK(黒鉛チャネル炉)	UO_2(低濃縮)	Zr 合金	黒鉛	沸騰軽水	露
軽水炉	PWR	UO_2(低濃縮)	ジルカロイ-4	軽水	加圧軽水	米
	BWR	UO_2(低濃縮)	ジルカロイ-2	軽水	沸騰軽水	米
	VVER	UO_2(低濃縮)	Zr-Nb 合金	軽水	加圧軽水	露
重水炉	CANDU	UO_2(天然)	ジルカロイ-2	重水	加圧重水	カナダ
	ATR(新型転換炉)	UO_2+MOX	ジルカロイ-2	重水	沸騰重水	カナダ,日,英
高速増殖炉	FBR	UO_2+MOX	316SS	—	Na	仏,米,日,露

1・2 日本の主な研究炉の燃料と材料

略称	型式	熱出力	最高熱中性子束*	最高高速中性子束*	燃料	減速材	冷却材	反射材	制御棒	所属
JRR-3M	プール型	20MW	2.0E+18	2.0E+18	20%, U-Al, 板	軽水	軽水	Be	Hf	原研
JRR-4	プール型	3.5MW	5.3E+17	1.7E+17	20%, U_3Si_2-Al, 板	軽水	軽水	黒鉛	B 入り SS	原研
JMTR	タンク型	50MW	4.0E+18	4.0E+18	20%, U_3Si_2-Al, 板	軽水	軽水	Be	Hf(燃料フォロワー付)	原研
HTTR	ループ型	300MW	7.5E+17	2.0E+17	3〜10% UO_2, SiC 被覆燃料粒子	黒鉛	He	黒鉛	B_4C/C 焼成体	原研
KUR	プール型	5MW	8.0E+17	3.9E+17	93%, U-Al, 板	軽水	軽水	黒鉛	B 入り SS	京大
YAYOI	高速中性子源炉	2kW	—	8.0E+15	93%, U 金属, 円柱	—	空気	Pb	劣化ウラン	東大
立大炉	トリガー	100kW	4.0E+16	—	20%, U-ZrH, 丸棒	ZrH	軽水	黒鉛	B_4C	立大
武蔵工大炉	トリガー	100kW	4.0E+16	—	20%, U-ZrH, 丸棒	軽水	軽水	黒鉛	B_4C	武蔵工大
JOYO	ループ型	140MW	—	5.0E+19	PuO_2(30%)/UO_2(12%)	—	軽水	SS	B_4C/SS	サイクル機構

* $n/m^2 \cdot s$

1・3 主な動力炉に使用する材料

		BWR	PWR	FBR
炉心	燃料	UO_2-Gd_2O_3	UO_2-Gd_2O_3	UO_2-$(25+5\%)PuO_2$
	燃料被覆管	ジルカロイ-2	ジルカロイ-4	冷間加工 316SS
	制御棒	B_4C/304SS B_4C/Hf/304SS	Ag-In-Cd/304SS	B_4C/304SS
	冷却材	沸騰軽水	加圧軽水	Na
	減速材	軽水	軽水	—
	増殖ブランケット	—	—	UO_2/316SS
原子炉容器	容器	低合金鋼 (A533B/SQV2A) (A508/SFVQ2A)	低合金鋼 (A533B/SQV2A) (A508/SFVQ2A)	304SS
	被覆	308LSS	308SS	—
炉内構造物		304SS, 316LSS	304SS, 316SS	304SS
蒸気発生器	容器	—	低合金鋼 (A533B/SQV2A)	2.25Cr-1Mo 鋼
	管板	—	低合金鋼 (A508/SFVQ2A)	2.25Cr-1Mo 鋼
	伝熱管	—	インコネル 600 インコネル 690 インコロイ 800	2.25Cr-1Mo 鋼 9Cr-1Mo 鋼 インコロイ 800
中間熱交換器		—	—	304SS, 316SS 2.25Cr-1Mo 鋼
配管		304SS, 316LSS 炭素鋼	304SS, 316SS 炭素鋼	304SS, 316SS 2.25Cr-1Mo 鋼
弁		304SS/ステライト	304SS/ステライト	304SS, 316SS
ポンプ		304SS/ステライト	304SS/ステライト	304SS 2.25Cr-1Mo 鋼
復水器	伝熱管	アルミブロンズ, アルミ黄銅, キュプロニッケル, チタン, 304SS	アルミブロンズ, アルミ黄銅, キュプロニッケル, チタン, 304SS	チタン
タービン発電機	回転子		Cr-Mo-V または Cr-Ni-Mo 鋼	
	翼		430SS, Ti-6Al-4V	

火力原子力発電, **43** (1992), 94 などによる.

2 核 燃 料

2・1 核反応と核燃料サイクル

2・1・1 核分裂性物質の特性

		^{233}U	^{235}U	天然ウラン	^{239}Pu
熱中性子 (0.025eV) による	核分裂1事象あたりの平均中性子放出数 ν	2.50	2.44	2.44	2.90
	核分裂断面積 σ_f $[10^{-28}m^2]$	530.5	580.2	4.18	742.3
	中性子捕獲断面積 σ_r $[10^{-28}m^2]$	46.3	98.1	3.40	271.3
	吸収中性子1個あたりの平均放出中性子数 $\eta = \dfrac{\sigma_f \nu}{\sigma_f + \sigma_r}$	2.30	2.09	1.35	2.12
高速中性子 (約 1MeV) による	ν	2.59	2.58		3.02
	σ_f	1.95	1.25		1.65
	σ_r	0.08	0.11		0.09
	η	2.49	2.37		2.86
原子(質)量 [u]		233.03963	235.04393	238.0289	239.05216

2・1・2 熱中性子による ^{238}U の Pu への変換

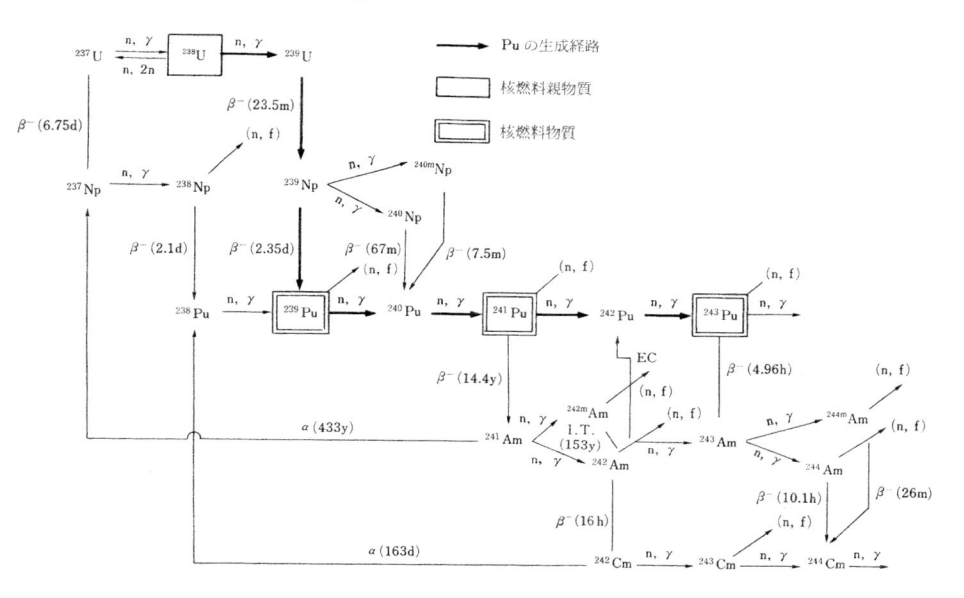

[Figure: 熱中性子による ^{238}U の Pu への変換経路図。^{237}U, ^{238}U, ^{239}U, ^{237}Np, ^{238}Np, ^{239}Np, ^{240m}Np, ^{240}Np, ^{238}Pu, ^{239}Pu, ^{240}Pu, ^{241}Pu, ^{242}Pu, ^{243}Pu, ^{241}Am, ^{242m}Am, ^{242}Am, ^{243}Am, ^{244m}Am, ^{244}Am, ^{242}Cm, ^{243}Cm, ^{244}Cm の核反応系統。矢印: Pu の生成経路、□ 核燃料親物質、▣ 核燃料物質。主な崩壊: β^-(6.75d), β^-(23.5m), β^-(2.1d), β^-(2.35m), β^-(67m), β^-(7.5m), β^-(14.4y), EC, I.T.(153y), β^-(16h), β^-(4.96h), β^-(10.1h), β^-(26m), α(433y), α(163d)]

2・1・3 熱中性子による ^{232}Th の核反応

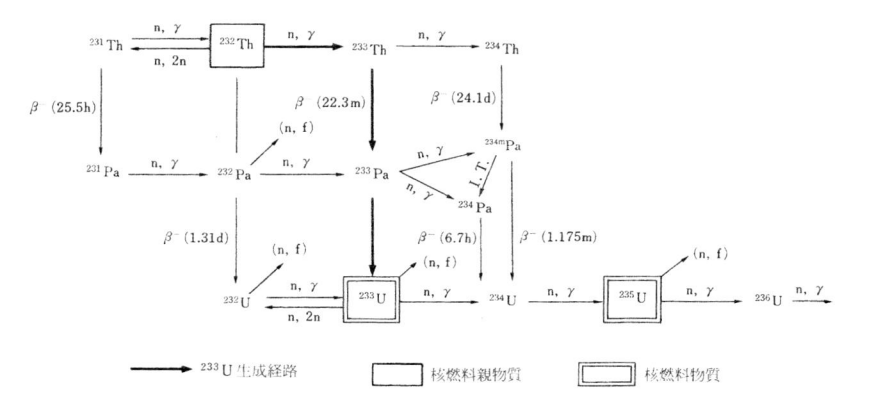

[Figure: 熱中性子による ^{232}Th の核反応経路図。^{231}Th, ^{232}Th, ^{233}Th, ^{234}Th, ^{231}Pa, ^{232}Pa, ^{233}Pa, ^{234m}Pa, ^{234}Pa, ^{232}U, ^{233}U, ^{234}U, ^{235}U, ^{236}U の核反応系統。矢印: ^{233}U 生成経路、□ 核燃料親物質、▣ 核燃料物質。主な崩壊: β^-(25.5h), β^-(22.3m), β^-(24.1d), β^-(1.31d), β^-(6.7h), β^-(1.175m), I.T.]

2・2 ウラン，プルトニウム，トリウム

2・2・1 U, Pu, Th の結晶構造

元素	結晶構造	安定温度 [K]	格子定数 [10^{-10}m] a	b	c	β	温度[K]	X線回折による密度 [Mg/m³]	金属半径 [10^{-10}m]
α-U	斜方晶	<941	2.8478	5.8580	4.9455		298	19.16	1.542
β-U	正方晶	941～1 048	10.763		5.652		993	18.11	1.548
γ-U	体心立方晶	1 048～1 406	3.524				1 073	18.06	1.548
α-Pu	単斜晶	<395	6.183	4.822	10.963	101.79°	294	19.86	1.523
β-Pu	体心単斜晶	395～480	9.284	10.463	7.859	92.13°	463	17.70	1.571
γ-Pu	斜方晶	480～588	3.159	5.768	10.162		508	17.14	1.588
δ-Pu	面心立方晶	588～730	4.637				593	15.92	1.640
δ'-Pu	正方晶	730～752	3.34		4.44		738	16.00	1.640
ε-Pu	体心立方晶	752～913	3.636				763	16.51	1.592
α-Th	面心立方晶	<1 633	5.0842				298	11.724	1.798
β-Th	体心立方晶	1 633～2 023	4.11				1 723	11.10	1.80

2・2・2 U, Pu, Th の熱定数

	U	Pu	Th
融点 [K]	1 405	912.5	2 023
融解熱 [kJ·mol^{-1}]	19.7	2.82	14
蒸気圧 $\log P$ [Pa]	$(-26\,210/T)+5.920$	$(-17\,587/T)+5.014$	$(-28\,780/T)+5.991$
蒸発熱 [kJ·mol^{-1}]	447	334	598
蒸発のエントロピー [kJ·mol^{-1}·K^{-1}]	0.108	0.094	
沸点 [K]	(4 200)	(3 460)	(5 061)
昇華熱 [kJ·mol^{-1}]	488	351	573
熱伝導度 [W·m^{-1}·K^{-1}]	29	6	60
電気抵抗 [10^{-8}Ω·m] (295 K)	30.8	150	15.7
ホール係数 [10^2V·m/A·T]	3.93×10^{-13}	$2.5\sim3.5\times10^{-13}$	-11.2×10^{-13}
特性温度 [K] 電気抵抗より	121		144
弾性定数より	248.2	204	164.2
熱容量より	222	162	170

2・2・3 α-U の機械的性質

		ヤング率 [9.8 MPa]	線圧縮率 [1/9.8 MPa]	ポアソン比		容積圧縮率 [1/9.8 MPa]	剛性率 [9.8 MPa]
弾性		$E[100]=2.079\times10^{10}$	$\beta[100]=0.373\times10^{-10}$	$\sigma_{12}=+0.243$	$\sigma_{31}=-0.017$	0.879×10^{-10}	1.137×10^{10}
		$E[010]=1.513\times10^{10}$	$\beta[010]=0.286\times10^{-10}$	$\sigma_{21}=+0.177$	$\sigma_{23}=+0.390$		
		$E[001]=2.126\times10^{10}$	$\beta[001]=0.221\times10^{-10}$	$\sigma_{13}=-0.017$	$\sigma_{32}=+0.548$		

(多結晶体)
ヤング率 [9.8 MPa] 1.99×10^{10}　　　せん断弾性係数 [9.8 MPa] 0.822×10^{10}
剛性率 [9.8 MPa] 1.137×10^{10}　　　ポアソン比 0.2087

	すべり系	臨界せん断応力 [9.8 MPa]	すべり系		臨界せん断応力 [9.8 MPa]
塑性	(001) [100]	0.024	(110)	[110]	0.39
	(010) [100]	0.29	(021)	[112]	1.75

2・2・4 金属ウラン，二酸化ウラン，炭化ウランの特性比較

特 性	α-U	UO_2	UC
耐 熱 衝 撃 性	良	劣	良
も ろ さ	優	かなり良	良
熱 サ イ ク ル 特 性	劣	劣	良
分裂生成ガス閉じ込め	良	良	良
分裂生成ガスによるスエリング	大	小	中
濡 れ 性 　 有	Na, NaK	⎰ Sn, Cd, Na, K, Ca, Mg, Zr, Be, Si, Al, ⎱ Ag, Cu, Bi, Pb, Hg	⎰ Zn, Na, K, Be, Zr, Ni, Si ⎱
無	—	—	Pb, Sn, Hg
共 存 性			
NaK	良	かなり良	良
304ステンレス鋼	~800°C	良	良(>700°C)
水	劣	優	不可
ジ フ ェ ニ ル	良	良	良(350°C)
タ ー フ ェ ニ ル	良	良	良(350°C)
H_2	劣	良	良
CO_2	かなり良	良	良
空 気	劣	かなり良	かなり良
自然発火する粒子の大きさ [μm]	<100		<40

2・2・5 二酸化ウラン，二酸化プルトニウム，二酸化トリウムの性質

	UO_2	PuO_2	ThO_2
結 晶 構 造	CaF_2 形面心立方	CaF_2 形面心立方	CaF_2 形面心立方
格子定数 [10^{-10}m]	5.4704	5.3960	5.597
密 度 [Mg/m^3]	10.964	11.46	10.001
融 点 [K]	3138	2663	3663
融 解 熱 [kJ/mol]	76.2	70.3	89.6
生 成 熱 ΔH_{298K} [kJ/mol]	-1085.0	-1056.2	-1226.4
エンタルピー $H_T - H_{298K}$ [kJ/mol]	$-28.1537 + 7.71363 \times 10^{-2} T + 4.22900 \times 10^{-6} T^2 + 1.42504 \times 10^3/T$ (298~1500 K) $-26.6 + 0.0753 T + 8.16 \times 10^{-6} T^2 + 1.03 \times 10^3/T$ (1500~2715 K)	$-35.430 + 9.280 \times 10^{-2} T + 4.351 \times 10^{-7} T^2 + 2.0648 \times 10^3/T$ (192~1400 K) $-26.6 + 0.075 T + 8.16 \times 10^{-6} T^2 + 1.03 \times 10^3/T$ (1400~2175 K)	$-23.3336 + 6.93382 \times 10^{-2} T + 4.67187 \times 10^{-6} T^2 + 9.19024 \times 10^2/T$
エントロピー S_{298K} [J/mol·K]	77.03	66.13	65.23
生成自由エネルギー ΔG_{298K} [kJ/mol]	-1031.8	-998.0	-1168.7
熱容量 C_p^0 [J/mol·K]	63.60	66.25	61.76
定圧熱容量 C_p [J/mol·K]	$77.1363 + 8.4578 \times 10^{-3} T - 1.42504 \times 10^6/T^2$ (298~1500 K) $75.8 + 5.023 \times 10^{-3} T + 7.74 \times 10^{11} T^{-2} \times \exp(-192556/RT)$ (1300~3100 K)	$5.648 \times 10^{-2} T + 1.2037 \times 10^{-4} T^3$ (11.9~28.8K) $92.80 + 8.702 \times 10^{-4} T - 20.648 \times 10^5/T^2$ (192~1400 K)	$69.3382 + 9.34374 \times 10^{-3} T - 9.1902 \times 10^5/T^2$
熱伝導度 [W/cm·K]	$11.75 + 0.02375 (T-273)$ (95%理論密度, $UO_{2.005}$, R.T. ~1573 K)	0.06 (573 K) 0.025 (1473 K)	$(1-P)(1+1.49P) 10.79 + 0.185 T$ (250~1800 K, P: ボア体積分率)
熱膨張係数 [K^{-1}]	$25.0 \times 10^{-6} - 12.7 \times 10^{-9} \times (T-273)$	11.0×10^{-6} (293~1273 K)	1.09×10^{-5} (R.T.~2755 K)

2・2・6 ウラン化合物の性質

化合物	結晶形	格子定数 [10^{-10} m] a b c	密度 (Mg/m³)	融点 (K)	生成熱 (kJ/mol)	生成自由エネルギー (kJ/mol)	エントロピー (J/K·mol)	定圧熱容量 (J/K·mol)	熱膨張係数 [10^{-6} K^{-1}]	熱伝導度 (10W/m·K)
UB₂	六方	{3.1314 (B poor) 3.9857 / 3.1293 (B rich) 3.9893}	12.82	2658	−164	−162	55.12	55.37		
UC	NaCl形面心立方	4.961	13.63	2663	−97.9	−98.9	59.0	50.0	11.4 (293〜1223 K)	0.21 (373〜973 K)
α-UC₂	体心正方	3.566　　6.0023	11.68		−85.3	−87.5	68.3	60.7	{(a軸)16.56 (c軸)10.43} (293〜1273 K)	0.33 (317 K)
UN	NaCl形面心立方	4.889	14.32	3123 (3.5atm)	−290.8	−266	62.63	47.82	8.61 (R.T.〜1273 K)	{0.17 (573 K) / 0.21 (1073 K)}
α-U₂N₃	体心立方	10.678	11.24	1618 (d)*			65.0	54.2		
U₃Si	体心正方	6.029　　9.696	15.58	1198(d)	−134	−134	174	108	17.5 (293〜1023 K)	0.17 (323 K)
U₃Si₂	正方	7.3299　　3.9004	12.20	1938	−170.3		197		14.6 (293〜1223 K)	0.38 (503 K)
USi	斜方	5.66　7.67　3.91	10.40	1853(d)	−80.3		67			
U₃Si₅	六方	3.843　　4.069	9.25	2043	−354		231			
USi₂	立方	4.060	8.15	1783(d)	−132.2		106.3		16.3 (293〜1223 K)	
UP	NaCl形面心立方	5.5889	10.23	2883	−268	−264	78.3	49.6	8.6 (273〜1173 K)	0.17 (1273 K)
US	NaCl形面心立方	5.4903	10.87	2735	−322	−321	78.0	50.5	11.8 (273〜1173 K)	0.18 (1273 K)

* d:分解

2・2・7 プルトニウム化合物の性質

化合物	結晶形	格子定数 [10^{-10} m] a b c	密度 (Mg/m³)	融点 (K)	生成熱 (kJ/mol)	生成自由エネルギー (kJ/mol)	エントロピー (J/K·mol)	定圧熱容量 (J/K·mol)	熱膨張係数 [10^{-6} K^{-1}]	熱伝導度 (10^2W/m·K)
PuC	NaCl形面心立方	{4.9582 (C poor) / 4.9737 (C rich)}	13.6	1927 (d)*	−45.2	−49.3	74.8	47.1	10.8 (298〜1173K)	0.11 (473K)
Pu₂C₃	体心立方	{8.1258 (C poor) / 8.1317 (C rich)}	12.70	2323(d)	−74.7	−77.7	75.0	57.0	14.8	
PuC₂	正方	3.63　　6.094	9.4	2503(d)	−4	−10	86	55		
PuN	NaCl形面心立方	4.9055	14.22	2843 (1 atm N₂)	−299.2	−291	64.8	49.6	11.20 (R.T.〜1273K)	0.15 (473K)
PuO	NaCl形面心立方	4.96	13.9		565		71	51.3		
β(A) Pu₂O₃	La₂O₃形六方	3.841　　5.958	11.47	2358	−1656	−1580	163.0	117.0	{(a軸)6 (c軸)30} (298〜573K)	
α(C)Pu₂O₃	Mn₂O₃形体心立方	11.04	10.2	623(d)	−836	−795	75.7		9.0 (298〜573K)	
α(C)Pu₂O₃	(Fe,Mn)₃O₃形体心立方または面心立方	10.95〜11.01 / 5.409	11.46	2473〜2633	−884				8.5 (573〜1173K)	

* d:分解

2・2・8 トリウム化合物の性質

化合物	結晶形	格子定数 [10^{-10} m] a b c	密度 (Mg/m³)	融点 (K)	生成熱 (kJ/mol)	生成自由エネルギー (kJ/mol)	エントロピー (J/K·mol)	定圧熱容量 (J/K·mol)	熱膨張係数 [10^{-6} K^{-1}]	熱伝導度 (10^2W/m·K)
ThC	NaCl形面心立方	5.346	10.65	2773	−125	−126	58.0	45.1	5.8 (R.T.〜1773K)	0.29
α-ThC₂	単斜	6.691　4.223　6.744　β=103.2°	9.6		−117	−118	70.3	56.7		{0.24 (443K) / 0.21 (623K)}
β-ThC₂	体心正方	4.235　　5.408	8.96							
γ-ThC₂	β-UC₂形面心立方	5.808	8.68	2883						
ThN	NaCl形面心立方	5.16	11.90	2903	−389	−361	56.1		8.28 (1073〜1573K)	
α-Th₂N₃	六方	3.87　　27.39	10.55	1773 (d)*	−1315	−1208	183			
β-Th₂N₄	単斜	6.95　3.83　6.20　β=90.7°								

* d:分解

3 核分裂炉構成材料

3・1 材料の核的性質

3・1・1 代表的な核分裂炉の中性子スペクトル

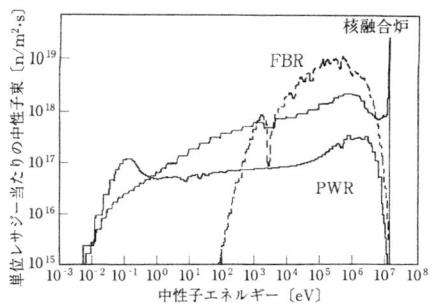

PWR：商用炉の炉心部の代表的スペクトル
FBR：高速実験炉 JOYO の炉心部の代表的スペクトル
核融合炉：核融合実験炉設計におけるブランケット部の代表的スペクトル

3・1・2 熱中性子 (0.025 eV) 吸収断面積 σ_a

元素	σ_a [10^{-28}m²]	元素	σ_a [10^{-28}m²]	元素	σ_a [10^{-28}m²]
^{1}H	0.332	S	0.52	Mo	2.65
^{2}D	5.2×10^{-4}	K	2.10	Ag	63.6
^{9}Be	7.6×10^{-3}	Ca	0.43	Cd	2.45×10^3
B	7.59×10^2	Ti	6.1	In	1.935×10^2
^{10}B	3.837×10^3	V	5.04	Sn	0.623
C	3.4×10^{-3}	Cr	3.1	Sb	5.4
N	1.85	Mn	13.3	^{135}Xe	2.65×10^6
O	2.7×10^{-4}	Fe	2.55	^{149}Sm	4.10×10^4
F	9.5×10^{-3}	Co	37.2	Hf	1.02×10^2
Na	0.530	Ni	4.43	Ta	21
Mg	6.2×10^{-2}	Cu	3.79	Au	98.8
Al	0.230	Zn	1.10	Hg	3.75×10^2
Si	0.16	Zr	0.185	Pb	0.170
P	0.18	Nb	1.15	Bi	3.3×10^{-4}

3・1・3 核分裂スペクトルをもつ中性子による (n, p) および (n, α) 反応断面積

元素	(n,p) 反応断面積 [10^{-31}m²]	(n,α) 反応断面積 [10^{-31}m²]	元素	(n,p) 反応断面積 [10^{-31}m²]	(n,α) 反応断面積 [10^{-31}m²]
Li	0.083	56.6	Ti	3.07	0.55
Be	—	125	V	1.00	0.035
B	—	99.5	Cr	1.76	0.38
C	—	0.47	Mn	0.40	0.13
N	—	40.7	Fe	4.63	0.44
O	0.017	5.97	Ni	75.6	0.60
Mg	1.23	2.90	Cu	6.40	0.54
Al	3.10	0.65	Zn	13.8	4.06
Si	3.82	0.66	Zr	0.52	0.18
P	30.9	1.30	Nb	1.79	0.04
S	57.4	13.9	Mo	1.13	0.72
Ca	45.5	6.51	Cd	0.15	0.087

H. Alter, C. E. Weber : *J. Nucl. Mater.*, 16 (1965), 68.

3・1・4 (n, γ) 反応断面積

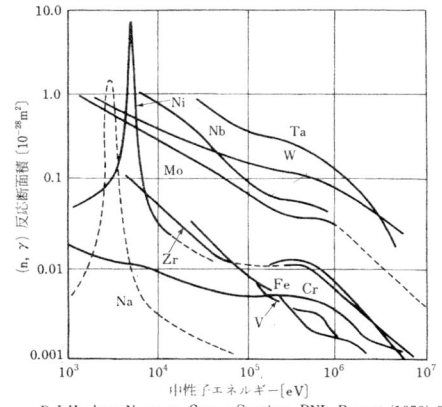

D.J.Hughes : Neutron Cross Section, BNL Report (1958), 325.

3・1・5 ステンレス鋼 (304SS) の弾き出し断面積

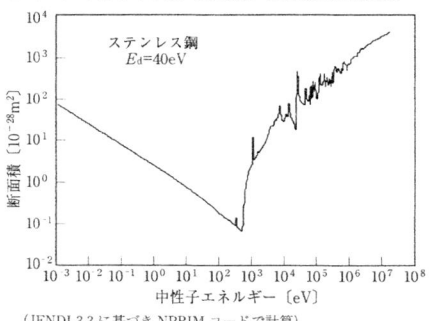

(JENDL3.3 に基づき NPRIM コードで計算)

3・2 燃料被覆材

3・2・1 燃料被覆管用ステンレス鋼

	合　　金	代表的成分	
軽水炉	304SS, 316SS, 347SS 等	ASTM 各規格範囲	1970年代まで米国等で使用されていたが，ジルカロイにとって代わられた
AGR (改良ガス炉)	オーステナイトステンレス鋼	Fe-20Cr-25Ni-Nb	
高速増殖炉	冷間加工 316SS	316SS 規格範囲	標準被覆管として使用されている（仏，米，日，露）
	オーステナイトステンレス鋼	Fe-15Cr-15Ni-0.2Ti	耐照射性，クリープ強度を向上
	フェライト鋼	9Cr-1Mo 鋼, 12Cr-1Mo 鋼	
	酸化物分散フェライト鋼	12Cr-Mo-Y_2O_3/TiO_2 鋼	高強度・耐照射材として開発中

3・2・2 ジルコニウム合金

合金名	成　　分　〔mass%〕							その他
	Sn	Fe	Cr	Ni	Fe+Cr+Ni	Fe+Cr	Zr	
ジルカロイ-2	1.20〜1.70	0.07〜0.20	0.05〜0.15	0.03〜0.08	0.18〜0.38	—	—	残部	
ジルカロイ-4	1.20〜1.70	0.18〜0.24	0.07〜0.13	—	—	0.28〜0.37	残部	
オーゼナイト0.5	0.2	0.1		0.1			残部	Nb=0.1
オーゼナイト1.0			Sn+Fe+Ni+Nb=1.0%				残部	
Zr-1.0%Nb	—	—	—	—	—	—	残部	Nb=1.0%
Zr-2.5%Nb	<0.0050	<0.150	<0.020	<0.0070	—	—	残部	Nb=2.40〜2.80% O=0.90〜0.13%

この他不純物に関して詳細な規定がある．

3・2・3 マグノックス合金

合金名	成　　分　〔mass%〕					備　　考
	Al	Be	Zr	Mn	Ca	
AL80	0.80	<0.030	—	—	—	
ZR55	0.020	—	0.45〜0.65	—	—	
ZR57	0.020	—	0.50〜0.65	0.10〜0.20	—	
MN70	0.050	—	—	0.55〜0.85	—	
MN125	0.050	—	—	1.00〜1.50	—	
C	1	0.04	—	—	—	現在は使用されていない
E	1	0.05	—	—	0.1	現在は使用されていない

3・2・4 耐食性

冷却材	Al 合金 (6061)	Mg 合金 (AL80)	Zr 合金 (Zry-2)	ステンレス鋼 (316SS)	Ni 基合金 (ハステロイ X)
水	良	不良	良	良	良
CO_2	良	良	不良	可	良
Na	不良	不可	不良	良	良
He	—	—	—	良	良
用途例	低温水冷却炉 (研究炉)	CO_2 冷却炉 (マグノックス炉)	高温水冷却炉 (軽水炉, 重水炉)	Na 冷却炉 (高速増殖炉)	He 冷却炉 (高温ガス炉)

日本金属学会編：講座・現代の金属学 材料編8, 原子力材料 (1989).

3・3 減速材および反射材

3・3・1 主な減速材の炉物理的性質

	H_2O	D_2O	Be	BeO	C(黒鉛)
密度 $[Mg/m^3]$	1.00	1.10	1.84	2.86	1.57
巨視的中性子散乱断面積 Σ_s(熱外) $[10^2m^{-1}]$	1.64	0.35	0.74	0.66	0.39
巨視的中性子吸収断面積 Σ_a(熱中性子) $[10^2m^{-1}]$	22×10^{-3}	85×10^{-6}	1.1×10^{-3}	0.62×10^{-3}	0.37×10^{-3}
中性子が2 MeVから0.025eVに減速するに要する衝突回数	19.6	35.7	88.4	107	115
減速能 $[10^2m^{-1}]$ *1	1.5	0.18	0.16	0.11	0.063
減速比 *2	70	2100(99.8% D_2O) 12000(100% D_2O)	150	180	170

*1 減速能$=\xi\Sigma_s$ *2 減速比$=\xi\Sigma_s/\Sigma_a$ ($\xi=$対数エネルギー減衰率)

3・3・2 中性子散乱断面積

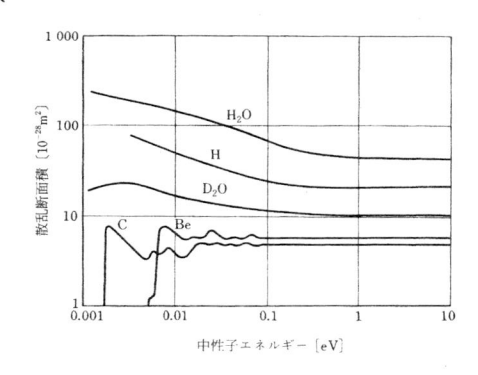

3・4 冷却材

3・4・1 冷却材の諸性質

冷却材	融点 [K]	沸点 [K]	測定温度 [K]	密度 $[Mg/m^3]$	熱伝導度 $[W/m\cdot K]$	吸収断面積 (0.0253 eV) $[10^{-28}m^2]$	散乱断面積 (0.0253 eV) $[10^{-28}m^2]$
軽水	273.1	373.1	373	1.000	0.67	0.664	103
重水	276.9	374.5	373	1.105	0.59	0.00133	13.6
Na	370.9	1 156	573	0.880	75.3	0.530	3.2
K	336.7	1 047.1	473	0.820	223	2.10	1.5
NaK(44% K)	292.1	1 099.1	292	0.870	25	1.1	3.2
Li	453.7	1 620.1	473	0.510	38	70.7*	—
Bi	544.4	1 833.1	573	10.030	7.1	0.033	—
He	0.9	4.2	273	1.79E-04	0.14	<0.05	—
CO_2	216.5	194.6	273	1.98E-03	0.015	0.003	—

* 293K

3・5 制 御 材

3・5・1 主な制御棒材料

制　御　材	原　子　炉	被　覆　材	中性子吸収反応
Ag-In-Cd(80-15-5)	PWR	ステンレス鋼	共鳴吸収, (n, γ)反応
^{N}B$_4$C粉末充填(スエージ材)[*1]	BWR, PWR, 重水炉, FBR	ステンレス鋼, インコネル	$1/v$吸収, (n, α)反応
^{E}B$_4$Cペレット[*2]	FBR(常陽など), PWR, HTGR	ステンレス鋼, インコネル	(n, α)反応
B$_4$C(C中に分散)	HTGR	インコネル	$1/v$吸収, (n, α)反応
ホウ素鋼(3 mass%B)	GCR(東海1号など)	鋼	$1/v$吸収, (n, α)反応
Eu$_2$O$_3$ペレット	FBR(BOR-60など)	ステンレス鋼	(n, γ)反応, 連鎖系
Eu$_2$O$_3$-ステンレス鋼	PWR	ステンレス鋼	(n, γ)反応, 連鎖系
Ta	FBR(phoenixなど)	ステンレス鋼	(n, γ)反応, 連鎖系
Hf	PWR, BWR	――	共鳴吸収, 連鎖系

*1 ^{N}B$_4$C : 天然B　　*2 ^{E}B$_4$C : ^{10}B濃縮B

3・5・2 制御棒関連元素の同位体組成と中性子吸収断面積

元素	存在比〔%〕	吸収断面積 〔10^{-28}m^2〕		元素	存在比〔%〕	吸収断面積 〔10^{-28}m^2〕	
		熱中性子(0.025eV)	共鳴積分[*2]			熱中性子(0.025eV)	共鳴積分[*2]
B		759	341	Eu		4600	2430
^{10}B	19.8	3838[*1]	1722	^{151}Eu	47.9	9040	3300
Ag		63.6	747	^{153}Eu	52.1	380	1635
^{107}Ag	51.8	37	94	Gd		49000	390
^{109}Ag	48.2	92	1450	^{155}Gd	14.8	61000	1550
Cd		2450		^{157}Gd	15.7	255000	730
^{113}Cd	12.2	19800		Hf		102	2000
In		194	3200	^{177}Hf	18.6	391	7260
^{113}In	4.3	11	282	^{178}Hf	27.1	91	1950
^{115}In	95.7	204	3300	^{179}Hf	13.7	51	600
Sm		5800	1400	^{180}Hf	35.2	14	
^{149}Sm	13.9	42000	3183			0.5[*1]	43
^{152}Sm	26.6	204	3000	Ta		21	710
				^{181}Ta	99.9	21	710
				^{182}Ta	(半減期 115d)	8200	1000

*1　(n, α)反応　　*2　$I = \int_{0.5eV}^{\infty} \dfrac{\sigma(E)}{E} dE$

3・5・3 制御棒材料の諸性質

	B	B$_4$C	Cd	Ag	Ag-15 Ir-5 Cd	Hf
密度〔Mg/m^3〕	2.35(無定形) 2.48(結晶)	2.51	8.64	10.491	10.17	13.36
融点〔K〕	2273〜2348	2723	594	961.9	1048〜1098	2403
沸点〔K〕	2823	>3773	1038	2212		5673
熱容量〔J/kg・K〕						
298K	11.9	52.51	26.32	25.5		25.5
500K	15.6		28.37	26.4		26.5
700K	19.3			27.8		27.5
1000K	25.1			29.8		29.0
熱膨張係数〔K^{-1}〕	8.3×10^{-6} (293〜1023K)		29.8×10^{-6}(293K) 30.2×10^{-6}(423K) 30.8×10^{-6}(623K)	20.61×10^{-6} (273K〜773K)	22.5×10^{-6} (298K)	5.9×10^{-6} (273〜1273K)
熱伝導率〔W/m・K〕						
373K		121	94	391	62.8	22.0
473K			92			21.5
573K		92		362	76.6	21.0
673K				352		20.7
773K				367		20.5
873K		75			90.4	
1073K		65				

3・5・4 各種材料の制御棒価値

材料	Hfに対する相対値
3.0 mass% ^{10}B入りステンレス鋼(分散)	1.12
Hf	1.00
0.97 mass% ^{10}B入りステンレス鋼(合金)	0.98
15 mass% Eu_2O_3入りステンレス鋼(分散)	0.96
In	0.93
Ag	0.88
Cd	0.80
8.7 mass% Gd-Ti合金	0.77
Ta	0.71
2.7 mass% Sm_2O_3入りステンレス鋼(分散)	0.70
Hynes 25	0.68
Ti	0.24
ジルカロイ 3	0.05
25 Al	0.02

b. Ag, In, CdおよびAg-In-Cd(1:1:1)合金の中性子吸収特性

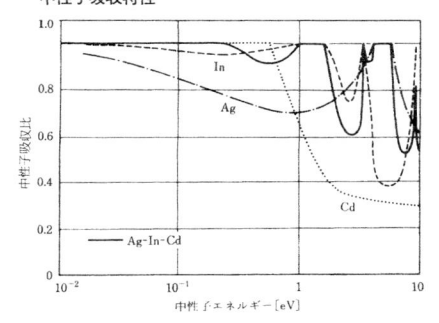

3・5・5 Ag-In-Cd合金
a. Ag-In-Cd(15 mass%In, 5 mass%Cd)合金の物理的性質

温度	熱伝導度 [W/m·K]	動的弾性率 [GPa]	線膨張係数 [K^{-1}]	密度 [Mg/m^3]
273	54.8	—	—	—
298	56.5	79.4	2.25×10^{-5}	10.17
323	59.0	—	2.25×10^{-5}	—
373	62.8	76.7	2.25×10^{-5}	—
473	70.3	73.2	2.25×10^{-5}	—
573	76.6	67.9	2.25×10^{-5}	—
673	82.0	—	2.25×10^{-5}	—
773	86.6	—	2.25×10^{-5}	—
873	90.4	—	—	—

E. F. Losco : Reactor Handbook, 2nd ed. (1960), p. 823.

3・5・6 高速炉用制御材の密度と相対的有効度

材質	密度 [Mg/m^3]	単位体積あたりの相対的有効度
B_4C(天然)	2.5	1.00
^{10}B	2.3	4.83
B_4C(80% ^{10}B)	2.5	4.00
EuB_6(天然)	5.0	1.40
Eu_2O_3	7.4	1.28
Re	21.0	1.12
ReB_3	10	1.09
Eu	5.2	1.05
TaB_2	11.5	0.96
CrB_2	5.6	0.82
^{6}Li	0.5	0.79
Ta	16.6	0.55
W	19.3	0.24
Nd	8.5	0.16
^{238}U	18.9	0.15
Mo	10.2	0.13

3・6 遮蔽材
3・6・1 各種材料のγ線に対する線吸収係数

材料	密度 [Mg/m^3]	線吸収係数 [$10^2 m^{-1}$]			材料	密度 [Mg/m^3]	線吸収係数 [$10^2 m^{-1}$]		
		1MeV	3MeV	6MeV			1MeV	3MeV	6MeV
空気 (20°C 1気圧)	0.001205	0.0000765	0.0000431	0.0000301	ガラス				
Al	2.7	0.166	0.0953	0.0718	ホウケイ酸	2.23	0.141	0.0805	0.0591
Be	1.85	0.104	0.0579	0.0392	鉛	6.4	0.439	0.257	0.257
Be_2C	1.9	0.112	0.0627	0.0429	板(平均)	2.4	0.152	0.0862	0.0629
BeO(熱間圧縮ブロック)	2.3	0.140	0.0789	0.0552	Fe	7.86	0.470	0.282	0.240
Bi	9.80	0.700	0.409	0.440	Pb	11.34	0.797	0.468	0.505
ボラール(Boral)*	2.53	0.153	0.0865	0.0678	LiH(圧粉)	0.70	0.044	0.0239	0.0172
B(無定形)	2.45	0.144	0.0791	0.0679	ルーサイト(メタクリル酸樹脂)	1.19	0.0816	0.0457	0.0317
B_4C(熱間圧縮)	2.5	0.150	0.0825	0.0675	パラフィン	0.89	0.0646	0.0360	0.0246
レンガ					岩石				
耐火粘土	2.05	0.129	0.0738	0.0543	花崗岩	2.45	0.155	0.0887	0.0654
カオリン	2.1	0.132	0.0750	0.0552	石灰岩	2.91	0.187	0.109	0.0824
シリカ	1.78	0.113	0.0646	0.0473	砂岩	2.40	0.152	0.0871	0.0641
C(黒鉛)	2.25	0.143	0.0801	0.0554	ゴム				
粘土	2.2	0.130	0.0801	0.0590	ブタジエン共重合体	0.915	0.0662	0.0370	0.0254
セメント					天然	0.92	0.0652	0.0364	0.0248
ホウ化灰ホウ鉱	1.95	0.128	0.0725	0.0528	ネオプレン	1.23	0.0813	0.0462	0.0333
通常(1ポルトランドセメント:3砂)	2.07	0.133	0.0760	0.0559	砂	2.2	0.140	0.0825	0.0587
コンクリート					ステンレス鋼(SUS 347)	7.8	0.462	0.279	0.236
重晶石	3.5	0.213	0.127	0.110	鋼(1%C)	7.83	0.460	0.276	0.234
重晶石-ホウ素フリット	3.25	0.199	0.119	0.101	U	18.7	1.46	0.813	0.881
重晶石-褐鉄鉱	3.25	0.200	0.119	0.0991	UH_3	11.5	0.903	0.504	0.542
重晶石-ルミナイト-灰ホウ鉱	3.1	0.189	0.112	0.0939	水	1.0	0.0706	0.0396	0.0277
鉄-ポルトランド	6.0	0.364	0.215	0.181	木材				
ポルトランド	2.2	0.141	0.0805	0.0592	オーク	0.77	0.0521	0.0293	0.0203
(1セメント:2砂:4礫)	2.4	0.154	0.0878	0.0646	しろ松	0.67	0.0452	0.0253	0.0175

* AlとB_4Cの等量混合物を、Alとサンドイッチにした材料

3・6・2 ^{60}Co, ^{137}CsおよびRaからのγ線に対する鉛, 鉄, コンクリート (密度2.3) の遮蔽効果

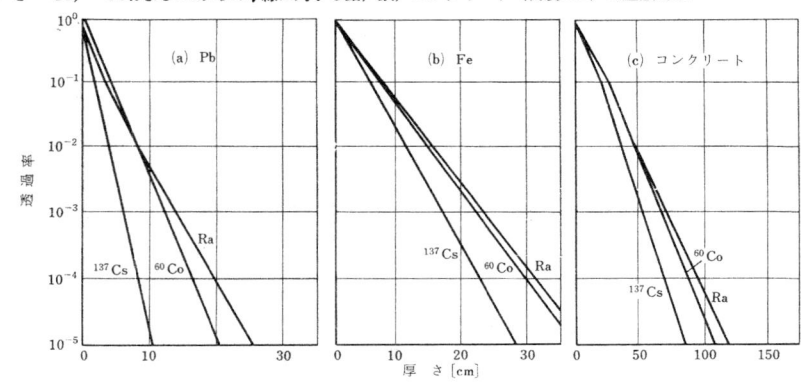

(a) Pb　(b) Fe　(c) コンクリート

日本アイソトープ協会編:改訂3版 アイソトープ便覧 (1984), p.822, 丸善.

3・6・3 ポルトランドセメントの組成

成分	組成 mass%	mass%
MgO	2	2.6
SiO$_2$	23	29.6
Al$_2$O$_3$	8	6.2
Fe$_2$O$_3$	4	2.4
CaO	63	59.2

3・6・4 コンクリートの配合例と性質

種類	配合 [mass%]		性質 密度 [Mg/m³]	抗張力 [MPa]	圧縮強度* [MPa]
重晶石 コンクリート	重晶石 ポルトランドセメント 水	84.4 9.4 6.2	3.5	—	24.5 (28d) 28.4 (112d)
鉄-褐鉄鉱 コンクリート	鉄 褐鉄鉱 ポルトランドセメント 水	58.0 33.6 6.0 2.4	5.35	3.4 (7d) 3.9 (28d)	71.6 (7d) 76.5 (28d)
普通 コンクリート	ポルトランドセメント 砂 礫 水	8.2 28.7 56.4 6.7	2.3	2.1〜3.1	20.6 (7d) 38.2 (28d)

*( ): 養生期間

4 核融合炉用材料

4・1 核融合炉に使われる材料

4・1・1 次期大型装置および商用核融合炉の設計における材料構成

	ITER	SSTR	A-SSTR	FFHR	ARIES-RS	ARIES-AT	DREAM
ブランケット構造材料	SUS316LN	RAF	ODSフェライト鋼	RAF	バナジウム合金	SiC/SiC	SiC/SiC
プラズマ対向材料	W, Be, CFC	W	W	W	W	W	W
高熱流束機器材料	DS-Cu	Mo合金	—	—	バナジウム合金	SiC/SiC	SiC/SiC
増殖材料	固体増殖材 Li$_2$O等	固体増殖材	固体増殖材	溶融塩 FliBe	液体Li	液体Li$_{17}$Pb$_{83}$	固体増殖材
中性子増倍材	Be	Be	Be	不要	不要	不要	Be
冷却材	水	水	水	溶融塩 FliBe	液体Li	液体Li$_{17}$Pb$_{83}$	ヘリウム
入口/出口温度 [K]	558/598	558/589	558/811	723/823	603/933	896/1373	873/1173
圧力 [MPa]	15.5	25	25	0.5	0.5	1	10
真空壁	SUS316	RAF	RAF	RAF	高マンガン鋼	RAF	—
設計者	国際協力 (日・米・EU・ロシア)	日本原子力研究所	日本原子力研究所	核融合科学研究所	カリフォルニア大学サンディエゴ校	カリフォルニア大学サンディエゴ校	日本原子力研究所

SUS316LN: 低炭素・窒素添加316 オーステナイトステンレス鋼
RAF: 低放射化フェライト鋼 (F82H: Fe-0.1C-8Cr-2W-0.2V-0.04Ta など)
DS-Cu: 酸化物分散銅合金, SiC/SiC: SiC連続長繊維強化SiC基複合材料
CFC: 炭素繊維強化複合材料

核融合炉設計用の材料データベース

カリフォルニア大学サンディエゴ校 ARIES チーム
Panayiotis J Karditsas and Marc-Jean Baptiste
http://aries.ucsd.edu/LIB/PROPS/PANOS/matintro.html

4・2 第一壁構造材料

4・2・1 構造材料構成元素の誘導放射能の減衰

磁場閉じ込め型核融合炉において核融合中性子照射を受けた元素における炉停止後の放射能の減衰曲線

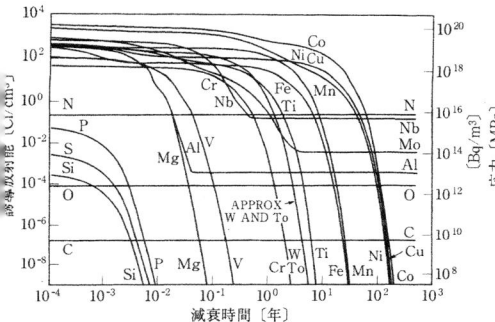

P. J. Maziasz, R. L. Klueh:ASTM-STP 1047 (1990), p. 56.

4・2・2 主な第一壁構造材料の熱応力係数

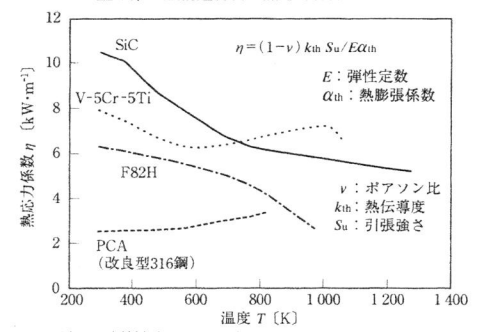

$\eta = (1-\nu) k_{th} S_u / E\alpha_{th}$

E:弾性定数
α_{th}:熱膨張係数
ν:ポアソン比
k_{th}:熱伝導度
S_u:引張強さ

PCA(改良型316鋼)

ARIES(UCSD)材料データベースより

4・2・3 主な候補材料の高温強度
(その1)-最大引張強さの温度依存性

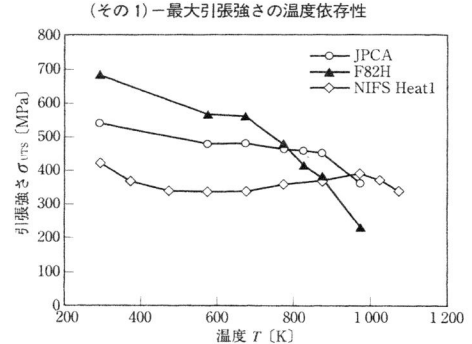

F82H:Fe-8Cr-2W-0.04T-0.1C, NIFS-Heat1:V-4Cr-4Ti合金,
JPCA:Ti添加SUS316
M. Tamura et al.:*J. Nucl. Mater.*, **141-143** (1986), 1067.
K. Fukumoto et al.:*J. Nucl. Mater.*, **307-311**(2002), 610.

4・2・4 主な候補材料の高温強度
(その2)-低放射化フェライト鋼(Larson-Millerプロット(大気中試験))

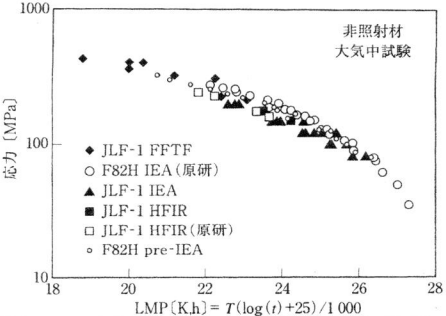

- ◆ JLF-1 FFTF
- ○ F82H IEA(原研)
- ▲ JLF-1 IEA
- ■ JLF-1 HFIR
- □ JLF-1 HFIR(原研)
- ○ F82H pre-IEA

$LMP[K,h] = T(\log(t) + 25)/1\,000$

芝清之による。参考文献 JLF-1 FFTF:朝倉健太郎、昭和63年度核融合特別研究(1)報告書、(1989), p. 135;JLF-1 IEA:新日鉄、室蘭工業大学;JLF 1 HFIR:室蘭工業大学、原研;F82H IEA, F82H pre-IEA:芝清之ほか JAERI-TECH97-038(1997).

4・2・5 主な候補材料の高温強度
(その3)-バナジウム合金(Larson-Millerプロット(真空中試験))

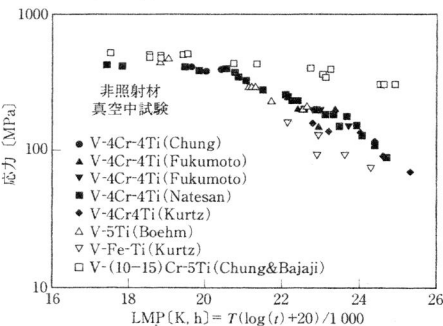

- ● V-4Cr-4Ti(Chung)
- ▲ V-4Cr-4Ti(Fukumoto)
- ▽ V-4Cr-4Ti(Fukumoto)
- ■ V-4Cr-4Ti(Natesan)
- ○ V-4Cr4Ti(Kurtz)
- △ V-5Ti(Boehm)
- ▽ V-Fe-Ti(Kurtz)
- □ V-(10-15)Cr-5Ti(Chung&Bajaji)

$LMP[K,h] = T(\log(t) + 20)/1\,000$

福元謙一による。参考文献 K. Fukumoto et al.:*J. Nucl. Mater.*, **307-311**(2002), 610;H. M. Chung et al.:*J. Nucl. Mater.*, **212-215**(1994), 772;K. Natesan et al.:*J. Nucl. Mater.*, **307-311**(2002), 585;R. J. Kurtz et al.:*J. Nucl. Mater.*, **183-287**(2000), 628;H. Boehm et al.:*J. Less-Common Met.*, **12**(1967), 280;H. Boehm et al., *Z. Metallkd.*, **59**(1968), 715.

4・3 プラズマ対向材料

4・3・1 主なプラズマ対向壁材料のスパッタリング率(その1)－ベリリウム

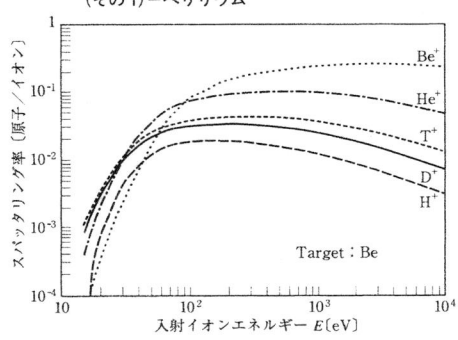

Target: Be

4・3・2 主なプラズマ対向壁材料のスパッタリング率(その2)－炭素

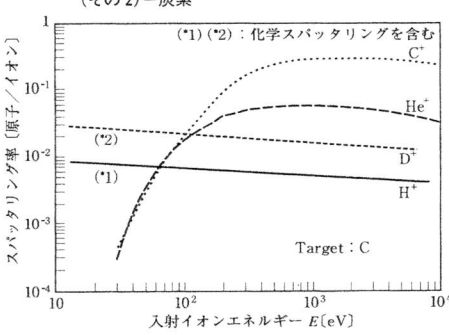

(*1)(*2):化学スパッタリングを含む

Target: C

4・3・3 主なプラズマ対向壁材料のスパッタリング率(その3)－タングステン

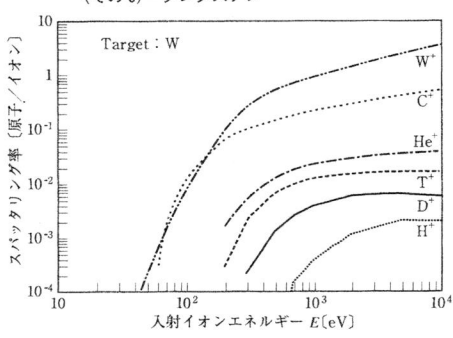

Target: W

参考文献 核融合炉プラズマ対向壁材料のスパッタリングに関するデータベース

Atomic and Plasma-Material Interaction Data for Fusion, Volume 7, part B, Physical Sputtering and Radiation-Enhanced Sublimation.

W. Eckstein, J. A. Stephens, R. E. H. Clark, J. W. Davis, A. A. Haasz, E. Vietzke, Y. Hirooka : IAEA Vienna, 2001.

4・4 ブランケット構成材料

4・4・1 トリチウム増殖材料(その1)－固体増殖材料

	Li_2O	Li_2TiO_3	Li_2ZrO_3	Li_4SiO_4	γ-$LiAlO_2$
密度 $[Mg/m^3]$	2.02	3.43	4.15	2.21	2.55
Li密度 $[Mg/m^3]$	0.94	0.43	0.38	0.51	0.27
融点 $[K]$	1696	1808	1888	1523	1883
熱伝導度 (773K) $[W/m\cdot K]$	4.7	1.8	0.75	2.4	2.4
熱膨張率 $\Delta L/L_0 [\%]$	1.25	0.80	0.50	1.15	0.54
スエリング* $\Delta V/V [\%]$	7.0	—	<0.7	1.7	<0.5
水との反応性	反応性大	反応性なし	反応性なし	反応性小	反応性小
トリチウム保持時間 $[h]$ (713K)	8.0	2.0	1.1	7.0	50

* ^6Li 燃焼率 3at%(773K)

関昌弘編:核融合炉工学概論(2001), p.174, 日刊工業新聞社.

4・4・2 トリチウム増殖材料(その2)－液体増殖材料

	Li (500K)	$Li_{17}Pb_{83}$ (513K)	Flibe(Li_2BeF_4) (800K)
密度 $[Mg/m^3]$	0.509	9.59	1.99
Li密度 $[Mg/m^3]$	0.509	0.065	0.279
融点 $[K]$	453	508	732
熱伝導度 $[W/m\cdot K]$	41.4	12.2	1.00
定圧比熱 $[kJ/kg\cdot K]$	4.33	190	2.39
電気抵抗率 $[\Omega\cdot cm]$	27.6	124	5.88×10^5
粘性率 $[mPa\cdot s]$	0.558	2.86	7.5
空気/水との反応性	激しく反応	緩やかに反応	ほとんど反応しない
トリチウム放出特性	トリチウムの溶解度が大きく回収困難	トリチウムの溶解度が小さく,透過/漏洩対策必要	トリチウムの溶解度が小さく,透過/漏洩対策必要
構造材への腐食性	大	Liよりも大	HF生成により,TFよりも卑な金属がフッ化・溶出する

関昌弘編:核融合炉工学概論(2001), p.180, 日刊工業新聞社.

4・4・3 中性子増倍材料

	Be	Pb	W
密度 $[Mg/m^3]$	1.8	11.3	19.3
原子数密度 $[\times 10^{26}/m^3]$	120	3.3	6.3
融点 $[K]$	1557	600	3673
熱伝導率 $[W/m\cdot K]$	188	35	178
(n, 2n)反応断面積 $[barn]$	0.5	2.2	2.2
(n, 2n)反応しきいエネルギー $[MeV]$	1.9	6.8	6.2
中性子捕獲断面積 $[barn]$	0.0095	0.17	18.3

1barn: $10^{-28} m^2$

関昌弘編:核融合炉工学概論(2001), p.178, 日刊工業新聞社.

4・5 超伝導磁石材料

4・5・1 主な超伝導材料の照射特性

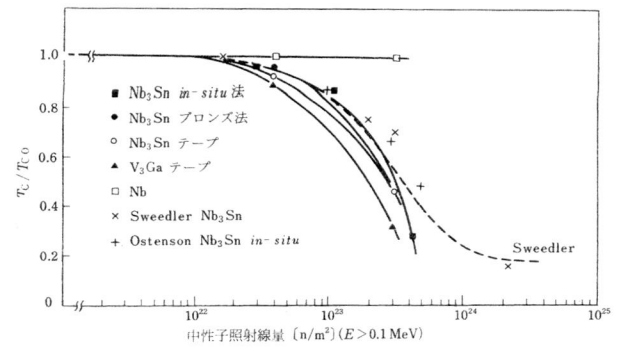

- ■ Nb_3Sn in-$situ$ 法
- ● Nb_3Sn ブロンズ法
- ○ Nb_3Sn テープ
- ▲ V_3Ga テープ
- □ Nb
- × Sweedler Nb_3Sn
- ＋ Ostenson Nb_3Sn in-$situ$

縦軸: T_C/T_{C0}
横軸: 中性子照射線量 $[n/m^2]$ $(E>0.1\,MeV)$

H. Kodaka et al.: *J. Nucl. Mater.*, **133-134** (1985), 819.

4・5・2 有機絶縁材料の照射劣化特性

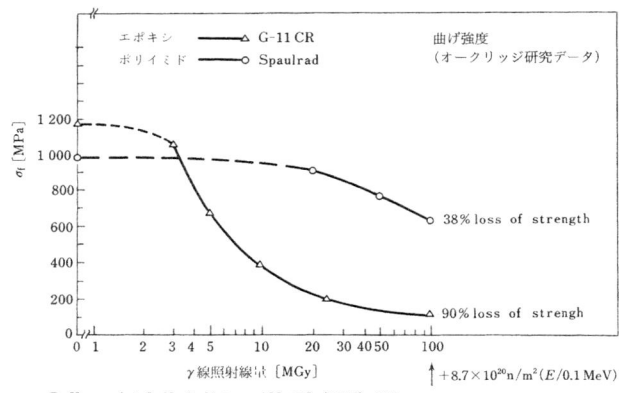

- エポキシ ——△—— G-11 CR
- ポリイミド ——○—— Spaulrad

曲げ強度
(オークリッジ研究データ)

縦軸: σ_f [MPa]
横軸: γ線照射線量 [MGy]

38% loss of strength
90% loss of strengh

$\uparrow +8.7\times10^{20}\,n/m^2\,(E/0.1\,MeV)$

P. Komarek: *J. Nucl. Mater.*, **155-157** (1988), 207.

VII 焼結材料

1 金属粉末の種類と特性

1・1 鉄系金属粉
1・1・1 粉末冶金用純鉄粉

記号	製造法	化学成分 [mass%]							還元減量 [%]	粒径範囲 [μm]	見掛密度 [Mg/m³]	流動度 [s/50 g]	圧粉密度 (490 MPa) [Mg/m³]	ラトラー値 [%]
		Fe	C	Si	Mn	P	S	O						
KIP240M	還元法	≦98.5	≦0.03	≦0.15	≦0.35	≦0.020	≦0.020	—	≦0.030	—	2.20〜2.45	≦35	6.60≦	≦0.8,(1% Zn-St)
KIP255M			≦0.02	≦0.15	≦0.40	≦0.020	≦0.020	—	≦0.030	45〜150	2.45〜2.65	≦35	6.70≦	≦1.0,(1% Zn-St)
KIP270MS			≦0.01	≦0.15	≦0.40	≦0.020	≦0.020	—	≦0.025	—	2.62〜2.82	≦30	6.75≦	≦1.5,(1% Zn-St)
300M	アトマイズ法	—	≦0.02	≦0.05	0.10〜0.30	≦0.020	≦0.020	≦0.25	—	45〜180	2.85〜3.05	≦30	6.85≦	≦1.0,(0.75% Zn-St)
300MH		—	≦0.01	≦0.03	0.10	≦0.010	≦0.010	≦0.20	—	45〜150	2.85〜3.05	≦30	6.95≦	≦1.0,(0.75% Zn-St)
270MA		—	≦0.02	≦0.05	0.10〜0.30	≦0.020	≦0.020	≦0.25	—	45〜250	2.60〜2.80	≦30	6.75≦	≦0.8,(0.75% Zn-St)

JFE スチールのカタログ(川鉄の還元鉄粉・アトマイズ鉄粉・KIP)および神戸製鋼所のカタログ(神戸製鋼のアトマイズ鉄粉・アトメル)より

1・1・2 粉末冶金用低合金鋼粉

記号	化学成分 [mass%]										粒径範囲 [μm]	見掛密度 [Mg/m³]	流動度 [s/50 g]	圧粉密度 [Mg/m³]	ラトラー値 [%]
	C	Si	Mn	P	S	Cu	Ni	Cr	Mo	V	O					
KIP4100V	≦0.02	≦0.01	0.6〜0.9	≦0.03	≦0.03	—	—	0.19〜1.2	0.2〜0.4	—	≦0.25	45〜250	2.70〜2.95	≦35	7.05≦,(686MPa)	≦0.7,(1% Zn-St)
KIP30CRV	≦0.01	≦0.01	≦30	≦0.03	≦0.03	—	—	2.5〜3.5	0.2〜0.4	0.2〜0.4	≦0.25	45〜180	2.55〜2.85	≦35	6.90≦,(686MPa)	≦0.6,(1% Zn-St)
KIP415S	≦0.01	≦0.05	≦0.12	≦0.015	≦0.015	1.3〜1.7	4.0〜4.8	—	0.45〜0.55	—	≦0.15	45〜180	2.80〜3.10	≦30	7.15≦,(686MPa)	≦1.00,(1% Zn-St)
KIP415S	≦0.01	≦0.05	≦0.12	≦0.015	≦0.015	1.3〜1.7	3.8〜4.6	—	0.5〜0.55	—	≦0.15	45〜75	2.80〜3.10	≦30	7.15≦,(686MPa)	1.00≦,(1% Zn-St)
4600	≦0.02	≦0.05	0.10〜0.30	≦0.035	≦0.020	—	1.70〜2.20	—	0.40〜0.60	—	≦0.25	45〜180	2.85〜3.10	≦30	6.55≦,(490MPa)	≦2.00,(0.75% Zn-St)
4600H	≦0.02	≦0.05	0.10〜0.30	≦0.035	≦0.020	—	1.70〜2.20	—	0.40〜0.60	—	≦0.20	45〜180	2.85〜3.10	≦30	6.75≦,(490MPa)	≦2.00,(0.75% Zn-St)
4100H	≦0.01	≦0.15	0.50〜0.80	≦0.035	≦0.020	—	—	0.90〜1.20	0.15〜0.30	—	≦0.20	45〜250	2.55〜2.85	≦30	6.75≦,(490MPa)	≦1.00,(0.75% Zn-St)

JFE スチールのカタログ(川鉄の還元鉄粉・アトマイズ鉄粉・KIP)および神戸製鋼所のカタログ(神戸製鋼のアトマイズ鉄粉・アトメル)より

1・1・3 粉末冶金用ステンレス鋼粉

記号	化学成分 [mass%]						流動度 [s/50g]	見掛密度 [Mg/m³]	圧粉密度* [Mg/m³]
	C	Si	Mn	Ni	Cr	Mo			
304 L	0.02	0.9	0.2	10.5	19.0	—	28	2.60	6.65
316 L	0.02	0.9	0.2	13.0	17.0	2.5	28	2.60	6.75
410 L	0.02	0.9	0.1	—	12.5	—	26	2.70	6.65
430 L	0.02	0.9	0.1	—	16.5	—	26	2.70	6.55
18 Cr-2Mo	0.02	0.9	0.1	—	17.5	2.0	28	2.60	6.40

粒度範囲: −150μm または −250μm
* ZnSt 1%, 68.6MPa
大同特殊鋼㈱カタログ "大同の合金鋼粉末" (1980).

1・1・4 ガスアトマイズ高合金鋼粉 (工具鋼の例)

記 号	化 学 成 分 (mass%)								
	Fe	C	Si	Mn	S	Cr	W	Mo	V	Co
M 2 S	残	1.00	0.30	0.30	0.12	4.15	6.40	5.00	1.95	—
M 4	残	1.35	0.30	0.30	—	4.25	5.75	4.50	4.00	—
M 42	残	1.10	—	—	—	3.75	1.50	9.50	1.15	8.00
T 15	残	1.55	0.30	0.30	—	4.00	12.25	—	5.00	5.00
特殊組成(1)	残	1.50	0.30	0.30	—	3.75	10.00	5.25	3.10	9.00
特殊組成(2)	残	2.45	0.90	0.50	0.07	5.25	—	1.30	9.75	—
特殊組成(3)	残	1.80	0.35	0.30	0.07	4.00	12.25	6.50	5.00	—
M 3-2	残	1.27	0.30	0.30	—	4.20	6.40	5.00	3.10	—
特殊組成(4)	残	1.27	0.30	0.30	—	4.20	6.40	5.00	3.10	8.50
特殊組成(5)	残	2.30	0.40	0.30	—	4.00	6.50	7.00	6.50	10.50

Metals Handbook, 9th ed., Vol. 7 (1984), p. 100, ASM.

1・1・5 鉄系微粉

製 造 法	平 均 粒 径	市 販 組 成	用 途
高圧水アトマイズ法	2.5〜18μm	SUS 304 L, SUS 316 L, SUS 410 L, SUS 430 L, 50 Fe-50 Ni など	コーティング, 射出成形
カルボニル法	3〜9μm	Fe	粉末冶金, 射出成形, 化学, 薬品, 食品
ガス中蒸発法	0.015〜0.020μm	Fe, Fe-Co, Fe-Ni など	磁気記録, 触媒

大平洋金属㈱カタログ "特殊高合金極微粉末"; BASF社カタログ "BASF Carbonyl Iron Powders"; 真空冶金㈱カタログ "金属超微粉".

1・2 銅系金属粉

1・2・1 粉末冶金用電解銅粉

品 番	見掛密度 (Mg/m³)	流動度 (s/50g)	粒 度 分 布 (mass %)						
			+180μm	+150μm	+106μm	+75μm	+63μm	+45μm	-45μm
CE-5	1.9〜2.3	<45	<5	<15	20〜45	25〜40	<20	<15	<20
CE-6	1.9〜2.1	<45	—	<5	10〜20	30〜45	15〜30	5〜15	5〜20
CE-8A	1.6〜1.9	<50	—	—	<3	5〜15	20〜35	10〜25	10〜30	15〜30
CE-15	1.35〜1.6	—	—	—	—	—	<5	20〜45	55〜80
CE-20	1.5〜1.7	—	—	—	—	—	<5	15〜45	55〜85
CE-25	1.7〜2.2	—	—	—	—	—	<1	10〜25	75〜90
FCC-115	0.7〜1.2	—	—	—	—	—	<2	<10	>90

福田金属箔粉工業データシートより

1・2・2 アトマイズ法による銅粉, 銅合金粉, スズ粉

品 番	組 成 (mass %)	見掛密度 (Mg/m³)	流動度 (s/50g)	粒 度 分 布 (mass %)		
				+150μm	+45μm	-45μm
Cu-At-100	Cu 100	4.5〜5.5	<20	<10	45〜80	20〜55
Cu-At-W-100	Cu 100	2.2〜3.6	—	<5	30〜70	30〜70
Cu-At-W-250	Cu 100	2.6〜3.8	—	—	—	>80
Bro-At-100	Cu 90, Sn 10	4.0〜5.5	—	<5	30〜70	30〜70
Bro-At-W-100	Cu 90, Sn 10	3.0〜5.0	—	<3	30〜70	30〜70
Bra-At-100	Cu 70, Zn 30	2.9〜3.6	<35	<5	40〜70	30〜60
NS-At(2)-100	Cu 64, Ni 18, Zn 18	3.0〜3.8	—	<5	30〜70	30〜70
KJ-3-60	Cu 70, Pb 30	5.35〜5.95	<25	<10	42〜62	38〜58
KJ-4-60	Cu 75, Pb 25	5.35〜5.95	<25	<10	42〜62	38〜58
LBC-3-60	Cu 80, Pb 10, Sn 10	5.3〜5.8	<25	<10	42〜62	38〜58
LBC-6-60	Cu 72.5, Pb 24, Sn 3.5	5.3〜5.8	<25	<10	42〜62	38〜58
Cu-Co-At-L-100	Cu 97, Co 3	3.3〜4.0	<30	<5	30〜60	40〜70
Cu-Fe-Mn-At-100	Cu 91, Fe 4, Mn 5	1.7〜2.5	—	—	<5	>25
Sn-At-250	Sn 100	2.8〜4.15	—	63μm<5	<20	>80
Sn-At-W-250	Sn 100	1.9〜2.6	—	63μm<5	<20	>80

福田金属箔粉工業データシートより

1・3 アルミニウム系金属粉

1・3・1 粉末冶金用 Al 粉（空気アトマイズ法）

酸素量 〔Al_2O_3%〕	流動度 〔s/50g〕	見掛密度 〔Mg/m^3〕	タップ密度 〔Mg/m^3〕	粒度分布〔%〕				
				$+200\mu m$	$200\sim100$	$100\sim63$	$63\sim45$	$-45\mu m$
約0.5	15〜25	1.0〜1.1	1.3〜1.4	3以下	20〜35	45〜60	15〜20	5〜15

H. C. Neubing : *Powder Met. Int.*, 13 (1981), 74.

1・3・2 粉末冶金用 Al 混合粉（プレミックス）

記号	配合〔mass%〕							
	Al	Cu	Mg	Si	Mn	Cr	Zn	潤滑剤
601 AB	残	0.25	1.0	0.6	—	—	—	1.5
201 AB	残	4.4	0.5	0.8	—	—	—	1.5
602 AB	残	—	0.6	0.4	—	—	—	1.5
601 AC	残	0.25	1.0	0.6	—	—	—	—
201 AC	残	4.4	0.5	0.8	—	—	—	—
202 AB	残	4.0	—	—	—	—	—	1.5
22	残	2.0	1.0	0.3	—	—	—	1.5
24	残	4.4	0.5	0.9	0.4	—	—	1.5
69	残	0.25	1.0	0.6	—	0.10	—	1.5
76	残	1.6	2.5	—	—	0.20	5.6	1.5

K. H. Miska : *Mater. Eng.*, April, (1975), 74.

1・3・3 高強度 Al 合金用空気アトマイズ粉

記号	化学成分〔mass%〕						
	Al	Mg	Zn	Cu	Co	Fe	Si
X 7090	残	2.5	8.0	1.0	1.5	0.07	0.06
X 7091	残	2.5	6.5	1.5	0.4	0.05	0.06

J. R. Pickens : *J. Mater. Sci.*, 16 (1981), 1437.

1・4 その他

1・4・1 各種金属粉の製法と性質

金属	製造法	不純物〔ppm〕	粒度	見掛密度〔Mg/m^3〕
Ni	カルボニル法	O 700〜900, C 700〜900, Fe 3〜5, S≤1	$3\sim7\mu m$	1.8〜2.7
	湿式法	C 60, Co 500〜1 000, Cu 30, Fe 50〜100, S 300	$+150\mu m$ が 0〜10% $-45\mu m$ が 5〜25%	3.4〜4.1
Co	湿式法	C 500, Ni 1 000, Cu 50, Fe 50, Si 300	$+150\mu m$ が 0〜15% $-45\mu m$ が 10〜50%	2.5〜3.5
Sn	噴霧法	O 500, Sb 400, As 500, Pb 500, Cu 400	$+150\mu m$ が 0.3%以下 $-45\mu m$ が 70〜85%	3.7〜4.2
Ag	噴霧法		$>40\mu m$	3.0〜7.0
	化学析出法 (有機還元剤)		$0.5\sim3.0\mu m$	0.4〜1.5
	化学析出法 (無機還元剤)		$3\sim20\mu m$	1.0〜2.0
	電解法		$40\sim1 000\mu m$	1.5〜3.0
W	還元法	Cr 5, Fe 10, Mo 250, Ni 15, Si 15, Na 15	$0.5\sim15\mu m$	
Mo	還元法	Al 5〜25, Cr 5〜25, Fe 10〜100, Ni 5〜50, Si 5〜250, Sn 15〜50, W 100〜300	$1\sim6\mu m$	
Ti	スポンジチタン法	O 1 300, C 200, Fe 200, Na 1 000, Cl 1 300	$+150\mu m$ が 0.1% $-45\mu m$ が 27.5%	

Metals Handbook, 9th ed., Vol. 7 (1984), p. 123, 134, 144, 147, 152, 164, ASM.

1・4・2 タングステン粉 (JIS H 2116 : 2002)

種類	W [%]	Fe [ppm]	Mo [ppm]	Ca [ppm]	Si [ppm]	Al [ppm]	Mg [ppm]
1種	99.9≦	≦200	≦200	≦30	≦50	≦20	≦10
2種	99.0≦	≦3 000	≦5 000	≦300	≦300	≦200	≦100

注1) タングステンの純度は鉄, モリブデン, カルシウム, ケイ素, アルミニウムおよびマグネシウムの百分率を100から差し引いた残部とし, 小数点以下2位を切り捨てる。
注2) カルシウム, ケイ素, アルミニウム, およびマグネシウムの合計が1種は40 ppm以下, 2種は400 ppm以下とする。

1・4・3 各種合金粉製造法による粒度分布

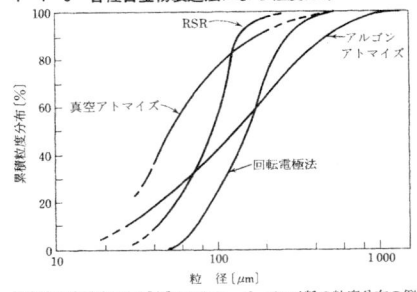

代表的な噴霧法により製造されたスーパーアロイ粉の粒度分布の例。
A. Lawley : *J. Met.*, Jan. (1981), 13.

2 金属粉末の自燃性と爆発性[1]

2・1 金属粉末の自燃性

粉末が室温の空気中で自然発火するとき自燃性があるといい, 昇温過程で発火するいわゆる自然着火と区別する。

自燃性のある粉末	Al, Ca, Ce, Cs, Cr, Co, Hf, Ir, Fe, Pb, Li, Mg, Ni, Pd, Pt, Pu, K, Rb, Na, Ta, Th, Ti, U, Zr
支配因子	粒径(比表面積), 粒子表面の清浄度, 酸化反応熱の大きさ, 雰囲気ガス種(Mg, Zrは水蒸気, Liは窒素と反応する)
自燃性が顕著に現れるとき	空気中で微粉砕したとき。粉砕機に空気が混入したとき。潤滑剤などの保護膜が急速に取り除かれるとき。
自燃反応の防止	不必要な微粉使用を避ける。炭化水素, アルコール系溶媒による保護被覆。乾燥不活性ガス使用。

2・2 金属粉末の爆発性

2・2・1 雰囲気中での爆発条件

爆発性	酸素濃度 [%]	発火温度 [℃]	限界濃度 [g/m³]	金属粉末例
大	<3	<600	20~50	Zr, Hg, Al, Li, Na, 希土類金属
中	~10	300~800	100~500 (高濃度)	Sn, Zn, Fe, Si, Mn, Cu
小	—	電気スパークでも発火しない		Mo, Co, Pb

Metals Handbook, 9th ed., Vol. 7 (1984), ASM.

3 金属粉末の毒性

3・1 作業室における空気中許容量

	OSHA 基準(PEL)[1] (8時間平均)	ACGIH 基準(TLV)[2] (8時間平均)	ACGIH(STEL)[3] (15分平均)	単位
Be	1	2	—	$\mu g/m^3$
Ni	1	0.35	0.3	mg/m^3
Fe (酸化物)	10	5	—	〃
Mg (酸化物)	15	10	10	〃
Co	0.1	0.05	0.1	〃
Mo (可溶性化合物)	5	—	10	〃
Mo (非可溶性化合物)	15	15	20	〃
Cu	0.1	0.2	2	〃
Ag	0.01	0.01	0.1	〃
Al	—	10	—	〃
W (可溶性化合物)	1	3	—	〃
W (非可溶性化合物)	5	10	—	〃
Sn	2	2	4	〃
Pb	50			$\mu g/m^3$

1) OSHA : Occupational Safety and Health Administration (米国職業安全および健康管理局)
   PEL : Permissible exposure limits (法規制を伴う)
2) ACGIH : American Conference of Governmental and Industrial Hygienists (アメリカ政府および産業衛生協議会)
   TLV : Threshold Limit Values
3) STEL : Shortterm Exposure Limits
   Metals Handbook, 9th ed., Vol. 7 (1984), ASM.

4 焼結材料の種類と特性
4・1 焼結材料の製造工程例

クラス	SINT-A	SINT-B	SINT-C	SINT-D	SINT-E	SINT-F	
多孔率(最大)	60 %	30 %	20 %	15 %	5 %	5 %	
製造工程	粉末を型の中に充てんしたまま焼結する	混合↓成形↓焼結↓後処理	混合↓成形↓焼結↓サイジング↓後処理	混合↓成形↓焼結↓再圧縮↓再焼結↓後処理	混合↓成形↓焼結↓再圧縮↓再焼結↓サイジング↓後処理	混合↓成形↓焼結↓銅,黄銅の溶浸↓後処理	混合↓成形↓焼結↓銅,黄銅の溶浸↓サイジング↓後処理
使用例	フィルタ	含油軸受	機械構成部品	高い強度を要する機械構成部品	より高い強度を要する機械構成部品	非常に高い強度を要する機械構成部品	

4・2 機械部品用焼結材料の成分と性質

材質	名称	化学成分 [mass%]							密度 $[Mg/m^3]$	許容密度変化	有効多孔率 (min) [%]	引張強さ [MPa]	引張降伏応力 (0.2%) [MPa]	圧縮降伏応力 (0.2%) [MPa]
		Fe	Cu	Sn	Zn	Pb	Ni	C	その他						
焼結青銅	BT-0010-N	9.5~10.5	86.3~90.5	0~1.0	—	—	—	0~1.7	計 0.5	5.6~6.0	—	25	55	—	48
	BT-0010-R	〃	〃	〃	—	—	—	〃	〃	6.4~6.8	—	18	96	—	76
	BT-0010-S	〃	〃	〃	—	—	—	〃	〃	6.8~7.2	0.3	7	124	—	120
焼結黄銅	BZP-0218-T	0~0.3	77.0~80.0	0~0.1	残	1.0~2.0	0.1 max		Sb 0.1 max 酸不溶解 0.1	7.2~7.6	0.4	7	137	—	69
	BZP-0218-U	〃	〃	〃	〃	〃	〃		—	7.2~7.6	0.4	—	158	—	82
	BZP-0218-W	〃	〃	〃	〃	〃	〃		〃	8.0~8.4	0.4	—	185	—	96
焼結ニッケルシルバー	BZNP-1618-U	—	62.5~65.5	—	残	1.0~1.8	16.5~19.5		1.0 max	7.6~8.0	—	—	206	—	110
	BZNP-1618-W	—	〃	—	〃	〃	〃		〃	8.0~8.4	—	—	240	—	117
	BZN-1818-U	—	62.5~65.5	—	残	—	16.5~19.5		1.0 max	7.6~8.0	—	—	206	—	110
	BZN-1818-W	—	〃	—	〃	—	〃		〃	8.6~8.4	—	—	254	—	124
焼結鉄	F-0000-N	97.7~100	—	—	—	—	—	0~0.3	計 2.0	5.7~6.1	0.3	18	110	—	82
	F-0000-S	〃	—	—	—	—	—	〃	〃	6.8~7.2	0.3	—	206	148	172
	F-0000-T	〃	—	—	—	—	—	〃	〃	7.2~7.6	0.2	—	275	178	206
焼結炭素鋼	F-0008-N	97.0~99.4	—	—	—	—	—	0.6~1.0	計 2.0	5.6~6.0	0.3	18	199	—	151
	F-0008-P	〃	—	—	—	—	—	〃	〃	6.0~6.4	0.3	7	240	—	220
含銅焼結鋼	FC-0208-N	93.5~97.9	1.5~3.5	—	—	—	—	0.6~1.0	計 2.0	5.6~6.0	0.3	18	227	206	—
	FC-0208-P	〃	〃	—	—	—	—	〃	〃	6.0~6.4	0.3	—	309	213	—
	FC-0508-P	91.5~94.9	4.5~5.5	—	—	—	—	0.6~1.0	計 1.0	6.0~6.4	0.3	—	412 (481)	398 (481)	343 (481)
	FC-0808-N	86.0~93.4	6.0~11.0	—	—	—	—	0.6~1.0	計 2.0	5.6~6.0	0.3	18	247	—	206
含銅焼結鉄	FC-1000-N	87.2~90.5	9.5~10.5	—	—	—	—	0~0.3	計 2.0	5.6~6.0	—	18	206	—	172
含銅焼結鋼	FC-2008-P	75.0~81.4	18.0~22.0	—	—	—	—	0.6~1.0	計 2.0	6.0~6.4	0.3	—	323	—	227
焼結2%ニッケル鋼	FN-0200-R	92.2~99.0	0~2.5	—	—	1.0~3.0	0~0.3		計 2.0	6.4~6.8	0.3	—	192	124	—
	FN-0200-S	〃	〃	—	—	〃	〃		〃	6.8~7.2	0.3	—	261	172	—
	FN-0200-T	〃	〃	—	—	〃	〃		〃	7.2~7.6	0.3	—	309	206	—
	FN-0205-R	91.9~98.7	0~2.5	—	—	1.0~3.0	0.3~0.6		計 2.0	6.4~6.8	0.3	—	254 (563)	158 (446)	— (—)
	FN-0205-S	〃	〃	—	—	〃	〃		〃	6.8~7.2	0.3	—	343 (755)	213 (604)	— (—)
	FN-0205-T	〃	〃	—	—	〃	〃		〃	7.2~7.6	0.3	—	419 (920)	254 (—)	— (—)
	FN-0208-R	91.6~98.4	0~2.5	—	—	1.0~3.0	0.6~0.9		計 2.0	6.4~6.8	0.3	—	330 (686)	206 (645)	— (—)
	FN-0208-S	〃	〃	—	—	〃	〃		〃	6.8~7.2	0.3	—	446 (927)	281 (879)	— (—)
	FN-0208-T	〃	〃	—	—	〃	〃		〃	7.2~7.6	0.3	—	542 (1 098)	343 (1 069)	— (—)

4 焼結材料の種類と特性

一 焼 結 (熱 処 理)					弾性率 [GPa]	ポアソン比	特別な性質・用途	他 の 該 当 規 格		
伸び [%]	見掛硬さ (HR)	圧環強さ K (MPa)	衝撃値 (J)	疲れ強さ (MPa)				ASTM	SAE	Military
1.0	—	103	—	—	—	—	軸 受	B-438-67, Grade 1, type I	840	—
1.0	—	182	—	—	—	—	軸 受	B-202-60 T, Grade 1, Class A	841	Mil-B-5687, type I Comp. A
2.0~3.0	—	210	—	—	—	—	軸受, 機械部品	B-255-61, type II	842	—
9.0	H 64	—	—	—	—	—	機械部品	B-282-60, Class A	890	Mil-12128-A, 中密度, Comp. 3
10.0	H 70	—	—	—	—	—	機械部品	B-282, Class B (密度 7.7 min)	891	Mil-12128, 高密度Comp.3
13.0	H 85	—	—	—	—	—	機械部品	B-282-60, Class B	—	—
10.0	H 75	—	—	—	—	—	機械部品	B-458-67, Grade 2, type I	—	—
12.0	H 85	—	—	—	—	—	機械部品	B-458-67, Grade 2, type II	—	—
10.0	H 75	—	—	—	—	—	機械部品	B-458-67, Grade 1, type I	—	—
12.0	H 85	—	—	—	—	—	機械部品	B-458-67, Grade 1, type II	—	—
2.0	—	172	—	—	—	—	軸受, 機械部品	B-439-67, B-310-67, Grade 1, Class A, type I	850	Mil-B-5687C, type II, Comp. Al
6.0	F 60	—	—	14.4	—	—	機械部品	B-310-67, Class A, type IV	—	—
11.0	B 45	—	—	14.4	—	—	機械部品	B-310-67, Class A, type V	—	—
0~0.5	B 45	—	—	—	—	—	軸受, 機械部品	B-310-67, Class C, type I	852	—
0~0.5	B 60	—	—	—	—	—	軸受, 機械部品	B-310-67, Class C, type II	855	—
0~0.5	B 30	—	—	—	—	—	機械部品	B-426-65, Grade 1, type I	864-A	—
0~0.5	B 50	—	—	—	—	—	機械部品	B-426-65, Grade 1, type II	864-B	—
0~1.0	B 65	—	5	158	89.2	—	機械部品	—	—	—
(0~0.5)	(C 34)	(—)	(—)	(192)						
0~0.5	B 30	—	—	—	—	—	機械部品	B-426-65, Grade 3, type I	866-A	—
0.5	H 85	275	—	—	—	—	軸 受	B-222-61, B-439-67, Grade 3	862	Mil-B-5687 C, type II, Comp. B
0~0.7	B 55	563	—	—	—	—	軸受, 機械部品	B-426-65, Grade 4, type I	867-B	—
4.0	B 38	—	19	76	116.7	0.22	機械部品	B-484-68, Grade 1, Class A, type I	—	—
7.0	B 42	—	43	103	114.2	0.24	機械部品	B-484-68, Grade 1, Class A, type II	—	—
10.5	B 51	—	68	124	157.9	0.26	肌焼可能, 機械部品	B-484-68, Grade 1, Class A, type III	—	—
3.0	B 57	—	14	103	116.7	0.22	機械部品	B-484-68, Grade 1, Class B, type I	—	—
(5.0)	(C 32)	(—)	(8)	(226)						
3.5	B 74	—	25	137	144.1	0.24	機械部品	B-484-68, Grade 1, Class B, type II	—	—
(1.0)	(C 42)	(—)	(—)	(302)						
4.5	B 85	—	43	165	157.9	0.26	機械部品	B-484-68, Grade 1, Class B, type III	—	—
(2.0)	(C 46)	(—)	(38)	(371)						
2.0	B 62	—	11	130	116.7	0.22	機械部品	B-484-68, Grade 1, Class C, type I	—	—
(0.5)	(C 34)	(—)	(8)	(275)						
3.0	B 79	—	19	178	144.2	0.24	機械部品	B-484-68, Grade 1, Class C, type II	—	—
(0.5)	(C 45)	(—)	(17)	(371)						
3.5	B 87	—	29	220	157.9	0.26	機械部品	B-484-68, Grade 1, Class C, type III	—	—
(0.5)	(C 47)	(—)	(25)	(412)						

VII 焼結材料

材質	名称	化学成分 [mass%]							密度 [Mg/m³]	許容密度変化 [Mg/m³]	有効多孔率 (min) [%]	機械的性質		
		Fe	Cu	Sn	Zn	Pb	Ni	C	その他				引張強さ [MPa]	引張降伏応力 (0.2%) [MPa]	圧縮降伏応力 (0.2%) [MPa]
焼結4%ニッケル鋼	FN-0400-R	90.2~97.0	0~2.0	—	—	—	3.0~5.5	0~0.3	計2.0	6.4~6.8	0.3	—	248	151	—
	FN-0400-S	〃	〃	—	—	—	〃	〃	〃	6.8~7.2	0.3	—	336	206	—
	FN-0400-T	〃	〃	—	—	—	〃	〃	〃	7.2~7.6	0.3	—	398	247	—
	FN-0405-R	89.9~96.7	0~2.0	—	—	—	3.0~5.5	0.3~0.6	計2.0	6.4~6.8	0.3	—	309	178	—
													(769)	(645)	(—)
	FN-0405-S	〃	〃	—	—	—	〃	〃	〃	6.8~7.2	0.3	—	426	240	—
													(1 059)	(879)	(—)
	FN-0405-T	〃	〃	—	—	—	〃	〃	〃	7.2~7.6	0.3	—	508	295	—
													(1 236)	(1 059)	(—)
	FN-0408-R	89.6~96.4	0~2.0	—	—	—	3.0~5.5	0.6~0.9	計2.0	6.4~6.8	0.3	—	319	288	—
	FN-0408-S	〃	〃	—	—	—	〃	〃	〃	6.8~7.2	0.3	—	529	391	—
	FN-0408-T	〃	〃	—	—	—	〃	〃	〃	7.2~7.6	0.3	—	638	467	—
焼結7%ニッケル鋼	FN-0700-R	87.7~94.0	0~2.0	—	—	—	6.0~8.0	0~0.3	計2.0	6.4~6.8	0.3	—	357	206	—
	FN-0700-S	〃	〃	—	—	—	〃	〃	〃	6.8~7.2	0.3	—	487	275	—
	FN-0700-T	〃	〃	—	—	—	〃	〃	〃	7.2~7.6	0.3	—	583	319	—
	FN-0705-R	87.4~93.7	0~2.0	—	—	—	6.0~8.0	0.3~0.6	計2.0	6.4~6.8	0.3	—	371	240	—
													(700)	(549)	(—)
	FN-0705-S	〃	〃	—	—	—	〃	〃	〃	6.8~7.2	0.3	—	522	330	—
													(961)	(755)	(—)
	FN-0705-T	〃	〃	—	—	—	〃	〃	〃	7.2~7.6	0.3	—	618	391	—
													(1 157)	(892)	(—)
	FN-0708-R	87.1~93.4	0~2.0	—	—	—	6.0~8.0	0.6~0.9	計2.0	6.4~6.8	0.3	—	(319)	281	—
	FN-0708-S	〃	〃	—	—	—	〃	〃	〃	6.8~7.2	0.3	—	549	378	—
	FN-0708-T	〃	〃	—	—	—	〃	〃	〃	7.2~7.6	0.3	—	652	453	—
銅浸透鋼	FX-2000-T	70.7~85.0	15.0~25.0	—	—	—	—	0~0.3	計4.0	7.2~7.6	0.4	—	446	—	481
	FX-2008-T	70.0~84.4	15.0~25.0	—	—	—	—	0.6~1.0	計4.0	7.2~7.6	0.4	—	583	515	618
													(858)	(—)	(686)
焼結オーステナイトステンレス鋼	SS-303-P	—	—	—	—	—	—	—	—	6.0~6.4	—	—	240	220	—
	SS-303-R	—	—	—	—	—	—	—	—	6.4~6.8	—	—	357	323	—
	SS-316-P	—	—	—	—	—	—	—	—	6.0~6.4	—	—	261	240	—
	SS-316-R	—	—	—	—	—	—	—	—	6.4~6.8	—	—	371	350	—
焼結マルテンサイトステンレス鋼	SS-410-N	—	—	—	—	—	—	—	—	5.6~6.0	—	—	288	281	—
	SS-410-P	—	—	—	—	—	—	—	—	6.0~6.4	—	—	378	371	—

ASTM : American Society for Testing of Materials (USA), SAE : Society of Automotive Engineers (USA), MPIF : Metal

4 焼結材料の種類と特性

焼結（熱処理）					弾性率 [GPa]	ポアソン比	特別な性質・用途	他 の 該 当 規 格		
伸び [%]	見掛硬さ (HR)	圧環強さ K [MPa]	衝撃値 [J]	疲れ強さ [MPa]				ASTM	SAE	Military
5.0	B 40	—	22	96	117	0.22	機械部品	B-484-68, Grade 2, Class A, type I	—	—
6.0	B 60	—	47	137	144	0.24	機械部品	B-484-68, Grade 2, Class A, type II	—	—
6.5	B 67	—	68	158	158	0.26	肌焼可能, 機械部品	B-484-68, Grade 2, Class A, type III	—	—
3.0	B 63	—	14	124	117	0.22	機械部品	B-484-68, Grade 2, Class B, type I	—	—
(0.5)	(C 27)	(—)	(8)	(309)						
4.5	B 72	—	21	165	144	0.24	機械部品	B-484-68, Grade 2, Class B, type II	—	—
(1.0)	(C 39)	(—)	(14)	(419)						
6.0	B 80	—	40	206	158	0.26	肌焼可能, 機械部品	B-484-68, Grade 2, Class B, type III	—	—
(1.5)	(C 44)	(—)	(19)	(446)						
1.5	B 72	—	8	158	117	0.22	機械部品	B-484-68, Grade 2, Class C, type I	—	—
3.0	B 88	—	14	213	144	0.24	機械部品	B-484-68, Grade 2, Class C, type II	—	—
4.5	B 95	—	22	254	158	0.26	機械部品	B-484-68, Grade 2, Class C, type III	—	—
2.5	B 60	—	17	144	117	0.22	機械部品	B-484-68, Grade 3, Class A, type I	—	—
4.0	B 72	—	28	192	144	0.24	機械部品	B-484-68, Grade 3, Class A, type II	—	—
6.0	B 83	—	35	233	158	0.26	機械部品	B-484-68, Grade 3, Class A, type III	—	—
2.0	B 69	—	12	151	117	0.22	機械部品	B-484-68, Grade 3, Class B, type I	—	—
(0.5)	(C 24)	(—)	11	(281)						
3.5	B 83	—	24	206	144	0.24	機械部品	B-484-68, Grade 3, Class B, type II	—	—
(1.0)	(C 38)	(—)	(21)	(384)						
5.0	B 90	—	32	247	158	0.26	機械部品	B-484-68, Grade 3, Class B, type III	—	—
(1.5)	(C 40)	(—)	(27)	(446)						
1.5	B 75	—	8	158	117	0.22	機械部品	B-484-68, Grade 3, Class C, type I	—	—
2.5	B 88	—	17	220	144	0.24	機械部品	B-484-68, Grade 3, Class C, type II	—	—
3.0	B 96	—	22	261	158	0.26	機械部品	B-484-68, Grade 3, Class C, type III	—	—
1.0	B 60	—	21	—	—	—	機械部品	B-303-67, Class A	870	—
0〜1.0	B 80	—	19	—	—	—	機械部品	(B-303-67), Class C	872	—
(0〜0.5)	(C 42)	(—)	(7)	(—)						
0.5〜2.0	—	—	—	—	—	—	機械部品	AISI, type 303	—	—
0.5〜2.0	—	—	—	—	—	—	機械部品	AISI, type 303	—	—
0.5〜2.0	—	—	—	—	—	—	機械部品	AISI, type 316	—	—
0.5〜2.0	—	—	—	—	—	—	機械部品	AISI, type 316	—	—
0〜1.0	—	—	—	—	—	—	機械部品	AISI, type 410	—	—
0〜1.0	—	—	—	—	—	—	機械部品	AISI, type 410	—	—

Powder Industries Federation (USA).

4・3 機械部品用焼結材料規格*

材質	種類	記号	化学成分 [mass%]					密度 [Mg/m³]	引張試験		衝撃試験	特徴	用途例
			Fe	C	Cu	Ni Sn	その他		引張強さ [MPa]	伸び [%]	衝撃値** (シャルピー) [J/cm²]		
純鉄系	SMF 1種	1号	SMF 1010	残	—	—	—	1 以下	6.2 以上	100 以上	3 以上	5 以上	やわらかくなじみやすい. 含油性あり. 磁化鉄心として使用可能.	スペーサ・ポールピース(カメラ・ミシン・繊維機械)
		2号	SMF 1015	残	—	—	—	1 以下	6.8 以上	150 以上	5 以上	10 以上		
		3号	SMF 1020	残	—	—	—	1 以下	7.0 以上	200 以上	5 以上	15 以上		
鉄-銅系	SMF 2種	1号	SMF 2015	残	—	3 以下	—	1 以下	6.2 以上	150 以上	1 以上	5 以上	含油性あり. 浸炭処理して耐摩耗性を向上できる.	ラチェット・キー(事務機械・自動車)
		2号	SMF 2025	残	—	3 以下	—	1 以下	6.6 以上	250 以上	1 以上	5 以上		
鉄-炭素系	SMF 3種	1号	SMF 3010	残	0.2~0.6	—	—	1 以下	6.2 以上	100 以上	1 以上	5 以上	含油性あり. 軽負荷構造部品に適す.	スラストプレード・ビニオンギヤ(事務機械・自動車)
		2号	SMF 3020	残	0.4~0.8	—	—	1 以下	6.4 以上	200 以上	1 以上	5 以上		
		3号	SMF 3030	残	0.4~0.8	—	—	1 以下	6.6 以上	300 以上	1 以上	5 以上		
鉄-炭素-銅系	SMF 4種	1号	SMF 4020	残	0.8 以下	5 以下	—	1 以下	6.2 以上	200 以上	1 以上	5 以上	含油性あり. 耐摩耗性あり. 一般構造部品に適す. 焼入れ, 焼もどし処理可能.	オイルポンプ・ストライカー・ギヤ(自動車・農業機械・家庭電気機器)
		2号	SMF 4030	残	0.8 以下	5 以下	—	1 以下	6.4 以上	300 以上	1 以上	5 以上		
		3号	SMF 4040	残	0.8 以下	5 以下	—	1 以下	6.6 以上	400 以上	1 以上	5 以上		
		4号	SMF 4050	残	0.8 以下	5 以下	—	1 以下	6.8 以上	500 以上	1 以上	5 以上		
鉄-炭素-銅-ニッケル系	SMF 5種	1号	SMF 5030	残	0.8 以下	5 以下	Ni 5	1 以下	6.6 以上	300 以上	1 以上	10 以上	高強度構造部品に適す. 焼入れ, 焼もどし処理可能.	クラッチハブ・スプロケット(自動車・農業機械)
		2号	SMF 5040	残	0.4~0.8	7 以下	Ni 7 以下	1 以下	6.8 以上	400 以上	1 以上	10 以上		
鉄-炭素(銅溶浸)系	SMF 6種	1号	SMF 6040	残	0.4 以下	15~25	—	4 以下	7.2 以上	400 以上	1 以上	10 以上	高強度, 耐摩耗性にすぐれる. 気密度あり. 焼入れ, 焼もどし処理可能.	プレッシャープレート・ベーンポンプロータ(圧縮機械・自動車・農業機械)
		2号	SMF 6055	残	0.4~0.8	15~25	—	4 以下	7.2 以上	550 以上	0.5 以上	5 以上		
		3号	SMF 6065	残	0.4~0.8	15~25	—	4 以下	7.4 以上	650 以上	0.5 以上	10 以上		
青銅系	SMK 1種	1号	SMK 1010	—	—	1.5~11	残 Sn 9~11	2 以下	6.8 以上	100 以上	2 以上	5 以上	やわらかくなじみやすい. 耐食性, 非磁性あり.	リンクアーム・ウォームホイール(事務機械・農業機械)
		2号	SMK 1015	—	—	1.5~11	残 Sn 9~11	2 以下	7.2 以上	150 以上	3 以上	10 以上		

* 日本粉末冶金工業会規格: 本規格はほぼ同様の内容で自動車規格の自動車構造用焼結材料JASO 7008として1970年に制定されている.
** 切欠なし.

4・4 銅系焼結材料の成分と性質

4・4・1 ASTM規格 (ASTM-B 202より)

分類		化学成分 [mass%]										圧環強さ [MPa]	密度**4 [Mg/m³]		有効多孔率 [vol%]
Grade	Class	Cu	Fe	Sn	Pb	Zn max	Ni max	Sb max	Si max	Al max	C max	その他の合計 max	C.C.*1 (鉄系のみ)		min	max	
I	A	87.5~90.5	1.0 max	9.5~10.5	—							1.75*3	0.5	155	6.4	6.8	
	B	82.6~88.5	1.0 max	9.5~10.5	2.0~4.0	0.75	0.35	0.25	—	—	—	1.75*3	0.5	—	6.5	6.9	
II	A	A1		96.25 min						0.3	0.2		3.0	0.25 max	173			18 以上
		A2		95.9 min						0.3	0.2		3.0	0.25~0.60	207	5.7	6.1	
		A3		95.5 min						0.3	0.2		3.0	0.60~1.00	241			
	B		5.0 残~30.0*2		*2								3.0	—	276	5.8	6.2	

*1 C.C.は鉄中のCの検鏡による算定値, *2 FeとCuの合計は min 97%, *3 普通は黒鉛, ただし了承があればmax 1.5%の他の固体潤滑剤の代用も可能, *4 十分に含油した状態における値.

4 焼結材料の種類と特性

4・4・2 SAE 規格 (SAE J 471 C)

SAE 番号		密度 (含油状態) [Mg/m³]	化学成分 [mass%]						物理的および機械的性質			
			Cu	Sn	Pb	C*	Fe	その他 max	多孔率 [vol%] min	圧環強さ [MPa]	引張強さ [MPa]	0.1%変形圧 縮降伏強さ [MPa]
青銅系	840	5.8~6.2	86.25~90.50	9.5~10.5	—	1.75 max	1.0 max	0.5	25	103	55	48
	841	6.4~6.8	86.25~90.50	9.5~10.5	—	1.75 max	1.0 max	0.5	18	182	89	—
	842	6.8~7.2	86.25~90.50	9.5~10.5	—	1.75 max	1.0 max	0.5	7	210	110	103
	843	6.5~6.9	82.5~88.5	9.5~10.5	2.0~4.0	1.75 max	1.0 max	0.5	18	155	82	—
鉄系	850	5.7~6.1	—	—	—	0.25 max	96.25 min	3.0	16	173	107	86
	851	5.7~6.1	—	—	—	0.25~0.60	95.9 min	3.0	16	207	130	130
	861	5.8~6.2	2.0~6.0	—	—	0.3 max	90.7 min	2.5		221	186	
	862	5.8~6.2	7~11	—	—	0.3 max	86.5 min	2.5		276	221	207
	863	5.8~6.2	18~22	—	—	0.3 max	75.0 min	2.5	16	255	151	151
	852**	5.7~6.1	—	—	—	0.60~1.00	95.5 min	3.0	16	241	165	189
	853**	6.1~6.5	—	—	—	0.25 max	96.25 min	3.0			130	167
	855**	6.1~6.5	—	—	—	0.60~1.00	95.5 min	3.0			207	221

* 青銅系では黒鉛, 鉄系では化合炭素, ** 高強度を必要とするとき No.850, 851 の代わりに使用できる (本来は機械部品用の材料).

4・5 アルミニウム系焼結材料の成分と性質

4・5・1 Al 焼結部品の基本的性質

密度比 [%]	Cu [mass%]	引張強さ [MPa]	伸び [%]	備考	密度比 [%]	Cu [mass%]	引張強さ [MPa]	伸び [%]	備考
95	0	81	46	徐冷	90	0	77	37	徐冷
	1	120	30	徐冷		1	121	30	徐冷
	25	225	18	T4*		2.5	206	12	T4
	4	259	14	T4		4	222	10	T4
	4	279	11.5	T6	85	0	69	27	徐冷
	5	322	14	T4		1	109	18	徐冷
	6	359	13	T4		2.5	143	10	T4
	6	407	8	T6**		4	182	8	T4
	6	518	2	T6+2.5% 冷圧					
	6	577	2.5	T6+5.3% 冷間加工					

* 500℃以上より焼入れ, 室温で 4 day 時効, ** 500℃以上より焼入れ, 145℃で 16 h 人工時効.

4・5・2 焼結高強度アルミニウム合金

記号	化学成分 [mass%]						密度 [Mg/m³]	融点 [℃]	線膨張係数 [×10⁻⁶ K]	ヤング率 [GPa]	引張強度 [MPa]	0.2% 耐力 [MPa]	伸び [%]
	Al	Zn	Mg	Cu	Mn	Ag							
MEZO-10	残	9.5	3	1.5	—	0.04	2.88	520	24.8	74	790	780	5
MEZO-20	残	9.5	3	1.5	4	0.04	2.97	520	22.5	84	910	900	0.7
A7075	残	5.5	2.5	1.6	—	—	2.8	532	23.4	71	573	505	11

溶体化処理条件 490℃, 2 h, 時効処理(T6) 110℃, 30 h (東洋アルミニウム(株)のカタログより).

4・6 鉄・銅・アルミニウム以外の焼結材料の成分と性質

4・6・1 スーパーアロイ

(i) スーパーアロイの化学組成 [mass%]

合金名	C	Cr	Co	Mo	Fe	Ni	Al	Ti	V	W	Ta	Nb	B	Zr	Hy	Y₂O₃	用途
IN 100	0.07	12.4	18.1	3.2	—	bal.	5.0	4.3	0.7	—	—	—	0.02	0.06	—	—	ディスク
Le Astroloy	0.03	15.0	17.0	5.0	—	bal.	4.0	3.5	—	—	—	—	0.03	—	—	—	ディスク
René 95	0.06	13.0	8.0	3.5	—	bal.	3.5	2.5	—	3.6	—	3.5	0.01	0.05	—	—	ディスク
MERL 76	0.03	12.2	18.6	3.2	0.2	bal.	5.0	4.3	—	—	—	1.4	0.02	0.07	0.4	—	ディスク
AF 115	0.05	10.9	15.0	2.8	—	bal.	3.7	3.8	—	5.9	—	1.9	0.02	0.05	0.8	—	ディスク
AF2-1DA	0.03	12.0	10.0	3.0	—	bal.	4.6	3.0	—	6.0	1.5	—	—	—	—	—	ディスク
MA 754	0.05	20.0	—	—	—	bal.	0.3	0.5	—	—	—	—	—	—	—	0.6	静翼
MA 6000	0.05	15.0	—	2.0	—	bal.	4.5	2.5	—	4.0	2.0	—	0.01	0.15	—	1.1	動翼
MA 956	—	20.0	—	—	bal.	—	4.5	0.5	—	—	—	—	—	—	—	0.5	燃焼器

(ii) René 95 における HIP 処理のみおよび HIP 処理＋鍛造の場合の機械的特性の比較

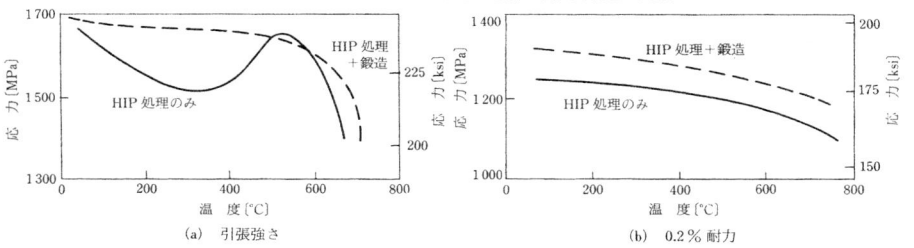

(a) 引張強さ

(b) 0.2% 耐力

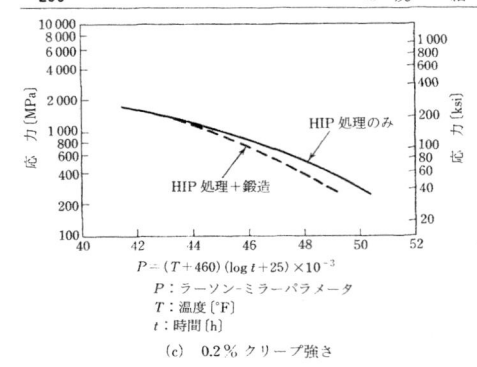

(c) 0.2%クリープ強さ

$P = (T+460)(\log t + 25) \times 10^{-3}$
P：ラーソン-ミラーパラメータ
T：温度[°F]
t：時間[h]

(iii) 酸化物粒子分散強化合金 MA6000 と一方向凝固合金 Mar-M200+Hf, 単結晶合金 PWA454 の 1000h ラプチャーの比強度の比較

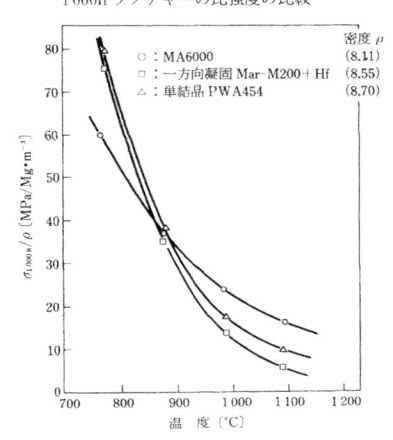

○：MA6000　密度 ρ (8.11)
□：一方向凝固 Mar-M200+Hf (8.55)
△：単結晶 PWA454 (8.70)

文　献

1) 日本粉末冶金工業会編著：焼結機械部品－その設計と製造－(1987), p. 379, 技術書院.
2) J. L. Bartos : P/M Superalloys for Military Gas Turbine Applications, Powder Metallurgy in Defence Technology, Vol. 5 (1980), p. 81, Metal Powder Industries Federation.
3) G. H. Gessinger : Powder Metallurgy of Superalloys, Butterworths.

4・6・2　チタン合金

(i) Ti-6Al-4V 合金の引張特性

(a) 合金粉末法

2%降伏強さ [MPa]	引張強さ [MPa]	伸び [%]	断面減少率 [%]	K_{IC} [MPa・$\sqrt{m}$]
930	992	15	33	77

(b) 要素粉末法

製　造　法	2%降伏強さ [MPa]	引張強さ [MPa]	伸び [%]	断面減少率 [%]
冷間静水圧成形(CIP)+HIP	827	917	13	26
成形-焼結	868	945	15	25
溶解・鍛造・焼鈍	923	978	16	44
MLT-T-9047	827	896	10	25

(ii) 合金粉末法および要素粉末法による Ti-6Al-4V 合金の疲労特性

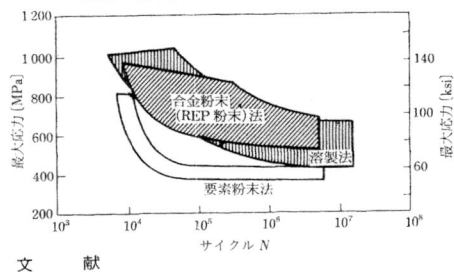

文　献

1) (a) L. D. Parsons, J. Bruce : *Met. Prog.*, September (1984), 83 ; (b) F. H. Froes, D. Eylon : *J. Met.*, 32 (1980), 47.
2) S. Krishnamurthy, R. G. Vogt, D. Eylon, F. H. Froes : Developments in Titanium Powder Metallurgy (1983), Annual Powder Metallurgy Conference.

4・6・3　耐火金属

(i) タングステン, モリブデンの熱膨張特性

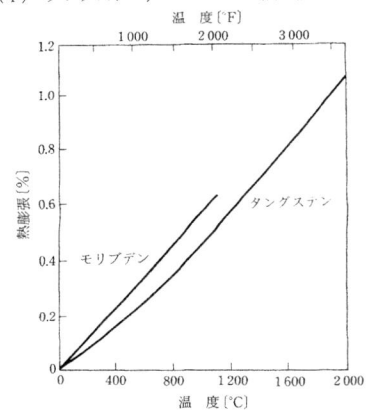

4 焼結材料の種類と特性

(ii) 耐火金属の代表的な機械的および物理的特性

	W	Re	Ta	Mo	Nb
密度 [Mg/m³]	19.3	21.04	16.6	10.22	8.57
融点 [℃] (°F)	3410(6170)	3180(5756)	2996(5425)	2610(4730)	2468(4474)
電気伝導度 [%IACS]	31.0	9.3	13.9	34.0	13.2
電気抵抗 [μΩ·cm]	5.5	19.1	13.5	5.7	14.1
熱伝導率 [W/m・K]	166.105	71.128	54.392	146.44	52.30
引張強さ [MPa](ksi)					
室温	689〜3445 (100〜500)	1929.2 (280)	241.15〜482.3 (35〜70)	826.8〜1378 (120〜200)	206.7〜413.4 (30〜60)
500℃(950°F)	689〜2067 (100〜300)	923.26 (134)	172〜310 (25〜45)	241.2〜447.9 (35〜65)	137.8〜275.6 (20〜40)
1000℃(1830°F)	344.5〜516.75 (50〜75)	454.74 (66)	89.6〜117.13 (13〜17)	137.8〜206.7 (20〜30)	55.12〜103.35 (8〜15)
弾性率 [10⁵MPa] (ksi)					
室温	4.065(59)	4.616(67)	1.860(27)	3.169(46)	1.034(56)
500℃(930°F)	3.789(55)	3.790(55)	1.723(25)	2.825(41)	0.896(13)
1000℃ (1830°F)	3.445(50)	…	1.516(22)	2.687(39)	0.793(11.5)

文 献

1) Metals Handbook, 9th ed., Vol. 7 (1984), p. 768, ASM.
2) Metals Handbook, 9th ed., Vol. 7 (1984), p. 766, ASM.

4・7 低密度・多孔質焼結材料（ドイツ規格）

4・7・1 多孔質焼結材料（フィルタ）SINT-Aの特性

材料記号	種類	表面状態	密度 [Mg/m³]	多孔率 [%]	引張強さ [MPa]	伸び [%]	化学成分 [mass%]							
							Fe	C	Cr	Ni	Cu	Sn	Mo	Si	その他
SINT-A40	耐摩耗耐酸化性	良	4.0〜5.5	20〜40	10〜150	0.5〜7	残	<0.07	16〜19	10〜14	—	—	2〜4	—	<2
SINT-A41	耐熱耐酸化性ニッケルクロム鋼	良	4.0〜5.5	20〜40	10〜150	0.5〜7	残	<0.20	24〜26	19〜21	—	—	—	1.8〜2.3	<2
SINT-A50	焼結青銅	良	5.2〜6.4	28〜42	20〜130	2〜12	—	<0.2	—	—	残	9〜11	—	—	<2
SINT-A90	焼結ポリエチレン	焼結肌	0.45〜0.75	25〜50	0.6〜2.8	8〜20	低圧法ポリエチレン (-CH₂-CH₂-)ₙ								

4・7・2 低密度焼結材料（含油軸受）SINT-Bの特性

材料記号	種類	表面状態	密度 [Mg/m³]	多孔率 [%]	引張強さ [MPa]	伸び [%]	硬さ [HB]	化学成分 [mass%]				
								Fe	C	Cu	Sn	その他
SINT-B00	焼結鉄	良	5.8〜6.3	>18	>80	>3	>30	残	<0.3	<1.0	—	<3.0
SINT-B10	銅を含む焼結鉄	良	5.8〜6.3	>18	>150	>3	>40	残	<0.3	1〜5	—	<3.0
SINT-B11	銅および炭素を含む焼結鉄	良	5.8〜6.3	>18	>220	—	>70	残	0.4〜1.0	1〜5	—	<3.0
SINT-B20	多量の銅を含む焼結鉄	良	5.8〜6.3	>18	>180	>2	>45	残	<0.3	>5	—	<3.0
SINT-B21	多量の銅および炭素を含む焼結鉄	良	5.8〜6.3	>18	>280	>2	>80	残	0.4〜1.0	>5	—	<3.0
SINT-B50	焼結青銅	良	6.4〜7.0	>18	>80	>3	>25	—	<0.2	残	9〜11	<3.0
SINT-B51	黒鉛を含む焼結青銅	良	6.2〜6.8	>18	>70	>2	>23	—	0.2〜2.0	残	9〜11	<3.0

4・8 超硬合金およびサーメット

4・8・1 超硬合金用炭化物の諸性質

炭化物 性質	TiC	ZrC	HfC	VC	NbC	TaC	Cr_3C_2	Mo_2C	WC
分子量	59.9	103.2	190.6	63.0	104.9	192.9	180.1	203.9	195.9
結合炭素量〔%〕	20.05	11.64	6.30	19.06	11.45	6.23	13.34	5.89	6.13
晶形	NaCl型	NaCl型	NaCl型	NaCl型	NaCl型	NaCl型	斜方型	六方	六方
格子定数〔10^{-10}m〕	4.32	4.669〜4.689	4.64	4.16	4.461〜4.469	4.455〜4.456	$a=2.82$ $b=5.53$ $c=11.47$	$a=3.002$ $c=4.724$	$a=2.900$ $c=2.831$
融点〔℃〕	3200〜3250 3250*	3200〜3250 3180*	3890 3900*	2800 2830*	3500〜3800 3500*	3800 3880*	1750〜1900 1895*	2500 2690*	2900 2600*
比重 理論	4.938	6.44〜6.51	12.7	5.81	8.20	14.53	—	9.2	15.5〜15.7
比重 実測	4.90〜4.93	6.9	12.6	5.36	7.76	14.49	6.68	8.2〜8.9	15.6
比抵抗〔$10^{-8}\Omega\cdot m$〕	180〜200 59.5*	70〜75 63.4*	109 109*	150 156*	74 74*	30 30*	564*	97.5 97.5*	53 53*
熱伝導率〔J/m・K〕	17.2 24.3*	20.5 20.5*	— 6.3*	— 4.2*	14.2 14.2*	— 22.2*	—	6.7*	29.3*
ミクロ硬さ〔HV〕	3000〜3200 3200*	2600 2830*	2900 2830*	2100 2100*	2400〜2470 2050*	1800 1550*	1300 1300*	1800 1500*	1780 1780*
弾性率〔GPa〕	315 343*	255 348*	284	268 271*	339 338*	284 285*	—	222 216*	706 708*
酸化抵抗を示す上限の温度*〔℃〕	1100〜1200	1100〜1200	1100〜1200	800〜900	1000〜1100	1000〜1100	1100〜1200	500〜800	500〜800

鈴木 寿:日本金属学会会報, 5 (1966), 9. ただし * は Samsonow による.

4・8・2 窒化物の主な性質

窒化物 性質	TiN	ZrN	HfN	VN	NbN	TaN	CrN
分子量	61.9	105.2	192.5	64.9	106.9	195.0	66.0
窒素含有量〔%〕	22.63	13.31	7.28	21.57	13.10	7.18	21.22
晶形	NaCl型	NaCl型	NaCl型	NaCl型	NaCl型	NaCl型	NaCl型
格子定数〔10^{-10}m〕	4.249	4.537	4.50	4.136	5.15	4.344	4.148
融点〔℃〕	2950	2980	3000	2050	2300	3087	〜1500
比重	5.43	7.09	11.70	6.04	8.40	13.80	6.1
比抵抗〔$10^{-8}\Omega\cdot m$〕	40	18	32	60	54	198	640
熱伝導率〔J/m・K〕	12.6	28.2	19.0	13.6	16.0	5.5	11.9
熱膨張率〔$10^{-6}K^{-1}$〕	9.35	7.24	6.9	9.2	10.1	3.6	2.3
ミクロ硬さ〔HV〕	2050	1670	1600	1310	1460	2460	1090
弾性率〔GPa〕	251	……	……	……	483	576	……

G. V. Samsonov, I. M. Vinitskii : Handbook of Refractory Compound (1980), Plenum のデータを表とした.

4・8・3 WC-Co系超硬合金の組成と性質

組成		密度〔Mg/m³〕	硬さ〔HRA〕	硬さ〔HV〕	抗折力〔GPa〕	圧縮強さ〔GPa〕	弾性係数〔GPa〕	熱伝導率〔J/m・K〕	熱膨張係数〔$10^{-6}K^{-1}$〕	比抵抗〔$10^{-8}\Omega\cdot m$〕
WC	Co									
100	—	15.7	92〜94	1800〜2000	0.3〜0.5	3.0	720	—	5.7〜7.2	53
97	3	15.1〜15.2	90〜93	1600〜1700	1.0〜1.2	5.9	668	87.9	—	—
95.5	4.5	15.0〜15.1	90〜92	1550〜1650	1.2〜1.4	5.8	640	83.7	—	—
95〜94.5	5.5〜6	14.8〜15.0	90〜91	1500〜1600	1.6〜1.8	5.0	620	79.5	—	20
91	9	14.5〜14.7	89〜91	1400〜1500	1.5〜1.9	4.8	590	75.3	—	—
90	10	14.3〜14.5	88.5〜90.5	1350〜1450	1.55〜1.95	4.7	584	71.1	—	—
89	11	14.0〜14.3	88〜90	1300〜1400	1.6〜2.0	4.6	576	66.9	—	18
87	13	14.0〜14.2	87〜89	1250〜1350	1.7〜2.1	4.5	555	58.6	—	—
85	15	13.8〜14.0	86〜88	1150〜1250	1.8〜2.2	3.9	548	—	6	—
80	20	13.1〜13.3	83〜86	1050〜1150	2.0〜2.6	3.4	500	—	—	—
75	25	12.8〜13.0	82〜84	900〜1000	1.8〜2.7	3.2	467	—	—	—
70	30	12.3〜12.5	80〜82	850〜950	—	—	—	—	—	—
—	100	8.9		125	—	—	179	71.1	12.5	14

P. Schwarzkopf, R. Kieffer : Cemented Carbides (1960), Macmillan.

4・8・4 米国系 WC-TiC-TaC-Co 合金の組成と性質

組 成				密度 [Mg/m³]	硬さ [HRA]	硬さ [HV]	抗折力 [GPa]	圧縮強さ [GPa]	弾性係数 [GPa]	熱伝導率 [J/m・K]	熱膨張係数 [10⁻⁶K⁻¹]
WC	TiC	TaC (NbC)	Co								
85	4	1	10	13.2〜13.4	89〜90	1 350〜1 450	1.7〜1.9	—	550	56.1	—
80.5	5	5.5	9	13.1〜13.3	90〜91	1 400〜1 500	1.7〜2.0	—	560	—	—
77	6.5	9	7.5	12.5〜12.7	91〜92	1 550〜1 650	1.4〜1.6	—	—	53.1	5.5
59	7	22	12	12.3〜12.5	89〜90	1 300〜1 400	1.6〜1.8	—	—	—	—
76	7.5	6.5	10	12.0〜12.2	89〜90	1 350〜1 450	1.7〜2.0	4.5	520	47.3	6.0
73.5	10	8	8.5	11.8〜12.0	90.5〜91.5	1 450〜1 550	1.4〜1.6	—	—	—	—
72.5	10	8	9.5	11.7〜11.9	90〜91	1 400〜1 500	1.5〜1.7	—	—	—	—
71.5	10	8	10.5	11.7〜11.8	89〜90	1 350〜1 450	1.6〜1.9	—	—	—	—
62	12	18	8	11.7〜11.9	91〜92	1 600〜1 700	1.2〜1.4	5.1	630	—	—
59	12	18	11	11.4〜11.6	90〜91	1 400〜1 500	1.3〜1.5	4.0	560	—	—
69.5	12.5	8	10	11.2〜11.4	90.5〜91.5	1 450〜1 550	1.4〜1.7	—	—	—	—
70.5	13.5	7.5	8.5	11.1〜11.3	91〜92	1 500〜1 600	1.3〜1.5	4.7	500	28.5	5

P. Schwarzkopf, R. Kieffer : Cemented Carbides (1960), Macmillan.

4・8・5 切削工具用超硬質工具材料規格 (JIS B 4053)

a. 超硬合金

使用分類記号	金属成分 Co	硬 質 相 成 分 Wを主体とした硬質相	硬質相中のTi, Ta(Nb)	硬さ [HRA]	抗折力 [MPa]	被削材および切削方式
P 01	4〜 8	92〜96	20〜50	91.5 以上	686 以上	鋼の旋削, 中ぐり
P 10	4〜10	90〜96	20〜40	91 以上	883 以上	鋼の旋削, フライス削り
P 20	5〜10	90〜95	10〜30	90 以上	1 079 以上	同上の荒削りなど
P 30	7〜12	88〜93	5〜25	89 以上	1 275 以上	同上
P 40	7〜15	85〜93	2〜20	88 以上	1 471 以上	同上
M 10	4〜 8	91〜96	5〜25	91 以上	981 以上	鋼, 耐熱合金, 鋳鋼の旋削, フライス削り
M 20	5〜11	89〜95	2〜20	90 以上	1 079 以上	同上
M 30	7〜12	88〜93	1〜15	89 以上	1 275 以上	同上および平削り
M 40	8〜20	80〜92	1〜 3	87 以上	1 569 以上	同上
K 01	3〜 6	94〜97	0〜 5	91.5 以上	981 以上	鋳鉄の旋削中ぐり, フライス削りなど
K 10	4〜 7	93〜96	0〜 3	90.5 以上	1 177 以上	鋳鉄, 高硬度鋼, 耐熱鋼の旋削
K 20	5〜 8	92〜95	0〜 3	89 以上	1 375 以上	鋳鉄, 非金属材料, チタンなどの旋削など
K 30	6〜11	89〜94	0〜 3	88 以上	1 471 以上	低強度鋼, 耐熱合金の旋削, 平削りなど

成分は, JIS B 4053-1989 に参考として表示されていた.

b. サーメット

使用分類記号	金 属 成 分 Ni, Co を主体とした成分	硬 質 相 成 分 Ti, Ta, Nbを主成分とし, Mo, W等を含む炭化物, 炭窒化物, 窒化物又はこれらの複合体	硬さ [HRA]	抗折力 [MPa]	被削材および切削方式
P 01	3〜15	85〜97	91.5 以上	686 以上	超硬合金の場合と同じ
P 10	8〜20	80〜92	91 以上	883 以上	
P 20	9〜25	75〜91	90 以上	1 079 以上	
P 30	10〜25	75〜90	89 以上	1 177 以上	

注) 使用分類記号については X 編 (p. 381) 参照.

c. 被覆超硬合金

使用分類記号	金属成分 Co	硬質相成分 Wを主体とし、Ti, Ta(Nb)を含む炭化物又は炭窒化物もしくは窒化物又はこれらの複合体	硬さ (HRA)	被削材および切削方式
P 01	3～9	91～97	90 以上	超硬合金の場合と同じ
P 10	4～10	90～96	89 以上	
P 20	4～11	89～96	88 以上	
P 30	5～12	88～95	87 以上	
M 10	4～10	90～96	89 以上	同上
M 20	4～15	85～96	87 以上	
M 30	5～20	80～95	87 以上	
K 01	3～9	91～97	90 以上	同上
K 10	4～10	90～96	89 以上	
K 20	4～20	80～96	87 以上	

d. 超微粒子超硬合金

使用分類記号	金属成分 Co	硬質相成分 Wを主体とした硬質相	硬質相中の Ti, Ta, V, Cr	硬さ (HRA)	抗折力 (MPa)	被削材および切削方式
Z 01	3～12	88～97	0～5	92 以上	1 177 以上	鋼, 鋳鉄, 非鉄金属の旋削, 中ぐりなど
Z 10	5～15	85～95	0～3	91 以上	1 275 以上	鋼, 非金属材料, 耐熱合金の旋削など
Z 20	7～17	83～93	0～3	89.5 以上	1 471 以上	鋼, 特殊鋳鉄, 複合材料の穴あけなど
Z 30	10～25	75～90	0～3	88.5 以上	1 668 以上	低硬度鋳鉄, 耐熱合金の旋削, 穴あけなど

4・8・6 線引ダイス用およびセンター用超硬合金

使用分類記号	金属成分 Co	硬質相成分 Wを主体とした硬質相	硬質相中の Ti, Ta(Nb)	硬さ (HRA)	抗折力 (MPa)	作業条件
V 10	3～6	94～97	—	89 以上	1 177 以上	負荷は小, 耐摩耗性を重視するとき
V 20	5～10	90～95	—	88 以上	1 275 以上	負荷は大, 耐摩耗性を重視するとき
V 30	8～16	84～92	—	87 以上	1 471 以上	負荷は大, 衝撃抵抗を重視するとき

4・8・7 各種工具材料の室温性質

材料	焼結高速度鋼	超硬合金	サーメット	セラミックス (Al_2O_3系)	ダイヤモンド焼結体	cBN 焼結体
硬さ(ヌープまたはビッカース)	750～940	1 200～1 800	1 300～1 800	1 800～2 100	6 000～8 000	2 800～4 000
抗折力 (GPa)	2.5～4.2	1.0～4.0	1.0～3.2	0.4～0.9	1.3～2.2	0.8
圧縮強さ (GPa)	2.2～3.6	3.0～6.0	4.0～5.0	3.0～5.0	6.9	8.8
破壊靭性 ($MPa \cdot m^{1/2}$)	12～19	8～20	8～10	3～4	—	5～9
弾性率 (GPa)	210～220	460～670	420～430	300～400	560	—
ポアソン比	0.3～0.4	0.21～0.25	—	0.2	—	0.14
熱膨張係数 ($10^{-6} K^{-1}$)	9～12	5～6	4～5	7.8	5.9	4.7
熱伝導率 (W/m・K)	17～31	20～80	8～12	17～21	100	200
最高使用温度 (K)	～800	～1 300	～1 400	～2 000	900～1 600	1 600～1 800

林　宏爾：改訂5版 金属便覧, 日本金属学会編 (1990), p. 975, 丸善.

5 焼結部品の金型成形と寸法精度

5・1 焼結部品の設計上の要点

5・1・1 押型からの抜出しに関する制約

もとの設計	好ましい設計	備考
		アンダカット：圧縮方向に直角についている溝（アンダカット類）は成形できないので成形後機械加工する．
	0.125～0.20 mm 面取りに平らな部分をつける． 0.125 mm 最小 R	逆テーパ：逆テーパは成形できない．図のようにテーパをなくしてフランジ端面のかどをとる．
		左図のようにフランジの反対側で穴が閉じている場合には押し出すことができない．
	5°	下図のようなカウンタボア（端ぐり）の面積が加圧面積の約 1/5 以下，深さ（X）が部品全高の約 1/4 以下の場合は 5°の抜きテーパをつけて成形することができる．

日本粉末冶金協会編：焼結機械部品の設計要覧 (1967)，技術書院．

5・1・2 粉末充てんをしやすくするための制約

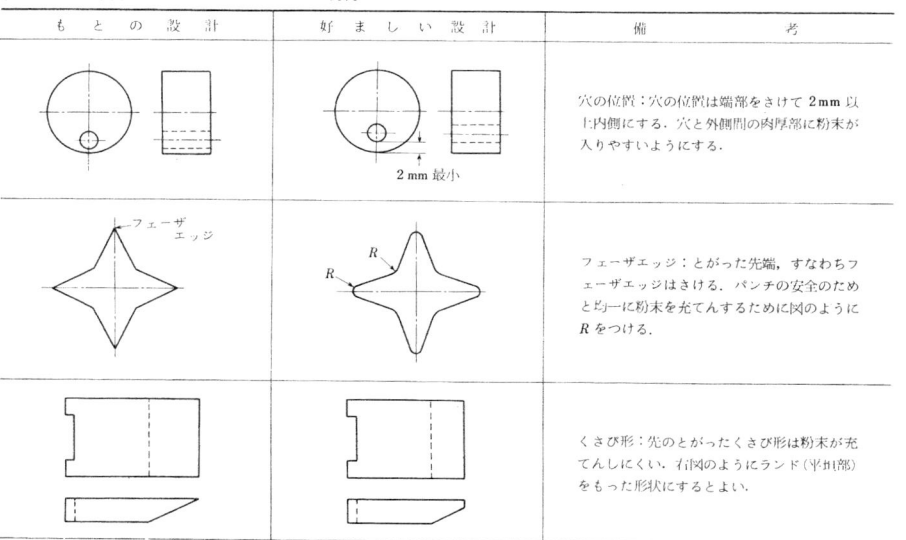

もとの設計	好ましい設計	備考
	2 mm 最小	穴の位置：穴の位置は端部をさけて 2 mm 以上内側にする．穴と外側間の肉厚部に粉末が入りやすいようにする．
フェーザエッジ	R	フェーザエッジ：とがった先端，すなわちフェーザエッジはさける．パンチの安全のためと均一に粉末を充てんするために図のように R をつける．
		くさび形：先のとがったくさび形は粉末が充てんしにくい．右図のようにランド（平坦部）をもった形状にするとよい．

日本粉末冶金協会編：焼結機械部品の設計要覧 (1967)，技術書院．

5・1・3 丈夫な押型を得るための制約

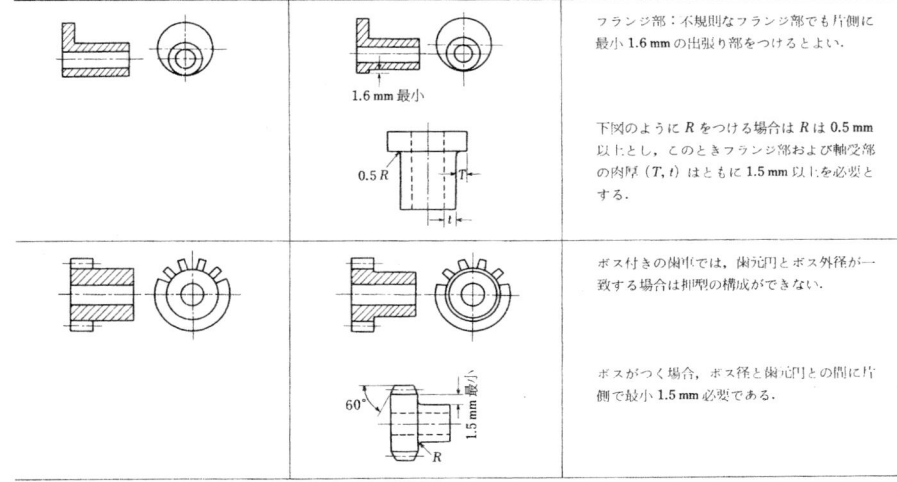

図	図	説明
		フランジ部：不規則なフランジ部でも片側に最小 1.6 mm の出張り部をつけるとよい．
	1.6 mm 最小 0.5 R T t	下図のように R をつける場合は R は 0.5 mm 以上とし，このときフランジ部および軸受部の肉厚 (T, t) はともに 1.5 mm 以上を必要とする．
		ボス付きの歯車では，歯元円とボス外径が一致する場合は押型の構成ができない．
	60° 1.5 mm 最小 R	ボスがつく場合，ボス径と歯元円との間に片側で最小 1.5 mm 必要である．

日本粉末冶金協会編：焼結機械部品の設計要覧 (1967)，技術書院．

5・1・4 均一な密度の成形体を得るための制約，その他

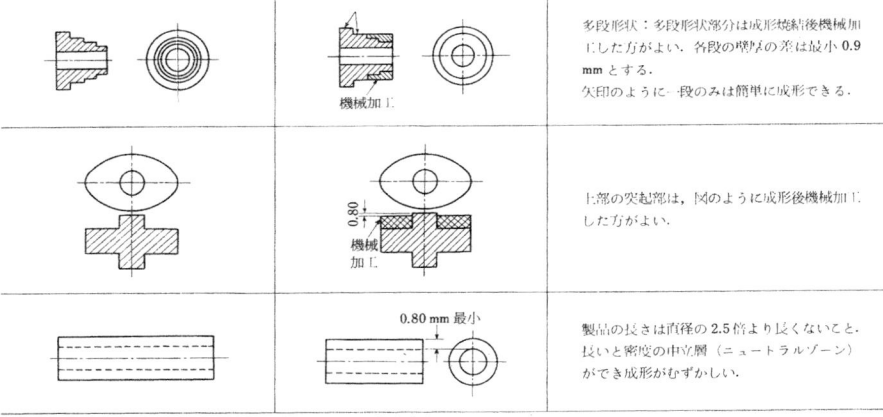

	機械加工	多段形状：多段形状部分は成形焼結後機械加工した方がよい．各段の厚さの差は最小 0.9 mm とする．矢印のように一段のみは簡単に成形できる．
	0.80 機械加工	上部の突起部は，図のように成形後機械加工した方がよい．
	0.80 mm 最小	製品の長さは直径の 2.5 倍より長くないこと．長いと密度の中立層（ニュートラルゾーン）ができ成形がむずかしい．

日本粉末冶金協会編：焼結機械部品の設計要覧 (1967)，技術書院．

5・2 金属焼結品普通許容差 (JIS B 0411-1978)

5・2・1 適用範囲

この規格は，金属焼結品のうち，焼結機械部品および焼結含油軸受の加工寸法（金属焼結品特有の加工法以外の加工，たとえば，削り加工などによる加工は除く）に適用する普通許容差について規定する．

備考：(1) 普通許容差は，仕様書，図面などにおいて機能上特別な精度が要求されない寸法について，許容差を個々に記入しないで一括して指示する場合に適用する．

(2) 普通許容差の指示は，各寸法の区分に対する数値の表または規格番号・等級のいずれかによる．

[例] JIS B 0411, 精級

5・2・2 用語の意味

この規格で用いる主な用語の意味は，次による．

a. 幅　粉末を圧縮成形するときの圧縮方向に直角な方向の寸法を幅といい，図1の a に示す．

b. 高さ　粉末を成形するときの圧縮方向に平行な寸法を高さといい，図1の b で示す．

5・2・3 等級

普通許容差の等級は，精級，中級，および並級の3等級とする．

5・2・4 普通許容差

a. 幅の普通許容差　幅の普通許容差は，表1による．

5 焼結部品の金型成形と寸法精度　297

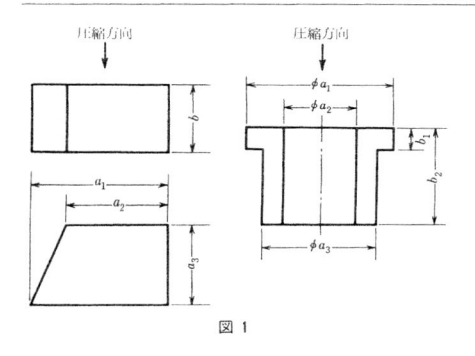

図 1

表 1　　　　　　　　　［単位：mm］

寸法区分	等級		
	精 級	中 級	並 級
6 以下	±0.05	±0.1	±0.2
6をこえ 30 以下	±0.1	±0.2	±0.5
30をこえ 120 以下	±0.15	±0.3	±0.8
120をこえ 315 以下	±0.2	±0.5	±1.2

参考：精級，中級，および並級の数値は，それぞれISO 2768 (Permissible machining variations in dimensions without tolerance indication) の Fine Series, Medium series, および Coarse series に一致している．

b. **高さの普通許容差**　高さの普通許容差は，表2による．

表 2　　　　　　　　　［単位：mm］

寸法の区分	等級		
	精 級	中 級	並 級
6 以下	±0.1	±0.2	±0.6
6をこえ 30 以下	±0.2	±0.5	±1
30をこえ 120 以下	±0.3	±0.8	±1.8

VIII 試 験 ・ 測 定

1 組 織 観 察

組織観察用の試料作製手順は，試片の切りだし，埋め込み，粗研磨，精密研磨，洗浄，腐食が一般的である．各手順の詳細は文献1)に集録されている．
1) G. Petzow：金属エッチング技術 (1997)，アグネ．
2) P. B. Hirsch, A. Howie, R. B. Nicholson, D. W. Pashley：Electron Microscopy of Thin Crystals (1965), p. 453, Butterworths.
3) 西沢泰二，佐久間健人：金属組織写真集 鉄鋼材料編 (1979)，p. 98，日本金属学会．
4) 幸田成康，和泉 修，諸住正太郎，寺沢正弐：金属組織写真集 非鉄材料編(1972)，p. 153，日本金属学会．

1・1 電解研磨液

1・1・1 鉄鋼材料用電解研磨液

	試料	電解液の組成 〔10^{-6} m^3〕		電流密度 〔10^2 A/m^2〕	電 圧 〔V〕	温度 〔℃〕	時 間 〔min〕	備 考
1	鉄，合金鋼，炭素鋼（マルテンサイト，パーライト，ソルバイト），ケイ素鋼	過塩素酸（$d=1.61$） 無水酢酸 蒸留水	18.5 76.5 5.0	4〜6	50 (端子電圧)	<30	4〜5	少なくとも使用する 24h 以上前に調合する．FeまたはAl陰極を使用．液中に少量のAlが溶けた後に電流密度を低くしてもよい．
2	オーステナイト鋼	過塩素酸（$d=1.61$） 無水酢酸	10 20	6	50 (端子電圧)	<30	4〜5	同上．
3	鋼全般（他の多くの金属にも使用できる）	過塩素酸（$d=1.25$） エチルアルコール エチルエーテル	20 77.5 2.5	400	110 (端子電圧)	<35	15 s	炭素鋼または18-8ステンレス鋼陰極を用いる．電解液を循環もしくは強く撹拌する．
		過塩素酸（$d=1.20$） エチルセロソルブ またはグリセリン	200 700 100	100	40〜47	—	15 s	電解液を循環させる． とくにFe-Si合金に適する．
		過塩素酸（$d=1.61$） 氷酢酸	10 100	1.5〜2.5	5〜6	<25	—	15 cm×5 cm×0.3 cm の大きさのステンレス鋼陰極を使用する．
		硝酸 無水酢酸	50 50	100〜200	—	室温	15〜30 s	硝酸を冷却しながら徐々に無水酢酸を加える．
		硝酸 氷酢酸	50 50	150〜300	—	室温	10〜20 s	
		無水酢酸 クロム酸 (75%) 水	70 20 10	20〜200	—	室温	15 s〜2.5 min	冷却したクロム酸に1滴ずつ無水酢酸を加え，最後に水を加える．
		硝酸 メチルアルコール エチルエーテル	10 85.5 4.5	150〜200	—	室温	15〜20 s	
4	鉄およびケイ素鉄	正リン酸 （$d=1.316$）		0.6	0.15〜2.0	室温	9〜10	鉄陰極を用いる．介在物を目立たせないためには細かく機械研磨しておく．
5	ステンレス鋼 (18-8)	正リン酸 グリセリン 水	37 56 7	77.5	—	100〜120	5〜10	高温にすると電解液の電気伝導率が増す．温度が低すぎると腐食作用が起こる．
		正リン酸		15.5	—	40〜93	—	
		正リン酸 硫酸 水	65 15 20	54	—	90		
		過塩素酸 無水酢酸 水	70 124 4	25	—	<30		撹拌する方がよい．
		正リン酸 硫酸 クロム酸 水	67 20 2 g 11	26	—	50		研磨作用緩慢．

試　料	電解液の組成 〔10^{-6} m^3〕		電流密度 〔10^2 A/m^2〕	電圧 〔V〕	温度 〔℃〕	時間 〔min〕	備　考
ステンレス鋼 (18-8) (続き)	正リン酸 グリセリン 水	42 47 11	1.5〜9	—	90〜140	—	—
	乳酸 正リン酸 (d=1.75) クロル酢酸 (50%水溶液) シュウ酸アンモニウム (33%水溶液) 酢酸 塩酸 硫酸	60 25 25 30 20 20 20	—	5〜6	室温	5	ステンレス鋼陰極を用いる．ゆるく攪拌を行なう．電圧1Vでは腐食がおこる．オーステナイト系Mn鋼, α-Fe用としても類似の電解液がある．
	硝酸 メチルアルコール	10 20	75〜150	40〜50 (端子電圧)	20〜30	<1	ステンレス鋼の網を陰極にする．使用中に昇温するので冷却を要する．

1・1・2　非鉄金属および合金用電解研磨液

	試　料	電解液の組成 〔10^{-6} m^3〕		電流密度 〔10^2 A/m^2〕	電圧 〔V〕	温度 〔℃〕	時間 〔min〕	備　考
1	Alおよび Al-Cu合金 (No. 15, 36参照)	過塩素酸 (d=1.48) 無水酢酸	22 78	5〜6	50〜80	<45	15	電解により形成される厚い陽極被膜は強冷水ジェットで除去する．Al-Cu合金以外の合金ではあまりうまく研磨できない．
		硫酸 グリセリン	10 20	6	—	—	20	
2	Al-Mg, その他のAl合金 (No. 15, 36参照)	過塩素酸 (d=1.30) エチルアルコール グリセリン エーテル	20 38.8 37.7 2.4	2 000	—	—	—	多相合金よりも均一な合金の方がよく研磨される．試料のタイプに応じて多少組成を変える．
		過塩素酸 (d=1.68) エチルアルコール (3%エーテルを含む) 水	5.4 80 14.6	200	110〜120	<35	10〜20 s	Al-Si合金には適さない．電流密度が低すぎると研磨面の中央部が暗くなる．電流密度が高すぎると白点が出る．電解液を循環させるか強く攪拌する．
		過塩素酸 (d=1.4) エチルアルコール	200 1 000	30	20	<25	2	Al-Cu, Al-Si以外の大ていのAl合金に適する．比較的安全．
		正リン酸 エチルアルコール 蒸留水	400 380 250	35	50〜60	42〜45	4〜6	Al, およびAl-Mg合金．
3	ベアリングメタル (No. 16参照)	過塩素酸 (d=1.54) 無水酢酸	20 80	—	—	—	—	研磨終了後，電圧を反転すると鮮明な腐食組織を得る．
4	Be	正リン酸 硫酸 グリセリン エチルアルコール	52.6 15.8 15.8 15.8	200〜400	—	—	—	通常光のもとでは結晶粒の形がみえない．偏光観察に適する．
		過塩素酸 (d=1.2) エチルアルコール ブチルセロソルブ	200 700 100	—	40〜50	—	20 s	電解液を循環させる．
5	Bi	正リン酸 硫酸 蒸留水	20 40 40	100	—	—	—	偏光観察に適する．
6	黄銅 (70:30) (No. 7参照)	正リン酸 水	70 30	—	—	—	—	$\alpha+\beta$黄銅, β黄銅にも適する．
		無水クロム酸	200 g/dm^3	250〜775	—	<30	30 s	高い電流密度は望ましくない．
7	黄銅 (60:40) (No. 6参照)	硝酸 メチルアルコール	10 20	75〜150	40〜50	20〜30	<1	ステンレス鋼の網を陰極にする．電解液を循環させる．
8	青銅, Al青銅, Pb青銅	正リン酸 (d=1.50)		1〜2	1.8〜2.0	室温	15〜30	高Sn合金には不適．

1 組織観察

	試　料	電解液の組成 [10^{-6} m³]		電流密度 [10^2 A/m²]	電圧 [V]	温度 [℃]	時間 [min]	備　　考
8	青銅, Al 青銅, Pb 青銅 (続き)	正リン酸 塩酸 水	670 100 300	10	2～2.2	室温	15	Sn 6% 以下の Sn 青銅用.
		正リン酸 (d=1.75) 乳酸 プロピオン酸 硫酸 水	150 75 75 30 30	—	5～10	20～25	5	銅陰極. 試料をゆっくり動かす. Sn 青銅および Be 青銅用.
9	Cd	青酸カリ 水 水酸化カドミウム	120 g 1 000 20 g	12～25	2.5～5	室温	—	陰極には鉄板を用いる. 電解液を攪拌してはならない.
		正リン酸 水	450 550	5	2	室温	30	偏光観察に適する.
10	Cr (No. 36 参照)	過塩素酸 (d=1.59～1.61) 酢酸	50 1 000	12～30	30～50	室温	—	試料面積 1～15 cm² のときの条件である.
11	Co (No. 36 参照)	正リン酸 (d=1.35)	—	—	1.2	室温	5	コバルト陰極を使用する. 仕上げ面はやや粗となる.
		過塩素酸 エチルアルコール	50 50	250	—	—	—	上記の液よりも仕上げ面は良好である.
12	Cu および Cu 合金 (No. 15 参照)	正リン酸 水	200 100	5	1.8～2.0	室温	15～30 s	電極を水平に置き, 試料は下部電極とする. 攪拌しない.
		正リン酸 シクロヘキサン	20 30	9	—	40	5	
13	Cu-Co 合金, Cu-Fe 合金 (Cu 側)	正リン酸 (d=1.35)		0.70	2	—	5～10	銅陰極を使用. 電極は水平に置く. 極間距離は約 12 mm とする.
14	Cu-Pb 合金	正リン酸 (d=1.71) エチルアルコール	38 62	2～7	2～5	室温	10～15	Pb<30% に好適である.
15	一般用, とくにリン青銅, Si 青銅, モネルメタル, Ni, ニクロム, オーステナイト鋼, Cu, Al, Zn, 黄銅	硝酸 メチルアルコール	10 20	75～150	40～50 (端子電圧)	20～30	<1	ステンレス鋼の網を陰極として用いる. 極間距離は 12～25 mm とする. 使用中に温度が上昇する. アルコールの蒸発による組成の変化を避けるため冷却を要する. 他の金属にも有用である. 電解液を循環使用できる.
16	Pb, Pb-Si 合金, Pb 合金全般	氷酢酸 過塩素酸 (d=1.61)	65～75 35～25	20～25, 続いて 1～2	25～35	<30	3～5	電極は水平に置く. 切削時の変形層を除去するため 2.0～2.5 kA/m² で 1～2 min 研磨するのがよい. Cu 陰極を使用する. この液は Sn およびベアリングメタルにも使える.
17	Ge	グリセリン エチルアルコール 水 フッ化カリ (飽和するまで加える)	500 50 50	1	—	20	30 s	または 80℃ で 1.0 kA/m².
		グリセリン フッ化水素アンモニウム	1 000 10～30 g	50～100	—	80		電解液の液面下数 mm の所に試料を水平に置く. 均一な電流分布を得ることが難しい.
18	Au	青酸カリ ロッシェル塩 正リン酸 (d=1.69) アンモニア (0.88)	67.5 g 15 g 1.85 2.5	100～150	5～10	>60		銅を陰極とする. 強く攪拌する.
		チオ尿素 硫酸 酢酸	25 g 3 10 g	1.5～3.5	—	20～45		
19	Hf (No. 35 参照)	過塩素酸 (d=1.6) 酢酸	50 1 000	—	18	20	0.1	針金のみ. 攪拌しながら数 s ずつ数回繰り返す.
20	In	硝酸 メチルアルコール	10 20	30	40～50	20	1～2	冷却しながら使用する.

	試 料	電解液の組成 〔10^{-6} m³〕		電流密度 〔10^2 A/m²〕	電圧 〔V〕	温度 〔℃〕	時間 〔min〕	備 考
21	Mg および Mg 合金	正リン酸 ($d=1.71$) エチルアルコール	37.5 62.5	4.5~5	1~3	室温	10	使用中に電流密度は約 50 A/m² まで低下する。陽極被膜を生じる。水洗により迅速に除去しないとピッティングを起こす。
		塩酸 エチレングリコール モノメチルエーテル	10 90	2	10~15	20~30	1~2	作業中に電圧は 5 V におちる。
22	Mn	正リン酸 グリセリン エチルアルコール	100 100 200	28	18	—	—	Mn-Cu 合金にも適当である。
23	Mo	塩酸 硫酸 メチルアルコール	50 20 150	65~70	12	50	30 s	水が存在すると酸化物が生じる。
		硫酸 塩酸 メチルアルコール	5 1.25 93.75	500	50~70	<25	6~25 s	電解液を循環させる。W, Nb, Ta にも適当である。
24	Ni (No. 15, No. 36 参照)	過塩素酸 ($d=1.61$) 無水酢酸 蒸留水	18.5 76.5 5	—	50	<30	—	少なくとも使用する 24 h 以上前に調合する。Fe または Al 陰極を使用。鋼の場合よりも電流密度を高くすることが必要であり、試験によって決めなければならない。
25	Ni-Ag 合金	正リン酸 グリセリン 水	37 56 7	15.5	—	50~70	—	Ni 量の少ない合金では表面に小さい液を生ずる。
26	Ag	青化銀 炭酸カリ 青酸カリ 水	約 4 g 約 4 g 約 4 g 100		1.5	室温		組成および条件は実験で決めなければならない。撹拌が必要である。試料は 2 段研磨を行なう（毎 10 min）。途中ぬれたビロードで軽く拭く。
		黄血塩 青酸ソーダ 水	6 g 6 g 100	25	6	室温		非常に緩慢に撹拌する。
27	Ta および Nb (No. 23 参照)	硫酸 フッ酸	90 10	10~20	12~20	35~45	5~10	黒鉛または白金陰極を用いる。
		硝酸 ($d=1.4$) フッ酸 シュウ酸 (Nb のとき) フッ化アンモニウム (Ta のとき) メチルアルコール	170 50 5 g 30 g 510	500 (Nb) 350 (Ta)	—	室温	40 s~ 2 min	電解液を循環させる。
28	Th	過塩素酸 ($d=1.64$) 酢酸 水	20 70 5	60	—	10	0.2	
29	Sn, Sn-Sb 合金, Sn 合金全般	過塩素酸 ($d=1.61$) 無水酢酸	19.4 80.6	9~15	25~40	15~22	8~10	Sn 陰極を使用。極間距離は 2 cm とする。10 min 以上研磨を行なうときは撹拌する方がよい。
30	Ti	無水酢酸 過塩素酸 ($d=1.59$) 水	795 185 48	20~30	40~60	—		45~60 s の単位で繰返し研磨する。
		エチルアルコール n-ブチルアルコール 無水塩化アンモニウム 無水塩化亜鉛	90 10 6 g 28 g	16~80	20~25	室温	1~6	ゆっくりと撹拌する方がよい。
		過塩素酸 ($d=1.2$) エチルアルコール ブチルセロソルブ	200 350 100	2~4	30	室温	20 s	電解液を循環させて使用できる。
31	V	過塩素酸 ($d=1.60$) 酢酸	5~10 90~95	15~25	25~30	<35	1~2	ピッティングの可能性がある。
		過塩素酸 ($d=1.60$) メチルアルコール ブチルセロソルブ	10 100 60		30	—	—	電解液を循環させる。試料を外すことなく、3 s ずつ 7 回の研磨を行なう。

1 組織観察

	試料	電解液の組成 $[10^{-6} m^3]$		電流密度 $[10^2 A/m^2]$	電圧 [V]	温度 [℃]	時間 [min]	備考
32	W (No. 23 参照)	カセイソーダ 10 % 水溶液		3~6	6	20	20~30	撹拌を必要とする.
33	U	正リン酸 エチレングリコール エチルアルコール	28 28 44	—	15~20	—	—	研磨作用は良好である. あまり着色することなく相の区別をつける. UO_2 を激しく侵す.
		正リン酸 グリセリン エチルアルコール	30 30 30	10~20	—	—	30~40	ふつうの検鏡に適する. 撹拌は不必要であるが冷却を要する. 水が入るとさびを生ずる.
34	Zn (No. 15, No. 36 参照)	カセイソーダ 20 % 水溶液		16	6	室温	15	空気または窒素によって液を撹拌する. 鉛板陰極を使用する.
		正リン酸 シクロヘキサン	40 50	9	—	25	2	鉛板を陰極にしてもよい.
35	Zr	過塩素酸 酢酸 エチレングリコール	20 70 40	>100	—	—	—	
		過塩素酸 (d=1.54) 水酢酸	10 100	—	12~18	—	45 s	
36	一般用 とくに Al, Cr, Co, Ni, ステンレス鋼, Zn に有用	エチルアルコール 無水塩化アンモニウム 無水塩化亜鉛 n-ブチルアルコール 水	144 10 g 45 g 16 32	—	23~25	室温	—	1 min 研磨した後, 45 s 試料を引上げて Al 上に形成した被膜をこわす. 良好な研磨面が得られるまでこのサイクルを繰返す (通常 5 回). この方法は試料が小さいときにのみ (面積 5 cm² 以下) 良好である.
		硫酸 フッ酸 ホウ酸 クロム酸 硝酸 フタル酸 リン酸 水	25 g 33 g 8.3 g 315 g 12 g 4.3 g 32 g 1 000	—	—	94	—	電解条件および時間は研磨する材料によって変わる.

1・1・3 金属間化合物単体用電解研磨液

成分系	電解研磨液および研磨条件
Ni_3Al (B doped)	32%ブトキシエタノール, 8~10%過塩素酸, 5%グリセリン, ~55%エタノール ; -15℃
Ni_3Ge	860cm³ H_3PO_4, 50cm³ H_2SO_4, 100g CrO_3 ; 0℃
(Co, Ni)$_3$Ti	15% H_2SO_4, 85%メタノール
Cu_3Au	11%過塩素酸, 89%酢酸
	10% $(NH_4)_2SO_4$, 10% NaCN
Al_3Ti	10%過塩素酸, 20%グリセリン, 70%メタノール ; 30V
$TiAl/Ti_3Al$	5%過塩素酸, 30%ブトキシエタノール, 65%メタノール ; 30V, -40℃
Ni_2AlTi	10%過塩素酸, 20%グリセリン, 70%メタノール
Ni_4Mo	20%過塩素酸, 10%ブチルグリセリン, 70%メタノール
Cu-14 Al-4 Ni (DO_3) Cu-40 Zn (B2)	①粗研磨 $H_3PO_4/C_2H_5OH/H_2O$ (1 : 3 : 36) ②仕上げ HNO_3/CH_3OH (1 : 3) ; -45℃
FeAl/Fe$_3$Al	30%硝酸, 70%メタノール ; 5V, -25℃
σ相 (FeCr)	クロム酸-酢酸
Fe-Si-Al	30% HNO_3, 70%メタノール ; 200K

1・1・4 形状記憶合金用電解研磨液

成分系	電解研磨液および研磨条件
NiTi	7.5%過塩素酸-無水酢酸 ; 5℃
	20% H_2SO_4, 80%メタノール
NiTiCu	8%過塩素酸-酢酸 ; 20~30V
Cu-14 Al-4 Ni	300g $CuNO_3$, 900g メタノール, 30g HNO_3 ; 30V, 0.1~0.2A
Cu-13 Al-2.5 Mn Cu-17 Al-14 Zn Cu-14 Al-3 Ni Cu-20 Zn-12 Ge	H_3PO_4 (CrO_3 飽和)
Ag-45 Cd	50% H_3PO_4, 50% H_2O
β Fe-Be	50% H_3PO_4, 50% H_2O_2

1・1・5 析出相を含む合金用電解研磨液

成 分 系	析 出 相	電解研磨液および研磨条件
Ni-9 Ti	γ', η-Ni_3Ti	30%HNO_3, 70%メタノール; $-30\sim-60°C$
Ni-12.7 at%Al	γ'	50%正リン酸
78 Ni-18 Al-4 Ti (at%)	γ'	10%H_2SO_4, 90%エタノール
Ni-Al-Mo (Ni-rich)	γ', $NiMo$, Ni_3Mo, Ni_4Mo, Ni_8Mo	10% H_2SO_4, 90%エタノール
Inconel X	γ'	30cm^3 HCl, 15cm^3 HNO_3, 45cm^3グリセリン(グリセレジア)
Inconel X 718	γ'	① 10% HNO_3, 90%メタノール ② 10%過塩素酸, 90%氷酢酸
Inconel 738 LC	β-$NiAl$	6%過塩素酸, 94%; 酢酸(水冷); 38V, 0.5A/cm^2
Inconel X 750	γ'	20%過塩素酸, 80%エタノール
	γ'	10%過塩素酸, 90%ブチルアルコール; $0\sim10°C$, 70$\sim$130mA
	γ'	① 10% HNO_3, 90%メタノール ② 10%過塩素酸, 90%氷酢酸
Inconel 901	γ'	30cm^3 HCl, 15cm^3 HNO_3, 45cm^3グリセリン(グリセレジア)
35 Ni-35 Co-15 Cr-12 Nb-3 Fe	γ''	50%過塩素酸, 50%メタノール; $-40\sim-30°C$
Fe-15 Cr-25 Ni-4 Ti-3 Al	Ni_3Ti	クロム酸-酢酸
Fe-15 Cr-26 Ni-3 Ti-3 Al	γ', Ni(Al, Ti), Ni_2AlTi	60%正リン酸, 40%硫酸
Fe-15 Cr-25 Ni-4 Ti	γ', Ni_3Ti	酢酸-過塩素酸
Fe-Al-Mn-Cr	DO_3相	70%エタノール, 20%グリセリン, 10%過塩素酸; $-10\sim-15°C$, $1.5\sim2.0$ A/cm^2

1・1・6 水素化物形成防止用電解研磨液

成 分 系	電解研磨液および研磨条件
Zr, Zr-25 Ni, Zr_3Al, V-20 Ti, Al-6 Ge, Ni, Ni-21 Al, SUS 304	5.3g 塩化リチウム, 11.16g 過塩素酸マグネシウム, 100cm^3ブチル-β-オキシエチルエーテル, 500cm^3メタノール

1・2 腐 食 液

1・2・1 鉄鋼材料用腐食液

おもな用途	No.	腐食液の組成 [$10^{-6}m^3$]	備 考
炭素鋼一般, 焼ならし, 焼なまし状態	1	"ナイタール" 硝酸 ($d=1.42$) 1.5 アルコール(メチル, エチル, アミル) 100	炭素鋼に用いる. パーライトは黒く着色し, フェライト粒界を現出する. セメンタイト粒子を現出するには $5\sim10$ s で十分. アミルアルコールを用いると食孔の形成およびフェライトが荒れるのを防ぐ. フェライト, マルテンサイト, 焼もどしマルテンサイトを区別する. $35\sim50°C$ で用いると結晶粒コントラストがつく. この液の後, 冷たい過硫酸アンモニウム水溶液 (0.1~0.5%) に浸漬するとフェライト粒は明るく着色する.
	2	"ピクラール" ピクリン酸 4g アルコール(メチル, エチル) 100	一般用. ナイタールに比べると粒界の現われ方は弱い. 用途に応じてピクリン酸を増量する. 多くの低合金鋼組織の細部を現出する. 微細パーライトに対してナイタールよりもよい. ゼフィラール添加も行なわれる.
	3	"ピクリン酸ソーダ" ピクリン酸 2g カセイソーダ 25g 水 100	一般用. 煮沸して使用する. 熱い試料が空気に触れるとさびることがある. セメンタイトは着色するがタングステン炭化物は変わらない. Fe-W 複炭化物は激しく侵される. 徐冷した過共析鋼では粒界を現出する. 高 Cr のセメンタイトは着色しないことがあり, Si 鉄には不適である.
	4	"カセイソーダ" カセイソーダ 10% 水溶液 20 過酸化水素 10	新しい液を使用する. 普通鋼のセメンタイトを黒く着色する. Fe-W 複炭化物の黒化はやや緩慢で, W炭化物も黒く着色する. 硫化物を侵す. 電解腐食にも用いられる.
	5	赤血塩 $1\sim4$ g, カセイソーダ 10 g, 水 100	新しい液. 煮沸. セメンタイトを着色し, 窒化物は変わらない.
	6	無水息香酸 6.3 g, カセイソーダ 20 g, 水 100	炭素鋼のセメンタイトを黒く着色する.
	7	メタニトロベンゼンスルホン酸 5% アルコール溶液	パーライトを青く着色, 焼入れた鋼ではオーステナイトは褐色に着色する. マルテンサイトはさらに激しく侵される.

1 組織観察

おもな用途	No.	腐食液の組成 $[10^{-6} m^3]$	備考
焼入れ焼もどし鋼	2	上記参照	焼もどしマルテンサイトの腐食に用いる.
	8	"塩酸-ピクリン酸" 塩酸 5, ピクリン酸 1 g アルコール (メチル, エチル) 100 g	焼入れた鋼の残留オーステナイトの現出に適する. 焼もどし後にも使用される.
	9	オルソニトロフェノール (メチルアルコールに飽和) 10 塩酸 (アミルアルコール中 20%) 20	マルテンサイトおよびマルテンサイトの分解生成物に適する.
	10	4% 硝酸グリセリン液	フェライトとマルテンサイトを区別する.
	11	3~4% 硫酸-アルコール (または水) 溶液	焼入れた鋼を約 1 min 浸漬. オーステナイト粒界を現わし, マルテンサイトは淡青色になる.
高合金鋼一般	8	上記参照	高合金鋼一般. Cr 鋼, Cr-Ni 鋼, Cr-Mn 鋼, Mn 鋼にもよい.
オーステナイト鋼一般	12	塩化第二鉄 5 g, 塩酸 50, 水 100	オーステナイト系 Ni 鋼, Ni 鋼, Co 鋼.
	13	硝酸 10, 塩酸 20, グリセリン 20, 過酸化水素水 10	安定オーステナイト鋼にとくに適する. 研磨と腐食を繰返し行なう. Cr 鋼, Cr-Ni 鋼, Mn 鋼, Cr-Mn 鋼にもよい.
	14	塩化第二鉄 10 g, 塩酸 30, 水 120	オーステナイト系 Ni 鋼. 拭いながら腐食する. Ni 鋼, Co 鋼にも適する.
ステンレス鋼	15	塩酸 30, 硝酸 10	ステンレス鋼一般に用いる.
	16	飽和塩化第二鉄-塩酸, 少量の硝酸を添加	ステンレス鋼一般に用いる. 硝酸の量は適宜変える.
	17	硫酸銅 4 g, 塩酸 20, 水 20	ステンレス鋼用. Mn 鋼, Cr-Mn 鋼にもよい. (Marble 試薬)
	18	硫酸銅 5 g, 塩酸 100, エチルアルコール 100, 水 100	ステンレス鋼用. マルテンサイトは濃く着色, オーステナイトは明るく, フェライトはその中間. 少量のオーステナイトの検出に適する. Cr 鋼, Cr-Ni 鋼, Mn 鋼, Cr-Mn 鋼にもよい.
Cr 鋼および Ni-Cr 鋼	19	硝酸 10, 塩酸 20~30, グリセリン 20~30	Fe-Cr 合金, Cr 鋼, Fe-Cr-Ni 合金, Ni-Cr 鋼. 研磨と腐食を繰返す. 腐食の前に試料を温水で温める. Mn 鋼にもよい. (Vilella 試薬)
	20	赤血塩 10 g, カセイカリ 10 g, 水 100	新しい液を使う. Cr を含む炭化物を黒く着色する. 高速度鋼, W 鋼にもよい. (村上試薬)
高速度鋼	21	塩酸 10, 硝酸 3, メチルアルコール 100	焼入れたまま, および焼入れ焼もどしを行なった高速度鋼に用いる.
	22	塩酸 20, 水 15, エチルアルコール 65, 硫酸銅 1 g	高速度および W 鋼中のマルテンサイトの腐食に用いる. (Kalling 試薬)
Fe-Si 合金および Si 鋼	23	硝酸 10, 塩酸 20, グリセリン 20~40	高 Si 合金および高 Si 鋼に用いる.
	24	赤血塩中性水溶液	Fe-Si 合金に適する.
Ni 鋼および Co 鋼	25	塩酸 30, 硝酸 10, 塩化第二銅を飽和するまで加える.	拭いながら腐食する. 高 Ni 鋼, 高 Co 鋼に用いる. 多くのステンレス鋼にも使用できる.
V 鋼および Cr-V 鋼	26	過マンガン酸カリ 4 g, カセイソーダ 1 g, 水 100	Cr-V 鋼中の Cr 炭化物 (侵される) と V 炭化物 (不変) とを区別する. Cr 鋼にもよい.
	27	赤血塩 10 g, カセイソーダ 0.8 g, 水 100	V 鋼中の V 炭化物 (侵される) とセメンタイト (不変) とを区別する. Cr 鋼中の Cr 炭化物も侵す (セメンタイトは不変).
鋳鉄	2	上記参照	パーライトねずみ鋳鉄, 可鍛鋳鉄, 球状黒鉛鋳鉄用.
	3	上記参照	沸点近くで使用. セメンタイトを黒く着色する.
	24	上記参照	オーステナイト系鋳鋼. 10% 液がよい.
	23	上記参照	高 Si 鋳鉄 (14~16% Si) 用.
	28	塩化第二銅 10 g, 塩化マグネシウム 40 g, 塩酸 20, エタノール 1 000	ねずみ鋳鉄の共晶セルネットワークを現出するのに使用する. 600 mesh まで研磨した試料を浸漬する (3 h 以内).
P の偏析	29	塩化第二銅 1 g, 塩化マグネシウム 4 g, 塩酸 1, 水 20, エチルアルコール 100	固溶している P の偏析を現わす. P 量の最も低い領域から先に Cu が付着する.
ひずみ線	30	塩化第二銅 5 g, 塩酸 40, 水 30, アルコール 25	冷間加工した鋼のひずみ線を現わす. (Fry 試薬)

1・2・2 非鉄金属および合金用腐食液

金属または合金	腐食液の組成 [10^{-6} m³]					備考
	塩酸	硝酸	フッ酸	水	その他	
Al および Al 合金	1.5	2.5	0.5	95.5	—	15 s 浸漬。大部分の組織成分を現出する。(着色C1)
	—	—	0.5	99.5	—	15 s 拭う。この液は表面層を除去し、小さい組織成分を現出する。(着色C2)
	—	25	—	75	—	70℃で40 s 浸漬。冷水中に急冷する。(着色C3)
	—	—	—	99	カセイソーダ 1 g	10 s 拭う。Al₃Mg, (AlCrFe) 以外の相を現出する。(着色C4)
	—	—	—	99	カセイソーダ 10 g	70℃で5 s 浸漬、冷水中に急冷する。(着色C5)
	—	—	—	—	カセイソーダ(カリ) 3～5% 炭酸ソーダ(カリ) 3～5%	再現性の要求されるとき。FeNiAl₉(暗青) と NiAl₃ (褐) の区別に用いる。
	7.6	—	46.2	46.2	—	一般的な組織用。被膜が形成するが、硝酸またはクロム酸処理により除去できる。
	—	20	20	—	グリセリン 60	研磨と腐食の繰返しにより粒界を現出する。
	—	—	—	90	硝酸第二鉄 10 g	Al-Cu 合金に適する。
	—	1～10	—	—	エチルアルコール 100	Al-Mg 合金に適する。Al₃Mg₂ 褐色。
	—	—	—	96	ピクリン酸 4 g	10 min 腐食により CuAl₂ のみ着色する。
	50 (高純)	47 (発煙)	3	—	—	高純度 Al に適する。10～60 s 浸漬する。転位ピットを形成する(ピット面は {100} に平行)。
	—	—	—	—	シュウ酸アンモニウム 1 g, アンモニア水 (15%) 100	Al-Mg-Si 合金の粒界を現出する。新しい液で 5 min 腐食 (80℃)。
	—	—	1 (48%)	26 (蒸留水)	正リン酸 (d=1.65) 53, ジエチレングリコールモノメチルエーテル 20	結晶粒方位観察用。電解腐食 (40 V, <10 A/m², 1.5～2 min)。
	3	—	—	977	シュウ酸 100 g, エチルエーテル 20	鋳造ジュラルミン用。電解腐食 (12 V, 20 A/m²)。
Sb	30	—	—	70	過酸化水素 5	一般用。
Be	—	—	10 (48%)	—	エチルエーテル 90	10～30 s 浸漬する。
Cd	—	—	—	—	(a) 1～2%ナイタール (b) 過硫酸アンモニウム水溶液 (c) 塩化第二鉄アルコール溶液	個々の腐食液だけでもよいが、(a)(b)(c) の順に引続いて使用すると良好。
Cr および Cr 合金	—	—	稀薄	—	—	電解研磨した試料を、この液の中で数 s 動かす。
	濃厚	—	—	—	—	電解クロム中の粒を現出する。
	20	10	—	—	グリセリン 30	合金に適する。電解腐食のときは 4 V, 45 s。
Co および Co 合金	60	15	—	15	酢酸 15	合金の粒界および組織を現出する。
	20	10	—	—	グリセリン 30	一般組織観察用。
	—	—	—	100	赤血塩 10 g, カセイカリ 10 g	C を含む硬い Co-Cr 合金に用いる。70℃, 10～20 s。
Cu, Cu 合金, 黄銅, 青銅, 洋白	—	—	—	50	水酸化アンモニウム 50, 過酸化水素水 (30%) 20	Cu および Cu リッチ合金用。粒界を腐食する。α 固溶体に色をつける。
	—	—	—	1 000	過硫酸アンモニウム 100 g	Cu, 黄銅, 青銅, 洋白, Al 青銅用。レリーフ効果がある。
	30	—	—	120	塩化第二鉄 10 g	Cu, 黄銅, 青銅, 洋白, Al 青銅, Cu リッチ合金用の一般的な腐食液。
	—	—	—	—	飽和クロム酸水溶液	Cu, 黄銅, 青銅, Mn 青銅, Be, Si, Mn, Cr を含むもの。1～1.5 min。
	—	40	—	35	クロム酸 25 g	多くの銅合金の組織成分の現出に適する。γ 相と δ 相は類似色としてとくによく現われる。
	—	—	—	—	アンモニア水 10, シュウ酸アンモニウム飽和水溶液	高 Zn 黄銅に用いる。
	—	—	—	1 900	硫酸第一鉄 30 g, カセイソーダ 4 g, 硫酸 100	一般用。電解腐食 (8～10 V, 10 A/m²), β 相が着色する。
	—	—	—	1 000	シュウ酸 100 g	電解腐食。白銅, 洋白, 黄銅用。
	—	2	—	500	硝酸第二鉄 20 g, 硝安 20 g	複雑な Al 青銅に適する。
	—	20	—	—	酢酸 (75%) 30, アセトン 30	Cu-Ni-Al 合金用。
	—	20	—	—	氷酢酸 20, グリセリン 80	Pb 入黄銅, 青銅用。

1 組織観察

金属または合金	腐食液の組成 [$10^{-6} m^3$]					備考
	塩酸	硝酸	フッ酸	水	その他	
Au, Pt, Pd, Ag	80	20	—	—	(王水)	熱溶液を使用. Au, Pt, Ag 用.
	—	—	—	—	青酸カリ (10%) 10, 過硫酸アンモニウム (10%) 10	Au および Au 合金用. 新しい液を使用する. 必要ならば温める. 0.5～3 min. Pd 合金, 歯科用合金にも適する.
In	20	—	—	—	ピクリン酸 4 g, エチルアルコール 400	—
Pb および Pb 合金	—	濃	—	—	—	純 Pb 用.
	—	—	—	—	酢酸 30, 過酸化水素水 (30%) 10	一般の Pb および Pb 合金用. 3～5 s. 発熱するので再結晶に注意する. 使用前 1 h 以内に調合する.
	—	40	—	160	酢酸 30	Pb および Pb-Sn 合金用. 40～42℃ で使用する.
Mg および Mg 合金	—	1	—	24 (蒸留水)	ジエチレングリコール 75	一般用, とくに鋳物, ダイカスト, 時効合金に適する. 10～15 s 浸漬し, 熱湯水で洗う.
	—	—	—	—	酢酸 10% 水溶液	3% Al-Mg 合金用. 3～4 s.
	—	—	—	—	飽和ピクラール 10, 氷酢酸 1	粒界腐食. とくに Dow metal に適する.
	—	—	10	90	—	Mg-Al-Zn 合金用.
Mo	—	—	—	1 000	赤血塩 360 g, カセイソーダ 36 g	5～10 s 浸漬.
Ni および Ni 合金	—	10 (70%)	—	—	氷酢酸 10	室温で 2～20 s 浸漬. 新しい液を使う. 純 Ni, 白銅, モネルメタル, 洋白に適する.
	—	10	—	85	氷酢酸 5	電解腐食 (1.5 V). 結晶粒度の測定に適する.
Ta	10	10	—	—	硫酸 25	一般組織用.
Sn および Sn 合金	—	2	—	—	エチルアルコール 100	Sn リッチ合金一般, とくに Sn-Cd, Sn-Fe 合金に適する.
	1～5	—	—	—	エチルアルコール 100	Sn-Pb 合金に適する.
	2	—	—	95	塩化第二鉄 10 g	Sn リッチ合金一般および Babbitt metal に適する. アルコールを加えるとしばしば良い結果を得る.
Ti および Ti 合金	1.5	2.5	1	95	—	一般用.
	—	2.5	2.5	95	—	一般用.
W	—	—	—	—	カセイソーダ (15%) 水溶液	電解腐食 ($0.5 kA/m^2$).
	—	—	—	—	3% 過酸化水素水	煮沸する. 30～90 s 粒界を現出する.
U	—	—	—	—	正リン酸 28, エチレングリコール 28, エチルアルコール 44	電解腐食 (20～40 V).
Zn および Zn 合金	5	—	—	100	—	Zn および Zn 合金一般用.
	—	—	—	1 000	無水クロム酸 200 g, 硫酸ソーダ 15 g	前用 Zn および Zn 合金用. さびの被膜を生じたときは 20% クロム酸水溶液に浸して除去する.
Zr	—	10	20	—	グリセリン 60	3～5 s で組織成分の区別がつく.
	—	1	2	2～4	グリセリン 16	1～2 s. 上記の液でうまくいかないときに使う.
	—	3	1	95	硝酸鉛, 過剰の金属鉛	結晶粒のコントラストをつける.
	—	4～6	4～6	100	過酸化水素水 1～2	

1・3 着色腐食液

1・3・1 鉄鋼中の炭化物相の着色特性

相の種類	着色特性			相の種類	着色特性		
	ピクリン酸ソーダアルカリ溶液 (煮沸)	赤血塩アルカリ溶液 (村上試薬, 60℃)	クロム酸溶液による電解腐食 (6 V, 極間 3 cm)		ピクリン酸ソーダアルカリ溶液 (煮沸)	赤血塩アルカリ溶液 (村上試薬, 60℃)	クロム酸溶液による電解腐食 (6 V, 極間 3 cm)
Fe_3C	褐色	ふちどられる	ふちどられる	Mo_2C	—	褐色	黒色
Cr_7C_3	—	褐色	ふちどられる	$(Fe, Mo)_6C$	褐色	褐色	黒紫色
$Cr_{23}C_6$	—	褐色		V_4C_3	—	—	—
$(Fe, W)_{23}C_6$	褐色	褐色		Nb_4C_3	—	黒紫色	
$(Fe, W)_6C$	褐色	褐色		TiC	—	淡紫色	
WC	—	—	黒紫色				

1・3・2 アルミニウム合金中の相の種類と着色特性

相の種類	研磨のまま	腐食液*				
		C 1	C 2	C 3	C 4	C 5
Al_3Mg_2	かすか，白	激しく侵される	—	やや暗	—	—
Mg_2Si	灰～青	青～褐	青	褐～黒	—	—
$CaSi_2$	灰	青～褐	青	—	—	黒化
$CuAl_2$	白（やや紅）	—	—	褐～黒	—	明～暗褐
$NiAl_3$	明灰（やや赤紫）	褐～黒	褐（不規則）	—	やや暗	青～褐
Co_2Al_9	明るい灰	—	暗褐	—	—	—
$FeAl_3$	ラベンダー～紫灰	—	やや暗	—	やや暗	暗褐
$MnAl_6$	灰	—	やや暗	—	褐～青	青～褐
$CrAl_7$	白がかった灰	—	—	—	—	青～褐
Si	灰	—	—	—	—	—
α (AlMnSi)	明るい灰	—	明褐～黒	やや暗	紅	—
β (AlMnSi)	明灰（やや青）	—	明褐～黒	やや暗	—	—
Al_2CuMg	紅紫	褐～黒	—	—	—	—
Al_6Mg_4Cu	かすか	褐～黒	—	—	—	—
(AlCuMn)	灰	黒色	黒化	—	—	—
α (AlFeSi)	紫がかった灰	暗	鈍い褐色	—	鈍い褐色	黒化
β (AlFeSi)	明るい灰	—	赤褐～黒	—	—	やや暗
α (AlCuFe)	灰	黒化	黒化	—	—	黒化
β (AlCuFe)	灰	明褐	—	やや暗	—	明褐（ピット）
(AlFeMn)	灰	暗	薄褐	—	褐～青	黒化
(AlCuNi)	紫がかった灰	—	—	褐～黒	—	—
(AlFeSiMg)	真珠	—	—	—	—	—
$FeNiAl_9$	明るい灰	—	—	—	—	—
(AlCuFeMn)	明るい灰	褐黒	明褐～黒	—	—	明褐
$Ni_4Mn_{11}Al_{60}$	紫がかった灰	—	—	—	—	青～褐
(AlCrFe)	—	—	明褐	—	—	—
(AlCuMg)	—	—	黒化	褐～黒	明褐	—

＊ 腐食液については 1・1・4 参照．

1・4 OIM (Orientation Imaging Microscopy) 観察試料最終仕上げ方法

電子線が進入する深さ領域内（表面から 30～50nm）で，十分な結晶性を確保しつつひずみを除去する必要があり，乾式・湿式研磨法，イオンビーム法（FIB, イオンエッチング），切削法（ミクロトーム）などがある．なお非導電性試料の場合，仕上げ研磨後に EBSP 検出を阻害しない程度の薄い導電コーティングを施す必要がある．

試料	最終仕上げ条件
Al 合金および Ti 合金	5%過塩素酸エタノール溶液にて電解研磨（−25℃） 弱アルカリ溶液に SiO_2 を溶かした懸濁液（コロイダルシリカ）
Cu 合金	弱アルカリ溶液に SiO_2 を溶かした懸濁液（コロイダルシリカ）
Mg および Mg 合金	無水アルコール使用によるラッピング研磨後にエチレングリコール中に砥粒を溶かして研磨
鉄鋼	5%濃硝酸エタノール溶液（ナイタール）にて化学研磨 弱酸に Al_2O_3 砥粒を溶かした懸濁液
Ni 合金	10%硫酸水溶液にて化学研磨 弱酸に Al_2O_3 砥粒を溶かした懸濁液
多結晶 Si	10%フッ化水素酸水溶液にて化学研磨
鉱物	研磨粒子が試料よりも硬いとき：Al_2O_3 砥粒，コロイダルシリカ 研磨粒子が試料よりも柔らかいとき：イオンエッチング

1・5 結晶粒度

結晶粒度番号と結晶粒の大きさとの関係

粒度番号	100倍で観察した場合の1 in 当りの平均粒数	1 mm² 当りの平均粒数	1 mm³ 中に存在する平均粒数	1 mm³ 中に存在する結晶粒界の総面積 [mm²]
-3	0.0625	1	0.7	2.4
-2	0.125	2	2	3.3
-1	0.25	4	5.6	4.7
0	0.5	8	16	6.7
1	1	16	45	9.5
2	2	32	128	13.4
3	4	64	360	19
4	8	128	1 020	27
5	16	256	2 900	38
6	32	512	8 200	54
7	64	1 024	23 000	76
8	128	2 048	65 000	107
9	256	4 096	185 000	150
10	512	8 192	520 000	215
11	1 024	16 384	1 500 000	300
12	2 048	32 768	4 200 000	430

粒度番号 N と 1 mm² 当りの平均粒数 n との間にはつぎの関係がある.
$n = 2^{N+3}$

1・6 転位ピット形成用腐食液

金属または合金	腐食液の組成 [10^{-6} m³]							備考
	塩酸	硝酸	フッ酸	硫酸	酢酸	リン酸	水	その他	
Ag (111), (100)	—	—	—	—	—	—	—	濃アンモニア水 2.5 容, 30% 過酸化水素水 1 容	5~45 s.
Al A	60	60	5	—	—	—	20	—	—
	50	47	3	—	—	—	—	—	(Lacombe-Beaujard 試薬)
	—	—	49	—	—	—	—	29% 過酸化水素 51	A と B を注意深く混合する. 使用時には 0~15℃に保つ.
B	26	14	—	—	—	—	—	—	
Bi (111)	—	100	—	—	—	—	—	1% ヨウ素メチルアルコール	へき開面, 15 s. 室温で 24 h, 沸騰 15 min.
Cu (111)<7°	20	—	—	5	—	—	—	塩化第二鉄飽和水溶液 20, 臭素 5~10 滴	室温で 15~30 s 腐食後, アンモニア水で洗浄する.
(111)<2°	45	—	—	30	—	—	250	臭素 1	室温で~30 s.
(111)<3°	25	—	—	15	—	—	90	臭素 1	室温で 10~100 s.
Cu-Al (111)<3°	30	—	—	25	—	—	125	臭素 0.5	0~5℃, 10~20 s.
Cu-Ni (111)	25	—	—	15	—	—	90	臭素 1	室温で 10~100 s. Ni 5% まで.
65/35 黄銅	—	—	—	—	—	—	—	次亜硫酸ソーダ 0.2% 水溶液	電解腐食 1.0 kA/m², 18~20℃. HCl で被膜を除去する.
α 黄銅	2 滴	—	—	—	—	—	—	塩化第二鉄飽和水溶液 50	—
β 黄銅	6~7 滴	—	—	—	—	—	—	モリブデン酸アンモニウム飽和水溶液 30	電解研磨した表面を 30 min 浸漬する.
Fe	—	—	—	—	—	—	—	(a) 1% ナイタール	(a) 中 1 min, メチルアルコールで洗浄後,
	—	—	—	—	—	—	—	(b) 0.5% ピクリン酸メチルアルコール	(b) 中 5 min. 徐冷試料のみにできる.
	10	3	—	—	—	—	—	ピクリン酸 2.5 g, 無水塩化第二銅 4 g, エチルアルコール 100	10~20 s.
	14	—	—	—	—	—	—	塩化第二銅 5 g, エチルアルコール 68	1% ピクラールで 45 s 腐食後, 2~3 min. サブ・バウンダリー般に適する.
	22	—	—	—	—	—	—	塩化第二銅 9 g, エチルアルコール 50	1% ピクラールで 45 s, 予備腐食する.
Fe-Si (3.25%)	—	—	—	133	—	—	7	無水クロム酸 25 g	電解腐食, 0.3 kA/m², 17~19℃

金属または合金		腐食液の組成 [10^{-6} m^3]						備考
		塩酸	硝酸	フッ酸	硫酸	酢酸	リン酸	水	その他	
Ge	(111)(100)	—	5容	3容	—	3容	—	—	臭素 0.2 容	1 min (CP-4 液).
	(111)(100)	—	—	—	—	—	—	—	Superoxol*	1 min.
	(111)(110)	—	20	40	—	—	—	40	硫酸銀 2 g	1 min.
	(111)(110)	—	—	—	—	—	—	100	赤血塩 8 g, 水酸化カリウム 12 g	沸騰 1 min.
	(111)	—	—	—	—	—	—	—	水で冷却した 0.8 N 水酸化カリウムに塩素ガスを通して pH を 8～9 まで下げる. この液 15 cc を 0.5 % 水酸化カリウム溶液 60 でうすめる.	3 h.
	(111)(110)	—	2容	4容	—	—	—	—	10 % 硝酸銅水溶液 2 容	≧2 min.
Nb		—	—	10	10	—	—	10	Superoxol* 数滴	溶液中で試料を動かす.
Ni-Mn		—	—	—	—	—	100	—	エチルアルコール 100	電解腐食, 20 kA/m², 2 min, 40 ℃ Cu 陰極.
Sb		—	5容	3容	—	3容	—	—	臭素 3 滴	へき開面上で電解腐食, 2～3 s.
		—	—	1容	—	—	—	—	Superoxol* 1 容	電解腐食 1 s.
Si	(100)	—	—	—	—	—	—	—	CP-4 液	
		—	3容	1容	—	10容	—	—	3 % 硝酸水銀水溶液 2 容	>10 min.
	全表面	—	5容	3容	—	3容	—	—	CP-4 液 3 容, (硝酸 2 容, フッ酸 4 容, 硝酸銅 10 % 溶液 2 容) 5 容	2～4 min.
Ta	(112)	—	20	20	50	—	—	—	—	室温, デコレートしておくことが必要.
Te	(10$\bar{1}$0) へき開面	—	5容	3容	—	6容	—	—	—	1 min 腐食.
Zn		—	—	—	—	—	—	500	無水クロム酸 160 g, 硫酸ソーダ 50 g	緩慢に動かしながら 1 min 浸漬する. 腐食前に化学研磨をしておく. 腐食後 10^{-3} m³ につき 320 g のクロム酸に浸しさびをとる. 0.1 at % Cd でデコレートするとよい.
	(0001)	0.5	0.5	—	—	80	—	1 000	47 % 臭化水素酸 0.5	20 s.
	(0001)	1～3	—	—	—	10～30	—	1 000	35 % 過酸化水素水 10～30	—
	(0001)<5°	—	—	—	—	—	—	—	20 % アンモニア水 1 000, 硝酸アンモニウム 10 g, 塩化アンモニウム 10 g	5 s.
	(10$\bar{1}$0)	1	—	—	—	40	—	20～40	35 % 過酸化水素水 10	—
	(10$\bar{1}$0)	—	4	—	—	—	—	100	—	15 s.
	(10$\bar{1}$0)	—	—	—	—	—	—	50	アンモニア水 10, 硝酸アンモニウム 2 g	10 s.
	(11$\bar{2}$0)	1～2	—	—	—	190	—	50	35 % 過酸化水素水 10	—
	(11$\bar{2}$0), (11$\bar{2}$1), (12$\bar{3}$0)	—	—	—	—	—	—	50	濃アンモニア水 50, 硝酸アンモニウム 15 g	—

* 30 % 過酸化水素 1 容, 40 % フッ酸 1 容, 水 4 容.

1・7 透過電子顕微鏡観察用薄膜試料電解研磨法

金属または合金	組織	試料の最初の厚さ [μm]	研磨法	電解液	研磨条件			
					陰極	電圧 [V]	電流密度 [10^2 A/m²]	温度 [℃]
Ag	—	圧延板 25～200	窓あけ法	10^{-3} m³ 当り：67.5 g KCN, 15 g ロッシェル塩, 14.5 cm³ 正リン酸, 15 g フェロシアン化カリウム, 2.5 cm³ NH$_4$OH	Ag またはステンレス鋼	4～5	0.5	<30
Ag-Al	—	圧延板 25～200	窓あけ法	20 % 過塩素酸, 80 % 無水アルコール	Ag またはステンレス鋼	10～15	0.2	<30

1 組織観察

金属または合金	組織	試料の最初の厚さ [μm]	研磨法	電解液	陰極	電圧 [V]	電流密度 [10^2 A/m²]	温度 [℃]
Ag-Al	—	圧延板 25～200	窓あけ法	70％無水アルコール, 20％過塩素酸, 10％グリセリン	Ag または ステンレス鋼	15～50	—	<30
Ag-Zn Al Al-Cu Al-Ag Al-Ag Al-Zn Al-Mg	— — 焼入れ 焼入れ 過時効 焼入れまたは時効 —	圧延板 25～200	ジェット法 窓あけ法	9 cm³ シアン化カリウム, 91 cm³ 20％過塩素酸 (60％), 80％無水アルコール	Al 板	15～20 10～12 (仕上げ)	0.2	<30
Al Al-Cu Al-Ag Al-Zn-Mg Al-Zn-Mg-Cu Al-Zn	— 時効 時効 時効 時効 時効	圧延板 25～100	ボルマン法または窓あけ法	817 cm³ 正リン酸 ($d=1.57$), 134 cm³ 硫酸, 156 g クロム酸, 40 cm³ 水	尖端 (Al) または Al 板	10～12	0.05	70
Al Al-Cu	—	圧延板 125	小円板	1 容メチルアルコール, 1 容硝酸, 1 cm³ 塩酸, 50 cm³ 混合液	Al 板	—	—	—
Al-Au	—	—	窓あけ法	20 cm³ 過塩素酸, 80 cm³ メチルアルコール	—	16～18	—	-55～-66
Au	—	板 75	窓あけ法 窓あけ法	17 g シアン化カリウム, 3.75 g フェロシアン化カリウム, 3.75 g 酒石酸カリ (ソーダ), 3.5 cm³ 正リン酸, 1 cm³ アンモニア, 250 cm³ 水 100 cm³ 氷酢酸, 20 cm³ 塩酸, 3 cm³ 水	ステンレス鋼板 ステンレス鋼板	— 32	— —	— 15
Be Be-Cu	—	—	窓あけ法	20 cm³ 過塩素酸, 80 cm³ エチルアルコール	—	40	—	-30
Co	—	板 25～250	窓あけ法	77％氷酢酸, 23％過塩素酸	ステンレス鋼板	22	0.75	<30
Co-Fe	—	—	ジェット法	20 cm³ 過塩素酸, 80 cm³ メチルアルコール	—	—	—	-20
Cu Cu-Zn	—	圧延板 25～250	窓あけ法	33％硝酸, 67％メチルアルコール	Cu 板	4～8	0.5～0.6	<30
Cu Cu-Zn Cu-Al Cu-Ge Cu-Sn Cu-Si	—	圧延板 25～200	ボルマン法＋窓あけ法	33％硝酸, 67％メチルアルコール	Cu 板 (Cu尖端) またはステンレス鋼板	5 6 9 8 9 6	0.5	<-20
Cu	—	板 100	ジェット法	10 cm³ 正リン酸, 1 g クロム酸	Pt 針金	—	—	室温
Cu-Al	—	板 100	ジェット法 仕上げ法	7 容正リン酸, 3 容水 20 cm³ 正リン酸, 1 g クロム酸	Pt 針金 Cu 針金	— 10	—	室温
Cu-Ti	—	—	ジェット法	750 cm³ 氷酢酸, 300 cm³ 正リン酸, 150 g クロム酸, 30 cm³ 水	—	30～40	45～55 A	—
Fe 炭素鋼	—	圧延板 ～50	8の字法	10 容氷酢酸, 1 容過塩素酸 (60％)	ステンレス鋼板	12	0.1	<30
Fe	—	圧延板 25～200 板 50～200 板 100	窓あけ法 — 予備研磨 ジェット法 仕上げ法	20 容氷酢酸, 1 容過塩素酸 10 容氷酢酸, 1 容過塩素酸 133 cm³ 氷酢酸, 25 g クロム酸, 7 cm³ 水 200 cm³ メチルアルコール, 50 cm³ 過塩素酸 100 cm³ 正リン酸, 10 g クロム酸	ステンレス鋼板 ステンレス鋼板 ステンレス鋼板 Pt 針金 Cu 針金	35～45 100 60 10 80	0.7 — 0.3 0.05 1.5	<30 <30 <10 — —
Fe 炭素鋼 低合金鋼	焼入れ, 焼もどし, 焼ならし 焼もどし初期	板 ～50	8の字法	135 cm³ 氷酢酸, 25 g クロム酸, 7 cm³ 水	ステンレス鋼板	25～30	0.1～0.2	<30
Fe 炭素鋼 U 鋼	焼入れ, 焼もどし, 焼ならし	板 ～50	ボルマン法	135 cm³ 氷酢酸, 25 g クロム酸, 7 cm³ 水	尖端 (ステンレス鋼)	25～30	0.1～0.2	<30
20％Ni 鋼	焼入れ (γ または γ+マルテンサイト)							

VIII 試験・測定

金属または合金	組織	試料の最初の厚さ [μm]	研磨法	電解液	陰極	電圧 [V]	電流密度 [10^2 A/m²]	温度 [°C]
Fe-W Fe-Mo	—	板100	予備研磨	20 cm³ 正リン酸, クロム酸(過飽和)	ステンレス鋼板	—	2	80
			ジェット法	1容過塩素酸, 4容メチルアルコール	Pt 針金	—	—	常温
			仕上げ法	10 cm³ 正リン酸, 1 g クロム酸	Cu 針金	—	—	常温
ステンレス鋼 Si 鋼	—	圧延板 25~250	ボルマン法	60 % 正リン酸, 40 % 硫酸	尖端 (ステンレス鋼)	9 20から9へ	1.5 3.5	60
ステンレス鋼	—	板50~200	—	60 % 正リン酸, 40 % 硫酸	尖端 (ステンレス鋼)	9	1.5	60
Si 鉄 50% Fe-50% Co	—	板50~200	—	135 cm³ 氷酢酸, 27 g クロム酸, 7 cm³ 水	尖端 (ステンレス鋼)	25~30	0.1~0.2	<30
Fe₃Si	—	—	窓あけ法	1 % 過塩素酸, 2.5 % フッ化水素酸メチルアルコール溶液	—	—	—	−77
Hf	—	—	ジェット法	45 cm³ 硝酸, 45 cm³ 水, 8 cm³ フッ化水素酸	—	—	—	—
	—	—	ジェット法	2 cm³ 過塩素酸, 98 cm³ エチルアルコール	—	40~45	16~20 mA	−77
In	—	板100	窓あけ法	33 cm³ 硝酸, 67 cm³ メチルアルコール	—	—	—	−40
Mg	—	板25~250	窓あけ法	33 % 硝酸, 67 % メチルアルコール	ステンレス鋼板	9	0.5	<30
	—	圧延板 25~250	窓あけ法	20 % 過塩素酸, 80 % エチルアルコール	Mg	10	0.2~0.5	0
Mo	—	板100	ジェット法 仕上げ法	濃硫酸	Pt 針金 Mo 板	100 12	1.4 A 3 A	<50
	—	圧延板 25~200	窓あけ法	870 cm³ H₂SO₄, 30 cm³ H₂O	Ni または Mo 円筒	10~21	0.02 0.06	<30
Nb	—	圧延板 25~200	窓あけ法	40 % HF + HNO₃, 60 % H₂O	Pt 板またはステンレス鋼板	10~15	—	<30
Nb 合金	—	—	窓あけ法	100 cm³ 乳酸, 100 cm³ 硫酸, 20 cm³ フッ化水素酸	—	—	~0.4	40
Ni	—	—	ジェット法	20 cm³ 過塩素酸, 80 cm³ エチルアルコール	—	—	—	—
	—	板25~250	窓あけ法	23 % 過塩素酸, 77 % 氷酢酸	ステンレス鋼	20~30	0.7	<30
Ni-Al	—	—	ジェット法	20 cm³ 硫酸, 80 cm³ メチルアルコール	—	10~12 仕上げ時	—	—
Ni Ni-Fe	—	—	ジェット法	8 容 50 % 硫酸, 3 容 グリセリン	—	—	1.3	<10
Pt	—	—	—	96 cm³ 塩酸, 65 cm³ 硝酸, 80 cm³ 正リン酸	—	—	0.2~0.5	20~30
Re	—	—	窓あけ法	6 容エチルアルコール, 3 容過塩素酸, 1 容ブチルアルコール	—	35	—	−40
René 95	—	—	ジェット法	250 cm³ メチルアルコール, 12 cm³ 過塩素酸, 150 cm³ ブチルセルソルブ	—	65	—	−35
Ta	—	—	ジェット法	1 容硫酸, 5 容 メチルアルコール	—	—	0.5	−5
Ti	—	圧延板 20~80	窓あけ法	5 % 過塩素酸, 95 % 氷酢酸	ステンレス鋼または Ti	30~40	—	10~20
	—	—	ジェット法	1 容フッ化水素酸, 9 容硫酸	—	—	—	—
TiC	—	—	ジェット法	6 容硝酸, 2 容フッ化水素酸, 3 容氷酢酸	—	100	—	—
U	焼入れ, 照射, 焼なまし	圧延板	窓あけ法	33 % 正リン酸, 33 % エチルアルコール, 33 % グリセリン	U 板	10~20	0.2~0.5	—
				7.5 % 過塩素酸, 92.5 % 氷酢酸	ステンレス鋼板	20~30	—	—
				20 % 正リン酸, 40% H₂SO₄, 40 % 水	ステンレス鋼板	10~20	—	—
	—	—	ジェット法	1 容過塩素酸, 10 容メチルアルコール, 6 容ブチルセルソルブ	—	35~45	—	−20
V	—	—	ジェット法	20 % 硫酸メチルアルコール溶液	—	—	—	—
Zn-Al	—	—	窓あけ法	90 cm³ メチルアルコール, 10 cm³ 過塩素酸	—	—	—	—
Zr 合金	—	—	ジェット法	5 cm³ 過塩素酸, 90 cm³ エチルアルコール	—	70	—	<−50

2 非破壊検査

2・1 各種検査法

2・1・1 適用範囲

検査法[1]	全般			板		管		鋳物		鍛造品		溶接部		電子素子・MEMS		その他			
	材質変化	接着状態	組立状態	表面欠陥	ラミネーション	継目	内部欠陥	内部欠陥	表面欠陥	内部欠陥	表面欠陥	内部欠陥	表面欠陥	内部欠陥	表面欠陥	焼割れ	研削割れ	疲れ割れ	腐食	腐食減量
目視法		○	○	◎		○		◎		◎		◎		○	○			○	◎	◎
光学・レーザー計測				◎				◎		◎		◎								
水圧・漏洩検査法		◎	◎			◎	○	○		◎		○							○	
浸透検査法		○	○						◎		◎		◎			◎	◎	◎		
音響・振動法	○	○	○	○	○	○	○	○				○						○		
超音波法[2]	透過・反射法	○	◎	○	◎	◎	○	◎	◎		◎		◎				◎	○	○		○
	レーザー超音波[3]	○	○	○	◎	◎			○		○		◎		○						○
	超音波顕微鏡				◎				○		○		◎		◎	◎					
磁気検査法	探触子法				○		◎	○			○		◎								
	磁粉・テープ法	○			○						○		◎								
電流電位法					○		○						◎	○							
電磁誘導検査法	○	○		○		○						◎	○							
放射線検査法	透過法	○		○			○		○		○		◎		○				○		○
	トモグラフィー								◎		○		○								
厚さ測定法	超音波法				◎		◎													○	◎
	電磁法				◎		◎														◎
	放射線法																				◎
	電流電位法	○																			○
走査プローブ法[4]	トンネル顕微鏡												◎		○						
	原子間力顕微鏡				○								◎		◎	◎			○		

参考文献
1) 土門 亮,越出愼一:やさしい非破壊検査技術(1996),工業調査会.
2) L. M. Schmerr, Jr.:Fundamentals of Ultrasonic Nondestructive Evaluation A modeling Approach (1998), Plenum Press.
3) C. B. Scruby, L. E. Drain:Laser Ultrasonics Techniques and Applications (1990), Adam Hilger.
4) 森田清三編著:走査型プローブ顕微鏡 基礎と未来予測(2000),丸善.
◎ 適用性良好　○ 適用可能

2・1・2 非破壊検査関係規格一覧表

共通・資格	非破壊試験用語	JIS Z 2300-1991
	パイプライン溶接部の非破壊検査方法	JIS Z 3050-1995
	非破壊試験技術者の資格及び認証	JIS Z 2305-2001
	鉄鋼製品の非破壊検査員の技量認定基準	JIS G 0431-2001
放射線関係	鋳鋼品の放射線透過試験	JIS G 0581-1999
	アルミニウム鋳物の放射線透過試験及び透過写真の等級分類方法	JIS H 0522-1999
	鋼溶接継ぎ手の放射線透過試験方法	JIS Z 3104-1995
	アルミニウム溶接継手の放射線透過試験方法	JIS Z 3105-2003
	ステンレス鋼溶接継手の放射線透過試験方法	JIS Z 3106-2001
	チタン溶接部の放射線透過試験方法	JIS Z 3107-1993
超音波関係	炭素鋼及び低合金鋼鍛鋼品の超音波探傷試験方法	JIS G 0587-1995
	圧力容器用鋼板の超音波探傷試験方法	JIS G 0801 1993
	ステンレス鋼板の超音波探傷検査方法	JIS G 0802-1998
	炭素繊維強化プラスチック板の超音波探傷試験方法	JIS K 7090-1996
	金属材料のパルス反射法による超音波探傷試験方法通則	JIS Z 2344-1993
	鋼溶接部の超音波探傷試験方法	JIS Z 3060-2002
	鋼溶接部の超音波自動探傷方法	JIS Z 3070-1998
	アルミニウムの突合せ溶接部の超音波斜角探傷試験方法	JIS Z 3080-1995
磁粉浸透関係	鉄鋼材料の磁粉探傷試験方法及び磁粉模様の分類	JIS G 0565-1992
	非破壊試験－浸透探傷試験 第一部～第四部	JIS Z 2343-2001
	鋼の貫通コイル法による渦流探傷検査方法	JIS G 0568-1993

2・2 放射線透過試験

2・2・1 透過度計

放射線による透過写真の良否を判定するため、図のような線を台枠、あるいは台紙にとりつけた透過度計を使用する。形の種類は次表のように定められている。

透過度計識別度
$$= \frac{\text{識別された最小の針金の直径 [mm]}}{\text{材厚 [mm]}} \times 100\%$$

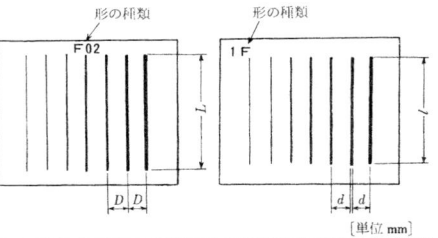

[単位 mm]

形の種類	使用材厚範囲		線 径 の 系 列							線の中心間距離 D	線の長さ L
	普通級	特級									
F 02	20 以下	30 以下	0.10	0.125	0.16	0.20	0.25	0.32	0.40	3	40
F 04	10～40	15～60	0.20	0.25	0.32	0.40	0.50	0.64	0.80	4	40
F 08	20～80	30～130	0.40	0.50	0.64	0.80	1.00	1.25	1.60	6	60
F 16	40～160	60～300	0.80	1.00	1.25	1.60	2.00	2.50	3.20	10	60
F 32	80～320	130～500	1.60	2.00	2.50	3.20	4.00	5.00	6.40	15	60
寸法の許容差			JIS G 3522 に定められた値または±5%のいずれか小さい方の値							±15%	±1

国際的に通用するもの

[単位 mm]

形の種類	使用材厚範囲		線 径 の 系 列							線間距離 d	線の長さ l
	普通級	特級									
1 F	20 以下	30 以下	0.1	0.15	0.2	0.25	0.3	0.35	0.4	2～5	35
2 F	10～50	15～70	0.1	0.2	0.3	0.4	0.5	0.6	0.7 0.8 0.9 1.0	3～6	40
3 F	40～100	60～190	0.8	1.0	1.2	1.4	1.6	1.8	2.0	4～7	45
4 F	50～200	70～350	1.0	1.5	2.0	2.5	3.0	3.5	4.0	5～8	50

2・2・2 透過度計識別度

像質	材厚 [mm]	透過度計識別度 [%]
普通級	―	2.0 以下
特級	100 以下	1.5 以下
	100 をこえるもの	1.3 以下

ただし、普通級において材厚5mm未満、特級において材厚6.6mm未満では、直径0.1mmの線が認められればよい。

2・2・3 階調計濃度差

階調計は撮影に用いた放射線の線質が適切であるか否かを判定するもので、試験部のフィルムの濃度とそれより1mm厚い部分の濃度差をもって規定する思想のものである。その濃度差は普通級と特級として、下表の条件を満足することを必要とする。

材厚 [mm]		3.0 以下	3.0 をこえ 6.0 以下	6.0 をこえ 10.0 以下	10.0 をこえ 15.0 以下	15.0 をこえ 20.0 以下
濃度差	普通級	0.45	0.30	0.20	0.13	0.10
	特級	0.60	0.40	0.25	0.17	0.13

2・3 JIS による溶接部欠陥の判定基準

2・3・1 欠陥の分類

	欠陥の種類
第1種	ブローホールおよびこれに類する丸みを帯びた欠陥.
第2種	細長いスラグ巻込みおよびこれに類する欠陥.
第3種	われおよびこれに類する欠陥.

第1種の欠陥については、2・3・3による試験視野内にある欠陥について、2・3・4の長い方の径による点数を乗じたものの総和によって、2・3・2に従って等級を決定する。このとき母材の厚さ25mm以下、25～50mm以下および50mm以上ではそれぞれ0.5, 0.7mm および厚さ1.4%以内のものは欠陥とみなさない。これは良い撮影を行なって不合格になる不合理をさけ、かつ欠陥の識別限界を考慮して決められたものである。

2・3・2 第1種の欠陥点数による等級

試験視野 [mm]		10×10		10×20		10×30
等級	母材の厚さ [mm]	10 以下	10をこえ25以下	25をこえ50以下	50をこえ100以下	100をこえるもの
1級		1	2	4	5	6
2級		3	6	12	15	18
3級		6	12	24	30	36
4級		欠陥点数が3級より多いもの				

2・3・3 試験視野

[単位 mm]

母材の厚さ [mm]	25 以下	25をこえ100以下	100をこえるもの
試験視野の大きさ	10×10	10×20	10×30

2・3・4 欠陥の大きさによる点数

欠陥の長径 [mm]	1.0以下	1.0をこえ2.0以下	2.0をこえ3.0以下	3.0をこえ4.0以下	4.0をこえ6.0以下	6.0をこえ8.0以下	8.0をこえるもの
点数	1	2	3	6	10	15	25

第2種欠陥は、欠陥の種類により、2・3・6に示す係数を乗じて、欠陥長さとする。欠陥と欠陥の間隔が2・3・7に示す値をこえる場合は、それぞれ独立の欠陥とみなすが、2・3・7に示す値以下の場合は、それぞれの欠陥長さの総和をその欠陥群の欠陥長さとする。

2・3・5 第2種の欠陥点数による等級

母材の厚さ [mm] 等級	12以下	12をこえ48未満	48以上
1級	3以下	母材の厚さの1/4以下	12以下
2級	4以下	母材の厚さの1/3以下	16以下
3級	6以下	母材の厚さの1/2以下	24以下
4級	欠陥長さが3級より長いもの		

2・3・6 欠陥の種類による係数

欠陥の種類	係数
スラグ巻込み	1
溶込み不足,融合不足	2

2・3・7 欠陥の種類とその間隔

欠陥の種類	欠陥と欠陥の間隔
スラグ巻込み	大きい方の欠陥の寸法
溶込み不足,融合不足	大きい方の欠陥の寸法の2倍

第1種および第2種の欠陥が混在する場合は,欠陥の種類別に,それぞれ等級分類し,そのうちの下位のほうを等級にする.ともに同じ等級であれば,一つ下位の等級とする.ただし,1級については第1種の欠陥の許容欠陥点数の1/2および第2種の欠陥の許容欠陥長さの1/2をそれぞれこえた場合のみ2級とする.

第1種の欠陥か第2種の欠陥か分類しにくい場合は,すべて第1種の欠陥および第2種の欠陥とし,それぞれ等級分類し,そのうち下位のほうを等級とする.以上の等級は主として余盛を削除したものについて,疲れ強さに対する影響をもとにして決められたものである.

2・4 超音波探傷法

2・4・1 おもな物質の密度,音速および音響インピーダンス

物質	密度 ρ [Mg/m³]	音速 [m/s] 縦波 C_L	音速 [m/s] 横波 C_S	縦波に対する音響インピーダンス $Z=\rho C_L$ [10^6kg/m²·s]
アルミニウム	2.7	6 260	3 080	16.9
ジュラルミン (17 S)	2.79	6 320	3 130	17.1
亜鉛	7.1	4 170	2 410	29.6
銀	10.5	3 600	1 500	38.0
金	19.3	3 240	1 200	62.6
スズ	7.3	3 230	1 670	24.2
水銀	13.6	1 460		19.8
タングステン	19.1	5 460	2 620	104.2
超硬合金	11〜15	6 800〜7 300	?	77〜102
鉄	7.86	5 950	3 240	46.4
鋼	7.8	5 870〜5 950	3 190〜3 260	45.8〜46.4
鋳鉄	7.2	3 500〜5 600	?	25〜40
18-8 ステンレス鋼	7.91	5 790	3 100	45.7
銅	8.9	4 700	2 260	41.8
黄銅	8.54	4 640	?	39.6
鉛	11.4	2 170	700	24.6
ニッケル	8.8	5 630	2 960	49.5
モネルメタル	8.9	5 350	2 720	47.5
チタン	4.58	5 990	2 960	27.4
マグネシウム	1.54	5 770	3 050	10.0
ジルコニウム	6.44	4 650	2 250	30.0
ウラン	18.7	3 370	1 940	63.0
ベークライト	1.4	2 590	?	3.63
アクリル樹脂	1.18	2 730	1 430	3.2
水 (20℃)	1.0	1 480		1.48

注:これらの値は一例であり,材質と状態により若干変化する.
"波長"は音速÷周波数から容易に求められる.たとえば鋼の5 MHz 縦波では約 1.18 mm となる.
日本非破壊検査協会編:超音波探傷試験 A (1976), p.309, 日本非破壊検査協会

2・4・2 超音波探傷試験の対象別適用分類

種目	検査対象	探傷方式*	試験周波数 [MHz]
欠陥検出	大形鋳鋼，鋼塊	垂直	0.4～2
	小形鋳鋼	垂直	1～5
	大形鍛鋼	垂直と斜角	1～2
	小形鍛鋼	垂直	2～5
	局部精密探傷	垂直	5～25
	鋼板　6～300 mm	垂直	5～2
	6～40 mm	垂直 (分割形)	5
	0.6～6 mm	板波	2.25～1
	高温度　6～50 mm	透過 (噴流水浸)	2
	条鋼	垂直と斜角	2～5
	高温鋼材	垂直 (噴水，水流)	2
		垂直 (鋼製遅延材付二探)	1
	オーステナイト鋳鋼	斜角 (二探)	1～2
	鋳鉄 (FC 250 以上)	垂直	0.4～2
	鉄道車輪	垂直 (水浸)	1～5
	表面欠陥 (6 S 以上の良い面)	表面波	2～1
	Al インゴット	垂直	2～5
	Al 押出し，鍛造品	垂直 (水浸)	2～10
	Al 板	垂直	5～2
	Ti 合金インゴット	垂直	1～2
	銅合金	垂直，透過	1～2
	鋼管	斜角 (とくに水浸)	2～5
	薄肉管	斜角 (水浸，焦点探触子)	5～15
	ガラス，陶磁器	垂直，透過	1～5
	黒鉛電極	垂直，透過	0.4～1
	割れの発生と成長	AE, 表面波	
	炭素繊維強化プラスチック	ホログラフ	
接着・接合・溶接欠陥の検出	ホワイトメタルの接着	垂直 (一探または分割形)	2～5
	二重管の接着	透過 (水浸，焦点探触子)	5
	レール溶接部	斜角 (二探)	2～5
	突合せ溶接　6 mm 以上	斜角 (おもに一探)	2～5
	余盛削除部	斜角および垂直	2～5
	横割れ	斜角 (二探または一探)	2～5
	大径管溶接部	斜角 (四探または二探)	5
	スポット溶接部	垂直 (分割または一探)	5
	鉄筋ガス圧接部	斜角 (二探)	5
	ろう付け	垂直	2～5
	はめ合い (焼きばめ)	垂直	1～5
	ステンレスクラッド，チタンクラッド	垂直	2～5
	ロケット固体燃料とケースとの接着	垂直	5
	ハネカム構造の接着	垂直 (水浸)	10～15
	電気接点のろう付け	垂直	5
材質・品質・強さの検査	熱処理 (金属組織) 状態	垂直 (多重反射)，透過	1～25
	普通鋳鉄およびダクタイル鋳鉄の強さ	音波 (共振周波数)	1～20 kHz
	ダクタイル鋳鉄の強さ	垂直 (減衰測定)	2
	ボルトの締付程度	垂直 (音速測定)	
	コンクリートの強さ	透過 (音速測定)	60～200 kHz
	木材の腐朽度	透過 (音速測定)	20 kHz
	れんがの品質	透過 (音速測定)	50 kHz
	焼入れ深さ	垂直	5～60
	鋳鉄ロールのチル深さ	垂直 (とくに分割形)	2～5
厚さ測定	鋳鋼の肉厚	垂直，共振	1～5
	鋼板，Al 板の肉厚の精密測定	共振，垂直	
	鋼板，Al 管の肉厚の精密測定	共振 (水浸)，垂直	
	鋼板曲げ加工部の肉厚	垂直	2～6
	高温度での厚さ測定	垂直 (遅延材付)	4～6
	ケーブル鉛皮および偏肉	共振	
	ガラス板などの厚さ	共振，垂直	
保守検査	機械部品疲れ割れ	斜角	2～5
	構造物疲れ割れ	斜角	2～5
	鉄道車軸の疲れ割れ	斜角	2～3
	敷設レール	垂直と斜角	2～3
	腐食した管および板の肉厚	垂直 (とくに分割形)	5～10

* AE はアコースティックエミッション法，ホログラフは超音波ホログラフィ
日本非破壊検査協会編：非破壊検査便覧，新版 (1978), p.477, 日刊工業新聞社.

2 非破壊検査

2・4・3 超音波探傷用振動子の物理定数

	単位	水晶 SiO_2	硫酸リチウム $LiSO_4 \cdot H_2O$	チタン酸バリウム系磁器 $BaTiO_3$	ジルコン・チタン酸鉛系磁器 (PZT-5)	ニオブ酸鉛系磁器 $PbNb_2O_6$	備考（超音波探傷として必要な性質）
種類	—	単結晶	単結晶(人工)	磁器材料	磁器材料	磁器材料	
切断方向	—	X軸, 0°	Y軸, 0°				
密度	Mg/m^3	2.65	2.06	5.7	7.5	6.0	
誘電率	—	4.5	10.3	1 700	1 500	280	大きいと，インピーダンス整合回路が必要
音響インピーダンス	$10^6 kg/m^2 \cdot s$	15.2	11.2	30	28	16	探傷試料に近いほうがよい
振動様式	—	TE*	TE*	TE*	TE*	TE*	
周波数定数	$10^3 Hz \cdot m$	2.870	2.730	2.6	1.89	1.4	
圧電率	$10^{-12} m/V$	2.0	16	190	320	74〜80	大きいほうがよい
圧電定数	$10^{-3} V \cdot m/N$	50	175	13	24.4	32	
電気機械結合係数 (k_{33})	%	10	38	50	67.5	42	大きいほうがよい
機械的Q	(概数)	10^6	—	400	75	11	一般に低いほうがよい
最高使用温度	℃	550	75	100	300	500	高いほうがよい

* 厚み振動 (Thickness Expansion).
日本学術振興会製鋼第19委員会編：超音波探傷法，改訂新版 (1974), p.761, 日刊工業新聞社．

2・5 磁気探傷法および浸透探傷法

2・5・1 磁気探傷法における試料磁化方法

磁化方法	符号	備考	図
軸通電法	E	試験品に直接電流を流す．	(a), (b)
電流貫通法	B	試験品の穴などに通した導体に電流を流す．	(c)
プロッド法	P	通電法の1種で，2電極を試験品の近接した2点にあてて電流を流す．	(d)
コイル法	C	試験品をコイルの中に入れる．	(e)
極間法	M	試験品を電磁石または永久磁石の2極間におく．	(f)

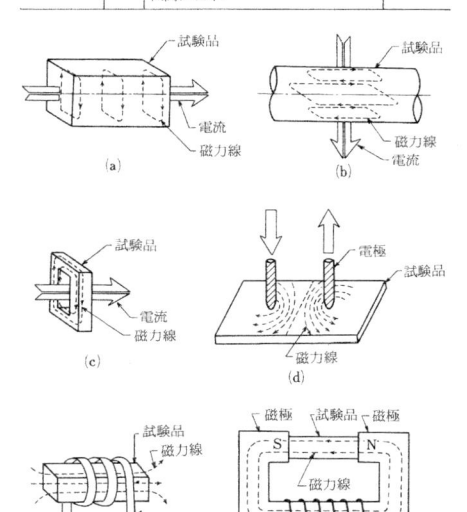

2・5・2 染色浸透液

組　成	浸漬時間 [min]
エチルアルコール 500 cm^3, セリトン染料（赤）12 g	20〜30
水 500 cm^3, 表面活性剤 1〜2 g，カセイカリ* 2〜4 g，コンゴーレッド 15 g	20〜30
水 100 cm^3, 表面活性剤 0.5〜7 g，カセイカリ* 2〜4 g，ローダミン 10〜15 g	20〜30
灯油 1 000 cm^3, 油性染料 30 g	10

* カセイカリは防食用．

2・5・3 蛍光浸透液*

組　成	浸漬時間 [min]
A：水 1 000 cm^3, 表面活性剤 5〜10 g B：水 1 000 cm^3, カセイカリ 5〜8 g，フルオレッセン 15〜30 g　等量	20〜30
エチルアルコール 1 000 cm^3, フルオレッセン 20〜30 g，ベンゼン 400〜600 cm^3	20〜30

* 市販品は低粘度油に有機油溶性蛍光物質を溶かしたものが多い．

2・6 X線応力測定およびひずみ測定

2・6・1 各試料に適した特性X線とそれに関する諸定数

試料	ヤング率 E [GPa] ポアソン比 ν	特性X線	試料回折角 θ (hkl)	標準物質粉末 (325 mesh)	標準物質回折角* θ_s (hkl)	フィルタ厚さ [mm]
鉄・鋼 (フェライト系)	205.9 0.28	Cr $K\alpha$	78° (211)	Cr	76.45° (211)	V 0.016
鋼 (オーステナイト系)	193.2 0.3	Cr $K\beta$	74° (311)	Cr	76.45° (211)	なし
黄銅 (68% Cu)	88.3 0.35	Co $K\alpha$	75° (400)	Ag	78.20° (420)	Fe 0.016
銅	122.6 0.34	Co $K\alpha$	82° (400)	Ag	78.20° (420)	Fe 0.016
アルミニウム	69.14 0.33	Cu $K\alpha$	81° (333)	Ag	78.35° (333/511)	Ni 0.021
ジュラルミン	72.57 0.34	Cu $K\alpha$	82° (333)	Ag	78.35° (333/511)	Ni 0.021

* 各特性X線の $K\alpha_1$ 線に対する回折角．

2・6・2 ひずみ計用材料のひずみゲージ特性

名　称	成　分 [%]	電気抵抗 $\phi 0.025$ mm [Ω/m]	抵抗温度係数 [K^{-1}]	ひずみ感度係数* K_w
アドバンス (advance)	Cu 54, Ni 44, Mn 1, Fe 0.5	1×10^3	20×10^{-6}	2.0~2.3
ニクロムV (nichrome V)	Ni 80, Cr 20	2.2×10^3	110×10^{-6}	2.0
アイソエラスチック (iso-elastic)	Fe 52, Ni 36, Cr 8, Mn+Mo 4	2.2×10^3	450×10^{-6}	3.5~3.6
カルマ (calma)	Ni 73, Cr 20, Al+Fe 7	2.75×10^3	20×10^{-6}	2.0
白金合金	Pt 80, Ir 20	0.66×10^3	800×10^{-6}	5.0
コンスタンタン (constantan)	Cu 60, Ni 40	1×10^3	20×10^{-6}	1.7~2.1

* $K_w = (\Delta R/R)/(\Delta l/l)$, $(\Delta R/R$：電気抵抗変化, $\Delta l/l$：伸び)

2・7 その他

2・7・1 鋼の地きずの肉眼試験

b. 地きず番号

地きず番号	地きず長さ [mm]	地きず番号	地きず長さ [mm]
1	0.5 を超え 1.0 以下	15	12.0 を超え 15.0 以下
2	1.0 を超え 2.0 以下	20	15.0 を超え 20.0 以下
3	2.0 を超え 3.0 以下	25	20.0 を超え 25.0 以下
4	3.0 を超え 4.0 以下	30	25.0 を超え 30.0 以下
5	4.0 を超え 5.0 以下	40	30.0 を超え 40.0 以下
6	5.0 を超え 6.0 以下	50	40.0 を超え 50.0 以下
8	6.0 を超え 8.0 以下	60	50.0 を超え 60.0 以下
10	8.0 を超え 10.0 以下	70	60.0 を超えるもの
12	10.0 を超え 12.0 以下		

a. 試験のための段削り寸法

呼び径 D [mm]	1 段直径 d_{I} [mm]	2 段直径 d_{II} [mm]	3 段直径 d_{III} [mm]	各段の長さ l [mm]
$20 \leq D \leq 30$	$D-2$	—	—	63.6
$30 < D < 75$	$D-4$	$D \times \dfrac{2}{3}$	$D \times \dfrac{1}{2}$	63.6
$75 \leq D \leq 150$	$D-6$	$D \times \dfrac{2}{3}$	$D \times \dfrac{1}{2}$	63.6

2・7・2 溶接部の欠陥の種類

溶着金属割れ		ビードの割れ	1. 縦割れ 2. 横割れ 3. 弧状割れ 4. サルファクラック
		クレータの割れ	5. 星割れ 6. 縦割れ 7. 横割れ
変質部割れ			8. ルート割れ 9. ビード下割れ 10. 止端割れ（トウクラック）
割れ以外の欠陥	溶着金属内部の欠陥		11. 柱状組織 12. 気孔（ブローホール） 13. スラグ巻込み 14. 融込み不良 15. 溶込み不良 16. 銀点 17. 線状組織
	表面の欠陥		18. オーバラップ 19. アンダカット 20. ビード波形の不整 21. 表面の気孔

(1) サルファクラックは硫黄偏析の著しい鋼板に自動溶接を使用する場合に起こりやすい。
(2) ビード下割れには水素と硬化が大きな役割を演じている。
(3) ルート割れや止端割れ（トウクラック）は硬化，水素および拘束の三つが主因である。
(4) 銀点は水素が主原因となって発生するものである。
(5) 線状組織は水素，急速な冷却，非金属介在物などの原因によって生じる。

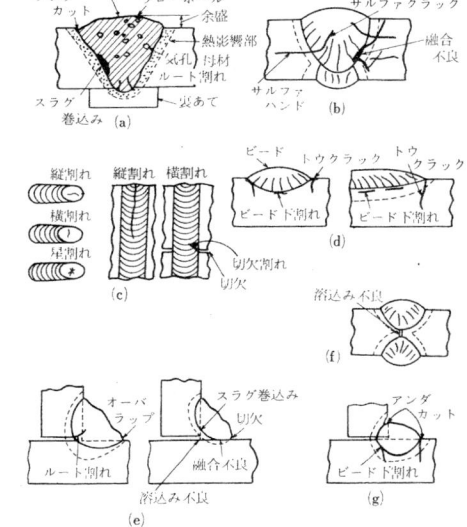

2・7・3 溶接性の分類特性試験法

溶接性	対 称	試 験 方 法
1 種	使用目的に対する材料の各種性質	一般材料試験，物理化学試験．
2 種	溶接熱と同様な温度変化による材質変化	短時間局部加熱試験（熱サイクル再現加熱試験），ジョミニー試験．
3 種	ビードを除いた溶接熱影響部の性質（溶接棒，溶接条件の影響がある）	リーハイ，キンゼル試験，熱サイクル再現加熱試験など．
4 種	ビードを置いたままの溶接部の性質（溶接棒，溶接条件の影響がある）	縦ビード引張り，縦ビード曲げ試験（コマレル法），各種き裂性試験．
5 種	溶接構造物（設計，母材，溶接棒，溶接条件などの影響がある）	実物試験，模型試験，継手試験など．

2・7・4 金属粉の特性試験（見掛密度，流動度）

(i) 金属粉の見掛密度測定法（JIS Z 2504-2000）

試料粉末を110℃で30分間乾燥したのち図2のように漏斗(図1)を通してコップ(内径 30±1 mm，容積 25±0.05 cm³)に流し込みコップ一杯の粉末の質量を 0.05g の精度で測定する．その質量に 0.04 をかけて Mg/m³ で表わし見掛密度の値とする．漏斗のオリフィス孔径 $2.5\pm^{0.2}_{0}$ mm または $5.0\pm^{0.2}_{0}$ mm．

(ii) 金属粉の流動度測定法（JIS Z 2504-2000）

試料粉末 50 g を110℃で30分間乾燥したのち，オリフィスをふさいで漏斗(図1)に入れる．つぎにオリフィスを開いて粉末が完全に流出するまでの時間を測定する．

漏斗の校正にはアランダム A♯100(オリフィス径 2.63 mm の漏斗)または−106 μm の Turkish emery 国際標準粉による試料(オリフィス径 2.5 mm の漏斗)を用いて同様の測定を 5 回行い，その平均値で 40.0 を割った値をその漏斗の補正係数とする．測定した時間(秒)にこの補正係数をかけた値を流動度(単位は秒/50 g)とする．

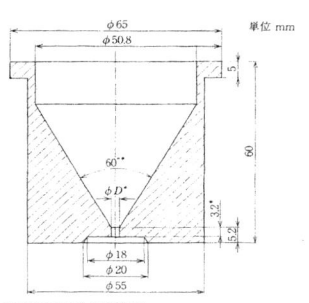

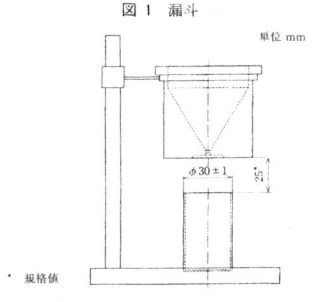

$D^* = 2.5^{+0.2}_{0}$ または $5^{+0.2}_{0}$ （見掛密度）
  $= 2.5^{+0.02}_{0}$ または 2.63 ± 0.02 （流動度）
* 規格値

図 1 漏斗

図 2 支持台および水平方向に自由に動かせる漏斗支持器

2・7・5 焼結材料試験に関する規格一覧表

分 類	内 容	ASTM	MPIF	JIS	JSPM
金属粉末の試験測定法	粉末の篩分級	B 214-66	5-62		
	粉末の空気分級	B 293-60	12-51		
	粉末の見掛け密度	B 212-48	4-45	Z 2504-2000	
	流れない粉末の見掛け密度	B 417-64	28-59		
	粉末の流動度	B 213-48	3-45	Z 2502-2000	
	粉末の圧縮性	B 331-64			1-64
	W粉の粒度分布	B 430-65 T			
	Cu, W, Fe 粉の還元減量	B 159-63 T	2-64		3-68
	Cu, Fe 粉の酸不溶解分	B 194-62 T	6-64		
	Fe 粉中の Fe 含量		7-61		
	サブシーブサイザによる粉末粒度		32-60		
	粉末の試料採取		1-61	Z 2503-2000	

ASTM：American Society for Testing of Materials (USA).
MPIF：Metal Powder Industries Federation (USA).
JSPM：粉体粉末冶金協会

3 温度測定

3・1 温度目盛

温度目盛は，IPTS-68(1968年実用温度目盛，T_{68})であったが，1990年にITS-90(1990年国際温度目盛，T_{90})に変更した．温度に関するデータは，まだIPTS-68で記載されることがあるので，本データブックではそれらの比較について示した．

3・1・1 ITS-90の定義定点

平衡状態	T_{90} [K]	t_{90} [℃]	T_{68} [K]
H_2 の3重点	13.8033	−259.3467	13.81 ±0.01
H_2 の沸点(1)[*1]	17.035	−256.115	
H_2 の沸点(2)[*2]	20.27	−252.88	20.28 ±0.01
Ne の3の重点	24.5561	−248.5939	
O_2 の3重点	54.3584	−218.7916	54.361 ±0.01
Ar の3重点	83.8058	−189.3442	
(O_2 の露点)			90.188 ±0.01
Hg の3重点	234.3156	−38.8344	
(H_2O の凝固点)	(273.15)	(0.00)	273.15
H_2O の3重点	273.16(定義)	0.01(定義)	273.16 (定義)
Ga の融点	302.9146	29.7646	
(H_2O の沸点)	(373.124)	(99.974)	373.15 ±0.005
In の凝固点	429.7485	156.5985	
Sn の凝固点	505.078	231.928	505.1181±0.015
Zn の凝固点	692.677	419.527	692.73 ±0.03
Al の凝固点	933.473	660.323	
Ag の凝固点	1234.93	961.78	1235.08 ±0.2
Au の凝固点	1337.33	1064.18	1337.58 ±0.2
Cu の凝固点	1357.77	1084.62	

*1　33321.3 Pa において
*2　101292 Pa において

3・1・2 IPTS-68からITS-90への換算

$\Delta T = T_{90} - T_{68}$ [K]

T_{90} [K]	0	1	2	3	4	5	6	7	8	9	10
10						−0.006	−0.003	−0.004	−0.006	−0.008	−0.009	−0.009
20	−0.009	−0.008	−0.007	−0.007	−0.006	−0.005	−0.004	−0.004	−0.005	−0.006	−0.006
30	−0.006	−0.007	−0.008	−0.008	−0.008	−0.007	−0.007	−0.007	−0.006	−0.006	−0.006
40	−0.006	−0.006	−0.006	−0.006	−0.006	−0.007	−0.007	−0.007	−0.006	−0.006	−0.006
50	−0.006	−0.005	−0.005	−0.004	−0.003	−0.002	−0.001	0.000	0.001	0.002	0.003
60	0.003	0.003	0.004	0.004	0.005	0.005	0.006	0.006	0.007	0.007	0.007
70	0.007	0.007	0.007	0.007	0.007	0.008	0.008	0.008	0.008	0.008	0.008
80	0.008	0.008	0.008	0.008	0.008	0.008	0.008	0.008	0.008	0.008	0.008
90	0.008	0.008	0.008	0.008	0.008	0.008	0.008	0.009	0.009	0.009	0.009

T_{90} [K]	0	10	20	30	40	50	60	70	80	90	100
0			−0.009	−0.006	−0.006	−0.006	0.003	0.007	0.008	0.008	0.009
100	0.009	0.011	0.013	0.014	0.014	0.014	0.014	0.013	0.012	0.012	0.011
200	0.011	0.010	0.009	0.008	0.007	0.005	0.003	0.001	−0.002	−0.004	−0.006
300	−0.006	−0.009	−0.012	−0.015	−0.018	−0.020	−0.023	−0.025	−0.027	−0.029	−0.031
400	−0.031	−0.033	−0.035	−0.037	−0.038	−0.039	−0.039	−0.039	−0.040	−0.040	−0.040
500	−0.040	−0.040	−0.040	−0.040	−0.039	−0.039	−0.039	−0.039	−0.039	−0.039	−0.040
600	−0.040	−0.040	−0.041	−0.042	−0.043	−0.044	−0.046	−0.048	−0.050	−0.053	−0.055
700	−0.055	−0.058	−0.061	−0.064	−0.067	−0.071	−0.074	−0.078	−0.082	−0.086	−0.089
800	−0.089	−0.093	−0.097	−0.100	−0.104	−0.107	−0.111	−0.114	−0.117	−0.121	−0.124
900	−0.124	−0.09	−0.04	0.01	0.05	0.10	0.15	0.19	0.23	0.27	0.30
1000	0.30	0.32	0.34	0.35	0.36	0.36	0.35	0.34	0.32	0.30	0.26
1100	0.26	0.23	0.19	0.15	0.11	0.07	0.04	0.00	−0.02	−0.05	−0.08
1200	−0.08	−0.10	−0.12	−0.14	−0.16	−0.17	−0.18	−0.19	−0.20	−0.21	−0.22

3 温度測定

$\Delta t = t_{90} - t_{68}$ [°C]

T_{90}[K]	0	−10	−20	−30	−40	−50	−60	−70	−80	−90	−100
−100	0.013	0.013	0.014	0.014	0.014	0.013	0.012	0.010	0.008	0.008	0.007
0	0.000	0.002	0.004	0.006	0.008	0.009	0.010	0.011	0.012	0.012	0.013

T_{90}[K]	0	10	20	30	40	50	60	70	80	90	100
0	0.000	−0.002	−0.005	−0.007	−0.010	−0.013	−0.016	−0.018	−0.021	−0.024	−0.026
100	−0.026	−0.028	−0.030	−0.032	−0.034	−0.036	−0.037	−0.038	−0.039	−0.039	−0.040
200	−0.040	−0.040	−0.040	−0.040	−0.040	−0.040	−0.040	−0.039	−0.039	−0.039	−0.039
300	−0.039	−0.039	−0.039	−0.040	−0.040	−0.041	−0.042	−0.043	−0.045	−0.046	−0.048
400	−0.048	−0.051	−0.053	−0.056	−0.059	−0.062	−0.065	−0.068	−0.072	−0.075	−0.079
500	−0.079	−0.083	−0.087	−0.090	−0.094	−0.098	−0.101	−0.105	−0.108	−0.112	−0.115
600	−0.115	−0.118	−0.112	−0.125	−0.08	−0.03	0.02	0.06	0.11	0.16	0.20
700	0.20	0.24	0.28	0.31	0.33	0.35	0.36	0.36	0.36	0.35	0.34
800	0.34	0.32	0.29	0.25	0.22	0.18	0.14	0.10	0.06	0.03	−0.01
900	−0.01	−0.03	−0.06	−0.08	−0.10	−0.12	−0.14	−0.16	−0.17	−0.18	−0.19
1 000	−0.19	−0.20	−0.21	−0.22	−0.23	−0.24	−0.25	−0.25	−0.26	−0.26	−0.26

T_{90}[K]	0	100	200	300	400	500	600	700	800	900	1 000
1 000	−0.19	−0.26	−0.30	−0.35	−0.39	−0.44	−0.49	−0.54	−0.60	−0.66	−0.72
2 000	−0.72	−0.79	−0.85	−0.93	−1.00	−1.07	−1.15	−1.24	−1.32	−1.41	−1.50
3 000	−1.50	−1.59	−1.69	−1.78	−1.89	−1.99	−2.10	−2.21	−2.32	−2.43	

3・2 金属・合金の Pt に対する熱起電力

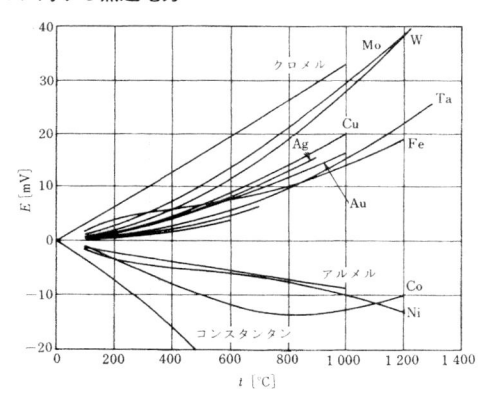

3・3 熱 電 対

3・3・1 常用熱電対の規格 (JIS C 1602-1995)

熱電対の種類

JIS記号	＋極線	－極線	素線径 [mm]	常用限度 [℃]	過熱使用限度 [℃]
B	白金・30%ロジウム (Pt-30% Rh)	白金・6%ロジウム (Pt-6% Rh)	0.50	1 500	1 700
R	白金・13%ロジウム Pt-13% Rh	白金 (Pt)	0.50	1 400	1 600
S	白金・10%ロジウム Pt-10% Rh	白金 Pt	0.50	1 400	1 600
N	ナイクロシル (Ni-Cr-Si合金)	ナイシル (Ni-Si合金)	0.65 1.00 1.60 2.30 3.20	850 950 1 050 1 100 1 200	900 1 000 1 100 1 150 1 250
K	クロメル (Ni-Cr合金)	アルメル (Ni合金)	0.65 1.00 1.60 2.30 3.20	650 750 850 900 1 000	850 950 1 050 1 100 1 200
E	クロメル (Ni-Cr合金)	コンスタンタン (Cu-Ni合金)	0.65 1.00 1.60 2.30 3.20	450 500 550 600 700	500 550 600 750 800
J	鉄 (Fe)	コンスタンタン (Cu-Ni合金)	0.65 1.00 1.60 2.30 3.20	400 450 500 550 600	500 550 650 750 750
T	銅 (Cu)	コンスタンタン (Cu-Ni合金)	0.32 0.65 1.00 1.60	200 200 250 300	250 250 300 350

3・3・2 貴金属熱電対の補償導線

	熱 電 対		補 償 導 線			
記号(旧記号)	＋脚	－脚	＋脚	－脚	使用温度 [℃]	表面被覆の色
B	Pt-30 % Rh	Pt-6 % Rh	Cu	Cu	0〜100	灰
R −(PR13) S	Pt-13 % Rh Pt-12.8 % Rh Pt-10 % Rh	Pt Pt Pt	Cu	Cu-0.6 % Ni	0〜150	黒
−	Pt-40 % Rh	Pt-20 % Rh	Cu	Cu-1 % Zn		
−	Rh-40 % Ir	Ir	Cu-15 % Ni	Cu-19 % Ni		

3・4 常用熱電対の規準熱起電力

3・4・1 白金30%ロジウム-白金6%ロジウム熱電対(タイプB)の規準熱起電力 〔μV〕

℃	0	10	20	30	40	50	60	70	80	90	100
0	0	−2	−3	−2	0	2	6	11	17	25	33
100	33	43	53	65	78	92	107	123	141	159	178
200	178	199	220	243	267	291	317	344	372	401	431
300	431	462	494	527	561	596	632	669	707	746	787
400	787	828	870	913	957	1 002	1 048	1 095	1 143	1 192	1 242
500	1 242	1 293	1 344	1 397	1 451	1 505	1 561	1 617	1 675	1 733	1 792
600	1 792	1 852	1 913	1 975	2 037	2 101	2 165	2 230	2 296	2 363	2 431
700	2 431	2 499	2 569	2 639	2 710	2 782	2 854	2 928	3 002	3 078	3 154
800	3 154	3 230	3 308	3 386	3 466	3 546	3 626	3 708	3 790	3 873	3 957
900	3 957	4 041	4 127	4 213	4 299	4 387	4 475	4 564	4 653	4 743	4 834
1 000	4 834	4 926	5 018	5 111	5 205	5 299	5 394	5 489	5 585	5 682	5 780
1 100	5 780	5 878	5 976	6 075	6 175	6 276	6 377	6 478	6 580	6 683	6 786
1 200	6 786	6 890	6 995	7 100	7 205	7 311	7 417	7 524	7 632	7 740	7 848
1 300	7 848	7 957	8 066	8 176	8 286	8 397	8 508	8 620	8 731	8 844	8 956
1 400	8 956	9 069	9 182	9 296	9 410	9 524	9 639	9 753	9 868	9 984	10 099
1 500	10 099	10 215	10 331	10 447	10 563	10 679	10 796	10 913	11 029	11 146	11 263
1 600	11 263	11 380	11 497	11 614	11 731	11 848	11 965	12 082	12 199	12 316	12 433
1 700	12 433	12 549	12 666	12 782	12 898	13 014	13 130	13 246	13 361	13 476	13 591
1 800	13 591	13 706	13 820								

補間式(E:規準熱起電力, t:温度(℃))

記号	温度範囲 (℃)	補間式
B	0〜630.615	$E = \sum_{i=1}^{n} a_i t^i \, (\mu V)$　ここで、$a_1 = -2.465\,081\,834\,6 \times 10^{-1}$　$a_4 = 1.566\,829\,190\,1 \times 10^{-9}$ $a_2 = 5.904\,042\,117\,1 \times 10^{-3}$　$a_5 = -1.694\,452\,924\,0 \times 10^{-12}$ $a_3 = -1.325\,793\,163\,6 \times 10^{-6}$　$a_6 = 6.299\,034\,709\,4 \times 10^{-16}$
	630.615〜1 820	$E = \sum_{i=0}^{n} a_i t^i \, (\mu V)$　ここで、$a_0 = -3.893\,816\,862\,1 \times 10^3$　$a_5 = 1.110\,979\,401\,3 \times 10^{-10}$ $a_1 = 2.857\,174\,747\,0 \times 10^1$　$a_6 = -4.451\,543\,103\,3 \times 10^{-14}$ $a_2 = -8.488\,510\,478\,5 \times 10^{-2}$　$a_7 = 9.897\,564\,082\,1 \times 10^{-18}$ $a_3 = 1.578\,528\,016\,4 \times 10^{-4}$　$a_8 = -9.379\,133\,028\,9 \times 10^{-22}$ $a_4 = -1.683\,534\,486\,4 \times 10^{-7}$

3・4・2 白金13%ロジウム-白金熱電対(タイプR)の規準熱起電力 〔μV〕

℃	0	−10	−20	−30	−40	−50	−60	−70	−80	−90	−100
0	0	−51	−100	−145	−188	−226					

℃	0	10	20	30	40	50	60	70	80	90	100
0	0	54	111	171	232	296	363	431	501	573	647
100	647	723	800	879	959	1 041	1 124	1 208	1 294	1 381	1 469
200	1 469	1 558	1 648	1 739	1 831	1 923	2 017	2 112	2 207	2 304	2 401
300	2 401	2 498	2 597	2 696	2 796	2 896	2 997	3 099	3 201	3 304	3 408
400	3 408	3 512	3 616	3 721	3 827	3 933	4 040	4 147	4 255	4 363	4 471
500	4 471	4 580	4 690	4 800	4 910	5 021	5 132	5 245	5 357	5 470	5 583
600	5 583	5 697	5 812	5 926	6 041	6 157	6 273	6 390	6 507	6 625	6 743
700	6 743	6 861	6 980	7 100	7 220	7 340	7 461	7 583	7 705	7 827	7 950
800	7 950	8 073	8 197	8 321	8 446	8 571	8 697	8 823	8 950	9 077	9 205
900	9 205	9 333	9 461	9 590	9 720	9 850	9 980	10 111	10 242	10 374	10 506
1 000	10 506	10 638	10 771	10 905	11 039	11 173	11 307	11 442	11 578	11 714	11 850
1 100	11 850	11 986	12 123	12 260	12 397	12 535	12 673	12 812	12 950	13 089	13 228
1 200	13 228	13 367	13 507	13 646	13 786	13 926	14 066	14 207	14 347	14 488	14 629
1 300	14 629	14 770	14 911	15 052	15 193	15 334	15 475	15 616	15 758	15 899	16 040
1 400	16 040	16 181	16 323	16 464	16 605	16 746	16 887	17 028	17 169	17 310	17 451
1 500	17 451	17 591	17 732	17 872	18 012	18 152	18 292	18 431	18 571	18 710	18 849
1 600	18 849	18 988	19 126	19 264	19 402	19 540	19 677	19 814	19 951	20 087	20 222
1 700	20 222	20 356	20 488	20 620	20 749	20 877	21 003				

補間式

記号	温度範囲 (℃)	補間式
R	−50〜1 064.18	$E = \sum_{i=1}^{n} a_i t^i \, (\mu V)$　ここで、$a_1 = 5.289\,617\,297\,65$　$a_6 = 5.007\,774\,410\,34 \times 10^{-14}$ $a_2 = 1.391\,665\,897\,82 \times 10^{-2}$　$a_7 = -3.731\,058\,861\,91 \times 10^{-17}$ $a_3 = -2.388\,556\,930\,17 \times 10^{-5}$　$a_8 = 1.577\,164\,823\,67 \times 10^{-20}$ $a_4 = 3.569\,160\,010\,63 \times 10^{-8}$　$a_9 = -2.810\,386\,252\,51 \times 10^{-24}$ $a_5 = -4.623\,476\,662\,98 \times 10^{-11}$
	1 064.18〜1 664.5	$E = \sum_{i=0}^{n} a_i t^i \, (\mu V)$　ここで、$a_0 = 2.951\,579\,253\,91 \times 10^3$　$a_3 = -7.640\,859\,475\,76 \times 10^{-6}$ $a_1 = -2.520\,612\,513\,32$　$a_4 = 2.053\,052\,910\,24 \times 10^{-9}$ $a_2 = 1.595\,645\,018\,65 \times 10^{-2}$　$a_5 = -2.933\,596\,681\,73 \times 10^{-13}$
	1 664.5〜1 768.1	$E = \sum_{i=0}^{n} a_i t^i \, (\mu V)$　ここで、$a_0 = 1.522\,321\,182\,09 \times 10^5$　$a_3 = -3.458\,957\,064\,53 \times 10^{-5}$ $a_1 = -2.688\,198\,885\,45 \times 10^2$　$a_4 = -9.346\,339\,710\,46 \times 10^{-12}$ $a_2 = 1.712\,802\,804\,71 \times 10^{-1}$

3・4・3 クロメル-アルメル熱電対(タイプK)の規準熱起電力 [μV]

°C	0	−10	−20	−30	−40	−50	−60	−70	−80	−90	−100
−200	−5 891	−6 035	−6 158	−6 262	−6 344	−6 404	−6 441	−6 458			
−100	−3 554	−3 852	−4 138	−4 411	−4 669	−4 913	−5 141	−5 354	−5 550	−5 730	−5 891
0	0	−392	−778	−1 156	−1 527	−1 889	−2 243	−2 587	−2 920	−3 243	−3 554

°C	0	10	20	30	40	50	60	70	80	90	100
0	0	397	798	1 203	1 612	2 023	2 436	2 851	3 267	3 682	4 096
100	4 096	4 509	4 920	5 328	5 735	6 138	6 540	6 941	7 340	7 739	8 138
200	8 138	8 539	8 940	9 343	9 747	10 153	10 561	10 971	11 382	11 795	12 209
300	12 209	12 624	13 040	13 457	13 874	14 293	14 713	15 133	15 554	15 975	16 397
400	16 397	16 820	17 243	17 667	18 091	18 516	18 941	19 366	19 792	20 218	20 644
500	20 644	21 071	21 497	21 924	22 350	22 776	23 203	23 629	24 055	24 480	24 905
600	24 905	25 330	25 755	26 179	26 602	27 025	27 447	27 869	28 289	28 710	29 129
700	29 129	29 548	29 965	30 382	30 798	31 213	31 628	32 041	32 453	32 865	33 275
800	33 275	33 685	34 093	34 501	34 908	35 313	35 718	36 121	36 524	36 925	37 326
900	37 326	37 725	38 124	38 522	38 918	39 314	39 708	40 101	40 494	40 885	41 276
1 000	41 276	41 665	42 053	42 440	42 826	43 211	43 595	43 978	44 359	44 740	45 119
1 100	45 119	45 497	45 873	46 249	46 623	46 995	47 367	47 737	48 105	48 473	48 838
1 200	48 838	49 202	49 565	49 926	50 286	50 644	51 000	51 355	51 708	52 060	52 410
1 300	52 410	52 759	53 106	53 451	53 795	54 138	54 479	54 819			

補間式

記号	温度範囲 [°C]	補間式
K	−270〜0	$E = \sum_{i=1}^{n} a_i t^i \ [\mu V]$ ここで, $a_1 = 3.945\,012\,802\,5 \times 10^1$, $a_2 = 2.362\,237\,359\,8 \times 10^{-2}$, $a_3 = -3.285\,890\,678\,4 \times 10^{-4}$, $a_4 = -4.990\,482\,877\,7 \times 10^{-6}$, $a_5 = -6.750\,905\,917\,3 \times 10^{-8}$, $a_6 = -5.741\,032\,742\,8 \times 10^{-10}$, $a_7 = -3.108\,887\,289\,4 \times 10^{-12}$, $a_8 = -1.045\,160\,936\,5 \times 10^{-14}$, $a_9 = -1.988\,926\,687\,8 \times 10^{-17}$, $a_{10} = -1.632\,269\,748\,6 \times 10^{-20}$
	0〜1 372	$E = b_0 + \sum_{i=1}^{n} b_i t^i + c_0 \exp[c_1 (t - 126.988\,6)^2] \ [\mu V]$ ここで, $b_0 = -1.760\,041\,368\,6 \times 10^1$, $b_1 = 3.892\,120\,497\,5 \times 10^1$, $b_2 = 1.855\,877\,003\,2 \times 10^{-2}$, $b_3 = -9.945\,759\,287\,4 \times 10^{-5}$, $b_4 = 3.184\,094\,571\,9 \times 10^{-7}$, $b_5 = -5.607\,284\,488\,9 \times 10^{-10}$, $b_6 = 5.607\,505\,905\,9 \times 10^{-13}$, $b_7 = -3.202\,072\,000\,3 \times 10^{-16}$, $b_8 = 9.715\,114\,715\,2 \times 10^{-20}$, $b_9 = -1.210\,472\,127\,5 \times 10^{-23}$, $c_0 = 1.185\,976 \times 10^2$, $c_1 = -1.183\,432 \times 10^{-4}$

3・4・4 銅-コンスタンタン熱電対(タイプT)の規準熱起電力 [μV]

°C	0	−10	−20	−30	−40	−50	−60	−70	−80	−90	−100
−200	−5 603	−5 753	−5 888	−6 007	−6 105	−6 180	−6 232	−6 258			
−100	−3 379	−3 657	−3 923	−4 177	−4 419	−4 648	−4 865	−5 070	−5 261	−5 439	−5 603
0	0	−383	−757	−1 121	−1 475	−1 819	−2 153	−2 476	−2 788	−3 089	−3 379

°C	0	10	20	30	40	50	60	70	80	90	100
0	0	391	790	1 196	1 612	2 036	2 468	2 909	3 358	3 814	4 279
100	4 279	4 750	5 228	5 714	6 206	6 704	7 209	7 720	8 237	8 759	9 288
200	9 288	9 822	10 362	10 907	11 458	12 013	12 574	13 139	13 709	14 283	14 862
300	14 862	15 445	16 032	16 624	17 219	17 819	18 422	19 030	19 641	20 255	20 872
400	20 872										

補間式

記号	温度範囲 [°C]	補間式
T	−270〜0	$E = \sum_{i=1}^{n} a_i t^i \ [\mu V]$ ここで, $a_1 = 3.874\,810\,636\,4 \times 10^1$, $a_2 = 4.419\,443\,434\,7 \times 10^{-2}$, $a_3 = 1.184\,432\,310\,5 \times 10^{-4}$, $a_4 = 2.003\,297\,355\,4 \times 10^{-5}$, $a_5 = 9.013\,801\,955\,9 \times 10^{-7}$, $a_6 = 2.265\,115\,659\,3 \times 10^{-8}$, $a_7 = 3.607\,115\,420\,5 \times 10^{-10}$, $a_8 = 3.849\,393\,988\,3 \times 10^{-12}$, $a_9 = 2.821\,352\,192\,5 \times 10^{-14}$, $a_{10} = 1.425\,159\,477\,9 \times 10^{-16}$, $a_{11} = 4.876\,866\,228\,6 \times 10^{-19}$, $a_{12} = 1.079\,553\,927\,0 \times 10^{-21}$, $a_{13} = 1.394\,502\,706\,2 \times 10^{-24}$, $a_{14} = 7.979\,515\,392\,7 \times 10^{-28}$
	0〜400	$E = \sum_{i=1}^{n} a_i t^i \ [\mu V]$ ここで, $a_1 = 3.874\,810\,636\,4 \times 10^1$, $a_2 = 3.329\,222\,788\,0 \times 10^{-2}$, $a_3 = 2.061\,824\,340\,4 \times 10^{-4}$, $a_4 = -2.188\,225\,684\,6 \times 10^{-6}$, $a_5 = 1.009\,688\,092\,8 \times 10^{-8}$, $a_6 = -3.081\,575\,877\,2 \times 10^{-11}$, $a_7 = 4.547\,913\,529\,0 \times 10^{-14}$, $a_8 = -2.751\,290\,167\,3 \times 10^{-17}$

3・5 規準白金抵抗素子

ITS-90 による $W_R = R(T_{90})/R(273.16K)$

T_{90}[K]	$W_R(T_{90})$	T_{90}[K]	$W_R(T_{90})$	T_{90}[K]	$W_R(T_{90})$	T_{90}[K]	$W_R(T_{90})$
13.8	0.00118927	65	0.13505348	280	1.02725301	660	2.45407755
14	0.00123846	70	0.15624844	290	1.06699418	680	2.52451286
15	0.00151913	75	0.17772007	300	1.10661406	700	2.59448257
16	0.00186382	80	0.19934721	310	1.14611300	720	2.66398477
17	0.00228048	85	0.22104502	320	1.18549131	740	2.73301721
18	0.00277670	90	0.24275551	330	1.22474927	760	2.80157735
19	0.00335964	95	0.26444011	340	1.26388711	780	2.86966244
20	0.00403594	100	0.28607410	350	1.30290507	800	2.93726958
21	0.00481167	105	0.30764243	360	1.34180337	820	3.00439579
22	0.00569222	110	0.32913677	370	1.38058219	840	3.07103813
23	0.00668228	115	0.35055335	380	1.41924176	860	3.13719378
24	0.00778578	120	0.37189142	390	1.45778226	880	3.20286007
25	0.00900593	125	0.39315218	400	1.49620391	900	3.26803465
26	0.01034517	130	0.41433803	410	1.53450690	920	3.33271550
27	0.01180521	135	0.43545208	420	1.57269145	940	3.39690102
28	0.01338705	140	0.45649771	430	1.61075777	960	3.46059008
29	0.01509103	145	0.47747845	440	1.64870606	980	3.52378211
30	0.01691685	150	0.49839772	450	1.68653655	1 000	3.58647709
32	0.02093001	160	0.54006472	460	1.72424946	1 020	3.64867557
34	0.02541351	170	0.58152201	470	1.76184499	1 040	3.71037871
36	0.03034760	180	0.62278886	480	1.79932336	1 060	3.77158829
38	0.03570749	190	0.66388070	490	1.83668479	1 080	3.83230661
40	0.04146485	200	0.70480973	500	1.87392946	1 100	3.89253657
42	0.04758927	210	0.74558567	520	1.94806935	1 120	3.95228155
44	0.05404938	220	0.78621645	540	2.02174444	1 140	4.01154539
46	0.06081377	230	0.82670865	560	2.09495592	1 160	4.07033236
48	0.06785178	240	0.86706792	580	2.16770468	1 180	4.12864710
50	0.07513400	250	0.90729901	600	2.23999128	1 200	4.18649459
55	0.09423036	260	0.94740565	620	2.31181586	1 220	4.24388009
60	0.11430423	270	0.98739016	640	2.38317818	1 235	4.28661939

3・6 低温槽のための寒剤

種　　　　類	最低温度 [℃]	
氷と食塩	−21	氷3：食塩1とすると−21℃になる．
ドライアイスとエチルアルコール	−72	アルコール中にドライアイスの小片を直接入れるとドライアイスの気化によってアルコールが撹拌されて便利である．
エチルアルコールと液体空気	−100	アルコールを液体空気で間接的に冷却する（アルコールに液体空気を直接注入しないこと）．
エーテルと液体空気	−116	同上
石油エーテルと液体空気	−150	同上
石油エーテル＋メチルシクロヘキサンと液体空気	−160	同上
液体酸素	−183 (沸点)	可燃性物質が混入しないように注意すること．
液体窒素	−196 (沸点)	取扱い上の注意とくになし．
液体ヘリウム	−269 (沸点)	—

4　単　　位

4・1　SI 単位系（国際単位系）

4・1・1　基　本　単　位

量	名　　　称	記号	量	名　　　称	記号
長　さ	メートル (metre)	m	物 質 量	モル (mole)	mol
質　量	キログラム (kilogram)	kg	光　度	カンデラ (candela)	cd
時　間	秒 (second)	s	平 面 角	ラジアン (radian)	rad
電　流	アンペア (ampere)	A	立 体 角	ステラジアン (steradian)	sr
温　度	ケルビン (kelvin)	K			

4・1・2 固有の名称をもつSI組立単位

量	単位	単位記号	他のSI単位による表し方	SI基本単位による表し方
平面角	ラジアン	rad		
立体角	ステラジアン	sr		
周波数	ヘルツ (hertz)	Hz		s^{-1}
力	ニュートン (newton)	N		$m \cdot kg \cdot s^{-2}$
圧力, 応力	パスカル (pascal)	Pa	N/m^2	$m^{-1} \cdot kg \cdot s^{-2}$
エネルギー, 仕事, 熱量	ジュール (joule)	J	$N \cdot m$	$m^2 \cdot kg \cdot s^{-2}$
仕事率, 電力	ワット (watt)	W	J/s	$m^2 \cdot kg \cdot s^{-3}$
電気量, 電荷	クーロン (coulomb)	C		$s \cdot A$
電圧, 電位	ボルト (volt)	V	W/A	$m^2 \cdot kg \cdot s^{-3} \cdot A^{-1}$
静電容量	ファラド (farad)	F	C/V	$m^{-2} \cdot kg^{-1} \cdot s^4 \cdot A^2$
電気抵抗	オーム (ohm)	Ω	V/A	$m^2 \cdot kg \cdot s^{-3} \cdot A^{-2}$
コンダクタンス	ジーメンス (siemens)	S	A/V	$m^{-2} \cdot kg^{-1} \cdot s^3 \cdot A^2$
磁束	ウェーバー (weber)	Wb	$V \cdot s$	$m^2 \cdot kg \cdot s^{-2} \cdot A^{-1}$
磁束密度	テスラ (tesla)	T	Wb/m^2	$kg \cdot s^{-2} \cdot A^{-1}$
インダクタンス	ヘンリー (henry)	H	Wb/A	$m^2 \cdot kg \cdot s^{-2} \cdot A^{-2}$
セルシウス温度[1]	セルシウス度	℃		K
光束	ルーメン (lumen)[2]	lm	$cd \cdot sr$	
照度	ルクス (lux)[3]	lx	lm/m^2	
放射能	ベクレル (becquerel)[4]	Bq		s^{-1}
吸収線量	グレイ (gray)[5]	Gy	J/kg	$m^2 \cdot s^{-2}$
線量当量	シーベルト (sievert)[6]	Sv	J/kg	$m^2 \cdot s^{-2}$
触媒活性	カタール (katal)[7]	kat	mol/s	

1) セルシウス温度 θ は熱力学温度 T により次の式で定義される。
   $\theta/℃ = T/K - 273.15$
2) 1 lm = 等方性の光度 1 cd の点光源から 1 sr の立体角内に放射される光束。
3) 1 lx = 1 m^2 の面を 1 lm の光束で一様に照らしたときの照度。
4) 1 Bq = 1 s の間に 1 個の原子崩壊を起す放射能。
5) 1 Gy = 放射線のイオン作用によって 1 kg の物質に 1 J のエネルギーを与える吸収線量。
6) 1 Sv = 1 Gy に放射線の生物学的効果の強さを考慮する因子を乗じた量。
7) 1 kat = 1 秒間に 1 mol の基質を分解または合成できる活性量。

4・1・3 SI組立単位の例

量	単位	単位記号	SI基本単位による表し方
面積	平方メートル	m^2	
体積	立方メートル	m^3	
密度	キログラム/立方メートル	kg/m^3	
速度, 速さ	メートル/秒	m/s	
加速度	メートル/(秒)^2	m/s^2	
角速度	ラジアン/秒	rad/s	
力のモーメント	ニュートン・メートル	$N \cdot m$	$m^2 \cdot kg \cdot s^{-2}$
表面張力	ニュートン/メートル	N/m	$kg \cdot s^{-2}$
粘度	パスカル・秒	$Pa \cdot s$	$m^{-1} \cdot kg \cdot s^{-1}$
動粘度	平方メートル/秒	m^2/s	
熱流密度, 放射照度	ワット/平方メートル	W/m^2	$kg \cdot s^{-3}$
熱容量, エントロピー	ジュール/ケルビン	J/K	$m^2 \cdot kg \cdot s^{-2} \cdot K^{-1}$
比熱, 質量エントロピー	ジュール/(キログラム・ケルビン)	$J \cdot kg^{-1} \cdot K^{-1}$	$m^2 \cdot s^{-2} \cdot K^{-1}$
熱伝導率	ワット/(メートル・ケルビン)	$W \cdot m^{-1} \cdot K^{-1}$	$m \cdot kg \cdot s^{-3} \cdot K^{-1}$
電界の強さ	ボルト/メートル	V/m	$m \cdot kg \cdot s^{-3} \cdot A^{-1}$
電束密度, 電気変位	クーロン/平方メートル	C/m^2	$m^{-2} \cdot s \cdot A$
誘電率	ファラド/メートル	F/m	$m^{-3} \cdot kg^{-1} \cdot s^4 \cdot A^2$
電流密度	アンペア/平方メートル	A/m^2	
磁界の強さ	アンペア/メートル	A/m	
透磁率	ニュートン/(アンペア)^2	N/A^2	$m \cdot kg \cdot s^{-2} \cdot A^{-2}$
起電力, 磁位差	アンペア	A	
モル濃度	モル/立方メートル	mol/m^3	
輝度	カンデラ/平方メートル	cd/m^2	
波数	1/メートル	m^{-1}	
照射線量	クーロン/キログラム	C/kg	

4・1・4 SI単位と併用してよい単位

量	単位の名称	単位記号	定義
時間	分	min	1 min = 60 s
	時	h	1 h = 3.6×10^3 s
	日	d	1 d = 86.4×10^3 s
平面角	度	°	1° = $(\pi/180)$ rad
	分	′	1′ = $(\pi/10\,800)$ rad
	秒	″	1″ = $(\pi/648\,000)$ rad
体積	リットル (litre)	l または L	1 L = $1 \times 10^{-3} m^3$
質量	トン (ton)	t	1 t = 1×10^3 kg
エネルギー	電子ボルト	eV	1 eV = $1.602176462 \times 10^{-19}$ J
原子質量	原子質量単位*	u	1 u = $1.66053873 \times 10^{-27}$ kg
長さ	天文単位*	AU	1 AU = $1.49597870 \times 10^{11}$ m
	パーセク*	pc	1 pc = 3.0857×10^{16} m

* これらの単位は各専門分野ではSI単位と併用してよい。

4・1・5 10の整数乗倍を表わすSI接頭語

名称	記号	大きさ	名称	記号	大きさ
ヨタ (yotta)	Y	10^{24}	デシ (deci)	d	10^{-1}
ゼタ (zetta)	Z	10^{21}	センチ (centi)	c	10^{-2}
エクサ (exa)	E	10^{18}	ミリ (milli)	m	10^{-3}
ペタ (peta)	P	10^{15}	マイクロ (micro)	μ	10^{-6}
テラ (tera)	T	10^{12}	ナノ (nano)	n	10^{-9}
ギガ (giga)	G	10^9	ピコ (pico)	p	10^{-12}
メガ (mega)	M	10^6	フェムト (femto)	f	10^{-15}
キロ (kilo)	k	10^3	アト (atto)	a	10^{-18}
ヘクト (hecto)	h	10^2	ゼプト (zepto)	z	10^{-21}
デカ (deca)	da	10	ヨクト (yocto)	y	10^{-24}

注 接頭語を2個以上つないで合成した接頭語は用いない。

4・2 SI単位とその他の単位間の換算

a. 長さ

		km	m	mm
1 km	=	1	1×10^3	1×10^6
1 m	=	1×10^{-3}	1	1×10^3
1 cm	=	1×10^{-5}	1×10^{-2}	1×10
1 mm	=	1×10^{-6}	1×10^{-3}	1
1 μm	=	1×10^{-9}	1×10^{-6}	1×10^{-3}
1 nm	=	1×10^{-12}	1×10^{-9}	1×10^{-6}
1 Å	=	1×10^{-13}	1×10^{-10}	1×10^{-7}
1 in	=	2.54×10^{-5}	2.54×10^{-2}	25.4
1 ft	=	3.048×10^{-4}	0.3048	304.8
1 yd	=	9.144×10^{-4}	0.9144	914.4
1 mile	=	1.609344	1 609.344	1.609344×10^6
1 n・mile	=	1.852	1 852	1.852×10^6

4 単 位

b. 単位長さ当り

	m^{-1}	mm^{-1}	nm^{-1}
1 m^{-1} =	1	1×10^{-3}	1×10^{-9}
1 cm^{-1} =	1×10^{2}	1×10^{-1}	1×10^{-7}
1 mm^{-1} =	1×10^{3}	1	1×10^{-6}
1 Å^{-1} =	1×10^{10}	1×10^{7}	1×10^{1}
1 in^{-1} =	39.3701	0.0393701	
1 ft^{-1} =	3.28034	0.00328034	

c. 面 積

	km^{2}	m^{2}	cm^{2}
1 km^{2} =	1	1×10^{6}	1×10^{10}
1 m^{2} =	1×10^{-6}	1	1×10^{4}
1 cm^{2} =	1×10^{-10}	1×10^{-4}	1
1 mm^{2} =	1×10^{-12}	1×10^{-6}	1×10^{-2}
1 μm^{2} =	1×10^{-18}	1×10^{-12}	1×10^{-8}
1 in^{2} =		6.4516×10^{-4}	6.4516
1 ft^{2} =		0.09290304	929.0304
1 yd^{2} =		0.836127	8 361.27
1 a =	1×10^{-4}	1×10^{2}	
1 ha =	1×10^{-2}	1×10^{4}	
1 ac =	4.04686×10^{-3}	4 046.86	
1 mile^{2} =	2.58999	2.58999×10^{6}	

d. 単位面積当り

	km^{-2}	m^{-2}	cm^{-2}
1 km^{-2} =	1	1×10^{-6}	1×10^{-10}
1 m^{-2} =	1×10^{6}	1	1×10^{-4}
1 cm^{-2} =	1×10^{10}	1×10^{4}	1
1 mm^{-2} =		1×10^{6}	1×10^{2}
1 μm^{-2} =		1×10^{12}	1×10^{8}
1 in^{-2} =		1 550.003	0.1550003
1 ft^{-2} =		10.76392	1.076392×10^{-3}
1 yd^{-2} =	1.195991×10^{6}	1.195991	
1 a^{-1} =	1×10^{4}	1×10^{-2}	
1 ha^{-1} =	1×10^{2}	1×10^{-4}	
1 ac^{-1} =	247.105	2.47105×10^{-4}	

e. 体 積

	m^{3}	dm^{3}	cm^{3}
1 m^{3} =	1	1×10^{3}	1×10^{6}
1 L =	1×10^{-3}	1	1×10^{3}
1 cm^{3} =	1×10^{-6}	1×10^{-3}	1
1 mm^{3} =	1×10^{-9}	1×10^{-6}	1×10^{-3}
1 μm^{3} =	1×10^{-18}	1×10^{-15}	1×10^{-12}
1 in^{3} =	1.63871×10^{-5}	0.0163871	16.3871
1 ft^{3} =	0.0283168	28.3168	
1 gal (UK) =	0.00454609	4.54609	
1 gal (US) =	0.00378541	3.78541	
1 gal (日) =	0.00378543	3.78543	
1 barrel (US) =	0.158987	158.987	

f. 単位体積当り

	m^{-3}	dm^{-3}	cm^{-3}
1 m^{-3} =	1	1×10^{-3}	1×10^{-6}
1 L^{-1} =	1×10^{3}	1	1×10^{-3}
1 cm^{-3} =	1×10^{6}	1×10^{3}	1
1 mm^{-3} =	1×10^{9}	1×10^{6}	1×10^{3}
1 μm^{-3} =	1×10^{18}	1×10^{15}	1×10^{12}
1 in^{-3} =	6.10236×10^{4}	61.0236	
1 ft^{-3} =	35.31472	0.03531472	
1 gallon^{-1} (日) =	264.171×10	0.264171	
1 barrel^{-1} (US) =	6.28982	6.28982×10^{-3}	

g. 質 量

	t	kg	g
1 t =	1	1×10^{3}	1×10^{6}
1 kg =	1×10^{-3}	1	1×10^{3}
1 g =	1×10^{-6}	1×10^{-3}	1
1 oz =		0.0283495	28.3495
1 lb =		0.4535924	453.5924
1 gr =		6.479891×10^{-5}	64.79891×10^{-3}
1 t (UK) =	1.01605	1 016.05	
1 t (US) =	0.907185	907.185	

h. 単位質量当り

	t^{-1}	kg^{-1}	g^{-1}
1 t^{-1} =	1	1×10^{-3}	1×10^{-6}
1 kg^{-1} =	1×10^{3}	1	1×10^{-3}
1 g^{-1} =	1×10^{6}	1×10^{3}	1
1 oz^{-1} =	3.52739×10^{4}	35.2739	0.0352739
1 lb^{-1} =	2.204622×10^{3}	2.204622	2.204622×10^{-3}

i. 時 間

	s	min	h
1 s =	1	0.01$\dot{6}$	$0.2\dot{7} \times 10^{-3}$
1 ks =	1×10^{3}	16.$\dot{6}$	0.2$\dot{7}$
1 Ms =	1×10^{6}	$1.\dot{6} \times 10^{4}$	277.7
1 min =	60	1	0.01$\dot{6}$
1 h =	3 600	60	1
1 d =	86 400	1 440	24
30 d =	2.5920×10^{6}	43 200	720
365 d =	31 536 000		8 760
平均年 =	31 556 926		8 765.813

j. 単位時間当り

	s^{-1}	min^{-1}	h^{-1}
1 s^{-1} =	1	60	3 600
1 ks^{-1} =	1×10^{-3}	0.06	3.6
1 Ms^{-1} =	1×10^{-6}	60	3.6×10^{3}
1 min^{-1} =	0.01$\dot{6}$	1	60
1 h^{-1} =	$0.2\dot{7} \times 10^{-3}$	0.01$\dot{6}$	1
1 d^{-1} =		$0.69\dot{4} \times 10^{-3}$	0.041$\dot{6}$

k. 速 度

	m/s	cm/min	m/h
1 m/s =	1	6 000	3 600
1 cm/min =	$0.1\dot{6} \times 10^{-3}$	1	0.60
1 m/min =	0.01$\dot{6}$	100	60
1 m/h =	$0.2\dot{7} \times 10^{-3}$	1.$\dot{6}$	1
1 mile/h =	0.44704		1 609.344
1 in/s =	0.0254	152.40	91.440
1 ft/s =	0.3048		1 828.8

l. 力

	N	dyn	kgf
1 N =	1	1×10^5	0.101972
1 dyn =	1×10^{-5}	1	1.01972×10^{-6}
1 kgf =	9.80665	9.80665×10^5	1
1 tf =	9.80665×10^3		1×10^3
1 lbf =	4.44822		0.4535924

m. 応力

	Pa	dyn/cm^2	kgf/mm^2
1 Pa =	1	1×10	0.101971×10^{-6}
1 dyn/cm^2 =	0.1	1	1.01971×10^{-8}
1 kgf/mm^2 =	9.80665×10^6	98.0665×10^6	1
1 kgf/cm^2 =	9.80665×10^4	98.0665×10^4	1×10^{-2}
1 tf/cm^2 =	9.80665×10^7	9.80665×10^8	1×10
1 tf/in^2 =	15.20034×10^6	0.1520034×10^9	1.55000
1 lb/in^2 =	6.894758×10^3	68.94758×10^3	0.7030696×10^{-3}

n. 圧力

	Pa	atm	Torr
1 Pa =	1	9.86923×10^{-6}	7.5006×10^{-3}
1 bar =	1×10^5	0.986923	750.06
1 atm =	101.325	1	760
1 Torr =	133.322	1.31578×10^{-3}	1
1 kgf/cm^2 =	9.80665×10^4	0.967841	735.559
1 psi =	6.894758×10^3	0.0680459	51.71492
1 mmH_2O =	9.80665	0.967841×10^{-3}	0.0735559

o. 応力拡大係数

	$MPa\cdot m^{1/2}$	$N/mm^{3/2}$	$kgf/mm^{3/2}$
1 $MPa\cdot m^{1/2}$ =	1	31.62285	3.224625
1 $N/mm^{3/2}$ =	0.0316227	1	0.1019716
1 $kgf/mm^{3/2}$ =	0.3101135	9.80665	1
1 $ksi\cdot in^{1/2}$ =	1.098858	34.74893	3.543404

p. エネルギー

	J	erg	cal (日)
1 J ($N\cdot m$) =	1	1×10^7	0.238889
1 eV =	1.602189×10^{-9}	1.602189×10^{-12}	3.8275×10^{-20}
1 erg =	1×10^{-7}	1	2.38889×10^{-8}
1 $kgf\cdot m$ =	9.80665	9.80665×10^7	0.896658
1 $ft\cdot lbf$ =	1.35582	1.35582×10^7	0.323890
1 kWh =	3.6×10^6	3.6×10^{13}	0.860000×10^6
1 cal_{IT} =	4.1868		
1 cal_{15} =	4.1855		
1 cal_{th} =	4.1840		
1 cal (日) =	4.18605	4.18605×10^7	1
1 BTU =	1 055.06	1.05506×10^{10}	252.042
1 $L\cdot atm$ =	101.325	1.01325×10^9	24.2054

q. モルエネルギー

	J/mol	cal_{th}/mol	eV/atom
1 J/mol =	1	0.23901	0.0103644×10^{-3}
1 cal_{th}/mol =	4.1840	1	0.0433647×10^{-3}
1 eV/atom =	96.4839×10^3	23.0602×10^3	1
1 erg/atom =	6.0220×10^{16}	1.439318×10^{16}	6.24156×10^{11}
1 erg/mol =	1×10^{-7}	0.023901×10^{-6}	1.03644×10^{-12}

r. 効率

	W	erg/s	kcal/h
1 W (J/s) =	1	1×10^7	0.86000
1 HP (UK) =	745.700	7.457×10^9	641.301
1 erg/s =	1×10^{-7}	1	86.000×10^{-8}
1 cal_{IT}/min =	0.0697675	0.697675×10^6	0.060000
1 $kcal_{IT}/h$ =	0.001163	1.162792×10^4	1
1 $kgf\cdot m/s$ =	9.80665	98.0665×10^6	8.43372
1 PS (日) =	735.5	7.355×10^9	632.53
1 $lbf\cdot ft/s$ =	1.35582	13.5582×10^6	1.166005
1 BTU/h =	0.293071	2.93071×10^6	0.252041

s. 電磁気の単位系

量と記号		SI		CGS		量と記号		SI		CGS	
				esu	emu					esu	emu
電 気 量	Q	クーロン	C	$=c\cdot10$	$=10^{-1}$	磁 極	Q_m	ウェーバー	Wb	$=\frac{1}{4\pi c}\cdot10^6$	$=\frac{1}{4\pi}\cdot10^8$
電束密度	D	クーロン/m^2	C/m^2	$=4\pi c\cdot10^{-3}$	$=4\pi\cdot10^{-5}$	磁 束	Φ	ウェーバー	Wb	$=\frac{1}{c}\cdot10^6$	$=10^{8\ 1)}$
分 極	P	クーロン/m^2	C/m^2	$=10^{-3}$	$=10^{-5}$						
電 流	I	アンペア	A	$=c\cdot10$	$=10^{-1}$	磁束密度	B	テスラ	T	$=\frac{1}{c}\cdot10^2$	$=10^{4\ 2)}$
電 位	V	ボルト	V	$=\frac{1}{c}\cdot10^6$	$=10^8$	磁 化	M	アンペア/m	A/m	$=\frac{1}{c}\cdot10^{-5}$	$=10^{-3\ 2)}$
電 界	E	ボルト/m	V/m	$=\frac{1}{c}\cdot10^4$	$=10^6$	起磁力・磁位	F_m	アンペア	A	$=4\pi c\cdot10^{-1}$	$=4\pi\cdot10^{-1\ 3)}$
電気抵抗	R	オーム	Ω	$=\frac{1}{c^2}\cdot10^5$	$=10^9$	インダクタンス	L	ヘンリー	H	$=\frac{1}{c^2}\cdot10^5$	$=10^9$
電気容量	C	ファラド	F	$=c^2\cdot10^{-5}$	$=10^{-9}$	透磁率	μ	ヘンリー/m	N/A^2	$=\frac{1}{4\pi c^2}\cdot10^3$	$=\frac{1}{4\pi}\cdot10^7$
誘電率	ε	ファラド/m	F/m	$=4\pi c^2\cdot10^{-7}$	$=4\pi\cdot10^{-11}$						

SI では $D=\varepsilon_0 E+P$, $H=\frac{B}{\mu_0}-M$; ε_0 (真空の誘電率) $=(4\pi)^{-1}$ (光速{m/s})$^{-2}\times10^7$ F/m, μ_0 (真空の透磁率) $=4\pi\times10^{-7}$ N/A^2
= は CGS-Gauss 単位系で使われる。
1)~4) は CGS-emu 単位系で固有の名称。
1) マクスウェル Mx, 2) ガウス G, 3) ギルバート Gi, 4) エルステッド Oe.

5 X線・電子・中性子回折

5・1 一般

5・1・1 X線・γ線・電子線・中性子線の発生

	X 線	γ 線	電 子 線	中 性 子 線
発生機構	特性X線は原子の核外電子の内部準位にできた空位に外部準位にある電子が遷移をおこしたときに発生し，各素元に特有の波長をもつ．連続X線は十分に加速された電子線またはその他の粒子線が急激に停止させられたときに発生する．1 MeV 程度以上の電圧で加速された電子またはこれと同程度のエネルギーをもつ粒子によって生じる連続X線はγ線と同程度の波長をもつが，やはりX線とよばれる．	核反応または自然崩壊によってしばしば生ずる励起状態の原子核がより安定な状態に移るとき，その核に固有な波長のγ線を発生する．	原子核のβ崩壊に際して発生するβ線は主として高エネルギーの電子線である．低エネルギーの電子線は真空中で高温に熱したフィラメントから出た熱電子を強い電場と適当な電子レンズとで導いて作られる．	高速中性子は (α, n), (γ, n), (d, n), (p, n) などの核分裂に際して発生する．熱中性子などの低速中性子は，高速中性子を適当な減速剤（モデレータ）で減速すればえられる．
波長領域	回折用には $(0.6\sim2.3)\times10^{-10}$ m のものを使う．X線分光には通常 $(0.4\sim2)\times10^{-10}$ m，特別の場合には 50×10^{-10} m 位までを取扱う．透過用には試料による吸収の大きさに応じて 2×10^{-10} m 程度からγ線領域（時にはさらに短かい）のものの使われる．なお超軟X線もある．	0.002×10^{-10} m（約 6 MeV）から 0.1×10^{-10} m（約 0.1 MeV）までのものが多いがこの範囲から出るものもある．	回折実験に通常いる波長は 0.05×10^{-10} m 程度のものも使われる．電子顕微鏡にはもっと短波長のものも使いる．	回折用に使う熱中性子は通常 1×10^{-10} m 位，非弾性散乱をしらべるときは数 10^{-10} m のものを使うこともある．高速中性子は $(0.01\sim0.001)\times10^{-10}$ m の程度である．
発生装置	回折用X線分光用のX線は通常高圧トランスで作った高電圧を整流したのち，X線管に加えて発生させる．γ線と同程度の短波長X線を発生させるにはベータトロンや線型加速器などが用いられる．	透過用のγ線源としては ^{60}Co などの放射性同位体がよく用いられる．	通常は電子線発生部と電子レンズ系，試料保持部，写真乾板などの検出器が同一の真空容器に収められている．	熱中性子は主として原子炉から，高速中性子は種々の加速器からえられる．放射性同位体を用いた軽便な発生装置もできている．

日本化学会編: 化学便覧, 基礎編 (1966), 丸善.

5・1・2 X線・γ線・電子線・中性子線の諸性質とその利用

X 線	γ 線	電 子 線	中 性 子 線
X線が物質系を通過するとその構成分子やイオンなどを電離させる．またそれに伴って写真作用，けい光作用などを示す．これらの諸性質はX線の検出，測定に利用される．また生理作用もあるから取扱いに注意を要する．X線は可視光線を通さない種々の物体をよく透過する性質があるので，生体組成や金属品の透過検査に用いられる．また原子内の電子によって非干渉性および干渉性散乱を受ける．後者を利用して種々のX線回折法が行われた．各元素の特性X線波長はその元素の結合状態に関せずほぼ一定値をもつ．これを利用して非破壊元素分析ができる．元素分析にはまた吸収を利用する方法もある．	γ線はX線と同じく電磁波であるが通常のX線よりもずっと波長が短く散乱係数も小さいため回折実験には使われない．透過性の大きいことを利用して厚い金属製品の透過検査などに用いられる．放射性同位体からのγ線は強度がほとんど一定しているので線量計の較正に用いられるほか，液面モニタなどの標準線源としても利用されている．	荷電粒子の流れであるから，電離作用やそれに伴う諸作用がX線よりもはるかに強い．吸収係数も大きいから特に低エネルギーの電子線の回路は高真空に保つことが必要である．電子線は原子核とこれを取巻く電子の電場により非弾性および弾性散乱を受け，その散乱係数はX線の場合よりもはるかに大きいので気体分子や表面層，薄膜などの研究に適している．また電場や磁場で曲げられるので電子レンズが作られ，電子顕微鏡に利用される．	熱中性子は少数の特別な原子（^{6}Li, ^{10}B など）とは高い収率で核反応をおこすのでこれを利用して検出，測定ができる．干渉性核散乱の断面積はX線の干渉性散乱の場合と違って原子番号によって不規則に変化するので，構造解析に利用すれば原子番号の近い原子の区別ができ，また水素原子の位置が決めやすいなどの利点がある．また中性子は磁気モーメントをもっているので磁気散乱もおこり，磁気構造の研究に利用される．

日本化学会編: 化学便覧, 基礎編 (1966), 丸善.

5・1・3 X線・γ線・電子線・中性子線の検出と測定

X 線	γ 線	電 子 線	中 性 子 線
検電器，写真フィルム，比例計数管，シンチレーション計数管，半導体検出器．回折用や透過検査用には感度をよくするために両面に感光乳剤を塗ったフィルムが用いられる．また両種の増感剤を用いることもある．定量的の測定には，数え落しが少ない，波高選別ができ，感度が波長によってあまり変化しない，などの点でシンチレーション計数管や比例計数管がすぐれている．	線量計としてはX線と同様なものが使われる．透過検査の結果を記録するには写真フィルムが使われるが，γ線（および短波長X線）は写真感度が低いので鉛スクリーンを併用し，それからの2次電子を利用する．	けい光物質を用いて検出できるが，記録，測定には主として高エネルギーのβ線には種々の計数管も用いられている．精密測定にはファラデーゲージを用いることもある．	熱中性子の測定には主に BF_3 ガスを入れた比例計数管や，核分裂を利用したフィッションカウンタを使う．また，核反応で生じた2次放射線の写真作用などを利用することもできる．

日本化学会編: 化学便覧, 基礎編 (1966), 丸善.

5・1・4 放射線に関する単位
a. 放 射 線 量（壊変率）
(1) SI単位系：ベクレル becquerel, 単位記号 Bq
放射線物質が毎秒1回の原子核破壊をするときの放射能 ($1 Bq = 1 s^{-1}$)
(2) 非SI単位系：キューリー curie, 単位記号 Ci
ラジウム1g当りの放射能。毎秒 3.7×10^{10} 回の原子核破壊を生じている ($1 Ci = 3.7 \times 10^{10} Bq$)

b. 照 射 線 量
(1) SI単位系：特定名称なし, 単位 C/kg
標準状態の空気1kgに照射して, 正および負それぞれ1Cのイオンを作る照射線量
(2) 非SI単位系：レントゲン roentgen, 単位記号 R
0°C, 1気圧の空気1cm³中に 2.083×10^9 のイオン対を作るようなX線あるいは γ 線の量 ($1 R = 2.58 \times 10^{-4}$ C/kg)

c. 吸 収 線 量
(1) SI単位系：グレイ gray, 単位記号 Gy
物質が電離性放射線によって, 質量1kg当り1Jのエネルギーを与えられたときの吸収線量 ($1 Gy = 1 J/kg$)
(2) 非SI単位系：ラド rad, 単位記号 rad
放射線を受ける物体1g当りに吸収されるエネルギーが100 erg であるときの吸収線量 ($1 rad = 0.01 Gy$)

d. 線 量 当 量
(1) SI単位系：シーベルト sievert, 単位記号 Sv
人体に対する吸収放射能の影響の実行値
$1 Sv = 1 Gy \times Q \times$（その他の修正係数）
(2) 非SI単位系：レム rem, 単位記号 rem
$1 rem = 1 rad \times Q \times$（その他の修正係数）
(3) Q は線質係数 quality factor で, 放射線の種類とエネルギーレベルによって異なる無次元係数. Q の値は水中の線エネルギー付与 L_∞ (linear energy transfer) の関数として, つぎのように定められている.

L_∞(keV/μm)	3.5m以下	7.0	23	53	175以上
$Q(-)$	1	2	5	10	20

5・2 X 線 回 折
5・2・1 種々のX線解析法

	単 結 晶 法	繊維写真法	粉 末 法	小角散乱法
装置	ワイセンベルグカメラ, プレセッションカメラ, ラウエ法カメラ, 単結晶回折計など.	振動結晶法カメラ（繊維写真用ホルダ）.	各種粉末カメラ, ギニエカメラ. X線回折計など.	小角散乱用カメラ, または回折計
研究事項	単位格子や空間群の決定, 結晶構造解析による原子や原子団の立体構造（結合距離や角度）の決定, 結晶の対称, 内部ひずみの解析, 散漫散乱の研究など.	繊維構造や集合組織の決定, 微結晶の配向特性の決定など.	単体または化合物の同定, 混合物の成分分析（ASTM法*）, 固相における相転移や反応の研究, 格子定数の精密決定など.	析出初期の G. P. ゾーンなど不均一系における微小粒子の形状, 大きさ, 分布の決定.

* ASTM法については, 仁田 勇監修：X線結晶学, 上巻 (1959), 丸善を参照されたい.

5・2・2 原子散乱因子

	a_1	b_1	a_2	b_2	a_3	b_3	a_4	b_4	c
H	0.489918	20.6593	0.262003	7.74039	0.196767	49.5519	0.049879	2.20159	0.001305
He	0.873400	9.10370	0.630900	3.35680	0.311200	22.9276	0.178000	0.982100	0.006400
Li	1.12820	3.95460	0.750800	1.05240	0.617500	85.3905	0.465300	168.261	0.037700
Be	1.59190	43.6427	1.12780	1.86230	0.539100	103.483	0.702900	0.542000	0.038500
B	2.05450	23.2185	1.33260	1.02100	1.09790	60.3498	0.706800	0.140300	−0.19320
C	2.31000	20.8439	1.02000	10.2075	1.58860	0.568700	0.865000	51.6512	0.215600
N	12.2126	0.005700	3.13220	9.89330	2.01250	28.9975	1.16630	0.582600	−11.529
O	3.04850	13.2771	2.28680	5.70110	1.54630	0.323900	0.867000	32.9089	0.250800
F	3.53920	10.2825	2.64120	4.29440	1.51700	0.261500	1.02430	26.1476	0.277600
Ne	3.95530	8.40420	3.11220	3.42620	1.45460	0.230600	1.12510	21.7184	0.351500
Na	4.76260	3.28500	3.17360	8.84220	1.26740	0.313600	1.11280	129.424	0.676000
Mg	5.42040	2.82750	2.17350	79.2611	1.22690	0.380800	2.30730	7.19370	0.858400
Al	6.42020	3.03870	1.90020	0.742600	1.59360	31.5472	1.96460	85.0886	1.11510
Si	6.29150	2.43860	3.03530	32.3337	1.98910	0.678500	1.54100	81.6937	1.14070
P	6.43450	1.90670	4.17910	27.1570	1.78000	0.526000	1.49080	68.1645	1.11490
S	6.90530	1.46790	5.20340	22.2151	1.43790	0.253600	1.58630	56.1720	0.866900
Cl	11.4604	0.010400	7.19640	1.16620	6.25560	18.5194	1.64550	47.7784	−9.5574
Ar	7.48450	0.907200	6.77230	14.8407	0.653900	43.8983	1.64420	33.3929	1.44450
K	8.21860	12.7949	7.43980	0.774800	1.05190	213.187	0.865900	41.6841	1.42280
Ca	8.62660	10.4421	7.38730	0.659900	1.58990	85.7484	1.02110	178.437	1.37510
Sc	9.18900	9.02130	7.36790	0.572900	1.64090	136.108	1.46800	51.3531	1.33290
Ti	9.75950	7.85080	7.35580	0.500000	1.69910	35.6338	1.90210	116.105	1.28070
V	10.2971	6.86570	7.35110	0.438500	2.07030	26.8938	2.05710	102.478	1.21990
Cr	10.6406	6.10380	7.35370	0.392000	3.32400	20.2626	1.49220	98.7399	1.18320
Mn	11.2819	5.34090	7.35730	0.343200	3.01930	17.8674	2.24410	83.7543	1.08960
Fe	11.7695	4.76110	7.35730	0.307200	3.52220	15.3535	2.30450	76.8805	1.03690
Co	12.2841	4.27910	7.34090	0.278400	4.00340	13.5359	2.34880	71.1692	1.01180
Ni	12.8376	3.87850	7.29200	0.256500	4.44380	12.1763	2.38000	66.3421	1.0341
Cu	13.3380	3.58280	7.16760	0.247000	5.61580	11.3966	1.67350	64.8126	1.19100
Zn	14.0743	3.26550	7.03180	0.233300	5.16520	10.3163	2.41000	58.7097	1.30410
Ga	15.2354	3.06690	6.70060	0.241200	4.35910	10.7805	2.96230	61.4135	1.71890
Ge	16.0816	2.85090	6.37470	0.251600	3.70680	11.4468	3.68300	54.7625	2.13130
As	16.6723	2.63450	6.07010	0.264700	3.43130	12.9479	4.27790	47.7972	2.53100
Se	17.0006	2.40980	5.81960	0.272600	3.97310	15.2372	4.35430	43.8163	2.84090
Br	17.1789	2.17230	5.23580	16.5796	5.63770	0.260900	3.98510	41.4328	2.95570
Kr	17.3555	1.93840	6.72860	16.5623	5.54930	0.226100	3.53750	39.3972	2.82500
Rb	17.1784	1.78880	9.64350	17.3151	5.13990	0.274800	1.52920	164.934	3.48730
Sr	17.5663	1.55640	9.81840	14.0988	5.42200	0.166400	2.66940	132.376	2.50640
Y	17.7760	1.40290	10.2946	12.8006	5.72629	0.125599	3.26588	104.354	1.91213
Zr	17.8765	1.27618	10.9480	11.9160	5.41732	0.117622	3.65721	87.6627	2.06929
Nb	17.6142	1.18865	12.0144	11.7660	4.04183	0.204785	3.53346	69.7957	3.75591
Mo	3.70250	0.277200	17.2356	1.09580	12.8876	11.0040	3.74290	61.6584	4.38750
Tc	19.1301	0.864132	11.0948	8.14487	4.64901	21.5707	2.71263	86.8472	5.40428
Ru	19.2674	0.808520	12.9182	8.43467	4.86337	24.7997	1.56756	94.2928	5.37874
Rh	19.2957	0.751536	14.3501	8.21758	4.73425	25.8749	1.28918	98.6062	5.32800
Pd	19.3319	0.698655	15.5017	7.98929	5.29537	25.2052	0.605844	76.8986	5.26593
Ag	19.2808	0.644600	16.6885	7.47260	4.80450	24.6605	1.04630	99.8156	5.17900
Cd	19.2214	0.594600	17.6444	6.90890	4.46100	24.7008	1.60290	87.4825	5.06940
In	19.1624	0.547600	18.5596	6.37760	4.29480	25.8499	2.03960	92.8029	4.93910
Sn	19.1889	5.83030	19.1005	0.503100	4.45850	26.8909	2.46630	83.9571	4.78210
Sb	19.6418	5.30340	19.0455	0.460700	5.03710	27.9074	2.68270	75.2825	4.59090
Te	19.9644	4.81742	19.0138	0.420885	6.14487	28.5284	2.52390	70.8403	4.35200
I	20.1472	4.34700	18.9949	0.381400	7.51380	27.7660	2.27350	66.8776	4.07120
Xe	20.2933	3.92820	19.0298	0.344000	8.97670	26.4659	1.99000	64.2658	3.71180
Cs	20.3892	3.56900	19.1062	0.310700	10.6620	24.3879	1.49530	213.904	3.33520
Ba	20.3361	3.21600	19.2970	0.275600	10.8880	20.2073	2.69590	167.202	2.77310
La	20.5780	2.94817	19.5990	0.244475	11.3727	18.7726	3.28719	133.124	2.14678
Ce	21.1671	2.81219	19.7695	0.226836	11.8513	17.6083	3.33049	127.113	1.86264
Pr	22.0440	2.77393	19.6697	0.222087	12.3856	16.7669	2.82428	143.644	2.05830
Nd	22.6845	2.66248	19.6847	0.210628	12.7740	15.8850	2.85137	137.903	1.98486
Pm	23.3405	2.56270	19.6095	0.202088	13.1235	15.1009	2.87516	132.721	2.02876
Sm	24.0042	2.47274	19.4258	0.196451	13.4396	14.3996	2.89604	128.007	2.20963
Eu	24.6274	2.38790	19.0886	0.194200	13.7546	13.7546	2.92270	123.174	2.57450
Gd	25.0709	2.25341	19.0798	0.181951	13.8518	12.9331	3.54545	101.398	2.41960
Tb	25.8976	2.24256	18.2185	0.196143	14.3167	12.6648	2.95354	115.362	3.58324

	a_1	b_1	a_2	b_2	a_3	b_3	a_4	b_4	c
Dy	26.5070	2.18020	17.6383	0.202172	14.5596	12.1899	2.96577	111.874	4.29728
Ho	26.9049	2.07051	17.2940	0.197940	14.5583	11.4407	3.63837	92.6566	4.56796
Er	27.6563	2.07356	16.4285	0.223545	14.9779	11.3604	2.98233	105.703	5.92046
Tm	28.1819	2.02859	15.8851	0.238849	15.1542	10.9975	2.98706	102.961	6.75621
Yb	28.6641	1.98890	15.4345	0.257119	15.3087	10.6647	2.98963	100.417	7.56672
Lu	28.9476	1.90182	15.2208	9.98519	15.1000	0.261033	3.71601	84.3293	7.97628
Hf	29.1440	1.83262	15.1726	9.59990	14.7586	0.275116	4.30013	72.0290	8.58154
Ta	29.2024	1.77333	15.2293	9.37046	14.5135	0.295977	4.76492	63.3644	9.24354
W	29.0818	1.72029	15.4300	9.22590	14.4327	0.321703	5.11982	57.0560	9.88750
Re	28.7621	1.67191	15.7189	9.09227	14.5564	0.350500	5.44174	52.0861	10.4720
Os	28.1894	1.62903	16.1550	8.97948	14.9305	0.382661	5.67589	48.1647	11.0005
Ir	27.3049	1.59279	16.7296	8.86553	15.6115	0.417916	5.83377	45.0011	11.4722
Pt	27.0059	1.51293	17.7639	8.81174	15.7131	0.424593	5.78370	38.6103	11.6883
Au	16.8819	0.461100	18.5913	8.62160	25.5582	1.48260	5.86000	36.3956	12.0658
Hg	20.6809	0.545000	19.0417	8.44840	21.6575	1.57290	5.96760	38.3246	12.6089
Tl	27.5446	0.655150	19.1584	8.70751	15.5380	1.96347	5.52593	45.8149	13.1746
Pb	31.0617	0.690200	13.0637	2.35760	18.4420	8.61800	5.96960	47.2579	13.4118
Bi	33.3689	0.704000	12.9510	2.92380	16.5877	8.79370	6.46920	48.0093	13.5782
Po	34.6726	0.700999	15.4733	3.55078	13.1138	9.55642	7.02588	47.0045	13.6770
At	35.3163	0.685870	19.0211	3.97458	9.49887	11.3824	7.42518	45.4715	13.7108
Rn	35.5631	0.663100	21.2816	4.06910	8.00370	14.0422	7.44330	44.2473	13.6905
Fr	35.9299	0.646453	23.0547	4.17619	12.1439	23.1052	2.11253	150.645	13.7247
Ra	35.7630	0.616341	22.9064	3.87135	12.4739	19.9887	3.21097	142.325	13.6211
Ac	35.6597	0.589092	23.1032	3.65155	12.5977	18.5990	4.08655	117.020	13.5266
Th	35.5645	0.563359	23.4219	3.46204	12.7473	17.8309	4.80703	99.1722	13.4314
Pa	35.8847	0.547751	23.2948	3.41519	14.1891	16.9235	4.17287	105.251	13.4287
U	36.0228	0.529300	23.4128	3.32530	14.9491	16.0927	4.18800	100.613	13.3966
Np	36.1874	0.511929	23.5964	3.25396	15.6402	15.3622	4.18550	97.4908	13.3573
Pu	36.5254	0.499384	23.8083	3.26371	16.7707	14.9455	3.47947	105.980	13.3812
Am	36.6706	0.483629	24.0992	3.20647	17.3415	14.3136	3.49331	102.273	13.3592
Cm	36.6488	0.465154	24.4096	3.08997	17.3990	13.4346	4.21665	88.4834	13.2887
Bk	36.7881	0.451018	24.7736	3.04619	17.8919	12.8946	4.23284	86.0030	13.2754
Cf	36.9185	0.437533	25.1995	3.00775	18.3317	12.4044	4.24391	83.7881	13.2674

原子散乱因子とは,原子によるX線の干渉散乱能を表わす因子で,原子による散乱振幅を電子1個の散乱振幅で割ったもので与えられる.表中の a_i, b_i, c は原子散乱因子 f の近似式の係数に対応する.

$$f(\sin\theta/\lambda) = \sum_{i=1}^{4} a_i \exp(-b_i \sin^{-2}\theta/\lambda^2) + c$$

International Tables for Crystallography, Vol. C, A. J. C. Wilson, ed., The International Union of Crystallography (1995), Kluwer Academic Publishers.

5・2・3 特性X線と吸収端の波長

単位は kXu/1.00202 であり,およそÅと等しい.

Z	元素記号	$K\alpha_1$	$K\alpha_2$	$K\beta_1$	K吸収端	$L\alpha_1$	L_{III}吸収端
10	Ne	14.6006			14.2474(30)		
11	Na	11.9000			11.5708(14)		
12	Mg	9.884014	9.88602		9.5129(20)		
13	Al	8.332172	8.334457		7.9501(14)		
14	Si	7.121270	7.12709	6.7340	6.7451(13)		
15	P	6.1539	6.1587	5.7888	5.7837(68)		
16	S	5.370071	5.374234	5.02314	5.0163(14)		
17	Cl	4.724292	4.728613	4.39553	4.3925(11)		
18	Ar	4.191543	4.194386	3.88509	3.86709(65)		
19	K	3.7403724	3.7435182	3.45277	3.43590(15)		
20	Ca	3.359065	3.362151	3.08783	3.07018(11)		35.7704(68)
21	Sc	3.03129	3.03479	2.77846	2.76160(32)		31.109(36)
22	Ti	2.748865	2.752716	2.513230	2.497238(37)		27.3105(25)
23	V	2.503827	2.507977	2.284102	2.26893(11)		24.206(11)
24	Cr	2.289877	2.2942769	2.084797	2.07016(17)		21.5867(53)
25	Mn	2.102104	2.106354	1.910318	1.896464(41)	19.363	19.4063(40)
26	Fe	1.936306	1.940433	1.756725	1.74362(10)	17.505	17.5402(33)
27	Co	1.789188	1.793214	1.620810	1.60836(15)	15.9071	15.9290(46)
28	Ni	1.658049	1.661995	1.499957	1.48824(25)	14.5215	14.5396(59)
29	Cu	1.54053273	1.5443158	1.392167	1.38059(16)	13.3366	13.2934(65)
30	Zn	1.435156	1.438992	1.295216	1.28338(15)	12.2487	12.134(14)
31	Ga	1.3400950	1.3439874	1.207739	1.195800(40)	11.2864	11.1038(27)
32	Ge	1.254056	1.258007	1.128807	1.116649(35)	10.4314	10.1913(36)
33	As	1.17593217	1.179921	1.057242	1.044757(51)	9.6687	9.3617(31)
34	Se	1.104778	1.108801	0.992152	0.979631(40)	8.98585	8.6464(35)

5 X線・電子・中性子回折

Z	元素記号	Kα_1	Kα_2	Kβ_1	K 吸収端	Lα_1	L$_{III}$吸収端
35	Br	1.039762	1.043826	0.932749	0.920164(45)	8.37126	7.9977(37)
36	Kr	0.9802672	0.9843491	0.8784956	0.865385(27)	7.81866	7.3841(17)
37	Rb	0.925596	0.929714	0.828679	0.81560(11)	7.31638	6.8623(56)
38	Sr	0.875298	0.879446	0.782905	0.769823(38)	6.86096	6.38937(84)
39	Y	0.828875	0.833059	0.740716	0.727750(23)	6.44657	5.9658(15)
40	Zr	0.7859601	0.7901805	0.7017665	0.668945(30)	6.068417	5.5816(14)
41	Nb	0.746191	0.750445	0.665722	0.653112(29)	5.72283	5.23538(92)
42	Mo	0.70931431	0.713598	0.632334	0.619906(64)	5.40539	4.9179(10)
43	Tc	0.675017	0.679318	0.601318	0.589119(23)	5.11390	4.62992(94)
44	Ru	0.6430879	0.6474145	0.5724781	0.560560(14)	4.844913	4.36776(28)
45	Rh	0.6132976	0.6176441	0.5456002	0.533951(10)	4.59662	4.12730(46)
46	Pd	0.5854592	0.5898209	0.5205111	0.509156(11)	4.367297	3.90656(61)
47	Ag	0.55941983	0.5638037	0.4970686	0.4859168(91)	4.154127	3.69818(55)
48	Cd	0.5350203	0.5394256	0.4751241	0.464135(12)	3.956024	3.50349(47)
49	In	0.512143	0.5165511	0.4545519	0.443740(1)	3.771638	3.32323(40)
50	Sn	0.4906118	0.4950596	0.4352406	0.424590(13)	3.599707	3.15566(62)
51	Sb	0.4703730	0.4748400	0.4170895	0.406612(12)	3.439129	2.99987(64)
52	Te	0.4513097	0.4557953	0.4000076	0.389703(13)	3.288937	2.85524(35)
53	I	0.4333284	0.437833	0.3839408	0.373788(10)	3.148235	2.72067(32)
54	Xe	0.4163576	0.42087902	0.3687296	0.3586974(24)	3.016404	2.590304(89)
55	Cs	0.4003097	0.4048482	0.354385	0.3445340(36)	2.89237	2.4736(18)
56	Ba	0.38512833	0.38968347	0.34082588	0.3311543(30)	2.775803	2.36307(11)
57	La	0.3707485	0.3753198	0.3279928	0.3184845(81)	2.666073	2.25933(33)
58	Ce	0.3570964	0.3616855	0.3157955	0.306553(13)	2.56108	2.16587(37)
59	Pr	0.3441494	0.3487550	0.3042490	0.2952794(55)	2.46280	2.07945(22)
60	Nd	0.33185096	0.33647270	0.2932898	0.2845509(39)	2.369998	1.99616(19)
61	Pm	0.3201607	0.3247982	0.282880		2.28227	
62	Sm	0.30903836	0.31369149	0.272984	0.2647055(44)	2.199264	1.84517(41)
63	Eu	0.2984457	0.3031139	0.2635673	0.2555478(53)	2.12081	1.77774(26)
64	Gd	0.2883516	0.2930347	0.254600	0.2467669(56)	2.04643	1.71092(17)
65	Tb	0.2787234	0.2834212	0.246054	0.238446(12)	1.97586	1.65009(28)
66	Dy	0.2695341	0.2742461	0.237902	0.230513(11)	1.908825	1.59202(32)
67	Ho	0.2607589	0.26548508	0.230122	0.2229345(47)	1.845108	1.53670(27)
68	Er	0.25236586	0.2571059	0.22268749	0.2156762(50)	1.784491	1.48318(27)
69	Tm	0.24434149	0.24909523	0.21558334	0.2087662(45)	1.7267749	1.43366(27)
70	Yb	0.2366603	0.2414276	0.208787	0.2021716(20)	1.671778	1.38730(14)
71	Lu	0.2293053	0.2340857	0.202287	0.1958195(20)	1.619486	1.341053(93)
72	Ha	0.2222572	0.2270507	0.196062	0.1897222(28)	1.569592	1.29700(13)
73	Ta	0.2154977	0.2203039	0.1900954	0.1839221(22)	1.521935	1.255141(88)
74	W	0.20901342	0.2138327	0.1843751	0.1783335(38)	1.476421	1.21948(13)
75	Re	0.2027835	0.2076150	0.1788824	0.1729752(18)	1.432881	1.176785(46)
76	Os	0.1968007	0.2016443	0.1736101	0.1678265(27)	1.391213	1.14004(13)
77	Ir	0.1910500	0.1959055	0.1685450	0.1628962(13)	1.351313	1.105404(59)
78	Pt	0.1855186	0.1903860	0.1636756	0.1581457(47)	1.313081	1.07199(11)
79	Au	0.18019143	0.18507025	0.15898870	0.1535873(29)	1.276432	1.04009(12)
80	Hg	0.1750729	0.1799637	0.1544864	0.1491907(57)	1.241258	1.00932(12)
81	Tl	0.1701352	0.1750378	0.1501460	0.1449597(21)	1207494	0.979570(65)
82	Pb	0.16537807	0.17029239	0.14596599	0.1408836(11)	1.175067	0.951157(63)
83	Bi	0.1607911	0.1657170	0.1419372	0.1369558(15)	1.143901	0.923880(58)
84	Po	0.156366	0.161303	0.138052	0.1331628(58)	1.113933	0.897554(85)
85	At	0.152095	0.157044	0.134304	0.129516(21)	1.085102	
86	Rn	0.147973	0.152933	0.130688	0.125995(30)	1.057354	
87	Fr	0.143988	0.148960	0.127194	0.125590(28)	1.030632	0.8251(27)
88	Ra	0.140137	0.145121	0.123818	0.1193118(94)	1.004885	0.802766(49)
89	Ac	0.136413	0.141408	0.120555	0.116134(20)	0.980070	
90	Th	0.13281940	0.13782662	0.11740710	0.1130729(55)	0.956154	0.76063(15)
91	Pa	0.1293324	0.1343514	0.1143530	0.1101118(23)	0.933002	0.740958(97)
92	U	0.12595719	0.13098790	0.11139808	0.10725630(63)	0.910674	0.722330(22)
93	Np	0.1226871	0.1277298	0.1085378		0.889223	
94	Pu	0.11951965	0.1245345	0.1057662		0.868290	
95	Am	0.1164503	0.1215174	0.1030806		0.848190	
96	Cm	0.1134742	0.1185536	0.1004790			
97	Bk	0.1105856	0.1156774	0.0979541			
98	Cf	0.1077829	0.112887				

International Tables for Crystallography, Vol. C, A. J. C. Wilson, ed., The International Union of Crystallography (1995), Kluwer Academic Publishers.

W の L 特性 X 線の波長

回折線	相対強度	波長$[10^{-10}$ m$]$	回折線	相対強度	波長$[10^{-10}$ m$]$	回折線	相対強度	波長$[10^{-10}$ m$]$
Lα_1	非常に強い	1.47634	Lβ_1	強い	1.28175	Lβ_3	中ぐらい	1.26247
Lα_2	中ぐらい	1.48738	Lβ_2	中ぐらい	1.24454	Lγ_1	中ぐらい	1.09851

5・2・4 一般に用いられる特性X線用 $K\beta$ 線除去フィルター

管球の種類	β フィルター	フィルター厚* [mm]	$K\alpha_1$ 線強度の減少割合 [%]	管球の種類	β フィルター	フィルター厚* [mm]	$K\alpha_1$ 線強度の減少割合 [%]
Ag	Pd	0.62	60	Fe	Mn	0.011	38
	Rh	0.062	59		Mn_2O_3	0.027	43
Mo	Zr	0.081	57		MnO_2	0.026	45
Cu	Ni	0.015	45	Cr	V	0.011	37
Ni	Co	0.013	42		V_2O_5	0.036	48
Co	Fe	0.012	39				

* $K\beta_1/K\alpha_1=1/100$ になるように調整した場合の $K\beta$ フィルターの厚さ

5・2・5 粉末X線回折用標準物質

標 準 物 質	結 晶 系	格子定数 $[10^{-10}\,m]$ (室温, 298K)
シリコン	立 方 晶	5.430940
ゲルマニウム	立 方 晶	5.6576
アルミナ (コランダム)	菱 面 体	$a=4.75893,\ c=12.9917$

5・2・6 質量吸収係数 $(\mu/\rho)\,[0.1\,m^2/kg]$ および密度 $\rho\,[Mg/m^3]$

原子番号	元素	密度 ρ $[Mg/m^3]$	$AgK\alpha$ $\lambda=0.561\times10^{-10}\,m$	$MoK\alpha$ $\lambda=0.711\times10^{-10}\,m$	$CuK\alpha$ $\lambda=1.542\times10^{-10}\,m$	$CoK\alpha$ $\lambda=1.790\times10^{-10}\,m$	$FeK\alpha$ $\lambda=1.937\times10^{-10}\,m$	$CrK\alpha$ $\lambda=2.291\times10^{-10}\,m$
2	He	0.1664×10^{-3}	1.93E−01	2.02E−01	2.92E−01	3.43E−01	3.81E−01	4.98E−01
3	Li	0.53	1.79E−01	1.98E−01	5.00E−01	6.93E−01	8.39E−01	1.30E+00
4	Be	1.82	2.09E−01	2.56E−01	1.11E+00	1.67E+00	2.09E+00	3.44E+00
5	B	2.3	2.67E−01	3.68E−01	2.31E+00	3.59E+00	4.55E+00	7.59E+00
6	C	2.22(黒鉛)	3.74E−01	5.76E−01	4.51E+00	7.07E+00	8.99E+00	1.50E+01
7	N	1.1649×10^{-3}	5.03E−01	8.45E−01	7.44E+00	1.17E+01	1.49E+01	2.47E+01
8	O	1.3318×10^{-3}	6.85E−01	1.22E+00	1.15E+01	1.80E+01	2.28E+01	3.78E+01
9	F	1.696×10^{-3}	8.79E−01	1.63E+00	1.58E+01	2.47E+01	3.13E+01	5.15E+01
10	Ne	0.8387×10^{-3}	1.23E+00	2.35E+00	2.29E+01	3.58E+01	4.52E+01	7.41E+01
11	Na	0.97	1.56E+00	3.03E+00	2.97E+01	4.62E+01	5.82E+01	9.49E+01
12	Mg	1.74	2.09E+00	4.09E+00	4.00E+01	6.19E+01	7.78E+01	1.26E+02
13	Al	2.70	2.59E+00	5.11E+00	4.96E+01	7.64E+01	9.59E+01	1.55E+02
14	Si	2.33	3.35E+00	6.64E+00	6.37E+01	9.78E+01	1.22E+02	1.96E+02
15	P	1.82(黄)	4.01E+00	7.97E+00	7.55E+01	1.15E+02	1.44E+02	2.30E+02
16	S	2.07(黄)	5.02E+00	9.99E+00	9.33E+01	1.42E+02	1.77E+02	2.81E+02
17	Cl	3.214×10^{-3}	5.79E+00	1.15E+01	1.06E+02	1.61E+02	2.00E+02	3.16E+02
18	Ar	1.6626×10^{-3}	6.46E+00	1.28E+01	1.16E+02	1.76E+02	2.18E+02	3.42E+02
19	K	0.86	8.19E+00	1.62E+01	1.45E+02	2.18E+02	2.70E+02	4.21E+02
20	Ca	1.55	9.79E+00	1.93E+01	1.70E+02	2.55E+02	3.14E+02	4.90E+02
21	Sc	2.5	1.06E+01	2.08E+01	1.80E+02	2.69E+02	3.32E+02	5.16E+02
22	Ti	4.54	1.19E+01	2.34E+01	2.00E+02	2.91E+02	3.58E+02	5.90E+02
23	V	6.0	1.33E+01	2.60E+01	2.19E+02	3.25E+02	3.99E+02	7.47E+01
24	Cr	7.19	1.54E+01	2.99E+01	2.47E+02	4.08E+02	4.92E+02	8.68E+01
25	Mn	7.43	1.70E+01	3.31E+01	2.70E+02	3.93E+02	6.16E+01	9.75E+01
26	Fe	7.87	1.94E+01	3.76E+01	3.02E+02	5.72E+01	7.10E+01	1.13E+02
27	Co	8.9	2.12E+01	4.10E+01	3.21E+02	6.32E+01	7.85E+01	1.24E+02
28	Ni	8.90	2.44E+01	4.69E+01	4.88E+01	7.35E+01	9.13E+01	1.44E+02
29	Cu	8.96	2.56E+01	4.91E+01	5.18E+01	7.80E+01	9.68E+01	1.53E+02
30	Zn	7.13	2.82E+01	5.40E+01	5.79E+01	8.71E+01	1.08E+02	1.71E+02
31	Ga	5.91	2.98E+01	5.70E+01	6.21E+01	9.34E+01	1.16E+02	1.83E+02
32	Ge	5.36	3.21E+01	6.12E+01	6.79E+01	1.02E+02	1.27E+02	1.99E+02
33	As	5.73	3.48E+01	6.61E+01	7.47E+01	1.12E+02	1.39E+02	2.19E+02
34	Se	4.81	3.68E+01	6.95E+01	8.00E+01	1.20E+02	1.49E+02	2.34E+02
35	Br	3.12(液体)	4.03E+01	7.56E+01	9.05E+01	1.33E+02	1.65E+02	2.60E+02
36	Kr	3.488×10^{-3}	4.25E+01	7.93E+01	9.52E+01	1.42E+02	1.76E+02	2.77E+02
37	Rb	1.53	4.59E+01	8.51E+01	1.04E+02	1.56E+02	1.93E+02	3.03E+02
38	Sr	2.6	4.91E+01	9.06E+01	1.13E+02	1.70E+02	2.10E+02	3.28E+02
39	Y	5.51	5.29E+01	9.70E+01	1.27E+02	1.85E+02	2.29E+02	3.58E+02
40	Zr	6.5	5.59E+01	1.63E+01	1.39E+02	2.00E+02	2.47E+02	3.86E+02
76	Os	22.5	5.41E+01	1.00E+02	1.84E+02	2.68E+02	3.27E+02	4.99E+02
77	Ir	22.5	5.63E+01	1.04E+02	1.91E+02	2.78E+02	3.40E+02	5.20E+02
78	Pt	21.4	5.83E+01	1.07E+02	1.88E+02	2.76E+02	3.57E+02	5.41E+02
79	Au	19.32	6.07E+01	1.12E+02	2.01E+02	2.95E+02	3.61E+02	5.51E+02
80	Hg	13.55	6.26E+01	1.15E+02	1.88E+02	2.73E+02	3.39E+02	5.41E+02

原子番号	元素	密度 ρ [Mg/m³]	AgKα $\lambda=0.561\times10^{-10}$ m	MoKα $\lambda=0.711\times10^{-10}$ m	CuKα $\lambda=1.542\times10^{-10}$ m	CoKα $\lambda=1.790\times10^{-10}$ m	FeKα $\lambda=1.937\times10^{-10}$ m	CrKα $\lambda=2.291\times10^{-10}$ m
81	Tl	11.85	6.45E+01	1.18E+02	2.26E+02	3.31E+02	4.03E+02	5.97E+02
82	Pb	11.34	6.66E+01	1.22E+02	2.35E+02	3.43E+02	4.20E+02	6.43E+02
83	Bi	9.80	6.91E+01	1.26E+02	2.44E+02	3.55E+02	4.34E+02	6.66E+02
88	Ra	5.0	7.93E+01	8.80E+01	2.73E+02	3.98E+02	4.87E+02	7.43E+02
90	Th	11.5	8.39E+01	9.65E+01	3.06E+02	4.06E+02	4.85E+02	7.68E+02
92	U	18.7	8.86E+01	1.02E+02	2.88E+02	4.20E+02	5.28E+02	7.66E+02

入射強度 I_0 の X 線が厚さ t の物質を通過したとき,透過強度 I は $I=I_0\exp\left[-\left(\dfrac{\mu}{\rho}\right)\rho t\right]=I_0\exp(-\mu t)$ で与えられる. また物質が複数の n 個の元素を含み,その密度が ρ_s であるとき,その物質の質量吸収係数 $\left(\dfrac{\mu}{\rho}\right)_s=\sum_{i=1}^{n}w_i\left(\dfrac{\mu}{\rho}\right)_i$ で与えられ,線吸収係数 $\mu_s=\left(\dfrac{\mu}{\rho}\right)_s\rho_s$ で与えられる. ここで w_i は含まれる元素の質量分率であり,$\left(\dfrac{\mu}{\rho}\right)_i$ は質量吸収係数である.

International Tables for Crystallography, Vol. C, A. J. C. Wilson, ed., The International Union of Crystallography (1995), Kluwer Academic Publishers.

5・3 電子回折

5・3・1 電子の波長

電子の波長 λ は

$$\lambda=\dfrac{h}{\sqrt{2m_0eV\left(1+\dfrac{eV}{2m_0c^2}\right)}}$$

で与えられる. ここで,h はプランクの定数,m_0 は電子の静止質量,e は電子の素電荷,V は加速電圧である. 次表は,λ の他に光速(c)に対する電子の速度(v)の比(v/c)と相対論補正の値を示してある.

電子の波長と相対論補正

V (kV)	λ (nm)	v/c	$\beta=[1-(v/c)^2]^{-1/2}$	V (kV)	λ (nm)	v/c	$\beta=[1-(v/c)^2]^{-1/2}$
80	0.00417572	0.50240	1.1566	700	0.00112928	0.90661	2.3699
100	0.00370144	0.54822	1.1957	800	0.00102695	0.92091	2.5656
120	0.00334922	0.58667	1.2348	900	0.00094269	0.93212	2.7613
150	0.00295704	0.63432	1.2935	1 000	0.00087192	0.94108	2.9570
180	0.00266550	0.67315	1.3523	1 250	0.00073571	0.95697	3.4462
200	0.00250793	0.69531	1.3914	1 300	0.00071361	0.95937	3.5440
300	0.00196875	0.77653	1.5871	1 500	0.00063745	0.96718	3.9354
400	0.00164394	0.82787	1.7828	2 000	0.00050432	0.97907	4.9139
500	0.00142126	0.86286	1.9785	2 500	0.00041783	0.98549	5.8924
600	0.00125680	0.88795	2.1742	3 000	0.00035693	0.98935	6.8709

5・3・2 電子の消衰距離

電子が結晶に入射すると回折を生じるが,回折波の強度は透過波の強度と相補的に変化し,試料厚さとともに周期的に減少と増大を繰り返す. その周期を消衰距離と呼ぶが,これは加速電圧や物質,回折波によって決定される. 次表に,種々の物質と回折波における,加速電圧 100 kV での電子の消衰距離を 10^{-1} nm の単位で示す.

回折線	Al	Cu	Ni	Ag	Pt	Au	Pb
111	556	242	236	224	147	159	240
200	673	281	275	255	166	179	266
220	1 057	416	409	363	232	248	359
311	1 300	505	499	433	274	292	418
222	1 377	535	529	455	288	307	436
400	1 672	654	652	544	343	363	505
331	1 877	745	745	611	385	406	555
420	1 943	776	776	634	398	420	572
422	2 190	897	896	724	453	477	638
511	2 363	985	983	792	494	519	688
333	2 363	985	983	792	494	519	688
440	2 637	1 126	1 120	901	558	587	772
531	2 798	1 206	1 196	964	594	626	822
600	2 851	1 232	1 221	984	606	638	838
442	2 851	1 232	1 221	984	606	638	838

回折線	Fe	Nb	回折線	Fe	Nb	回折線	Mg	Co	Zn	Zr	Cd
110	270	261	411	1 134	944	$\bar{1}$100	1 509	467	553	594	519
200	395	367	420	1 231	1 024	11$\bar{2}$0	1 409	429	497	493	438
211	503	457	332	1 324	1 102	$\bar{2}$200	3 348	1 027	1 180	1 151	1 023
220	606	539	422	1 414	1 178	$\bar{1}$101	1 001	306	351	379	324
310	712	619	510	1 500	1 251	$\bar{2}$201	2 018	620	704	691	608
222	820	699	431	1 500	1 251	0002	811	248	260	317	244
321	927	781	521	1 663	1 390	$\bar{1}$102	2 310	702	762	837	683
400	1 032	863				11$\bar{2}$2	1 710	524	578	590	501
						$\bar{2}$202	3 917	1 215	1 339	1 333	1 140

回折線	ダイヤモンド	Si	Ge
111	476	602	430
220	665	757	452
311	1 245	1 349	757
400	1 215	1 268	659
331	1 975	2 046	1 028
511	2 613	2 645	1 273
333	2 613	2 645	1 273
440	2 151	2 093	1 008

G. H. Smith, R. E. Burge: *Acta Cryst.*, 15(1962), 182.

5・3・3 電子に対する原子散乱振幅

1個の原子による電子の散乱振幅 f_e は

$$f_e = \frac{m_0 e^2}{2 h^2}\left(\frac{\lambda}{\sin \theta}\right)^2 (Z - f_e)$$

で与えられる。ここで，Z は原子番号，f は X 線に対する原子散乱因子である。次表は，各元素の原子散乱振幅を 10^{-1} nm 単位で示してあり，各加速電圧に対して相対論補正を施す必要がある。

元素	原子番号	$(\sin\theta)/\lambda$ $[10\text{ nm}^{-1}]$													
		0.00	0.05	0.10	0.15	0.20	0.25	0.30	0.35	0.40	0.50	0.60	0.70	0.80	0.90	1.00	1.10	1.20
H	1	0.529	0.508	0.453	0.382	0.311	0.249	0.199	0.160	0.131	0.089	0.064	0.048	0.037	0.029	0.024	0.020	0.017
He	2	(0.445)	0.431	0.403	0.368	0.328	0.288	0.250	0.216	0.188	0.142	0.109	0.086	0.068	0.055	0.046	0.038	0.032
Li	3	3.31	2.78	1.88	1.17	0.75	0.53	0.40	0.31	0.26	0.19	0.14	0.11	0.09	0.08	0.06	0.05	0.05
Be	4	3.09	2.82	2.23	1.63	1.16	0.83	0.61	0.47	0.37	0.25	0.19	0.15	0.12	0.10	0.08	0.07	0.06
B	5	2.82	2.62	2.24	1.78	1.37	1.04	0.80	0.62	0.50	0.33	0.24	0.18	0.14	0.12	0.10	0.08	0.07
C	6	2.45	2.26	2.09	1.74	1.43	1.15	0.92	0.74	0.60	0.41	0.30	0.22	0.18	0.14	0.12	0.10	0.08
N	7	2.20	2.10	1.91	1.68	1.44	1.20	1.00	0.83	0.69	0.48	0.35	0.27	0.21	0.17	0.14	0.11	0.10
O	8	2.01	1.95	1.80	1.62	1.42	1.22	1.04	0.88	0.75	0.54	0.40	0.31	0.24	0.19	0.16	0.13	0.11
F	9	(1.84)	(1.77)	1.69	(1.53)	1.38	(1.20)	1.05	(0.91)	0.78	0.59	0.44	0.35	0.27	0.22	0.18	0.15	(0.13)
Ne	10	(1.66)	1.59	1.53	1.43	1.30	1.17	1.04	0.92	0.80	0.62	0.48	0.38	0.30	0.24	0.20	0.17	0.14
Na	11	4.89	4.21	2.97	2.11	1.59	1.29	1.09	0.95	0.83	0.64	0.51	0.40	0.33	0.27	0.22	0.18	0.16
Mg	12	5.01	4.60	3.59	2.63	1.95	1.50	1.21	1.01	0.87	0.67	0.53	0.43	0.35	0.29	0.24	0.20	0.17
Al	13	(6.1)	5.36	4.24	3.13	2.30	1.73	1.36	1.11	0.93	0.70	0.55	0.45	0.36	0.30	0.25	0.22	(0.19)
Si	14	(6.0)	5.26	4.40	3.41	2.59	1.97	1.54	1.23	1.02	0.74	0.58	0.47	0.38	0.32	0.27	0.23	(0.20)
P	15	(5.4)	5.07	4.38	3.55	2.79	2.17	1.70	1.36	1.12	0.80	0.61	0.49	0.40	0.33	0.28	0.24	0.21
S	16	(4.7)	4.40	4.00	3.46	2.87	2.32	1.86	1.50	1.22	0.86	0.64	0.51	0.42	0.35	0.30	0.25	0.22
Cl	17	(4.6)	4.31	4.00	3.53	2.99	2.47	2.01	1.63	1.34	0.93	0.69	0.54	0.44	0.37	0.31	0.26	0.23
A	18	4.71	4.40	4.07	3.56	3.03	2.52	2.07	1.71	1.42	1.00	0.74	0.58	0.46	0.38	0.32	0.27	0.24
K	19	(9.0)	(7.0)	5.43	(4.10)	3.15	(2.60)	2.14	(1.90)	1.49	1.07	0.79	0.61	0.49	0.40	0.34	0.29	(0.25)
Ca	20	10.46	8.71	6.40	4.54	3.40	2.69	2.20	1.84	1.55	1.12	0.84	0.65	0.52	0.42	0.35	0.30	0.26
Sc	21	(9.7	8.35	6.30	4.63	3.50	2.75	2.29	1.92	1.62	1.18	0.89	0.69	0.54	0.44	0.37	0.32	0.27)
Ti	22	(8.9)	7.95	6.20	4.63	3.55	2.84	2.34	(1.97)	1.67	1.23	0.93	0.72	0.57	0.47	0.39	0.33	0.29
V	23	(8.4)	7.60	6.06	4.60	3.57	2.88	2.39	(2.02)	1.72	1.28	0.97	0.75	0.60	0.49	0.41	0.35	0.30
Cr	24	(8.0	7.26	5.85	4.55	3.56	2.89	2.42	2.06	1.76	1.32	1.01	0.80	0.63	0.51	0.43	0.36	0.31)
Mn	25	(7.7)	7.00	5.72	4.48	3.55	2.91	2.44	(2.08)	1.79	1.36	1.04	0.83	0.66	0.54	0.45	0.38	0.32
Fe	26	(7.4)	6.70	5.55	4.41	3.54	2.91	2.45	(2.11)	1.82	1.39	1.08	0.86	0.69	0.56	0.47	0.39	0.34
Co	27	(7.1)	6.41	5.41	4.34	3.51	2.91	2.46	(2.12)	1.84	1.42	1.11	0.89	0.71	0.58	0.49	0.41	0.35
Ni	28	(6.8)	6.22	5.27	4.27	3.48	2.90	2.47	(2.13)	1.86	1.46	1.14	0.92	0.74	0.61	0.50	0.43	0.36
Cu	29	(6.5	6.00	5.11	4.19	3.44	2.88	2.46	2.12	1.87	1.47	1.16	0.95	0.77	0.63	0.52	0.45	0.38)
Zn	30	6.2	5.84	4.98	4.11	3.39	2.86	2.45	(2.11)	1.88	1.48	1.19	0.96	0.78	0.65	0.54	0.46	0.39
Ga	31	(7.5)	6.70	5.62	4.51	3.64	3.00	2.53	2.18	1.91	1.50	0.90	0.81	0.67	0.56	0.47
Ge	32	(7.8)	6.89	5.93	4.81	3.87	3.16	2.63	2.24	1.94	1.51	1.22	0.99	0.83	0.69	0.58	0.49	0.42
As	33	(7.8)	6.99	6.05	5.01	4.07	3.32	2.74	2.31	1.99	1.54	1.23	1.01	0.85	0.71	0.59	0.50	0.43
Se	34	(7.7)	6.99	6.15	5.18	4.24	3.47	2.86	2.40	2.05	1.57	1.23	1.02	0.86	0.72	0.61	0.52	0.44
Br	35	(7.3)	6.80	6.15	5.25	4.37	3.60	2.97	2.49	2.12	1.60	1.27	1.04	0.88	0.73	0.62	0.53	0.45
Kr	36	(7.1)	6.70	6.13	5.31	4.47	3.71	3.08	2.58	2.19	1.64	1.29	1.05	0.90	0.75	0.64	0.55	0.47
Rb	37	8.0	7.75	6.92	5.85	4.80	3.93	3.26	2.75	2.35	1.77	1.38	1.10	0.90	0.75	0.63	0.54	0.47
Sr	38	8.2	7.85	7.04	5.96	4.89	4.00	3.32	2.80	2.40	1.81	1.41	1.13	0.92	0.77	0.65	0.55	0.48
Y	39	8.3	8.04	7.16	6.06	4.98	4.07	3.38	2.86	2.45	1.84	1.44	1.15	0.94	0.78	0.66	0.57	0.49
Zr	40	8.5	8.14	7.28	6.16	5.06	4.15	3.45	2.91	2.50	1.88	1.47	1.17	0.96	0.80	0.68	0.58	0.50
Nb	41	8.6	8.23	7.40	6.27	5.15	4.22	3.51	2.97	2.54	1.92	1.50	1.20	0.98	0.82	0.69	0.59	0.51
Mo	42	8.7	8.42	7.52	6.36	5.24	4.29	3.57	3.02	2.59	1.95	1.53	1.22	1.00	0.84	0.71	0.60	0.52
Tc	43	8.9	8.52	7.63	6.47	5.31	4.36	3.63	3.08	2.64	1.99	1.56	1.25	1.02	0.85	0.72	0.62	0.53
Ru	44	9.0	8.62	7.75	6.56	5.40	4.43	3.69	3.13	2.68	2.03	1.59	1.27	1.04	0.87	0.74	0.63	0.54
Rh	45	9.1	8.81	7.85	6.66	5.48	4.50	3.75	3.18	2.72	2.06	1.61	1.30	1.06	0.89	0.75	0.64	0.55
Pd	46	9.3	8.90	7.97	6.75	5.56	4.57	3.81	3.23	2.77	2.10	1.64	1.08	0.90	0.77	0.66	0.57
Ag	47	9.4	9.00	8.07	6.85	5.64	4.64	3.87	3.28	2.82	2.13	1.67	1.34	1.10	0.92	0.78	0.67	0.58
Cd	48	9.5	9.19	8.19	6.95	5.72	4.71	3.93	3.34	2.86	2.17	1.71	1.37	1.12	0.94	0.79	0.68	0.59
In	49	9.6	9.29	8.31	7.03	5.80	4.78	3.99	3.39	2.91	2.20	1.73	1.39	1.14	0.95	0.81	0.69	0.60
Sn	50	9.8	9.38	8.40	7.13	5.88	4.84	4.05	3.44	2.95	2.24	1.76	1.16	0.96	0.82	0.71	0.61
Sb	51	9.9	9.48	8.50	7.22	5.95	4.91	4.10	3.49	3.00	2.27	1.79	1.44	1.18	0.99	0.84	0.72	0.62
Te	52	10.0	9.57	8.62	7.31	6.03	4.97	4.16	3.54	3.04	2.31	1.81	1.46	1.20	1.00	0.85	0.73	0.63

( ) は外挿または内挿値，原子番号 1〜36 は自己無撞着場近似，37〜92 は Thomas-Fermi 近似．

5 X線・電子・中性子回折

元素	原子番号	$(\sin\theta)/\lambda$ $[10\,\mathrm{nm}^{-1}]$															
		0.00	0.05	0.10	0.15	0.20	0.25	0.30	0.35	0.40	0.50	0.60	0.70	0.80	0.90	1.00	1.10	1.20
I	53	10.1	9.77	8.71	7.39	6.11	5.04	4.22	3.59	3.08	2.34	1.84	1.48	1.22	1.02	0.87	0.74	0.64
Xe	54	10.2	9.86	8.81	7.49	6.19	5.10	4.27	3.64	3.13	2.38	1.87	1.51	1.24	1.04	0.88	0.76	0.66
Cs	55	10.4	9.96	8.93	7.57	6.26	5.17	4.33	3.68	3.17	2.41	1.90	1.53	1.26	1.05	0.89	0.77	0.67
Ba	56	10.5	10.05	9.02	7.66	6.34	5.23	4.39	3.73	3.21	2.45	1.93	1.55	1.28	1.07	0.91	0.78	0.68
La	57	10.6	10.15	9.12	7.75	6.40	5.30	4.44	3.78	3.26	2.48	1.95	1.57	1.30	1.09	0.92	0.79	0.69
Ce	58	10.7	10.24	9.21	7.84	6.49	5.36	4.50	3.83	3.30	2.51	1.98	1.60	1.32	1.10	0.94	0.80	0.70
Pr	59	10.8	10.44	9.31	7.92	6.56	5.42	4.55	3.88	3.34	2.55	2.01	1.62	1.33	1.12	0.95	0.82	0.71
Nd	60	10.9	10.53	9.41	8.01	6.63	5.48	4.60	3.93	3.38	2.58	2.03	1.64	1.35	1.13	0.96	0.83	0.72
Pm	61	11.0	10.63	9.53	8.10	6.70	5.55	4.66	3.97	3.43	2.61	2.06	1.66	1.37	1.15	0.98	0.84	0.73
Sm	62	11.1	10.72	9.62	8.17	6.77	5.61	4.71	4.02	3.47	2.65	2.09	1.69	1.39	1.17	0.99	0.85	0.74
Eu	63	11.2	10.82	9.72	8.25	6.85	5.67	4.77	4.07	3.51	2.68	2.11	1.71	1.41	1.18	1.00	0.86	0.75
Gd	64	11.4	10.92	9.79	8.34	6.91	5.73	4.82	4.11	3.55	2.71	2.14	1.73	1.43	1.20	1.02	0.88	0.76
Tb	65	11.5	11.01	9.88	8.42	6.98	5.79	4.87	4.16	3.59	2.74	2.17	1.75	1.45	1.21	1.03	0.89	0.77
Dy	66	11.6	11.11	9.98	8.50	7.05	5.85	4.92	4.20	3.63	2.78	2.19	1.77	1.47	1.23	1.05	0.90	0.78
Ho	67	11.7	11.20	10.08	8.58	7.12	5.91	4.98	4.25	3.67	2.81	2.22	1.80	1.48	1.25	1.06	0.91	0.79
Er	68	11.8	11.30	10.17	8.66	7.19	5.97	5.03	4.30	3.71	2.84	2.25	1.82	1.50	1.26	1.07	0.92	0.80
Tm	69	11.9	11.49	10.27	8.74	7.26	6.03	5.08	4.34	3.75	2.87	2.27	1.84	1.52	1.28	1.09	0.94	0.81
Yb	70	12.0	11.59	10.36	8.82	7.33	6.09	5.13	4.39	3.79	2.91	2.30	1.86	1.54	1.29	1.10	0.95	0.82
Lu	71	12.1	11.68	10.44	8.90	7.40	6.15	5.18	4.43	3.83	2.94	2.32	1.88	1.56	1.31	1.11	0.96	0.83
Hf	72	12.2	11.78	10.53	8.98	7.46	6.20	5.23	4.48	3.87	2.97	2.35	1.90	1.58	1.32	1.13	0.97	0.84
Ta	73	12.3	11.87	10.63	9.05	7.53	6.26	5.28	4.52	3.91	3.00	2.38	1.93	1.59	1.34	1.14	0.98	0.85
W	74	12.4	11.97	10.72	9.13	7.59	6.32	5.33	4.56	3.95	3.03	2.40	1.95	1.61	1.35	1.15	0.99	0.86
Re	75	12.5	12.06	10.79	9.21	7.66	6.38	5.38	4.61	3.99	3.06	2.43	1.97	1.63	1.37	1.17	1.01	0.87
Os	76	12.6	12.16	10.89	9.29	7.72	6.43	5.43	4.65	4.03	3.09	2.45	1.99	1.65	1.38	1.18	1.02	0.89
Ir	77	12.7	12.26	10.96	9.36	7.79	6.49	5.48	4.70	4.07	3.12	2.48	2.01	1.66	1.40	1.19	1.03	0.90
Pt	78	12.8	12.35	11.06	9.44	7.86	6.55	5.53	4.74	4.11	3.16	2.50	2.03	1.68	1.42	1.21	1.04	0.91
Au	79	12.9	12.45	11.13	9.51	7.92	6.60	5.58	4.78	4.14	3.19	2.53	2.05	1.70	1.43	1.22	1.05	0.92
Hg	80	13.0	12.54	11.23	9.58	7.98	6.66	5.63	4.83	4.18	3.22	2.55	2.07	1.72	1.45	1.23	1.06	0.93
Tl	81	13.1	12.64	11.32	9.66	8.05	6.71	5.68	4.87	4.22	3.25	2.58	2.10	1.74	1.46	1.25	1.07	0.94
Pb	82	13.2	12.69	11.39	9.74	8.11	6.77	5.73	4.91	4.26	3.28	2.60	2.12	1.75	1.48	1.26	1.09	0.95
Bi	83	13.2	12.75	11.49	9.81	8.18	6.82	5.77	4.95	4.30	3.31	2.63	2.14	1.77	1.49	1.27	1.10	0.96
U	92	14.1	13.60	12.21	10.45	8.73	7.31	6.19	5.33	4.63	3.58	2.85	2.33	1.93	1.62	1.39	1.20	1.04

J. A. Ibers, B. K. Vainshtein : International Crystallographic Tables, Vol. III, Tables 3.3.A(1) and A(2), (1962), Kynoch Press, Birmingham.

5・4 中性子回折

5・4・1 中性子核散乱振幅と断面積

1個の原子による干渉性核散乱振幅を $b_c[10^{-15}\,\mathrm{m}]$ とすれば，干渉性散乱断面積は $\sigma_c = 4\pi b_c^2 [10^{-28}\,\mathrm{m}^2]$ の和で表わされる．単位は 1 barn $= 10^{-28}\,\mathrm{m}^2$ も使用される．全散乱断面積 $\sigma_s [10^{-28}\,\mathrm{m}^2]$ は非干渉性散乱断面積と σ_c の和で表わされる．Z は原子番号，A は質量数，C_a は存在比を示す．

元素	Z	A	$C_a[\%]$	b_c	σ_c	σ_s	元素	Z	A	$C_a[\%]$	b_c	σ_c	σ_s
H	1	1	99.985	$-3.7406(11)$	1.7583(10)	81.67(4)	Si	14			4.149(1)	2.163(1)	2.178(2)
		2	0.015	6.671(4)	5.592(7)	7.63(3)	P	15	31	100	5.13(1)	3.307(13)	3.313(14)
He	2	4	99.99986	3.26(3)	1.34(2)	1.34(2)	S	16	32	95.02	2.804(2)	0.9880(14)	0.9880(14)
Li	3			$-1.90(3)$	0.454(14)	1.28(3)	Cl	17			9.5770(8)	11.5257(19)	16.7(2)
		6	7.5	2.0(1)	0.51(5)	0.97(5)	Ar	18	40	99.600	1.83(5)	0.42(2)	0.42(2)
				$-i \times 0.261(1)$			K	19			3.71(2)	1.73(2)	1.98(10)
		7	92.5	$-2.22(1)$	0.619(6)	1.30(3)	Ca	20			4.90(3)	3.02(4)	3.05(4)
Be	4	9	100	7.79(1)	7.63(2)	7.64(2)			40	96.941	4.99(3)	3.13(4)	3.13(4)
B	5			5.30(4)	3.54(5)	5.24(11)			44	2.086	1.8(1)	0.41(5)	0.41(5)
				$-i \times 0.213(2)$			Sc	21	45	100	12.29(11)	19.0(3)	23.7(6)
C	6	12	98.90	6.6511(16)	5.559(3)	5.559(3)	Ti	22			$-3.438(2)$	1.4853(17)	4.241(28)
		13	1.10	6.19(9)	4.81(14)	4.84(14)			46	8.0	4.73(6)	2.81(7)	2.81(7)
N	7	14	99.63	9.37(2)	11.03(5)	11.52(9)			47	7.3	3.53(7)	1.53(11)	3.07(21)
O	8	16	99.762	5.803(4)	4.232(6)	4.232(6)			48	73.8	$-6.025(15)$	4.562(23)	4.562(23)
F	9	19	100	5.654(12)	4.017(17)	4.018(17)			49	5.5	1.00(5)	0.126(13)	3.40(26)
Ne	10			4.547(11)	2.598(13)	2.606(13)			50	5.4	5.93(6)	4.42(12)	4.42(12)
Na	11	23	100	3.63(2)	1.66(2)	3.28(4)	V	23			$-0.4024(21)$	0.0203(2)	5.198(16)
Mg	12			5.375(4)	3.631(5)	3.708(8)	Cr	24			3.635(7)	1.660(6)	3.49(2)
Al	13	27	100	3.449(5)	1.495(4)	1.504(4)			52	83.79	4.920(10)	3.042(12)	3.042(12)

元素	Z	A	C_a[%]	b_c	σ_c	σ_s	元素	Z	A	C_a[%]	b_c	σ_c	σ_s
Mn	25	55	100	−3.73(2)	1.75(2)	2.15(3)	Ba	56			5.06(3)	3.22(4)	3.33(5)
Fe	26			9.54(6)	11.44(14)	11.83(14)	La	57	139	99.91	8.243(40)	8.54(8)	9.67(17)
		54	5.8	4.2(1)	2.2(1)	2.2(1)	Ce	58			4.84(2)	2.94(2)	2.94(10)
		56	91.7	10.03(7)	12.64(18)	12.64(18)			140	88.48	4.84(9)	2.94(11)	2.94(11)
		57	2.2	2.3(1)	0.66(6)	1.2(1.0)			142	11.08	4.75(9)	2.84(11)	2.84(11)
Co	27	59	100	2.50(3)	0.79(3)	5.6(3)	Pr	59	141	100	4.45(5)	2.49(6)	2.51(6)
Ni	28			10.3(1)	13.3(3)	18.5(3)	Nd	60			7.69(5)	7.43(10)	18.0(2.0)
		58	68.27	14.4(1)	26.1(4)	26.1(4)			142	27.16	7.7(3)	7.5(6)	7.5(6)
		60	26.10	2.8(1)	0.99(7)	0.99(7)			144	23.80	2.4(1)	0.72(6)	0.72(6)
		62	3.59	−8.7(2)	9.5(4)	9.5(4)			146	17.19	8.7(2)	9.5(4)	9.5(4)
Cu	29			7.718(4)	7.486(8)	8.01(4)	Pm	61					
		63	69.17	6.43(15)	5.2(2)	5.2(2)	Sm	62			4.2(3)	2.5(3)	52.(6.)
		65	30.83	10.61(19)	14.1(5)	14.5(5)					$-i \times 1.58(3)$		
Zn	30			5.689(14)	4.067(20)	4.128(10)			152	26.6	−5.0(6)	3.1(8)	3.1(8)
Ga	31			7.2879(16)	6.674(3)	6.7(2)			154	22.6	9.3(1.0)	11.(2.)	11.(2.)
Ge	32			8.1929(17)	8.435(4)	8.60(6)	Eu	63			6.73(3)	5.89(5)	8.0(2)
As	33	75	100	6.58(1)	5.44(2)	5.50(2)					$-i \times 1.27(3)$		
Se	34			7.970(9)	7.98(2)	8.31(6)	Gd	64			9.5(2)	34.5(5)	192.(4.)
Br	35			6.795(15)	5.80(3)	5.90(9)					$-i \times 13.59(3)$		
Kr	36			7.80(10)	7.65(20)	7.68(13)	Tb	65	159	100	7.38(3)	6.84(6)	6.84(6)
Rb	37			7.08(2)	6.30(4)	6.6(2)	Dy	66			16.9(2)	35.9(8)	90.4(1.7)
Sr	38			7.02(2)	6.19(4)	6.23(9)					$-i \times 0.261(4)$		
Y	39	89	100	7.75(2)	7.55(4)	7.70(4)	Ho	67	165	100	8.08(5)	8.20(10)	8.56(10)
Zr	40			7.16(3)	6.44(5)	6.60(14)	Er	68			8.03(3)	8.10(6)	9.3(7)
Nb	41	93	100	7.054(3)	6.253(5)	6.255(5)	Tm	69	169	100	7.07(3)	6.28(5)	6.38(9)
Mo	42			6.95(7)	6.07(12)	6.35(17)	Yb	70			12.41(3)	19.35(9)	23.05(18)
Tc	43						Lu	71			7.21(3)	6.53(5)	6.70(8)
Ru	44			7.21(7)	6.53(13)	6.6(1)	Hf	72			7.77(14)	7.6(3)	10.2(4)
Rh	45	103	100	5.88(4)	4.34(6)		Ta	73	181	99.988	6.91(7)	6.00(12)	6.01(12)
Pd	46			5.91(6)	4.39(9)	4.48(9)	W	74			4.77(5)	2.86(6)	4.86(13)
Ag	47			5.922(7)	4.407(10)	4.99(3)	Re	75			9.2(2)	10.6(5)	11.5(2)
		107	51.839	7.555(11)	7.17(2)	7.30(4)	Os	76			11.0(2)	15.2(6)	15.6(4)
		109	48.161	4.165(11)	2.18(1)	2.50(5)	Ir	77			10.6(2)	14.1(5)	14.3(2.8)
Cd	48			5.1(3)	3.3(4)	5.7(4)	Pt	78			9.60(1)	11.58(2)	11.72(11)
				$-i \times 0.70(1)$			Au	79	197	100	7.63(6)	7.32(12)	7.75(13)
In	49			4.065(20)	2.08(2)	2.62(11)	Hg	80			12.692(15)	20.24(5)	26.9(1)
				$-i \times 0.0539(4)$			Tl	81			8.776(4)	9.678(9)	9.83(15)
Sn	50			6.2257(19)	4.871(3)	4.893(5)	Pb	82			9.4017(20)	11.108(5)	11.111(5)
Sb	51			5.57(3)	3.90(4)	3.93(6)	Bi	83	209	100	8.5307(20)	9.145(4)	9.153(4)
Te	52			5.80(3)	4.23(4)	4.32(4)	Po	84					
		120	0.096	5.2(5)	3.4(7)	3.4(7)	At	85					
		123	0.908	−0.05(25)	0.002(3)	0.5(1)	Rn	86					
				$-i \times 0.12(1)$			Fr	87					
		124	4.816	7.95(10)	7.9(2)	7.9(2)	Ra	88					
		125	7.14	5.01(8)	3.15(10)	3.16(10)	Ac	89					
I	53	127	100	5.28(2)	3.50(3)	3.81(5)	Th	90	232	100	10.63(1)	14.20(3)	14.20(3)
Xe	54			4.85(13)	2.96(16)		Pa	91					
Cs	55	133	100	5.42(3)	3.69(3)	3.90(6)	U	92	238	99.275	8.402(5)	8.871(11)	8.871(11)

International Tables for Crystallography, Vol. C, A. J. C. Wilson, ed., The International Union of Crystallography (1995), Kluwer Academic Publishers.

5・5 微小部分析

5・5・1 特性X線検出のための分光結晶

分光結晶		面間隔 $[10^{-10}$ m]	分析可能元素		
名　称	化　学　式	と格子面	K殻	L殻	M殻
LiF (フッ化リチウム)	LiF	2.01 (200)	^{19}K−^{34}Se	^{49}In−^{84}Pb	
PET (ペンタエリトリトール)	C(CH$_2$OH)$_4$	4.40 (002)	^{14}Si−^{23}V	^{33}Sr−^{60}Nd	^{70}Yb−^{92}U
ADP (二水素リン酸アンモニウム)	NH$_4$H$_2$PO$_4$	5.32 (110)	^{12}Mg−^{22}Ti	^{33}As−^{55}Cs	^{65}Tb−^{92}U
RAP (酸性フタル酸ルビジウム)	C$_6$H$_4$(CCOH)(COORb)	13.05 (001)	^{8}O−^{13}Al	^{24}Cr−^{35}Br	^{47}Ag−^{71}Lu
TAP (酸性フタル酸タリウム)	C$_6$H$_4$(CCOH)(COOTl)	12.9 (001)	^{8}O−^{13}Al	^{24}Cr−^{35}Br	^{47}Ag−^{71}Lu
Pb ステアレート (ステアリン酸鉛)	Pb−(CH$_3$(CH$_2$)$_{16}$COO)$_2$	50.1	^{5}B−^{7}N	^{16}S−^{21}Sc	

5・5・2 電子プローブマイクロアナリシス定量のためのパラメータ

電子プローブマイクロアナリシスの定量においては、分析試料(unk)と標準試料(std)からの元素 A の特性 X 線の強度比 K_A に、原子番号(Z)補正、吸収(A)補正および蛍光励起(F)補正に関する補正項 G を乗じることにより濃度 C_A を求める。

a. 吸 収 補 正

吸収補正因子 G_A(Philibert 法)は次式で与えられる。

$$G_A = f(\chi)_{std}/f(\chi)_{unk}$$

ここで、$f(\chi)$ は

$$f(\chi) = (1+h)/(1+\chi/\sigma)\{1+h(1+\chi/\sigma)\}$$

である。$h = 1.24 A/Z^2$(A は平均原子量、Z は平均原子番号)、$\chi = (\mu/\rho)\mathrm{cosec}\theta$($(\mu/\rho)$ は平均質量吸収係数、θ は X 線取り出し角)であり、Lenard 数 σ は下表で与えられる。

吸収補正で用いる Lenard 数 σ

加速電圧 [kV]	σ	加速電圧 [kV]	σ	加速電圧 [kV]	σ	加速電圧 [kV]	σ
8	11800	15	5900	22	3200	29	1950
9	10650	16	5350	23	2950	30	1820
10	9600	17	4850	24	2725	31	1700
11	8700	18	4450	25	2550	32	1600
12	7850	19	4075	26	2375	33	1515
13	7100	20	3725	27	2200	34	1425
14	6450	21	3450	28	2075	35	1340

J. Philibert : Proc. 3rd Int. Sym. On X ray Optics and X-ray Microanalysis, (1962), p. 379, Academic Press.

b. 原子番号補正

原子番号補正因子 G_Z(Duncumb-Reed 法)は次式で与えられる。

$$G_Z = (R_{std}/R_{unk}) \cdot (S_{unk}/S_{std})$$

ここで、R は Z と $1/U$($U=E_0/E_k$; E_0 は加速エネルギー、E_k は臨界励起エネルギー)の関数として、下表で与えられる。S は阻止能と呼ばれ、

$$S = Z/A \ln(1.166(E/J))$$
$$E = (E_0 + E_k)/2$$

である。J は原子番号補正で用いる平均イオン化エネルギーであり、次式で与えられる。

$$J/Z = 14.0(1-e^{-Z/10}) + 75.5/Z^{Z/7.5} - Z/(100+Z)$$

Z と $1/U$ の関数としての R

Z \ $1/U$	0.01	0.10	0.20	0.30	0.40	0.50	0.60	0.70	0.80	0.90	1.00
0	1.000	1.000	1.000	1.000	1.000	1.000	1.000	1.000	1.000	1.000	1.000
10	0.934	0.944	0.953	0.961	0.968	0.975	0.981	0.988	0.993	0.997	1.000
20	0.856	0.873	0.888	0.903	0.917	0.933	0.948	0.963	0.977	0.990	1.000
30	0.786	0.808	0.828	0.847	0.867	0.888	0.911	0.935	0.959	0.981	1.000
40	0.735	0.760	0.782	0.804	0.827	0.851	0.878	0.907	0.938	0.970	1.000
50	0.693	0.718	0.741	0.764	0.789	0.817	0.847	0.881	0.919	0.959	1.000
60	0.662	0.688	0.713	0.737	0.764	0.793	0.825	0.862	0.904	0.950	1.000
70	0.635	0.663	0.687	0.713	0.740	0.770	0.805	0.844	0.889	0.941	1.000
80	0.611	0.639	0.665	0.691	0.718	0.750	0.785	0.826	0.874	0.932	1.000
90	0.592	0.613	0.639	0.665	0.695	0.730	0.767	0.811	0.862	0.924	1.000
99	0.578	0.606	0.634	0.661	0.691	0.725	0.763	0.806	0.858	0.921	1.000

P. Duncumb, S. J. Reed : Quantitative Electron Probe Microanalysis, No.278(1968), Nat. Bur. Stands. Spec. Pub.

加速電圧と原子番号の差の関数で表した D

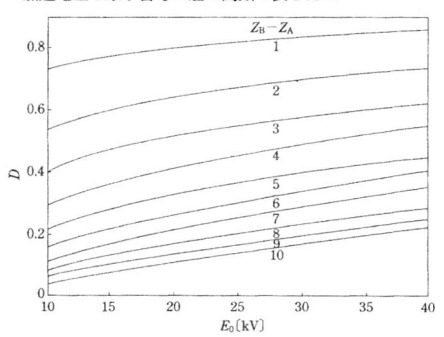

(図:横軸 E_0[kV](10〜40)、縦軸 D(0〜0.8)、曲線 $Z_B - Z_A = 1, 2, 3, 4, 5, 6, 7, 8, 9, 10$)

S. J. B. Reed : Brit. J. Appl. Phys., 16(1965), 913.

c. 蛍光励起補正

蛍光励起補正因子 G_F(Reed 法)は次式で与えられる。

$$G_F = 1/(1+r)$$
$$r = C_B \cdot J(A) \cdot D \cdot \{(\mu/\rho)_{std}/(\mu/\rho)_{unk}\} \cdot (g(x)+g(y))$$

ここで、C_B は元素 B の濃度で、$J(A)$ は次式で与えられ、D は左図で与えられる。x と y は、それぞれ X 線吸収と侵入電子に関する因子で、

$$x = (\mu/\rho)_{unk}^A/(\mu/\rho)_{unk}^B \times \mathrm{cosec}\theta$$
$$y = \sigma_B/(\mu/\rho)_{unk}^B \times \mathrm{cosec}\theta$$

であり、$g(x)$ と $g(y)$ は $g(u) = \ln(1+u)/u$ の関数形をもつ。また、σ_B は元素 A に対する元素 B の蛍光励起補正で用いる Lenard 数 σ であり、次式で与えられる。

$$\sigma = 4.5 \times 10^5/(E_0^{1.65} - E_k(A)^{1.65})$$

蛍光補正に関する因子 $J/(A)$ ($K\alpha$ の場合)

被励起元素		臨界励起元素の原子番号				$J(A)$		被励起元素		臨界励起元素の原子番号				$J(A)$	
元素名	Z	$K\alpha_1$	$K\beta_1$	$L\alpha_1$	$L\beta_1$	K	L	元素名	Z	$K\alpha_1$	$K\beta_1$	$L\alpha_1$	$L\beta_1$	K	L
Na	11	12	12	31	31	0.008	0.006	Cr	24	26	25	64	62	0.132	0.096
Mg	12	13	13	34	33	0.011	0.009	Mn	25	27	26	67	64	0.145	0.111
Al	13	14	14	36	36	0.015	0.011	Fe	26	28	27	69	66	0.155	0.123
Si	14	15	15	39	38	0.020	0.015	Co	27	29	28	72	68	0.17	0.14
P	15	16	16	41	41	0.025	0.019	Ni	28	30	29	74	70	0.18	0.155
S	16	17	17	44	43	0.032	0.024	Cu	29	31	30	77	72	0.20	0.175
Cl	17	18	18	46	45	0.039	0.030	Zn	30	32	31	79	74	0.21	0.19
K	19	20	20	52	50	0.056	0.045	Ga	31	33	32	82	77	0.22	0.21
Ca	20	21	21	55	53	0.067	0.056	Ge	32	34	33	85	79	0.24	0.23
Sc	21	22	22	57	55	0.078	0.071	As	33	35	34	87	81	0.25	0.24
Ti	22	24	23	59	57	0.102	0.079	Se	34	37	35	90	83	0.26	0.26
V	23	25	24	62	59	0.115	0.086								

S. J. B. Reed : *Brit. J. Appl. Phys.*, **16** (1965), 913.

IX 溶接・接合

1 被覆アーク溶接棒および溶接用ワイヤ JIS 規格など

1・1 軟鋼用被覆アーク溶接棒（JIS Z 3211-2000）

溶接棒の種類	被覆剤の系統	溶接姿勢[*1]	電流の種類[*2]	溶着金属の機械的性質			
				引張強さ〔MPa〕[*3]	降伏点〔MPa〕[*3]	伸び〔%〕	吸収エネルギー（0℃、Vノッチシャルピー）〔J〕
D 4301	イルミナイト系	F, V, O, H	ACまたはDC（±）	420以上	345以上	22以上	47以上
D 4303	ライムチタニヤ系	F, V, O, H	ACまたはDC（±）	〃	〃	22以上	27以上
D 4311	高セルロース系	F, V, O, H	ACまたはDC（±）	〃	〃	22以上	27以上
D 4313	高酸化チタン系	F, V, O, H	ACまたはDC（−）	〃	〃	17以上	―
D 4316	低水素系	F, V, O, H	ACまたはDC（+）	〃	〃	25以上	47以上
D 4324	鉄粉酸化チタン系	F, H	ACまたはDC（±）	〃	〃	17以上	―
D 4326	鉄粉低水素系	F, H	ACまたはDC（+）	〃	〃	25以上	47以上
D 4327	鉄粉酸化鉄系	F, H	FではACまたはDC（±）、HではACまたはDC（−）	〃	〃	25以上	27以上
D 4340	特殊系	F, V, O, H またはいずれかの姿勢	ACまたはDC（±）	〃	〃	22以上	27以上

*1 F：下向き、V：立向き、O：上向き、H：横向きまたは水平すみ肉
*2 AC：交流、DC（±）：直流棒プラスおよび棒マイナス、DC（−）：直流棒マイナス、DC（+）：直流棒プラス
*3 $1\,\text{MPa} = 1\,\text{N/mm}^2$、JIS では N/mm^2 と表記されている。

1・2 軟鋼用溶接棒性能比較表

			D 4301	D 4303	D 4311	D 4313	D 4316	D 4324	D 4326	D 4327
機械的および溶接性質		引張強さ〔MPa〕	420〜490	420〜490	420〜470	470〜540	470〜570	470〜540	470〜570	420〜490
		降伏点〔MPa〕	370〜440	370〜440	360〜430	400〜470	400〜500	400〜470	400〜500	370〜440
		伸び〔%〕	25〜32	26〜33	23〜30	17〜25	28〜35	17〜25	28〜35	25〜32
		衝撃値〔10^3 J/m^2〕	78〜147	98〜167	118〜186	59〜127	176〜294	59〜127	147〜245	69〜147
		耐割れ性	○	○	○	△	◎	△	◎	△
		X線性能	○	○	○	○	◎	○	◎	○
		耐ピット性	○	△	△	△	◎	△	◎	△
作業性	作業の難易	下向き	○	○	△	◎	○	◎	○	◎
		水平すみ肉 1層	○	○	△	◎	△	◎	△	◎
		〃 多層	○	○	×	○	△	○	△	×
		立向き（上進）	○	○	◎	○	○	―	―	―
		上向き	○	○	◎	○	○	―	―	―
	ビード外観	下向き	○	○	×	◎	△	◎	△	◎
		水平すみ肉	○	○	△	◎	△	◎	△	○
		立向き	○	○	◎	○	○	―	―	―
		アークの安定	○	○	◎	◎	△	◎	△	○
		スパッタ	○	○	×	◎	○	◎	○	◎
		スラグのはく離性	○	○	△	◎	◎[*]	◎	◎	◎
		アンダカット	○	○	◎	○	△	○	△	○
能率性		ビード伸び	○	○	×	○	×	◎	×	◎
		溶着速度**〔g/min〕	35	35	28	32	31	54	36	41

D 4301 を基準として ◎すぐれている、○良好、△やや劣る、×劣る。
* 初層を除く、** 棒径 $\phi 5$ でそれぞれの適正電流での値。

1・3 炭素鋼および低合金鋼用サブマージアーク溶接ワイヤとフラックス

a. ワイヤの化学成分 (JIS Z 3351-1999)

種類	成分系	化学成分 [mass%]								
		C	Si	Mn	P	S	Cu	Ni	Cr	Mo
YS-S 1	Si-Mn系	0.15 以下	0.15 以下	0.20〜0.90	0.030 以下	0.030 以下	0.40 以下	0.25 以下	0.15 以下	0.15 以下
YS-S 2		〃	〃	0.80〜1.40	〃	〃	〃	〃	〃	〃
YS-S 3		0.18 以下	0.15〜0.60	〃	〃	〃	〃	〃	〃	〃
YS-S 4		〃	0.15 以下	1.30〜1.90	〃	〃	〃	〃	〃	〃
YS-S 5		〃	0.15〜0.60	〃	〃	〃	〃	〃	〃	〃
YS-S 6		〃	0.15 以下	1.70〜2.80	〃	〃	〃	〃	〃	〃
YS-S 7		〃	0.15〜0.60	〃	〃	〃	〃	〃	〃	〃
YS-S 8		0.15 以下	0.35〜0.80	1.10〜2.10	〃	〃	〃	〃	〃	〃
YS-M 1	Mo系	0.18 以下	0.20 以下	1.30〜2.30	0.025 以下	0.025 以下	0.40 以下	0.25 以下	0.15 以下	0.15〜0.40
YS-M 2		〃	0.60 以下	〃	〃	〃	〃	〃	〃	〃
YS-M 3		〃	0.40 以下	0.30〜1.20	〃	〃	〃	〃	〃	0.30〜0.70
YS-M 4		〃	0.60 以下	1.10〜1.90	〃	〃	〃	〃	〃	〃
YS-M 5		〃	〃	1.70〜2.60	〃	〃	〃	〃	〃	〃
YS-CM 1	Cr-Mo系	0.15 以下	0.40 以下	0.30〜1.20	0.025 以下	0.025 以下	0.40 以下	0.25 以下	0.30〜0.70	0.30〜0.70
YS-CM 2		0.08〜0.18	〃	0.80〜1.60	〃	〃	〃	〃	〃	〃
YS-CM 3		0.15 以下	〃	1.70〜2.30	〃	〃	〃	〃	〃	〃
YS-CM 4		〃	〃	2.00〜2.80	〃	〃	〃	〃	0.30〜1.00	0.60〜1.20
YS-1CM 1		0.15 以下	0.60 以下	0.30〜1.20	0.025 以下	0.025 以下	0.40 以下	0.25 以下	0.80〜1.80	0.40〜0.65
YS-1CM 2		0.08〜0.18	〃	0.80〜1.60	〃	〃	〃	〃	〃	〃
YS-2CM 1		0.15 以下	0.35 以下	0.30〜1.20	〃	〃	〃	〃	2.20〜2.80	0.90〜1.20
YS-2CM 2		0.08〜0.18	〃	0.80〜1.60	〃	〃	〃	〃	〃	〃
YS-3CM 1		0.15 以下	0.35 以下	0.30〜1.20	〃	〃	〃	〃	2.75〜3.75	0.90〜1.20
YS-3CM 2		0.08〜0.18	〃	0.80〜1.60	〃	〃	〃	〃	〃	〃
YS-5CM 1		0.15 以下	0.60 以下	0.30〜1.20	〃	〃	〃	〃	4.50〜6.00	0.40〜0.65
YS-5CM 2		0.05〜0.15	〃	0.80〜1.60	〃	〃	〃	〃	〃	〃
YS-N 1	Ni系	0.15 以下	0.60 以下	1.30〜2.30	0.018 以下	0.018 以下	0.40 以下	0.40〜1.75	0.20 以下	0.15 以下
YS-N 2		〃	〃	0.50〜1.30	〃	〃	〃	2.20〜3.80	〃	〃
YS-NM 1	Ni-Mo系	0.15 以下	0.60 以下	1.30〜2.30	0.018 以下	0.018 以下	0.40 以下	0.40〜1.75	0.20 以下	0.30〜0.70
YS-NM 2		〃	〃	0.20〜0.60	1.30〜1.90	〃	〃	1.70〜2.30	〃	〃
YS-NM 3		0.05〜0.15	0.30 以下	1.80〜2.80	〃	〃	〃	0.80〜1.40	〃	0.50〜1.00
YS-NM 4		0.15 以下	0.60 以下	0.50〜1.30	〃	〃	〃	2.20〜3.80	〃	0.15〜0.40
YS-NM 5		〃	〃	〃	〃	〃	〃	〃	〃	0.30〜0.90
YS-NM 6		〃	〃	1.30〜2.30	〃	〃	〃	〃	〃	〃
YS-NCM 1	Ni-Cr-Mo系	0.05〜0.15	0.40 以下	1.30〜2.30	0.018 以下	0.018 以下	0.40 以下	0.40〜1.75	0.05〜0.70	0.30〜0.80
YS-NCM 2		0.10〜0.20	0.60 以下	1.20〜1.80	〃	〃	〃	1.50〜2.10	0.20〜0.60	〃
YS-NCM 3		0.05〜0.15	〃	1.30〜2.30	〃	〃	〃	2.10〜2.90	0.40〜0.90	0.40〜0.90
YS-NCM 4		0.10〜0.20	0.05〜0.45	1.30〜2.30	〃	〃	〃	2.10〜3.20	0.60〜1.20	0.30〜0.70
YS-NCM 5		0.08〜0.18	0.40 以下	0.20〜1.20	〃	〃	〃	3.00〜4.00	1.00〜2.00	〃
YS-NCM 6		〃	〃	〃	〃	〃	〃	4.50〜5.50	0.30〜0.70	〃
YS-CuC 1	Cu-Cr系	0.15 以下	0.30 以下	0.80〜2.20	0.030 以下	0.030 以下	0.20〜0.45	—	0.30〜0.60	—
YS-CuC 2		〃	〃	〃	〃	〃	0.30〜0.55	0.05〜0.80	0.50〜0.80	—
YS-G	—	0.20 以下	0.90 以下	3.00 以下	0.030 以下	0.030 以下	—	—	—	—

b. フラックスの化学成分 (JIS Z 3352-1988)

	フラックスのタイプ	化学成分 [mass%]			
		SiO_2	$SiO_2+MnO+TiO_2$	$CaO+MgO$	Fe
FS-FG 1	溶融フラックス	50 以上	—	—	—
FS-FG 2		55 以下	60 以上	—	—
FS-FG 3		55 以下	30〜80	12〜45	—
FS-FG 4		—	50 以下	22 以上	—
FS-FP 1	溶融フラックス (軽石状)	—	50 以上	—	—
FS-BN 1	ボンドフラックス	—	—	50 以下	10 以下
FS-BN 2		—	—	40〜80	10 以下
FS-BT 1	ボンドフラックス (鉄粉系)	—	—	50 以下	15〜60
FS-BT 2		—	—	40〜80	15〜60

1・4 軟鋼および高張力鋼用マグ溶接ソリッドワイヤ (JIS Z 3312-1999)

種類	ワイヤ 化学成分 [mass%]										シールドガスの種類	溶着金属の機械的性質			衝撃試験	
	C	Si	Mn	P	S	Cu	Ni	Cr	Mo	Al	Ti+Zr		引張強さ [MPa]	降伏点 [MPa]	伸び [%]	温度 [℃]	シャルピー吸収エネルギー [J]
YGW 11	0.15以下	0.55~1.10	1.40~1.10	0.030以下	0.030以下	0.50以下	–	–	–	0.10以下	0.30以下	CO_2	490 以上	390 以上	22 以上	0	47 以上
YGW 12	0.15以下	0.55~1.00	1.25~1.90	0.030以下	0.030以下	0.50以下	–	–	–	–	–	CO_2	〃	〃	〃	0	27 以上
YGW 13	0.15以下	0.55~1.10	1.35~1.90	0.030以下	0.030以下	0.50以下	–	–	–	0.10~0.50	0.30以下	CO_2	〃	〃	〃	0	27 以上
YGW 14	0.15以下	–	–	0.030以下	0.030以下	0.50以下	–	–	–	–	–	CO_2	420 以上	345 以上	〃	0	27 以上
YGW 15	0.15以下	0.40~1.00	1.00~1.60	0.030以下	0.030以下	0.50以下	–	–	–	0.10以下	0.13以下	80 Ar 20 CO_2	490 以上	390 以上	〃	−20	47 以上
YGW 16	0.15以下	0.40~1.00	0.85~1.60	0.030以下	0.030以下	0.50以下	–	–	–	–	–	80 Ar 20 CO_2	〃	〃	〃	−20	27 以上
YGW 17	0.15以下	–	–	0.030以下	0.030以下	0.50以下	–	–	–	–	–	80 Ar-20 CO_2	420 以上	345 以上	〃	−20	27 以上
YGW 18	0.15以下	0.55~1.10	1.40~2.60	0.030以下	0.030以下	0.50以下	–	–	0.40以下	0.10以下	0.30以下	CO_2	540 以上	430 以上	〃	0	47 以上
YGW 19	0.15以下	0.40~1.00	1.40~2.00	0.030以下	0.030以下	0.50以下	–	–	0.40以下	0.10以下	0.30以下	80 Ar-20 CO_2	〃	〃	〃	−20	47 以上
YGW 21	0.15以下	0.55~1.10	1.30~2.60	0.025以下	0.025以下	0.50以下	–	–	0.60以下	0.10以下	0.30以下	CO_2	570 以上	490 以上	19 以上	−5	47 以上
YGW 22	0.15以下	–	–	0.025以下	0.025以下	0.50以下	–	–	–	–	–	CO_2	〃	〃	〃	−5	27 以上
YGW 23	0.15以下	0.30~1.00	0.90~2.30	0.025以下	0.025以下	0.50以下	1.80以下	0.70以下	0.65以下	–	0.20以下	80 Ar-20 CO_2	〃	〃	〃	−20	47 以上
YGW 24	0.15以下	–	–	0.025以下	0.025以下	0.50以下	–	–	–	–	–	80 Ar-20 CO_2	〃	〃	〃	−20	27 以上

1・5 高張力鋼用被覆アーク溶接棒 (JIS Z 3212-2000)

種類	被覆剤の系統	溶接姿勢*	電流の種類*	溶着金属の機械的性質					溶着金属の水素量 [cm³/100g]
				引張試験			衝撃試験		
				引張強さ [MPa]	降伏点または0.2%耐力 [MPa]	伸び [%]	試験温度 [℃]	シャルピー吸収エネルギー [J]	
D 5001	イルミナイト系	F, V, O, H	AC または DC(±)	490 以上	390 以上	20 以上	0	47 以上	–
D 5003	ライムチタニヤ系	F, V, O, H	AC または DC(±)	490 以上	390 以上	20 以上	0	47 以上	–
D 5016	低水素系	F, V, O, H	AC または DC(+)	490 以上	390 以上	23 以上	0	47 以上	15 以下
D 5316				520 以上	410 以上	20 以上	0	47 以上	12 以下
D 5816				570 以上	490 以上	18 以上	−5	47 以上	10 以下
D 6216				610 以上	500 以上	17 以上	−20	39 以上	9 以下
D 7016				690 以上	550 以上	16 以上	−20	39 以上	9 以下
D 7616				750 以上	620 以上	15 以上	−20	39 以上	7 以下
D 8016				780 以上	665 以上	15 以上	−20	39 以上	6 以下
D 5026	鉄粉低水素系	F, H	AC または DC(+)	490 以上	390 以上	23 以上	0	47 以上	15 以下
D 5326				520 以上	410 以上	20 以上	0	47 以上	12 以下
D 5826				570 以上	490 以上	18 以上	−5	47 以上	10 以下
D 6226				610 以上	500 以上	17 以上	−20	39 以上	9 以下
D 5000	特殊系	F, V, O, H またはいずれかの姿勢	AC または DC(±)	490 以上	390 以上	20 以上	0	47 以上	–
D 8000				780 以上	665 以上	13 以上	0	34 以上	6 以下

* 記号は1・1に同じ

1・6 モリブデン鋼およびクロムモリブデン鋼用被覆アーク溶接棒 (JIS Z 3223-2000)

溶接棒の種類	被覆剤の系統	電流の種類*	溶着金属の化			
			C	Mo	Cr	Ni
DT 1216	低水素系	AC または DC (+)	0.12 以下	0.40〜0.65	—	—
DT 2315	低水素系	DC (+)	0.05 以下	0.40〜0.65	1.00〜1.50	—
DT 2313	高酸化チタン系	AC または DC (−)	0.12 以下	0.40〜0.65	1.00〜1.50	—
DT 2316	低水素系	AC または DC (+)	0.12 以下	0.40〜0.65	1.00〜1.50	—
DT 2318	鉄粉低水素系	AC または DC (+)	0.12 以下	0.40〜0.65	1.00〜1.50	—
DT 2415	低水素系	DC (+)	0.05 以下	0.90〜1.20	2.00〜2.50	—
DT 2413	高酸化チタン系	AC または DC (−)	0.12 以下	0.90〜1.20	2.00〜2.50	—
DT 2416	低水素系	AC または DC (+)	0.12 以下	0.90〜1.20	2.00〜2.50	—
DT 2418	鉄粉低水素系	AC または DC (+)	0.12 以下	0.90〜1.20	2.00〜2.50	—
DT 2516	低水素系	AC または DC (+)	0.10 以下	0.45〜0.65	4.00〜6.00	0.40 以下
DT 2616	低水素系	AC または DC (+)	0.10 以下	0.85〜1.20	8.00〜10.50	0.40 以下

* 記号は 1・1 に同じ

1・7 低温用鋼用被覆アーク溶接棒 (JIS Z 3241-1999)

溶接棒		溶接姿勢*	電流の種類*	溶着金属の化学成分 [mass%]			
種類	被覆剤の系統			C	Si	Mn	P
DL 5016-3 X 0				0.10以下	0.80以下	0.80〜2.00	0.025以下
DL 5016-4 X 0				0.10以下	0.80以下	0.80〜2.00	0.025以下
DL 5016-4 X 1				0.10以下	0.80以下	0.60〜1.80	0.025以下
DL 5016-6 X 0				0.10以下	0.80以下	0.80〜2.00	0.025以下
DL 5016-6 X 1	低水素系	F, V, O, H		0.10以下	0.80以下	0.60〜1.80	0.025以下
DL 5016-6 X 2				0.10以下	0.80以下	1.50以下	0.025以下
DL 5016-6 X 3				0.08以下	0.60以下	1.25以下	0.025以下
DL 5016-10 X 3			ACまたはDC(+)	0.08以下	0.60以下	1.25以下	0.025以下
DL 5016-10 X 4				0.06以下	0.60以下	1.00以下	0.025以下
DL 5026-3 X 0				0.10以下	0.80以下	0.80〜2.00	0.025以下
DL 5026-4 X 0				0.10以下	0.80以下	0.80〜2.00	0.025以下
DL 5026-4 X 1	鉄粉低水素系	F, H		0.10以下	0.80以下	0.60〜1.80	0.025以下
DL 5026-6 X 0				0.10以下	0.80以下	0.80〜2.00	0.025以下
DL 5026-6 X 1				0.10以下	0.80以下	0.60〜1.80	0.025以下
DL 5026-6 X 2				0.10以下	0.80以下	1.50以下	0.025以下

* 記号は 1・1 に同じ

1 被覆アーク溶接棒および溶接用ワイヤJIS規格など

化学成分〔mass%〕				溶着金属の機械的性質			
Mn	Si	P	S	引張強さ〔MPa〕	降伏点または耐力〔MPa〕	伸び〔%〕	熱処理
0.90以下	0.80以下	0.040以下	0.040以下	490以上	390以上	25以上	620±15℃で1時間加熱
0.90以下	1.00以下	0.040以下	0.040以下	530以上	390以上	19以下	690±15℃で1時間加熱
0.90以下	0.80以下	0.040以下	0.040以下	560以上	460以上	16以上	〃
0.90以下	0.80以下	0.040以下	0.040以下	560以上	460以上	19以上	〃
0.90以下	0.80以下	0.040以下	0.040以下	560以上	460以上	19以上	〃
0.90以下	1.00以下	0.040以下	0.040以下	560以上	460以上	17以上	〃
0.90以下	0.80以下	0.040以下	0.040以下	630以上	530以上	14以上	〃
0.90以下	0.80以下	0.040以下	0.040以下	630以上	530以上	17以上	〃
0.90以下	0.80以下	0.040以下	0.040以下	630以上	530以上	17以上	〃
0.75以下	0.90以下	0.040以下	0.030以下	560以上	460以上	19以上	740±15℃で1時間加熱
1.00以下	0.90以下	0.040以下	0.030以下	560以上	460以上	19以上	〃

		溶着金属の機械的性質					
S	Ni	引張強さ〔MPa〕	降伏点〔MPa〕	伸び〔%〕	熱処理	衝撃試験温度〔℃〕	シャルピー吸収エネルギー〔J〕
0.020以下	0.80未満			20以上	620±15℃ -1 h	-30	
0.020以下	0.80未満			〃	〃	-45	
0.020以下	0.80以上 2.00未満			〃	〃	〃	
0.020以下	0.80未満			〃	〃	-60	
0.020以下	0.80以上 2.00未満			〃	〃	〃	
0.020以下	2.00以上 3.00未満			〃	〃	〃	
0.020以下	3.00以上 4.00未満				600±15℃ -1 h	〃	
0.020以下	3.00以上 4.00未満	490以上	365以上		〃	-105	平均値 27以上 個々の値 21以上
0.020以下	4.00以上			16以上	〃	〃	
0.020以下	0.80未満			20以上	620±15℃ -1 h	-30	
0.020以下	0.80未満			〃	〃	-45	
0.020以下	0.80以上 2.00未満			〃	〃	〃	
0.020以下	0.80未満			〃	〃	-60	
0.020以下	0.80以上 2.00未満			〃	〃	〃	
0.020以下	2.00以上 3.00未満			〃	〃	〃	

1・8 ステンレス鋼被覆アーク溶接棒 (JIS Z 3221-2003)

溶接棒の種類		溶接姿勢*	電流の種類*	溶着金属の				
				C	Si	Mn	P	S
D 307	15	F, V, O, H	DC(+)	0.13 以下	0.90 以下	3.00～8.00	0.040 以下	0.030 以下
	16	〃	AC または DC(+)	〃	〃	〃	〃	〃
D 308	15	〃	DC(+)	0.08 以下	0.90 以下	2.50 以下	0.040 以下	0.030 以下
	16	〃	AC または DC(+)	〃	〃	〃	〃	〃
D 308 L	15	〃	DC(+)	0.04 以下	0.90 以下	2.50 以下	0.040 以下	0.030 以下
	16	〃	AC または DC(+)	〃	〃	〃	〃	〃
D 308 N 2	15	〃	DC(+)	0.10 以下	0.90 以下	1.00～4.00	0.040 以下	0.030 以下
	16	〃	AC または DC(+)	〃	〃	〃	〃	〃
D 309	15	〃	DC(+)	0.15 以下	0.90 以下	2.50 以下	0.040 以下	0.030 以下
	16	〃	AC または DC(+)	〃	〃	〃	〃	〃
D 309 L	15	〃	DC(+)	0.04 以下	0.90 以下	2.50 以下	0.040 以下	0.030 以下
	16	〃	AC または DC(+)	〃	〃	〃	〃	〃
D 309 Nb	15	〃	DC(+)	0.12 以下	0.90 以下	2.50 以下	0.040 以下	0.030 以下
	16	〃	AC または DC(+)	〃	〃	〃	〃	〃
D 309 NbL	15	〃	DC(+)	0.04 以下	0.90 以下	2.50 以下	0.040 以下	0.030 以下
	16	〃	AC または DC(+)	〃	〃	〃	〃	〃
D 309 Mo	15	〃	DC(+)	0.12 以下	0.90 以下	2.50 以下	0.040 以下	0.030 以下
	16	〃	AC または DC(+)	〃	〃	〃	〃	〃
D 309 MoL	15	〃	DC(+)	0.04 以下	0.90 以下	2.50 以下	0.040 以下	0.030 以下
	16	〃	AC または DC(+)	〃	〃	〃	〃	〃
D 310	15	〃	DC(+)	0.20 以下	0.75 以下	2.50 以下	0.030 以下	0.030 以下
	16	〃	AC または DC(+)	〃	〃	〃	〃	〃
D 310 Mo	15	〃	DC(+)	0.12 以下	0.75 以下	2.50 以下	0.030 以下	0.030 以下
	16	〃	AC または DC(+)	〃	〃	〃	〃	〃
D 312	15	〃	DC(+)	0.15 以下	0.90 以下	2.50 以下	0.040 以下	0.030 以下
	16	〃	AC または DC(+)	〃	〃	〃	〃	〃
D 16-8 2	15	〃	DC(+)	0.10 以下	0.50 以下	2.50 以下	0.040 以下	0.030 以下
	16	〃	AC または DC(+)	〃	〃	〃	〃	〃
D 316	15	〃	DC(+)	0.08 以下	0.90 以下	2.50 以下	0.040 以下	0.030 以下
	16	〃	AC または DC(+)	〃	〃	〃	〃	〃
D 316 L	15	〃	DC(+)	0.04 以下	0.90 以下	2.50 以下	0.040 以下	0.030 以下
	16	〃	AC または DC(+)	〃	〃	〃	〃	〃
D 316 J 1 L	15	〃	DC(+)	0.04 以下	0.90 以下	2.50 以下	0.040 以下	0.030 以下
	16	〃	AC または DC(+)	〃	〃	〃	〃	〃
D 317	15	〃	DC(+)	0.08 以下	0.90 以下	2.50 以下	0.040 以下	0.030 以下
	16	〃	AC または DC(+)	〃	〃	〃	〃	〃
D 317 L	15	〃	DC(+)	0.04 以下	0.90 以下	2.50 以下	0.040 以下	0.030 以下
	16	〃	AC または DC(+)	〃	〃	〃	〃	〃
D 318	15	〃	DC(+)	0.08 以下	0.90 以下	2.50 以下	0.040 以下	0.030 以下
	16	〃	AC または DC(+)	〃	〃	〃	〃	〃
D 329 J 1	15	〃	DC(+)	0.08 以下	0.90 以下	1.50 以下	0.040 以下	0.030 以下
	16	〃	AC または DC(+)	〃	〃	〃	〃	〃
D 347	15	〃	DC(+)	0.08 以下	0.90 以下	2.50 以下	0.040 以下	0.030 以下
	16	〃	AC または DC(+)	〃	〃	〃	〃	〃
D 347 L	15	〃	DC(+)	0.04 以下	0.90 以下	2.50 以下	0.040 以下	0.030 以下
	16	〃	AC または DC(+)	〃	〃	〃	〃	〃
D 349	15	〃	DC(+)	0.13 以下	0.90 以下	2.50 以下	0.040 以下	0.030 以下
	16	〃	AC または DC(+)	〃	〃	〃	〃	〃
D 410	15	〃	DC(+)	0.12 以下	0.90 以下	1.00 以下	0.040 以下	0.030 以下
	16	〃	AC または DC(+)	〃	〃	〃	〃	〃
D 410 Nb	15	〃	DC(+)	0.12 以下	0.90 以下	1.00 以下	0.040 以下	0.030 以下
	16	〃	AC または DC(+)	〃	〃	〃	〃	〃
D 430	15	〃	DC(+)	0.10 以下	0.90 以下	1.00 以下	0.040 以下	0.030 以下
	16	〃	AC または DC(+)	〃	〃	〃	〃	〃
D 430 Nb	15	〃	DC(+)	0.10 以下	0.90 以下	1.00 以下	0.040 以下	0.030 以下
	16	〃	AC または DC(+)	〃	〃	〃	〃	〃
D 630	15	〃	DC(+)	0.05 以下	0.75 以下	0.25～0.75	0.040 以下	0.030 以下
	16	〃	AC または DC(+)	〃	〃	〃	〃	〃

* 記号は 1・1 に同じ

1・9 溶接用ステンレス鋼溶加棒およびソリッドワイヤ (JIS Z 3321-2003)

種類	化学成分 [mass%]								その他
	C	Si	Mn	P	S	Ni	Cr	Mo	
Y 308	0.08 以下	0.65 以下	1.0～2.5	0.03 以下	0.03 以下	9.0～11.0	19.5～22.0	—	—
Y 308 L	0.030 以下	0.65 以下	1.0～2.5	0.03 以下	0.03 以下	9.0～11.0	19.5～22.0	—	—
Y 308 N 2	0.10 以下	0.90 以下	1.0～4.0	0.03 以下	0.03 以下	7.0～11.0	20.0～25.0	—	N 0.12～0.3
Y 309	0.12 以下	0.65 以下	1.0～2.5	0.03 以下	0.03 以下	12.0～14.0	23.0～25.0	—	—
Y 309 L	0.030 以下	0.65 以下	1.0～2.5	0.03 以下	0.03 以下	12.0～14.0	23.0～25.0	—	—
Y 309 Mo	0.12 以下	0.65 以下	1.0～25	0.03 以下	0.03 以下	12.0～14.0	23.0～25.0	2.0～3.0	—
Y 310	0.15 以下	0.65 以下	1.0～2.5	0.03 以下	0.03 以下	20.0～22.5	25.0～28.0	—	—
Y 310 S	0.08 以下	0.65 以下	1.0～2.5	0.03 以下	0.03 以下	20.0～22.5	25.0～28.0	—	—
Y 312	0.15 以下	0.65 以下	1.0～2.5	0.03 以下	0.03 以下	8.0～10.5	28.0～32.0	—	—
Y 16-8-2	0.10 以下	0.65 以下	1.0～2.5	0.03 以下	0.03 以下	7.5～9.5	14.5～16.5	1.0～2.0	—
Y 316	0.08 以下	0.65 以下	1.0～2.5	0.03 以下	0.03 以下	11.0～14.0	18.0～20.0	2.0～3.0	—
Y 316 L	0.030 以下	0.65 以下	1.0～2.5	0.03 以下	0.03 以下	11.0～14.0	18.0～20.0	2.0～3.0	—
Y 316 J 1 L	0.030 以下	0.65 以下	1.0～2.5	0.03 以下	0.03 以下	11.0～14.0	18.0～20.0	2.0～3.0	Cu 1.0～2.5
Y 317	0.08 以下	0.65 以下	1.0～2.5	0.03 以下	0.03 以下	13.0～15.0	18.5～20.5	3.0～4.0	—
Y 317 L	0.030 以下	0.65 以下	1.0～2.5	0.03 以下	0.03 以下	13.0～15.0	18.5～20.5	3.0～4.0	—
Y 321	0.08 以下	0.65 以下	1.0～2.5	0.03 以下	0.03 以下	9.0～10.5	18.5～20.5	—	Ti 9×C～1.0
Y 347	0.08 以下	0.65 以下	1.0～2.5	0.03 以下	0.03 以下	9.0～11.0	19.0～21.5	—	Nb 10×C～1.0
Y 347 L	0.030 以下	0.65 以下	1.0～2.5	0.03 以下	0.03 以下	9.0～11.0	19.0～21.5	—	Nb 10×C～1.0
Y 410	0.12 以下	0.50 以下	0.6 以下	0.03 以下	0.03 以下	0.6 以下	11.5～13.5	0.75 以下	—
Y 430	0.10 以下	0.50 以下	0.6 以下	0.03 以下	0.03 以下	0.6 以下	15.5～17.0	—	—

化学成分 [mass%]				熱処理	溶着金属の機械的性質	
Ni	Cr	Mo	その他		引張試験	
					引張強さ [MPa]	伸び [%]
9.0〜11.0	18.0〜21.0	0.50〜1.50	—		590 以上	30 以上
〃	〃	〃			〃	〃
9.0〜11.0	18.0〜21.0	—	—		550 以上	35 以上
〃	〃				〃	〃
9.0〜12.0	18.0〜21.0	—	—		510 以上	35 以上
〃	〃				〃	〃
7.0〜11.0	20.0〜25.0	—	N 0.12〜0.30		690 以上	25 以上
〃	〃		〃		〃	〃
12.0〜14.0	22.0〜25.0	—	—		550 以上	30 以上
〃	〃				〃	〃
12.0〜16.0	22.0〜25.0	—	—		510 以上	30 以上
〃	〃				〃	〃
12.0〜14.0	22.0〜25.0	—	Nb 0.70〜1.00		550 以上	30 以上
〃	〃		〃		〃	〃
12.0〜14.0	22.0〜25.0	—	Nb 0.70〜1.00		510 以上	30 以上
〃	〃		〃		〃	〃
12.0〜14.0	22.0〜25.0	2.00〜3.00	—		550 以上	30 以上
〃	〃	〃			〃	〃
12.0〜14.0	22.0〜25.0	2.00〜3.00	—		510 以上	30 以上
〃	〃	〃			〃	〃
20.0〜22.0	25.0〜28.0	—	—		550 以上	30 以上
〃	〃				〃	〃
22.0〜22.0	25.0〜28.0	2.00〜3.00	—		550 以上	30 以上
〃	〃	〃			〃	〃
8.0〜10.5	28.0〜32.0	—	—		660 以上	22 以上
〃	〃				〃	〃
7.5〜9.5	14.5〜16.5	1.00〜2.00	—		550 以上	35 以上
〃	〃	〃			〃	〃
11.0〜14.0	17.0〜20.0	2.00〜2.75	—		550 以上	30 以上
〃	〃	〃			〃	〃
11.0〜16.0	17.0〜20.0	2.00〜2.75	—		510 以上	35 以上
〃	〃	〃			〃	〃
11.0〜16.0	17.0〜20.0	1.20〜2.75	Cu 1.00〜2.50		510 以上	35 以上
〃	〃	〃	〃		〃	〃
12.0〜14.0	18.0〜21.0	3.00〜4.00	—		550 以上	30 以上
〃	〃	〃			〃	〃
12.0〜16.0	18.0〜21.0	3.00〜4.00	—		510 以上	30 以上
〃	〃	〃			〃	〃
11.0〜14.0	17.0〜20.0	2.00〜2.50	Nb 6×C%〜1.00		550 以上	25 以上
〃	〃	〃	〃		〃	〃
6.0〜8.0	23.0〜28.0	1.00〜3.00	—		590 以上	18 以上
〃	〃	〃			〃	〃
9.0〜11.0	18.0〜21.0	—	Nb 8×C%〜1.00		550 以上	30 以上
〃	〃		〃		〃	〃
9.0〜11.0	18.0〜21.0	—	Nb 8×C%〜1.00		510 以上	30 以上
〃	〃		〃		〃	〃
8.0〜10.0	18.0〜21.0	0.35〜0.65	W 1.25〜1.75, Nb 0.75〜1.20		690 以上	25 以上
〃	〃	〃	〃		〃	〃
0.60 以下	11.0〜14.0	—	—	730〜760℃-1 h	450 以上	20 以上
〃	〃			〃	〃	〃
0.60 以下	11.0〜14.0	—	Nb 0.50〜1.50	730〜760℃-1 h	450 以上	20 以上
〃	〃		〃	〃	〃	〃
0.60 以下	15.0〜18.0	—	—	760〜785℃-2 h	480 以上	20 以上
〃	〃			〃	〃	〃
0.60 以下	15.0〜18.0	—	Nb 0.50〜1.50	760〜785℃-2 h	480 以上	20 以上
〃	〃		〃	〃	〃	〃
4.50〜50.0	16.0〜16.75	0.75 以下	Nb 0.15〜0.30, Cu 3.25〜4.00	1 025〜1 050℃-1 h +610〜630℃-4 h	930 以上	7 以上
〃	〃	〃	〃	〃	〃	〃

1・10 鋳鉄用被覆アーク溶接棒 (JIS Z 3252-2001)

種類	溶接棒の化学成分 [mass%]							
	C	Si	Mn	P	S	Ni	Fe	Cu
DFCNi	1.8 以下	2.5 以下	1.0 以下	0.04 以下	0.04 以下	92 以下	—	—
DFCNiFe	2.0 以下	2.5 以下	2.5 以下	0.04 以下	0.04 以下	40〜60	残部	—
DFCNiCu	1.7 以下	1.0 以下	2.0 以下	0.04 以下	0.04 以下	60 以下	2.5 以下	25〜35
DFCCI	1.0〜5.0	2.5〜9.5	1.0 以下	0.20 以下	0.04 以下	—	残部	—
DFCFe	0.15 以下	1.0 以下	0.8 以下	0.03 以下	0.04 以下	—	残部	—

1・11 ニッケルおよびニッケル合金被覆アーク溶接棒 (JIS Z 3224-1999)

溶接棒 種類	種別	溶接姿勢[*1]	電流の種類[*1]	C	Si	Mn	P	S	溶着金 Ni[*2]	Cu
DNi-1	15	F, V, O, H	DC(+)	0.10 以下	1.25 以下	0.75 以下	0.020 以下	0.020 以下	92.0 以上	0.25 以下
	16	〃	AC または DC(+)	〃	〃	〃	〃	〃	〃	〃
DNiCu-1	15	〃	DC(+)	0.15 以下	1.25 以下	4.0 以下	0.020 以下	0.025 以下	62.0〜70.0	残部
	16	〃	AC または DC(+)	〃	〃	〃	〃	〃	〃	〃
DNiCu-4	15	〃	DC(+)	0.40 以下	1.0 以下	4.0 以下	0.020 以下	0.025 以下	62.0〜70.0	残部
	16	〃	AC または DC(+)	〃	〃	〃	〃	〃	〃	〃
DNiCu-7	15	〃	DC(+)	0.15 以下	1.0 以下	4.0 以下	0.020 以下	0.015 以下	62.0〜68.0	残部
	16	〃	AC または DC(+)	〃	〃	〃	〃	〃	〃	〃
DNiCrFe-1	15	〃	DC(+)	0.08 以下	0.75 以下	3.5 以下	0.020 以下	0.015 以下	62.0 以上	0.50 以下
	16	〃	AC または DC(+)	〃	〃	〃	〃	〃	〃	〃
DNiCrFe-1J	15	〃	DC(+)	0.08 以下	0.75 以下	1.5〜3.5	0.020 以下	0.015 以下	68.0 以上	0.50 以下
	16	〃	AC または DC(+)	〃	〃	〃	〃	〃	〃	〃
DNiCrFe-2	15	〃	DC(+)	0.10 以下	0.75 以下	1.0〜3.5	0.020 以下	0.020 以下	62.0 以上	0.50 以下
	16	〃	AC または DC(+)	〃	〃	〃	〃	〃	〃	〃
DNiCrFe-3	15	〃	DC(+)	0.10 以下	1.0 以下	5.0〜9.5	0.020 以下	0.015 以下	59.0 以上	0.50 以下
	16	〃	AC または DC(+)	〃	〃	〃	〃	〃	〃	〃
DNiMo-1	15	F, H	DC(+)	0.07 以下	1.0 以下	1.0 以下	0.040 以下	0.030 以下	残部	0.50 以下
	16	〃	AC または DC(+)	〃	〃	〃	〃	〃	〃	〃
DNiCrMo-2	15	〃	DC(+)	0.05〜0.15	〃	〃	0.040 以下	0.030 以下	残部	0.50 以下
	16	〃	AC または DC(+)	〃	〃	〃	〃	〃	〃	〃
DNiCrMo-3	15	F, V, O, H	DC(+)	0.10 以下	0.75 以下	1.0 以下	0.030 以下	0.020 以下	55.0 以上	0.50 以下
	16	〃	AC または DC(+)	〃	〃	〃	〃	〃	〃	〃
DNiCrMo-4	15	F, H	DC(+)	0.02 以下	0.2 以下	1.0 以下	0.040 以下	0.030 以下	残部	0.50 以下
	16	〃	AC または DC(+)	〃	〃	〃	〃	〃	〃	〃
DNiCrMo-5	15	〃	DC(+)	0.10 以下	1.0 以下	1.0 以下	0.040 以下	0.030 以下	残部	0.50 以下
	16	〃	AC または DC(+)	〃	〃	〃	〃	〃	〃	〃

[*1] 記号は 1・1 に同じ
[*2] ニッケルの中には，不純物として入ってくるコバルトを含める。
[*3] 特別の要求がある場合には，コバルトは 0.12% 以下とする。

1・12 銅および銅合金被覆アーク溶接棒 (JIS Z 3231-1999)

溶接棒 種類	成分系	種別	電流の種類[*1]	溶着金 Cu (含 Ag)	Sn	Si	Mn
DCu	銅	DC	DC(+)	95.0 以上	—	0.5 以下	3.0 以下
		AC	AC または DC(+)				
DCuSiA	けい素青銅	DC	DC(+)	93.0 以上	—	1.0〜2.0	3.0 以下
DCuSiB		AC	AC または DC(+)	92.0 以上		2.5〜4.0	3.0 以下
DCuSnA	りん青銅	DC	DC(+)	残部	5.0〜7.0	*	*
DCuSnB		AC	AC または DC(+)	残部	7.0〜9.0	*	*
DCuAl	アルミニウム青銅	DC	DC(+)	残部		1.0 以下	2.0 以下
		AC	AC または DC(+)				
DCuAlNi	特殊アルミニウム青銅	DC	DC(−)	残部		1.0 以下	2.0 以下
		AC	AC または DC(+)				
DCuNi-1[*2]	白銅	DC	DC(+)	残部		0.5 以下	2.5 以下
DCuNi-3[*2]		AC	AC または DC(+)	残部		0.5 以下	2.5 以下

[*1] 記号は 1・1 に同じ
[*2] S は 0.015% 以下

属 の 化 学 成 分 [mass%]										溶着金属の機械的性質	
Cr	Fe	Mo	Nb+Ta	Co	Al	Ti	V	W	その他の合計*5	引張強さ[MPa]	伸び[%]
—	0.76以下	—	—	—	1.0以下	1.0~4.0	—	—	0.50以下	420以上	20以上
—	〃	—	—	—	〃	〃	—	—	〃	〃	〃
—	2.5以下	—	3.0以下	—	1.0以下	1.5以下	—	—	0.50以下	490以上	30以上
—	〃	—	〃	—	—	—	—	—	〃	〃	〃
—	2.5以下	—	—	—	1.5以下	1.0以下	—	—	0.50以下	490以上	30以上
—	〃	—	—	—	〃	〃	—	—	〃	〃	〃
—	2.5以下	—	—	—	0.75以下	1.0以下	—	—	0.50以下	490以上	30以上
—	〃	—	—	—	〃	〃	—	—	〃	〃	〃
13.0~17.0	11.0以下	—	1.5~4.0*4	—	—	—	—	—	0.50以下	560以上	30以上
〃	〃	—	—	—	—	—	—	—	〃	〃	〃
13.0~17.0	11.0以下	—	0.5~3.0	—	—	—	—	—	0.50以下	560以上	30以上
〃	〃	—	〃	—	—	—	—	—	〃	〃	〃
13.0~17.0	12.0以下	0.50~2.50	0.5~3.0*4	*3	—	—	—	—	0.50以下	560以上	30以上
〃	〃	〃	〃	*3	—	—	—	—	〃	〃	〃
13.0~17.0	10.0以下	—	1.0~2.5*4	*3	—	1.0以下	—	—	0.50以下	560以上	30以上
〃	〃	—	〃	*3	—	〃	—	—	〃	〃	〃
1.0以下	4.0~7.0	26.0~30.0	—	2.5以下	—	—	0.60以下	1.0以下	0.50以下	700以上	25以上
〃	〃	〃	—	〃	—	—	〃	〃	〃	〃	〃
20.5~23.0	17.0~20.0	8.0~10.0	—	0.50~2.50	—	—	—	0.20~1.0	0.50以下	660以上	20以上
〃	〃	〃	—	〃	—	—	—	〃	〃	〃	〃
20.0~23.0	7.0以下	8.0~10.0	3.15~4.15	*3	—	—	—	—	0.50以下	760以上	30以上
〃	〃	〃	〃	*3	—	—	—	—	〃	〃	〃
14.5~16.5	4.0~7.0	15.0~17.0	—	2.50以下	—	0.35以下	3.0~4.5	—	0.50以下	700以上	25以上
14.5~16.5	4.0~7.0	15.0~18.0	—	2.50以下	—	0.35以下	3.0~4.5	—	0.50以下	700以上	25以上
〃	〃	〃	—	〃	—	〃	〃	—	〃	〃	〃

*4 特別の要求がある場合には,タンタルは 0.30% 以下とする.
*5 その他の元素は,通常の分析過程において含有が認められた場合に限り分析を行う.

属 の 化 学 成 分 [mass%]							溶着金属の機械的性質		
P	Pb	Al	Fe	Ni	Zn	*の成分の合計	引張強さ[MPa]	伸び[%]	硬さ[HB]
0.30以下	*0.02以下	*	*	*	*	0.50以下	180以上	20以上	—
0.30以下	*0.02以下	*	—	*	*	0.50以下	250以上	22以上	—
0.30以下	*0.02以下	*	—	*	*	0.50以下	270以上	20以上	—
0.30以下	*0.02以下	*	*	*	*	0.50以下	250以上	15以上	—
0.30以下	*0.02以下	*	*	*	*	0.50以下	270以上	12以上	—
—	*0.02以下	7.0~10.0	1.5以下	0.5以下	*	0.50以下	390以上	15以上	100以上
—	*0.02以下	7.0~10.0	2.0~6.0	2.0以下	*	0.50以下	490以上	13以上	120以上
0.020以下	*0.02以下	Ti 0.5以下	2.5以下	9.0~11.0	*	0.50以下	270以上	20以上	—
0.020以下	*0.02以下	Ti 0.5以下	2.5以下	29.0~33.0	*	0.50以下	350以上	20以上	—

1・13 アルミニウムおよびアルミニウム合金溶加棒ならびにワイヤ (JIS Z 3232-2000)

種類*1	溶加棒ならびにワイヤ 化学成分 [mass%]											溶接継手の引張強さ [MPa]
	Si	Fe	Cu	Mn	Mg	Cr	Zn	V, Zr	Ti	その他*2 個々 / 合計		Al	
A 1070-BY A 1070-WY	0.20 以下	0.25 以下	0.04 以下	0.03 以下	0.03 以下	—	0.04 以下	—	0.03 以下	0.03 以下	—	99.70 以上	55 以上
A 1100-BY A 1100-WY	Si+Fe 1.0 以下		0.05 ~0.20	0.05 以下	—	—	0.10 以下	—	—	0.05 以下	0.15 以下	99.00 以上	75 以上
A 1200-BY A 1200-WY	Si+Fe 1.0 以下		0.05 以下	0.05 以下	—	—	0.10 以下	—	0.05 以下	0.05 以下	0.15 以下	99.00 以上	75 以上
A 2319-BY A 2319-WY	0.20 以下	0.30 以下	5.8 ~6.8	0.20 ~0.40	0.02 以下	—	0.10 以下	V 0.05~0.15 Zr 0.10~0.25	0.10 ~0.20	0.05 以下	0.15 以下	残部	245 以上
A 4043-BY A 4043-WY	4.5 ~6.0	0.8 以下	0.30 以下	0.05 以下	0.05 以下	—	0.10 以下	—	0.20 以下	0.05 以下	0.15 以下	残部	165 以上
A 4047-BY A 4047-WY	11.0 ~13.0	0.8 以下	0.30 以下	0.15 以下	0.10 以下	—	0.20 以下	—	—	0.05 以下	0.15 以下	残部	165 以上
A 5554-BY A 5554-WY	0.25 以下	0.40 以下	0.10 以下	0.50 ~1.0	2.4 ~3.0	0.05 ~0.20	0.25 以下	—	0.05 ~0.20	0.05 以下	0.15 以下	残部	215 以上
A 5654-BY A 5654-WY	Si+Fe 0.45 以下		0.05 以下	0.01 以下	3.1 ~3.9	0.15 ~0.35	0.20 以下	—	0.05 ~0.15	0.05 以下	0.15 以下	残部	205 以上
A 5356-BY A 5356-WY	0.25 以下	0.40 以下	0.10 以下	0.05 ~0.20	4.5 ~5.5	0.05 ~0.20	0.10 以下	—	0.06 ~0.20	0.05 以下	0.15 以下	残部	265 以上
A 5556-BY A 5556-WY	0.25 以下	0.40 以下	0.10 以下	0.50 ~1.0	4.7 ~5.5	0.05 ~0.20	0.25 以下	—	0.05 ~0.20	0.05 以下	0.15 以下	残部	275 以上
A 5183-BY A 5183-WY	0.40 以下	0.40 以下	0.10 以下	0.50 ~1.0	4.3 ~5.2	0.05 ~0.25	0.25 以下	—	0.15 以下	0.05 以下	0.15 以下	残部	275 以上

*1 種類のBYは棒、WYはワイヤ
*2 規定された成分以外の成分を特に添加する場合は、この範囲内とする。ただし、Be は 0.0008% 以下とする。

2 各種ろうのJIS規格など

2・1 銀ろう (JIS Z 3261-1998)

種類	化学成分 [mass%]								参考値		
	Ag	Cu	Zn	Cd	Ni	Sn	Li	その他の 元素合計*	固相線温度 [℃]	液相線温度 [℃]	ろう付 温度[℃]
BAg-1	44.0~46.0	14.0~16.0	14.0~18.0	23.0~25.0	—	—	—	0.15 以下	約 605	約 620	620~760
BAg-1A	49.0~51.0	14.5~16.5	14.5~18.5	17.0~19.0	—	—	—	0.15 以下	約 625	約 635	635~760
BAg-2	34.0~36.0	25.0~27.0	19.0~23.0	17.0~19.0	—	—	—	0.15 以下	約 605	約 700	700~845
BAg-3	49.0~51.0	14.5~16.5	13.5~17.5	15.0~17.0	2.5~3.5	—	—	0.15 以下	約 630	約 690	690~815
BAg-4	39.0~41.0	29.0~31.0	26.0~30.0	—	1.5~2.5	—	—	0.15 以下	約 670	約 780	780~900
BAg-5	44.0~46.0	29.0~31.0	23.0~27.0	—	—	—	—	0.15 以下	約 665	約 745	745~845
BAg-6	49.0~51.0	33.0~35.0	14.0~18.0	—	—	—	—	0.15 以下	約 690	約 775	775~870
BAg-7	55.0~57.0	21.0~23.0	15.0~19.0	—	—	4.5~5.5	—	0.15 以下	約 620	約 650	650~760
BAg-7A	44.0~46.0	26.0~28.0	23.0~27.0	—	—	2.5~3.5	—	0.15 以下	約 640	約 680	680~770
BAg-7B	33.0~35.0	35.0~37.0	25.0~29.0	—	—	2.5~3.5	—	0.15 以下	約 630	約 730	730~820
BAg-8	71.0~73.0	残部	—	—	—	—	—	0.15 以下	約 780	約 780	780~900
BAg-8A	71.0~73.0	残部	—	—	—	—	0.15~0.30	0.15 以下	約 770	約 770	770~870
BAg-8B	59.0~61.0	残部	—	—	—	9.5~10.5	—	0.15 以下	約 720	約 720	720~840
BAg-20	29.0~31.0	37.0~39.0	30.0~34.0	—	—	—	—	0.15 以下	約 675	約 765	765~870
BAg-20A	24.0~26.0	40.0~42.0	33.0~35.0	—	—	—	—	0.15 以下	約 700	約 800	800~890
BAg-21	62.0~64.0	27.5~29.5	—	—	2.0~3.0	5.0~7.0	—	0.15 以下	約 690	約 800	800~900
BAg-24	49.0~50.0	19.0~21.0	26.0~30.0	—	1.5~2.5	—	—	0.15 以下	約 660	約 705	705~800

* その他の元素とは、Pb, Fe などをいう。

2・2 その他の銀ろう例

a. 特殊銀ろう

化学成分 [mass%]		固相線 [℃]	液相線 [℃]	用途
Ag	その他			
85	15 Mn	960		耐熱性銀ろう。400℃程度までの使用温度に耐える
80	20 Au	970	985	耐熱材料用
70	20 Zn-10 Cd	710~730		チタン用
95	5 Al	840	870	チタンおよびチタン合金用
60	30 Cu-10 Sn	600	720	炉内ろう付用
68	27 Cu-5 Sn	604	730	
63	27 Cu-10 In	660	780	

b. 耐熱金属,ステライトに適する銀ろう

種類	化学成分 [mass%]							融点 [℃]	流動点 [℃]
	Ag	Cu	Mn	Ni	Sn	Zn	Cd		
BAg-3	50	15.5	—	3	—	15.5	16	410	677
特	65	28	5	2	—	—	—	752	783
特	85	—	15	—	—	—	—	964	971
特	57.5	32.5	3	—	7	—	—	604	776

c. 歯科用銀ろうの成分例 [mass%]

Ag	Cu	Zn	Sn	Cd	融点 [℃]
42	33	—	25	—	600
50	15.5	16.5	—	18	621
60	25	15	—	—	682
65	20	15	—	—	693
70	20	10	—	—	724

2・3 銅および銅合金ろう (JIS Z 3262-1998)

種類	化学成分 [mass%]							その他の元素* 合計	参考値		
	Cu	Zn	Sn	Ni	Mn	P	Si		固相線温度 [℃]	液相線温度 [℃]	ろう付温度 [℃]
BCu-1	99.99 以上	—	—	—	—	—	—	0.10 以下	約1083	約1083	1095~1150
BCu-1A	99.00 以上	—	—	—	—	—	—	0.30 以下	約1083	約1083	1095~1150
BCu-2*	86.50 以上	—	—	—	—	—	—	0.50 以下	約1083	約1083	1095~1150
BCu-3	残部	—	5.5~7.0	—	—	0.01~0.40	—	0.50 以下	約910	約1040	1040~1100
BCu-4	残部	—	11.0~13.0	—	—	0.01~0.40	—	0.50 以下	約825	約990	990~1050
BCu-5	58.0~62.0	残部	—	—	—	—	0.2~0.4	0.50 以下	約900	約905	905~955
BCu-6	57.0~61.0	残部	0.25~1.0	—	—	—	0.2~0.4	0.50 以下	約890	約900	900~955
BCu-7	56.0~62.0	残部	0.5~1.5	0.5~1.5	0.2~1.0	0.1~0.5	—	0.50 以下	約870	約890	890~955
BCu-8	46.0~50.0	残部	0.2 以下	8.0~11.0	0.2 以下	0.15~0.5	—	0.50 以下	約890	約920	920~980

* 主成分は,酸化銅で混練されている有機物バインダは除く。

2・4 アルミニウム合金ろう (JIS Z 3263-2002)

合金番号	種類		化学成分 [mass%]								その他		Al	参考値		
	形状	記号	Si	Fe	Cu	Mn	Mg	Cr	Zn	Ti	Bi	個々	合計		固相線温度 [℃]	液相線温度 [℃]	ろう付温度 [℃]
4343	板,条 皮材	BA 4343 P	6.8~8.2	0.8 以下	0.25 以下	0.10 以下	—	—	0.20 以下	—	—	0.05 以下	0.15 以下	残部	577	615	600~620
4045	線 棒 板,条 皮材	BA 4045 W BA 4045 B BA 4045 P	9.0~11.0	0.8 以下	0.30 以下	0.05 以下	0.05 以下	—	0.10 以下	0.20 以下	—	0.05 以下	0.15 以下	残部	577	590	590~605
4004	皮材	—	9.0~10.5	0.8 以下	0.25 以下	0.10 以下	1.0~2.0	—	0.20 以下	—	—	0.05 以下	0.15 以下	残部	559	591	590~605
4005	皮材	—	9.5~10.5	0.8 以下	0.25 以下	0.10 以下	0.20~1.0	—	0.20 以下	—	—	0.05 以下	0.15 以下	残部	559	596	590~605
4N04	皮材	—	10.5~13.0	0.8 以下	0.25 以下	0.10 以下	1.0~2.0	—	0.20 以下	—	—	0.05 以下	0.15 以下	残部	568	579	580~605
4104	皮材	—	9.0~10.5	0.8 以下	0.25 以下	0.10 以下	—	—	0.20 以下	—	0.02~0.20	0.05 以下	0.15 以下	残部	559	591	590~605
4N43	皮材	—	6.8~8.2	0.8 以下	0.25 以下	0.10 以下	—	0.5~3.0	0.15 以下	—	—	0.05 以下	0.15 以下	残部	576	609	600~620
4N45	皮材	—	9.0~11.0	0.8 以下	0.30 以下	0.05 以下	0.05 以下	0.5~3.0	0.15 以下	—	—	0.05 以下	0.15 以下	残部	576	588	590~605
4145	棒	BA 4145 B	9.3~10.7	0.8 以下	3.3~4.7	0.15 以下	0.15 以下	—	0.20 以下	—	—	0.05 以下	0.15 以下	残部	520	585	570~605
4047	線 棒 板,条 皮材	BA 4047 W BA 4047 B BA 4047 P	11.0~13.0	0.8 以下	0.15 以下	0.15 以下	0.10 以下	—	0.20 以下	—	—	0.05 以下	0.15 以下	残部	577	580	580~605

2・5 りん銅ろう (JIS Z 3264-1998)

種類	化学成分 [mass%]				参考値		
	P	Ag	Cu	その他の元素合計*	固相線温度 [°C]	液相線温度 [°C]	ろう付温度 [°C]
BCuP-1	4.8～5.3	―	残部	0.2 以下	約 710	約 925	790～930
BCuP-2	6.8～7.5	―	残部	0.2 以下	約 710	約 795	735～845
BCuP-3	5.8～6.7	4.8～5.2	残部	0.2 以下	約 645	約 815	720～815
BCuP-4	6.8～7.7	5.8～6.2	残部	0.2 以下	約 645	約 720	690～790
BCuP-5	4.8～5.3	14.5～15.5	残部	0.2 以下	約 645	約 800	705～815
BCuP-6	6.8～7.2	1.8～2.2	残部	0.2 以下	約 645	約 790	730～815

* その他の元素とは, Pb, Sn, Fe などをいう.

2・6 ニッケルろう (JIS Z 3265-1998)

種類	化学成分 [mass%]								参考値		
	Cr	B	Si	Fe	C	P	Ni*1	その他の元素合計*2	固相線温度 [°C]	液相線温度 [°C]	ろう付温度 [°C]
B Ni-1	13.0～15.0	2.75～3.50	4.0～5.0	4.0～5.0	0.60～0.90	0.02 以下	残部	0.50 以下	約 975	約 1 060	1 065～1 205
B Ni-1 A	13.0～15.0	2.75～3.50	4.0～5.0	4.0～5.0	0.06 以下	0.02 以下	残部	0.50 以下	約 975	約 1 075	1 075～1 205
B Ni-2	6.0～8.0	2.75～3.50	4.0～5.0	2.5～3.5	0.06 以下	0.02 以下	残部	0.50 以下	約 970	約 1 000	1 010～1 175
B Ni-3	―	2.75～3.50	4.0～5.0	0.50 以下	0.06 以下	0.02 以下	残部	0.50 以下	約 980	約 1 040	1 010～1 175
B Ni-4	―	1.5～2.2	3.0～4.0	1.50 以下	0.06 以下	0.02 以下	残部	0.50 以下	約 980	約 1 065	1 010～1 175
B Ni-5	18.0～19.5	0.03 以下	9.75～10.50	―	0.10 以下	0.02 以下	残部	0.50 以下	約 1 080	約 1 135	1 150～1 205
B Ni-6	―	―	―	―	0.10 以下	10.0～12.0	残部	0.50 以下	約 875	約 875	825～1 025
B Ni-7	13.0～15.0	0.01 以下	0.10 以下	0.20 以下	0.08 以下	9.7～10.5	残部	0.50 以下	約 890	約 890	925～1 010

*1 Co を 1.0% 以下含んでもよい.
*2 その他の元素とは, Pb などをいう.

2・7 特殊ニッケルろう

名称	化学成分 [mass%]	ろう付温度 [°C]	摘要
Coast 62	32 Ni, 68 Mn	1 000～1 100	―
	68 Mn, 16 Ni, 16 Co	1 150	
CMSM-7	65 Ni, 23 Mn, 7 Si, 5 Cu	1 010～1 120	せん断強さ [MPa] 室温 127 430°C 216 815°C 49 (母材は Ni)
J 8100	71 Ni, 19 Cr, 10 Si	1 200	最高使用温度 1 040°C
J 8500	36 Ni, 5 In, 59 Cu	1 200	〃 760°C
J 8600	39 Ni, 33 Cr, 24 Pd, 4 Si	溶融範囲 980～1 180 ろう付温度 1 180	〃 810°C
9	30 Ni, 40 Ge, 30 Ge	固相線 1 040	室温せん断強さ 22 [MPa]
73 B	38.1 Ni, 28.6 Cr, 28.6 Ge (低融点部分のみ)	―	〃 451
76	28.6 Ni, 19.1 Cr, 47.1 Ge, 4.7 Li	―	―
77	19.1 Ni, 19.1 Cr, 57.1 Ge, 4.7 Li	―	〃 216

2・8 金ろう (JIS Z 3266-1998)

種類	化学成分 [mass%]					その他の元素*合計	参考値		
	Au	Cu	Pd	Ni	Ag		固相線温度 [℃]	液相線温度 [℃]	ろう付温度 [℃]
B Au-1	37.0〜38.0	残部	—	—	—	0.15 以下	約 990	約 1015	1015〜1095
B Au-2	79.5〜80.5	残部	—	—	—	0.15 以下	約 890	約 890	890〜1010
B Au-3	34.5〜35.5	残部	—	2.5〜3.5	—	0.15 以下	約 975	約 1030	1030〜1090
B Au-4	81.5〜82.5	—	—	残部	—	0.15 以下	約 950	約 950	950〜1005
B Au-5	29.5〜30.5	—	33.5〜34.5	残部	—	0.15 以下	約 1135	約 1165	1165〜1230
B Au-6	69.5〜70.5	—	7.5〜8.5	残部	—	0.15 以下	約 1005	約 1045	1045〜1220
B Au-11	49.5〜50.5	残部	—	—	—	0.15 以下	約 955	約 970	970〜1020
B Au-12	74.5〜75.5	残部	—	—	12.0〜13.0	0.15 以下	約 880	約 895	895〜950

* その他の元素とは, Cd, Pb, Zn, Fe などをいう.

2・9 その他の金ろう例

a. 電子管用金ろう

化学成分 [mass%]				固相線温度 [℃]	液相線温度 [℃]	応用	化学成分 [mass%]				固相線温度 [℃]	液相線温度 [℃]	応用
Au	Cu	Ni	Pd				Au	Cu	Ni	Pd			
65			35	1427	1440		35	65			1000	1020	Cu, Fe, KOVAR, Ni
75			25	1380	1410	Mo, W	37.5	62.5			990	1015	Cu, Fe, KOVAR, Ni
75			(Pt 25)	1210	1410	Mo, W	40	60			985	1010	Cu, Fe, KOVAR, Ni
87			13	1260	1305	Mo, W	94	6			965	990	
92			8	1190	1240	Mo, W, ステンレス	75		25		950	977	
65		35		965	1075		50	50			950	975	
100				1063	1063	Cu, Mo					950	950	Cu, KOVAR, Mo, Ni
30	70			1015	1035	Cu, Fe, KOVAR, Ni	82		18		950	950	W, ステンレス, インコネル
35	62	3		975	1030	Cu, KOVAR, Mo, Monel, Ni, W	80	20			889	889	

b. 工業用ろう (航空機・ミサイルなどに使用) の化学成分 [mass%]

Au	Pd	Ag	Cu	Ni	Cr	その他	凝点 [℃]	融点 [℃]	備考
80	—	—	20	—	—		910	910	
75	—	5	20	—	—		905	914	
72	—	—	22	6	—		975	1001	耐酸性すぐれている. ミサイル, ジェットエンジン, 航空機用ろうに使用
37.5	—	—	62.5	—	—		990	1015	
35	—	—	65	—	—		987	1000	
35	—	62	3	—	—		990	1000	
82	—	—	—	18	—		950	960	強度大, 流れがよい, 浸食が少ない
20	40	—	40	—	—		1195	1200	
35	—	—	35	—	—	Mo 30	—	—	グラファイトにろう着(溶融フッ化物に耐える)
60	—	—	10	—	—	Ta 30	—	—	
73	—	—	—	—	—	In 27	451	451	
94	—	—	—	—	—	Si 6	370	370	低融点, 耐食性, 共晶ろう
88	—	—	—	—	—	Ge 12	356	356	
80	—	—	—	—	—	Sn 20	280	280	

2・10 パラジウムろう (JIS Z 3267-1998)

種類	化学成分 [mass%]						参考値		
	Pd	Ag	Cu	Mn	Ni	その他の元素合計*	固相線温度 [℃]	液相線温度 [℃]	ろう付温度 [℃]
BPd-1	4.5〜5.5	68.0〜69.0	残部	—	—	0.15 以下	約 805	約 810	810〜900
BPd-2	9.5〜10.5	58.0〜59.0	残部	—	—	0.15 以下	約 825	約 850	850〜950
BPd-3	9.5〜10.5	67.0〜68.0	残部	—	—	0.15 以下	約 830	約 860	860〜950
BPd-4	14.5〜15.5	64.5〜65.5	残部	—	—	0.15 以下	約 850	約 900	900〜1 000
BPd-5	19.5〜20.5	51.5〜52.5	残部	—	—	0.15 以下	約 875	約 900	900〜1 000
BPd-6	24.5〜25.5	53.5〜54.5	残部	—	—	0.15 以下	約 900	約 950	950〜1 050
BPd-7	4.5〜5.5	残部	—	—	—	0.15 以下	約 970	約 1 010	1 010〜1 100
BPd-8	17.5〜18.5	—	残部	—	—	0.15 以下	約 1 080	約 1 090	1 090〜1 200
BPd-9	19.5〜20.5	残部	—	4.5〜5.5	—	0.15 以下	約 1 000	約 1 120	1 120〜1 200
BPd-10	32.5〜33.5	残部	—	2.5〜3.5	—	0.15 以下	約 1 180	約 1 200	1 200〜1 300
BPd-11	20.5〜21.5	—	—	30.5〜31.5	47.5〜48.5	0.15 以下	約 1 120	約 1 120	1 120〜1 200
BPd-12	19.5〜20.5	—	残部	9.5〜10.5	14.5〜15.5	0.15 以下	約 1 060	約 1 110	1 110〜1 200
BPd-14	59.5〜60.5	—	—	—	39.5〜40.5	0.15 以下	約 1 235	約 1 235	1 235〜1 320

* その他の元素とは，Pd などをいう．

2・11 真空用貴金属ろう (JIS Z 3268-1998)

種類	化学成分 [mass%]							参考値		
	Ag	Au	Cu	Ni	Sn	Pd	In	固相線温度 [℃]	液相線温度 [℃]	ろう付温度 [℃]
BVAg-0	99.95 以上	—	0.05 以下	—	—	—	—	約 961	約 961	961〜1 080
BVAg-6 B	49.0〜51.0	—	残部	—	—	—	—	約 780	約 870	870〜980
BVAg-8	71.0〜73.0	—	残部	—	—	—	—	約 780	約 780	780〜900
BVAg-8 B	70.5〜72.5	—	残部	0.3〜0.7	—	—	—	約 780	約 795	795〜900
BVAg-18	59.0〜61.0	—	残部	—	9.5〜10.5	—	—	約 600	約 720	720〜840
BVAg-29	60.5〜62.5	—	残部	—	—	—	14.0〜15.0	約 625	約 710	710〜790
BVAg-30	67.0〜69.0	—	残部	—	—	4.5〜5.5	—	約 805	約 810	810〜930
BVAg-31	57.0〜59.0	—	残部	—	—	9.5〜10.5	—	約 825	約 850	850〜890
BVAg-32	53.0〜55.0	—	残部	—	—	24.5〜25.5	—	約 900	約 950	950〜990
BVAu-1	—	37.0〜38.0	残部	—	—	—	—	約 990	約 1 015	1 015〜1 095
BVAu-2	—	79.5〜80.5	残部	—	—	—	—	約 890	約 890	890〜1 010
BVAu-3	—	34.5〜35.5	残部	2.5〜3.5	—	—	—	約 975	約 1 030	1 030〜1 090
BVAu-4	—	81.5〜82.5	—	残部	—	—	—	約 950	約 950	950〜1 005
BVAu-11	—	49.5〜50.5	残部	—	—	—	—	約 955	約 970	970〜1 020
BVAu-12	12.0〜13.0	74.5〜75.5	残部	—	—	—	—	約 880	約 895	895〜950

2・12 高融点金属用ろう材

化学成分〔mass%〕	溶融温度範囲〔℃〕 固相線	溶融温度範囲〔℃〕 液相線	摘要	適用材料
48 Ti-48 Zr-4 Be	1 049		せん断強さ〔MPa〕 228(ろう付のまま) / 170(815℃で100 h加熱後)	Nb,Nb合金
75 Zr-19 Nb-6 Be	1 049		せん断強さ〔MPa〕 165(ろう付のまま) / 171(815℃で100 h加熱後)	Nb,Nb合金
66 Ti-30 V-4 Be	1 055	1 080	拡散処理 1 120℃-4 h + 1 300℃-16 h / せん断強さ〔MPa〕 18(1 370℃) / 2(1 650℃)	Nb,Nb合金 Ta合金
67 Ti-33 Cr	1 390	1 420	拡散処理 1 300℃-16 h / せん断強さ〔MPa〕 30(1 370℃) / 8(1 650℃)	Nb,Nb合金 Ta合金
73 Ti-13 V-11 Cr-3 Al	1 570〜1 590		Nb合金のハニカムろう付に適する / せん断強さ 11 MPa(1 480℃)	Nb合金
Hf-7〜10 Mo	1 955〜2 020	1 990〜2 040	ろう付温度 2 090℃ / 拡散処理 2 040℃-30 min	Ta合金
Hf-40 Ta	2 115	2 155	ろう付温度 2 180℃〜2 205℃ / 約1 920℃までの使用に耐える	Ta合金
Hf-19 Ta-2.5 Mo	2 080	2 105	ろう付温度 2 180℃〜2 205℃ / 約1 920℃までの使用に耐える	Ta合金
75 Cr-25 V	融点 1 730		ろう付温度 1 780℃ / 約1 500℃で 250 h の使用に耐える	W,Mo

2・13 アルミニウム用はんだ (JIS Z 3281-1996)

合金系	種類	化学成分〔mass%〕 Sn	Zn	Cd	Al	その他の元素の合計*	参考 固相線温度〔℃〕	液相線温度〔℃〕	引張強さ〔MPa〕	伸び〔%〕
Zn-Al系	S-Zn 95 Al 5	—	94〜96	—	4〜6	0.3以下	約382	約382	約170	約1
Sn-Zn系	S-Sn 91 Zn 9	90〜92	8〜10	—	—	0.3以下	約198	約198	約50	約90
	S-Sn 85 Zn 15	84〜86	14〜16	—	—	0.3以下		約250		約75
	S-Sn 80 Zn 20	79〜81	19〜21	—	—	0.3以下		約280		約75
Cd-Zn系	S-Cd 70 Zn 30	—	29〜31	69〜71	—	0.3以下	約266	約292	約130	約50
	S-Cd 50 Zn 50	—	49〜51	49〜51	—	0.3以下		約326	約130	約50
	S-Zn 70 Cd 30	—	69〜71	29〜31	—	0.3以下		約350	約130	約15
	S-Zn 90 Cd 10	—	89〜91	9〜11	—	0.3以下		約395	約120	約2

* その他の元素とは,合金系に規定された2元素以外の元素をいう.

2・14 低融点銀合金はんだ

記号	成分(推定)	融点〔℃〕	引張強さ〔MPa〕	伸び〔%〕	電気伝導率〔IACS %〕
Comsol	Ag Sn Pb	296	34	40	8.0
A 25	Ag 2.5 : Pb 97.5	304	34	35	7.2
A 5	Ag 5 : Pb 95	304〜370	34	35	7.2
Plumbsol	Ag 3.5 : Sn 96.5	221〜225	23	60	13.3
LM 10 A*	Ag-Sn-Cu	214〜275	66	16	13.0
LM 15**	Ag-Cd-Zn	280〜325	158	5	15.0
LM 5	Ag 5 : Cd 95	338〜390	116	25	22.4
(参考) はんだ	Sn 63 : Pb 37	183	47	30	11.9

* Ag 3.5, Cu 10, Sn 残余,または Ag 3.5, Cu 6.5, Sn 残余のうちいずれかであるが,前者の可能性が強い.
** Ag 5, Zn 15, Cd 80,または Ag 5, Zu 10, Cd 85 のうちいずれかであるが,前者の可能性が強い.
これらの合金はすべて Johnson Mathey 社(英)の製品である.

2・15 は ん だ (JIS Z 3282-1999)

a. はんだの種類，等級および記号

合金系	種類	等級	記号 (1)	記号 (2)	固相線温度 (℃)	液相線温度 (℃)	比重
Sn-Pb 系	S-Sn 95 Pb 5	E A	S-Sn 95 Pb 5 E S-Sn 95 Pb 5 A	H 95 E H 95 A	約 183	約 224	約 7.4
	S-Sn 90 Pb 10	E A	S-Sn 90 Pb 10 E S-Sn 90 Pb 10 A	H 90 E H 90 A	約 183	約 220	約 7.6
	S-Sn 65 Pb 35	E A	S-Sn 65 Pb 35 E S-Sn 65 Pb 35 A	H 65 E H 65 A	約 183	約 186	約 8.3
	S-Sn 63 Pb 37	E A B	S-Sn 63 Pb 37 E S-Sn 63 Pb 37 A S-Sn 63 Pb 37 B	H 63 E H 63 A H 63 B	約 183	約 184	約 8.4
	S-Sn 60 Pb 40	E A B	S-Sn 60 Pb 40 E S-Sn 60 Pb 40 A S-Sn 60 Pb 40 B	H 60 E H 60 A H 60 B	約 183	約 190	約 8.5
	S-Sn 55 Pb 45	E A B	S-Sn 55 Pb 45 E S-Sn 55 Pb 45 A S-Sn 55 Pb 45 B	H 55 E H 55 A H 55 B	約 183	約 203	約 8.7
	S-Sn 50 Pb 50	E A B	S-Sn 50 Pb 50 E S-Sn 50 Pb 50 A S-Sn 50 Pb 50 B	H 50 E H 50 A H 50 B	約 183	約 215	約 8.9
	S-Pb 55 Sn 45	E A B	S-Pb 55 Sn 45 E S-Pb 55 Sn 45 A S-Pb 55 Sn 45 B	H 45 E H 45 A H 45 B	約 183	約 227	約 9.1
	S-Pb 60 Sn 40	E A B	S-Pb 60 Sn 40 E S-Pb 60 Sn 40 A S-Pb 60 Sn 40 B	H 40 E H 40 A H 40 B	約 183	約 238	約 9.3
	S-Pb 65 Sn 35	A B	S-Pb 65 Sn 35 A S-Pb 65 Sn 35 B	H 35 A H 35 B	約 183	約 248	約 9.5
	S-Pb 70 Sn 30	A B	S-Pb 70 Sn 30 A S-Pb 70 Sn 30 B	H 30 A H 30 B	約 183	約 258	約 9.7
	S-Pb 80 Sn 20	A B	S-Pb 80 Sn 20 A S-Pb 80 Sn 20 B	H 20 A H 20 B	約 183	約 279	約 10.2
	S-Pb 90 Sn 10	A B	S-Pb 90 Sn 10 A S-Pb 90 Sn 10 B	H 10 A H 10 B	約 268	約 301	約 10.7
	S-Pb 92 Sn 8	A	S-Pb 92 Sn 8 A	H 8 A	約 280	約 305	約 10.9
	S-Pb 95 Sn 5	A B	S-Pb 95 Sn 5 A S-Pb 95 Sn 5 B	H 5 A H 5 B	約 300	約 314	約 11.0
	S-Pb 98 Sn 2	A	S-Pb 98 Sn 2 A	H 2 A	約 316	約 322	約 11.2
Pb-Sn-Sb 系	S-Sn 63 Pb 37 Sb S-Sn 60 Pb 40 Sb S-Sn 50 Pb 50 Sb S-Pb 58 Sn 40 Sb 2 S-Pb 69 Sn 30 Sb 1 S-Pb 74 Sn 25 Sb 1 S-Pb 78 Sn 20 Sb 2	A A A A A A A	S-Sn 63 Pb 37 Sb A S-Sn 60 Pb 40 Sb A S-Sn 50 Pb 50 Sb A S-Pb 58 Sn 40 Sb 2 A S-Pb 69 Sn 30 Sb 1 A S-Pb 74 Sn 25 Sb 1 A S-Pb 78 Sn 20 Sb 2 A	H 63 Sb A H 60 Sb A H 50 Sb A H 40 Sb 2 A H 30 Sb 1 A H 25 Sb 1 A H 20 Sb 2 A	約 183 約 183 約 183 約 185 約 185 約 185 約 185	約 183 約 190 約 216 約 231 約 250 約 263 約 270	約 8.4 約 8.5 約 8.9 約 9.2 約 9.7 約 9.9 約 10.1
Sn-Sb 系	S-Sn 95 Sb 5	A	S-Sn 95 Sb 5 A	H 95 Sb 5 A	約 235	約 240	約 7.3
Sn-Pb-Bi 系	S-Sn 60 Pb 38 Bi 2 S-Sn 57 Pb 40 Bi 3 S-Pb 49 Sn 48 Bi 3 S-Sn 46 Pb 46 Bi 8 S-Sn 43 Pb 43 Bi 14	A A A A A	S-Sn 60 Pb 38 Bi 2 A S-Sn 57 Pb 40 Bi 3 A S-Pb 49 Sn 48 Bi 3 A S-Sn 46 Pb 46 Bi 8 A S-Sn 43 Pb 43 Bi 14 A	H 60 Bi 2 A H 57 Bi 3 A H 48 Bi 3 A H 46 Bi 8 A H 43 Bi 14 A	約 180 約 175 約 178 約 175 約 135	約 185 約 185 約 205 約 190 約 165	約 8.5 約 8.6 約 8.9 約 8.9 約 9.1
Bi-Sn 系	S-Bi 58 Sn 42 S-Bi 57 Sn 43	A A	S-Bi 58 Sn 42 A S-Bi 57 Sn 43 A	H 42 Bi 58 A H 43 Bi 57 A	約 139 約 138	約 139 約 138	約 8.7 約 8.5
Sn-Cu 系	S-Sn 99 Cu 1 S-Sn 97 Cu 3	A A	S-Sn 99 Cu 1 A S-Sn 97 Cu 3 A	H 99 Cu 1 A H 97 Cu 3 A	約 230 約 230	約 240 約 250	約 7.3 約 7.3

2 各種ろうのJIS規格など

合金系	種類	等級	記号 (1)	記号 (2)	固相線温度 [℃]	液相線温度 [℃]	比重
Sn-Pb-Cu系	S-Sn 60 Pb 38 Cu 2	A	S-Sn 60 Pb 38 Cu 2 A	H 60 Cu 2 A	約183	約190	約8.5
	S-Sn 50 Pb 49 Cu 1	A	S-Sn 50 Pb 49 Cu 1 A	H 50 Cu 1 A	約183	約215	約8.9
Sn-In系	S-Sn 50 In 50	A	S-Sn 50 In 50 A	H 50 In 50 A	約117	約125	約7.3
Sn-Ag系	S-Sn 97 Ag 3	A	S-Sn 97 Ag 3 A	H 97 Ag 3 A	約221	約230	約7.4
	S-Sn 96.5 Ag 3.5	A	S-Sn 96.5 Ag 3.5 A	H 96.5 Ag 3.5 A	約221	約221	約7.4
	S-Sn 96 Ag 4	A	S-Sn 96 Ag 4 A	H 96 Ag 4 A	約221	約221	約7.4
Sn-Pb-Ag系	S-Sn 62 Pb 36 Ag 2	A	S-Sn 62 Pb 36 Ag 2 A	H 62 Ag 2 A	約178	約190	約8.4
	S-Sn 60 Pb 36 Ag 4	A	S-Sn 60 Pb 36 Ag 4 A	H 60 Ag 4 A	約178	約180	約8.5
	S-Pb 97.5 Ag 1.5 Sn 1	A	S-Pb 97.5 Ag 1.5 Sn 1 A	H 1 Ag 1.5 A	約309	約309	約11.3
	S-Pb 93 Sn 5 Ag 2	A	S-Pb 93 Sn 5 Ag 2 A	H 5 Ag 2 A	約296	約301	約11.0
Pb-Ag系	S-Pb 98 Ag 2	A	S-Pb 98 Ag 2 A	H 0 Ag 2 A	約304	約305	約11.3
	S-Pb 97.5 Ag 2.5	A	S-Pb 97.5 Ag 2.5 A	H 0 Ag 2.5 A	約304	約304	約11.3
	S-Pb 95 Ag 5	A	S-Pb 95 Ag 5 A	H 0 Ag 5 A	約304	約365	約11.3

b. E級の化学成分

記号 (1)	記号 (2)	Sn	Pb	Sb	Cu	Bi	Zn	Fe	Al	As	Cd	不純物* 元素合計
S-Sn 95 Pb 5 E	H 95 E	94.5~95.5	残部	0.05 以下	0.05 以下	0.05 以下	0.001 以下	0.02 以下	0.001 以下	0.03 以下	0.002 以下	0.08 以下
S-Sn 90 Pb 10 E	H 90 E	89.5~90.5										
S-Sn 65 Pb 35 E	H 65 E	64.5~65.5										
S-Sn 63 Pb 37 E	H 63 E	62.5~63.5										
S-Sn 60 Pb 40 E	H 60 E	59.5~60.5										
S-Sn 55 Pb 45 E	H 55 E	54.5~55.5										
S-Sn 50 Pb 50 E	H 50 E	49.5~50.5										
S-Pb 55 Sn 45 E	H 45 E	44.5~45.5										
S-Pb 60 Sn 40 E	H 40 E	39.5~40.5										

* Sb, Cu, Biを除いた不純物元素合計.

c. A級の化学成分

記号 (1)	記号 (2)	Sn	Pb	Ag	Sb	Cu	Bi	Zn	Fe	Al	As	Cd	不純物* 元素合計
S-Sn 95 Pb 5 A	H 95 A	94~96	残部	—	0.12 以下	0.05 以下	0.10 以下	0.002 以下	0.02 以下	0.002 以下	0.03 以下	0.002 以下	0.08 以下
S-Sn 90 Pb 10 A	H 90 A	89~91											
S-Sn 65 Pb 35 A	H 65 A	64~66											
S-Sn 63 Pb 37 A	H 63 A	62~64											
S-Sn 60 Pb 40 A	H 60 A	59~61											
S-Sn 55 Pb 45 A	H 55 A	54~56											
S-Sn 50 Pb 50 A	H 50 A	49~51											
S-Pb 55 Sn 45 A	H 45 A	44~46											
S-Pb 60 Sn 40 A	H 40 A	39~41											
S-Pb 65 Sn 35 A	H 35 A	34~36											
S-Pb 70 Sn 30 A	H 30 A	29~31											
S-Pb 80 Sn 20 A	H 20 A	19~21											
S-Pb 90 Sn 10 A	H 10 A	9.5~10.5											

記号		化学成分 [mass%]									不純物*
(1)	(2)	Sn	Pb	Ag	Sb	Cu	Bi	Zn	Fe	Al	As	Cd	元素合計
S-Pb 92 Sn 8 A	H 8 A	7.5 ~8.5										
S-Pb 95 Sn 5 A	H 5 A	4.0 ~6.0			0.12 以下							
S-Pb 98 Sn 2 A	H 2 A	1.5 ~2.5										
S-Sn 63 Pb 37 Sb A	H 63 Sb A	62.5 ~63.5				0.05 以下	0.10 以下				0.002 以下	
S-Sn 60 Pb 40 Sb A	H 60 Sb A	59.5 ~60.5	残部		0.12 ~0.50							0.08 以下
S-Sn 50 Pb 50 Sb A	H 50 Sb A	49.5 ~50.5		—								
S-Pb 58 Sn 40 Sb 2 A	H 40 Sb 2 A	39 ~41			1.7 ~2.3							
S-Pb 69 Sn 30 Sb 1 A	H 30 Sb 1 A	29.5 ~30.5			0.5 ~1.8							
S-Pb 74 Sn 25 Sb 1 A	H 25 Sb 1 A	24.5 ~25.5			0.5 ~2.0	0.08 以下	0.25 以下				0.005 以下	
S-Pb 78 Sn 20 Sb 2 A	H 20 Sb 2 A	19.5 ~20.5			0.5 ~3.0							
S-Sn 95 Sb 5 A	H 95 Sb 5 A	残部	0.10 以下		4.5 ~5.5	0.05 以下	0.10 以下					
S-Sn 60 Pb 38 Bi 2 A	H 60 Bi 2 A	59.5 ~60.5		0.05 以下	0.10 以下	0.10 以下	2.0 ~3.0					
S-Sn 57 Pb 40 Bi 3 A	H 57 Bi 3 A	56 ~58			0.12 以下	0.05 以下	2.5 ~3.5					
S-Pb 49 Sn 48 Bi 3 A	H 48 Bi 3 A	47.5 ~48.5	残部	0.05 以下	0.10 以下	0.10 以下	2.5 ~3.5					0.2 以下
S-Sn 46 Pb 46 Bi 8 A	H 46 Bi 8 A	45 ~47					7.5 ~8.5					
S-Sn 43 Pb 43 Bi 14 A	H 43 Bi 14 A	42 ~44		—	0.12 以下	0.05 以下	13.0 ~15.0					
S-Bi 58 Sn 42 A	H 42 Bi 58 A	41 ~43	0.10 以下				残部	0.002 以下	0.02 以下	0.002 以下	0.03 以下	0.08 以下
S-Bi 57 Sn 43 A	H 43 Bi 57 A	42.5 ~43.5	0.05 以下	0.10 以下	0.10 以下						
S-Sn 99 Cu 1 A	H 99 Cu 1 A	残部	0.10 以下		0.05 以下	0.45 ~0.90						
S-Sn 97 Cu 3 A	H 97 Cu 3 A					2.5 ~3.5						
S-Sn 60 Pb 38 Cu 2 A	H 60 Cu 2 A	59.5 ~60.5	残部			1.5 ~2.0	0.10 以下					0.2 以下
S-Sn 50 Pb 49 Cu 1 A	H 50 Cu 1 A	49.5 ~50.5				1.2 ~1.6						
S-Sn 50 In 50 A	H 50 In 50 A	49.5 ~50.5 In 残部	0.05 以下	0.01 以下	0.05 以下	0.05 以下					0.002 以下	
S-Sn 97 Ag 3 A	H 97 Ag 3 A			3.0 ~3.5	0.10 以下	0.10 以下						
S-Sn 96.5 Ag 3.5 A	H 96.5 Ag 3.5 A	残部	0.10 以下	3.2 ~3.8	0.12 以下		0.10 以下					0.08 以下
S-Sn 96 Ag 4 A	H 96 Ag 4 A			3.5 ~4.0	0.10 以下							
S-Sn 62 Pb 36 Ag 2 A	H 62 Ag 2 A	61 ~63		1.7 ~2.3	0.12 以下							
S-Sn 60 Pb 36 Ag 4 A	H 60 Ag 4 A	59 ~61		3.2 ~3.8								0.2 以下
S-Pb 93 Sn 5 Ag 2 A	H 5 Ag 2 A	4.8 ~5.2	残部	1.2 ~1.8	0.10 以下	0.05 以下						
S-Pb 97.5 Ag 1.5 Sn 1 A	H 1 Ag 1.5 A	0.7 ~1.3		1.2 ~1.8	0.12 以下							
S-Pb 98 Ag 2 A	H 0 Ag 2 A			2.0 ~3.0	0.10 以下							
S-Pb 97.5 Ag 2.5 A	H 0 Ag 2.5 A	0.25 以下		2.2 ~2.8	0.12 以下							0.08 以下
S-Pb 95 Ag 5 A	H 0 Ag 5 A			4.5 ~6.0	0.10 以下							0.2 以下

* Sb, Cu, Bi を除いた不純物元素合計.

d. B級の化学成分

記号		Sn	Pb	Sb	Cu	Cd	その他の
(1)	(2)			化 学 成 分 〔mass%〕			元素合計*
S-Sn 63 Pb 37 B	H 63 B	62〜64					
S-Sn 60 Pb 40 B	H 60 B	59〜61					
S-Sn 55 Pb 45 B	H 55 B	54〜56					
S-Sn 50 Pb 50 B	H 50 B	49〜51					
S-Pb 55 Sn 45 B	H 45 B	44〜46					
S-Pb 60 Sn 40 B	H 40 B	39〜41	残部	1.0 以下	0.08 以下	0.005 以下	0.35 以下
S-Pb 65 Sn 35 B	H 35 B	34〜36					
S-Pb 70 Sn 30 B	H 30 B	29〜31					
S-Pb 80 Sn 20 B	H 20 B	19〜21					
S-Pb 90 Sn 10 B	H 10 B	9〜11					
S-Pb 95 Sn 5 B	H 5 B	4〜6					

* その他の元素とは，Bi，Zn，Fe，Al，As などをいう．

3 溶接部の性能・溶接欠陥など

3・1 溶接部の性能因子とその調査方法の分類

	主因子分類	諸 性 能 の 調 査 方 法 の 分 類
接合性能	母 材 試 験	母材の諸性質と異方性，はく離性試験など
	溶着金属の試験	溶着金属の機械的性質（引張，衝撃，硬さ），化学組成，ガス，介在物分析，拡散性水素試験，物理的性質試験（比重，組織，磁気分析，フェライト量測定，酸化度試験，熱処理調査など）溶着金属の高温および冷間割れ試験，溶着金属の気孔とスラグ巻込み（X線不良）と形ק不良超音波探傷，磁気探傷，カラーチェック
	熱影響部の試験	ジョミニー焼入れ試験，最高硬さ試験，S曲線，C.C.T.曲線，熱サイクル再現装置による組織変化とその材質調査
	継手部の試験	継手の機械的性質（引張，曲げ，衝撃，硬さ）と継手のぜい性破壊に関する溶接性試験，加工硬化試験，熱処理による諸性質調査（短時間処理の場合）
使用性能	構造用材の試験	変形と残留応力の調査とそれによる疲れ試験，ぜい性破壊試験
	低温材料の試験	低温材料試験（U-5 mm シャルピー衝撃試験，ASTM A-302 試験）
	耐熱材料の試験	高温引張試験，クリープラプチャー試験，熱衝撃，熱疲れ，高温酸化試験
	耐食材料の試験	耐食試験，応力腐食試験，溶融塩浸漬試験，バナジウムアタック試験，浸炭，窒化試験
	耐摩耗材料の試験	摩耗試験
	時効ぜい化および熱処理試験	青熱ぜい性，475℃ぜい性，炭化物の析出，シグマ相およびオメガ相ぜい化，高温ぜい化，溶接部の熱処理による諸性質調査（長時間処理）
	そ の 他	原子力用材の諸性能試験など特殊用途の場合

溶接学会編：新版溶接便覧 (1966)，p.79，丸善．

3・2 溶接欠陥とその防止策

a. 溶込み不足

原　因	対　策
(1) 運棒速度が適当でないとき	(1) 溶接速度を適当にし，スラグが溶融池やアークに先行しないようにすること
(2) 溶接電流が低いとき	(2) スラグの包被性を害しない程度に電流をあげること
(3) 開先角度が狭いとき	(3) 開先角度を大きくするか，角度に応じた棒径のものを選ぶこと

b. アンダカット

原　因	対　策
(1) 溶接棒の保持角度，運棒速度が適当でないとき	(1) 棒径に応じた一様なウィービングを注意をもって行なうこと
(2) 溶接電流が高すぎるとき	(2) 運棒速度をおそくし，低目の電流値を用いること
(3) 不適当な溶接棒を用いたとき	(3) 目的に応じた溶接棒を選ぶこと

c. ビード外観の粗悪

原　因	対　策
(1) 溶接電流が高すぎるとき	(1) 母材に応じた電流値を選ぶこと
(2) ビードが大きくなりすぎたり，継上げ順序を誤ったとき	(2) スラグが溶融池の半分くらいまで入りこむような速度を選ぶこと
(3) 運棒速度が適当でないとき	(3) スラグの少ない表面張力のある程度大きいものを選ぶ
(4) スラグの包被性が悪いとき	(4) 予熱をすること

d. 巻込み

原　因	対　策
(1) 前層のスラグはく離の不完全	(1) 前のビードは十分スラグをとり清掃すること
(2) 継手設計の不適当	(2) アーク長または操作を適当にすること

e. 気孔

原　因	対　策
(1) アークふん囲気中の水素または一酸化炭素が多すぎるとき	(1) 適当な棒を選ぶこと
(2) 溶着部が急冷されるとき	(2) ウィービング，後熱などにより冷却速度をおそくする
(3) 母材中の硫黄量（偏析を含む）の多いとき	(3) 低水素系溶接棒を用いる（ただし乾燥して）
(4) 継手部に油脂，ペンキ，さびなどが付着していたとき	(4) 継手の清掃を十分に行なう
(5) アーク長，電流値などが不適当のとき	(5) 所定の範囲内でやや長目のアーク長を用いる
(6) 溶接棒または継手の湿りが多いとき	(6) よく乾燥した棒と材料を使用する
(7) 厚いトタン被覆などがあるとき	(7) D 4310系棒を使用する

f. 溶接金属割れ

原　因	対　策
(1) 継手の剛性が大きすぎるとき	(1) 予熱，ピーニングを行ない，後退法，ブロック法などを用いて溶接する
(2) 溶接金属に気孔などの欠陥があるとき	(2) 気孔を生じない溶接金属をつくること
(3) 棒心線が悪かったり棒の乾燥が不十分のとき	(3) 棒を変えるか，十分な乾燥を行なって湿気を除くこと
(4) 継手のなじみ性が悪いとき	(4) ルートギャップを増し，棒を変える
(5) 継手角度が狭すぎ，小さく狭いビードになるとき	(5) ビード断面積を増し，棒の種類を変える
(6) 母材から過剰の炭素，その他の合金元素が加わったとき	(6) 電流値および速度を下げて，溶込みを減らすか溶込みの少ない棒を用いる
(7) 溶接底部の引張りによる角変化を起こしたとき	(7) 裏表平行しての溶接を行なうか，ウィービングにより冷却速度をおそくする
(8) 母材中の硫黄含量（偏析を含む）が大きいとき	(8) 低水素系溶接棒を用いる

g. 母材割れ（ビード下割れを含む）

原　因	対　策
(1) アークふん囲気中の水素が多すぎるとき	(1) 低水素系溶接棒を用いるか，予熱，後熱を行なう
(2) 母材の焼入れ性が大きいとき	(2) 予熱，後熱を行ない，冷却速度をおそくする
(3) 母材が異方性（方向により強さが異なる）を有するとき	

h. 溶接金属の延性と切欠ぜい性の悪化

原　因	対　策
(1) 冷却速度が大きすぎるとき	(1) 予熱，後熱を行なうこと
(2) 溶接棒が不適当なとき	(2) もっと延性や切欠ぜい性のよい棒を用いること
(3) 母材より炭素，その他の合金元素が過度に加わったとき	(3) 電流を下げて溶込みを少なくすること

i. 母材熱影響部の延性と切欠ぜい性の悪化

原　因	対　策
(1) 冷却速度が大きすぎるとき	(1),(2) 予熱，後熱を行なうこと
(2) 母材の焼入れ性が大きいとき	
(3) 母材がひずみ時効を起こすとき	(3) 応力除去焼なましを行なうこと
(4) アークふん囲気中に水素が多すぎるとき	(4) 低水素系溶接棒を用いること

j. 縞状組織

原　因	対　策
(1) 溶接部の冷却速度がはやすぎるとき	(1) 予熱，後熱などを行なうこと
(2) 母材の炭素，硫黄などが多すぎるとき	(2) 母材を吟味すること
(3) 脱酸生成物（スラグ）を多く巻き込むとき	(3) 脱酸のよくきく，スラグの軽い溶接棒を用いる
(4) 水素溶解量が多すぎるとき	(4) 高酸化鉄系，低水素系棒を用いること

3・3 溶接熱影響部
3・3・1 鋼の状態図と溶接熱サイクル

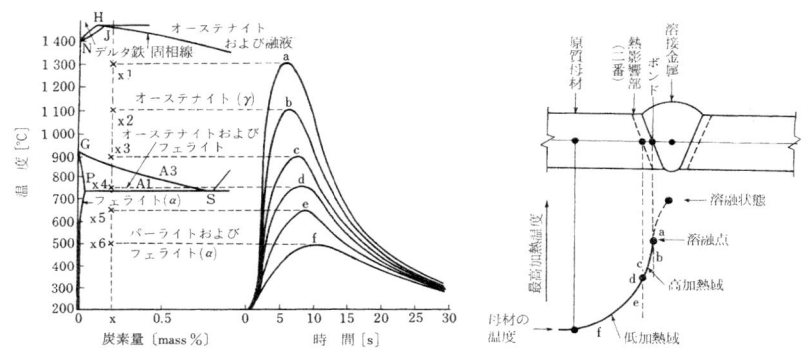

溶接技術講座 (3), 溶接冶金, (1964), p. 96, 日刊工業新聞社.

3・3・2 鋼の溶接熱影響部の組織

名　称	加熱温度範囲 (約)	摘　要
溶接金属	溶融温度 (1 500°C) 以上	溶融凝固した範囲, デンドライト組織を呈する
粗粒域	>1 250°C	粗大化した部分, 硬化しやすく割れなどを生ずる
混粒域 (中間粒域)	1 250〜1 100°C	粗粒と細粒の中間で, 性質もその中間程度である
細粒域	1 100〜900°C	再結晶で微細化, じん性など機械的性質良好である
一部溶解域	900〜750°C	パーライトのみが溶解, 球状化, しばしば高Cマルテンサイトを生じじん性が劣化する
ぜい化域	750〜200°C	熱応力によりぜい化を示すことがある. 顕微鏡的には変化はない
母材原質域	200°C〜室温	熱影響を受けない母材部分

溶接技術講座 (3), 溶接冶金, (1964), p. 96, 日刊工業新聞社.

4 金属の溶接難易と溶接法
4・1 各種金属材料の溶接難易一覧表

材料＼溶接法	融接								圧接		ろう付
	ガス溶接	被覆アーク溶接	サブマージアーク溶接	炭酸ガスアーク溶接	イナートガスアーク溶接	エレクトロスラグ溶接	電子ビーム溶接	プラズマ溶接	点・シーム溶接	火花突合せ溶接	
鋳　鉄	A	A	C	D	B	B	C	D	D	D	C
鋳　鋼	A	A	A	B	B	A	B	B	B	B	B
低炭素鋼	A	A	A	A	B	A	A	A	A	A	A
高炭素鋼	A	A	B	C	B	B	B	B	A	A	A
低合金鋼	B	A	A	B	B	B	B	B	A	A	A
ステンレス鋼	B	A	B	B	A	C	A	A	A	A	A
耐熱超合金	B	A	B	B	A	D	A	A	B	B	A
高ニッケル合金	A	A	B	C	A	D	A	B	B	B	A
銅合金	B	A	C	C	A	D	B	B	C	C	A
アルミニウム	B	C	D	D	A	D	A	A	A	B	A
ジュラルミン	C	D	D	D	A	D	A	A	A	B	A
マグネシウム	D	D	D	D	A	D	B	B	A	A	C
チタン	D	D	D	D	A	D	B	B	B	C	B
チタン合金	D	D	D	D	A	D	B	B	B	C	B
ジルコニウム	D	D	D	D	A	D	B	C	C	C	C
モリブデン	D	D	D	D	A	D	A	B	C	C	D
ニオブ	D	D	D	D	A	D	A	B	C	C	D

A：一般に使用, B：ときに使用, C：まれに使用, D：使用しない.
溶接技術講座 (1), 融接と融断, (1964), p. 212, 日刊工業新聞社.

4・2 各種溶接法の応用分野

溶接法	材料*			継手形式		板厚**			構造物										費用		備考
	鉄鋼	非鉄	突合せ	T形	重ね	薄板	厚板	超厚板	建築	機械	車輌	橋梁	船舶	圧力容器	原子炉	自動車	航空機	家庭電器	設備	溶接経費	
融接 被覆アーク溶接	A**	B	A	A	A	B	A	B	A	A	A	A	A	A	A	B	B	B	少	少	万能,もっとも広い
スタッド溶接	A	C	C	A	D	C	A	B	A	A	A	A	B	A	B	B	B	C	B	中	少	用途沸植
サブマージアーク溶接	A	B	A	A	A	C	A	A	A	A	A	A	A	A	A	B	B	C	B	中	少	厚板向
CO_2アーク溶接	A	D	A	A	A	A	C	A	B	A	A	A	A	A	A	B	B	C	B	中	少	中厚板,流行中
MIG溶接	B	A	A	A	A	C	A	B	B	B	A	A	B	C	B	A	B	B	B	中	中	非鉄金属とステンレス鋼向
TIG溶接	B	A	A	A	A	A	B	C	B	B	B	C	B	B	A	A	A	A	A	少	中	
接 ガス溶接	A	B	A	A	A	A	B	D	C	C	C	C	B	C	D	D	B	B	B	少	少	薄板を除き不適
テルミット溶接	A	D	A	A	B	D	C	A	C	B	C	B	C	B	C	D	D	D	D	少	少	特殊用途
エレクトロスラグ溶接	A	D	A	A	A	D	C	A	C	B	B	B	C	B	B	B	D	D	D	大	少	超厚板向
テルミット溶接	A	A	A	A	B	A	C	D	D	D	D	D	D	D	B	C	C	C	C	大	大	薄板,特殊向
圧接 ガス圧接	A	D	A	B	C	C	A	C	B	C	C	C	C	C	D	C	C	D	中	少	レール,棒など向
点溶接	A	A	D	C	A	A	C	D	B	C	C	C	C	C	A	A	A	A	大	中	
継合せ溶接	A	B	D	D	A	A	C	D	C	B	C	C	C	C	A	A	A	A	大	中	薄板,量産向
突起溶接	A	B	C	A	C	A	D	D	C	D	D	D	D	D	B	B	A	大	中	
火化突合せ溶接	A	B	A	B	D	C	A	C	B	B	B	C	B	C	B	A	B	A	大	少	量産向,品質良好
アプセット溶接	A	C	A	C	D	C	A	C	C	C	C	C	B	C	B	C	C	中	少	品質やや劣る
冷間圧接	A	B	A	C	D	A	C	D	D	D	D	D	D	D	D	D	C	C	中	少	薄板,電線向
超音波溶接	A	A	D	C	A	A	D	D	D	D	D	D	C	D	C	B	B	B	中	中	薄板,異材接合向
ろう付け	A	B	C	C	A	A	B	D	D	C	D	D	C	D	B	B	B	B	少	中	薄板,万能,強さ劣る

A:最適,B:適当,C:かなり不適当,D:まったく不適当.
* 材料別の応用度については 4・1 を参照のこと.
** 薄板…厚さ3mm未満,厚板…厚さ3mm以上,超厚板…厚さ約50mm以上.
溶接技術講座 (1),融接と融断,(1964),p. 213,日刊工業新聞社.

4・3 溶接法の種類

溶接エネルギー源による分類

a. 電気エネルギー

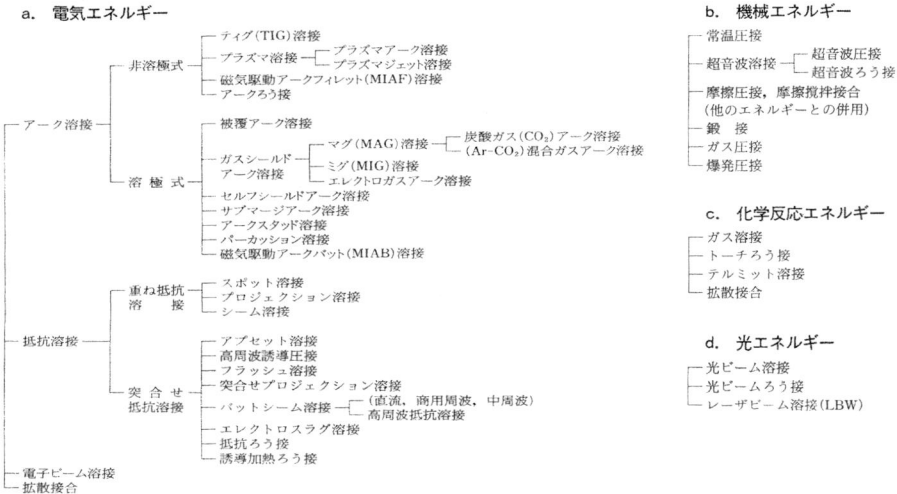

- アーク溶接
  - 非溶極式
    - ティグ(TIG)溶接
    - プラズマ溶接 ─ プラズマアーク溶接
      - プラズマジェット溶接
    - 磁気駆動アークフィレット(MIAF)溶接
    - アークろう接
  - 溶極式
    - 被覆アーク溶接
    - ガスシールドアーク溶接
      - マグ(MAG)溶接 ─ 炭酸ガス(CO_2)アーク溶接
        - (Ar-CO_2)混合ガスアーク溶接
      - ミグ(MIG)溶接
      - エレクトロガスアーク溶接
    - セルフシールドアーク溶接
    - サブマージアーク溶接
    - アークスタッド溶接
    - パーカッション溶接
    - 磁気駆動アークバット(MIAB)溶接
- 抵抗溶接
  - 重ね抵抗溶接
    - スポット溶接
    - プロジェクション溶接
    - シーム溶接
  - 突合せ抵抗溶接
    - アプセット溶接
    - 高周波誘導圧接
    - フラッシュ溶接
    - 突合せプロジェクション溶接
    - バットシーム溶接 ─ (直流,商用周波,中周波)
    - 高周波抵抗溶接
  - エレクトロスラグ溶接
  - 抵抗ろう接
  - 誘導加熱ろう接
- 電子ビーム溶接
- 拡散接合

b. 機械エネルギー

- 常温圧接
- 超音波溶接 ─ 超音波圧接
  - 超音波ろう接
- 摩擦圧接,摩擦撹拌接合
- (他のエネルギーとの併用)
- 鍛接
- ガス圧接
- 爆発圧接

c. 化学反応エネルギー

- ガス溶接
- トーチろう接
- テルミット溶接
- 拡散接合

d. 光エネルギー

- 光ビーム溶接
- 光ビームろう接
- レーザビーム溶接(LBW)

4・4 溶接法の適用範囲

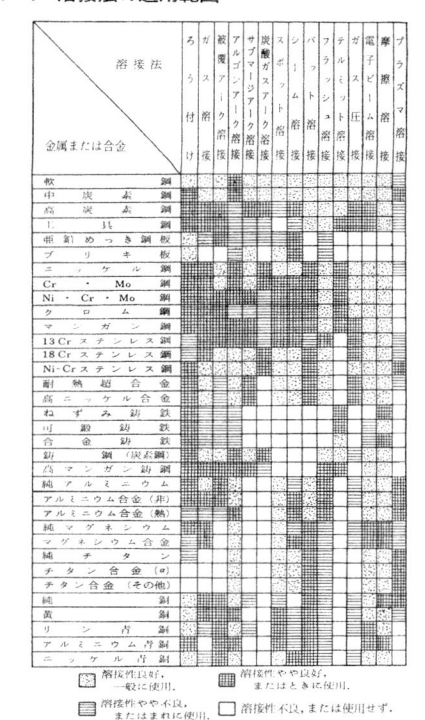

（溶接法と金属材料の適用範囲を示す表）

凡例:
- ■ 溶接性良好，一般に使用．
- ▨ 溶接性やや良好，またはときに使用．
- ▦ 溶接性やや不良，またはまれに使用．
- □ 溶接性不良，または使用せず．

5 セラミックスの接合法

5・1 セラミックス接合法の分類

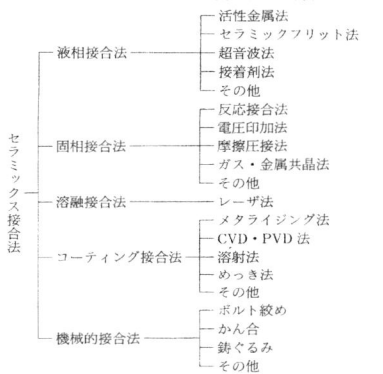

セラミックス接合法
- 液相接合法
  - 活性金属法
  - セラミックフリット法
  - 超音波法
  - 接着剤法
  - その他
- 固相接合法
  - 反応接合法
  - 電圧印加法
  - 摩擦圧接法
  - ガス・金属共晶法
  - その他
- 溶融接合法
  - レーザ法
- コーティング接合法
  - メタライジング法
  - CVD・PVD法
  - 溶射法
  - めっき法
  - その他
- 機械的接合法
  - ボルト締め
  - かん合
  - 鋳ぐるみ
  - その他

溶接学会編：第2版 溶接・接合便覧 (2003), p.1053, 丸善．

5・2 各種セラミックス接合法の特徴

	接合法と対象セラミックス	特徴
液相接合法	活性金属法 酸化物(Al_2O_3, ZrO_2 など) 窒化物(Si_3N_4, AlN など) 炭化物(SiC, TiC など) セラミックス-セラミックス セラミックス-金属	・活性金属(Ti, Zr など)による界面反応利用 ・低融点化(インサート材)するために合金使用 ・接合温度は合金の種類によって選択可 ・接合ふん囲気：真空または不活性ガス ・加熱操作が1回で，大きな加圧の必要なし ・インサート材として水素化物(TiH_2)-金属混合粉末，多積層はく使用可 ・インサート剤のセラミックスに対するぬれ利用可
	セラミックフリット法 酸化物(Al_2O_3, ZrO_2 など) 窒化物(Si_3N_4, AlN など) 炭化物(SiC, TiC など) セラミックス-セラミックス セラミックス-金属	・インサート材として各セラミックス混合系粉末接合温度が低温(570K)から高温(約2270K)まで選択可 ・接合ふん囲気：大気からあらゆるふん囲気可 ・加熱操作が1回で大きな加圧の必要なし ・接合ふん囲気での粘性が重要 ・金属に対しての液体(セラミックス)のぬれが必要 ・インサート材のぬれ利用
固相接合法	反応接合法 酸化物(Al_2O_3, ZrO_2 など) 窒化物(Si_3N_4, AlN など) 炭化物(SiC, TiC など) セラミックス-セラミックス セラミックス-金属	・セラミックス-金属界面での固相の相互拡散と界面反応による反応層および拡散層の形成利用 ・接合ふん囲気：真空または不活性ガス ・加熱操作は1回であるが，外部からの大きな加圧・高温が必要 ・被接合体に対してインサート材(セラミックス)の熱膨張が大きく影響
	電圧印加法 固体電解質(ガラス，β-Al_2O_3, ZrO_2 など) -金属	・直流電圧の印加によるイオンの移動利用 ・セラミックスはイオン導電性固体 ・比較的低温での接合可 ・接合ふん囲気に制限
	摩擦圧接法 酸化物(Al_2O_3, ZrO_2 など) 窒化物(Si_3N_4 など) 炭化物(SiC など) セラミックス-Al・Al合金属	・摩擦エネルギー利用 ・接合ふん囲気：大気中接合可 ・試片形状に制限
コーティング接合法	メタライズ接合法 酸化物 窒化物 セラミックス-セラミックス セラミックス-金属	・セラミックス表面への高融点金属のメタライジング利用 ・メタライジングふん囲気：加圧還元ガス ・後操作(めっき，ろう付)が必要 ・セラミックスに制限
機械的接合法	すべてのセラミックス，金属，プラスチックの組合せの接合に可能	・ボルト締め，かん合，焼ばめ ・界面での化学的結合を利用しない

溶接学会編：第2版 溶接・接合便覧 (2003), p.1055, 丸善．

X 加 工

1 鋳 造

1·1 金属とガス

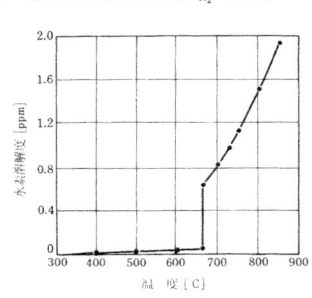

1·1·1 純Alの水素溶解度 $(P_{H_2}=1\,\text{atm})$

1·1·2 純銅の水素溶解度 $(P_{H_2}=1\,\text{atm})$

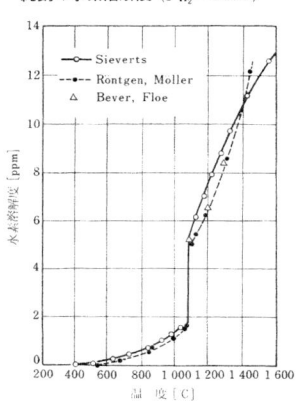

1·1·3 純鉄の水素溶解度 $(P_{H_2}=1\,\text{atm})$

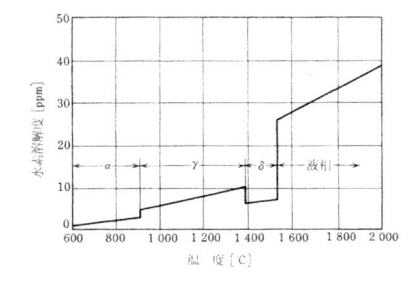

1·1·4 溶融Fe-C合金の水素溶解度 $(P_{H_2}=1\,\text{atm})$

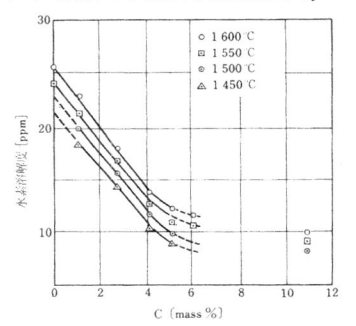

1·1·5 溶融鉄合金の水素溶解度

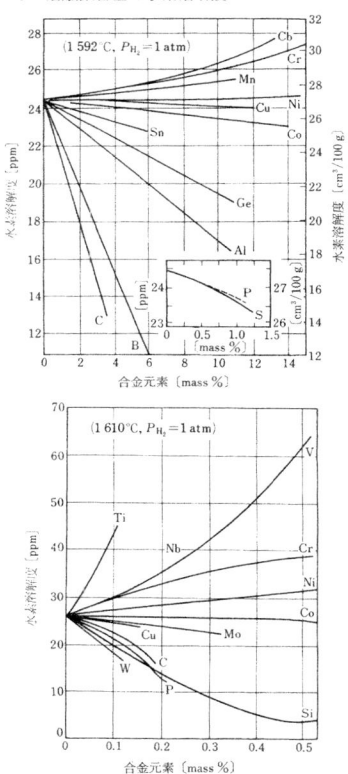

1・1・6 Fe-C-Si系合金の水素溶解度 ($P_{H_2}=1\,\mathrm{atm}$)

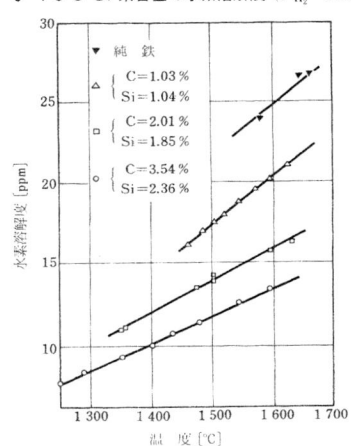

▼ 純鉄
△ C=1.03%, Si=1.04%
□ C=2.01%, Si=1.85%
○ C=3.54%, Si=2.36%

1・1・7 Cu合金の水素溶解度におよぼす添加元素の影響 ($P_{H_2}=1\,\mathrm{atm}$)

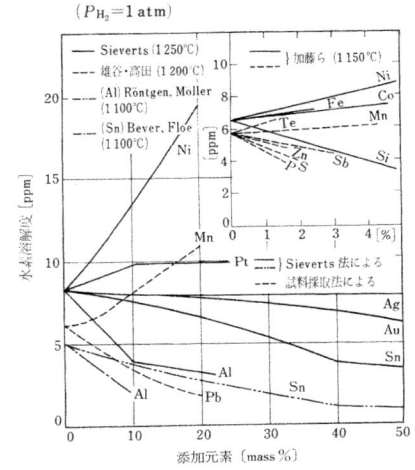

— Sieverts (1250℃)
--- 磯谷・高田 (1200℃)
— (Al) Röntgen, Moller (1100℃)
— (Sn) Bever, Floe (1100℃)
} 加藤ら (1150℃)
} Sieverts 法による
--- 試料採取法による

1・1・8 純鉄の窒素溶解度 ($P_{N_2}=1\,\mathrm{atm}$)

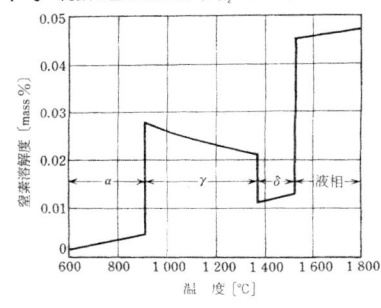

1・1・9 溶融鉄合金の窒素溶解度 ($P_{N_2}=1\,\mathrm{atm},\ 1600℃$)

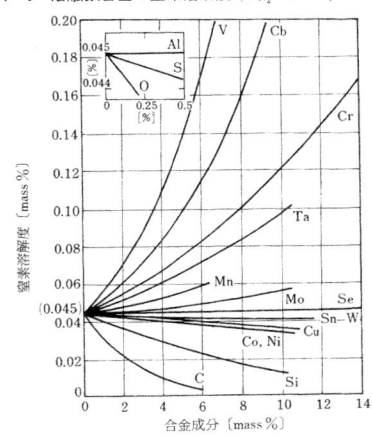

1・1・10 溶解方法と耐熱鋼のガス含有量 [ppm]

合金名	ガスの種類	空気中溶解	真空誘導溶解	真空アーク溶解
A-286	O_2	13.0	3.0	5.0
	N_2	300.0	50.0	20.0
	H_2	13.1	2.3	2.8
ワスパロイ (Waspaloy)	O_2	31.0	12.0	2.0
	N_2	420.0	120.0	120.0
	H_2	17.7	2.5	2.0

1・1・11 各種真空処理法による脱ガス例

処理方式	真空圧 [mmHg]	材質	水素量 [ppm] 処理前	処理後	酸素量 [ppm] 処理前	処理後	窒素量 [ppm] 処理前	処理後
とりべ脱ガス法	2〜20	中炭素鋼	2.3〜3.8	1.3〜2.6	38〜72	18〜31	80〜90	70〜80
流滴脱ガス法	2〜30	低合金鋼	2.5〜6.5	1.6〜3.3	40〜80	21〜30	80〜90	70〜80
DH法	1〜10	低炭素鋼	3.0〜6.5	2.0〜2.5	180〜220	50〜70	—	—
RH法	0.15〜0.9	低炭素鋼	3.7〜7.3	0.8〜3.7	60〜200	20〜30	—	—

1・2 鋳型材料と凝固速度

1・2・1 鋳型材料の比熱

材料	温度範囲 [℃]	平均比熱 [kJ/kg·K]	備考
アルミナ	20〜200	0.883	
	20〜400	0.966	
	20〜600	1.050	
	20〜800	1.138	
	20〜1000	1.272	
石綿	0〜100	0.812	
シャモット煉瓦	20〜200	0.845	焼成したもの
	20〜600	0.996	
	20〜1000	1.159	
ケイ石煉瓦	25〜600	0.954	
	25〜1000	1.100	
マグネサイト煉瓦	25〜605	1.109	
	25〜930	1.172	
ジルコニア煉瓦	25〜600	0.573	99% ZrO_2
	25〜1000	0.657	
黒鉛	0〜98	0.7711	
	0〜332	1.0736	
	0〜905	1.4585	
砂	20〜200	0.858	
	20〜600	1.050	
	20〜1000	1.117	

1・2・2 各種鋳型砂の比熱

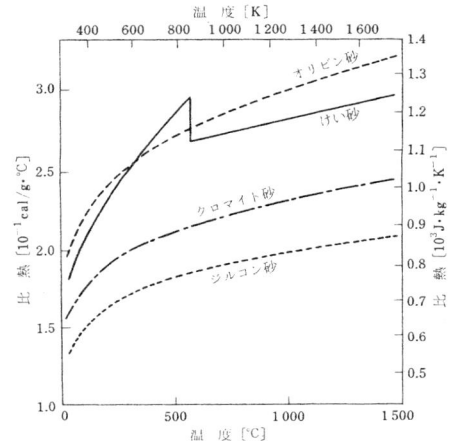

1・2・4 各種鋳型砂を使用した乾燥型の熱伝導率

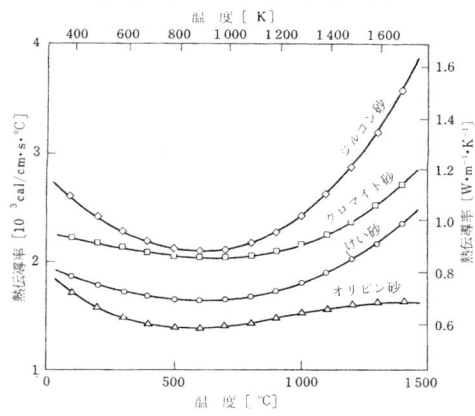

1・2・5 けい砂フラン鋳型の熱伝導率

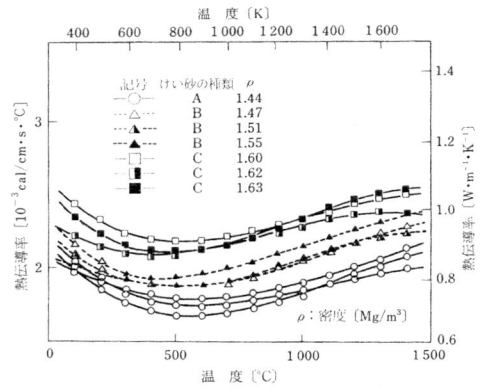

1・2・3 鋳型材料の高温での熱伝導率

材料	密度 [Mg/m³]	温度 [℃]	熱伝導率 [W/K·m]	備考
アルミナ	1.73	550	0.46	0.5 mm 粒
		700	0.59	
		800	0.59	
石綿	0.576	200	0.210	
		400	0.223	
		600	0.237	
シャモット煉瓦	1.84	300	0.883	
		500	0.975	
		700	1.042	
		900	1.079	
		1 100	1.096	
ケイ石煉瓦	1.64	200	1.17	97 % SiO₂
		600	1.67	
		1 000	2.01	
マグネサイト煉瓦	2.42	200	5.73	
		600	4.31	
		1 000	3.77	
ジルコニア煉瓦	3.43	200	1.46	60.4 % ZrO₂
		600	1.76	27.3 % SiO₂
		1 000	1.92	
黒鉛	1.58	79	15.5	
		261	32.8	
		423	69.24	
		555	115.5	
酸化鉄		200	0.590	圧粉
		400	0.791	
		600	0.983	
		800	1.230	
鋳物砂	1.44	121	0.515	4 % ベントナイト添加
		316	0.498	
		559	0.502	
		803	0.616	
		1 016	0.795	
		1 246	1.230	

1・2・6 各種鋳型による各種金属の凝固時間係数

鋳造金属	鋳型材料	凝固時間係数 K [10^4 s·m^{-2}]	鋳物形状
	けい砂	150	ずんぐり形状
	〃	127	各種形状
	〃	90	円柱
	〃	128～155	178 mm (7 in) 角
鋼	けい砂	156	152 mm (6 in) 球
	オリビン砂	149	〃
	シャモット砂	142	〃
	ジルコン砂	129	〃
	銅球充填	40	〃
	鋳鉄金型	31	〃
鋳鉄	けい砂	322～352	178 mm (7 in) 角
Al-8.5 Mg	〃	228	〃
Al-4.5 Cu	〃	237	〃
99 % Al	〃	167	〃
Cu	〃	97	〃
Pb	〃	91	〃

体積 V, 表面積 A の鋳物の凝固時間 : t
$$t = K(V/A)^2$$

1・2・7 種々の鋳型材料による鋼の凝固時間

材 料	相対凝固時間		凝固層の相対厚さ	
	鋼チルを基準	けい砂を基準	鋼チルを基準	けい砂を基準
銅 チ ル	0.98	0.248	1.01	2.02
鋼 チ ル	1.00	0.25	1.00	2.00
黒 鉛	1.19	0.30	0.92	1.84
ア ル ミ ナ	2.84	0.72	0.59	1.18
ジルコン砂	3.22	0.82	0.56	1.12
け い 砂	3.95	1.00	0.50	1.10
発泡アルミナ	4.65	1.18	0.46	0.92

1・3 金属・合金の収縮量

1・3・1 金属の凝固収縮量

金属	凝固収縮〔vol%〕
Al	6.26
Au	5.17
Bi	−3.32
Cu	4.05
Fe	4.40
Mg	4.2
Ni	4.5
Pb	3.44
Sn	2.80
Zn	4.7

1・3・2 合金の凝固収縮量

合 金	凝固収縮〔vol%〕
鋼 (0.25% C)	3.0
鋼 (1.0% C)	4.0
鋳鉄 (3.3% C, 2.7% Si)	−0.9
アルミニウム青銅 (Cu−8% Al)	5.8
黄銅 (Cu−40% Zn)	5.0
高力黄銅 (Cu−40% Zn−1.2% Fe− 0.5% Sn−1% Al−0.5% Mn)	4.6
鉛入青銅 (Cu−5% Sn−5% Pb−5% Zn)	6.3
モネルメタル (67% Ni・32% Cu)	6.3
Al−Si (75% Al−25% Si)	0
Al−Mg (90% Al−10% Mg)	7.5

1・3・3 鋳造品の線収縮量（伸び尺）

鋳造品種類	収縮量〔長さ%〕
片状黒鉛鋳鉄	0 〜0.8
球状黒鉛鋳鉄	0 〜1.2
可鍛鋳鉄	1.0
鋳鋼	1.2〜2.8
黄銅	1.3〜1.6
アルミニウム合金	0.8〜1.2
Al	1.65
Pb	1.55
Sn	2.0
Zn	2.6

1・4 鋳型と鋳造法の種類

種 類		説 明
普通鋳型	生 型	砂、粘土、水、その他を混練、つき固める。造形法に手込、ジョルト、スクイーズ、投射、ブロー、などがある。
	乾 燥 型	300℃前後で乾燥した鋳型。大物鋳造品用。
特殊砂型	油 砂	アマニ油などを粘結剤とし、成形後220℃前後で乾燥。主に中子用。
	ガ ス 型	砂に水ガラスを配合、成形後炭酸ガスで硬化。
	シェル型	合成樹脂を配合し、加熱した金属製模型上にダンプではブローして熱硬化させる。強固な殻（シェル）状となる。
	自硬性鋳型	樹脂（フラン）、水ガラス、セメントなどを主粘結剤とし、乾燥させずに硬化。多くの種類がある。
	コールドボックス法	樹脂を粘結剤とし、アミンガスで硬化。主に中子用。
	ホットボックス法	樹脂（フラン）フェノールなど）を粘結剤とし、金型にブローして熱硬化。主に中子用。
	減圧造型法	粘結剤を用いず、砂型内部を減圧して大気圧により成形する。
	消失模型法	発泡スチロールを模型とし、模型を砂型中に埋設したまま注湯する。砂に対し粘結剤を用いる場合もあるが、用いない場合（重力または減圧により成形）もある。
セラミック鋳型	ロストワックス法	ジルコン砂などをエチルシリケートなどで粘結し、ワックス模型を溶出し、焼成する。枠によるものをインベストメント法、枠なしをセラミックシェル法という。精密鋳造のひとつ。
	ショープロセス	耐火物スラリを模型上に流し込み、急速焼成する。
	石こう鋳型	石こうスラリを模型上に流し込んで成形。非鉄合金用。
金型	金型鋳造法	重力鋳造、グラビティダイカストともいう。砂中子を使うことができる。
	ダイカスト	プレッシャ・ダイカストのこと。プランジャにより高速、高圧で溶湯を金型に射出する。ふつうは砂中子は使えない。アルミニウム合金、亜鉛合金が多い。
	低圧鋳造法	ガス圧で溶湯を押し上げて鋳造。
	高圧凝固法	溶湯鍛造ともいう。注湯後に高圧で成形、または内部健全化を図る。
	遠心鋳造	遠心力により中子なしで中空円筒などを作る。
	連続鋳造	鋳型上部から注湯、下部から引き出すことにより同一断面の長い鋳片を連続的に製造する。

1・5 鋳造品の成分偏析

1・5・1 Cu合金の偏析

材 質		Cu [%]	Sn [%]	Pb [%]	Zn [%]	Fe [%]	Mn [%]
鉛青銅	外周	79.08	12.25	8.85			
	内周	80.04	11.56	8.04			
黄銅	外周	60.6	1.9	1.1	34.6	1.0	0.3
	内周	60.1	1.6	0.8	34.3	1.0	0.5
青銅	外周	88.23	11.80				
	内周	90.68	9.12				

1・5・2 鋳鉄の成分偏析

位 置		C [%]	Si [%]	Mn [%]	P [%]	S [%]
内周	1	3.18	2.24	0.66	0.585	0.054
	2	3.14	2.31	0.51	0.585	0.052
	3	3.24	2.24	0.53	0.555	0.052
	4	3.20	2.15	0.49	0.600	0.046
	5	3.41	2.17	0.51	0.630	0.044
	6	3.42	2.07	0.55	0.700	0.046
外周	7	3.49	2.17	0.53	0.625	0.058

1 鋳造

1・5・3 鋳鋼のC偏析

外周よりの距離 [mm]	3	25	33	40	52	66
C [%]	0.32 0.34	0.34 0.35 0.37	0.40	0.39	0.37 0.51	0.46 0.52 0.54

1・6 鋳鋼の鋳込み

1・6・1 鋳鋼の鋳込速度

鋳込量 [kg]	鋳込速度 [s]		鋳込量 [kg]	鋳込速度 [s]	
	薄肉物	厚肉物		薄肉物	厚肉物
10 以下	7 以下	—	501〜750	22〜25	30〜35
10〜50	〜9	〜13	751〜1 000	25〜28	35〜38
51〜100	9〜12	13〜17	1 001〜2 000	28〜35	38〜50
101〜200	12〜16	17〜22	2 001〜3 000	35〜40	50〜57
201〜300	16〜18	22〜25	3 001〜4 000	40〜45	57〜64
301〜400	18〜20	25〜28	4 001〜5 000	45〜48	64〜70
401〜500	20〜22	28〜30			

1・6・2 鋳鋼の湯道寸法 (生型,押上式)

鋳込量 [kg]	湯口 [φmm]	湯道 [φmm]		せき [φmm]		
		1本	分岐	1本	2本	3本
10〜50	30	—	—	—	—	—
50〜100	35	—	—	—	—	—
100〜200	40	40	40×2	40	40×2	—
200〜300	45	45	45×2	45	45×2	—
300〜400	48	48	48×2	48	48×2	—
400〜500	50	50	50×2	50	50×2	—
500〜750	55	55	55×2	55	55×2	—
750〜1 000	60	60	60×2	60	60×2	40×4
1 000〜2 000	65	65	65×2	65	65×2	45×4
2 000〜3 000	70	70	70×2	70	70×2	50×4
3 000〜4 000	75	75	75×2	75	75×2	55×4
4 000〜5 000	80	80	80×2	80	80×2	55×4

1・7 各種金属合金の鋳造

1・7・1 Cu 合金の溶解温度,鋳込温度の標準

材質	記号	溶解温度 [℃]	鋳込温度 [℃]
純銅鋳物	CAC 101〜103	1 200〜1 250	1 150〜1 200
黄銅鋳物	CAC 201〜203	1 130〜1 200	1 000〜1 150
高力黄銅鋳物	CAC 301〜304	1 100〜1 200	1 000〜1 150
青銅鋳物	CAC 401〜403, 406, 407	1 150〜1 250	1 050〜1 200
鉛青銅鋳物	CAC 602〜605	1 150〜1 250	1 050〜1 150
リン青銅鋳物	CAC 502 A, 502 B, 503 A, 503 B	1 180〜1 250	1 050〜1 170
アルミニウム青銅鋳物	CAC 701〜704	1 150〜1 300	1 100〜1 220
シルジン青銅鋳物	CAC 801〜803	1 000〜1 150	950〜1 100

1・7・2 Cu 合金鋳物の肉厚と鋳込温度の実例

材質	記号	肉厚 [mm]				ジルコン砂
		<12	12〜25	25<	80<	生型
純銅鋳物	CAC 101〜103	1 200	1 200	1 180	—	—
黄銅	CAC 201〜203	1 100	1 050	1 000	980	1 000〜1 120
高力黄銅	CAC 301〜304	1 050	1 020	980	980	1 000〜1 070
青銅	CAC 401〜403, 406, 407	1 200	1 170	1 130	1 100	1 150〜1 230
鉛青銅	CAC 602〜605	1 150	1 100	1 070	1 050	1 070〜1 200
リン青銅	CAC 502 A, 502 B, 503 A, 503 B	1 200	1 170	1 100	1 050	1 070〜1 200
アルミニウム青銅	CAC 701〜704	1 200	1 170	1 150	1 100	1 150〜1 200
シルジン青銅	CAC 801〜803	1 100	1 050	1 000	950	—

1・7・3 Cu 合金の脱酸,脱ガス剤

種類	目的	適用材質と使用量	使用法
リン銅(10〜15%)	脱酸	CAC 401〜403, 406, 407 CAC 602〜605 CAC 505 A, 502 A, 502 B, 503 A, 503 B 0.05〜0.03%	出湯直前に処理
亜鉛	脱酸	CAC 401〜403, 406, 407 CAC 301〜304 CAC 201〜203 CAC 801〜803 0.5〜1.0%	同 上
二酸化マンガン	脱ガス	CAC 401〜403, 406, 407 CAC 502 A, 502 B, 503 A, 503 B 0.1%〜0.3%	脱ガス後出湯直前に脱酸処理をする
酸化鉛, 過酸化鉛	脱ガス	CAC 401〜403, 406, 407 CAC 602〜605 CAC 502 A, 502 B, 503 A, 503 B 0.3〜0.5%	同 上
食塩	脱酸	CAC 701〜704 CAC 301〜304 0.5〜1.0%	出湯直前に処理
ホウ砂	脱酸	CAC 201〜203 CAC 301〜304 0.05〜0.1%	同 上

1・7・4 Al 合金の融解温度

合金*	固相線温度		液相線温度	
	[℃]	[K]	[℃]	[K]
AC 1 B	535	808	650	923
AC 2 A	520	793	610	883
AC 2 B	520	793	615	888
AC 3 A	575	848	585	858
AC 4 A	560	833	595	868
AC 4 B	520	793	590	863
AC 4 C	555	828	610	883
AC 4 CH	555	828	610	883
AC 4 D	580	853	625	898
AC 5 A	535	808	630	903
AC 7 A	570	843	635	908
AC 8 A	530	803	570	843
AC 8 B	520	793	570	843
AC 8 C	520	793	580	853
AC 9 A	520	793	730	1003
AC 9 B	520	793	670	943
ADC 1	574	847	585	858
ADC 3	560	833	590	863
ADC 5	535	808	620	893
ADC 6	590	863	640	913
ADC 10	535	808	590	863
ADC 12	515	788	580	853

* 各合金の組成はIV編 (p.196, 197) 参照.

1・7・5 Zn合金の融解温度

合金	固相線温度 [℃]	固相線温度 [K]	液相線温度 [℃]	液相線温度 [K]
ZDC1[*1]	379	652	388	661
ZDC2[*2]	382	655	387	660

*1 Al 3.5～4.3, Cu 0.75～1.25,
　 Mg 0.020～0.06, Fe 0.10以下, 残Zn.
*2 Al 3.5～4.3, Cu 0.25以下,
　 Mg 0.020～0.06, Fe 0.10以下, 残Zn.

1・7・6 Mg合金の融解温度

合金	固相線温度 [℃]	固相線温度 [K]	液相線温度 [℃]	液相線温度 [K]
MC1	455	728	610	883
MC2C, MC2E	468	741	596	869
MC3	443	716	593	866
MDC1B	470	743	595	868
ZK51	585	858	625	898
ZH62	577	850	615	888
HK31	589	862	651	924
EZ33	540	813	640	913

ZK51 : Mg-Zn4.5-Zr0.7
ZH62 : Mg-Zn5.7-Zr0.75-Th1.8
HK31 : Mg-Zn0.75-Th3.3
EZ33 : Mg-Zn2.8-Zr0.75-Re3.3

1・8 各種金属溶解用るつぼ材, 雰囲気および溶剤

金属		雰囲気	溶剤, 脱ガス剤
Li, Na, K	低温では硬質ガラスまたはシリカ, 高温	Arが最適	Li以外は油また
Rb, Cs	では鋼		はパラフィン
Be	BeOまたはThO$_2$[*1]	Ar	
Mg	鋳鉄, Al$_2$O$_3$, MgO, (黒鉛)	Ar, SO$_2$, (N$_2$は不適)	KCl, CaCl$_2$, NaCl$_2$, CaF$_2$, MgCl$_2$, MgF$_7$など混合
Ca, Sr, Ba	鋼	Ar	
Al	Al$_2$O$_3$, MgO, 黒鉛	Ar	NaCl+ケイフッ化ソーダ, ZnCl$_2$, Cl$_2$
Ti, Zr, Hf	アーク溶解(水冷銅ハース), TiはCaOも可能	Ar, または真空	
Nb, Ta	アーク溶解(水冷銅ハース)	Ar, または真空	
Th, U	ThO$_2$, CaO, またはアーク溶解(水冷銅ハース)	Ar, または真空	
Cr	ThO$_2$, MgO, CaO, Al$_2$O$_3$ (反応あり)	Ar, または真空	
Mo, W, V	アーク溶解(水冷銅ハース)	Ar, または真空	
Mn	Al$_2$O$_3$, CaO	Ar	
Fe	Al$_2$O$_3$, CaO, MgO	H$_2$, Ar, 真空	
Ru, Os	アーク溶解(水冷銅ハース)	Ar, または真空	
Co	Al$_2$O$_3$, MgO, CaO	H$_2$, Ar, 真空	
Rh, Ir	アーク溶解(水冷銅ハース)	N$_2$, H$_2$, 真空	
Ni	Al$_2$O$_3$, MgO, CaO, ZrO$_2$	Ar, または真空	
Pd, Pt	ThO$_2$, ZrO$_2$, Al$_2$O$_3$, CaO	Ar, N$_2$, 真空	
Cu, Ag, Au	黒鉛, Al$_2$O$_3$, MgO, CaO	N$_2$, Ar, CO, 真空	Cuにはホウ砂
Zn, Cd	アランダム, 黒鉛, 低温では硬質ガラス		木炭末, または塩化物
Ga	低温で硬質ガラス, 高温で黒鉛, Al$_2$O$_3$	Ar	木炭末, または塩化物
In, Tl	陶材, 硬質ガラス	H$_2$	
Si	シリカ, 黒鉛	Ar, または真空	
Ge	黒鉛, シリカ	N$_2$, Ar	
Sn, Pb	硬質ガラス, 黒鉛	H$_2$, Ar	
As	硬質ガラス, シリカ	加圧Ar[*2]	木炭末 (As含有量少ないときは塩化物, 多いときは封入)
Sb	陶材, 黒鉛	H$_2$	
Bi	硬質ガラス, 陶材, シリカ, 黒鉛	H$_2$	

*1 BeOは有毒, ThO$_2$は放射能, いずれも取扱注意.
*2 Asは常圧では昇華する.

1・7・7 Al合金溶解用フラックス [mass%]

適用	Na$_3$AlF$_6$	NaCl	NaF	KCl	Na$_2$CO$_3$	KF	Na$_2$SiF$_6$	K$_2$SiF$_6$	MgCl$_2$	CaCl$_2$
一般用	15	60	—	25	—	—	—	—	—	—
	20	40	—	40	—	—	—	—	—	—
	23	30	—	—	—	47	—	—	—	—
	50	35	—	—	15	—	—	—	—	—
	5	5	—	5	—	—	—	—	—	—
	—	30	15	40	15	—	—	—	—	—
	—	40	10	—	—	—	—	—	—	50
	—	30	—	40	15	15	—	—	—	—
	5	5	—	5	—	—	85	—	—	—
AC7A用	—	—	—	—	—	—	50	—	50	—
	—	—	—	—	—	—	50	50	—	—

1・7・8 Mg合金溶解用フラックス [mass%]

種別	MgCl$_2$	KCl	NaCl	CaCl$_2$	CaF$_2$	BaCl$_2$	MgO	MgF$_2$	S	H$_3$BO$_3$	(NH$_4$)BF$_6$
溶解用	60	40	—	—	—	—	—	—	—	—	—
	43	43	9	5	—	—	—	—	—	—	—
	34	55	—	—	2	9	—	—	—	—	—
	41	32	20	—	6	—	1	—	—	—	—
	—	—	40	40	10	10	—	—	—	—	—
精錬用	38	26	12	10	14	—	—	—	—	—	—
	35	27	8	—	20	—	10	—	—	—	—
	50	30	—	10	—	—	—	10	—	—	—
	50	20	—	—	15	—	15	—	—	—	—
	60	—	—	—	—	—	40	—	—	—	—
保護用	—	—	—	—	—	—	—	—	28	62	10
	—	—	—	—	—	—	—	—	77	20	3

1・9 ダイカスト

1・9・1 ダイカスト用金型用鋼材の組成と用途 (JIS G 4051-1979, G 4401, G 4403, G 4404-2000, G 4805-1999)

種類	JIS記号	化学成分 [mass%]								用途
		C	Si	Mn	Cr	Mo	V	W	そのほか	
合金工具鋼 D 4種	SKD 4	0.25~0.35	0.40以下	0.6以下	2.00~3.00	—	0.30~0.50	5.00~6.00	—	Cu合金用
〃 D 5種	SKD 5	〃	〃	〃	〃	—	〃	9.00~10.00	—	〃
〃 D 6種	SKD 6	0.32~0.42	0.80~1.20	0.5以下	4.50~5.50	1.00~1.50	〃	—	—	Al合金, Mg合金, Zn合金用, 押出しピン用
〃 D 61種	SKD 61	〃	〃	〃	〃	〃	0.80~1.20	—	—	〃
クロムモリブデン鋼 3種	SCM 435	0.33~0.38	0.15~0.35	0.60~0.85	0.90~1.20	0.15~0.30	—	—	—	Zn合金用
〃 4種	SCM 440	0.38~0.43	〃	〃	〃	〃	—	—	—	〃
合金工具鋼 T 2種	SKT 2	0.50~0.60	0.35以下	0.80~1.20	0.80~1.20	〃	—	—	—	中子, 主型用およびZn合金用
〃 T 3種	SKT 3	〃	〃	0.60~1.00	0.90~1.20	0.30~0.50	—	—	Ni 0.25~0.60	〃
機械構造用炭素鋼 8種	S 45 C	0.42~0.48	0.15~0.35	0.60~0.90	—	—	—	—	—	中子, 主型用
〃 9種	S 50 C	0.47~0.53	〃	〃	—	—	—	—	—	〃
炭素工具鋼 2種	SK 120	1.15~1.25	0.10~0.35	0.10~0.50	—	—	—	—	—	リターンピン用
〃 3種	SK 105	1.00~1.10	〃	〃	—	—	—	—	—	ガイドピン, リターンピン用
〃 4種	SK 95	0.90~1.00	〃	〃	—	—	—	—	—	ガイドピン, ブッシュ用
〃 5種	SK 85	0.80~0.90	〃	〃	—	—	—	—	—	ガイドピン用
〃 6種	SK 75	0.70~0.80	〃	〃	—	—	—	—	—	〃
〃 7種	SK 65	0.60~0.70	〃	〃	—	—	—	—	—	〃
高速度工具鋼 2種	SKH 2	0.73~0.83	0.45以下	0.40以下	3.80~4.50	—	0.80~1.20	17.20~18.70	—	押出しピン用
合金工具鋼 S 2種	SKS 2	1.00~1.10	0.35以下	0.80以下	0.50~1.00	—	—	1.00~1.50	—	〃
〃 S 3種	SKS 3	0.90~1.00	〃	0.90~1.20	〃	—	—	0.50~1.00	—	ガイドピン, リターンピン, 押出しピン, ブッシュ用
高炭素クロム軸受鋼 2種	SUJ 2	0.95~1.10	0.15~0.35	0.50以下	1.30~1.60	—	—	—	—	ガイドピン, ブッシュ用
アルミニウムクロムモリブデン鋼 1種	SACM 645	0.40~0.50	0.15~0.50	0.60以下	1.30~1.70	0.15~0.30	—	—	Al 0.70~1.20	リターンピン用

1・9・2 ダイカスト用合金の物理的性質

項目 \ 名称 記号	Al 合金						Zn 合金		Mg 合金
	ADC 1	ADC 10	ADC 12	ADC 3	AD 5	ADC 7	ZDC 1	ZDC 2	MDC 1 B (AZ 91 B)
比重	2.65	2.71	2.70	2.63	2.57	2.65	6.7	6.6	1.8
溶融点 [℃]	580	590	580	600	620	630	386.1	386.6	600
熱伝導率 [W/K・m]	121	96	96	113	96	142	109	113	71
熱膨張係数 (20~200℃) [10⁻⁶/K]	21.4	21.8	21.0	22.0	25.0	23.2	27.4	27.4	27.4
電気伝導率 (銅を標準とする) [%]	31	23	23	29	24	37	26	26	10

1・9・3 ダイカストの機械的性質

項目 \ ダイカスト 記号	Al 合金								Zn 合金		Mg 合金			
	ADC 1	ADC 3	ADC 5	ADC 6	ADC 10	ADC 10 Z	ADC 12	ADC 12 Z	ADC 14	ZDC 1	ZDC 2	MDC 1 B	MDC 1 D	MDC 2 B	MDC 3 B	MDC 4
引張強さ [MPa]	290	320	310	280	320	320	310	330	320	325	285	230	230	225	215	210
0.2%耐力 [MPa]	130	170	190	—	160	160	150	170	250	—	—	150	150	130	140	125
伸び [%]	3.5	3.5	5	10	3.5	3.5	3.5	2.5	<1	7	10	3	3	8	6	10
硬さ [HB] (10/500)	72	76	74	67	83	83	86	—	108	91	82	63	63	63	59	60
衝撃強さ [kJ/m²]	7.9	14.4	20.2	31.6	8.5	8.5	8.1	—	38	1600	1400	30	30	28	20	30
せん断強さ [MPa]	170	180	200	—	190	190	—	200	—	170	216	140	140	—	—	—
疲れ強さ (5×10⁸回) [MPa]	130	120	140	—	140	140	—	140	—	—	—	97	97	—	—	70
ヤング率 [GPa]	—	71.0	—	—	71.0	71.0	71.0	—	81.2	—	—	45	45	45	45	45

2 塑性加工

2・1 各種熱間加工の温度範囲

2・1・1 炭素鋼, 低合金鋼の熱間鍛造温度範囲

C量 〔mass %〕	炭素鋼		低合金鋼	
	最高加熱温度 [℃]	最低終了温度 [℃]	最高加熱温度 [℃]	最低終了温度 [℃]
0.1	1 290	850	1 260	870
0.2	1 270	〃	1 245	〃
0.3	1 260	〃	1 230	〃
0.4	1 250	〃	1 230	〃
0.5	1 230	〃	1 230	〃
0.6	1 200	〃	1 200	〃
0.7	1 190	〃	1 180	〃
0.9	1 150	〃	—	—
1.1	1 100	〃	—	—

2・1・2 特殊鋼および超合金の熱間鍛造温度

種別	鍛造温度 [℃]	種別	鍛造温度 [℃]
工具鋼類		403, 410, 416	870～1 150
耐衝撃性工具鋼	880～1 150	414, 431	950～1 120
高 Cr 冷間工具鋼	900～1 090	405, 420, 440	950～1 120
Cr 系熱間工具鋼	950～1 180	430, 442, 446	820～1 120
W 系 〃	950～1 200	PH ステンレス鋼	1 040～1 150
Mo 系高速度鋼	950～1 180	超合金	
W 系 〃	950～1 200	A 286, V 57	1 000～1 100
Ni-Cr, Cr-Mo 鋼	900～1 250	16-25-6	
ばね鋼	900～1 150	Hasteloy W, X	1 100～1 200
ステンレス鋼		R-235	
201, 202, 301, 302, 303, 304, 305, 308, 321, 347	950～1 200	Inconel 600	1 040～1 230
		〃 718	950～1 120
		〃 X 750, 751	1 040～1 200
309, 310	1 010～1 150	J 1650, S 816	1 080～1 180
316, 317	950～1 150	L 605	1 130～1 230

Metals Handbook, 8 th ed. (1970), ASM.

2・1・3 非鉄合金の熱間鍛造温度

種別	鍛造温度 [℃]	種別	鍛造温度 [℃]
Al 合金		Mn-Al 青銅	600～730
1100	315～405	Mn 青銅	600～700
2014	405～450	リン青銅	450～600
2025	430～470	Al 9 % 青銅	760～870
2218	405～450	Al 10 % 青銅	815～900
2219	430～470	クロム銅	760～870
2618	390～470	その他	
3003	315～405	純 Ti	930＞
4032	415～460	Ti-6 Al-4 V	980＞
5083	400～540	Ti-7 Al-4 Mo	810～950
6061, 6151	430～480	Ti 6Al-6 V-2 Sn	930＞
7049	355～450	Ti-5 Al-2.5 Sn	840～1 040
7075	380～440	Ti-5 Al-2.5 Sn	930～1 000
7079	400～450	Ti-8Al-1 Mo-1 V	930～1 000
X 7080	370～440	Duranickel	970～1 200
Cu 合金		Monel 400	650～1 180
純銅	750～870		
P 脱酸銅	730～840	Mo 合金	1 050～1 500
鍛造用黄銅	650～730	W 合金	1 100～1 700
ネーバル黄銅	600～700	Mg 合金	280～420
Mn-Si 黄銅	600～730	Zr 合金	700～850

Metals Handbook, 8 th ed. (1970), ASM.

2・1・4 各種金属材料の熱間押出し温度

種別	温度範囲 [℃]	種別	温度範囲 [℃]
炭素鋼	1 200±100	3003	400～480
低合金鋼	1 200±70	4032	390～410
13 Cr ステンレス	1 175±25	4043	420～470
18 Cr-8 Ni	1 180±30	5052	400～500
18 Cr-8 Ni-Ti	1 180±30	5056	420～480
25 Cr-20 Ni	1 170±20	5083	420～480
18 Cr-8 Ni-Mo	1 160±20	6063	430～520
18 W-1 V 高速鋼	1 110±20	6061	430～500
		6101	430～500
電気, 脱酸銅	820～900	6151	430～500
丹銅, 黄銅	750～850	6351	430～500
6/4 黄銅	675～735	6463	430～500
アドミラルティ黄銅	760～820	7003	430～500
ネーバル黄銅	650～735	7N01	430～480
鉛入ネーバル黄銅	650～735	7075	360～400
アルミ黄銅	790～845		
Al (4～8 %) 青銅	850～900	純チタン	650～930
3 % Si 青銅	790～840	Ti-5 Al-2.5 Sn	950～1 050
20 % キュプロニッケル	980～1 010	Ti-2 Al-2 Mn	800～950
30 % キュプロニッケル	1 010～1 050	Ti-6 Al-4 V	870～1 050
18 % 洋白	870～890	Ni, Co 基合金	1 100～1 200
純アルミ (1050)	400～480	Mo, W	1 900～2 100
1100	400～480	Mg 合金	280～420
2014	375～430	Zr	650～850
2017	375～430	Be	500～650
2024	365～420		

JISI, 195 (1960), 145; 軽金属, 30 (1980), 349.

2・1・5 銅, アルミニウム合金の熱間圧延温度

種別	圧延温度 [℃]	種別	圧延温度 [℃]
銅合金		アルミニウム合金	
電気, 脱酸銅		1100, 3003	
平板	700～870	3004, 5052	400～495
荒引線	900～940	2014, 2017, 2024	320～450
9/1 丹銅	760～870	2018, 2025	430～460
7/3 黄銅	735～820	4032, 6053	
6/4 黄銅	675～790	6061, 6063	370～480
リン青銅	790～870	7049, 7050	
青銅	735～845	7075, 7079	390～430

2・2 塑性加工用工具材料の選択基準

2・2・1 冷間塑性加工用工具鋼選択基準

用　途		硬さ〔HRC〕	少量生産	一般用	多量生産	備　考
抜き型	雄型	58～62	SK 3, SKS 3, SKD 1	SKD 11	SKH 9, SKH 57	○雄型, 雌型の硬度差はHRC
	雌型	58～62	〃	SKS 3, SKD 1, SKD 11	SKD 11, SKH 9	2～3とする.
絞り, 成形型	雄型	58～62	SK 3, SKS 3	SKD 1, SKD 11	SKH 9, SKH 57	○形状が複雑, 公差がきびし
	雌型	58～62	SK 3, SKS 3	SKS 3, SKD 1, SKD 11	SKD 11, SKH 9	い, 焼割れの心配があると
冷間押出型	雄型	58～63	SKS 3	SKD 11	SKH 9, SKH 57	きはランクを下げる.
	雌型	55～60	SKS 3	SKD 1, SKD 11	SKH 9, SKH 57	○非鉄用では1ランク下げて
冷間据込型	雄型	58～62	SKS 3	SKD 11, SKH 9	SKH 57	よい.
	雌型	55～60	SKS 3	SKD 11, SKH 9	SKH 57	○SKD 1, SKD 11はCrめ
トリミング型	薄物	55～60		SKD 11, SKH 9	SKH 9	っき, TD処理などにより
	厚物	50～55		SKT 4, SKD 61		ダイ寿命が延びる.
ねじ転造ダイス		58～62		SKD 11		
コイニングパンチ		57～62		SKD 11		
シャーブレード	薄板	55～60	SKS 3	SKD 11		
ビレットシャーブレード	中板	53～58		SKD 11		
〃	厚板	48～53		SKT 4, SKD 61		
ロータリーシャー, スリッタ		54～60		SKD 11		

塑性と加工, 19 (1978), 44；ibid., 20 (1979), 289.

2・2・2 熱間塑性加工用工具鋼選択基準

用　途			硬さ〔HRC〕	適材鋼種名	
				一般用	多量生産用
鍛造型	鍛造プレス用	小物用	41～48	SKT 6	AISI-6 F 4
		中物用	39～46	SKD 61	AISI-H 10
		大物用	33～42	SKD 62	0.2 C-3 Cr-3 Mo
	ハンマ用	小物用	41～47		
		中物用	40～45	SKT 4	SKT 4
		大物用	37～41		
押出用工具	コンテナタイヤ		30～40	SKT 4	
	ライナ	Cu用	45～48	SKD 5	AISI-H19
		Al用	45～48	SKD 61, SKD 62	AISI-H 10
	ステム		45～50	SKD 61, SKD 62	SKD 61, SKD 62
	ダイス	Cu用	45～48	SKD 5	AISI-H19
		Al用	44～48	SKD 61, SKD 62	AISI-H 10
	マンドレル	Cu用	47～50	SKD 61, SKD 62, SKD 5	AISI-H19
		Al用	45～48	SKD 61, SKD 62	AISI-H 10
一般熱間用工具	シャーブレード		37～45	SKD 61, SKT 4	
	ヘッダダイ		45～50	SKD 61	AISI-H 10
	アプセッタ		45～50	SKD 61	AISI-H19

塑性と加工, 20 (1979), 289.

2・2・3 超硬合金の使用選択基準

用途	細目		使用分類記号 大←耐摩耗性→小 小←耐衝撃性→大					
			V_1	V_2	V_3	V_4	V_5	V_6
引抜ダイスおよびプラグ	丸ダイス	W 1 ~ W 4	○	○				
		W 5 以上		○	○			
	異形ダイス	小形	○	○	○			
		大形		○	○	○		
	管引ダイス	小形	○	○				
		大形		○	○			
	プラグ		○	○	○	○		
絞り型	絞りダイ	荷重小	○	○				
		荷重大		○	○			
	絞りポンチ	荷重小		○	○			
		荷重大			○	○	○	
ヘッダダイ	単純形状	荷重小			○	○		
		荷重大				○	○	○
	複雑形状	荷重小				○	○	○
		荷重大					○	○
抜型	ダイ	荷重小		○	○			
		荷重大			○	○	○	
	ポンチ	荷重小			○	○	○	
		荷重大				○	○	○
ロール	精密ロール		○	○				
	冷間ロール			○	○	○		
	熱間ロール				○	○	○	
その他の耐摩耗耐衝撃用工具	刻印, コイニングダイ, コイニングポンチ, インパクトダイ, スエージングダイ, 熱間押出ダイ					○	○	○

塑性と加工, **19** (1978), 99.

2・2・4 鋼材圧延用各種ロール材質の選択基準

ロール種別	具備すべき特性								代表的適用材質
	強靱性	耐摩耗性	耐熱亀裂性	耐肌あれ性	耐スポーリング性	かみこみ性			
○板用分塊	◎	◎	○	—	—	○			ダクタイル, アダマイト
○条用分塊	◎	◎	○	—	—	○			低炭素特殊鋳鋼, 鍛造アダマイト
○鋼片	◎	◎	○	—	—	—			鍛造アダマイト
○棒, 線材									
粗, 中間	◎	○	○	○	—	—			鍛造アダマイト, ダクタイル
仕上	○	◎	○	○	—	—			焼結合金 (WC), チルド
○形鋼									
ブレークダウン	◎	○	○	—	—	—			低炭素特殊鋳鋼, アダマイト
二, 三重	○	◎	○	—	—	—			〃
スリーブ	—	◎	○	○	—	—	耐焼付性		アダマイト
○熱延									
粗圧延	○	◎	○	○	○	—			アダマイト, 高炭素特殊鋳鋼
仕上前段	—	◎	◎	◎	○	—	耐偏平性, 深硬性		〃
仕上後段	—	◎	○	◎	○	—	耐偏平性, 深硬性		高合金グレン
バックアップ	◎	◎	—	○	◎	—			特殊鍛鋼
○厚板									
ワークロール	—	◎	○	◎	○	—	耐偏平性, 深硬性		高合金グレン
バックアップ	◎	◎	—	○	◎	—			特殊鍛鋼
○冷延									
ワークロール	◎	◎	—	◎	◎	—	深硬性, 耐スリップクラック性		鍛造焼入, 焼結合金
バックアップ	◎	◎	—	○	◎	—			特殊鍛鋼
○鋼管	○	◎	○	○	—	—			鍛造アダマイト, アダマイト, チルド

◎ 特に重視すべき特性, ○ 重視すべき特性
塑性と加工, **21** (1980), 202.

2・3 塑性加工用潤滑剤

2・3・1 塑性加工用潤滑剤として利用される主な物質

種　別	物　質　名	応　用　例
鉱　物　油	スピンドル油, マシン油, ソルベント油, タービン油, ダイナモ油, シリンダ油など	被加工材との化学反応少なく, 通常各種の添加剤を加えて利用する。基油
動植物油脂	パーム油, ひまし油, 菜種油, 大豆油, 牛脂, 豚脂, 鯨油	油脂に含有される脂肪酸が被加工材表面に吸着し, 潤滑性を向上させる。そのままか, 鉱物油に添加して使用する。
合　成　油	リン酸硝酸塩化物, ポリフェニルエーテル, リン酸エステル, フッ化エステルなどの合成エステル類	耐熱, 耐酸化性に優れ, 熱間圧延用エマルジョンとして使用される。
脂肪酸およびアルコール	ステアリン酸-オレイン酸, ラウリン酸, リノール酸, レイン酸, オレイルアルコール, ラウリルアルコール	油性向上剤として鉱物油に添加して利用される。
金属石けん	ステアリン酸— (Na, Li, Mg, Ca, Pb, Cd, Zn, Al), ナフテン酸塩	鉱物油に油性向上剤として添加, あるいは化成皮膜と併用して使う。
極圧添加剤	硫黄化合物	硫化鉱油, 硫化油脂, 硫化テルペン, ジベンジルサルファイド	摩擦熱により分解して, 金属と化合物を作り, 潤滑作用をする。鉱物油に添加し, 使用温度範囲を広げる。
	塩素化合物	塩素化油, 塩素化油脂, 塩化パラフィン, 塩化エステル	
	リン化合物	ジアルキルフォスファイト, トリブチルフォスファイト, 無機リン酸塩	
固体潤滑剤	二硫化モリブデン, 二硫化タングステン, 黒鉛, 酸化鉛, 雲母, タルク	単独か, あるいは油や水に懸濁させて使用する。主に高温用
ガラス潤滑	酸化鉛, 酸化ホウ素, ホウ砂, 酸化ビスマス, ホウ酸塩ガラス, ケイ酸塩ガラス	高温で溶融して潤滑剤としての条件を満足すると同時に断熱材としての役割を果す
有機ポリマー	テフロン, ポリ塩化ビニル, ポリエチレン, ポリサルファイド, ポリイミド	分離効果大, 被加工材と工具の表面性状保護を兼ねることができる。
化成皮膜	リン酸塩, シュウ酸塩皮膜	金属石けんとの併用により優れた潤滑性を発揮する。

2・3・2 各種塑性加工用潤滑例

加工法		鋼	ステンレス	Al 合 金	Cu 合 金	そ の 他
圧延	熱間	ロール冷却水にロールの摩耗を減らすために圧延油を加える。圧延油としては合成エステルをベースにしたものが多い。	左に同じ	焼付き抑制を兼ね, 冷却を兼ね, 鉱油系エマルジョンが用いられる。油性向上剤として, アミンまたはオレイン酸を加えられる。	ロール冷却水のみで, 圧延油は使用しない。	
	冷間	パーム油の水分散液はプレートアウト性が増大。ミルクロール用としては鉱油系エマルジョンが適する。	油脂の水分散液。大圧延には, 20段圧延機を用いる。	低粘性鉱油＋オレイン酸。はく化用には, ケロシンに脂肪酸エステルを添加して使用。	鉱物油が主であるが, 高速のため圧延油エマルジョンが用いられる。圧延仕上延には低粘度鉱油＋20～30％脂肪酸が適する。	Ti：鉱油＋パルミチン酸カリ Ni：ステンレスに準ずる
鍛造	熱間	開放鍛造は無潤滑で行われる。密閉鍛造では, 潤滑性よりも離型性を重視し, 黒鉛, おがくずが使われる。	左に同じ	黒鉛系潤滑剤 (黒鉛の水または油懸濁液)。酸化Cd＋黒鉛	Cuの酸化皮膜は自己潤滑的である。黄銅に対しては黒鉛系潤滑剤を用いる。	Ni, Ti とも黒鉛系潤滑剤が適する。
	冷間	リン酸塩処理により被膜処理が広く行われている。黒鉛, 二硫化モリブデンを用いることもある。	シュウ酸塩被膜処理を行い, Al, Znの金属石けんをつける。	低速：動物油, ラノリン。高速：硫化油脂。衝撃押出し：ステアリン酸亜鉛	動物油, ラノリン, グリース。高速には硫化油脂や黒鉛グリースが用いられる。	Ti：フッ化リン酸塩皮膜処理＋金属石けん
押出し	熱間	ケイ酸塩ガラス	ケイ酸塩ガラス	無潤滑	600℃以上では酸化銅が自己潤滑剤。黄銅には黒鉛または低融点ガラスを使用	Mg：自己潤滑 Be：黒鉛 Ni, Co, W, Mo：ガラス
	冷間	冷間鍛造と同じ				
伸線		乾式法：表面に水酸化鉄の被膜を形成させたのち, 石灰被膜あるいはホウ砂被膜をつける。ステアリン酸カリ粉末を加えることもある。Na石けん溶融液中を通し表面に凝固させる。湿式法：鉱物油＋脂肪酸＋スルフォン酸塩。石けん水, 植物油エマルジョン。	塩素化油。シュウ酸塩被膜処理を施し, Ca, Naの金属石けんをつける。	鉱物油をベースに, 約10％の油品, 極圧添加剤を加える。	太径：グリース, 動物油。細径：脂肪酸石けんエマルジョン。黄銅に対してはエマルジョンの脂肪酸石けん含量を多くする。合成油も効果的。	Ti：シュウ酸塩被膜処理メタアクリレート被覆 Mo, W, 黒鉛
成形加工		鉱物油, 石けん溶液, 脂肪酸エマルジョン	軽加工：鉱物油/塩素化油, 石けん/脂肪酸化油。深絞り：脂肪酸コンパウンド, リン酸塩被膜処理＋メタアクリレート被覆	軽加工：鉱油, 石けん/脂肪酸コンパウンド。深絞り：顔料入り石けん/脂肪酸エマルジョン, 乾燥ワックス	軽加工：鉱油, 脂肪酸エマルジョン。深絞り：鉱油, 石けん乾燥石けん被膜	Ti：高温では黒鉛, ベントナイトグリース。常温ではメタアクリレート被覆 Ni：ポリマー被覆
打抜き		鉱物油, 油脂, 鉱物油系エマルジョン	鉱物油, 塩素化脂肪酸, 油脂系エマルジョン	鉱物油	鉱油, 石けん溶液, 鉱物油系エマルジョン	

2・3・3 熱間押出し用潤滑ガラス成分

コーニング社番号	SiO_2	B_2O_3	PbO	Al_2O_3	CaO	MgO	K_2O	Na_2O	標準押出温度 [℃]
8363	5	10	82	3					530
8871	35		58				7.2		870〜1 090
0010	63		21	1	0.3	3.6	6	7.6	1 090〜1 430
7052	70	28	1.2	1.1			0.5		1 260〜1 730
1720	57	4		20.5	5.5	12		1	1 650
7740	81	13		2			0.5	4	1 540〜2 100
7810	96	2.9		0.4					1 930〜2 040
7900	96								2 210

2・4 各種金属材料の n 値, r 値と成形性

2・4・1 各種金属材料の n 値, r 値

材質	n 値	r 値	材質	n 値	r 値
リムド鋼	0.18	1.32	純銅	0.44	0.90
〃	0.19	1.49	〃	0.47	1.01
Al キルド鋼	0.23	1.88	無酸素銅	0.49	0.89
〃	0.22	1.80	80/20 丹銅	0.39	0.89
Ti キルド鋼	0.26	2.06	70/30 黄銅	0.49	0.77
〃	0.24	2.00	〃	0.44	0.81
0.6C 鋼 (熱処理)	0.15		65/35 黄銅	0.53	0.88
ステンレス鋼 SUS 304	0.45	1.0	60/40 黄銅	0.44	0.87
〃	0.43	0.84	18%Ni 洋白	0.42	0.89
SUS 304 L	0.45		純Ti (1種)	0.15	5.28
SUS 316	0.4	1.0	〃	0.16	4.30
SUS 430	0.20	1.2	純Ti (2種)	0.14	4.27
SUS 444	0.21	1.7	Ti-5Al-2.5Sn	0.05	1.94
純 Al 1100	0.24	0.86	Ti-6Al-4V	0.01	1.48
〃	0.24	0.82	Ti-2Cu	0.13	1.96
Al 合金 3003	0.19	0.67	Ti-15Mo	0.22	1.49
3005	0.22	0.60			
5005	0.19	0.66			
5052	0.24	0.67			
5082	0.22	0.85			
5454	0.23	0.56			

r 値は材料の調製によって変化する値であり, 代表的な値を表に示した.

2・4・2 板材の成形限界
a. 深絞り限界と r 値の関係
b. 成形限界曲線

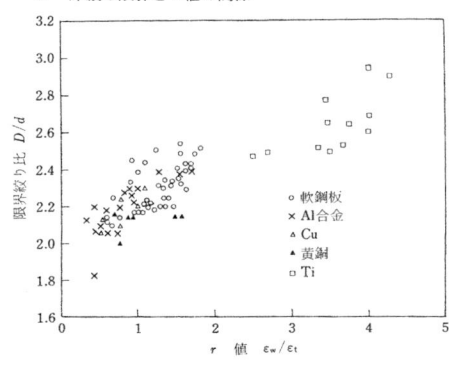

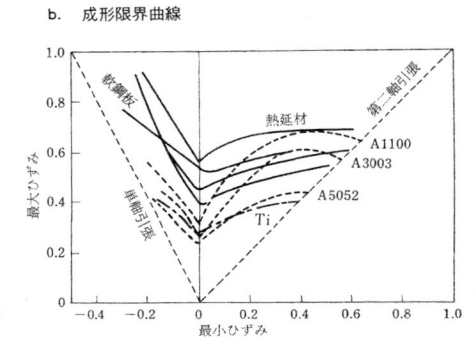

2・5 各種材料のひずみ速度依存性指数と伸びの関係

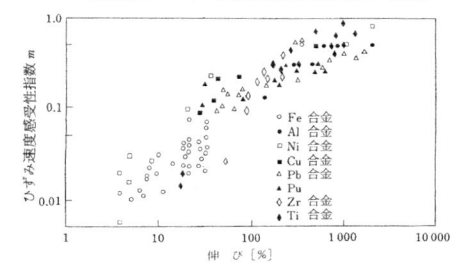

2・6 集合組織

2・6・1 引抜線,押出棒材の集合組織

	加工集合組織	再結晶集合組織
面心立方晶	$\langle 111 \rangle + \langle 100 \rangle$	$\langle 111 \rangle + \langle 100 \rangle$
体心立方晶	$\langle 110 \rangle$	$\langle 110 \rangle$
六 方 晶	$\langle 1010 \rangle$	$\langle 1120 \rangle$

2・6・2 圧延板の集合組織

	加工集合組織	再結晶集合組織
面心立方晶	(a) 純銅型 (S-Texture) $\{011\}\langle 112 \rangle - \{123\}\langle 412 \rangle - \{112\}\langle 111 \rangle$ (b) 合金型 $\{011\}\langle 112 \rangle - \{011\}\langle 100 \rangle$	立方体方位 $\{001\}\langle 100 \rangle$ R-Texture (冷延方位残留) $\{225\}\langle 374 \rangle$
体心立方晶	α 組織 $\{001\}\langle 110 \rangle - \{112\}\langle 110 \rangle$ β 組織 $\{112\}\langle 110 \rangle - \{554\}\langle 225 \rangle$ γ 組織 $\{111\}\langle 110 \rangle - \{111\}\langle 112 \rangle$	$\{113\}\langle 361 \rangle$ $\{554\}\langle 225 \rangle$ $\{111\}\langle 110 \rangle, \{110\}\langle 100 \rangle$
六方晶	(a) $\{0001\}\langle 1120 \rangle$ (b) $\{0001\}\langle 1010 \rangle \pm 25 \sim 40°$ around R.D. (c) $\{0001\}\langle 1120 \rangle \pm 25°$ around T.D.	冷延方位残留 $\{0001\}\langle 1120 \rangle \pm 30°$ 冷延方位残留

FCC金属で純銅型(図1)をとるのは,Al, Cu, Niなどの比較的積層欠陥エネルギーの大きい金属で,積層欠陥エネルギーの小さい金属,黄銅やAgは合金型(図2)になる.純銅型は再結晶によって立方体方位(図3)もしくはR方位+立方体方位に変化する.一方,合金型は$\{225\}\langle 374 \rangle$へ変化する(図4).

BCC金属は,α, β, γ の繊維集合組織が混合したタイプとなるが,その割合は金属の種類,固溶元素,加工条件によって複雑に変化する.一例を図5に示す.再結晶集合組織もまた複雑に変化する(図6).

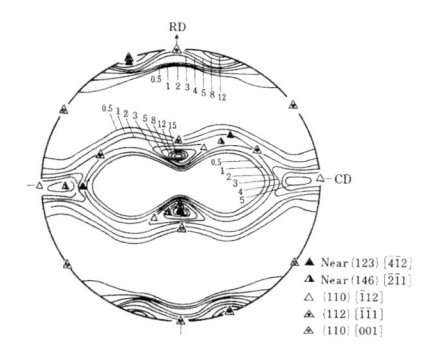

HCP金属では,Mg, Mg合金が(a)タイプ,Zr, Ti, Ti合金,Beが(b)タイプ(図7),軸比の大きいZnが(c)タイプになる.MgやZn合金は再結晶後も冷延集合組織を維持する.Ti, Zrは,再結晶により圧延方向方位が$\langle 1010 \rangle$から$\langle 1120 \rangle$へ変化する(図8).Ti, Zrの集合組織は熱処理温度によって変化する.

図1 純銅の圧延集合組織, 96.6%冷間圧延
(111)極点図 (Hu, Goodmanによる)

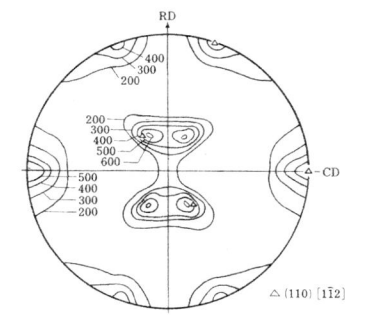

図2 70/30黄銅の圧延集合組織, 95%冷間圧延
(111)極点図 (Hu, Sperry, Beckによる)

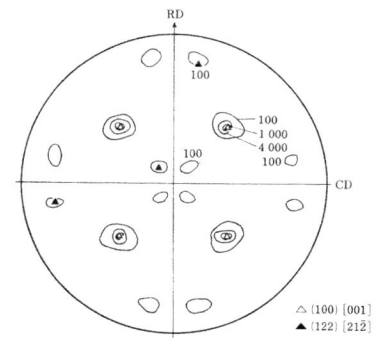

図3 純銅の再結晶集合組織 — 立方体方位 —,
96.6%冷間圧延, 200℃・5 min 焼なまし
(111)極点図 (Beck, Huによる)

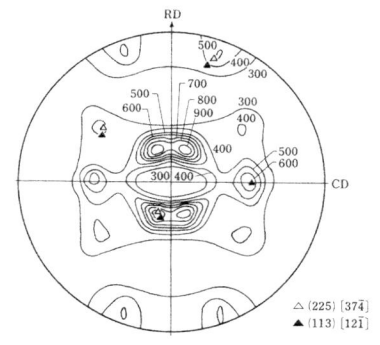

図4 70/30黄銅の再結晶集合組織
95%冷間圧延, 340℃・5 min 焼なまし
(111)極点図 (Beck, Huによる)

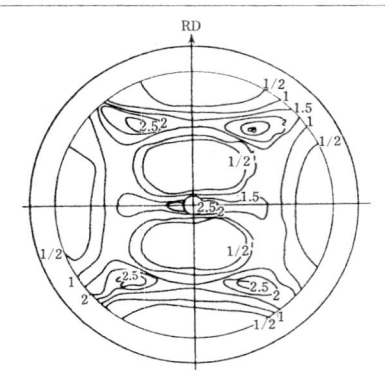

図5 低炭素鋼板の圧延集合組織，圧延率75％ (200) 極点図 (Sudo らによる)

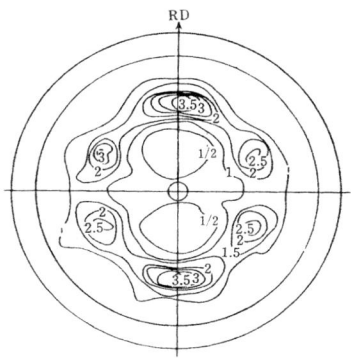

図6 低炭素鋼板の再結晶集合組織，圧延率75％，750℃・3h 焼なまし，(200) 極点図 (Sudo らによる)

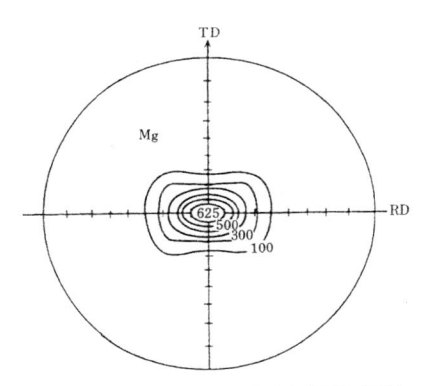

図7 純 Mg の再結晶集合組織，圧延率80％，(0001) 極点図 (Kelly, Fosford Jr. による)

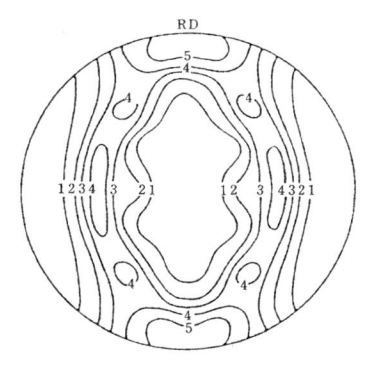

図8 純 Ti の再結晶集合組織，(1010) 極点図 (Inagaki, Kohara による)

2・6・3 三次元方位分布

立方晶の主軸 [100], [010], [001] を X_c, Y_c, Z_c, 試料軸である圧延方向，板幅方向，圧延面法線方向をRD, TD, NDとし，$X_c \parallel$ RD, $Y_c \parallel$ TD, $Z_c \parallel$ NDの状態から (1) Z_c の回りに φ_1, (2) 次に X_c の回りに $\varPhi$, (3) さらに Z_c の回りに φ_2 回転させて得られる方位分布図が三次元方位分布図である．立方晶の主要な方位と φ_1, $\varPhi$, φ_2 の関係を表に示す．また，FCCの純銅型および合金型の三次元方位分布図を図9 (a), (b) に，Tiキルド，Alキルド鋼板の $\varPhi = \pi/4$ におけるものを図10に示す．

立方晶金属板の主要方位と (φ_1, $\varPhi$, φ_2) の関係

{hkl}	⟨nvw⟩	$\varPhi$	φ_1	φ_2	{hkl}	⟨nvw⟩	$\varPhi$	φ_1	φ_2
001	110	0	$\varphi_1+\varphi_2=45$	135	011	211	45	35	0
		90	45	0			45	35	90
		90	45	90			90	55	45
113	110	25	0	45	236	322	31	70	56
		72	49	72			65	32	18
112	110	35	0	45			73	49	27
		66	51	63	236	385	31	79	34
111	110	55	0	45			65	63	18
		55	60	45			73	18	27
111	121	55	30	45	123	634	37	59	63
		55	90	45			58	27	18
332	113	50	23	56			74	53	34
		65	90	45	112	111	35	90	45
554	225	52	26	51			66	39	27
		61	90	45	100	001	0	$\varphi_1+\varphi_2=90$	
011	100	45	0	0			0	0	0
		45	0	90			0	90	90
		90	90	45			90	0	0
114	481	19	19	45			90	0	90
		76	27	76			90	90	0
		76	66	76			90	90	90

図 9 FCC 金属の純銅型 (a) および合金型 (b) 集合組織の三次元方位分布図

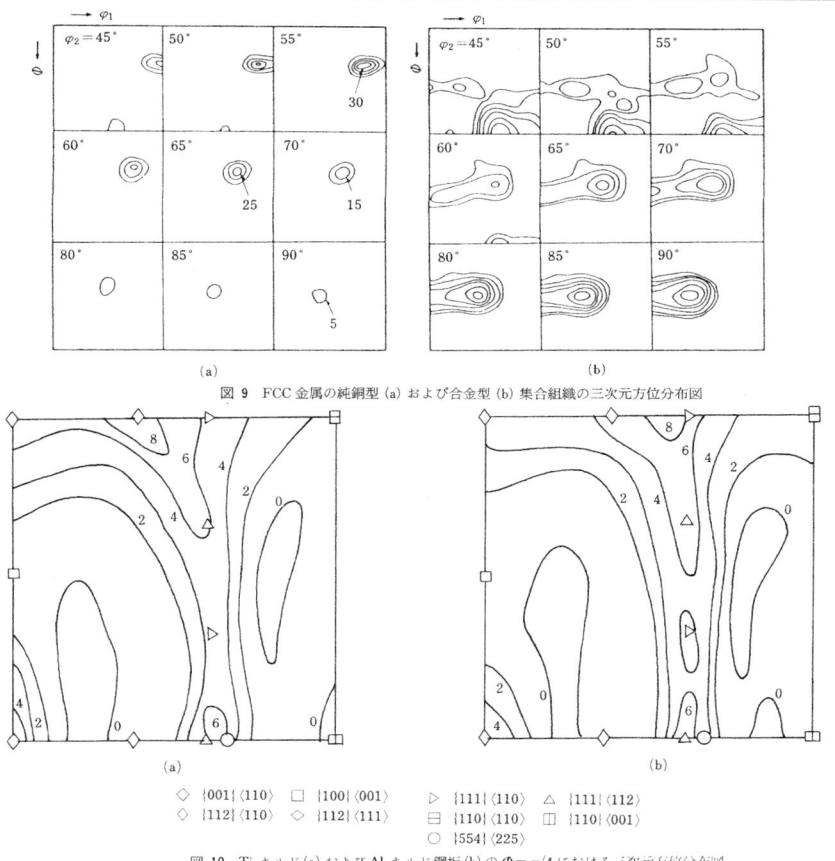

◇ {001}⟨110⟩　□ {100}⟨001⟩　▷ {111}⟨110⟩　△ {111}⟨112⟩
◆ {112}⟨110⟩　◇ {112}⟨111⟩　⊟ {110}⟨110⟩　⊞ {110}⟨001⟩
　　　　　　　　　　　　　　　○ {554}⟨225⟩

図 10 Ti キルド (a) および Al キルド鋼板 (b) の $\varphi = \pi/4$ における三次元方位分布図

3 切削および研削加工

3・1 切削工具鋼の種類と主な用途

3・1・1 炭素工具鋼

種類の記号	化学成分 [mass%]					用途例（参考）	旧JIS	ISO
	C	Si	Mn	P	S			
SK 140	1.30〜1.50	0.10〜0.35	0.10〜0.50	0.030 以下	0.030 以下	刃やすり・紙やすり	SK 1	
SK 120	1.15〜1.25	0.10〜0.35	0.10〜0.50	0.030 以下	0.030 以下	ドリル・小形ポンチ・かみそり・鉄工やすり・ハクソー・ぜんまい	SK 2	TC 120
SK 105	1.00〜1.10	0.10〜0.35	0.10〜0.50	0.030 以下	0.030 以下	ハクソー・たがね・ゲージ・ぜんまい・プレス型・治工具・刃物	SK 3	TC 105
SK 95	0.90〜1.00	0.10〜0.35	0.10〜0.50	0.030 以下	0.030 以下	木工用きり・おの・たがね・ぜんまい・ペン先・チゼル・スリッターナイフ・プレス型・ゲージ・メリヤス針	SK 4	
SK 90	0.85〜0.95	0.10〜0.35	0.10〜0.50	0.030 以下	0.030 以下	プレス型・ぜんまい・ゲージ・針		TC 90
SK 85	0.80〜0.90	0.10〜0.35	0.10〜0.50	0.030 以下	0.030 以下	刻印・プレス型・ぜんまい・帯のこ・治工具・刃物・丸のこ・ゲージ	SK 5	
SK 80	0.75〜0.85	0.10〜0.35	0.10〜0.50	0.030 以下	0.030 以下	刻印・プレス型・ぜんまい		TC 80
SK 75	0.70〜0.80	0.10〜0.35	0.10〜0.50	0.030 以下	0.030 以下	刻印・スナップ・丸のこ・ぜんまい・プレス型	SK 6	
SK 70	0.65〜0.75	0.10〜0.35	0.10〜0.50	0.030 以下	0.030 以下	刻印・スナップ・ぜんまい・プレス型		TC 70
SK 65	0.60〜0.70	0.10〜0.35	0.10〜0.50	0.030 以下	0.030 以下	刻印・スナップ・プレス型・ナイフ	SK 7	
SK 60	0.55〜0.65	0.10〜0.35	0.10〜0.50	0.030 以下	0.030 以下	刻印・スナップ・プレス型		

備考　各種とも不純物として Cu は 0.25%，Cr は 0.30%，Ni は 0.25% を超えてはならない．
JIS G 4401-2000

3・1・2 高速度工具鋼

分類	種類の記号	化学成分 [mass%]									用途例（参考）	ISO
		C	Si	Mn	P	S	Cr	Mo	W	V	Co		
タングステン系	SKH 2	0.73~0.83	0.45以下	0.40以下	0.030以下	0.030以下	3.80~4.50	—	17.20~18.70	1.00~1.20	—	一般切削用 その他各種工具	HS18-0-1
	SKH 3	0.73~0.83	0.45以下	0.40以下	0.030以下	0.030以下	3.80~4.50	—	17.00~19.00	0.80~1.20	4.50~5.50	高速重切削用 その他各種工具	
	SKH 4	0.73~0.83	0.45以下	0.40以下	0.030以下	0.030以下	3.80~4.50	—	17.00~19.00	1.00~1.50	9.00~11.00	難削材切削用 その他各種工具	
	SKH 10	1.45~1.60	0.45以下	0.40以下	0.030以下	0.030以下	3.80~4.50	—	11.50~13.50	4.20~5.20	4.20~5.20	高難削材切削用 その他各種工具	
粉末冶金工程モリブデン系	SKH 40	1.23~1.33	0.45以下	0.40以下	0.030以下	0.030以下	3.80~4.50	4.70~5.30	5.70~6.70	2.70~3.20	8.00~8.80		HS6-5-3-8
モリブデン系	SKH 50	0.77~0.87	0.70以下	0.45以下	0.030以下	0.030以下	3.50~4.50	8.00~9.00	1.40~2.00	1.00~1.40	—		HS1-8-1
	SKH 51	0.80~0.88	0.45以下	0.40以下	0.030以下	0.030以下	3.80~4.50	4.70~5.20	5.90~6.70	1.70~2.10	—	じん性を必要とする一般切削用 その他各種工具	HS6-5-2
	SKH 52	1.00~1.10	0.45以下	0.40以下	0.030以下	0.030以下	3.80~4.50	5.50~6.50	5.90~6.70	2.30~2.60	—	比較的じん性を必要とする高硬度材切削用 その他各種工具	HS6-6-2
	SKH 53	1.15~1.25	0.45以下	0.40以下	0.030以下	0.030以下	3.80~4.50	4.70~5.20	5.90~6.70	2.70~3.20	—		HS6-5-3
	SKH 54	1.25~1.40	0.45以下	0.40以下	0.030以下	0.030以下	3.80~4.50	4.20~5.00	5.20~6.00	3.70~4.20	—		HS6-5-4
	SKH 55	0.87~0.95	0.45以下	0.40以下	0.030以下	0.030以下	3.80~4.50	4.70~5.20	5.90~6.70	1.70~2.10	4.50~5.00	比較的じん性を必要とする高速重切削用 その他各種工具	HS6-5-2-5
	SKH 56	0.85~0.95	0.45以下	0.40以下	0.030以下	0.030以下	3.80~4.50	4.70~5.20	5.90~6.70	1.70~2.10	7.00~9.00		
	SKH 57	1.20~1.35	0.45以下	0.40以下	0.030以下	0.030以下	3.80~4.50	3.20~3.90	9.00~10.00	3.00~3.50	9.50~10.50		HS10-4-3-10
	SKH 58	0.95~1.05	0.70以下	0.40以下	0.030以下	0.030以下	3.50~4.50	8.20~9.20	1.50~2.10	1.70~2.20	—	じん性を必要とする一般切削用 その他各種工具	HS2-9-2
	SKH 59	1.05~1.15	0.70以下	0.40以下	0.030以下	0.030以下	3.50~4.50	9.00~10.00	1.20~1.90	0.90~1.30	7.50~8.50	比較的じん性を必要とする高速重切削用 その他各種工具	HS2-9-1-8

備考 各種とも不純物として Cu は 0.25% を超えてはならない。
JIS G 4403-2000

3・1・3 合金工具鋼（切削工具鋼）

種類の記号	化学成分 [mass%]										用途例（参考）
	C	Si	Mn	P	S	Ni	Cr	Mo	W	V	
SKS 11	1.20~1.30	0.35以下	0.50以下	0.030以下	0.030以下	—	0.20~0.50	—	3.00~4.00	0.10~0.30	バイト・冷間引抜ダイス・センタドリル
SKS 2	1.00~1.10	0.35以下	0.80以下	0.030以下	0.030以下	—	0.50~1.00	—	1.00~1.50	(¹)	タップ・ドリル・カッタ・プレス型ねじ切ダイス
SKS 21	1.00~1.10	0.35以下	0.50以下	0.030以下	0.030以下	—	0.20~0.50	—	0.50~1.00	0.10~0.25	
SKS 5	0.75~0.85	0.35以下	0.50以下	0.030以下	0.030以下	0.70~1.30	0.70~1.30	0.20~0.50	—	—	丸のこ・帯のこ
SKS 51	0.75~0.85	0.35以下	0.50以下	0.030以下	0.030以下	1.30~2.00	0.70~2.00	0.20~0.50	—	—	
SKS 7	1.10~1.20	0.35以下	0.50以下	0.030以下	0.030以下	—	0.20~0.50	—	2.00~2.50	(¹)	ハクソー
SKS 81	1.10~1.30	0.35以下	0.50以下	0.030以下	0.030以下	—	0.20~0.50	—	—	—	替刃，刃物，ハクソー
SKS 8	1.30~1.50	0.35以下	0.50以下	0.030以下	0.030以下	—	0.20~0.50	—	—	—	刃やすり・組やすり

注(¹) SK 22 及び SKS 7 は，V 0.20% 以下を添加することができる。
備考 各種とも不純物として Ni は 0.25%（SKS 5 及び SKS 51 を除く），Cu は 0.25% を超えてはならない。
JIS G 4404-2000

3・1・4 切削用超硬質工具材料 (JIS B 4053-1998)
a. 超硬質合金 (超硬質合金, サーメット, 超微粒子超硬質合金, 超硬質合金の被覆材料)

材料記号	超硬質合金の分類
HW	金属および硬質の金属化合物から成り, その硬質相中の主成分が炭化タングステンであるものとする. 一般に超硬合金という.
HT	金属および硬質の金属化合物から成り, その硬質相中の主成分がチタン, タンタル (ニオブ) の, 炭化物, 炭窒化物および窒化物であって, 炭化タングステンの成分が少ないものとする. 一般にサーメットという.
HF	金属および硬質の金属化合物から成り, その硬質相中の主成分が炭化タングステンであり, 硬質相粒の平均粒径が$1\mu m$以下であるものとする. 一般に超微粒子超硬合金という.
HC	上記超硬質合金の表面に炭化物, 窒化物, 炭窒化物 (炭化チタン・窒化チタンなど), 酸化物 (酸化アルミニウムなど) などを, 1層または多層に化学的または物理的に密着させたものとする.

b. セラミックス

材料記号	セラミックスの分類
CA	酸化物セラミックスから成り, その主成分が酸化アルミニウム (Al_2O_3) であるものとする.
CM	酸化物以外の成分を含んだセラミックスから成り, その主成分が酸化アルミニウム (Al_2O_3) であるものとする.
CN	窒化物セラミックスから成り, その主成分が窒化けい素 (Si_3N_4) であるものとする.
CC	上記セラミックスの表面に, 炭化物, 窒化物, 炭窒化物 (炭化チタン・窒化チタンなど), 酸化物 (酸化アルミニウムなど) などを, 1層または多層に化学的または物理的に密着させたものとする.

c. ダイヤモンド

材料記号	ダイヤモンドの分類
DP	主成分が多結晶性ダイヤモンドであるものとする.

d. 窒化ほう素

材料記号	窒化ほう素の分類
BN	主成分が多結晶性窒化ほう素であるものとする.

e. 切削用超硬質工具材料の使用分類

切りくず形状による大分類		使用分類			特性の向上方向			
					切削特性		材料特性	
大分類	被削材の大分類	使用分類記号	被削材	切削方式	作業条件	切削速度	送り量	耐摩耗性	じん性
P	連続形切りくずの出る鉄系金属	P01	鋼, 鋳鋼	旋削中ぐり	高速で小切削面積のとき, または加工品の寸法精度および表面の仕上げ程度が良好なことを望むとき. ただし, 振動がない作業条件のとき.	高速 ↑		高い ↑	
		P10	鋼, 鋳鋼	旋削ねじ切りフライス削り	高〜中速で小〜中切削面積のとき, または作業条件が比較的よいとき.				
		P20	鋼, 鋳鋼特殊鋳鉄(²) (連続形切りくずが出る場合)	旋削フライス削り平削り	中速で中切削面積のとき, またはP系列中最も一般的作業のとき. 平削りでは小切削面積のとき.				
		P30	鋼, 鋳鋼特殊鋳鉄(²) (連続形切りくずが出る場合)	旋削フライス削り平削り	低〜中速で中〜大切削面積のとき, またはあまり好ましくない作業条件(³)のとき.				
		P40	鋼, 鋳鋼 (砂かみや巣がある場合)	旋削平削りフライス削り溝フライス	低速で大切削面積のとき, P30より一層好ましくない作業条件のとき. 小形の自動旋盤作業の一部, または大きなすくい角を使用したいとき.				
		P50	鋼鋳鋼 (低〜中引張強度で砂かみや巣がある場合)	旋削平削りフライス削り溝フライス	低速で大切削面積のとき, 最も好ましくない作業条件のとき. 小形の自動旋盤作業の一部, または大きなすくい角を使用したいとき.	↓ 高送り		↓ 高い	

切りくず形状による大分類		使用分類記号	使用分類			特性の向上方向			
			被削材	切削方式	作業条件	切削特性		材料特性	
大分類	被削材の大分類					切削速度	送り量	耐摩耗性	じん性
M	連続形,非連続形切りくずの出る鉄系金属または非鉄金属	M 10	鋼,鋳鋼,マンガン鋼,鋳鉄および特殊鋳鉄	旋削フライス削り	中～高速で小～中切削面積のとき,または鋼・鋳鉄に対し共用したいときで,比較的作業条件のよいとき.	高速 ↑		高い ↑	
		M 20	鋼,鋳鋼,マンガン鋼,耐熱合金([3]),鋳鉄および特殊鋳鉄,ステンレス鋼	旋削フライス削り	中速で中切削面積のとき,または鋼・鋳鉄に対し共用したいときで,あまり好ましくない作業条件([8])のとき.				
		M 30	鋼,鋳鋼,マンガン鋼,耐熱合金([3]),鋳鋼および特殊鋳鉄,ステンレス鋼	旋削フライス削り平削り	中速で中～大切削面積のとき,またはM20より悪い作業条件のとき.				
		M 40	快削鋼鋼(低引張強度)非鉄金属	旋削突っ切り	低速のとき,大きなすくい角や複雑な切刃形状を与えたいとき,またはM30より悪い作業条件のとき.小形の自動旋盤作業.		高送り		高い ↑
K	非連続形切りくずの出る鉄系金属,非鉄金属または非金属	K 01	鋳鉄	旋削中ぐりフライス削り	高速で小切削面積のとき,または振動のない作業条件のとき.	高速 ↑		高い ↑	
			高硬度鋼硬質鋳鉄(チルド鋳鉄を含む)	旋削	極低速で小切削面積のとき,または振動のない作業条件のとき.				
			非金属材料([4])高シリコンアルミニウム鋳物([5])	旋削	振動のない作業条件のとき.				
		K 10	鋳鉄および特殊鋳鉄([2])(非連続形切りくずが出る場合)	旋削フライス削り中ぐり	中速で小～中切削面積のとき,K系列中の一般的作業のとき.				
			高硬度鋼	旋削	低速で小切削面積のとき,または振動のない作業条件のとき.				
			非鉄金属([6])非金属材料([4])複合材料([7])	旋削フライス削り	比較的振動がない作業条件のとき.				
			耐熱合金([3])チタンおよびチタン合金	旋削フライス削り					
		K 20	鋳鉄	旋削フライス削り中ぐり	中速で中～大切削面積のとき,またはじん性を要求される作業条件のとき.				
			非鉄金属([6])非金属材料([4])複合材料([7])	旋削フライス削り	大きなじん性を要求される作業条件のとき.				
			耐熱合金([3])チタンおよびチタン合金	旋削フライス削り					
		K 30	引張強さの低い鋼低硬度の鋳鉄非鉄金属([6])	旋削フライス削り	低速で大切削面積のとき,あまり好ましくない作業条件([8])のとき,または大きなすくい角を使用したいとき.				
		K 40	軟質,硬質木材非鉄金属([6])	旋削フライス削り平削り	低速で大切削面積のとき,K30より一層好ましくない作業条件のとき,または大きなすくい角を使用したいとき.		高送り		高い

注 ([2]) 球状黒鉛鋳鉄 (FCD),合金鋳鉄など.
  ([3]) 耐熱鋼 (SUH 660 など), Ni 基超合金 (NCF など), Co 基超合金など.
  ([4]) プラスチック,木材,ゴム,ガラス,耐火物など.
  ([5]) アルミニウム合金鋳物9種 (AC 9 A および AC 9 B) など.
  ([6]) 銅および銅合金,アルミニウムおよびアルミニウム合金など.
  ([7]) 2種類以上の素材を複合して新しい機能を生みだした材料.例えば,繊維強化プラスチックなど.
  ([8]) 被削材の表面状態からいえば,被削材に鋳造肌があり,硬さおよび切込みが変わり,切削が断続となる場合をいい,剛性の点からいえば工作機械,切削工具および被削材のたわみまたは振動が多い場合など.

備考 この表の切削方式および作業条件は,旋削およびフライス加工を主体に記載した.

f. 呼称記号

切削用超硬質工具材料の呼び記号は,a～dの材料記号を付け,「-」に続けて,eの使用分類記号を付ける.

(例) HW-P10 (ただし超硬合金の場合は,「HW-」を省略し,P10 でもよい), HC-K20, CA-K10

3・2 各種切削法における切削条件
3・2・1 超硬合金
a. 旋削

被削材		材種	切削条件		
			切削速度 (m/min)	送り (mm/rev)	切込み (mm)
鋳鉄	普通鋳鉄	K 01	80〜200	≦0.2	0.1〜3.0
		K 10	60〜180	≦0.4	0.5〜15.0
	合金鋳鉄	K 01	60〜150	≦0.2	0.1〜3.0
		K 10	40〜120	≦0.3	0.5〜15.0
鋼	軟 鋼	P 10	150〜300	≦0.3	0.1〜5.0
		P 20	120〜250	≦0.5	0.5〜10.0
		P 20	100〜200	≦0.8	0.1〜15.0
	中 鋼	P 10	120〜250	≦0.3	≦3.0
		P 20	100〜220	≦0.4	≦5.0
		P 20	80〜200	≦0.5	≦8.0
	硬 鋼	P 10	40〜150	≦0.3	≦1.0
		P 20	30〜120	≦0.4	≦1.0
		P 20	30〜100	≦0.6	≦1.0
非鉄金属	アルミニウム	K 10	800〜1 000	≦0.3	≦5.0
	耐熱合金	K 10	5〜20	≦0.2	≦1.0
	銅	K 10	80〜150	≦0.4	≦5.0
非金属	ゴ ム	K 01	80〜150	≦0.5	≦2.0
	合成樹脂	K 01	80〜150	≦0.5	≦2.0

b. フライス削り

被削材		材種	切削条件		
			切削速度 (m/min)	送り (mm/rev)	切込み (mm)
鋳鉄	ねずみ鋳鉄	K 01	100〜250	≦0.2	≦2.0
		K 10	80〜220	≦0.3	≦10.0
	合金鋳鉄	K 01	80〜200	≦0.2	≦5.0
		K 10	60〜150	≦0.3	≦5.0
鋼	軟 鋼	M 20	150〜250	≦0.4	≦5.0
		M 30	120〜220	≦0.3	≦6.0
		P 30	100〜200	≦0.3	≦8.0
	中 鋼	P 20	120〜220	≦0.3	≦5.0
		M 30	100〜200	≦0.3	≦5.0
		P 30	80〜180	≦0.3	≦8.0
	硬 鋼	P 20	40〜80	≦0.2	≦2.0
		M 30	30〜80	≦0.2	≦2.0
		P 30	20〜70	≦0.2	≦2.0
非鉄金属	アルミニウム	K 10	1 000〜1 200	≦0.3	≦5.0
	耐熱合金	M 30	5〜15	≦0.2	≦3.0
	銅	K 10	100〜150	≦0.2	≦3.0
非金属	ゴ ム	K 10	100〜180	≦0.3	≦2.0
	合成樹脂	K 10	100〜180	≦0.3	≦1.0

3・2・2 超微粒子超硬合金
a. 切削条件

被削材	材種	旋削			エンドミリング		
		切削速度 (m/min)	送り (mm/rev)	切込み (mm)	切削速度 (m/min)	送り (mm/rev)	切込み (mm)
鋼	A	≦50	≦0.1	≦1.0	—	—	—
	B, C, D	≦40	≦0.2	≦5.0	≦50	≦0.1	≦2.0
	F	≦30	≦0.3	≦10.0	≦40	≦0.2	≦5.0
鋳鉄	A	≦50	≦0.2	≦1.0	—	—	—
	B, C, D	≦40	≦0.3	≦5.0	≦40	≦0.2	≦2.0
	F	≦30	≦0.4	≦10.0	≦30	≦0.3	≦5.0

b. 工具材種の物理的・機械的特性

材種	特性 硬さ (HRA)	抗折力 (GPa)	比重	特徴	用途
A	93.5	2.45	14.9	最も硬さが高く耐摩耗性,刃立性にすぐれた合金	低速で小切込み,小送り作業向で自動盤バイトなど
B	92.0	2.65	14.5	Aに適度の靱性を加味した合金	低速で小〜中切込み,低〜中送り作業用
C	91.5	2.84	14.1	高靱性で,しかも耐溶着性にすぐれた合金	軽度の衝撃にも耐える.フライス削り用
D	91.5	3.43	14.0	工具刃先の耐微小チッピング性に極めてすぐれた合金	一般的なエンドミリング用
E	90.5	3.23	13.9	最も靱性が高く,耐衝撃性にすぐれた合金	ある程度の衝撃に耐える.フライス削り用
F	90.0	3.23	12.3	Eの特性に耐熱性を加味し,熱的特性を向上させた合金	低速で中〜大切込み,中〜高送り作業向,激しい重断続切削用

3・2・3 セラミックス
a. 工具の物理的・機械的特性

成分系	材種	密度 [Mg/m³]	硬度 HRA (25℃)	硬度 HV (1000℃)	抗折力値 [GPa]	破壊じん性値 [MN/m^{3/2}]	抗圧力値 [GPa]	ヤング率 [GPa]	ポアソン比	熱膨張係数 [10⁻⁶ K⁻¹]	熱伝導率 [W/K・m]	熱衝撃パラメーター R	色調
アルミナ系	A1	3.98	93.9	710	490	3.3	2.45	380	0.19	7.9	16.7	5.1	白
	A2	4.30	94.0	670	880	5.7	3.82	400	0.22	7.4	25.5	14.1	黒
	A3	4.24	94.3	770	780	4.3	3.14	370	0.22	7.6	22.1	11.5	黒
窒化ケイ素系	N1	3.27	92.6	1170	980	9.4	4.60	280	0.23	3.6	54.9	91.5	黒

b. 切削条件

被削材	材種	旋削 切削速度 [m/min]	旋削 送り [mm/rev]	旋削 切込み [mm]	旋削 切削油	正面フライス削り 切削速度 [m/min]	正面フライス削り 送り [mm/rev]	正面フライス削り 切込み [mm]	正面フライス削り 切削油
鋳鉄	A1	200〜400	≦0.05	≦2.0	なし	—	—	—	—
	A3	200〜400	≦0.3	≦5.0	なし	200〜500	≦0.1	≦2.0	なし
	N1	200〜400	≦0.5	≦8.0	なしまたはあり	200〜500	≦0.3	≦5.0	なしまたはあり
鋼	A3	150〜300	≦0.2	≦3.0	なし	—	—	—	—
硬質鋳鉄	A2	≦200	≦0.1	≦1.0	なし	—	—	—	—
硬質鋼		≦150	≦0.1	≦1.0	なし	—	—	—	—

3・3 研削加工
3・3・1 砥粒の種類

区分	種類	記号	製法と性状
アルミナ質研削材	褐色アルミナ研削材	A	主としてボーキサイトからなるアルミナ質原料を電気炉で溶融還元し,凝固させ,主成分がアルミナからなり,適量の酸化チタンを含む塊を粉砕整粒したもの.主として酸化チタンを固溶したコランダム結晶からなり,全体として褐色をおびている.
	白色アルミナ研削材	WA	バイヤー法で精製されたアルミナを電気炉で溶融し,凝固させた塊を粉砕整粒したもの.コランダム結晶からなり,全体として白色をおびている.
	淡紅色アルミナ研削材	PA	バイヤー法で精製されたアルミナに適量の酸化クロム,必要によって酸化チタンからなる原料を加え,電気炉で溶融し,凝固させた塊を粉砕整粒したもの.添加成分を固溶したコランダム結晶からなり,全体として淡紅色をおびている.
	解砕型アルミナ研削材	HA	ボーキサイトまたはバイヤー法で精製されたアルミナからなるアルミナ質原料を電気炉で溶融し,凝固させた塊を粉砕し粒度のものの主として単一の結晶からなる.
	人造エメリー研削材	AE	主としてボーキサイトからなるアルミナ質原料を電気炉で溶融還元し,凝固させた塊を粉砕整粒したもの.主としてコランダム結晶とライト結晶からなり,全体として灰黒色をおびている.
	アルミナジルコニア研削材	AZ	主としてバイヤー法で精製されたアルミナにジルコニア質原料を加え,電気炉で溶融,凝固させた塊を粉砕整粒したもの.主としてコランダム結晶とアルミナジルコニアの共晶部分からなり,全体としてねずみ色をおびている.
炭化ケイ素質研削材	黒色炭化ケイ素研削材	C	主としてけい石,けい砂からなる酸化ケイ素質原料とコークスを電気抵抗炉で反応生成させた塊を粉砕整粒したもの.α型炭化ケイ素結晶からなり,全体として黒色をおびている.
	緑色炭化ケイ素研削材	GC	主としてけい石,けい砂からなる酸化ケイ素質原料とコークスを電気抵抗炉で反応生成させた塊を粉砕整粒したもの.α型炭化ケイ素結晶からなり,Cより高純度で全体として緑色をおびている.

JIS R 6111-2002

3・3・2 人造研削材の化学成分
a. アルミナ質研削材

記号	粒度の区分			化学成分 [mass%]				比重
				Al_2O_3	TiO_2	$Cr_2O_3+TiO_2$	ZrO_2	
A	F4〜F220		P12〜P220	94.0 以上	1.5〜4.0			3.94 以上
	F230〜F1200	#240〜#3000	P240〜P1200	87.5 以上				3.85 以上
		#4000〜#8000		80.0 以上				3.75 以上
WA	F4〜F220		P12〜P220	99.0 以上				3.93 以上
	F230〜F1200	#240〜#3000	P240〜P1200	98.0 以上				3.90 以上
		#4000〜#8000		96.0 以上				3.85 以上
PA	F4〜F220		P12〜P220	98.5 以上		0.2〜1.0		3.93 以上
HA	F4〜F220		P12〜P220	98.5 以上				3.95 以上
AE	F4〜F220		P12〜P220	77.0 以上				3.61 以上
	F230〜F1200	#240〜#3000	P240〜P1200	62.0 以上				3.50 以上
AZ	F4〜F220		P12〜P220	65.0 以上			20〜30	4.20 以上

b. 炭化けい素質研削材

記号	粒度の区分			化学成分 [mass%] SiC	比重
C	F4〜F220		P12〜P220	96.0 以上	3.18 以上
	F230〜F1200	#240〜#3000	P240〜P1200	94.0 以上	3.16 以上
		#4000〜#8000		90.0 以上	3.14 以上
GC	F4〜F220		P12〜P220	98.0 以上	3.18 以上
	F230〜F1200	#240〜#3000	P240〜P1200	96.0 以上	3.18 以上
		#4000〜#8000		92.0 以上	3.16 以上

3・3・3 結合剤の種類

	結合剤種類	成分	記号	製造温度 [℃]	特徴	用途
一般研削砥石	ビトリフィド	粘土，長石，フリットなどの混合物	V	1200〜1330	気孔を有し，剛性がある．砥粒をつかむ力が強い．機械的，熱的衝撃に弱い．	一般研削（自由研削，精密研削），ホーニング，超仕上
	レジノイド	主としてベークライト．その他各種の合成樹脂が用いられる．	B	160〜200	気孔を有するものが多い．砥粒をつかむ力はあまり強くない．機械的，熱的衝撃に強い．	自由研削，重研削，切断，切れ味を必要とする精密研削
	ゴム	天然ゴムまたは人造ゴム，硫黄	R	160〜190	気孔を有せず，じん性に富む．薄い砥石が製造できる．	切断，センタレス研削のコントロール砥石
	シエラック	シエラック樹脂	E	120〜170	著しい弾性がある．	つや出し
	オキシクロライド	酸化マグネシウム 塩化マグネシウム	O	常温〜80	結合剤に結晶水を含む．砥粒をつかむ力は弱い．	金属・非金属の仕上研削，両頭平面研削
	シリケート	ケイ酸ソーダ，ZuO	S	800〜950	気孔を有し，剛性はあるが，結合度は低い．潤滑作用がある．	刃物などの粗・仕上研削
ダイヤモンド砥石	メタルボンド	銅合金 WC+銅・ニッケル合金	M	800〜900（溶浸温度は1000〜1200）	砥石の強度が大．砥粒が機械的に保持される．	一般研削 切断
	レジノイドボンド	主としてベークライト．一般砥粒を充填剤とする．	B	150〜200	砥粒をつかむ力は弱いので切れ味が良い，仕上研削に適す．	仕上研削
	ビトリファイドボンド	フリット，水ガラス	V	600〜1100	一般に気孔を有し，剛性がある．切れ味はレジノイドボンド砥石に近い．	一般研削
	VGボンド	黒鉛，粘土	VG	900〜950	潤滑作用がある．微小摩耗する．乾式研削が可能．	一般研削

久保輝一郎編: 無機合成化学 I, (1971), 共立出版.

3・3・4 研削用砥石の選択基準

被削材		研削方式	円筒研削				心無研削	平面研削**5					内面研削			
								横軸**6		立軸						
										一般	セグメント					
		砥石外形 (mm)	355以下	355を超え455以下	455を超え610以下	610を超え915以下		205以下	205を超え355以下	355を超え530以下		16以下	16を超え32以下	32を超え50以下	50を超え75以下	75を超え125以下
		硬さ*1	小 ← → 大					小 ← → 大				小 ← → 大				
鋼	炭素鋼	一般構造用圧延鋼材 (SS) 機械構造用炭素鋼鋼材 (S-C, S-CK) 一般構造用炭素鋼鋼材 (STK) 炭素鋼鍛鋼品 (SF) 炭素鋼鋳鋼品 (SC)	HRC25以下	A 60 M	A 54 M A 60 M	A 46 M A 60 M	A 46 L A 54 L		A 54 M A 60 M	WA 46 J A 46 K	WA 46 J A 46 J	WA 24 J A 30 J	WA 30 J A 36 J	A 80 L A 120 M	A 80 K A 80 L	A 80 J A 80 L	A 54 J A 60 K	A 46 J A 54 K
		ニッケルクロム鋼鋼材 (SNC) ニッケルクロムモリブデン鋼鋼材 (SNCM) クロム鋼鋼材 (SCr)	HRC55以下	WA 60 L WA 80 L	WA 60 L A 54 M WA 80 L	WA 46 M WA 60 L	WA 46 L WA 54 K		WA 46 L WA 54 L WA 80 L	WA 46 I A 46 I	WA 46 I	WA 30 J WA 46 I	WA 36 J WA 46 I	WA 80 J WA 120 L	WA 80 L WA 120 L	WA 54 L WA 120 M	WA 54 K WA 80 K	WA 46 J WA 54 J
		クロムモリブデン鋼鋼材 (SCM) アルミニウムクロムモリブデン鋼鋼材 (SACM)	HRC55以下	WA 60 L WA 80 L	WA 60 L WA 80 L	WA 54 L WA 60 L	WA 46 J WA 54 L		WA 54 L WA 60 M A/WA 54 L	WA 46 J	WA 46 I	WA 24 J WA 46 H	WA 36 J WA 46 G	WA 80 WA 120 M	WA 60 K WA 80 L	WA 54 K WA 60 K	WA 54 K WA 80 K	WA 46 I WA 54 J
		高炭素クロム軸受鋼材および低合金軸受鋼材 (SCC, SCCMn, SCCMo, SCCMnMo, SCMnC, SCMnCM, SCMCM)	HRC60以下	WA 60 K WA 80 K A/HA 60 K	WA 54 K WA 80 K A/HA 60 K	WA 54 K WA 60 K WA/HA 54 K	WA 46 K WA 60 J WA/HA 54 J		WA 60 K WA 60 K A/WA 54 L	WA 46 I	WA 46 H HA 46 I	WA 46 H HA 46 H	WA 36 H HA 46 G	WA 120 J WA 120 M HA 80 L	WA 80 K WA 120 L HA 80 L	WA 80 K WA 80 L HA 80 L	WA 54 J WA 80 K HA 80 L	WA 46 I HA 54 I
	工具鋼	高速度工具鋼鋼材 (SKH)	HRC60を超えるもの	WA 54 J HA 60 J PA 80 J	WA 54 J HA 60 J PA 60 J	WA 46 J HA 54 J PA 60 J	WA 46 J WA/HA 54 J		WA 46 J HA 54 J WA/HA 54 K	WA 46 I	WA 46 H HA 46 I	WA 46 H HA 46 G HA 46 I	WA 36 H HA 36 H	WA 80 I WA 120 K	WA 80 K WA 120 K	WA 80 K HA 80 K	WA 80 J HA 80 K	WA 46 I HA 54 H
		合金工具鋼鋼材 (SKS, SKD, SKT)		WA 60 J HA 80 K	WA 54 J WA/HA 60 K	WA 46 J HA 60 K	WA 46 J HA 60 J		WA 46 J HA 60 J	WA 46 I	WA 36 H HA 46 I	WA 36 H HA 36 G HA 36 H	WA 36 H HA 36 H	WA 80 J WA 120 H	WA 80 K WA 120 K	WA 60 K WA 80 K	WA 60 J WA 80 K	WA 46 I HA 54 H
	ステンレス鋼	ステンレス鋼 (SUS 410, 403, 420J2, 430) 耐熱鋼 (SUH 1, SUH 3)		WA 54 K A/HA 54 M	WA 54 L A/HA 54 L	WA 46 K A/HA 54 K	WA 46 J HA 46 J		WA 46 K GC 60 L	WA 36 J HA 36 J	WA 30 J WA 46 H	WA 30 I WA 36 H	WA 24 I HA 24 I	WA 80 K GC 54 J	WA 80 J GC 54 I	WA 80 J GC 54 J	WA 54 J GC 54 I	WA 46 I GC 46 I
		ステンレス鋼 (SUS 304, 304L, 316, 316L, 316JI, 321) 耐熱鋼 (SUH 31, SUH 310)		WA 46 L HA 54 L	WA 36 L HA 54 L	WA 36 L HA 54 L	WA 36 J HA 46 J		WA 54 L GC 50 L	WA 36 J WA 46 J	WA 30 I WA 46 H	WA 30 I HA 36 H	WA 30 I HA 24 H	C 60 K	GC 54 J	GC 54 I	C 46 K	GC 46 I
	永久磁石材料 (MC)			WA 46 K	WA 46 K	WA 46 K			WA 46 K	WA 36 J	WA 36 J WA 46 H	WA 36 H	WA 30 I WA 36 H					
鋳鉄	普通鋳鉄	ねずみ鋳鉄品 1~6種 (FC)		C 60 J C 80 J	C 60 J C 80 K	C 54 J C 66 K	C 46 J C 36 K		C 46 L	C 46 J GC 46 J	C 36 I C 46 J	C 24 I C 36 I	C 24 I C 30 G	C 60 I C 80 K	C 54 I C 60 I	C 54 I C 60 I	C 46 I C 54 I	C 46 I C 61 I
	球状黒鉛鋳鉄品 1~6種 (FCD)			A/HA 60 M A 60 M A 80 M	C 54 K A/HA 54 M A 54 M	C 54 K A 46 M A 54 M	C 46 K A/HA 54 K A 46 L A 60 L		A/HA 54 K A/HA 54 L A 46 K A 60 L	A/HA 46 K WA 46 K A 46 L	A/HA 46 J WA 36 J A 36 J	A/HA 36 J WA 36 J A 24 K	A/HA 36 J WA 36 J A 24 K	A/HA 46 H WA 46 I A 24 H	A/HA 54 H WA 46 I A 54 J	A/HA 54 H WA 54 I A 54 K	A/HA 46 H WA 54 I A 54 J	A/HA 46 I HA 54 I A 54 I
	可鍛鋳鉄	黒心可鍛鋳鉄品 (FCMB) 白心可鍛鋳鉄品 (FCMW) パーライト可鍛鋳鉄品 1~5種 (FCMP)		GC 60 I GC 80 I	GC 60 I GC 54 J GC 80 J	GC 60 I GC 46 J GC 54 J	GC 54 I GC 36 J GC 54 J		GC 54 I GC 60 K	GC 46 I	GC 46 I	GC 36 H GC 46 H	GC 36 H GC 46 H	GC 80 J GC 120 J	GC 60 I GC 80 J	GC 60 I GC 120 J	GC 54 I GC 80 K	GC 46 I GC 54 H
	特殊鋳鉄					GC 36 J											C 36 I	
非鉄金属	黄銅 (BC)			A 54 L		A 36 J					C 30 H			A 60 L				
	アルミニウム合金 (A-)			A 46 J		C 36 J			A 36 K		C 30 H 36	C 30 H 36	C 24 J			A 46 K	
	超硬合金 (S-, G-, D-)			GC 80 I		GC 60 I					GC 60~100 H D 100**4	GC 60~100 I D 120~220**4	GC 60 G			D 150**4	

*1 硬さは近似値の使用現状を考慮して、普通鋼来鋼で HRC 25、合金鋼で HRC 55 および工具鋼で HRC 60 に区分した。
*2 工具鋼のうち、炭素系工具鋼は高速度鋼と同様の使用用法を研削砥石の使用方法欄に入れた。
*3 特殊鋳鉄とは、熱処理で白ろく化にしたものおよびチルドにした鋳鉄、合金鋳鉄を含む。
*4 ダイヤモンドについては、普通研削能率以上の仕上げを考慮したので、粒度が荒めに示した。
*5 平面研削(横軸)とは、砥石の外周面を使用して、主として側削の円筒形による平面研削。
*6 平面研削(立軸)とは、砥石の端面を使用して、主として立軸の研削形による平面研削。 JIS B 4051-1988。

3・3・5 ダイヤモンド，CBN砥石の標準形状

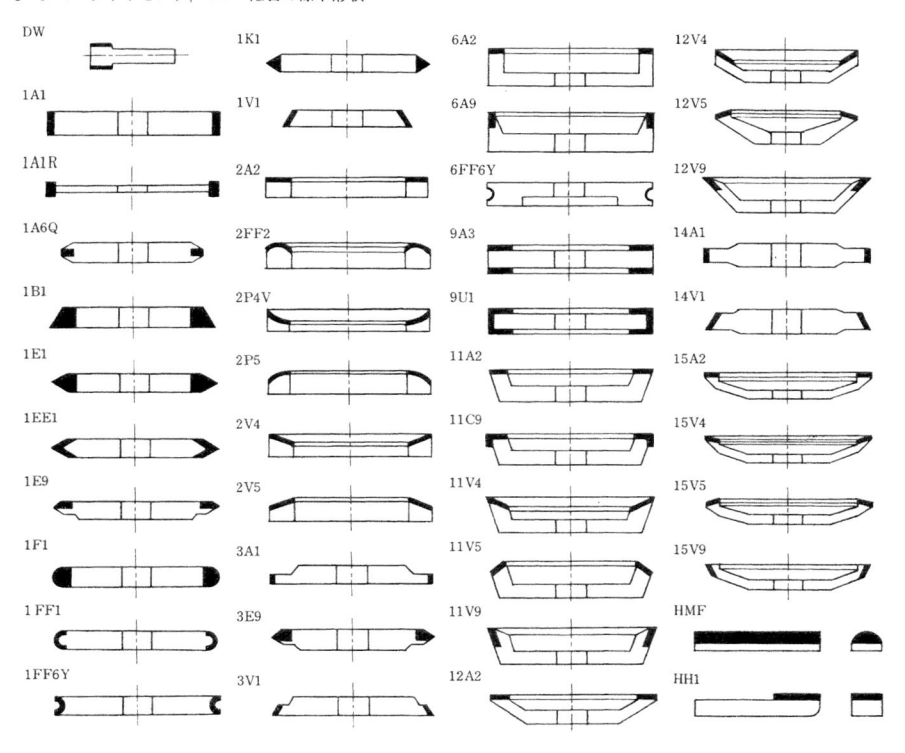

DW	1K1	6A2	12V4
1A1	1V1	6A9	12V5
1A1R	2A2	6FF6Y	12V9
1A6Q	2FF2	9A3	14A1
1B1	2P4V	9U1	14V1
1E1	2P5	11A2	15A2
1EE1	2V4	11C9	15V4
1E9	2V5	11V4	15V5
1F1	3A1	11V5	15V9
1FF1	3E9	11V9	HMF
1FF6Y	3V1	12A2	HH1

XI 腐食制御と表面改質

1 材料の電気化学的性質

1・1 標準電極電位序列（電気化学列）とガルバニ電位序列（腐食電位列）

標準電極電位序列 (NHE基準)				ガルバニ電位序列 (3% NaCl 溶液中) (NHE基準)	
M/M^{n+}	標準電極電位 [V]	M/M_xZ_y	標準電極電位 [V] (pH 7)	M	ガルバニ電位 [V]
Pt/Pt^{2+}	+1.20	Pt/PtO	+0.57	Pt	+0.47
Ag/Ag^+	+0.80	Ag/AgCl	+0.22	Ti	+0.37
Cu/Cu^{2+}	+0.34	Cu/Cu_2O	+0.05	Ag	+0.30
H_2/H^+	±0.00	H_2/H_2O	−0.414	Cu	+0.04
Pb/Pb^{2+}	−0.13	$Pb/PbCl_2$	−0.27	Ni	−0.03
Ni/Ni^{2+}	−0.25	Ni/NiO	−0.30	Pb	−0.27
Fe/Fe^{2+}	−0.44	Fe/FeO	−0.46	Fe	−0.40
Zn/Zn^{2+}	−0.76	Zn/ZnO	−0.83	Al	−0.53
Ti/Ti^{2+}	−1.63	Ti_2O_3/TiO_2	−0.50	Zn	−0.76
Al/Al^{3+}	−1.67	Al/Al_2O_3	−1.90		

G. Wranglén（占沢四郎, 山川宏二, 片桐　泉共訳）：金属の腐食防食序論 (1973), p.60, 化学同人.

1・2　電位-pH 図と実測腐食領域

文献はすべて G. Wranglén（吉沢四郎, 山川宏二, 片桐泉 共訳）：金属の腐食防食序論 (1973), p. 231, 化学同人.

a. Mg-H$_2$O 系

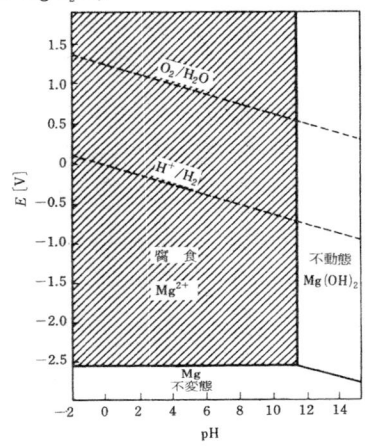

b. Ti-H$_2$O 系

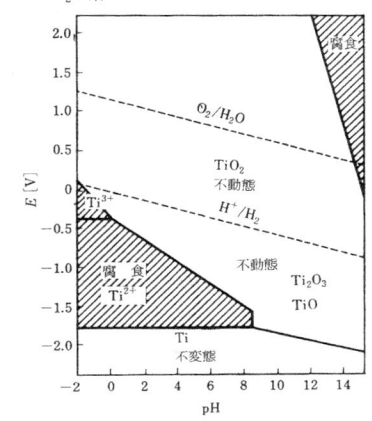

c. Al-H$_2$O 系

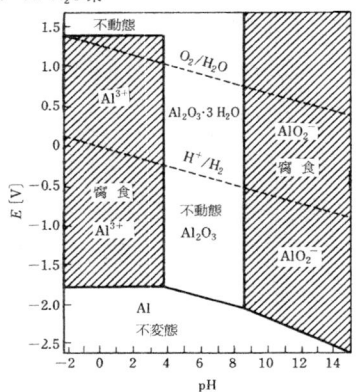

d. Cr-H$_2$O 系

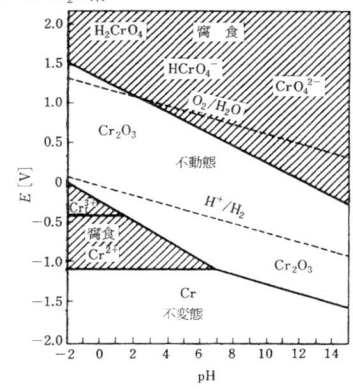

e. Fe-H$_2$O 系

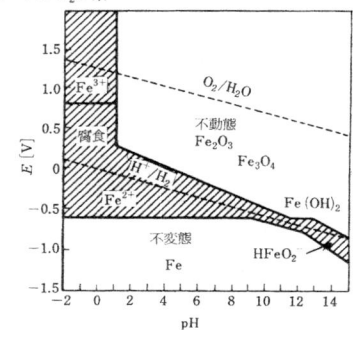

f. Ni-H$_2$O 系

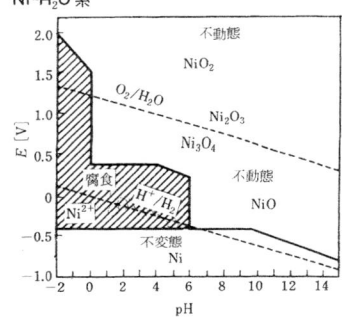

1 材料の電気化学的性質

g. Cu–H_2O 系

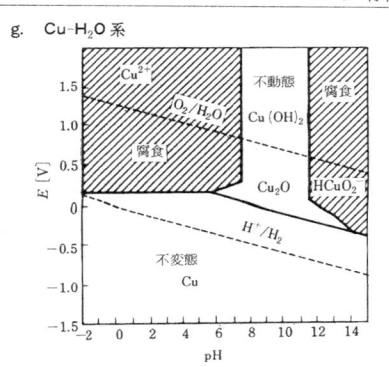

h. Ag–H_2O 系

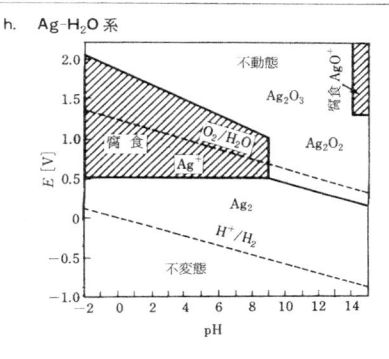

i. Zn–H_2O 系

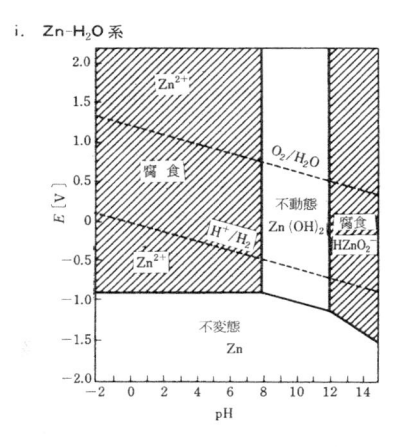

j. Cd–H_2O 系

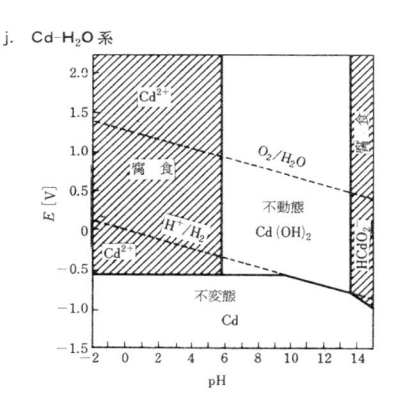

k. Sn–H_2O 系

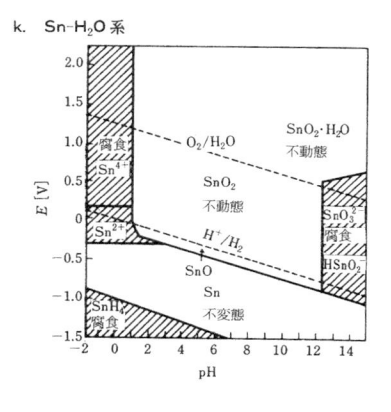

l. Pb–H_2O 系

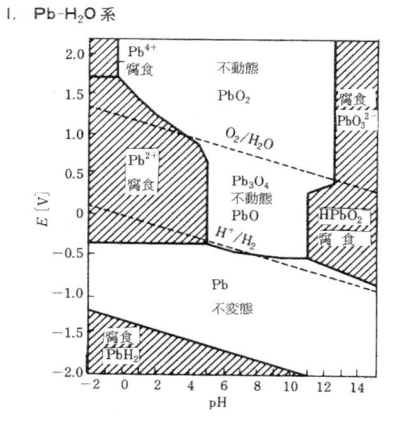

1・3 分極曲線

1・3・1 Fe-Cr合金のアノード分極曲線

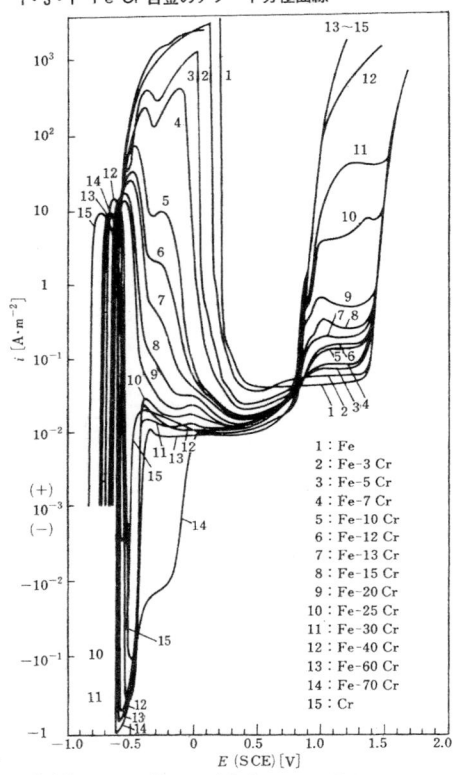

1: Fe
2: Fe-3 Cr
3: Fe-5 Cr
4: Fe-7 Cr
5: Fe-10 Cr
6: Fe-12 Cr
7: Fe-13 Cr
8: Fe-15 Cr
9: Fe-20 Cr
10: Fe-25 Cr
11: Fe-30 Cr
12: Fe-40 Cr
13: Fe-60 Cr
14: Fe-70 Cr
15: Cr

測定条件：1 kmol・m^{-3} Na$_2$SO$_4$溶液 (pH 2.0, N$_2$脱気), 298 K, 0.417 mV・s^{-1} (原 信義, 杉本克久)

1・3・2 塩酸中におけるFe-Cr合金のアノード分極曲線

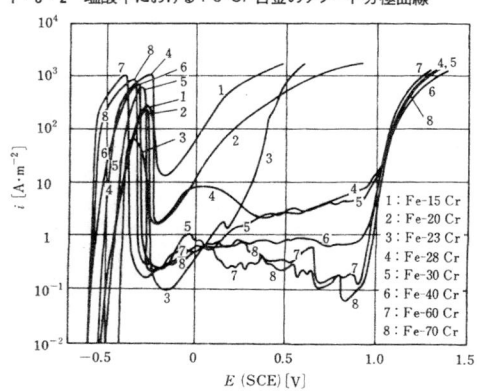

1: Fe-15 Cr
2: Fe-20 Cr
3: Fe-23 Cr
4: Fe-28 Cr
5: Fe-30 Cr
6: Fe-40 Cr
7: Fe-60 Cr
8: Fe-70 Cr

測定条件：1 kmol・m^{-3} HCl溶液 (N$_2$脱気), 298 K, 0.417 mV・s^{-1} (杉本克久, 沢田可信)

1・3・3 Fe-Ni合金のアノード分極曲線

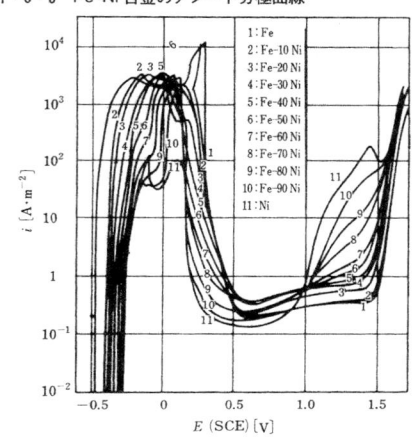

1: Fe
2: Fe-10 Ni
3: Fe-20 Ni
4: Fe-30 Ni
5: Fe-40 Ni
6: Fe-50 Ni
7: Fe-60 Ni
8: Fe-70 Ni
9: Fe-80 Ni
10: Fe-90 Ni
11: Ni

測定条件：1 kmol・m^{-3} H$_2$SO$_4$溶液 (N$_2$脱気), 298 K, 0.417 mV・s^{-1} (塩原国雄, 沢田可信, 森岡 進)

1・3・4 Ni-Mo合金のアノード分極曲線

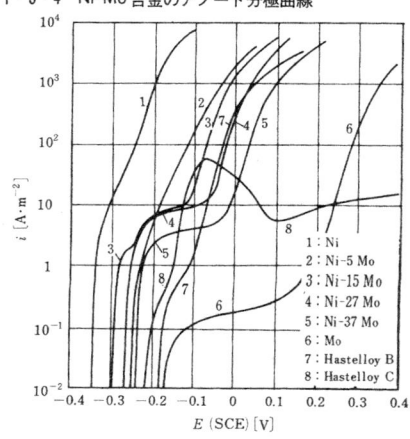

1: Ni
2: Ni-5 Mo
3: Ni-15 Mo
4: Ni-27 Mo
5: Ni-37 Mo
6: Mo
7: Hastelloy B
8: Hastelloy C

測定条件：10 mass% HCl溶液 (N$_2$脱気), 343 K, 0.417 mV・s^{-1} (杉本克久)

1・3・5 Co-Cr合金のアノード分極曲線

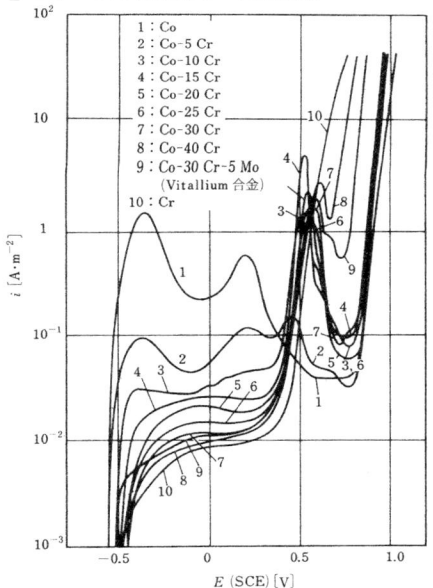

1 : Co
2 : Co-5 Cr
3 : Co-10 Cr
4 : Co-15 Cr
5 : Co-20 Cr
6 : Co-25 Cr
7 : Co-30 Cr
8 : Co-40 Cr
9 : Co-30 Cr-5 Mo (Vitallium合金)
10 : Cr

測定条件：ホウ酸緩衝液 (pH 7.2, N_2 脱気), 309 K, 0.417 mV·s^{-1} (田口豊樹, 原 信義, 杉本克久)

1・3・6 Cu-Zn合金のアノード分極曲線

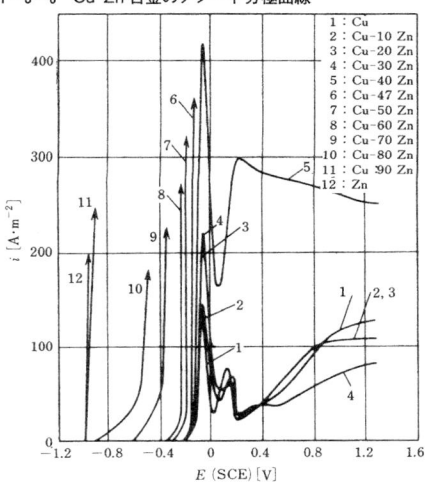

1 : Cu
2 : Cu-10 Zn
3 : Cu-20 Zn
4 : Cu-30 Zn
5 : Cu-40 Zn
6 : Cu-47 Zn
7 : Cu-50 Zn
8 : Cu-60 Zn
9 : Cu-70 Zn
10 : Cu-80 Zn
11 : Cu-90 Zn
12 : Zn

測定条件：3 mass% NaCl溶液 (空気飽和), 298 K, 2.08 mV·s^{-1} (菅原英夫, 下平三郎)

1・3・7 バルブ金属のアノード分極曲線

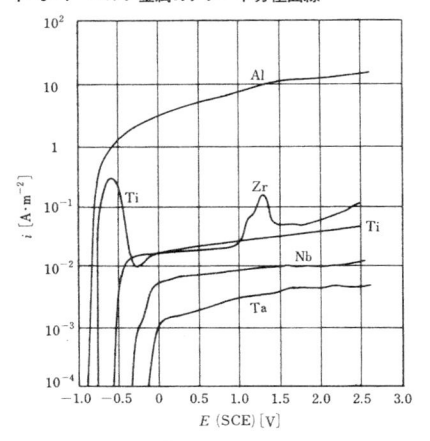

測定条件：0.5 kmol·m^{-3} H_2SO_4 (N_2 脱気), 298 K, 10 mV·s^{-1} (松田史朗, 杉本克久)

1・3・8 Mgのアノード分極曲線

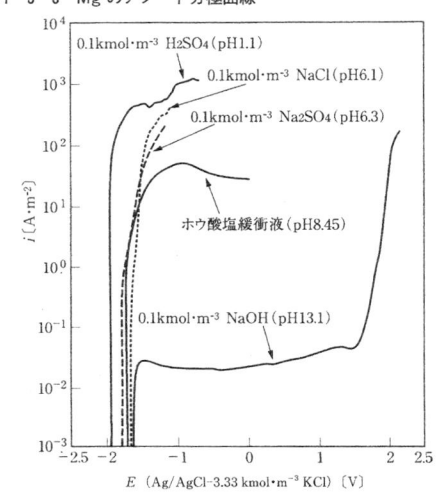

0.1kmol·m^{-3} H_2SO_4 (pH1.1)
0.1kmol·m^{-3} NaCl (pH6.1)
0.1kmol·m^{-3} Na_2SO_4 (pH6.3)
ホウ酸塩緩衝液 (pH8.45)
0.1kmol·m^{-3} NaOH (pH13.1)

河野晋一, 赤尾 昇, 原 信義, 杉本克久：第49回材料と環境討論会講演集 (2002), p.351, 腐食防食協会.

1・3・9 SUS 304 ステンレス鋼のアノード分極曲線の pH による変化

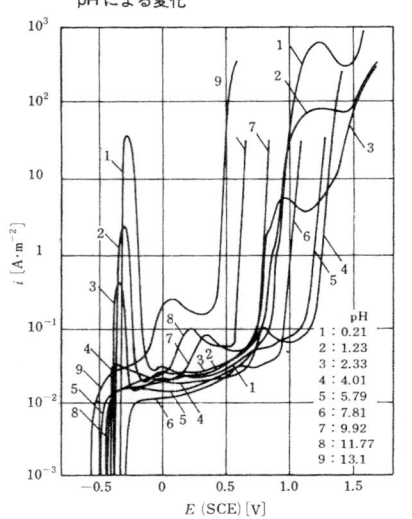

pH
1 : 0.21
2 : 1.23
3 : 2.33
4 : 4.01
5 : 5.79
6 : 7.81
7 : 9.92
8 : 11.77
9 : 13.1

測定条件：各 pH の緩衝溶液（N_2 脱気）使用，323 K，0.417 mV・s^{-1}
（杉本克久，米沢正治）

1・3・10 17 Cr-13 Ni ステンレス鋼のアノード分極曲線の温度による変化

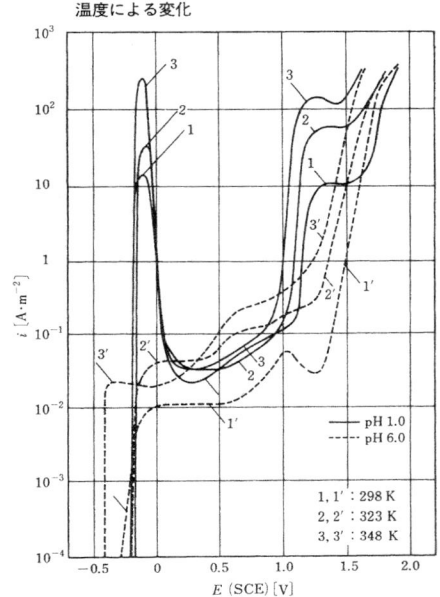

pH 1.0
pH 6.0

1, 1′ : 298 K
2, 2′ : 323 K
3, 3′ : 348 K

測定条件：1 kmol・m^{-3} Na_2SO_4 溶液（N_2 脱気），0.417 mV・s^{-1}（杉本克久，藤田繁治）

1・3・11 Nd のアノード分極曲線

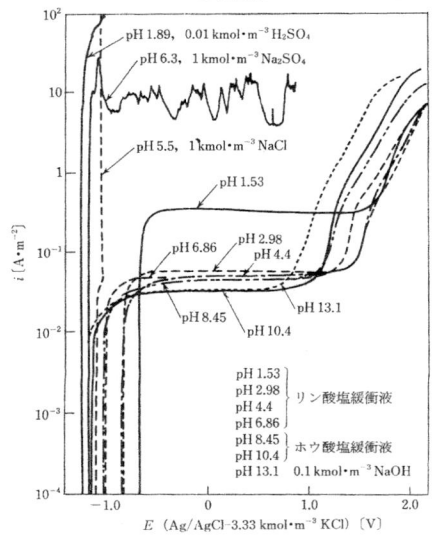

pH 1.89, 0.01 kmol・m^{-3} H_2SO_4
pH 6.3, 1 kmol・m^{-3} Na_2SO_4
pH 5.5, 1 kmol・m^{-3} NaCl
pH 1.53
pH 2.98
pH 4.4
pH 6.86
pH 8.45
pH 10.4
pH 13.1

pH 1.53
pH 2.98
pH 4.4
pH 6.86   リン酸塩緩衝液
pH 8.45
pH 10.4   ホウ酸塩緩衝液
pH 13.1   0.1 kmol・m^{-3} NaOH

測定条件：N_2 脱気，298 K，0.38 mV・s^{-1}（柳町俊夫，原 信義，杉本克久）

1・3・12 Tb のアノード分極曲線

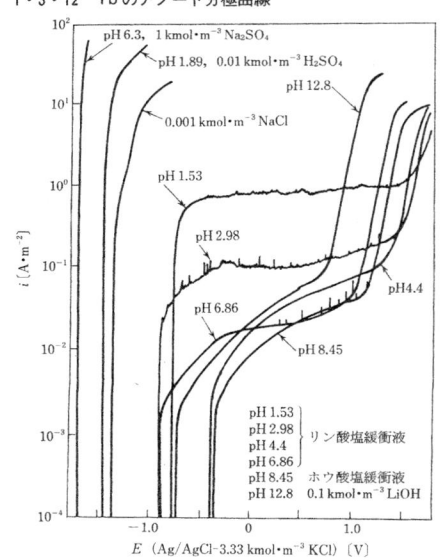

pH 6.3, 1 kmol・m^{-3} Na_2SO_4
pH 1.89, 0.01 kmol・m^{-3} H_2SO_4
pH 12.8
0.001 kmol・m^{-3} NaCl
pH 1.53
pH 2.98
pH 6.86
pH 4.4
pH 8.45

pH 1.53
pH 2.98
pH 4.4
pH 6.86   リン酸塩緩衝液
pH 8.45
pH 12.8   ホウ酸塩緩衝液
          0.1 kmol・m^{-3} LiOH

測定条件：N_2 脱気，298 K，0.38 mV・s^{-1}（赤尾 昇，杉本克久）

1・3・13 Sm のアノード分極曲線

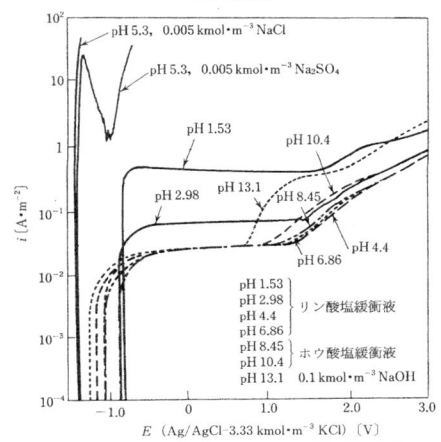

測定条件：N_2 脱気,298 K,0.38 mV・s^{-1}（梁　学熙,原　信義,杉本克久）

1・3・14 Dy のアノード分極曲線

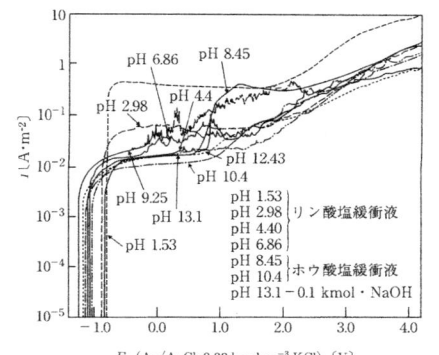

測定条件：N_2 脱気,298 K,0.38 mV・s^{-1}（橋本章二,原　信義,杉本克久）

1・3・15 Nd-Fe-B 磁石合金のアノード分極曲線

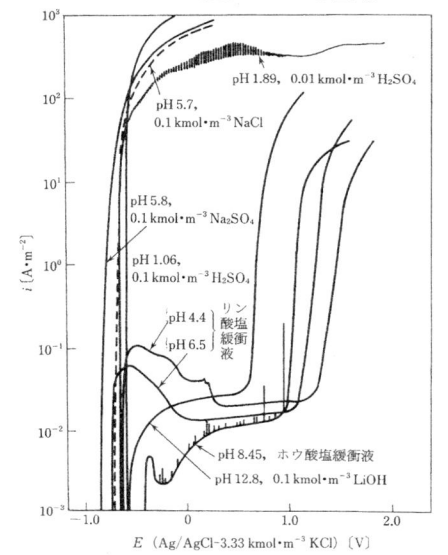

測定条件：$Nd_{0.15}Fe_{0.758}B_{0.085}Al_{0.007}$,$N_2$ 脱気,298 K,0.38 mV・s^{-1}（相馬才見,杉本克久）

1・3・16 Tb-Fe 光磁気記録合金のアノード分極曲線

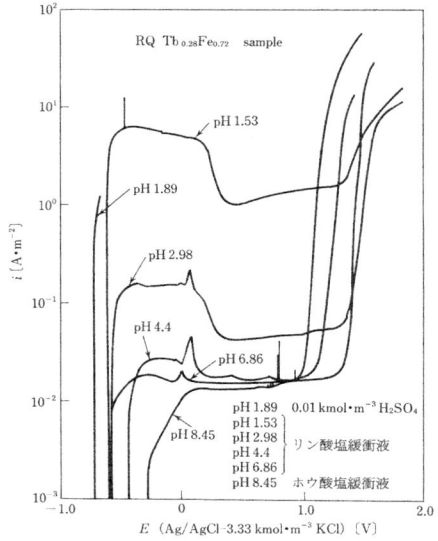

測定条件：液体急冷法による $Tb_{0.28}Fe_{0.72}$ 合金,N_2 脱気,298 K,0.38 mV・s^{-1}（赤尾　昇,杉本克久）

1・3・17 高温高圧水中における Fe-10 Cr 合金のアノード分極曲線の温度による変化

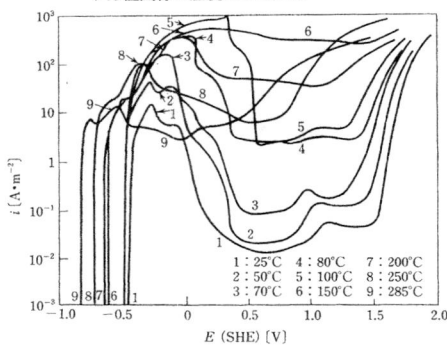

1：25℃　4：80℃　7：200℃
2：50℃　5：100℃　8：250℃
3：70℃　6：150℃　9：285℃

測定条件：pH 3, 0.5 kmol・m^{-3} Na$_2$SO$_4$ 溶液(N$_2$ 脱気), 0.417 mV・s^{-1} (杉本克久)

1・3・18 高温高圧水中における Fe-20 Cr 合金のアノード分極曲線の温度による変化

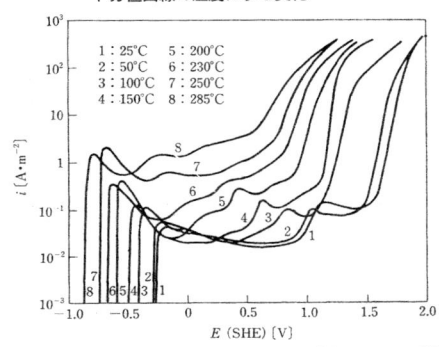

1：25℃　5：200℃
2：50℃　6：230℃
3：100℃　7：250℃
4：150℃　8：285℃

測定条件：pH 3, 0.5 kmol・m^{-3} Na$_2$SO$_4$ 溶液(N$_2$ 脱気), 0.417 mV・s^{-1} (杉本克久)

1・3・19　150℃ における Fe-Cr 合金のアノード分極曲線

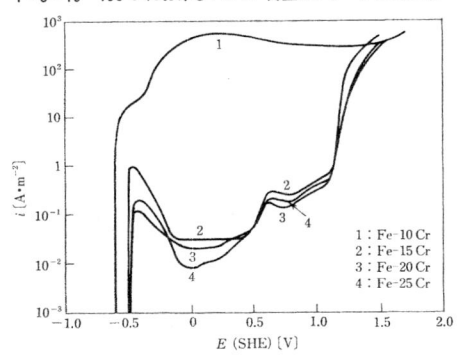

1：Fe-10 Cr
2：Fe-15 Cr
3：Fe-20 Cr
4：Fe-25 Cr

測定条件：pH 3, 0.5 kmol・m^{-3} Na$_2$SO$_4$ 溶液(N$_2$ 脱気), 0.417 mV・s^{-1} (細谷敬三, 杉本克久)

1・3・20　285℃ における Fe-Cr 合金のアノード分極曲線

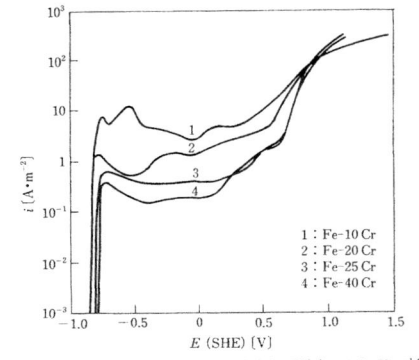

1：Fe-10 Cr
2：Fe-20 Cr
3：Fe-25 Cr
4：Fe-40 Cr

測定条件：pH 3, 0.5 kmol・m^{-3} Na$_2$SO$_4$ 溶液(N$_2$ 脱気), 0.417 mV・s^{-1} (細谷敬三, 杉本克久)

1・3・21 塩化物を含まない50℃の水溶液中における SUS 304 ステンレス鋼のCDC地図

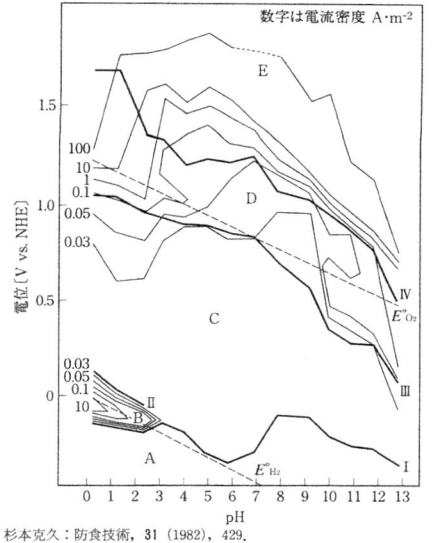

1・3・22 1 kmol・m⁻³ NaClを含む50℃の水溶液中における SUS 304 ステンレス鋼のCDC地図

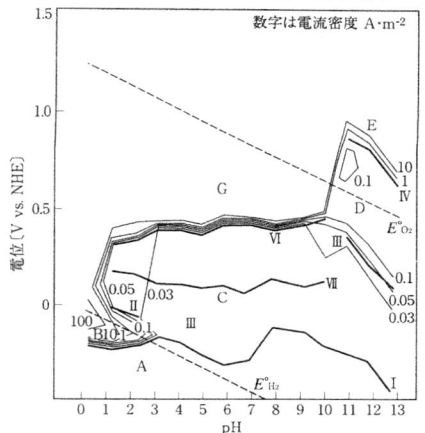

杉本克久：防食技術, 31 (1982), 429.

杉本克久：防食技術, 31 (1982), 429.

2 材料の耐食性

2・1 各種材料の耐食性

2・1・1 金属材料の耐海水性

合金	完全浸漬侵食度 [mm/y]		干満域侵食度 [mm/y]		エロージョン, コロージョン抵抗性
	平均	極大	平均	極大	
軟鋼（黒皮無し）	0.12	0.40	0.3	0.5	低 い
軟鋼（黒皮つき）	0.09	0.90	0.2	1.0	低 い
普通鋳鉄	0.15	—	0.4	—	低 い
銅（冷間圧延）	0.04	0.08	0.02	0.18	貧 弱
トンバック (10% Zn)	0.04	0.05	0.03	—	貧 弱
黄銅 (70 Cu-30 Zn)	0.05	—	—	—	満 足
黄銅 (22 Zn-2 Al-0.02 As)	0.02	0.18	—	—	良 好
黄銅 (20 Zn-1 Sn-0.02 As)	0.04	—	—	—	満 足
黄銅 (60 Cu-40 Zn)	0.06	脱 Zn	0.02	脱 Zn	良 好
青銅 (5% Sn, 0.1% P)	0.03	0.1	—	—	良 好
Al 青銅 (7% Al, 2% Si)	0.03	0.08	0.01	0.05	良 好
キュプロニッケル (70 Cu-30 Ni)	0.008	0.03	0.15	0.3	良好 (0.15% Fe), 優秀 (0.45% Fe)
ニッケル	0.02	0.1	0.04	—	良 好
モネル (65 Ni-31 Cu-4 (Fe+Mn))	0.03	0.2	0.05	0.25	良 好
インコネル (80 Ni-13 Cr)	0.005	0.1	—	—	良 好
ハステロイ (53 Ni-19 Mo-17 Cr)	0.001	0.001	—	—	優 秀
13 Cr 鋼	—	0.28	—	—	満 足
17 Cr 鋼	—	0.20	—	—	満 足
18 Cr-9 Ni-0.1 C 鋼	—	0.18	—	—	良 好
25 Cr-20 Ni 鋼	—	0.02	—	—	良 好
Zn (99.5% Zn)	0.028	0.03	—	—	良 好
チタン	0.00	0.00	0.00	0.00	優 秀

N. D. Tomashov : Theory of Corrosion and Protection of Metals (1966), p. 461, Macmillan.

2・1・2 鉄鋼材料の大気中腐食 〔単位：mm/y〕

鋼種 \ 地域別	太平洋岸地域(御前崎)(枕崎)	内陸地域(高山)(帯広)	工業地域(川崎)(東京)	全国平均
キルド鋼（黒皮付）	0.020	0.010	0.048	0.023
キルド鋼（研削）	0.017	0.008	0.059	0.024
リムド鋼（黒皮付）	0.022	0.010	0.062	0.028
リムド鋼（研削）	0.018	0.009	0.056	0.024
含銅転炉鋼	0.016	0.008	0.044	0.020
490 N/mm² 高張力鋼	0.016	0.009	0.058	0.024
590 N/mm² 〃	0.014	0.008	0.048	0.020
690 N/mm² 〃	0.016	0.009	0.056	0.023
780 N/mm² 〃	0.014	0.010	0.032	0.017
ステンレス鋼 (SUS 410)	0.00054	0.00038	0.00079	0.00058
〃 (SUS 304)	0.000002	0.000003	0.000019	0.000006
〃 (SUS 316)	0.000004	0.000004	0.000012	0.000006
〃 (SUS 316J1)	0.000004	0.000004	0.000010	0.000005
鋳鉄 (FC 200)（鋳はだ付）	0.013	0.015	0.036	0.021
球状黒鉛鋳鉄（鋳はだ付）	0.012	0.009	0.038	0.017
ミーハナイト鋳鉄（鋳はだ付）	0.023	0.018	0.043	0.026
鋳鋼 (SC 480)	0.017	0.010	0.056	0.024
アルミニウム合金 (A5052)	0.00007	0.00006	0.00088	0.00027
〃 (〃)	0.00006	0.00004	0.00086	0.00026

2・1・4 各種超強力鋼の K_{ISCC} と降伏強さ σ_y の関係

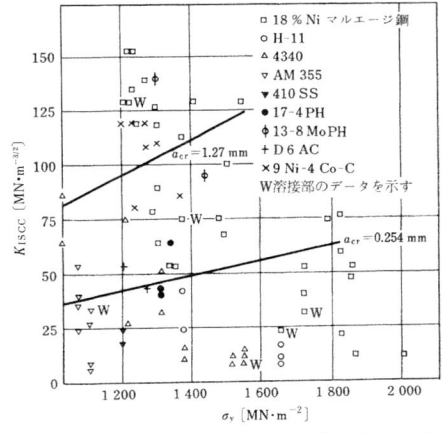

凡例：□ 18% Ni マルエージ鋼、○ H-11、△ 4340、▽ AM 355、▼ 410 SS、● 17-4 PH、◆ 13-8 MoPH、+ D 6 AC、× 9 Ni-4 Co-C、W 溶接部のデータを示す

塩化物を含む、または含まない水溶液中での測定値。図中の a_{cr} は臨界クラック深さを表す。ただし、$a_{cr} = 0.2 (K_{ISCC}/\sigma_y)$。

D. P. Dautovich and S. Floreen : The Stress Corrosion and Hydrogen Embrittlement Behaviour of Maraging Steel, Inco Technical Paper 833-T-OP.

2・1・5 軟鋼 (S 15 C) の 1% NaCl 中における腐食疲労の S-N 曲線

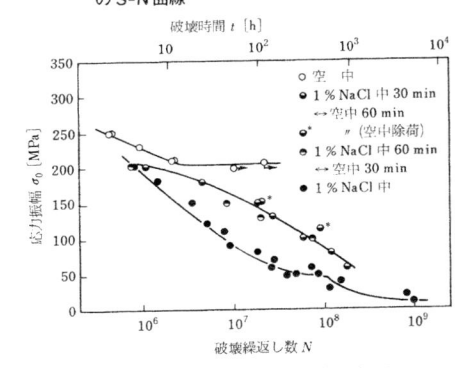

凡例：○ 空中、● 1% NaCl 中 30 min、→ 空中 60 min、○* 〃（空中除荷）、● 1% NaCl 中 60 min、→ 空中 30 min、● 1% NaCl 中

遠藤吉郎、駒井謙治郎、木下 定：材料, 25 (1976), 894.

2・1・3 ステンレス鋼の孔食およびすきま腐食の成長限界電位

腐食	鋼種	溶液	温度〔℃〕	成長限界電位 (SCE) 〔V〕
孔食	SUS 304L	0.5 N NaCl	70	−0.32
〃	SUS 316L	〃	〃	−0.25
〃	18 Cr-16 Ni-5 Mo	〃	〃	−0.25
〃	SUS 316L	0.88 N NaCl	70	−0.25
〃	〃	〃	30	−0.23
〃	〃	〃	10	−0.18
〃	SUS 316L	1 N NaCl	70	−0.26
〃	〃	0.1 N NaCl	〃	−0.22
〃	〃	0.01 N NaCl	〃	−0.18
すきま腐食	SUS 316	0.5 N NaCl	70	−0.36

鈴木紹夫：防食技術, 25 (1976), 761.

2・1・6 各種セラミックスの高温純水中での耐食性

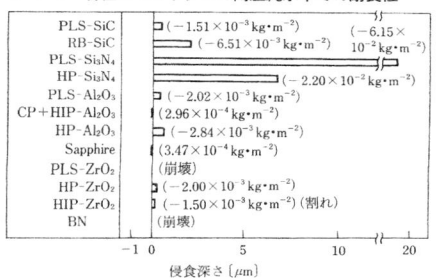

PLS-SiC	(-1.51×10^{-3} kg·m^{-2})
RB-SiC	(-6.51×10^{-3} kg·m^{-2}) (-6.15×10^{-2} kg·m^{-2})
PLS-Si$_3$N$_4$	
HP-Si$_3$N$_4$	(-2.20×10^{-2} kg·m^{-2})
PLS-Al$_2$O$_3$	(-2.02×10^{-3} kg·m^{-2})
CP+HIP-Al$_2$O$_3$	(2.96×10^{-4} kg·m^{-2})
HP-Al$_2$O$_3$	(-2.84×10^{-3} kg·m^{-2})
Sapphire	(3.47×10^{-4} kg·m^{-2})
PLS-ZrO$_2$	(崩壊)
HP-ZrO$_2$	(-2.00×10^{-3} kg·m^{-2})
HIP-ZrO$_2$	(-1.50×10^{-3} kg·m^{-2}) (割れ)
BN	(崩壊)

侵食深さ [μm] (−1, 0, 5, 10, 20)

573 K (300℃) の純水中で 1.8×10^5 s (50 h) 浸漬腐食試験した後の侵食深さ. ( ) 内の数値は質量変化を示す.
平出信彦, 杉本克久：防食技術, 37 (1988), 415.

2・1・7 各種セラミックスの高温腐食溶液中での耐食性

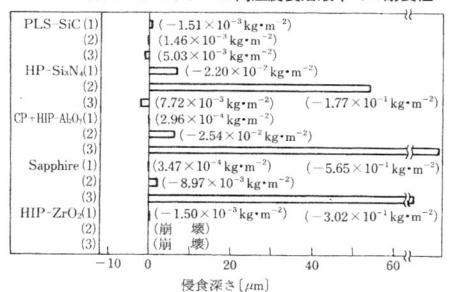

PLS-SiC (1)	(-1.51×10^{-3} kg·m^{-2})
(2)	(1.46×10^{-3} kg·m^{-2})
(3)	(5.03×10^{-3} kg·m^{-2})
HP-Si$_3$N$_4$ (1)	(-2.20×10^{-2} kg·m^{-2})
(2)	
(3)	(7.72×10^{-3} kg·m^{-2}) (-1.77×10^{-1} kg·m^{-2})
CP+HIP-Al$_2$O$_3$ (1)	(2.96×10^{-4} kg·m^{-2})
(2)	
(3)	(-2.54×10^{-2} kg·m^{-2})
Sapphire (1)	(3.47×10^{-4} kg·m^{-2}) (-5.65×10^{-1} kg·m^{-2})
(2)	(-8.97×10^{-3} kg·m^{-2})
(3)	
HIP-ZrO$_2$ (1)	(-1.50×10^{-3} kg·m^{-2}) (-3.02×10^{-1} kg·m^{-2})
(2)	(崩壊)
(3)	(崩壊)

侵食深さ [μm] (−10, 0, 20, 40, 60)

573 K (300℃) の種々の水溶液中で 1.8×10^5 s (50 h) 浸漬腐食試験した後の侵食深さ. ( ) 内の数値は質量変化を示す. (1) 純水, (2) 0.1 kmol·m^{-3} H$_2$SO$_4$, (3) 0.1 kmol·m^{-3} LiOH
平出信彦, 杉本克久：防食技術, 37 (1988), 415.

2・1・8 各種セラミックスの超臨界水中での耐食性

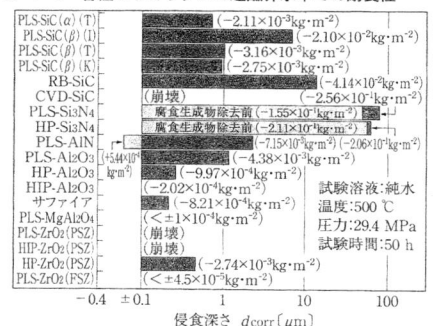

PLS-SiC(α) (T)	(-2.11×10^{-3} kg·m^{-2})
PLS-SiC(β) (I)	(-2.10×10^{-2} kg·m^{-2})
PLS-SiC(β) (T)	(-3.16×10^{-3} kg·m^{-2})
PLS-SiC(β) (K)	(-2.75×10^{-3} kg·m^{-2})
RB-SiC	(-4.14×10^{-2} kg·m^{-2})
CVD-SiC	(崩壊) (-2.56×10^{-1} kg·m^{-2})
PLS-Si$_3$N$_4$	腐食生成物除去前 (-1.55×10^{-1} kg·m^{-2})
HP-Si$_3$N$_4$	腐食生成物除去前 (-2.11×10^{-1} kg·m^{-2})
PLS-AlN	(-7.15×10^{-1} kg·m^{-2}) (-2.06×10^{-1} kg·m^{-2})
PLS-Al$_2$O$_3$	(5.44×10^{-4} kg·m^{-2}) (-4.38×10^{-3} kg·m^{-2})
HP-Al$_2$O$_3$	(-9.97×10^{-4} kg·m^{-2})
HIP-Al$_2$O$_3$	(-2.02×10^{-4} kg·m^{-2})
サファイア	(-8.21×10^{-4} kg·m^{-2})
PLS-MgAl$_2$O$_4$	(<±1×10^{-4} kg·m^{-2})
PLS-ZrO$_2$(PSZ)	(崩壊)
HIP-ZrO$_2$(PSZ)	(崩壊)
HP-ZrO$_2$(PSZ)	(-2.74×10^{-3} kg·m^{-2})
PLS-ZrO$_2$(FSZ)	(-4.5×10^{-4} kg·m^{-2})

試験溶液：純水　温度：500℃　圧力：29.4 MPa　試験時間：50 h

侵食深さ d_{corr} [μm] (−0.4, ±0.1, 1, 10, 100)

500℃, 29.4 MPa の純水中に各種セラミックスを50h浸漬したときの侵食深さ. 括弧内の数値は質量変化を示す.
原 信義, 杉本克久：まてりあ, 39 (2000), 325.

2・1・9 Fe-Cr 合金および Ni-Cr 合金の超臨界水溶液中での耐食性

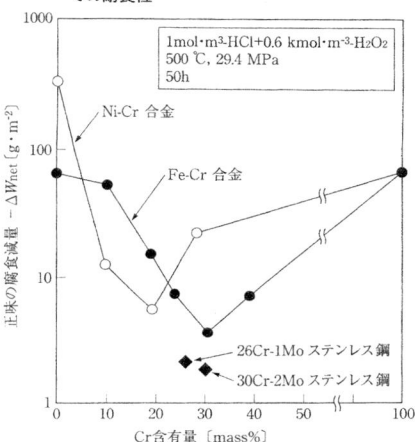

1 mol·m^{-3} HCl + 0.6 kmol·m^{-3} H$_2$O$_2$
500℃, 29.4 MPa
50h

Ni-Cr 合金
Fe-Cr 合金
26Cr-1Mo ステンレス鋼
30Cr-2Mo ステンレス鋼

正味の腐食減量 $-\Delta W_{net}$ [g·m^{-2}]
Cr 含有量 [mass%]

773 K (500℃), 29.4 MPa の 10^{-3} kmol·m^{-3} HCl + 0.6 kmol·m^{-3} H$_2$O$_2$ 中で 50 h 浸漬腐食試験したあとの正味の腐食減量 (腐食生成物除去後の値)
原 信義, 田中 聡, 相馬才晃, 杉本克久：Corrosion 2002, Paper No.02358 (2002), NACE.

2・1・10 CF$_4$-O$_2$ 混合ガスプラズマ下流域における各種金属の耐食性

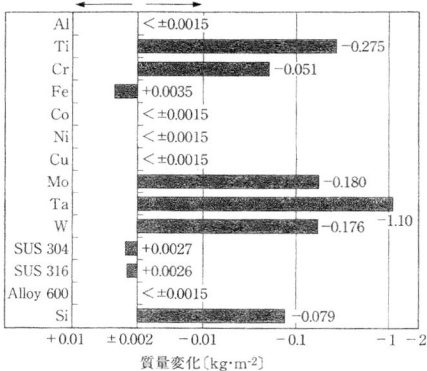

	質量変化 [kg·m^{-2}]
Al	<±0.0015
Ti	−0.275
Cr	−0.051
Fe	+0.0035
Co	<±0.0015
Ni	<±0.0015
Cu	<±0.0015
Mo	−0.180
Ta	
W	−0.176　−1.10
SUS 304	+0.0027
SUS 316	+0.0026
Alloy 600	<±0.0015
Si	−0.079

(+0.01, ±0.002, −0.01, −0.1, −1〜−2)

CF$_4$-11% O$_2$ 混合ガスプラズマ下流域における腐食試験 (試料温度：573 K, 試験時間：1.8 ks 後の質量変化
大槻英二, 中藤 淳, 赤尾 昇, 原 信義, 宮坂松甫, 杉本克久：材料と環境, 47 (1998), 136.

2・2 各種環境の腐食性
2・2・1 化学薬品に対する耐食性金属・合金

化学薬品	耐食性金属・合金	化学薬品	耐食性金属・合金
塩酸	ハステロイ, Ag, Ta, Pt, Au, 18-8ステンレス鋼, Al, Ni, 高ケイ素鉄, Cu合金	酢酸, 無水酢酸	Al, Al合金, ハステロイ, 18-8ステンレス鋼, 高ケイ素鉄, モネル, イリウム, Ag, Ta, Pt, Au
塩化水素ガス	Fe, 高ケイ素鉄, Ni-Cu-Cr合金, Ni, インコネル, モネル, ハステロイ, Cu合金, Ag, Ta, Pt, Au	シュウ酸	モネル, ニクロム, Ni, 高ケイ素鉄, 18-8ステンレス鋼, Ta, Al
硫酸	Cr-Niステンレス鋼, イリウム, ハステロイ, 高ケイ素鉄, Pb, Ta, Pt, Au, Ag	脂肪酸	Cu, Ni, 炭素鋼, 高Cr鋼, 18-8ステンレス鋼, 高ケイ素鉄, Cu, Ni, ニクロム
亜硫酸, 亜硫酸ガス	Cr-Niステンレス鋼, Pb, Al合金, ハステロイ, イリウム, Ta, Pt, Au	過酸化水素	Al, 18-8ステンレス鋼, ニレジスト, Ni, モネル
硝酸	Al合金, Cr鋼, Cr-Niステンレス鋼, 高ケイ素鉄, イリウム, Ta, Pt, Au, インコネル	臭素	W, Ta, 高ケイ素鉄, Ni
リン酸	Cr-Niステンレス鋼, ハステロイ, 高ケイ素鉄, イリウム, Ta, Pb, Ag, Pt, Au	硫黄	Zn, Al, Au, Cr, 炭素鋼, 高ケイ素鉄, 18-8ステンレス鋼
フッ酸	Ni, ハステロイ, モネル, Ag, Pt, Au	海水	Al合金, 黄銅, Al青銅, Ni, モネル, 高ケイ素鉄, 高Ni鋼
フッ化水素酸	Ag, 洋銀, Pb, Ni, ニクロム, Pt	アンモニア	Al合金, Cr-Niステンレス鋼, インコネル, ハステロイ, イリウム, 高ケイ素鉄, Tb, Pt, Au, Pb
炭酸, 二酸化炭素	Al, Al合金, 炭素鋼, 高Cr鋼, 高Ni鋼, ニクロム, Pb	苛性ソーダ	Ni, Ag, Pt, Au, イリウム, Cr-Niステンレス鋼, インコネル, モネル, Cu合金

大谷南海男:金属表面工学, 増補版 (1969), p.250, 日刊工業新聞社.

2・2・2 各種環境中での腐食量の比較

腐食量* [mg/100 cm²/月]

	流水	水蒸気 100℃ +酸素	海水	酢酸	33% 酢酸	5% クエン酸	5% 塩化アンモニウム	1% 塩化マグネシウム	10% 硫酸ナトリウム	5% 硫酸マグネシウム	33% 水酸化ナトリウム
99.6%Al	S	O	S	60	60	10	120	20	S	10	71320
ジュラルミン	180	20	20	80	180	10	120	20	—	10	73930
アームコ鉄	1260	20	420	38	960	1170	1030	360	270	370	—
錬鉄	1610	10	360	1000	20230	10750	840	330	250	390	N
クロム鋼 (13%Cr)	—	10	—	200	2320	4220	140	180	—	130	—
モネル	—	10	20	190	310	210	1030	10	—	10	—
六四黄銅	O	20	N	S	550	370	490	70	10	20	—
リン青銅	30	10	100	50	450	280	3050	40	N	10	10
マンガン青銅	40	10	120	50	500	290	2100	40	S	10	10
アルミ青銅 (8%Al)	S	20	60	20	430	260	300	10	S	20	S

* S:しみがついた. O:酸化した. N:ほとんど侵されない. —:侵されない.
住友軽金属:アルミニウムハンドブック, p.94, 住友軽金属工業株式会社

2・3 腐食抑制剤

2・3・1 腐食抑制剤の種類と用途

インヒビターの種類	使用濃度 [%]	金属材料の種類	腐食環境の種類
無機インヒビター			
カルゴン（重合リン酸塩）	少量	鋼	用水系
重クロム酸カリ	0.05～0.2	鉄, 黄銅	水道水 20～90 ℃
二水素リン酸カリ＋亜硝酸ソーダ	少量＋5 %	鋼	海水
安息香酸ソーダ	0.5	軟鋼	0.03 % NaCl
クロム酸ソーダ	>0.5	電気整流器系統	冷却水
〃	0.07	Cu, 黄銅	$CaCl_2$ ブライン
重クロム酸ソーダ	0.025	空気調節装置	水
重クロム酸ソーダ＋硝酸ソーダ	0.1＋0.05	熱交換器	水
ヘキサメタリン酸ソーダ	0.002	鉛	pH 約 6 の水
メタリン酸ソーダ	少量	軟鋼製凝縮器	アンモニア
亜硝酸ソーダ	0.005	軟鋼	〃
〃	海水の20 %	〃	海水と蒸留水の混合物
オルトリン酸ソーダ	1	鉄	pH 7.35 の水
ケイ酸ソーダ	少量	Zn, Zn-Al 合金	海水
〃	0.01	鋼管	油井ブライン
有機インヒビター			
エリスリトール	0.5	軟鋼	K_2SO_4 溶液
エチルアニリン	0.5	鉄鋼	HCl 溶液
メルカプトベンゾチアゾール	1	鉄鋼	水
モルフィン	0.2	熱交換器系統	水
フェニルアクリジン	0.5	鉄	H_2SO_4 溶液
ピリジン＋フェニルヒドラジン	0.5＋0.5	鉄系材料	HCl 溶液
キノリン・エチオダイド	0.1	鋼	$1\ N\ H_2SO_4$
ロジンアミン＋エチレンオキシド	0.2	軟鋼	HCl 溶液
テトラメチルアンモン・アザイド	0.5	鉄鋼	有機溶媒の水溶液
チオ尿素	1	鉄鋼	酸

電気化学協会編：新版 電気化学便覧 (1964), p.913, 丸善.

2・4 カソード防食

2・4・1 鉄鋼のカソード防食電流密度

環境	防食電流密度 [mA/m²]	環境	防食電流密度 [mA/m²]
希 硫 酸（室 温）	1200	中 性 土 壌（細菌繁殖）	400
海 水（流 動）	150	〃 （通 気 性）	40
淡 水（流 動）	60	〃 （不 通 気 性）	4
高温淡水（酸素飽和）	180	コンクリート（塩化物含有）	5
〃 （脱 気）	40	〃 （塩化物なし）	1

腐食防食協会編：新版 金属防蝕技術便覧 (1972), p.580, 日刊工業新聞社.

2・4・2 各種金属・合金の防食電位 （飽和硫酸銅電極基準）

金属・合金		防食電位〔V〕
鉄鋼	通常の環境	−0.85
	硫酸塩還元菌	−0.95
高張力鋼	上限	−0.85
	下限	−1.10
銅合金		−0.50～−0.65
鉛		−0.60
アルミニウム	上限	−0.95
	下限	−1.20

水流 徹：改訂6版 金属便覧, 日本金属学会編 (2000), p.843, 丸善.

3 腐食試験法

3・1 各種腐食試験法
3・1・1 ステンレス鋼の腐食試験法

試験法	腐食形態	試験溶液	摘要	JIS規格
Strauss 試験	粒界腐食	硫酸銅 100 g/dm³ 硫酸 100 cm³/dm³ 純銅片	連続 16 h の沸騰試験の後に曲げ試験を行って割れの有無を調べる。	JIS G 0575
Huey 試験	粒界腐食	65 % 硝酸	沸騰試験中に 48 h ごとに質量減を測定して、5 回の平均値を求める。	JIS G 0573
Streicher 試験	粒界腐食	10 % シュウ酸	$10 kA/m^{-2}$ のアノード電流密度で 90 s エッチングして、顕微鏡観察する。	JIS G 0571
硝酸-フッ化水素酸腐食試験	粒界腐食	10 % 硝酸、3 % フッ化水素酸	70 ℃ において連続 2h の浸漬試験を行って、質量減を調べる。	JIS G 0574
硫酸-硫酸第2鉄腐食試験	粒界腐食	50 % 硫酸 600 cm³ + 硫酸第2鉄 25 g	連続 120 h の沸騰試験を行って質量減を調べる。	JIS G 0572
5 % 硫酸腐食試験	全面腐食	5 % 硫酸	連続 6 h の沸騰試験を行って質量減を調べる。	JIS G 0591
42 % 塩化マグネシウム腐食試験	応力腐食割れ	42 % 塩化マグネシウム（沸点 143 ℃）	試料を V 字曲げして沸騰試験を行い、割れが試片の横幅を横断するまでの時間を調べる。	JIS G 0576
孔食電位測定法	孔食	3.5 % 塩化ナトリウム	アノード分極曲線を $20 mV \cdot min^{-1}$ の電位走査速度で測定し、孔食電位などの特性値を調べる。	JIS G 0577

3・2 エッチング法
3・2・1 エッチングの実施例

用途	素材と浴組成	摘要
印刷用製版	Zn, Mg → HNO_3 6～15 % 皮膜形成剤（ダウ式高速腐食）Cu, Cu-Zn → FCl_3 (Be 40)	皮膜形成は、ジエチルベンゼン、高度硫酸化油、オレイン酸などによる
プリント配線基板	Cu, Sn, Au → $FeCl_3$ または $CuCl_2$, Pb-Sn (はんだ合金) → CrO_3-H_2SO_4	アルカリ浴も可（NH_4OH 系など）
半導体素子	Ge Si } $HNO_3(5)$-HF(3)-$CH_3COOH(3)$HF(4)-$H_2O_2(5)$-$H_2O(1)$ HNO_3 60 %, HF 49 %, CH_3COOH 98 %, H_2O_2 30 %	腐食速度調整に光照射効果も利用できる
ネームプレート（化学切削）	Fe, Cu → $FeCl_3$-HNO_3, ステンレス → $FeCl_3$, Al → HF または NaOH, Zn → HNO_3-H_2SO_4	おもに Al の加工を熱濃アルカリで行う

日本化学会編: 改訂 3 版 化学便覧（応用編）(1980), p.563, 丸善.

4 材料の表面改質

4・1 表面清浄化

4・1・1 脱スケール用酸および塩浴の組成

区分		用途		組成 [vol %]	温度 [℃]	電流密度 [10^2 A/m^2]
酸洗浴		一般用		(5~15) H_2SO_4	50~70	
	熱ストリップ延	No. 1		(4~6) H_2SO_4	〃	
		No. 2		(9~15) 〃	〃	
		No. 3		(12~18) 〃	〃	
		No. 4		(17~23) 〃	〃	
	鋳鉄鋳鋼	砂落し		5 H_2SO_4-5 HF	65~85	
		脱スケール		7 H_2SO_4-3 HF	50~85	
	ステンレス鋼			(8~20) HNO_3 (1~4) HF	60	
	〃			(6~8) H_2SO_4 (2~4) HCl	70~75	
	〃			25 HCl-3 HNO_3	〃	
	〃			(5~8) $Fe_2(SO_4)_3$ (1.5~2) HF	60~80	
電解浴	軟鋼			(8~15) H_2SO_4	室温	7~18
	オーステナイト系ステンレス鋼			(8~10) HNO_3	80	3~4
	マルテンサイト系ステンレス鋼			(8~15) H_2SO_4	室温	3~4
塩浴	一般用			(1.5~2) NaH NaOH	360~410	
	〃			(60~90) NaOH (7~32) $NaNO_3$ (1.5~6) NaCl	430~540	

4・2 電解研磨と化学研磨

4・2・1 電解研磨の実施例

金属	浴組成(温度)	電流密度, 配圧	摘要
Al	H_3PO_4 800 cm^3, H_2SO_4 200 cm^3, CrO_3 0~30 g (40~50 ℃)	3~20 kA/m^2, 20~40 V	低純度材や鋳造合金も可
Al	Na_2PO_4 50 g, Na_2CO_3 150 g, H_2O 1 dm^3 (75~90℃)	0.4~0.5 kA/m^2, 7~16 V	高純度材に高反射面可能
Al, Fe	$HClO_4$ (d=1.6) 185 cm^3, H_2O 50 cm^3, CH_3COOH 766 cm^3 (<30℃)	0.4~0.6 kA/m^2, 30~50 V	電解液の取扱い注意
Fe	H_3PO_4 0.5~1.0 dm^3, H_2SO_4 0~0.5 dm^3, CrO_3 300 g~飽和 (80~120℃)	3~50 kA/m^2, 5~25 V	炭素鋼一般, 18 Cr-8 Ni 鋼も可
Cu	H_3PO_4 (d=1.5~1.75) 700 cm^3, H_2O 350 cm^3 (20℃)	0.6~0.8 kA/m^2, 1.5~2 V	固溶体合金の研磨良好

日本化学会編:改訂3版 化学便覧(応用編)(1980), p. 1152, 丸善.

4・2・2 化学研磨の実施例

金属	浴組成	温度, 時間	適用材質
Al	H_3PO_4 (d=1.7) 1 100~1 500 g, HNO_3 (d=1.5) 25~60 g, H_2O 1 dm^3	90~120℃, 1~5 min	低純度素材, 一部合金も可
Al	HNO_3 100~170 g, NH_4HF_2 100~200 g, H_2O 1 dm^3, Pb(NO_3)$_2$ 少量	50~90℃, 数 s~1 min	高純度 (99.9 %) 素材に適す
Fe	$(COOH)_2$ 25 g, H_2O_2 13 g, H_2O 1 dm^3, H_2SO_4 (d=1.8) 0.1 g	20~30 ℃, 15~30 min	低炭素鋼に限る
Fe	濃 H_3PO_4 (P_2O_5 72~75 mass %) 80~100 vol %, H_2SO_4 ~20 vol %	120~160℃, 数 s~2 min	高炭素鋼, Cr-Ni ステンレス鋼も可
Cu	H_3PO_4 30~80 vol %, HNO_3 5~20 vol %, $(CH_3CO)_2O$ 10~50 vol %, H_2O 0~10 vol %	50~80℃, 2~6 min	Cu-Zn, Cu-Al などの合金も可
Zn, Cd	CrO_3 250 g, H_2SO_4 8~40 g, HNO_3 0~3 g, H_2O 1 dm^3	20~30 ℃, 数 s~数 min	めっき面の仕上げに用いる

日本化学会編:改訂3版 化学便覧(応用編)(1980), p. 1151, 丸善.

4・3 化成処理

4・3・1 鉄鋼の化成処理

化成法		摘要	備考
酸化物化成法	(1) 焼もどし色 (2) 過熱水蒸気法 (3) 酸, アルカリ法		大気中で使用する鉄鋼品の防食 たとえば, 銃身, 刃物, 工具など
	(4) 陽極酸化法 鉄酸ソーダ (Na_2FeO_3) 水溶液中で, 0.5～2.0 V, 0.5 kA/m² で電解		黒色酸化物皮膜ができる
化合物化成法	リン酸塩化成	(1) パーカーライジング (パーカー法) 遊離リン酸 40% リン酸鉄 8.7% リン酸マンガン 33% 水 14.3% の組成よりなるパーコパウダーを33 g/dm³の水溶液とし, 98～99℃で30～60分浸漬(水素ガス発生止むまで)	米国 Parker Rust Proof 社, 日本パーカーライジング(株)の特許 黒色結晶性皮膜 塗装下地などに適す
		(2) ボンデライト法 パーカー法の改良法 (迅速)	—
		(3) その他, メタライト法, ラスタイト法, フェルバジット法など	—
	ヒ酸塩化成	ヒ酸 10% 硝酸 10% の溶液中に浸漬	帯緑色皮膜
	シュウ酸塩化成	シュウ酸鉄飽和, 3～5% シュウ酸水溶液に 60～80℃ で浸漬	Loxal 法 帯緑黄色皮膜 塗装下地に適す
	亜セレン酸塩化成	15 g/dm³～飽和の亜セレン酸水溶液に浸漬煮沸, 次いでミョウバン水中で煮沸	
	窒化物化成	13・2 参照	
	ケイ化物 〃	5% のケイ化水素を含む水素気流中で加熱	大気中, 水中の防食

実用金属便覧編集委員会編:新版 実用金属便覧 (1962), p. 858, 日刊工業新聞社.

4・3・2 アルミニウムの化成処理

化成法		摘要	備考	
酸化物化成法	浸漬処理法	(1) MBV 法 炭酸ソーダ 50 g/dm³ クロム酸ソーダ 15 g/dm³ の溶液に 5～10分浸漬煮沸, 水洗	灰色皮膜 塗装下地に適す	
		(2) Zirotka 法 炭酸カリ 10 g/dm³ クロム酸カリ 4 g/dm³ クロム酸ソーダ 10 g/dm³ 硫酸銅 10 g/dm³ の溶液で浸漬煮沸	—	
	陽極酸化法	(1) クロム酸法 3% クロム酸水溶液 40℃ 15分間に電圧を 40 V まで上げ 40 V に保って 35分間, さらに 5 分間で 50 V まで上げ 5 分間保つ 計60分	Benought-Stuart 法 乳白色皮膜 耐食性大	アルミニウムを陽極として電解, 陰極には炭素または はアルミニウム. 交流も用い得る
		(2) シュウ酸法 2% シュウ酸溶液 20～30℃ 80 V 30分 電解後加熱蒸気で蒸す	Almite 法など乳白色皮膜	
		(3) 硫酸法 Be 20°の硫酸水溶液 20～30℃ 12 V (0.15 kA/m²) 15～60分 電解後加熱蒸気で蒸す (染色するものは染色後蒸す)	乳白色	
		スルファミン酸法 スルファミン酸 7.5 mass% 25℃ 0.1 kA/m² 60分		
化合物化成法	リン酸塩化成	リン酸アルミニウム飽和希リン酸水溶液に浸漬煮沸 (アルカリ金属, アルカリ土金属の塩化物を加える)	アルミニウムおよび合金に適用, 塗装下地に適 アルボンド法 メタナニウム法 など アルタイト法	
	その他の方法	(1) フッ化物法 Ca, Mn, Zn のケイフッ化物 酸化物 フッ酸で酸性とし浸漬煮沸		
		(2) フッ化物リン酸法 Zn, Cd のケイフッ化物, 水溶液をリン酸酸性とし浸漬煮沸	塗装下地に有効	

実用金属便覧編集委員会編:新版 実用金属便覧 (1962), p. 858, 日刊工業新聞社.

4・4 めっき

4・4・1 主な金属の電気めっき法

めっきの種類	浴組成 [kg·m⁻³]		めっき条件
ニッケルめっき	(ワット浴) $NiSO_4 \cdot 7H_2O$ $NiCl_2 \cdot 6H_2O$ H_3BO_3 ラウリル硫酸ソーダ	110~375 15~17 15~45 0.6	pH 高 4.5~5.6 低 1.5~3.0 浴温 313~333 K 電流密度 $0.2~1.0$ kA·m⁻²
クロムめっき	(サージェント浴) CrO_3 H_2SO_4	250 2.5	浴温 318~328 K 電流密度 $1.0~5.0$ kA·m⁻²
銅めっき	(光沢浴) ピロリン酸銅 ($Cu_2P_2O_7 \cdot 3H_2O$) ピロリン酸カリウム ($K_4P_2O_7$) アンモニア水	82.5~105 300~375 3~6	pH 8.3~8.9 浴温 323~338 K 電流密度 $0.05~0.49$ kA·m⁻²
亜鉛めっき	(シアン化亜鉛浴) $Zn(CN)_2$ $NaCN$ $NaOH$	60 40 80	浴温 293~313 K 電流密度 $0.4~0.5$ kA·m⁻²
金めっき	(シアン浴) $KAu(CN)_2$ KCN K_2CO_3 $NaHPO_4$	1~5 15 15 15	浴温 323~338 K 電流密度 0.05 kA·m⁻²

4・4・3 溶融亜鉛めっき (JIS H 8641-1999)

種類		記号	付着量 [g/m²]	硫酸銅試験回数
1種	A	HDZA	—	4回以上
	B	HDZB	—	5回以上
2種	35	HDZ 35	>350	—
	40	HDZ 40	>400	—
	45	HDZ 45	>450	—
	50	HDZ 50	>500	—
	55	HDZ 55	>550	—

4・4・4 溶融アルミニウムめっき (JIS H 8642-1995)

種類	記号	厚さ* [μm]	付着量 [g/m²]	備考
1種	HDA 1	>60	>110	耐候性
2種	HDA 2	>70	>120	耐食性
3種	HDA 3	合金層厚さ>50	—	耐熱性

* Al層と合金層との合計

4・4・2 電鋳法における電着金属の機械的性質

電着金属	電解浴	HV	伸び [%]	引張強さ [MPa]
Cu	酸性硫酸銅浴	40~85	15~40	230~460
	酸性硫酸銅浴+添加剤	80~180	1~20	470~620
	ホウフッ化銅浴	40~75	6~20	120~270
	高速電着用シアン化浴	100~160	30~50	—
	高速電着用シアン化浴+P.R.めっき法	150~220	6~9	690~750
Ni	ワット浴	100~250	10~35	340~550
	ワット浴+添削剤	300~650	12~20	—
	塩化物浴	230~300	10~21	620~860
	ホウフッ化物浴	125~300	5~32	370~820
	ホウフッ化物浴+添加剤	400~600	1~4	140~1370
	スルファミン酸浴	200~550	6~30	410~890
	スルファミン酸塩化物浴	200~625	3~5	650~890
	ニッケル+コバルト浴	300~600	—	—
	硬ニッケル浴	350~500	4~10	960~1100
Fe	硫酸塩浴	180~400	0.3	750~820
	塩化物浴	125~220	10~50	320~770
	混合浴	180~230	5~20	410~620
Ag	高速度電着用シアン化浴	55~130	10~20	250~340
Cr	クロム酸浴	300~1000	0~0.1	70~210
Pb	ホウフッ化物浴	4~10	—	—
Au	工業浴	20~65	—	—
	光沢浴	110~120	—	—

金属表面技術協会編:金属表面技術便覧, 改訂新版 (1976), p.410, 日刊工業新聞社.

4・4・5 代表的な無電解めっき浴組成

金属	成分	濃度 [kg・m^{-3}]	備考
Cu	CuSO$_4$・5H$_2$O	10	常温
	酒石酸ナトリウム	50	pH 12.0
	水酸化ナトリウム	10	
	ホルマリン(37%)	10×10^{-3} m^3・m^{-3}	
Ni	NiCl$_2$・6H$_2$O	45	363〜373 K
	クエン酸ナトリウム	100	pH 8.5〜9.5
	塩化アンモニウム	50	
	次亜リン酸ナトリウム	11	
Au	シアノ金(1)カリウム	5.8	343〜353 K
	シアン化カリウム	13.0	
	水酸化カリウム	11.2	
	ホウ水素化カリウム	21.6	

大野湶:改訂5版 金属便覧,日本金属学会編(1990), p.917, 丸善.

4・5 物理蒸着法(PVD)

4・5・1 各種元素の温度-蒸気圧曲線(その1)

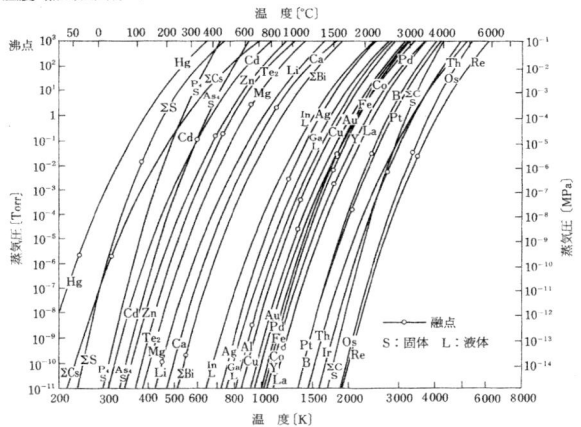

R. E. Honig: *RCA Review*, **23** (1962), 567.

4・5・2 各種元素の温度-蒸気圧曲線(その2)

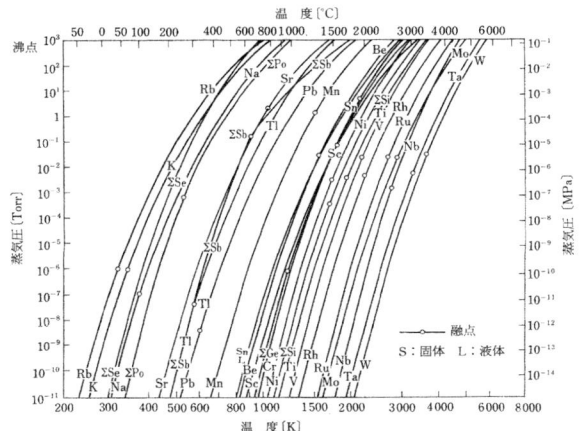

R. E. Honig: *RCA Review*, **23** (1962), 567.

4・5・3 各種元素の温度-蒸気圧曲線（その3）

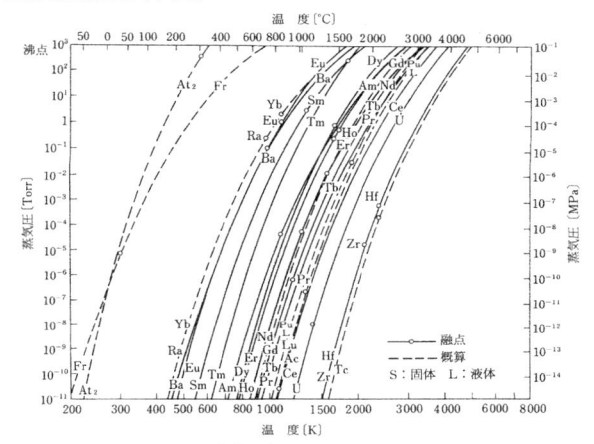

[図：各種元素の温度-蒸気圧曲線。横軸：温度[°C]（50～6000）および温度[K]（200～8000）、縦軸：蒸気圧[Torr]（10^{-10}～10^2）および蒸気圧[MPa]（10^{-14}～10^{-1}）。元素：At₂, Fr, Yb, Sm, Eu, Tm, Ho, Ra, Ba, Sr, Er, Dy, Tb, Gd, Am, Nd, Ce, U, Hf, Pr, Ac, Zr, Tc など。実線：融点、破線：概算、S：固体、L：液体］

R. E. Honig : *RCA Review*, 23 (1962), 567.

4・5・4 蒸発源用金属材料の性質

	温度[°C]	27	1027	1527	1727	2027	2327	2527
W 融点3 380°C 比重19.3	比 抵 抗[$10^{-8}\Omega\cdot m$]	5.66	33.66	50	56.7	66.9	77.4	84.7
	蒸 気 圧[Torr]	—	—	—	9.9×10^{-12}	4.7×10^{-9}	5.7×10^{-7}	7.5×10^{-6}
	([Pa])				(1.3×10^{-9})	(6.3×10^{-7})	(7.6×10^{-5})	(1.0×10^{-3})
	蒸発速度[10kg/m²·s]	—	—	—	1.75×10^{-13}	7.82×10^{-11}	8.79×10^{-9}	1.12×10^{-7}
	スペクトル放射率 (0.665 μm)	0.470	0.450	0.439	0.435	0.429	0.423	0.419
Ta 融点2 980°C 比重16.6	比 抵 抗[$10^{-8}\Omega\cdot m$]	15.5(20°)	54.8	72.5	78.9	88.3*	97.4	102.9
	蒸 気 圧[Torr]	—	—	—	1×10^{-10}	6×10^{-10} (1 927°)	4×10^{-6}	5×10^{-5}
	([Pa])				(1.3×10^{-8})	(8×10^{-8})	(5×10^{-4})	(7×10^{-3})
	蒸発速度[10kg/m²·s]	—	—	—	1.63×10^{-12}	9.78×10^{-11} (1 927°)	5.54×10^{-8}	6.61×10^{-7}
	スペクトル放射率	0.493(20°)	0.462	0.432	0.421	0.409	0.400	0.394
Mo 融点2 630°C 比重10.2	比 抵 抗[$10^{-8}\Omega\cdot m$]	5.6(25°)	35.2(1 127°)	47.0	53.1	59.2(1 927°)	72	78
	蒸 気 圧[Torr]	—	1.6×10^{-15}	8×10^{-9}	4×10^{-7}	4×10^{-5}	1.4×10^{-3}	9.6×10^{-3}
	([Pa])		(2.1×10^{-13})	(1.1×10^{-6})	(5×10^{-5})	(5×10^{-3})	(1.9×10^{-1})	(1.3)
	蒸発速度[10kg/m²·s]	—	2.5×10^{-17}	1.1×10^{-10}	5.3×10^{-9}	5.0×10^{-7}	1.6×10^{-5}	1.04×10^{-4}
	スペクトル放射率	0.419(30°)	—	—	0.367 (1 330°)	0.353 (1 730°)	—	—

* 内挿して求めた値．薄膜ハンドブック, 日本学術振興会 薄膜第131委員会編(1983), p.97, オーム社．
W. Espe : Materials of High Vacuum Technology, Vol. 1, Metals and Metalloids (1966), Pergamon.

4・5・5 各種金属と蒸発源の組合せ

蒸発金属	ヒータ材料 W	Ta	Mo	蒸発温度[°C]	蒸発金属	ヒータ材料 W	Ta	Mo	蒸発温度[°C]
Al	1	1	1	1 200～1 250	Pb	2	2	2	～750
Sb	2,4	2		700～750	Mg	2	2	2	～450
As	4			550～600	Mn	2,3	2,3	2,3	～1 000
Ba	1	1	1	650～700	Ni	4			1 550～1 600
Bi	2	2	2	700～750	Se	4	4	1,2	250～300
Cd	3,4			～300	Si	4(BeO)			1 350～1 400
Cr	3,4			1 400～1 450	Ag	1	1,2	1,2	1 050～1 100
Co	4			1 500～1 600	Su	2,3	2,3	2,3	1 200～1 250
Cu	2	2	2	1 300～1 350	Ti	1	1	1	1 600～1 650
Au	2	2	2	1 450～1 500	Zn	2	2	2	350～400
Fe	4			1 500～1 600					

注1) 1：フィラメント，ヘリカルコイル，2：ボート，3：バスケット，4：セラミックるつぼとWコイル
注2) 試料線とヒータとのなじみについて, (1)ぬれ性, (2)蒸発の状態, (3)相互の反応の状態についてCaldwellおよびBondのデータを参考にして, 蒸発源の最適な形態を決めた．薄膜ハンドブック, 日本学術振興会 薄膜第131委員会編(1983), p.98, オーム社．
W. C. Caldwell : *J. Appl. Phys.*, 12 (1941), 776 ; W. L. Bond : *J. Opt. Soc. Am.*, 44 (1954), 429.

4・5・6 各種元素のスパッタリング率（イオンエネルギー：500 eV）

ガス	He	Ne	Ar	Kr	Xe	ガス	He	Ne	Ar	Kr	Xe
元素						Ru	—	0.57	1.15	1.27	1.20
Be	0.24	0.42	0.51	0.48	0.35	Rh	0.06	0.70	1.30	1.43	1.38
C	0.07	—	0.12	0.13	0.17	Pd	0.13	1.15	2.08	2.22	2.23
Al	0.16	0.73	1.05	0.96	0.82	Ag	0.20	1.77	3.12	3.27	3.32
Si	0.13	0.48	0.50	0.50	0.42	Ag	1.0	1.70	2.4	3.1	—
Ti	0.07	0.43	0.51	0.48	0.43	Ag	—	—	3.06	—	—
V	0.06	0.48	0.65	0.62	0.63	Sm	0.05	0.69	0.80	1.09	1.28
Cr	0.17	0.99	1.18	1.39	1.55	Gd	0.03	0.48	0.83	1.12	1.20
Mn	—	—	—	1.39	1.43	Dy	0.03	0.55	0.88	1.15	1.29
Mn	—	—	1.90	—	—	Er	0.03	0.52	0.77	1.07	1.07
Bi	—	—	6.64	—	—	Hf	0.01	0.32	0.70	0.80	—
Fe	0.15	0.88	1.10	1.07	1.00	Ta	0.01	0.28	0.57	0.87	0.88
Fe	—	0.63	0.84	0.77	0.88	W	0.01	0.28	0.57	0.91	1.01
Co	0.13	0.90	1.22	1.08	1.08	Re	0.01	0.37	0.87	1.25	—
Ni	0.16	1.10	1.45	1.30	1.22	Os	0.01	0.37	0.87	1.27	1.33
Ni	—	0.99	1.33	1.06	1.22	Ir	0.01	0.43	1.01	1.35	1.56
Cu	0.24	1.80	2.35	2.35	2.05	Pt	0.03	0.63	1.40	1.82	1.93
Cu	—	1.35	2.0	1.91	1.91	Au	0.07	1.08	2.40	3.06	3.01
Cu (lll)	—	2.1	—	2.50	3.9	Au	0.10	1.3	2.5	—	7.7
Cu	—	—	1.2	—	—	Pb	1.1	—	2.7	—	—
Ge	0.08	0.68	1.1	1.12	1.04	Th	0.0	028	0.62	0.96	1.05
Y	0.05	0.46	0.68	0.66	0.48	U	—	0.45	0.85	1.30	0.81
Zr	0.02	0.38	0.65	0.51	0.58	Sb	—	—	2.83	—	—
Nb	0.03	0.33	0.60	0.55	0.53	Sn (固体)	—	—	1.2	—	—
Mo	0.03	0.48	0.80	0.87	0.87	Sn (液体)	—	—	1.4	—	—
Mo	—	0.24	0.64	0.59	0.72						

J. L. Vossen, J. J. Cuomo : Thin Film Processes, ed. J. L. Vossen, W. Kern (1978), p. 15, Academic Press.

4・6 化学気相析出法 (CVD)

4・6・1 CVD法で得られる薄膜の種類と作製条件

	ソース	気化温度 T_2 [℃]	反応温度 T_1 [℃]	キャリヤガス		ソース	気化温度 T_2 [℃]	反応温度 T_1 [℃]	キャリヤガス
(a) 単金属					SiC	$SiCl_4+CH_4$	−50〜	1925〜2000	〃
	ハロゲン化物				TiC	$TiCl_4+C_6H_5CH_3$	20〜140	1100〜1200	〃
Cu	$CuCl_2$	500〜700	550〜1000	H_2またはAr		$TiCl_4+CH_4$	〃	900〜1100	〃
Be	$BeCl_2$	290〜340	500〜 800	H_2		$TiCl_4+C$	〃	〃	〃
Al	$AlCl_3$	125〜135	800〜1000	〃		$TiCl_4+2Fe+C$	〃	〃	〃
Ti	$TiCl_4$	20〜 80	800〜1200	H_2またはAr	ZrC	$ZrCl_4+C_6H_6$	250〜300	1200〜1300	〃
Zr	$ZrCl_4$	200〜250	800〜1000	〃	WC	$WCl_6+C_6H_5CH_3$	160〜	1000〜1500	〃
Ge	GeI_2	250〜	450〜 990	H_2	(d) 窒化物				
Sn	$SnCl_4$	25〜 35	400〜 550	〃	BN	BCl_3	−30〜 0	1200〜1500	N_2+H_2
V	VCl_4	50	800〜1000	H_2またはAr	TiN	$TiCl_4$	20〜 80	1100〜1200	〃
Ta	$TaCl_5$	250〜300	600〜1400	〃	ZrN	$ZrCl_4$	300〜350	2000〜2700	〃
Sb	$SbCl_3$	80〜110	500〜 600	H_2	HfN	$HfCl_4$	〃	〃	〃
Bi	$BiCl_3$	240	240〜	〃	VN	VCl_4	20〜 50	1100〜1300	〃
Mo	$MoCl_5$	130〜150	500〜1100	〃	TaN	$TaCl_5$	250〜300	1200〜2300	N_2
W	WCl_6	165〜230	600〜 700	〃	Be_3N_2	$BeCl_3$	280〜340	1200〜2000	N_2+H_2
Co	$CoCl_3$	60〜150	370〜 450	〃	AlN	$AlCl_3$	100〜130	1200〜1600	〃
Cr	CrI_2	100〜130	1100〜1200	〃	Si_3N_4	$SiCl_4$	−40〜 0	1000〜1600	〃
Nb	$NbCl_5$	200〜	1800〜	〃		SiH_4+4NH_3	〃	〃 900	〃
Fe	$FeCl_3$	317〜	650〜1100	〃	Th_3N_4	$ThCl_4$	600〜700	1600〜2500	〃
Si	$SiCl_4$	280〜	770〜1200	〃	(e) ホウ化物				
	SiH_2Cl_2	〃	1000〜1200	〃	AlB	$AlCl_3+BCl_3$	−22〜125	1000〜1300	H_2
B	BCl_3	−30〜 0	1200〜1500	〃	SiB	$SiCl_3+BCl_3$	−22〜 0	1100〜1300	〃
	他の金属その他				TiB_2	$TiCl_4+BBr_3$	20〜 80	〃	〃
Al	$Al(CH_2-CH)\!\!<\!\!{}^{CH_3}_{CH_3}$	38〜	93〜 100	Arまたは He	ZrB_2	$ZrCl_4+BBr_3$	20〜300	1700〜2500	〃
					HfB_2	$HfCl_4+BBr_3$	20〜300	1900〜2700	〃
Ni	$Ni(CO)_4$	43〜	182〜 200	〃	VB_2	VCl_4+BBr_3	20〜 75	900〜1300	〃
Fe	$Fe(CO)_4$	102〜	140〜	〃	TaB	$TaCl_5+BBr_3$	20〜190	1300〜1700	〃
Cr	$Cr[C_6H_5(CH_3)_2]$		〜 400	〃	WB	WCl_6+BBr_3	20〜350	1400〜1600	〃
W	WF_6		600〜 650	〃	(f) ケイ化物				
W	$W(CO)_6$	50〜	350〜 600	〃	MoSi	$MoCl_5+SiCl_4$	−50〜130	1000〜1800	H_2
Mo	$Mo(CO)_6$		150〜 160	〃	TiSi	$TiCl_4+SiCl_4$	−50〜200	800〜1200	〃
Pt	$(PtCl_2)_2(CO)_3$	100〜120	600〜	〃	ZrSi	$ZrCl_4+SiCl_4$	−50〜200	800〜1000	〃
Pb	$Pb(C_2H_5)_4$	94〜	200〜 300	〃	VSi	VCl_4+SiCl_4	−50〜 50	800〜1100	〃
(b) 合金					(g) 酸化物				
Ta-Nb	$TaCl_5+NbCl_5$	250〜	1300〜1700	〃	Al_2O_3	$AlCl_3$	130〜160	800〜1000	H_2+CO
Ti-Ta	$TiCl_4+TaCl$	250〜	1300〜1400	〃	SiO_2	$SiCl_4$	0	800〜1100	〃
Mo-W	$MoCl_5+WCl_6$	130〜370	1100〜1500	〃		SiH_4+O_2		〜 400	
Cr-Al	$CrCl_3+AlCl_3$	95〜150	1200〜1500	〃		$Fe(CO)_5$		100〜 300	
(c) 炭化物					ZrO_2	$ZrCl_4$	290	800〜1000	〃
BeC	$BeCl_2+C_6H_5CH_3$	290〜340	1300〜1400	H_2					

麻蒔立男：薄膜作成の基礎 (1977), p. 172, 日刊工業新聞社.

4・7 拡散浸透処理
4・7・1 各種金属浸透法

浸透金属		方法	処理法
Zn	(1)	シェラダイジング (Sherardizing)	Zn粉85～90%, ZnO, ケイ砂, 鉄粉など15～10%の配合粉を用い, 密閉回転中350～375℃, 2～3 h 処理
	(2)	粉末充塡法	Zn粉7～25%, アルミナ, カオリン残を用い, 静止炉中450～750℃, 0.5～1.5 h処理
	(3)	蒸気シェラダイジング	900℃以上のZn蒸気をH_2またはArで搬送する
Al	(1)	アルミニウム粉末1段法	粉末Alと少量のNH_4Clを用い, 回転炉中中性雰囲気で850～950℃, 4～6 h処理
	(2)	アルミニウム粉末2段法	(1)の方法にさらに800～1 000℃, 12～48 hの拡散処理を施す
	(3)	合金粉末法	Fe-Al (50:50) 粉あるいはフェロアルミに少量の塩化物, フッ化物添加し, 充塡密封箱中900～1 000℃, 6～24 h処理
	(4)	気体法	$AlCl_3$+H_2
	(5)	アルミナイジング	各方法でAlを被覆してから拡散処理する法
Cr	(1)	粉末法	Cr粉, Al粉および, ハロゲン化物などの配合粉中1 000℃で3～12 h処理
	(2)	気体法	ハロゲン化クロム (ガス)
	(3)	溶融塩法	ハロゲン化クロムを含む塩浴
	(4)	その他	電気めっき法, スラリー法, 鋳型内面に含Cr塗型剤を塗布する法
Si	(1)	粉末法(1)	Si粉, NH_4Cl 2～3%の配合粉を用い, H_2気流中または密閉容器中900～1 100℃で処理
	(2)	粉末法, (2) Ihrigizing	Si粉, フェロシリコン粉, あるいは炭化ケイ素粉, Cl_2気流中930～1 100℃, 約2 h処理
	(3)	気体法(1)	$SiCl_4$+H_2気流中700～900℃で処理
	(4)	気体法(2)	10% $SiCl_4$, 90% N_2気流中1 200℃, 20 min処理
B	(1)	気体法	B_2H_6あるいはBCl_3を含むH_2あるいはN_2中750～1 000℃, 2～6 h処理
	(2)	液体法(1)	$Na_2B_4O_7$+Fe-BあるいはB_4Cを主成分とする熱浴中850～1 000℃, 1～5 h処理
	(3)	液体法(2)	(BaCl+NaCl)塩+B_4CあるいはFe-Bの熱浴中950～1 000℃, 1～3 h処理
	(4)	固体法	B, B_4C, Fe-B+Al_2O_3, NH_4Cl粉末中700～1 000℃, 1～20 h処理
	(5)	電解法	$Na_2B_4O_7$単独, あるいは$Na_2B_4O_7$, B_2O_3, HBO_2, $NaBF_4$などの溶融塩中800～1 000℃ 1～5 h, 600～900℃ 1～10 h電解

4・7・2 浸炭
a. 浸炭用RXガス組成

原料	ガス組成 [vol %]				
	CO_2	CO	H_2	CH_4	O_2	N_2
プロパン	0.0	23.8	33.5	0.2	0.0	42.5
ブタン	0.0	24.3	32.0	0.2	0.0	43.5

b. 浸炭性ガスの成分

種類	化学成分 [%]							[J/m^3]
	O_2	CO_2	CO	H_2	CH_4	H_2O	N_2	
天然ガス	1	1		6	87		5	35.6
市ガス (日)	5	3	10	32	19	3	30	15.1
市ガス (米)		1	9	47	34	7	2	21.3
発生炉ガス		4	31	10	1		54	4.7
水性ガス			37	53	2		5	10.9
コークスガス		1	6	53	28		12	15.9
高炉ガス		7	28				65	3.3
木炭ガス		3	30				67	3.8

c. 鋼中の炭素と平衡する吸熱形雰囲気ガスの露点, CO_2量, H_2O量

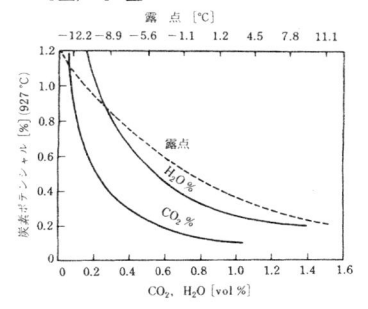

4・7・3 窒化
a. 窒化鋼の主要成分 (JIS G 4022–1979)

記号	成分				
	C	Si	Cr	Mo	Al
SACM-645	0.4～0.5	0.15～0.50	1.30～1.70	0.15～0.30	0.7～1.20

b. ガス窒化とイオン窒化の比較

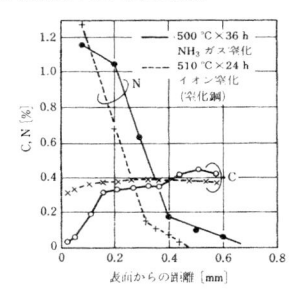

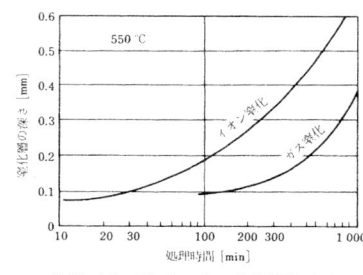

B. Edenhofer : Klockner Ionon 社技術資料による.

4・7・4 ホウ化
a. ホウ化法の種類

種　類	温度 [°C]	時間 [h]	硬化層深さ [mm]
1. 固体ホウ化法			
ボロン粉末＋炭化ボロンあるいはフェロボロン＋アルミナ＋塩化アンモニウム	950〜1050	3〜5	0.1〜0.3
2. 電解ホウ化法			
溶融ホウ砂（電流密度 3〜25 A/dm²）	700〜950	1〜6	0.1〜0.4
溶融ホウ砂＋無水ホウ酸（電流密度 20〜25 A/dm²）	900〜950	2〜4	0.15〜0.35
3. 溶融ホウ化法			
溶融ホウ砂＋炭化ボロンあるいはフェロボロン	950〜1000	3〜5	0.17〜0.38
溶融塩（$BaCl_2$＋NaCl）＋炭化ボロンもしくは	950〜1000	1〜3	0.06〜0.25
フェロボロンシアン化ナトリウム＋ホウ砂（三元硬化法）	600〜800	1〜5	0.1〜0.5
4. ガスホウ化法			
水素＋ジボラン	800〜850	2〜4	0.05〜0.20
水素＋三塩化ボロン	750〜950	3〜6	0.05〜0.25

金属表面技術協会編：改訂新版 金属表面技術便覧（1976），p.1146，日刊工業新聞社．

b. 溶融ホウ化剤

品　名	分子式	融点[°C]	B 含量[%]
無水ホウ砂	$Na_2B_4O_7$	741	20
無水ホウ酸	B_2O_3	450	37
フッ化ボロン Na	$NaBF_4$	分解	10
食　塩	NaCl	800	—
フッ化 Na	NaF	992	—
塩化 Ba	$BaCl_2$	・960	—

金属表面技術協会編：改訂新版 金属表面技術便覧（1976），p.1147，日刊工業新聞社．

4・7・5 浸硫
a. 浸硫処理浴

組成 [vol %]	温度 [°C]	時間 [h]
NaCN 46.5 %－Na_2CO_3 31 %－NaCl 12.5 %－$Na_2S_2O_3$ 10 %	570	1〜3
NaCNO 73 %－KCl 15 %－Na_2CO_3 12 %－Na_2SO_3（1〜3）%	570	2

コーペット（Caupet）法：ロダン基（SCN⁻）浴中で処理物を ⊕ 極，槽を ⊖ 極にして電解により 180〜190 °C で 5〜7 μm の FeS 層をつくる法

4・8 溶　射
4・8・1 溶射法の特性

性　能	炎溶射法		爆裂法	プラズマ法
	粉末法	ローカイド法（棒法）		
溶射材料	融点 2600 °C 以下の金属，セラミック	Al_2O_3, ZrO_2, Cr_2O_3, $ZrSiO_4$ など	WC－金属酸化物－金属	すべての金属，セラミック
基板材料	すべての金属，セラミック，有機材料	同左	同左	同左
基板温度 [°C]	260〜310	室温〜340	200	180 まで
溶射粒子の速度 [m/s]	45〜120	120〜180	720	180
溶射層の結合形式	機械的 金属的物理的	同左	強固な機械的	機械的 金属学的物理的
基板の厚さ [mm]	0.1 以上（直径）	0.25 以上（直径）		0.5 以上（直径）
溶射層の厚さ [mm]	0.1〜5±0.07	0.025〜0.05	2.5〜12.0	0.05〜2.5±0.025

金属表面技術協会編：金属表面技術便覧，改訂新版（1976），p.951，日刊工業新聞社．

4・8・2 亜鉛溶射規格

種類	等級	記号	皮膜厚さ [mm]		備　考
			平　均	最　低	
1種	1級	ZS1	0.10 以上	0.075	溶射のまま使用
	2 〃	ZS2	0.15 以上	0.12	
	3 〃	ZS3	0.20 以上	0.15	
	4 〃	ZS4	0.25 以上	0.20	
	5 〃	ZS5	0.30 以上	0.25	
	6 〃	ZS6	0.35 以上	0.30	
2種	1級	ZSP1	—	0.05	塗装用下地
	2 〃	ZSP2	—	0.075	
	3 〃	ZSP3	—	0.12	
	4 〃	ZSP4	—	0.15	

4・8・3 アルミニウム溶射規格

種類	等級	記号	皮膜厚さ [mm]		備　考
			平　均	最　低	
1種	1級	AS1	0.12 以上	0.10	溶射のまま使用（防食）
	2 〃	AS2	0.15 以上	0.12	
	3 〃	AS3	0.20 以上	0.15	
	4 〃	AS4	0.25 以上	0.20	
	5 〃	AS5	0.30 以上	0.25	
	6 〃	AS6	0.40 以上	0.30	
	7 〃	AS7	0.50 以上	0.40	
2種	1級	ASP1	—	0.075	塗装用下地（防食）
	2 〃	ASP2	—	0.12	
	3 〃	ASP3	—	0.15	
3種	1級	ASS1	0.15 以上	0.12	耐熱封孔処理を施し，550 °C 以下での酸化防止用
	2 〃	ASS2	0.20 以上	0.15	
	3 〃	ASS3	0.25 以上	0.20	
4種	1級	ASD1	0.15 以上	0.12	加熱拡散処理を施し，900 °C 以下での酸化防止用
	2 〃	ASD2	0.25 以上	0.20	
	3 〃	ASD3	0.30 以上	0.25	

4・8・4 肉盛溶射規格（鋼）（JIS H 8302-1990）

種　類		記　号	溶射材料
炭素鋼溶射 1種（1〜3級*）		MCS1-1〜3	JIS G 3505 軟鋼線材（0.1〜0.25 % C 鋼）
〃	2 〃（ 〃 ）	MCS2-1〜3	JIS G 3506 硬鋼線材（0.25〜0.65 % C 鋼）
〃	3 〃（ 〃 ）	MCS3-1〜3	JIS G 3502 ピアノ線材，JIS G 3506 硬鋼線材（0.65〜0.95 % C 鋼）
〃	4 〃（ 〃 ）	MCS4-1〜3	JIS G 4401 炭素工具鋼線材（>0.95 % C 鋼）
低合金鋼溶射 1種（1〜3級）		MLS1-1〜3	C：0.04, Cr：1.5, Ni：4, Mo：1〜2, Mn：2, P<0.03, S<0.03 % 鋼
〃	2 〃（ 〃 ）	MLS2-1〜3	C：0.9, Cr：2.0, Mn：1.8, P<0.03, S<0.03 % 鋼
〃	3 〃（ 〃 ）	MLS3-1〜3	JIS G 4805 高炭素クロム軸受鋼材（C：1.0, Cr：1.5%）
ステンレス鋼溶射 1種（1〜3級）		MSUS1-1〜3	JIS G 4308 ステンレス鋼線材 SUS 420 J（13 % Cr 低炭素）
〃	2 〃（ 〃 ）	MSUS2-1〜3	JIS G 4308 ステンレス鋼線材 SUS 304（18 Cr-8 Ni）
〃	3 〃（ 〃 ）	MSUS3-1〜3	C：0.15, Cr：17〜19, Mn：8.5, Ni：4〜6, Si：1, P<0.06, S<0.03 % 鋼
〃	4 〃（ 〃 ）	MSUS4-1〜3	JIS G 4308 ステンレス鋼線材 SUS 316（18 Cr-12 Ni-Mo）
特殊合金溶射	（1〜3級）	MNCr-1〜3	JIS C 2520 電熱用合金線及び帯 NCHW2（60 Ni-15 Cr）

* 1級：付着力 >29 MPa，2級：付着力 >20 MPa，3級：付着力 >10 MPa

4・8・5 自溶合金溶射規格(JIS H 8303-1994)

種 類		記号	皮膜の硬さ〔HRC〕	溶射材料の組成〔mass%〕							皮膜の引張強さ〔MPa〕
				Ni	Cr	B	Si	C	Fe	Co	その他	
ニッケル自溶合金	1種	SFNi 1	15～30	残	0～10	1.0～2.5	1.5～3.5	<0.25	<4	<1	Cu<4	>250
	2種	SFNi 2	30～40	〃	9～11	1.5～2.5	2.0～3.5	<0.5	<4	<1		>350
	3種	SFNi 3	40～50	〃	10～15	2.0～3.0	3.0～4.5	0.4～0.7	<5	<1	Mo<4 Cu<4	>400
	4種	SFNi 4	50～60	〃	12～17	2.5～4.0	3.5～5.0	0.4～0.9	<5	<1		>200
	5種	SFNi 5	55～65	〃	15～20	3.0～4.5	2.0～5.0	0.5～1.1	<5	<1		>150
コバルト自溶合金	1種	SFCo 1	35～50	10～30	16～21	1.5～4.0	2.0～4.5	<1.5	<5	残	Mo<7 W<10	>450
	2種	SFCo 2	50～60	0～15	19～24	2.0～3.0	1.5～3.0	<1.5	<5	〃	W4～15	>250
タングステンカーバイド自溶合金	1種	SFWC 1	45～55	WC 20～80				残 SFCo 1				>200
	2種	SFWC 2	55～65	WC 20～40				残 SFNi 4 または 5				>100
	3種	SFWC 3	55～65	WC 40～60				〃				>100
	4種	SFWC 4	55～65	WC 60～80				〃				>70

4・8・6 セラミック溶射規格 (JIS H 8304-1994)

種 類	記 号	溶射皮膜の主成分	使用目的	付着力〔MPa〕	硬さ〔HV〕
酸化アルミニウム溶射 1 種	CC-Al$_2$O$_3$-1	Al$_2$O$_3$	耐摩耗	>700	>700
〃 2 〃	CC-Al$_2$O$_3$-2	〃	耐薬品	>700	
〃 3 〃	CC-Al$_2$O$_3$-3	〃	耐熱	—	
酸化クロム溶射 1 種	CC-Cr$_2$O$_3$-1	Cr$_2$O$_3$	耐摩耗	>1 000	>800
〃 2 〃	CC-Cr$_2$O$_3$-2	〃	耐薬品	>1 000	
酸化チタン溶射 1 種	CC-TiO$_2$-1	TiO$_2$	耐摩耗	>900	>600
〃 2 〃	CC-TiO$_2$-2	〃	耐薬品	>900	
酸化ジルコニウム溶射 2 種	CC-ZrO$_2$-2	ZrO$_2$	耐薬品	>600	—
〃 3 〃	CC-ZrO$_2$-3	〃	耐熱	—	

4・8・7 硬化肉盛合金

区 分	記号	化学成分〔mass%〕						備 考
		C	Cr	N	Mn	Si	Mo	
パーライト系	DF2 A	<0.2	<3.0	—	<3.0	<1.0	<1.5	溶接後切削可能
マルテンサイト系	2 B	0.15～0.65	<5.0	—	<3.0	<1.5	<1.5	急冷硬化性不十分
〃	2 C	0.60～1.00	<5.0	—	<3.0	<1.0	<1.5	
高Crマルテンサイト系	3 A	<0.3	3.0～9.0	—	<3.0	<1.5	<2.0	硬化性良好
〃	3 B	0.30～0.60	3.0～9.0	—	<3.0	<1.5	<2.0	〃
〃	3 C	0.60～1.50	3.0～9.0	—	<3.0	<1.5	<2.0	〃
〃	4 A	<0.30	9.0～14.0	—	<4.0	<1.5	<2.0	
セミオーステナイト系	4 B	0.30～0.70	9.0～14.0	—	<4.0	<1.5	<2.0	残留オーステナイトによる靱性
〃	4 C	0.70～1.50	9.0～14.0	—	<4.0	<1.5	<2.0	〃
オーステナイト系	MA	<1.10	<0.5	<3.0	11.0～18.0	<0.8	—	高靱性・ハドフィールド鋼系
〃	MB	<1.10	<0.5	3.0～6.0	11.0～18.0	<0.8	—	
〃	MC	<1.10	<0.5	<3.0	11.0～18.0	<0.8	1.0～2.5	
〃	MD	<1.10	1.0～4.0	<3.0	11.0～18.0	<0.8	—	
〃	ME	<1.10	14.0～18.0	<3.0	12.0～18.0	<0.8	—	耐食性良好

上記の硬化肉盛被覆アーク溶接棒のほかに 20～30% Cr, 2～5% C 鋼 (高Cr鋼系) や Co-Cr-W 合金 (ステライト系) が硬化肉盛に用いられる.

4・9 有機被覆材料
4・9・1 主な有機被覆材料の種類と特徴

	名　　　称	施　工　法	特　　　徴	用　　　途
天然・合成ゴム	硬質天然ゴム	シートライニング	耐熱, 耐酸, 耐アルカリ性良	各種反応機器, パイプ
	軟質　〃	〃	耐摩耗, 耐衝撃性良	スラリーを含んだ反応槽, ポンプ
	ブチルゴム	〃	耐酸化剤, 耐酸化性酸性良	反応槽, 貯槽
	ニトリルゴム	〃	耐油性良	〃
	クロロプレンゴム	〃, 塗重ね	耐熱, 耐摩耗, 耐候性良	反応槽, 塗料
	塩化ゴム	塗　重　ね	耐酸性良	塗　料
熱硬化性樹脂	フェノール	塗　重　ね	耐酸, 耐熱, 強度大, アルカリに弱い	貯槽, 塗料
	不飽和ポリエステル	〃	耐酸, 耐酸化剤性良, アルカリに弱い	〃
	エポキシ	〃	耐酸, 耐アルカリ, 接着性良	貯槽, 反応槽, 塗料
	フラン	〃	〃	貯槽, 反応槽
熱可塑性樹脂	ポリエチレン	吹付融着, ルーズインサート	耐酸, 耐アルカリ, 熱に弱い	貯槽, ケミドラム
	ポリプロピレン	ルーズインサート	耐酸, 耐アルカリ, 耐熱	貯槽, 反応塔, パイプ
	塩化ビニル	シートライニング, 塗重ね	耐酸, 耐アルカリ, 熱に弱い	貯槽, 反応槽, パイプ
	3フッ化樹脂	吹付融着	耐熱, 非粘着性良	貯槽
瀝青質	アスファルト, コールタール	塗　重　ね	安価, 熱に弱い	貯槽, 塗料

北村義治：防蝕技術の実際 (1970), p.107, 日刊工業新聞社.

4・9・2 ライニング用プラスチックの耐食性

		エポキシ樹脂			フラン樹脂			ポリエステル			ポリエチレン			3フッ化樹脂			塩化ポリエーテル樹脂			ポリプロピレン			塩化ビニル樹脂			フェノール樹脂		
		濃度[%]	温度[℃]	耐食性*	濃度[%]	温度[℃]	耐食性	濃度[%]	温度[℃]	耐食性	濃度[%]	温度[℃]	耐食性	濃度[%]	温度[℃]	耐食性	濃度[%]	温度[℃]	耐食性	濃度[%]	温度[℃]	耐食性	濃度[%]	温度[℃]	耐食性	濃度[%]	温度[℃]	耐食性
塩　　酸		35	60	△	35	100	◎	35	100	◎	30	25	◎	35	100	◎	35	100	◎	35	25	◎	35	60	◎	35	50	○
塩　　素		乾	25	○	乾10	25	△	乾	25	○		25	△	乾	50	◎	乾・湿	25	◎	乾	25	○	乾	25	○	乾	25	○
王　　水			25	×		25	×		25	×		25	△		25	◎		25	△		25	△		25	△		25	△
硝　　酸		50	20	×	5	25	△	20	25	△	60	25	◎		100	25	◎	70	25	◎	50	60	◎	30	25	◎	40	25	△
フッ酸		10	20	○	40	60	◎	10	20	×	60	25	◎		50	25	◎	60	100	◎	75	25	◎	30	25	◎	40	25	◎
硫　　酸		98	20	×	85	25	△	98	25	×	98	25	△	96	100	◎	96	65	◎	95	80	◎	96	25	◎	98	25	×
酢　　酸		100	60	△	98	100	◎	50	25	△	100	25	◎		100	25	◎	98	120	◎	100	25	◎	5	20	◎	65	25	△	50	25	○
アンモニア		30	20	○	28	50	△	28	25	△	30	70	◎		28	160	◎	28	100	◎	30	70	◎	28	60	◎	28	25	○
苛性ソーダ		20	20	○	40	100	×	5	25	△	25	60	◎		50	60	◎	30	120	○	50	60	◎	50	50	○	5	25	△
過マンガン酸カリ		飽	90	△		飽	100	×	飽	25	○			10	65	◎		飽	25	◎	25	50	○	飽	25	○
アセトン		10	20	○		25	◎		25	×		25	○		25	◎		65	25	◎		25	○		25	×		25	○
エタノール			60	○		80	◎		60	△		60	◎		70	◎		70	25	◎		60	◎		50	◎		25	○
トリクレン			20	×		55	◎		25	△		25	△		25	◎		25	○		25	○		25	×		25	○
トルエン			20	×		25	◎		25	△		25	△		25	◎		25	○		25	○		25	×		25	○
ホルマリン		25	25	◎	37	100	×		100	△		25	◎		90	25	◎		10	25	◎		60	◎		25	○
メタノール		25	25	○		65	◎		25	△		60	◎		60	25	◎		25	○		25	○		25	×		25	○

* ◎ 完全, ○ 十分, △ 不良, × 不可.

4・10 グラスライニング
4・10・1 各種無機酸に対するグラスライニングの耐食性

a. 塩酸濃度,温度,グラスライニングの腐食率との関係

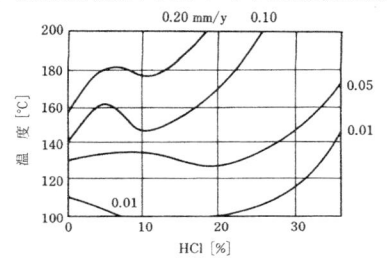

b. リン酸濃度,温度,グラスライニングの腐食率との関係

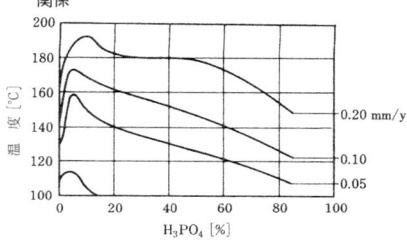

c. 硫酸濃度,温度,グラスライニングの腐食率との関係

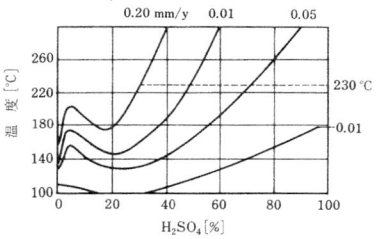

d. 硝酸濃度,温度,グラスライニングの腐食率との関係

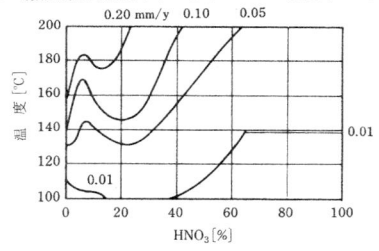

安井 正:防食技術, **27** (1978), 540.

XII 材料力学

1 形状係数

断面の形が急に変わっているところに応力集中が起こることはよく知られた事実である。その最大応力を σ_{max}, その応力集中を考えに入れないで材料力学の公式から求めた, いわゆる公称応力を σ_n とするとき,

$$\alpha = \sigma_{max}/\sigma_n$$

で表わされる α を形状係数, または応力集中係数 (stress concentration factor) という。以下にその数例を示す。

1・1 板の形状係数

1・1・1 円孔をもつ帯板の引張形状係数

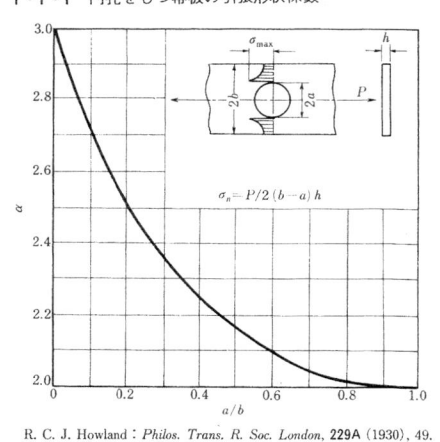

$\sigma_n = P/2(b-a)h$

R. C. J. Howland : *Philos. Trans. R. Soc. London*, **229A** (1930), 49.

1・1・2 半円切欠をもつ半無限板の引張による応力分布と形状係数

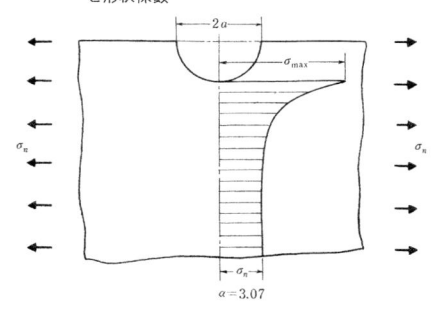

$\alpha = 3.07$

F. G. Maunsell : *Philos. Mag.*, **21** (1936), 765.

1・1・3 両側に半円切欠をもつ帯板の引張[1], 曲げ形状係数[2]

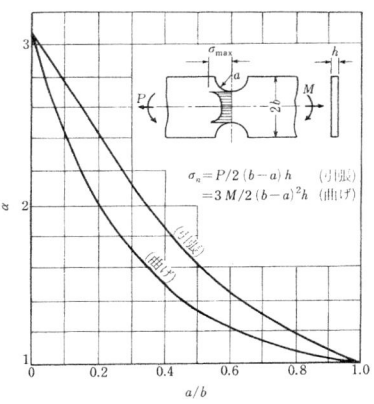

$\sigma_n = P/2(b-a)h$ (引張)
$= 3M/2(b-a)^2 h$ (曲げ)

1) C. B. Ling : *J. Appl. Mech.*, **14** (4) (1947), A-275.
2) C. B. Ling : *J. Appl. Mech.*, **19** (2) (1952), 141.

1・1・4 フィレットをもつ板の引張による応力分布と形状係数

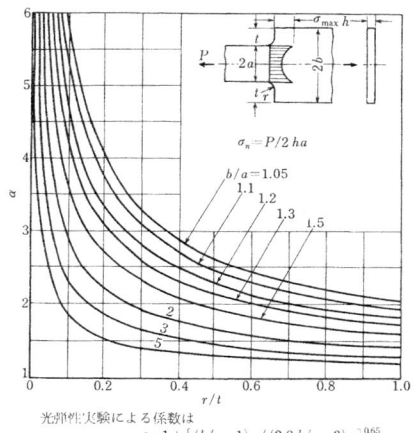

$\sigma_n = P/2 ha$

光弾性実験による係数は
$\alpha = 1 + \left[(b/a-1)a/(2.8 b/a-2)r\right]^{0.65}$

R. B. Heywood : Designing by Photoelasticity (1952), p. 178, Chapman & Hall.

1・1・5 円孔をもつ無限板の平面曲げによる応力分布と形状係数

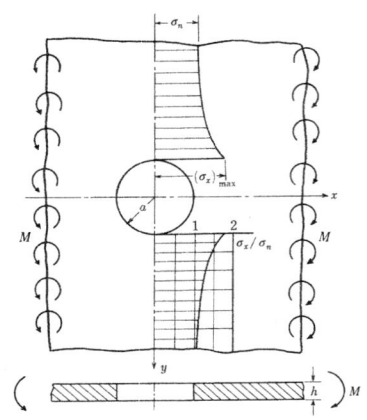

$\sigma_x/\sigma_n = 1 + (7+\nu)a^2/2(3+\nu)y^2 - 3(1-\nu)a^4/2(3+\nu)y^4$
$\alpha = (\sigma_x)_{max}/\sigma_n = (5+3\nu)/(3+\nu)$
$\sigma_n = 6M/h^2$

J. N. Goodier: *Philos. Mag.*, 22 (1936), 69.

1・1・6 球孔をもつ無限体の軸対称引張による応力分布と形状係数

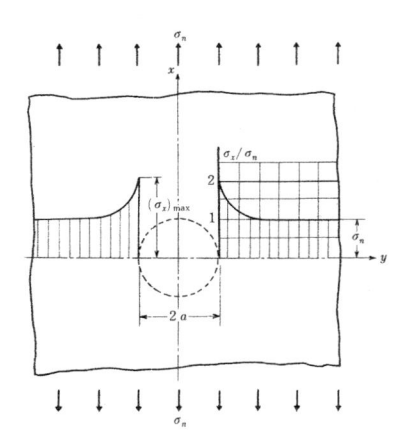

$\sigma_x/\sigma_n = 1 + (4-5\nu)a^3/(14-10\nu)y^3 + 9a^5/(14-10\nu)y^5$
$\alpha = (\sigma_x)_{max}/\sigma_n = 3(9-5\nu)/2(7-5\nu)$

1・1・7 円孔をもつ帯板の平面曲げによる応力分布と形状係数

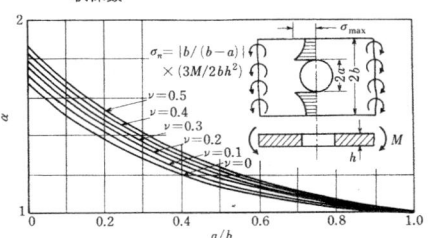

$\sigma_n = |b/(b-a)| \times (3M/2bh^2)$

R. B. Heywood: *Designing by Photoelasticity* (1952), p. 278, Chapman & Hall.

1・2 丸棒の形状係数

1・2・1 球孔をもつ丸棒の引張による応力分布と形状係数

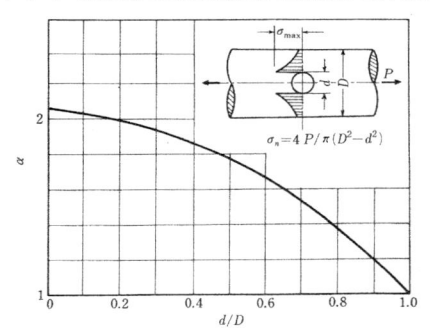

$\sigma_n = 4P/\pi(D^2-d^2)$

C. B. Ling: *Q. Appl. Math.*, 13 (1955), 381.

1・2・2 円周に半円形環状切欠をもつ丸棒の引張[1], ねじり[2]の形状係数

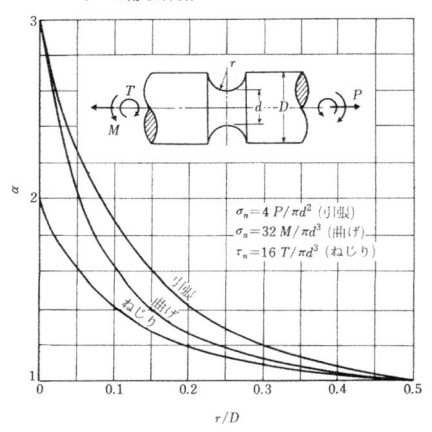

$\sigma_n = 4P/\pi d^2$ (引張)
$\sigma_n = 32M/\pi d^3$ (曲げ)
$\tau_n = 16T/\pi d^3$ (ねじり)

1) 西谷弘信: 日本機械学会論文集, 26 (167) (1960), 983.
2) M. Nishida: Proc. Int. Symp. on Photoelasticity (1963), p. 109.

1・2・3 段付丸棒の引張形状係数

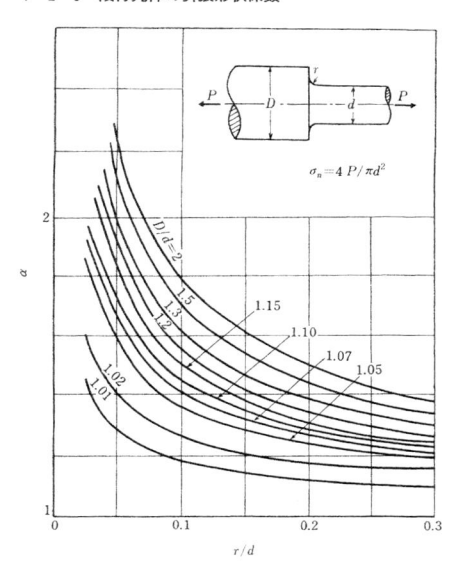

$\sigma_n = 4P/\pi d^2$

2 切欠係数

次式で表わされる β を切欠係数 (fatigue notch factor) という.

$$\beta = \frac{\text{平滑試料の疲れ限度}}{\text{切欠試料の疲れ限度}}$$

2・1 形状因子の影響

2・1・1 環状Vみぞ付丸棒の曲げ切欠係数

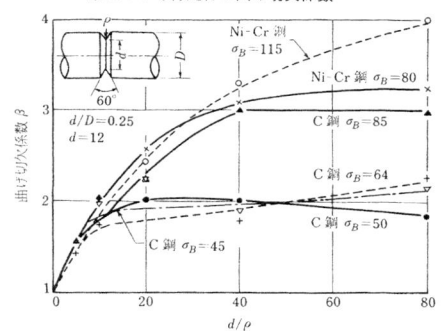

小野正敏, 小野鑑正: 日本機械学会論文集, 5 (19) (1939), 167; 7 (29) (1941), I-20.

2・1・2 平滑および切欠試験片の疲れ強さ

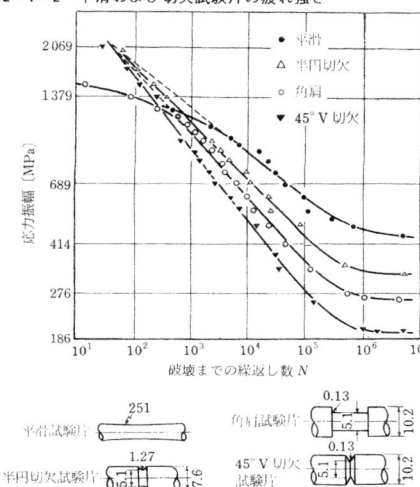

(Cr-Ni-Mo-V 鋼, 回転曲げ, 定応力振幅)
W. G. Finch: *Proc. ASTM*, 52 (1952), 759.

2・1・3 Vみぞ角度の切欠係数におよぼす影響

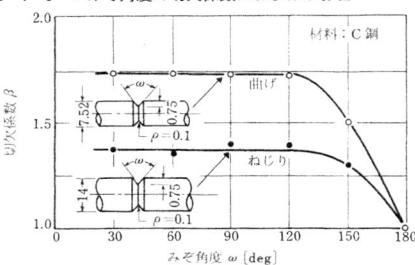

F. Korber, M. Hemple: *K. W. I. Mitt.*, 21 (1939), 1.

2・1・4 段付丸棒の回転曲げ切欠係数

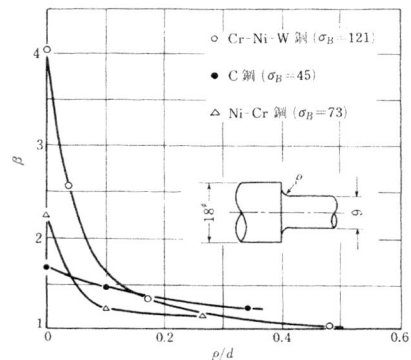

川田雄一: 材料強度工学ハンドブック (1970), p. 422, 朝倉書店.

2・2 寸法効果

2・2・1 応力集中率の等しい3種の切欠形状に対する切欠係数の寸法効果

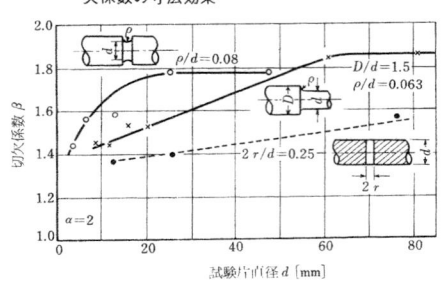

西岡邦夫:材料強度工学ハンドブック (1970), p.461, 朝倉書店.

2・3 結晶粒度の影響

2・3・1 低炭素鋼の耐久限および降伏点のフェライト結晶粒大きさ依存性

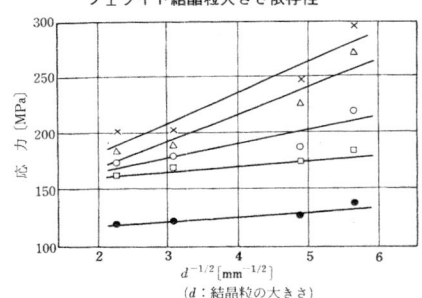

● 繰返しねじり耐久限 τ_w △ 下降伏点 σ_{lv}
○ 繰返し曲げ耐久限 σ_{wb} × 上降伏点 σ_{uy}
□ 引張り圧縮耐久限 σ_w

横堀武夫:岩波全書,材料強度学 (1974), p.301, 岩波書店.

2・3・2 切欠係数に対する結晶粒度の影響

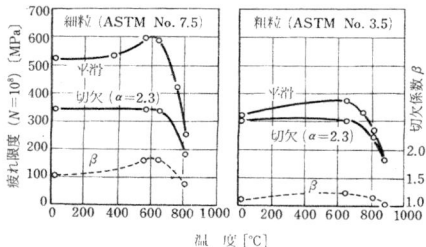

P. R. Toolin : *Proc. ASTM*, 54 (1954), 786.
河本 実, 田中道七:材料強度工学ハンドブック (1970), p.512, 朝倉書店.

2・4 介在物, 欠陥の影響

2・4・1 SAE 4340, 4350 鋼におけるケイ酸塩系介在物の大きさと介在物の有する内部切欠係数の関係

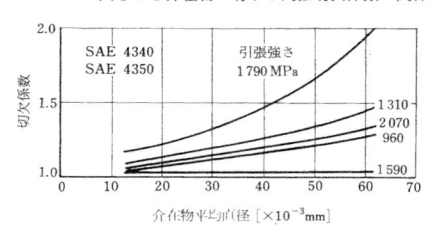

SAE 4340 鋼の成分組成:C 0.4, Cr 0.8, Ni 1.83, Mo 0.25, Mn 0.75.
SAE 4350 鋼の成分組成:C 0.5, Cr 0.8, Ni 1.83, Mo 0.25, Mn 0.75.
H. N. Cummings, F. B. Stulen, W. C. Schule : WADCTR 57-589 (1958), April.

2・4・2 鋳鉄の円孔付中空丸棒試験片の曲げ切欠係数

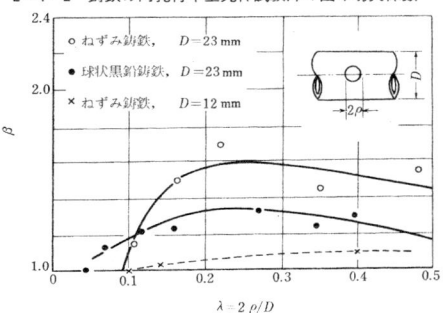

ねずみ鋳鉄:3.047 % T.C., σ_B = 225.6 MPa
D = 12 mm の場合平滑材の疲れ限度 σ_{wb} = 78.4 MPa
D = 23 mm の場合平滑材の疲れ限度 σ_{wb} = 73.5 MPa

石橋 正:材料試験, 1 (1) (1952), 26;金属の疲労と破壊の防止 (1967), p.73, 養賢堂.

2・4・3 各種鋳鉄における黒鉛の切欠係数

鋳鉄の種類	熱処理	基地組織	黒鉛の状態 形状	直径 [mm]	ピッチ [mm]	黒鉛の切欠係数
球状黒鉛鋳鉄	焼ならし	層状パーライト	球状	0.05~0.07	0.06~0.13	1.5~1.6
同上	同上	同上	塊状	0.03~0.06	0.08~0.10	2.2~2.5
同上	焼なまし	フェライト	球状	0.05~0.08	0.08~0.12	1.2~1.3
同上	同上	層状パーライト	粒状	0.06~0.07	0.14~0.25	1.7~1.8
同上	球状化処理	球状セメンタイト+フェライト	粒状	0.07~0.08	0.08~0.23	1.7~1.8
同上	焼なまし	フェライト	粒状	0.05~0.06	0.13~0.21	1.4~1.6
パーライト可鍛鋳鉄	焼ならし	層状パーライト	塊状	0.07~0.08	0.07~0.15	2.0~2.1
同上	球状化処理	球状セメンタイト+フェライト	塊状	0.06~0.08	0.07~0.13	2.0~2.1
ねずみ鋳鉄	鋳放し	層状パーライト	片状	厚さ 0.003~0.017	0.04~0.08	3.6~4.0

高橋 達, 嵯峨浩一, 柴田錦三:トヨタ技術, 15 (1) (1963), 24.

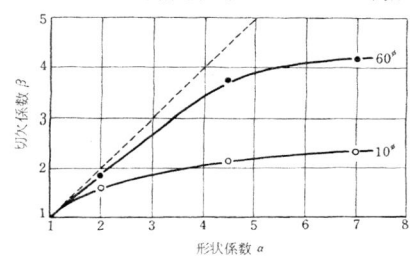

2・5 α と β の関係
2・5・1 60°Vみぞ切欠試験片における α と β の関係

大内田 久:日本機械学会誌, 62 (484) (1959), 722.

2・5・2 回転曲げに対する形状係数と切欠係数の関係

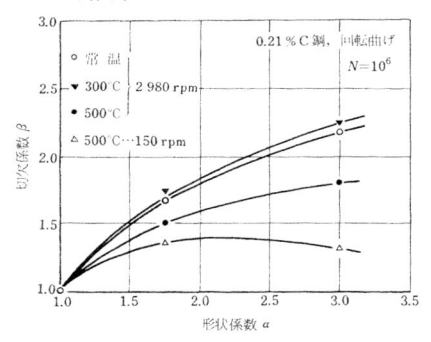

0.21%C鋼, 回転曲げ
$N=10^6$

- ○ 常温
- ▼ 300°C 2 980 rpm
- ● 500°C
- △ 500°C…150 rpm

河本 実, 田中道七, 三宅光徳:日本機械学会論文集, 27 (176) (1961), 403.

3 切欠感度係数

次式で表わされる q を切欠感度係数 (notch sensitivity) という. q の大きいものは切欠に敏感な材料である. この q は材料の種類ばかりでなく, 切欠のするどさによっても変わることが明らかにされている.

$$q = \frac{\beta - 1}{\alpha - 1}$$

このほか, $n = \frac{\alpha}{\beta}$ によってデータが整理される場合もある.

切欠感度係数と切欠半径との関係

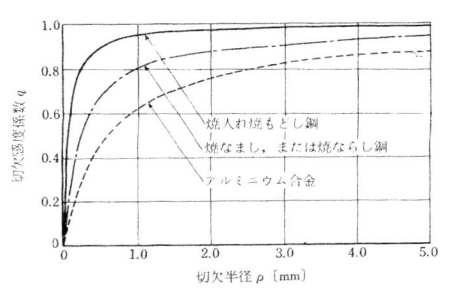

- 焼入れ焼もとし鋼
- 焼なまし, または焼ならし鋼
- アルミニウム合金

図中の曲線は, かなりばらついた測定点の中心を通るように引かれたもので, だいたいの傾向を示す.

R. E. Peterson : Stress Concentration Design Factors (1953), p. 8, John Wiley & Sons.

4 応力拡大係数, J 積分
4・1 応力拡大係数

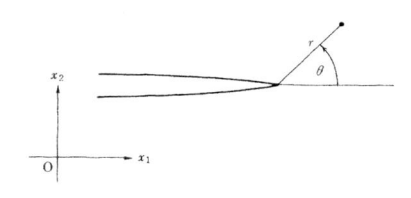

き裂を有する2次元均質弾性体

図に示すような二次元き裂先端近傍の応力成分 σ_{ij} は, 小規模降伏の場合

$$\sigma_{ij} = (K/\sqrt{2\pi r}) f_{ij}(\theta)$$

ここに, $x_i(0 - x_1, x_2, x_3)$ は直角座標, r, θ はき裂先端に原点を有する極座標であり, 線形弾性を仮定した. K は応力拡大係数, $f_{ij}(\theta)$ は応力の θ 方向分布を与える固有関数であり, モードⅠ (開口型), モードⅡ (面内せん断型), モードⅢ (面外せん断型) の変形様式に応じて定まる. モードⅠ, Ⅱ, Ⅲ変形の応力拡大係数は, それぞれ K_{I}, K_{II}, K_{III} によって表される. これらは, 材料の脆性破壊に関する因子とされ, 外力の大きさや分布, き裂や試片の形状などの影響を受ける. 以下, 応力拡大係数の数例を示す.

4・1・1 集中荷重がき裂面に作用する場合

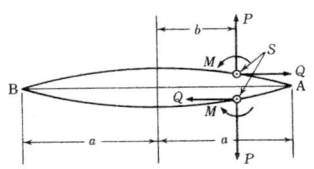

$K_{IA} = (1/\sqrt{\pi a})[P\sqrt{(a+b)/(a-b)} + aM/\{(a-b)\sqrt{a^2-b^2}\}]$
$K_{IB} = (1/\sqrt{\pi a})[P\sqrt{(a-b)/(a+b)} - aM/\{(a+b)\sqrt{a^2-b^2}\}]$
$K_{IIA} = (Q/\sqrt{\pi a})\sqrt{(a+b)/(a-b)}$
$K_{IIB} = (Q/\sqrt{\pi a})\sqrt{(a-b)/(a+b)}$
$K_{IIIA} = (S/\sqrt{\pi a})\sqrt{(a+b)/(a-b)}$
$K_{IIIB} = (S/\sqrt{\pi a})\sqrt{(a-b)/(a+b)}$

4・1・2 無限遠で一様荷重が作用するき裂材

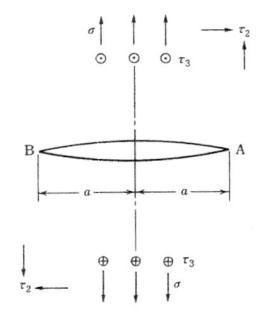

$K_I = \sigma\sqrt{\pi a}$ σ：一様引張応力
$K_{II} = \tau_2\sqrt{\pi a}$ τ_2：一様面内せん断応力
$K_{III} = \tau_3\sqrt{\pi a}$ τ_3：一様面外せん断応力

4・1・3 無限遠で任意引張荷重が作用するき裂材

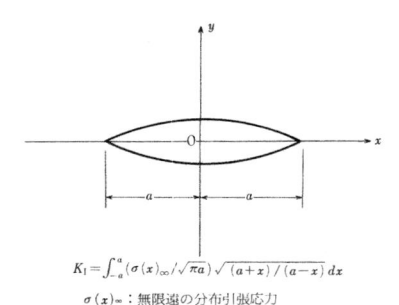

$K_I = \int_{-a}^{a}(\sigma(x)_\infty/\sqrt{\pi a})\sqrt{(a+x)/(a-x)}\,dx$

$\sigma(x)_\infty$：無限遠の分布引張応力

4・1・4 両側縁き裂を有する帯板の一様引張

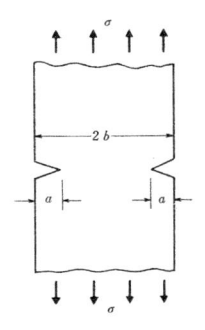

$K_I = \sigma\sqrt{\pi a}\,\{1+0.122\cos^4(\pi a/2b)\}\sqrt{(2b/\pi a)\tan(\pi a/2b)}$

4・1・5 中央き裂を有する帯板の一様引張

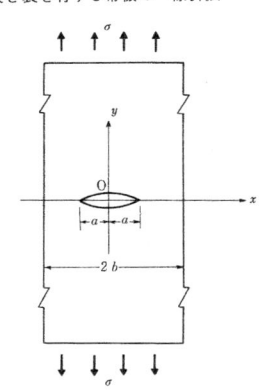

$K_I = \sigma\sqrt{\pi a}\,\{1-0.025(a/b)^2+0.06(a/b)^4\}\sqrt{\sec(\pi a/2b)}$

4・1・6 片側縁き裂を有する帯板の一様引張

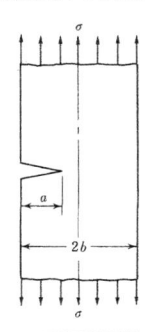

$K_I = \sigma\sqrt{\pi a}\,\sqrt{(4b/\pi a)\tan(\pi a/4b)}$
$\times [0.752+2.02(a/2b)+0.37\{1-\sin(\pi a/4b)\}^3]/\cos(\pi a/4b)$

4・1・7 片側縁き裂を有する帯板の単純曲げ

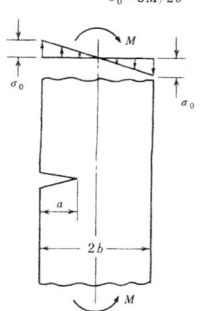

$\sigma_0 = 3M/2b^2$

$K_I = \sigma_0 \sqrt{\pi a} \sqrt{(4b/\pi a)\tan(\pi a/4b)}$
$\times [0.923 + 0.199\{1-\sin(\pi a/4b)\}^4]/\cos(\pi a/4b)$
M：曲げモーメント

4・1・8 半楕円表面き裂を有する板の引張

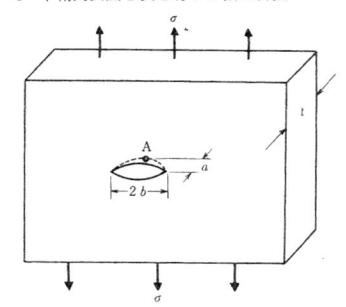

短軸 a の端部 A 点で
$K_I = [1+0.12(1-a/b)](\sigma\sqrt{\pi a}/\Phi_0)\sqrt{(2t/\pi a)\tan(\pi a/2t)}$
ただし $\Phi_0 = \int_0^{\pi/2}\sqrt{1-[(b^2-a^2)/b^2]\sin^2\theta}\,d\theta$

4・1・9 CT 試験片

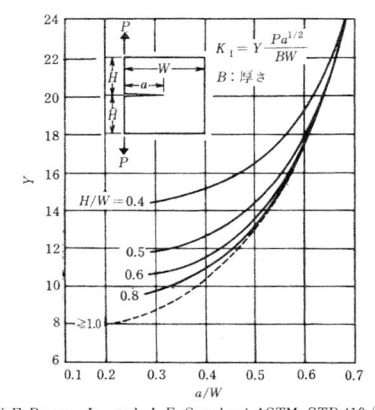

$K_I = Y\dfrac{Pa^{1/2}}{BW}$
B：厚さ

W. F. Brown, Jr. and J. E. Srawley: ASTM STP 410 (1966), p. 14.

4・1・10 3点曲げ試験片

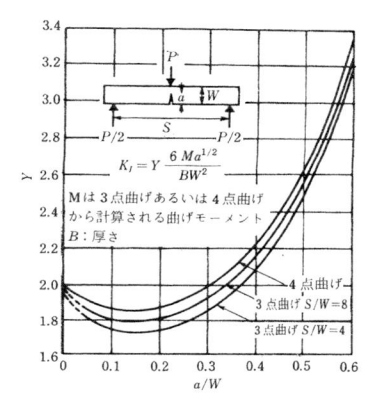

$K_I = Y\dfrac{6Ma^{1/2}}{BW^2}$

M は 3 点曲げあるいは 4 点曲げから計算される曲げモーメント
B：厚さ

W. F. Brown, Jr. and J. E. Srawley: ASTM STP 410 (1966), p. 13.

4・1・11 DCB 試験片

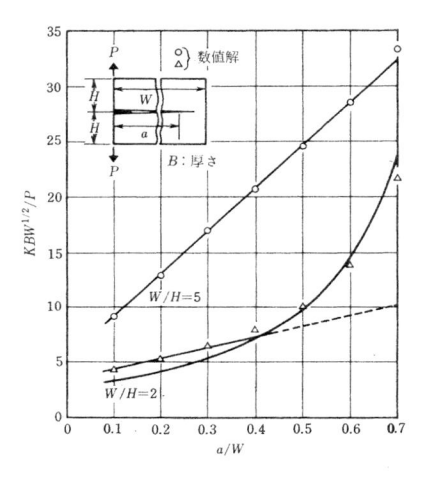

直線：$\dfrac{KBW^{1/2}}{P} = 3.45\left(\dfrac{W}{H}\right)^{1/2}\left(\dfrac{a}{H}\cdot\dfrac{W}{H}+0.7\right)$

曲線：$\dfrac{KBW^{1/2}}{P} = \dfrac{0.54(1-a/W)+2.17(1+a/W)}{(1-a/W)^{3/2}}$

一般に、DCB 試験片は $W/H = 5$

W. H. Brown, Jr. and J. E. Srawley: ASTM STP 410 (1966), p. 72.

4・2 J 積分の定義と性質

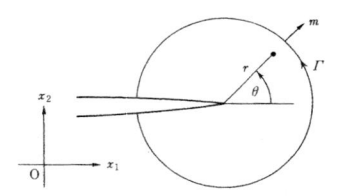

き裂を有する二次元均質非線形弾性体と積分経路

図に示す座標とき裂の端を囲む任意の閉曲線 Γ を定めると，J 積分は次式で与えられる[1]．

$$J = \int_\Gamma \{W n_1 - T_{n_i}(\partial u_i/\partial x_1)\} d\Gamma$$

ここで，$W = \int_0^{\varepsilon_{ij}} \sigma_{ij} d\varepsilon_{ij}$ はひずみエネルギー密度関数，$T_{n_i} = \sigma_{ji} n_j$ は表面力成分，u_i は変位成分，n_j は Γ の外向き単位法線ベクトル $\boldsymbol{n}$ の成分，$d\Gamma$ は Γ の線素であり，き裂面には力が作用しないと考える．上記，J 積分は積分経路独立性の性質をもっている．線形弾性のモードIの場合，J 積分は

$$J = (1-\nu^2) K_I^2/E \quad (平面ひずみ)$$
$$= K_I^2/E \quad (平面応力)$$

ここに，ν は Poisson 比，E は縦弾性係数である．また，J 積分はき裂成長に伴う系のポテンシャルエネルギー Π の解放率に等しいという性質ももっており

$$J = -(\partial \Pi/\partial a)/B$$

ここに，a はき裂長さ，B は板厚である．したがって，J はき裂を単位長さ進展させるときのエネルギー解放率，またはき裂を進展させるときの力と解釈することができる．

Mises の降伏条件による相当応力 σ と相当ひずみ ε の間の非線形関係をべき乗の硬化則で近似すると

$$\sigma = \sigma_0(\varepsilon/\varepsilon_0) \quad (\varepsilon \leq \varepsilon_0)$$
$$\sigma = \sigma_0(\varepsilon/\varepsilon_0)^N \quad (\varepsilon \geq \varepsilon_0)$$

ここに，σ_0 は降伏応力，ε_0 は降伏ひずみ，N は硬化指数である．き裂先端近傍の応力，ひずみ場の特異性は HRR 特異性 (Hutchinson-Rice-Rosengren singularity) と呼ばれる[2]．

$$\sigma_{ij} \sim \sigma_0 (J/I_N \varepsilon_0 \sigma_0 r)^{N/(1+N)} \tilde{\sigma}_{ij}(\theta)$$
$$\varepsilon_{ij} \sim \varepsilon_0 (J/I_N \varepsilon_0 \sigma_0 r)^{1/(1+N)} \tilde{\varepsilon}_{ij}(\theta)$$

I_N は硬化指数 N の関数，$\tilde{\sigma}_{ij}(\theta)$ および $\tilde{\varepsilon}_{ij}(\theta)$ はき裂先端近傍の応力およびひずみの θ 分布を表わす固有関数である．

文献
1) J. R. Rice : *ASME J. Appl. Mech.*, 35 (2) (1968), 379.
2) J. R. Rice ; G. F. Rosengren : *J. Mech. Phys. Solids*, 16 (1) (1968), 1 ; J. W. Hutchinson : *J. Mech. Phys. Solids*, 16 (1) (1968), 13 ; J. W. Hutchinson : *J. Mech. Phys. Solids*, 16 (5) (1968), 337.

4・3 深いき裂材の J 積分（Rice の簡便式）

4・3・1 中央き裂あるいは両側縁き裂を有する帯板

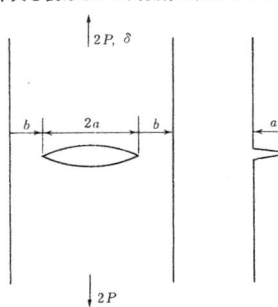

中央き裂を有する帯板　　両側縁き裂を有する帯板

$$J = G_I + (2/bB)\left[\int_0^\delta P d\delta - P\delta/2\right]$$
$$G_I = (1-\nu^2) K_I^2/E \quad (平面ひずみ)$$
$$= K_I^2/E \quad (平面応力)$$

J. R. Rice, P. C. Paris, J. G. Merkle : ASTM STP 536, (1973), p. 231.

4・3・2 片側縁き裂を有する帯板

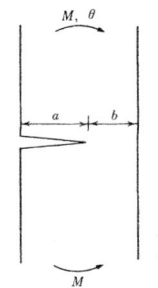

$$J = (2/bB)\int_0^\theta M d\theta = 2A/bB$$
$A : M-\theta$ 線図の曲線の下の面積
$$J = (2/bB)\int_0^\delta P d\delta = 2A/bB$$
（曲げが荷重 P により加えられる場合）
$A : P-\delta$ 線図の曲線の下の面積

J. R. Rice, P. C. Paris, J. G. Merkle : ASTM STP 536, (1973), p. 231.

純曲げを受ける片側縁き裂を有する帯板

4・3・3 外周環状縁き裂を有する円柱

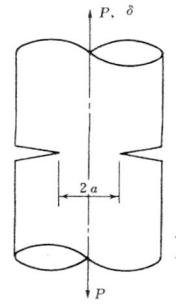

$$J = (1/2\pi a^2)\left\{3\int_0^{\delta_c} P d\delta_c - P\delta_c\right\}$$
δ_c : き裂による δ への寄与

J. R. Rice, P. C. Paris, J. G. Merkle : ASTM STP 536, (1973), p. 231.

外周環状縁き裂を有する円柱

4・4 CT試験片のJ積分
4・4・1 MerkleとCortenのJ積分簡便式

$$J=(1/bB)\left\{\eta_r\int_0^\delta Pd\delta+\eta_c\int_0^P \delta dP\right\}$$

$\eta_r=2(1+\alpha)/(1+\alpha^2)^2$
$\eta_c=2\alpha(1-2\alpha-\alpha^2)/(1+\alpha^2)^2$
$\alpha=(\beta^2+2\beta+2)^{1/2}-\beta-1$
$\beta=2a/b$

J. G. Merkle, H. T. Corten：ASME J. Pressure Vessel Tech., 96(4)(1974), 286.

CT試験片

4・4・2 すべり線場解析に基づくJ積分簡便式

$\eta_r=1+\dfrac{1}{1-(1-r)b/w}$

$\eta_c=\dfrac{b/W}{1-(1-r)b/W}\left\{(1-r)-\dfrac{r-r_0}{1-(1-r)b/W}\right\}$

$r=-\left(\dfrac{W}{b}-1\right)+\left\{\left(\dfrac{W}{b}-1\right)^2+2r_0\left(\dfrac{W}{b}-\dfrac{1}{2}\right)\right\}^{1/2}$,

$W=a+b$

$r_0=0.370$（$r_0=0.5$のη_rとη_cの値はMerkleらの値と一致する）

白鳥正樹, 三好俊郎：日本機械学会論文集, 45(389)(1979), 50.

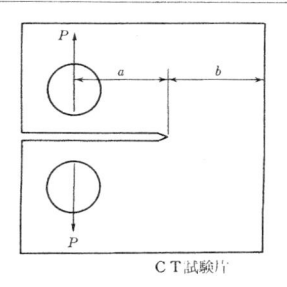

4・5 浅いき裂材のJ積分

構成方程式
$\sigma=\sigma_0(\varepsilon/\varepsilon_0)$　　　（$\varepsilon\leqq\varepsilon_0$）
$\sigma=\sigma_0(\varepsilon/\varepsilon_0)^N$　　（$\varepsilon\geqq\varepsilon_0$）
モードI
$J=\sigma_0\varepsilon_0 a[3.85(1-N)/\sqrt{N}+\pi N](\sigma^\infty/\sigma_0)^{1+1/N}$
$2a$：き裂長さ　　σ^∞：無限遠の一様引張応力

C. F. Shih, J. W. Hutchinson：ASME J. Eng. Mater. Tech., 98(4)(1976), 289.

4・6 有限要素法によるJ積分評価
4・6・1 3点曲げ試験片（平面ひずみ，A533B鋼）

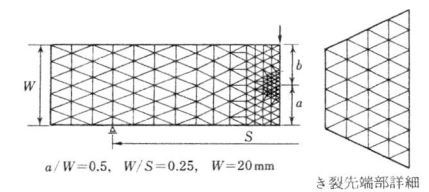

$a/W=0.5$, $W/S=0.25$, $W=20$mm

き裂先端部詳細

ヤング率 E [GPa]	ポアソン比 ν	降伏応力 σ_Y [MPa]	加工硬化率 H' [MPa]
206	0.3	480	2 060

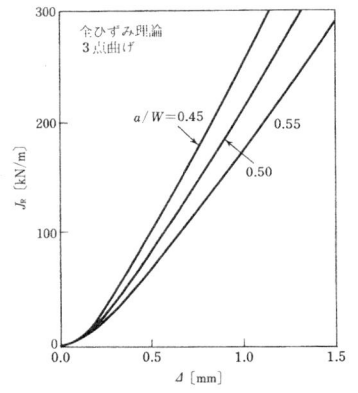

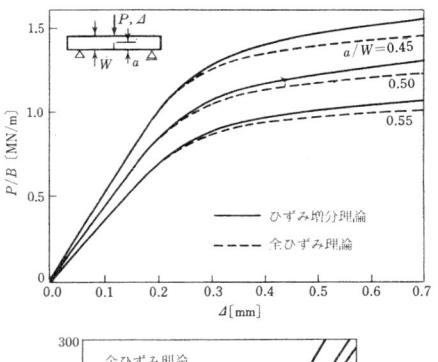

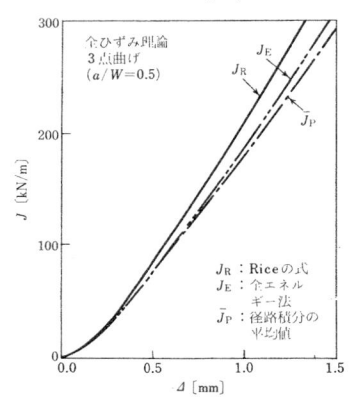

全ひずみ理論
3点曲げ
$a/W=0.45$, 0.50, 0.55

全ひずみ理論
3点曲げ
($a/W=0.5$)

J_R：Riceの式
J_E：全エネルギー法
J_P：経路積分の平均値

白鳥正樹, 三好俊郎, 松下久雄：数値破壊力学 (1980), p. 99, 実教出版

4・6・2　CT試験片（平面ひずみ，A533B鋼）

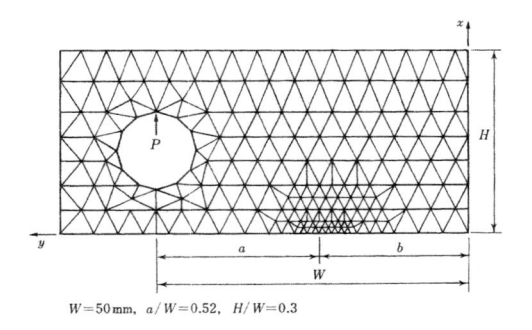

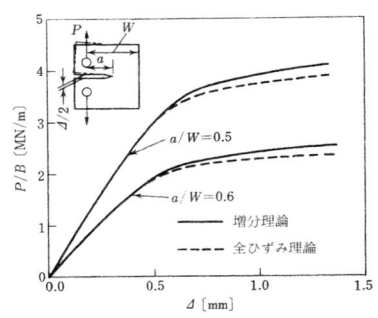

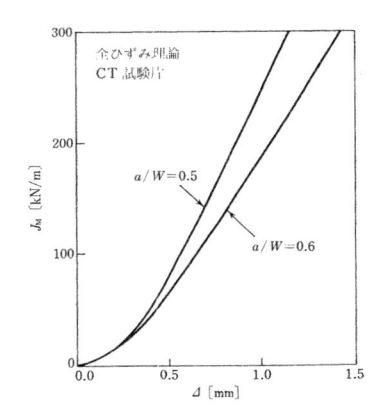

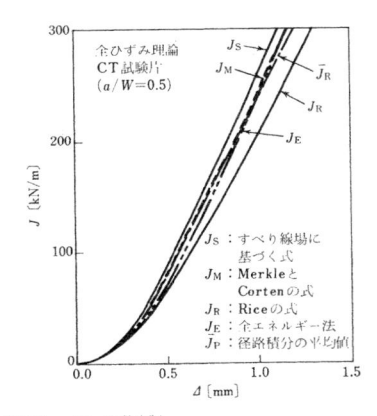

$W=50\,\text{mm}, \ a/W=0.52, \ H/W=0.3$

増分理論
全ひずみ理論

$a/W=0.5$
$a/W=0.6$

全ひずみ理論
CT試験片

全ひずみ理論
CT試験片 ($a/W=0.5$)

J_S：すべり線場に基づく式
J_M：MerkleとCortenの式
J_R：Riceの式
J_E：全エネルギー法
J_P：径路積分の平均値

白鳥正樹，三好俊郎，松下久雄：数値破壊力学 (1980), p. 99, 実教出版．

5　等方性弾性定数間の関係

	(G, ν)	(G, K)	(E, G)	(E, ν)
E	$2G(1+\nu)$	$\dfrac{9KG}{3K+G}$	E	E
G	G	G	G	$\dfrac{E}{2(1+\nu)}$
ν	ν	$\dfrac{3K-2G}{2(3K+G)}$	$\dfrac{E-2G}{2G}$	ν
K	$\dfrac{2G(1+\nu)}{3(1-2\nu)}$	K	$\dfrac{EG}{3(3G-E)}$	$\dfrac{E}{3(1-2\nu)}$

E：弾性率，G：剛性率，K：体積弾性率，ν：ポアソン比

XIII 材料試験

1 試験片

1・1 金属材料引張試験片 (JIS Z 2201-1998)

試験片	おもな用途	備考
1号試験片 標点距離 $L=200$ mm 平行部の長さ $P=$ 約 220 mm 肩部の半径 $R=25$ mm 以上	鋼板・平鋼および形鋼	[単位:mm] 試験片の区別 | 幅 W 1A | 40 1B | 25 厚さは、もとの厚さのままとする
2号試験片	材料の呼び径(または対辺距離)が 25 mm 以下の棒材	標点距離 L は径(または対辺距離)D の 8 倍とし、つかみ部を太くするものでは平行部の長さ P は約 $(L+2D)$ とする。
4号試験片 標点距離 $L=50$ mm 平行部の長さ $P=$ 約 60 mm 径 $D=14$ mm 肩部の半径 $R=15$ mm 以上	鋳鋼品・鍛鋼品・圧延鋼材・可鍛鋳鉄品および球状黒鉛鋳鉄品。また、非鉄金属(またはその合金)の棒および鋳物	この試験片の平行部の断面は円形に仕上げることを必要とする。ただし、可鍛鋳鉄品の場合は、原則として仕上げてはならない。なお、材料のつごうにより上記の寸法によることができない場合、つぎの式により平行部の径と標点距離とを定める。 $L=4\sqrt{A}$ (A は試験片の平行部の断面積)
5号試験片 標点距離 $L=50$ mm 平行部の長さ $P=$ 約 60 mm 幅 $W=25$ mm 肩部の半径 $R=15$ mm 以上	管類・鋼板および非鉄金属(またはその合金)の板および形材	厚さは、もとの厚さのままとする。 薄鋼板にかぎり、肩部の半径 $R=20\sim30$ mm、つかみ部の幅 $B\geqq 30$ mm とする。
8号試験片	一般鋳鉄品	[単位:mm] 試験片の区別 | 供試材の鋳造寸法(径) | 平行部の長さ P | 径 D | 肩部の半径 R 8A | 約 13 | 約 8 | 8 | 16 以上 8B | 約 20 | 約 12.5 | 12.5 | 25 以上 8C | 約 30 | 約 20 | 20 | 40 以上 8D | 約 45 | 約 32 | 32 | 64 以上 表に示す寸法の供試材を加工して平行部の直径を D に仕上げる。
9号試験片	鋼線および非鉄金属(またはその合金)の線	[単位:mm] 試験片の区別 | 標点距離 L | つかみの間隔 P 9A | 100 | 150 以上 9B | 200 | 250 以上
10号試験片 標点距離 $L=50$ mm 平行部の長さ $P=$ 約 60 mm 径 $D=12.5$ mm 肩部の半径 $R=15$ mm 以上	溶着金属・鍛鋼品・鋳鋼品および圧延鋼材	溶着金属の場合、この平行部はすべて溶着金属でなければならない。

試験片	おもな用途	備考
11号試験片 標点距離 $L=50$ mm	管状のままで試験を行なう管類	この試験片の断面は原材料から切り取ったままとし、両端取付部は心金を入れるかまたはつち打って平片とする。なお、後者の場合平行部の長さは 100 mm 以上としなければならない。
12号試験片 標点距離 $L=50$ mm 平行部の長さ $P=$ 約 60 mm 肩部の半径 $R=15$ mm 以上	管状のままで試験を行わない管類	[単位：mm] 試験片の区別／幅 W 12 A ／ 19 12 B ／ 25 12 C ／ 38 厚さはもとの厚さのままとする。試験片の両端取付部は、常温でつち打して平片とすることができる。
13号試験片	板材	[単位：mm] 試験片の区別／幅 W／標点距離 L／平行部の長さ P／肩部の半径 R／つかみ部の幅 B 13 A ／ 20 ／ 80 ／ 約120 ／ 20～30 ／ — 13 B ／ 12.5 ／ 50 ／ 約60 ／ 20～30 ／ 20 以上 厚さは、もとの厚さのままとする。
14A号試験片 標点距離 $L=5.65\sqrt{A}$ (A は試験片の平行部の断面積) 平行部の長さ $P=(5.5～7)D$, なるべく $7D$ 径 $D=$ 材料規格の指定による 肩部の半径 $R=15$ mm 以上	鋼材	平行部が円形断面の場合は $L=5D$、角形断面の場合は $L=5.65D$、六角断面の場合は $L=5.26D$ としてよい。つかみ部の径は平行部の径と同一寸法とすることができる。この場合つかみの間隔 $P \geqq 8D$ とする。
14B号試験片 標点距離 $L=5.65\sqrt{A}$ (A は試験片の平行部の断面積) 平行部の長さ $P=L+1.5\sqrt{A}～L+2.5\sqrt{A}$ なるべく $L+2\sqrt{A}$ 幅 $W=$ 材料規格の指定による。ただし W は厚さの8倍以下とする 肩部の半径 $R=15$ mm 以上	鋼材および管状のままで試験を行なわない管類	厚さは、もとの厚さのままとする
14C号試験片 標点距離 $L=5.65\sqrt{A}$ (A は試験片である管の断面積)	管状のままで試験を行なう管類	

1) 機械加工した平行部のでき上り寸法には、呼び寸法に対して下記の許容差以内の製作誤差が許される。

[単位：mm]

寸法の範囲	許容差
4をこえ16以下	±0.5
16をこえ63以下	±0.7

2) 機械仕上げをした平行部の偏差（最大値と最小値との差）は、つぎのとおりとする。

円形断面の場合　　　　　　　　　　　[単位：mm]

機械仕上げによってできた径	偏差
3をこえ6以下	0.03
6をこえ18以下	0.04
18をこえるもの	0.05

長方形断面の場合　　　　　　　　　　[単位：mm]

機械仕上げによってできた厚さおよび幅	偏差
3をこえ6以下	0.06
6をこえ18以下	0.08
18をこえるもの	0.10

3) 必要があれば試験片の平行部には、前記の寸法偏差の数値の範囲内で中央に向かってテーパを付けてもよい

1・2 焼結金属材料の引張試験片

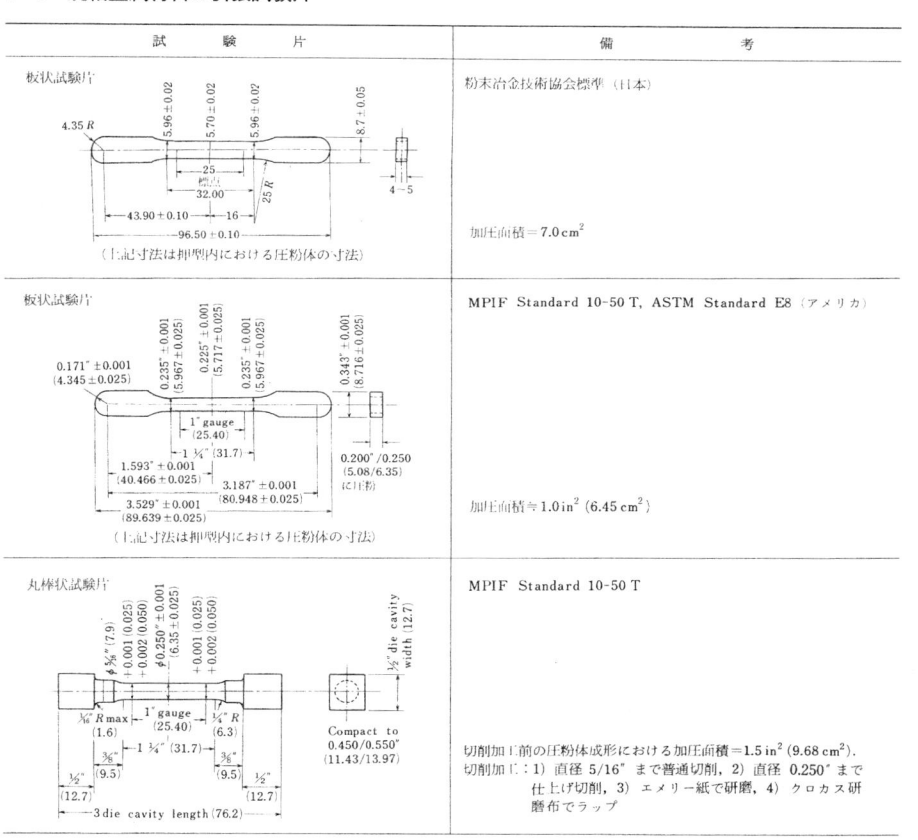

試 験 片	備 考
板状試験片（図）	粉末冶金技術協会標準（日本） 加圧面積 $= 7.0\,\mathrm{cm}^2$
板状試験片（図）	MPIF Standard 10-50 T, ASTM Standard E8（アメリカ） 加圧面積 $\fallingdotseq 1.0\,\mathrm{in}^2$ $(6.45\,\mathrm{cm}^2)$
丸棒状試験片（図）	MPIF Standard 10-50 T 切削加工前の圧粉体成形における加圧面積 $=1.5\,\mathrm{in}^2$ $(9.68\,\mathrm{cm}^2)$. 切削加工：1）直径 5/16" まで普通切削，2）直径 0.250" まで仕上げ切削，3）エメリー紙で研磨，4）クロカス研磨布でラップ

1・3 金属材料曲げ試験片 (JIS Z 2204-1996)

試験片	おもな用途	備考
1号試験片 厚さ　$t=$もとの厚さ 幅　　$W=20\sim50\,\mathrm{mm}$ 長さ　$L=$試験片の厚さおよび使用する試験装置による	金属板，条および形材	なお，規定の幅が得られない場合は，製作可能の最大幅とする。 また，もとの厚さが25mmを超える場合，試験装置によっては片面だけを削って25mm以上の厚さに機械仕上げを行ってもよい。 このような試験片を曲げるには，機械加工を行っていない面をわん曲の外側に置く。 切断によって生じた側面には，必要に応じ機械仕上げを行う。
2号試験片 直径（円形断面の場合）または内接円直径（多角形断面の場合），$D=$もとの寸法 長さ　$L=$試験片のDおよび使用する試験装置による	棒鋼および非鉄金属棒	また，もとの直径または内接円直径が30mmを超える場合，試験装置によっては，もとの材料表面を一部残すようにして，機械加工によって，内接円直径が25mmを下回らないところまで仕上げてもよい(下図参照)。このような試験片を曲げるには，機械加工していない面をわん曲の外側に置く。
3号試験片 厚さ　$t=$もとの厚さ 幅　　$W=15\sim50\,\mathrm{mm}$ 長さ　$L=$試験片の厚さおよび使用する試験装置による	薄金属板	なお，規定の幅が得られない場合は，製作可能の最大幅とする。切断によってできた側面には，必要に応じ機械仕上げを行う。

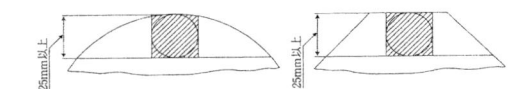

断面が矩形の試験片のりょうには，必要に応じ下表に示す丸みをつける。
試験片の直径または内接円直径が30mmを超え減厚が必要な場合の機械仕上げ方法

りょうの仕上げ〔単位：mm〕

試験片の厚さ	丸み
10以下のもの	1.0以下
10を超えるもの	厚さの$\frac{1}{10}$以下

1・4　金属材料衝撃試験片（JIS Z 2202-1998）

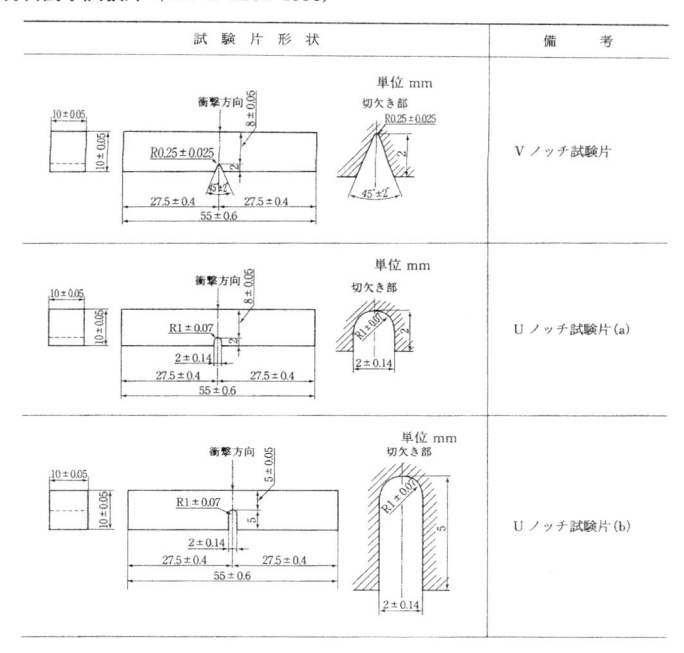

試験片形状	備考
（Vノッチ図）	Vノッチ試験片
（Uノッチ図 a）	Uノッチ試験片 (a)
（Uノッチ図 b）	Uノッチ試験片 (b)

試験片の形状及び寸法とその許容差

名称			Vノッチ試験片		Uノッチ試験片	
			規格値	許容差	規格値	許容差
長さ			55 mm	±0.60 mm	55 mm	±0.60 mm
高さ			10 mm	±0.05 mm	10 mm	±0.05 mm
幅			10 mm	±0.05 mm	10 mm	±0.05 mm
幅（サブサイズの場合）			7.5 mm	±0.05 mm	7.5 mm	±0.05 mm
幅（サブサイズの場合）			5 mm	±0.05 mm	5 mm	±0.05 mm
幅（サブサイズの場合）			2.5 mm	±0.05 mm	2.5 mm	±0.05 mm
Vノッチ角度/Uノッチ幅			45°	±2°	2 mm	±0.14 mm
ノッチ下高さ			8 mm	±0.05 mm	8 mm	±0.05 mm
			—	—	5 mm	±0.05 mm
ノッチ底半径			0.25 mm	±0.025 mm	1 mm	±0.07 mm
ノッチ対象平面と端面との距離		自動位置決めでない場合	27.5 mm	±0.40 mm	27.5 mm	±0.40 mm
		自動位置決めの場合	27.5 mm	±0.165 mm	27.5 mm	±0.165 mm
長手軸方向とノッチ対称面との角度			90°	±2°	90°	±2°
端面を除く隣り合う面間との角度			90°	±2°	90°	±2°

1・5 金属材料破壊じん性試験片 (ASTM-E399 Standard)

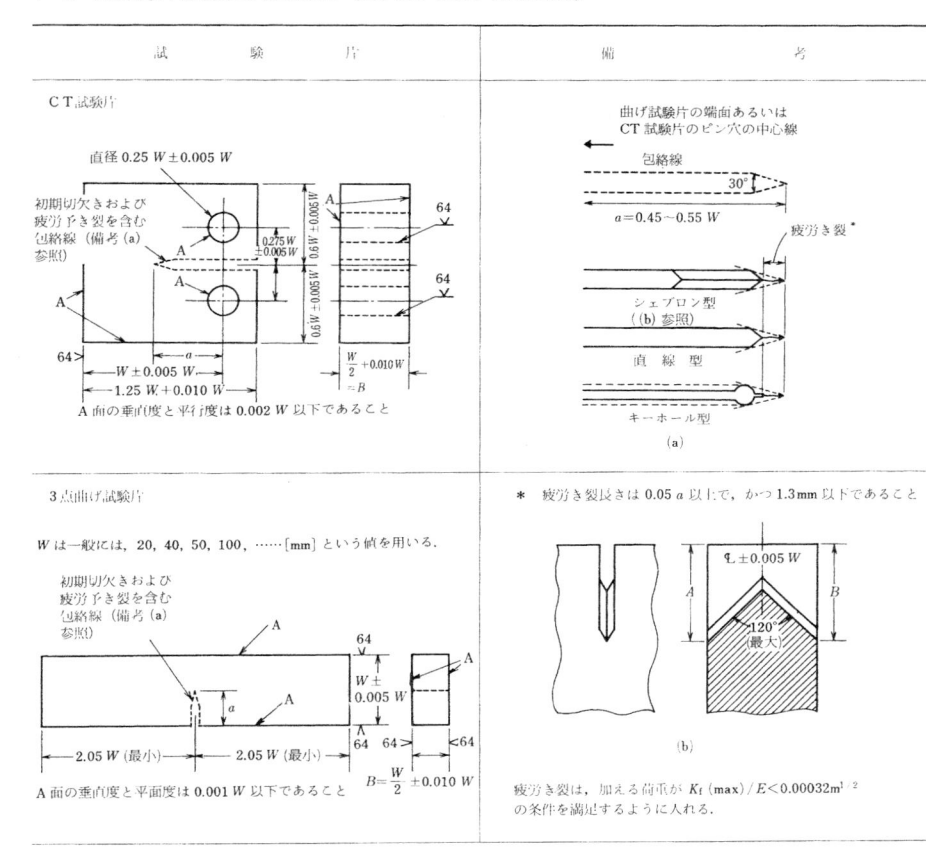

試　験　片	備　考

CT試験片

直径 $0.25W \pm 0.005W$
初期切欠きおよび疲労き裂を含む包絡線 (備考(a) 参照)
$W \pm 0.005W$
$1.25W + 0.010W$
A面の垂直度と平面度は $0.002W$ 以下であること
$\frac{W}{2} + 0.010W$

曲げ試験片の端面あるいはCT試験片のピン穴の中心線
包絡線　30°
$a = 0.45 \sim 0.55 W$
疲労き裂
シェブロン型 ((b) 参照)
直線型
キーホール型
(a)

3点曲げ試験片

W は一般には, 20, 40, 50, 100, ……[mm] という値を用いる.

初期切欠きおよび疲労き裂を含む包絡線 (備考(a) 参照)
$2.05W$ (最小)
$W \pm 0.005W$
$B = \frac{W}{2} + 0.010W$
A面の垂直度と平面度は $0.001W$ 以下であること

* 疲労き裂長さは $0.05a$ 以上で, かつ $1.3\,\mathrm{mm}$ 以下であること

$\mathcal{C}_L \pm 0.005W$
120°(最大)
(b)

疲労き裂は, 加える荷重が $K_f(\max)/E < 0.00032\,\mathrm{m}^{1/2}$ の条件を満足するように入れる.

2 硬　さ

2・1 押込み硬さ一覧表

種　類	押込み体	硬さの表示	記号	特　徴
ブリネル硬さ	鋼球	圧痕の表面積で全荷重を割った値	HB	大きな試料が必要. 硬さの平均値が出る.
マイヤー硬さ	鋼球	圧痕の直径の面積で全荷重を割った値	HM	同上
ルードウィック硬さ	鋼円錐 (頂角90°)	同上	—	荷重による硬さ数の変化が少ない.
マルテンス硬さ	鋼球 ($\phi 5\,\mathrm{mm}$)	圧痕の深さ $0.05\,\mathrm{mm}$ のときの荷重	—	測定のときの加工硬化の影響が少ない.
ロックウェル硬さ	C:ダイヤモンド円錐 (頂角120°) B:1/16″鋼球, その他	圧痕の深さ 同上	HRC HRB	小さい試料の測定にも適する.
ビッカース硬さ	ダイヤモンド角錐 (頂角136°)	圧痕表面積で荷重を割った値	HV	極めて薄い小さい試料の測定も可能である. 微小硬さの測定もできる.

2 硬さ

2・2 ロックウェル硬さの各種スケール (JIS Z 2245-1998)

スケール	圧子	初試験力[N](kgf)	全試験力[N](kgf)	備考
B	1/16″の鋼球	98.07 (10)	980.7 (100)	焼なまし鋼材などHRB0〜100の範囲の材料
F	〃	98.07 (10)	588.4 (60)	白色合金など軟質材料
G	〃	98.07 (10)	1471.0 (150)	HRB100以上の材料
E	1/8″の鋼球	98.07 (10)	980.7 (100)	0点の目盛130. 非常に軟らかい材料
H	〃	98.07 (10)	588.4 (60)	非常に軟らかい材料
K	〃	98.07 (10)	1471.0 (150)	非常に軟らかい材料
15T	1/16″の鋼球	29.42 (3)	147.1 (15)	特殊ロックウェル硬さ計を用いる. 鋼・銅合金などの薄板
30T	〃	29.42 (3)	294.2 (30)	
45T	〃	29.42 (3)	441.3 (45)	
C	ダイヤモンド円錐	98.07 (10)	1471.0 (150)	普通のロックウェル試験機を用いる. HRB100以上, H_RC70以下の材料
A	〃	98.07 (10)	588.4 (60)	超硬合金などの非常に硬い材料
D	〃	98.07 (10)	980.7 (100)	0点の目盛100. 表面のみ硬くてCスケールより凹みが小さいことを必要とするとき
15N	〃	29.42 (3)	147.1 (15)	特別のロックウェル試験機を用いる. 窒化鋼のような硬い材料
30N	〃	29.42 (3)	294.2 (30)	
45N	〃	29.42 (3)	441.3 (45)	

2・3 鋼の硬さ換算表

HV	HB	HRB	HRC	HS	HV	HB	HRB	HRC	HS
85	81	41.0	—	—	450	425		45.3	—
90	86	48.0	—	—	460	433		46.1	62
95	90	52.0	—	—	470	441		46.9	—
105	95	56.2	—	—	480	448		47.7	64
110	105	62.3	—	—	490	456		48.4	—
120	114	66.7	—	—	500	465		49.1	66
130	124	71.2	—	20	510	473		49.8	—
140	133	75.0	—	21	520	480		50.5	67
150	143	78.7	—	22	530	488		51.1	—
160	152	81.7	0.0	24	540	496		51.7	69
170	162	85.0	3.0	25	550	505		52.3	—
180	171	87.1	6.0	26	560	—		53.0	71
190	181	89.5	8.5	28	570	—		53.6	—
200	190	91.5	11.0	29	580	—		54.1	72
210	200	93.4	13.4	30	590	—		54.7	—
220	209	95.0	15.7	32	600	—		55.2	74
230	219	96.7	18.0	33	610	—		55.7	—
240	228	98.1	20.3	34	620	—		56.3	75
250	238	99.5	22.2	36	630	—		56.8	—
260	247	101.0	24.0	37	640	—		57.3	77
270	256	102.0	25.6	38	650	—		57.8	—
280	265	103.5	27.1	40	660	—		58.3	79
290	275	104.5	28.5	41	670	—		58.8	—
300	284	105.5	29.8	42	680	—		59.2	80
310	294	—	31.0	—	690	—		59.7	—
320	303	107.0	32.2	45	700	—		60.1	81
330	313	—	33.3	—	720	—		61.0	83
340	322	108.0	34.4	47	740	—		61.8	84
350	331	—	35.5	—	760	—		62.5	86
360	341	109.0	36.6	50	780	—		63.3	87
370	350	—	37.7	—	800	—		64.0	88
380	360	110.0	38.8	52	820	—		64.7	90
390	369	—	39.8	—	840	—		65.3	91
400	379	—	40.8	55	860	—		65.9	92
410	388	—	41.8	—	880	—		66.4	93
420	397	—	42.7	57	900	—		67.0	95
430	405	—	43.6	—	920	—		67.5	96
440	415	—	44.5	59	940	—		68.0	97

HV：ビッカース硬さ, HB：ブリネル硬さ, HRB：ロックウェル硬さBスケール, HRC：ロックウェル硬さCスケール, HS：ショア硬さ

2・4 非鉄金属の硬さ換算表

HV	HB	HRB	HV	HB	HRB
50	47	—	130	114	72.0
60	55	10.0	140	122	76.0
70	63	24.5	150	131	80.0
80	72	37.5	160	139	83.5
90	80	47.5	170	147	87.0
100	88	56.0	180	156	90.0
110	97	62.0	190	164	92.5
120	106	67.0			

3 試験法

3・1 破壊じん性測定法

3・1・1 破壊じん性測定法 (K_{Ic}測定)
(ASTM E-399 Standard)

線形破壊力学パラメータすなわち応力拡大係数Kに基づき破壊じん性値K_{Ic}を測定する手法であり,破壊じん性評価の最も基礎となる試験法である.

下図のような変位計(クリップゲージ)を試験片に取り付け荷重-変位曲線を自動記録させながら荷重を加える.

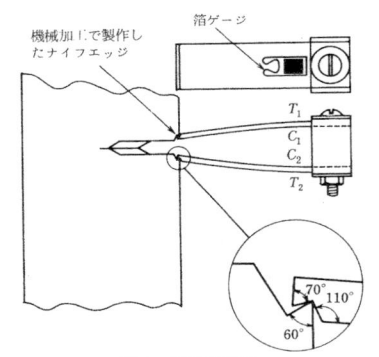

図 1 変位の測定法

典型的な荷重-変位の例を図2に示す.初期の直線部分 (OA線) の傾きを $(P/v)_0$ とし,$(P/v)_5=0.95 (P/v)_0$ の傾きをもつ5%オフセットラインを引く.この直線と荷重-変位曲線の交点をP_5とする.図を参考にしてP_Qを決める.P_Qに対応する応力拡大係数を計算し,これをK_Qとする.このK_Qが$a_0, W-a_0, B \geq 2.5 (K_Q/\sigma_{ys})^2$の条件式を満足した場合,$K_Q$を平面ひずみ破壊じん性値$K_{Ic}$とよぶ.ここで$\sigma_{ys}$は材料の降伏応力である.

3・1・2 弾塑性破壊じん性測定法 (J_{Ic}測定)(ASTM E-813 Standard)

高じん性材料においては,K_{Ic}を測定するための必要試験寸法が通常の実験室規模を超えて極めて大型となる.J_{Ic}測定法とは,非線形破壊力学パラメータであるJ積分を用いて,大規模降伏および全断面降伏の範囲における破壊じん性を記述することを目的とした試験法であり,必要試験寸法を大幅に低減することができる.

a. 試験片

K_{Ic}測定と同様に,疲れき裂を挿入したCT試験片および3点曲げ試験片を標準試験片として用いる.J_{Ic}測定においては,荷重とともに荷重線上変位を測定する.このため,CT試験片においては図3に例示したようにき裂肩部を加工し,ナイフエッジを装着することにより荷重線上変位を計測する.また,試験片表面での平面応力の影響を低減させ,先端が板厚方向に直線的な安定裂成長を促進させるために,サイドグルーブを付すことがある.

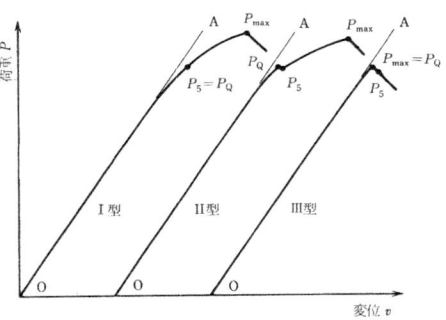

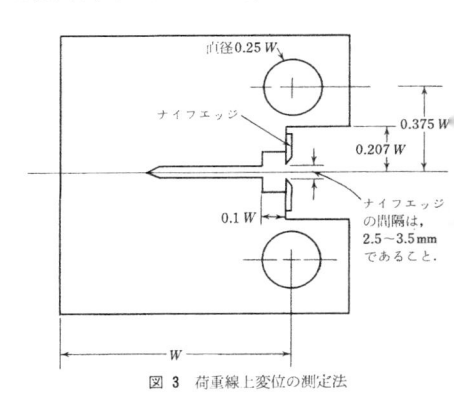

図 2 荷重-変位曲線とP_Qの決定法

図 3 荷重線上変位の測定法

b. 実 験

荷重-荷重線上変位曲線を記録しながら，所定の変位まで負荷を加えた後に除荷する．図4に示すように，安定き裂長さの異なるデータを得るために，数本の試験片を実験する．実験後，試験片を破断させた後に板厚方向に9か所で安定き裂成長量を測定し，その平均値を Δa とする（図5を参照）．なお，1本の試験片で J_{Ic} を得る方法として除荷コンプライアンス法などがある．

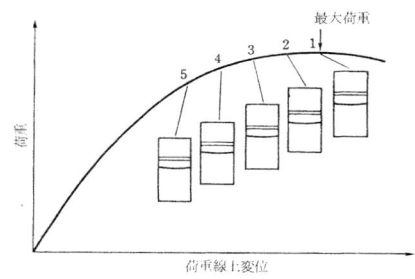

図 4 複数試験法

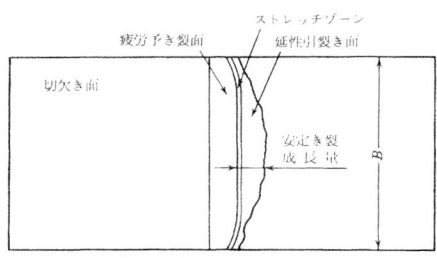

図 5 安定き裂成長量の測定

c. 結果の整理

図6に示した荷重-荷重線上変位曲線の下の面積 A から，下記の式を用いて J 積分を算出する．
CT試験片

$$J = \frac{2(1+\alpha)}{1+\alpha^2} \frac{A}{B(W-a_0)}$$

$$\alpha = \left[\left(\frac{2a_0}{W-a_0}\right)^2 + 2\left(\frac{2a_0}{W-a_0}\right) + 2\right]^{1/2} - \frac{2a_0}{W-a_0} - 1$$

3点曲げ試験片

$$J = \frac{2A}{B(W-a_0)}$$

式中 a_0 は初期き裂長さである．J 積分値を，安定き裂長さ Δa に対して図7のようにプロットする．この関係が J-R 曲線と呼ばれる．鈍化直線（$J = 2\sigma_f \Delta a$）と J-R 曲線の交点を J_Q とする．ここで，$\sigma_f = (\sigma_{ys} + \sigma_u)/2$ は流動応力であり，降伏応力と引張強さの平均値である．J-R 曲線は，鈍化直線より0.15 mm および1.5 mm だけ平行にオフセットした直線と J-R 曲線との交点を通る二つの垂線にはさまれるデータについてのみ直線回帰したものを用いる．有効な J_Q を得るためには，少なくとも4点のデータに基づき

J-R 曲線を決定しなければならない．J_Q が B, $W-a_0 \geq 25 J_Q / \sigma_f$ を満足した場合，J_Q を J_{Ic} と呼ぶ．K_{Ic} は，$K_{Ic} = \sqrt{E' J_{Ic}}$ を用いて J_{Ic} から見積もることができる．ここに，$E'\left(=\dfrac{E}{1-\nu^2}\right)$ は有効縦弾性係数であり，縦弾性係数 E とポアソン比 ν から算出される．なお，J 積分の算出において き裂進展の影響を考慮すると，J-R 曲線が指数関数的な形状になることがある．そこで，ASTM E813-87では指数関数で近似した J-R 曲線と鈍化直線を 0.2 mm だけオフセットした直線との交点における J 積分値を J_Q 値とする方法が採用されている．詳細については ASTM E813-87 を参照のこと．さらに，日本機械学会（JSME）では，ASTMの基本原理を踏襲するとともに，学会独自の手法を加味した試験法を基準化している（日本機械学会基準，弾塑性破壊じん性 J_{Ic} 試験方法，JSME S 001-1981）．

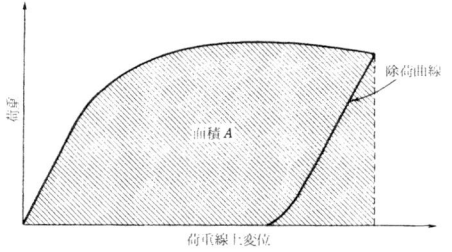

図 6 荷重-荷重線上変位曲線と面積 A の定義

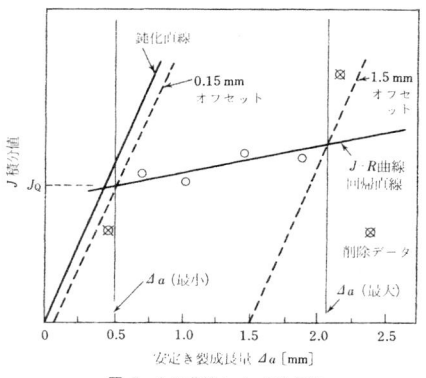

図 7 J-R 曲線と J_Q の決定法

3・2 焼結金属材料の試験法

3・2・1 曲げ標準試験法（MPIF Standard 13-51 T）

試験片寸法：$1.25'' \sim 1.50''$（長さ）$\times 0.50''$（幅）$\times 0.25''$（厚さ）
試験法：図に示した試験装置を用いて試験片を破壊し，曲げ破壊荷重を測定する

曲げ強さの計算式： $S = \dfrac{3 \times P \times L}{2 \times t^2 \times W}$

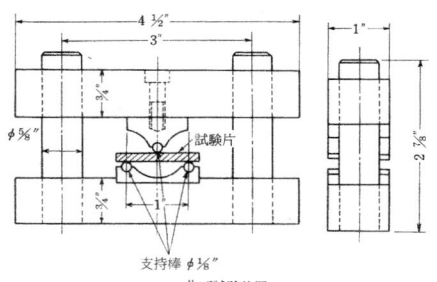

未焼結圧粉体の曲げ強さ (green strength) もこの方法を準用して測定される.

S：曲げ強さ [psi]
P：曲げ破壊荷重 [lbf]
L：支持棒間の距離 [in]
t：試験片の厚さ [in]
W：試験片の幅 [in]

3・2・2 ASTM試験法

試験片寸法：$0.200 \pm 0.010'' \times 0.250 \pm 0.010'' \times 0.750''$
試　験　法：試験装置の様式は3・2・1と同様. 支持棒は直径 $0.125 \pm 0.001''$, 長さ $0.5''$, 荷重は直径 10 mm の球を使用しいずれも超硬合金を使用する. また L は $9/16 \pm 0.005''$ とする.

3・2・3 焼結含油軸受の圧環強さ測定法
(JIS Z 2507-2000)

圧縮装置のプレート間に試験片を置き, その軸がプレートの水平面と平行になるようにする.

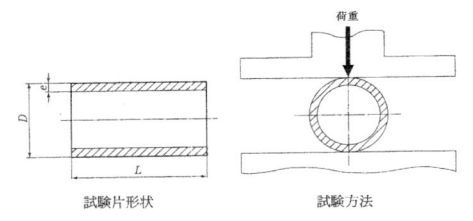

軸受の圧環強さ $K(\mathrm{N/mm^2})$ は, 次の式によって算出する.

$$K = \frac{F(D-e)}{L \cdot e^2}$$

ここに, F：破壊したときの最大荷重 (N)
　　　L：中空円筒の長さ (mm)
　　　D：中空円筒の外径 (mm)
　　　e：中空円筒の壁厚 (mm)

この式は, e/D が 1/3 以下の場合に適用する. 衝撃を与えずに荷重を増加させると, 圧環強さ K は $2 \sim 20\,\mathrm{N/mm^2/s}$ の割合で増加し, 試験時間は 10 秒以上となる.

3・2・4 圧粉体のラトラー試験法 (Rattler test)
(粉体粉末冶金協会標準 4-69)

円柱状圧粉体 (加圧断面積を $1 \pm 0.01\,\mathrm{cm^2}$ とし高さは直径とほぼ同一とする) 5個を使用し, 図に示した装置の円筒形金網籠 (網目開き 1190 μm) に入れ 87 (± 10) rpm で1 000 回転したのち, 圧粉体試料の減耗量を測定する. この質量減少率 S によって圧粉体の耐摩耗性および先端安定性を表わすラトラー値とする.

$$S = \frac{A-B}{A} \times 100$$

A：試験片の試験前の質量 [g]
B：試験片の試験後の質量 [g]

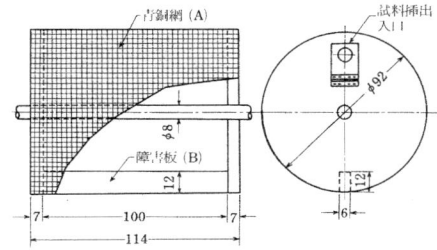

3・3 引張クリープ試験に関する JIS 概要

金属材料のクリープ及びクリープ破断試験方法 (JIS Z 2271-1999)

要項	試験片	引張クリープ試験片		引張クリープ破断試験片	
試験片	断面	原則として円形(板状試験片を使用してもさしつかえない)			
	寸法	径は 10 mm (6 mm, 8 mm または 12 mm を使用してもよい) 標点距離は径の 5 倍を標準とする。		径は 6 mm (4 mm, 8 mm, 10 mm または 12 mm を使用してもよい) 標点距離は径の 5 倍を標準とする。	
	許容差	円形断面試験片の許容差　単位 mm		正方形又は長方形断面試験片の許容差　単位 mm	
		公称直径 d	許容差 機械加工 / 形状[1]	公称直径 b	許容差 機械加工 / 形状[1]
		$3 \leq d \leq 6$	±0.06 / 0.03	$3 \leq b \leq 6$	±0.06 / 0.03
		$6 < d \leq 10$	±0.075 / 0.04	$6 < b \leq 10$	±0.075 / 0.04
		$10 < d \leq 18$	±0.09 / 0.04	$10 < b \leq 18$	±0.09 / 0.04
		$18 < d \leq 30$	±0.105 / 0.05	$18 < b \leq 30$	±0.105 / 0.05
		注1) 平行部全体に沿って測定した縦方向寸法の測定間の最大偏差。		注1) 試験片の全平行部長さ (L_o) に沿った特定の横方向寸法の測定間の最大偏差。	
試験機の荷重精度		荷重容量の 5～100% の範囲で ±0.5%。		荷重容量の 5～100% の範囲で ±1.0%。	
試験片試温度	温度許容範囲	900℃ 以下 / ±3℃	900 を超え 1000℃ 以下 / ±4℃		
伸び測定装置		JIS B 7741 の等級 1 級以上			
均熱時間		24 時間以内			
試験の報告		試験結果報告書には、次の項目についての記録を付記することが望ましい。 1) 素材の室温における機械的性質 2) 素材からの試験片採取条件 3) 試験機の形式、及び伸び測定装置の形式と等級 4) 試験機の力の相対誤差 5) 試験片の平行部の断面寸法の実測値(平均値) 6) 原標点距離と原断面積の平方根の比 7) ひずみ-時間線図を描くのに十分な回数のひずみの値。ただし、クリープ試験に限る 8) 時間ひずみ、最小クリープ速度、第2期クリープの開始時間とひずみ及び第3期クリープ開始時間とひずみ。ただし、クリープ試験に限る 9) 応力-クリープ破断時間線図。ただし、クリープ破断試験に限る			

3・4 疲れ試験に関する JIS 概要

要項	試験法	金属材料の回転曲げ疲れ試験方法 (JIS Z 2274-1978)	金属平板の平面曲げ疲れ試験方法 (JIS Z 2275-1978)
繰返し数		10^4 回以上	
試験片	種類	1号(平行部付), 2号(平行部なし), 3号(テーパ付)試験片, および切欠き試験片(環状, Vみぞ付, 環状半円みぞ付, 丸穴付)	1号(平行部なし), 2号(平行部付)試験片
	寸法誤差	直径: ±0.05 mm 平行部偏差 (1号試験片): 0.04 mm 以下 曲がりや偏心: 0.04 mm 以下	幅と厚さは 0.5% よりよい精度で測定 (ただし幅または厚さが 2 mm 以下の場合は、0.01 mm の精度で測定)
試験機の精度		曲げモーメントの呼びの誤差は、秤量とその 1/10 との範囲において ±1%	曲げモーメントを測定または指示する装置は、秤量とその 1/5 の範囲においてその誤差が 5% を超えないこと
試験方法	S-N 線図を求める場合	相隣る応力の比が傾斜部分では 1.05～1.5、疲れ限度付近では 1.02～1.05 となるように等間隔に応力段階を選ぶ	
	時間強さを求める場合	時間強さ付近で相隣る応力の比が 1.02～1.05 となるように等間隔に応力段階を選ぶ	
	荷重繰返し速度	毎分 1000～5000 回	
試験結果の報告 (右の項目についての記録を付記することが望ましい)		(1)材料の製造業者名; (2)材料の種類, 名称, 溶解番号および履歴; (3)化学成分; (4)素材からの試験片の採取条件; (5)熱処理条件; (6)引張強さ, 降伏点または耐力, 伸びおよび絞り; (7)真破断力, 硬さ, 衝撃値などの機械的性質; (8)試験片の形式, 寸法および寸法; (9)試験機の名称, 形式および秤量; (10)繰返し速度などの試験条件; (11)温度, 湿度などの試験環境条件; (12)試験年月日, 場所および試験者名; (13)試験結果の一覧表; (14)S-N 線図, 疲れ限度または時間強さ; (15)その他	(1)材料の製造業者名; (2)材料の種類, 名称, 溶解番号および履歴; (3)化学成分; (4)素材からの試験片の採取条件; (5)熱処理条件; (6)引張強さ, 降伏点または耐力, 伸びおよび絞り; (7)真破断力, 硬さ, 衝撃値などの機械的性質; (8)試験片の形式, 寸法および寸法と形; (9)試験機の名称, 形式および秤量; (10)繰返し速度などの試験条件; (11)温度, 湿度などの試験環境条件; (12)試験年月日, 場所および試験者名; (13)試験結果の一覧表; (14)S-N 線図, 疲れ限度または時間強さ; (15)疲れ限度線図または時間強さ線図; (16)その他

3・5 金属材料および焼結金属の材料試験に関する規格一覧表

3・5・1 金属材料試験に関するJIS一覧表

JIS	名　　　　称	JIS	名　　　　称
Z 2201-1998	金属材料引張試験片	Z 2273-1978	金属材料の疲れ試験方法通則
Z 2202-1998	金属材料衝撃試験片	Z 2274-1978	金属材料の回転曲げ疲れ試験方法
Z 2203-1956	金属材料抗折試験片	Z 2275-1978	金属平板の平板曲げ疲れ試験方法
Z 2204-1998	金属材料曲げ試験片	B 7721-2002	引張・圧縮試験機
Z 2241-1998	金属材料引張試験方法	B 7722-1999	シャルピー振子式衝撃試験―試験機の検証
Z 2242-1998	金属材料衝撃試験方法	B 7723-1976	アイゾット衝撃試験機
Z 2243-1998	ブリネル硬さ試験―試験方法	B 7724-1999	ブリネル硬さ試験―試験機の検証
Z 2244-2003	ビッカース硬さ試験―試験方法	B 7725-1997	ビッカース硬さ試験―試験機の検証
Z 2245-1998	ロックウェル硬さ試験―試験方法	B 7726-1997	ロックウェル硬さ試験―試験機の検証
Z 2246-2000	ショア硬さ試験―試験方法	B 7727-2000	シェア硬さ試験機の検証
Z 2247-1998	エリクセン試験方法	B 7728-2002	一軸試験機の検証に使用する力計の校正方法
Z 2248-1996	金属材料曲げ試験方法	B 7729-1995	エリクセン試験機
Z 2249-1963	コニカルカップ試験方法	B 7730-1997	ロックウェル硬さ試験―基準片の校正
Z 2271-1999	金属材料のクリープ及びクリープ破断試験方法	B 7731-2000	ショア硬さ試験―基準片の校正
Z 2272-1993	金属材料の引張クリープ破断試験方法		

3・5・2 焼結材料試験に関する規格一覧表

分　類	内　　容	ASTM	MPIF	JIS	JSPM
成形体の試験測定法	成形体の強さ	B 312-64	15-62		案
焼結部品、軸受の試験測定法	焼結機械部品、軸受の密度、内通気孔度	B 328-60	(13-62)	Z 2501	2-64
	焼結体の曲げ強さ、密度、硬さ、焼結変化		13-62		
	焼結体の引張試験		10-63		
	焼結機械部品の浸炭硬さ		37-64		
	焼結含油軸受の寸法		14-63		
	焼結青銅フィルタの試験		39-68		
	焼結摩擦材料の密度	B 376-65			
	焼結摩擦材料の硬さ	B 347-64			
	焼結摩擦材料の抗折力	B 378-65			
	焼結品普通許容差			B 0411	
	焼結含油軸受の圧環強さ			Z 2507	
	焼結含油軸受の含油率			Z 2501	
超硬合金の試験測定法	超硬合金の密度	B 311-58			
	超硬合金の電気抵抗	B 421-64 T			
	超硬合金の粒度分布	B 390-64			
	超硬合金の見掛け気孔度	B 276-54			
	超硬合金の硬さ	B 294-64			
	超硬合金の抗折力	B 406-64			
	超硬合金の引張試験	B 437-66 T			

ASTM：American Society for Testing of Materials (USA)
MPIF：Metal Powder Industries Federation (USA)
JSPM：粉体粉末冶金協会

変態図および状態図集

1. 鋼の焼入性曲線（Hバンド）

　ここに掲載したHバンドは，アメリカのSAE (AISI) 合金鋼規格について，焼入れ硬化域を規定したので，一つの図の中に多くの鋼種について，画き分けて記入してある．

　掲載はAISI番号の順になっている．
　各鋼種の化学成分は，表1にまとめておいた．また，JIS H鋼を表2に，軸受鋼・工具鋼の例を表3に示す．

表 1　AISI 成分規格〔mass %〕　　　　　（＊印は図に示していない．）

AISI	C	Mn	Si	Ni	Cr	Mo	B	図番号
1320 H	0.17～0.24	1.50～2.00	0.20～0.35	—	—	—	—	図 1・1
1330 H	0.27～0.33	1.45～2.05	0.20～0.35	—	—	—	—	
1335 H	0.32～0.38	1.45～2.05	0.20～0.35	—	—	—	—	
1340 H	0.37～0.44	1.45～2.05	0.20～0.35	—	—	—	—	
2330 H*	0.27～0.34	0.55～0.85	0.20～0.35	3.20～3.80	—	—	—	図 1・2
2512 H	0.08～0.15	0.35～0.65	0.20～0.35	4.70～5.30	—	—	—	
2515 H	0.12～0.18	0.30～0.70	0.20～0.35	4.70～5.30	—	—	—	
2517 H	0.14～0.20	0.30～0.70	0.20～0.35	4.70～5.30	—	—	—	
3120 H	0.17～0.23	0.50～0.90	0.20～0.35	1.00～1.45	0.45～0.85	—	—	図 1・3
3130 H	0.27～0.33	0.50～0.90	0.20～0.35	1.00～1.45	0.45～0.85	—	—	
3135 H	0.32～0.38	0.50～0.90	0.20～0.35	1.00～1.45	0.45～0.85	—	—	
3140 H	0.37～0.44	0.60～1.00	0.20～0.35	1.00～1.45	0.45～0.85	—	—	
3310 H	0.07～0.13	0.30～0.70	0.20～0.35	3.20～3.80	1.30～1.80	—	—	図 1・4
3316 H	0.13～0.19	0.30～0.70	0.20～0.35	3.20～3.80	1.30～1.80	—	—	
4032 H	0.29～0.35	0.60～1.00	0.20～0.35	—	—	0.20～0.30	—	図 1・5
4037 H	0.34～0.41	0.60～1.00	0.20～0.35	—	—	0.20～0.30	—	
4042 H	0.39～0.46	0.60～1.00	0.20～0.35	—	—	0.20～0.30	—	
4047 H	0.44～0.51	0.60～1.00	0.20～0.35	—	—	0.20～0.30	—	
4053 H	0.49～0.56	0.65～1.10	0.20～0.35	—	—	0.20～0.30	—	図 1・6
4063 H	0.59～0.69	0.65～1.10	0.20～0.35	—	—	0.20～0.30	—	
4068 H	0.62～0.72	0.65～1.10	0.20～0.35	—	—	0.20～0.30	—	
4118 H	0.17～0.23	0.60～1.00	0.20～0.35	—	0.30～0.70	0.08～0.15	—	図 1・7
4130 H	0.27～0.33	0.30～0.70	0.20～0.35	—	0.75～1.20	0.15～0.25	—	
4135 H	0.32～0.38	0.60～1.00	0.20～0.35	—	0.75～1.20	0.15～0.25	—	
4137 H*	0.34～0.41	0.60～1.00	0.20～0.35	—	0.75～1.20	0.15～0.25	—	
4140 H	0.37～0.44	0.65～1.10	0.20～0.35	—	0.75～1.20	0.15～0.25	—	図 1・8
4142 H	0.39～0.46	0.65～1.10	0.20～0.35	—	0.75～1.20	0.15～0.25	—	
4145 H	0.42～0.49	0.65～1.10	0.20～0.35	—	0.75～1.20	0.15～0.25	—	
4147 H*	0.44～0.51	0.65～1.10	0.20～0.35	—	0.75～1.20	0.15～0.20	—	
4150 H	0.47～0.54	0.65～1.10	0.20～0.35	—	0.75～1.20	0.15～0.25	—	
4317 H	0.14～0.21	0.40～0.70	0.20～0.35	1.50～2.00	0.35～0.65	0.20～0.30	—	図 1・9
4320 H	0.17～0.23	0.40～0.70	0.20～0.35	1.55～2.00	0.35～0.65	0.20～0.30	—	
4337 H	0.34～0.41	0.55～0.90	0.20～0.35	1.55～2.00	0.65～0.95	0.20～0.30	—	
4340 H	0.37～0.44	0.55～0.90	0.20～0.35	1.55～2.00	0.65～0.95	0.20～0.30	—	
E 4340 H*	0.37～0.44	0.60～0.95	0.20～0.35	1.55～2.00	0.65～0.95	0.20～0.30	—	
46 B 12 H	0.09～0.15	0.35～0.75	0.20～0.35	1.55～2.00	—	0.20～0.30	>0.0005	
4620 H	0.17～0.23	0.35～0.75	0.20～0.35	1.55～2.00	—	0.20～0.30	—	
X 4620 H	0.17～0.23	0.40～0.70	0.20～0.35	1.55～2.00	—	0.20～0.30	—	図 1・10
4621 H*	0.17～0.23	0.60～1.00	0.20～0.35	1.55～2.00	—	0.20～0.30	—	
4640 H	0.37～0.44	0.50～0.90	0.20～0.35	1.55～2.00	—	0.20～0.30	—	
4812 H	0.09～0.15	0.30～0.70	0.20～0.35	3.20～3.80	—	0.20～0.30	—	図 1・11
4815 H	0.12～0.18	0.30～0.70	0.20～0.35	3.20～3.80	—	0.20～0.30	—	
4817 H	0.14～0.20	0.30～0.70	0.20～0.35	3.20～3.80	—	0.20～0.30	—	

AISI	C	Mn	Si	Ni	Cr	Mo	B	図番号
4820 H	0.17~0.23	0.40~0.80	0.20~0.35	3.20~3.80	—	0.20~0.30	—	図 1・11
5046 H	0.43~0.50	0.65~1.10	0.20~0.35	—	0.13~0.43	—	—	図 1・12
50 B 46 H	0.43~0.50	0.65~1.10	0.20~0.35	—	0.13~0.43	—	>0.0005	
50 B 60 H	0.55~0.65	0.65~1.10	0.20~0.35	—	0.30~0.70	—	>0.0005	
5120 H	0.17~0.23	0.60~1.00	0.20~0.35	—	0.60~1.00	—	—	図 1・13
5130 H	0.27~0.33	0.60~1.00	0.20~0.35	—	0.75~1.20	—	—	
5132 H*	0.29~0.35	0.50~0.90	0.20~0.35	—	0.65~1.10	—	—	
5135 H	0.32~0.38	0.50~0.90	0.20~0.35	—	0.70~1.15	—	—	
5140 H	0.37~0.44	0.60~1.00	0.20~0.35	—	0.60~1.00	—	—	
5145 H	0.42~0.49	0.60~1.00	0.20~0.35	—	0.60~1.00	—	—	図 1・14
5147 H	0.45~0.52	0.60~1.05	0.20~0.35	—	0.80~1.20	—	—	
5150 H	0.47~0.54	0.60~1.00	0.20~0.35	—	0.60~1.00	—	—	
5152 H	0.48~0.55	0.60~1.00	0.20~0.35	—	0.85~1.30	—	—	図 1・15
5160 H	0.55~0.65	0.65~1.10	0.20~0.35	—	0.60~1.00	—	—	
51 B 60 H	0.55~0.65	0.65~1.10	0.20~0.35	—	0.60~1.00	—	>0.0005	
6120 H	0.17~0.23	0.60~1.00	0.20~0.35	—	0.60~1.00	—	V>0.10	図 1・16
6145 H	0.42~0.49	0.60~1.00	0.20~0.35	—	0.75~1.20	—	V>0.15	
6150 H	0.47~0.54	0.60~1.00	0.20~0.35	—	0.75~1.20	—	V>0.15	
81 B 45 H*	0.42~0.49	0.70~1.05	0.20~0.35	0.15~0.45	0.30~0.60	0.08~0.15	>0.0005	図 1・17
8617 H	0.14~0.20	0.60~0.95	0.20~0.35	0.35~0.75	0.35~0.65	0.15~0.25	—	
8620 H	0.17~0.23	0.60~0.95	0.20~0.35	0.35~0.75	0.35~0.65	0.15~0.25	—	
8622 H	0.19~0.25	0.60~0.95	0.20~0.35	0.35~0.75	0.35~0.65	0.15~0.25	—	
8625 H	0.22~0.28	0.60~0.95	0.20~0.35	0.35~0.75	0.35~0.65	0.15~0.25	—	
8627 H	0.24~0.30	0.60~0.95	0.20~0.35	0.35~0.75	0.35~0.65	0.15~0.25	—	図 1・18
8630 H	0.27~0.33	0.60~0.95	0.20~0.35	0.35~0.75	0.35~0.65	0.15~0.25	—	
8632 H	0.30~0.37	0.60~0.95	0.20~0.35	0.35~0.75	0.35~0.65	0.15~0.25	—	
8635 H	0.32~0.38	0.70~1.05	0.20~0.35	0.35~0.75	0.35~0.65	0.15~0.25	—	
8637 H	0.34~0.41	0.70~1.05	0.20~0.35	0.35~0.75	0.35~0.65	0.15~0.25	—	図 1・19
8640 H	0.37~0.44	0.70~1.05	0.20~0.35	0.35~0.75	0.35~0.65	0.15~0.25	—	
8641 H*	0.37~0.44	0.70~1.05	0.20~0.05	0.05~0.75	0.35~0.65	0.15~0.25	—	
8642 H	0.39~0.46	0.70~1.05	0.20~0.35	0.35~0.75	0.35~0.65	0.15~0.25	—	
8645 H	0.42~0.49	0.70~1.05	0.20~0.35	0.35~0.75	0.35~0.65	0.15~0.25	—	図 1・20
86 B 45 H	0.42~0.49	0.70~1.05	0.20~0.35	0.35~0.75	0.35~0.65	0.15~0.25	>0.0005	
8647 H	0.44~0.52	0.70~1.05	0.20~0.35	0.35~0.75	0.35~0.65	0.15~0.25	—	
8650 H	0.47~0.54	0.70~1.05	0.20~0.35	0.35~0.75	0.35~0.65	0.15~0.25	—	図 1・21
8653 H	0.49~0.56	0.70~1.05	0.20~0.35	0.35~0.75	0.35~0.65	0.15~0.25	—	
8655 H	0.50~0.60	0.70~1.05	0.20~0.35	0.35~0.75	0.35~0.65	0.15~0.25	—	
8660 H	0.55~0.65	0.70~1.05	0.20~0.35	0.35~0.75	0.35~0.65	0.15~0.25	—	
8720 H	0.17~0.23	0.60~0.95	0.20~0.35	0.35~0.75	0.35~0.65	0.20~0.30	—	図 1・22
8735 H	0.32~0.39	0.70~1.05	0.20~0.35	0.35~0.75	0.35~0.65	0.20~0.30	—	
8740 H	0.37~0.44	0.70~1.05	0.20~0.35	0.35~0.75	0.35~0.65	0.20~0.30	—	
8742 H	0.39~0.46	0.70~1.05	0.20~0.35	0.35~0.75	0.35~0.65	0.20~0.30	—	図 1・23
8745 H	0.42~0.50	0.70~1.05	0.20~0.35	0.35~0.75	0.35~0.65	0.20~0.30	—	
8747 H	0.44~0.52	0.70~1.05	0.20~0.35	0.35~0.75	0.35~0.65	0.20~0.30	—	
8750 H	0.47~0.54	0.70~1.05	0.20~0.35	0.35~0.75	0.35~0.65	0.20~0.30	—	
9260 H	0.55~0.65	0.65~1.10	1.70~2.20	—	—	—	—	図 1・24
9261 H	0.55~0.65	0.65~1.10	1.70~2.20	—	0.05~0.35	—	—	
9262 H	0.55~0.65	0.65~1.10	1.70~2.20	—	0.20~0.50	—	—	
9310 H	0.07~0.13	0.40~1.70	0.20~0.35	2.95~3.55	1.00~1.45	0.08~0.15	—	図 1・25
94 B 17 H	0.14~0.20	0.70~1.05	0.20~0.35	0.25~0.65	0.25~0.55	0.08~0.15	>0.0005	
9437 H	0.37~0.43	0.85~1.25	0.20~0.35	0.25~0.65	0.25~0.55	0.08~0.15	—	
9440 H	0.37~0.45	0.85~1.25	0.20~0.35	0.25~0.65	0.25~0.55	0.08~0.15	—	
9442 H	0.40~0.48	0.95~1.35	0.20~0.35	0.25~0.65	0.25~0.55	0.08~0.15	—	図 1・26
9445 H	0.42~0.50	0.95~1.35	0.20~0.35	0.25~0.65	0.25~0.55	0.08~0.15	—	
9840 H	0.37~0.44	0.60~0.95	0.20~0.35	0.80~1.20	0.65~0.95	0.20~0.30	—	
9850 H	0.37~0.54	0.60~0.95	0.20~0.35	0.80~1.20	0.65~0.95	0.20~0.30	—	

1. 鋼の焼入性曲線 (Hバンド)

表 2 JIS 成分規格 (H 鋼)

種類の記号	参 考 旧記号		化 学 成 分 [mass %]							図番号
		C	Si	Mn	P	S	Ni	Cr	Mo	
SMn 420 H	SMn 21 H	0.16〜0.23	0.15〜0.35	1.15〜1.55	0.030 以下	0.030 以下	−	−	−	図 1・27
SMn 433 H	SMn 1 H	0.29〜0.36	0.15〜0.35	1.15〜1.55	0.030 以下	0.030 以下	−	−	−	図 1・28
SMn 438 H	SMn 2 H	0.34〜0.41	0.15〜0.35	1.30〜1.70	0.030 以下	0.030 以下	−	−	−	図 1・29
SMn 443 H	SMn 3 H	0.39〜0.46	0.15〜0.35	1.30〜1.70	0.030 以下	0.030 以下	−	−	−	図 1・30
SMnC 420 H	SMnC 21 H	0.16〜0.23	0.15〜0.35	1.15〜1.55	0.030 以下	0.030 以下	−	0.35〜0.70	−	図 1・31
SMnC 443 H	SMnC 3 H	0.39〜0.46	0.15〜0.35	1.30〜1.70	0.030 以下	0.030 以下	−	0.35〜0.70	−	図 1・32
SCr 415 H	SCr 21 H	0.12〜0.18	0.15〜0.35	0.55〜0.90	0.030 以下	0.030 以下	−	0.85〜1.25	−	図 1・33
SCr 420 H	SCr 22 H	0.17〜0.23	0.15〜0.35	0.55〜0.90	0.030 以下	0.030 以下	−	0.85〜1.25	−	図 1・34
SCr 430 H	SCr 2 H	0.27〜0.34	0.15〜0.35	0.55〜0.90	0.030 以下	0.030 以下	−	0.85〜1.25	−	図 1・35
SCr 435 H	SCr 3 H	0.32〜0.39	0.15〜0.35	0.55〜0.90	0.030 以下	0.030 以下	−	0.85〜1.25	−	図 1・36
SCr 440 H	SCr 4 H	0.37〜0.44	0.15〜0.35	0.55〜0.90	0.030 以下	0.030 以下	−	0.85〜1.25	−	図 1・37
SCM 415 H	SCM 21 H	0.12〜0.18	0.15〜0.35	0.55〜0.90	0.030 以下	0.030 以下	−	0.85〜1.25	0.15〜0.35	図 1・38
SCM 418 H	SC −	0.15〜0.21	0.15〜0.35	0.55〜0.90	0.030 以下	0.030 以下	−	0.85〜1.25	0.15〜0.35	図 1・39
SCM 420 H	SCM 22 H	0.17〜0.23	0.15〜0.35	0.55〜0.90	0.030 以下	0.030 以下	−	0.85〜1.25	0.15〜0.35	図 1・40
SCM 435 H	SCM 3 H	0.32〜0.39	0.15〜0.35	0.55〜0.90	0.030 以下	0.030 以下	−	0.85〜1.25	0.15〜0.35	図 1・41
SCM 440 H	SCM 4 H	0.37〜0.44	0.15〜0.35	0.55〜0.90	0.030 以下	0.030 以下	−	0.85〜1.25	0.15〜0.35	図 1・42
SCM 445 H	SCM 5 H	0.42〜0.49	0.15〜0.35	0.55〜0.90	0.030 以下	0.030 以下	−	0.85〜1.25	0.15〜0.35	図 1・43
SCM 822 H	SCM 24 H	0.19〜0.25	0.15〜0.35	0.55〜0.90	0.030 以下	0.030 以下	−	0.85〜1.25	0.35〜0.45	図 1・44
SNC 415 H	SNC 21 H	0.11〜0.18	0.15〜0.35	0.30〜0.70	0.030 以下	0.030 以下	1.95〜2.50	0.20〜0.55	−	図 1・45
SNC 631 H	SNC 2 H	0.26〜0.35	0.15〜0.35	0.30〜0.70	0.030 以下	0.030 以下	2.45〜3.00	0.55〜1.05	−	図 1・46
SNC 815 H	SNC 22 H	0.11〜0.18	0.15〜0.35	0.30〜0.70	0.030 以下	0.030 以下	2.95〜3.50	0.65〜1.05	−	図 1・47
SNCM 220 H	SNCM 21 H	0.17〜0.23	0.15〜0.35	0.60〜0.95	0.030 以下	0.030 以下	0.35〜0.75	0.35〜0.65	0.15〜0.30	図 1・48
SNCM 420 H	SNCM 23 H	0.17〜0.23	0.15〜0.35	0.40〜0.70	0.030 以下	0.030 以下	1.55〜2.00	0.35〜0.65	0.15〜0.30	図 1・49

JIS G 4052 焼入性を保証した構造用鋼鋼材 (H 鋼)

表 3 軸受鋼, 工具鋼の成分例 [mass %]

記号	C	Si	Mn	P	S	Ni	Cr	Mo	W	V	Cu	図番号
SUJ 2	1.05	0.26	0.40	0.016	0.005	−	1.40	−	−	−	−	図 1・50
SK 5	0.87	0.29	0.40	0.012	0.013	0.01	0.02	−	−	−	0.05	
SKS 43	1.01	0.21	0.17	0.014	0.010	0.10	0.12	−	0.13	0.12		図 1・51
SKS 44	0.85	0.22	0.21	0.018	0.009	0.08	0.10	−	0.15	0.10		
SKS 2	1.00	0.29	0.50	0.016	0.010	0.10	0.78	0.07	1.23	−	−	図 1・52
SKS 3	0.98	0.35	0.96	0.028	0.007	0.08	0.72	0.06	0.80	−	−	図 1・53
SKS 4	0.49	0.31	0.41	0.011	0.006	0.16	0.79	0.12	0.90	−	−	図 1・54
SKS 31	0.98	0.15	0.94	0.015	0.014	−	0.92	−	1.02	−	−	図 1・55

日本鉄鋼協会編: 改訂 5 版 鋼の熱処理 (1969), 丸善

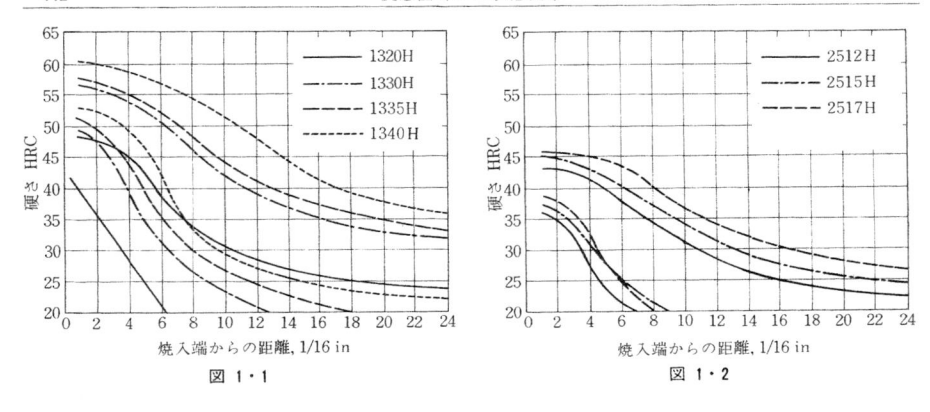

変態図および状態図集

図 1・1 — 1320H, 1330H, 1335H, 1340H の焼入性曲線（硬さ HRC 対 焼入端からの距離, 1/16 in）

図 1・2 — 2512H, 2515H, 2517H の焼入性曲線

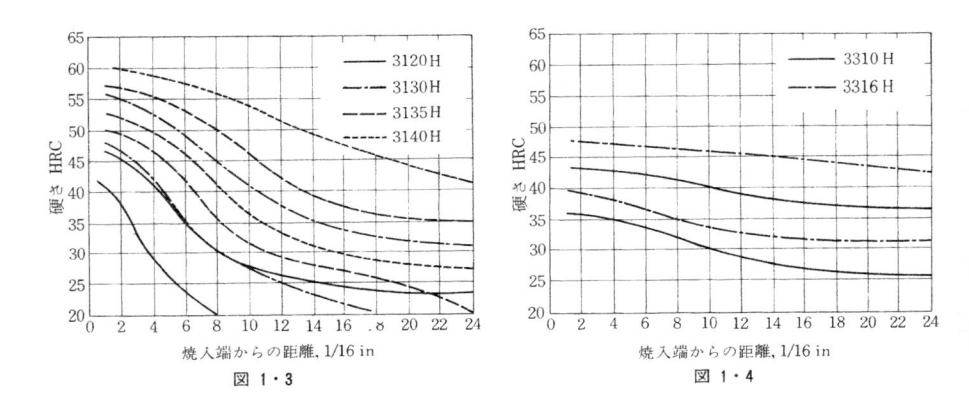

図 1・3 — 3120H, 3130H, 3135H, 3140H の焼入性曲線

図 1・4 — 3310H, 3316H の焼入性曲線

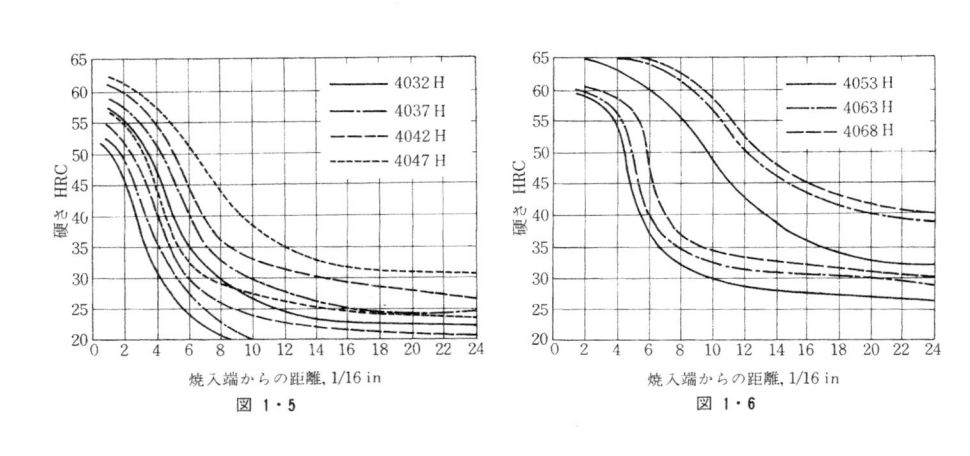

図 1・5 — 4032H, 4037H, 4042H, 4047H の焼入性曲線

図 1・6 — 4053H, 4063H, 4068H の焼入性曲線

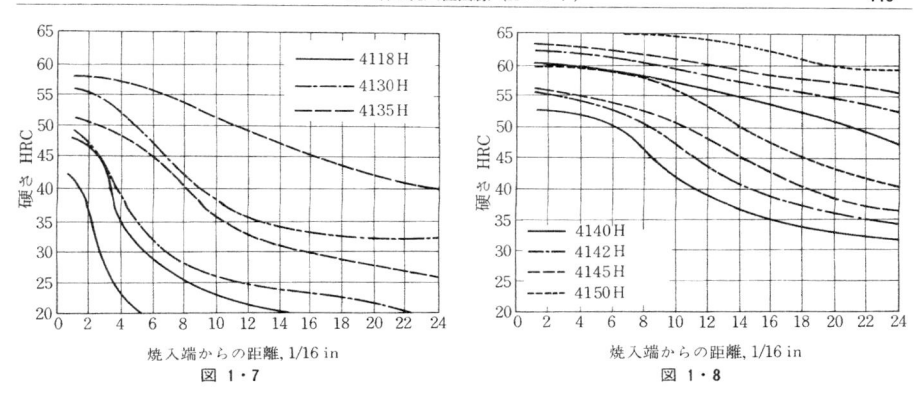

1. 鋼の焼入性曲線（Hバンド）

図 1・7

図 1・8

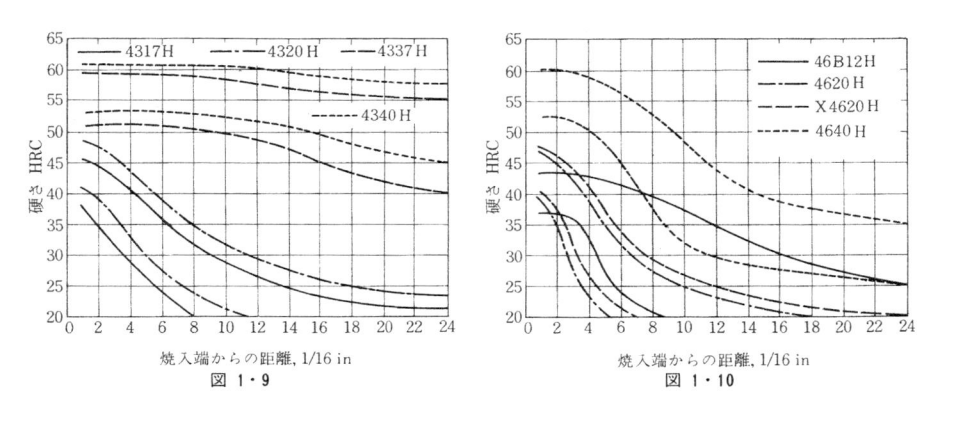

図 1・9

図 1・10

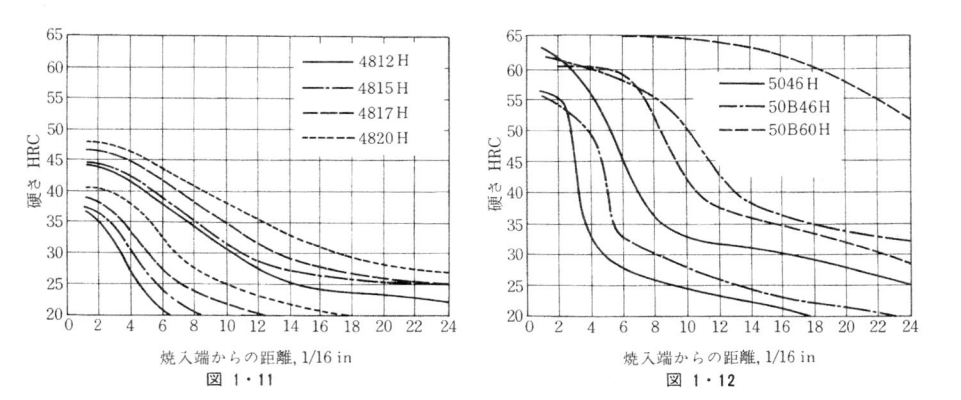

図 1・11

図 1・12

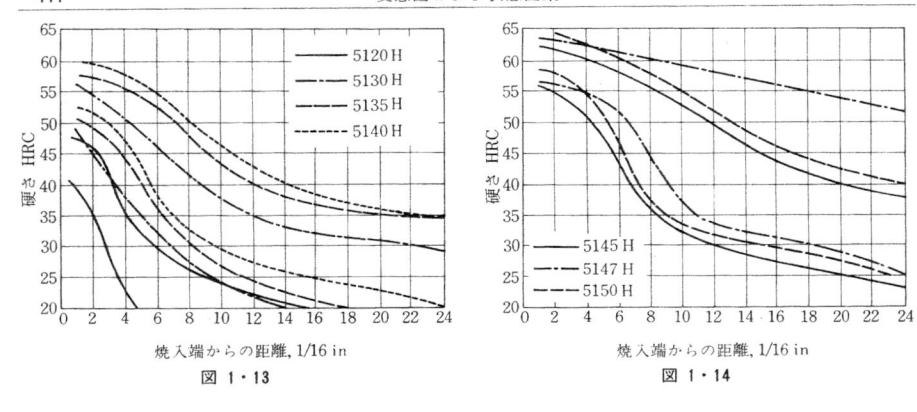

図 1・13 — 5120H, 5130H, 5135H, 5140H
焼入端からの距離, 1/16 in

図 1・14 — 5145H, 5147H, 5150H
焼入端からの距離, 1/16 in

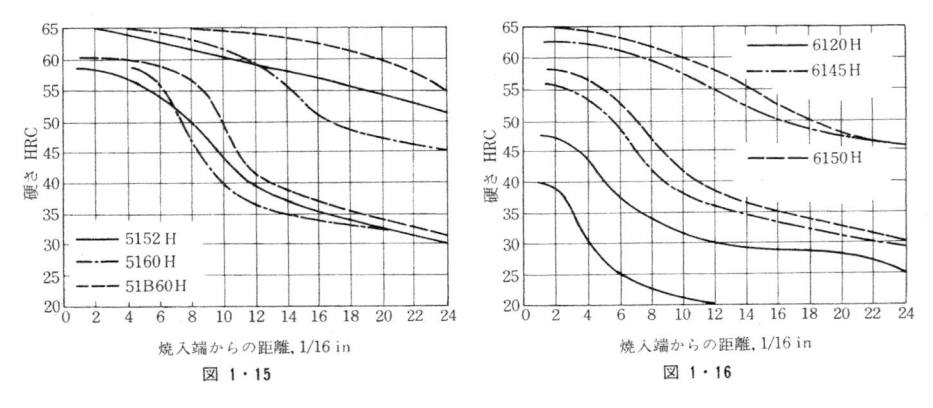

図 1・15 — 5152H, 5160H, 51B60H
焼入端からの距離, 1/16 in

図 1・16 — 6120H, 6145H, 6150H
焼入端からの距離, 1/16 in

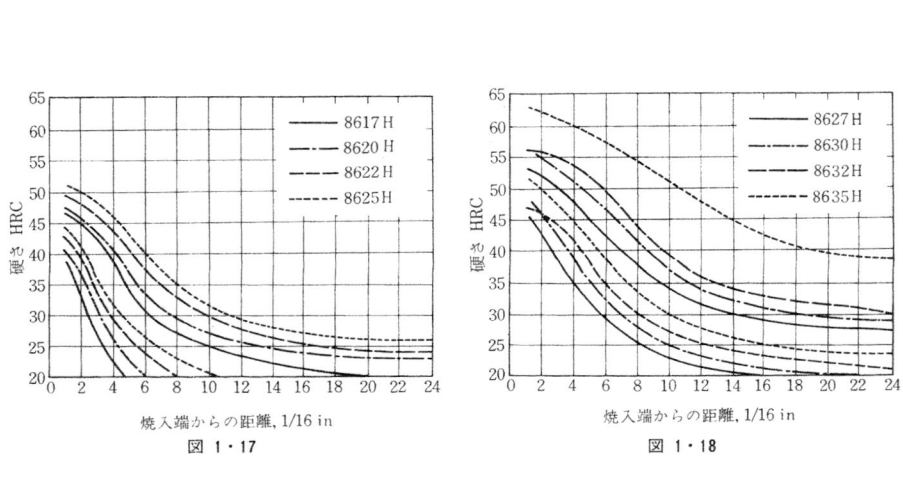

図 1・17 — 8617H, 8620H, 8622H, 8625H
焼入端からの距離, 1/16 in

図 1・18 — 8627H, 8630H, 8632H, 8635H
焼入端からの距離, 1/16 in

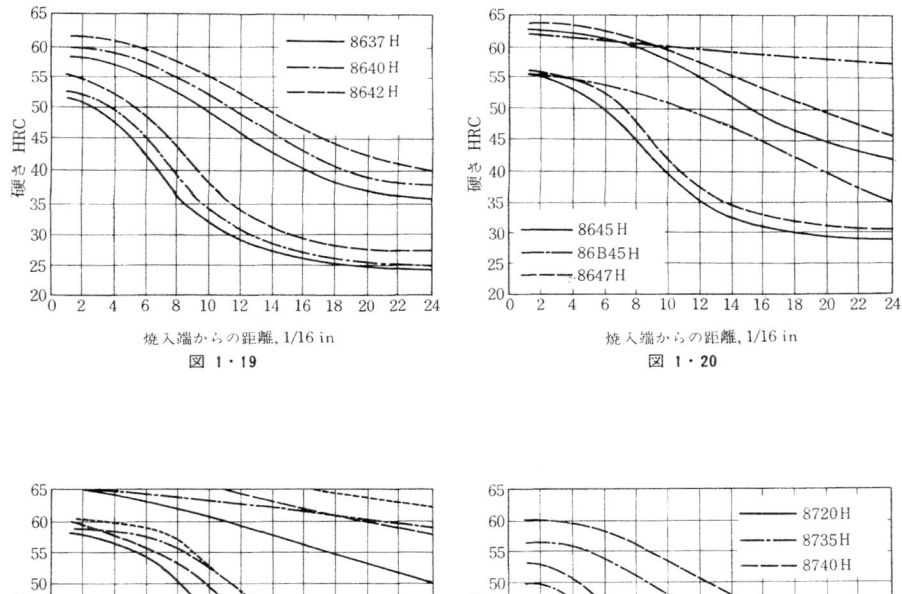

1. 鋼の焼入性曲線 (H バンド)

図 1・19

図 1・20

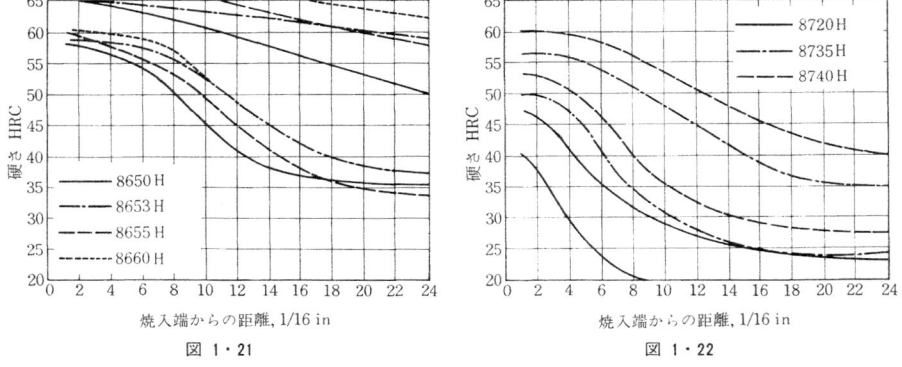

図 1・21

図 1・22

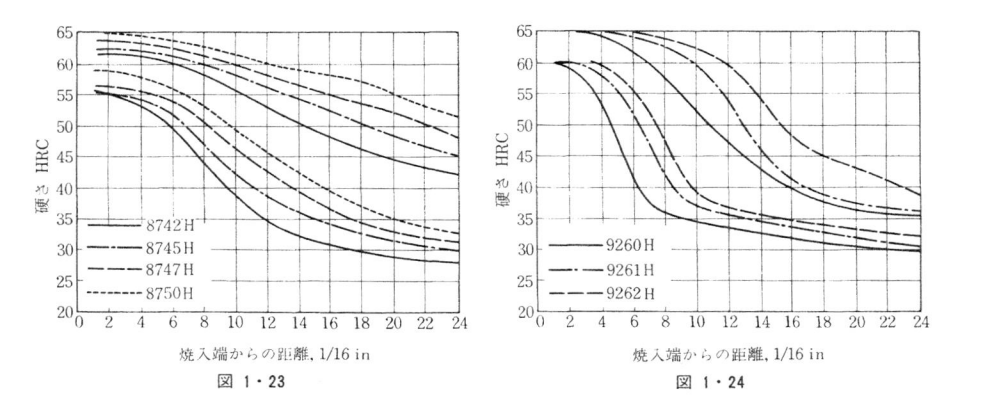

図 1・23

図 1・24

図 1・25

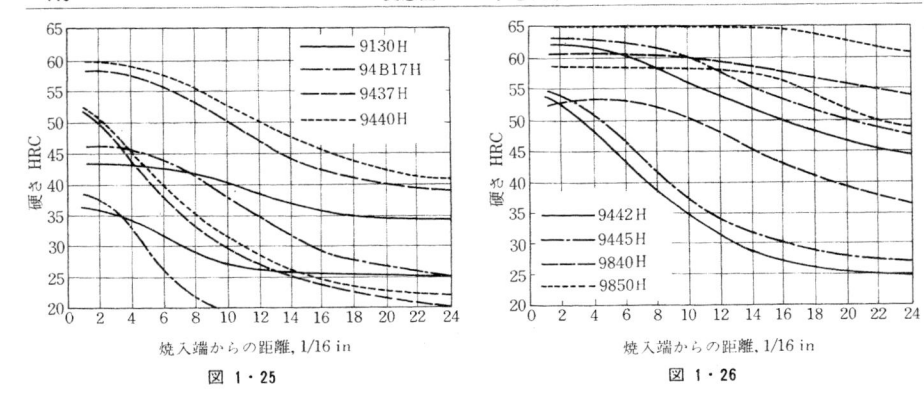

図 1・26

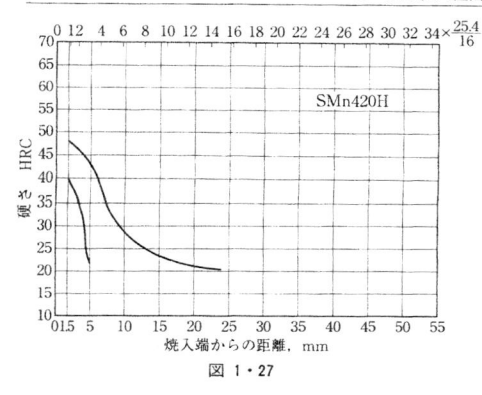

1. 鋼の焼入性曲線（Hバンド） 447

図 1・27 SMn420H

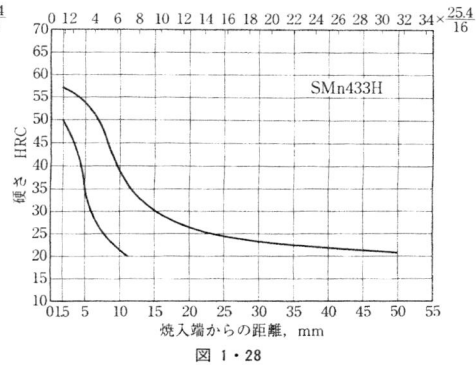

図 1・28 SMn433H

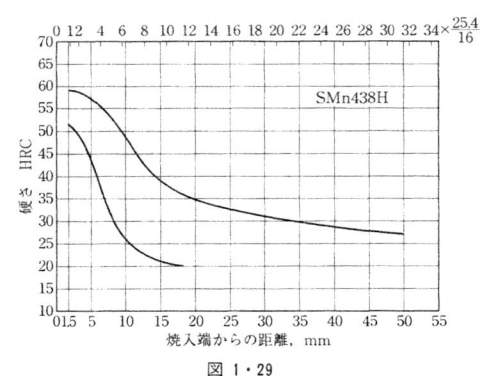

図 1・29 SMn438H

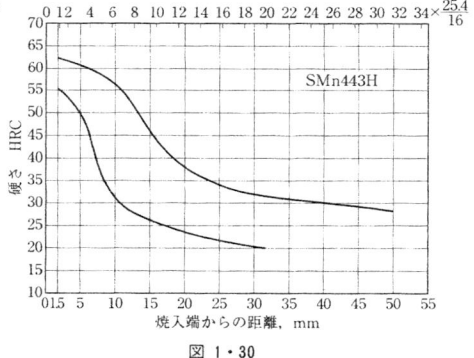

図 1・30 SMn443H

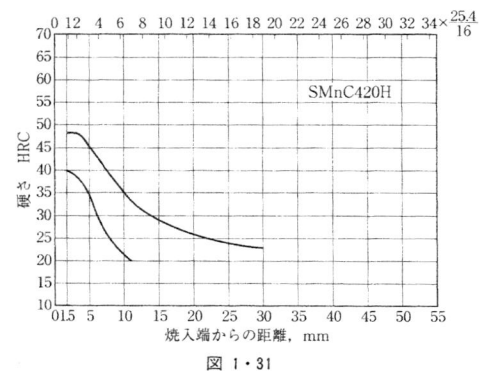

図 1・31 SMnC420H

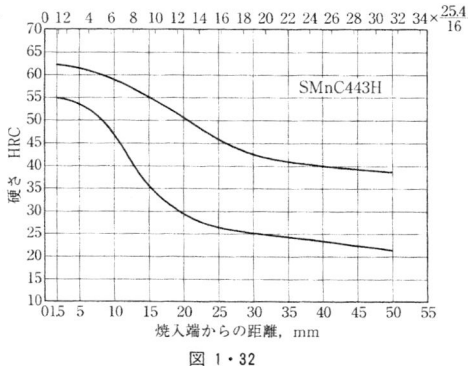

図 1・32 SMnC443H

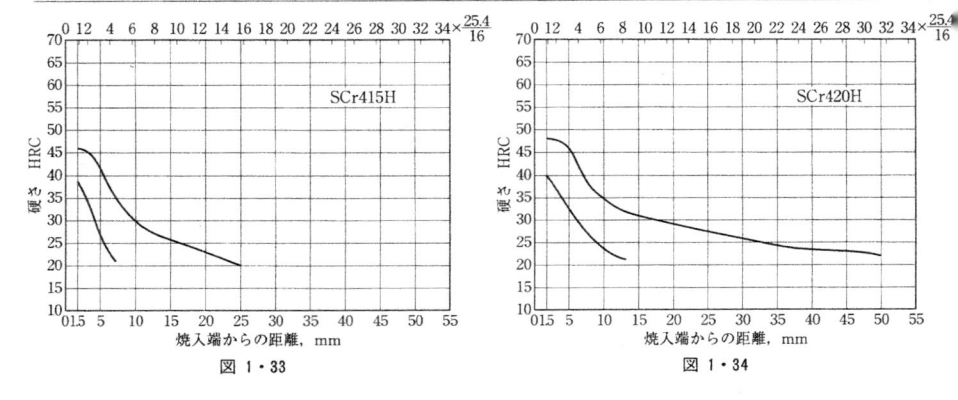

図 1・33 SCr415H

図 1・34 SCr420H

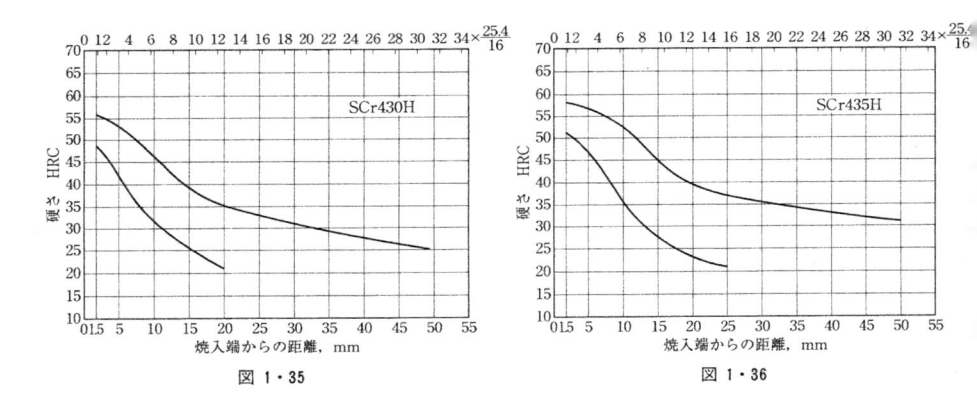

図 1・35 SCr430H

図 1・36 SCr435H

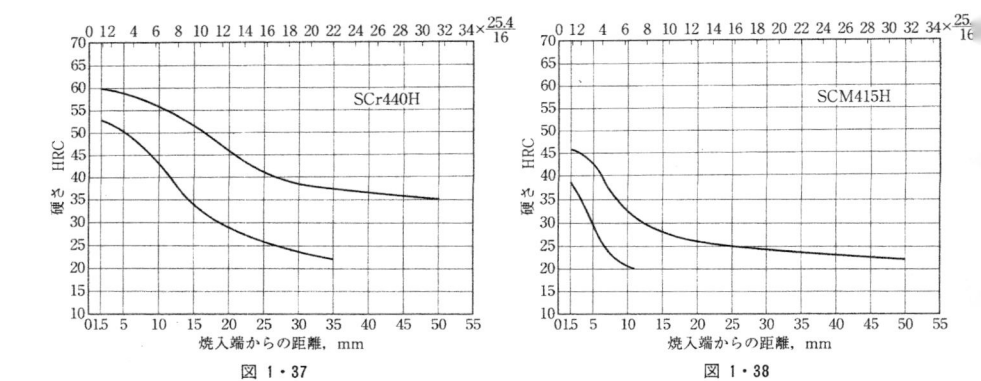

図 1・37 SCr440H

図 1・38 SCM415H

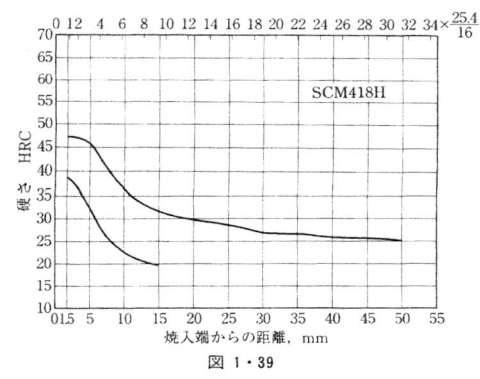

1. 鋼の焼入性曲線（Hバンド）

図 1・39 SCM418H

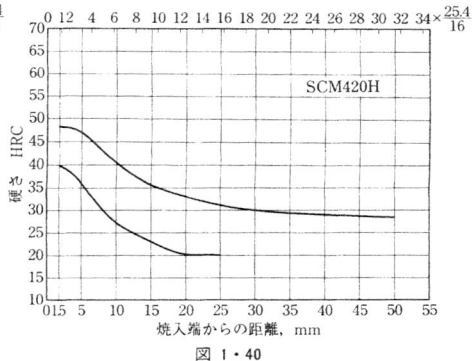

図 1・40 SCM420H

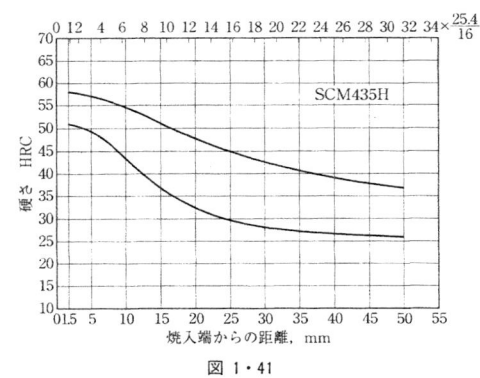

図 1・41 SCM435H

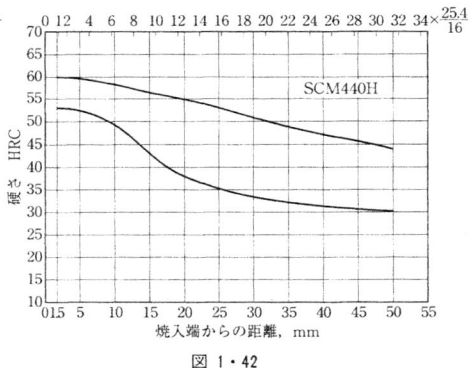

図 1・42 SCM440H

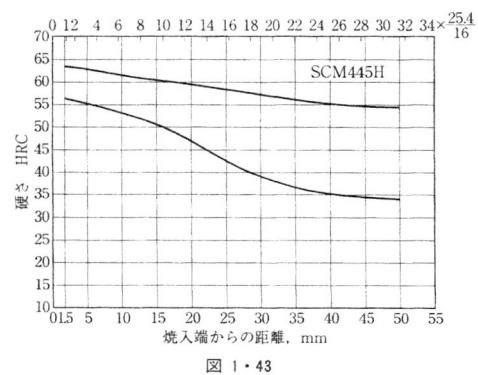

図 1・43 SCM445H

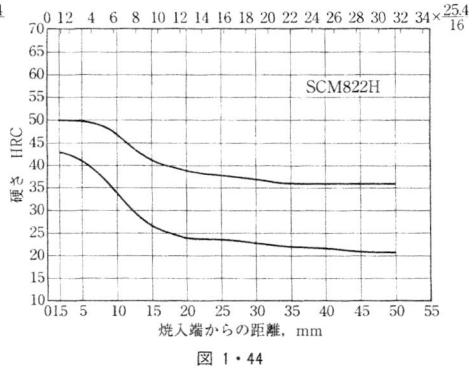

図 1・44 SCM822H

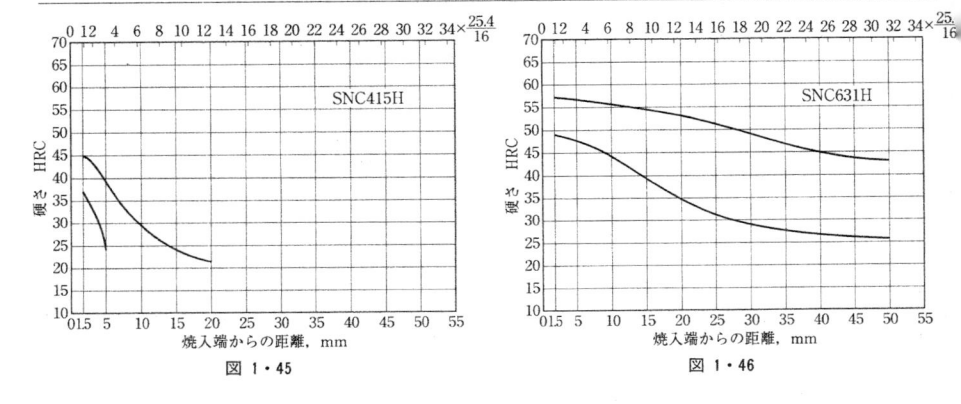

図 1・45 SNC415H

図 1・46 SNC631H

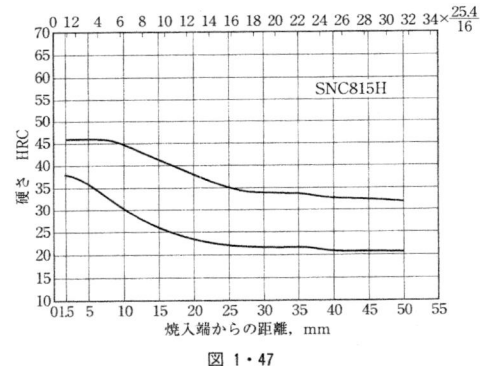

図 1・47 SNC815H

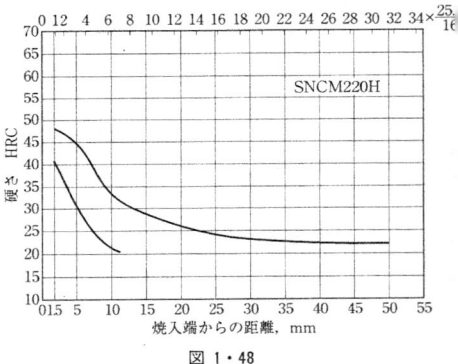

図 1・48 SNCM220H

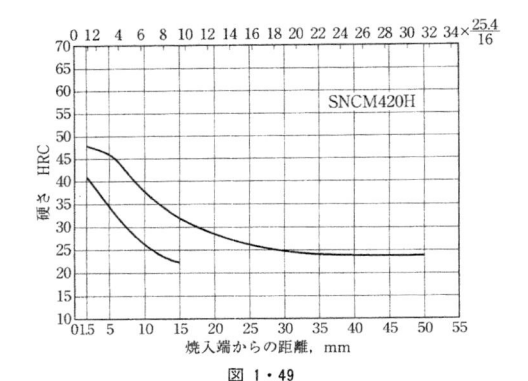

図 1・49 SNCM420H

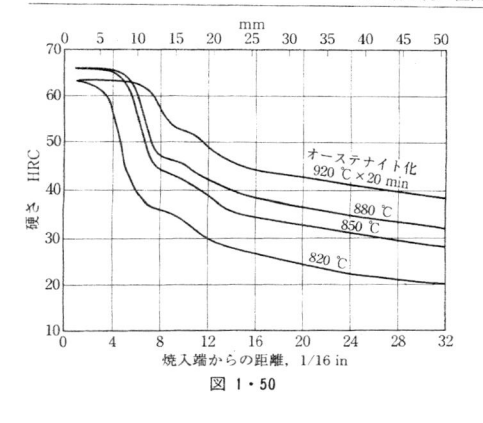

1. 鋼の焼入性曲線（Hバンド）

図 1・50 — オーステナイト化 920℃×20 min、880℃、850℃、820℃

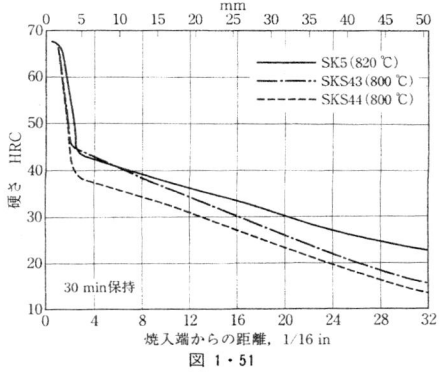

図 1・51 — SK5(820℃)、SKS43(800℃)、SKS44(800℃)、30 min保持

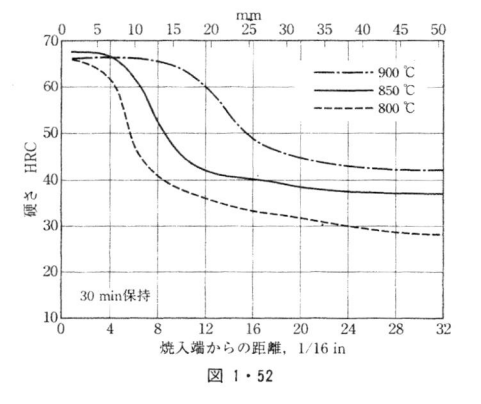

図 1・52 — 900℃、850℃、800℃、30 min保持

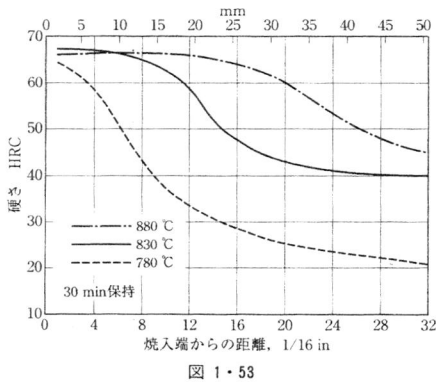

図 1・53 — 880℃、830℃、780℃、30 min保持

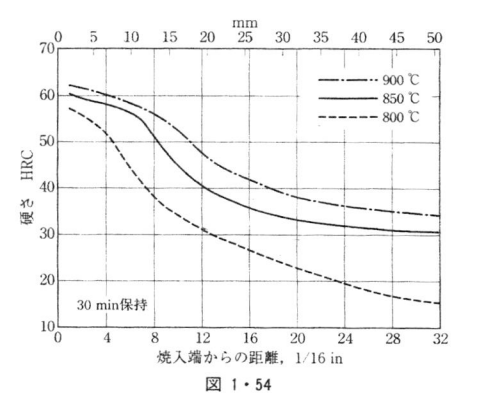

図 1・54 — 900℃、850℃、800℃、30 min保持

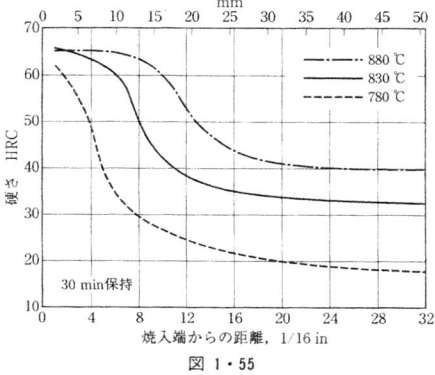

図 1・55 — 880℃、830℃、780℃、30 min保持

2. 恒温および連続冷却変態図

2・1 鉄鋼の恒温変態（T.T.T.）図

鋼　種	図　番　号	鋼　種	図　番　号
炭素鋼	図2・1〜10, 91〜92	Cr-V-W 鋼	図2・79〜80, 110〜111
Mn 鋼	図2・11〜13	Mn-Ni-Mo 鋼	図2・81〜83
Ni 鋼	図2・14〜18, 93	Mn-Si-Ni-Mo 鋼	図2・84
Cr 鋼	図2・19〜26, 94〜97	Si-Cr-W-Mo 鋼	図2・85
Mo 鋼	図2・27〜34	Cr-Mo-W-V 鋼	図2・86〜88, 112
Si 鋼	図2・35〜38	Cr-Mo-W-V-Co 鋼	図2・89〜90, 113
Cu 鋼	図2・39	Mn-Cr 鋼	図2・114
V 鋼	図2・40〜41	Cr-W 鋼	図2・115〜118
Co 鋼	図2・42	Mn-Cr-Mo 鋼	図2・119〜120
Ni-Cr 鋼	図2・43〜48, 98〜100	Mn-Cr-W 鋼	図2・121
Cr-Mo 鋼	図2・49〜50, 101	Cr-Mo-Al 鋼	図2・122
Cr-V 鋼	図2・51〜52	Cr-Mo-W 鋼	図2・123
Mn-Mo 鋼	図2・53〜57	Si-Cr-Mo-V 鋼	図2・124
B 鋼	図2・58〜64, 102	Cr-Mo-V-Co 鋼	図2・125
Ni-Cr-Mo 鋼	図2・65〜72, 103〜106	Cr-W-V-Co 鋼	図2・126
Cr-Mo-V 鋼	図2・73〜77, 107〜109	Si-Cr-Mo-V-Co 鋼	図2・127
Cr-Ni-V 鋼	図2・78		

T.T.T.およびC.C.T.図中の記号について
図中の組織成分は次の符号で示してある．
　A　オーステナイト
　F　フェライト
　P　パーライト
　Zw, B　中間相（ベイナイト）
　C　セメンタイト
　K　炭化物
　M　マルテンサイト
　RA　残留オーステナイト

また，曲線上の数字は組織成分のパーセント，○内の数字はビッカース（HV）あるいはロックウェルCスケール（HRC）で示した硬さの値である．

図2・91〜127は「日本鉄鋼協会編：改訂5版 鋼の熱処理（1969), 丸善」による．

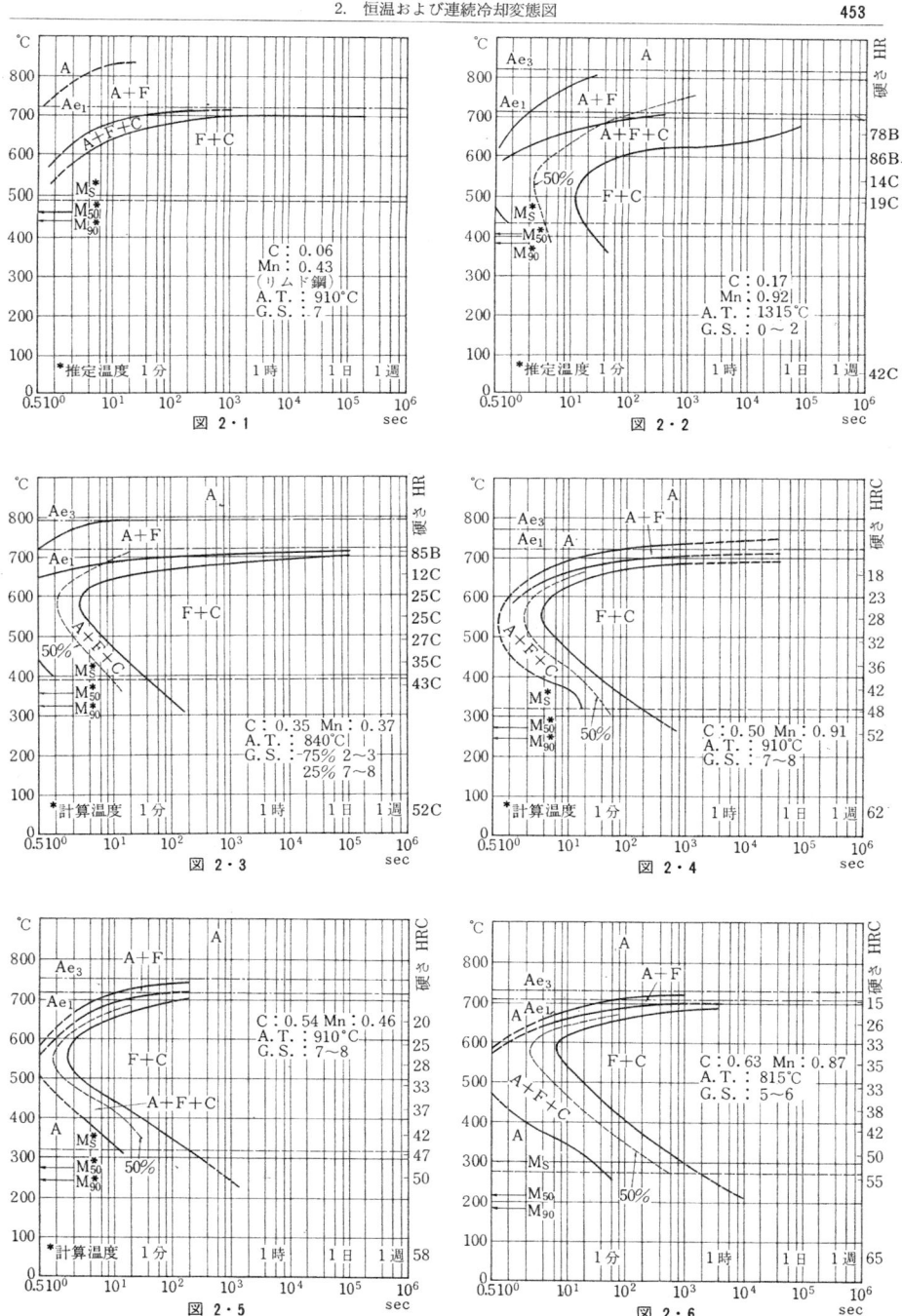

2. 恒温および連続冷却変態図

図 2·1　C:0.06　Mn:0.43（リムド鋼）　A.T.:910°C　G.S.:7

図 2·2　C:0.17　Mn:0.92　A.T.:1315°C　G.S.:0〜2

図 2·3　C:0.35　Mn:0.37　A.T.:840°C　G.S.:75% 2〜3, 25% 7〜8

図 2·4　C:0.50　Mn:0.91　A.T.:910°C　G.S.:7〜8

図 2·5　C:0.54　Mn:0.46　A.T.:910°C　G.S.:7〜8

図 2·6　C:0.63　Mn:0.87　A.T.:815°C　G.S.:5〜6

454 変態図および状態図集

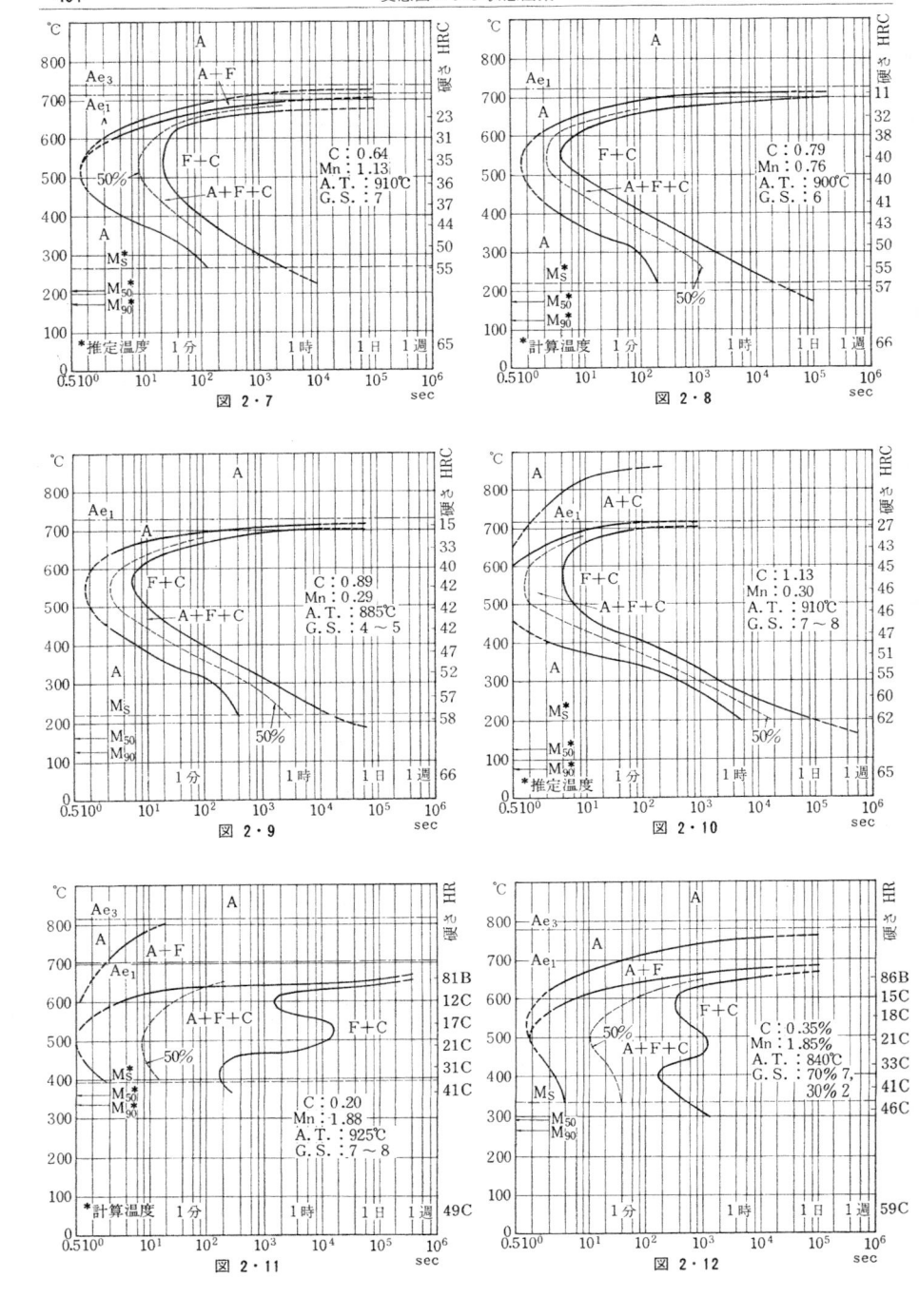

図 2・7
C : 0.64, Mn : 1.13, A.T. : 910℃, G.S. : 7

図 2・8
C : 0.79, Mn : 0.76, A.T. : 900℃, G.S. : 6

図 2・9
C : 0.89, Mn : 0.29, A.T. : 885℃, G.S. : 4〜5

図 2・10
C : 1.13, Mn : 0.30, A.T. : 910℃, G.S. : 7〜8

図 2・11
C : 0.20, Mn : 1.88, A.T. : 925℃, G.S. : 7〜8

図 2・12
C : 0.35%, Mn : 1.85%, A.T. : 840℃, G.S. : 70% 7, 30% 2

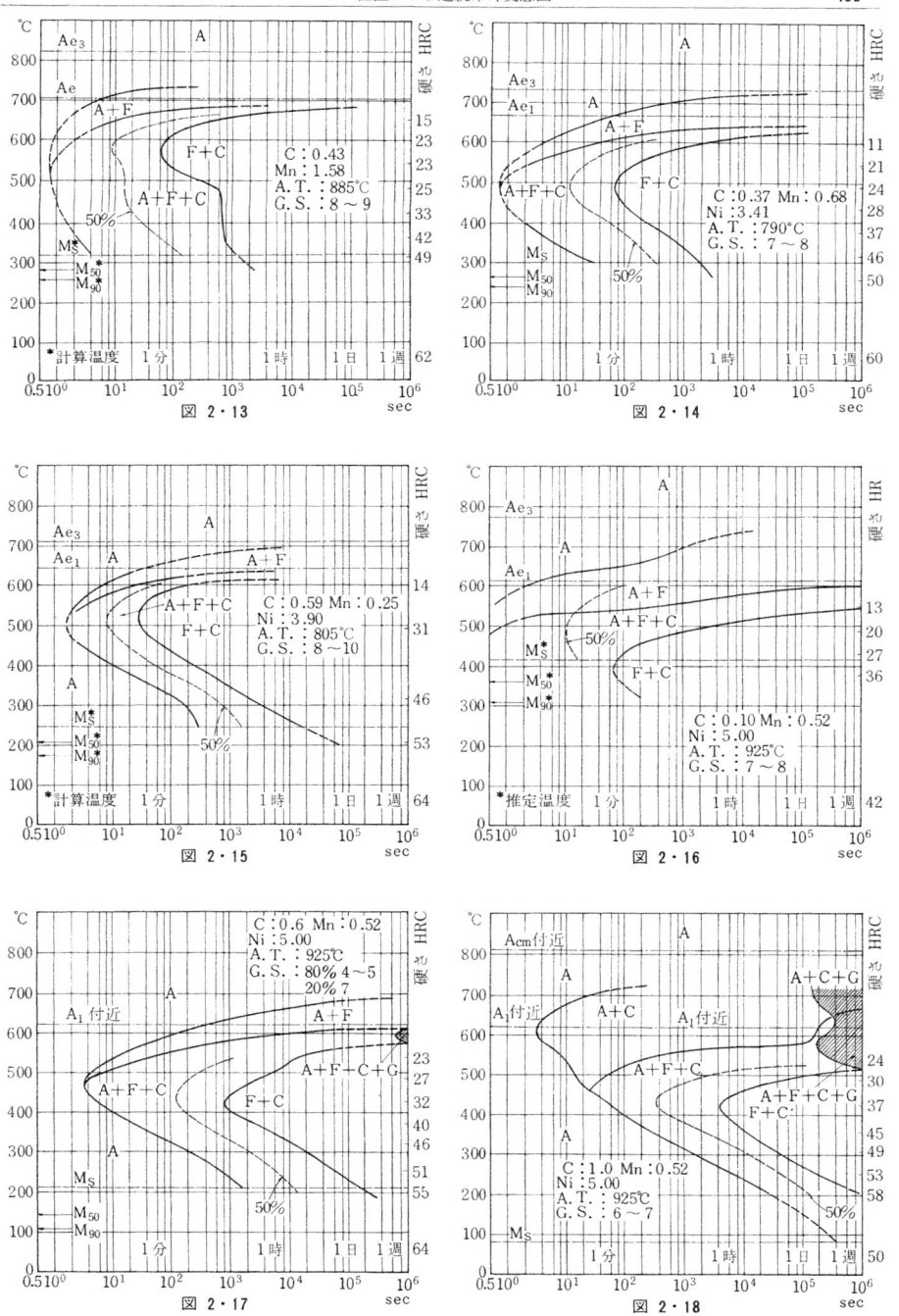

2. 恒温および連続冷却変態図

図 2·13 C:0.43 Mn:1.58 A.T.:885℃ G.S.:8〜9

図 2·14 C:0.37 Mn:0.68 Ni:3.41 A.T.:790℃ G.S.:7〜8

図 2·15 C:0.59 Mn:0.25 Ni:3.90 A.T.:805℃ G.S.:8〜10

図 2·16 C:0.10 Mn:0.52 Ni:5.00 A.T.:925℃ G.S.:7〜8

図 2·17 C:0.6 Mn:0.52 Ni:5.00 A.T.:925℃ G.S.:80% 4〜5 / 20% 7

図 2·18 C:1.0 Mn:0.52 Ni:5.00 A.T.:925℃ G.S.:6〜7

図 2・19 C：0.38 Mn：0.37 Cr：0.57 A.T.：870℃ G.S.：5〜6

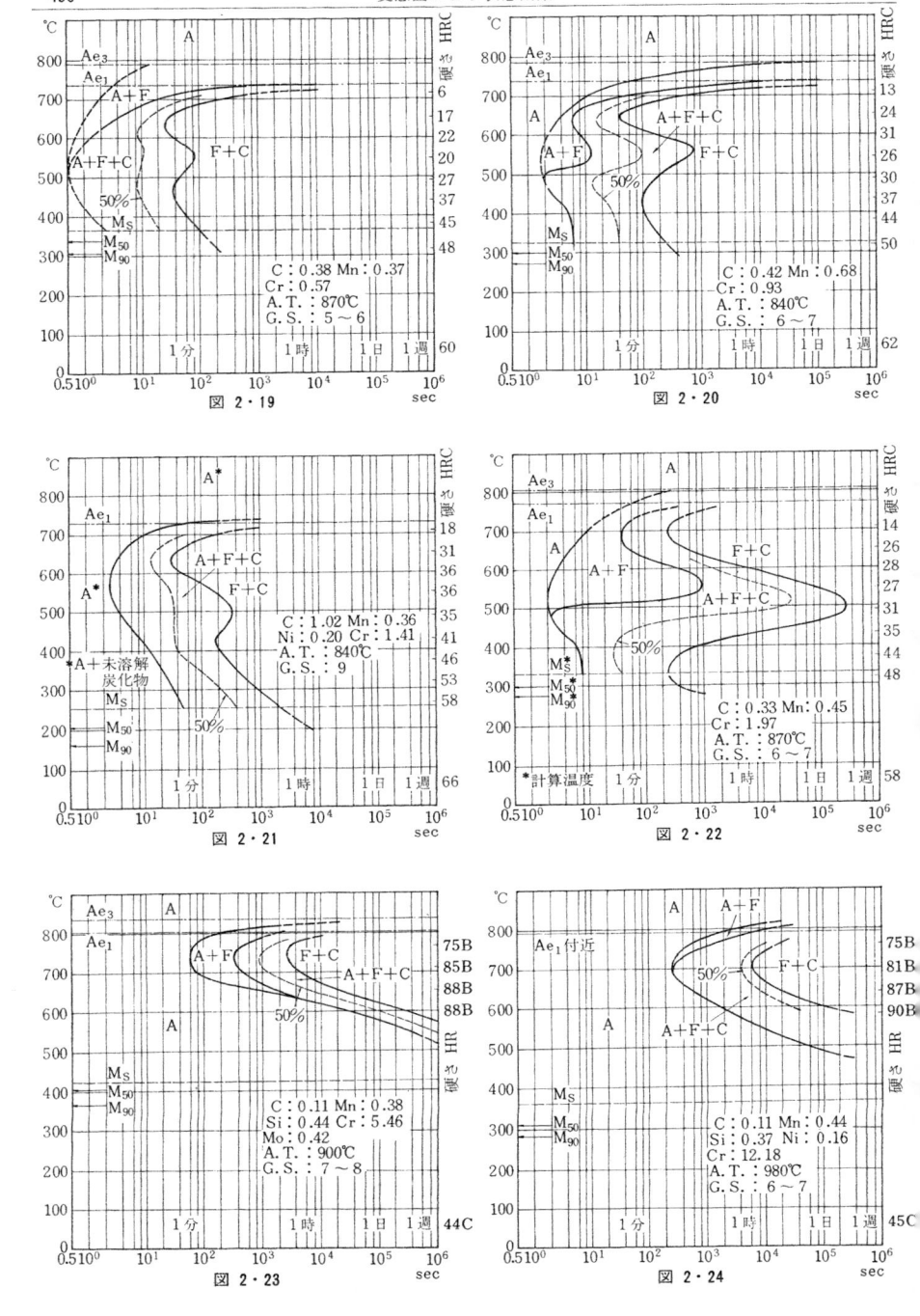

図 2・20 C：0.42 Mn：0.68 Cr：0.93 A.T.：840℃ G.S.：6〜7

図 2・21 C：1.02 Mn：0.36 Ni：0.20 Cr：1.41 A.T.：840℃ G.S.：9 ＊A＋未溶解炭化物

図 2・22 C：0.33 Mn：0.45 Cr：1.97 A.T.：870℃ G.S.：6〜7 ＊計算温度

図 2・23 C：0.11 Mn：0.38 Si：0.44 Cr：5.46 Mo：0.42 A.T.：900℃ G.S.：7〜8

図 2・24 C：0.11 Mn：0.44 Si：0.37 Ni：0.16 Cr：12.18 A.T.：980℃ G.S.：6〜7

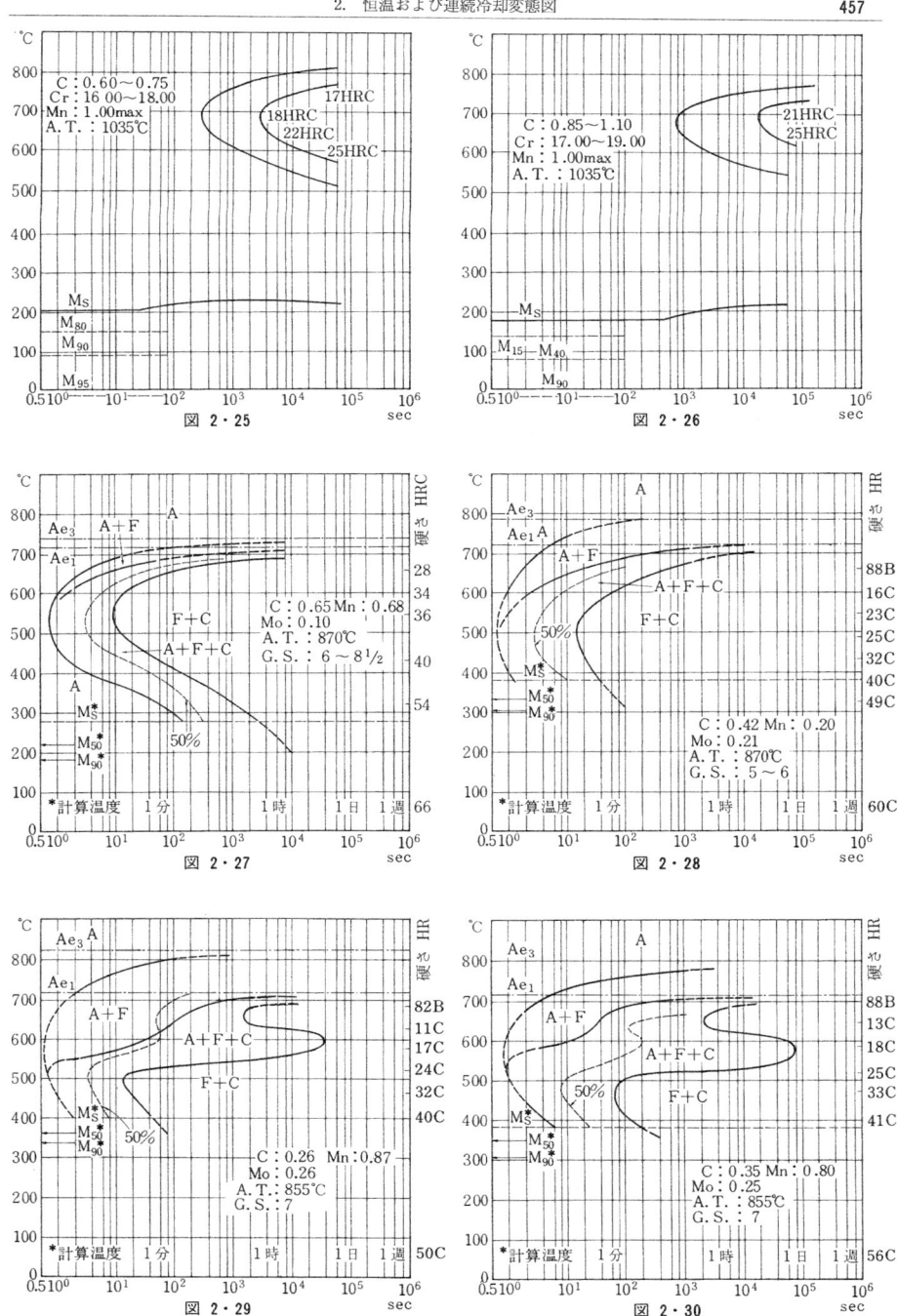

2. 恒温および連続冷却変態図

図 2・25 C : 0.60〜0.75, Cr : 16.00〜18.00, Mn : 1.00max, A.T. : 1035℃

図 2・26 C : 0.85〜1.10, Cr : 17.00〜19.00, Mn : 1.00max, A.T. : 1035℃

図 2・27 C : 0.65 Mn : 0.68, Mo : 0.10, A.T. : 870℃, G.S. : 6〜8½

図 2・28 C : 0.42 Mn : 0.20, Mo : 0.21, A.T. : 870℃, G.S. : 5〜6

図 2・29 C : 0.26 Mn : 0.87, Mo : 0.26, A.T. : 855℃, G.S. : 7

図 2・30 C : 0.35 Mn : 0.80, Mo : 0.25, A.T. : 855℃, G.S. : 7

図 2・31

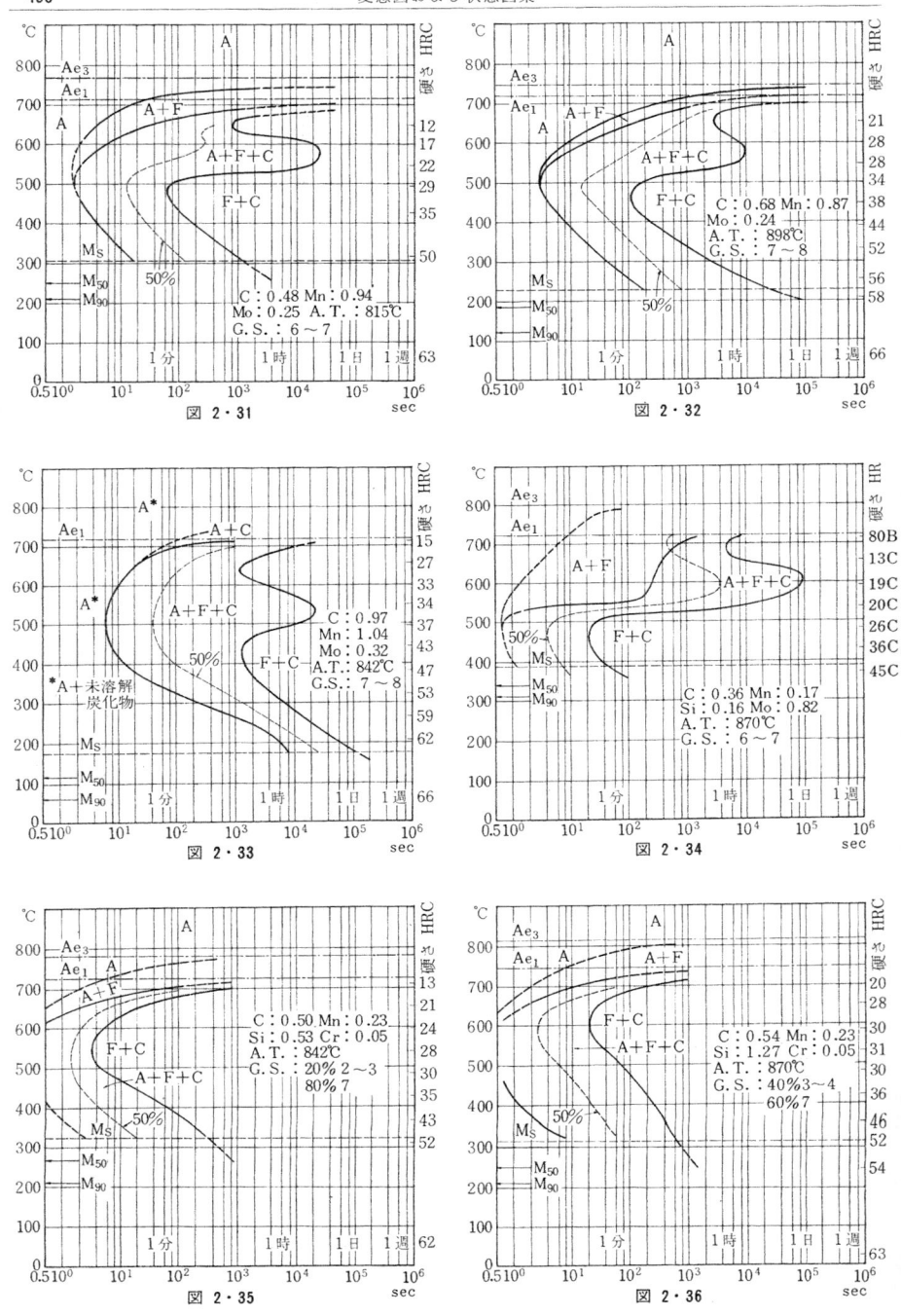

C : 0.48 Mn : 0.94
Mo : 0.25 A.T. : 815℃
G.S. : 6〜7

図 2・32

C : 0.68 Mn : 0.87
Mo : 0.24
A.T. : 898℃
G.S. : 7〜8

図 2・33

C : 0.97
Mn : 1.04
Mo : 0.32
A.T. : 842℃
G.S. : 7〜8

*A＋未溶解炭化物

図 2・34

C : 0.36 Mn : 0.17
Si : 0.16 Mo : 0.82
A.T. : 870℃
G.S. : 6〜7

図 2・35

C : 0.50 Mn : 0.23
Si : 0.53 Cr : 0.05
A.T. : 842℃
G.S. : 20% 2〜3
       80% 7

図 2・36

C : 0.54 Mn : 0.23
Si : 1.27 Cr : 0.05
A.T. : 870℃
G.S. : 40% 3〜4
       60% 7

2. 恒温および連続冷却変態図

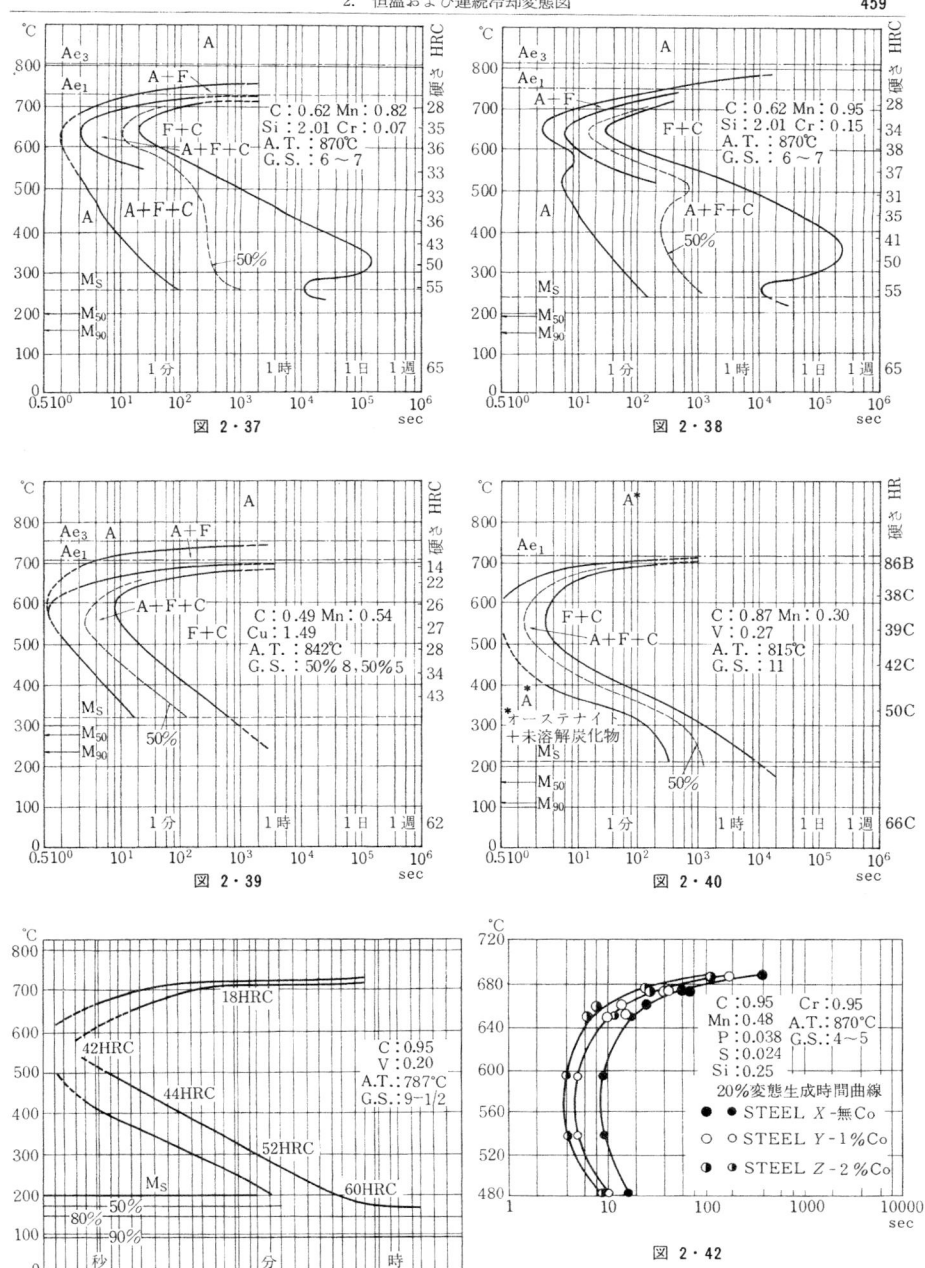

図 2・37

図 2・38

図 2・39

図 2・40

図 2・41

図 2・42

図 2・43 C : 0.38 Mn : 0.72 Ni : 1.32 Cr : 0.49 A.T. : 842℃ G.S. : 7〜8

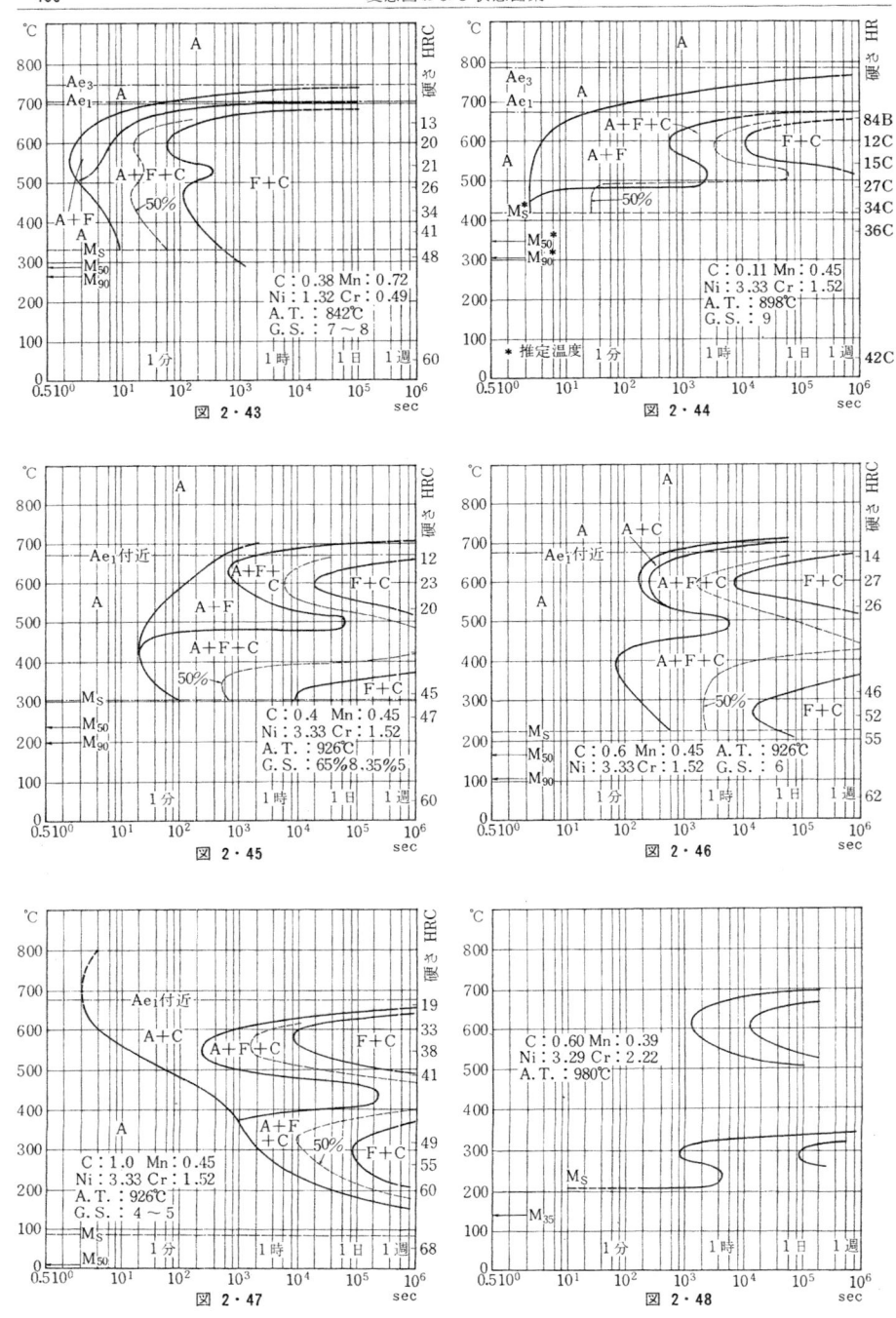

図 2・44 C : 0.11 Mn : 0.45 Ni : 3.33 Cr : 1.52 A.T. : 898℃ G.S. : 9 *推定温度

図 2・45 C : 0.4 Mn : 0.45 Ni : 3.33 Cr : 1.52 A.T. : 926℃ G.S. : 65%8.35%5

図 2・46 C : 0.6 Mn : 0.45 Ni : 3.33 Cr : 1.52 A.T. : 926℃ G.S. : 6

図 2・47 C : 1.0 Mn : 0.45 Ni : 3.33 Cr : 1.52 A.T. : 926℃ G.S. : 4〜5

図 2・48 C : 0.60 Mn : 0.39 Ni : 3.29 Cr : 2.22 A.T. : 980℃

2. 恒温および連続冷却変態図

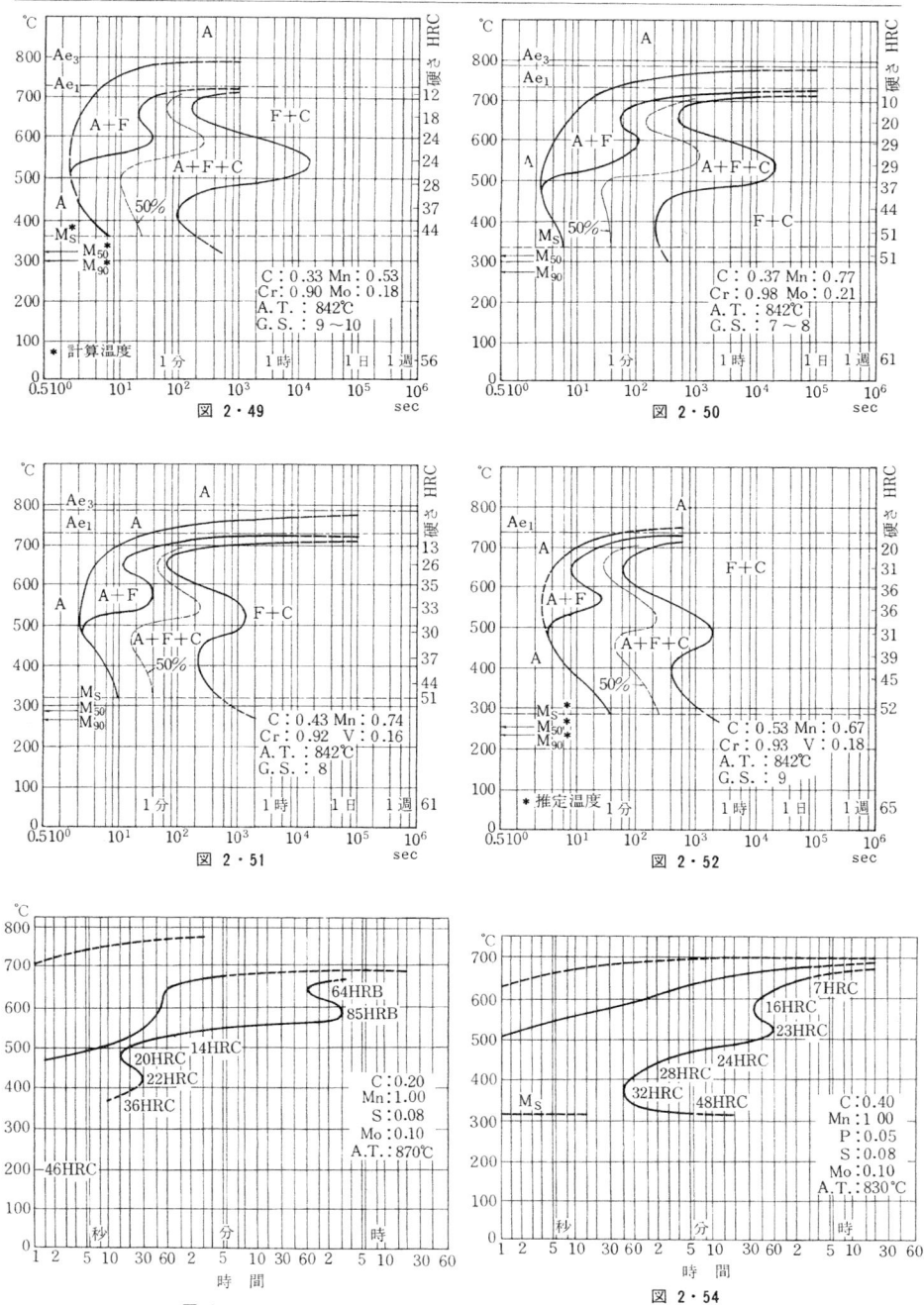

図 2・49

図 2・50

図 2・51

図 2・52

図 2・53

図 2・54

462　変態図および状態図集

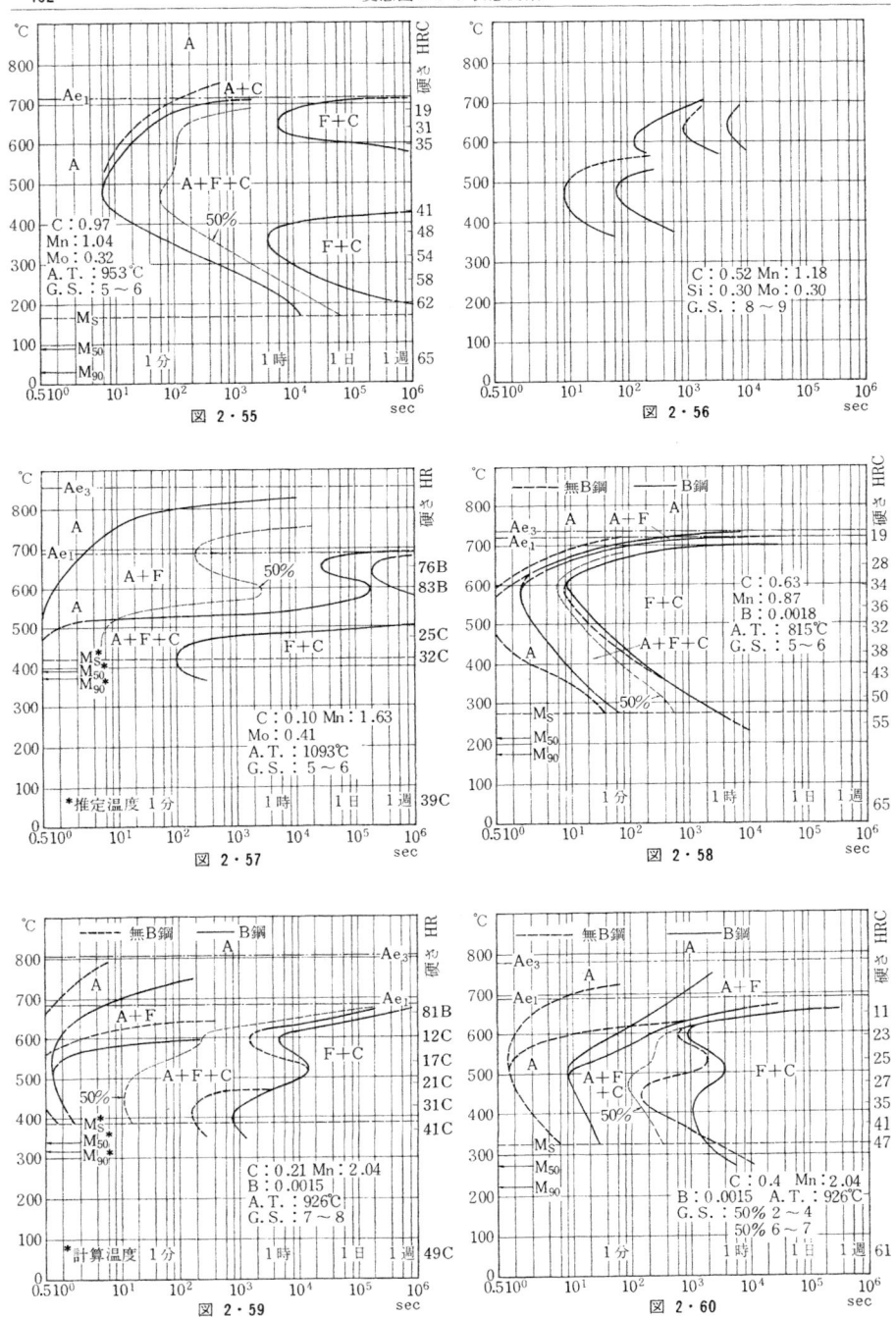

図 2・55　C:0.97 Mn:1.04 Mo:0.32 A.T.:953℃ G.S.:5〜6

図 2・56　C:0.52 Mn:1.18 Si:0.30 Mo:0.30 G.S.:8〜9

図 2・57　C:0.10 Mn:1.63 Mo:0.41 A.T.:1093℃ G.S.:5〜6　*推定温度

図 2・58　C:0.63 Mn:0.87 B:0.0018 A.T.:815℃ G.S.:5〜6

図 2・59　C:0.21 Mn:2.04 B:0.0015 A.T.:926℃ G.S.:7〜8　*計算温度

図 2・60　C:0.4 Mn:2.04 B:0.0015 A.T.:926℃ G.S.:50%2〜4　50%6〜7

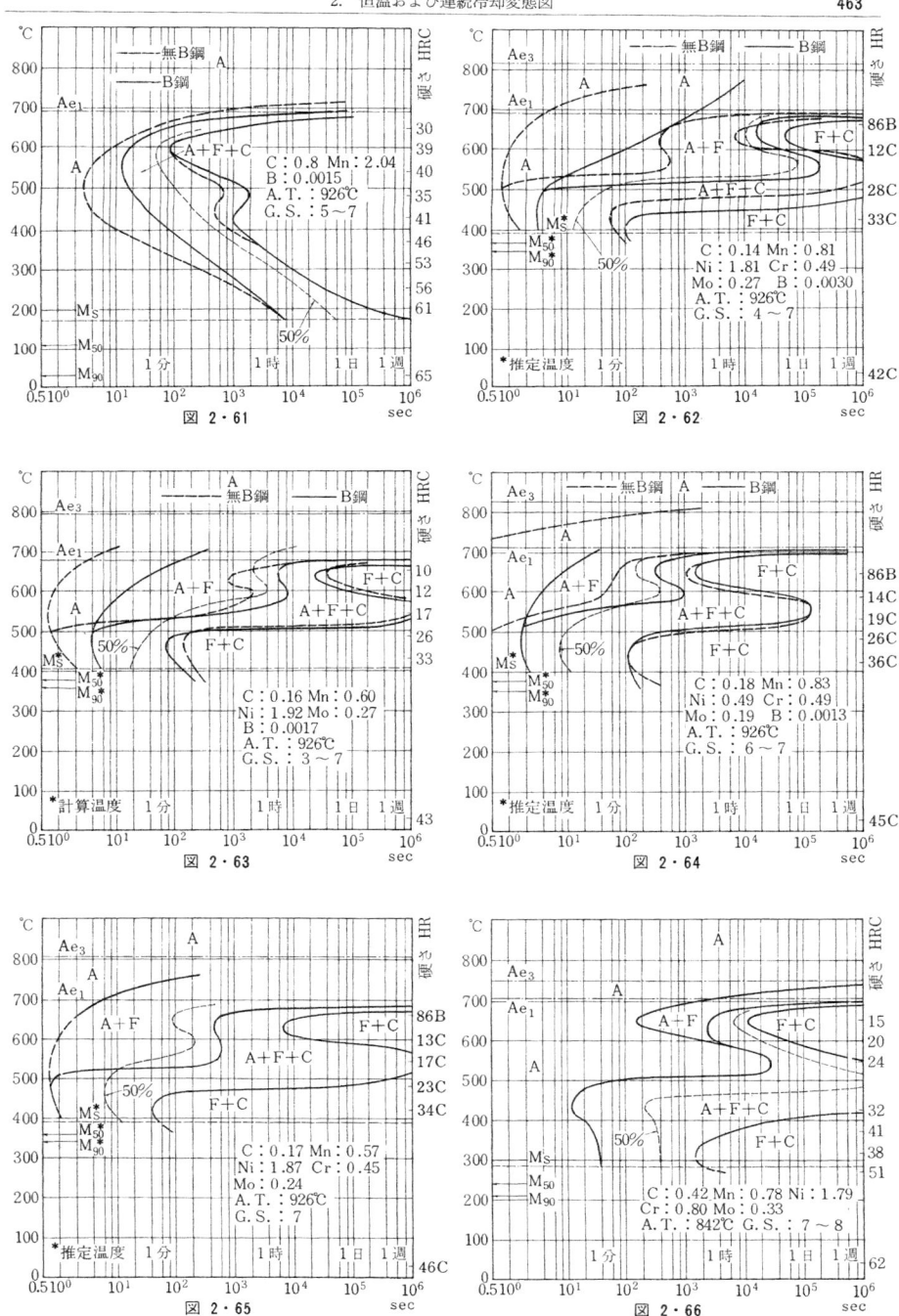

2. 恒温および連続冷却変態図

図 2・61
$C: 0.8\ Mn: 2.04$
$B: 0.0015$
$A.T.: 926℃$
$G.S.: 5\sim 7$

図 2・62
$C: 0.14\ Mn: 0.81$
$Ni: 1.81\ Cr: 0.49$
$Mo: 0.27\ B: 0.0030$
$A.T.: 926℃$
$G.S.: 4\sim 7$

図 2・63
$C: 0.16\ Mn: 0.60$
$Ni: 1.92\ Mo: 0.27$
$B: 0.0017$
$A.T.: 926℃$
$G.S.: 3\sim 7$

図 2・64
$C: 0.18\ Mn: 0.83$
$Ni: 0.49\ Cr: 0.49$
$Mo: 0.19\ B: 0.0013$
$A.T.: 926℃$
$G.S.: 6\sim 7$

図 2・65
$C: 0.17\ Mn: 0.57$
$Ni: 1.87\ Cr: 0.45$
$Mo: 0.24$
$A.T.: 926℃$
$G.S.: 7$

図 2・66
$C: 0.42\ Mn: 0.78\ Ni: 1.79$
$Cr: 0.80\ Mo: 0.33$
$A.T.: 842℃\ G.S.: 7\sim 8$

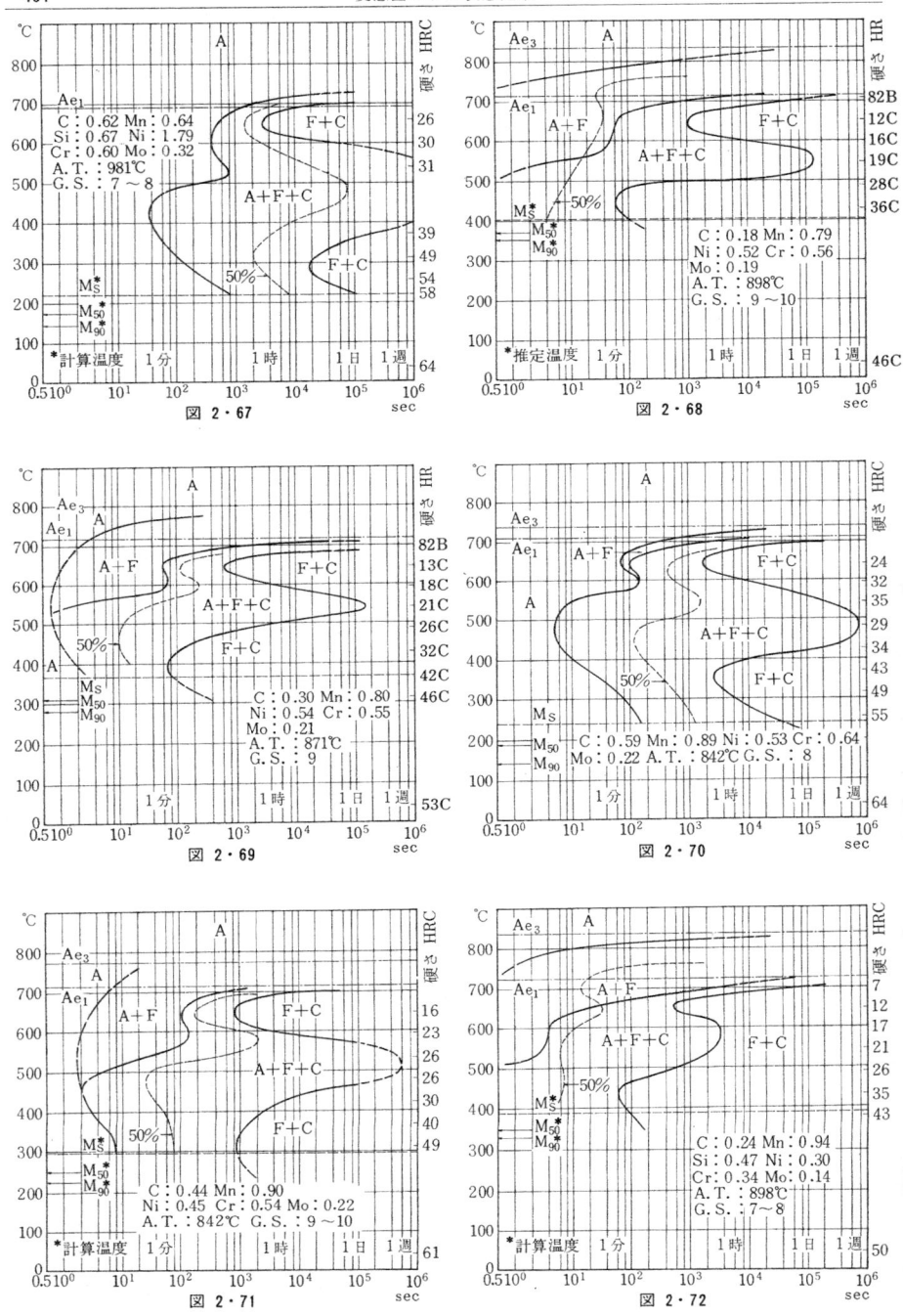

図 2・67
C : 0.62 Mn : 0.64
Si : 0.67 Ni : 1.79
Cr : 0.60 Mo : 0.32
A.T. : 981℃
G.S. : 7～8

図 2・68
C : 0.18 Mn : 0.79
Ni : 0.52 Cr : 0.56
Mo : 0.19
A.T. : 898℃
G.S. : 9～10

図 2・69
C : 0.30 Mn : 0.80
Ni : 0.54 Cr : 0.55
Mo : 0.21
A.T. : 871℃
G.S. : 9

図 2・70
C : 0.59 Mn : 0.89 Ni : 0.53 Cr : 0.64
Mo : 0.22 A.T. : 842℃ G.S. : 8

図 2・71
C : 0.44 Mn : 0.90
Ni : 0.45 Cr : 0.54 Mo : 0.22
A.T. : 842℃ G.S. : 9～10

図 2・72
C : 0.24 Mn : 0.94
Si : 0.47 Ni : 0.30
Cr : 0.34 Mo : 0.14
A.T. : 898℃
G.S. : 7～8

2. 恒温および連続冷却変態図

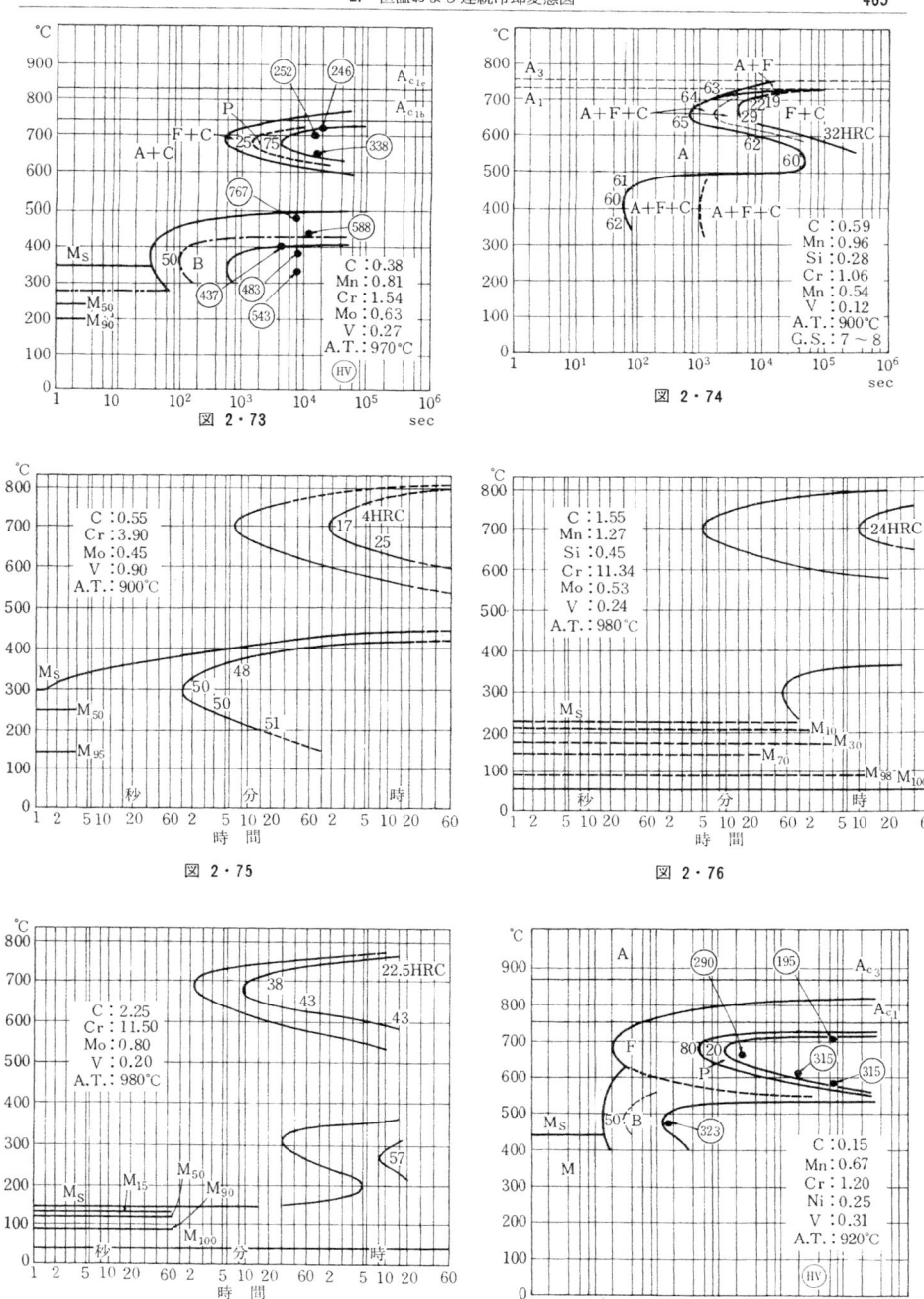

図 2・73

図 2・74

図 2・75

図 2・76

図 2・77

図 2・78

変態図および状態図集

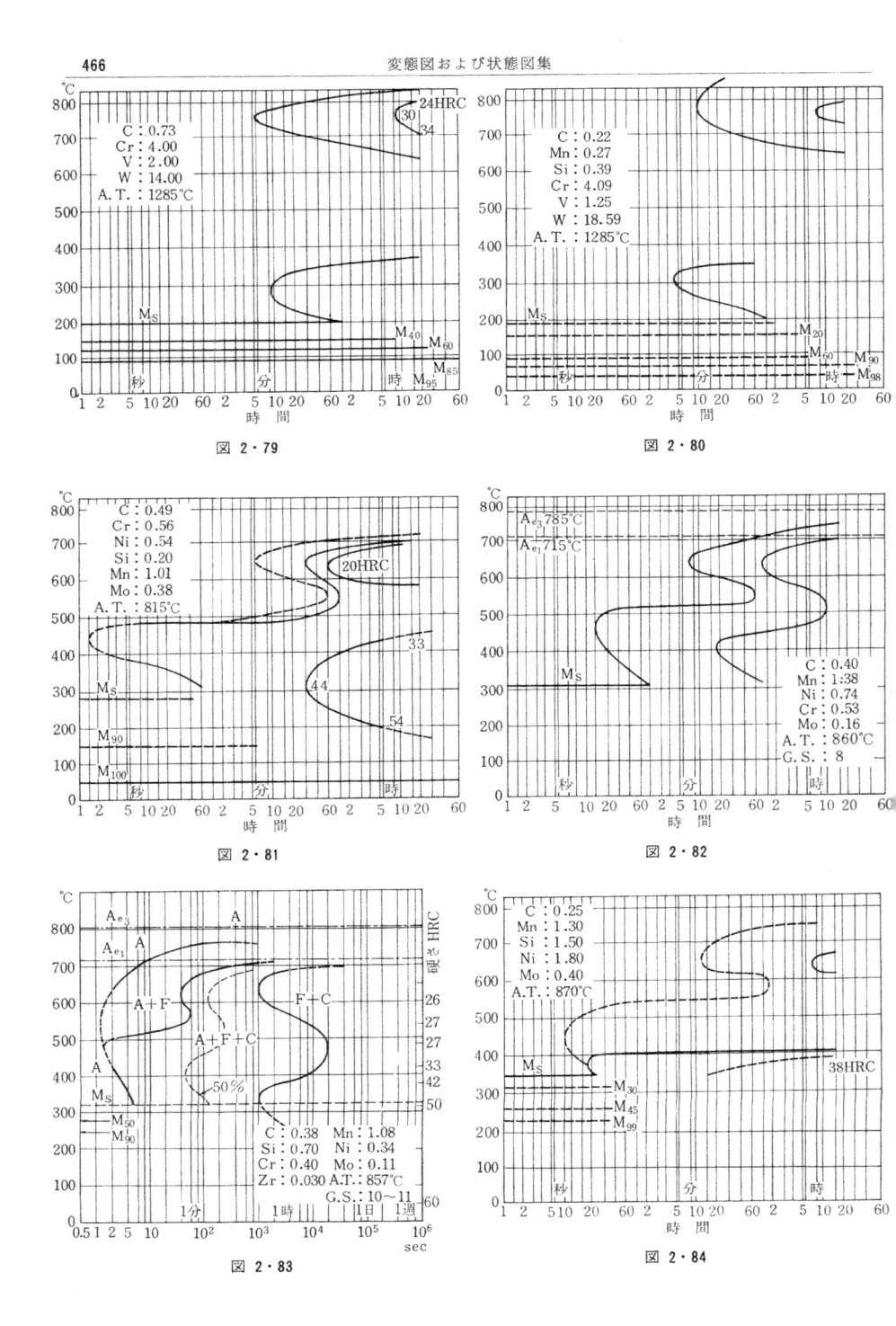

図 2・79
C : 0.73
Cr : 4.00
V : 2.00
W : 14.00
A.T. : 1285℃

図 2・80
C : 0.22
Mn : 0.27
Si : 0.39
Cr : 4.09
V : 1.25
W : 18.59
A.T. : 1285℃

図 2・81
C : 0.49
Cr : 0.56
Ni : 0.54
Si : 0.20
Mn : 1.01
Mo : 0.38
A.T. : 815℃

図 2・82
A_{e_3} 785℃
A_{e_1} 715℃
C : 0.40
Mn : 1.38
Ni : 0.74
Cr : 0.53
Mo : 0.16
A.T. : 860℃
G.S. : 8

図 2・83
C : 0.38   Mn : 1.08
Si : 0.70 Ni : 0.34
Cr : 0.40 Mo : 0.11
Zr : 0.030 A.T. : 857℃
G.S. : 10〜11

図 2・84
C : 0.25
Mn : 1.30
Si : 1.50
Ni : 1.80
Mo : 0.40
A.T. : 870℃

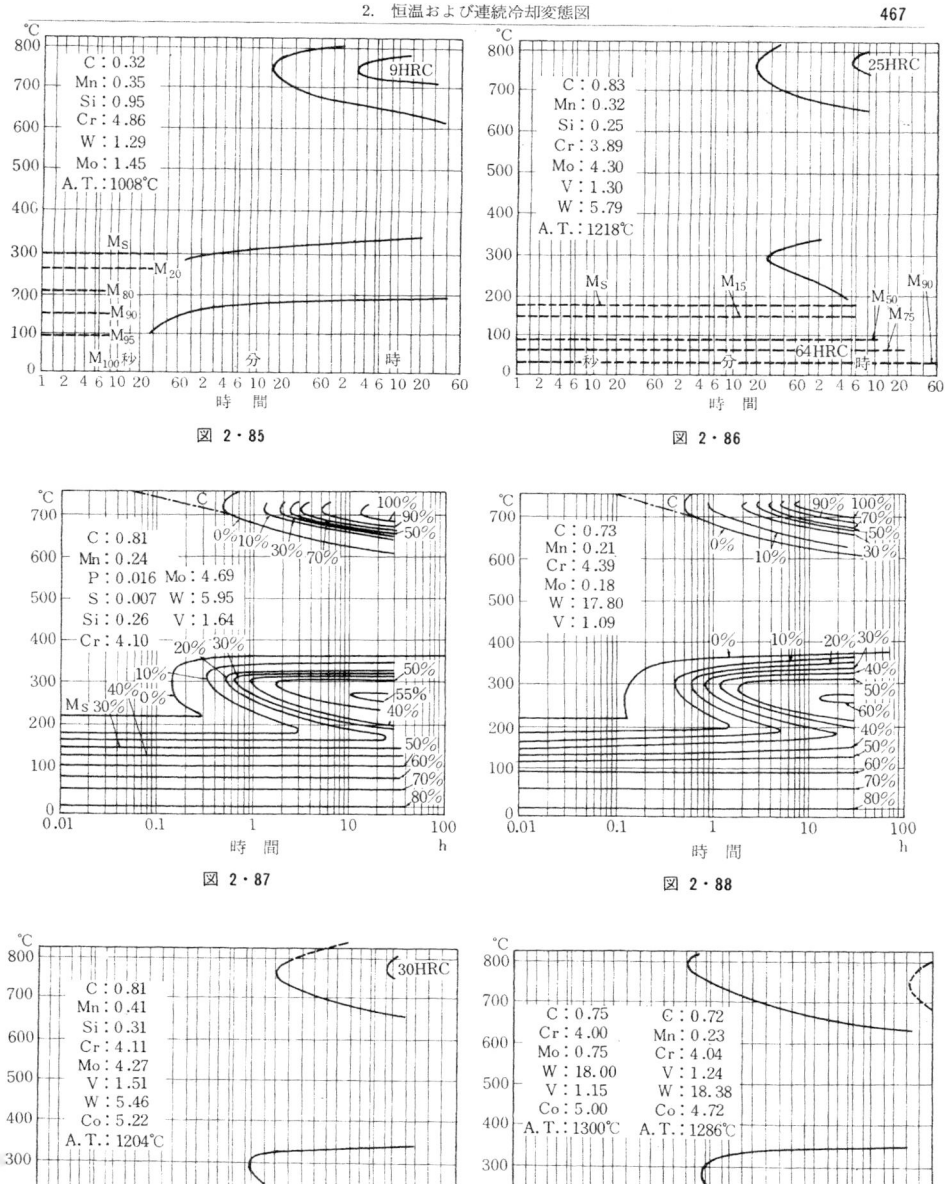

2. 恒温および連続冷却変態図

図 2・85

C : 0.32
Mn : 0.35
Si : 0.95
Cr : 4.86
W : 1.29
Mo : 1.45
A.T. : 1008℃
9HRC

図 2・86

C : 0.83
Mn : 0.32
Si : 0.25
Cr : 3.89
Mo : 4.30
V : 1.30
W : 5.79
A.T. : 1218℃
25HRC
64HRC

図 2・87

C : 0.81
Mn : 0.24
P : 0.016 Mo : 4.69
S : 0.007 W : 5.95
Si : 0.26 V : 1.64
Cr : 4.10

図 2・88

C : 0.73
Mn : 0.21
Cr : 4.39
Mo : 0.18
W : 17.80
V : 1.09

図 2・89

C : 0.81
Mn : 0.41
Si : 0.31
Cr : 4.11
Mo : 4.27
V : 1.51
W : 5.46
Co : 5.22
A.T. : 1204℃
30HRC

図 2・90

C : 0.75   C : 0.72
Cr : 4.00   Mn : 0.23
Mo : 0.75   Cr : 4.04
W : 18.00   V : 1.24
V : 1.15   W : 18.38
Co : 5.00   Co : 4.72
A.T. : 1300℃ A.T. : 1286℃

図 2・91　C:0.30, Mn:0.75, A.T.:900℃, G.S.:7〜8

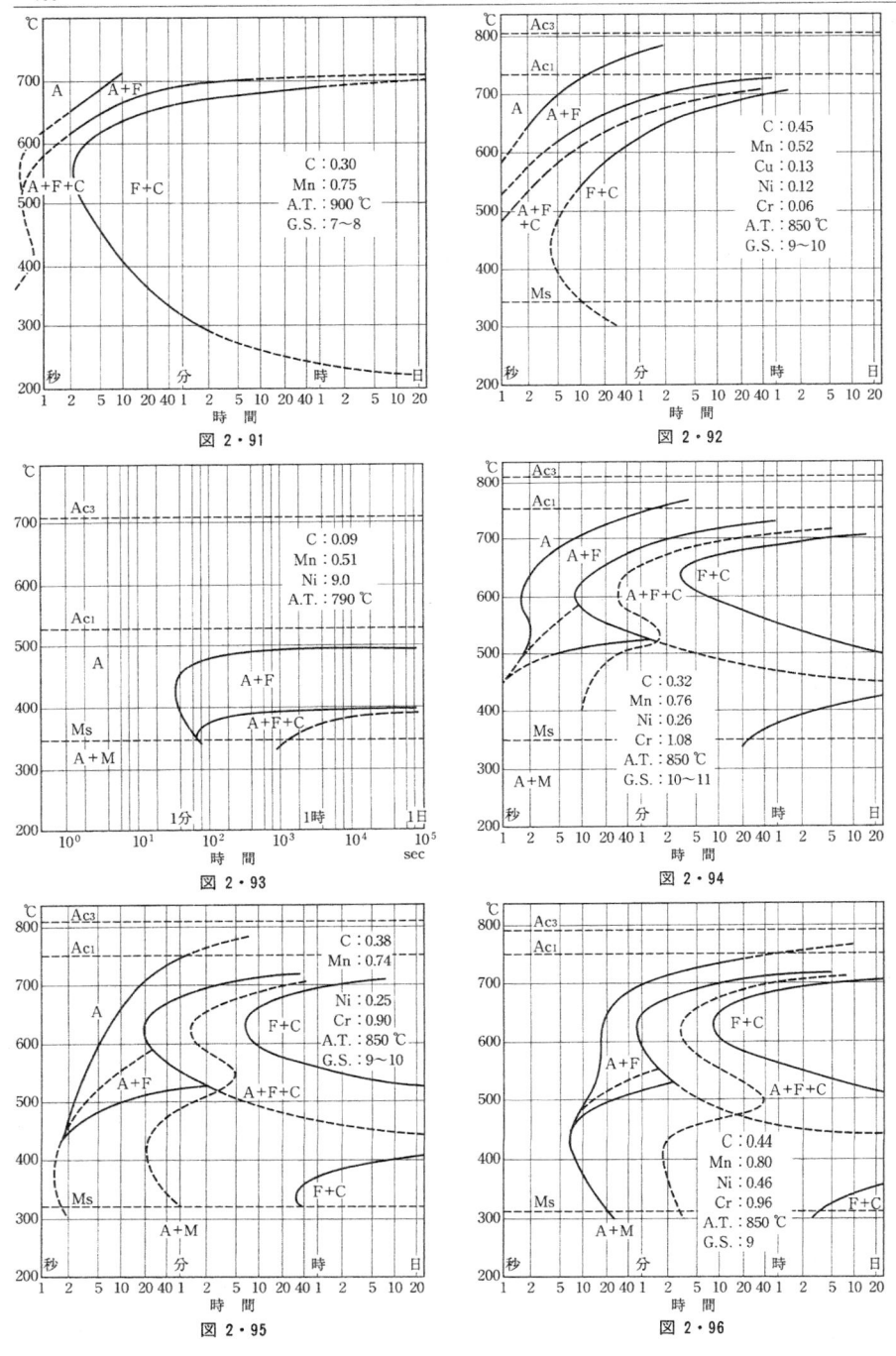

図 2・92　C:0.45, Mn:0.52, Cu:0.13, Ni:0.12, Cr:0.06, A.T.:850℃, G.S.:9〜10

図 2・93　C:0.09, Mn:0.51, Ni:9.0, A.T.:790℃

図 2・94　C:0.32, Mn:0.76, Ni:0.26, Cr:1.08, A.T.:850℃, G.S.:10〜11

図 2・95　C:0.38, Mn:0.74, Ni:0.25, Cr:0.90, A.T.:850℃, G.S.:9〜10

図 2・96　C:0.44, Mn:0.80, Ni:0.46, Cr:0.96, A.T.:850℃, G.S.:9

2. 恒温および連続冷却変態図

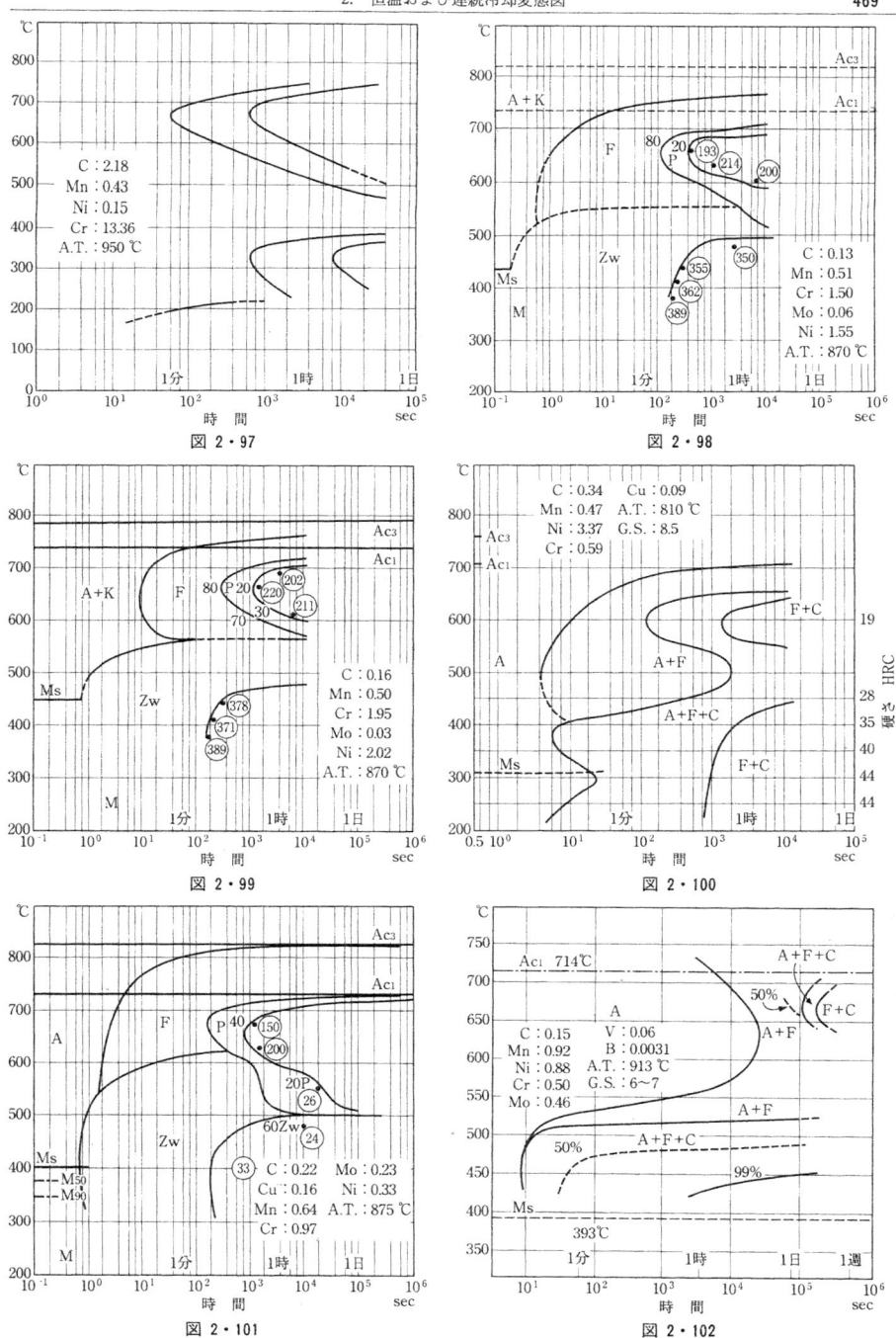

図 2・97
C : 2.18, Mn : 0.43, Ni : 0.15, Cr : 13.36, A.T. : 950 ℃

図 2・98
C : 0.13, Mn : 0.51, Cr : 1.50, Mo : 0.06, Ni : 1.55, A.T. : 870 ℃

図 2・99
C : 0.16, Mn : 0.50, Cr : 1.95, Mo : 0.03, Ni : 2.02, A.T. : 870 ℃

図 2・100
C : 0.34, Cu : 0.09, Mn : 0.47, A.T. : 810 ℃, Ni : 3.37, G.S. : 8.5, Cr : 0.59

図 2・101
C : 0.22, Mo : 0.23, Cu : 0.16, Ni : 0.33, Mn : 0.64, A.T. : 875 ℃, Cr : 0.97

図 2・102
C : 0.15, V : 0.06, Mn : 0.92, B : 0.0031, Ni : 0.88, A.T. : 913 ℃, Cr : 0.50, G.S. : 6〜7, Mo : 0.46

図 2・103

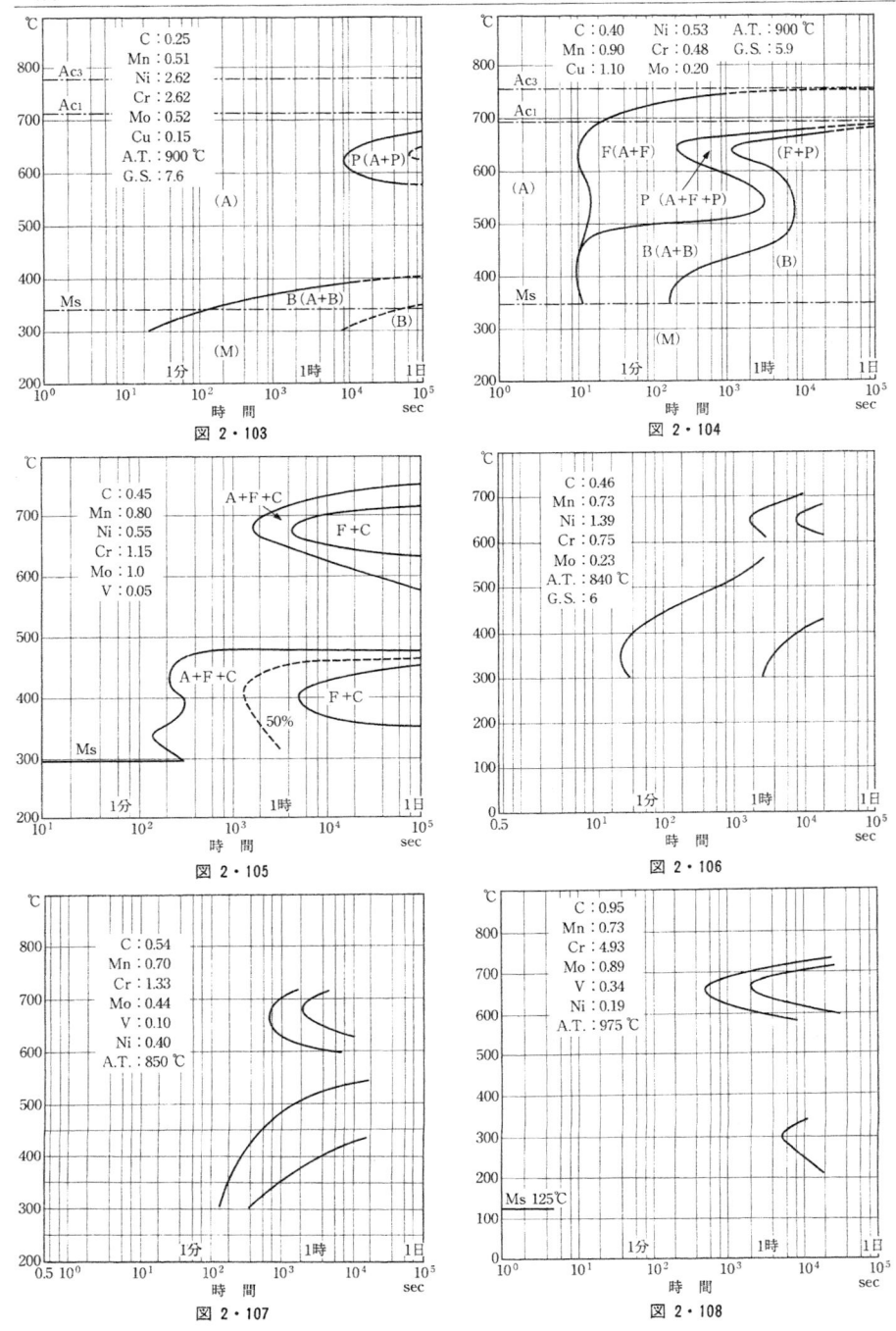

図 2・104

図 2・105

図 2・106

図 2・107

図 2・108

2. 恒温および連続冷却変態図

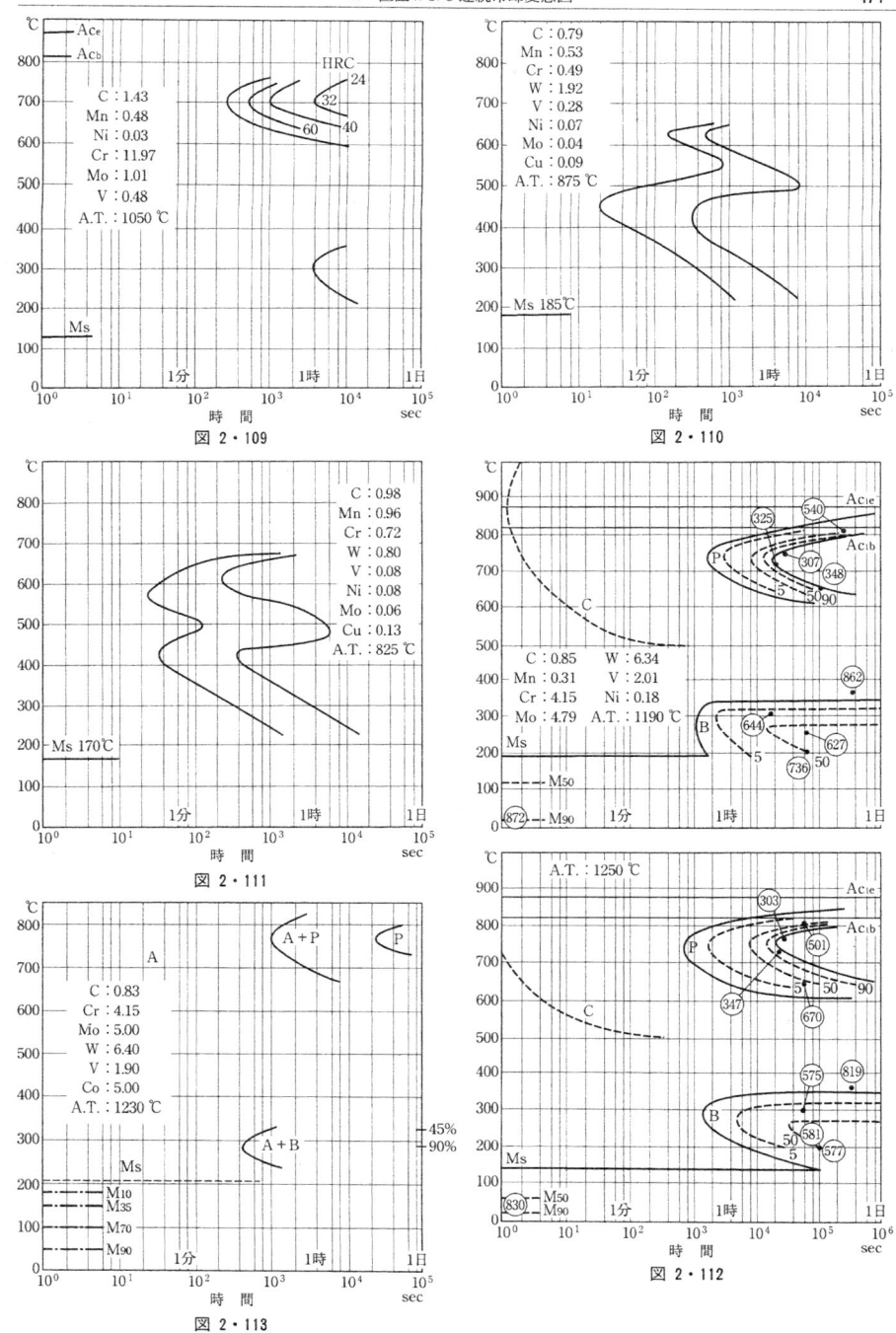

図 2・109

図 2・110

図 2・111

図 2・112

図 2・113

図 2・114

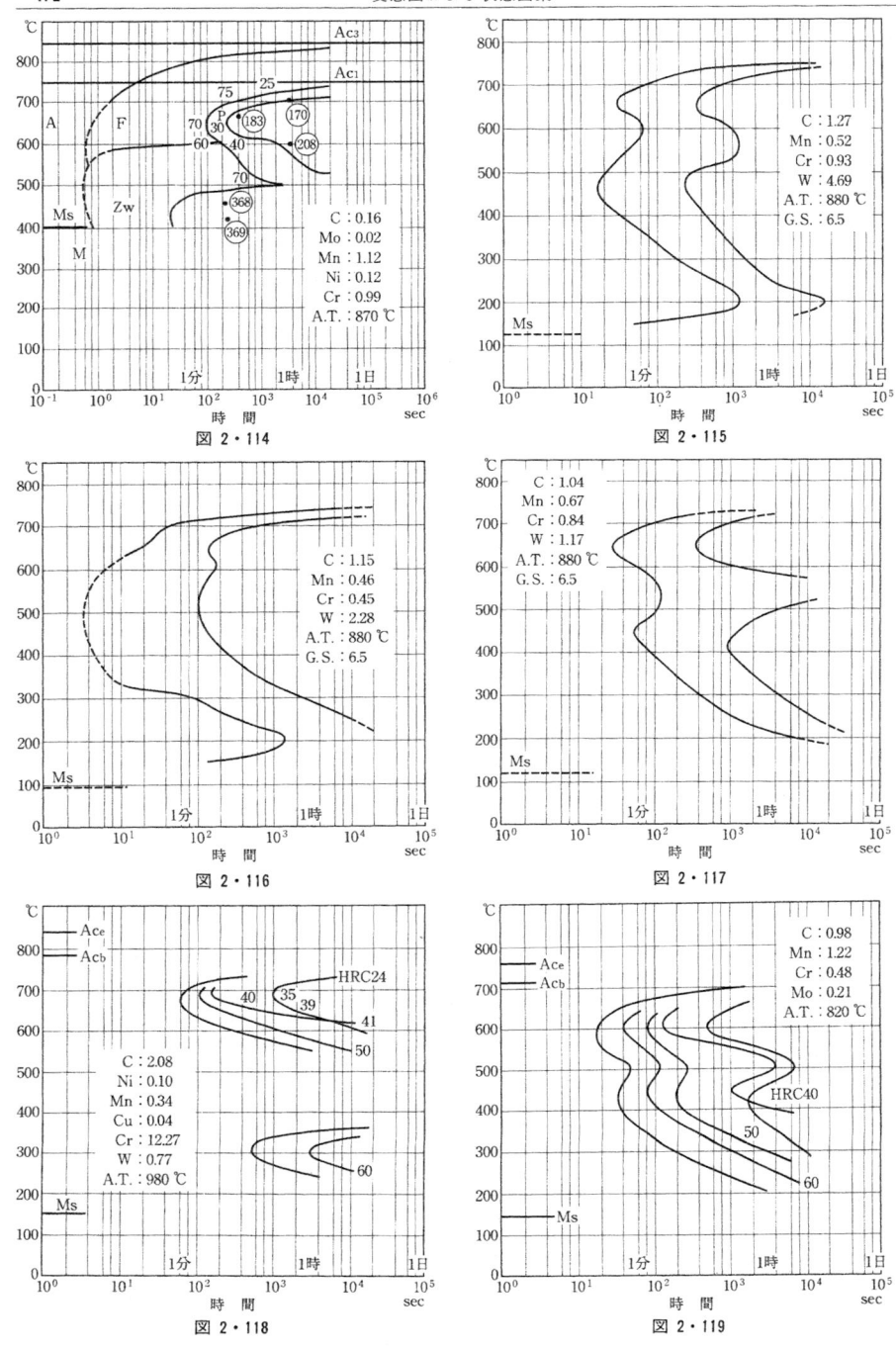

C : 0.16
Mo : 0.02
Mn : 1.12
Ni : 0.12
Cr : 0.99
A.T. : 870 ℃

図 2・115

C : 1.27
Mn : 0.52
Cr : 0.93
W : 4.69
A.T. : 880 ℃
G.S. : 6.5

図 2・116

C : 1.15
Mn : 0.46
Cr : 0.45
W : 2.28
A.T. : 880 ℃
G.S. : 6.5

図 2・117

C : 1.04
Mn : 0.67
Cr : 0.84
W : 1.17
A.T. : 880 ℃
G.S. : 6.5

図 2・118

C : 2.08
Ni : 0.10
Mn : 0.34
Cu : 0.04
Cr : 12.27
W : 0.77
A.T. : 980 ℃

図 2・119

C : 0.98
Mn : 1.22
Cr : 0.48
Mo : 0.21
A.T. : 820 ℃

2. 恒温および連続冷却変態図

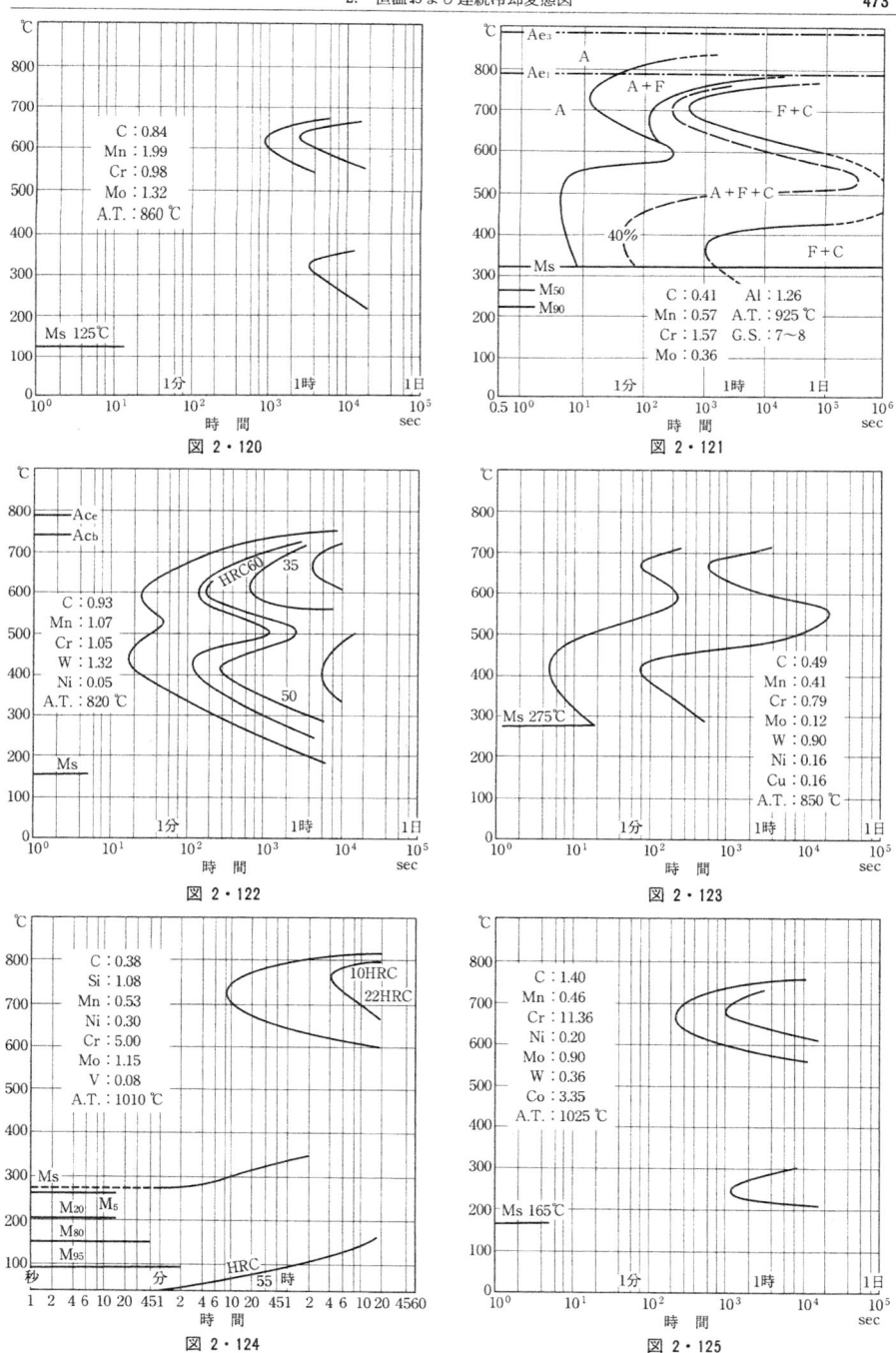

図 2・120
C : 0.84
Mn : 1.99
Cr : 0.98
Mo : 1.32
A.T. : 860 ℃
Ms 125℃

図 2・121
C : 0.41 Al : 1.26
Mn : 0.57 A.T. : 925 ℃
Cr : 1.57 G.S. : 7〜8
Mo : 0.36

図 2・122
C : 0.93
Mn : 1.07
Cr : 1.05
W : 1.32
Ni : 0.05
A.T. : 820 ℃

図 2・123
C : 0.49
Mn : 0.41
Cr : 0.79
Mo : 0.12
W : 0.90
Ni : 0.16
Cu : 0.16
A.T. : 850 ℃
Ms 275℃

図 2・124
C : 0.38
Si : 1.08
Mn : 0.53
Ni : 0.30
Cr : 5.00
Mo : 1.15
V : 0.08
A.T. : 1010 ℃

図 2・125
C : 1.40
Mn : 0.46
Cr : 11.36
Ni : 0.20
Mo : 0.90
W : 0.36
Co : 3.35
A.T. : 1025 ℃
Ms 165℃

図 2・126

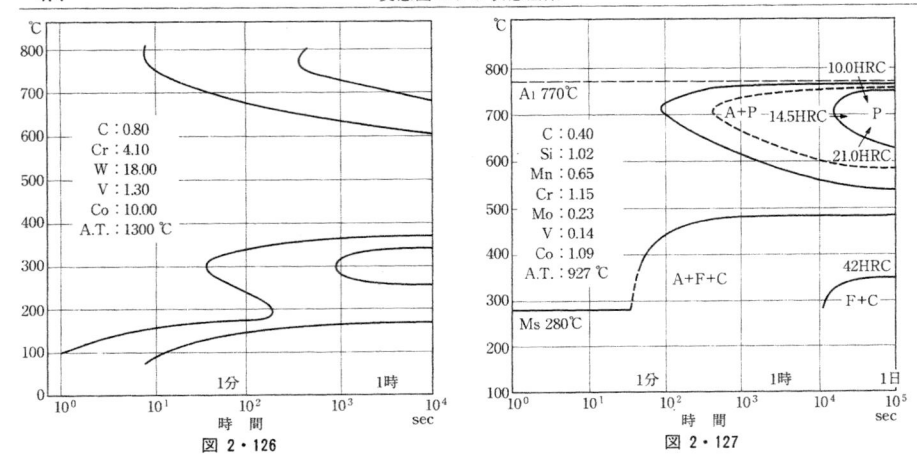

図 2・127

2・2 連続冷却変態 (C.C.T.) 図

鋼 種	図 番 号	鋼 種	図 番 号
炭素鋼	図2・128〜131, 172	Mn-Cr 鋼	図2・158〜159
Mn 鋼	図2・132〜135, 173〜174	Ni-Cr-Mo(W)鋼	図2・160〜163, 180〜182
Ni 鋼	図2・136, 175	Cr-Mo-V 鋼	図2・164〜166
Cr 鋼	図2・137〜143, 176	Cr-Ni-V 鋼	図2・167
Mo 鋼	図2・144	Cr-V-W 鋼	図2・168〜170
Si 鋼	図2・145〜147	Mn-Cu-Mo-Ni 鋼	図2・171
Ni-Cr 鋼	図2・148〜149	Cr-W 鋼	図2・183
Cr-Mo 鋼	図2・150〜155, 177〜178	Mn-Cr-W 鋼	図2・184
Cr-V 鋼	図2・156〜157, 179	Mn-Ni-Mo 鋼	図2・185

図2・172〜185 は「日本鉄鋼協会編：改訂5版 鋼の熱処理 (1969)、丸善」による.

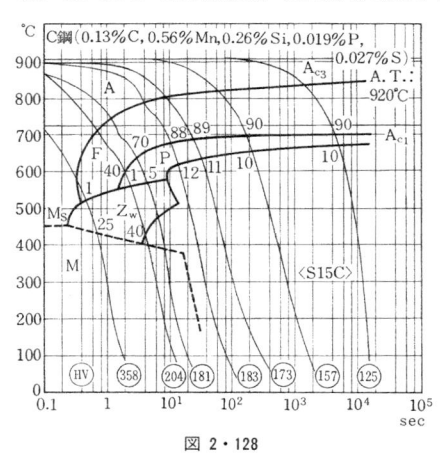

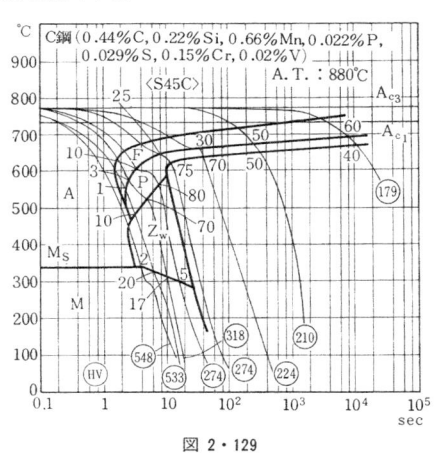

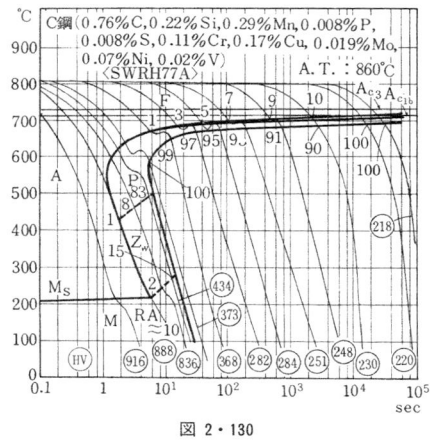

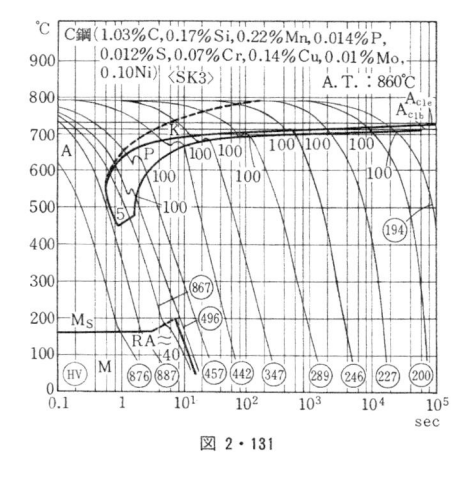

図 2・128

図 2・129

図 2・130

図 2・131

図 2・132
図 2・133
図 2・134
図 2・135
図 2・136
図 2・137

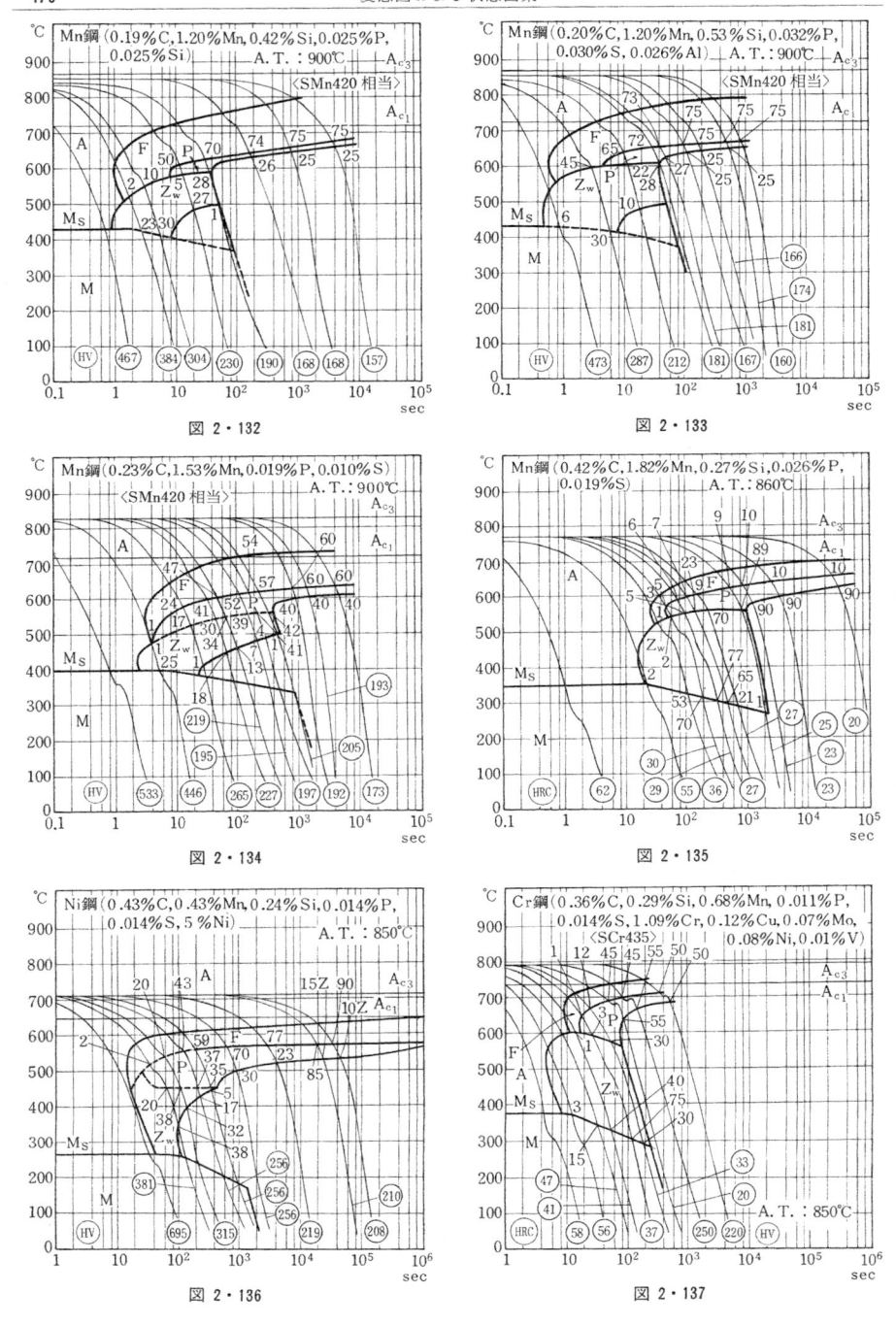

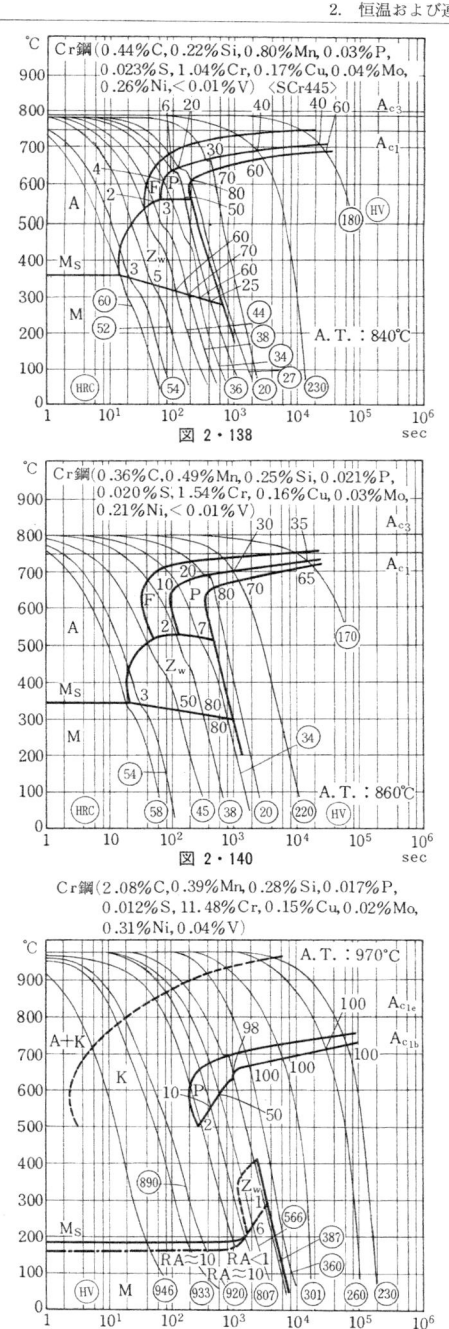

2. 恒温および連続冷却変態図

図 2・138 Cr鋼 (0.44%C, 0.22%Si, 0.80%Mn, 0.03%P, 0.023%S, 1.04%Cr, 0.17%Cu, 0.04%Mo, 0.26%Ni, <0.01%V) ⟨SCr445⟩ A.T.: 840°C

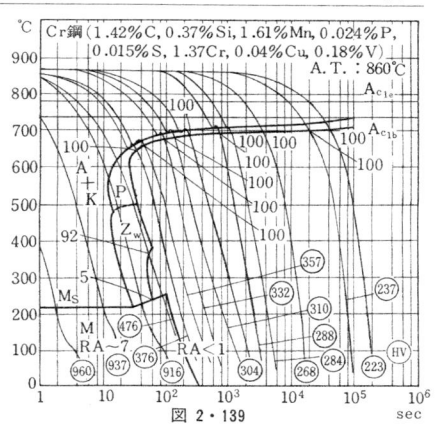

図 2・139 Cr鋼 (1.42%C, 0.37%Si, 1.61%Mn, 0.024%P, 0.015%S, 1.37%Cr, 0.04%Cu, 0.18%V) A.T.: 860°C

図 2・140 Cr鋼 (0.36%C, 0.49%Mn, 0.25%Si, 0.021%P, 0.020%S, 1.54%Cr, 0.16%Cu, 0.03%Mo, 0.21%Ni, <0.01%V) A.T.: 860°C

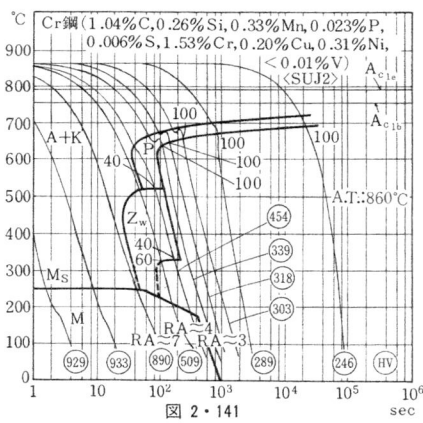

図 2・141 Cr鋼 (1.04%C, 0.26%Si, 0.33%Mn, 0.023%P, 0.006%S, 1.53%Cr, 0.20%Cu, 0.31%Ni, <0.01%V) ⟨SUJ2⟩ A.T.: 860°C

図 2・142 Cr鋼 (2.08%C, 0.39%Mn, 0.28%Si, 0.017%P, 0.012%S, 11.48%Cr, 0.15%Cu, 0.02%Mo, 0.31%Ni, 0.04%V) A.T.: 970°C

図 2・143 Cr鋼 (0.44%C, 0.30%Si, 0.20%Mn, 0.025%P, 0.010%S, 13.12%Cr, 0.09%Cu, <0.01%Mo, 0.31%Ni, 0.02%V) A.T.: 980°C

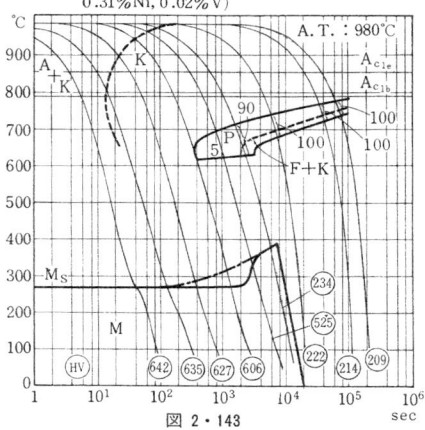

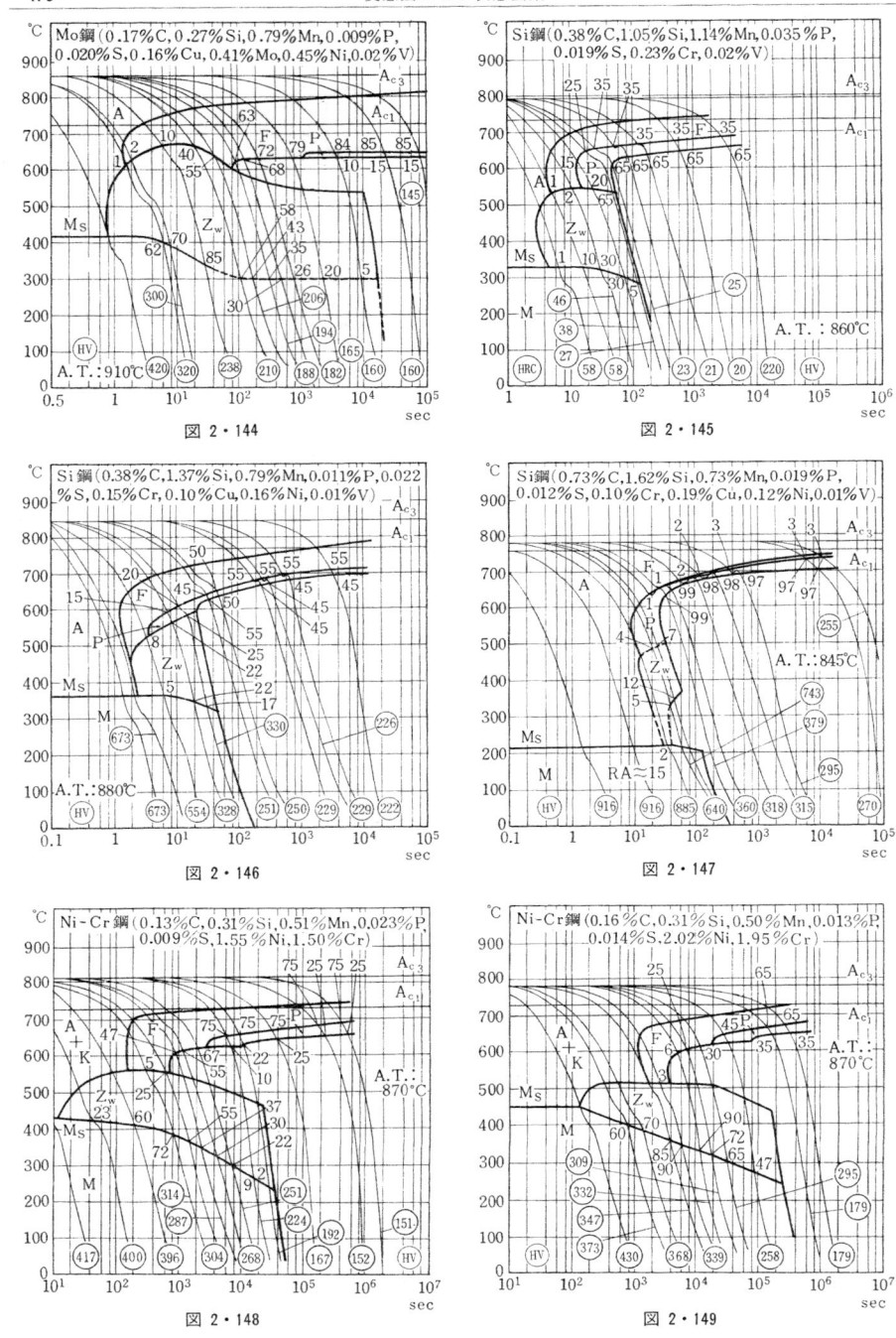

図 2・144 Mo鋼(0.17%C, 0.27%Si, 0.79%Mn, 0.009%P, 0.020%S, 0.16%Cu, 0.41%Mo, 0.45%Ni, 0.02%V) A.T.:910℃

図 2・145 Si鋼(0.38%C, 1.05%Si, 1.14%Mn, 0.035%P, 0.019%S, 0.23%Cr, 0.02%V) A.T.:860℃

図 2・146 Si鋼(0.38%C, 1.37%Si, 0.79%Mn, 0.011%P, 0.022%S, 0.15%Cr, 0.10%Cu, 0.16%Ni, 0.01%V) A.T.:880℃

図 2・147 Si鋼(0.73%C, 1.62%Si, 0.73%Mn, 0.019%P, 0.012%S, 0.10%Cr, 0.19%Cu, 0.12%Ni, 0.01%V) A.T.:845℃

図 2・148 Ni-Cr鋼(0.13%C, 0.31%Si, 0.51%Mn, 0.023%P, 0.009%S, 1.55%Ni, 1.50%Cr) A.T.:870℃

図 2・149 Ni-Cr鋼(0.16%C, 0.31%Si, 0.50%Mn, 0.013%P, 0.014%S, 2.02%Ni, 1.95%Cr) A.T.:870℃

2. 恒温および連続冷却変態図

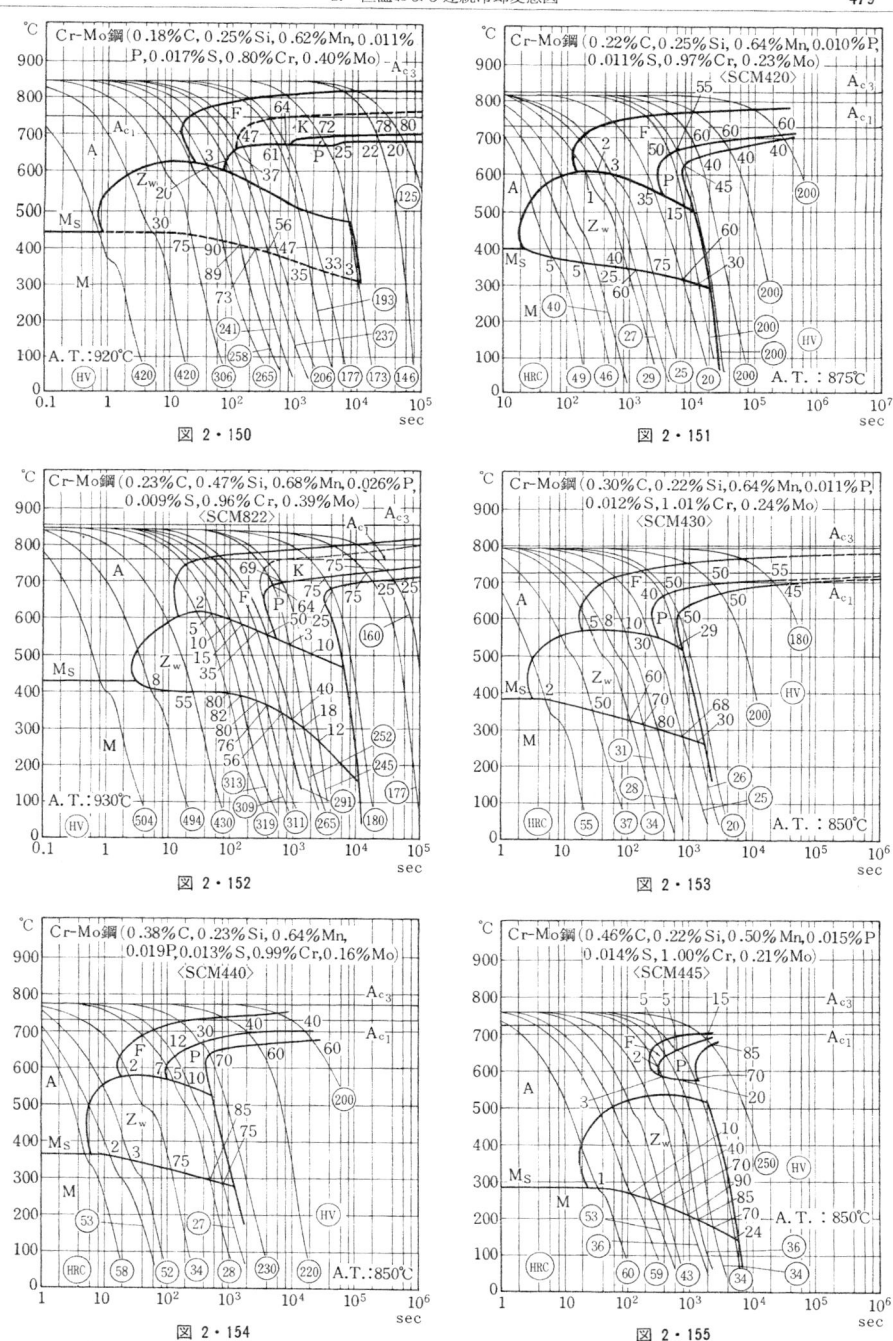

図 2・150 Cr-Mo鋼 (0.18%C, 0.25%Si, 0.62%Mn, 0.011%P, 0.017%S, 0.80%Cr, 0.40%Mo)

図 2・151 Cr-Mo鋼 (0.22%C, 0.25%Si, 0.64%Mn, 0.010%P, 0.011%S, 0.97%Cr, 0.23%Mo) ⟨SCM420⟩

図 2・152 Cr-Mo鋼 (0.23%C, 0.47%Si, 0.68%Mn, 0.026%P, 0.009%S, 0.96%Cr, 0.39%Mo) ⟨SCM822⟩

図 2・153 Cr-Mo鋼 (0.30%C, 0.22%Si, 0.64%Mn, 0.011%P, 0.012%S, 1.01%Cr, 0.24%Mo) ⟨SCM430⟩

図 2・154 Cr-Mo鋼 (0.38%C, 0.23%Si, 0.64%Mn, 0.019P, 0.013%S, 0.99%Cr, 0.16%Mo) ⟨SCM440⟩

図 2・155 Cr-Mo鋼 (0.46%C, 0.22%Si, 0.50%Mn, 0.015%P, 0.014%S, 1.00%Cr, 0.21%Mo) ⟨SCM445⟩

図 2・156
図 2・157
図 2・158
図 2・159
図 2・160
図 2・161

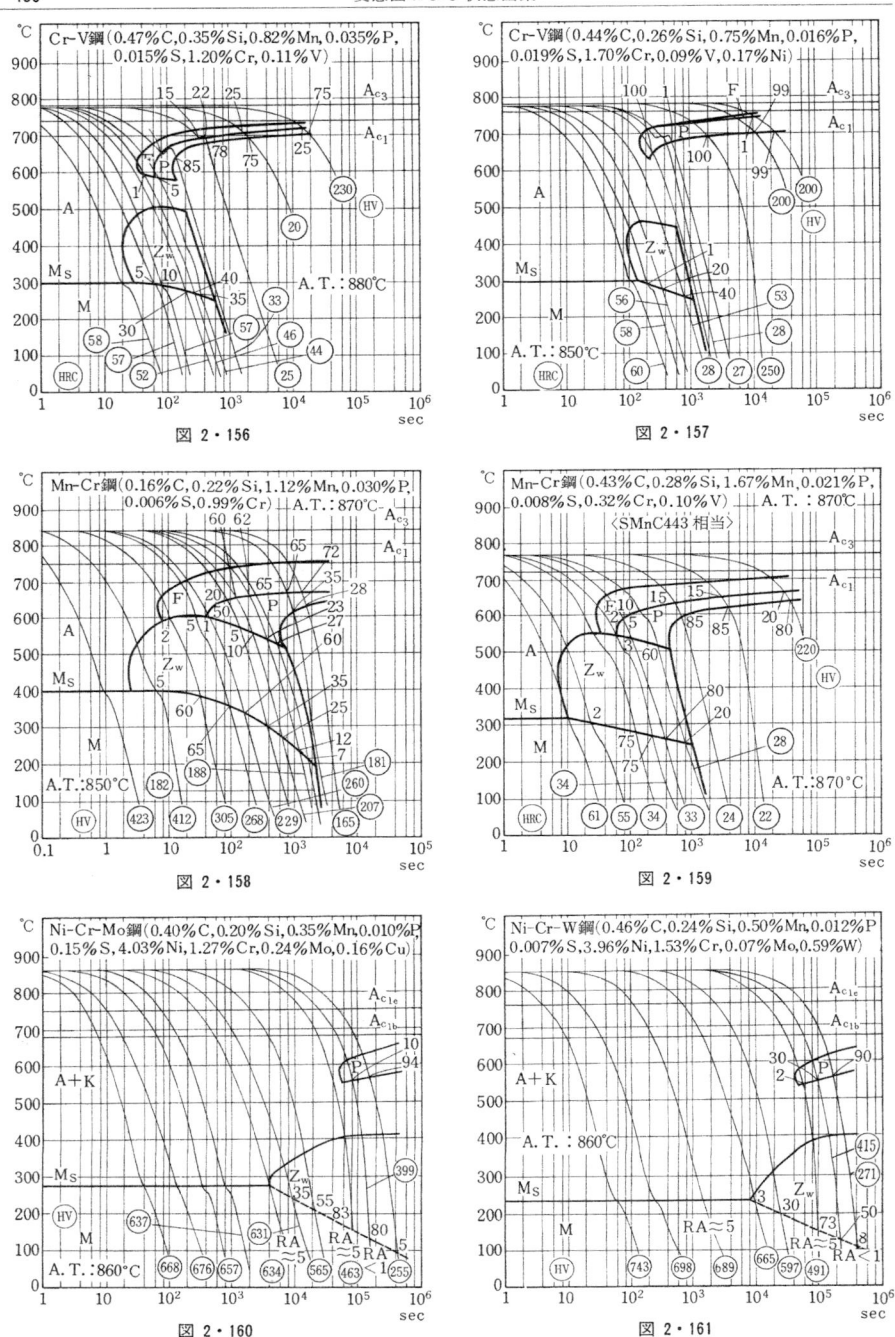

2. 恒温および連続冷却変態図

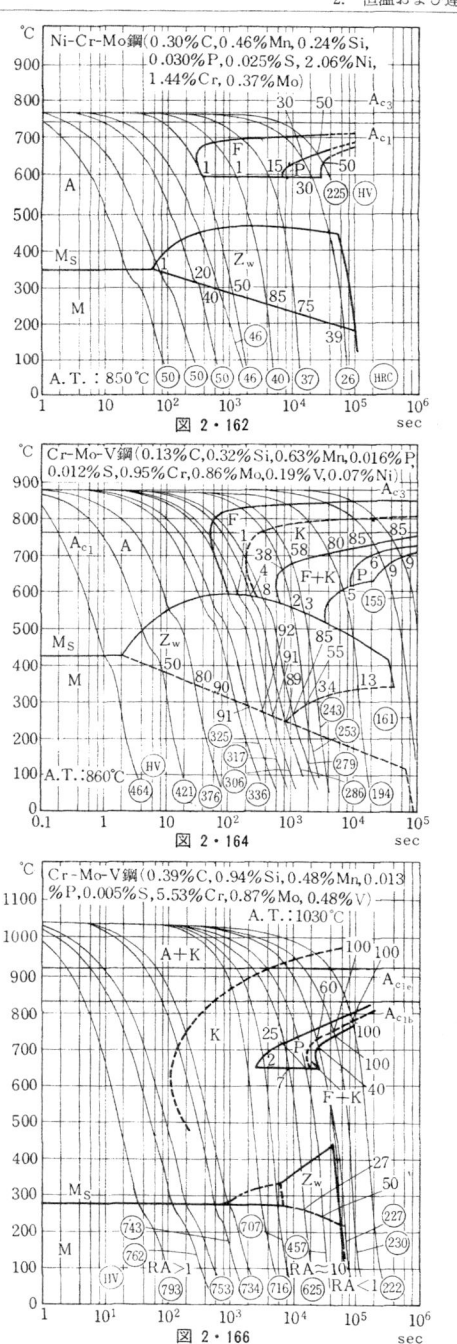

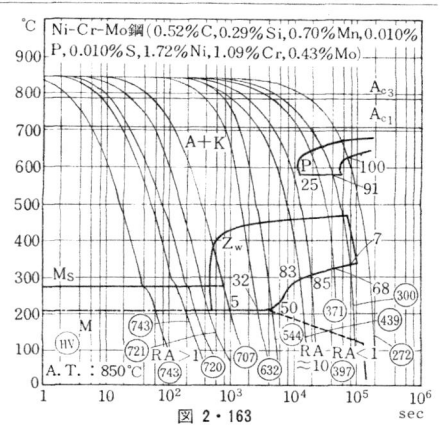

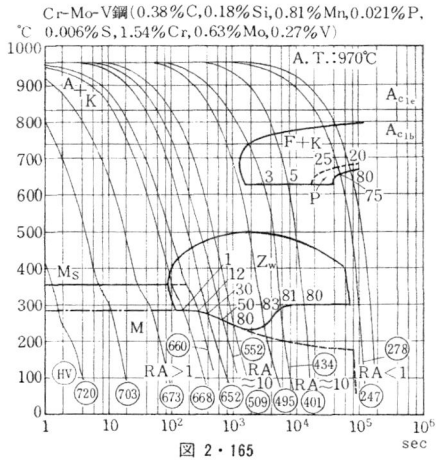

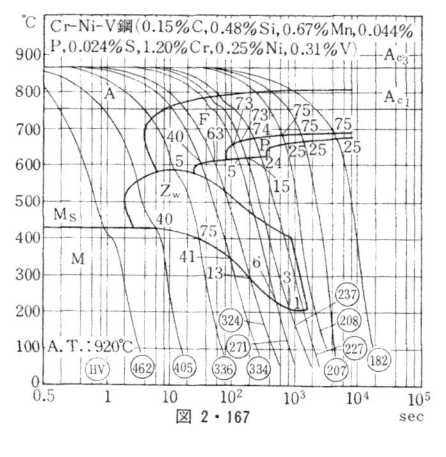

図 2・162
図 2・163
図 2・164
図 2・165
図 2・166
図 2・167

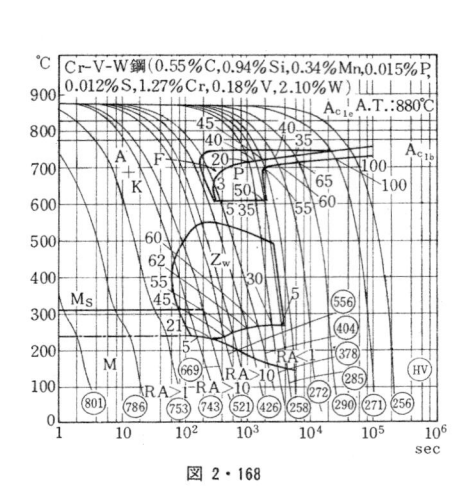

図 2・168 Cr-V-W鋼(0.55%C, 0.94%Si, 0.34%Mn, 0.015%P, 0.012%S, 1.27%Cr, 0.18%V, 2.10%W) A.T.:880°C

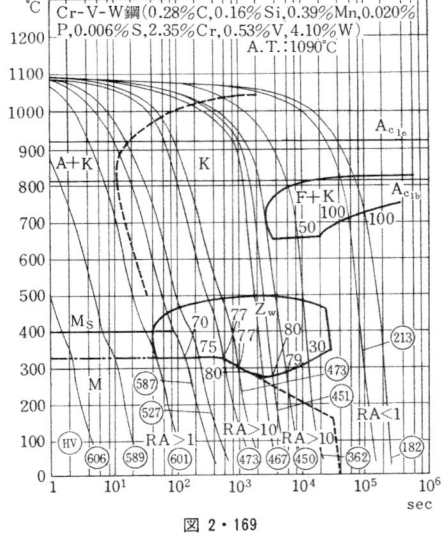

図 2・169 Cr-V-W鋼(0.28%C, 0.16%Si, 0.39%Mn, 0.020%P, 0.006%S, 2.35%Cr, 0.53%V, 4.10%W) A.T.:1090°C

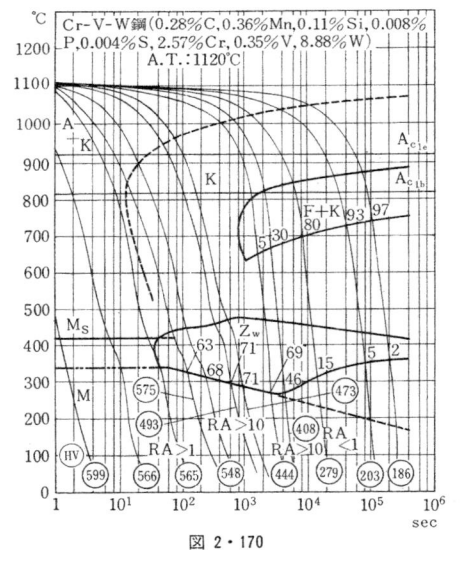

図 2・170 Cr-V-W鋼(0.28%C, 0.36%Mn, 0.11%Si, 0.008%P, 0.004%S, 2.57%Cr, 0.35%V, 8.88%W) A.T.:1120°C

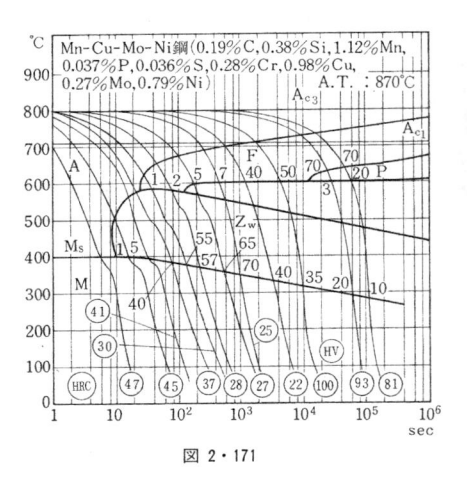

図 2・171 Mn-Cu-Mo-Ni鋼(0.19%C, 0.38%Si, 1.12%Mn, 0.037%P, 0.036%S, 0.28%Cr, 0.98%Cu, 0.27%Mo, 0.79%Ni) A.T.:870°C

2. 恒温および連続冷却変態図

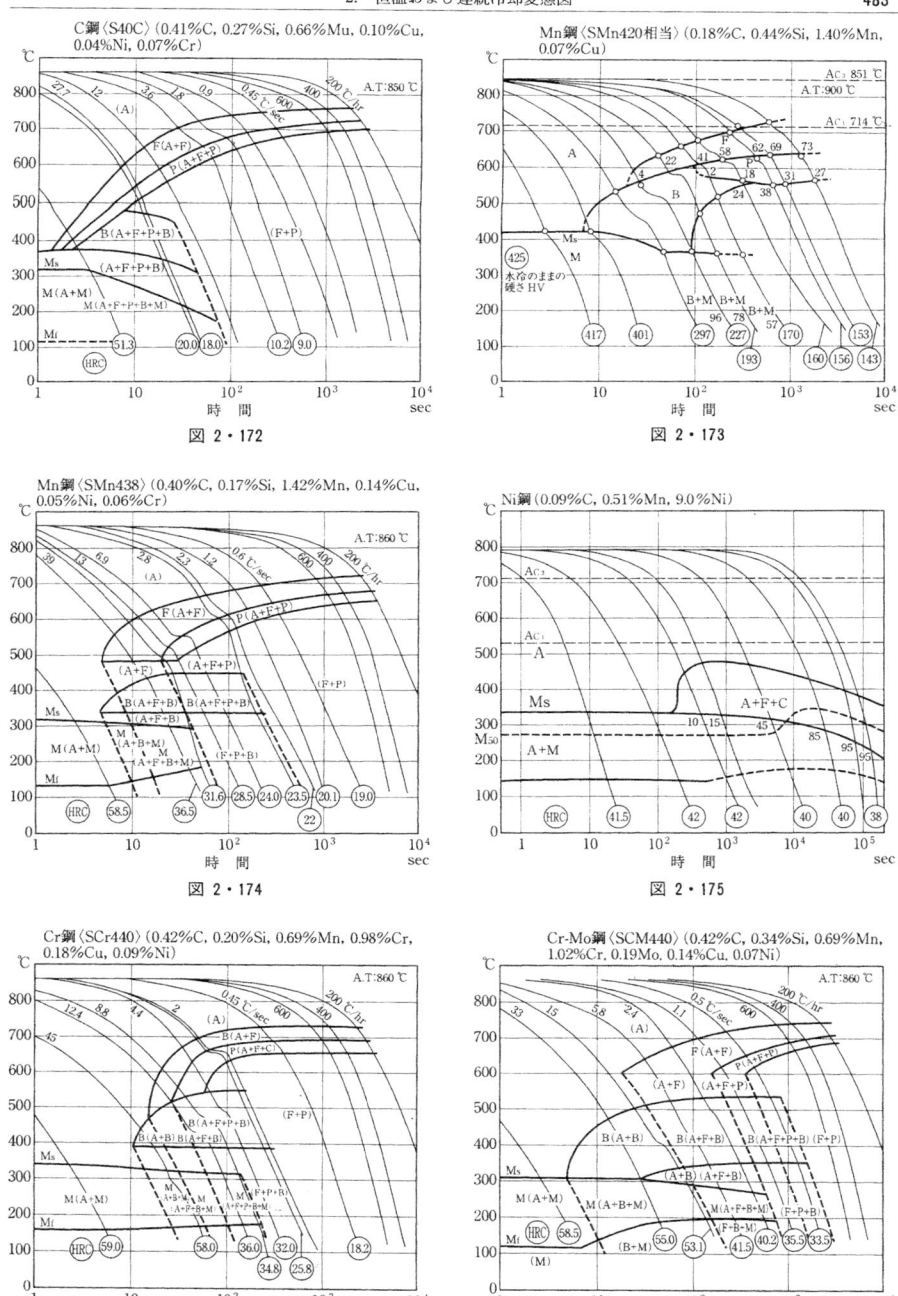

C鋼〈S40C〉(0.41%C, 0.27%Si, 0.66%Mu, 0.10%Cu, 0.04%Ni, 0.07%Cr)

図 2・172

Mn鋼〈SMn420相当〉(0.18%C, 0.44%Si, 1.40%Mn, 0.07%Cu)

図 2・173

Mn鋼〈SMn438〉(0.40%C, 0.17%Si, 1.42%Mn, 0.14%Cu, 0.05%Ni, 0.06%Cr)

図 2・174

Ni鋼(0.09%C, 0.51%Mn, 9.0%Ni)

図 2・175

Cr鋼〈SCr440〉(0.42%C, 0.20%Si, 0.69%Mn, 0.98%Cr, 0.18%Cu, 0.09%Ni)

図 2・176

Cr-Mo鋼〈SCM440〉(0.42%C, 0.34%Si, 0.69%Mn, 1.02%Cr, 0.19Mo, 0.14%Cu, 0.07%Ni)

図 2・177

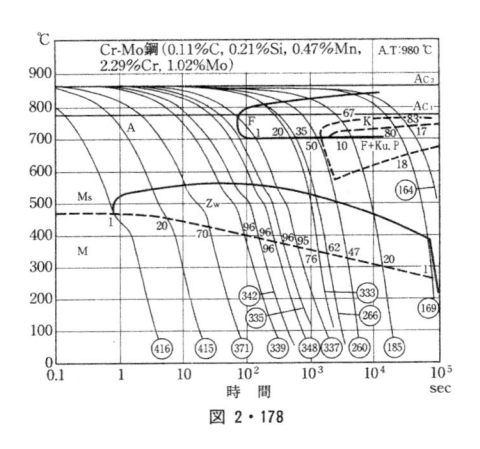

図 2・178 Cr-Mo鋼 (0.11%C, 0.21%Si, 0.47%Mn, 2.29%Cr, 1.02%Mo) A.T:980℃

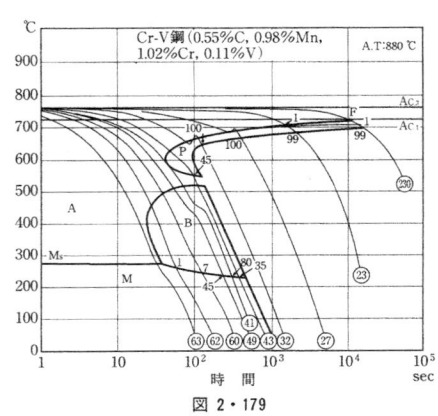

図 2・179 Cr-V鋼 (0.55%C, 0.98%Mn, 1.02%Cr, 0.11%V) A.T:880℃

図 2・180 Ni-Cr-Mo鋼〈SNCM630〉(0.25%C, 0.32%Si, 0.51%Mn, 2.62%Ni, 2.62%Cr, 0.52%Mo, 0.15%Cu) A.T:860℃

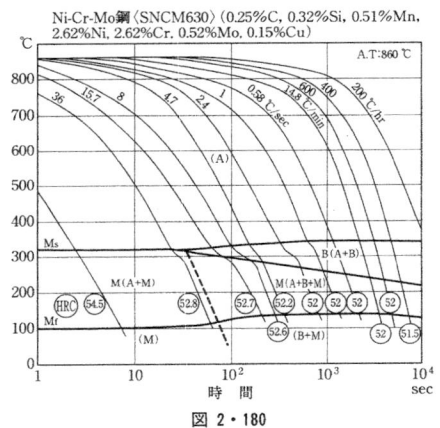

図 2・181 Ni-Cr-Mo鋼〈SNCM240〉(0.40%C, 0.31%Si, 0.90%Mn, 0.53%Ni, 0.48%Cr, 0.20%Mo, 0.10%Cu) A.T:860℃

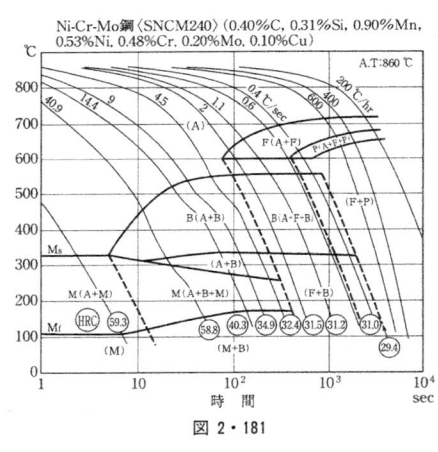

図 2・182 Ni-Cr-Mo鋼〈SNCM439〉(0.42%C, 0.24%Si, 0.77%Mn, 1.76%Ni, 0.81%Cr, 0.21%Mo, 0.17%Cu) A.T:860℃

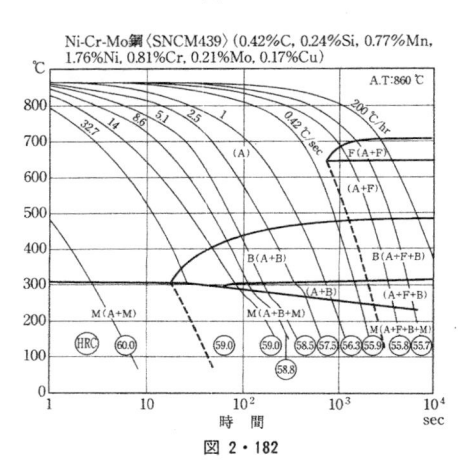

図 2・183 Cr-W鋼 (2.19%C, 0.26%Si, 0.32%Mn, 11.75%Cr, 0.84%W, 0.08%Ni, 0.12%Cu) A.T:970℃

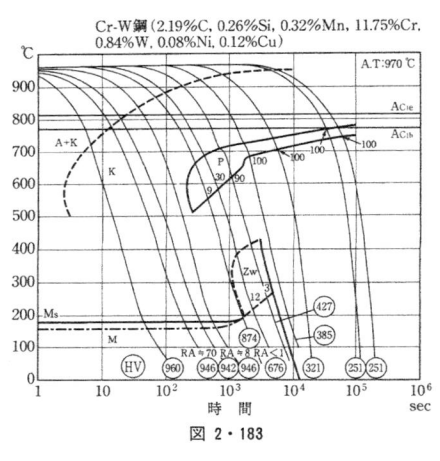

2. 恒温および連続冷却変態図

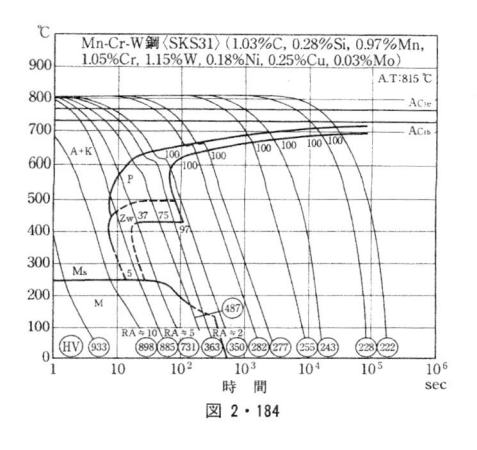

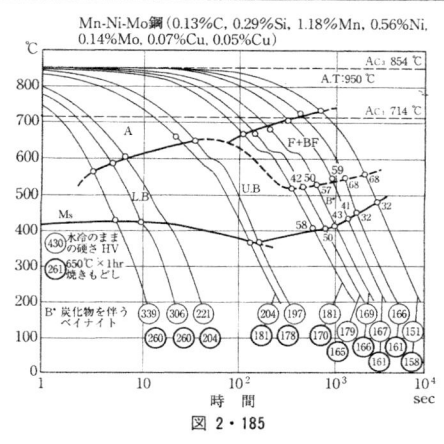

図 2・184

図 2・185

2・3 T.T.T.図よりC.C.T.図を求める方法

これにはManning-Lorig法[1]とPumphrey-Jones法[2]とがあるが，ここでは前者について述べる．なお以下の記述では，温度は°Fで示してある．

冷却中ある温度で費された時間をその温度における変態開始に要する時間で割ったものは，全核発生時間の分率を表わすと仮定する．微少温度区間における各分率の総和が1に等しいときに変態が開始すると仮定すると，次式が得られる．

$$\sum_{X=0}^{X_n} \frac{\Delta X_{(T)}}{Z_{(T)}} = 1 \qquad (1)$$

(ただし $X=0$ のときの温度は A_{e3}, X_n のときの温度は1 130°F 以上とする)

ここで $Z_{(T)}$ は温度 T における変態開始時間 (図b) であり，X は冷却線上の経過時間 (図a) である．したがって $\Delta X_{(T)}$ は温度 T を通る微少時間である．また X_n は冷却に際しての核発生時間である．図aに示すごとく，連続冷却曲線を小温度区間の連続と考えるならば，

$$\frac{\Delta X_1}{Z_1} + \frac{\Delta X_2}{Z_2} + \frac{\Delta X_3}{Z_3} + \cdots\cdots + \frac{\Delta X_n}{Z_n} = 1$$

なる温度，時間で変態が開始すると考える．X は T_{e3} から算定する．もし，温度が1 130°Fになっても総和が1に達しないときは，別の機構で変態が起こるので，これに対しては次式を用いる．

$$\sum_{X=0}^{X_n} \frac{\Delta X_{(T)}}{Z_{(T)}} = 1 \qquad (2)$$

(ただし $X=0$ のときの温度は1 130°F, X_n のときの温度は M_S 点以上とする)

式 (1), (2) は付加的ではなく，別個に取り扱うべきである．ΔX は20°F程度にとる．

1) G. K. Manning, C. H. Lorig : *AIME*, **167** (1946), 442.
2) W. I. Pumphrey, F. W. Jones : *JISI*, **159** (1948), 137.

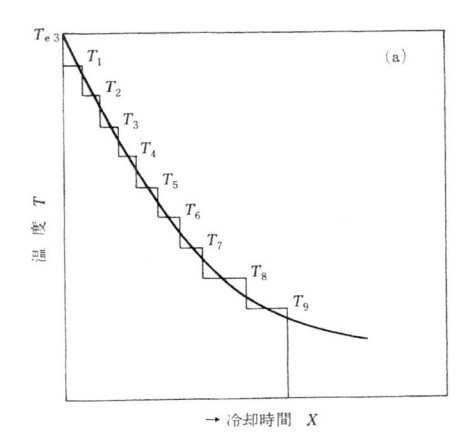

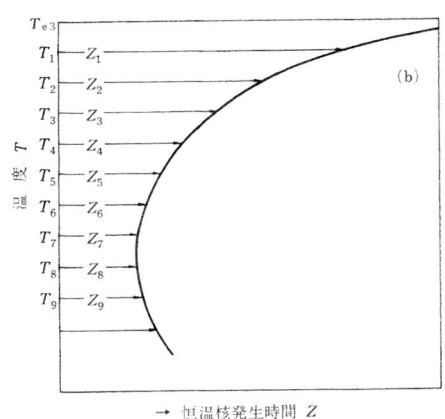

図 Manning-Lorigによる作図法

3. 金属および合金の状態図

3・1 金属の圧力-温度状態図

　高圧下での金属の相変態現象を把握できる圧力-温度状態図について，代表的な金属について収録した．配列は周期律表にしたがい，同族のものをまとめてある．文献3)には，一成分系，4)には金属間化合物，合金，無機化合物についてのデータが収録されている．文献5)および6)は比較的新しい状態図集である．

文　献

1) W.Klement, Jr., A.Jayaraman : Phase Relations and Structures of Solids at High Pressures, ed. H. Reiss, Progress in Solid State Chemistry, Vol. 3 (1967), Pergamon Press.
2) International Table of Selected Constants, 16, Metals, Thermal and Mechanical Data (1969), Pergamon Press.
3) 金子武次郎，三浦成人：日本金属学会会報, **8** (1969), 473.
4) 金子武次郎，三浦成人，大橋正義，阿部峻也：日本金属学会会報, **9** (1970), 231.
5) Phase Diagrams of the Elements (1991), MSI.
6) Pressure Dependent Phase Diagrams of Binary Alloys (1997), ASM.

掲載状態図一覧

Ⅰa族	Li (図3・1), Na (図3・2), K (図3・3), Rb (図3・4), Cs (図3・5)	Ⅲb族	Al (図3・22), Ga (図3・23), In (図3・24), Tl (図3・25)
Ⅱa族	Mg (図3・6), Ca (図3・7), Sr (図3・8), Ba (図3・9)	Ⅳb族	Si (図3・26), Ge (図3・27), Sn (図3・28), Pb (図3・29)
Ⅳa族	Ti (図3・10), Zr (図3・11)	Ⅴb族	Sb (図3・30), Bi (図3・31)
Ⅶa族	Mn (図3・12)	ランタン系元素	La (図3・32), Ce (図3・33), Pr (図3・34), Nd (図3・35), Sm (図3・36), Eu (図3・37), Gd (図3・38), Tb (図3・39), Yb (図3・40)
Ⅷ族	Fe (図3・13), Co (図3・14), Ni (図3・15)		
Ⅰb族	Cu (図3・16), Ag (図3・17), Au (図3・18)	アクチニウム系元素	U (図3・41), Pu (図3・42)
Ⅱb族	Zn (図3・19), Cd (図3・20), Hg (図3・21)		

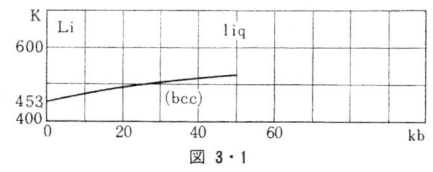

図 3・1

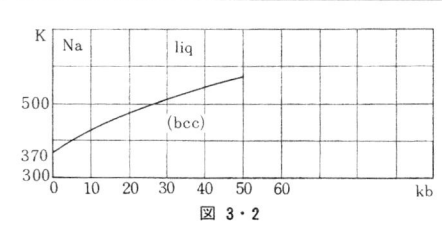

図 3・2

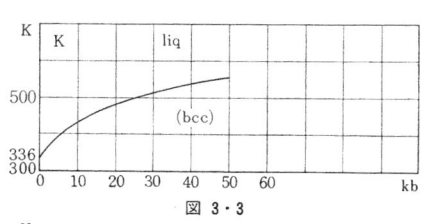

図 3・3

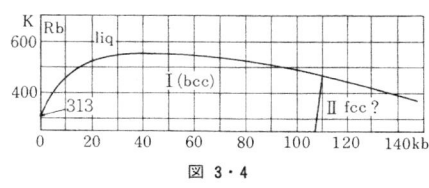

図 3・4

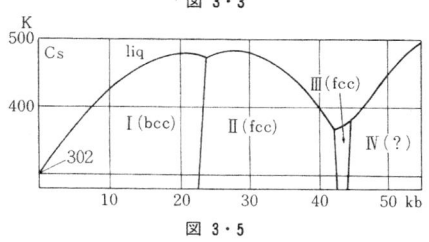

図 3・5

図 3・6

図 3・7

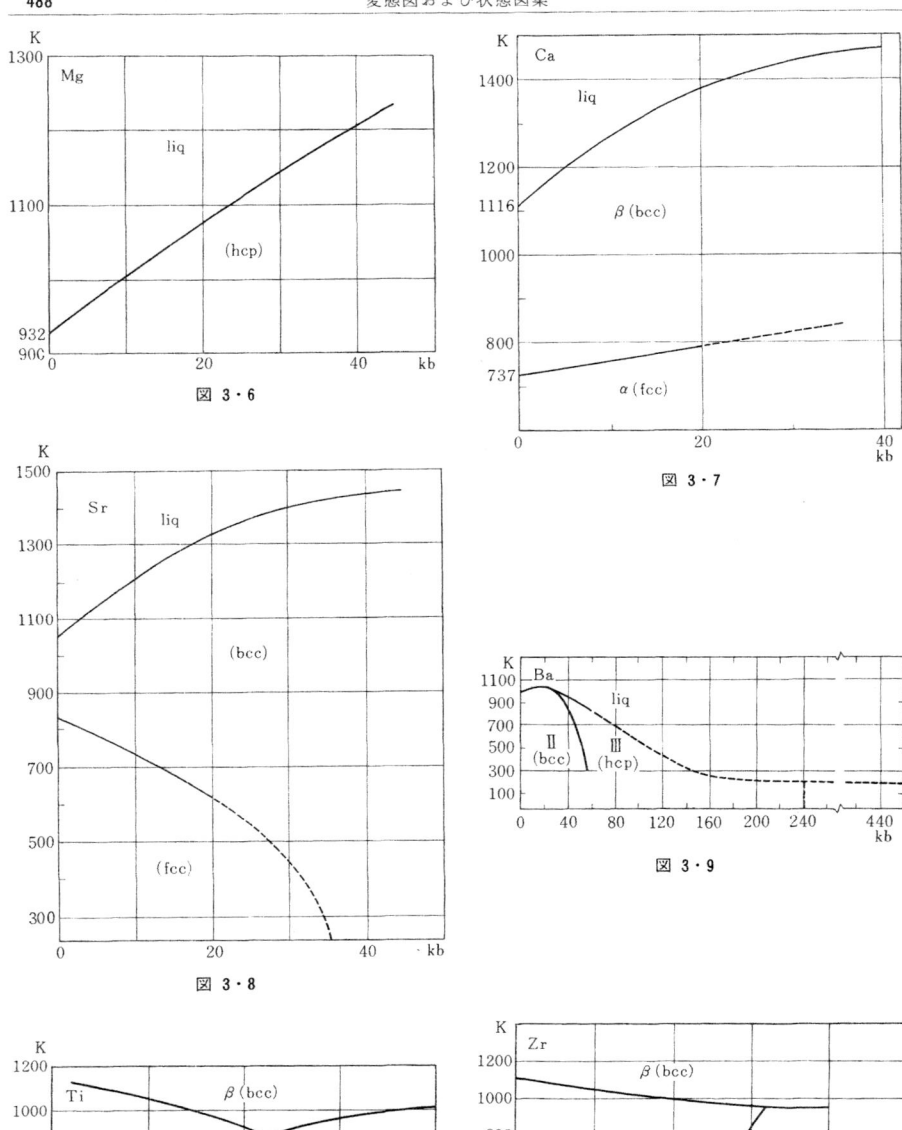

図 3・8

図 3・9

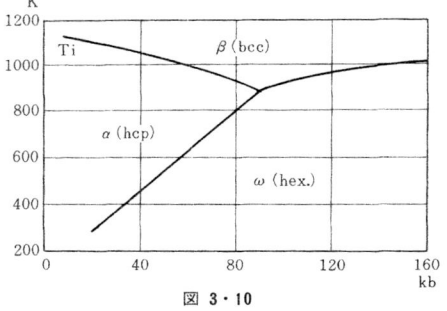

図 3・10

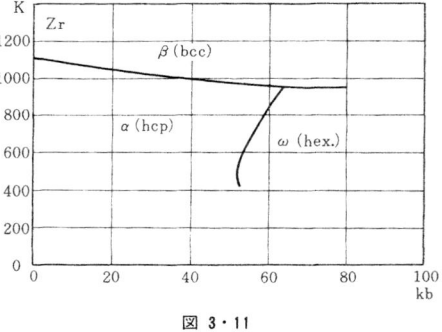

図 3・11

3. 金属および合金の状態図

図 3・12

図 3・13

図 3・14

図 3・15

図 3・16

図 3・17

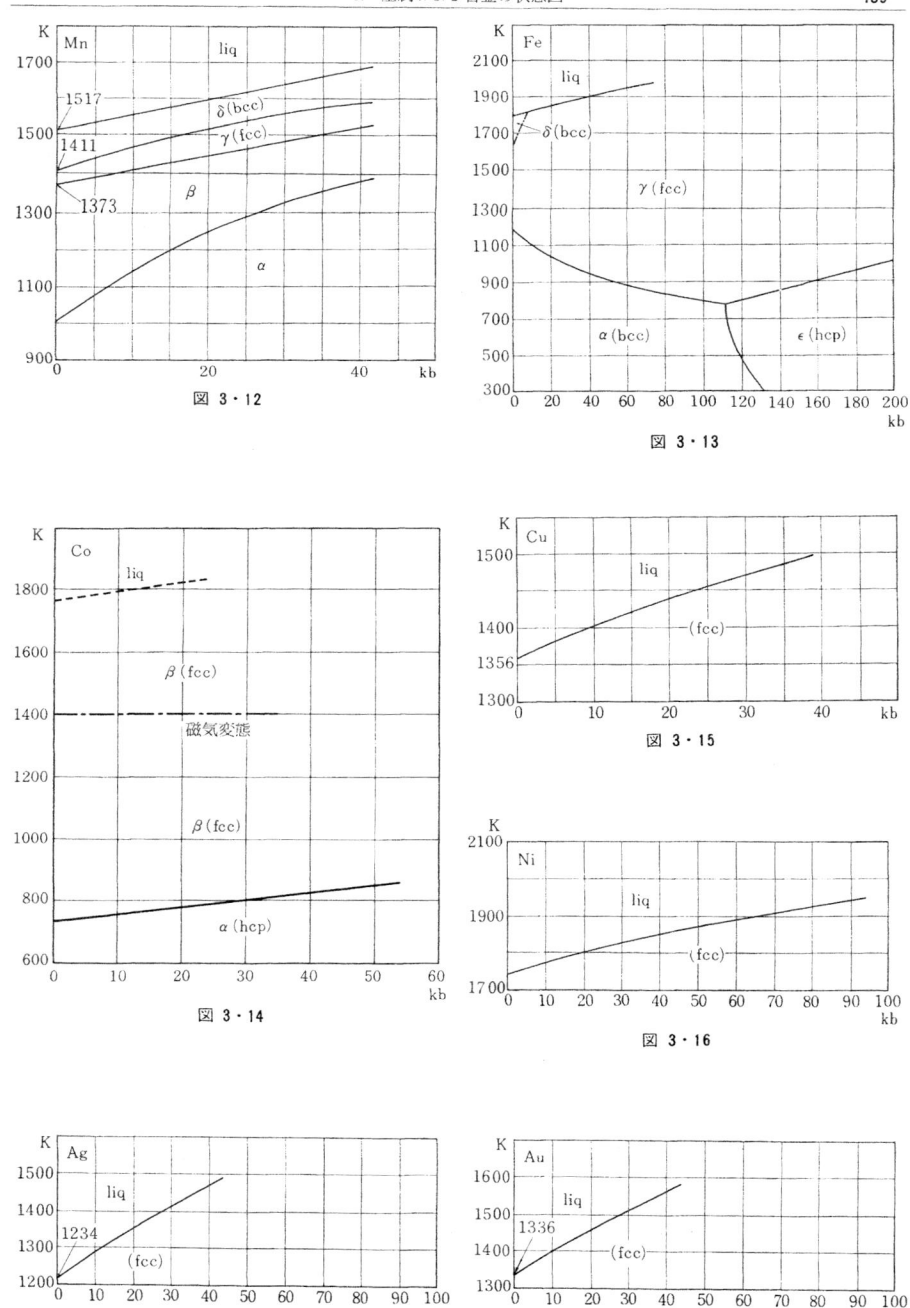

図 3・18

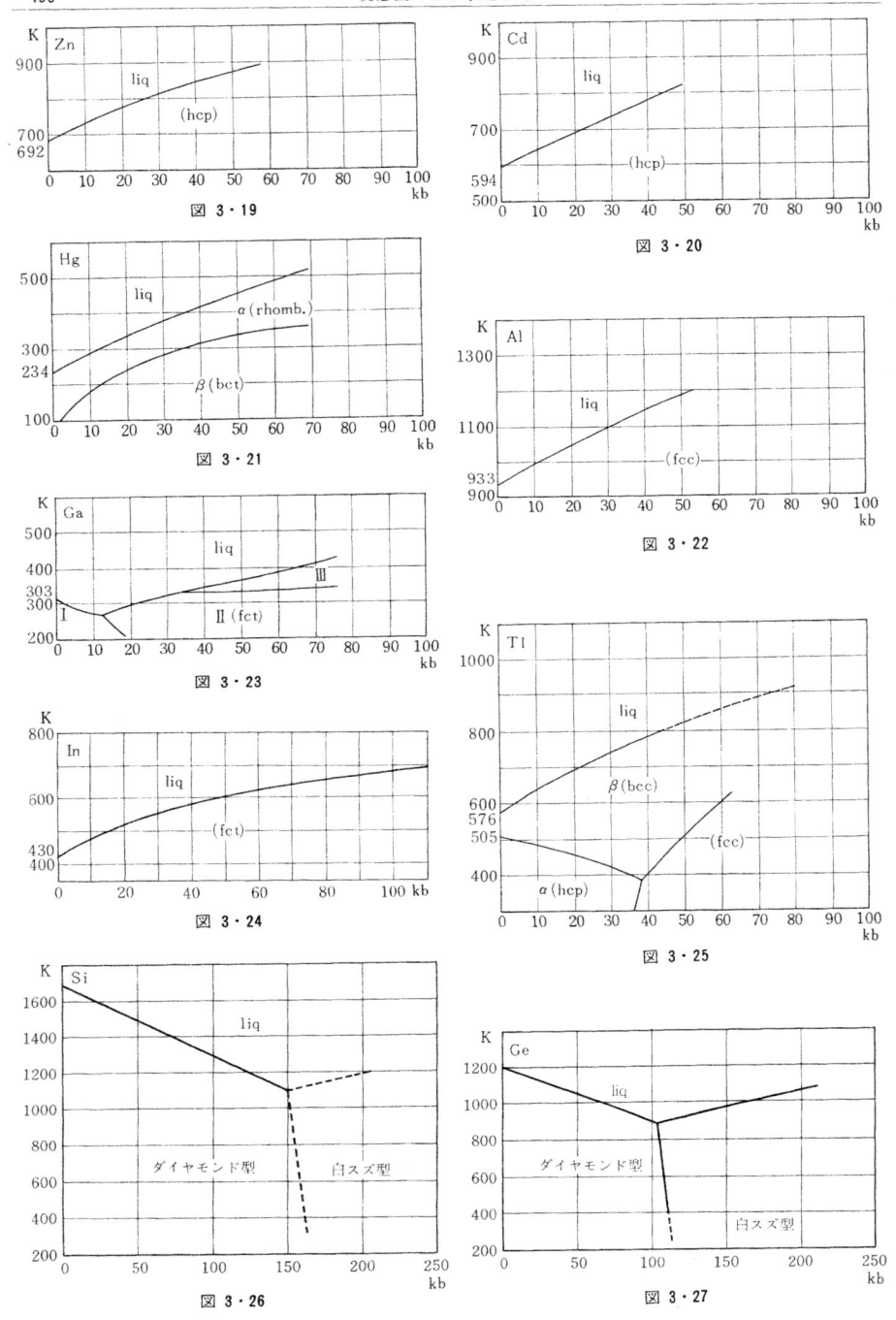

図 3・19 Zn
図 3・20 Cd
図 3・21 Hg
図 3・22 Al
図 3・23 Ga
図 3・24 In
図 3・25 Tl
図 3・26 Si
図 3・27 Ge

3. 金属および合金の状態図

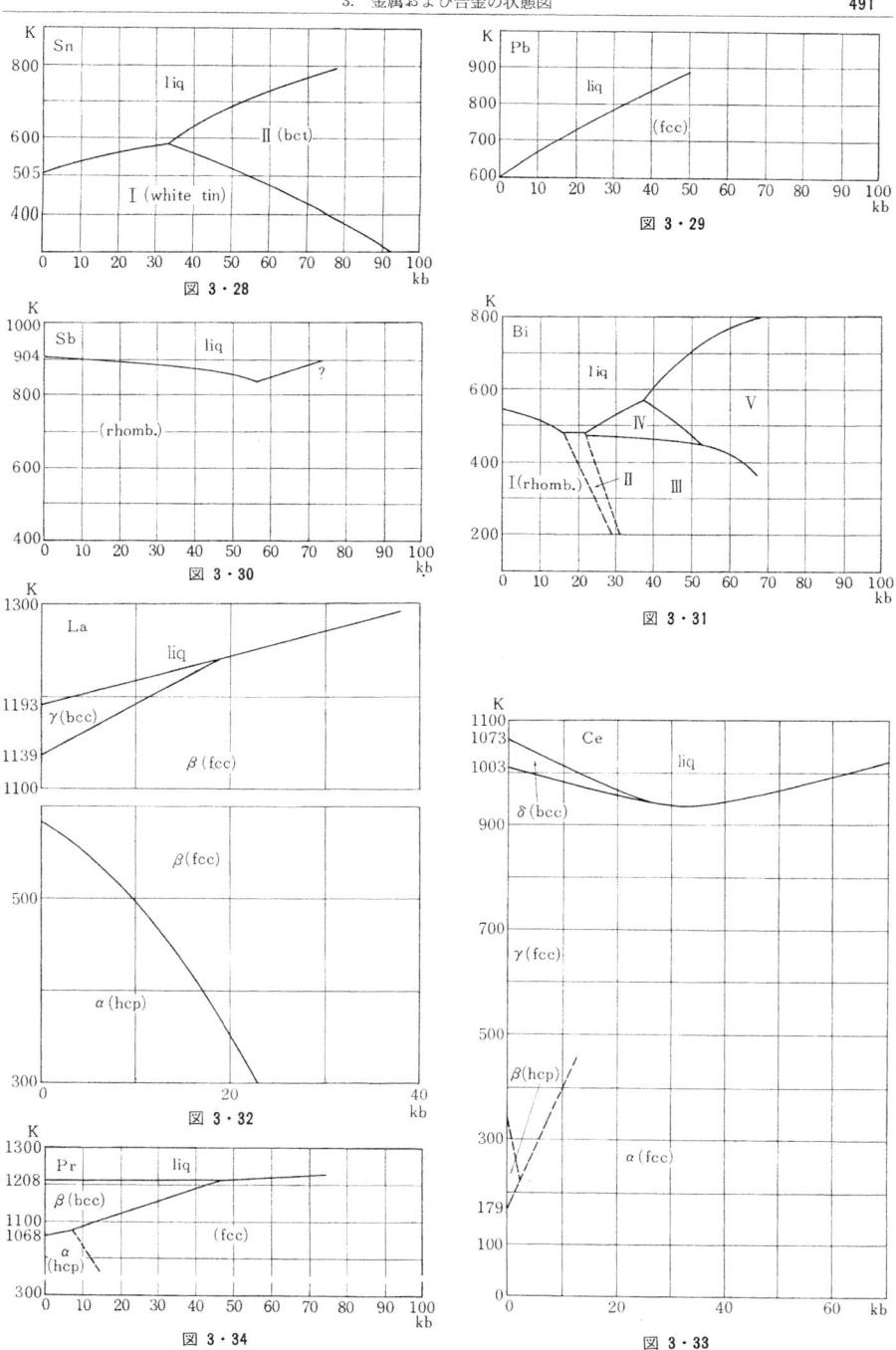

図 3・28

図 3・29

図 3・30

図 3・31

図 3・32

図 3・34

図 3・33

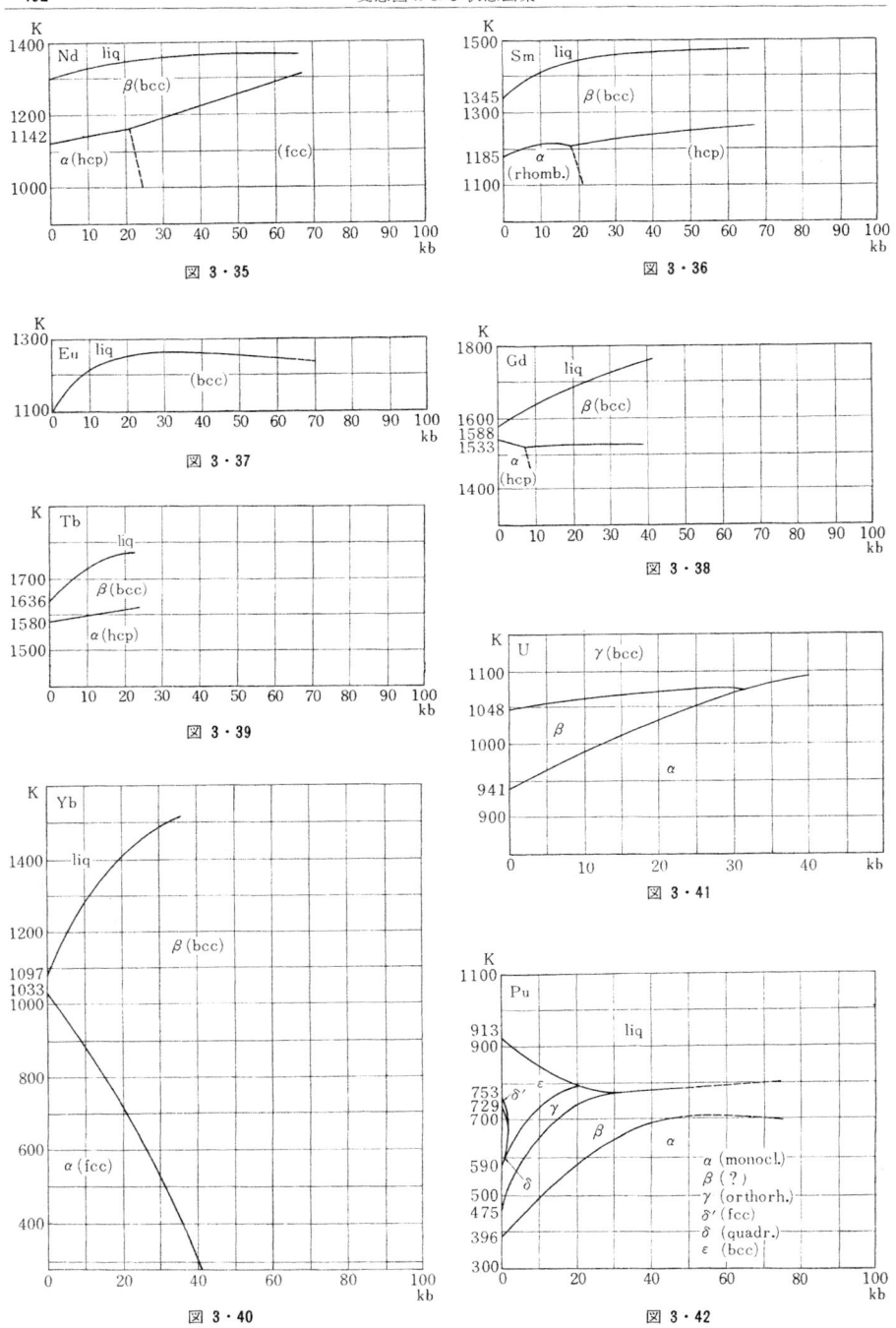

図 3・35 Nd
図 3・36 Sm
図 3・37 Eu
図 3・38 Gd
図 3・39 Tb
図 3・40 Yb
図 3・41 U
図 3・42 Pu

3・2 二元合金状態図

改訂4版 編集にあたって

金属および合金の二元系および多元系状態図は，この10数年間における各種熱力学的データの充実・整備およびそれらも用いた計算状態図のめざましい発展により，金属・合金の状態図の量的拡充と精度の向上の面で顕著な進歩を示してきた．一方最近では，信頼性の高い最新の状態図の発刊は世界的に限定された専門出版社から出版される傾向にある．第4版の編集に際しては，これら状態図発刊の状況を踏まえ，最新版の状態図の文献紹介を行う一方，掲載する状態図は工業的に重要である8金属，すなわちFe, Al, Cu, Ni, Ti, Mg, Pb, Sn の二元系状態図に限定することとした．また掲載する金属の配列順序は，各金属・合金の工業的な生産量や重要性を配慮して，上記記載の順序とすることとした．状態図自体の見直し・改訂は行っていないために，最新の状態図の情報等は下記に記載の文献を参照されたい．

合金状態図の編集は，近年，合金状態図に関する国際機関 (Alloy Phase Diagram International Commission：APDIC) の調整により国際的協力体制が敷かれ，その成果が数多くの合金状態図集の出版という形で実を結んでいる．下記文献リストに1990年代を中心に最近出版されている合金状態図集を列記する．実用的に役立つことの多い二元系状態図集としては，2000年に米国 ASM International から出版された "Desk Handbook：Phase Diagrams for Binary Alloys" があり，最新かつ最多の状態図をコンパクトに網羅している．特定の二元系状態図についてできるだけ詳しく知りたい場合には，モノグラフ状態図集が便利である．ただし，現在のところ下記文献リストに挙げられている系に限られる．三元系では，ASM と独国 MSI (現：matport.com) とから出版されている2種のシリーズ "Handbook of Ternary Alloy Phase Diagrams" および "Ternary Alloys" がある．ただし，MSI版は未だ全巻終了していない．特徴としては，ASM版は各合金系についての主要な状態図研究論文から図面をトレースするスタイルであるが，MSI版では担当する編集者が過去の論文に基づいて詳しく調べレビューすると共に確からしい状態図を作成する手法を採用している．

なお，これら以降に新しく編集された状態図は，ASM International から出版されている Journal of Phase Equilibria 誌中に適宜掲載されている．

文 献

1. 二元系状態図集
   1) Desk Handbook: Phase Diagrams for Binary Alloys (2000), ASM.
   2) Phase Diagrams of Dilute Binary Alloys (2002), ASM.
   3) Binary Alloy Phase Diagrams, 2nd ed. (3 Volume Set), (1990) ASM. (Binary Alloy Phase Diagrams CD ROM)
2. 二元系モノグラフ状態図集
   1) Phase Diagrams of Binary Vanadium Alloys (1989), ASM.
   2) Phase Diagrams of Binary Tungsten Alloys (1991), ASM.
   3) Phase Diagrams of Binary Titanium Alloys (1987), ASM.
   4) Phase Diagrams of Binary Tantalum Alloys (1996), ASM.
   5) Phase Diagrams of Binary Nickel Alloys (1991), ASM.
   6) Phase Diagrams of Binary Iron Alloys (1993), ASM.
   7) Phase Diagrams of Binary Hydrogen Alloys (2000), ASM.
   8) Phase Diagrams of Binary Gold Alloys (1987), ASM.
   9) Phase Diagrams of Binary Copper Alloys (1994), ASM.
   10) Phase Diagrams of Binary Beryllium Alloys (1987), ASM.
   11) Phase Diagrams of Binary Actinide Alloys (1995), ASM.
   12) Phase Diagrams of Indium Alloys and their Engineering Applications (1991), ASM.
   13) Semiconductor and Metal Binary Systems: Phase Equilibria and Chemical Thermodynamics (1989), MSI.
3. 三元系状態図集
   1) Handbook of Ternary Alloy Phase Diagrams (10 Volume Set), (1995) ASM. (Ternary Alloy Phase Diagrams, CD ROM)
   2) Ternary Alloys：Vol 1 Ag Systems Ag-Al-Au to Aq-Cu-P (1989), MSI.
   3) Ternary Alloys：Vol 2 Ag Systems Ag-Cu-Pb to Ag-Zn-Zr (1989), MSI.
   4) Ternary Alloys：Vol 3 Al Systems Al-Ar-O to Al-Ca-Zn (1991), MSI.
   5) Ternary Alloys：Vol 4 Al Systems Al-Cd-Ce to Al-Cu-Ru (1991), MSI.
   6) Ternary Alloys：Vol 5 Al Systems Al-Cu-S to Al-Gd-Sn (1992), MSI.
   7) Ternary Alloys：Vol 6 Al Systems Al-Gd-Tb to Al-Mg-Sc (1992), MSI.
   8) Ternary Alloys：Vol 7 Al Systems Al-Mg-Se to Al-Ni-Ta (1993), MSI.
   9) Ternary Alloys：Vol 8 Al Systems Al-Ni-Tb to Al-Zn-Zr (1993), MSI.
   10) Ternary Alloys：Vol 9 As Systems Ag-Al-As to As-Ge-Zn (1994), MSI.
   11) Ternary Alloys：Vol 10 As Systems As-Cr-Fe to As-I-Zn (1994), MSI.
   12) Ternary Alloys：Vol 11 As Systems As-In-Ir to As-Yb-Zn (1994), MSI.
   13) Ternary Alloys：Vol 12 Au Systems Au-B-Co to Au-Ge-La (1995), MSI.
   14) Ternary Alloys：Vol 13 Au System Au-Ge-Li to Au-Tl-Zn (1996), MSI.
   15) Ternary Alloys：Vol 14 Li Systems Ag-Al-Li to Ge-Li-Nd (1995), MSI.
   16) Ternary Alloys：Vol 15 Li Systems Hf-Li-N to Li-V-Zr (1995), MSI.
4. 三元系モノグラフ状態図集他
   1) Phase Diagrams of Ternary Nickel Alloys, Part 1 & 2 (1990), ASM.
   2) Phase Diagrams of Ternary Metal-Boron-Carbon Systems (1998), ASM.
   3) Phase Diagrams of Ternary Iron Alloys, Part 1～6 (1987-1993), ASM.
   4) Phase Diagrams of Ternary Gold Alloys (1990), ASM.
   5) Phase Diagrams of Ternary Copper Oxygen X Alloys (1989), MSI.
5. その他の状態図集
   1) Phase Diagrams of Quaternary Iron Alloys (1996), ASM.
   2) ASM Handbook Volume 03：Alloy Phase Diagrams (1992), ASM.
   3) 鉄合金状態図集：二元系から七元系まで (2001), アグネ技術センター．
   4) Red Book, MSI, 定期出版-1995.

補筆：以上に記載された ASM および MSI は，これら出版社から以下の URL を通して具体的情報が得られる．
ASM：http://www.asminternational.org/Default.cfm
MSI：http://www.msiwp.com/bookstore/index.html

掲載状態図一覧　( )内は掲載ページ

3・2・1　Fe 二元系状態図

Fe-C(a)	図 3・43	(498)
Fe-C(b)	図 3・44	(499)
Fe-Ag		(500)
Fe-Al	図 3・45	(〃)
Fe-As	図 3・46	(〃)
Fe-Au	図 3・47	(〃)
Fe-B	図 3・48	(〃)
Fe-Be	図 3・49	(501)
Fe-Ce	図 3・50	(〃)
Fe-Co	図 3・51	(〃)
Fe-Cr(a)	図 3・52	(〃)
Fe-Cr(b)	図 3・53	(502)
Fe-Cu	図 3・54	(〃)
Fe-Ga	図 3・55	(〃)
Fe-Ge	図 3・56	(〃)
Fe-Mn	図 3・57	(503)
Fe-Mo(a)	図 3・58	(〃)
Fe-Mo(b)	図 3・59	(〃)
Fe-N	図 3・60	(〃)
Fe-Nb	図 3・61	(504)
Fe-Nd	図 3・62	(〃)
Fe-Ni	図 3・63	(〃)
Fe-O	図 3・64	(〃)
Fe-P	図 3・65	(505)
Fe-Pd	図 3・66	(〃)
Fe-Pt	図 3・67	(〃)
Fe-Pu	図 3・68	(〃)
Fe-Rh	図 3・69	(506)
Fe-Ru	図 3・70	(〃)
Fe-S	図 3・71	(〃)
Fe-Sb	図 3・72	(〃)
Fe-Se	図 3・73	(507)
Fe-Si	図 3・74	(〃)
Fe-Sn	図 3・75	(〃)
Fe-Ta	図 3・76	(〃)
Fe-Ti	図 3・77	(508)
Fe-U	図 3・78	(〃)
Fe-V	図 3・79	(〃)
Fe-W	図 3・80	(〃)
Fe-Zn	図 3・81	(509)
Fe-Zr	図 3・82	(〃)

3・2・2　Al 二元系状態図

Al-Ag	図 3・83	(509)
Al-As	図 3・84	(〃)
Al-Au	図 3・85	(510)
Al-B	図 3・86	(〃)
Al-Ba	図 3・87	(〃)
Al-Be	図 3・88	(〃)
Al-Bi	図 3・89	(510)
Al-Ca	図 3・90	(511)
Al-Cd	図 3・91	(〃)
Al-Ce(a)	図 3・92	(〃)
Al-Ce(b)	図 3・93	(〃)
Al-Co	図 3・94	(〃)
Al-Cr	図 3・95	(512)
Al-Cu	図 3・96	(〃)
Al-Ga	図 3・97	(〃)
Al-Ge	図 3・98	(〃)
Al-Hf	図 3・99	(513)
Al-Hg	図 3・100	(〃)
Al-In	図 3・101	(〃)
Al-La(a)	図 3・102	(〃)
Al-La(b)	図 3・103	(514)
Al-Li	図 3・104	(〃)
Al-Mg(a)	図 3・105	(〃)
Al-Mg(b)	図 3・106	(〃)
Al-Mn	図 3・107	(〃)
Al-Mo	図 3・108	(〃)
Al-Nb	図 3・109	(515)
Al-Ni	図 3・110	(〃)
Al-P	図 3・111	(〃)
Al-Pb	図 3・112	(〃)
Al-Pd	図 3・113	(〃)
Al-Pt	図 3・114	(516)
Al-Pu	図 3・115	(〃)
Al-Sb	図 3・116	(〃)
Al-Se	図 3・117	(〃)
Al-Sn	図 3・118	(〃)
Al-Si	図 3・119	(517)
Al-Ta	図 3・120	(〃)
Al-Te	図 3・121	(〃)
Al-Th	図 3・122	(〃)
Al-Ti(a)	図 3・123	(518)
Al-Ti(b)	図 3・124	(〃)
Al-Ti(c)	図 3・125	(〃)
Al-U	図 3・126	(〃)
Al-V	図 3・127	(519)
Al-Y	図 3・128	(〃)
Al-Zn	図 3・129	(〃)
Al-Zr	図 3・130	(〃)

3・2・3　Cu 二元系状態図

Cu-Ag	図 3・131	(519)
Cu-As	図 3・132	(520)
Cu-Au	図 3・133	(〃)
Cu-Be	図 3・134	(〃)
Cu-Bi	図 3・135	(〃)
Cu-Ca	図 3・136	(521)
Cu-Cd	図 3・137	(〃)
Cu-Co	図 3・138	(521)
Cu-Ga	図 3・139	(〃)
Cu-Ge	図 3・140	(522)
Cu-In	図 3・141	(〃)
Cu-La	図 3・142	(〃)
Cu-Li	図 3・143	(〃)
Cu-Mg	図 3・144	(〃)
Cu-Mn	図 3・145	(523)
Cu-Nb	図 3・146	(〃)
Cu-Ni(a)	図 3・147	(〃)
Cu-Ni(b)	図 3・148	(〃)
Cu-O	図 3・149	(〃)
Cu-P	図 3・150	(524)
Cu-Pb	図 3・151	(〃)
Cu-Pd	図 3・152	(〃)
Cu-Pr	図 3・153	(〃)
Cu-Pt	図 3・154	(525)
Cu-Rh	図 3・155	(〃)
Cu-S	図 3・156	(〃)
Cu-Sb	図 3・157	(〃)
Cu-Se	図 3・158	(526)
Cu-Si	図 3・159	(〃)
Cu-Sn	図 3・160	(〃)
Cu-Te	図 3・161	(〃)
Cu-Th	図 3・162	(527)
Cu-Ti	図 3・163	(〃)
Cu-Tl	図 3・164	(〃)
Cu-U	図 3・165	(〃)
Cu-V	図 3・166	(〃)
Cu-Zn	図 3・167	(528)
Cu-Zr	図 3・168	(〃)

3・2・4　Ni 二元系状態図

Ni-Ag	図 3・169	(528)
Ni-As	図 3・170	(〃)
Ni-Au	図 3・171	(529)
Ni-B	図 3・172	(〃)
Ni-Be	図 3・173	(〃)
Ni-Bi	図 3・174	(〃)
Ni-C	図 3・175	(530)
Ni-Cd	図 3・176	(〃)
Ni-Co	図 3・177	(〃)
Ni-Cr	図 3・178	(〃)
Ni-Ga	図 3・179	(〃)
Ni-Ge	図 3・180	(531)
Ni-In	図 3・181	(〃)
Ni-Mg	図 3・182	(〃)
Ni-Mn	図 3・183	(〃)
Ni-Mo	図 3・184	(〃)
Ni-Nb	図 3・185	(532)
Ni-Pb	図 3・186	(〃)

Ni–Pd	図3・187	(532)	Ti–U	図3・228	(542)	Pb–K(a)	図3・267	(550)
Ni–Pt	図3・188	(〃)	Ti–V	図3・229	(〃)	Pb–K(b)	図3・268	(〃)
Ni–Pu	図3・189	(533)	Ti–W	図3・230	(〃)	Pb–La	図3・269	(551)
Ni–Re	図3・190	(〃)	Ti–Zn	図3・231	(543)	Pb–Li	図3・270	(〃)
Ni–Rh	図3・191	(〃)	Ti–Zr	図3・232	(〃)	Pb–Na	図3・271	(〃)
Ni–Ru	図3・192	(〃)				Pb–Pd	図3・272	(〃)
Ni–S	図3・193	(〃)	**3・2・6 Mg二元系状態図**			Pb–Pt	図3・273	(〃)
Ni–Sb	図3・194	(〃)	Mg–Ag	図3・233	(543)	Pb–S	図3・274	(552)
Ni–Se	図3・195	(534)	Mg–Au	図3・234	(〃)	Pb–Sb	図3・275	(〃)
Ni–Si	図3・196	(〃)	Mg–Ba	図3・235	(〃)	Pb–Se	図3・276	(〃)
Ni–Sn	図3・197	(〃)	Mg–Bi	図3・236	(544)	Pb–Si	図3・277	(〃)
Ni–Ta	図3・198	(〃)	Mg–Ca	図3・237	(〃)	Pb–Te	図3・278	(〃)
Ni–Te	図3・199	(535)	Mg–Cd	図3・238	(〃)	Pb–U	図3・279	(553)
Ni–Th	図3・200	(〃)	Mg–Ce	図3・239	(〃)	Pb–Zn	図3・280	(〃)
Ni–Ti	図3・201	(〃)	Mg–Ga	図3・240	(〃)			
Ni–V	図3・202	(〃)	Mg–Ge	図3・241	(〃)	**3・2・8 Sn二元系状態図**		
Ni–W	図3・203	(536)	Mg–Hg	図3・242	(545)	Sn–Ag	図3・281	(553)
Ni–Zn	図3・204	(〃)	Mg–In	図3・243	(〃)	Sn–As	図3・282	(〃)
Ni–Zr	図3・205	(〃)	Mg–Li	図3・244	(〃)	Sn–Au	図3・283	(554)
			Mg–Pb	図3・245	(〃)	Sn–Bi	図3・284	(〃)
3・2・5 Ti二元系状態図			Mg–Pu	図3・246	(〃)	Sn–Cd	図3・285	(〃)
Ti–Ag	図3・206	(536)	Mg–Sb	図3・247	(546)	Sn–Ce	図3・286	(〃)
Ti–Au	図3・207	(537)	Mg–Si	図3・248	(〃)	Sn–Co	図3・287	(〃)
Ti–B	図3・208	(〃)	Mg–Sn	図3・249	(〃)	Sn–Ga	図3・288	(〃)
Ti–Be	図3・209	(〃)	Mg–Sr	図3・250	(〃)	Sn–Ge	図3・289	(555)
Ti–C	図3・210	(〃)	Mg–Th	図3・251	(〃)	Sn–Hg	図3・290	(〃)
Ti–Co	図3・211	(538)	Mg–Tl	図3・252	(547)	Sn–In	図3・291	(〃)
Ti–Cr	図3・212	(〃)	Mg–Y	図3・253	(〃)	Sn–Mn	図3・292	(〃)
Ti–H	図3・213	(〃)	Mg–Zn	図3・254	(〃)	Sn–Na	図3・293	(〃)
Ti–Hf	図3・214	(〃)				Sn–Nb	図3・294	(556)
Ti–Ir	図3・215	(539)	**3・2・7 Pb二元系状態図**			Sn–Pb	図3・295	(〃)
Ti–Mn	図3・216	(〃)	Pb–Ag	図3・255	(547)	Sn–Pd	図3・296	(〃)
Ti–Mo	図3・217	(〃)	Pb–As	図3・256	(548)	Sn–Pt	図3・297	(〃)
Ti–N	図3・218	(〃)	Pb–Au	図3・257	(〃)	Sn–Sb	図3・298	(557)
Ti–Nb	図3・219	(540)	Pb–Ba	図3・258	(〃)	Sn–Se	図3・299	(〃)
Ti–O	図3・220	(〃)	Pb–Bi	図3・259	(〃)	Sn–Si	図3・300	(〃)
Ti–Pd	図3・221	(〃)	Pb–Ca	図3・260	(549)	Sn–Te	図3・301	(〃)
Ti–Pt	図3・222	(〃)	Pb–Cd	図3・261	(〃)	Sn–Tl	図3・302	(〃)
Ti–Sc	図3・223	(541)	Pb–Ce	図3・262	(〃)	Sn–U	図3・303	(558)
Ti–Si	図3・224	(〃)	Pb–Ga	図3・263	(〃)	Sn–V	図3・304	(〃)
Ti–Sn	図3・225	(〃)	Pb–Ge	図3・264	(〃)	Sn–Zn	図3・305	(〃)
Ti–Ta	図3・226	(〃)	Pb–Hg	図3・265	(550)	Sn–Zr	図3・306	(〃)
Ti–Th	図3・227	(542)	Pb–In	図3・266	(〃)			

[状態図]

組成は一,二の例外を除いて原子パーセントで表示してある。質量パーセントは上に記してある。図中の組成の表示は原子パーセントであるが,その下に( )して示してあるのは質量パーセントである。

共晶点,変態点などは必要に応じて記入してあるが,1948年国際実用温度目盛に基づく値である。1968年国際実用温度目盛による換算はⅧ編320ページを参照されたい。また,状態図により同一金属でも融点が異なっているものがあるが,報告者による違いをあえて修正してないものである(報告が古いとか研究が不完全などの理由で)。

元素の融点 (1968年の国際実用温度目盛による)

元素の呼び名は国際純正および応用化学連合 (IUPAC) の資料に基づいて日本化学会原子量小委員会が採用しているものによっている。
＊は人工元素

記号	元素名 (IUPACの英名)	日	原子番号	融点 [℃]	記号	元素名 (IUPACの英名)	日	原子番号	融点 [℃]
Ac	Actinium	アクチニウム	89	1 051	Mn	Manganese	マンガン	25	1 246
Ag	Silver	銀	47	961.93 (c)	Mo	Molybdenum	モリブデン	42	2 623
Al	Aluminium	アルミニウム	13	660.37 (a)	N	Nitrogen	窒素	7	−210.01
Am	Americium	アメリシウム	*95	996	Na	Sodium	ナトリウム	11	97.8
Ar	Argon	アルゴン	18	−189.33	Nb	Niobium	ニオブ	41	2 471
As	Arsenic	ヒ素	33	603 (b)	Nd	Neodymium	ネオジム	60	1 017
At	Astatine	アスタチン	*85	302 (d)	Ne	Neon	ネオン	10	−248.597
Au	Gold	金	79	1 064.43 (c)	Ni	Nickel	ニッケル	28	1 455 (a)
B	Boron	ホウ素	5	2 103 (d)	No	Nobelium	ノーベリウム	*102	……
Ba	Barium	バリウム	56	729	Np	Neptunium	ネプツニウム	*93	637
Be	Beryllium	ベリリウム	4	1 289	O	Oxygen	酸素	8	−218.80
Bi	Bismuth	ビスマス	83	271.442 (a)	Os	Osmium	オスミウム	76	3 033
Bk	Berkelium	バークリウム	*97	987 (d)	P	Phosphorus	リン (白)	15	44.15
Br	Bromine	臭素	35	−7.25	Pa	Protactinium	プロトアクチニウム	91	1 230 (d)
C	Carbon	炭素	6	3 836 (b)	Pb	Lead	鉛	82	327.502 (a)
Ca	Calcium	カルシウム	20	840	Pd	Palladium	パラジウム	46	1 554 (a)
Cd	Cadmium	カドミウム	48	321.108 (a)	Pm	Promethium	プロメチウム	*61	1 027 (d)
Ce	Cerium	セリウム	58	799	Po	Polonium	ポロニウム	84	254
Cf	Californium	カリホルニウム	*98	……	Pr	Praseodymium	プラセオジウム	59	932
Cl	Chlorine	塩素	17	−100.97	Pt	Platinum	白金	78	1 772
Cm	Curium	キュリウム	*96	1 342	Pu	Plutonium	プルトニウム	*94	640
Co	Cobalt	コバルト	27	1 494 (a)	Ra	Radium	ラジウム	88	700
Cr	Chromium	クロム	24	1 863	Rb	Rubidium	ルビジウム	37	39.48
Cs	Caesium	セシウム	55	28.39	Re	Rhenium	レニウム	75	3 186
Cu	Copper	銅	29	1 084.5 (a)	Rh	Rhodium	ロジウム	45	1 963 (a)
Dy	Dysprosium	ジスプロシウム	66	1 411	Rn	Radon	ラドン	86	−71
Er	Erbium	エルビウム	68	1 524	Ru	Ruthenium	ルテニウム	44	2 254
Es	Einsteinium	アインスタイニウム	*99	……	S	Sulfur	硫黄	16	115.21
Eu	Europium	ユーロピウム	63	818	Sb	Antimony	アンチモン	51	630.74 (a)
F	Fluorine	フッ素	9	−219.67	Sc	Scandium	スカンジウム	21	1 541
Fe	Iron	鉄	26	1 538	Se	Selenium	セレン	34	221
Fm	Fermium	フェルミウム	*100	……	Si	Silicon	ケイ素	14	1 414
Fr	Francium	フランシウム	*87	27 (d)	Sm	Samarium	サマリウム	62	1 074
Ga	Gallium	ガリウム	31	29.75	Sn	Tin	スズ	50	231.968 (c)
Gd	Gadolinium	ガドリニウム	64	1 314	Sr	Strontium	ストロンチウム	38	769
Ge	Germanium	ゲルマニウム	32	938.3	Ta	Tantalum	タンタル	73	3 020
H	Hydrogen	水素	1	−259.347	Tb	Terbium	テルビウム	65	449.57
He	Helium	ヘリウム	2	……	Tc	Technetium	テクネチウム	*43	2 204
Hf	Hafnium	ハフニウム	72	2 231	Te	Tellurium	テルル	52	449.57
Hg	Mercury	水銀	80	−38.862 (a)	Th	Thorium	トリウム	90	1 758
Ho	Holmium	ホルミウム	67	1 472	Ti	Titanium	チタン	22	1 672
I	Iodine	ヨウ素	53	113.6	Tl	Thallium	タリウム	81	304
In	Indium	インジウム	49	156.634 (a)	Tm	Thulium	ツリウム	69	1 547
Ir	Iridium	イリジウム	77	2 447 (a)	U	Uranium	ウラン	92	1 133
K	Potassium	カリウム	19	63.2	V	Vanadium	バナジウム	23	1 929
Kr	Krypton	クリプトン	36	−157.38	W	Tungsten (Wolfram)	タングステン	74	3 387 (a)
La	Lanthanum	ランタン	57	921	Xe	Xenon	キセノン	54	−111.78
Li	Lithium	リチウム	3	180.5	Y	Yttrium	イットリウム	39	1 528
Lr	Lawrencium	ローレンシウム	*103	……	Yb	Ytterbium	イッテルビウム	70	825
Lu	Lutetium	ルテチウム	71	1 665	Zn	Zinc	亜鉛	30	419.58 (c)
Md	Mendelevium	メンデレビウム	*101	……	Zr	Zirconium	ジルコニウム	40	1 865
Mg	Magnesium	マグネシウム	12	649					

(a) 1968年の国際実用温度目盛 (IPTS−68) で二次定点に指定されているもの。 (b) 昇華点
(c) IPTS−68 によって一次定点に指定されているもの。 (d) 推定値

3. 金属および合金の状態図

おもな金属元素の変態点 (IPTS-68 による値)

元素記号	変態の種類	変態点 [°C]	元素記号	変態の種類	変態点 [°C]	元素記号	変態の種類	変態点 [°C]
B	$\alpha-\beta$	—	La	$\alpha-\beta$	277	Pu	$\delta'-\varepsilon$	480
	$\beta-\gamma$	—		$\beta-\gamma$	862	Sc	$\alpha-\beta$	1 337
Be	$\alpha-\beta$	1 256	Li	$\alpha-\beta$	-193	Se	$\alpha-\beta$	—
Ca	$\alpha-\beta$	447	Mn	$\alpha-\beta$	707		$\beta-\gamma$	209 ?
Ce	$\alpha-\beta$	-148		$\beta-\gamma$	1 088	Sm	$\alpha-\beta$	918
	$\beta-\gamma$	77		$\gamma-\delta$	1 139	Sn	$\alpha-\beta$	13.0
	$\gamma-\delta$	726	Na	$\alpha-\beta$	-233	Sr	$\alpha-\beta$	557
Co	$\varepsilon-\alpha$	427	Nd	$\alpha-\beta$	856	Tb	$\alpha-\beta$	1 289
	磁気	1 123	Np	$\alpha-\beta$	260	Th	$\alpha-\beta$	1 365
Dy	$\alpha-\beta$	1 386		$\beta-\gamma$	577	Ti	$\alpha-\beta$	883
Gd	磁気	18.6	Ni	磁気	358	Tl	$\alpha-\beta$	234
	$\alpha-\beta$	1 262	Po	$\alpha-\beta$	—	U	$\alpha-\beta$	668
Hf	$\alpha-\beta$	1 742	Pr	$\alpha-\beta$	796		$\beta-\gamma$	776
Ho	$\alpha-\beta$	1 430	Pu	$\alpha-\beta$	122	Y	$\alpha-\beta$	1 481
Fe	磁気	770		$\beta-\gamma$	207	Yb	$\alpha-\beta$	761
	$\alpha-\gamma$	912		$\gamma-\delta$	315	Zr	$\alpha-\beta$	872
	$\gamma-\delta$	1 394		$\delta-\delta'$	457			

Metals Handbook, Vol. 8 (1973), ASM. 変態点の値は報告者によりかなりの幅がある。本表は一応の目安である。

[凡例 1] **結晶系の分類**

結晶系	軸比	軸角
(1) 三斜晶系 (triclinic system)	$a \neq b \neq c$	$\alpha \neq \beta \neq \gamma$
(2) 単斜晶系 (monoclinic system)	$a \neq b \neq c$	$\alpha = \gamma = 90° \neq \beta$
(3) 斜方晶系 (orthorhombic system)	$a \neq b \neq c$	$\alpha = \beta = \gamma = 90°$
(4) 正方晶系 (tetragonal system)	$a = b \neq c$	$\alpha = \beta = \gamma = 90°$
(5) 三方晶系 (菱面体晶系) (trigonal または rhombohedral system)	$a = b = c$	$\alpha = \beta = \gamma \neq 90°$
(6) 六方晶系 (hexagonal system)	$a = b \neq c$	$\alpha = \beta = 90°, \gamma = 120°$
(7) 立方晶系 (または等軸晶系) (cubic system)	$a = b = c$	$\alpha = \beta = \gamma = 90°$

注 結晶形については主なものについては 34～42 ページに記載してある。

[凡例 2]
b. c. c. (B. C. C.)：体心立方格子
h. c. p. (H. C. P.)：最密六方格子
f. c. c. (F. C. C.)：面心立方格子
a, b, c：それぞれ a 軸, b 軸, c 軸の格子定数 [単位：Å]

α_{Al}：α に下つきで元素名が記されているのはその元素、ここでは Al 側の一次固溶体を示している。
------ で表示してある相境界は不確かなものと規則格子変態などである。
—・— は一般に磁気変態点を示している。

3・2・1　Fe 二元系状態図

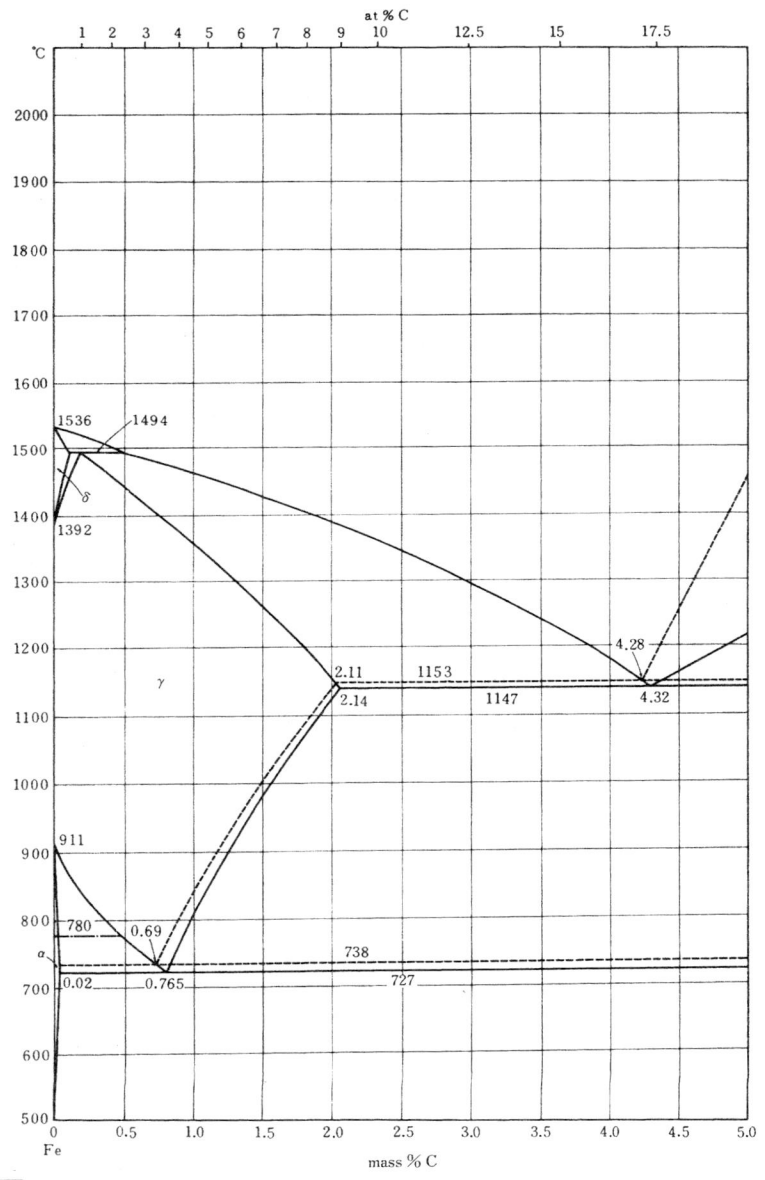

図 3・43

Fe−C (a)

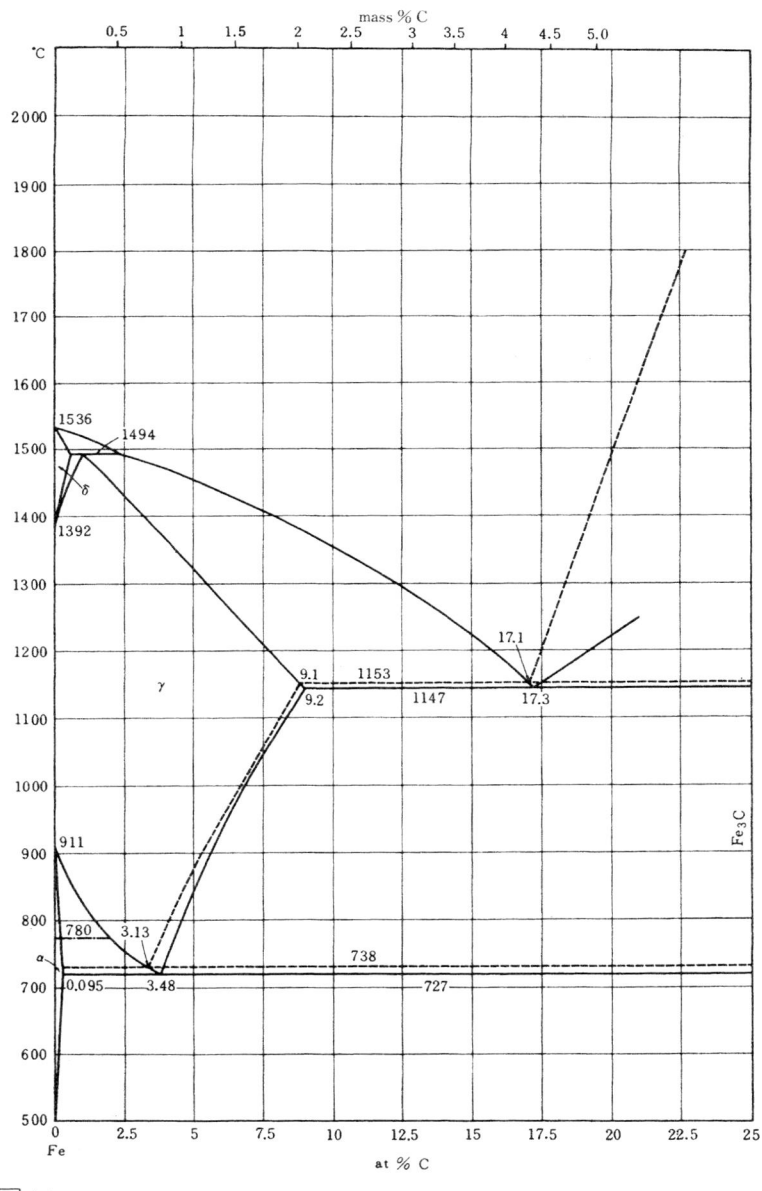

Fe—C (b)

図 3・44

Fe−Ag
固相，液相とも溶け合わない．

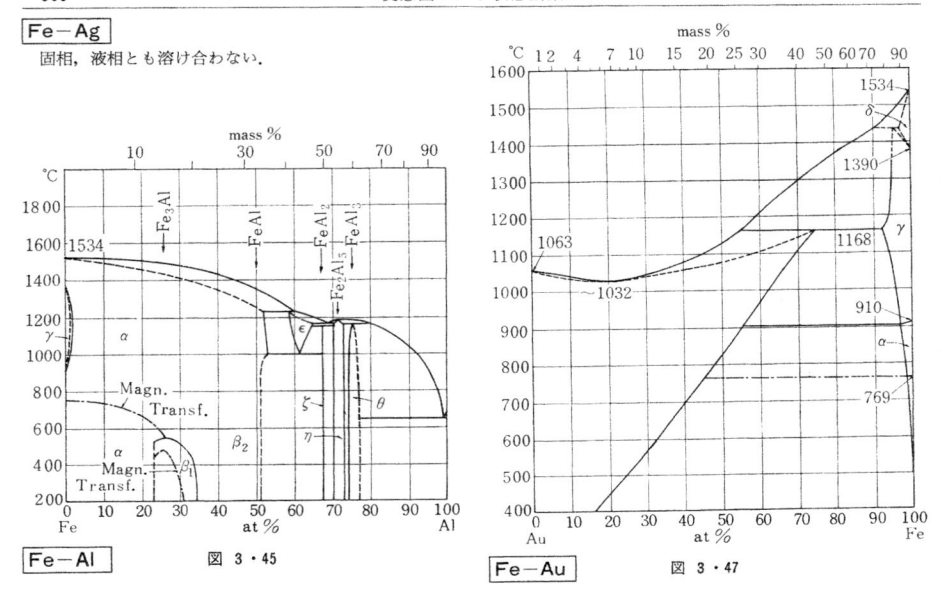

Fe−Al 図 3・45

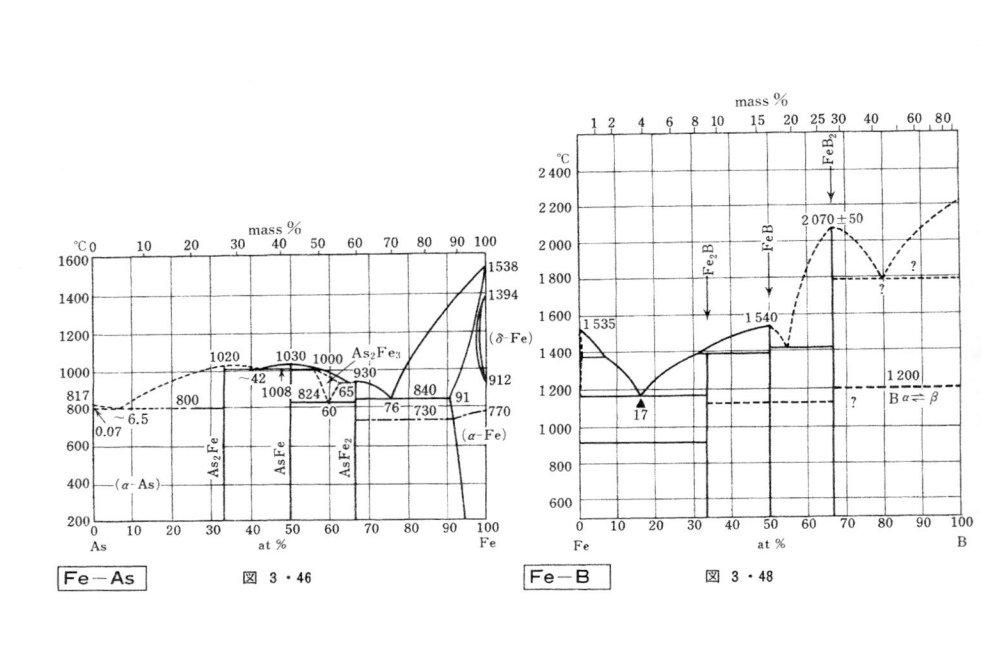

Fe−Au 図 3・47

Fe−As 図 3・46

Fe−B 図 3・48

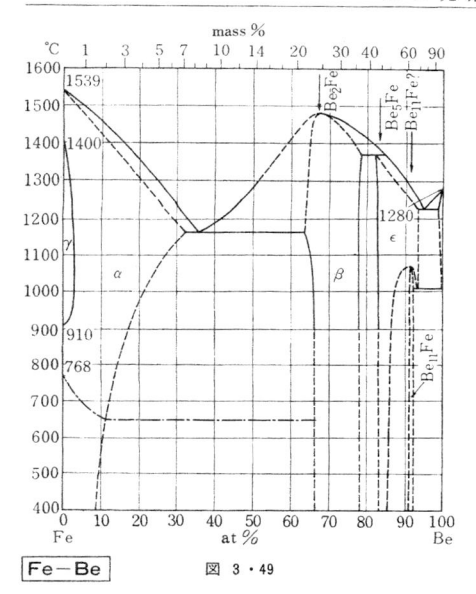

Fe 二元系状態図

Fe—Be 図 3・49

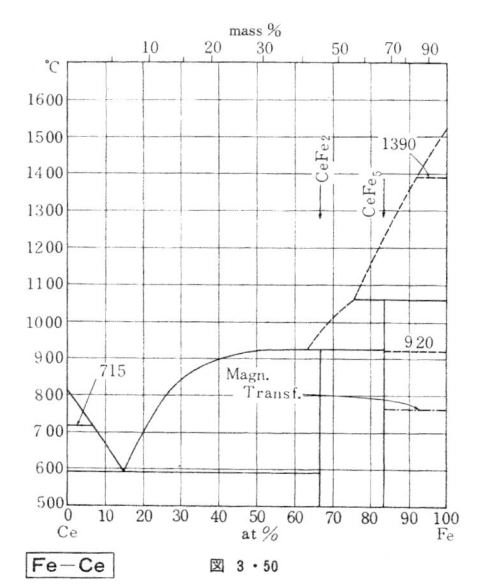

Fe—Ce 図 3・50

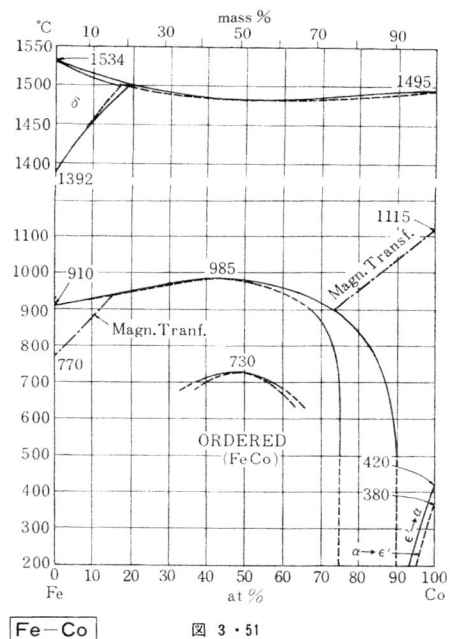

Fe—Co 図 3・51

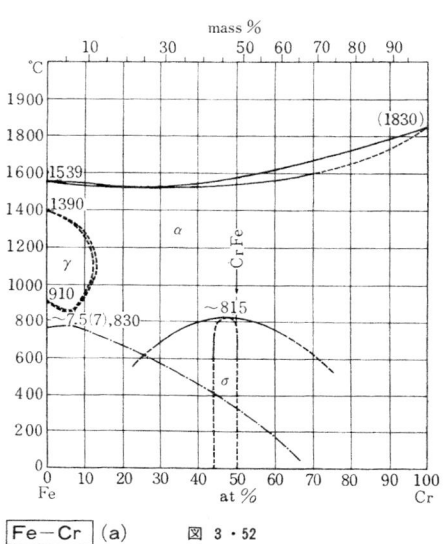

Fe—Cr (a) 図 3・52

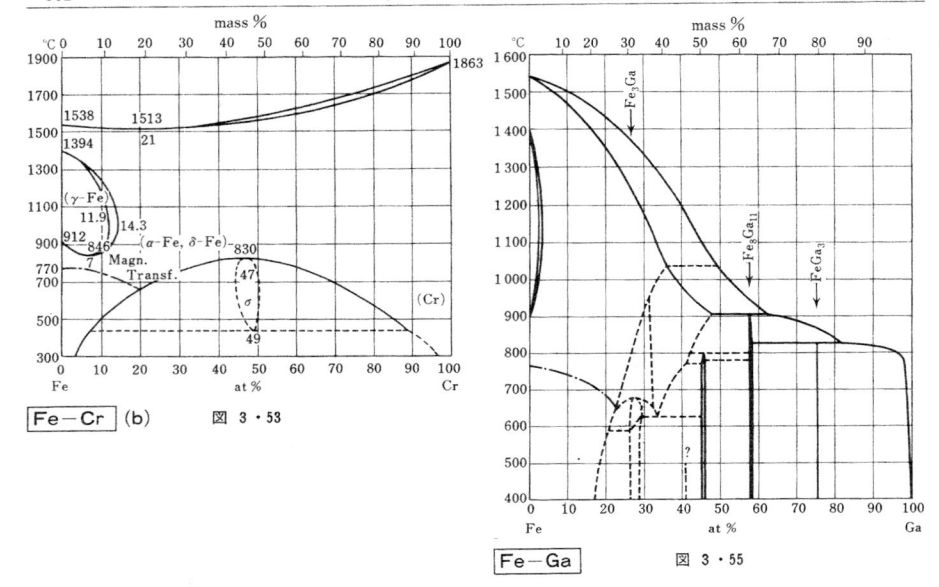

Fe—Cr (b)　図 3・53

Fe—Ga　図 3・55

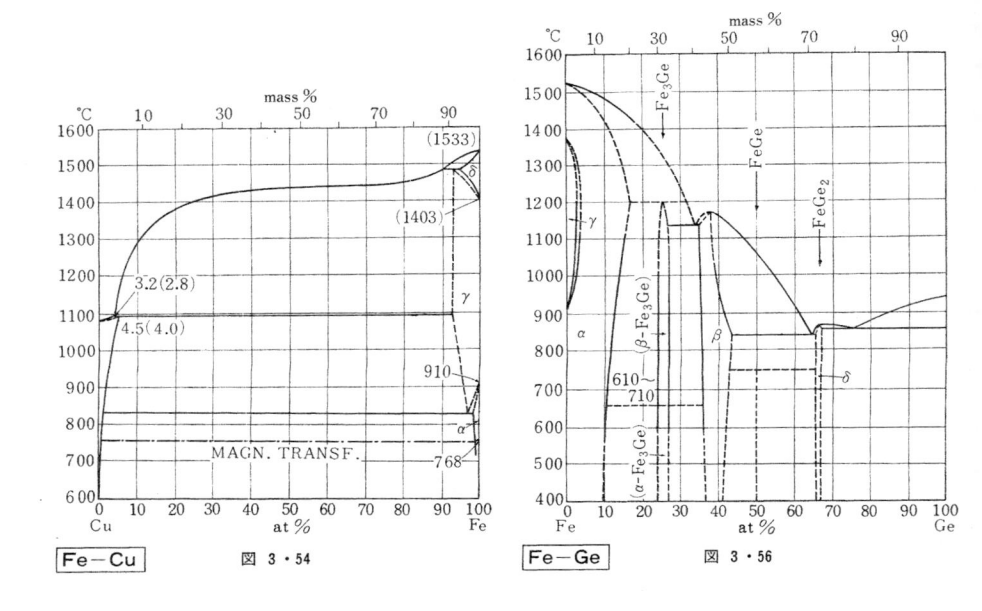

Fe—Cu　図 3・54

Fe—Ge　図 3・56

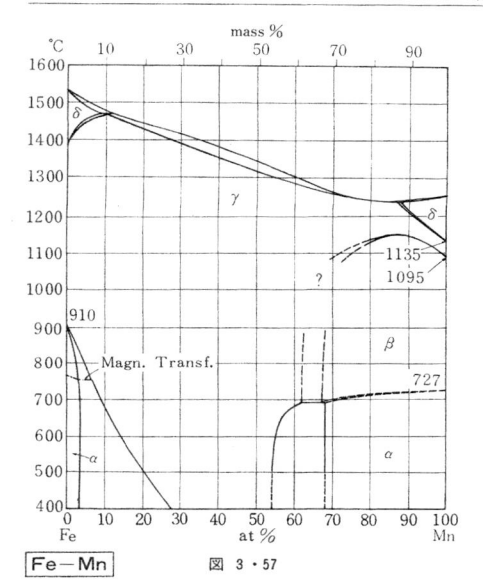

Fe—Mn 図 3・57

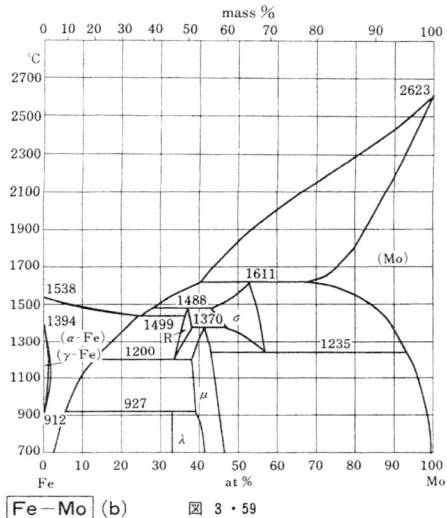

Fe—Mo (b) 図 3・59

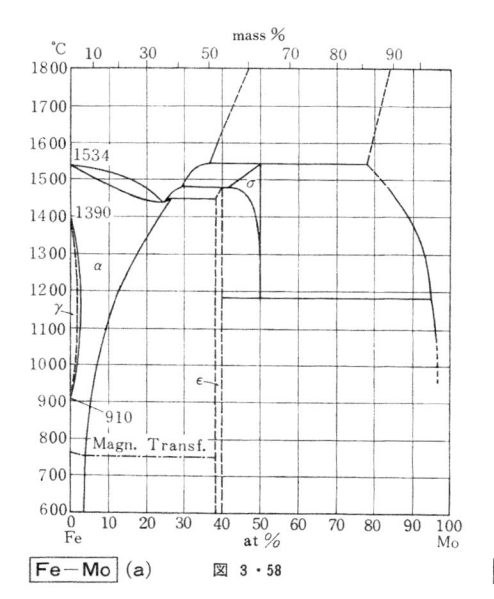

Fe—Mo (a) 図 3・58

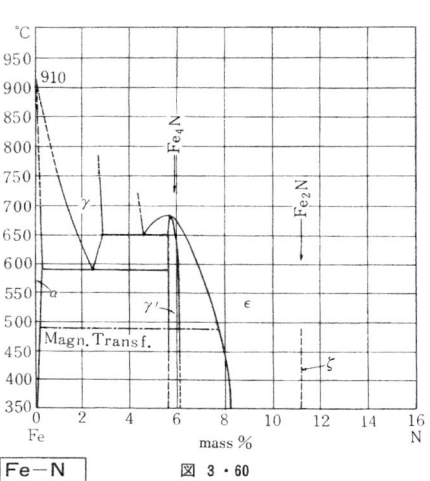

Fe—N 図 3・60

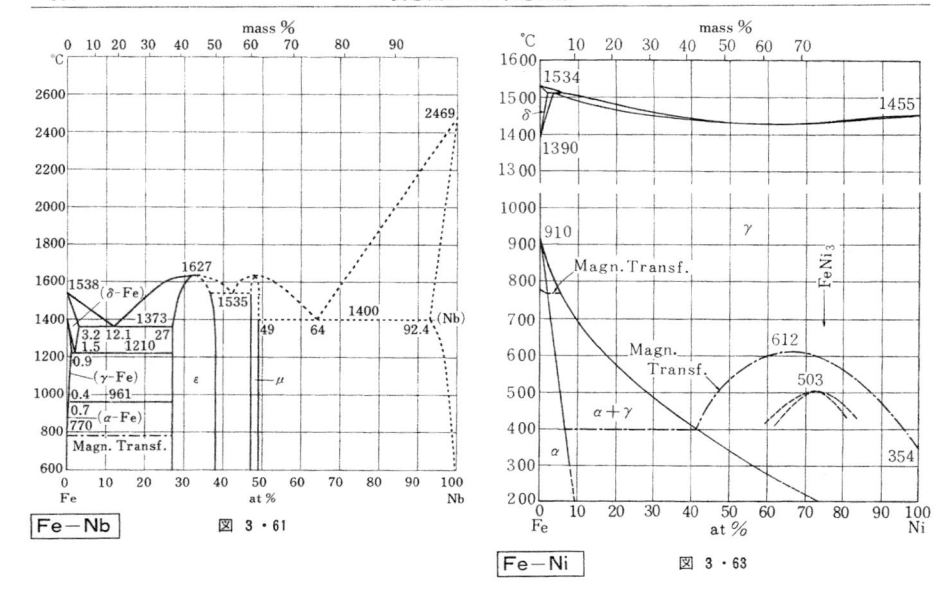

変態図および状態図集

Fe—Nb 図 3・61

Fe—Ni 図 3・63

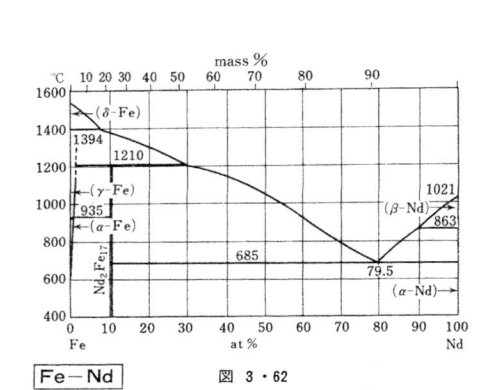

Fe—Nd 図 3・62

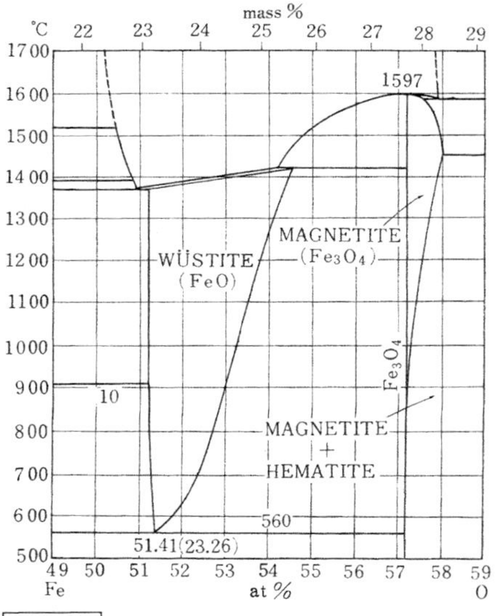

Fe—O 図 3・64

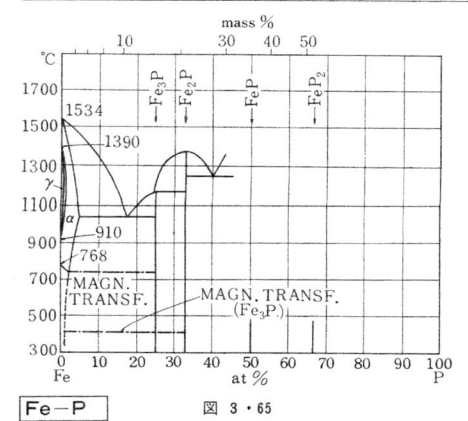

Fe–P 図 3・65

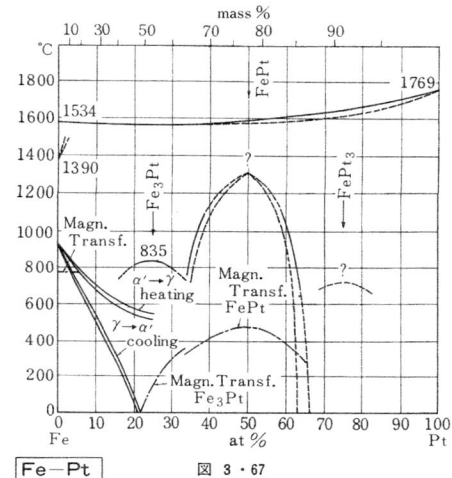

Fe–Pt 図 3・67

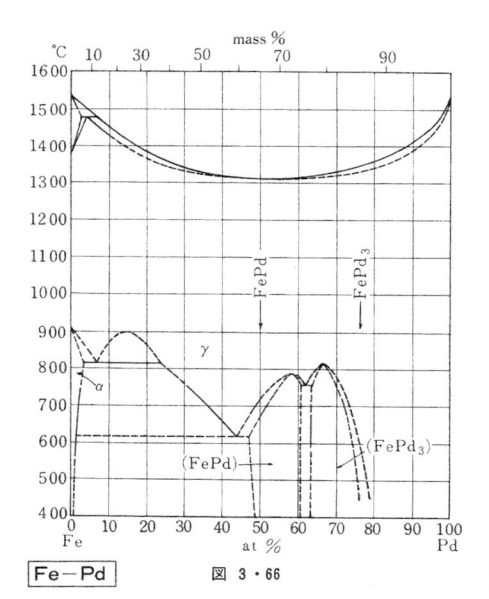

Fe–Pd 図 3・66

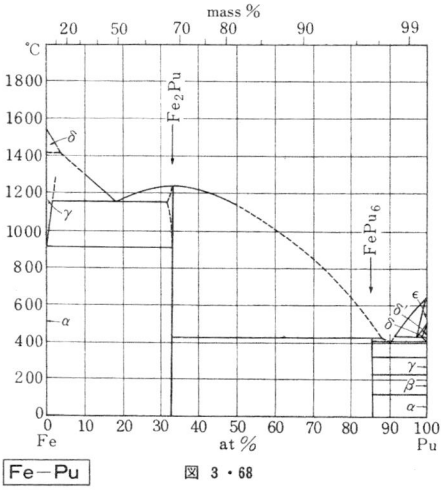

Fe–Pu 図 3・68

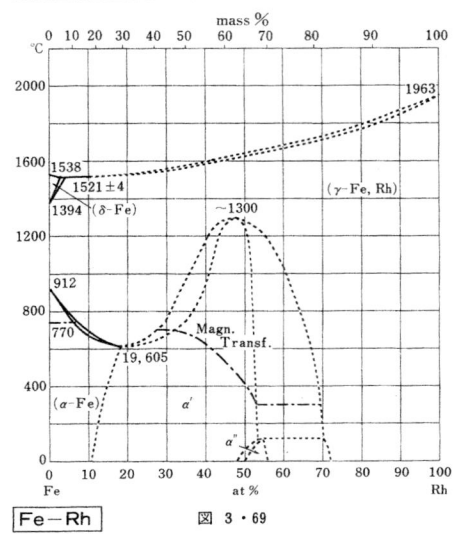

Fe—Rh 図 3・69

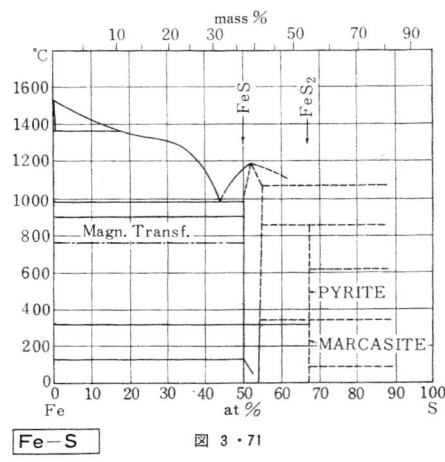

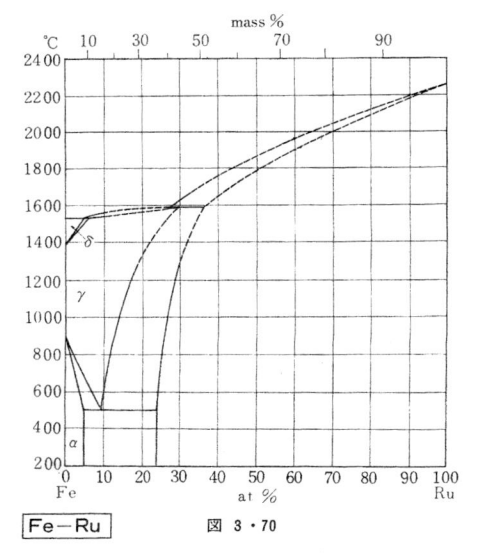

Fe—S 図 3・71

Fe—Ru 図 3・70

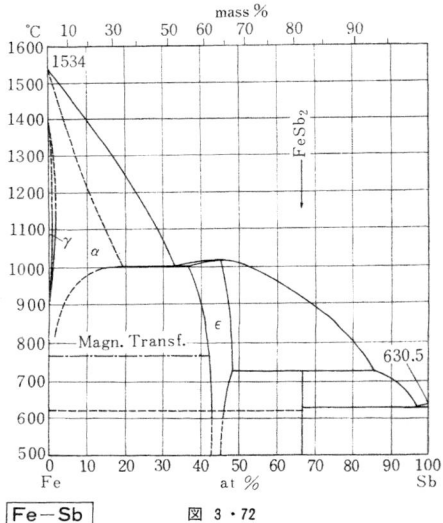

Fe—Sb 図 3・72

Fe 二元系状態図

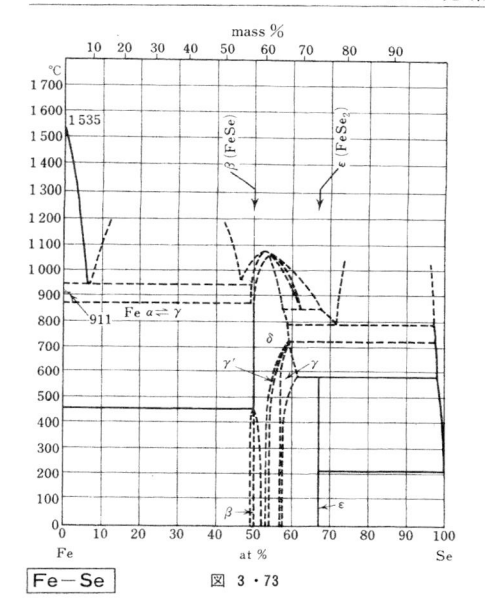

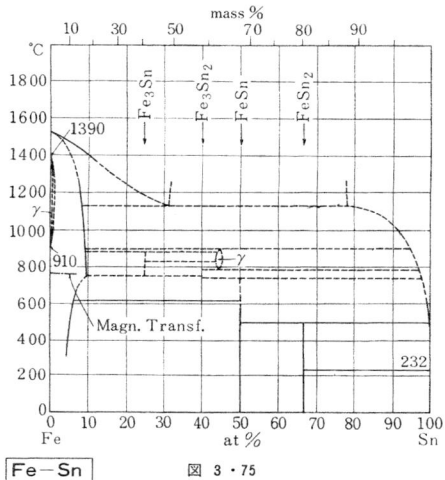

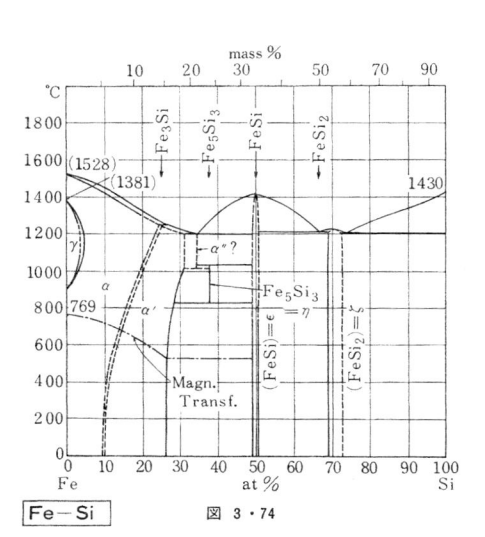

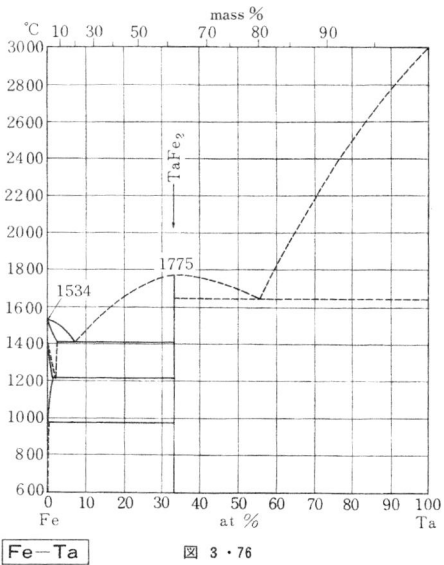

図 3・73 Fe–Se

図 3・75 Fe–Sn

図 3・74 Fe–Si

図 3・76 Fe–Ta

図 3・77 Fe−Ti

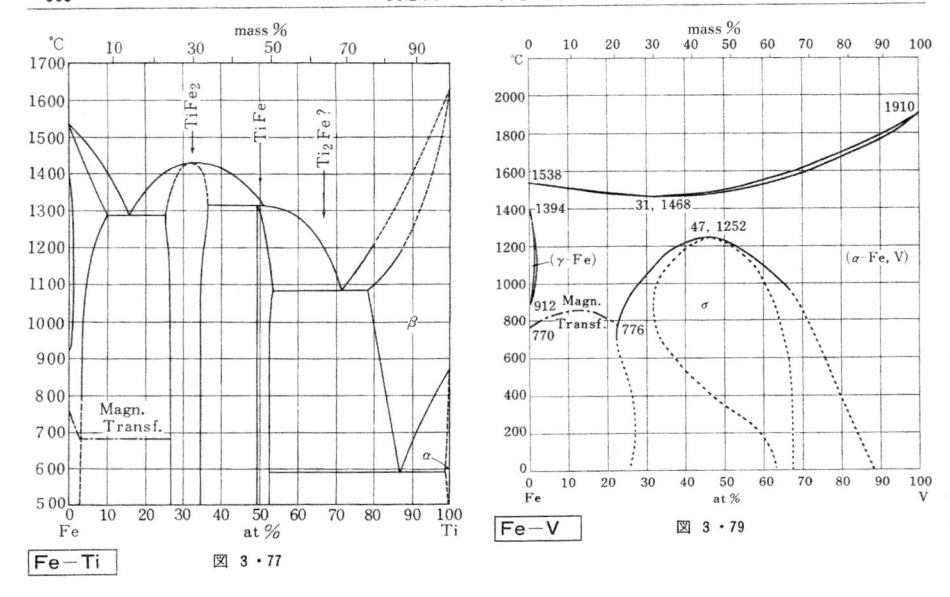

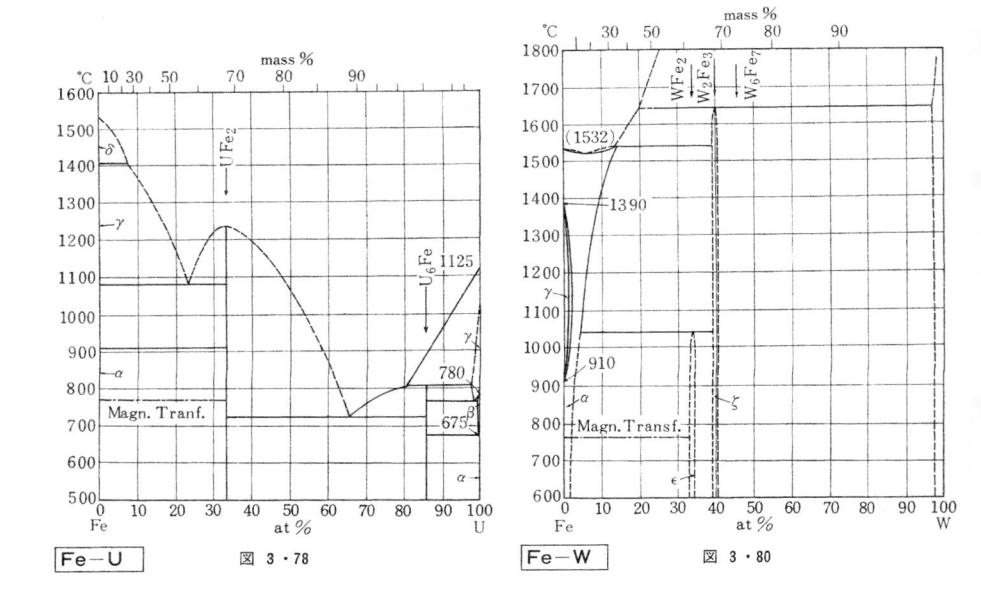

図 3・79 Fe−V

図 3・78 Fe−U

図 3・80 Fe−W

Al 二元系状態図　　　509

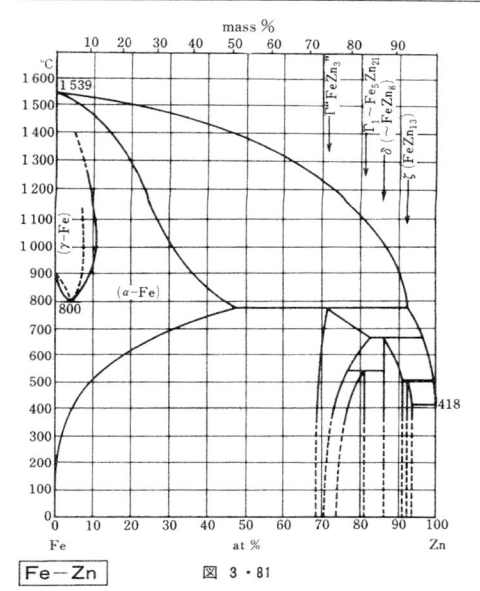

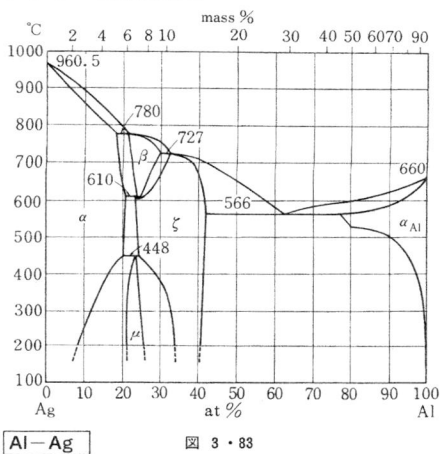

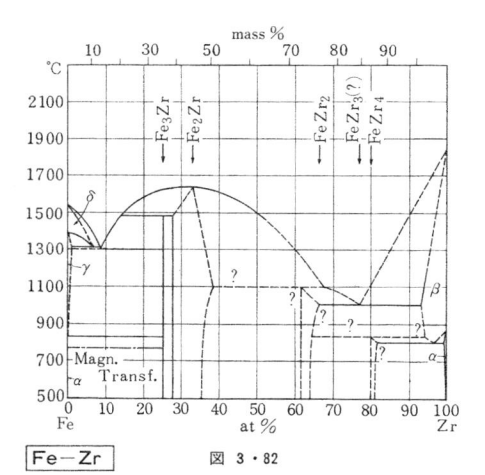

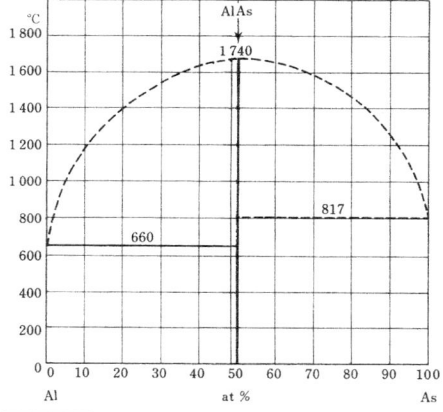

3・2・2　Al 二元系状態図

図 3・81　Fe−Zn

図 3・83　Al−Ag

図 3・82　Fe−Zr

図 3・84　Al−As

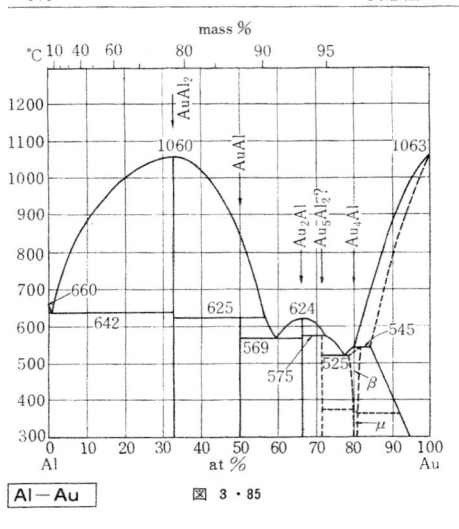

Al—Au 図 3・85

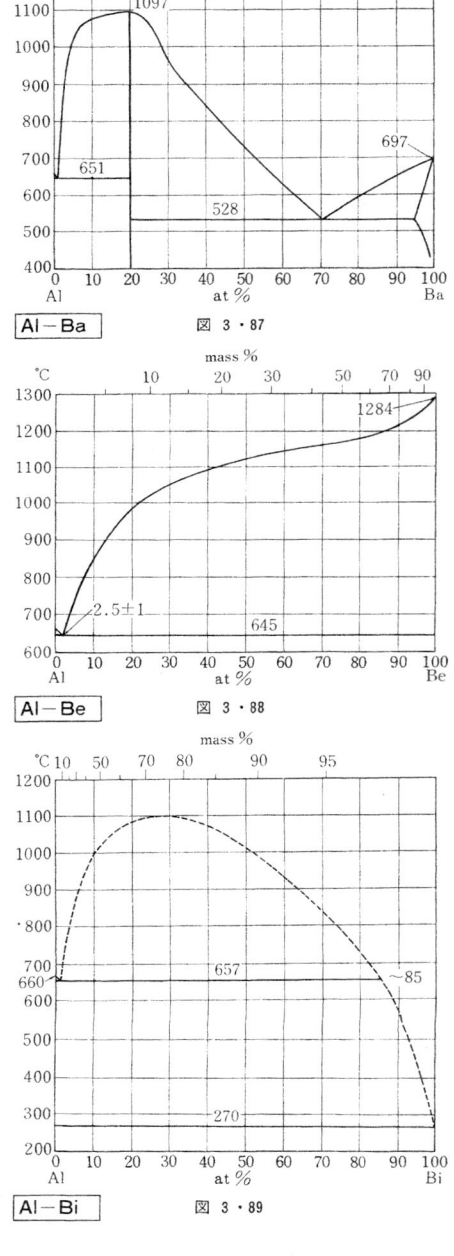

Al—Ba 図 3・87

Al—Be 図 3・88

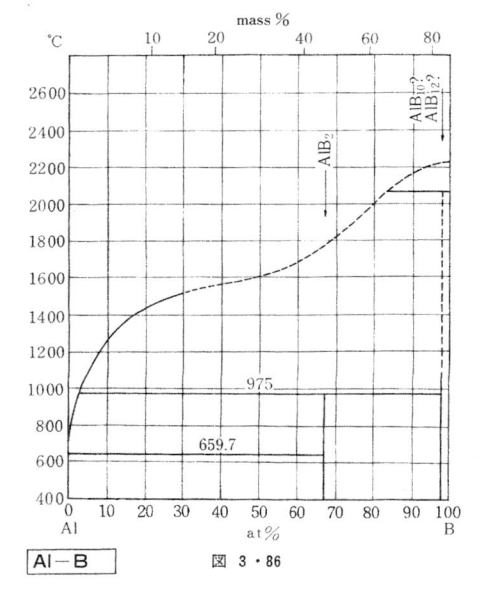

Al—B 図 3・86

Al—Bi 図 3・89

Al 二元系状態図

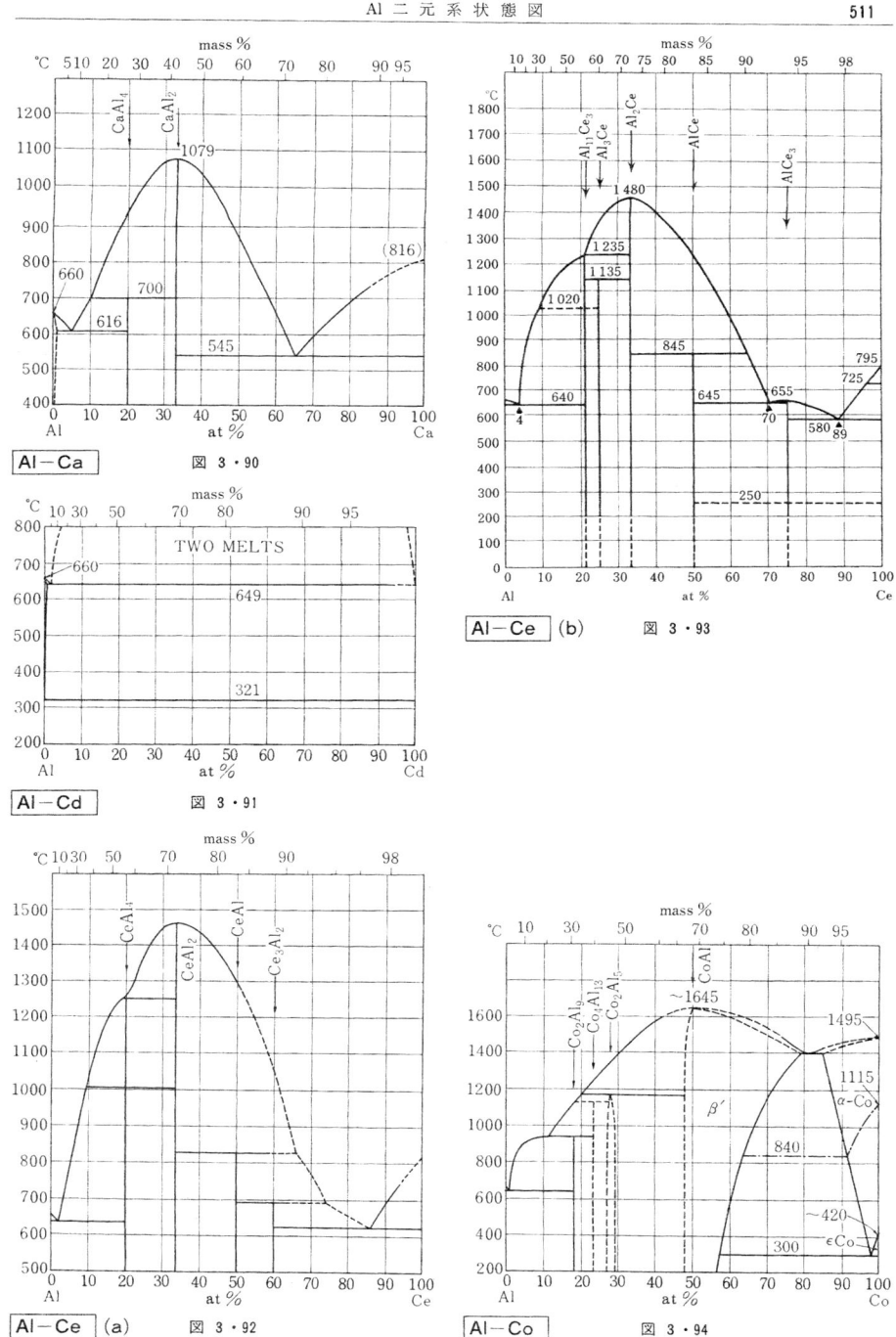

Al—Ca 図 3・90

Al—Cd 図 3・91

Al—Ce (b) 図 3・93

Al—Ce (a) 図 3・92

Al—Co 図 3・94

図 3・95 Al−Cr

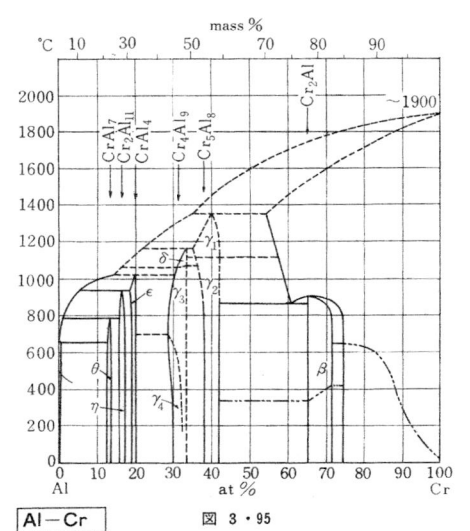

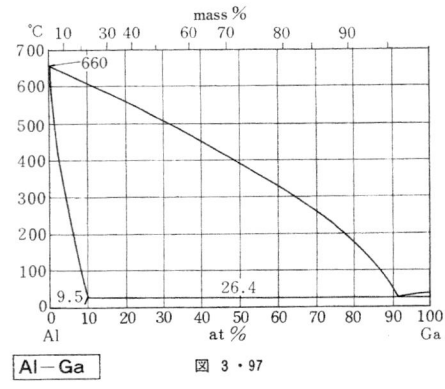

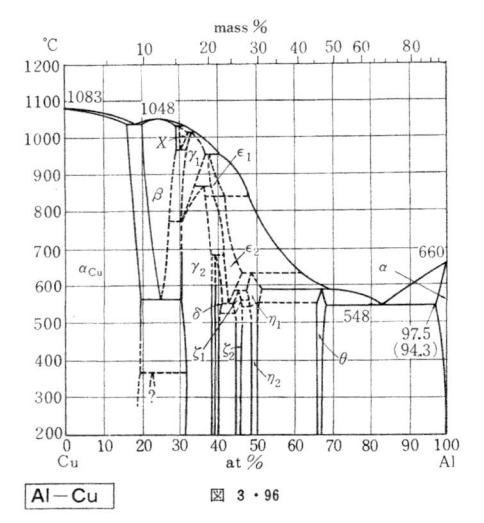

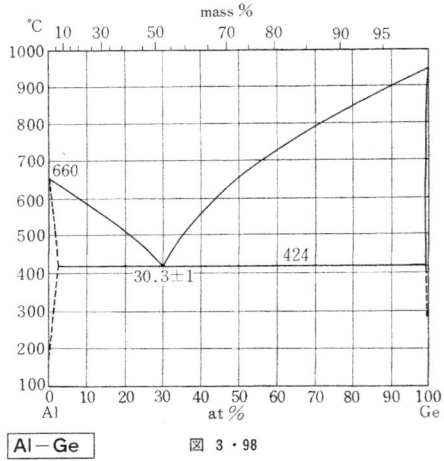

図 3・97 Al−Ga

図 3・96 Al−Cu

図 3・98 Al−Ge

Al 二元系状態図

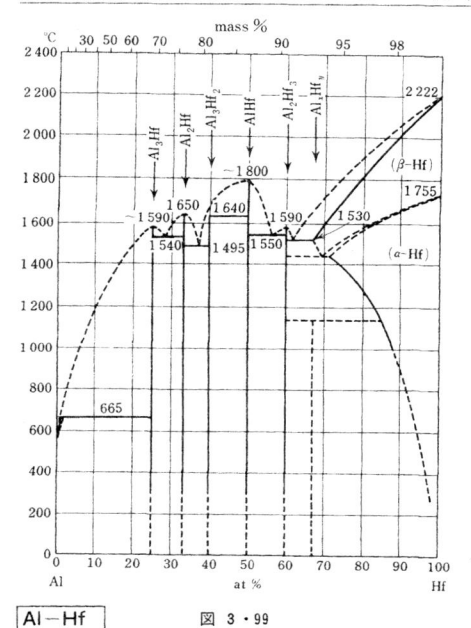

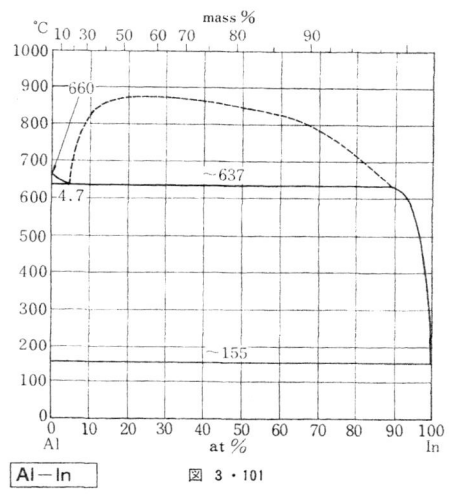

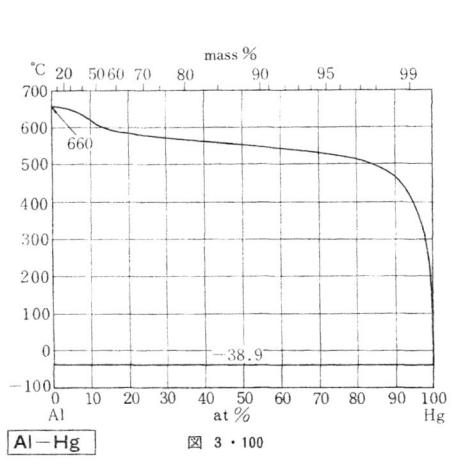

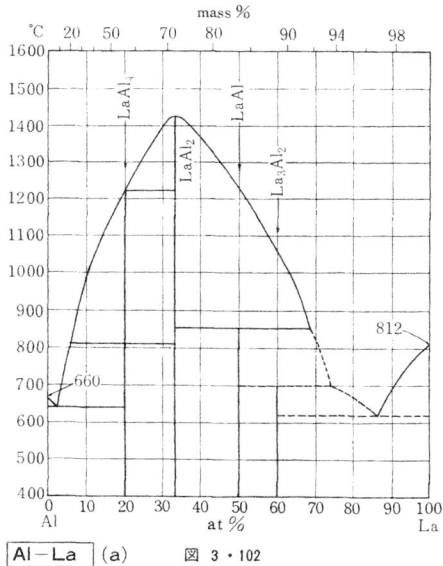

図 3・99 Al–Hf

図 3・101 Al–In

図 3・100 Al–Hg

図 3・102 Al–La (a)

変態図および状態図集

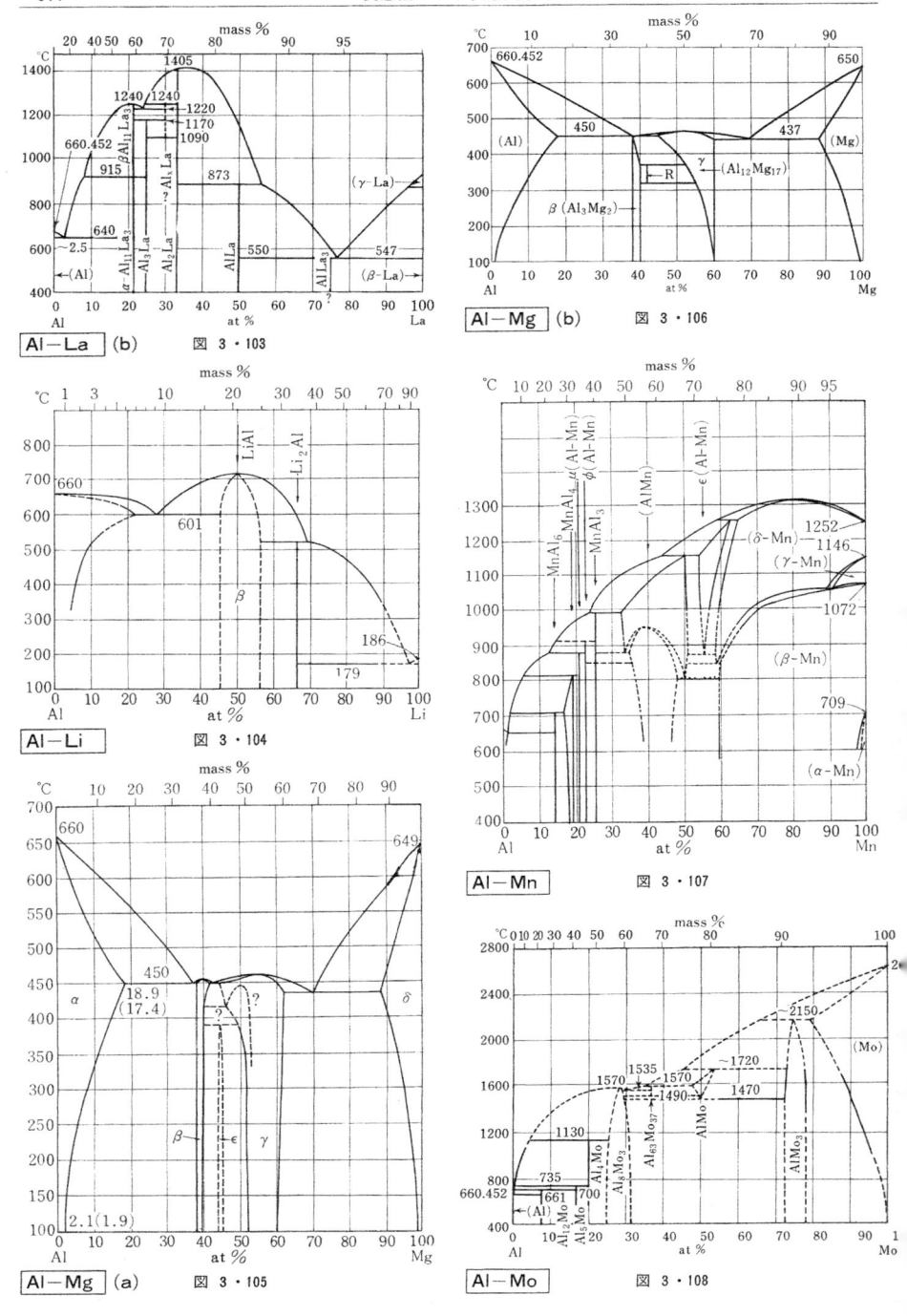

Al—La (b) 図 3・103

Al—Li 図 3・104

Al—Mg (a) 図 3・105

Al—Mg (b) 図 3・106

Al—Mn 図 3・107

Al—Mo 図 3・108

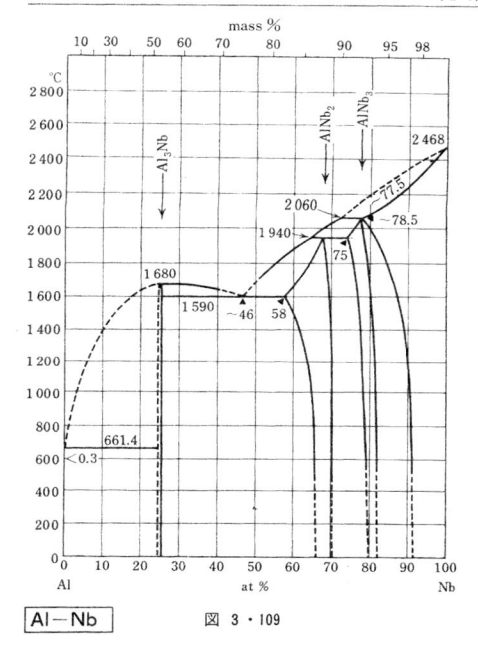

Al 二元系状態図

Al—Nb 図 3・109

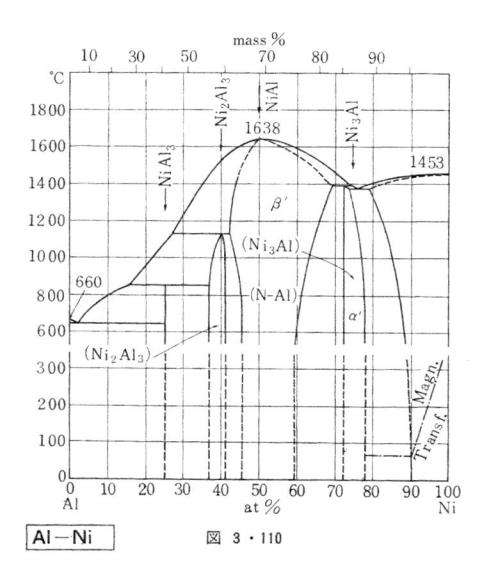

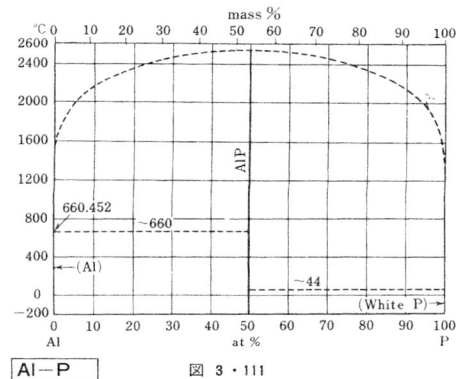

Al—P 図 3・111

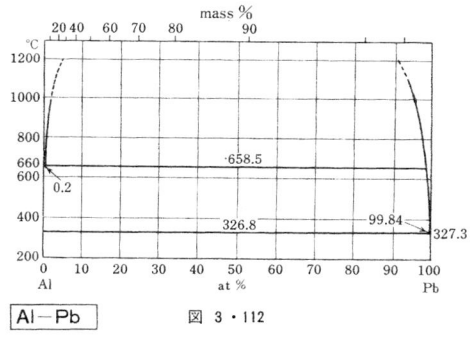

Al—Pb 図 3・112

Al—Ni 図 3・110

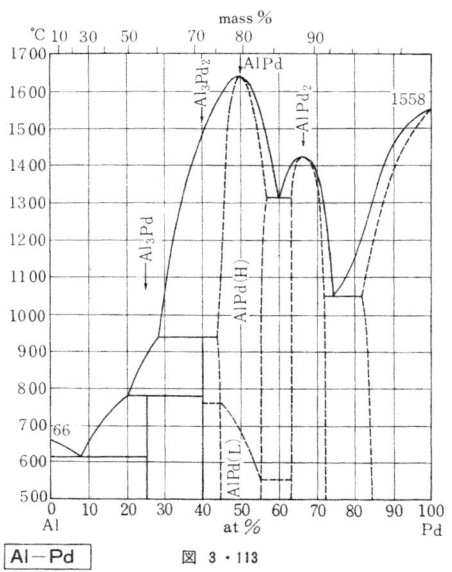

Al—Pd 図 3・113

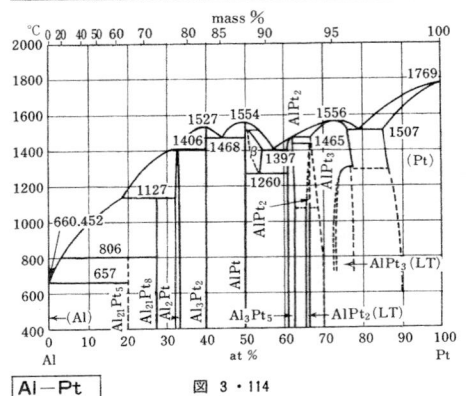

図 3・114 Al—Pt

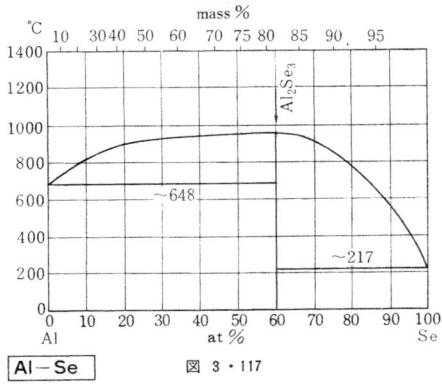

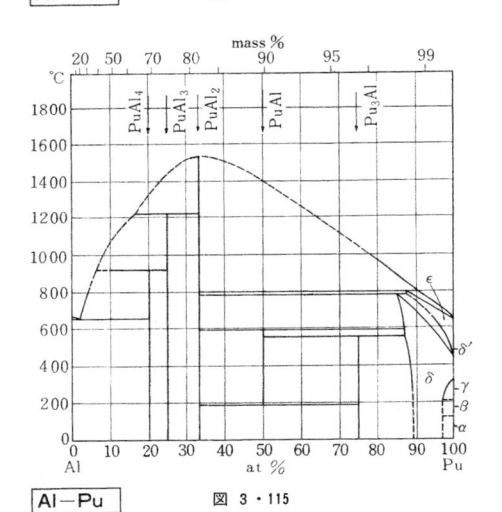

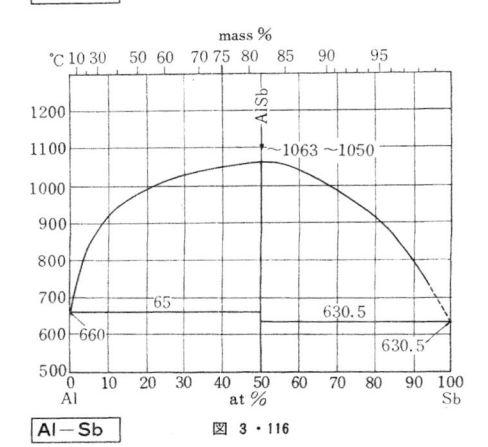

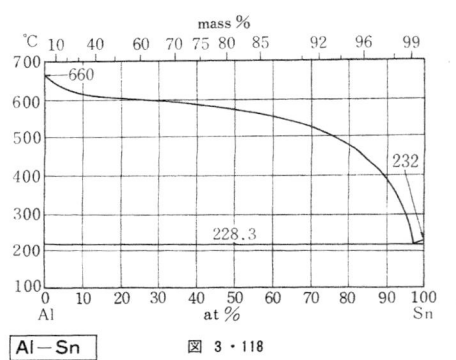

図 3・115 Al—Pu

図 3・116 Al—Sb

図 3・117 Al—Se

図 3・118 Al—Sn

Al 二元系状態図

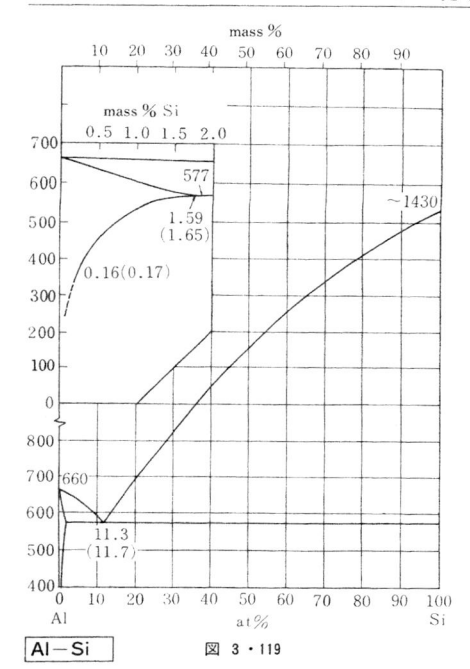

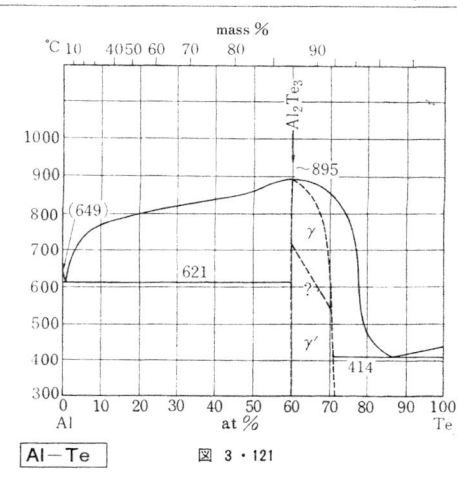

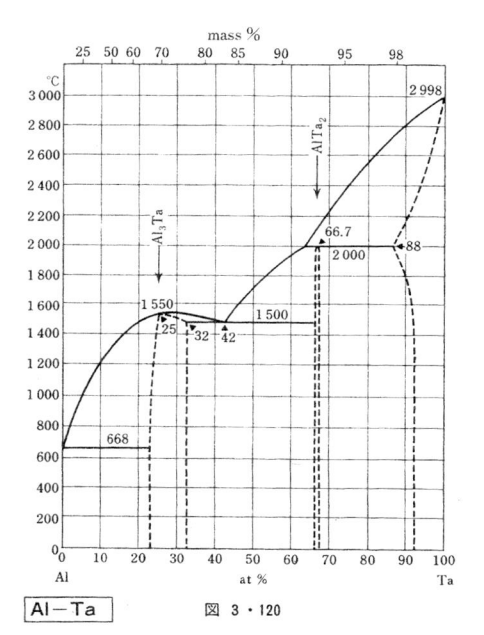

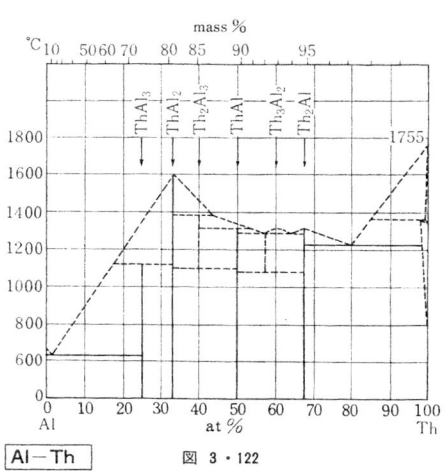

図 3・119 Al−Si

図 3・121 Al−Te

図 3・120 Al−Ta

図 3・122 Al−Th

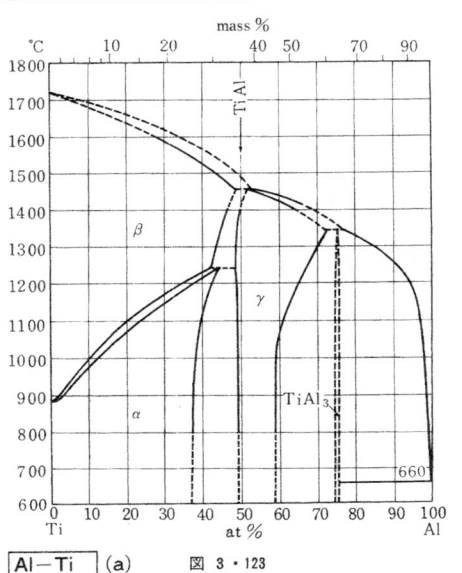

Al−Ti (a)　図 3・123

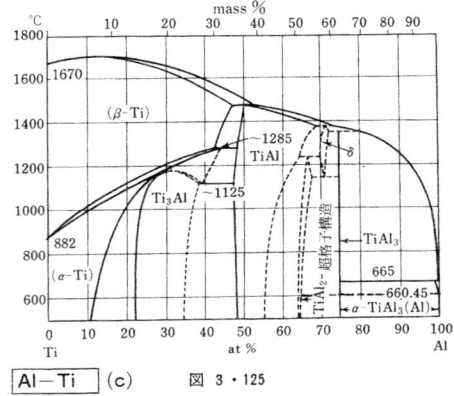

Al−Ti (c)　図 3・125

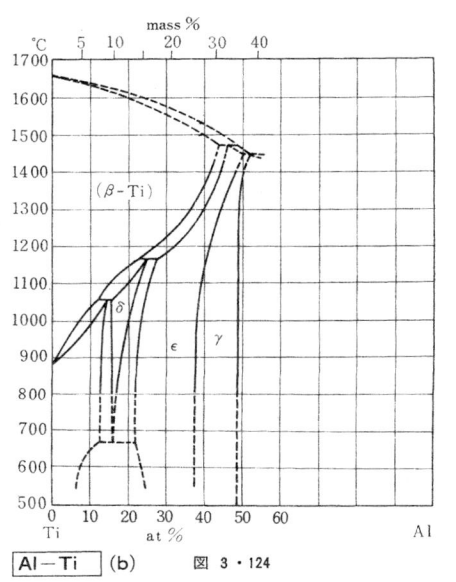

Al−Ti (b)　図 3・124

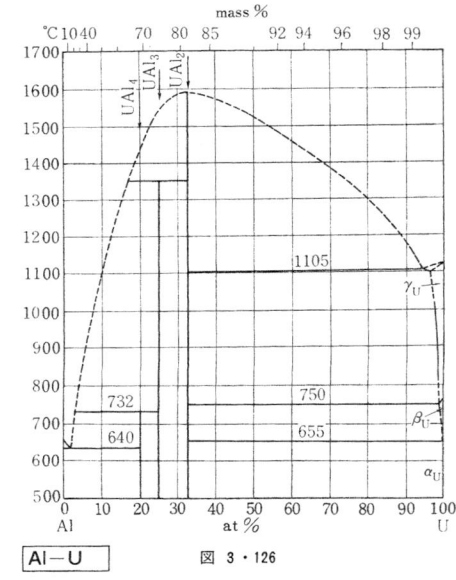

Al−U　図 3・126

Al−V 図 3・127

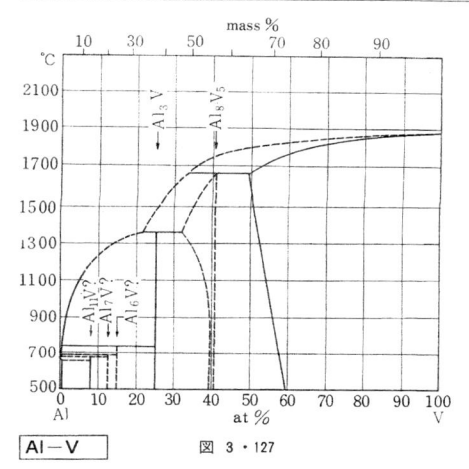

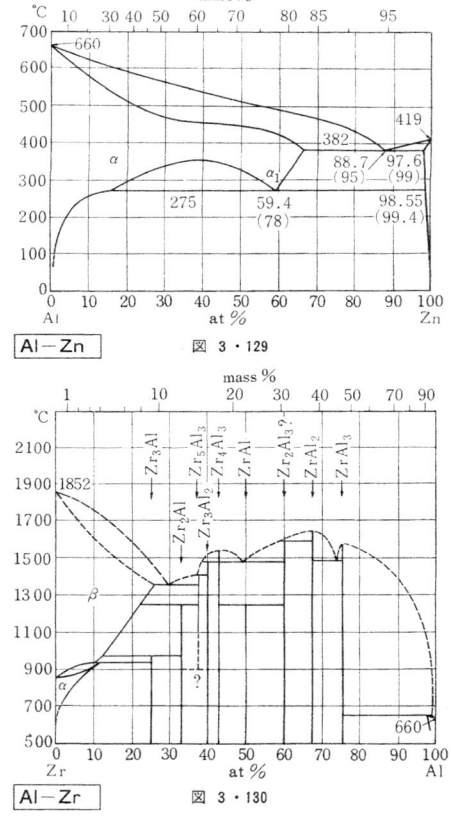

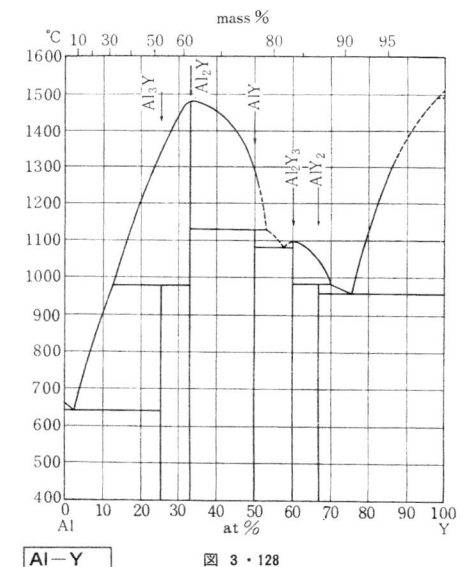

Al−Zn 図 3・129

Al−Zr 図 3・130

Al−Y 図 3・128

3・2・3 Cu 二元系状態図

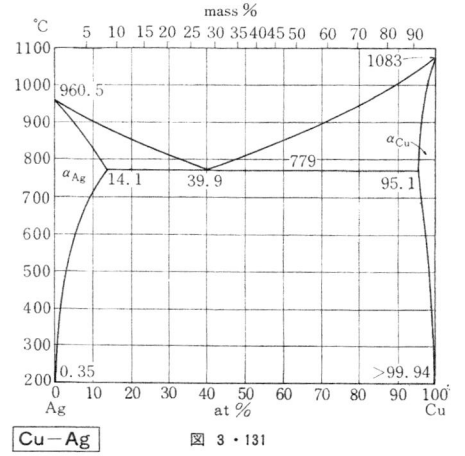

Cu−Ag 図 3・131

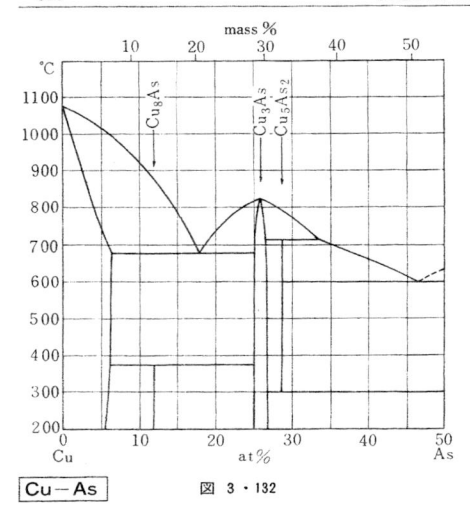

変態図および状態図集

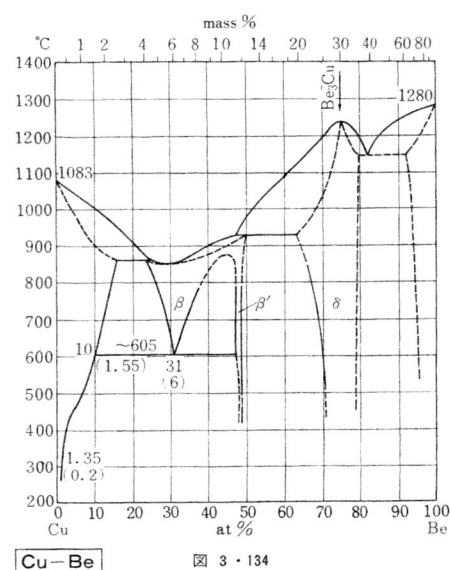

Cu—As 図 3・132

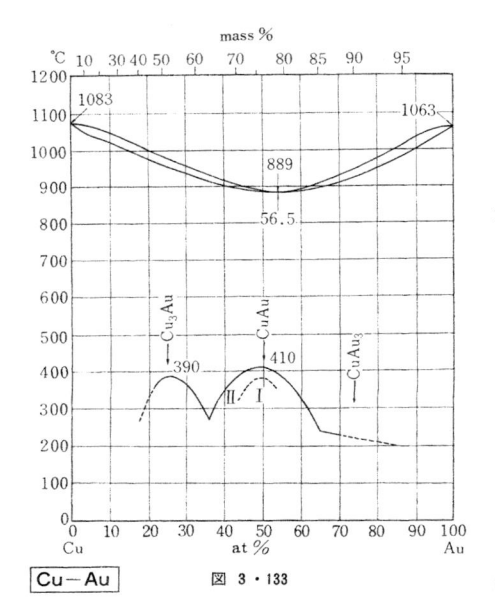

Cu—Be 図 3・134

Cu—Au 図 3・133

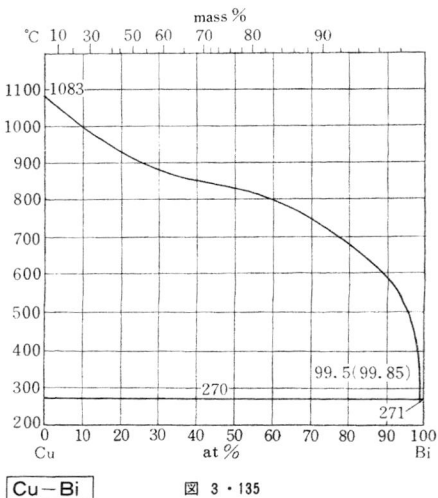

Cu—Bi 図 3・135

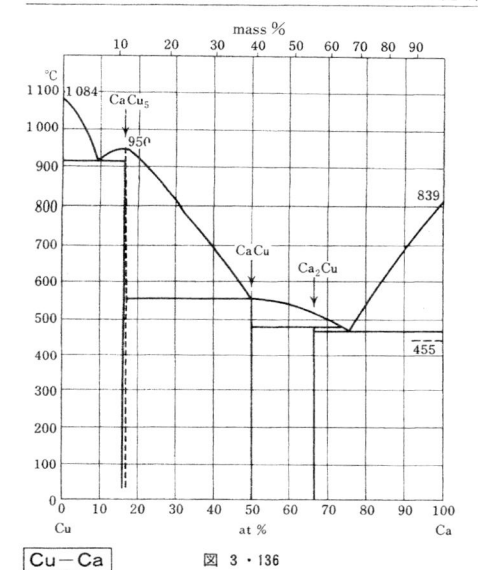

Cu 二元系状態図

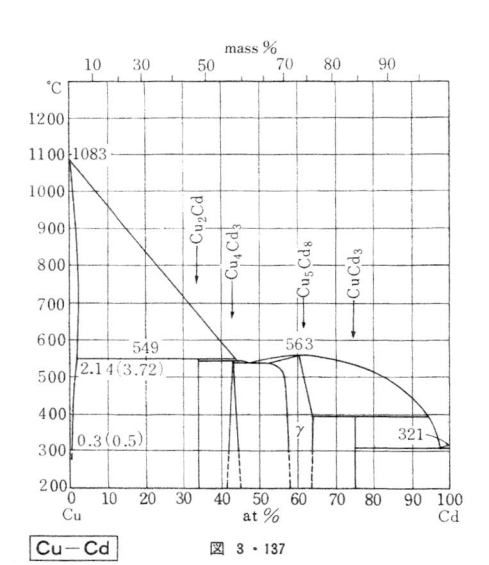

図 3・136 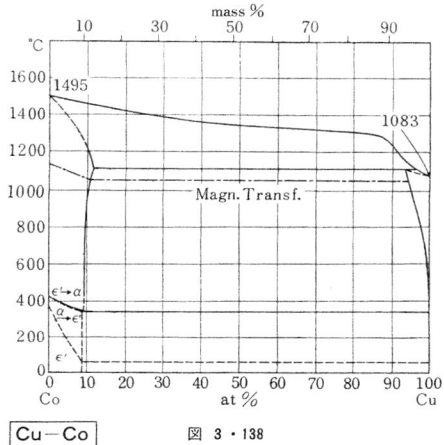 Cu—Ca

図 3・137 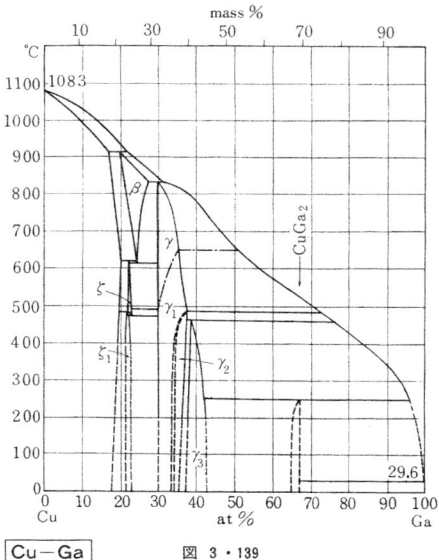 Cu—Cd

図 3・138 Cu—Co

図 3・139 Cu—Ga

変態図および状態図集

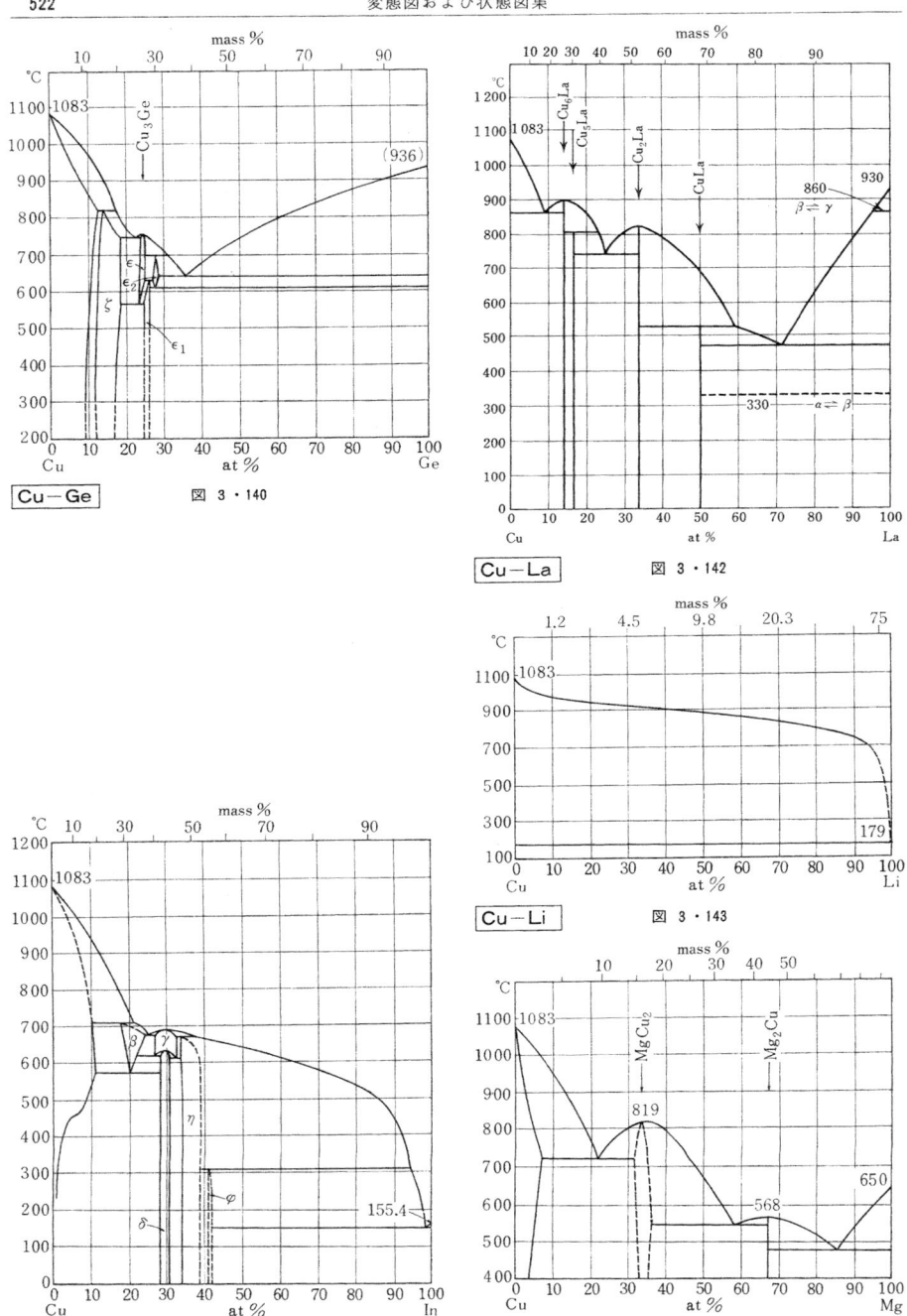

Cu−Ge 図 3・140

Cu−La 図 3・142

Cu−Li 図 3・143

Cu−In 図 3・141

Cu−Mg 図 3・144

Cu 二元系状態図

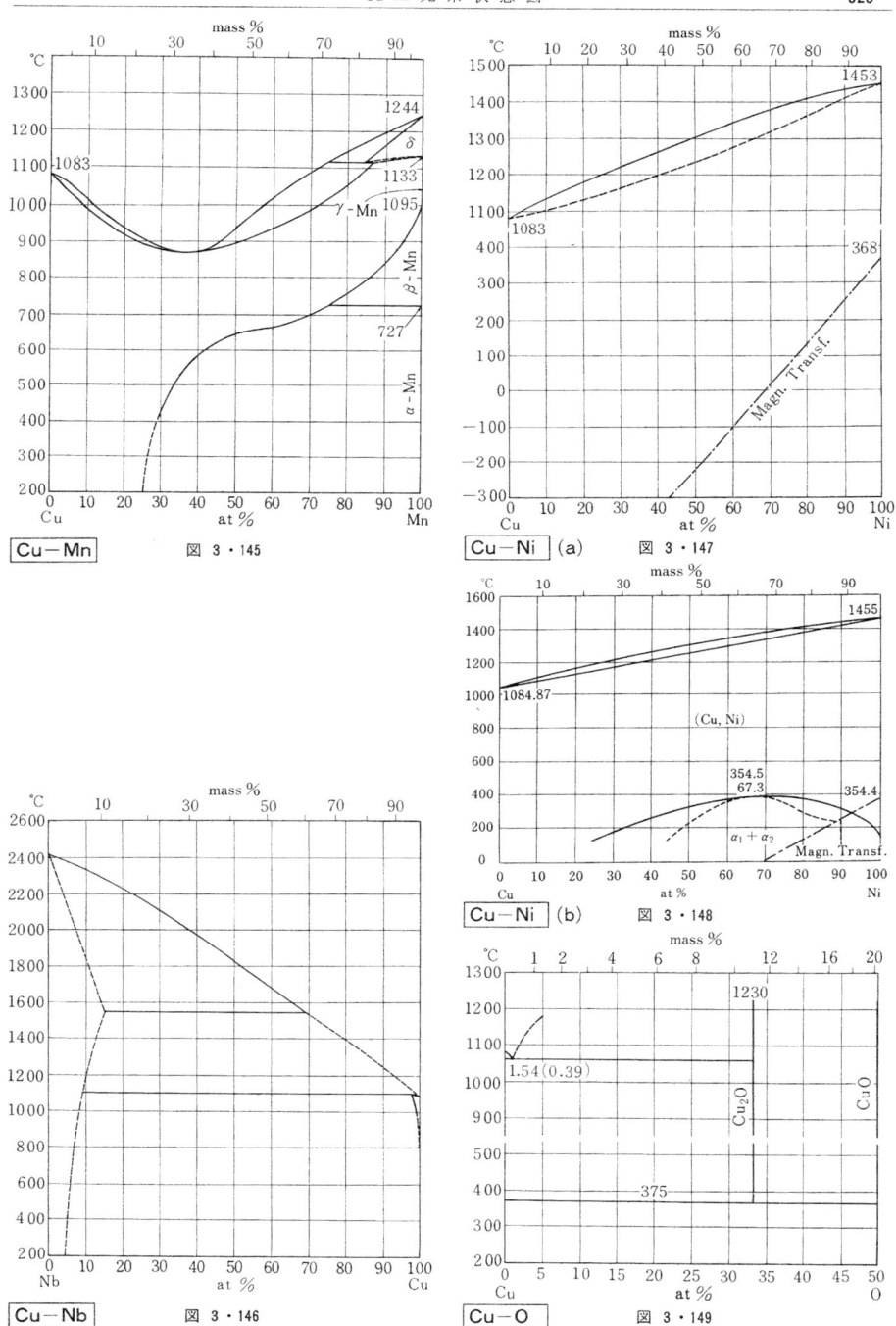

Cu—Mn 図 3・145

Cu—Nb 図 3・146

Cu—Ni (a) 図 3・147

Cu—Ni (b) 図 3・148

Cu—O 図 3・149

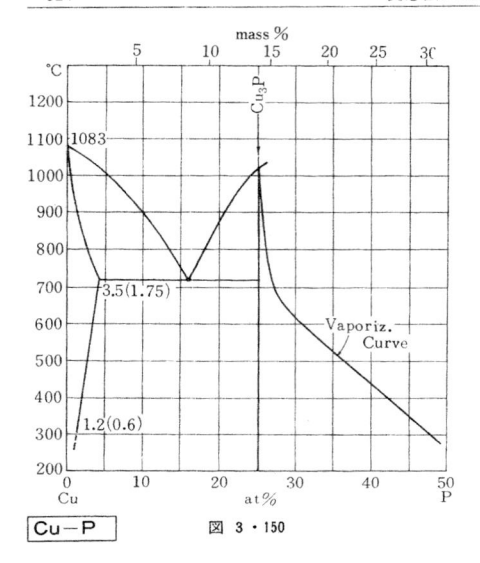

Cu—P 図 3・150

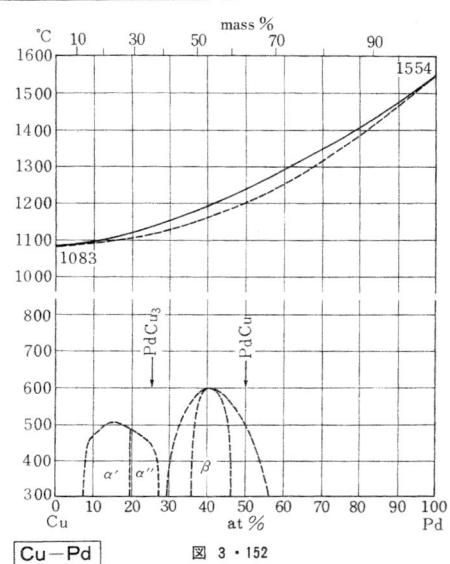

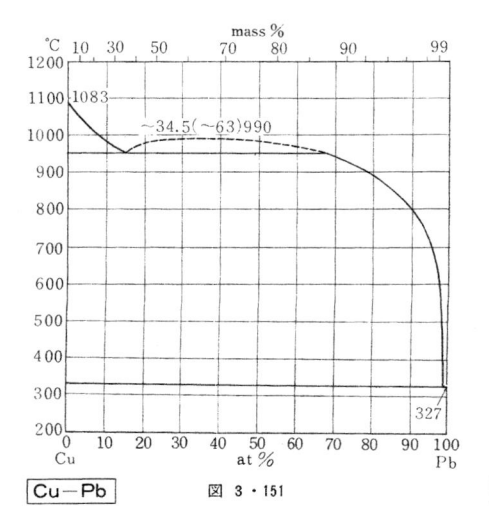

Cu—Pd 図 3・152

Cu—Pb 図 3・151

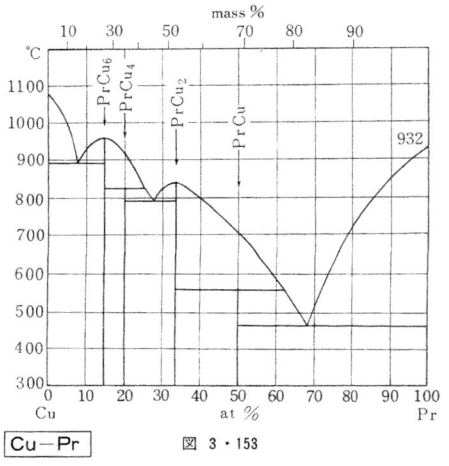

Cu—Pr 図 3・153

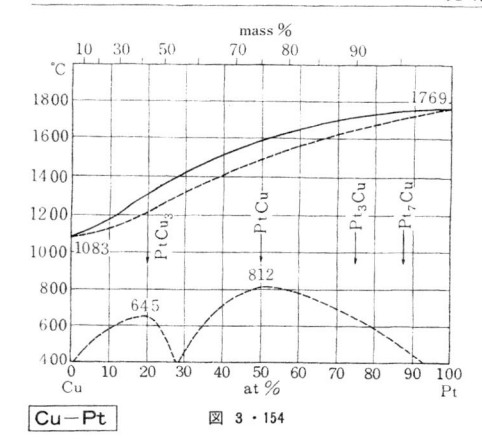

Cu-Pt 図 3・154

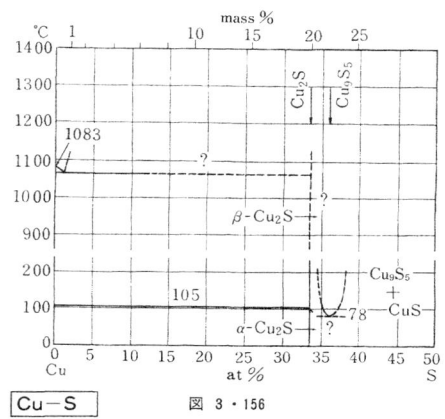

Cu-S 図 3・156

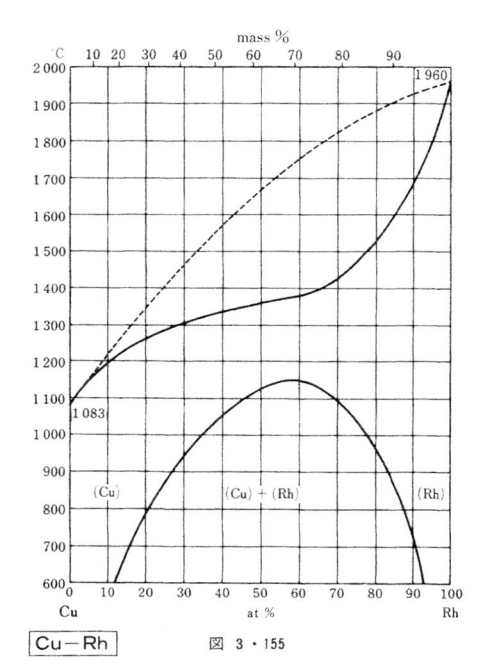

Cu-Rh 図 3・155

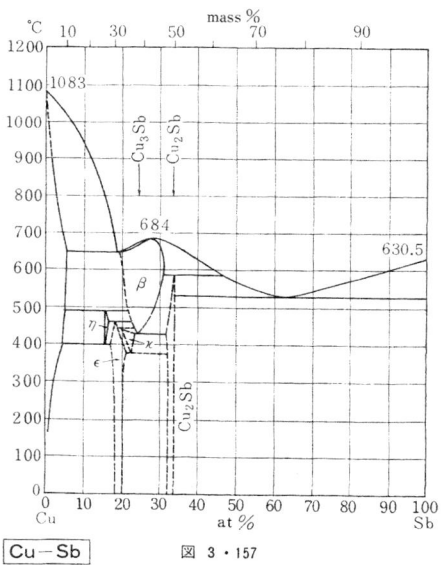

Cu-Sb 図 3・157

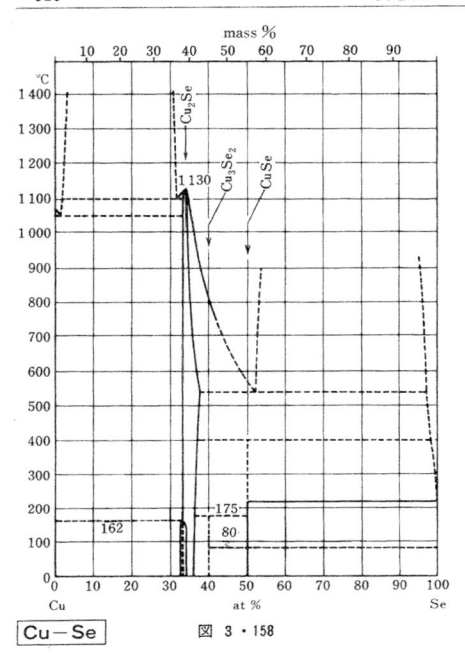

Cu−Se 図 3・158

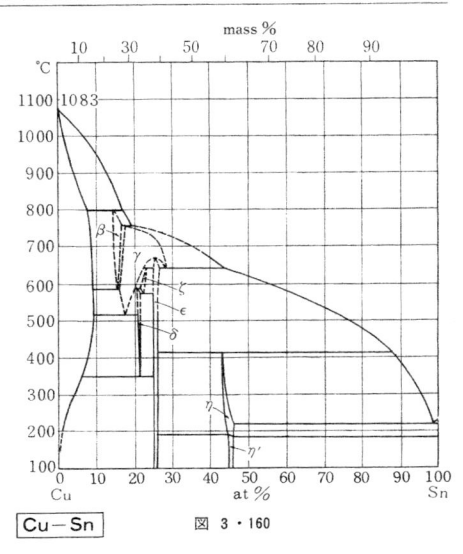

Cu−Sn 図 3・160

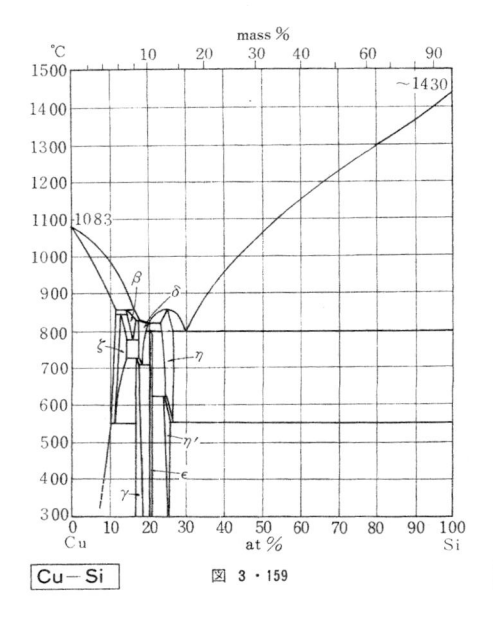

Cu−Si 図 3・159

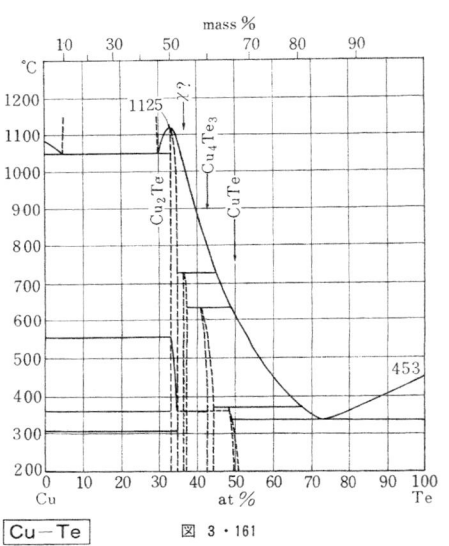

Cu−Te 図 3・161

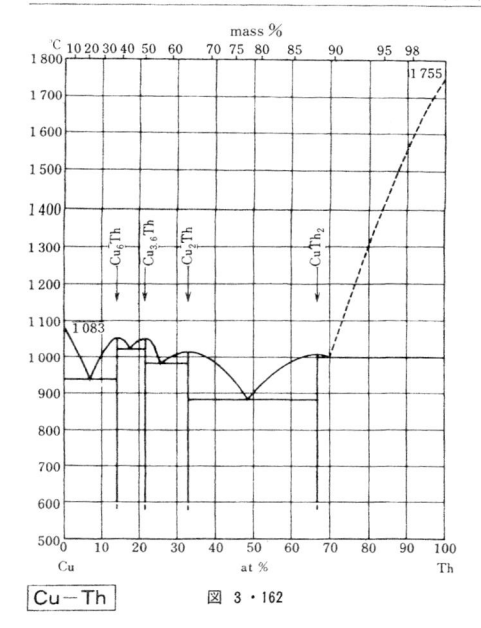

Cu 二元系状態図

Cu−Th 図 3・162

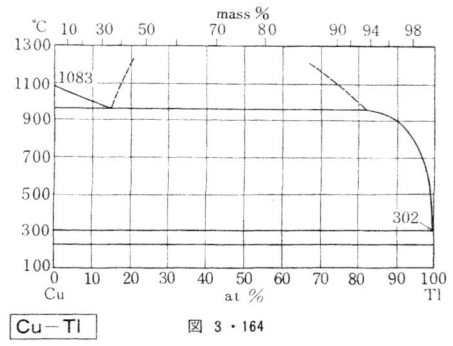

Cu−Ti 図 3・163

Cu−Tl 図 3・164

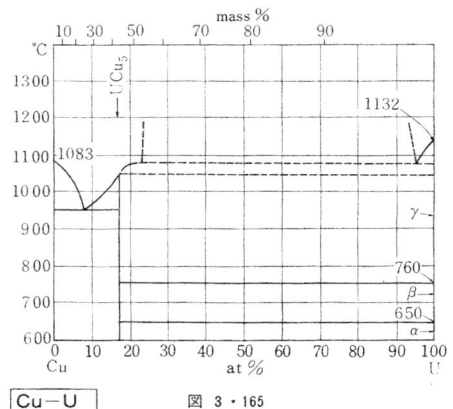

Cu−U 図 3・165

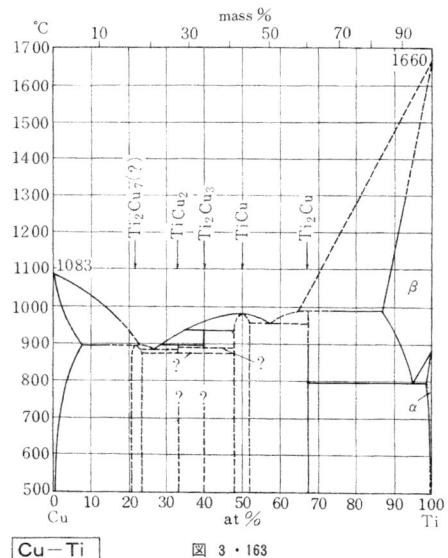

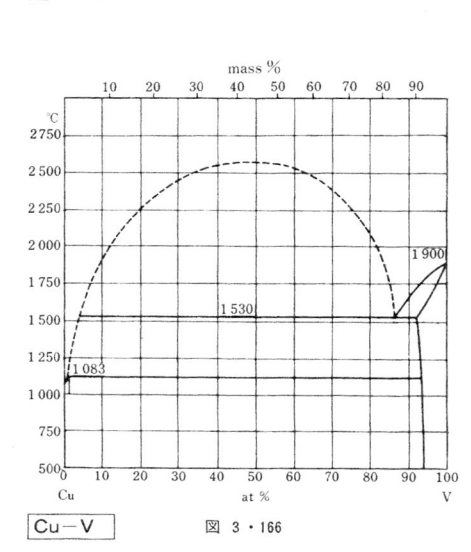

Cu−V 図 3・166

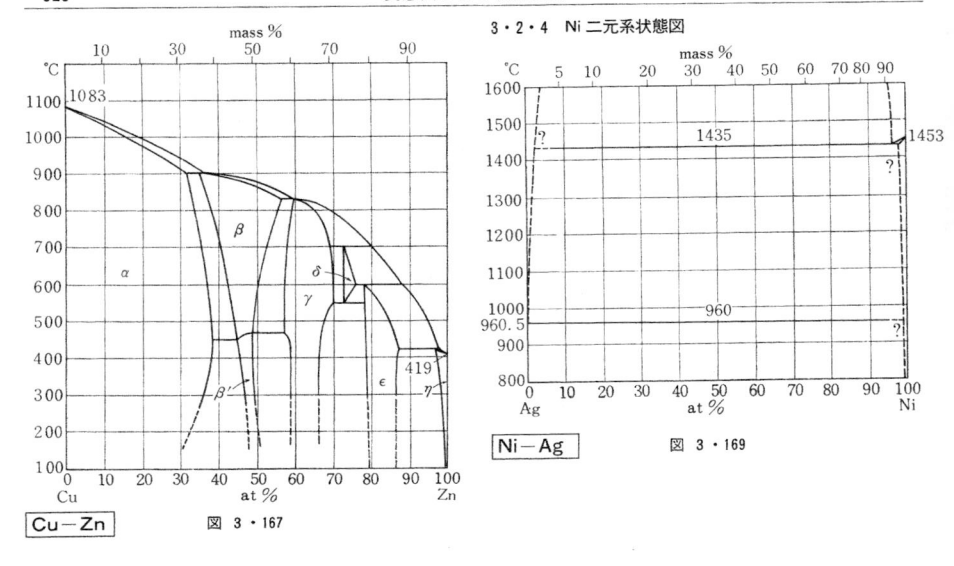

3・2・4 Ni 二元系状態図

Cu−Zn 図 3・167

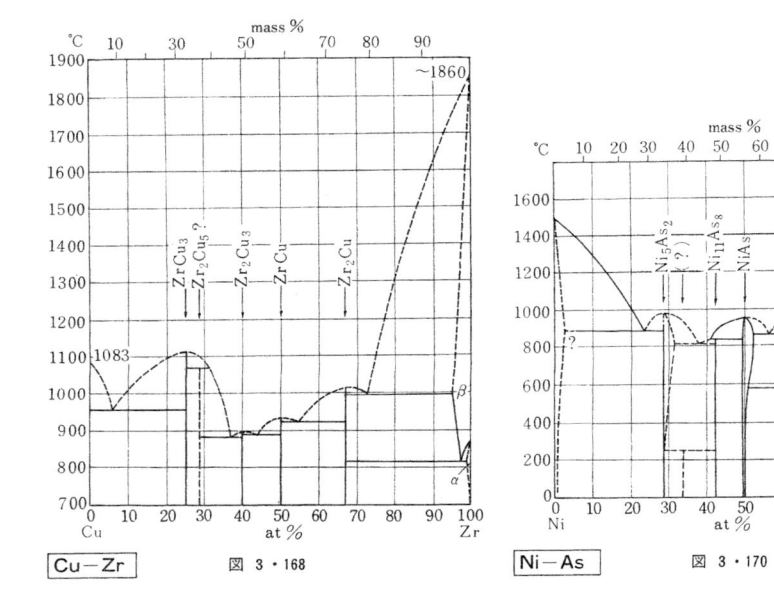

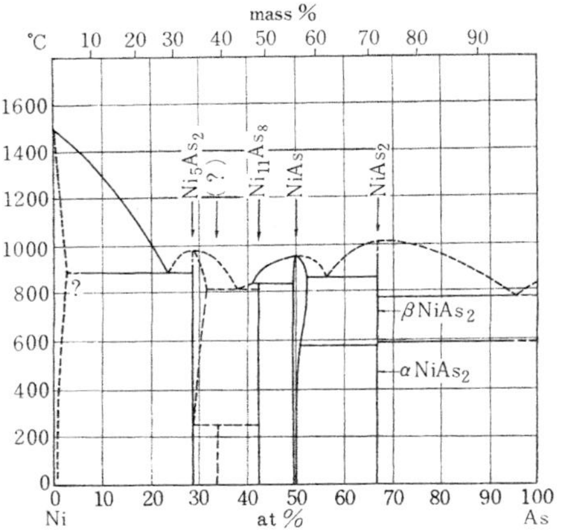

Ni−Ag 図 3・169

Cu−Zr 図 3・168

Ni−As 図 3・170

Ni 二元系状態図

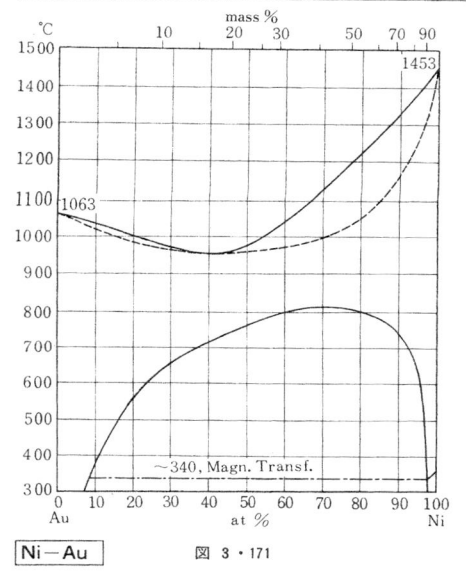

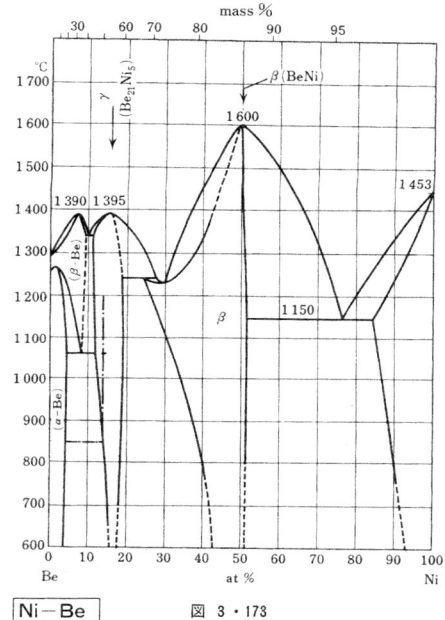

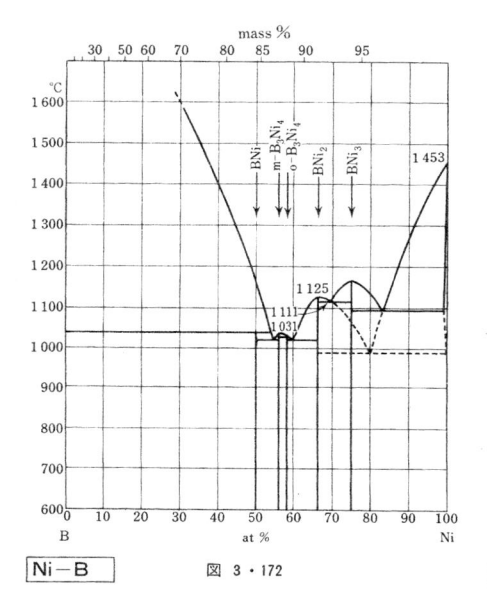

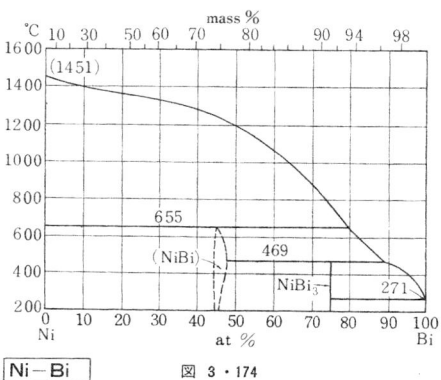

図 3・171 Ni—Au

図 3・173 Ni—Be

図 3・172 Ni—B

図 3・174 Ni—Bi

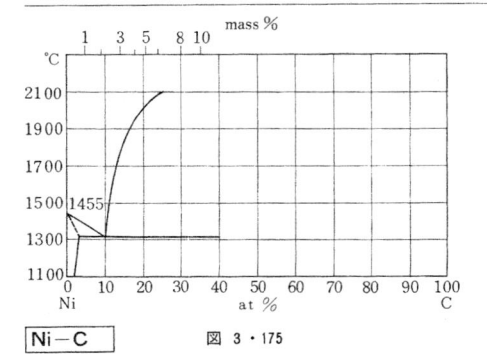

Ni—C 図 3・175

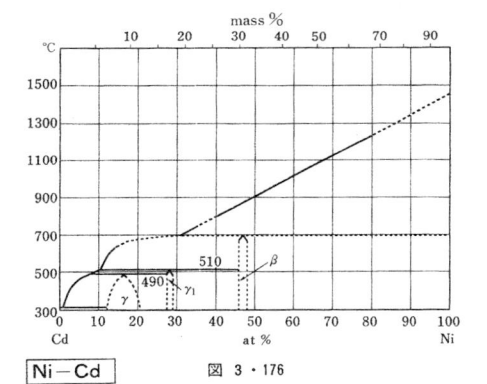

Ni—Cr 図 3・178

Ni—Cd 図 3・176

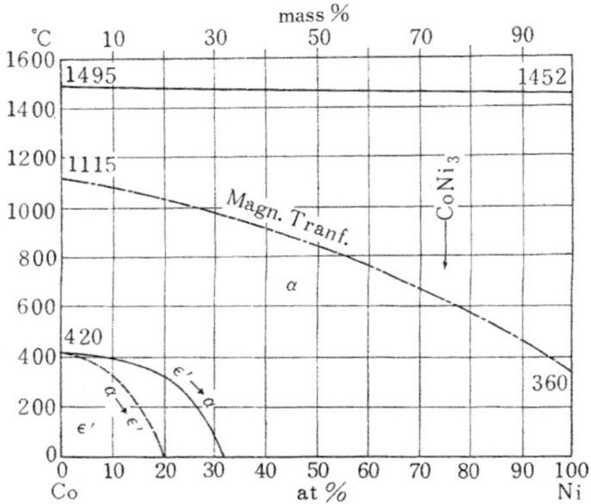

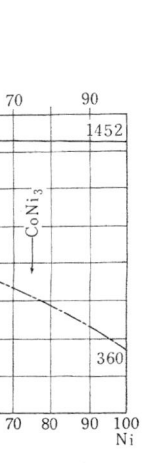

Ni—Co 図 3・177

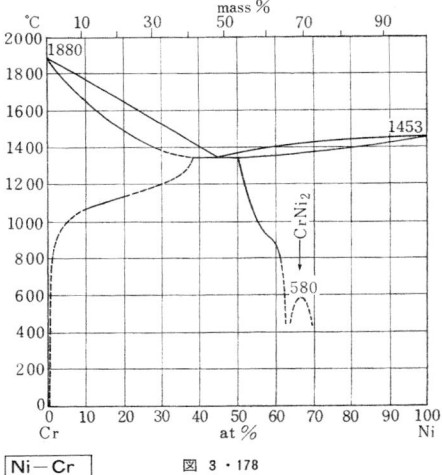

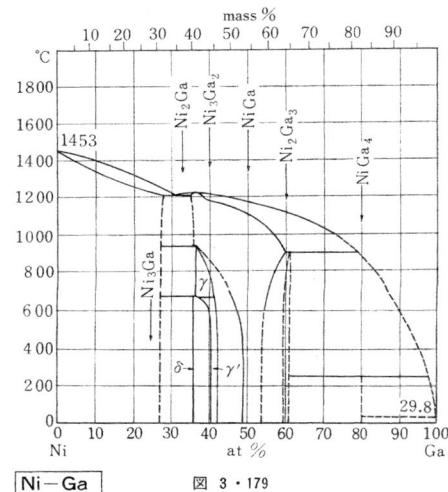

Ni—Ga 図 3・179

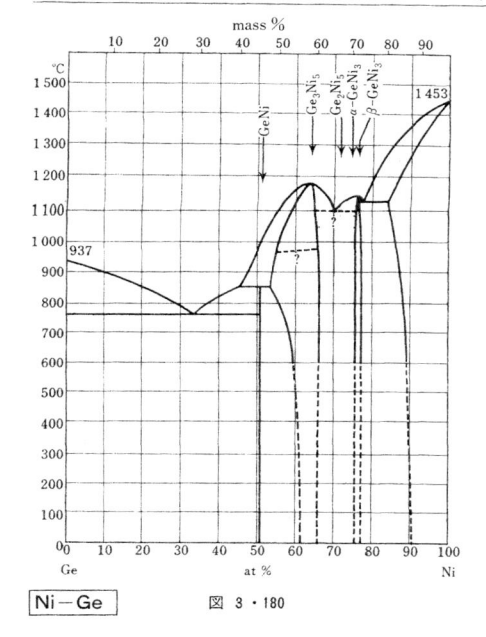

Ni 二元系状態図

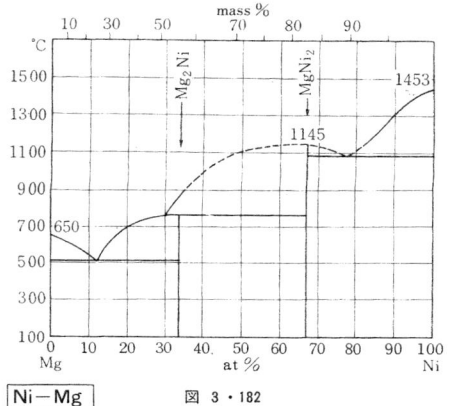

図 3・180 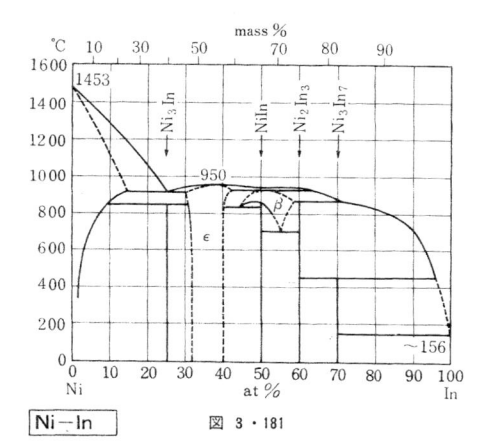 Ni−Ge

図 3・182 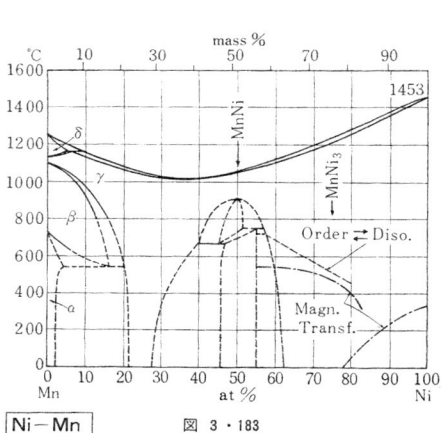 Ni−Mg

図 3・183 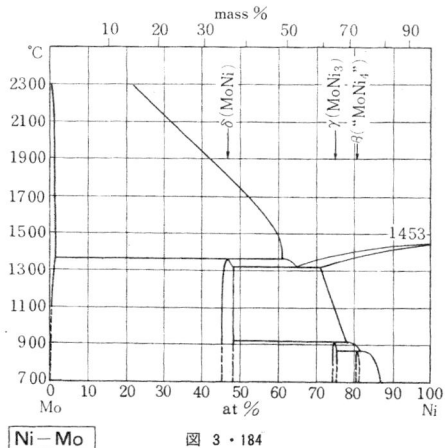 Ni−Mn

図 3・181 Ni−In

図 3・184 Ni−Mo

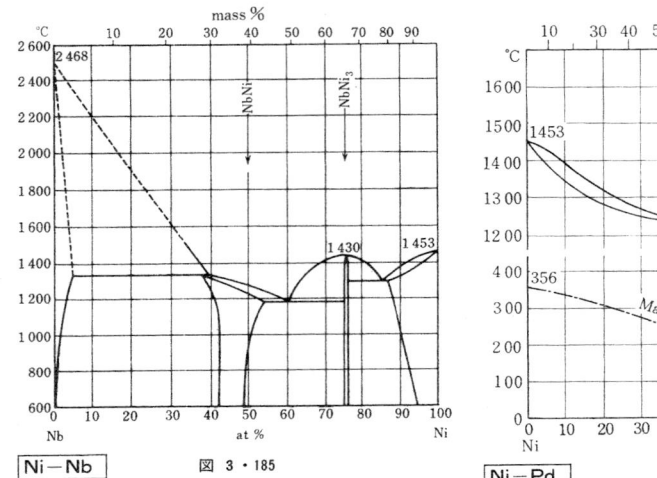

Ni−Nb 図 3・185

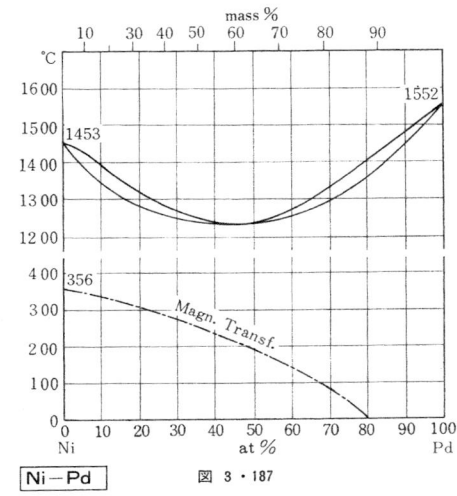

Ni−Pd 図 3・187

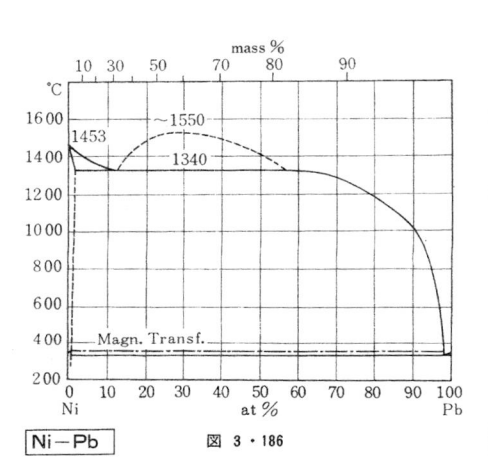

Ni−Pb 図 3・186

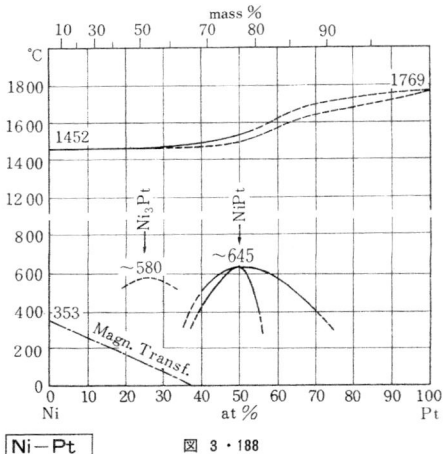

Ni−Pt 図 3・188

Ni 二 元 系 状 態 図

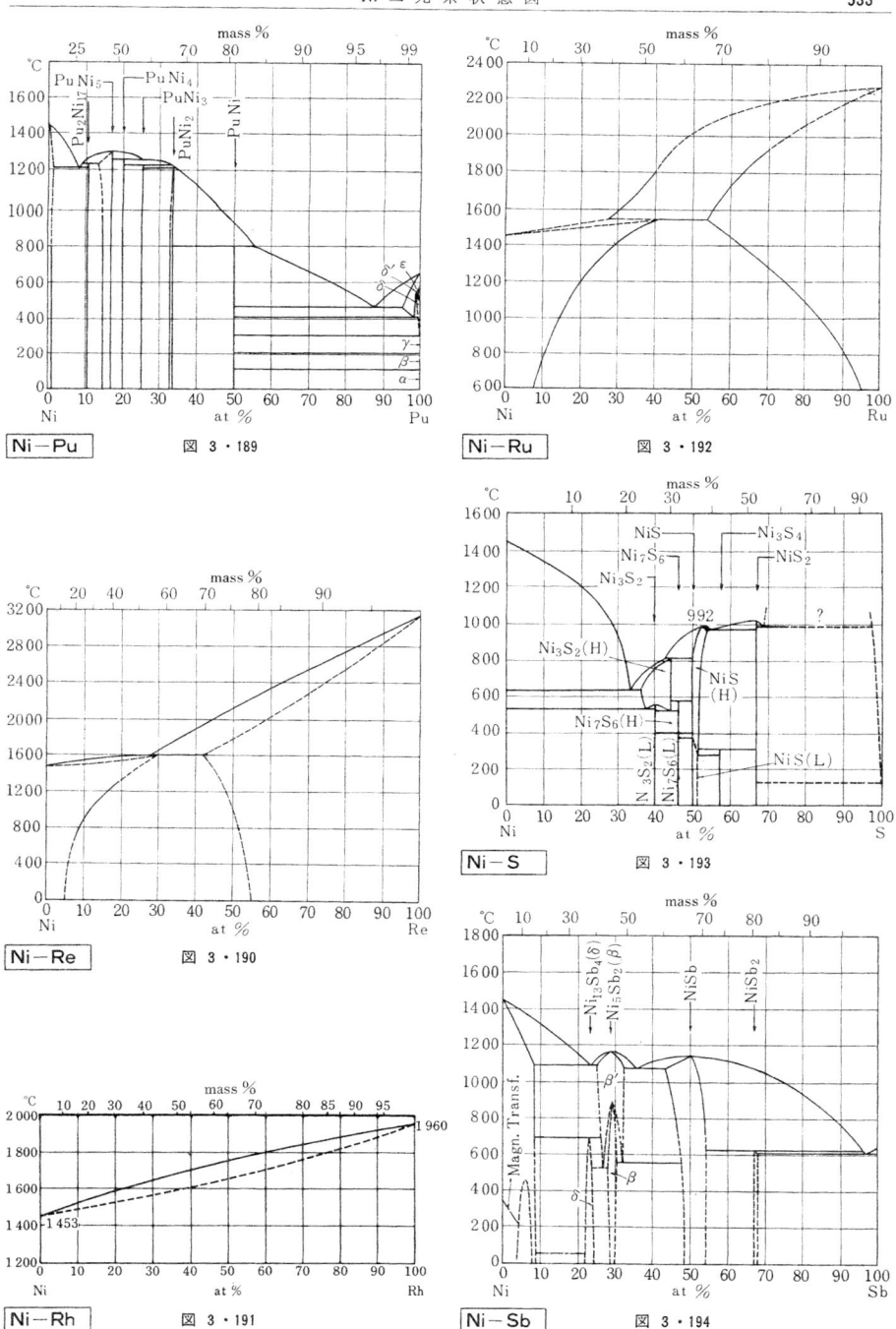

|Ni—Pu| 図 3・189

|Ni—Ru| 図 3・192

|Ni—Re| 図 3・190

|Ni—S| 図 3・193

|Ni—Rh| 図 3・191

|Ni—Sb| 図 3・194

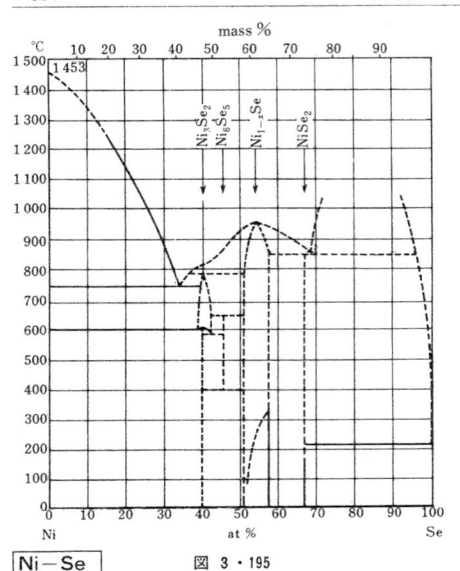

Ni—Se 図 3・195

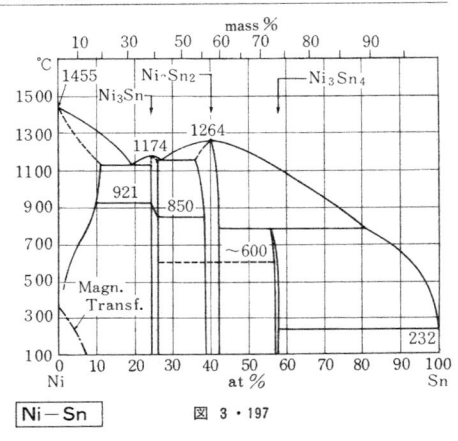

Ni—Sn 図 3・197

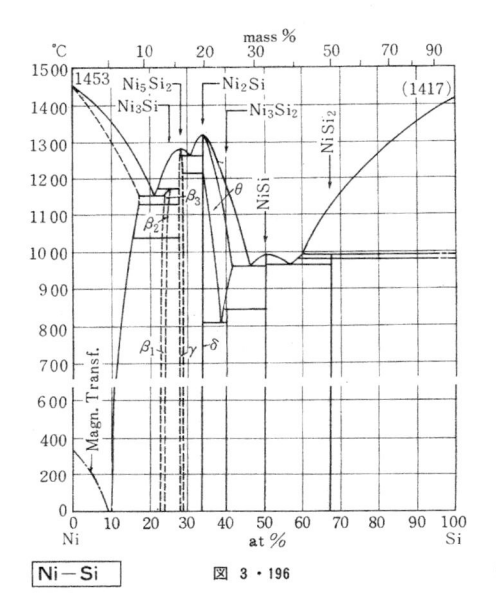

Ni—Si 図 3・196

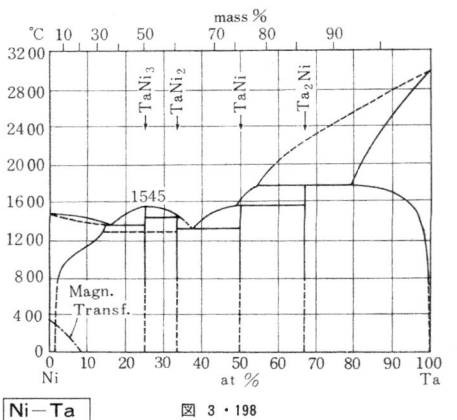

Ni—Ta 図 3・198

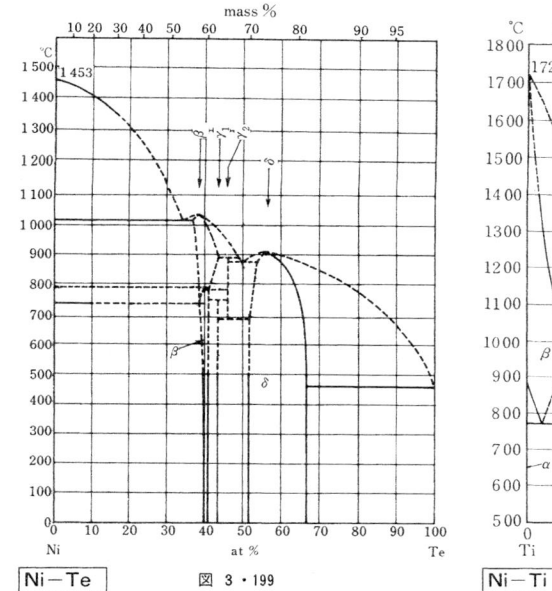

Ni-Te 図 3・199

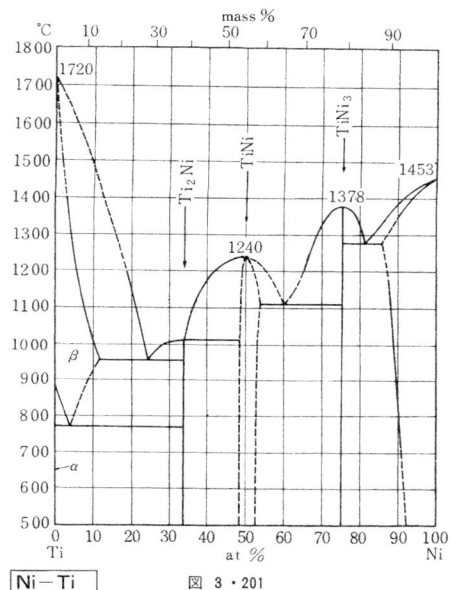

Ni-Ti 図 3・201

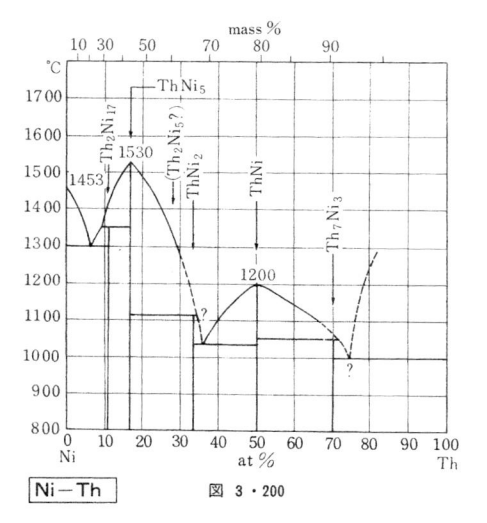

Ni-Th 図 3・200

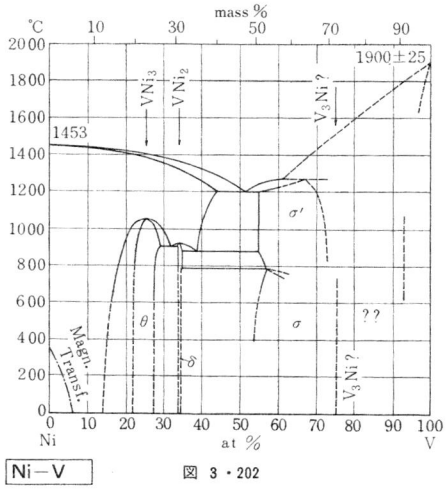

Ni-V 図 3・202

Ni—W 図 3・203

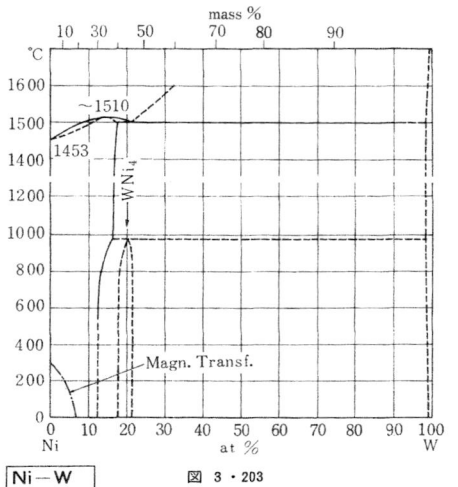

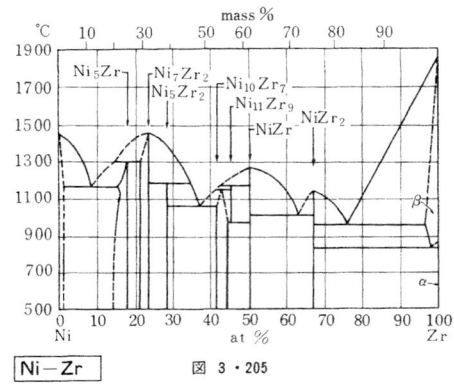

Ni—Zr 図 3・205

3・2・5 Ti 二元系状態図

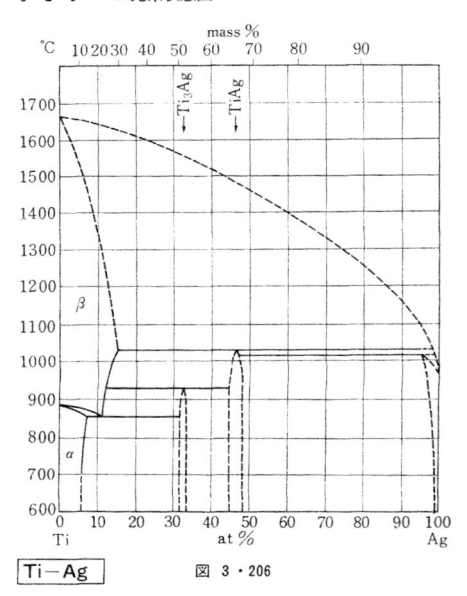

Ni—Zn 図 3・204

Ti—Ag 図 3・206

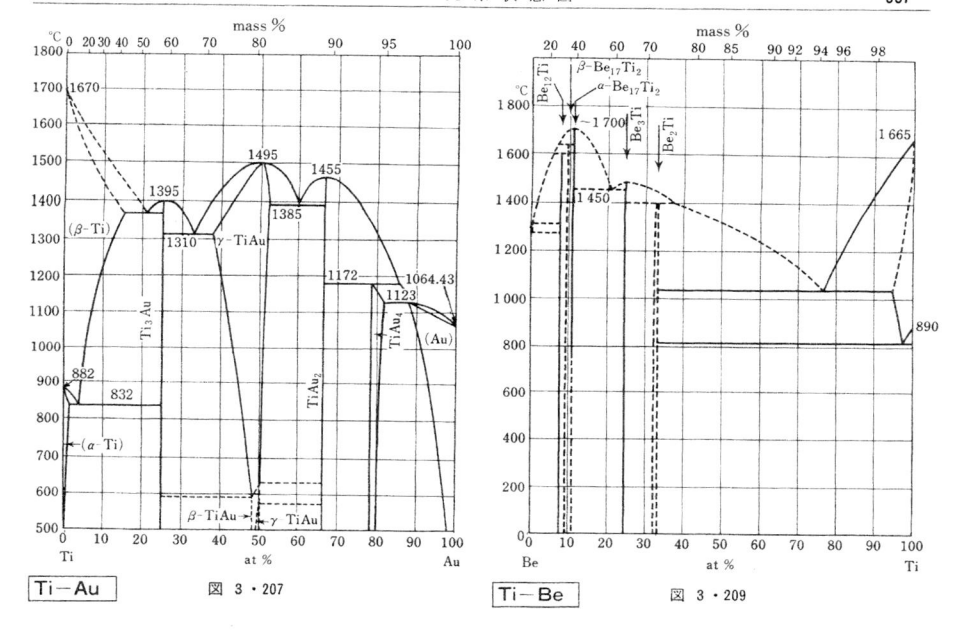

Ti 二元系状態図

Ti—Au 図 3・207

Ti—Be 図 3・209

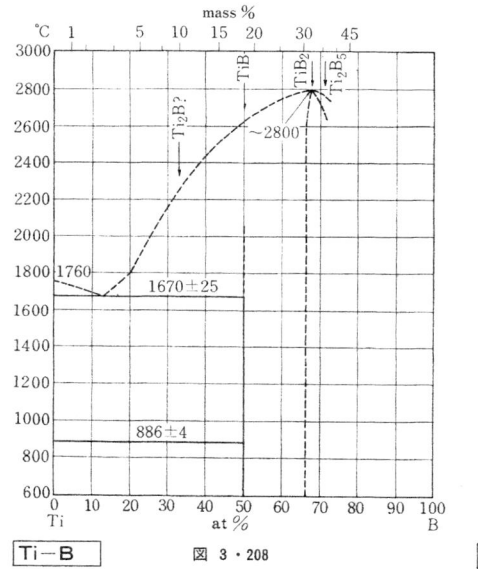

Ti—B 図 3・208

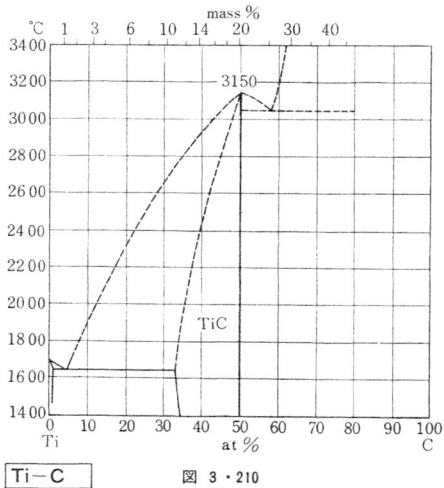

Ti—C 図 3・210

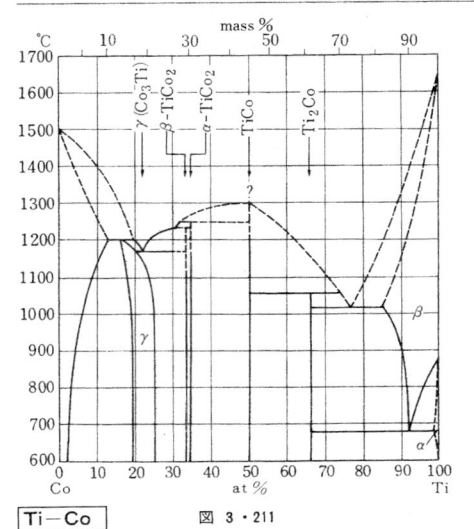

Ti−Co　図 3・211

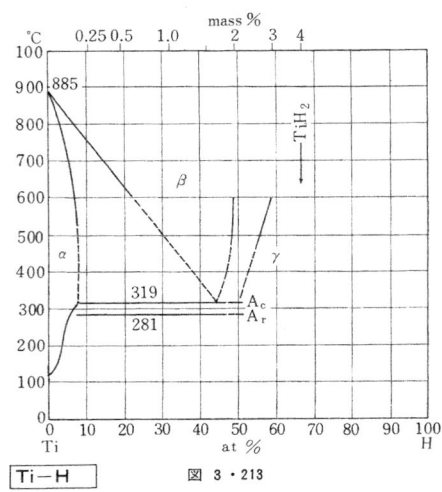

Ti−H　図 3・213

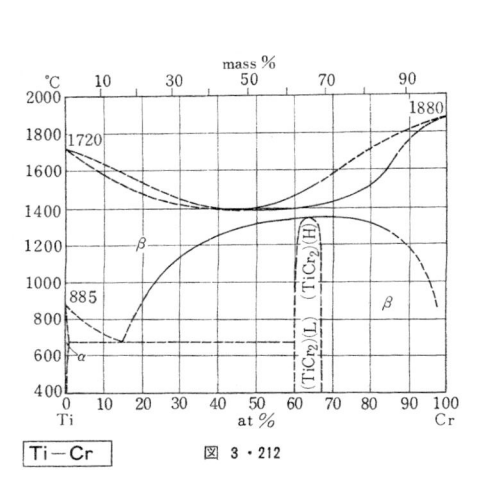

Ti−Cr　図 3・212

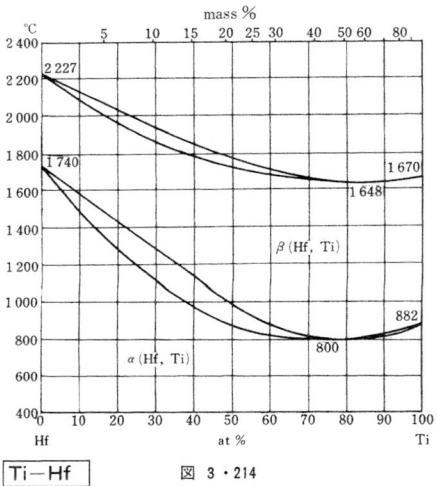

Ti−Hf　図 3・214

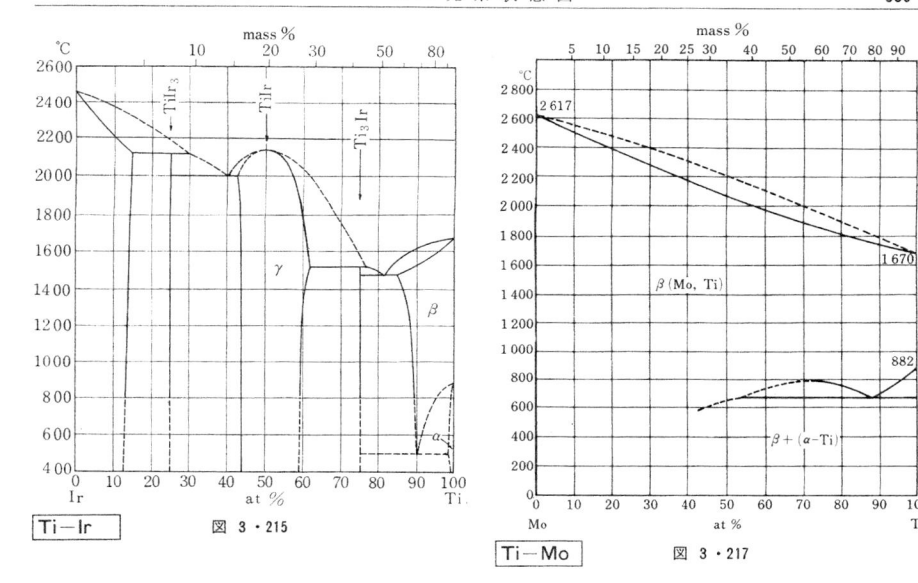

Ti－Ir 図 3・215

Ti－Mo 図 3・217

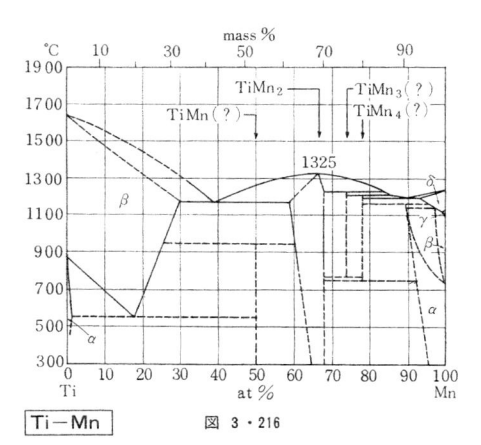

Ti－Mn 図 3・216

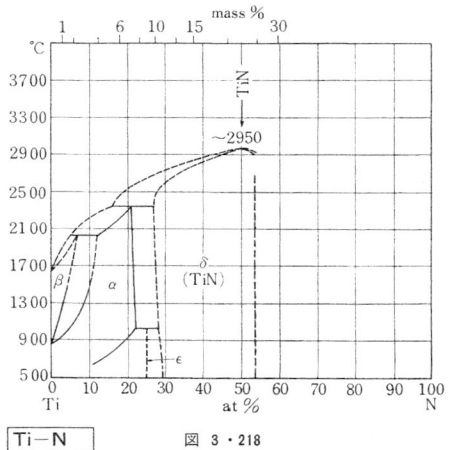

Ti－N 図 3・218

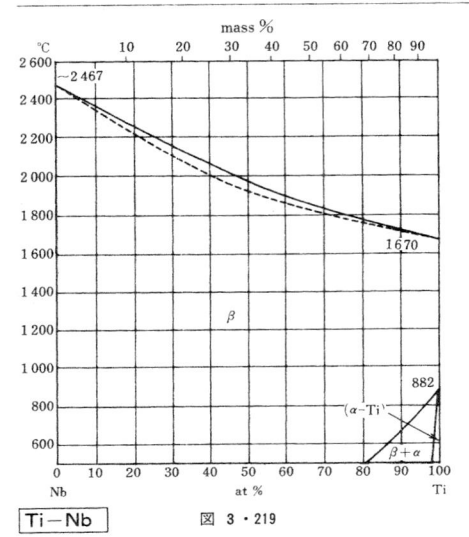

Ti—Nb 図 3・219

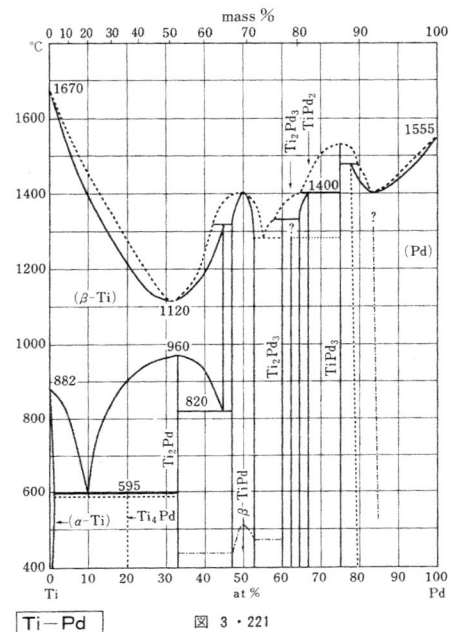

Ti—Pd 図 3・221

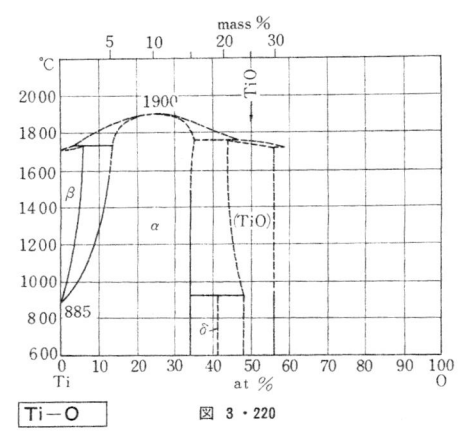

Ti—O 図 3・220

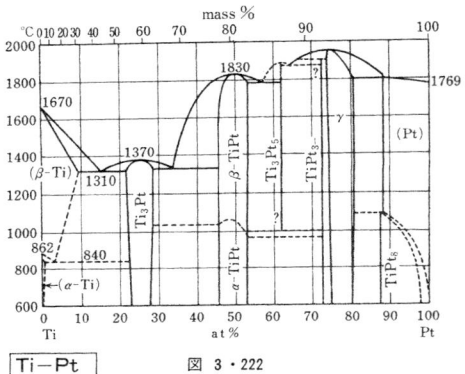

Ti—Pt 図 3・222

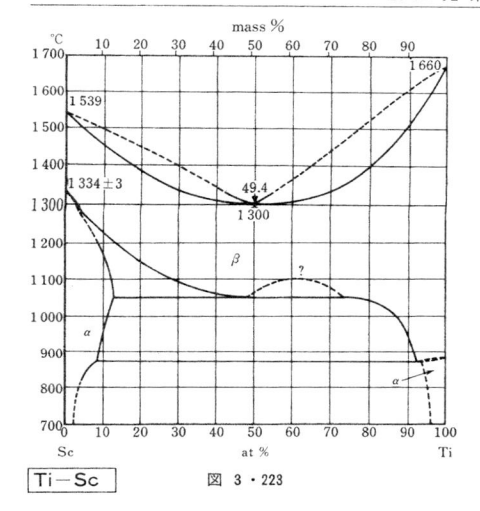

Ti－Sc 図 3・223

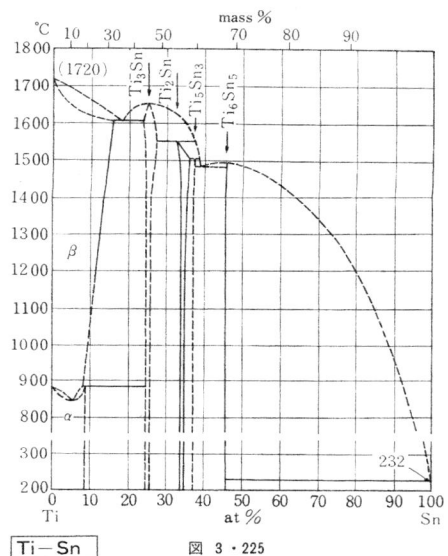

Ti－Sn 図 3・225

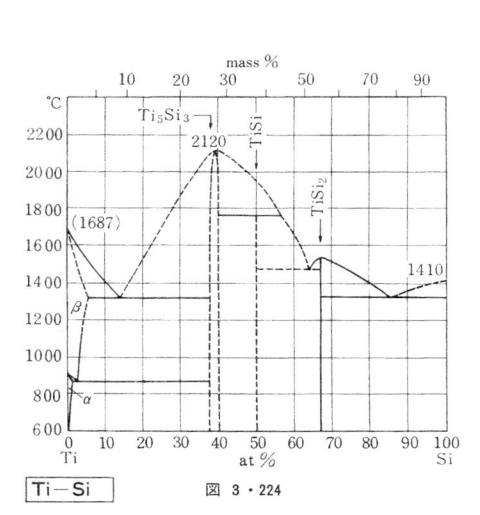

Ti－Si 図 3・224

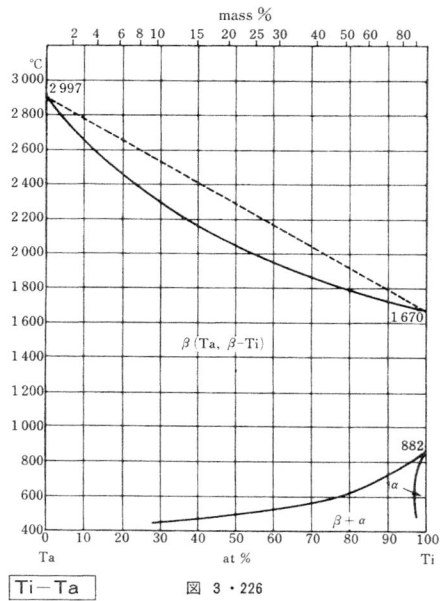

Ti－Ta 図 3・226

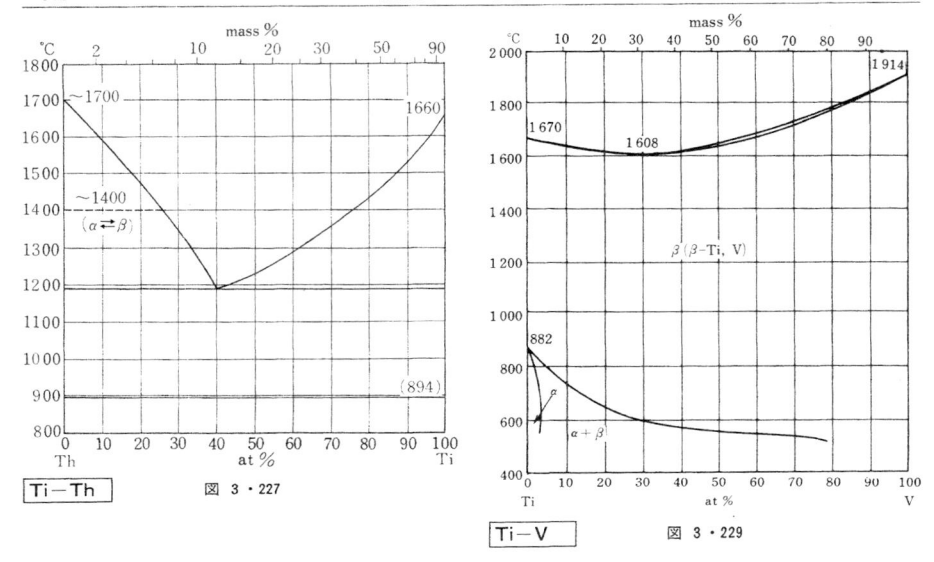

| Ti—Th | 図 3・227

| Ti—V | 図 3・229

| Ti—U | 図 3・228

| Ti—W | 図 3・230

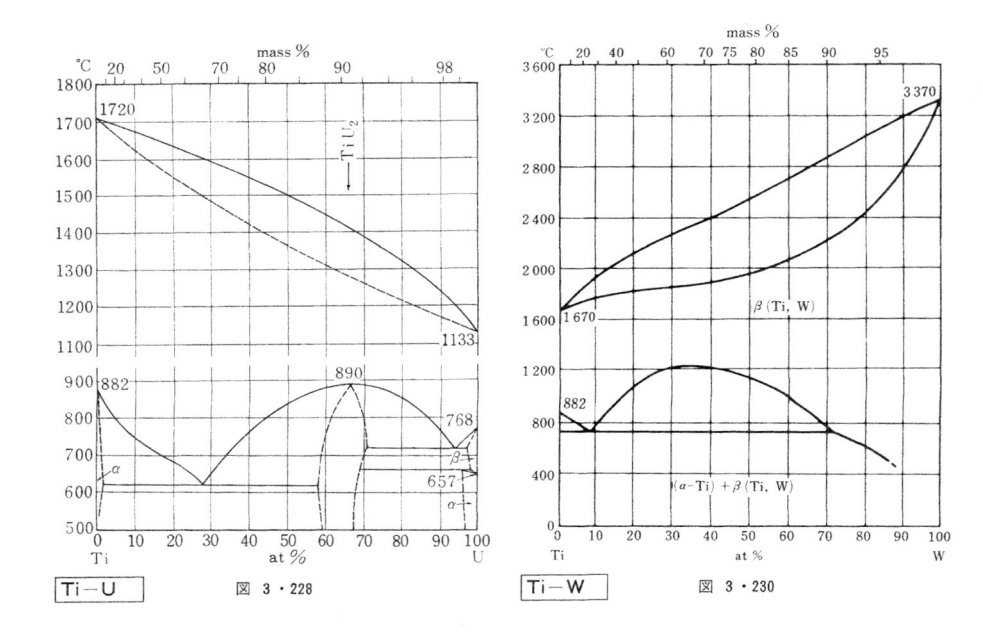

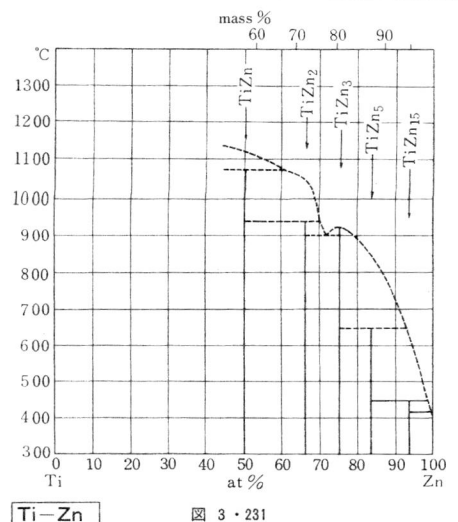

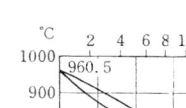

3・2・6 Mg 二元系状態図

Ti−Zn 図 3・231

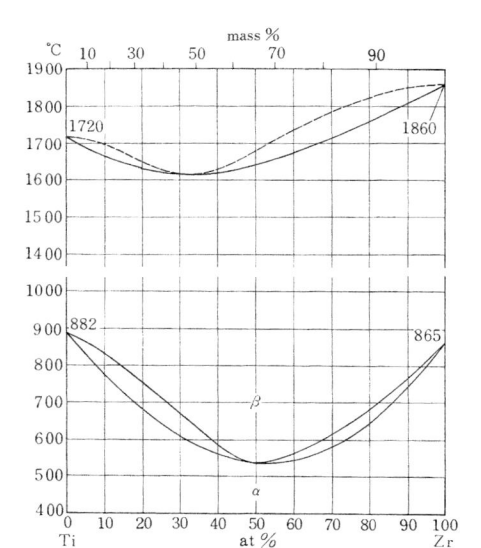

Ti−Zr 図 3・232

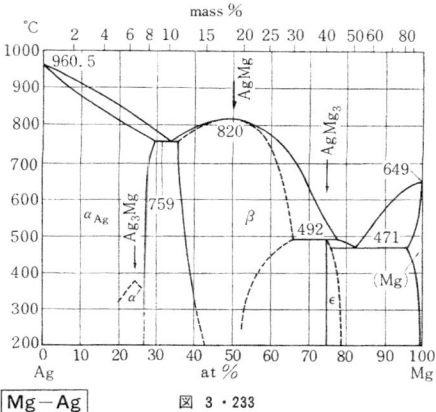

Mg−Ag 図 3・233

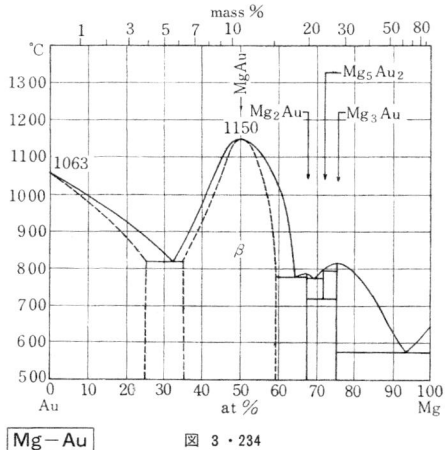

Mg−Au 図 3・234

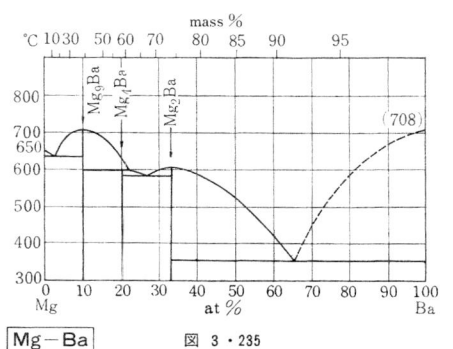

Mg−Ba 図 3・235

Mg-Bi 図 3・236

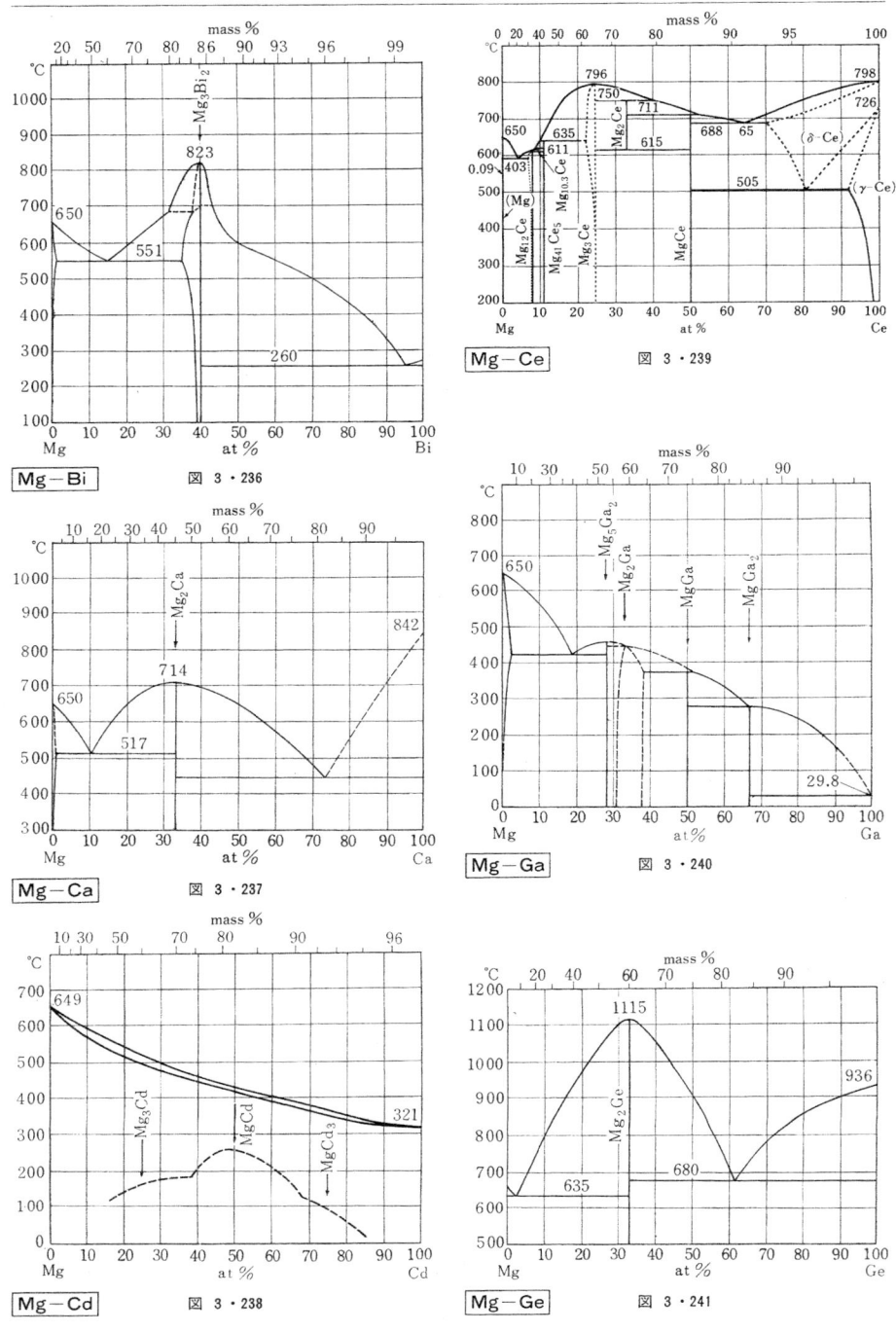

Mg-Ce 図 3・239

Mg-Ca 図 3・237

Mg-Ga 図 3・240

Mg-Cd 図 3・238

Mg-Ge 図 3・241

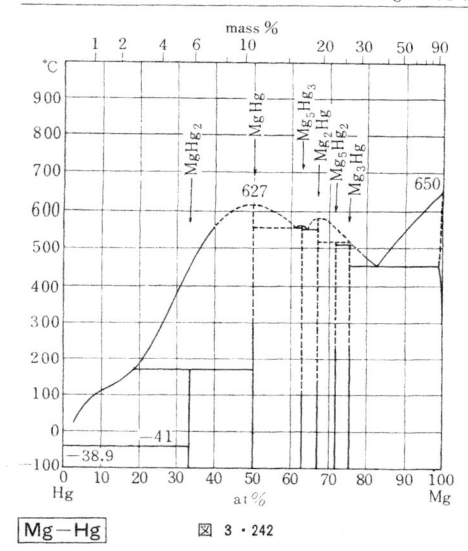

Mg 二元系状態図

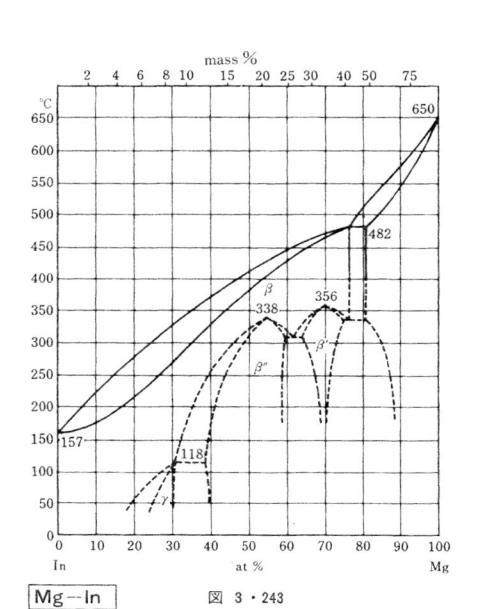

Mg—Hg 図 3・242

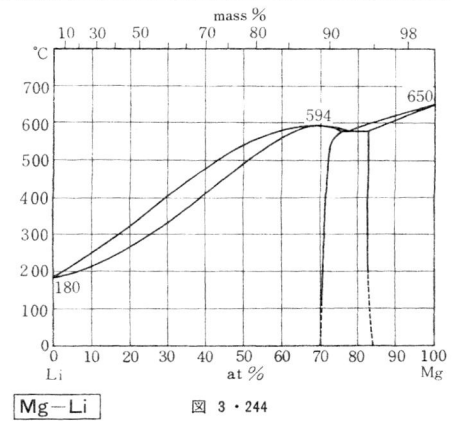

Mg—In 図 3・243

Mg—Li 図 3・244

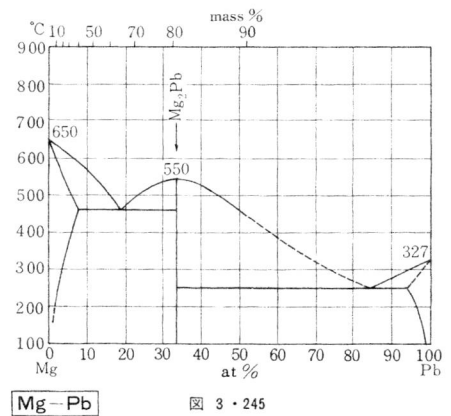

Mg—Pb 図 3・245

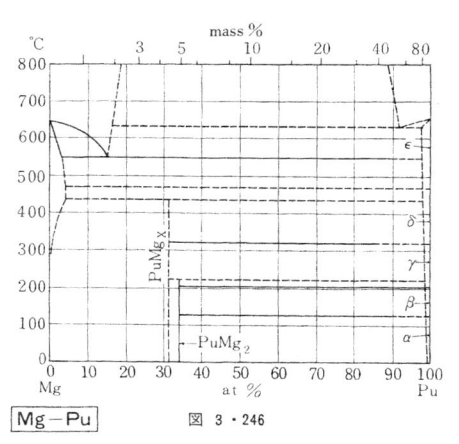

Mg—Pu 図 3・246

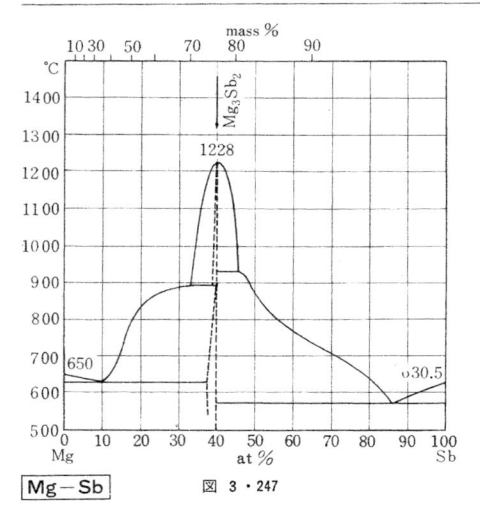

| Mg—Sb | 図 3・247

| Mg—Sn | 図 3・249

| Mg—Si | 図 3・248

| Mg—Sr | 図 3・250

| Mg—Th | 図 3・251

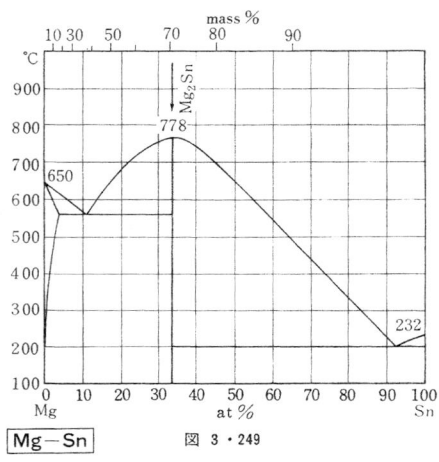

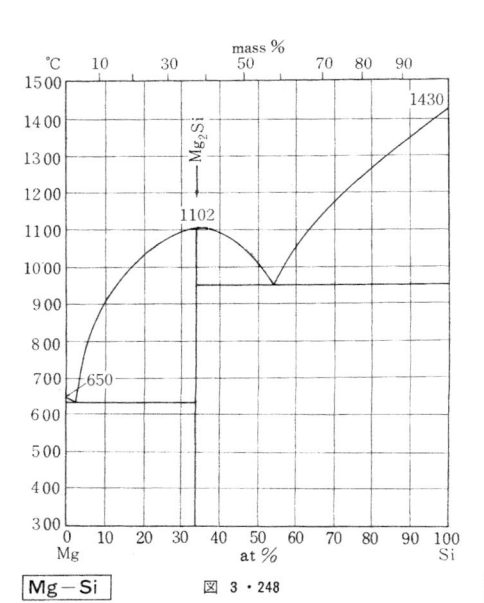

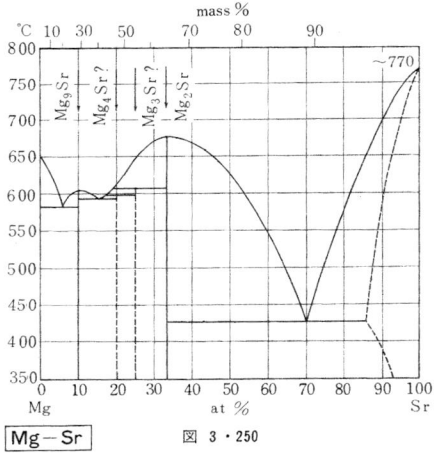

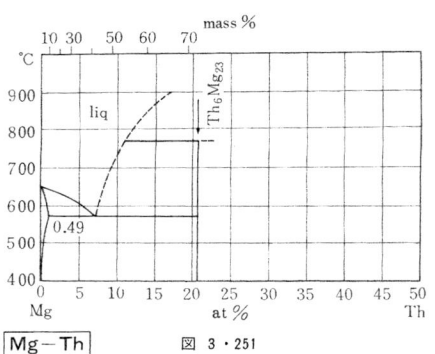

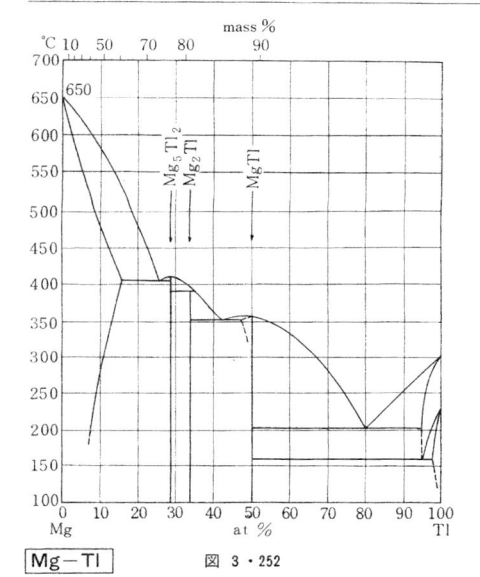

図 3・252 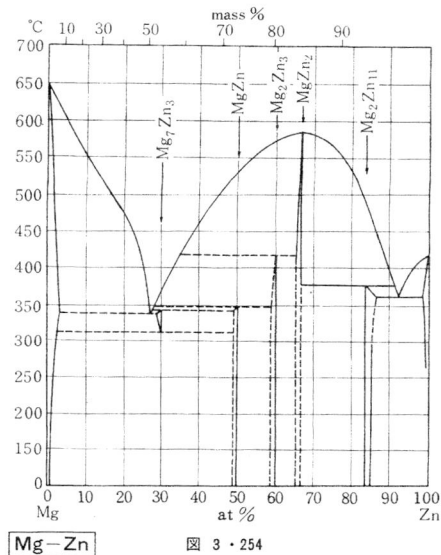 Mg—Tl

図 3・254 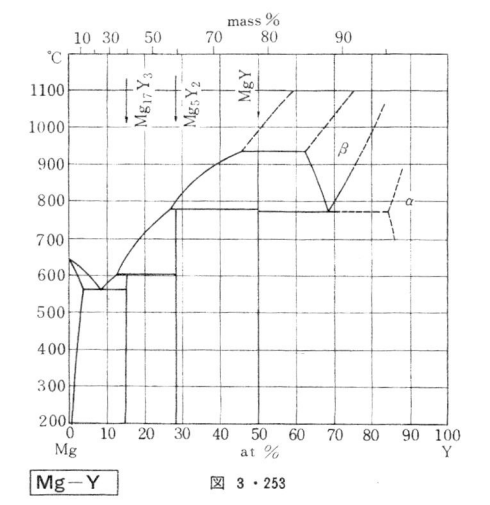 Mg—Zn

図 3・253 Mg—Y

3・2・7 Pb 二元系状態図

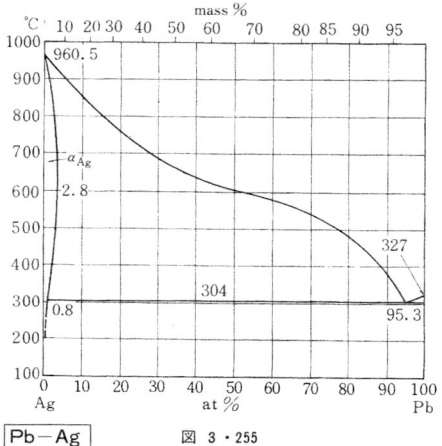

図 3・255 Pb—Ag

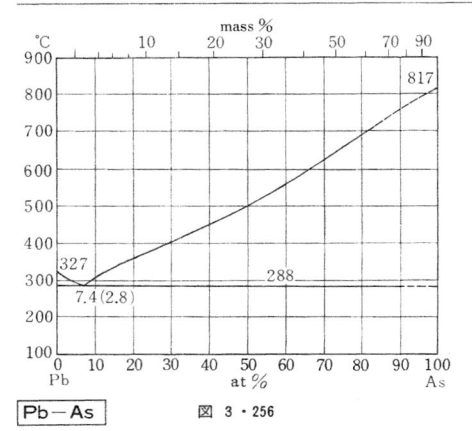

Pb—As 図 3・256

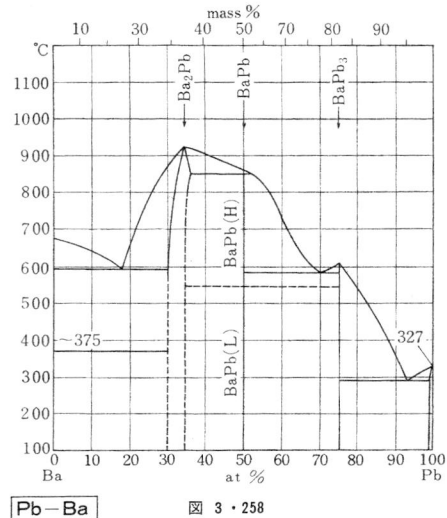

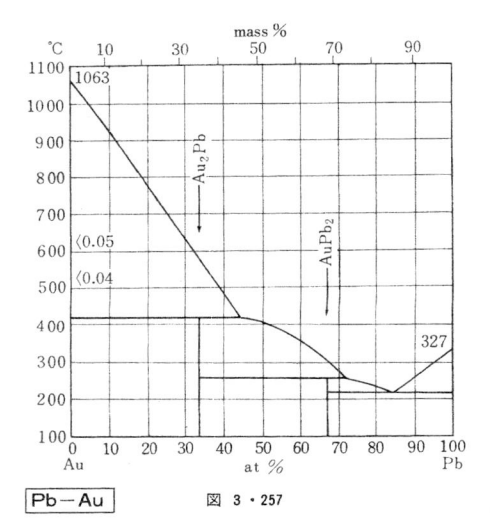

Pb—Ba 図 3・258

Pb—Au 図 3・257

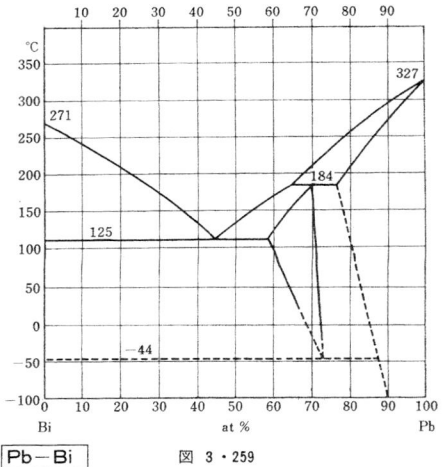

Pb—Bi 図 3・259

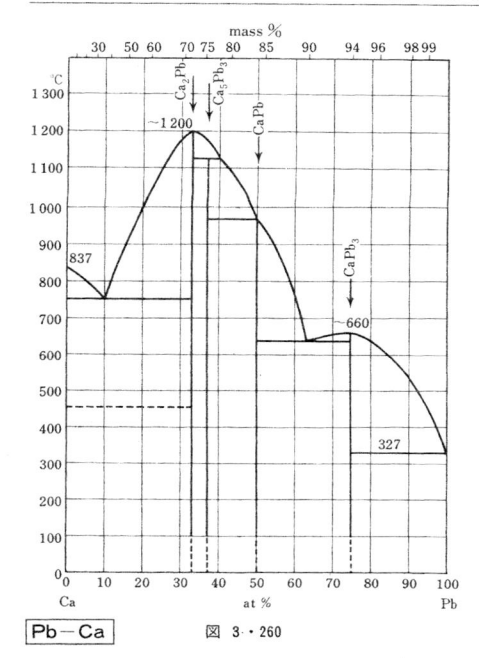

Pb 二元系状態図

Pb—Ca 図 3・260

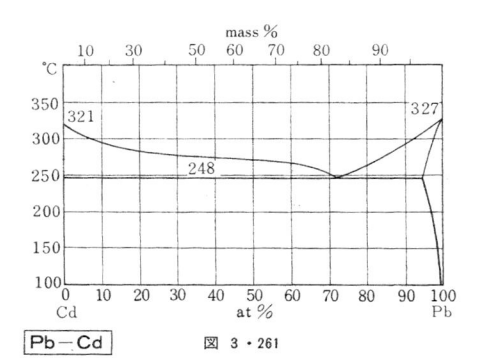

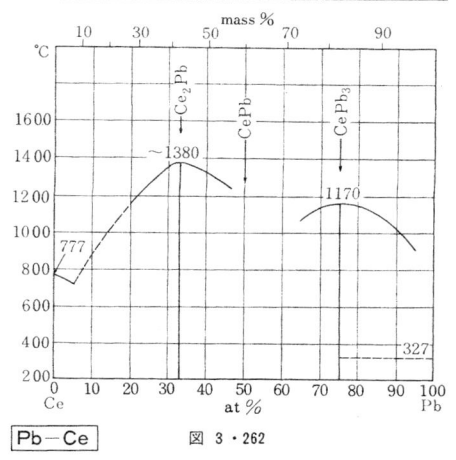

Pb—Ce 図 3・262

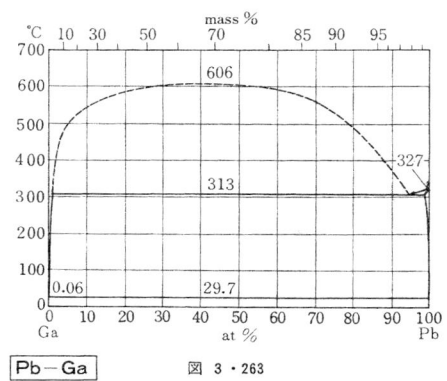

Pb—Ga 図 3・263

Pb—Cd 図 3・261

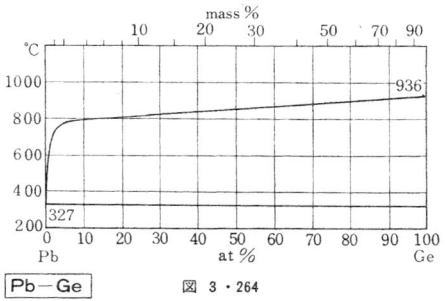

Pb—Ge 図 3・264

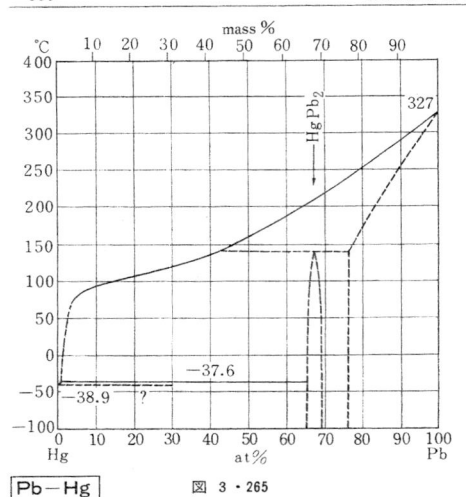

図 3・265 Pb−Hg

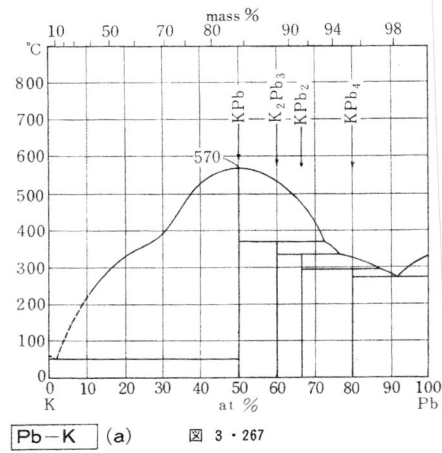

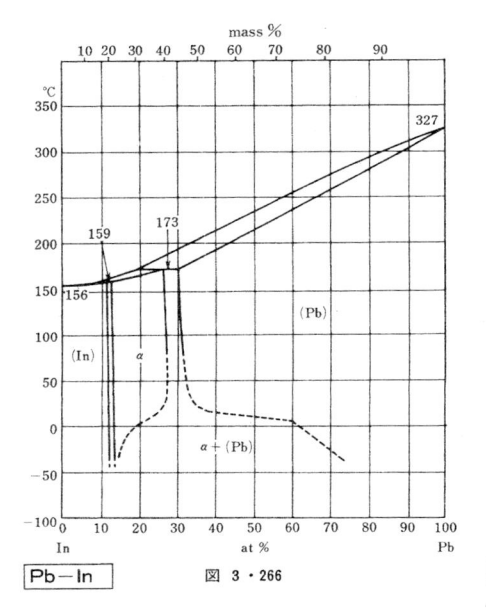

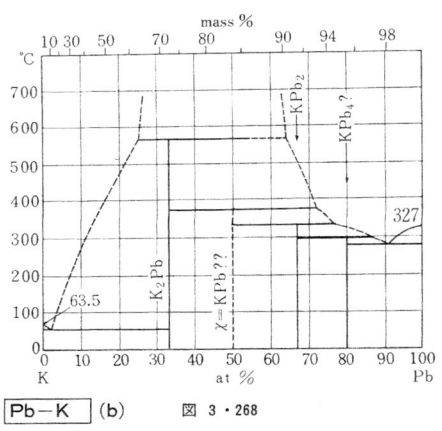

図 3・267 Pb−K (a)

図 3・266 Pb−In

図 3・268 Pb−K (b)

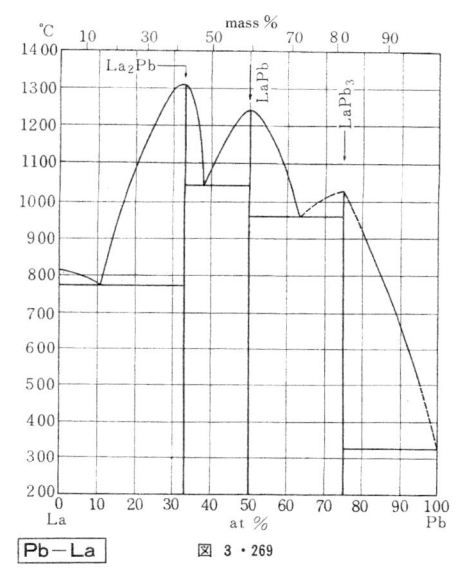

Pb−La 図 3・269

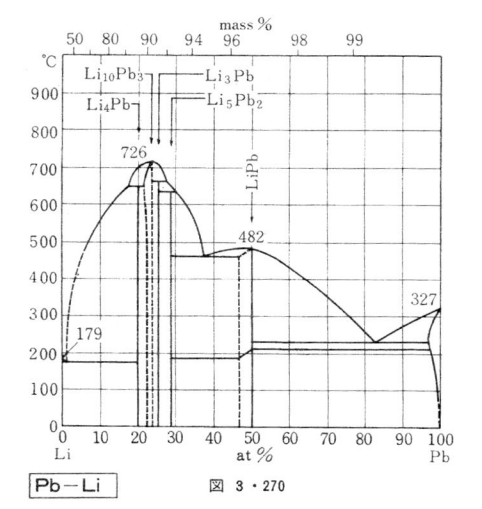

Pb−Li 図 3・270

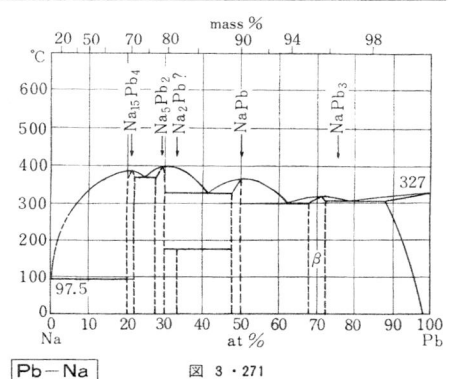

Pb−Na 図 3・271

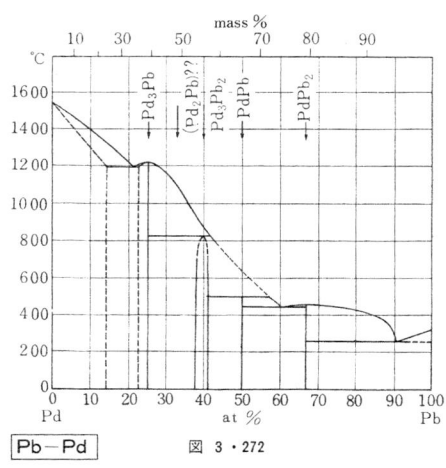

Pb−Pd 図 3・272

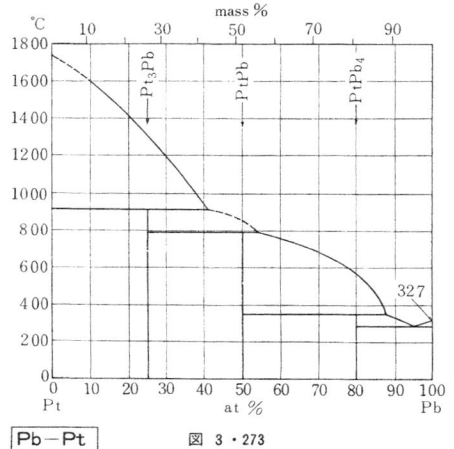

Pb−Pt 図 3・273

Pb—S 図 3・274

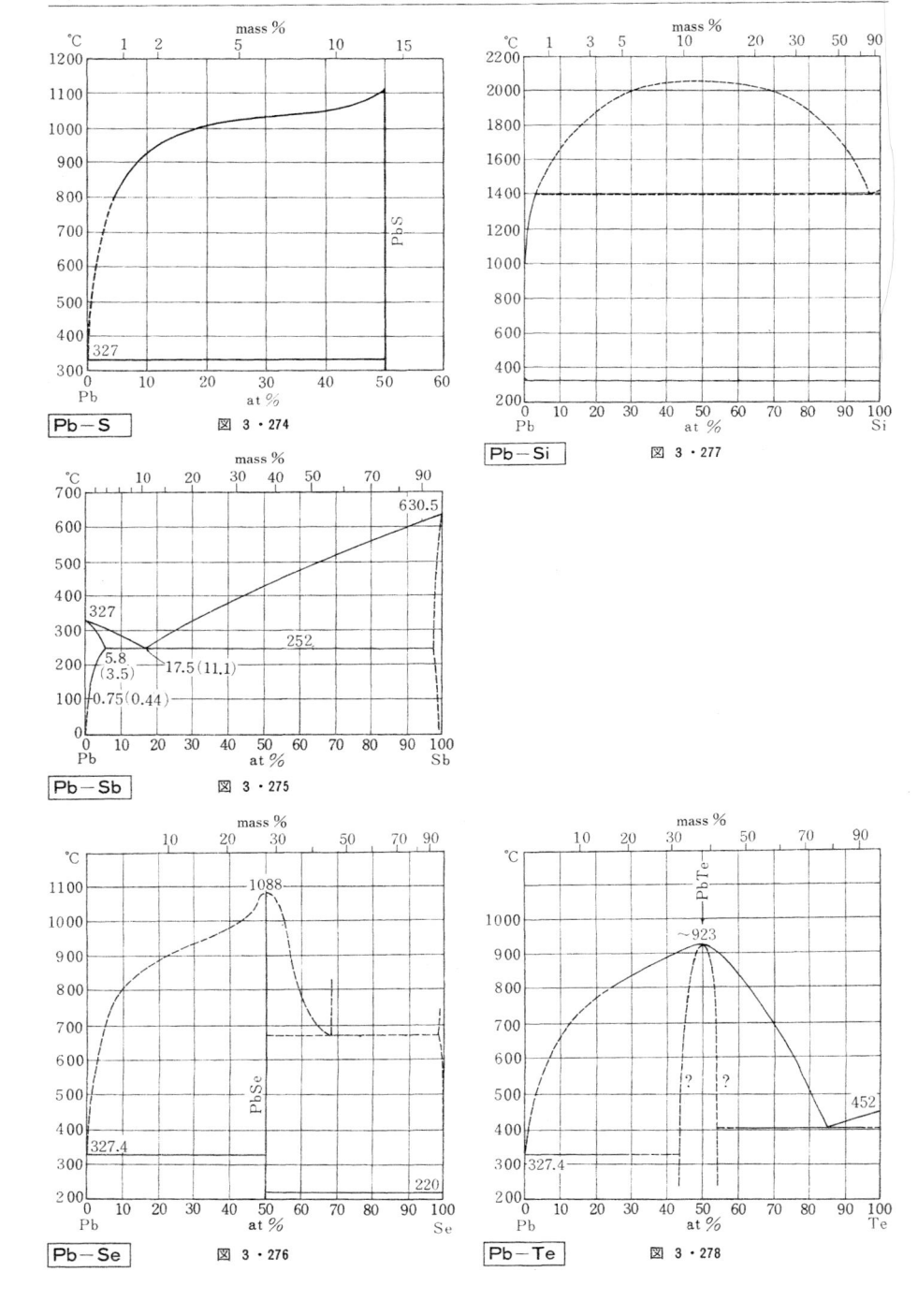

Pb—Si 図 3・277

Pb—Sb 図 3・275

Pb—Se 図 3・276

Pb—Te 図 3・278

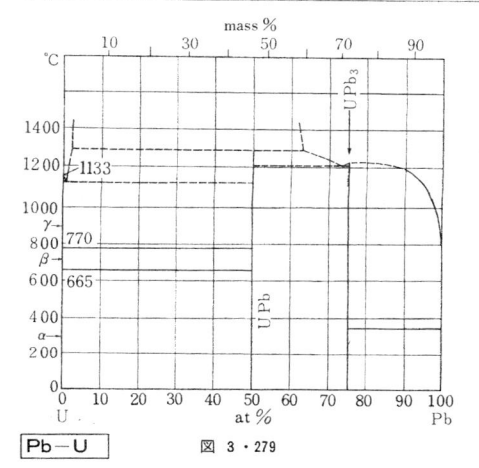

3・2・8 Sn 二元系状態図

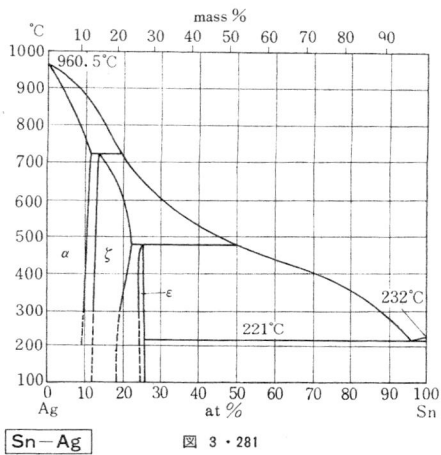

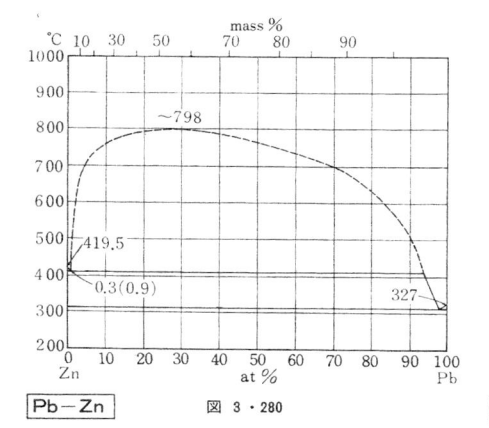

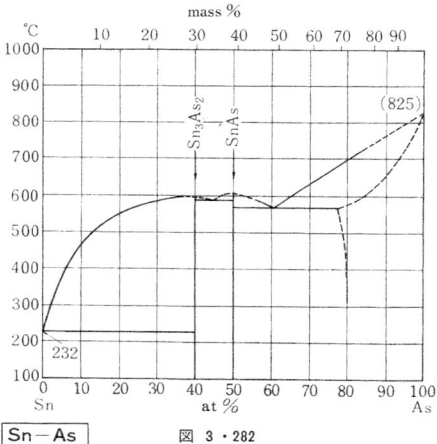

Pb—U 図 3・279

Pb—Zn 図 3・280

Sn—Ag 図 3・281

Sn—As 図 3・282

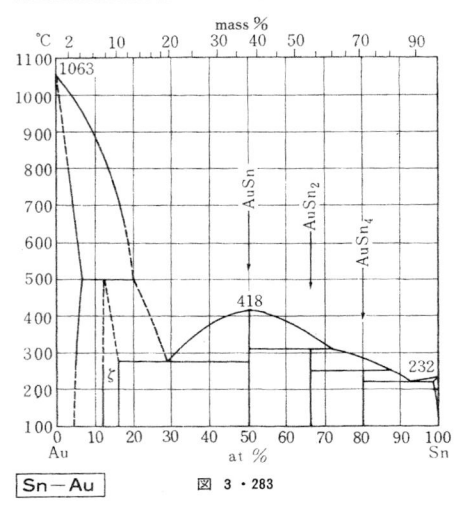

Sn—Au 図 3・283

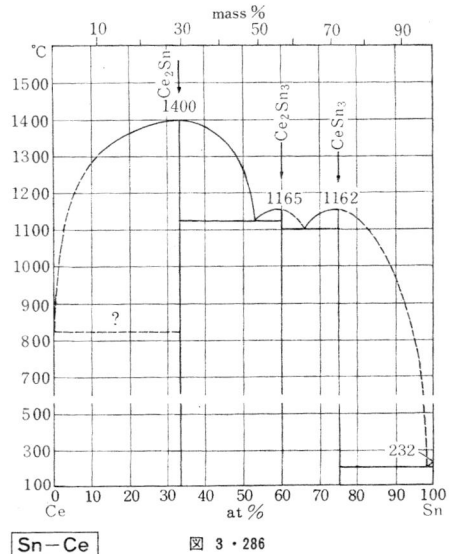

Sn—Ce 図 3・286

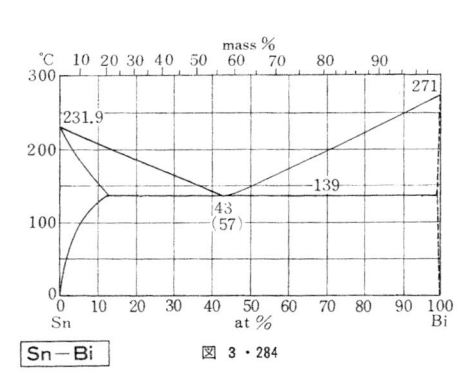

Sn—Bi 図 3・284

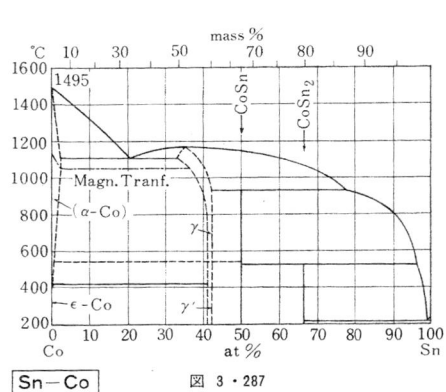

Sn—Co 図 3・287

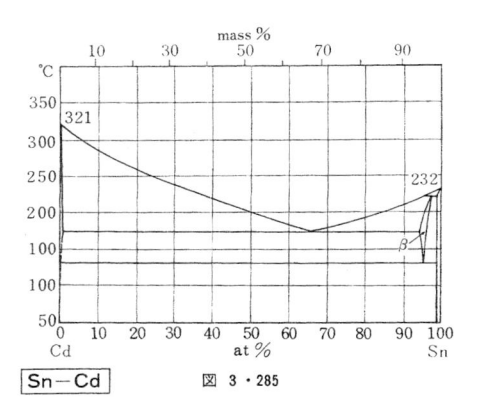

Sn—Cd 図 3・285

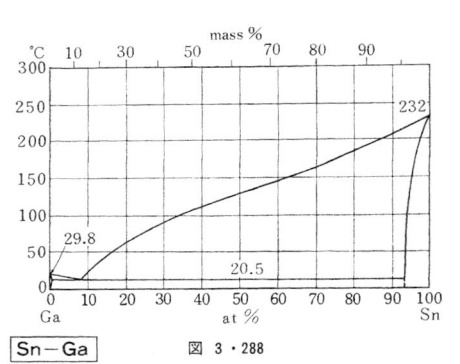

Sn—Ga 図 3・288

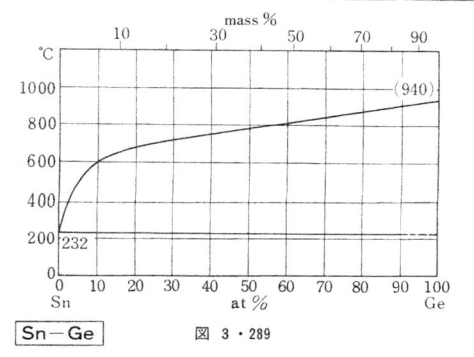

Sn 二元系状態図

図 3・289 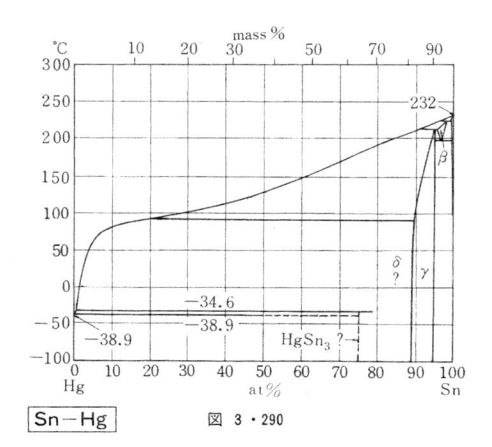 Sn—Ge

図 3・290 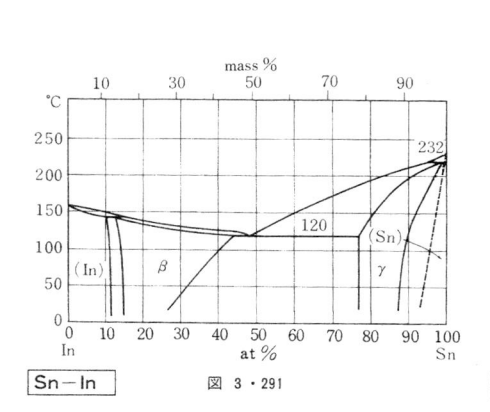 Sn—Hg

図 3・291 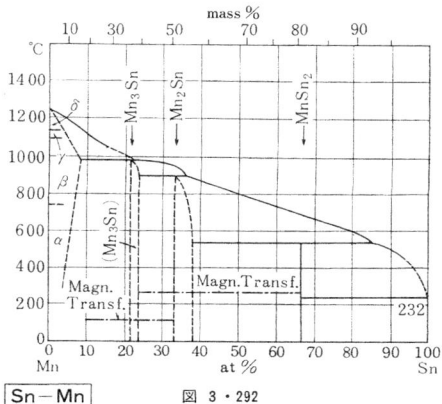 Sn—In

図 3・292 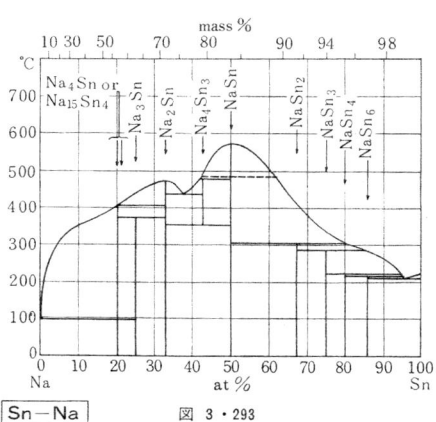 Sn—Mn

図 3・293 Sn—Na

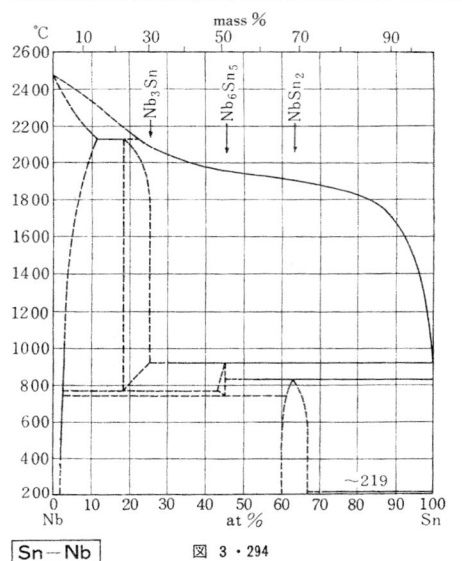

Sn—Nb 図 3・294

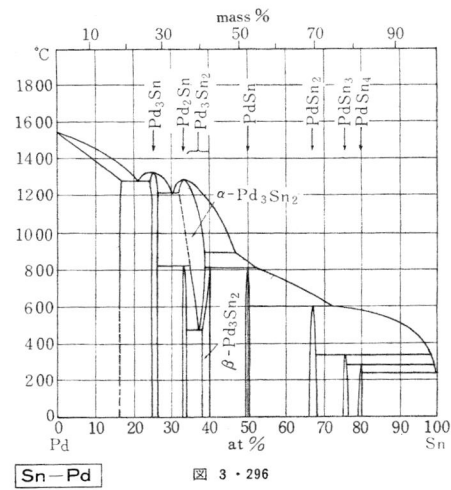

Sn—Pd 図 3・296

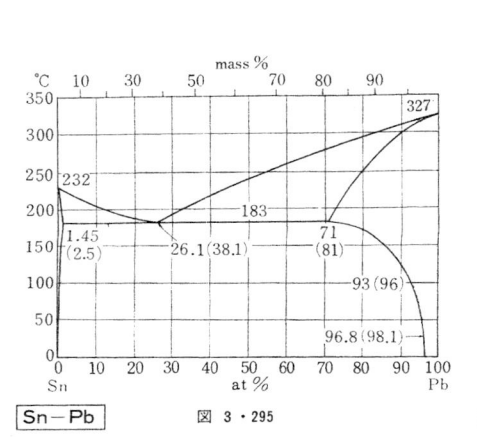

Sn—Pb 図 3・295

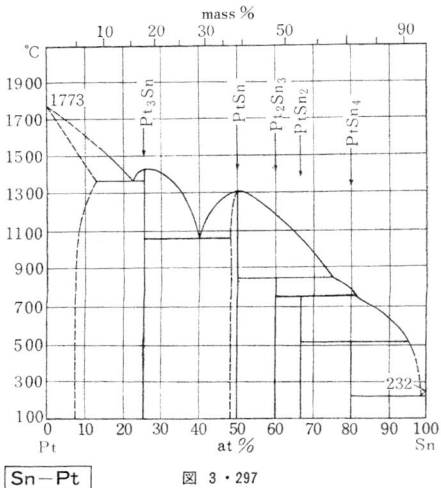

Sn—Pt 図 3・297

Sn 二元系状態図

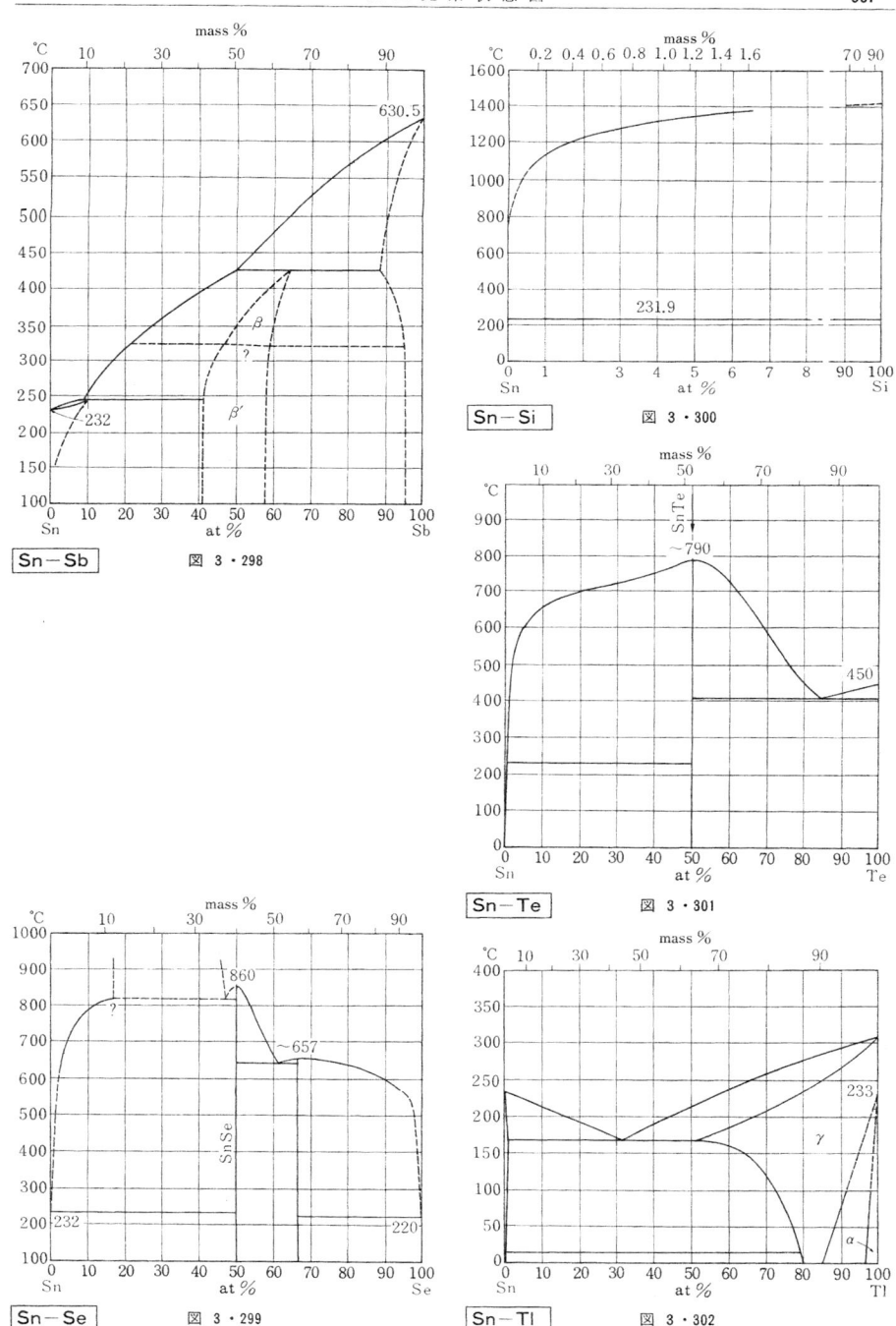

Sn—Sb 図 3・298

Sn—Si 図 3・300

Sn—Te 図 3・301

Sn—Se 図 3・299

Sn—Tl 図 3・302

図 3・303 Sn—U

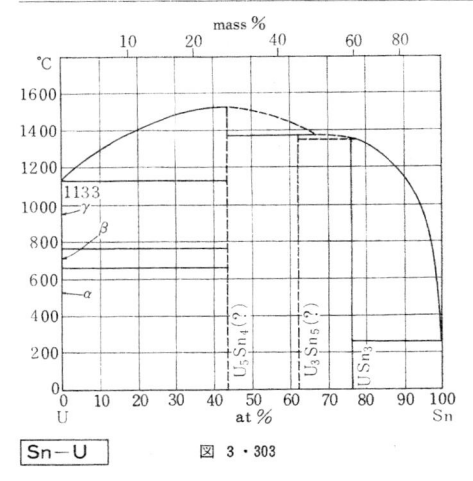

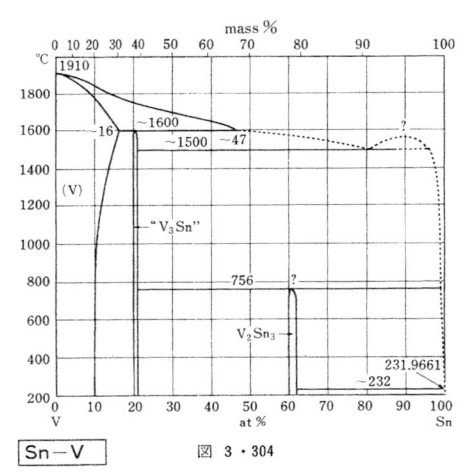

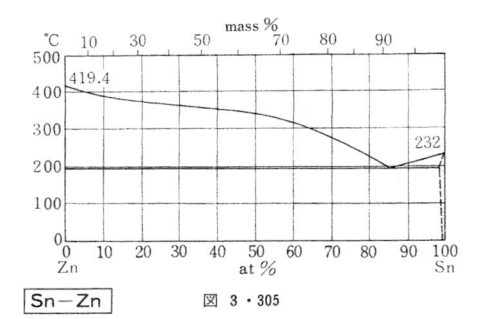

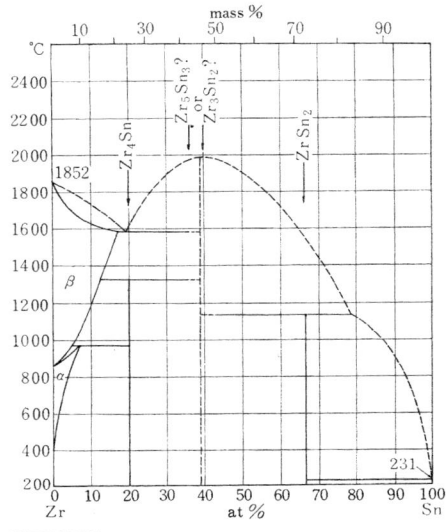

図 3・306 Sn—Zr

図 3・304 Sn—V

図 3・305 Sn—Zn

作図にあたって参考にした文献は下記の通りである．

1) Binary Alloy Phase Diagrams (1990), ASM International.
2) Bulletin of Alloy Phase Diagrams, American Society for Metals.
3) R. P. Elliott : Constitution of Binary Alloys, 1st Supplement (1965), McGraw-Hill.
4) M. Hansen, K. Anderko : Constitution of Binary Alloys, 2nd ed. (1958), McGraw-Hill.
5) Kubaschewski : Iron-Binary Phase Diagrams (1982), Springer.
6) W. G. Moffatt (ed.) : The Handbook of Binary Phase Diagrams, General Electric Co.
7) F. A. Shunk : Constitution of Binary Alloys, 2nd Supplement (1969), McGraw-Hill.
8) C. J. Smithells (ed.) : Matals Reference Book, 6th ed. (1983), Butterworths.

4. 無機化合物の状態図

改訂4版 編集にあたって

　無機物質の状態図については米国セラミックス協会が編集しているシリーズに，多元系まで数多くの例が収録されている[1~13]．最新刊は第13巻で，2001年に出版され，今後も出版が続くと思われる．さらに高温超伝導体[14,15]およびジルコニア[16]を特集した別冊もある．第12巻までと別冊を加えた全体の索引もあり，検索の際に便利である[17]．またCD-ROM版状態図も入手可能であり，元素からの検索および該当する状態図の表示がなされるなどの工夫がされている．米国セラミックス協会ではセラミックス状態図の入門書[18]も出版しており，三元系状態図の解析方法などが述べられている．
　Slag Atlas[19]には鉄鋼製造プロセスなどに関連した溶融酸化物を中心とした状態図や活量などのデータが収録されており，第2版が1995年に出版された．またロシアではKorshunovを中心としたグループにより溶融塩に関する状態図が編集されており参考になる部分が多い[20~23]．

文献

1) E. M. Levin, C. R. Robbins and H. F. McMurdie：Phase Diagrams for Ceramists, ed. by M. K. Reser (1964), The American Ceramic Society.
2) E. M. Levin, C. R. Robbins and H. F. McMurdie：Phase Diagrams for Ceramists, 1969 Supplement, ed. by M. K. Reser (1969), The American Ceramic Society.
3) E. M. Levin and H. F. McMurdie：Phase Diagrams for Ceramists, Vol. III, ed. by M.K.Reser (1975), The American Ceramic Society.
4) R. S. Roth, T. Nagas and L. P. Cook：Phase Diagrams for Ceramists, Vol. IV, ed. by G. Smith (1981), The American Ceramic Society.
5) R. S. Roth, T. Nagas and L. P. Cook：Phase Diagrams for Ceramists, Vol. V, ed. by G. Smith (1983), The American Ceramic Society.
6) R. S. Roth, J. R. Dennis and H. F. McMurdie：Phase Diagrams for Ceramists, Vol. VI (1987), The American Ceramic Society.
7) L. P. Cook and H. F. McMurdie：Phase Equilibria Diagrams, Vol. VII (1989), The American Ceramic Society.
8) B.O.Mysen：Phase Diagrams for Ceramists, Vol. VIII (1990), The American Ceramic Society, 1992.
9) G.B.Stringfellow：Phase Equilibria Diagrams, Phase Diagrams for Ceramists, Vol. IX, Semiconductors and Chalcogenides (1992), The American Ceramic Society.
10) A. E. McHale：Phase Equilibria Diagrams, Phase Diagrams for Ceramists, Vol. X, Borides, Carbides and Nitrides (1994), The American Ceramic Society.
11) R.S.Roth：Phase Equilibria Diagrams, Phase Diagrams for Ceramists, Vol. XI, Oxides (1995),The American Ceramic Society.
12) A. E. McHale and R. S. Roth：Phase Equilibria Diagrams, Vol. XII, Oxides (1996), The American Ceramic Society.
13) R. S. Roth：Phase Equilibria Diagrams, Vol. XIII, Oxides (2001), The American Ceramic Society.
14) J. D. Whitler and R. S. Roth：Phase Diagrams for High-Tc Superconductors I (1991), The American Ceramic Society.
15) T. A. Vanderah, R. S. Roth and H. F. McMurdie：Phase Diagrams for High-Tc Superconductors II (1997), The American Ceramic Society.
16) H. M. Ondik and H. F. McMurdie：Phase Diagrams for Zirconium and Zirconia Systems(1998), The American Ceramic Society.
17) M. A. Clevinger and C. L. Cedeno：Phase Equilibria Diagrams, Cumulative Index (1998), The American Ceramic Society.
18) C. J. Bergeron and S. H. Risbud：Introduction to Phase Equilibria in Ceramics (1984), The American Ceramic Society.
19) Slag Atlas, 2nd ed., ed. by Verein Deutscher Eisenhuttenleute (VDEh) (1995), Verlag Stahleisen GmbH.
20) B. G. Korshunov：Halide systems of transition elements. Fusion diagrams. Reference book, Metallurgiya (1977).
21) B. G. Korshunov, V. V. Safonov and D. V. Drobot：Phase equilibria in halide systems. Reference book, Metallurgiya (1979).
22) B. G. Korshunov and V. V. Safonov：Halide systems. Reference book, Metallurgiya (1984).
23) B. G. Korshunov and V. V. Safonov：Halides：Fusion diagrams. Reference book, Metallurgiya (1991).

酸化物						硫化物		塩化物・フッ化物	
Al_2O_3-CaO	図4・1	Fe_2O_3-PbO	図4・14	CaO-FeO-CaF_2	図4・29	BeF_2-NaF	図4・44
Al_2O_3-MgO	図4・2	MgO-ZrO_2	図4・15	CaO-CaF_2-SiO_2	図4・30	BeF_2-CaF_2	図4・45
Al_2O_3-MnO	図4・3	MnO-SiO_2	図4・16	RS-RO	図4・31	NaF-AlF_3	図4・46
Al_2O_3-FeO	図4・4	Na_2O-SiO_2	図4・17	Cu-S	図4・32	AlF_3-NaF-Al_2O_3	図4・47
Al_2O_3-SiO_2	図4・5	PbO-SnO_2	図4・18	Fe-S	図4・33	NaAlF_4-AlF_3・Al_2O_3	図4・48
CaO-CaF_2	図4・6	PbO-SiO_2	図4・19	Ni-S	図4・34	LiCl-NbCl$_5$	図4・49
CaO-$CaCl_2$	〃	CaO-Al_2O_3-SiO_2	図4・20	Cu_2S-FeS	図4・35	KF-TiF_4	図4・50
CaO-FeO	図4・7	CaO-Al_2O_3-Fe_2O_3	図4・21	Cu_2S-Ni_3S_2	図4・36	KF-UF_4	図4・51
CaO-MgO	図4・8	MnO-Al_2O_3-SiO_2	図4・22	FeS-ZnS	図4・37	KF-YF_3	図4・52
CaO-P_2O_5	図4・9	CaO-FeO-Fe_2O_3	図4・23	LiCl-NaCl	図4・38	NaOH-KOH	図4・53
CaO-SiO_2	図4・10	CaO-FeO_n-P_2O_5	図4・24	KCl-NaCl	図4・39	$LiNO_3$-$NaNO_3$	図4・54
Cu_2O-SiO_2	図4・11	CaO-FeO-SiO_2	図4・25	NaCl-$MgCl_2$	図4・40	Li_2SO_4-K_2SO_4	図4・55
FeO-MgO	図4・12	FeO-MgO-SiO_2	図4・26	LiCl-KCl	図4・41		
FeO-SiO_2	図4・13	FeO-MnO-SiO_2	図4・27	NaCl-$CaCl_2$	図4・42		
		CaO-Al_2O_3-CaF_2	図4・28	BeF_2-MgF_2	図4・43		

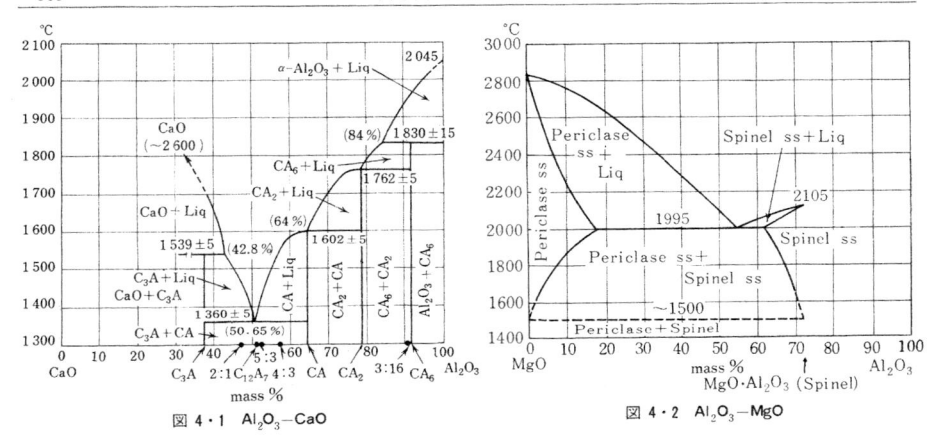

図 4・1 Al$_2$O$_3$−CaO

図 4・2 Al$_2$O$_3$−MgO

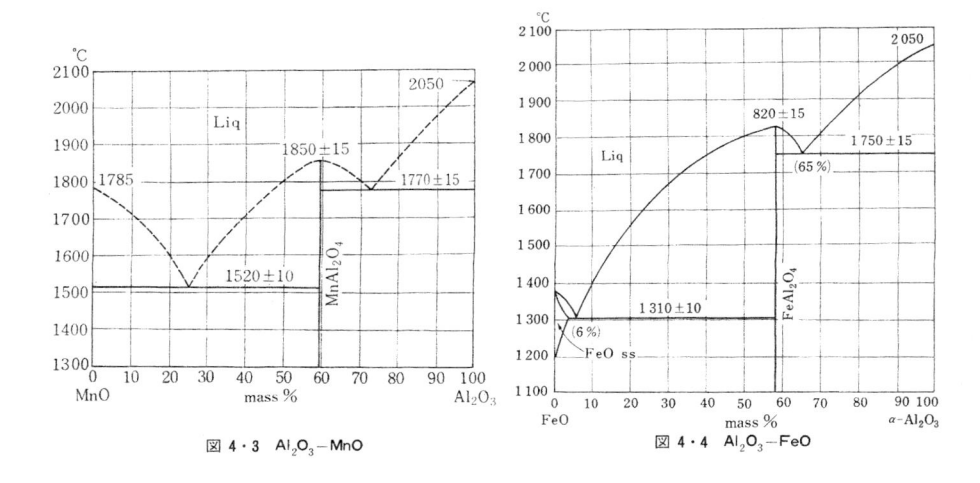

図 4・3 Al$_2$O$_3$−MnO

図 4・4 Al$_2$O$_3$−FeO

4. 無機化合物の状態図

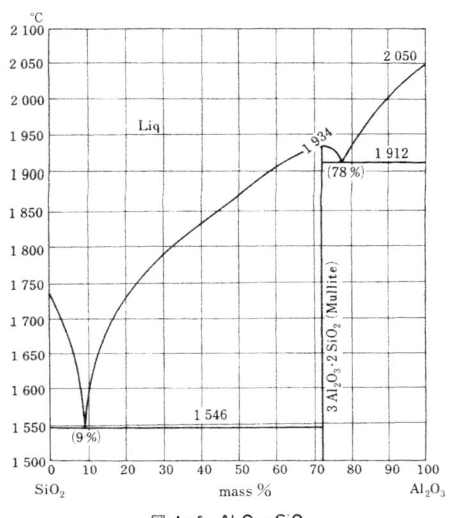

図 4・5 Al$_2$O$_3$-SiO$_2$

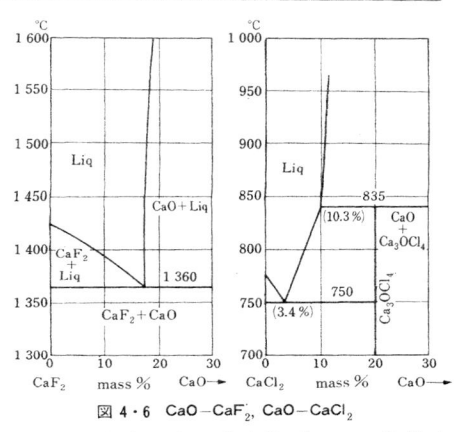

図 4・6 CaO-CaF$_2$, CaO-CaCl$_2$

R. Ries and K. Schwerdfeger : *Arch. Eisenhüttenwess.*, 51, No. 4 (1980), 123.

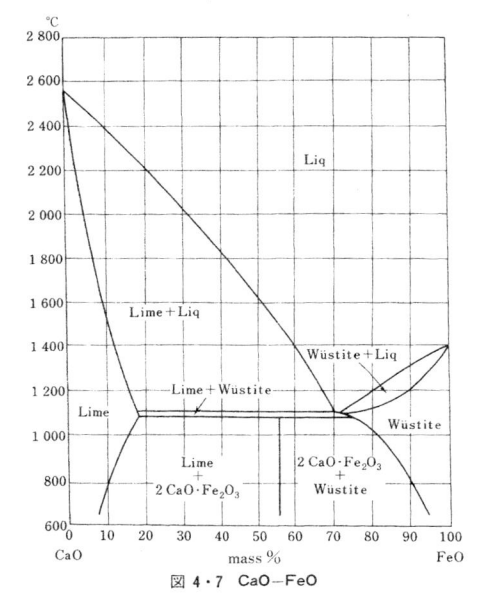

図 4・7 CaO-FeO

図 4・8 CaO-MgO

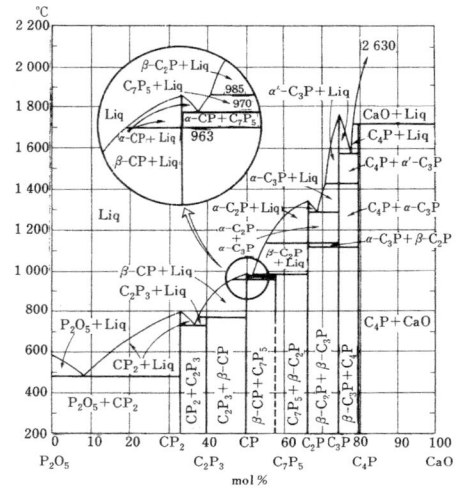

図 4・9 CaO–P$_2$O$_5$

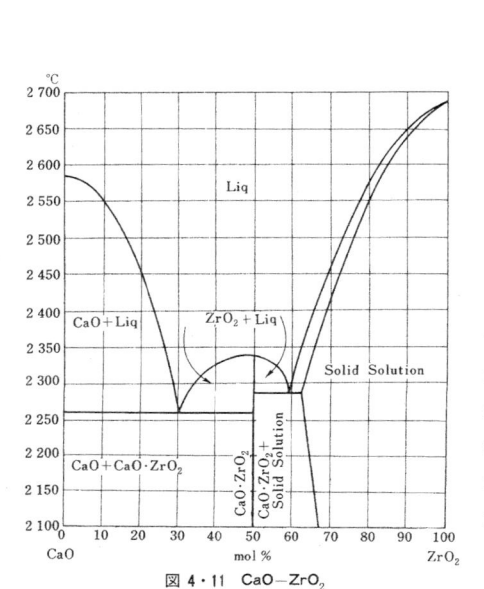

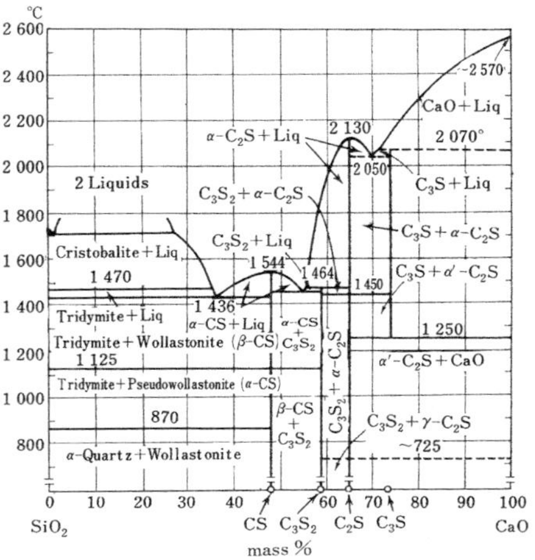

図 4・10 CaO–SiO$_2$

図 4・11 CaO–ZrO$_2$

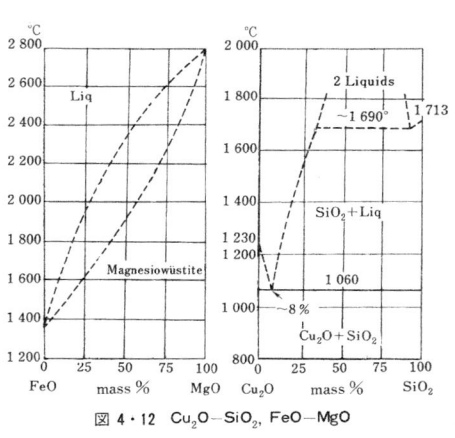

図 4・12 Cu$_2$O–SiO$_2$, FeO–MgO

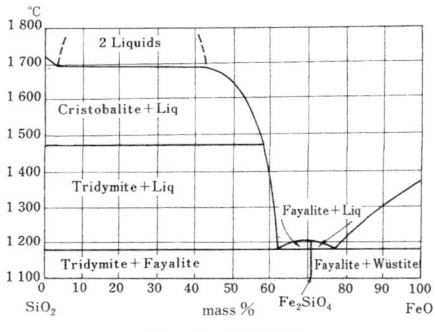

図 4・13 FeO–SiO$_2$

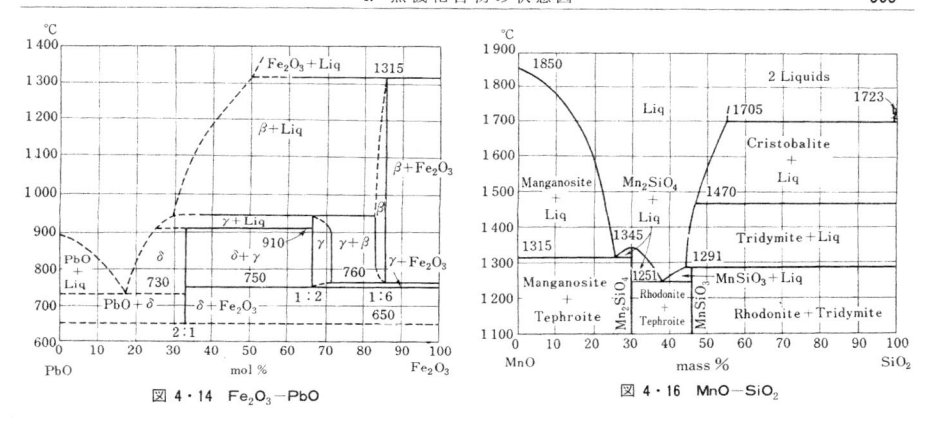

4. 無機化合物の状態図

図 4・14 Fe$_2$O$_3$−PbO

図 4・16 MnO−SiO$_2$

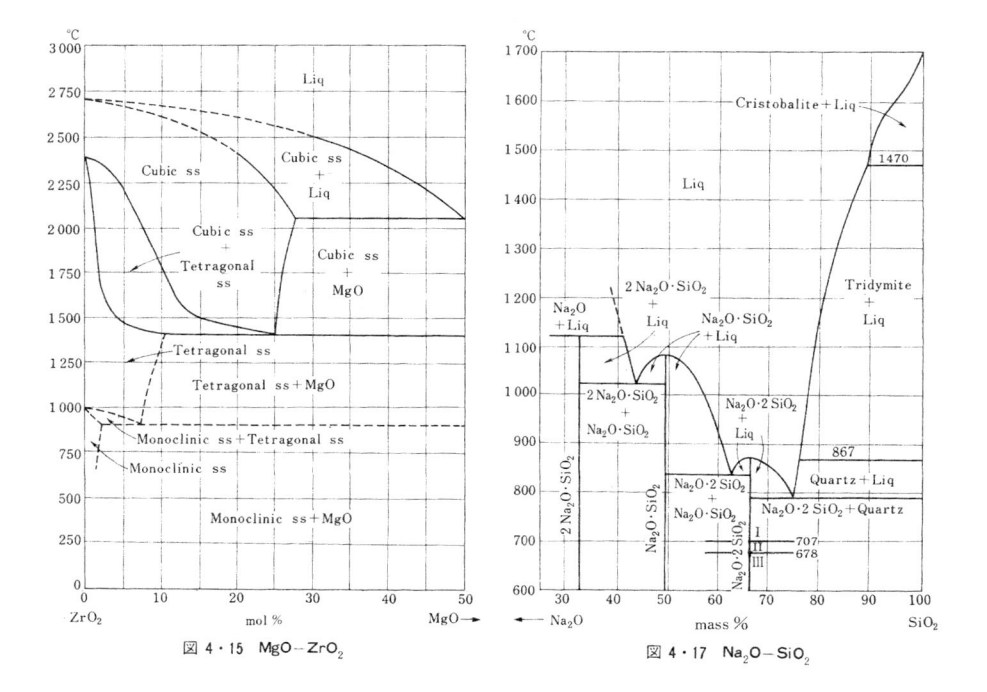

図 4・15 MgO−ZrO$_2$

図 4・17 Na$_2$O−SiO$_2$

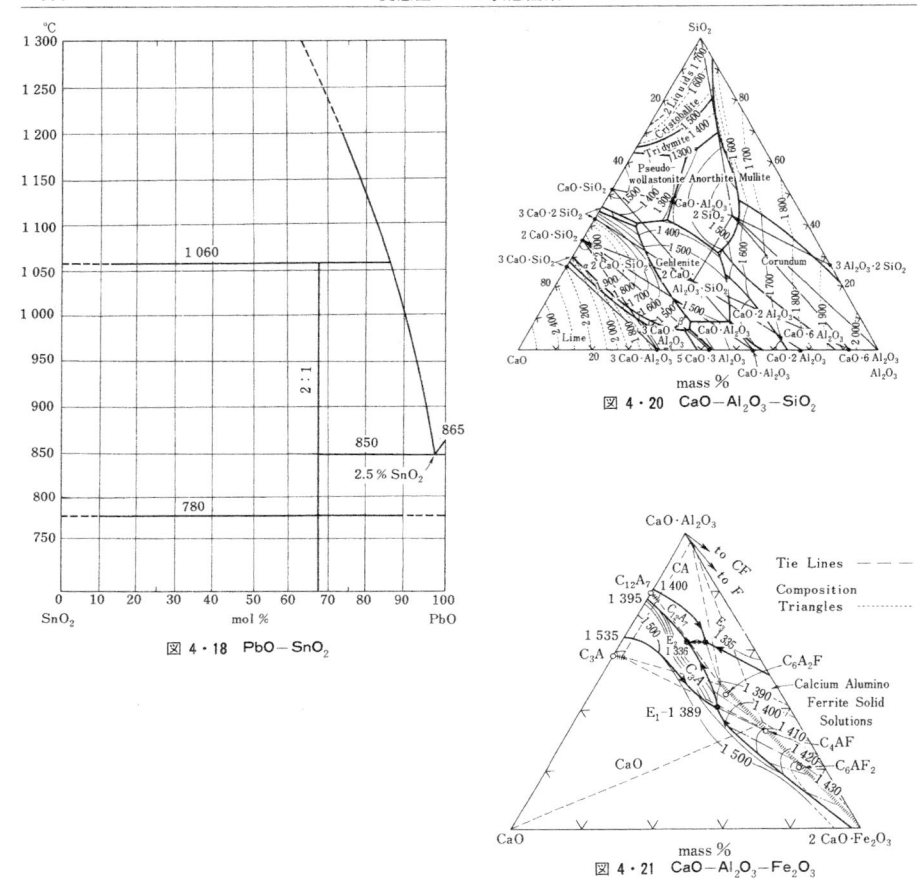

図 4・18 PbO−SnO₂

図 4・19 PbO−SiO₂

図 4・20 CaO−Al₂O₃−SiO₂

図 4・21 CaO−Al₂O₃−Fe₂O₃

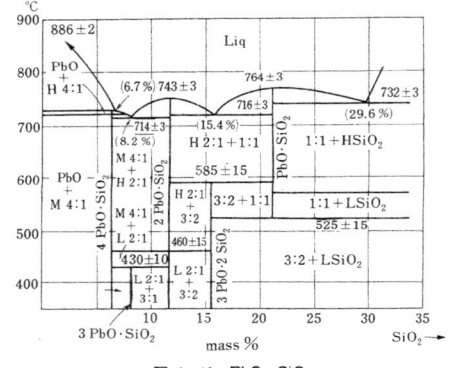

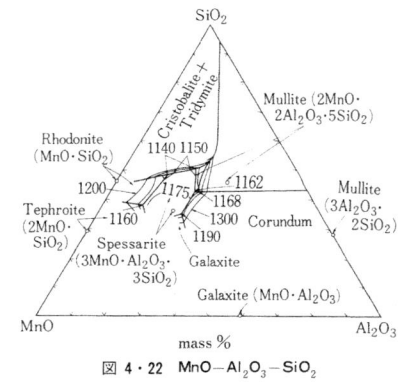

図 4・22 MnO−Al₂O₃−SiO₂

4. 無機化合物の状態図

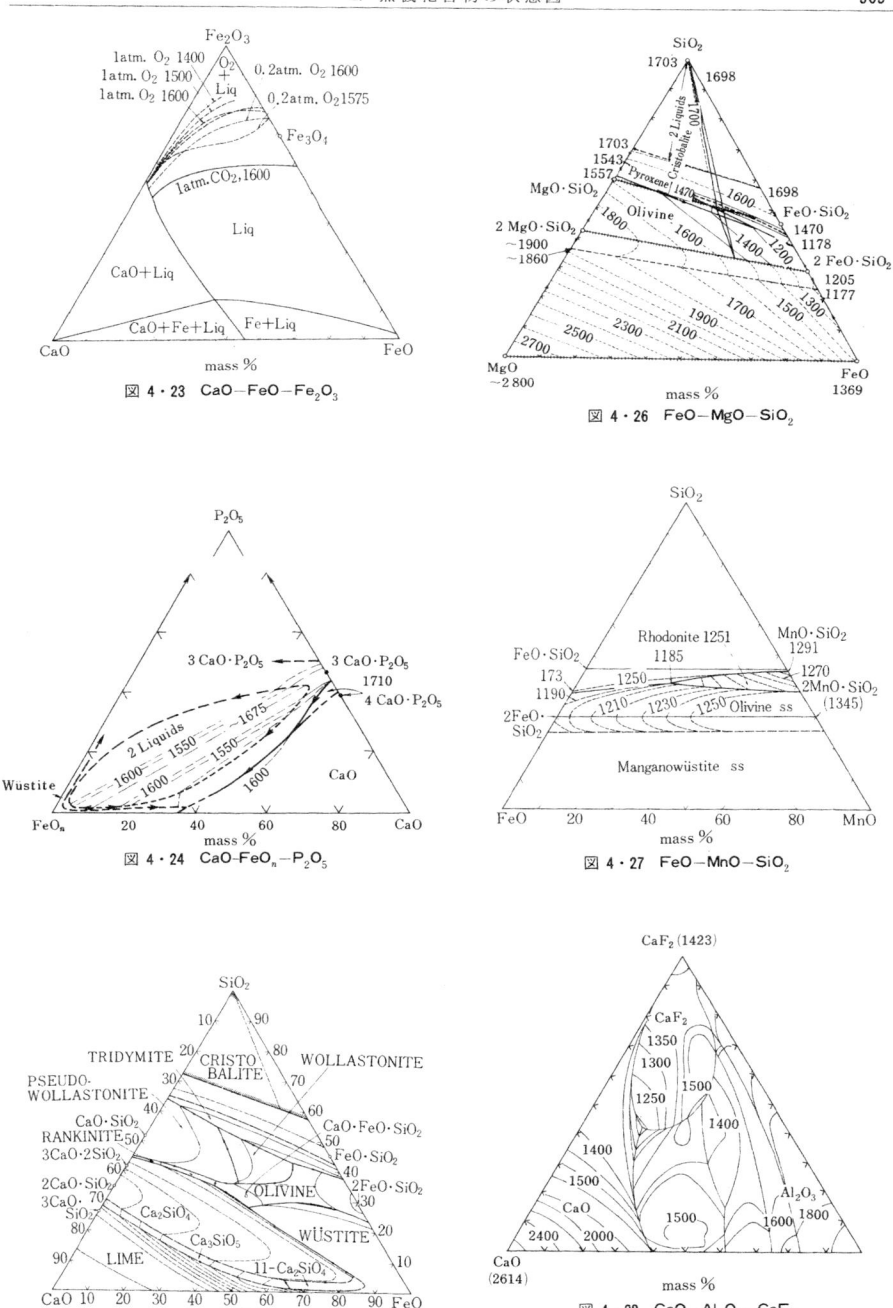

図 4・23 CaO−FeO−Fe$_2$O$_3$

図 4・26 FeO−MgO−SiO$_2$

図 4・24 CaO−FeO$_n$−P$_2$O$_5$

図 4・27 FeO−MnO−SiO$_2$

図 4・25 CaO−FeO−SiO$_2$

図 4・28 CaO−Al$_2$O$_3$−CaF$_2$

R. H. Natziger : *High Temp. Sci.*, **5** (1973), 414.

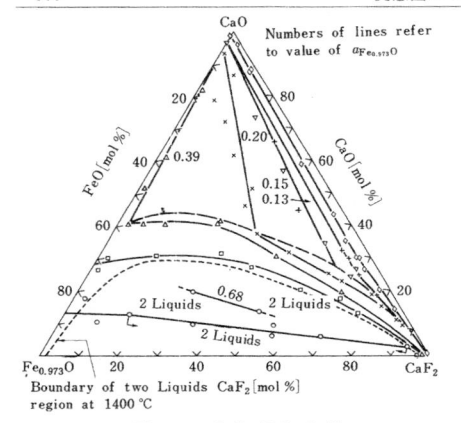

図 4・29 CaO−FeO−CaF$_2$

R. J. Hawkins and M. W. Davies : *J. Iron Steel Inst.*, Mar. (1971), 226.

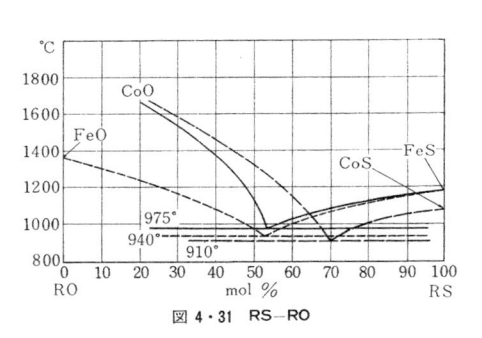

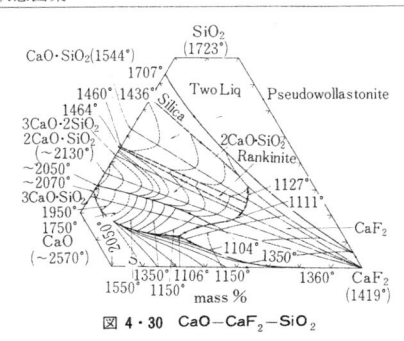

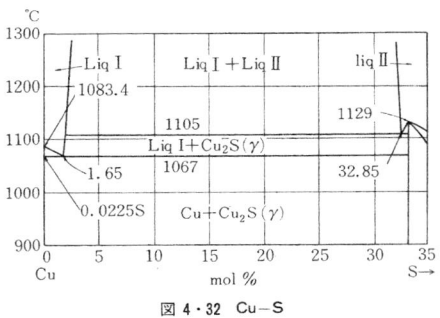

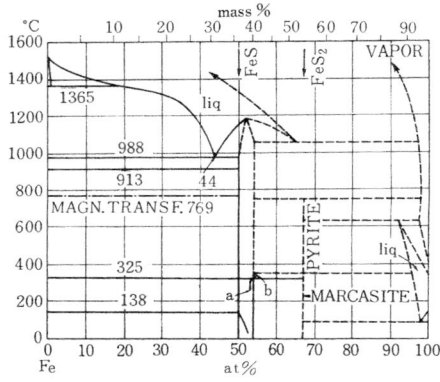

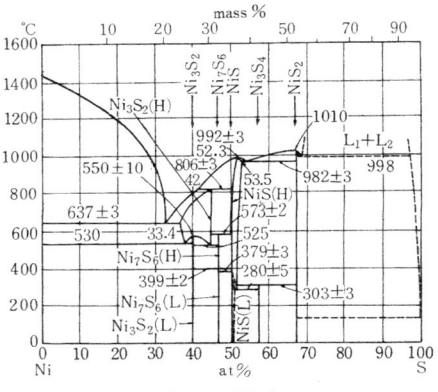

図 4・30 CaO−CaF$_2$−SiO$_2$

図 4・31 RS−RO

図 4・32 Cu−S

図 4・33 Fe−S

図 4・34 Ni−S

4. 無機化合物の状態図

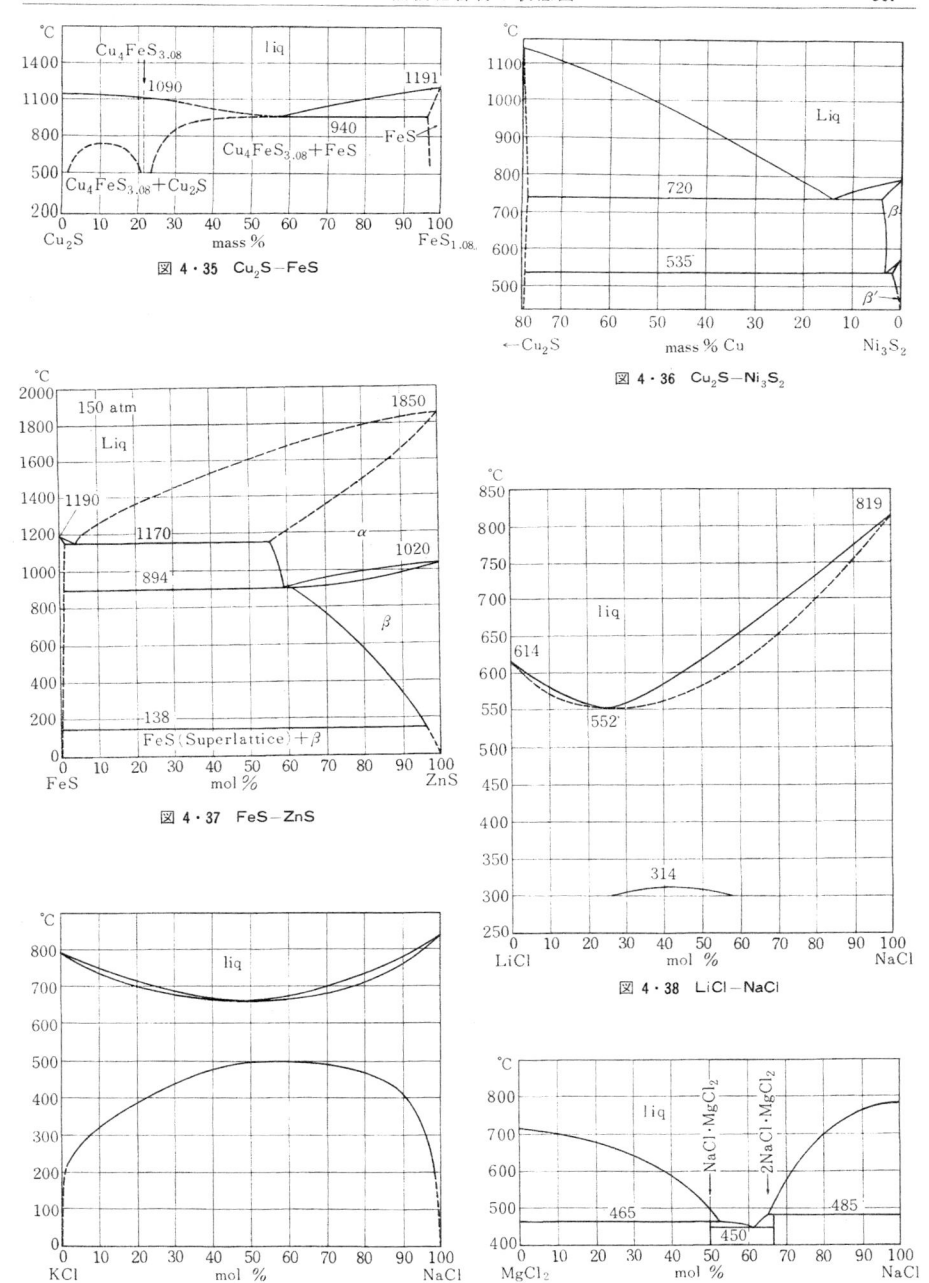

図 4・35 Cu₂S−FeS

図 4・36 Cu₂S−Ni₃S₂

図 4・37 FeS−ZnS

図 4・38 LiCl−NaCl

図 4・39 KCl−NaCl

図 4・40 NaCl−MgCl₂

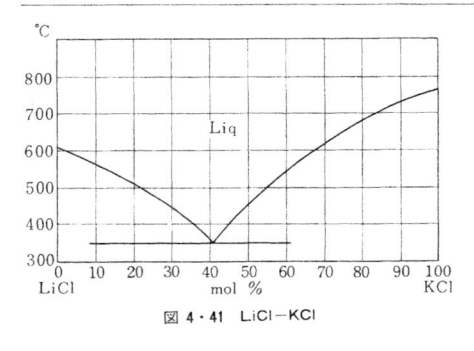

図 4・41 LiCl−KCl

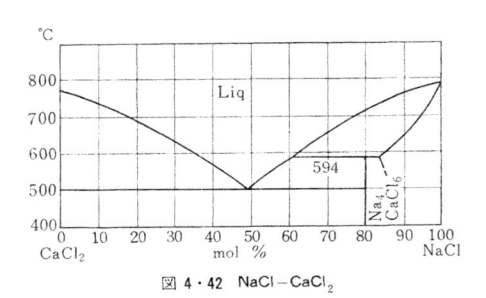

図 4・44 BeF$_2$−NaF

図 4・42 NaCl−CaCl$_2$

図 4・45 BeF$_2$−CaF$_2$

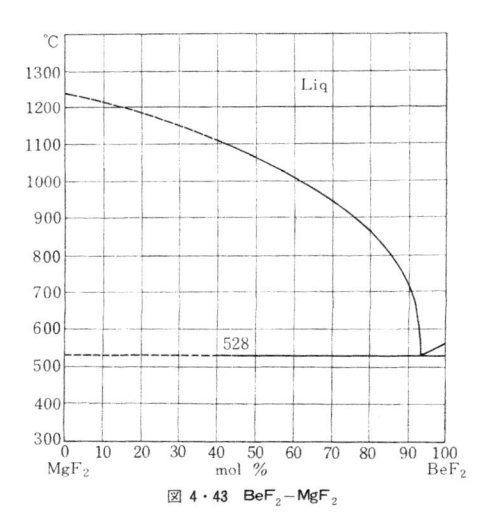

図 4・43 BeF$_2$−MgF$_2$

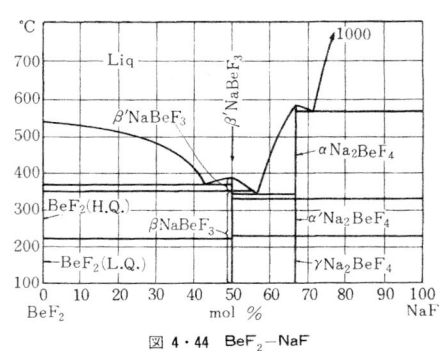

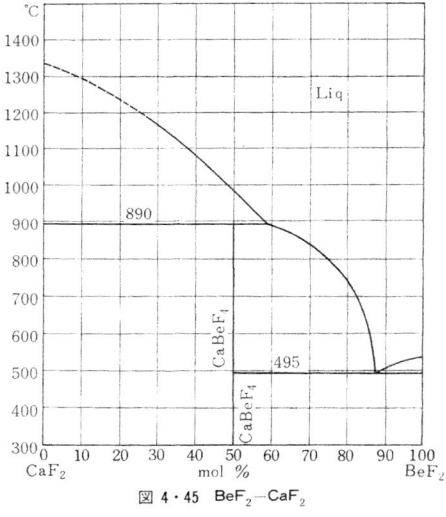

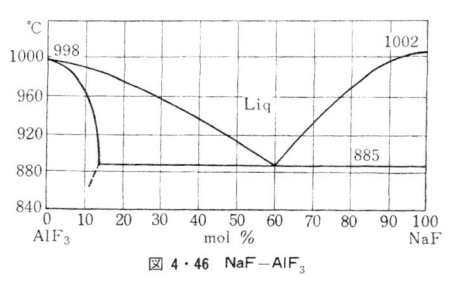

図 4・46 NaF−AlF$_3$

4. 無機化合物の状態図

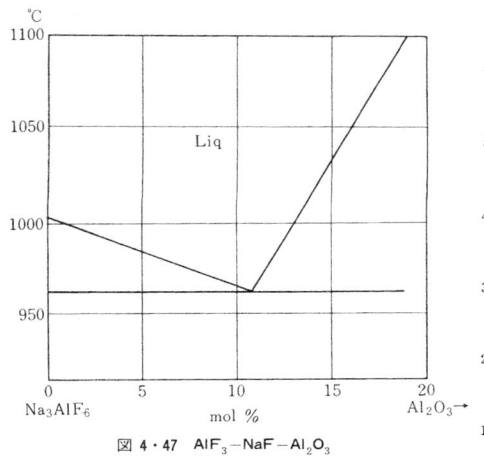

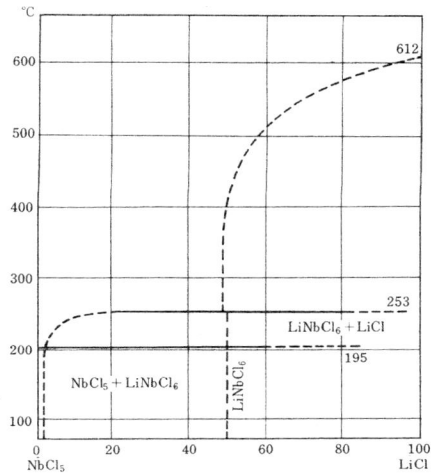

図 4・47　AlF$_3$—NaF—Al$_2$O$_3$

図 4・49　LiCl—NbCl$_5$

V. I. Posypaiko, E. A. Aleksevoi：溶融塩系状態図集(II)，(1977)，Metallugia.

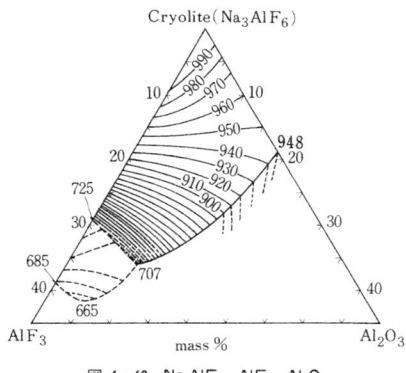

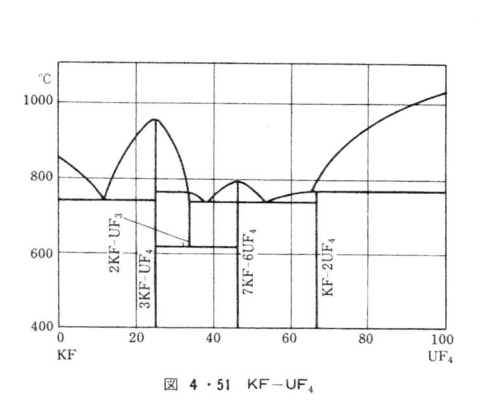

図 4・48　Na$_3$AlF$_6$—AlF$_3$—Al$_2$O$_3$

図 4・51　KF—UF$_4$

図 4・50　KF—TiF$_4$

図 4・52 KF−YF$_3$

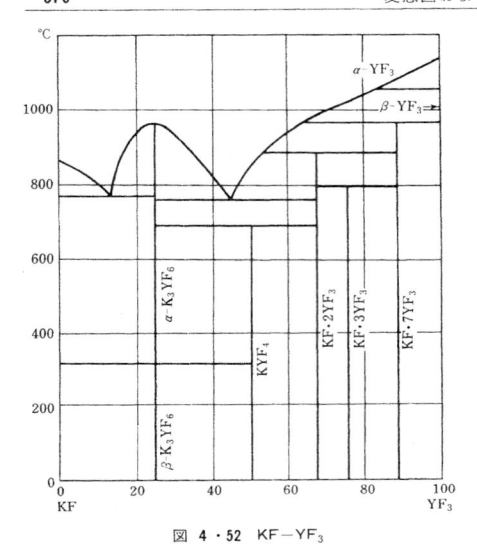

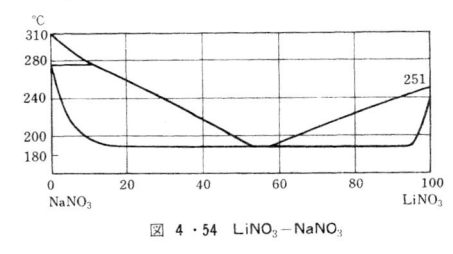

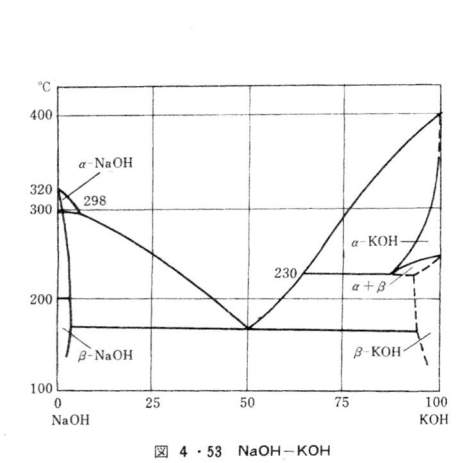

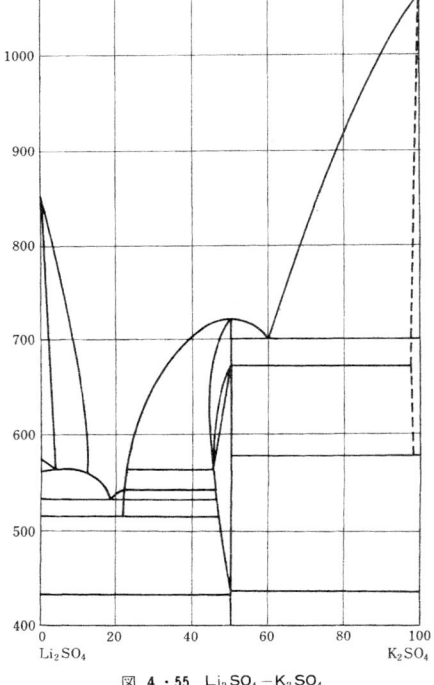

図 4・54 LiNO$_3$−NaNO$_3$

図 4・53 NaOH−KOH

図 4・55 Li$_2$SO$_4$−K$_2$SO$_4$

SI 単位と他の単位との換算

SI単位と他の単位との換算

量 の 種 類 (単位の名称)	単位記号 [定義]	単位換算係数	
長　　さ (metre)	m	$1\text{Å}=10^{-10}\text{ m}=0.1\text{ nm}$	$1\text{ nm}=10\text{ Å}$
面　　積	m^2		
体　　積	m^3	$1\text{ L}=10^{-3}\text{ m}^3=1\text{ dm}^3$	$1\text{ m}^3=10^3\text{ L}$
		$1\text{ mL}=10^{-6}\text{ m}^3=1\text{ cm}^3$	$1\text{ m}^3=10^6\text{ cm}^3$
質　　量 (kilogram)	kg	$1\text{ t}=10^3\text{ kg}=1\text{ Mg}$	$1\text{ kg}=10^{-3}\text{ t}$
密　　度	kg/m^3	$1\text{ g/cm}^3=10^3\text{ kg/m}^3=1\text{ Mg/m}^3$	$1\text{ kg/m}^3=1\times10^{-3}\text{ g/cm}^3$
時　　間 (second)	s	$1\text{ min}=60\text{ s}$	
		$1\text{ h}=3600\text{ s}=3.6\text{ ks}$	
		$1\text{ d}=86.4\text{ ks}$	
周 波 数 (hertz)	$\text{Hz}[\text{s}^{-1}]$		
振 動 数	〃		
波　　数	m^{-1}	$1\text{Å}^{-1}=10^{10}\text{ m}^{-1}$	$1\text{ m}^{-1}=10^{-10}\text{ Å}^{-1}$
速　　度	m/s		
加 速 度	m/s^2		
拡散係数	m^2/s	$1\text{ cm}^2/\text{s}=10^{-4}\text{ m}^2/\text{s}$	$1\text{ m}^2/\text{s}=10^4\text{ cm}^2/\text{s}$
動 粘 度	〃		
運 動 量	kg·m/s		
力 (newton)	$\text{N}[\text{kg·m·s}^{-2}]$	$1\text{ dyn}=10^{-5}\text{ N}=10\text{ μN}$	$1\text{ N}=10^5\text{ dyn}$
		$1\text{ kgf}=9.80665\text{ N}$	$1\text{ N}≒0.101972\text{ kgf}$
力のモーメント	N·m	$1\text{ kgf·m}=9.80665\text{ N·m}$	$1\text{ N·m}≒0.101972\text{ kgf·m}$
圧　　力 (pascal)	$\text{Pa}[\text{N·m}^{-2}]$	$1\text{ kgf/mm}^2=9.80665\text{ MPa}$	$1\text{ Pa}≒0.101972\times10^{-6}\text{ kgf/mm}^2$
応　　力	〃	$1\text{ bar}=10^5\text{ Pa}=0.1\text{ MPa}$	$1\text{ Pa}=10^{-5}\text{ bar}$
		$1\text{ Torr}≒133.322\text{ Pa}$	$1\text{ Pa}≒7.50\times10^{-3}\text{ Torr}$
		$1\text{ atm}=101.325\text{ kPa}$	$1\text{ Pa}≒9.869\times10^{-6}\text{ atm}$
表 面 張 力	N/m	$1\text{ dyn/cm}=10^{-3}\text{ N/m}=1\text{ mN/m}$	$1\text{ N/m}=10^3\text{ dyn/cm}$
(静) 粘 度	Pa·s	$1\text{ P}=0.1\text{ Pa·s}$	$1\text{ Pa·s}=10\text{ P}$
応力拡大係数	$\text{Pa·m}^{1/2}$	$1\text{ kgf/mm}^{3/2}≒0.31012\text{ MPa·m}^{1/2}$	$1\text{ MPa·m}^{1/2}≒3.2246\text{ kgf/mm}^{3/2}$
		$1\text{ N/mm}^{3/2}≒0.031623\text{ MPa·m}^{1/2}$	$1\text{ MPa·m}^{1/2}≒31.6226\text{ N/mm}^{3/2}$
物質の量 (mole)	mol		
(モル) 濃度	mol/m^3	$1\text{ mol/L}=1\text{ kmol/m}^3$	$1\text{ mol/m}^3=1\times10^{-3}\text{ mol/L}$
(モル) 質量濃度	mol/kg		
エネルギー (joule)	$\text{J}[\text{N·m}=\text{W·s}]$	$1\text{ erg}=10^{-7}\text{ J}=0.1\text{ μJ}$	$1\text{ J}=10^7\text{ erg}$
仕　　事	〃	$1\text{ eV}=1.60218\times10^{-19}\text{ J}≒0.160\text{ aJ}$	$1\text{ J}≒6.2415\times10^{18}\text{ eV}$
熱　　量	〃	$1\text{ kgf·m}=9.80665\text{ J}$	$1\text{ J}≒0.101972\text{ kgf·m}$
		$1\text{ cal}_\text{th}=4.1840\text{ J}$	$1\text{ J}≒0.23900\text{ cal}_\text{th}$
		$1\text{ cal}_\text{IT}=4.1868\text{ J}$	$1\text{ J}≒0.23885\text{ cal}_\text{IT}$
		$1\text{ kW·h}=3.6\times10^6\text{ J}$	$1\text{ MJ}≒0.27778\text{ kW·h}$
仕 事 率 (watt)	$\text{W}[\text{J/s}=\text{V·A}]$		
モルエネルギー	J/mol	$1\text{ cal/mol}=4.184\text{ J/mol}$	$1\text{ J/mol}≒0.23900\text{ cal/mol}$
		$1\text{erg/atom}≒6.022\times10^{16}\text{ J/mol}$	$1\text{ J/mol}≒1.6606\times10^{-17}\text{ erg/atom}$
		$1\text{ eV/atom}≒9.6485\times10^4\text{ J/mol}$	$1\text{ J/mol}≒1.03643\times10^{-5}\text{ eV/atom}$
表面エネルギー	J/m^2	$1\text{erg/cm}^2=10^{-3}\text{ J/m}^2$	$1\text{ J/m}^2=10^3\text{ erg/cm}^2$
温　　度 (kelvin)	K	$t[°\text{C}]=T[\text{K}]-273.15$	$T[\text{K}]=t[°\text{C}]+273.15$

量 の 種 類 (単位の名称)	単位記号 [定義]	単 位 換 算 係 数	
温度係数	K^{-1}	$1\ deg^{-1} = 1\ K^{-1}$	
熱伝導率	$W/(K \cdot m)$	$1\ cal/(cm \cdot s \cdot deg) = 0.4184\ kW/(K \cdot m)$	$1\ W/(K \cdot m) \fallingdotseq 0.002390\ cal/(cm \cdot s \cdot deg)$
比熱容量	$J/(kg \cdot K)$	$1\ cal/(g \cdot deg) = 4.184\ kJ/(kg \cdot K)$	$1\ J/(kg \cdot K) \fallingdotseq 0.23900 \times 10^{-3}\ cal/(g \cdot deg)$
熱容量	J/K	$1\ cal/deg = 4.184\ J/K$	$1\ J/K \fallingdotseq 0.23900\ cal/deg$
エントロピー	〃		
モルエントロピー	$J/(mol \cdot K)$		
モル比熱	〃		
電流 (ampere)	A		
電流密度	A/m^2	$1\ mA/dm^2 = 0.1\ A/m^2$	$1\ A/m^2 = 10\ mA/dm^2$
電荷 (coulomb)	$C[A \cdot s]$		
電気分極	C/m^2		
電位差 (volt)	$V[J/(A \cdot s)]$		
電界の強さ	V/m		
電気抵抗 (ohm)	$\Omega[V/A]$		
電気抵抗率	$\Omega \cdot m$	$1\ \Omega \cdot cm = 0.01\ \Omega \cdot m$	$1\ \Omega \cdot m = 100\ \Omega \cdot cm$
コンダクタンス (siemens)	$S[A/V]$		
導電率	S/m	$1(\Omega \cdot cm)^{-1} = 100\ S/m$	$1\ S/m = 0.01(\Omega/cm)^{-1}$
電気容量 (farad)	$F[C/V]$		
誘電率	F/m		
磁気モーメント	$A \cdot m^2$		
磁場の強さ	A/m	$1\ Oe \fallingdotseq 79.5775\ A/m$	$1\ A/m \fallingdotseq 0.012566\ Oe$
磁束 (weber)	$Wb[V \cdot s]$	$1\ Mx = 10^{-8}\ Wb$	$1\ Wb = 10^8\ Mx$
磁束密度 (tesla)	$T[Wb/m^2]$	$1\ G = 10^{-4}\ T$	$1\ T = 10^4\ G$
(体積) 磁化の強さ	Wb/m^2	$1\ emu/cm^2 \fallingdotseq 12.5664 \times 10^{-4}\ Wb/m^2$	$1\ Wb/m^2 \fallingdotseq 795.77\ emu/cm^2$
(質量) 磁化の強さ	$Wb \cdot m/kg$	$1\ emu/g \fallingdotseq 12.5664 \times 10^{-7}\ Wb \cdot m/kg$	$1\ Wb \cdot m/kg \fallingdotseq 795.77 \times 10^3\ emu/g$
インダクタンス (henry)	$H[Wb/A]$		
(体積) 磁化率	H/m	$1\ emu \fallingdotseq 15.7914 \times 10^{-6}\ H/m$	$1\ H/m \fallingdotseq 63.326 \times 10^3\ emu$
質量磁化率	$H \cdot m^2/kg$	$1\ emu/g \fallingdotseq 15.7914 \times 10^{-9}\ H \cdot m^2/kg$	$1\ H \cdot m^2/kg \fallingdotseq 63.326 \times 10^6\ emu/g$
(体積) 透磁率	H/m	$1\ emu \fallingdotseq 1.25664 \times 10^{-6}\ H/m$	$1\ H/m \fallingdotseq 0.79577 \times 10^6\ emu$
電磁エネルギー密度	J/m^3	$1\ MG \cdot Oe \fallingdotseq 7.9578\ kJ/m^3$	$1\ J/m^3 \fallingdotseq 125.66\ G \cdot Oe$
光度 (candela)	cd		
光束 (lumen)	$lm[cd \cdot sr]$		
照度 (lux)	$lx[cd \cdot sr/m^2]$		
平面角 (radian)	rad	$1° \fallingdotseq 17.45 \times 10^{-3}\ rad$	$1\ rad \fallingdotseq 57.296°$
		$1' \fallingdotseq 0.2909 \times 10^{-3}\ rad$	
		$1'' \fallingdotseq 4.848 \times 10^{-6}\ rad$	
立体角 (steradian)	sr		
放射線の強度	$J/(m^2 \cdot s)$	$1\ erg/(cm^2 \cdot s) = 10^{-3}\ J/(m^2 \cdot s)$	$1\ J/(m^2 \cdot s) = 10^3\ erg/(cm^2 \cdot s)$
照射線量	C/kg	$1\ R = 0.258 \times 10^{-3}\ C/kg$	$1\ C/kg \fallingdotseq 3876\ R$
吸収線量 (gray)	$Gy[J/kg]$	$1\ rad = 10^{-2}\ Gy$	$1\ Gy = 100\ rad$
放射能 (becquerel)	$Bq[s^{-1}]$	$1\ Ci = 3.7 \times 10^{10}\ Bq$	$1\ Bq \fallingdotseq 2.703 \times 10^{-11}\ Ci$
質量吸収係数	m^2/kg	$1\ cm^2/g = 0.1\ m^2/kg$	$1\ m^2/kg = 10\ cm^2/g$
線量当量 (sievert)	$Sv[J/kg]$	$1\ rem = 10^{-2}\ Sv$	$1\ Sv = 100\ rem$
触媒活性 (katal)	$kat[mol/s]$	$1\ U = 1/60\ \mu kat = 16.67\ nkat$	$1\ kat = 6 \times 10^7\ U$

索　　引

凡　　例

(1) 索引は，事項索引と材料・規格索引とに分けて編集してある．
  a.　したがって，引きたい項目が，材料名であるか，処理法などの名称であるか明らかでない場合は，両方検索してほしい．
  b.　規格の呼び名は原則として，すべて材料・規格索引の方に集めてあるが，材料名でも事項として取り上げられている場合には事項索引と材料・規格索引の両方に収録してある．

(2) 索引項目の配列の仕方は，つぎのとおりである．
  a.　事項索引は五十音順で，欧字（ギリシャ文字を含む）については，成語の場合発音に応じて並べ，略語の場合は文字の読み方で配列してある．なお，元素名については一部，銅合金を Cu 合金のように元素記号を用いて表示したところもある．
  b.　材料・規格索引は，全体でははじめに算用数字を若い順に配列し，続いてアルファベット順に配列してある．また和名材料はローマ字読みをした．なお，本文中では欧文で書いてない材料名も可能な限り欧文にしてある．

(3) 事項検索で
  ジルコニウム合金　　　［化］270，［機］206
  ──のクリープ破断曲線　　207

とあるのは，ジルコニウム合金について"化学成分"は 270 ページに，"機械的性質"は 206 ページに，クリープ破断曲線は 207 ページにあることを示している．

  略　号　　［化］：化学成分
            ［機］：機械的性質
            ［抵抗］：電気抵抗
            ［抵率］：電気抵抗率（比抵抗）
            ［電伝］：電気伝導率
            ［熱伝］：熱伝導率

このほか，［比重］［密度］［比熱］などがある．

(4) 金属元素は個々について拾い上げていない．しかし，ウランのように，本文に独立して詳細に扱われている場合は拾い出してあるが，もちろんウランについての記載は"元素"の項目にもある．

(5) たとえば，"インバー型合金の化学成分"を知りたいときに，"インバー型合金"で検索してもわかるが，"化学成分"のところを探せば，そこに他の金属・合金などとともに一括収録されているから，関連の合金についても容易に記載のページが検索される．

このように大きくまとめてあるのは，"化学成分""機械的性質""元素（金属元素）""電気抵抗率"および"密度"などである．

事 項 索 引

あ

ITS-90　320
IPTS-68　320
亜鉛系軸受用合金　[化] 213
　——の融解温度　370
亜鉛合金　[化][機] 210
亜鉛合金ダイカスト　[化][機] 210
亜鉛当量　179
亜鉛溶射規格　410
圧延集合組織
　黄銅の——　377
　低炭素鋼板の——　378
　Cuの——　377
圧延板の集合組織　377
圧環強さ（軸受の）　434
圧縮率（金属元素の）　33
圧電セラミックス　234
圧電単結晶　234
圧粉体のラトラー試験法　434
圧力-温度状態図（金属の）　487
アトマイズ法による銅粉，銅合金粉，スズ粉　280
アナターゼ形化合物　49
アノード分極曲線
　——の温度による変化　394, 396
　——のpHによる変化　394
　塩酸中におけるFe-Cr合金の——　392
　Co-Cr系合金の——　393
　Smの——　395
　Dyの——　395
　Fe-Cr合金の——　392
　Fe-Ni合金の——　392
　Tb-Fe光磁気記録合金の——　395
　Tbの——　394
　Cu-Zn合金の——　393
　Ni-Mo系合金の——　392
　Nd-Fe-B磁石合金の——　395
　Ndの——　394
　バルブ金属の——　393
　Mgの——　393
アモルファス合金　239
アルカリ金属の極大感度波長と限界波長　229
アルカリ硬化鉛系軸受用合金　[化] 212
r値（金属材料の）　376
アルニコ系磁石　244
α-U　[機] 266
α-U形構造　42

α-Fe合金
　——の格子定数　43
α-Mn形構造　41
アルミナ質研削材　[化] 385
アルミナ繊維　218
アルミナ繊維強化一方向材　220
アルミニウム　[機][電伝] 223
　——の板・管の導体　193
　——の化成処理　404
　——の再結晶と添加元素　190
　——の質別記号　193
　——の水素溶解度　365
　——の熱処理用語　193
　高純度——　190
　はく用——　193
アルミニウム系金属粉　281
アルミニウム系軸受用合金　[化] 212
アルミニウム系焼結材料　[化][機] 289
アルミニウム-ケイ素金型鋳物　[機] 196
アルミニウム合金　[機] 194, 223, [電伝] 223
　——の板・管の導体　193
　——の高温での耐力　196
　——の格子定数　43
　——の質別記号　193
　——の熱間圧延温度　372
　——の熱処理用語　193
　——の融解温度　369
　鋳造用——　[機] 196
　展伸用——　190
　[化] 191, 193
　はく用——　193
β-SiCウィスカ強化——　[機] 220
アルミニウム合金合せ材　195
アルミニウム合金鋳物　[化][機] 197
アルミニウム合金ダイカスト　[化] 196
アルミニウム合金ろう　[化] 351
アルミニウム-銅金型鋳物　[機] 196
アルミニウム-銅 マグネシウム合金合せ板　195
アルミニウム-マグネシウム金型鋳物　[機] 196
アルミニウム溶射規格　410
アルミニウム用はんだ　[化] 355
Anti-CaF₂形化合物　49
Sb形構造　42

い

イオン半径　9
鋳型
　——と鋳造法の種類　368
鋳型材料　[熱伝] 367
　——の比熱　366
鋳型砂の比熱　367
鋳込温度（Cu合金の）　369
鋳込速度（鋳鋼）　369
板材の成形限界　376
イタチタン石形化合物　49
一次電池用材料　261
一方向強化金属の特性　218
一方向凝固柱状晶超耐熱合金　[化] 153
イットリウム系酸化物高温超電導テープ　232
ETPCu　179
　——の焼なましによる機械的性質の変化　181
鋳物用銅合金　188
医療用材料　253
インジウム
　——の中性子吸収特性　273
In形構造　42
インバー型合金　[化] 248
　——の磁気変態点　248
　——の線膨張係数　248
インバー材料　248

う

ウェハ　236
ウラン
　——の結晶構造　266
　——の熱定数　266
　——のプルトニウムへの変換　265
ウラン化合物の性質　268
ウルツ鉱形化合物　48

え

AISI合金鋼成分規格　439
永久磁石材料　244
A1形構造　34
液体金属　[抵抗][熱伝][比熱] 15, [密度] 16
SI組立単位　326
　固有の名称をもつ——　326
SI単位

事項索引

──とその他の単位間の換算　326
──と併用してよい単位　326
SI 単位系の基本単位　325
S-N 曲線（軟鋼の）　398
X 線　329
──の検出　329
──の発生　329
X 線応力測定　317
X 線解析法　330
X 線質量吸収係数　334
X 線ひずみ測定　317
H 鋼　［化］441
hcp 形構造→最密六方構造
H バンド　439
エッチング法　402
A2 形構造　41
n 値（金属材料の）　376
AB 形一次元長周期規則合金　46
A_3B 形一次元長周期規則合金　47
AB_2 形化合物　49
AB 形規則格子構造　45
AB_2 形規則格子構造　45, 46
AB_3 形規則格子構造　46
AB_4 形規則格子構造　46
A_3B 形二次元長周期規則格子　47
fcc 形構造→面心立方構造
M_s 曲線（Ti 合金の）　203
エリンバー型合金　［化］［機］［抵率］249
CsCl 形化合物　48
NaCl 形化合物　47
塩化物の標準生成自由エネルギー-温度図　110
塩浴
──の蒸発速度　169
──の組成と使用温度　168
脱スケール用──　403

お

OIM 観察試料最終仕上げ方法　308
黄鉄鉱形化合物　49
黄銅
──の圧延集合組織　377
──の再結晶集合組織　377
──の低温焼なまし硬化　183
応力拡大係数　419
押込み硬さ一覧表　430
押出棒材の集合組織　377
オーステナイト系ステンレス鋼　［化］［機］144
オーステナイト耐熱鋼
──のクリープ強さ　149
──のクリープ破断強さ　149
オーステナイト鋳鉄品　［機］［抵率］［熱伝］［比熱］［密度］156
──の規格　156
──の線膨張係数　156
──の透磁率　156

オーステンパ球状黒鉛鋳鉄品の規格　155
音響インピーダンス　315
音響材料　260
音速　315
　溶融塩中の──　76
温度-蒸気圧曲線（元素の）　406
温度測定　320
温度目盛　320

か

介在物の切欠係数への影響　418
快削鋼　［化］138
化学気相析出法　408
化学研磨　403
化学成分
　Zn 系軸受用合金の──　213
　Zn 合金ダイカストの──　210
　アルカリ硬化鉛系軸受用合金の──　212
　アルミナ質研削材の──　385
　Al 系軸受用合金の──　212
　Al 合金鋳物の──　197
　Al 合金ダイカストの──　196
　Al 合金溶加棒・ワイヤの──　350
　Al 合金ろうの──　351
　Al 用はんだの──　355
　一方向凝固柱状晶超耐熱合金の──　153
　インバー型合金の──　248
　AISI 合金鋼の──　439
　H 鋼の──　441
　エリンバー型合金の──　249
　快削鋼の──　138
　ガスアトマイズ高合金鋼粉の──　280
　活字合金の──　211
　Cd 系軸受用合金の──　212
　ガラス封着用金属材料の──　233
　機械構造用 Cr 鋼の──　139
　機械構造用 Cr-Mo 鋼の──　139
　機械構造用炭素鋼の──　138
　機械構造用 Ni-Cr 鋼の──　139
　機械構造用 Ni-Cr-Mo 鋼の──　139
　機械構造用 Ni 鋼の──　139
　機械構造用 Mn-Cr 鋼の──　139
　機械構造用 Mn 鋼の──　139
　機械部品用焼結材料の──　284, 288
　Au 合金の──　210
　銀ろうの──　350
　金ろうの──　353
　Cr 系耐熱鋼の──　149
　Cr-Mo 鋼用被覆アーク溶接棒の──　344
　原子炉用純 Zr の──　205
　原子炉用 Zr 合金の──　205

硬化肉盛合金の──　411
高強度冷延鋼板の──　132
工業用金ろうの──　353
工業用純 Zr の──　205
工業用 Zr 合金の──　205
合金工具鋼の──　142, 380
合金鉄の──　128
工具鋼の──　441
硬鋼線材の──　140
構造用低合金高張力鋼の──　133
高速度工具鋼の──　380
高速度鋼の──　143
高炭素 Cr 軸受鋼の──　143
高張力鋼用被覆アーク溶接棒の──　343
高張力鋼用マグ溶接ソリッドワイヤの──　343
高融点金属用ろう材の──　355
黒鉛鋼の──　143
Co 基超耐熱合金の──　151
サブマージアーク溶接ワイヤの──　342
酸化物分散超耐熱合金の──　154
歯科用貴金属合金の──　210
歯科用金属合金の──　256, 257, 258
軸受鋼の──　441
焼結含油系軸受用合金の──　213
焼結高強度 Al 合金の──　289
Zr 合金の──　270
真空用貴金属ろうの──　354
浸炭性ガスの──　409
浸炭用 RX ガスの──　409
伸銅品の──　184
ステンレス鋼の──　144
ステンレス鋼被覆アーク溶接棒の──　346
スーパーアロイ（焼結材料）の──　289
生体用コバルト合金の──　254
生体用ステンレス鋼の──　253
生体用タンタルの──　255
生体用チタン合金の──　255
生体用チタンの──　255
精密抵抗材料の──　226
析出硬化系ステンレス鋼の──　146
接点用合金の──　232
ダイカスト Mg 合金の──　201
ダイカスト用金型用鋼材の──　371
耐食軸受鋼の──　143
耐熱金属用銀ろうの──　351
耐熱鋼の──　148
耐熱軸受鋼の──　143
多孔質焼結材料の──　291
脱スケール用酸・塩浴の──　403
炭化けい素質研削材の──　385
単結晶用超耐熱合金の──　154

事 項 索 引　　　　579

炭素工具鋼の—— 142, 379
空冷鋼の—— 141, 409
鋳造用 Mg 合金の—— 199
鋳造用 Co 基超耐熱合金の——
　153
鋳造用 Ni 基超耐熱合金の——
　152
鋳鉄用被覆アーク溶接棒の——
　347
超強靱鋼の—— 141
調質形低合金高張力鋼の—— 135
低温用金属材料の—— 137
低温用鋼用被覆アーク溶接棒の——
　344
抵抗材料の—— 227
低炭素マルテンサイト鋼の——
　140
低密度焼結材料の—— 291
低融点合金の—— 213
Fe 基超耐熱合金の—— 150
鉄クロムの—— 227
鉄ニッケル抵抗材料の—— 227
電子管用金ろうの—— 353
展伸用 Al 合金の—— 191
展伸用 Mg 合金の—— 198
電熱材料の—— 227
電鋳用ニッケルクロムの—— 227
Cu 系焼結材料の—— 288
Cu 合金鋳物の—— 189
Cu 合金の—— 223
Cu 合金被覆アーク溶接棒の——
　348
Cu 合金ろうの—— 351
Cu-Pb 合金系軸受用合金の——
　212
Cu の—— 223
銅ろうの—— 351
特殊ニッケルろうの—— 352
Pb 合金の—— 211
軟鋼用マグ溶接ソリッドワイヤ
　の—— 343
軟質冷延鋼板の—— 132
2 相鋼の—— 136
Ni 基超耐熱合金の—— 150
Ni 合金被覆アーク溶接棒の——
　348
ニッケルろうの—— 352
はだ焼鋼の—— 141
ばね鋼の—— 140
ばね性接点材料の—— 233
パーマロイの—— 237
パラジウムろうの—— 354
ピアノ線材の—— 140
ひずみ計用材料の—— 318
非調質形低合金高張力鋼の——
　135
被覆アーク溶接棒の—— 344
粉末冶金用純鉄粉の—— 279
粉末冶金用ステンレス鋼粉の——

279
粉末冶金用低合金鋼粉の—— 279
粉末用超耐熱合金の—— 154
ボイラ・熱交換器用合金鋼鋼管の——
　147
B 鋼（AISI）の—— 140
ホワイトメタル系軸受用合金の——
　212
マイクロエレクトロニクス用はんだ
　の—— 224
マグノックス合金の—— 270
マルエージ鋼の—— 146
Mo 鋼用被覆アーク溶接棒の——
　344
溶接用ステンレス鋼溶加棒・ソリッド
　ワイヤの—— 346
リードフレーム材料の—— 225
りん銅ろうの—— 352
架空送配電線用鋼線　[機][電伝] 223
拡散係数
　金属中の—— 20
　合金中の—— 20
　耐熱性酸化物の—— 93
　溶融塩中の—— 78
　溶融合金中の—— 55
　溶融スラグ中の—— 79, 80
　溶融マット中の—— 86
拡散浸透処理　409
核種の質量と存在比　6
拡張濡れ　57
核燃料　264
核燃料サイクル　264
核燃料被覆材の耐食性　270
核燃料被覆用ステンレス鋼　270
核反応　264
核分裂性物質の特性　264
核分裂炉
　——の中性子スペクトル　269
核分裂炉用材料　263
　——の核的性質　269
核融合炉用材料　274
化合物
　——の超電導臨界温度　231
　——の臨界磁場　231
ガスアトマイズ高合金鋼粉　[化] 280
ガス窒化とイオン窒化　409
化成処理　404
　Al の—— 404
　鉄鋼の—— 404
カソード防食　401
　鉄鋼の——電流密度　401
硬さ →機械的性質
硬さ換算表
　鋼の—— 431
　非鉄金属の—— 432
硬さ減量　166
硬さとマルテンサイト量　166
可鍛鋳鉄品の規格　155
活字合金　[化] 211

活性化エネルギー
　クリープの—— 221
　耐熱性酸化物の—— 92
活　量
　溶融合金系の—— 111
　溶融酸化物系の—— 119
　溶融マットの—— 122
活量係数
　溶融合金系の—— 111
カドミウム
　——の中性子吸収特性　273
　——系軸受用合金　[化] 212
カーボン繊維　218
カーボン繊維強化一方向材　219
ガラス
　——の光透過率　95
　——封着用金属材料　[化][機]
　　233
Ga 形構造　42
カルコゲナイド系赤外用ファイバー材料
　259
ガルバニ電位序列　389
寒剤　325
γ 黄銅形構造　52
γ 線　329
　——に対する鉛，鉄，コンクリートの
　　遮蔽効果　274
　——の検出　329
　——の発生　329
γ 線照射劣化特性（有機絶縁材料の）
　277
γ 放射性核種
　——のエネルギーと半減期　26

き

機械構造用 Cr 鋼　[化][機] 139
機械構造用 Cr-Mo 鋼　[化][機] 139
機械構造用鋼
　——と機械的性質の関係　168
機械構造用炭素鋼　[化][機] 138
機械構造用 Ni-Cr 鋼　[化][機] 189
機械構造用 Ni-Cr-Mo 鋼　[化][機]
　139
機械構造用 Ni 鋼　[化][機] 139
機械構造用 Mn-Cr 鋼　[化][機] 139
機械構造用 Mn 鋼　[化][機] 139
機械的性質
　Zn 合金ダイカストの—— 210
　α U の—— 266
　Al-Si 金型鋳物の—— 196
　Al 合金鋳物の—— 197
　Al 合金の—— 223
　Al 合金板の—— 194
　Al 焼結部品の—— 289
　Al-Cu 金型鋳物の—— 196
　Al の—— 223
　Al-Mg 金型鋳物の—— 196
　エリンバー型合金の—— 249

580　　　事　項　索　引

オーステナイト鋳鉄品の──　156
架空送配電線用鋼線の──　223
ガラス封着用金属材料の──　233
機械構造用 Cr 鋼の──　139
機械構造用 Cr-Mo 鋼の──　139
機械構造用炭素鋼の──　138
機械構造用 Ni-Cr 鋼の──　139
機械構造用 Ni-Cr-Mo 鋼の──　139
機械構造用 Ni 鋼の──　139
機械構造用 Mn-Cr 鋼の──　139
機械構造用 Mn 鋼の──　139
機械部品用焼結材料の──　284, 288
Au 合金の──　210
原子炉用純 Zr の──　205
原子炉用 Zr 合金の──　205
元素の──　31
高強度冷延鋼板の──　132
工業用純 Zr の──　205
工業用 Zr 合金の──　205
構造用低合金高張力鋼の──　133
高融点金属の高温での──　211
高融点炭化物の──　94
酸化物分散耐熱合金の──　155
歯科用金属合金の──　256〜258
純金の──　175
焼結高強度 Al 合金の──　289
Zr 合金の──　206
Zr の──　206
伸銅品の──　185
ステンレス鋼の──　144
スーパーアロイ（焼結材料）の──　289
生体用コバルト合金の──　254
生体用ステンレス鋼の──　253
生体用タンタルの──　255
生体用チタン合金の──　256
生体用チタンの──　256
析出硬化系ステンレス鋼の──　146
接点用合金の──　232
セラミックスの──　384
耐火金属の──　291
耐火材の──　91
ダイカストの──　371
ダイカスト Mg 合金の──　201
耐熱鋼の──　148
多孔質焼結材料の──　291
Ti 合金の──　202, 290
Ti の──　203, 204
窒化焼結鋼の──　141
窒化物焼結体の──　94
超強靱鋼の──　141
調質形低合金高張力鋼の──　135
低温用金属材料の──　137
低炭素マルテンサイト鋼の──　140
低密度焼結材料の──　291

電着金属の──　405
Cu-Zn 合金の──　183
Cu-Al 合金の──　182
Cu 合金鋳物の──　189
Cu 合金の──　182, 223
Cu-Sn 合金の──　183
Cu-Ni 合金の──　182
Cu の──　181, 223
銅板の──　181
Pb 合金の──　211
軟質冷延鋼板の──　132
2 相鋼の──　136
ねずみ鋳鉄品の──　155
はだ焼鋼の──　141
Pt 合金の──　210
V 合金の──　211
ばね鋼の──　140
ばね性接点材料の──　233
非調質形低合金高張力鋼の──　135
粉末用超耐熱合金の──　154
ボイラ・熱交換器用合金鋼鋼管の──　147
ホウ化物の──　94
マイクロボンディングワイヤの──　224
Mg 合金鋳物の──　199
Mg 合金の──　198
マルエージ鋼の──　146
無酸素銅の──　180
Mo 合金の──　211
焼ならし状態の炭素鋼の──　163
焼ならし状態の低合金鋼の──　163
リードフレーム材料の──　225
りん青銅鋳物の──　190
機械部品用焼結材料 [化] 284, 288, [機] 284, 288
──の規格　288
貴金属熱電対の補償導線　322
規準熱起電力　323, 324
　熱電対の──　229
規準白金抵抗素子　325
規則合金
──の軸比　45, 46
──の変態温度　45, 46
希土類コバルト系磁石　246
希土類鉄ホウ素系磁石　246
逆ほたる石形化合物　49
吸収断面積（熱中性子の）　269
吸収補正　339
球状黒鉛鋳鉄
──の焼入性　165
球状黒鉛鋳鉄品の規格　155
キュリー点（Ni 合金の）　208
凝固時間（鋼の）　368
凝固時間係数　367
凝固収縮量
　金属の──　368

合金の──　368
極大感度波数と限界波長（アルカリ金属の）　229
切欠感度係数　419
──と切欠半径　419
切欠係数
──への介在物, 欠陥の影響　418
──への形状因子の影響　417
──への結晶粒度の影響　418
──への寸法効果　418
　形状係数と──　419
キルド鋼の三次元方位分布図　379
き裂進展速度（Zr-Nb 合金の）　207
金　[抵率][熱伝][比熱]　29
──の線膨張　29
──への添加元素の効果　209
銀　[抵率][熱伝][比熱]　28
──の線膨張　28
──の中性子吸収特性　273
──への添加元素の効果　209
均一腐食（ジルコニウムの）　208
銀-インジウム-カドミウム合金の物理的性質　273
金合金　[化][機]　210
金属
──中の拡散係数　20
──と酸化物間の反応　94
──の圧力-温度状態図　487
──の凝固収縮量　368
──の結晶構造　34
──の仕事関数　228
──の耐食性（CF_4-O_2 混合ガスプラズマ下流域における）　399
──の弾性率　31
──の熱電子放出定数　228
金属ウラン　267
金属化合物　47
金属間化合物　47, 171, 215
──の機能　216
　高温構造用──　215
耐熱合金に現われる──　173
金属元素　[抵率][熱伝][比熱]　13
──の圧縮率　33
──の剛性率　31
──の蒸発熱　11
──の線膨張率　13
──の弾性率　11
──の転移点　11
──の転移熱　11
──の沸点　11
──の沸点と蒸発熱の関係　12
──の変態点　497
──の融解点　11
──の融解点と融解熱の関係　12
──の融解熱　11
金属材料
──の n 値, r 値　376
──の強度と制振係数　250
──の耐海水性　397

事項索引　　581

——の熱間押出し温度　372
蒸発源用——　407
金属材料試験に関するJIS一覧表　436
金属材料衝撃試験片　429
金属材料破壊じん性試験片　430
金属材料引張試験片　425
金属材料曲げ試験片　428
金属磁歪振動子材料　248
金属浸透法　409
金属水素化物の平衡解離圧　252
金属繊維　217
金属複合材料　217, 218
金属粉末　279
　——の自燃性　282
　——の種類と特性　279
　——の製法と性質　281
　——の毒性（空気中許容量）　282
　——の爆発性　282
　Al系——　281
　Fe系——　279
　Cu系——　280
金属融体　[熱伝]　73
　——の熱拡散率　73
金属溶解用るつぼ　370
金属浴　168
金ろう　[化]　353
　工業用——　353
　電子管用——　353
銀ろう　[化]　350
　——のJIS規格　350
　耐熱金属用——　351
　特殊——　351

く

空気アトマイズ法　281
グラスライニング　413
　——の耐食性　413
　——の腐食率　413
クリープ
　——の活性化エネルギー　221
クリープ強さ
　オーステナイト耐熱鋼の——　149
　フェライト耐熱鋼の——　149
クリープ破断曲線（Zr合金の）　207
クリープ破断強さ
　オーステナイト耐熱鋼の——　149
　Cr系耐熱鋼の——　149
　鍛造用超耐熱合金の——　151
　鋳造用Co基耐熱合金の——　153
　鋳造用Ni基超耐熱合金の——　153
　フェライト耐熱鋼の——　149
クリープラプチャー強さ（合金の）　221
クロム系耐熱鋼　[化]　149
　——のクリープ破断強さ　149

け

$MoSi_2$形化合物　50
軽合金
　——の低温伸び　222
蛍光浸透液　317
蛍光励起補正　339
けい砂フラン鋳型　[熱伝]　367
形状因子の影響　417
形状記憶材料　251
形状係数　415
　——と切欠係数　417, 419
　板の——　415
　丸棒の——　416
欠陥の切欠係数への影響　418
結合剤の種類　385
結晶
　——の格子面と方向　33
　——の光透過率　95
結晶系の分類　497
結晶構造
　——の記号　40
　Uの——　266
　金属の——　34
　元素の——　36
　固溶体の——　44
　炭化物の——　169
　Thの——　266
　Puの——　266
結晶粒度　309
　——の切欠係数への影響　418
結晶粒度番号と結晶粒の大きさ　309
K_{ISCC}（超強力鋼の）　398
限界硬さと炭素量　166
研究炉の燃料と材料　263
研削加工　379, 384
研削用砥石の選択基準　386
原子散乱因子　331
原子散乱振幅　336
原子半径　8
原子番号補正　339
原子力材料　263
原子炉用純ジルコニウム　[化][機]　205
原子炉用ジルコニウム合金　[化][機]　205
元素　[機]31，[密度]10
　——の温度-蒸気圧曲線　406, 407
　——の硬さ増量　167
　——の結晶構造　36
　——の原子磁化率　19
　——の原子番号　1
　——の原子量　1
　——の格子定数　36
　——の磁化率　19
　——の蒸気圧　17
　——のスパッタリング率　408

——の存在比　7
——の超電導遷移温度　230
——の電気陰性度　19
——の電子配置　5
——の物理・化学的性質　8
——の融点　496
——の呼び方　2
——の臨界磁場　230
減速材の炉物理的性質　271
元素周期表　1, 36
元素組成（宇宙の）　8

こ

高温形クリストバライト　50
高温硬さ（高力導電用Cu合金の）　183
高温形石英　50
高温形トリジマイト　50
高温高圧水素中における鋼の使用限界　147
高温高圧用遠心力鋳鋼管の規格　161
高温高圧用鋳鋼品の規格　161
高温構造用金属間化合物　215
高温超電導テープ
　Y系酸化物——　232
　Bi系酸化物——　232
恒温変態図（鉄鋼の）　452
高温用材料の特性　215
硬化肉盛合金　[化]　411
高強度Al合金用空気アトマイズ粉　281
高強度冷延鋼板　[化][機]　132
工業用金ろう　[化]　353
工業用純ジルコニウム　[化][機]　205
工業用ジルコニウム合金　[化][機]　205
合金
　——中の拡散係数　20
　——中の析出物　222
　——の凝固収縮量　368
　——のクリープラプチャー強さ　221
　——の超電導臨界温度　231
　——の臨界磁場　231
合金記号（Mg）　198
合金鋼
　——の平均線膨張係数　132
合金工具鋼　[化]　142, 380
　——の種類　380
合金鉄　[化]　128
　——の用途　128
合金粉　282
工具鋼　142, 143
　[化]　441
　熱間塑性加工用——　373
　冷間塑性加工用——　373
工具材料の室温性質　294
高合金鋼　144

硬鋼線材　［化］140
高硬度鋼　143
鋼材圧延用ロール材質の選択基準　374
格子間位置の隙間　45
格子構造（元素の）　36
格子定数　35
　　α-Fe 合金の――　43
　　Al 合金の――　43
　　格子面間隔と――　35
　　侵入形固溶体の――　44
　　置換形固溶体の――　43, 44
　　Cu 合金の――　43
格子面　33
　　――の多重度　34
格子面間角（立方晶の）　35
格子面間隔と格子定数　35
高純度アルミニウム
　　――の電気伝導率と不純物　190
孔食（ステンレス鋼の）　398
抗折力→機械的性質
構造用高張力炭素鋼の規格　157
構造用低合金高張力鋼　［化］［機］133
高速度鋼　［化］143
高速度工具鋼　［化］380
　　――の種類　380
高速炉用制御材　［密度］273
　　――の相対的有効度　273
高炭素 Cr 軸受鋼　［化］143
鋼中酸化物
　　――生成反応の標準エネルギー　170
　　――の溶解度積　170
高張力鋼　133, 135
高張力鋼用被覆アーク溶接棒　343
恒透磁率合金　238
高透磁率材料　237
降伏強さ（超強力鋼の）　398
高マンガン鋼鋳鋼品の規格　160
高融点金属　211
　　――熱電対　229
　　――の高温での機械的性質　211
高融点金属用ろう材　［化］355
高融点炭化物　［抵率］94
　　――の熱的性質　94
高力導電用銅合金の高温硬さ　183
黒鉛　［化］143
固体電解質材料　262
コバルト基合金
　　――中の析出化合物　172
コバルト基超耐熱合金　［化］151
コバルト系アモルファス高透磁率磁芯材料　239
コバルト合金（生体用）　254
個別半導体素子用ウェハ　236
固体
　　――の結晶構造　44
コランダムの構造　53
混合溶融塩

――の密度と粘度（共有組成付近）　77

さ

再結晶
　　Al の――　190
再結晶温度
　　Cu の――　182
　　Mg 合金の――　198
再結晶集合組織
　　黄銅の――　378
　　Ti の――　378
　　低炭素鋼板の――　378
　　Cu の――　378
　　Mg の――　378
再時効（ジュラルミンの）　195
最密パッキング構造　42
最密六方構造　42
材料試験に関する規格一覧表　436
サブマージアーク溶接ワイヤ　［化］342
サマリウム鉄窒素系磁石　247
サーミスタ
　　――の温度特性　230
　　――の主成分　229
サーメット　292, 293
サルファイドキャパシティ　122
酸化物の標準生成自由エネルギー-温度図　106
酸化物陰極
　　――の仕事関数　228
　　――の熱電子放出定数　228
酸化物系赤外用ファイバー材料　259
酸化物系の粘度　83
酸化物高温超電導体
　　――の超電導臨界温度　232
　　――の臨界磁場　232
　　――の臨界電流密度と磁場特性　232
酸化物分散超耐熱合金　［化］154, ［機］155
Ⅲ-Ⅴ族化合物半導体素子用材料　236
三次元方位分布　378
三次元方位分布図
　　FCC 金属の――　379
　　キルド鋼板の――　379
三方晶系結晶
　　――の弾性率　32
散乱断面積　337

し

J 積分　419
　　――の定義と性質　422
　　――評価　423
　　浅いき裂材の――　423
　　CT 試験片の――　423
　　深いき裂材の――　422

歯科用貴金属合金　［化］210
歯科用金属合金　［化］256～258, ［機］256～258
磁化率
　　元素の――　18
　　耐熱性酸化物の――　92
磁気記録媒体材料　241
磁気探傷法　317
磁気抵抗材料　243
磁気変態点（インバー型合金の）　248
軸受鋼　［化］441
軸受用合金　212
軸比（規則合金の）　45, 46
σ 相　52
試験片
　　衝撃――　429
　　破壊じん性――　430
　　引張――　425
　　曲げ――　428
試験方法と遷移温度の示し方　137
時効
　　Cu-Be 合金の――による硬さ変化　188
時効効果処理（展伸用 Al 合金の）　193
自己拡散係数　56
仕事関数
　　金属の――　228
　　酸化物陰極の――　228
　　炭化物陰極の――　228
　　単原子層陰極の――　228
　　ホウ化物陰極の――　228
C.C.T.図（鉄鋼の）　475
磁石材料　245
　　永久――　244
　　希土類――　246
　　半硬質――　244
磁性材料　237
磁性流体　240
室温時効（ジュラルミンの）　195
質別記号
　　Al 合金の――　193
　　展伸用 Cu 合金の――　188
実用超電導線材の超電導電流密度と磁場特性　231
CDC 地図（ステンレス鋼の）　397
CBN 砥石の標準形状　387
CDV 法で得られる薄膜の種類と作製条件　408
四面体格子間位置　44
遮蔽効果　274
遮蔽材　273
　　――の γ 線に対する線吸収係数　273
斜方格子　42
集合組織
　　圧延板の――　377
　　押出棒材の――　377
　　引抜線の――　378
集積回路用ウェハ　236

事項索引　583

ジュラルミン
　——の再時効と引張強さ　195
　——の室温時効　195
　——の復元現象と引張強さ　195
潤滑剤（塑性加工用）　375
純金属　［機］175
　——の純度　176
純度
　純金属の——　176
　非鉄金属地金（JIS）の——　178
　非鉄金属半製品（JIS）の——　179
蒸気圧（元素の）　17
衝撃試験片（金属材料の）　429
焼結含油軸受用合金　［化］213
焼結含油軸受の圧環強さ測定法　434
焼結高強度アルミニウム合金　［化］
　［機］289
焼結材料　279，433
　——の ASTM 試験法　434
　——の種類と特性　283
　——の製造工程例　283
　——の引張試験片　427
　——の曲げ標準試験法　433
　Al 系——　289
　機械部品用——　284
　多孔質——　291
　低密度——　291
　Cu 系——　288
焼結材料試験に関する規格一覧表
　436
焼結部品
　——の金型成形と寸法精度　295
　Al ——　289
自溶合金溶射規格　411
消衰距離（電子の）　335
状態図
　金属の圧力-温度——　487
　ステンレス鋼の——　144
　二元合金——　493
　無機化合物の——　559
蒸発源
　——と金属の組合せ　407
　——用金属材料　407
蒸発熱（金属元素の）　11
常用熱電対
　——の規格　322
　——の規準熱起電力　323
ジョミニー曲線　165
ジョミニー式一端焼入方法　162
ジョミニー試験片　165
　——の冷却速度　165
シリコンカーバイド繊維　218
シリコンカーバイド繊維強化一方向材
　219
シリコン半導体素子用材料　236
ジルコニウム
　——の機械的性質と酸素　206
　——の均一腐食と不純物濃度　208
　——の引張特性と温度　207

——の腐食速度　208
ジルコニウム合金　［化］270，［機］
　206
　——のクリープ破断曲線　207
　——の添加元素の型　201
　——の曲げ疲労曲線　207
ジルコニウム-ニオブ合金
　——のき裂進展速度　207
　——の破壊靱性値　207
磁歪振動子材料　248
真空処理法による脱ガス　366
真空用貴金属ろう　［化］354
浸漬濡れ　57
浸炭性ガス　［化］409
浸炭用 RX ガス　［化］409
浸透探傷法　317
振動板材料
　——の特性　260
　——の内部損失　260
　——の比弾性率　260
伸銅品　［化］184，［機］185
　——の UNS 合金番号　183
侵入形固溶体　44
　——の格子定数　44
浸硫処理浴　410

す

Hg 形構造　42
水素吸蔵材料　252
水素溶解度
　Al の——　365
　Fe-C-Si 系合金の——　366
　Fe の——　365
　Cu 合金の——　366
　Cu の——　365
溶融 Fe 合金の——　365
溶融 Fe-C 合金の——　365
水溶液
　——の熱力学的数値　125
　——の標準電極電位　124
　——の物性　87
水溶性焼入液の急冷度　169
すきま腐食（ステンレス鋼の）　398
スズ粉　280
ステンレス鋼　［化］［機］144
　——の孔食　398
　——の状態図と組織図　144
　——のすきま腐食　398
　——の弾き出し断面積　269
　——の腐食試験法　402
　——の平均線膨張係数　132
　核燃料被覆用　270
　生体用　253
ステンレス鋼鋳鋼品の規格　158
スーパーアロイ（焼結材料）　［化］［機］
　289
スパッタリング率
　元素の——　408

対向壁材料の——　276
スピネル構造　53
スラグ
　——の熱拡散率　86
寸法効果（切欠係数への）　418

せ

制御棒関連元素
　——の中性子吸収断面積　272
　——の同位体組成　272
制御棒材料　272
　——の制御棒価値　273
成形限界
　——曲線　376
　板材の——　376
製鋼反応
　——の平衡値　116
制振係数　250
制振合金
　——の使用例　251
　——の制御機構　250
　——のダンピング機能　249
生体用コバルト合金　［化］［機］254
生体用純タンタル　［機］255
生体用ステンレス鋼　［化］［機］253
生体用タンタル　［機］255
生体用チタン　［化］255，［機］256
生体用チタン合金　［化］255，［機］
　256
青銅　179
成分偏析
　鋳鉄の——　368
　Cu 合金の——　368
正方格子　42
正方晶系結晶
　——の弾性率　32
精密抵抗材料　［化］226
析出化合物
　Co 基合金中の——　172
　Fe 基合金中の——　171
　Ni 基合金中の——　172
析出硬化系ステンレス鋼　［化］［機］
　146
　——の熱処理　146
析出物（合金中の）　222
積層欠陥　43
接合法（セラミックスの）　363
切削加工　379
切削工具用超硬質工具材料　293
切削条件
　セラミックスの——　384
　超硬合金の——　383
　超微粒子超硬合金の——　383
切削用超硬質工具材料の分類　381
接触角　57
接点材料　232
接点用合金　［化］［機］［抵抗］［熱伝］
　232

事項索引

セメンタイトの構造　51
セラミックコンデンサ　235
セラミックス　[機] 384
　──の切削条件　384
　──の耐食性　399
セラミックス接合法　363
セラミック溶射規格　411
セレン形構造　41, 42
せん亜鉛鉱形化合物　48
遷移温度　137
線収縮係数　273
線収縮量（鋳造品の）　368
染色浸透液　317
先進超電導材料の臨界電流密度と磁場特性　231
センダスト　238
センター用超硬合金　294
線引ダイス用超硬合金　294
線膨張
　Ag の──　28
　Au の──　29
　Ti の──　30
線膨張係数
　インバー型合金の──　248
　オーステナイト鋳鉄品の──　156
　合金鋼の──　132
　ステンレス鋼の──　132
　炭素鋼の──　132
線膨張率
　金属元素の──　13
　耐火材の──　90

そ

相互拡散係数
　Al 中の──　56
　Cu 中の──　56
相対的有効度（高速炉用制御材の）　273
総発熱量（各種エネルギーの）　130
測温材料　229
測温抵抗体　230
　──の温度特性　230
測定値のばらつき　28
組織観察　299
組織図（ステンレス鋼の）　144
塑性加工用潤滑剤　375

た

第一壁構造材料　275
　──の高温強度　275
　──の熱応力係数　275
第 1 種溶接部欠陥点数　314
耐海水性　397
耐火金属　[機][抵抗][電伝][熱伝]　291
耐火金属（焼結材料）の熱膨張特性　290

耐火材　90
　[機] 91,[抗率][熱伝][比重][比熱]　90
　──の線膨張率　90
ダイカスト　[機] 371
　Zn 合金──　210
　Al 合金──　196
　Mg 合金──　201
ダイカスト用金型用鋼材　[化] 371
ダイカスト用合金の物理的性質　371
大気中腐食（鉄鋼材料の）　398
対向壁材料のスパッタリング率　276
耐食軸受鋼　[化] 143
耐食性　397, 399
　核燃料被覆材の──　270
　グラスライニングの──　413
　セラミックスの高温純水中での──　399
　セラミックスの高温腐食溶液での──　399
　セラミックスの超臨界水中での──　399
　Fe-Cr 合金の超臨界水溶液中での──　399
　Ni-Cr 合金の超臨界水溶液中での──　399
　ライニング用プラスチックの──　412
耐食性金属・合金　400
体心立方格子　41
体心立方構造　41
第 2 種溶接部欠陥点数　315
耐熱金属用銀ろう　[化] 351
耐熱鋼　147
　[化][機] 148
耐熱合金
　──に現われる金属間化合物　173
　──に現われる窒化物　173
耐熱鋳鋼品の規格　160
耐熱軸受鋼　[化] 143
耐熱性酸化物　[電伝] 92
　──の拡散係数　93
　──の活性化エネルギー　92
　──の磁化率　92
　──の誘電率　92
ダイヤモンド形構造　41
ダイヤモンド砥石の標準形状　387
耐　力
　Al 合金の──　196
　Mg 合金砂型鋳物の──　201
ダクタイル鋳鉄管の規格　155
多孔質焼結材料　[化][機] 291
脱ガス（真空処理法による）　366
脱酸・脱ガス剤（Cu 合金の）　369
脱スケール用酸・塩浴　[化] 403
NaTl 形化合物　48
炭化ウラン　267
炭化ケイ素系繊維強化一方向材　219
炭化けい素質研削材　385

[化] 385
炭化ケイ素繊維　218
W_2C 形化合物　50
炭化タングステン-コバルト系超硬合金　292
WC-TiC-TaC-Co 合金　293
炭化物
　──の結晶構造と性質　169
　──の標準生成自由エネルギー-温度図　109
炭化物陰極
　──の仕事関数　228
炭化物生成反応
　──の標準エネルギー　170
炭化物相の着色特性（鉄鋼中の）　307
タングステン粉　282
単結晶用超耐熱合金　[化] 154
単原子層陰極
　──の仕事関数　228
　──の熱電子放出定数　228
単純立方構造　41
弾性率
　金属の──　31
　三方晶系結晶の──　32
　正方晶系結晶の──　32
　立方晶系結晶の──　31
　六方晶系結晶の──　32
鍛造用超耐熱合金
　──のクリープ破断強さ　151
炭素鋼
　──の熱間鍛造温度　372
　──の引張強さ（焼きならし状態の）　163
　──の平均線膨張係数　132
炭素工具鋼　[化] 142, 379
　──の種類　379
炭素鋼鋼品の規格　157
炭素偏析（鋳鋼）　369
炭素量
　──とマルテンサイト量　166
　──と焼もどし温度　166
　限界硬さと──　166
　焼もどし因子と──　166
タンタル（生体用）　255
ダンピング機能（制振合金の）　249

ち

置換形固溶体　44
　──の格子定数　43, 44
地きず番号　318
チタン　[機] 203, 204,[抵率][熱伝][比熱] 30
　──の硬さと添加元素　203
　──の再結晶集合組織　378
　──の線膨張　30
　──の耐力と添加元素　203
　──のヤング率と合金元素　204
チタン-アルミニウム-バナジウム合金

事項索引　585

——の組織と疲労強度　205
——の組織と疲労き裂進展速度　205
チタン合金　[機]202, 290, [抵]204
——の M_s 曲線　203
——の添加元素の型　201
——の平衡状態図と生成相　203
窒化　409
窒化鋼　[化]141, 409, [機]141
窒化物　292
——の標準生成自由エネルギー-温度図　108
耐熱合金に現われる——　173
窒化物焼結体　[機][抵率]94
——の熱的性質　94
窒素溶解度
　Feの——　366
　溶融鉄合金の——　366
着色特性　307
　Al合金中の相の種類と——　308
着色腐食液　307
鋳鋼　157
——の鋳込速度　369
——のC偏析　369
——の湯道寸法　369
中性子回折　329, 337
中性子核散乱振幅と断面積　337
中性子吸収断面積(制御棒関連元素の)　272
中性子吸収特性
　Inの——　273
　Cdの——　273
　Ag-In-Cd合金の——　273
　Agの——　273
中性子散乱断面積　271
中性子線　329
——の検出　329
——の発生　329
中性子増倍材料　276
中性子照射特性(超伝導材料の)　277
鋳造品の線収縮幅　368
鋳造法の種類　368
鋳造用アルミニウム合金　196
鋳造用Co基超耐熱合金　[化][密度]153
——のクリープ破断強さ　153
鋳造用超耐熱合金　152
鋳造用Ni基超耐熱合金　[化][密度]152
——のクリープ破断強さ　153
鋳造用マグネシウム合金　[化]199
鋳鉄　155
——の成分偏析　368
超音波探傷試験の適用分類　316
超音波探傷法　315
超音波探傷用振動子の物理定数　317
超強靭鋼　[化][機]141
超強力鋼

——の K_{ISCC}　398
——の降伏強さ　398
超合金
——の熱間鍛造温度　372
超硬合金　292, 293, 294
——の使用選択基準　374
——の切削条件　383
センター用　294
線引ダイス用——　294
WC-Co系——　292
超硬合金用炭化物　292
調質形低合金高張力鋼　[化][機]135
長周期規則構造　46, 47
超磁歪希土類系化合物　248
超耐熱合金　147, 150
超電導材料　230
——の中性子照射特性　277
先進　231
超伝導磁石材料　277
超電導遷移温度(元素の)　230
超電導線材　231
超電導電流密度
　実用超電導線材の——と磁場特性　231
超電導臨界温度
　化合物の——　231
　合金の——　231
　酸化物高温超電導体の——　232
　非晶質合金の——　231
　有機・分子系超電導材料の——　231
超微粒子超硬合金　294
[機]383
——の切削条件　383

つ

疲れ試験(JIS)　435

て

低温高圧用鋳鋼品の規格　161
低温槽の寒剤　325
低温伸び
　軽合金の——　222
　Cu合金の——　222
　Niの——　222
低温焼なまし硬化(黄銅の)　183
低温用金属材料　[化][機]137
抵抗→電気抵抗
低合金鋼
——の熱間鍛造温度　372
——の引張強さ(焼きならし状態の)　163
——の焼入性　163
低合金鋼鋳鋼品の規格　157
低合金高張力鋼　133
抵抗材料　[化]227
——の特性　227

抵抗率→電気抵抗率
低炭素鋼板
——の圧延集合組織　378
——の再結晶集合組織　378
低炭素マルテンサイト鋼　[化][機]140
T.T.T.図(鉄鋼の)　452
T.T.T.図よりC.C.T.図を求める方法　486
低密度焼結材料　[化][機]291
低密度・多孔質焼結材料　291
底面すべり(Mgの)　197
低融点合金　[化]213
鉄
——の水素溶解度　365
——の窒素溶解度　366
鉄-アルミニウム合金　238
鉄基合金
——中の析出化合物　171
鉄基超耐熱合金　[化]150
鉄-クロム合金
——の超臨界水溶液中での耐食性　399
鉄-クロム-コバルト磁石　245
鉄系アモルファス低損失パワー磁芯材料　239
鉄系金属粉　279
鉄系ナノ結晶高透磁率磁芯材料　240
鉄系微粉　280
鉄鋼
——の化成処理　404
——のカソード防食電流密度　401
——の恒温変態図　452
——の物理的性質　131
——の連続冷却曲線　475
鉄鋼材料　131
[抵率][熱伝]131
——の大気中腐食　398
——の平均見掛比熱　131
鉄-炭素-ケイ素系合金
——の水素溶解度　366
鉄ニッケル抵抗材料　[化]227
鉄　粉　279
デバイ温度　17
転移点(金属元素の)　11
転移熱(金属元素の)　11
電位-pH図と実測腐食領域　390
転位ピット形成用腐食液　309
電解研磨　403
電解研磨液　299
　金属間化合物単体用——　303
　形状記憶合金用——　303
　合金用——　300
　水素化物形成防止用——　304
　析出相を含む合金用——　304
　鉄鋼材料用——　299
　非鉄金属用——　300
透過電子顕微鏡観察用薄膜試料
　——の——　310

添加元素
　Al の再結晶と―― 190
　Ag への――の効果 209
　Ti の硬さと―― 203
　Ti の耐力と―― 203
　電気銅の電気伝導率におよぼす――
　　の影響 180
　Pt への――の効果 208
　Pd への――の効果 209
　無酸素銅の電気伝導率におよぼす
　　――の影響 180
　ヨウ化法 Zr の耐力と―― 206
添加元素の型
　Zr 合金の―― 201
　Ti 合金の―― 201
　Mg 合金の―― 197
電気陰性度（元素の） 19
電気化学的性質 389
電気材料 223
電気磁気機能材料 223
電気抵抗
　液体金属の―― 15
　接点用合金の―― 232
　耐火金属の―― 291
　Ti 合金の―― 204
　薄膜材料の―― 224
　ばね性接点材料の―― 233
　マイクロボンディングワイヤの――
　　224
電気抵抗率
　――の温度係数 13
　エリンバー型合金の―― 249
　オーステナイト鋳鉄品の―― 156
　Ag の―― 28
　金属元素の―― 13, 14
　Au の―― 29
　高融点炭化物の―― 94
　耐火材の―― 90
　Ti の―― 30
　窒化物焼結体の―― 94
　鉄鋼材料の―― 131
　ホウ化物の―― 94
電気伝導率（導電率）
　Al 合金の―― 223
　Al の―― 223
　架空送配電線用銅線の―― 223
　高純度 Al の――と不純物 190
　耐火金属の―― 291
　耐熱性酸化物の―― 92
　電気銅の―― 180
　Cu 合金の―― 182, 223
　Cu の―― 180, 181, 223
　無酸素銅の―― 180
　溶融塩の―― 74
　溶融マットの―― 86, 87
　リードフレーム材料の―― 225
電気銅 179
　［電伝］180
電気めっき法 405

電極材料 232
電極電位
　溶融塩化物の―― 116
電子
　――の原子散乱振幅 336
　――の消衰距離 335
　――の波長 335
電子回折 329, 335
電子化合物 52
電子管電極材料 233
電子管用ろう ［化］353
電磁気の単位系 328
電磁鋼板 237
電磁雑音吸収体 238
電子線 329
　――の検出 329
　――の発生 329
電子素子用基板 236
電磁軟鉄 237
電子配置（元素の） 5
電磁波シールド材 238
電子比熱 17
電子プローブマイクロアナリシスのため
　のパラメータ 339
電子放出材料 228
展伸用アルミニウム合金 ［化］191
　――の時効処理 193
　――の分類 190
　――の焼なまし 193
　――の溶体化 193
展伸用アルミニウム-マグネシウム合金
　――の Mg 量と機械的性質 194
展伸用銅合金
　――の質別記号 188
展伸用マグネシウム合金 ［化］198
伝送損失（光ファイバー） 258
電池材料 261
電着金属 ［機］405
電熱材料 ［化］227
　――の特性 227
電熱用ニッケルクロム ［化］227
電熱用鉄クロム ［化］227

と

砥石 387
銅 ［化］223,［機］181, 223,［電伝］
　180, 181, 223
　――に各種元素を添加したときの色
　の変化 179
　――の圧延集合組織 377
　――の一般的呼称 179
　――の加工率 181
　――の結晶粒の大きさ 181
　――の再結晶温度 182
　――の再結晶集合組織 377
　――の水素溶解度 365
　――の電気的特性 227
　――の焼なまし温度 181

銅 亜鉛合金 ［機］183
銅-アルミニウム合金 ［機］182
透過電子顕微鏡観察用薄膜試料の電解研
　磨法 310
透過度計 314
透過度計識別度 314
銅系金属粉 280
銅系統結材料の規格 288, 289
銅合金 182
　［化］223,［機］182, 223,［電伝］
　182, 223
　――の鋳込温度 369
　――の一般的呼称 179
　――の格子定数 43
　――の水素溶解度 366
　――の成分偏析 368
　――の脱酸・脱ガス剤 369
　――の低温伸び 222
　――の熱間圧延温度 372
　――の焼なまし温度 188
　――の溶融温度と鋳込温度 369
　鋳物用―― 188
銅合金鋳物 ［化］［機］189
銅合金粉 280
銅合金ろう ［化］351
透磁率（オーステナイト鋳鉄品の）
　156
銅 スズ合金 ［機］183
導電率→電気伝導率
銅-鉛合金系軸受用合金 ［化］212
銅-ニッケル合金 ［機］182
等粘度曲線（溶融スラグの） 82
銅 板 ［機］181
銅 粉 280
銅-ベリリウム合金
　――の時効による硬さ変化 188
等方性弾性定数間の関係 424
動力炉
　――の材料 263, 264
　――の燃料 263
銅ろう ［化］351
特殊銀ろう 351
特殊鋼
　――の熱間鍛造温度 372
特殊ニッケルろう ［化］352
特性 X 線
　――検出のための分光結晶 338
　――と吸収端の波長 332
　――用フィルター 334
　W ―― 333
塗布媒体（磁気記録） 241
トリウム
　――の核反応 265
　――の結晶構造 266
　――の熱定数 266
トリウム化合物 268
トリジマイド 50
トリチウム増殖材料 276
砥粒の種類 384

な

内部損失（振動板材料の） 260
7075 合金板の焼もどし時効 195
ナノグラニュラー高透磁率磁芯材料 240
ナノ結晶 240
鉛合金　　[化][機] 211
軟鋼
　　――の鋼塊の性質 132
　　――の腐食疲労の S N 曲線 398
軟鋼用被覆アーク溶接棒 341
軟鋼用溶接棒性能比較表 341
軟磁性材料 239
軟磁性フェライト 238
軟質冷延鋼板　　[化][機] 132

に

肉盛溶射規格（鋼） 410
二元合金状態図 493
　Al――　　509～519
　Sn――　　553～558
　Ti――　　536～543
　Fe――　　498～509
　Cu――　　519～528
　Pb――　　547～553
　Ni――　　528～536
　Mg――　　543～547
二酸化ウラン 267
二酸化トリウム 267
二酸化プルトニウム 267
二次電池用材料 261
二重六方形構造 41
2 相鋼　　[化][機] 136
ニッケル
　　――の電気的特性 227
ニッケル基合金中の析出化合物 172
ニッケル基超耐熱合金　　[化] 150
ニッケル-クロム合金
　　――の超臨界水溶液中での耐食性 399
ニッケル合金
　　――のキュリー点 208
　　――の低温伸び 222
　　――の焼なまし 208
ニッケルろう　　[化] 352

ぬ

濡れ性
　　――に影響を及ぼす因子 57
　　――の尺度 57
　セラミックスと液体金属の――
　　58, 59
　溶融金属による黒鉛, ダイヤモンドの――　60

ね

ねずみ鋳鉄品　　[機] 155
　　――の規格 155
熱拡散率
　金属融体の―― 73
　スラグの―― 86
　半導体融体の―― 73
　溶融塩の―― 78
熱間圧延温度
　Al 合金の―― 372
　Cu 合金の―― 372
熱間押出し温度（金属材料の） 372
熱間押出し用潤滑ガラス 376
熱間塑性加工用工具鋼 373
熱間鍛造温度
　炭素鋼の―― 372
　超合金鋼の―― 372
　低合金鋼の―― 372
　特殊鋼の―― 372
　非鉄合金の―― 372
熱起電力 321
熱(光)磁気記録材料 243
熱処理
　析出硬化系ステンレス鋼の―― 146
　マルテンサイト系ステンレス鋼の―― 146
熱処理用加熱温度（鋼の） 162
熱処理用語（Al 合金の） 193
熱中性子 25
熱中性子吸収断面積 269
熱定数
　U の―― 266
　Th の―― 266
　Pu の―― 266
熱的性質
　高融点炭化物の―― 94
　窒化物焼結体の―― 94
　ホウ化物の―― 94
熱電子放出定数
　金属 228
　酸化物陰極の―― 228
　単原子層陰極の―― 228
熱電対 322
　　――の規準熱起電力 229
　高融点金属 229
熱電対線の JIS 規格 229
熱電対素線の主成分 229
熱伝導率（度）
　鋳型材料の―― 367
　U 化合物の―― 268
　液体金属の―― 15
　オーステナイト鋳鉄品の―― 156
　Ag の―― 28
　金属元素の―― 13, 14, 73
　Au の―― 29
　けい砂フラン鋳型の―― 367

接点用合金の―― 232
耐火金属の―― 291
耐火材の―― 90
Ti の―― 30
鉄鋼材料の―― 131
Th 化合物の―― 268
Pu 化合物の―― 268
リードフレーム材料の―― 225
熱膨張係数（封着用金属の） 95
熱力学的数値
　各種物質の――　96～105
　水溶液の―― 125
粘性率（液体金属の） 16
粘　度
　共有組成付近における混合溶融塩の―― 77
　酸化物系の―― 83
　溶融塩の―― 76
　溶融合金の――　68, 69
　溶融スラグの―― 81
　溶融マットの―― 86
　硫化物-硫化物擬 2 元系の―― 86
燃料電池用材料 262

の

伸び→機械的性質

は

ハイテン→高張力鋼
破壊じん性試験片 430
破壊じん性測定法 432
破壊靱性値（Zr-Nb 合金の） 207
鋼
　　――の硬さ換算表 431
　　――の凝固時間（鋳型材料による） 368
　　――の使用限界 147
　　――の地きずの肉眼試験 318
　　――の熱処理用加熱温度 162
　　――の焼入性曲線 439
　　――の焼入性試験方法 162
　　――の焼もどしにおける炭化物の変化 171
薄　膜
　　――の種類 408
　CDV 法で得られる――の作成条件 408
薄膜材料　　[抵] 224
薄膜媒体（磁気記録） 241
はく用アルミニウム合金 193
弾き出し断面積（ステンレス鋼の） 269
はだ焼鋼　　[化][機] 141
八面体格子間位置 44
波長（電子の） 335
白　金
　　――に対する熱起電力 321

――の電気的特性　227
――への添加元素の効果　208
白金合金　[機] 210
白金-コバルト磁石　245
白金-鉄磁石　245
発受光素子用基板　236
発熱量　130
バナジウム合金　[機] 211
ばね鋼　[化][機] 140
ばね性接点材料　[化][機][抵抗] 233
パーマロイ　[化] 237
パラジウム
――への添加元素の効果　209
パラジウムろう　[化] 354
バリスタ　230
ハロゲン化物赤外用ファイバー材料　260
半減期 (γ 放射性核種の)　26
半硬質磁石材料　244
はんだ
――の種類　356
――の成分記号　356
――の等級　356
Al 用――　355
低融点金銀合金――　355
半導体素子用材料　236
半導体融体　[熱伝] 73
――の熱拡散率　73
半導体用材料　236
反応断面積　269

ひ

ピアノ線材　[化] 140
NiAs 形化合物　49
光透過率
ガラスの――　95
結晶の――　95
光ファイバー　258
――によるエネルギー輸送　259
――の伝送損失　258
引抜材の集合組織　85
bcc 形構造→体心立方構造
比重　(→密度)
耐火材の――　90
非晶質合金
――の超電導臨界温度　231
――の臨界磁場　231
微小部分析　338
ビスマス系酸化物高温超電導テープ　232
ひずみ計用材料　[化] 318
――のひずみゲージ特性　318
ひずみ計用抵抗材料　228
ひずみ速度依存性指数　377
比弾性率 (振動板材料の)　260
非調質形低合金高張力鋼　[化][機] 135
引張クリープ試験 (JIS)　435

引張試験片
金属材料の――　425
焼結材料の――　427
引張強さ→機械的性質
比抵抗　→電気抵抗率
非鉄金属
――の硬さ換算表　432
非鉄金属地金の純度 (JIS)　178
非鉄金属半製品の純度 (JIS)　179
非鉄合金
――の熱間鍛造温度　372
比熱
鋳型材料の――　366
鋳型砂の――　367
液体金属の――　15
オーステナイト鋳鉄品の――　156
Ag の――　28
金属元素の――　13, 14
Au の――　29
耐火材の――　90
Ti の――　30
非破壊検査　313
――関係規格一覧表　313
被覆アーク溶接棒　341
Cr-Mo 鋼用――　344
高張力鋼用――　343
ステンレス鋼――　346
鋳鉄用――　347
低温用鋼用――　344
Cu 合金――　348
Ni 合金――　348
Mo 鋼用――　344
被覆超硬合金　294
標準エネルギー
炭化物生成反応の――　170
鋼中炭化物生成反応の――　170
標準生成自由エネルギー
塩化物の――　110
標準生成自由エネルギー-温度図
酸化物の――　106
炭化物の――　109
窒化物の――　108
硫化物の――　107
標準電極電位 (水溶液の)　124
標準電極電位序列　389
表面改質　389
表面清浄化　403
表面張力
液体金属の――　16
溶融塩の――　74
溶融合金の――　70〜73
溶融スラグの――　85
表面波素子用圧電基板材料　235
疲労強度
Ti-Al-V 合金の組織と――　205
疲労き裂進展速度
Ti-Al-V 合金の組織と――　205

ふ

封着用ガラス　95
封着用金属　[抵率][熱伝] 95
――の熱膨張係数　95
封着用材料　95
フェライト (マイクロ波用)　239
フェライト系ステンレス鋼　[化][機] 145
フェライト磁石　245
フェライト磁歪振動子材料　248
フェライト耐熱鋼
――のクリープ強さ　149
――のクリープ破断強さ　149
復元現象 (ジュラルミンの)　195
輻射率　88
不純物
金属中の――　176
高純度 Al の電気伝導率と――　190
腐食液　304
着色　307
鉄鋼材料用――　304
転位ピット形成用――　309
非鉄金属用――　306
非鉄合金用――　306
腐食試験法　402
ステンレス鋼の――　402
腐食制御　389
腐食速度 (Zr の)　208
腐食疲労 (軟鋼の)　398
腐食抑制剤　401
腐食率 (グラスライニングの)　413
腐食量の比較 (各種環境中での)　400
付着濡れ　57
CaF₂ 形化合物　49
CF・O₂ 混合ガスプラズマ下流域における金属の耐食性　399
沸点 (金属元素の)　11
物理蒸着法　406
プラスチック
ライニング用――の耐食性　412
プラズマ対向材料　276
フラックス　[化] 342
――の化学成分　342
Al 合金溶解用――　370
Mg 合金溶解用――　370
ブランケット構成材料　276
プルトニウム
――の結晶構造　266
――の熱定数　266
プルトニウム化合物　268
プレミックス　281
分極曲線　392
分光結晶 (特性 X 線検出のための)　338
粉末→金属粉末
粉末 X 線回折用標準物質　334

事項索引　589

粉末冶金用 Al 混合粉（プレミックス）
　　281
粉末冶金用 Al 粉（空気アトマイズ法）
　　281
粉末冶金用純鉄粉　　［化］279
粉末冶金用ステンレス鋼粉　　［化］279
粉末冶金用低合金鋼粉　［化］279
粉末冶金用電解銅粉　280
粉末用超耐熱合金　　［化］［機］154

へ

平均線膨張係数
　　合金鋼の——　132
　　ステンレス鋼の——　132
　　炭素鋼の——　132
平均比熱（実用物質の）　129
平均見掛比熱（鉄鋼材料の）　131
平衡解離圧（金属水素化物の）　252
β-U 形構造　42
β-SiC ウィスカー強化アルミニウム
　　合金　220
β-Sn 形構造　42
β-Mn 形構造　41
ヘッドシェル・フレーム用 Al 合金
　　261
ペロブスカイト構造　53
偏析　368, 369
変態温度（変態点）
　　規則合金の——　45, 46
　　金属元素の——　497

ほ

ホイスラー合金　53
ボイラ・熱交換器用合金鋼鋼管　［化］
　　［機］147
ホウ化物　［機］［抵率］94
　　——の熱的性質　94
ホウ化物陰極
　　——の仕事関数　228
ホウ化物　410
放射線に関する単位　330
放射線透過試験　314
放射能
　　——の減衰（炉停止後の）　275
　　熱中性子の照射による——　25
防食電位（金属・合金の）　401
防振材料　249
補強用繊維　217
ほたる石形化合物　49
ボトムプレート材料　261
B 鋼（AISI）　［化］140
ボロン繊維　218
ボロン繊維強化一方向材　219
ホワイトメタル系軸受用合金　［化］
　　212
ボンド磁石　247

ま

マイクロエレクトロニクス用はんだ
　　［化］224
　　——の融点　224
マイクロ波用フェライト　239
マイクロボンディングワイヤ　［機］
　　［抵抗］224
マグネシウム　197
　　——の再結晶集合組織　378
　　——の底面すべり　197
マグネシウム合金　197
　　［機］198
　　——の再結晶温度　198
　　——の添加元素の型　197
　　——の融解温度　370
　　ダイカスト——　201
　　鋳造用——　199
　　展伸用——　198
マグネシウム合金鋳物　［機］199
マグネシウム合金記号　198
マグネシウム合金砂型鋳物
　　——の耐力　201
マグノックス合金　［化］270
マグ溶接ソリッドワイヤ　［化］343
　　高張力鋼用——　343
　　軟鋼用——　343
曲げ→機械的性質
曲げ試験片（金属材料の）　428
曲げ標準試験法（焼結材料の）　433
曲げ疲労曲線（Zr 合金の）　207
マルエージ鋼　［化］［機］146
マルテンサイト系ステンレス鋼　［化］
　　［機］145
　　——の熱処理　146
マルテンサイト組織
　　——の理想臨界直径　165
マルテンサイト量
　　硬さと——　166
　　炭素量と——　166
マンガン-アルミニウム-炭素磁石
　　245

み

密度
　　Al 合金系の——　67
　　In 合金系の——　67
　　液体金属の——　16
　　オーステナイト鋳鉄品の——　156
　　共有組成付近における混合溶融塩の
　　——　77
　　元素の——　10
　　高速炉用制御材の——　273
　　Sn 合金系の——　68
　　鋳造用 Co 基超耐熱合金の——
　　　153
　　鋳造用 Ni 基超耐熱合金の——

　　152
　　溶融合金の——　63～66
　　溶融スラグの——　80
　　溶融マットの——　86
　　硫化物　硫化物擬 2 元系の——　86
ミラー指数　33

む

無機化合物の状態図　559
無限希薄活量係数（溶融 2 元合金の）
　　111
無酸素鋼　179
　　［機］［電伝］180
無電解めっき浴　406

め

めっき　405
面心立方格子　34
面心立方構造　34

も

モリブデン合金　［機］211

や

焼入性
　　球状黒鉛鋳鉄の——　165
　　低合金鋼の——　163
焼入性曲線（鋼の）　439
焼入性試験方法（鋼の）　162
焼入性指数　164
焼入性倍数　163
焼なまし
　　展伸用 Al 合金の——　193
　　Ni 合金の——　208
焼なまし温度
　　Cu 合金の——　188
　　Cu の——　181
　　銅板の機械的性質におよぼす——の
　　　影響　181
焼もどし因子　166
　　——と炭素量　166
焼もどし温度　166
　　炭素量と——　166
焼もどし硬さの計算法　166
焼もどし鋼の機械的性質と化学組成
　　168
焼もどし時効（7075 合金板の）　195
Young の式　57

ゆ

融解温度
　　Zn 合金の——　370
　　Al 合金の——　369
　　Mg 合金の——　370

事項索引

融解熱（金属元素の） 11
有機絶縁材料のγ線照射劣化特性 277
有機被覆材料 412
有機・分子系超電導材料
　――の超電導臨界温度 231
　――の臨界磁場 231
有限要素法 423
融体密度の温度係数
　Al 合金系の―― 67
　In 合金系の―― 67
　Sn 合金系の―― 68
融点（融解点）
　――の周期性 13
　金属元素の―― 11
　元素の―― 496
　マイクロエレクトロニクス用はんだの―― 224
誘電材料 234
誘電率（耐熱性酸化物の） 92
UNS 合金番号（伸銅品の） 183
湯道寸法（鋳鋼の） 369

よ

溶解温度（Cu 合金の） 369
溶解度積（鋼中炭化物の） 170
CdI$_2$ 形化合物 49
ヨウ化法ジルコニウム
　――の耐力と添加元素 206
溶加棒・ワイヤ ［化］350
溶射規格 410, 411
溶射法 410
溶接構造用遠心力鋳鋼管の規格 161
溶接構造用鋳鋼品の規格 157
溶接性の分類特性試験法 319
溶接・接合 341
溶接熱影響部 361
　――の組織（鋼の） 361
溶接熱サイクル（鋼の） 361
溶接部欠陥
　――と防止策 360
　――の大きさ 314
　――の種類 318
　――の種類とその間隔 315
　――の判定基準（JIS） 314
　――の分類 314
溶接部欠陥点数
　第 1 種―― 314
　第 2 種―― 315
溶接部の性能因子と調査方法 359
溶接棒 341
溶接法
　――の応用分野 362
　――の種類 362
　――の適用範囲 363
　溶接難易と―― 361
溶接用ステンレス鋼溶加棒・ソリッドワイヤ ［化］346
溶接用ワイヤ 341
溶体化（展伸用 Al 合金の） 193
溶融亜鉛めっき 405
溶融アルミニウムめっき 405
溶融塩 ［電伝］［密度］74
　――中の音速 76
　――中の拡散係数 78
　――の熱拡散率 78
　――の粘度 76
　――の表面張力 74
溶融塩化物
　――の電極電位 116
溶融合金 ［密度］63～66
　――系の活量 111
　――系の活量係数 111
　――中の拡散係数 55
　――の粘度 68, 69
　――の表面張力 70～73
溶融酸化物系の活量 119
溶融スラグ ［密度］80
　――中の拡散係数 79, 80
　――の等粘度曲線 82
　――の粘度 81
　――の表面張力 85
溶融鉄合金
　――の水素溶解度 365
　――の窒素溶解度 366
溶融 Fe-C 合金の水素溶解度 365
溶融 2 元合金
　――の無限希薄活量係数 111
溶融ホウ化剤 410
溶融マット ［電伝］86, 87, ［密度］86
　――中の拡散係数 86
　――の活量 122
　――の粘度 86
ヨーク材料 261

ら

ライニング用プラスチックの耐食性 412
ラトラー試験法 434
Laves 相 50
Laves 相化合物 50

り

理想臨界直径 164
　マルテンサイト組織の―― 165
立方晶
　――の格子面間角 35
立方晶系結晶
　――の弾性率 31
リードフレーム材料 ［化］［機］［電伝］［熱伝］225
硫化物の標準生成自由エネルギー-温度図 107
硫化物-硫化物擬 2 元系 ［密度］86
　――の粘度 86
粒分布（合金粉製造法による） 282
菱面体格子 42
臨界磁場
　化合物の―― 231
　元素の―― 230
　合金の―― 231
　酸化物高温超電導体の―― 232
　非晶質合金の―― 231
　有機・分子系超電導材料の―― 231
臨界直径 164
臨界電流密度
　酸化物高温超電導体の――と磁場特性 232
　先進超電導材料の――と磁場特性 231
MnP 形化合物 49
りん青銅鋳物 ［機］190
りん脱酸銅 179
りん銅ろう ［化］352

る

ルチル形化合物 49
るつぼ（金属溶解用） 370

れ

冷間加工
　銅の電気抵抗率におよぼす――の効果 180
　無酸素銅の機械的性質におよぼす――の効果 180
冷間塑性加工用工具鋼 373
冷却材 271
冷却速度 165
　ジョミニー試験片の―― 165
連続冷却変態図（鉄鋼の） 475

ろ

ろう 350
ロックウェル硬さの各種スケール 431
六方格子 42
六方晶系結晶
　――の弾性率 32

材料・規格索引

1 N00(JIS) 191	86 B 45(AISI) 140	3003(JIS) 191, 376
1 N30(JIS) 191	86 B 45 H(AISI) 440	3004(JIS) 191, 372
1 N90(JIS) 191	90 B 40 Modified 141	3005(JIS) 191, 376
1 N99(JIS) 191	94 B 15(AISI) 140	3104(JIS) 191
2 N01(JIS) 191	94 B 17(AISI) 140	3105(JIS) 191
2 V-Permalloy 248	94 B 17 H(AISI) 440	3120 H(AISI) 439
5 N01(JIS) 192	201 AB 281	3130 H(AISI) 439
5 N02(JIS) 192	202 AB 281	3135 H(AISI) 439
6 N01(JIS) 192	270 MA 279	3140 H(AISI) 439
7 N01(JIS) 192, 372	300 M 279	3203(JIS) 191
7-25-45 Perminvar 238	300 MH 279	3310 H(AISI) 439
7-70 Perminvar 238	304(ステンレス鋼) 264, 267, 270	3316 H(AISI) 439
9(ニッケルろう) 352	304 L(ステンレス鋼粉) 279	4032(JIS) 191, 372
12-5-3(マルエージ鋼) 146	308(ステンレス鋼) 264	4032 H(AISI) 439
12 Cr(ステンレス鋼) 250	308 L(ステンレス鋼粉) 264	4037 H(AISI) 439
13 Alfenol 248	316(ステンレス鋼) 263, 264, 270	4042 H(AISI) 439
13 Alfer 248	316 L(ステンレス鋼粉) 279	4047 H(AISI) 439
14 金 210	316 L(ステンレス鋼) 264	4053 H(AISI) 439
16-25-6 150, 372	347(ステンレス鋼) 270	4063 H(AISI) 439
17-14 CuMo 150	410 L(ステンレス鋼粉) 279	4068 H(AISI) 439
18 Cr-2Mo(ステンレス鋼粉) 279	430(ステンレス鋼) 264	4100 H 279
18/8(ステンレス鋼) 250	430 L(ステンレス鋼粉) 279	4118 H(AISI) 439
18-4-1(AISI) 143	440 C(AISI) 143	4130 H(AISI) 439
18 金 210	601 AB 281	4135 H(AISI) 439
18 Ni(200) 146	601 AC 281	4137 H(AISI) 439
18 Ni(250) 146	602 AB 281	4140 H(AISI) 439
18 Ni(300) 146	1050(JIS) 191	4142 H(AISI) 439
18 Ni(350) 146	1060(JIS) 191	4145 H(AISI) 439
19-9 DL 150	1070(JIS) 191	4147 H(AISI) 439
20-C b3 150	1080(JIS) 191	4150 H(AISI) 439
22(プレミックス) 281	1085(JIS) 191	4317 H(AISI) 439
24(プレミックス) 281	1100(JIS) 191, 376	4320 H(AISI) 439
24 金 210	1200(JIS) 191	4330 Mod(AMS 6427) 141
25 Al 273	1230(JIS) 191	4337 H(AISI) 439
25-45 Perminvar 238	1320 H(AISI) 439	4340(AMS 6415) 141
45 Permalloy 248	1330 H(AISI) 439	4340 H(AISI) 439
46 B 12 H(AISI) 439	1335 H(AISI) 439	4350(超強靭鋼) 141
50 B 44(AISI) 140	1340 H(AISI) 439	4600 279
50 B 46(AISI) 140	2011(JIS) 191	4600 H 279
50 B 46 H(AISI) 440	2014(JIS) 191	4620 H(AISI) 439
50 B 50(AISI) 140	2017(JIS) 191, 372	4621 H(AISI) 439
50 B 60(AISI) 140	2018(JIS) 191, 372	4640 H(AISI) 439
50 B 60 H(AISI) 440	2024(JIS) 191, 372	4812 H(AISI) 439
51 B 60(AISI) 140	2025(JIS) 191	4815 H(AISI) 439
51 B 60 H(AISI) 440	2117(JIS) 191	4817 H(AISI) 439
69(プレミックス) 281	2218(JIS) 191	4820 H(AISI) 440
73 B(ニッケルろう) 352	2219(JIS) 191	5005(JIS) 192, 376
76(プレミックス) 281	2330 H(AISI) 439	5046 H(AISI) 440
76(ニッケルろう) 352	2512 H(AISI) 439	5052(JIS) 192, 372, 376
77(ニッケルろう) 352	2515 H(AISI) 439	5056(JIS) 192, 372
81 B 45(AISI) 140	2517 H(AISI) 439	5082(JIS) 192, 376
81 B 45 H(AISI) 440	2618(JIS) 191	5083(JIS) 192

5086(JIS)	192		9260 H(AISI)	440		AC 4B(JIS)	197, 369
5120 H(AISI)	440		9261 H(AISI)	440		AC 4C(JIS)	197, 369
5130 H(AISI)	440		9262 H(AISI)	440		AC 4CH(JIS)	197, 369
5132 H(AISI)	440		9310 H(AISI)	440		AC 4D(JIS)	197, 369
5135 H(AISI)	440		9437 H(AISI)	440		AC 5A(JIS)	197, 369
5140 H(AISI)	440		9440 H(AISI)	440		AC 7A(JIS)	197, 369
5145 H(AISI)	440		9442 H(AISI)	440		AC 8A(JIS)	197, 369
5147 H(AISI)	440		9445 H(AISI)	440		AC 8B(JIS)	197, 369
5150 H(AISI)	440		9840 H(AISI)	440		AC 8C(JIS)	197, 369
5152 H(AISI)	440		9850 H(AISI)	440		AC 9A(JIS)	197, 369
5154(JIS)	192					AC 9B(JIS)	197, 369
5160 H(AISI)	440		**A**			AD 5(JIS)	371
5182(JIS)	192					ADC 1(JIS)	196, 261, 369, 371
5254(JIS)	192		A 5	355		ADC 3(JIS)	196, 369, 371
5454(JIS)	192, 376		A 25	355		ADC 5(JIS)	196, 261, 369, 371
5652(JIS)	192		A 203D	134		ADC 6(JIS)	196, 369, 371
6003(JIS)	192		A-286	150, 151, 366, 372		ADC 7(JIS)	371
6053(JIS)	372		A 508	264		ADC 10(JIS)	196, 261, 369, 371
6061(JIS)	192, 270, 372		A 517F	133		ADC 10Z(JIS)	196, 371
6063(JIS)	192, 372		A 533B	264		ADC 12(JIS)	196, 261, 369, 371
6101(JIS)	192, 372		A 588A	134		ADC 12Z(JIS)	196, 371
6120 H(AISI)	440		A 1070-BY(JIS)	350		ADC 14(JIS)	196, 371
6145 H(AISI)	440		A 1070-WY(JIS)	350		advance	318
6150 H(AISI)	440		A 1100-BY(JIS)	350		AF 115	289, 154
6151(JIS)	192		A 1100-WY(JIS)	350		AF2-1DA	289
6351(JIS)	372		A 1200-BY(JIS)	350		AG 40A	210
6463(JIS)	372		A 1200-WY(JIS)	350		AG 41A	210
7003(JIS)	192, 372		A 2319-BY(JIS)	350		Ag_3Al	52
7050(JIS)	192, 372		A 2319-WY(JIS)	350		AgBr	260
7072(JIS)	192		A 4043-BY(JIS)	350		AgCd	52
7075(JIS)	192, 372		A 4043-WY(JIS)	350		AgCl	260
7075 合金	195		A 4047-BY(JIS)	350		Ag_3In	46, 52
8021(JIS)	192		A 4047-WY(JIS)	350		AgMg	52
8079(JIS)	192		A 5183-BY(JIS)	350		Ag_3Mg	47
8617 H(AISI)	440		A 5183-WY(JIS)	350		AgZn	52
8620 H(AISI)	440		A 5356-BY(JIS)	350		AiResist 13	153
8622 H(AISI)	440		A 5356-WY(JIS)	350		AiResist 213	151
8625 H(AISI)	440		A 5554-BY(JIS)	350		AiResist 215	153
8627 H(AISI)	440		A 5554-WY(JIS)	350		AJ 1	212
8630 H(AISI)	440		A 5556-BY(JIS)	350		AJ 2	212
8632 H(AISI)	440		A 5556-WY(JIS)	350		アクリル樹脂	315
8635 H(AISI)	440		A 5654-BY(JIS)	350		Al_2O_3	235, 260, 370
8637 H(AISI)	440		A 5654-WY(JIS)	350		AL 80	270
8640 H(AISI)	440		A 7075	289		AlB_2	260
8641 H(AISI)	440		AA 1100	372		Alloy 7	210
8642 H(AISI)	440		AA 2014	372		Alloy 901	150, 151
8645 H(AISI)	440		AA 2025	372		AlN	235
8647 H(AISI)	440		AA 2218	372		Alperm(アルパーム)	238
8650 H(AISI)	440		AA 2219	372		alundum(アランダム)	370
8653 H(AISI)	440		AA 2618	372		AMI	154
8655 H(AISI)	440		AA 3003	372		Anatomical Alloy	213
8660 H(AISI)	440		AA 4032	372		Armco-High Tensile	135
8720 H(AISI)	440		AA 5083	372		アルミブロンズ	264
8735 H(AISI)	440		AA 6151	372		アルミニウム青銅	368
8740 H(AISI)	440		AC 1B(JIS)	197, 369		アルミ黄銅	264
8742 H(AISI)	440		AC 2A(JIS)	197, 369		As_2S_3	259
8745 H(AISI)	440		AC 2B(JIS)	197, 369		As_2Se_3	259
8747 H(AISI)	440		AC 3A(JIS)	197, 369		ASTM A 201	137
8750 H(AISI)	440		AC 4A(JIS)	197, 369		ASTM A 203	137

材料・規格索引

B

ASTM A 212　　137
ASTM A 353　　137
ASTM AM 100 A　　199
ASTM AZ 31　　198
ASTM AZ 31 B　　198
ASTM AZ 60 A　　198
ASTM AZ 61 A　　198
ASTM AZ 63 A　　198
ASTM AZ 80 A　　198
ASTM AZ 91 A　　199
ASTM AZ 91 E　　199
ASTM AZ 92 A　　199
ASTM B 23-49　　212
ASTM B 348　　255
ASTM EZ 33 A　　199
ASTM F 67　　255, 256
ASTM F 75　　254
ASTM F 90　　254
ASTM F 136　　255, 256
ASTM F 138　　253
ASTM F 139　　253
ASTM F 348　　256
ASTM F 560　　255
ASTM F 562　　254
ASTM F 563　　254
ASTM F 621　　253
ASTM F 688　　254
ASTM F 799　　254
ASTM F 961　　254
ASTM F 1058　　254
ASTM F 1108　　255, 256
ASTM F 1295　　255, 256
ASTM F 1314　　253
ASTM F 1472　　255, 256
ASTM F 1537　　254
ASTM F 1586　　253
ASTM F 1713　　255, 256
ASTM F 1813　　255, 256
ASTM F 2063　　256
ASTM F 2066　　255, 256
ASTM QE 22 A　　199
ASTM WE 43 A　　199
ASTM WE 54 A　　199
ASTM ZC 63 A　　199
ASTM ZE 41 A　　199
ASTM ZK 51 A　　199
ASTM ZK 60 A　　199
ASTM ZK 61 A　　199
Astroloy　　150, 151, 154
Au_3Cd　　47
$Au_{3+}Cd$　　47
Au_3Cu　　47
Au_3Mn　　47
Au_3Zn　　47
AuCd　　52
AuMg　　52
AuZn　　52
AW 70-90　　135

B-514　　141
B-1900　　152, 153
B-1900 Hf(MM007)　　152
B-1910　　152
B_4C　　260, 263, 264, 272, 273
B_2O_3　　410
BaB_6　　228
$BaCl_2$　　370, 410
B Ag-1(JIS)　　350
B Ag-1 A(JIS)　　350
B Ag-2(JIS)　　350
B Ag-3(JIS)　　350, 351
B Ag-4(JIS)　　350
B Ag-5(JIS)　　350
B Ag-6(JIS)　　350
B Ag-7(JIS)　　350
B Ag-7 A(JIS)　　350
B Ag-7B(JIS)　　350
B Ag-8(JIS)　　350
B Ag-8 A(JIS)　　350
B Ag-8 B(JIS)　　350
B Ag-21(JIS)　　350
B Ag-24(JIS)　　350
Bahn Metal　　212
BaO　　235
$BaTi_4O_9$　　235
$BaTiO_3$　　234, 235
B Au-1(JIS)　　353
B Au-2(JIS)　　353
B Au-3(JIS)　　353
B Au-4(JIS)　　353
B Au-5(JIS)　　353
B Au-6(JIS)　　353
B Au-11(JIS)　　353
B Au-12(JIS)　　353
$BaZrO_3$　　235
B Cu-1(JIS)　　351
B Cu-1A(JIS)　　351
B Cu-2(JIS)　　351
B Cu-3(JIS)　　351
B Cu-4(JIS)　　351
B Cu-5(JIS)　　351
B Cu-6(JIS)　　351
B Cu-7(JIS)　　351
B Cu-8(JIS)　　351
B CuP-1(JIS)　　352
B CuP-2(JIS)　　352
B CuP-3(JIS)　　352
B CuP-4(JIS)　　352
B CuP-5(JIS)　　352
B CuP-6(JIS)　　352
$(BEDT-TTF)_2AuI_3$　　231
$(BEDT-TTF)_2I_3$　　231
BeC　　260
Be_2C　　273
BeF_2　　260

ベークライト　　315
BeO　　271, 273, 370
Beric　　210
$Bi_{12}GeO_{20}$　　235
$Bi_{12}SiO_{20}$　　235
Bi_2O_3　　235
B Ni-1(JIS)　　352
B Ni-1 A(JIS)　　352
B Ni-2(JIS)　　352
B Ni-3(JIS)　　352
B Ni 4(JIS)　　352
B Ni-5(JIS)　　352
B Ni-6(JIS)　　352
B Ni-7(JIS)　　352
B Pd-1(JIS)　　354
B Pd-2(JIS)　　354
B Pd-3(JIS)　　354
B Pd-4(JIS)　　354
B Pd-5(JIS)　　354
B Pd-6(JIS)　　354
B Pd-7(JIS)　　354
B Pd-8(JIS)　　354
B Pd-9(JIS)　　354
B Pd-10(JIS)　　354
B Pd-11(JIS)　　354
B Pd 12(JIS)　　354
B Pd-14(JIS)　　354
BS 968　　135
BT-0010-N　　284
BT-0010-R　　284
BT-0010-S　　284
BT-HT 325 C　　133
BV Ag-0(JIS)　　354
BV Ag-6 B(JIS)　　354
BV Ag-8(JIS)　　354
BV Ag-8 B(JIS)　　354
BV Ag-18(JIS)　　354
BV Ag-29(JIS)　　354
BV Ag-30(JIS)　　354
BV Ag 31(JIS)　　354
BV Ag-32(JIS)　　354
BV Au-1(JIS)　　354
BV Au-2(JIS)　　354
BV Au-3(JIS)　　354
BV Au-4(JIS)　　354
BV Au 11(JIS)　　354
BV Au-12(JIS)　　354
BZN-1818-U　　284
BZN-1818-W　　284
BZNP-1618-U　　284
BZNP-1618 W　　284
BZP-0218-T　　284
BZP-0218-U　　284
BZP-0218-W　　284

C

C(ダイヤモンド)　　260
C130　　152

C150	225	C6191 (JIS)	186	CaTiO$_2$	235
C194	225	C6241 (JIS)	186	CaTiO$_3$	235
C242	152	C6280 (JIS)	186	CaZrO$_3$	235
C263	152	C6301 (JIS)	186	Cd$_2$Hg	46
C-422 (SUH616)	149	C6711 (JIS)	186	CdHg$_2$	46
C501	225	C6712 (JIS)	186	CdS	235
C505	225	C6782 (JIS)	186	CeB$_6$	228
C507	225	C6783 (JIS)	186	Cerrolow 105	214
C509	225	C6870 (JIS)	186	Cerrolow 147	213
C1011 (JIS)	184	C6871 (JIS)	186	Cerromatrix Alloy	214
C1020 (JIS)	184	C6872 (JIS)	186	Cerrosafe Alloy	214
C1023	152	C7060 (JIS)	186	Chromador	135
C1100 (JIS)	184	C7100 (JIS)	186	CM 186 LC	153
C1100 P (JIS)	137	C7150 (JIS)	186	CM 247 LC	152, 153
C1201 (JIS)	184	C7164 (JIS)	186	CMB (JIS)	226
C1220 (JIS)	184	C7351 (JIS)	186	CMSX-2	153, 154
C1221 (JIS)	184	C7451 (JIS)	186	CMSX-4	154
C1401 (JIS)	184	C7521 (JIS)	186	CMSM-7	352
C1700 (JIS)	184	C7541 (JIS)	186	CMSX-10	154
C1720 (JIS)	184	C7701 (JIS)	186	CMWA (JIS)	226
C1990 (JIS)	184	C7941 (JIS)	186	CMWAA (JIS)	226
C2051 (JIS)	184	CaB$_6$	228	CMWB (JIS)	226
C2100 (JIS)	184	Cabot 214	150, 151	CMWC (JIS)	226
C2200 (JIS)	184, 225	CAC 101 (JIS)	189	CNP (JIS)	226
C2300 (JIS)	184, 225	CAC 102 (JIS)	189	CNR (JIS)	226
C2400 (JIS)	184	CAC 103 (JIS)	189	CNWA (JIS)	226
C2600 (JIS)	184	CAC 201 (JIS)	189	CNWAA (JIS)	226
C2680 (JIS)	184	CAC 202 (JIS)	189	CNWB (JIS)	226
C2700 (JIS)	184	CAC 203 (JIS)	189	CoAl	52
C2720 (JIS)	184	CAC 301 (JIS)	189	Coast 62	352
C2800 (JIS)	184	CAC 302 (JIS)	189	Co-Elinvar	249
C2801 (JIS)	184	CAC 303 (JIS)	189	Comsol	355
C3501 (JIS)	184	CAC 304 (JIS)	189	Constantan	229, 318
C3560 (JIS)	184	CAC 401 (JIS)	189	Cor-ten	135
C3561 (JIS)	184	CAC 402 (JIS)	189	Cr$_2$Al	46
C3601 (JIS)	184	CAC 403 (JIS)	189	CrB$_2$	273
C3602 (JIS)	184	CAC 406 (JIS)	189	Cromansil	135
C3603 (JIS)	184	CAC 407 (JIS)	189	CsBr	260
C3604 (JIS)	184	CAC 502 A (JIS)	189	CsI	260
C3605 (JIS)	184	CAC 502 B (JIS)	189	CTR	229
C3710 (JIS)	184	CAC 503 A (JIS)	189	Cu$_3$Al	52
C3712 (JIS)	184	CAC 503 B (JIS)	189	Cu$_3$Au	47
C3713 (JIS)	184	CAC 602 (JIS)	189	Cu$_3$Ga	52
C3771 (JIS)	184	CAC 603 (JIS)	189	Cu$_3$In	52
C4250 (JIS)	184	CAC 604 (JIS)	189	Cu$_3$Pd	47
C4430 (JIS)	184	CAC 605 (JIS)	189	Cu$_3$Pt	47
C4621 (JIS)	184	CAC 701 (JIS)	189	Cu$_5$Si	52
C4622 (JIS)	184	CAC 702 (JIS)	189	Cu$_5$Sn	52
C4640 (JIS)	184	CAC 703 (JIS)	189	CuBe	52
C4641 (JIS)	184	CAC 704 (JIS)	189	CuZn	52
C5102 (JIS)	186	CAC 801 (JIS)	189		
C5111 (JIS)	186	CAC 802 (JIS)	189	**D**	
C5191 (JIS)	186	CAC 803 (JIS)	189		
C5210 (JIS)	186	CaCl$_2$	370	D 16-8-2 (JIS)	346
C5212 (JIS)	186	CaF$_2$	370	D 307 (JIS)	346
C5341 (JIS)	186	CaFe$_2$ 形	49	D 308 (JIS)	346
C5441 (JIS)	186	calma	318	D 308 L (JIS)	346
C6140 (JIS)	186	CaO	370	D 308 N2 (JIS)	346
C6161 (JIS)	186	CaSnO$_3$	235	D 309 (JIS)	346

材 料 ・ 規 格 索 引

D 309 L (JIS) 346	DFCFe (JIS) 347	Elinvar Extra 249
D 309 Mo (JIS) 346	DFCNi (JIS) 347	EM-12 149
D 309 MoL (JIS) 346	DFCNiCu (JIS) 347	EuB_6 228, 273
D 309 Nb (JIS) 346	DFCNiFe (JIS) 347	Eu_2O_3 272, 273
D 309 NbL (JIS) 346	Discaloy 150, 151	EZ 33 (JIS) 370
D 310 (JIS) 346	DL 5016-3 X 0 (JIS) 344	
D 310 Mo (JIS) 346	DL 5016-4 X 0 (JIS) 344	**F**
D 312 (JIS) 346	DL 5016-4 X 1 (JIS) 344	
D 316 (JIS) 346	DL 5016-6 X 0 (JIS) 344	F-0000-N 284
D 316 JIL (JIS) 346	DL 5016-6 X 1 (JIS) 344	F-0000-S 284
D 316 L (JIS) 346	DL 5016-6 X 2 (JIS) 344	F-0000-T 284
D 317 (JIS) 346	DL 5016-6 X 3 (JIS) 344	F-0008-N 284
D 317 L (JIS) 346	DL 5016-10 X 3 (JIS) 344	F-0008-P 284
D 318 (JIS) 346	DL 5016-10 X 4 (JIS) 344	F 75 153
D 329 JI (JIS) 346	DL 5026-3 X 0 (JIS) 344	FC 100 (JIS) 155
D 347 (JIS) 346	DL 5026-4 X 0 (JIS) 344	FC 150 (JIS) 155
D 347 L (JIS) 346	DL 5026-4 X 1 (JIS) 344	FC 200 (JIS) 155
D 349 (JIS) 346	DL 5026-6 X 0 (JIS) 344	FC 250 (JIS) 155
D 410 (JIS) 346	DL 5026-6 X 1 (JIS) 344	FC 300 (JIS) 155
D 410 Nb (JIS) 346	DL 5026-6 X 2 (JIS) 344	FC 350 (JIS) 155
D 430 (JIS) 346	DNi-1 (JIS) 348	FC-0208-N 284
D 430 Nb (JIS) 346	DNiCrFe-1 (JIS) 348	FC-0208-P 284
D 630 (JIS) 346	DNiCrFe-1J (JIS) 348	FC-0508-P 284
D-979 150, 151	DNiCrFe-2 (JIS) 348	FC-0808-N 284
D 4301 (JIS) 341	DNiCrFe-3 (JIS) 348	FC-1000-N 284
D 4303 (JIS) 341	DNiCrMo-2 (JIS) 348	FC-2008-P 284
D 4311 (JIS) 341	DNiCrMo-3 (JIS) 348	FCAD 900-4 (JIS) 155
D 4313 (JIS) 341	DNiCrMo-4 (JIS) 348	FCAD 900-8 (JIS) 155
D 4316 (JIS) 341	DNiCrMo-5 (JIS) 348	FCAD 1000-10 (JIS) 155
D 4324 (JIS) 341	DNiCu-1 (JIS) 348	FCAD 1200-2 (JIS) 155
D 4326 (JIS) 341	DNiCu-4 (JIS) 348	FCAD 1400-1 (JIS) 155
D 4327 (JIS) 341	DNiCu-7 (JIS) 348	FCA-Ni 35 (JIS) 156
D 4340 (JIS) 341	DNiMo-1 (JIS) 348	FCA-NiCr 20 2 (JIS) 156
D 5000 (JIS) 343	銅クラッドコバール 233	FCA-NiCr 30 3 (JIS) 156
D 5001 (JIS) 343	DT 1216 (JIS) 344	FCA-NiMn 13 7 (JIS) 156
D 5003 (JIS) 343	DT 2313 (JIS) 344	FCA-NiSiCr 20 5 3 (JIS) 156
D 5016 (JIS) 343	DT 2315 (JIS) 344	FCA-NiSiCr 30 5 5 (JIS) 156
D 5026 (JIS) 343	DT 2316 (JIS) 344	FCD 350-22 (JIS) 155
D 5316 (JIS) 343	DT 2318 (JIS) 344	FCD 400-15 (JIS) 155
D 5326 (JIS) 343	DT 2413 (JIS) 344	FCD 500-7 (JIS) 155
D 5816 (JIS) 343	DT 2415 (JIS) 344	FCD 600-3 (JIS) 155
D 5826 (JIS) 343	DT 2416 (JIS) 344	FCD 700-2 (JIS) 155
D 6216 (JIS) 343	DT 2418 (JIS) 344	FCD 800-2 (JIS) 155
D 6226 (JIS) 343	DT 2516 (JIS) 344	FCD (420-10) (JIS) 155
D 7016 (JIS) 343	DT 2616 (JIS) 344	FCDA-Ni 22 (JIS) 156
D 7616 (JIS) 343	Ducol W-30 135	FCDA-Ni 35 (JIS) 156
D 8000 (JIS) 343	Dumet (ジュメット) 233	FCDA-NiCr 20 2 (JIS) 156
D 8016 (JIS) 343	Duranickel 372	FCDA-NiCr 20 3 (JIS) 156
D'Arcet's Alloy 213	Durinval I 249	FCDA-NiCr 30 1 (JIS) 156
DCu (JIS) 348	Dynalloy 135	FCDA-NiCr 30 3 (JIS) 156
DCuAl (JIS) 348		FCDA-NiCr 35 3 (JIS) 156
DCuAlNi (JIS) 348	**E**	FCDA-NiCrNb 20 2 (JIS) 156
DCuNi-1 (JIS) 348		FCDA-NiMn 13 7 (JIS) 156
DCuNi-3 (JIS) 348	E 4340 H (AISI) 439	FCDA-NiMn 23 4 (JIS) 156
DCuSiA (JIS) 348	EL-1 249	FCDA-NiSiCr 20 5 2 (JIS) 156
DCuSiB (JIS) 348	EL-3 249	FCDA-NiSiCr 3 5 2 (JIS) 156
DCuSnA (JIS) 348	Elcoloy IV 249	FCDA-NiSiCr 30 5 2 (JIS) 156
DCuSnB (JIS) 348	Elgiloy 151	FCDA-NiSiCr 30 5 5 (JIS) 156
DFCCI (JIS) 347	Elinvar 249	$FCHW_1$ (JIS) 227

FCHW₂(JIS)	227	FS-BN2(JIS)	342	H 20 Sb 2 A(JIS)	356, 358
FCMB 27-05(JIS)	155	FS-BT1(JIS)	342	H 25 Sb 1 A(JIS)	356, 358
FCMB 30-06(JIS)	155	FS-BT2(JIS)	342	H 30 A(JIS)	356, 357
FCMB 35-10(JIS)	155	FS-FG1(JIS)	342	H 30 B(JIS)	356, 359
FCMP 45-06(JIS)	155	FS-FG2(JIS)	342	H 30 Sb 1 A(JIS)	356, 358
FCMP 55-04(JIS)	155	FS-FG3(JIS)	342	H 35 A(JIS)	356, 357
FCMP 65-02(JIS)	155	FS-FG4(JIS)	342	H 35 B(JIS)	356, 359
FCMW 35-04(JIS)	155	FS-FP1(JIS)	342	H 40 A(JIS)	356, 357
FCMW 38-12(JIS)	155	FSX-414	153	H 40 B(JIS)	356, 359
FCMW 40-05(JIS)	155	FV 448	149	H 40 E(JIS)	356, 357
Fe-28Cr	233	FX-2000-T	286	H 40 Sb 2 A(JIS)	356, 358
Fe-42Ni	233	FX-2008-T	286	H 42 Bi 58 A(JIS)	356, 358
Fe-52Ni	233			H 43 Bi 14 A(JIS)	356, 358
FeAl	52	**G**		H 43 Bi 57 A(JIS)	356, 358
Fe₃Si	312			H 45 A(JIS)	356, 357
Ferrocube 4E	248	GaAs	236	H 45 B(JIS)	356, 359
Ferrocube 7A1	248	GaP	236	H 45 E(JIS)	356, 357
Ferrocube 7A2	248	G バビット	212	H 46(SUH600)	149
Ferrocube 7B	248	GCM 44(JIS)	227	H 46 Bi 8 A(JIS)	356, 358
フェロバナジウム	128	GCN 5(JIS)	227	H 48 Bi 3 A(JIS)	356, 358
フェロボロン	129	GCN 10(JIS)	227	H 50 A(JIS)	356, 357
フェロチタン	128	GCN 15(JIS)	227	H 50 B(JIS)	356, 359
フェロホスホル	128	GCN 30(JIS)	227	H 50 Cu 1 A(JIS)	357, 358
フェロクロム	128	GCN 49(JIS)	227	H 50 E(JIS)	356, 357
フェロマンガン	128	Gd₂O₃	264	H 50 In 50 A(JIS)	357, 358
フェロモリブデン	128	Gentalloy	250	H 50 SbA(JIS)	356, 358
フェロニッケル	129	Germania Bronze	213	H 55 A(JIS)	356, 357
フェロニオブ	129	GeS₃	259	H 55 B(JIS)	356, 359
フェロシリコン	128	GeSe₃	259	H 55 E(JIS)	356, 357
フェロタングステン	128	GFC 111(JIS)	227	H 57 Bi 3 A(JIS)	356, 358
FN-0200-R	284	GFC 123(JIS)	227	H 60 A(JIS)	356, 357
FN-0200-S	284	GFC 142(JIS)	227	H 60 Ag 4 A(JIS)	357, 358
FN-0200-T	284	GMR-235	152, 153	H 60 B(JIS)	356, 359
FN-0205-R	284	GMR-235D	152	H 60 Bi 2 A(JIS)	356, 358
FN-0205-S	284	GN 9.5(JIS)	227	H 60 Cu 2 A(JIS)	357, 358
FN-0205-T	284	GNA 28(JIS)	227	H 60 E(JIS)	356, 357
FN-0208-R	284	GNC 69(JIS)	227	H 60 SbA(JIS)	356, 358
FN-0208-S	284	GNC 108(JIS)	227	H 62 Ag 2 A(JIS)	357, 358
FN-0208-T	284	GNC 112(JIS)	227	H 63 A(JIS)	356, 357
FN-0400-R	286	グラファイト	233	H 63 B(JIS)	356, 359
FN-0400-S	286	GSU 72(JIS)	227	H 63 E(JIS)	356, 357
FN-0400-T	286	GTD 111	153	H 63 SbA(JIS)	356, 358
FN-0405-R	286	Gutehof-fnungshutte	135	H 65 A(JIS)	356, 357
FN-0405-S	286			H 65 E(JIS)	356, 357
FN-0405-T	286	**H**		H 90 A(JIS)	356, 357
FN-0408-R	286			H 90 E(JIS)	356, 357
FN-0408-S	286	H 0 Ag 2.5 A(JIS)	357, 358	H 95 A(JIS)	356, 357
FN-0408-T	286	H 0 Ag 2 A(JIS)	357, 358	H 95 E(JIS)	356, 357
FN-0700-R	286	H 0 Ag 5 A(JIS)	357, 358	H 95 Sb 5 A(JIS)	356, 358
FN-0700-S	286	H 1 Ag 1.5 A(JIS)	357, 358	H 96.5 Ag 3.5 A(JIS)	357, 358
FN-0700-T	286	H 2 A(JIS)	356, 358	H 96 Ag 4 A(JIS)	357, 358
FN-0705-R	286	H 5 A(JIS)	356, 358	H 97 Ag 3 A(JIS)	357, 358
FN-0705-S	286	H 5 Ag 2 A(JIS)	357, 358	H 97 Cu 3 A(JIS)	357, 358
FN-0705-T	286	H 5 B(JIS)	356, 359	H 99 Cu 1 A(JIS)	356, 358
FN-0708-R	286	H 8 A(JIS)	356, 358	HALMo(AISI)	143
FN-0708-S	286	H 10 A(JIS)	356, 357	Hastelloy C-22	150
FN-0708-T	286	H 10 B(JIS)	356, 359	Hastelloy C-276	150
Frary Metal	212	H 20 A(JIS)	356, 357	Hastelloy G-30	150
FS-BN1(JIS)	342	H 20 B(JIS)	356, 359	Hastelloy R-235	372

材料・規格索引

Hastelloy S	150〜152	Inconel 587	150, 151	JIS C 1602	229, 322
Hastelloy W	372	Inconel 597	150, 151	JIS C 1604	230
Hastelloy X	150〜152, 270, 372	Inconel 600	150, 151, 372	JIS C 2351	237
Hastelloy XR	150	Inconel 601	150, 151	JIS C 2520	227
Haynes 150	151	Inconel 617	150, 151	JIS C 2521	226
Haynes 188	151	Inconel 625	150, 151	JIS C 2522	226
Haynes 230	150, 151	Inconel 706	150, 151	JIS C 2532	227
Haynes 556	150, 151	Inconel 718	150, 151, 372	JIS G 0561	162
H_3BO_3	370	Inconel 718 Direct Age	151	JIS G 2301	128
HBL 385 C	133	Inconel 718 Super	151	JIS G 2302	128
HCM 12 A	149	Inconel MA 754	154, 155	JIS G 2303	128
HfC	228	Inconel MA 758	154	JIS G 2304	128
High-C Super Hy Tuf	141	Inconel MA 760	154	JIS G 2305	128
Hi-Steel	135	Inconel MA 956	154, 155	JIS G 2306	128
HK31 (JIS)	370	Inconel MA 957	154	JIS G 2307	128
ホワイトゴールド 14 金	210	Inconel MA 6000	154, 155	JIS G 2308	128
ホワイトゴールド 18 金	210	Inconel X 750	150, 151, 372	JIS G 2309	128
HS-21	153	Incoloy 800	150, 151, 264	JIS G 2310	128
HS-21 (MOD Vitallium)	153	Incoloy 801	150, 151	JIS G 2311	128
HS-25 (L-605)	153	Incoloy 802	150, 151	JIS G 2312	128
HS-31 (X-40)	153	Incoloy 807	150, 151	JIS G 2313	128
HS 220 (AMS 6407)	141	Incoloy 825	150	JIS G 2314	129
HS 260	141	Incoloy 903	150, 151	JIS G 2315	129
HSB 50	135	Incoloy 907	150	JIS G 2316	129
HT-9	149	Incoloy 909	150, 151	JIS G 2318	129
HT 100	134	Incramute (インクラミュート)	251	JIS G 2319	129
HW 490 CF	133	Incramute (インクラミュート) 1 250		JIS G 3462	147
Hypermal (ハイパーマル)	238			JIS G 3502	140
Hy-Tuf (AMS 6418)	141	Incramute (インクラミュート) 2 250		JIS G 4051	138
		InP	236	JIS G 4052	139, 141
I		Invar (インバー)	248	JIS G 4303	144, 146
イ 210	140	Ir_3Mo	46	JIS G 4311	148
イ 211	140	Ir_3W	46	JIS G 4401	142
イ 227	140	Isoda Metal	213	JIS G 4403	143
イ 228	140	Iso-elastic	249, 318	JIS G 4404	142
イ 237	140	Isoperm	238	JIS G 4801	140
イ 238	140			JIS G 4804	138
イエローゴールド 10 金	210	**J**		JIS G 4805	143
イエローゴールド 14 金	210			JIS G 5101	157
イエローゴールド 18 金	210	J 1650	372	JIS G 5102	157
ILW	235	J 8100	352	JIS G 5111	157
ILZRO 12	210	J 8500	352	JIS G 5121	158
ILZRO 14	210	J 8600	352	JIS G 5122	160
ILZRO 16	210	JFE-ACL 570 Type1	134	JIS G 5131	160
IN-100	152〜154, 289	JFE-ACL 570 Type2	134	JIS G 5151	161
IN-162	152, 153	JFE-HITEN 590 SB	133	JIS G 5152	161
IN-625	152, 153	JFE-HITEN 610 U1	133	JIS G 5201	161
IN-713 C	152, 153	JFE-HITEN 610 U2	133	JIS G 5202	161
IN-713 Hf (MM 004)	152, 153	JFE-HITEN 610U 2L	134	JIS G 5501	155
IN-713 LC	152〜154	JFE-HITEN 780 EX	134	JIS G 5502	155
IN-718	152, 154	JFE-HITEN 786 F	134	JIS G 5503	155
IN-731	152, 153	JFE-HITEN 780 LE	134	JIS G 5510	156
IN-738	154	JFE-HITEN 780 M	134	JIS G 5526	155
IN-738 C	152, 153	JFE-HITEN 980	134	JIS G 5705	155
IN-738 LC	152, 153	JFE-HITEN 980S	134	JIS H 2116	282
IN-792	152, 153	JIS B 0411	296	JIS H 4000	191, 194
IN-792 (PA 101)	154	JIS B 4051	386	JIS H 5120	189
IN-939	152, 153	JIS B 4053	381	JIS H 5202	197
				JIS H 5203	199

JIS H 5302	196	
JIS H 5303	201	
JIS H 5401	212	
JIS H 8303	411	
JIS R 6111	384	
JIS Z 2201	425	
JIS Z 2202	429	
JIS Z 2204	428	
JIS Z 2245	431	
JIS Z 2271	435	
JIS Z 2274	435	
JIS Z 2275	435	
JIS Z 2504	319	
JIS Z 2507	434	
JIS Z 3211	341	
JIS Z 3212	343	
JIS Z 3221	346	
JIS Z 3223	344	
JIS Z 3224	348	
JIS Z 3231	348	
JIS Z 3232	350	
JIS Z 3241	344	
JIS Z 3252	347	
JIS Z 3261	350	
JIS Z 3262	351	
JIS Z 3263	351	
JIS Z 3264	352	
JIS Z 3265	352	
JIS Z 3266	353	
JIS Z 3267	354	
JIS Z 3268	354	
JIS Z 3281	355	
JIS Z 3282	356	
JIS Z 3312	343	
JIS Z 3321	346	
JIS Z 3351	342	
JIS Z 3352	342	

K

K 32 A	133	
Kaisaloy No.1	135	
カオリン	273	
カルシウムシリコン		129
KBr	260	
KCl	260, 370	
KCL A 325 C	133	
KF	370	
KH_2PO_4	234	
KI	260	
KIP 30 CRV	279	
KIP 240 M	279	
KIP 255 M	279	
KIP 270 MS	279	
KIP 415 S	279	
KIP 4100 V	279	
KIXI合金	250, 251	
KJ 1(JIS)	212	
KJ 2(JIS)	212	
KJ 3(JIS)	212	
KJ 4(JIS)	212	
KL 33	134	
K_2SiF_6	370	
黒鉛	263, 271, 273, 370	
Kovar(コバール)		225, 233
KPM-21	235	
KRS-5	260	
KRS-6	260	
KSN	150, 151	
K-TEN610	133	
K-TEN610CF		133
K-TEN780	134	
K-TEN780CF		134
K-TEN980	134	

L

L-605	151, 372	
La_2O_3	235, 259	
LaB_6	228	
$LaMo_6Se_8$	231	
LC Astroloy		154, 289
$Li_2B_4O_7$	235	
Li_2BeF_4	276	
Li_2O	274, 276	
$Li_{17}Pb_{83}$	274, 276	
Li_4SiO_4	276	
Li_2TiO_3	276	
Li_2ZrO_3	276	
γ-$LiAlO_2$	276	
LiH	273	
$LiNbO_3$	234, 235	
$LiTaO_3$	234, 235	
$LiTi_2O_4$	231	
LM 5	355	
LM 10 A	355	
LM 15	355	

M

M-1(AISI)	143	
M 2 S	280	
M 3-2	280	
M 4	280	
M-22	152, 153	
M 42	280	
M-252	150, 151	
M 2052	250, 251	
MA 754	289	
MA 956	289	
MA 6000	289	
Magnox	263	
Malotte's Alloy		214
Man-Ten	135	
MAR-M 200	152~154	
MAR-M 200 Hf		153
MAR-M 200 Hf(MM 009)		
	152, 153	
MAR-M 246	152, 153	
MAR-M 246 Hf(MM 006)		
	152, 153	
MAR-M 247	153	
MAR-M 247(MM 0011)		152
MAR-M 302	153	
MAR-M 322	153	
MAR-M 421	152, 153	
MAR-M 432	152, 153	
MAR-M 509	153	
MAR-M 918	151	
MB 7	212	
MC 1(JIS)	370	
MC-102	152, 153	
MC-2	154	
MC 2 C(JIS)		370
MC 2 E(JIS)		370
MC 3(JIS)	370	
MC-NG	154	
MDC 1 B(JIS)		201, 370, 371
MDC 1 D(JIS)		201, 371
MDC 2 B(JIS)		201, 371
MDC 3 B(JIS)		201, 371
MDC 4(JIS)		201, 371
MDSC-7 M		154
MERL 76	154, 289	
Métélinvar	249	
MEZO-10	289	
MEZO-20	289	
MgB_2	231	
MgCd	46	
Mg_3Cd	46	
$MgCd_3$	46	
$MgCl_2$	370	
MgF_2	370	
MgO	235, 260, 370	
$MgTiO_3$	235	
MHT(AISI)		143
MK Stal	135	
ML-1700	153	
MM-002	152, 153	
MN 125	270	
MN 70	270	
MoC	48, 228, 231	
Modified MAR-M 432		154
MoIr	46	
MoN	48	
Monel 400	372	
Monel metal		368
MoRh	46	
MP 35 N	151	
MP 159	151	

N

N-155	150, 151	
Na_3AlF_6	370	
$NaBF_4$	410	
$Na_2B_4O_7$	410	

材料・規格索引

Na_2CO_3 370	**O**	René N-6 154
Na_2SiF_6 370		Republic 50 135
NaCl 260, 370, 410	黄銅 368	Rh_3Mo 46
NaF 260, 370, 410	Onion Alloy 213	Rh_3W 46
NaK 267	Otiscoloy 135	リン青銅 225
鉛青銅 368	Ozhennite(オーゼナイト)0.5 270	Ripowitz's Alloy 213
NASA IIB-7 154	Ozhennite(オーゼナイト)1.0 270	Rose's Alloy 214
N-A-X Finegrain 135		ロッシェル塩 234
N-A-X High Tensile 135	**P**	RR 2000 154
Nb_3Al 231		RSR 103 154
Nb_3Ga 231	Pallagold 249	RSR 104 154
Nb_3Ge 231	$PbTiO_3$ 234	RSR 143 154
Nb_3Sn 231	PCM-5A 234	RSR 185 154
NbC 228, 231	PCM-67 234	
$NbGe_2$ 231	Pd_3Nb 47	**S**
NbN 231	Pd_3V 47	
NbNC 231	PdIn 52	S 09 CK(JIS) 138, 141
$NCHW_1$(JIS) 227	PHステンレス鋼 372	S 10 C(JIS) 138
$NCHW_2$(JIS) 227	ピンクゴールド12金 210	S 12 C(JIS) 138
$NCHW_3$(JIS) 227	ピンクゴールド14金 210	S 15 C(JIS) 138
Nd_2O_3 235	Plumbsol 355	S 15 CK(JIS) 138, 141
NdB_6 228	PrB_6 228	S 17 C(JIS) 138
Newton's Alloy 214	Proteus 250	S 20 C(JIS) 138
NF616 149	PTC 229	S 20 CK(JIS) 138
$(NH_4)BF_6$ 370	Pu 266	S 22 C(JIS) 138
$NH_4H_2PO_4$ 234	PuC 268	S 25 C(JIS) 138
Ni_3Sn 46	PuC_2 268	S 28 C(JIS) 138
Ni_3V 47	Pu_2C_3 268	S 30 C(JIS) 138
NiAl 52	PuN 268	S 33 C(JIS) 138
nichrome V 318	PuO 268	S 35 C(JIS) 138
NiIn 52	PuO_2 263, 264, 267	S 38 C(JIS) 138
Nimocast 75 152	Pu_2O_3 268	S 40 C(JIS) 138
Nimocast 80 152	PWA 1426 153	S 43 C(JIS) 138
Nimocast 90 152, 153	PWA 1480 154	S 45 C(JIS) 138, 371
Nimocast 95 152	PWA 1484 154	S 48 C(JIS) 138
Nimocast 100 152	Pyromet 860 150, 151	S 50 C(JIS) 138, 371
Nimocast 242 152, 153	Pyromet CTX-1 150	S 53 C(JIS) 138
Nimocast 263 152	Pyromet CTX-3 150	S 55 C(JIS) 138
Nimonic 75 150, 151	PZT-4 234	S 58 C(JIS) 138
Nimonic 80A 150, 151	PZT-5 234	S 355 JR 133
Nimonic 90 150, 151	PZT-8 A 235	S 500 Q 133
Nimonic 105 150, 151		S-590 150, 151
Nimonic 115 150, 151	**R**	S-816 151, 372
Nimonic 263 150		SA 440 C 133
Nimonic 942 150, 151	R.D.S. I 135	SA 516-70 133
Nimonic PE.11 150, 151	$RbCs_2C_{60}$ 231	SA 537-2 133
Nimonic PE.16 150, 151	ReB_3 273	SACM 645(JIS) 141, 371
Nimonic PK.33 150, 151	René 41 150〜152	SAE 11 212
$NiSnO_3$ 235	René 77 152, 153	SAE 18 212
Ni-Span C-902 249	René 80 152〜154	SAE 180 212
Nitinol 250	René 80 Hf 152, 153	SAE 770 212
Nivarox CT 249	René 95 150, 151, 154, 289, 312	SAE 780 212
NIVCO-10 250	René 100 152	SAE 781 212
NSFR 490 B 133	René 125 Hf(MM 005) 152, 153	SAE 840 213, 289
NTC 229	René 142 153	SAE 841 289
N-TUF490 134	René 200 152	SAE 842 289
NX 188 152	René N-4 154	SAE 843 289
	René N-5 154	SAE 850 289
		SAE 851 213, 289

SAE 852	289	SCH 31(JIS)	160	SCPH 21(JIS)	161		
SAE 853	289	SCH 32(JIS)	160	SCPH 21-CF(JIS)		161	
SAE 855	289	SCH 33(JIS)	160	SCPH 22(JIS)	161		
SAE 861	289	SCH 34(JIS)	160	SCPH 23(JIS)	161		
SAE 862	289	SCH 41(JIS)	160	SCPH 32(JIS)	161		
SAE 863	289	SCH 42(JIS)	160	SCPH 32-CF(JIS)		161	
SAE 1145	132	SCH 43(JIS)	160	SCPH 61(JIS)	161		
SAE 1340	132	SCH 44(JIS)	160	SCPL 1(JIS)	161		
SAE 2330	132	SCH 45(JIS)	160	SCPL 11(JIS)	161		
SAE 3140	132	SCH 46(JIS)	160	SCPL 21(JIS)	161		
SAE 4130	132	SCH 47(JIS)	160	SCPL 31(JIS)	161		
SAE 5140	132	SCM 415(JIS)	141	SCr 1(旧)(JIS)	139		
SAE 6150	132	SCM 415 H(JIS)	441	SCr 415(JIS)	141		
SAE 52100	132	SCM 418 H(JIS)	441	SCr 415 H(JIS)	441		
SB 430	133	SCM 420(JIS)	141	SCr 420(JIS)	141		
SC 360(JIS)	157	SCM 420 H(JIS)	441	SCr 420 H(JIS)	441		
SC 410(JIS)	157	SCM 421(JIS)	141	SCr 430(JIS)	139		
SC 450(JIS)	157	SCM 430(JIS)	139	SCr 430 H(JIS)	441		
SC 480(JIS)	157	SCM 432(JIS)	139	SCr 435(JIS)	139		
SCC 3 A(JIS)	157	SCM 435(JIS)	139, 371	SCr 435 H(JIS)	441		
SCC 3 B(JIS)	157	SCM 435 H(JIS)	441	SCr 440(JIS)	139		
SCC 5 A(JIS)	157	SCM 440(JIS)	139, 371	SCr 440 H(JIS)	441		
SCC 5 B(JIS)	157	SCM 440 H(JIS)	441	SCr 445(JIS)	139		
SCCrM 1 A(JIS)	157	SCM 445(JIS)	139	SCS 1(JIS)	158		
SCCrM 1 B(JIS)	157	SCM 445 H(JIS)	441	SCS 1 X(JIS)	158		
SCCrM 3 A(JIS)	157	SCM 822 H(JIS)	441	SCS 2(JIS)	158		
SCCrM 3 B(JIS)	157	SCMn 1 A(JIS)	157	SCS 2 A(JIS)	158		
SCH 1(JIS)	160	SCMn 1 B(JIS)	157	SCS 3(JIS)	158		
SCH 1 X(JIS)	160	SCMn 2 A(JIS)	157	SCS 3 X(JIS)	158		
SCH 2(JIS)	160	SCMn 2 B(JIS)	157	SCS 4(JIS)	158		
SCH 2 X 1(JIS)	160	SCMn 3 A(JIS)	157	SCS 5(JIS)	158		
SCH 2 X 2(JIS)	160	SCMn 3 B(JIS)	157	SCS 6(JIS)	158		
SCH 3(JIS)	160	SCMn 5 A(JIS)	157	SCS 6 X(JIS)	158		
SCH 4(JIS)	160	SCMn 5 B(JIS)	157	SCS 10(JIS)	158		
SCH 5(JIS)	160	SCMnCr 2 A(JIS)	157	SCS 11(JIS)	158		
SCH 6(JIS)	160	SCMnCr 2 B(JIS)	157	SCS 12(JIS)	158		
SCH 11(JIS)	160	SCMnCr 3 A(JIS)	157	SCS 13(JIS)	158		
SCH 11 X(JIS)	160	SCMnCr 3 B(JIS)	157	SCS 13 A(JIS)	158		
SCH 12(JIS)	160	SCMnCr 4 A(JIS)	157	SCS 13 X(JIS)	158		
SCH 12 X(JIS)	160	SCMnCr 4 B(JIS)	157	SCS 14(JIS)	158		
SCH 13(JIS)	160	SCMnCrM 2 A(JIS)	157	SCS 14A(JIS)	158		
SCH 13 A(JIS)	160	SCMnCrM 2 B(JIS)	157	SCS 14 X(JIS)	158		
SCH 13 X(JIS)	160	SCMnCrM 3 A(JIS)	157	SCS 14 XNb(JIS)		158	
SCH 15(JIS)	160	SCMnCrM 3 B(JIS)	157	SCS 15(JIS)	158		
SCH 15 X(JIS)	160	SCMnH 1(JIS)	160	SCS 16(JIS)	158		
SCH 16(JIS)	160	SCMnH 2(JIS)	160	SCS 16 A(JIS)	158		
SCH 17(JIS)	160	SCMnH 3(JIS)	160	SCS 16 AX(JIS)		158	
SCH 18(JIS)	160	SCMnM 3 A(JIS)	157	SCS 16 AXN(JIS)		158	
SCH 19(JIS)	160	SCMnM 3 B(JIS)	157	SCS 17(JIS)	158		
SCH 20(JIS)	160	SCMnH 11(JIS)	160	SCS 18(JIS)	158		
SCH 20 X(JIS)	160	SCMnH 21(JIS)	160	SCS 19(JIS)	158		
SCH 20 XNb(JIS)	160	SCNCrM 2 A(JIS)	157	SCS 19 A(JIS)	158		
SCH 21(JIS)	160	SCNCrM 2 B(JIS)	157	SCS 20(JIS)	158		
SCH 22(JIS)	160	SCPH 1(JIS)	161	SCS 21(JIS)	158		
SCH 22 X(JIS)	160	SCPH 1-CF(JIS)	161	SCS 21 X(JIS)	158		
SCH 23(JIS)	160	SCPH 2(JIS)	161	SCS 22(JIS)	158		
SCH 24(JIS)	160	SCPH 2-CF(JIS)	161	SCS 23(JIS)	158		
SCH 24 X(JIS)	160	SCPH 11(JIS)	161	SCS 24(JIS)	158, 159		
SCH 24 XNb(JIS)	160	SCPH 11-CF(JIS)	161	SCS 31(JIS)	158		

材料・規格索引

SCS 32(JIS)	158	
SCS 33(JIS)	158	
SCS 34(JIS)	158	
SCS 35(JIS)	158	
SCS 35 N(JIS)	158	
SCS 36(JIS)	158	
SCS 36 N(JIS)	158	
SCSiMn 2 A(JIS)	157	
SCSiMn 2 B(JIS)	157	
SCW 410(JIS)	157	
SCW 410-CF(JIS)	161	
SCW 450(JIS)	157	
SCW 480(JIS)	157	
SCW 480-CF(JIS)	161	
SCW 490-CF(JIS)	161	
SCW 520-CF(JIS)	161	
SCW 550(JIS)	157	
SCW 570-CF(JIS)	161	
SCW 620(JIS)	157	
SEL	152	
SEL-15	152, 153	
Sendust(センダスト)	238	
Senperm	238	
SH590P	133	
シリカ	49, 273, 370	
シリコクロム	129	
シリコマンガン	128	
SHY 685 NS-F	133	
SiC	260, 263, 274	
Silentalloy(サイレンタロイ)	250	
SINT-A 40	291	
SINT-A 41	291	
SINT-A 50	291	
SINT-A 90	291	
SINT-B 00	291	
SINT-B 10	291	
SINT-B 11	291	
SINT-B 20	291	
SINT-B 21	291	
SINT-B 50	291	
SINT-B 51	291	
SiO_2	235	
Si-Stahl	135	
SK 3(JIS)	373	
SK 5(JIS)	441	
SK 60(JIS)	379	
SK 65(JIS)	142, 371, 379	
SK 70(JIS)	379	
SK 75(JIS)	142, 371, 379	
SK 80(JIS)	379	
SK 85(JIS)	142, 371, 379	
SK 90(JIS)	379	
SK 95(JIS)	142, 371, 379	
SK 105(JIS)	142, 371, 379	
SK 120(JIS)	142, 371, 379	
SK 140(JIS)	142, 379	
SKD 1(JIS)	142, 373	
SKD 2(JIS)	142	
SKD 4(JIS)	142, 371	
SKD 5(JIS)	142, 371, 373	
SKD 6(JIS)	142, 371	
SKD 11(JIS)	142, 373	
SKD 12(JIS)	142	
SKD 61(JIS)	142, 371, 373	
SKD 62(JIS)	373	
SKH 2(JIS)	143, 371, 380	
SKH 3(JIS)	143, 380	
SKH 4(JIS)	380	
SKH 4A(JIS)	143	
SKH 4B(JIS)	143	
SKH 5(JIS)	143	
SKH 9(JIS)	143, 373	
SKH 10(JIS)	143, 380	
SKH 40(JIS)	380	
SKH 50(JIS)	380	
SKH 51(JIS)	380	
SKH 52(JIS)	143, 380	
SKH 53(JIS)	143, 380	
SKH 54(JIS)	143, 380	
SKH 55(JIS)	143, 380	
SKH 56(JIS)	143, 380	
SKH 57(JIS)	143, 373, 380	
SKH 58(JIS)	380	
SKH 59(JIS)	380	
SKS 1(JIS)	142	
SKS 2(JIS)	142, 371, 380, 441	
SKS 3(JIS)	142, 371, 373, 441	
SKS 4(JIS)	142, 441	
SKS 5(JIS)	142, 380	
SKS 7(JIS)	142, 380	
SKS 8(JIS)	142, 380	
SKS 11(JIS)	142, 380	
SKS 21(JIS)	142, 380	
SKS 31(JIS)	142, 441	
SKS 41(JIS)	142	
SKS 42(JIS)	142	
SKS 43(JIS)	142, 441	
SKS 44(JIS)	142, 441	
SKS 51(JIS)	142, 380	
SKS 81(JIS)	380	
SKT 1(JIS)	142	
SKT 2(JIS)	142, 371	
SKT 3(JIS)	142, 371	
SKT 4(JIS)	142, 573	
SKT 5(JIS)	142	
SKT 6(JIS)	142, 373	
SL 9N 590	134	
SLA 325 B	134	
SM 490 A	133	
SM 570	133	
SMA 490 BW	134	
SMA 490 BW-MOD	134	
SMA 570 W	134	
SMA 570 W-MOD	134	
SmB_6	228	
SMF 1010	288	
SMF 1015	288	
SMF 1020	288	
SMF 2015	288	
SMF 2025	288	
SMF 3010	288	
SMF 3020	288	
SMF 3030	288	
SMF 4020	288	
SMF 4030	288	
SMF 4040	288	
SMF 4050	288	
SMF 5030	288	
SMF 5040	288	
SMF 6040	288	
SMF 6055	288	
SMF 6065	288	
SMK 1010	288	
SMK 1015	288	
SMn 420 H(JIS)	441	
SMn 433(JIS)	139	
SMn 433 H(JIS)	441	
SMn 438(JIS)	139	
SMn 438 H(JIS)	441	
SMn 443(JIS)	139	
SMn 443 H(JIS)	441	
SMnC 420 H(JIS)	441	
SMnC 443(JIS)	139	
SMnC 443 H(JIS)	441	
SN 490 B	133	
SNC 236(JIS)	139, 141	
SNC 415 H(JIS)	441	
SNC 631(JIS)	139	
SNC 631 H(JIS)	441	
SNC 815(JIS)	141	
SNC 815 H(JIS)	441	
SNC 836(JIS)	139	
SNCM 7(旧)(JIS)	139	
SNCM 220(JIS)	141	
SNCM 220 H(JIS)	441	
SNCM 240(JIS)	139	
SNCM 415(JIS)	141	
SNCM 420(JIS)	141	
SNCM 420 H(JIS)	441	
SNCM 431(JIS)	139	
SNCM 439(JIS)	139	
SNCM 447(JIS)	139	
SNCM 616(JIS)	141	
SNCM 625(JIS)	139	
SNCM 630(JIS)	139	
SNCM 815(JIS)	141	
$SnMo_6S_8$	231	
SnO_2	235	
Sonoston(ソノストン)	250, 251	
SPV 315	133	
SPV 490	133	
SPZ 合金	250	
SrB_6	228	
SrO	235	
SRR 99	154	
$SrTiO_3$	235	
SS-303-P	286	

SS-303-R	286	SUMITEN 590 LT	134	SUS 420 J 2(JIS)	145, 146
SS-316-P	286	SUMITEN 780	134	SUS 430(JIS)	145, 376
SS-316-R	286	SUMITEN 780 S	134	SUS 430 F(JIS)	145
SS-410-N	286	SUMITEN 950	134	SUS 431(JIS)	145, 146
SS-410-P	286	SUP 10(JIS)	140	SUS 434(JIS)	145
SSS 113 MA	150, 151	SUP 11A(JIS)	140	SUS 440 A(JIS)	145, 146
ST 52	135	SUP 3(JIS)	140	SUS 440 B(JIS)	145, 146
ST Cr-Mn		SUP 4(JIS)	140	SUS 440 C(JIS)	145, 146
ST Mn-Cu-Si	135	SUP 6(JIS)	140	SUS 440 F(JIS)	145, 146
Stainless Invar	248	SUP 7(JIS)	140	SUS 444(JIS)	376
STBA 12(JIS)	147	SUP 9(JIS)	140	SUS 447 J 1(JIS)	145
STBA 13(JIS)	147	Super Hy-Tuf	141	SUS 630(JIS)	146
STBA 20(JIS)	147	Super Sendust(スパーセンダスト)		SUS 631(JIS)	146
STBA 22(JIS)	147	238		SUS 836 L(JIS)	145
STBA 23(JIS)	147	Super Tricent	141	SUS 890 L(JIS)	145
STBA 24(JIS)	147	Superinvar	248	SUSXM 7(JIS)	145
STBA 25(JIS)	147	SUS 201(JIS)	144	SUSXM 15 J 1(JIS)	145
STBA 26(JIS)	147	SUS 202(JIS)	144	SUSXM 27(JIS)	145
Stecoloy # 2	135	SUS 301(JIS)	144	SWRH 57(JIS)	140
Stellite	264, 351	SUS 302(JIS)	144	SWRH 67(JIS)	140
Stellite 6 B	151	SUS 303(JIS)	144	SWRH 77(JIS)	140
SUH 1(JIS)	148	SUS 303 Cu(JIS)	144	SWRS 67(JIS)	140
SUH 3(JIS)	148	SUS 303 Se(JIS)	144	SWRS 77(JIS)	140
SUH 4(JIS)	148	SUS 304(JIS)	137, 144, 376	SWRS 87(JIS)	140
SUH 11(JIS)	148	SUS 304 J 3(JIS)	144	Sylvania(シルバニア)# 4	233
SUH 31(JIS)	148	SUS 304 L(JIS)	144, 376		
SUH 35(JIS)	148	SUS 304 LN(JIS)	144	**T**	
SUH 36(JIS)	148	SUS 304 N 1(JIS)	144		
SUH 37(JIS)	148	SUS 304 N 2(JIS)	144	T 15	280
SUH 38(JIS)	148	SUS 305(JIS)	144	T-1(AISI)	143
SUH 309(JIS)	148	SUS 309 S(JIS)	144	TaB_2	273
SUH 310(JIS)	148	SUS 310 S(JIS)	144	TaC	228
SUH 330(JIS)	148	SUS 316(JIS)	144, 274, 376	TAF	149
SUH 446(JIS)	148	SUS 316 F(JIS)	145	丹銅	225
SUH 600(JIS)	148	SUS 316 J 1(JIS)	145	TD ニッケル	250
SUH 616(JIS)	148	SUS 316 J 1 L(JIS)	145	Terfenol-D	248
SUH 660(JIS)	148	SUS 316 L(JIS)	144	Th	266
SUH 661(JIS)	148	SUS 316 LN(JIS)	145, 274	ThC	263, 268
水晶	234, 235	SUS 316 N(JIS)	145	α-ThC_2	268
SUJ 1(JIS)	143	SUS 316 Ti(JIS)	145	β-ThC_2	268
SUJ 2(JIS)	143, 371, 441	SUS 317(JIS)	145	γ-ThC_2	268
SUJ 3(JIS)	143	SUS 317 J 1(JIS)	145	ThN	268
SUM 11(JIS)	138	SUS 317 L(JIS)	145	α-Th_3N_4	268
SUM 12(JIS)	138	SUS 317 LN(JIS)	145	β-Th_3N_4	268
SUM 21(JIS)	138	SUS 321(JIS)	145	ThO_2	267, 370
SUM 22(JIS)	138	SUS 329 J 1(JIS)	145	Ti_3Al	46
SUM 22L(JIS)	138	SUS 329 J 3 L(JIS)	145	TiC	228, 260, 312
SUM 23(JIS)	138	SUS 329 J 4 L(JIS)	145	TiO_2	235
SUM 23L(JIS)	138	SUS 347(JIS)	145, 273	TM-321	152, 153
SUM 24L(JIS)	138	SUS 403(JIS)	145, 146	TMD-103	153
SUM 31(JIS)	138	SUS 405(JIS)	145	TMD-5	153
SUM 31L(JIS)	138	SUS 410(JIS)	145, 146	TMO-20	154
SUM 32(JIS)	138	SUS 410 F 2(JIS)	145, 146	TMS-26	154
SUM 41(JIS)	138	SUS 410 J 1(JIS)	145146	TMS-75	154
SUM 42(JIS)	138	SUS 410 L(JIS)	145	TMS-82	154
SUM 43(JIS)	138	SUS 416(JIS)	145, 146	TMS-138	154
SUMITEN 590	133	SUS 420 F(JIS)	145, 146	$(TMTSF)_2ClO_4$	231
SUMITEN 590 F	133	SUS 420 F 2(JIS)	145, 146	$(TMTSF)_2FSO_3$	231
SUMITEN 590 K	133	SUS 420 J 1(JIS)	145, 146	$(TMTSF)_2PF_6$	231

Trancalloy	250	WEL-TEN 780 E	134	YGW 16(JIS)	343
Tricent	141	WEL-TEN 780 EX	134	YGW 17(JIS)	343
Tri-Ten	135	WEL-TEN 780 RE	133	YGW 21(JIS)	343
Tri-Ten E	135	WEL-TEN 950	134	YGW 22(JIS)	343
		WEL-TEN 950 PE	134	YGW 23(JIS)	343
		WEL-TEN 950 RE	134	YGW 24(JIS)	343

U

		White Bronze	213	YH 61	154
U	266, 273	WI-52	153	YNi_2B_2C	231
U.S.S.T-1	135	WIr	46	Yoloy	135
UB_2	268	WJ 1(JIS)	212	Yoloy E	135
UC	263, 267, 268	WJ 2(JIS)	212	溶融 GeO_2	259
α-UC_2	268	WJ 2 B(JIS)	212	溶融石英	259
Udimet 400	150, 151	WJ 3(JIS)	212	YPd_2B_2C	231
Udimet 500	150~153	WJ 4(JIS)	212	YS-1 CM 1(JIS)	342
Udimet 520	150, 151	WJ 5(JIS)	212	YS-1 CM 2(JIS)	342
Udimet 630	150	WJ 6(JIS)	212	YS-2 CM 1(JIS)	342
Udimet 700	150~152	WJ 7(JIS)	212	YS-2 CM 2(JIS)	342
Udimet 710	150~153	WJ 8(JIS)	212	YS-3 CM 1(JIS)	342
Udimet 720	150, 151	WJ 9(JIS)	212	YS-3 CM 2(JIS)	342
UDM 56	152, 153	WJ 10(JIS)	212	YS-5 CM 1(JIS)	342
UH_3	273	WN	48	YS-5 CM 2(JIS)	342
UN	268	Wood's Alloy	213	YS-CM 1(JIS)	342
α-U_2N_3	268	Wurzite	48	YS-CM 2(JIS)	342
Union-Baustahl	135			YS-CM 3(JIS)	342
Unitemp AF 2-1 DA 6	150, 151			YS-CM 4(JIS)	342
Unitemp AF 2-1 DA 142	154			YS-CuC 1(JIS)	342
U_2Mo	46			YS-CuC 2(JIS)	342

X

UO_2	263, 264, 267	X-45	153	YS-G(JIS)	342
UP	268	X 4620 H(AISI)	439	YS-M 1(JIS)	342
US	268	X 7090	281	YS-M 2(JIS)	342
USi	268	X 7091	281	YS-M 3(JIS)	342
USi_3	268			YS-M 4(JIS)	342
U_3Si	268			YS-M 5(JIS)	342

Y

U_3Si_2	263, 268	Y Nic	249	YS-N 1(JIS)	342
U_3Si_5	268	Y 16-8-2(JIS)	346	YS-N 2(JIS)	342
USS strux	141	Y 308(JIS)	346	YS-NCM 1(JIS)	342
		Y 308L(JIS)	346	YS-NCM 2(JIS)	342

V

		Y 308 N 2(JIS)	346	YS-NCM 3(JIS)	342
V-36	151	Y 309(JIS)	346	YS-NCM 4(JIS)	342
V-57	150, 151, 372	Y 309 L(JIS)	346	YS-NCM 5(JIS)	342
VC	228	Y 309 Mo(JIS)	346	YS-NCM 6(JIS)	342
V_3Ga	231	Y 310(JIS)	346	YS-NM 1(JIS)	342
V_2Hf	231	Y 310 S(JIS)	346	YS-NM 2(JIS)	342
Vibralloy	249	Y 312(JIS)	346	YS-NM 3(JIS)	342
Vibrox I	248	Y 316(JIS)	346	YS-NM 4(JIS)	342
Vibrox II	248	Y 316 J 1 L(JIS)	346	YS-NM 5(JIS)	342
V_3Si	231	Y 316 L(JIS)	346	YS-NM 6(JIS)	342
		Y 317(JIS)	346	YS-S 1(JIS)	342
		Y 317 L(JIS)	346	YS-S 2(JIS)	342

W

		Y 321(JIS)	346	YS-S 3(JIS)	342
		Y 347(JIS)	346	YS-S 4(JIS)	342
Waspaloy	150~154, 366	Y 347 L(JIS)	346	YS-S 5(JIS)	342
WC	228	Y 410(JIS)	346	YS-S 6(JIS)	342
WEL-TEN 590 RE	133	Y 430(JIS)	346	YS-S 7(JIS)	342
WEL-TEN 610	133	YGW 11(JIS)	343	YS-S 8(JIS)	342
WEL-TEN 610 CF	133	YGW 12(JIS)	343		
WEL-TEN 610 SCF	133	YGW 13(JIS)	343		
WEL-TEN 780	134	YGW 14(JIS)	343	## Z	
WEL-TEN 780 C	134	YGW 15(JIS)	343	ZDC-1(JIS)	370, 371

ZDC 2(JIS)	370, 371	Zircalloy(ジルカロイ)-4	205, 263, 264, 270	ZR 55	270
ZH 62(JIS)	370			ZR 57	270
Zinc blende	48	ZK51(JIS)	370	ZrC	228
Zircalloy(ジルカロイ)-2	205, 263, 264, 270	$ZnCl_2$	260	ZrH	263
		ZnO	235	ZrO_2	235, 370
Zircalloy(ジルカロイ)-3	273	ZnSe	259	Zr_2Rh	231

改訂4版 金属データブック	
	平成16年2月29日　発　　行
	令和6年8月20日　第9刷発行

編　者　社団法人　日本金属学会

発行者　池　田　和　博

発行所　丸善出版株式会社
〒101-0051　東京都千代田区神田神保町二丁目17番
編集：電話(03)3512-3264／FAX(03)3512-3272
営業：電話(03)3512-3256／FAX(03)3512-3270
https://www.maruzen-publishing.co.jp

Ⓒ社団法人　日本金属学会，2004

組版／株式会社そうご
印刷・製本／大日本印刷株式会社

ISBN 978-4-621-07367-4　C3057　　　　Printed in Japan

JCOPY 〈(一社)出版者著作権管理機構　委託出版物〉
本書の無断複写は著作権法上での例外を除き禁じられています．複写される場合は，そのつど事前に，(一社)出版者著作権管理機構(電話03-5244-5088, FAX 03-5244-5089, e-mail：info@jcopy.or.jp)の許諾を得てください．